锅炉工程强度

强度原理·标准分析·事故处理·计算示例·钢材特性

李之光
梁耀东　张仲敏　编著

中国质量标准出版传媒有限公司
中国标准出版社
北京

图书在版编目(CIP)数据

锅炉工程强度:强度原理·标准分析·事故处理·计算示例·钢材特性/李之光,梁耀东,张仲敏编著.—北京:中国标准出版社,2020.9
ISBN 978-7-5066-9562-6

Ⅰ.①锅… Ⅱ.①李… ②梁… ③张… Ⅲ.①锅炉-强度-研究 Ⅳ.①TK225

中国版本图书馆 CIP 数据核字(2020)第 028236 号

中国质量标准出版传媒有限公司 出版发行
中 国 标 准 出 版 社
北京市朝阳区和平里西街甲 2 号(100029)
北京市西城区三里河北街 16 号(100045)

网址 www.spc.net.cn
总编室:(010)68533533 发行中心:(010)51780238
读者服务部:(010)68523946
中国标准出版社秦皇岛印刷厂印刷
各地新华书店经销

*

开本 787×1092 1/16 印张 56.75 字数 1 361 千字
2020 年 9 月第一版 2020 年 9 月第一次印刷

*

定价 198.00 元

如有印装差错 由本社发行中心调换
版权专有 侵权必究
举报电话:(010)68510107

前言

《锅炉工程强度》是以力学、金属学、传热学等理论为基础,包含科学试验、数值计算分析成果,全面解析强度标准,并密切结合锅炉设计、工艺、运行实际,而撰写成的一部全面论述锅炉工程强度的专著。

本书内容以锅炉受压元件(内压、外压)为主,也涉及锅炉自身支撑结构与计算。主要包括：原理论述、标准分析、问题与事故处理以及大量计算示例；此外,还对与锅炉强度密切相关的金属材料性能与应用作了详细介绍。

本书内容既包括锅壳锅炉,也涉及水管锅炉。由于锅壳锅炉结构较复杂、强度问题较多,故给予更多关注。

本书许多内容既是锅炉强度计算标准的理论解读和阐述,也为标准修订提供技术参考和依据。本书着重论述计算原理与计算方法,并介绍标准修订原因,而对某些规定条文的改变仅作必要的说明。

本书计算示例涉及强度计算标准的修订,但计算示例提供的计算方法、计算思路、计算注意问题等都与标准修订无关。

本书第一撰写者李之光教授从事锅炉强度与钢材教学、研究与事故处理等已逾60载,曾承担我国水管锅炉与锅壳锅炉强度计算标准初期版本执笔和后续部分标准修订工作；组织过多种锅炉受压元件的静态、疲劳试验与有限元计算分析以及大量元件冷态爆破与热态爆炸试验等研究工作。我国各地锅炉监察部门(原劳动部门)以及大量锅炉生产与运行单位,曾不断邀请李之光教授讨论锅炉在设计、生产与运行中出现的强度问题,还共同去实地调研分析与处理锅炉重大事故。本书大量"强度问题与改进""强度事故分析与处理"等内容即是基于以上实践工作写成的,是对其60余载在锅炉工程强度方面理论与实践的系统总结。

本书撰写分工:

上篇与中篇——锅炉强度:主要由李之光撰写。张仲敏工程师负责全部计算示例编写、大量插图绘制与公式整理等工作;刘峰工程师与马晓飞工程师进行有限元计算,李之光参与有限元计算结果判定与应用分析;梁耀东高级工程师参与锅炉汽水爆炸与对强度标准建议的撰写。

下篇——锅炉钢材:由梁耀东依据最新资料编写,其中"锅炉钢材损伤特征与损伤原因判别方法"由李之光完成。

全书撰写安排、组稿、整理由李之光承担。

我国锅壳锅炉与水管锅炉强度计算标准的前两个版本的编制组织工作,分别由强度经验丰富的锅炉专家刘复田、黄乃祉精心安排,他们还参与撰写编制说明、国内外标准对比以及校对工作,对我国锅炉强度计算标准制定起到了重要作用,在此深表谢意。

书中包含撰写者依据理论分析、数值计算、试验验证与实践经验所形成的诸多认识与见解,并指出锅炉强度标准需要改进的大量问题。限于作者的认知水平及实践经验的局限,本书难免存在一些问题与不足,欢迎业界同仁共同讨论、提出意见。

本书内容与锅炉设计研发、安全管理密切相关,可供锅炉设计与研发人员、设计审查人员、技术标准编写人员、运行管理技术人员,以及热能动力相关专业的师生使用。本书作为教材,不仅可充实锅炉工程强度方面的知识、提高分析问题与解决实际问题的能力,还能得到锅炉结构创新、数值计算分析方面的实际应用的启示。

本书成稿出版之时,恰逢中华人民共和国成立七十周年,谨以此书献给我们的祖国七十华诞!

编著者

2019年10月

目录

绪论 ······ 1

符号说明 ······ 7

上篇　锅炉强度基础与计算特点

第1章　锅炉汽水爆炸原理与起因判别 ······ 15
1-1　锅炉汽水爆炸与试验研究概况 ······ 15
1-2　锅炉汽水爆炸原理 ······ 20
1-3　锅炉汽水爆炸起因的量化判别方法 ······ 27

第2章　锅炉强度特点 ······ 31
2-1　锅炉结构及其受压元件 ······ 31
2-2　锅炉元件的强度特点 ······ 41
2-3　锅炉钢材的强度特性与塑性特性 ······ 43
2-4　锅炉钢材的高温长期强度特性与塑性特性 ······ 47
2-5　锅炉元件的低周疲劳 ······ 51
2-6　角焊缝疲劳强度解析与建议 ······ 56

第3章　锅炉元件的内应力 ······ 61
3-1　锅炉元件的热应力 ······ 61

3-2 锅炉元件的残余应力 ……………………………………………………………… 65
3-3 锅炉元件的应力松弛 ……………………………………………………………… 68

第4章 锅炉元件的壁温计算分析与应用示例 …………………………………… 71
4-1 锅炉元件的壁温分析 ……………………………………………………………… 71
4-2 防焦箱的壁温计算分析示例 ……………………………………………………… 76
4-3 高温管板的壁温计算分析示例 …………………………………………………… 79
4-4 热风炉换热器的壁温计算分析示例 ……………………………………………… 83
4-5 内螺纹外肋片铸铁管空气预热器的壁温计算分析示例 ………………………… 86

第5章 锅炉受压元件强度计算标准 ………………………………………………… 89
5-1 锅炉强度计算标准特点与国内外概况 …………………………………………… 89
5-2 我国锅炉强度计算标准的演变 …………………………………………………… 95
5-3 强度计算标准适用条件 ………………………………………………………… 102

第6章 计算压力与计算壁温及许用应力 ………………………………………… 106
6-1 计算压力与计算壁温 …………………………………………………………… 106
6-2 许用应力及其安全系数 ………………………………………………………… 116
6-3 强度裕度有关问题 ……………………………………………………………… 125

第7章 强度的判定与强度问题的解决方法 ……………………………………… 129
7-1 锅炉受压元件的应力分类及其控制原则 ……………………………………… 129
7-2 锅炉受压元件强度问题的解决方法 …………………………………………… 136

中篇 锅炉强度计算解析与问题处理及计算示例

第8章 内压圆筒形元件的强度 …………………………………………………… 143
8-1 内压厚壁圆筒的应力分析 ……………………………………………………… 143
8-2 未减弱内压圆筒的强度计算式 ………………………………………………… 148

| 8-3   孔排与焊缝的减弱 ································· 152
| 8-4   内压圆筒形元件的强度计算 ··························· 160
| 8-5   内压弯头与环形集箱的强度分析与计算 ··················· 168
| 8-6   内压圆筒形元件结构要求的解析 ························ 174
| 8-7   附加外载的校核计算 ································ 179
| 8-8   内压圆筒形元件强度问题解析与说明 ···················· 184
| 8-9   内压圆筒形元件强度计算问题与改进 ···················· 189
| 8-10   内压圆筒形元件强度事故分析与处理 ···················· 194

第9章 外压圆筒形元件的强度与稳定 ································· 201

    9-1   外压圆筒强度与稳定的计算式 ························· 201
    9-2   外压炉胆的强度与稳定计算 ··························· 204
    9-3   炉胆的结构要求与解析 ······························ 214
    9-4   平直炉胆的计算问题与解析 ··························· 216
    9-5   波形炉胆计算改进与结构创新 ························· 225
    9-6   波形炉胆的有限元计算校核 ··························· 230
    9-7   外压回烟室计算方法与解析 ··························· 239
    9-8   外压管的计算与解析 ································ 246

第10章 凸形元件的强度 ·· 253

    10-1   凸形元件的应力分析与计算式 ························· 253
    10-2   凸形元件的强度计算与结构要求 ······················· 260
    10-3   凸形封头强度计算解析 ······························ 267
    10-4   凸形管板强度计算方法的建立 ························· 271
    10-5   凸形元件强度计算存在的问题与处理 ···················· 282
    10-6   凸形封头孔径放宽限制的有限元计算分析 ················ 287

第11章 平板元件的强度 ·· 292

    11-1   平板元件的应力分析与强度计算式 ······················ 292
    11-2   平板元件的强度计算与结构要求 ······················· 300
    11-3   平板元件强度裕度过大的解析与验证 ···················· 304
    11-4   平板强度裕度过大问题的处理 ························· 313

11-5　平板变形的有限元计算示例 ··· 317

第12章　拉撑(加固)平板的强度 ··· 321
　12-1　拉撑(加固)平板的强度计算与结构要求 ······························· 321
　12-2　拉撑(加固)平板与拉撑曲面板的强度解析 ···························· 331
　12-3　拉撑(加固)平板的强度问题与处理 ······································ 338

第13章　拉撑(加固)件的强度 ·· 341
　13-1　拉撑(加固)件的强度计算与结构要求 ·································· 341
　13-2　拉撑(加固)件强度的解析 ··· 347
　13-3　拉撑(加固)件的强度问题与处理 ·· 354

第14章　矩形集箱的强度 ·· 361
　14-1　矩形集箱的强度计算与结构要求 ·· 361
　14-2　矩形集箱的强度有限元计算分析与建议 ······························ 364
　14-3　矩形集箱的强度计算问题与处理 ·· 370

第15章　水管管板的强度 ·· 377
　15-1　水管管板的受力分析 ··· 377
　15-2　水管管板的有限元计算分析 ·· 379
　15-3　水管管板的计算方法 ··· 385

第16章　立式锅炉下脚圈的强度 ·· 388
　16-1　下脚圈的强度计算与结构要求 ··· 388
　16-2　下脚圈计算公式的解析 ·· 391
　16-3　下脚圈的有限元计算分析 ··· 398
　16-4　下脚圈的强度问题与处理 ··· 405

第17章　异型元件的强度 ·· 407
　17-1　异型元件的强度计算与结构要求 ·· 407
　17-2　三通计算公式的解析 ··· 412
　17-3　外载三通强度有限元计算分析与处理 ·································· 416

17-4　三通应用条件放宽的有限元计算分析与建议 ············· 421

第18章　孔与孔桥的补强 ············· 429

18-1　筒壳允许不补强的最大孔径 ············· 429
18-2　筒形元件孔的补强 ············· 431
18-3　凸形元件孔的补强 ············· 439
18-4　平板孔的补强 ············· 442
18-5　孔桥的补强 ············· 445
18-6　外压炉胆孔的补强 ············· 449
18-7　孔与孔桥补强的解析 ············· 450
18-8　孔桥补强有限元计算分析与建议 ············· 453

第19章　铸铁锅片的强度 ············· 459

19-1　铸铁锅片的强度确定方法 ············· 459
19-2　铸铁锅片的强度计算示例 ············· 461

第20章　强度的验证方法 ············· 465

20-1　受压元件最高允许工作压力的验证方法 ············· 465
20-2　有限元计算方法在强度验证中的应用 ············· 470
20-3　相似原理与模型试验在强度验证中的应用 ············· 472

第21章　锅炉受压元件强度计算示例与分析 ············· 478

21-1　新型水火管蒸汽锅炉强度计算 ············· 479
21-2　组合螺纹烟管热水锅炉强度计算 ············· 505
21-3　卧式内燃蒸汽锅炉强度计算 ············· 544
21-4　全无拉撑件卧式内燃锅炉强度计算 ············· 570
21-5　电站锅炉元件强度计算示例 ············· 584
21-6　立式锅炉强度校核计算 ············· 597

第22章　锅炉自身支撑计算 ············· 611

22-1　锅炉自身支撑计算方法 ············· 611
22-2　下降管支撑锅壳的计算 ············· 613

22-3 承载集箱与拱管支撑炉拱的计算 ………………………………………………… 620

22-4 炉排承载风箱支撑锅炉本体的计算 ……………………………………………… 626

22-5 炉排承载风箱支撑锅炉本体的有限元计算分析 ………………………………… 633

第 23 章 薄壁圆筒的边界效应 ……………………………………………………………… 642

23-1 圆筒端部作用弯矩及剪切时的边界效应 ………………………………………… 642

23-2 圆筒体与凸形封头连接处的应力分析 …………………………………………… 647

23-3 圆筒体与平端盖连接处的应力分析 ……………………………………………… 652

第 24 章 有裂纹元件的强度 ………………………………………………………………… 654

24-1 线弹性断裂力学校验元件的强度 ………………………………………………… 654

24-2 弹塑性断裂力学校验元件的强度 ………………………………………………… 658

24-3 有裂纹容器启停寿命的估算 ……………………………………………………… 660

下篇 锅炉钢材性能与应用

第 25 章 锅炉钢材特点 ……………………………………………………………………… 665

25-1 锅炉钢材的使用特性 ……………………………………………………………… 665

25-2 锅炉钢材成分对性能的影响 ……………………………………………………… 667

25-3 锅炉钢材的分类 …………………………………………………………………… 675

25-4 锅炉钢材牌号的中外表示方法 …………………………………………………… 682

第 26 章 锅炉钢材组织与性能的变化 ……………………………………………………… 690

26-1 锅炉钢材在高温作用下金相组织的改变 ………………………………………… 690

26-2 锅炉钢材高温氧化与腐蚀 ………………………………………………………… 699

26-3 锅炉钢材的脆化 …………………………………………………………………… 706

26-4 锅炉钢材损伤特征与损伤原因判别方法 ………………………………………… 714

第 27 章 锅炉钢材性能与基本要求 ………………………………………………………… 720

27-1 钢材性能概述 ……………………………………………………………………… 720

27-2 锅炉受压元件用钢性能的基本要求 ·· 724

第 28 章 锅筒(锅壳)用钢板 ·· 726

28-1 锅筒(锅壳)的工作条件与用钢要求 ·· 726
28-2 锅筒(锅壳)用钢的应用范围、化学成分及力学性能 ····························· 727
28-3 锅筒(锅壳)用钢特性说明 ·· 733

第 29 章 锅炉受热面及管道用钢 ·· 738

29-1 锅炉受热面及管道的工作条件与用钢要求 ··· 738
29-2 锅炉用钢管材料的适用范围、化学成分及力学性能 ····························· 741
29-3 锅炉用钢管的特性 ·· 751

第 30 章 锅炉用锻件材料 ··· 757

30-1 锅炉用锻件材料的适用范围 ·· 757
30-2 锅炉用锻件材料的化学成分及力学性能 ·· 758

第 31 章 铸钢与铸铁 ·· 763

31-1 锅炉用铸钢的适用范围、化学成分与力学性能 ···································· 763
31-2 锅炉用铸铁的适用范围、化学成分与力学性能 ···································· 765
31-3 关于铸铁锅炉 ··· 770

第 32 章 吊杆与拉撑件及紧固件用钢 ·································· 771

32-1 吊杆、拉撑件、紧固件的工作条件与用钢要求 ···································· 771
32-2 紧固件材料应用范围 ··· 773

第 33 章 锅炉其他用钢 ·· 775

33-1 受热面固定件及吹灰器用钢性能 ··· 775
33-2 锅炉构架用钢 ··· 777

附录 1 常用单位的规定与换算 ·· 780

附录 2 水的饱和温度 ··· 783

附录3　国外钢材牌号的表示方法与常用钢材中外钢号对照 …………… 784

附录4　锅炉钢材的物理性能 ………………………………………………… 804

附录5　钢炉钢材的尺寸规格、允许偏差及重量 …………………………… 805

附录6　专用名词英-中对照 ………………………………………………… 827

附录7　创新工业锅炉的性能和技术参数 …………………………………… 835

　　辽宁昌盛节能锅炉有限公司 …………………………………………… 835

　　三浦工业(中国)有限公司 ……………………………………………… 842

　　河南省四通锅炉有限公司 ……………………………………………… 847

　　安阳市福士德锅炉有限责任公司 ……………………………………… 852

　　SAACKE 扎克能源技术设备(上海)有限公司 ………………………… 857

　　水国双引射烟气内循环超低氮燃烧器 ………………………………… 861

　　大连阳光煤与清洁燃料层燃锅炉燃烧设备 …………………………… 871

参考文献 ……………………………………………………………………… 884

绪　　论

了解锅炉受压元件强度的特点，对应用标准、理解标准以及解决生产中出现的实际强度问题至关重要。依据本书编著者长期以来在锅炉强度方面的工作经历与遇到的诸多问题，将目前存在的几个较重要问题与需要努力改进的工作加以概括论述。

1　锅炉汽水爆炸起因的量化判别

有压力的蒸汽或热水可能引发爆炸（汽水爆炸）是涉及锅炉安全的一种特殊现象。锅炉爆炸的后果异常严重——可能导致人身伤亡、设备毁坏，热能、电能中断等重大事故。因此，对汽水爆炸的研究，尤其对爆炸起因的量化判定研究颇为重要。

（1）汽水爆炸始裂压力判定的重要性

防范汽水爆炸是有关锅炉安全多方面工作的一项重要目的。但至今爆炸事故起因、追究责任尚缺乏量化分析依据——因为难以判定起爆时的始裂压力。如果能够明确始裂压力值，就有助于区别爆炸起因是与设计、制造有关，还是与运行有关。

（2）汽水爆炸研究工作尚待进行

至今，对锅炉汽水爆炸的研究工作相对炸药爆炸、核爆炸，明显偏少。锅炉汽水爆炸热态试验十分重要，由于基层研究机构进行试验困难较多，故研究甚少。本书撰写者组织进行过的两次工业锅炉不同材料各种受压元件与铝制锅炉实体热态爆炸试验，是我国至今仅有的试验研究。

根据汽水爆炸热态试验得出的数据，曾提出的汽水爆炸起因量化计算方法，能够得出爆炸始裂压力。但是，汽水爆炸热态试验所积累的数据较少（主要指空气冲击波能量占爆炸全部能量的份额，称"空气冲击波能量系数"），有待进一步充实。另外，汽水爆炸量化分析的精度也有待提高。

2　锅炉强度计算标准问题

讨论锅炉强度，必然涉及强度计算标准。

世界出现锅炉规范已有百余年历史，一开始就对防范锅炉汽水爆炸起了重要作用——爆炸数量成倍下降，表明用规范来约束具有爆炸特点产品的设计、加工、运行、维护十分必要。

强度计算标准是锅炉规范的重要组成部分，以下对其现状与当前存在的主要问题进行介绍。

(1) 强度计算标准的特殊性

强度计算标准由于涉及安全,就与其他计算标准(热力、烟风阻力、汽水动力)不同。由于标准必须严格遵照执行,应用者必然会严肃对待,一般皆逐字逐句推敲。这就要求技术正确无误,文字明确、精炼,叙述严谨,插图清晰,前后统一无矛盾。

(2) 对强度标准起草与修订人员的要求

由于锅炉强度计算标准的上述特殊性,就应由具有坚实锅炉强度理论基础与丰富实践经验,且熟悉锅炉结构与工作条件的专家们进行编制与修订。在制定与修订标准时,应纳入国内积累的各方面经验与最新科研成果,还需要了解并汲取国外有关先进标准中有参考价值的内容。制定与修订过程中,还需要对各种问题反复探讨,并向锅炉技术安全监察机构、工厂、科研单位、高等院校等广泛征询意见。

标准水平的高低反映一个国家技术水平和产品质量的水平。因此,标准应全面体现国家的已有技术成就。

(3) 强度计算标准修订迟缓问题

强度标准中一些计算方法与结构规定一旦建立后,世界各国常互相借用,尽管逐渐显现出裕度过大等明显不合理问题,但由于与安全相关,一般不敢轻易变动,这就导致标准更新迟缓——与安全有关标准所具有的"惰性"。

美国 ASME 规范为世界公认的更新内容最及时的先进规范。该规范组织者定期在公开出版刊物上解答问题、解释条文、公布拟修改的内容并征询意见;经过一定时间后,提出增补、修改内容作为标准附录加以公布试用,再经过一定时间后即演变为标准正文;修订的间隔时间平均不到 5 年。我国锅炉强度标准在这方面做得不够及时,还有待改善。

(4) 强度计算标准安全裕度现状

强度标准刚出现时,由于对强度问题的掌控缺乏信心,加之对爆炸的恐惧,故对强度安全裕度的规定必然明显偏高。以后由于对锅炉强度认知的不断提高,安全裕度在逐渐下降——至今计算壁厚几乎下降一半,但并未因壁厚下降而导致出现安全问题,各国锅炉强度标准皆如此。因此,在修订标准时,应注意计算厚度无需增加。

(5) 强度计算标准应用中遇到问题的处理

随着技术的发展与经验的积累,在执行标准时可能发现某些不尽合理的内容,尤其标准长期不修订更会出现此情况。另外,在锅炉结构创新中,也会出现无标准可依的问题。

我国标准 GB/T 16507《水管锅炉》与 GB/T 16508《锅壳锅炉》明确指出：既应满足当前设计与制造的要求，又为创新发展预留空间。

标准能为创新发展预留空间十分必要。当然，标准规定变动必须经过审核才可实施。但是，审核需要等待多少时间等问题也需要解决。

(6) 最初版本强度计算标准遗留问题的及时重审

20 世纪 80 年代，我国开始制定第一版水管锅炉强度计算标准；几年后，开始制定第一版锅壳锅炉强度计算标准。由于当时经验有限，参照国外标准分析不够，对应力分类与判定原则应用不充分，倾向于保守等原因，所形成的一些计算规定等内容不尽合理，而已经制定为标准，加之前述的强度标准具有的"惰性"，就一直延续下来。对这些问题应该及时重审。

(7) 全面参照其他国外标准问题

我国锅壳锅炉、水管锅炉强度计算标准都经过几次修订，也在不断改进，但编排方式、基本内容、表述形式等一脉相承，形成了自己的风格，已习惯应用近半个世纪。更重要的是，为确保锅炉安全，两个标准皆发挥了重要作用，并不存在明显缺陷。缺乏足够依据地决定全面照搬国外标准，又未认真进行计算对比，遂出现大量矛盾，造成混乱。

国外强度标准无中途照搬其他体系标准作法。以英国 BS 2790 为例：其第一版是 1956 年颁布，内容较少，1972 年版定出大框架，以后大框架一直沿用至今，基本未变。当然其间也在不断修改与充实，如 1956 年、1969 年、1973 年、1982 年、1986 年、1989 年、1992 年各版，而 1992 年版至今则无大变动，在 2007 年及 2014 年作了确认。这就是该国标准的传统。前述的美国 ASME 规范（标准）在不断修订，但基本型式无大改变。各国标准皆有自己的习惯与传统。

3 锅炉强度计算需要解决的一些问题

有些明显不合理与长期不明确的计算问题需要尽早解决，有些计算方法过于陈旧需要改变，以下举例说明。

(1) 有些元件安全裕度过大问题

平板元件经过理论分析与多次爆破、低周疲劳、应力与变形测试、有限元计算均证实：试验压力高达设计允许压力 10 倍以上尚无破裂迹象。平板元件壁厚可否适当减小一些，需要改变计算方法。

筒壳外置角焊平端盖（平端板）经多次爆破试验证实比内置角焊的破裂压力约增加 50%，受力分析也是外置角焊明显优于内置角焊。可否不再增加外置角焊结构的壁厚。

波形炉胆不仅计算公式不合理，而且安全裕度偏大，需要根本改变计算方法。

理论分析与爆破试验均证实筒壳环焊缝的强度裕度比纵焊缝大一倍,环焊缝可否进一步放宽对待(需下很大决心才能改变的传统习惯)。

(2) 长期存在的不够明确与计算方法陈旧问题

孔排减弱、大孔与孔桥补强的计算与规定,初始标准遗留下来的偏于保守问题需要重审。

呼吸空位初始标准遗留下来不正确的规定长期被沿用,呼吸空位规定值需要重审。

各种凸形元件的许用应力修正系数需要复议。

下脚圈、加固平板的计算公式过于陈旧而且计算厚度偏大需要改变。

水管管板简易计算方法、安全阀整定压力增值无需考虑(整定次数远少于锅炉启停次数)、取消凸形封头直筒段的校核计算规定等问题均需复议。

尽量避免采用角焊结构问题,经过多次爆破、低周疲劳与疲劳后再爆破试验,均未发现疲劳现象,对其计算厚度可否不再增加。

注:以上诸问题在本书中皆有详细论述,并提出解决办法与改进建议。

4　锅炉强度事故分析与处理

(1) 事故原因需要综合分析

锅炉强度事故常常是多种原因引发的,给事故分析带来较大困难。

事故分析涉及的问题很广泛:锅炉结构特点、锅炉运行条件(锅炉参数、锅炉热负荷、水质等)、金属材料原始状态与运行后性能的变化、元件的壁温与受力状态等均需考虑到。必要时,需要进行壁温与应力计算分析。壁温过高常常引发事故,对其应给予较多关注。

(2) 事故分析需要具备"应力分类与控制原则"知识

由于对按应力分类判别强度缺乏了解,我国一些地区锅炉界曾对多起强度案例——局部区域应力超过屈服限可否应用判断不明,是由于不了解二次应力的限制条件可以大为放宽的规定。

(3) 事故处理不应轻易判定停用或报废

锅炉是较贵重设备,电站锅炉停用还涉及电能中断,不应因为知识与经验不足而草率判定停用或报废。

尚可继续使用的锅炉,判定停用或报废是最简单、最草率的处理方法,但损失颇大。60多年前,苏联锅炉监察专家来华报告时所说的"你们报废可以继续使用的锅炉,实在可惜",至今余音犹在。

5　数值计算(有限元计算)分析的应用

世界已进入数字时代,对待强度新问题,同样不应仅凭经验、感觉,或简易计算而决定是否可行,应依据详细数据来判定,提升处理水平。

对复杂形状受压元件仅靠力学分析常无法解决,而应用有限元计算分析方法却能奏效。本书应用有限元计算分析方法解决许多锅炉强度问题,有些已被强度标准修订采纳。

本书给出较多应用数值计算方法解决锅炉强度问题的示例,并着重指出:

(1) 如应用数值计算方法全面复核锅炉强度计算标准,标准会有较大改进并波及国外标准。标准修订对此应给予足够重视。

(2) 应用数值计算方法解决强度问题并不需要高深力学与数学理论,一般工程技术人员皆能够完成。

(3) 由本书论述的厚壁筒壳、凸形壳、平板、曲面下脚圈、边界效应等应力分析可见,即使这些十分简单的几何形状元件,其推导过程也颇为繁琐;另外,也需要简化处理,同样免不了具有一定近似性。应该利用现代计算机,采用数值计算手段,快速优化计算不同几何形状受压元件的强度、稳定等问题,将解放出来的时间用于思考与处理更重要的问题。

6　锅炉结构创新与强度密切相关

锅炉结构创新一般常首先需要解决强度问题,诸如:

外燃锅炉拱形管板——在大量有限元计算分析(少量应力测试校核)基础上,归纳出简易计算方法,经审批已纳入锅壳锅炉强度计算标准;

内燃锅炉拱形管板——经大量有限元计算分析,图纸审批后已投入系列容量生产;

结构明显简化的波形炉胆——经分析已提出简易计算方法,经有限元计算分析、稳定试验校核,已应用于创新型内燃锅炉;

无拉撑无加固的回燃室——可按强度计算标准设计,由于是新结构,再经有限元计算校核,已应用于创新型内燃锅炉;

锅炉本体自身支撑——理论分析提出简易计算方法,经有限元计算校核,已大量应用。

支撑整台锅炉的承载风箱——经分析提出简易计算方法,经有限元计算分析校核,已大量应用。

可见,有限元计算分析方法在锅炉结构创新工作中已起到重要作用。

上述创新思路、强度问题的处理方法,希望对锅炉设计、研发人员会有所启发。

7　数据统计与工程风险评估

工程风险分析是保证锅炉、压力容器安全的新兴学科。

20世纪中期,工程风险评估在国外开始应用于核电站设备,以后应用于火力发电站等设备。我国于21世纪初开始应用于石油化工设备[246]。

工程风险评估离不开数据统计与分析。

本书并不专门论述工程风险分析问题,但本书许多内容为锅炉风险评估提供统计、分析与计算的示例。

(1) 事故统计与分析

依据我国锅炉爆炸数量与统计分析,得出不同年代爆炸的起因,为保障安全指明了应改进与努力方向(见1-1节之1);锅炉风险分析应了解元件的失效模式(见2-2节之3)。

(2) 最严重的失效(汽水爆炸)的计算与分析

锅炉汽水爆炸总能量计算(见1-2节);锅炉爆炸总能量形成冲击波的份额(见1-2节);始裂压力的估算与判定爆炸起因的量化分析(见1-3节);锅筒爆炸与爆管的破坏差异,锅筒有爆炸型与泄漏型的区别(见1-2节)。

(3) 事故分析与处理方法

锅炉钢材损坏特征与损坏原因的判别方法(见26-4节);锅炉元件强度问题的解决方法(见7-2节);电站锅炉超压超温事故的评估与处理(见8-10节之1);工业锅炉事故的评估与处理(见8-10节之3)。

(4) 寿命评估

蠕变寿命评估(见2-4节);低周疲劳寿命评估(见2-5节);有裂纹容器启停寿命的估算(见24-3节)。

符号说明

说明：目前，我国锅炉标准、书刊等的符号与副码（角标）表示方法尚不统一，书中采用通常习惯表示方法。

一、主码

(1) 英文符号

A——面积，m^2；

B——有效加强宽度，mm；

a——椭圆的长半轴，mm；

b——椭圆的短半轴，mm；宽度，mm；当地大气压，Pa；

C,c——附加壁厚，mm；

c——裂纹长度的一半，mm；

c_c——临界裂纹尺寸，mm；

D——直径，mm；抗弯刚度，$N \cdot cm$；锅炉蒸发量，kg/s、t/h；

$D_i(D_n)$——内直径，mm；

$D_a(D_m)$——平均直径，mm；

$D_o(D_w)$——外直径，mm；

d——直径，mm；

$d_e(d_J)$——当量圆直径（假想圆直径），mm；

$[d]$——未补强（未加强）孔的最大允许直径，mm；

e——焊角尺寸，mm；

E——弹性模量，MPa；

exp——以 e 为底的指数，例如 $\exp(-0.005a/b)$ 表示 $e^{-0.005a/b}$；

F——截面积，cm^2；

f——截面积，cm^2；

G——重量，kgf、t；

g——重力加速度，m/s^2；

h——高度、水静高度，m；

J——惯性矩，mm^4；

K——系数、修正系数；

K_I——应力强度因子，$N/mm^{3/2}$；

K_{Ic}——断裂韧性，$N/mm^{3/2}$；

k——应力集中系数、系数、修正系数；

L,l——长度，m、mm；

$\log(\log, Lg)$——以 10 为底的对数；

$\ln$——以 e 为底的自然数对数；

M——力矩、弯矩，N·m；质量，kg；

m——质量，kg；

$N = m \cdot g$——力，N，kgf；

N——功率，kW；

n——安全系数；数量、顺序；

n_s——以屈服限为准的安全系数；

n_b——以抗拉强度为准的安全系数；

P——力，N，kgf；

p——压力、静压，MPa；

p_{dy}——动压，Pa；

$p_{ld}(f_l)$——流动压头，Pa；

Q——载荷，N；热量，kJ；供热量，MW，kJ/h；

q——沿长度均布载荷，N/mm；热流密度、热负荷，kW/m²；

$R(r)$——圆角半径、曲率半径，m；热阻，m²·K/W；

R_m——常温下的抗拉强度，MPa；

$R_{eL}(R_{P0.2})$——常温下的屈服限（屈服强度），MPa；

$R_{eLt}(R_{P0.2}^t)$——设计温度下的屈服强度，MPa；

R_n^t——设计温度下的蠕变限，MPa；

R_D^t——设计温度下的持久强度，MPa；

R, r——圆角半径、扳边内半径，mm；

S——壁厚（旧标准常用），mm；

s——节距，mm；

t——温度，℃；厚度、壁厚，mm；

$t_{b(sat)}, t_s$——饱和温度，℃；

$t_{c(out.w)}$——出水温度，℃；

$t_{h(bac.w)}$——回水温度，℃；

t_d——计算壁温，℃；

t_c——计算温度（计算壁温），℃；

t_{mave}, t_m——介质平均温度，℃；

T——温度，℃；绝对温度，K；

u——椭圆度、圆度百分率；

V——容积，m³；

v——体积质量（比体积、比容），m³/kg；

W——抗弯断面系数，mm³；

X——介质混合程度系数。

(2) 希腊文符号

α——角度，°(度)、rad(弧度)；

β——修正系数；

γ——重度(比重)，kgf/m^3；

δ——厚度(壁厚)、差值、间距，mm；常温伸长率(10倍试件)，%；裂纹张开位移(COD)，mm；

$\delta_c(t_l)$——(理论)计算厚度；

$\delta_e(t_y)$——有效厚度；

δ_5——常温伸长率(5倍试件)，%；

Δ——差值符号；间距，mm；

Δt——温差(一种介质或物体之间)、温压(两种介质之间)，℃；

ε——变形率；

ξ——间距，mm；

η——效率、热效率，%；基本许用应力修正系数、不均匀系数、椭圆度；

θ——温度、烟气温度，℃；角度，°(度)；

λ——线膨胀系数，$℃^{-1}$；导热系数，kW/(m·℃)、W/(m·℃)；变形值，mm；衰减系数，cm^{-1}；

λ_m——金属导热系数，kW/(m·℃)、W/(m·℃)；

μ——稳定长度系数、波松比(波松系数)；

$\rho = \gamma/g$——介质密度，kg/m^3、$N·s^2/m^4$；

ρ——曲率半径，mm；

Σ——总合；

σ——应力，MPa；

σ_d——当量应力，MPa；

σ_s——(常温)屈服限，MPa；

$\sigma_{0.2}$——(常温)屈服限(残余变形为0.2%)，MPa；

σ_b——(常温)抗拉强度，MPa；

σ_w——弯曲应力，MPa；

σ_e——二次应力，MPa；

σ_m——膜应力，MPa；

σ_{Jm}——局部膜应力，MPa；

$[\sigma]$——许用应力，MPa；

$[\sigma]_J$——基本许用应力，MPa；

τ——时间，h、s；

φ——减弱系数；

φ_w——焊缝减弱系数(焊接接头系数)；

ψ——修正系数；

Ω——周界，m。

二、副码（角标）

(1) 符号

′(右上标)——入口、饱和水、水；

″(右上标)——出口、蒸汽；

‾(上标)——平均值；

⌢(上标)——弧线。

(2) 英文　中文

a——平均；

bi(wal)——壁、壁面；

d(eq)——当量；

h——焊接；

i——内；

J,j——介质、下降、假想圆；加强、加强圈、节流、校核；

J(cal)——计算；

J(loc)——局部；

j(cal)——计算；

k(a)——空气；

l——理论、炉膛、炉胆；

l(fur)——炉膛；

ld(dew.p)——露点；

ld(fl)——流动；

lj(cr)——临界；

lk——冷空气；

lw——螺纹；

m——平均（相当于 a）、径向、金属；

max——最大；

min——最小；

n——内；

o——外；

p、pj(av)——平均；

r——经向；径向；

r(h.w)——热水；

q(s)——蒸汽；

t——t℃(°F)、非室温、非"常温"；

w——外；

z——轴向、纵向；

zs(re)——折算；

zw(st)——重位。

(3) 希腊文

θ—— 环向、纬向。

上篇　锅炉强度基础与计算特点

论述锅炉强度的特殊性与相关基础问题，以及不同受压元件强度计算的共性问题，如强度标准、安全裕度、计算压力、计算壁温等。

汽水爆炸是锅炉强度中的一个重要问题，作为本书开篇加以详细论述。

最后归纳出锅炉受压元件强度出现问题的常用处理方法；而判别锅炉受压元件钢材出现问题的常用方法参见下篇 26-4 节。

第1章 锅炉汽水爆炸原理与起因判别

锅炉汽水爆炸（简称"爆炸"）会造成人身伤亡和设备、建筑物的重大损坏。汽水爆炸自从出现锅炉以来，始终伴随而生，威胁锅炉的安全运行。尽管全力防范汽水爆炸，但至今未能杜绝。

本章依据我国两次工业锅炉受压元件与实体锅炉热态爆炸试验研究成果[1-3]和锅炉汽水爆炸分析[4]以及锅炉汽水爆炸综论[5]编写而成。

本章介绍锅炉汽水爆炸概况，论述汽水爆炸原理，还提出了定量判别汽水爆炸起因的方法。

提示：为进一步提高汽水爆炸始裂压力的定量测量精度，还需要做补充试验，见1-3节最后的建议。

1-1 锅炉汽水爆炸与试验研究概况

本节介绍锅炉汽水爆炸的历史与现状，并依据统计数据指出引发爆炸的主要原因，还对汽水爆炸试验作简单介绍。

1 锅炉汽水爆炸简述

（1）锅炉爆炸事故概况

锅炉是一种受火的压力容器，其中存有会因压力突降而剧烈膨胀的介质。锅壳（锅筒）、管道等容积较大的受压元件，如因破裂引起汽水瞬时剧烈膨胀，就会发生汽水爆炸的重大事故。

早期锅炉爆炸案例：

历史上，这种锅炉汽水爆炸事故屡见不鲜。从1870年至1910年的40年间，美国、加拿大、墨西哥区域，有记录的锅炉爆炸事故共约1万起[6]。1905年美国某鞋厂一台火管锅炉爆炸造成58人死亡和117人受伤的重大事故[7]。历史上还发生过船舶锅炉爆炸导致船上千余人丧生的惨重事件[1)]。

苛性脆化引发水管锅炉爆炸案例：

1955年，我国某纺织厂一台2.2 MPa的10 t/h蒸汽锅炉的下锅筒因苛性脆化而爆炸，使锅炉从基础上腾空而起，飞至75 m以外的另一厂房内，爆炸造成死亡40余人，是一九四九年后最大的一起锅炉爆炸事故[8]。

---

1) 1865年4月27日，SULTANA号船在密西西比河航行，船载2200名士兵，挤在舱面，其下部的锅炉爆炸引发全船大火，以致伤亡惨重（包括投水溺亡）[6]。

1975年我国某小型火力发电站一台1.0 MPa的7 t/h蒸汽锅炉,因提高出力在超过额定压力的1.37 MPa条件下运行,由于铆缝抗滑动强度不足,使锅水进入铆缝,逐渐导致苛性脆化而爆炸,锅筒飞走40 m,厂房遭到严重破坏[8]。

立式锅壳锅炉爆炸案例:

1963年,苏联一台0.8 MPa舒霍夫立式火管锅炉,因下脚圈开裂爆炸,锅炉飞走约300 m[9]。立式锅炉下脚圈破裂,爆炸时,由于反作用力,使锅炉腾空而起穿破房顶。此类爆炸事故我国也发生过。

2006年7月,我国一台LHC0.5-0.39-AⅢ型立式锅炉,由于出口阀门关闭、安全阀未正常起跳,超压引发爆炸[10],造成5人死亡,2人重伤。锅炉解体,炉胆摧毁锅炉房外建筑物,事故现场见图1-1-1,爆炸后炉胆部分见图1-1-2。上封头沿焊缝与壳体分离飞出约400 m,见图1-1-3。下脚圈位移约25 m。

图1-1-1 LHC0.5-0.39-AⅢ型立式锅炉爆炸事故现场

图1-1-2 爆炸后炉胆部分

图1-1-3 爆炸使上封头飞走约300 m

卧式外燃锅壳锅炉爆炸案例：

1973 年，我国一台卧式单火筒锅炉，因安全阀失灵，炉胆被压瘪破裂引发爆炸[11]。

2016 年，我国一台 4 t/h，1.25 MPaDZL 新型水火管锅壳锅炉爆炸[2)]，造成死亡 3 人。轻型钢结构锅炉房完全炸毁，其惨状见图 1-1-4；锅炉房邻近建筑物损坏情形见图 1-1-5。爆炸使锅壳整体（含内部烟管及锅内部件）向前方飞行距锅炉房约 450 m 落入农田（图 1-1-6）。爆炸导致锅壳的后管板大开口，见图 1-1-7。

图 1-1-4 4 t/h、1.25 MPa 水火管锅壳锅炉爆炸导致锅炉房完全坍塌

图 1-1-5 锅炉房邻近建筑物损坏情形

图 1-1-6 锅壳飞行距锅炉房约 450 m 落入农田

图 1-1-7 爆炸导致锅壳后管板大开口
（后管板大半被炸飞）

由以上锅炉汽水爆炸案例可见，其对人身与设备的安全危害十分严重。

已发生的锅炉汽水爆炸事故大多数为小容量（<10 t/h）锅炉。

水管锅炉结构简单，但一般压力较高，爆炸能量较大。

锅壳锅炉压力较低，但结构复杂、单位容量的水容较大，爆炸后果同样十分严重。

锅壳锅炉的数量远大于水管锅炉，爆炸案例也较多。

如果高压锅炉爆炸（至今国内外尚无爆炸案例），后果将不堪设想。

（2）严格执行标准（规程）使锅炉爆炸事故明显减少

为防范汽水爆炸事故，应多种措施并举，从多方面着手，如选材、设计、工艺、运行等。与本书密切相关的锅壳锅炉与水管锅炉受压元件强度计算标准，以及锅炉安全监察规程，对保证锅炉安全起到重要技术支撑作用。

---

2) 原河南省质监局锅炉容器处供稿。

各国大量高参数大容量电站锅炉的锅筒在运行中从无一例爆炸,而参数较低的较小容量工业锅炉、采暖锅炉,甚至常压锅炉却屡次发生爆炸。这充分说明:严格执行各项标准、规程(材料、设计、制造、安装、检验、运行)就可能做到确保安全;反之,就有可能出现因受压元件强度失效而引发的严重事故。

前述的美国锅炉爆炸事故促使美国 ASME 锅炉规范的出现。此后,由于锅炉设计、制造、运行有了明确要求与规定,汽水爆炸事故大幅度下降。

(3) 我国锅炉爆炸事故统计

1) 1966 年—1976 年期间

不严格执行标准、规程,平均每年发生锅炉爆炸 300 起以上。

2) 1977 年—1980 年期间

"改革开放"初期,锅炉爆炸数量明显减少[12],见表 1-1-1。

表 1-1-1　1977 年—1980 年间锅炉爆炸事故统计

项目	爆炸/起	死亡/人	受伤/人
1977 年	108	92	392
1978 年	104	53	182
1979 年	136	58	218
1980 年	115	44	165

3) 1981 年后

"六五"期间(1981 年—1986 年),平均每年发生锅炉爆炸事故不到 70 起[13],1993 年不到 40 起;2002 年、2003 年各约 30 起[14]。

国家质检总局特种设备事故调查处理中心统计的 2005 年—2013 年期间的锅炉爆炸事故案例共 178 起[10]。其中,按锅炉型式分类见表 1-1-2,部分蒸汽锅炉爆炸事故原因分类见表 1-1-3,5 起热水锅炉(含常压)爆炸事故原因均系无证生产或私自维修改造(包括将常压锅炉改为承压运行)。

表 1-1-2　2005 年—2013 年期间锅炉爆炸事故分类

锅炉型式	蒸汽锅炉	热水锅炉	常压锅炉	土制锅炉	有机热载体锅炉
台数	102	6	22	44	4
百分数/%	57.3	3.4	12.4	24.7	2.2

表 1-1-3　2005 年—2013 年期间部分蒸汽锅炉爆炸事故原因分类

爆炸原因	水质	工艺或安全部件失灵	违章操作	无证生产或私自维修改造
台数	2	4	58	5
百分数/%	3	6	84	7

由以上统计可见,工业锅炉汽水爆炸事故总体趋势在逐渐减少,但仍有发生。违章操作是锅炉爆炸的主要原因,有关锅炉爆炸事故统计、简介,参见文献[14～16]。

2　汽水爆炸试验研究

热态爆炸试验要比冷态爆破水压试验更接近于实际，能更全面、更确切地反映元件运行时的实际强度；同时，还可了解到破裂是属于爆炸型，还是泄漏型；也能得到爆炸能量等数据。当然，组织这种试验要困难得多。

我国仅有的两次低压锅炉汽水爆炸试验情况如下：

1) 1987年，为发展铝制锅炉，曾进行过铝制实体锅炉、铝制与钢制受压元件对比爆炸试验[3)]。规模较大，测量系统见图1-1-8[1,2]。

此次试验得出不同材料与不同元件结构的爆炸能量、冲击波超压值，并得出定量判断爆炸起因用的空气冲击波能量系数 η 值，见表1-2-3。

同时，了解到铝制锅炉破坏属于泄漏型（非爆炸型），而铝制与钢制圆筒，则属于爆炸型。

此次试验对推动铝制锅炉的发展起了较大作用。

2) 1989年，为发展铸铁锅炉，又曾进行过一次规模更大的爆炸试验[4)]，包括铸铁实体锅炉，铸铁、钢制、铝制不同受压元件[2,3]。测量系统与图1-1-8所示相同。

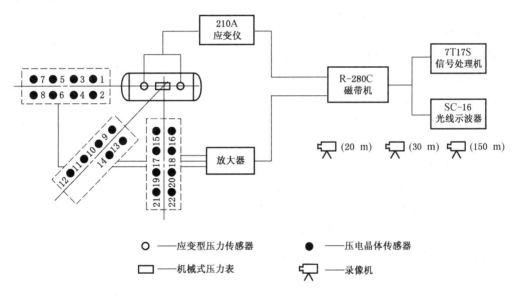

图 1-1-8　爆炸试验测量系统

此次试验得出不同材料与不同元件结构的爆炸能量、冲击波超压值，并补充了空气冲击波能量系数 η 值，见表1-2-3。

---

3) 哈尔滨工业大学、原北京电工综合技术经济研究所、原大连市劳动局、大连铝制锅炉制造厂与其他钢制锅炉制造厂参加，测量工作聘请原兵器工业部第五设计院承担——本次试验由李之光主持并作技术总结。

4) 哈尔滨工业大学、原北京电工综合技术经济研究所、原哈尔滨锅炉检验研究所、哈尔滨铸铁锅炉制造厂、大连铝制锅炉制造厂与其他钢制锅炉制造厂参加，测量工作聘请原兵器工业部第五设计院所承担——本次试验由李之光主持并与研究生孙庆军作技术总结。

此次试验还了解到铸铁片式锅炉破裂一般属于泄漏型,钢制筒形元件与铸铁制筒形、方箱形元件皆属于爆炸型。

此次试验对推动铸铁锅炉的发展起了较大作用。

1-2　锅炉汽水爆炸原理

本节全面论述汽水爆炸原理并给出量化分析爆炸起因所需要的数据。

1　汽水爆炸特点

汽水爆炸与炸药爆炸的共同特点皆是能量的瞬时释放并伴随巨大声响,皆能引发重大破坏;其不同点是炸药爆炸属于物质转变的化学变化现象,并伴随超高温、超高压,而汽水爆炸则纯属水与汽剧烈膨胀的物理变化现象。

注:高温水或蒸汽瞬时膨胀引发爆炸的产物皆为蒸汽与水的混合物,二者区别在于高温水的爆炸产物中水的含量较多一些,见文献[4]。

(1) 不同类型锅炉的汽水爆炸情况

1) 电站锅炉

如前所述,国内外至今从未发生过高压大容量电站锅炉的锅筒汽水爆炸重大事故,其主要原因在于人们对压力较高的锅炉有更惧怕爆炸的心理因素,各环节均十分审慎对待所致。

电站锅炉中较粗的高温管道有爆炸重大事故实例。例如,露天锅炉蒸汽连接管因酸雨腐蚀明显减薄而导致爆炸,造成人员死伤重大事故。再如,早期国外电站锅炉 0.5 钼钢高温管道因石墨化也发生过爆炸事故。

2) 工业锅炉

锅炉汽水爆炸一般皆发生在低压小容量蒸汽与有压热水锅炉上,主要由于疏于管理、运行不当(补水不处理、安全附件失灵、严重缺水、司炉违规等)所致。

锅筒(锅壳)仅由于设计壁厚(强度)不够而引发汽水爆炸事故的案例无所闻,因结构不合理、制造不严格引发汽水爆炸的事例也较少。

3) 常压热水锅炉

常压锅炉本不会发生爆炸,但由于锅炉设计、安装错误加之违章操作,使锅炉带压运行出现超压,也确有不少爆炸实例。

由于锅炉汽水爆炸一般皆发生在低压锅炉上,已有的实验研究也是针对低压[1-3],故以下论述以低压锅炉的汽水爆炸为主。高压与低压汽水爆炸本质并无区别。

(2) 汽水爆炸过程

我国于 1987 年、1989 年实测锅筒模型汽水爆炸时所得介质压力的变化[1-3]见图 1-2-1。
锅炉汽水爆炸介质压力的上述变化规律见图 1-2-2。

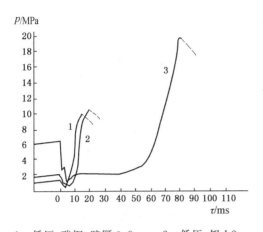

1—低压,碳钢,壁厚 0.8 mm;2—低压,铝 L2,壁厚 5.0 mm;3—中低压,碳钢,壁厚 2.0 mm

图 1-2-1 $\phi260$ mm 锅筒模型汽水爆炸实测介质压力变化曲线

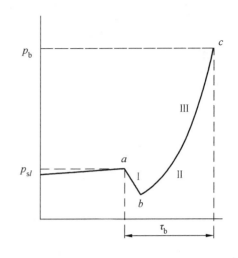

图 1-2-2 汽水爆炸介质压力变化示意图

汽水爆炸过程的全部时间(图 1-2-2 中的爆炸时间 τ_b)极短——实测为几十毫秒(ms),即汽水爆炸的开始至结束仅在一瞬间。

由图 1-2-2 可见,汽水爆炸由以下 3 个过程组成:

过程 Ⅰ——受压壳体最薄弱部位出现开口(图 1-2-2 中 a 点),其附近的介质与大气相通并降压(图 1-2-2 中 a-b 线)。

过程 Ⅱ——介质降压使饱和温度下降,介质处于过热状态,导致锅水急剧核态沸腾,引起裂口附近压力上升(图 1-2-2 中 b-c 线下部)。

过程 Ⅲ——压力上升导致裂口大开,全部介质剧烈沸腾并大幅度升压,撕裂容器,释放出汽水全部能量,而形成锅炉汽水爆炸(图 1-2-2 中 b-c 线上部)。

上述爆炸过程示意与说明见图 1-2-3。

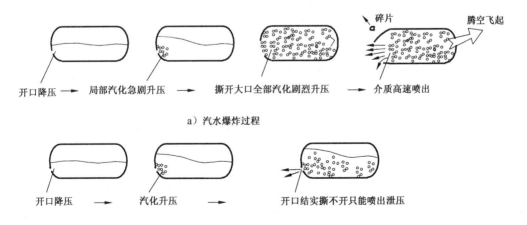

图 1-2-3 汽水爆炸过程(附非爆炸型)示意图

局部开口后,只有开口周边的强度抵挡不住升高的压力,才可能使开口瞬时扩展(撑开),

引发内部介质全部汽化而剧烈膨胀，从而形成汽水爆炸［见图 1-2-3a］。相反，局部压力升高时，如果开口周边强度较大，则不可能形成大裂口，也就不可能发生汽水爆炸。例如，管子拔脱，而筒壳孔边缘强度足够不可能裂开时，介质只能向外不断喷出，不可能形成汽水爆炸，而属于介质喷泄降压［见图 1-2-3b］。由上述分析可见：裂口瞬时大开才是引发汽水爆炸的必要条件。

以上所述属于蒸汽锅炉爆炸过程，热水锅炉爆炸、高压蒸汽管道爆炸与此类似。

日本进行的热态汽水爆炸研究得到介质压力的变化与图 1-2-1 基本一致[17]。

2 始裂压力与爆炸压力

促使受压元件最薄弱部位开始破裂的压力（图 1-2-2 中 p_{sd}）称"始裂压力"，它涉及爆炸起因是属于超压爆炸（安全阀失灵等原因造成的），还是低压爆炸（结垢过烧等原因造成的）；而升压后的压力最高值（图 1-2-2 中 p_b）称"爆炸压力"。

［注释］始裂压力与设计压力的关系

低碳钢壁温＜300℃的抗拉强度与常温值变化不大，而屈服限却随壁温上升明显下降（见图 2-3-5）。许用应力按屈服限确定，这样，锅炉元件距破裂就有较大安全裕度。按我国强度计算标准设计的低碳钢制成的锅壳（锅筒）爆破的裕度略小于 4（详见 6-3 节）。另外，元件实际取用壁厚一般大于计算所需值，则材质与工艺均满足要求时爆破的裕度应不小于 4。因此，始裂压力与额定压力之比约为 4 时，才表明爆炸起因于单一超压。

3 汽水爆炸能量与瞬时功率

（1）爆炸能量

由于汽水爆炸过程时间极短，介质来不及换热，可按热力学绝热等熵过程计算汽水爆炸释放出的全部能量[4,18,19]。

汽水爆炸过程释放出的全部能量，按等熵过程推导，可归纳成式（1-2-1）[4]：

$$W_o = C'V' + C''V'' \quad\quad\quad\quad\quad\quad (1\text{-}2\text{-}1)$$

式中：W_o——与介质压力、容积有关的汽水爆炸时释放出的全部能量，kJ；

V'、V''——爆炸前容器内的水、汽容积，m^3；

C'、C''——水、汽爆炸能量系数，kJ/m^3，见表 1-2-1 与图 1-2-4。

表 1-2-1 水、汽爆炸能量系数 C'、C''

始裂压力（表压）	MPa	1	2	4	6	8	10	20
C'	10^4 kJ/m^3	4.877	7.686	11.65	14.18	16.28	17.91	20.86
C''	10^4 kJ/m^3	0.17	0.43	1.06	1.78	2.57	3.48	10.48

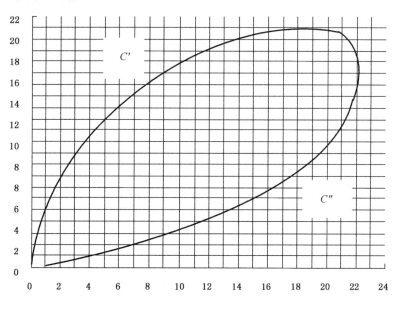

图 1-2-4 水、汽爆炸能量系数 C'、C''

（2）爆炸瞬时功率

物理学中功率与能量、时间的关系：

$$功率 = \frac{能量}{时间}$$

可见：功率与能量的释放时间呈反比关系，即能量释放的时间愈短，功率也就愈大。不同物质的能量释放时间差别非常大，因而其功率差别也特别大，见表 1-2-2。

表 1-2-2 不同物质所含能量、能量释放时间与功率

物质	所含全部能量	能量释放时间	功率
饱和水 （4 MPa 表压）	8.72×10^4 kJ/m³ 1 094.6 kJ/kg	约 0.05 s [几十毫秒(10^{-3} s)][1,2]	1.74×10^6 kW/m³ 2.18×10^4 kW/kg
TNT 炸药	4.251×10^3 kJ/kg	约 0.01 ms [十几～几十微秒(10^{-6} s)][20,21]	4.2×10^8 kW/kg
烟煤	20×10^3 kJ/kg	约 10 min	33.3 kW/kg

注：1 kg TNT = 4 251 kJ；1 kJ = 0.278×10^{-3} kW·h。

由表 1-2-2 可见：饱和水爆炸的能量释放时间明显多于炸药——约多 5 000 倍，则瞬时功率明显小于炸药；但是，即使低压小容量锅炉锅水的容积也达几立方米（m³），则始裂压力仅 4 MPa 对应的每立方米饱和水的瞬时功率高达数百万千瓦（10^6 kW），这样的爆炸功率也是巨大的，仍能摧毁锅炉房及造成人员伤亡。如高压大容量锅炉锅筒发生爆炸，更会酿成惨重

灾难。

4 汽水爆炸能量的分配

汽水爆炸释放出的全部能量 W_0 主要由以下 3 部分组成：

$$W_0 = W_1 + W_2 + W_3$$

式中：W_1——爆炸介质压缩空气形成空气冲击波所占部分能量；

W_2——爆炸使壳体、碎片飞散（抛出）所占部分能量；

W_3——爆炸后传与大气所占部分能量（混合、摩擦、扩散、传热等）。

（受压元件壳体变形、撕裂，仅占很小部分能量，一般不予考虑。）

可见，汽水爆炸的同时，有部分能量（W_3）并未消耗于破坏。例如，前述管子拔脱属于极端：$W_1 \approx 0$，$W_2 \approx 0$，汽水所含能量主要用于 W_3，不至引起较大破坏，但需防止人员烫伤。

（1）形成空气冲击波的能量（W_1）

炸药爆炸的空气冲击波能量关系式表述为式（1-2-2a）：

$$\Delta p_{max} = 5.08 \times 10^{-3} \left(\frac{\sqrt[3]{W_1}}{R}\right) + 1.02 \times 10^{-3} \left(\frac{\sqrt[3]{W_1}}{R}\right)^2 + 0.163 \times 10^{-3} \left(\frac{\sqrt[3]{W_1}}{R}\right)^3 \quad (1\text{-}2\text{-}2a)$$

式中：Δp_{max}——空气冲击波的峰值超压（见本节之 5），MPa；

W_1——空气冲击波能量，kJ；

R——距爆炸中心的距离，m。

式（1-2-2a）适用于 $1 \leq \dfrac{R}{\sqrt[3]{\dfrac{W_1}{4\,251}}} \leq 15$。

低压锅炉汽水爆炸实验[1-3]表明，上述公式也适用于汽水爆炸，因为炸药爆炸与汽水爆炸皆压缩周围空气形成空气冲击波，两者性质一样。

式（1-2-2a）的来源与应用条件：

依据相似理论，通过因次分析[22]得出无因次准则方程[20,23]，并经试验确定方程中的系数，得出式（1-2-2b）：

$$\Delta p_{max} = 0.082 \left(\frac{\sqrt[3]{C}}{R}\right) + 0.265 \left(\frac{\sqrt[3]{C}}{R}\right)^2 + 0.686 \left(\frac{\sqrt[3]{C}}{R}\right)^3 \quad (1\text{-}2\text{-}2b)$$

式中：C——TNT 炸药当量质量，kg。

式（1-2-2b）适用于 $1 \leq \dfrac{R}{\sqrt[3]{\dfrac{W_1}{4\,251}}} \leq 15$。

式（1-2-2a）是根据式（1-2-2b）按 1 kgTNT 炸药能量 = 4 251 kJ[20] 换算得出的。

式（1-2-2b）是依据空中爆炸，冲击波无限传播试验所得。锅炉的锅筒（锅壳）爆炸皆高于地面，故也近似应用此式[1-3]。显然，露天布置锅炉各处破坏适用此式，锅炉房四壁的毁坏也适用。而锅炉房以外各处的冲击波会有所减弱；另外，靠墙壁处，应叠加反射冲击波的能量。应用式（1-2-2a）求冲击波能量 W_1 时，应根据爆炸现场实况考虑上述问题，参见 1-3 节之 2。

空气冲击波能量占全部能量的份额 η 称"空气冲击波能量系数"[见式（1-2-3）]：

$$\eta = \frac{W_1}{W_0} \quad\cdots\cdots\cdots\cdots\cdots\cdots\cdots\cdots (1\text{-}2\text{-}3)$$

空气冲击波能量系数 η 是经试验测量求得的:

1) 根据爆炸试验离开爆炸中心不同距离 R 处测得的空气冲击波峰值超压 $\Delta p_{\max}$(见本节之4),按式(1-2-2a)得出空气冲击波能量 W_1;

2) 由测量的始裂压力,按式(1-2-1)求出水与汽的全部能量 W_0;

3) 按式(1-2-3)得出空气冲击波能量系数 η 值。

原兵器工业部第五设计院有丰富测试爆炸能量经验,由该院协助两次测试不同材料(碳钢、铸铁、铝)大量模拟锅筒等元件与实体锅炉本体完成爆炸试验工作。由测试结果[1-3]得出的空气冲击波能量系数 η 见表1-2-3。

表1-2-3　低压锅炉爆炸空气冲击波能量系数 η

材料	结构	冲击波能量系数 η
低碳钢	有明显应力集中的锅筒,单面角焊封头、孔等	0.17~0.25
	锅筒,与封头对接焊	0.07~0.12
灰口铸铁	整体圆筒	0.17~0.19
	隔成通道的锅片	~0.1
工业纯铝	锅筒,与封头对接焊	0.01~0.02
	立式大横水管锅炉	~0

(2) 爆炸抛出物体的能量(W_2)

大量资料给出,容器爆炸抛出物体的能量 W_2 占总能量的15%~30%,文献[24]给出值约为19%,即所占份额并不很大。

爆炸物的抛出距离:

根据爆炸抛出物体的能量 W_2 可估算出爆炸物的抛出距离。

以下对1-3节爆炸分析示例2进行估算。

1) 初速度

抛出物体的初速度 w_0 可按下式估算:

$$W_2 = \frac{1}{2}\sum M w_0^2$$

式中: W_2——爆炸抛出物体的动能,即爆炸抛出物体能量,J;

$\sum M$——抛出物体的质量总和,kg;

w_0——抛出物体的初速度,m/s。

爆炸全部能量 $W_0 = 13.3 \times 10^4$ kJ;爆炸抛出物体的动能 W_2 取 W_0 的20%,则 $W_2 = 0.2 \times 13.3 \times 10^4$ kJ $= 2.66 \times 10^4$ kJ;爆炸抛出物体的质量总和 $\sum M = 4\,770$ kg,由上式得:

$$w_0 = 106 \text{ m/s}$$

2) 飞行距离

不考虑空气阻力时,按物理运动学,抛出距离[25]颇大:

$$L_{max} = \frac{w_0^2}{g}\sin2\alpha = 1\,145 \text{ m}(与地面仰角\ \alpha = 45°)$$

如 $\alpha = 30°$，飞行距离 L 达 992 m。

考虑空气阻力时，如质量较大，由于阻力引起的减速度 a 并不大，则飞行距离不会明显减小：

$$a = Cfw^2/(2m) = [0.17 \times 0.785 \times 1.42/(2 \times 4\,770)]w^2 = 2.74 \times 10^{-5} w^2$$

式中：C——阻力系数，低于音速[26]，取 0.17；

f——迎风面积(皆以最小形态飞行)，$0.785D^2 = 0.785 \times 1.42$，$\text{m}^2$；

w——不同位置的飞行速度，m/s；

m——抛出破损锅壳的质量，4 770 kg。

爆炸抛出物开始飞行时 $w = w_0 = 106$ m/s，得阻力减速度 $a = 0.308$ m/s²(明显小于重力加速度 g)，以后飞行速度 w 递减，而飞行减速度 a 按平方关系显著下降。由于飞行减速度 a 很小，使即时速度 $w_t = w = at$ 不会因减速度 a 而明显下降，则考虑空气阻力后的抛出距离不可能明显小于不考虑空气阻力情况。

（3）爆炸传播大气的能量（W_3）

由以上 W_1 与 W_2 数据可见，对于低压工业锅炉，汽水爆炸的总能量 W_0 中，扣除 W_1 与 W_2 后，传播大气的能量 W_3（爆炸后混合、摩擦、扩散、传热等）占有较大部分。

5 空气冲击波及其破坏后果

一般用空气冲击波阵面上的峰值超压大小来衡量冲击波的破坏作用。

图 1-2-5 为空气冲击波试验曲线举例。图中最大压力 Δp_{max} 与大气压力之差值称"峰值超压"。

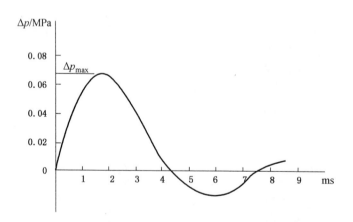

图 1-2-5 距起爆中心某距离的冲击波曲线

各有关文献共识的峰值超压 Δp_{max} 对建筑物的破坏程度见表 1-2-4，对暴露人员的损伤程度见表 1-2-5。

表 1-2-4　冲击波对建筑物的破坏程度

峰值超压 $\Delta p_{\max}$/MPa	破坏程度
0.005～0.006	门窗玻璃部分破碎
0.006～0.015	受压门的门窗玻璃大部分破碎
0.015～0.02	窗框损坏
0.02～0.03	墙裂缝
0.04～0.05	墙大裂缝,屋瓦掉下
0.06～0.07	木建筑厂房房屋柱折断,房架松动
0.07～0.10	砖墙倒塌
0.10～0.20	防震钢筋混凝土破坏,小房屋倒塌
0.20～0.30	大型钢架结构破坏

表 1-2-5　冲击波对暴露人员的损伤程度

峰值超压 $\Delta p_{\max}$/MPa	损伤程度
＜0.02	无杀伤作用
0.02～0.03	人体轻微损伤
0.03～0.05	中等损伤,损伤听觉器官,内脏轻微出血,产生骨折
0.05～0.10	重伤,内脏严重损伤,甚至死亡
＞0.10	大部分人员死亡

注：利用兔子试验结果[1-3]表明,不同峰值超压的损伤程度与表吻合甚好。

1-3　锅炉汽水爆炸起因的量化判别方法

当锅炉爆炸发生以后,除对事故进行情况调查、破坏件材料性能鉴定、仪表鉴定、金相与断口分析等常规审查项目以外,如能再对始裂压力值加以估算,则对爆炸起因作量化分析会增添重要依据。

1　始裂压力估算

1) 根据爆炸现场距爆炸中心不同距离 R 处,按建筑破坏或人员伤害情况确定冲击波峰值超压 $\Delta p_{\max}$（见表1-2-4与表1-2-5）。再按式(1-2-2a)用 Excel 程序或手算试凑法求出爆炸空气冲击波消耗的能量 W_1,尽量求几个地点的 W_1 平均值。

2) 根据锅炉始裂处结构与材质,按表1-2-3取空气冲击波能量系数 η。

3) 由求得的 W_1 与 η,按式(1-2-3)得爆炸全部能量 W_0。

4) 设始裂压力值,按表 1-2-1 查取水、汽爆炸能量系数 C'、C'',按锅内饱和水与蒸汽的容积 V'、V'',由式(1-2-1)求得 W_0,如此 W_0 与 3)按冲击波能量系数计算的 W_0 基本一致,则所设始裂压力值即被认定。

应指出,根据爆炸现场破坏情况确定的冲击波峰值超压 Δp_{max},以及根据锅炉始裂处结构与材质取的空气冲击波能量系数 η,皆有一定的近似性。因此,应尽可能多点取值,并各取平均值来确定始裂压力。

2 锅炉汽水爆炸事故分析示例

示例 1:某锅炉爆炸始裂压力估算与事故原因分析[27]——含锅炉房炸毁对冲击波能量的吸收份额

1988 年,晨 8:50,一台 KZL2-8 型(2 t/h,0.8 MPa 表压)锅炉爆炸。

1) 情况调查

此次爆炸事故死亡 5 人,重伤 3 人,轻伤 2 人,锅炉房遭毁灭性破坏。

早晨 6:40 造纸车间通知停炉。交接班时,锅炉房烟气弥漫、炉火正旺、两支水位表横向冒汽严重。无人监视压力表,锅炉很快发生了爆炸。爆炸后,锅炉本体翻转 180°,底部朝天,落在距锅炉基础 5 m 处。

锅炉运行仅一年,无水垢。锅炉后管板 4 根斜拉撑全部拉脱,沿第一排孔桥与扳边处撕开一块 1 300 mm×560 mm 管板,飞出 125 m;前、后管板多处凹凸变形,水冷壁管子与锅壳脱开。

安全阀堵死失效,分汽缸主汽阀关闭,安全阀、压力表、水温表、排污阀等爆炸后与壳体分离。

司炉死亡,无口据。

2) 金属材料鉴定

化学、机械、金相、硬度性能全合格;断口分析正常。

3) 始裂压力估算

距锅炉 5 m 处钢筋混凝土结构锅炉房严重坍塌,参照表 1-2-4,取 $\Delta p_{max} \approx 0.3$ MPa。

由式(1-2-2a)得爆炸中心(锅炉处)的冲击波能量:

$$W_1 \approx 12 \times 10^4 \text{ kJ}$$

按表 1-2-3 取冲击波能量系数 $\eta = 0.25$(后管板孔排处起爆)。

由式(1-2-3)得爆炸全部能量

$$W_0 = W_1/\eta = 12 \times 10^4/0.25 = 48 \times 10^4 \text{ kJ}$$

爆炸前锅筒的水、汽容积 V'、V'' 各为 4.3 m³;

设始裂压力为 3.3 MPa,由图 1-2-4 查得,$C' = 10.26 \times 10^4$ kJ/m³;$C'' = 0.84 \times 10^4$ kJ/m³

由式(1-2-1)得

$$W_0 = C'V' + C''V'' = 47.7 \times 10^4 \text{ kJ}$$

它接近前述按冲击波能量系数计算所得的 48×10^4 kJ,则所设始裂压力基本正确。

始裂压力 3.3 MPa 已达额定设计压力 0.8 MPa 的 4.1 倍,表明破裂处的强度足够(见 1-2

节之2)。

4) 结论

锅炉强度设计合理;主要是管理不善、司炉责任心不强造成的典型锅炉超压爆炸事故。

锅炉房破坏吸收的能量份额:距锅炉 50 m 处另一车间大部分玻璃破碎,参照表 1-2-4,取 $\Delta p_{max} \approx 0.005$ MPa。

由式(1-2-2a)得冲击波能量:

$$W_1 \approx 7.5 \times 10^4 \text{ kJ}$$

由于锅炉处冲击波能量因锅炉房破坏而被吸收一部分,则该吸收部分的能量为初始能量 $W_1 \approx 12 \times 10^4$ kJ 的 37.5%。表明钢筋混凝土结构锅炉房破坏吸收了 1/3 多的冲击波能量。

示例 2:某锅炉爆炸始裂压力估算与事故分析[5]——含墙壁反射波的增大倍数

2016 年,某日晨 8:20,一台 4 t/h、1.25 MPa、DZL 新型水火管锅壳锅炉锅壳的后拱形管板大开口爆炸。

1) 情况调查

此次爆炸事故当场造成 3 人受重伤,后送医院,经抢救无效均死亡;距锅炉 5 m 处轻钢结构暂设锅炉房完全炸毁;锅壳整体(含内部烟管及锅内部件)飞离距锅炉房约 500 m 后,落入农田。

2) 始裂压力估算

距锅炉 5 m 处轻钢暂设结构锅炉房完全炸毁,参照表 1-2-4,取 $\Delta p_{max} \approx 0.1$ MPa。

由式(1-2-2)得

$$W_1 \approx 2.65 \times 10^4 \text{ kJ}$$

按表 1-2-3 取冲击波能量系数 $\eta = 0.2$(后管板孔排处起爆)

则爆炸全部能量

$$W_0 = W_1/\eta = 13.3 \times 10^4 \text{ kJ}$$

① 如水位低至锅筒中心处(上数 1 排的半烟管已暴露汽空间)时:

则爆炸前的水容积 $V' = 3.16 \text{ m}^3$、蒸汽容积 $V'' = 3.33 \text{ m}^3$

设始裂压力为 0.85 MPa,查表 1-2-1,$C' = 4.15 \times 10^4 \text{ kJ/m}^3$;$C'' = 0.14 \times 10^4 \text{ kJ/m}^3$

得爆炸全部能量

$$W_0 = C'V' + C''V'' = (4.15 \times 3.16 + 0.14 \times 3.33) \times 10^4 = 13.6 \times 10^4 \text{ kJ}$$

与前述按冲击波能量系数计算得到的 W_0 基本接近,则所设始裂压力为 0.85 MPa 基本正确。

始裂压力为 0.85 MPa,仅为额定设计压力 1.25 MPa 的 0.68 倍。

② 如水位已低至锅筒 1/3 处(下数第一排烟管以上全部暴露于汽空间)时:

爆炸前的水容积 $V' = 2.1 \text{ m}^3$、蒸汽容积 $V'' = 4.35 \text{ m}^3$

设始裂压力为 1.4 MPa,查表 1-2-1,$C' = 6.0 \times 10^4 \text{ kJ/m}^3$;$C'' = 0.27 \times 10^4 \text{ kJ/m}^3$

得爆炸全部能量

$$W_0 = C'V' + C''V'' = (6.0 \times 2.1 + 0.27 \times 4.35) \times 10^4 = 13.8 \times 10^4 \text{ kJ}$$

与前述按冲击波能量系数计算得到的 W_0 基本接近,则所设始裂压力为 1.4 MPa 基本正确。

始裂压力 1.4 MPa 为锅炉额定设计压力 1.25 MPa 的 1.12 倍。

3）事故分析

计算表明，始裂压力（0.85 MPa、1.4 MPa）均明显低于 $1.25\times4=5.0$ MPa（低碳钢破裂强度裕度取 4），则此爆炸不属于超压爆炸。

蒸汽锅炉缺水后急于补水而引发的爆炸事故在国内外皆占有较高比例。如补水冲向管板孔排处，因缺水已使该处壁温明显升高，抗拉强度下降，也会产生较高温度应力，加之烟管孔排处的应力集中较明显，则管板孔桥处会产生很大的叠加应力。因此，在低于额定设计压力下破裂的可能性也是存在的。

此例爆炸物体抛出距离达 500 m 是可能的，计算分析参见 1-2 节之 4(2)；锅壳爆炸于后管板大开口，锅内全部介质瞬间向后喷射，使得锅壳受到向前飞行的强大推力，也促使锅壳飞行较远。

反射波能量份额：爆炸造成在无损坏的另一厂房墙壁附近工人死亡，参照表 1-2-5，取 $\Delta p_{max}\approx 0.08$ MPa。

由式(1-2-2a)得

$$W_1 = 7.7\times 10^4 \text{ kJ}（入射与反射波能量的叠加）$$

则反射波能量约为入射波（2.65×10^4 kJ）的 1.9 倍。可见，锅炉房墙壁的反射波占有较大的能量份额[20,28]。这也验证了另一厂房墙壁附近工人致死的原因。

建议：

以上给出了确定锅炉汽水爆炸始裂压力值的可行估算方法与计算示例。目前为确定始裂压力值所必需的冲击波峰值超压 Δp_{max} 与损坏、损伤程度的关系，各资料彼此借用；另外，不同条件下的空气冲击波能量系数 η 积累资料不多，也不够细致。这样，就使得始裂压力值的计算不可能十分精确。

曾组织进行过的两次低压锅炉汽水爆炸试验[1-3]，仅是在空旷野地、靶场进行的。如果能够再对模拟含有孔排的锅壳（锅筒），在厂房内与厂房外进行爆炸试验，所得试验结果会对锅炉汽水爆炸起因的定量分析起重要推动作用。

第 2 章 锅炉强度特点

锅炉受压元件强度是指该元件在"载荷"作用下,于"设计期限"内"不失效"的能力。锅炉受压元件所承受的载荷、设计期限、失效形式、破坏后果等,都与一般机械零件有所区别。本节对这些问题进行叙述(破坏后果见第 1 章)。

本书内容涉及不同结构锅炉的各种受压元件,为便于全书叙述,本章前两节通过锅炉结构特点简介,了解锅炉受压元件名称及其在锅炉中的位置和工作条件。

本章介绍锅炉钢材的常温强度特性与塑性特性以及高温长期强度特性与塑性特性,还对锅炉受压元件角焊缝疲劳强度问题进行详细解析,并提出工艺满足要求的角焊缝可以信赖。

2-1 锅炉结构及其受压元件

从 18 世纪产业革命以来,锅炉利用燃料燃烧释放的热能或其他热能加热低温水(或其他工质),以生产规定参数(温度、压力)和品质的蒸汽或热水,已经历了 200 多年历史。锅炉结构由简单到复杂,由小容量到大容量,由低参数到高参数,至今已形成许多种类。

1 锅炉分类

(1) 按用途分类

根据用途的不同,锅炉分为以下四类:

1) 电站锅炉

生产的蒸汽主要用于发电。一般为高压($\geqslant$10 MPa)、大容量($\geqslant$65 t/h)的蒸汽锅炉。

2) 工业锅炉

生产的蒸汽或热水,主要用于工业生产或采暖。一般为中低参数($\leqslant$3.8 MPa)、中小容量($\leqslant$65 t/h)的蒸汽锅炉或压力$\leqslant$3.8 MPa,出水温度为 95 ℃~130 ℃的不同容量热水锅炉。

3) 生活锅炉

压力与温度很低、容量很小的蒸煮、饮水、取暖用的锅炉。

以上三类锅炉都属于"固定式锅炉"。

4) 船舶锅炉

军舰、民船用的锅炉。这种锅炉属于"移动式锅炉"。

我国电站锅炉总容量接近上述全部锅炉总容量的 1/3,工业锅炉接近 2/3。这两种锅炉总容量之和占全部锅炉总容量的 95% 以上。生活锅炉、船舶锅炉的总容量相对很少。

(2) 按结构分类

根据结构的不同,锅炉分为以下三类:

1) 内燃锅壳锅炉

受热面主要布置在锅壳内,燃烧产生的火焰与烟气在炉胆与烟管内,而汽水在炉胆与烟管外。一般为低参数(≤2.5 MPa)、小容量(≤20 t/h)蒸汽锅炉或压力为 0.2 MPa～2.5 MPa,出水温度为 95 ℃～130 ℃ 的小容量(≤14 MW)热水锅炉。

2) 水管锅炉

火焰与烟气在受热面管子外部,工质在管子内部,也称"外燃水管锅炉"。这种结构锅炉的参数与容量不受限制,有各种参数与容量的水管锅炉。前述电站锅炉、舰船主锅炉一般都是水管锅炉。

3) 水火管锅壳锅炉

炉膛为水管式,对流受热面为锅壳式。一般为低参数(≤2.5 MPa)、小容量(≤20 t/h)的蒸汽锅炉或压力为 0.2 MPa～2.5 MPa,出水温度为 95 ℃～130 ℃ 的小容量(≤29 MW)热水锅炉;目前,已有 70 MW(100 蒸吨级)在运行。

注:习惯上称谓的 1"蒸吨"相当于 0.7 MW(热水锅炉)或 1.0 t/h(蒸汽锅炉)。

水火管锅壳锅炉中的烟管(平直烟管、螺纹烟管,等)过去称"火管",目前皆称"烟管",但作为锅炉炉型延续习惯仍称火管。

[注释]我国强度计算标准将水火管锅壳锅炉并入锅壳锅炉类的原因

水火管锅壳锅炉由于含烟管的锅壳部分较水管部分,结构复杂、问题较多,钢材份额较大、锅壳直径又明显大于水管锅炉的锅筒,其特性与内燃锅壳锅炉相近,故我国强度计算标准将水火管锅壳锅炉并入锅壳锅炉类。但一般习惯仍是常将锅炉结构分为前述三类。

锅壳锅炉与水管锅炉的份额:

工业锅炉总容量中约 60% 为锅壳锅炉(包括水火管锅壳锅炉),约 40% 为水管锅炉。由于锅壳锅炉单台平均容量较小——约 10t/h 或 7.0MW,而水管锅炉单台平均容量明显大,则工业锅炉总台数的 80% 以上为锅壳锅炉。前述生活锅炉、船舶锅炉一般多为锅壳锅炉。

由以上统计数据可见,本书介绍的《锅壳锅炉受压元件强度计算》标准涉及的面明显大于《水管锅炉受压元件强度计算》标准,而这两个固定式锅炉强度计算标准涉及到我国绝大部分锅炉的强度问题。

2 内燃锅壳锅炉

内燃锅壳锅炉的炉型很多,分卧式与立式两种,另外,方箱锅炉、铸铁锅炉也属于内燃锅壳锅炉。下面介绍有代表性的炉型结构,以及所包含的受压元件名称。

(1) 卧式内燃锅壳锅炉

1) 卧式内燃三回程湿背与干背锅壳锅炉

图 2-1-1 为卧式内燃三回程湿背与干背锅壳锅炉结构示意图。

图 2-1-1a)为卧式内燃三回程湿背锅壳锅炉。

此型锅炉按火焰与烟气流动,炉胆为一个回程,烟管有两个回程,故称"三回程"。

回燃室(亦称回烟室)后部结构有水冷却,称"湿背式"。回燃室由前管板、筒体与后平板(拉撑平板)组成。检查孔圈可检查与观测内部,还对相连的两个平板形元件(回燃室后平板与锅壳后管板)起拉撑作用。

第 2 章 锅炉强度特点

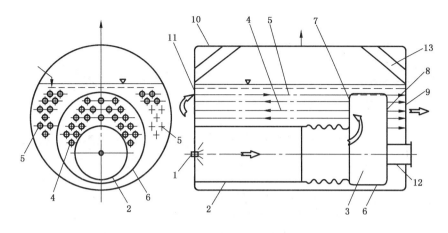

a) 湿背式

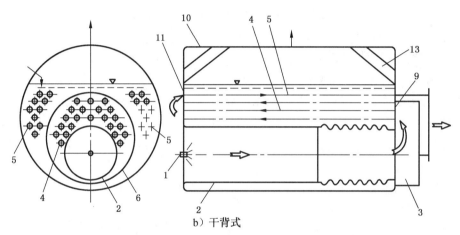

b) 干背式

1—燃烧器；2—炉胆；3—回燃室；4—第一回程烟管；5—第二回程烟管；6—回燃室筒壳；
7—回燃室管板；8—拉撑平板；9—后管板；10—锅壳；11—前管板；12—检测孔圈；13—角撑板

图 2-1-1 卧式内燃三回程锅壳锅炉结构示意图

图 2-1-1b) 为卧式内燃三回程干背式锅炉。

此型锅炉与湿背式的区别在于后部为耐火与隔热材料制成的密封烟气转向室，锅壳后管板无水冷却，故称"干背式"。

以上两种锅炉历史悠久，至今各国仍广为应用。

2) 新型卧式内燃锅壳锅炉

图 2-1-2 为新型高效率低应力卧式内燃燃气锅炉[29,30]。

锅壳内烟气为双回程（第Ⅰ回程——炉胆，第Ⅱ回程——螺纹烟管束），采用拱形管板与拱形后平板以及跑道形回燃（烟）室。

取消拱形管板及拱形后平板与锅壳之间的拉撑件，使锅壳整体由刚性较大的结构变为准弹性结构，减小烟管焊缝热应力及焊接工艺量，还增加了壳内检修空间。高温烟气由炉胆（第Ⅰ回程）进入回燃（烟）室，在此，烟气转弯180°向前，进入螺纹烟管束（第Ⅱ回程），通过烟道进入节能器后排入烟囱。

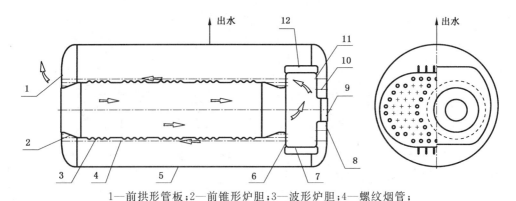

1—前拱形管板；2—前锥形炉胆；3—波形炉胆；4—螺纹烟管；
5—锅壳；6—回燃（烟）室前管板；7—跑道型回燃（烟）室筒体；
8—后拱形平板；9—检查孔圈；10—直拉杆；11—回燃（烟）室后平板；12—加固横梁
（锅壳上部设置节能器，未表示）

图 2-1-2　新型卧式内燃锅壳锅炉示意图

(2) 立式内燃锅壳锅炉

为减少占地面积而出现的立式考克兰锅炉（Cochran boiler），见图 2-1-3。

此型锅炉以烟管作为主要对流受热面，烟管便于清灰。

炉篦之上为半球形炉胆顶，它的凸面承受介质压力作用并直接接触火焰，工作条件严苛。烟管的两端为前管板与后管板。前后管板的上端用弓形板与上部锅壳相连。由于后弓形板的弓背高度较大，为减小应力，用拉撑件（角撑板）将它与锅壳连为一体。锅炉下部为下脚圈，上部为凸形封头。

以大横水管为主要对流受热面的立式内燃锅炉，见图 2-1-4。

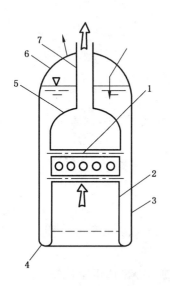

1—大横水管；2—炉胆；3—锅壳；
4—下脚圈；5—炉胆顶；6—封头；7—冲天管

图 2-1-3　考克兰立式锅炉示意图

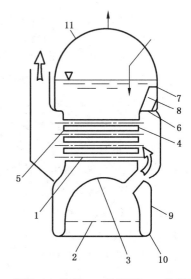

1—烟管；2—炉篦；3—炉胆顶；4—前管板；
5—后管板；6—弓形板；7、9—锅壳；
8—角撑板；10—下脚圈；11—封头

图 2-1-4　大横水管立式锅炉示意图

大横水管立式锅炉与考克兰锅炉相比,是用冲天管将炉胆顶与上部凸形封头相连,使炉胆顶受力条件明显改善,锅炉结构与制造也较简单。大横水管作为主要对流受热面,与考克兰相比,锅炉清灰较困难。

(3) 方箱锅炉

图 2-1-5 所示为容量与压力都较小的"方箱锅炉"[31]。

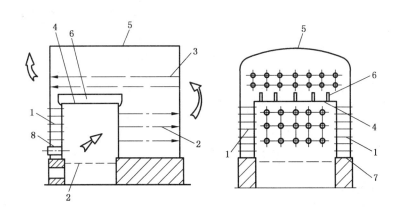

1—拉杆;2、3—烟管;4—顶板;5—曲面板;6—加固横梁;7—底板;8—炉门圈

图 2-1-5　方箱式锅炉示意图

由于外壳与受火的内壳大都为平板结构,故用大量拉杆与烟管将它们拉撑住,以防应力过大。炉膛顶板由于其上部设置大量烟管,难以用拉杆与外壳顶部的曲面板相连,故常用加固横梁防止应力过大。外壳与火室内壳下部相连底板一般也是平板结构,由于宽度不大,压力也较小,故不设拉撑件。

(4) 铸铁锅炉

铸铁片式锅炉(图 2-1-6)由大量铸铁锅片平行并列装配而成。燃料在炉箅上燃烧,在火室中火焰向锅片的辐射受热面进行换热,然后炽热的烟气进入对流受热面(烟气通道)进一步换热,最后排出锅炉。为降低排烟温度,对流受热面一般为两个回程(图示为单回程)。

铸铁锅片为受压元件。

图 2-1-7 所示为燃油、燃气铸铁锅炉的两种新型铸铁锅片。同样,这种锅炉也由大量铸铁锅片平行并列装配而成。锅片表面铸出大量小圆柱,各相邻锅片之间形成烟气通道。锅片表面铸出的小圆柱错排布置,对烟气起扰动作用,使烟气对流换热强烈。燃料在炉

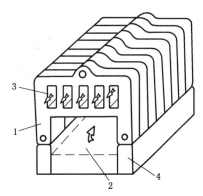

1—铸铁锅片;2—炉箅;
3—烟气通道;4—基础

图 2-1-6　铸铁片式锅炉

膛内燃烧,火焰对炉膛四周的辐射受热面换热后,形成炽热烟气进入各锅片之间的烟气通道进行对流换热,使排烟温度较低。

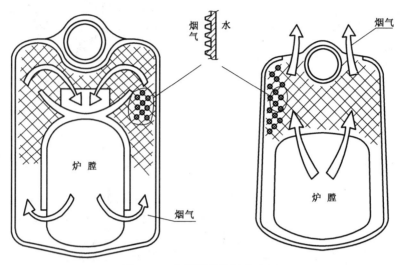

图 2-1-7 新型铸铁锅片示意图

3 水火管锅壳锅炉

（1）旧型与新型水火管锅壳锅炉

为适应燃烧中低等级固体燃料，将内燃"炉胆"改为外燃"炉膛"，可大为增加燃烧空间；将炉墙内壁面敷设水冷壁，可进一步增加受热面，也可保护炉墙，于是在我国出现外燃水火管锅壳锅炉（图 2-1-8）。燃料在外置炉膛燃烧产生的炽热烟气进入烟管对流受热面，最后排出锅炉。炉膛水冷壁由上升管、集箱与下降管组成。

除燃烧设备、炉墙外，以上所有元件皆为受压元件。

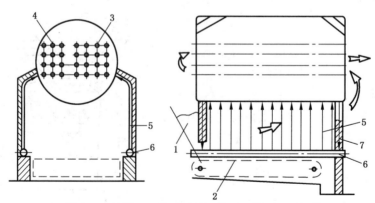

1—煤斗；2—炉排；3—第一回程烟管；4—第二回程烟管；
5—上升管；6—集箱；7—下降管

图 2-1-8 旧型水火管锅壳锅炉示意图

图 2-1-9 所示为新型水火管锅壳锅炉[32]。锅壳用拱形管板取代拉撑平管板，平直烟管改为螺纹烟管；炉膛上部两侧增设八字烟道对流排管。

炉排燃料层燃烧的产物——高温烟气，通过炉膛流向炉膛后部，分两路进入左右八字烟道。高温烟气在八字烟道内向锅炉前方流动，与烟道内的对流管进行传热，到前烟箱转180°进入锅壳内的螺纹烟管,在锅筒后管板流出。

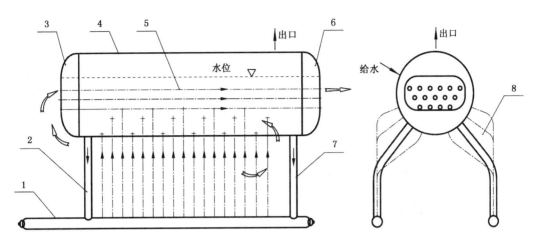

1—下集箱;2—前下降管;3—前拱形管板;4—锅壳;
5—螺纹烟管;6—后拱形管板;7—后下降管;8—八字烟道排管

图 2-1-9　新型水火管锅壳锅炉示意图

为向大容量过渡,将锅壳数量增加为 2 或 3 个。图 2-1-10 即为大容量新型水火管锅壳锅炉示意图。

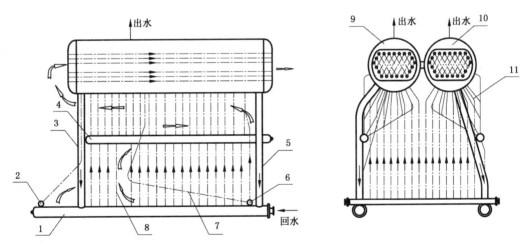

1—下集箱;2—前拱集箱;3—前下降管;4—中集箱;5—后下降管;
6—后拱集箱;7—后拱管;8—水冷壁;9—锅壳1#;10—锅壳2#;11—对流管束

图 2-1-10　大容量新型水火管锅壳锅炉示意图

(2) 组合螺纹烟管筒水火管锅炉

组合螺纹烟管筒水火管锅炉(图 2-1-11)[29,30]的炉膛由锅筒、水冷壁(辐射受热面)、下降管、集箱组成。多个直径不大的立式组合螺纹烟管筒(高温烟管筒、低温烟管筒)组成对流受热面。组合螺纹烟管筒,置于炉膛的后部,便于制造、安装,而且可向较高压力发展。组合螺纹烟管水火管锅炉更适合于大容量。

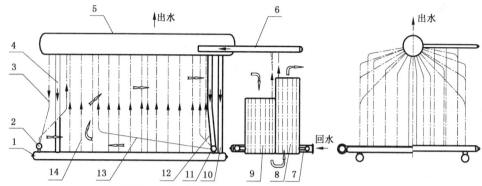

1—下集箱;2—前拱集箱;3—前拱管;4—前下降管;5—筒体;
6—主引出集箱;7—回水集箱;8—低温烟管筒;9—高温烟管筒;
10—后下降管;11—后拱集箱;12—后拱下降管;13—后拱管;14—水冷壁管

图 2-1-11　组合螺纹烟管水火管锅炉

4　水管锅炉

（1）工业水管锅炉

内燃锅壳锅炉除炉胆受热面外,再增加大量烟管受热面(图 2-1-1),可使锅炉容量有所增加,但使锅壳直径同时增大。而锅壳壁厚与直径成正比关系,由于壁厚不宜过大,就限制了锅壳锅炉容量的进一步增加。

如果将烟管对流受热面改为置于烟道内的"水排管",则锅炉容量可以明显增加,因为在烟道内的水排管数量不受限制,于是出现了"水管锅炉"。图 2-1-12 与图 2-1-13 为两种典型水管锅炉[33,34]。水管锅炉用"锅筒"代替锅壳锅炉中的"锅壳"。

水管锅炉的炉型也很多,在此只能介绍有代表性的几种,它们能将所有种类受压元件包括在内。

图 2-1-12 所示水管锅炉的锅筒横向布置,通常称"横置式水管锅炉"。

图 2-1-13 所示水管锅炉的锅筒纵向布置,通常称"纵置式水管锅炉"。

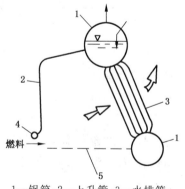

1—锅筒;2—上升管;3—水排管;
4—集箱;5—炉排

图 2-1-12　横置式水管锅炉示意图

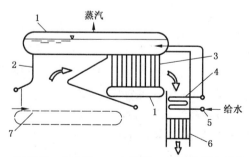

1—锅筒;2—上升管;3—水排管;4—省煤器蛇形管;
5—省煤器集箱;6—空气预热器;7—炉排

图 2-1-13　纵置式水管锅炉示意图

图 2-1-14 所示管架锅炉取消直径较大的锅筒,锅炉全由管子与集箱构成。这种锅炉无法进行汽水分离,只能作为热水锅炉;另外,由于水在锅炉中多次上下流动,水中含氧难以随水排出,导致壁面氧腐蚀,故对补充水的除氧有严格要求。管架锅炉结构简单是其优点。

在图 2-1-15 所示角管锅炉中,用较粗的管子形成框架从而起到下降管、汽水粗分离管、支架等作用。角管锅炉适合于向大容量发展。

炉膛四周由模式水冷壁组成。烟气经凝渣管后进入由旗面管组成的省煤器,烟气由省煤器经转向烟道进入空气预热器。空气与烟气流向成顺流,目的是提高出口端管壁温度,避开烟气酸露点。

供热系统回水首先进入两侧墙水冷壁下集箱(防焦箱),然后上升流经两侧墙水冷壁汇集到两侧墙上集(联)箱,而后水分成两股,一股经锅筒和前角管流入前墙水冷壁,另一股经后角管流入后墙水冷壁。前后墙的水上升汇集到前后墙共用的上集(联)箱,从上集(联)箱出来的水经导管导入旗面对流管束的旗杆管和旗面管,然后汇集到锅炉出口集箱送出。

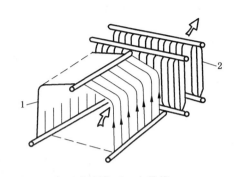

1—水冷壁;2—水排管

图 2-1-14 管架锅炉示意图

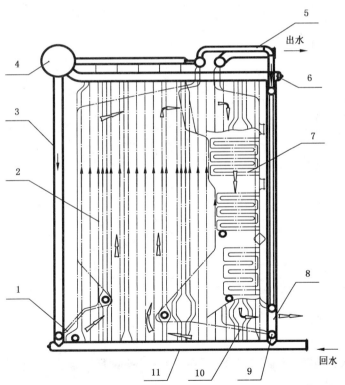

1—前墙水冷壁;2—侧墙水冷壁;3—前角管;4—锅筒;
5—对流管束导管;6—侧上集箱;7—旗式对流管束;8—后角管;
9—后墙水冷壁下集箱;10—后墙水冷壁;11—侧墙水冷壁下集箱

图 2-1-15 角管锅炉示意图

(2) 电站水管锅炉

电站水管锅炉的种类很多,下面仅介绍一种典型结构(图 2-1-16),它能将各种受压元件包括在内。

煤粉或液体、气体燃料由燃烧器喷入炉膛燃烧。烟气经凝渣管束,进入蒸汽过热器,再经省煤器、空气预热器排出。

凝渣管束是水冷壁的延续,在此能使烟气中可能变软的灰粒冷却,以防在密集的过热器蛇形管上结渣。

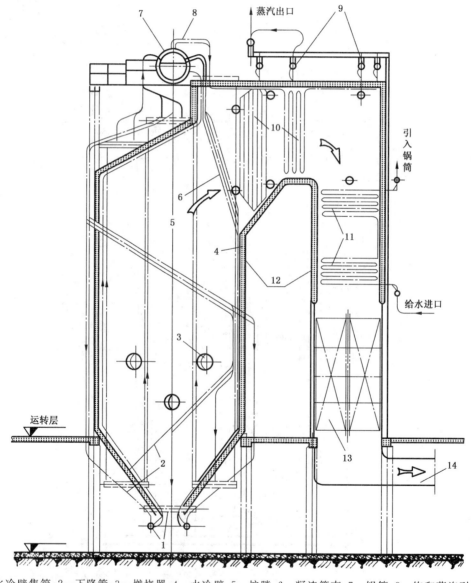

1—水冷壁集箱;2—下降管;3—燃烧器;4—水冷壁;5—炉膛;6—凝渣管束;7—锅筒;8—饱和蒸汽引出管;9—过热器中间集箱;10—过热器;11—省煤器;12—炉墙;13—空气预热器;14—烟气出口

图 2-1-16 高参数大容量电站水管锅炉示意图

由锅筒出来的饱和蒸汽经引出管进入蒸汽过热器,在此将饱和蒸汽加热为过热蒸汽进入汽轮发电机组发电。

省煤器、空气预热器都置于锅炉后部，统称"尾部受热面"。

图 2-1-16 中由给水进口集箱至蒸汽出口集箱的所有通过汽水介质的元件皆是受压元件。

2-2 锅炉元件的强度特点

1 锅炉受压元件承受的载荷

锅炉受压元件承受的载荷有以下几种：

1）介质压力

包括正常运行条件下的稳定压力、启停过程中的压力升降以及安全阀启动时、水压试验时的较高压力。

2）附加载荷

包括由元件自身、内部介质等重量构成的均匀载荷与由支承、悬吊引起的局部集中载荷。

3）热应力（温度应力）

包括在正常运行条件下因元件同一部位内外壁温差或元件不同部位壁温差产生的"稳定热应力"、在变工况条件下由于元件壁的变动温差引起的"变动热应力"以及元件个别部位因壁温波动产生的频率较大的"交变热应力"。

4）残余应力

包括焊接残余应力、胀接残余应力。

许多情况下，以上载荷是与高温及微弱腐蚀性介质同时作用于元件上。因此，锅炉受压元件的受载情况要比一般机械零件较为复杂。

以上各种载荷在锅炉受压元件强度计算时，仅正常运行条件下的稳定压力明显反映在基本强度计算公式中，而其他载荷一般用许用应力安全系数考虑并以结构尺寸的限定，如转角圆弧半径不可过小、呼吸空位（温度不同相邻元件的最小距离）不可过小、热负荷较高部位的壁厚不可过大等，使其值不至于超出安全系数的允许范围。只有在特殊情况下，才对其他载荷进行补充校核计算，如附加外载校核计算、疲劳校核计算、最高允许水压试验压力校核计算。至于残余应力，在强度计算时不作考虑，只是要求工艺条件将它们的值控制在不产生有害后果范围以内。

2 锅炉受压元件的设计期限

（1）不产生蠕变破坏的中低温元件

曾对运行期限已达 50～60 年的几台工业锅炉主要受压元件钢材，专门进行过机械性能、化学成分、金相组织等全面测试分析[35]，结论是各项性能皆无"老化"迹象，即正常运行、认真维护的锅炉受压元件钢材的寿命应该是很长的。电站锅炉的运行时间也有达到 50 年的实例。

锅炉寿命一般按启停过程中的应力大幅度升降可能导致的低周疲劳破坏（见 2-5 节）来估算。低周疲劳破坏发生在锅炉受压元件的高应力集中部位，如锅壳（锅筒）的大孔边缘、炉胆两端的扳边圆弧等处。当锅炉启停次数超过一定值时,担心这些应力集中部位有可能产生疲劳裂纹。

锅炉受压元件设计所考虑的允许启停次数,对于工业锅炉为 10 000 次,对于电站锅炉为 2 000 次[11,40]。工业锅炉的启停较频繁,如以平均每日启停一次计算,则一万次约相当于 30 年,即锅炉受压元件的设计寿命约为 30 年。锅炉钢材低周疲劳的一个重要特点是应力幅度(锅炉元件运行时应力集中最大值的一半,详见 2-5 节)少许下降会使允许启停次数明显增加。锅炉元件的安全系数中去掉各种不利因素后的实际安全裕度约在 1.2 以上(见 6-3 节),即锅炉元件运行时的实际应力值比低周疲劳允许值约减少 25% 以上,这样,允许的启停次数可大为增加,达一倍多(见 2-5 节),即锅炉受压元件的实际低周疲劳寿命可达设计寿命 30 年的两倍以上。如果锅炉水质严格满足标准要求,使锅炉受热壁面不会因结垢而使温度明显上升,亦不会因腐蚀而使厚度下降,则工业锅炉寿命应该很长。电站锅炉的启停次数对于非调峰机组即使 50~60 年也少于 2 000 次;而对于调峰机组,按前述的低周疲劳方法估算。实际寿命都很长。

注:精心制造、精心运行的锅炉,其寿命如上所述应该很长,而目前许多工业锅炉运行 10~20 年即退役,有些甚至仅运行 5 年即报废,其原因在于运行、制造违背规范要求。

(2) 产生蠕变破坏的高温元件

对于产生蠕变破坏(持久强度破坏)的锅炉高温元件,我国强度计算标准采用十万小时寿命的持久强度特性。锅炉钢材持久强度的一个重要特点,与上述低周疲劳特点相似,也是应力少许下降会使持久强度寿命明显增加。锅炉高温元件的实际安全裕度也是约为 1.2,相应的实际持久强度寿命约为 20 万 h(见 2-4 节)。如锅炉利用系数取 0.85,则寿命相当于 26 年。锅炉高温元件一般都由较昂贵的合金钢制造,希望尽量延长使用寿命。显然,设计应力取值低一些会收到明显效果,另外,一种称为"恢复热处理"的措施也可使锅炉高温元件,如高温管道、蒸汽过热器等的使用寿命明显延长[36,37]。

3 锅炉受压元件的失效形式

锅炉受压元件可能遇到的"失效"形式有以下几种:

1) 因超压引起的塑性破坏或脆性破坏

如锅壳(锅筒)、管板破裂等,或铸铁锅片破裂,以上发生于安全阀与燃烧自控设备同时失灵情况;

2) 因超温(壁温过高)引起的塑性破坏(时间较短)或蠕变破坏(时间较长)

如水冷壁爆管、过热器爆管等,以上发生于严重结垢、水动力不正常等情况;

3) 因超压或超温(壁温过高)引起的承受外压元件失稳破坏

如炉胆塌陷等,发生于严重结垢或安全阀与燃烧自控设备同时失灵情况;

4) 因机械应力、热应力周期大幅度变动引起的低周疲劳破坏

如大孔周边开裂、角焊缝根部开裂、过渡圆弧开裂等,发生于应力集中过大、元件刚性过大、壁的内外温差过大等情况;

5) 因交变热应力引起的高周疲劳破坏

如受热壁面汽水分界处开裂、锅筒给水管孔处开裂等,发生于元件结构不合理等情况;

6）因材料缺陷或性能变坏（石墨化、苛性脆化等）引起的破坏，或因严重腐蚀引起的破坏等

锅炉受压元件强度计算标准（强度、稳定计算与结构规定）用以防止钢制元件产生塑性破坏、失稳破坏、蠕变破坏、低周疲劳破坏，防止铸铁元件产生脆性破坏；而高周疲劳破坏，应靠合理的锅炉结构来防止；至于因材料缺陷或性能变坏引起的破坏，应靠严格选材、改善材料性能、防止壁温过高来实现。

上述任何一种形式失效都有可能造成较大经济损失，并危及人身安全。如果导致爆炸，则除设备毁坏外，还会因停电、停止供热或停产而造成重大经济损失，此时人员的死伤已难以避免（详见1-1节）。

2-3 锅炉钢材的强度特性与塑性特性

钢材的强度特性与塑性特性是与元件强度直接相关的基本特性，在本节里作概括介绍。

1 强度特性

图 2-3-1 为一般低碳钢拉伸试验载荷 P 与试件伸长值 λ 的关系曲线。

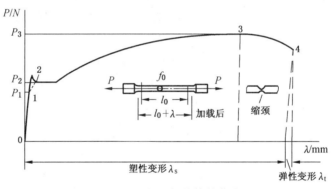

图 2-3-1　低碳钢的拉伸曲线

图 2-3-1 中，0-1 段为一直线，即载荷 P 与伸长值 λ 呈直线关系。由 0-1 段上各点卸载，变形 λ 完全消失。0-1 段上各点所对应的变形为弹性变形（卸载即行消失的变形）。点 1 以后，则为一条曲线。先上升，后下降，由点 2 开始有一水平段，即不增加载荷而自行伸长一段，然后上升至最高点 3。这之前，试件各处均匀变形；点 3 以后，变形集中于试件的一小部分，这部分很快变细并于最细处断裂。变细的这部分称"缩颈"。图中点 4 为断裂点，所对应的变形值，除弹性变形 λ_t 外，还包含相当大的塑性变形 λ_s（卸载后不能消失的永久变形）。可见，点 1 以后的变形中，除弹性变形外，还包含一部分塑性变形。

如将图 2-3-1 中纵坐标 P 除以试件原始截面积 f_0，横坐标伸长值 λ 除以试件原始长度 l_0，则得图 2-3-2 所示应力 σ 与应变 ε 关系曲线。

图 2-3-1、图 2-3-2 中，由点 1 至点 2 之间的升高并不稳定，其大小受许多因素影响，例如试件安装不准确使出现很小弯曲应力，上述升高现象很快即行消失。

对应图 2-3-1 中 1、2、3 点的载荷 P_1、P_2、P_3 除以试件原始截面积 f_0，得以下 3 个强度特性(见图 2-3-2)：

$\dfrac{P_1}{f_0} = \sigma_t$ ——称为"比例限"或"弹性限"；

$\dfrac{P_2}{f_0} = \sigma_s$ ——称为"屈服限"或"屈服点"；

$\dfrac{P_3}{f_0} = \sigma_b$ ——称为"抗拉强度"。

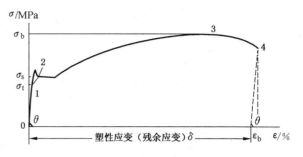

图 2-3-2　低碳钢的应力-应变曲线

应力小于弹性限 σ_t 时，应力与应变呈直线关系，即符合"虎克定律"关系。弹性限 σ_t 所对应的应变值很小，约为 0.1%。这样小的应变值对于锅炉受压元件，不会带来任何不利影响，因此，这一强度特性并无实际意义，故不作为锅炉元件的强度计算指标。

应力达到屈服限 σ_s 时，开始产生较大的塑性变形——"塑性流动"。由于塑性变形对材料某些性能，如抗腐蚀能力、抗蠕变破坏能力等有不利的影响，因此屈服限成为材料的重要强度特性，并引入强度计算中。强度计算时，要求元件壁厚的平均应力距屈服限留有一定裕度；重要受压元件，如锅筒，其壁面最大应力不能达到屈服限。

应力达到抗拉强度 σ_b 时，开始发生大的塑性变形，并很快断裂。因此，抗拉强度也是重要强度特性，强度计算时要求元件壁厚的平均应力距抗拉强度留有更大裕度。

随着温度的提高，上述应力-应变曲线的形状有较大变化，见图 2-3-3。在较高温度下，曲线前部分的水平段——"屈服阶"已经消失。此时，规定相应于产生 0.2% 塑性变形的应力为屈服限，一般用 $\sigma_{0.2}$ 表示，如图 2-3-4 所示。$\sigma_{0.2}$ 也称为"条件屈服限"，$\sigma_{0.2}$ 有时也用 σ_s 来表示。有的国家规定产生 0.1% 塑性变形的应力为条件屈服限。

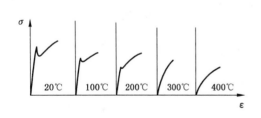

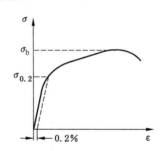

图 2-3-3　温度对低碳钢应力-应变曲线（前部分）的影响

图 2-3-4　屈服限 $\sigma_{0.2}$ 的确定

高温下的屈服限与抗拉强度用 σ_s^t、$\sigma_{0.2}^t$ 与 σ_b^t 来表示。

温度对锅炉常用的 20 号碳钢及 12Cr1MoV 低合金钢条件屈服限及抗拉强度的影响如图 2-3-5 所示。

高温下拉伸试验的结果取决于加载速度的大小。加载速度对屈服限的影响尤为显著。在 400 ℃～500 ℃ 温度条件下，碳钢试件（10 mm 直径的 5 倍长度试件）的加载速度由每分钟 2 mm 降至每分钟 0.2 mm 时，屈服限约下降 15 MPa～20 MPa，即加载时间延长，屈服限降低。可见,"时间"因素对高温强度的作用是显著的。当温度超过一定值时,高温短时拉伸试验所得的强度特性已不能完全表征高温长期工作元件的强度特点。高温强度除靠短时拉伸试验外,还必须靠长期拉伸试验——蠕变试验及持久强度试验来确定。

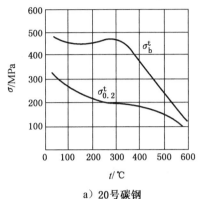 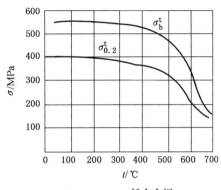

a)20号碳钢　　　　　　　　b)12Cr1MoV低合金钢

图 2-3-5　温度对屈服限、抗拉强度的影响

图 2-3-2 所示,0-1 直线的斜率 $\tan\theta$ 称为材料的"弹性模量"或称"杨氏系数",用 E 表示,高温时用 E^t 表示。在炉胆稳定性计算时,涉及弹性模量 E^t。

对于锅炉低碳钢、低合金钢、高合金钢,常温下的 E 值大致相同,约为 2×10^5 MPa。随着温度升高,E^t 值略有下降,至 400℃时约下降 10%。

弹性模量 E 是将应力与应变联系起来的一个特性,即

$$\sigma = E\varepsilon$$

此式即为虎克定律的表达式(以英国科学家 Robert Hooke 命名)。

图 2-3-2 所示应力-应变曲线中点 1 与点 2 较为接近,故常将它简化为图 2-3-6 所示曲线。

对于低碳钢,$\sigma_s \approx 250$ MPa,则相应的应变值 ε_s 为(图 2-3-6)

$$\varepsilon_s = \frac{\sigma}{E} \approx \frac{250}{2\times10^5} \approx 0.125\%$$

如低合金钢的 $\sigma_s \approx 500$ MPa,则 $\varepsilon_s \approx 0.25\%$。

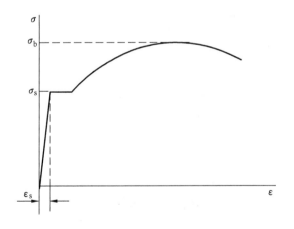

图 2-3-6　应力-应变曲线

试件拉伸时,除轴向变形外,还产生横向变形,见图 2-3-7。

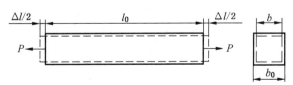

图 2-3-7　横向变形示意图

轴向应变为

$$\varepsilon = \frac{\Delta l}{l_0}$$

横向应变为

$$\varepsilon_1 = \frac{b_0 - b}{b_0} = \frac{\Delta b}{b_0}$$

在弹性范围内,横向应变 ε_1 与轴向应变 ε 的比值为一常数,此常数称为"波松比"(以法国数学家 S. D. Poisson 命名),用 μ 表示:

$$\mu = \frac{\varepsilon_1}{\varepsilon}$$

钢的波松比约为 0.3,即横向变形明显小于轴向变形。

铸铁试件拉伸所得应力-应变曲线,见图 2-3-8。

由图可见,铸铁的应力-应变曲线几乎为一斜的直线。强度特性只有抗拉强度 σ_b,而屈服限 σ_s 已不再存在。

2 塑性特性

材料的塑性大小不仅与工艺有关,而且也关系到元件的强度。例如,由塑性较差的材料制成的元件,当工艺应力(焊接热应力、残余应力)过大时就容易产生微裂纹,必然影响疲劳强度;另外,塑性好的材料对应力集中、热应力的敏感性也小一些。因此,锅炉受压元件强度计算标准对所用材料的塑性特性有明确要求。

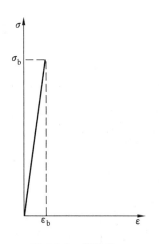

图 2-3-8 铸铁的应力-应变曲线

图 2-3-1 中的塑性变形值 λ_s 除以试件原长度 l_0,用 δ 表示:

$$\delta = \frac{\lambda_s}{l_0} \times 100\%$$

δ 即为材料的塑性特性,称为"伸长率"或"延伸率"。δ 值愈大,材料的塑性愈大。

如果试件长度与直径的比值为 10,用 δ_{10} 表示;如此比值为 5,用 δ_5 表示。对于产生缩颈的材料,当试件较短时,缩颈变形所占比重较大,则 δ 值较大,因此 $\delta_5 > \delta_{10}$。我国锅炉受压元件强度标准中,用 δ_5 表示塑性特性。

塑性特性 δ 值不仅表示材料塑性的大小,而且也可用其判断材料的质量。因为材料有缺陷(非金属夹杂物、偏析、组织不匀等)时,δ 值有所下降。因此,在钢材标准中均规定不同钢号的最低 δ 值。

表示材料塑性大小的另一特性为"面缩率",用 ψ 表示。ψ 表示试件拉断后,断裂处横截面积的减小值与原始截面积的比值。目前,已较少应用。

具有明显塑性变形能力的材料称为"塑性材料"。锅炉受压元件用的低碳钢的 δ_5 约为 25%,低合金钢也在 20% 以上,高合金钢达 30% 以上,都属于塑性材料。

低参数铸铁锅炉所用铸铁的应力-应变曲线如图 2-3-8 所示。铸铁件至破坏时的应变值 ε_b 很小(<1%),破坏后的残余应变(塑性应变)更小。这种塑性变形能力很小的材料称为"脆性材料"。

以上两种材料在性能上的区别:

1) 塑性材料可以在热或冷状态下,靠外力永久性地改变形状,如弯管、卷板等;脆性材料则不然,只能靠铸造方法获得不同形状的工件。

2) 塑性材料破坏时,伴随很大塑性变形,可以预知破坏的即将来临;脆性材料则不然,破坏时不伴随明显塑性变形并且来得突然。

3) 塑性材料拉伸图中曲线下面的面积较大,须支出较大的功才能使材料破断,因而,在冲击载荷下能接受较多能量,即不易冲坏;脆性材料则怕冲击。

4) 两种材料的显著区别还表现在应力集中和热应力上。塑性材料对应力集中和热应力不大敏感;而脆性材料在应力集中和热应力作用下,易于毁坏。

5) 塑性材料抗拉与抗压能力几乎一样,而脆性材料抗拉能力远低于抗压能力。故铸铁不宜于制造承拉元件,但适于用来承受压缩载荷。

6) 脆性材料或塑性低的材料在接近抗拉强度时,仍能保持不大的变形,即它们可在不大变形的条件下,能承担较大的应力,这对于变形要求严格的工件才有意义。

2-4 锅炉钢材的高温长期强度特性与塑性特性

锅炉受压元件中的过热器管与集箱,过热蒸汽连接管与管道等,它们的壁温很高,又在压力作用下工作。这些元件随着工作时间的延长而缓慢胀大,其强度计算需要考虑蠕变(持久强度)问题;这些元件尽管都由塑性很好的材料制成,但长期工作后至破坏所累积的塑性变形值却反而比短时破坏的塑性变形值明显小。

本节介绍钢材在高温下的强度特性与塑性特性的特点。

1 高温强度特性

钢材高温强度特性为蠕变限与持久强度。

(1) 蠕变限

蠕变限也称蠕变极限。

材料在高温及恒定的应力作用下,随着时间的延长,塑性变形不断增加的现象称"蠕变"。

图 2-4-1 给出试件在某温度下对应 3 个应力的应变-时间曲线,这些曲线称"蠕变曲线"。

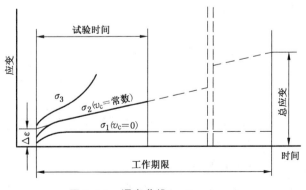

图 2-4-1 蠕变曲线($\sigma_3 > \sigma_2 > \sigma_1$)

应力 σ_3 较大,致使试件在试验期限(数千至万余小时)以内破断;应力 σ_2 小于 σ_3,在试验期限以内,试件未破断,但产生一定蠕变变形,恒定蠕变速度区(直线区段)的蠕变速度为 v_c(直线的斜率);应力 σ_1 又小于 σ_2,在试验期限以内,试件非但未破断,而且 $v_c=0$。

若取高温元件中的应力为 σ_1,则工作中蠕变现象经短时即行消失。但在高温下不引起蠕变现象的应力 σ_1 很小,如采用这样的应力进行设计,非但浪费钢材,而且由于壁厚大,会产生较大热应力,有时并不安全。

高温元件在整个工作期限内,积累一定的蠕变变形是可以的。确定锅炉元件高温强度特性时,许多国家都规定允许总应变 $[\varepsilon]=1\%$。

基于以上情况,将某温度下在指定工作期限内引起允许总应变的应力称为"蠕变限",用 σ_c^t(R_n^t、R_{eL}^t)表示,并以它为基础对高温元件进行强度计算。

锅炉高温元件的工作期限,目前不少国家取为 10 万 h。试验期间一般取工作期限的 1/10,将直线段延伸至 10 万 h 而得到总应变。

当忽略初始应变 $\Delta\varepsilon$ 时(见图 2-4-1),对应于蠕变限的蠕变速度为

$$v_c=\frac{[\varepsilon]}{\tau}$$

式中:$[\varepsilon]$——允许总应变;

τ——指定工作期限。

对于锅炉元件,此蠕变速度值为

$$v_c=\frac{1\%}{10^5\text{h}}=10^{-5}\%/\text{h}$$

因此,也将某温度下引起蠕变速度为 $10^{-5}\%/\text{h}$ 的应力称为"蠕变限",故有时也用 $\sigma_{10^{-5}}^t$ 表示。由于允许总应变 $[\varepsilon]$ 已考虑了足够裕度(见本节之 2),故考虑蠕变的许用应力 $[\sigma]$ 不再考虑安全系数,即

$$[\sigma]=\frac{\sigma_c^t}{1.0}$$

根据大量试验结果,可认为在一定温度下应力与恒定蠕变速度之间存在如下关系:

$$v_c=a\sigma^b$$

式中:a、b——与钢种及温度有关的常数。

如以 $\lg\sigma-\lg v_c$ 为坐标,则得直线关系,如图 2-4-2 所示。这样,根据一些应力较大的试验数据,靠延伸法即可求出较小蠕变速度 $v_c=10^{-5}\%/\text{h}$ 所对应的蠕变限。应注意,有时在此关系线上会出现拐点,使折线向下方转折,因此,若试验时间太短,或过于延长直线,可能得到偏于不安全的推测结果。

不同钢材在不同温度条件下,至蠕变破坏所累积的塑性应变值相差很大,笼统地规定一个允许总应变 $[\varepsilon]$ 值为 1%,具有很大的近似性。故蠕变限在一些国家的锅炉受压元件强度计算标准中已不再应用,而被另一个能较好地反映锅炉受压元件高温失效特点的强度特性——"持久强度"(持久强度限)所代替。原苏联 1956 年及以后的锅炉强度标准不再应用蠕变限;西德标准仅在保证更高可靠性的条件下,才用蠕变限与持久强度两者一起考虑高温强度;但美国规

范仍沿用蠕变限来考虑高温强度。我国锅炉强度标准不用蠕变限,而用持久强度。

(2) 持久强度

钢材的持久强度是在一定温度下经历指定工作期限后,不引起蠕变破坏的最大应力,用 $\sigma_D^t(R_D^t)$ 表示。它所反映的是破坏,而蠕变限所反映的是变形。对于锅炉元件,并不需要精密的几何配合,元件失效的形式主要是破坏而不是变形,所以用持久强度作为锅炉高温元件的强度特性较为合理。

在高温蠕变条件下,应力愈大,蠕变进行得愈快,破坏得愈早。试验表明,在一定温度条件下,应力与蠕变破坏时间存在式(2-4-1)的关系:

$$\tau = A\sigma^{-B} \quad\cdots\cdots\cdots\cdots\cdots\cdots(2\text{-}4\text{-}1)$$

式中:A、B——与钢种及温度有关的常数。

如以 $\lg\sigma$-$\lg\tau$ 为坐标,则得直线关系,如图 2-4-3 所示。试验时,各试件应力取得较大,可在较短时间破断,再将直线延伸,即可求得指定工作期限的蠕变破坏应力——持久强度。

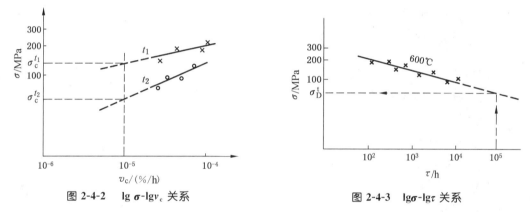

图 2-4-2　$\lg\sigma$-$\lg v_c$ 关系　　　　图 2-4-3　$\lg\sigma$-$\lg\tau$ 关系

1952 年,拉森(F. R. Larson)及米勒(J. Miller)提出一种确定高温强度特性的参数法,受到各国广泛重视。根据大量试验数据及分析,可知对某应力而言,绝对温度 T 与蠕变破坏时间 τ 存在如下关系:

$$T(C + \lg\tau) = 常数$$

式中:C——与钢种有关的常数。不同珠光体钢的 C 值在 18~22 之间,一般取 $C = 20$。

$T(C + \lg\tau)$ 称"拉森-米勒参数",可按下述方法得出便于应用的高温强度特性参数图:在较高试验温度(比工作温度高 50 ℃~100 ℃)条件下,选取一系列应力值进行持久强度试验。应力的选取,应使试件在较短时间内就能破断。由试验温度 T 及破坏时间 τ 得一系列 $T(C + \lg\tau)$ 参数值。σ-$T(C + \lg\tau)$ 为坐标的试验曲线如图 2-4-4 下部所示。按不同参数值推

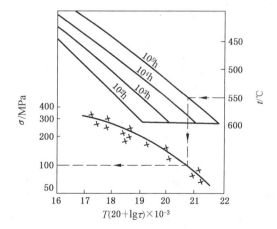

图 2-4-4　高温强度特性参数图

算出相应于 $\tau=10^5$、10^4 等小时所对应的温度 t，并绘在图 2-4-4 上部。这样，就得到高温强度特性参数图。按图中虚线所示方法，可得到不同温度下的持久强度特性。

利用拉森-米勒参数可很容易地推算出超温后高温元件寿命的降低程度。如取 $C=20$，温度由 510 ℃ 升至 520 ℃，则

$$T_1(C+\lg\tau_1)=T_2(C+\lg\tau_2)$$
$$783(20+\lg\tau_1)=793(20+\lg\tau_2)$$

得
$$\tau_2=\frac{\tau_1}{1.8}$$

即温度升高 10 ℃，工作寿命 τ_2 几乎下降一半。这表明，应严格控制高温元件的超温。

锅炉高温元件强度计算时，许用应力为持久强度 σ_D^t 除以安全系数 n_D。n_D 的值应比短时破坏——抗拉强度 σ_b^t 的安全系数 n_b 为小，因为持久强度特性 σ_D^t 已包含了允许的工作寿命期限。

注：利用本节所述内容对电站锅炉超温超压重大事故处理见 8-10 节。

2 高温塑性特性

钢材在常温或高温下，短时断裂时所累积的塑性变形，是晶粒拉长的结果；而钢材在高温下，长时蠕变断裂时所累积的塑性变形是晶粒之间相对移动的结果[40,41]。短时断裂属于晶粒本身裂开性质，而长时蠕变断裂属于晶间裂开性质。前者由于晶粒能拉得较长，故伸长率 δ 较大，而后者由于晶间移动所积累的变形不大时即能断裂，故伸长率 δ 相对要小一些[40]。参见本节最后的注释：蠕变机理模型与破裂特征。

持久塑性：

蠕变破坏所积累的塑性变形，称"持久塑性"。图 2-4-5 所示为 0.5Mo 钢的持久塑性与工作温度、破坏时间的关系[41]。碳钢及其他珠光体耐热钢的情况也与此大致相同。

由图 2-4-5 可见，持久塑性的变化规律为：

1) 在任何温度下，持久塑性先随破坏时间增加而下降，以后开始上升；

2) 在较低温度条件下，最小持久塑性出现在较长时间，而且其值比高温时为小。

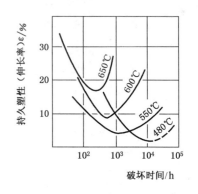

图 2-4-5　0.5Mo 钢的持久塑性

0.5Mo 钢在 480 ℃ 条件下，最小持久塑性约出现在 10^4 h，其值约为 2%；在 550 ℃ 条件下，最小持久塑性约出现在 10^3 h，其值约为 4%。

15CrMo 类型耐热钢（正火处理后）在 550 ℃ 条件下，最小持久塑性约出现在 10^5 h，其值约为 8%。碳钢在 538 ℃ 条件下，最小持久塑性约出现在 10^4 h，其值约为 12%。

根据上述规律及给出的数据来看，不同钢材在各自允许工作的温度条件下，10 万小时工作期限的持久塑性都明显大于 1%，因而确定蠕变限所给的允许总变形值 [ε] 为 1% 是有较大裕度的。

原苏联锅炉及管道金属监察规程中规定运行中的允许蠕变变形值如表 2-4-1 所示。表中给出的允许值也是有较大裕度的。

表 2-4-1　运行中的允许蠕变变形值　　　　　　　　　　　　　%

项　目	过热器蛇形管	
	合金钢	碳钢
管道	2.5	3.5

[注释]蠕变机理模型与破裂特征

高温蠕变破裂产生的裂纹性质与所积累的塑性变形值与常温条件下破裂有明显区别。

在高温与恒定应力两种因素同时作用下,金属极其缓慢地发生蠕变过程:应力产生变形使晶粒内部出现滑移层并被拉长;高温促使再结晶使晶粒恢复为原来等轴形状,同时晶粒之间出现相对位移。应力与高温作用下,会不断重复上述晶粒出现滑移层与再结晶现象(见图 2-4-6)。由图可见,蠕变过程所积累的塑性变形是晶粒不断重新排列的结果,而晶粒中出现滑移层及晶粒被拉长,只是时而出现时而消失的一种现象。在晶粒不断相对位移重新排列过程中,由于晶间较薄弱,一则导致晶粒之间的界面上出现显微裂纹,以致最后晶间裂开——产生晶间裂纹,另外,所积累的塑性变形也不可能较大——持久塑性值较小。以上与实际情况基本一致。

常温与中温条件下,应力使金属晶粒产生滑移层并拉长;应力增加,晶粒滑移层加大位移、再拉长,终至产生晶粒本身断裂——出现穿晶裂纹。拉断之前会积累较大塑性变形。

上述蠕变机理模型[40]能够近似解释高温与常温破裂特征(裂纹性质、塑性变形值)有明显区别的原因。

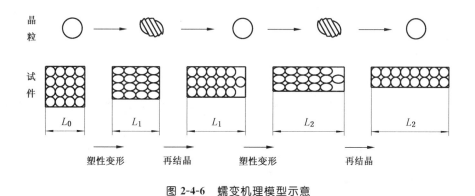

图 2-4-6　蠕变机理模型示意

2-5　锅炉元件的低周疲劳

低周疲劳是锅炉受压元件的破坏形式之一,锅炉强度事故分析、强度标准制定等会常涉及到此问题。本章介绍其强度原理、简易计算方法与试验方法。

工业锅炉强度计算标准不包括低周疲劳校核计算,但结构规定中考虑了对低周疲劳的防范。电站调峰锅炉需要的低周疲劳计算方法,参见水管锅炉强度计算标准[42]。

1 低周疲劳

锅炉在其工作寿命期限内,必定要有多次的启动、停炉过程。其受压元件的工作应力要相应的随之重复起伏。因此,锅炉受压元件不但应能承受前述静载作用,而且还应能抵抗交变载荷(多次循环应力)的作用。

锅炉受压元件应力集中最剧烈处一般都已进入塑性状态,其应力明显超出屈服限。在静载作用下,这种范围很小的应力集中,对于用塑性材料制成的元件整体强度而言,并无明显害处。但是,在交变载荷作用下,即使对于用塑性好的材料制成的元件,应力集中最严重处也可能产生疲劳裂纹,及随之而来的裂纹扩展,终致酿成元件泄漏,甚至破裂。虽然应力集中之处只占元件的极小部分,但却可能影响整个元件的强度。

锅炉受压元件在整个工作寿命期限内,应力循环(变化)次数不很多,最多几万周(次),故上述疲劳破坏属于"低周疲劳"范畴[5)]。

2 低周疲劳简易计算方法

较简易的防范因局部集中应力过大引起低周疲劳的计算方法是利用低周疲劳曲线的计算法。由试验所得的钢材低周疲劳曲线(图 2-5-1)是美国机械工程师协会(ASME)于 1963 年首次提出的[43],至今许多国家在应用。

图 2-5-1 中纵坐标表示按最大剪应力强度理论所得当量应力的允许应力幅度$[\sigma_a]$,横坐标为应力循环周数(次数)N。

以承受内压圆筒为例,应力集中最严重处为图 2-5-2 中所示的 A 点(圆筒轴向截面内壁处大孔与圆筒的连接点)。该点的应力值为 $k\sigma_d$,而应力幅度则为 $k\sigma_d/2$,它不应大于按图 2-5-1 根据应力循环周数 N 所得出的允许应力幅度$[\sigma_a]$。考虑弹性模量修正后,应满足式(2-5-1)强度条件[6)]:

$$\frac{k\sigma_d}{2} \frac{2.07 \times 10^5}{E^t} \leqslant [\sigma_a] \quad \cdots\cdots\cdots\cdots\cdots\cdots\cdots\cdots\cdots(2\text{-}5\text{-}1)$$

式中:k——应力集中系数,可由专门文献查得,图 2-5-2 中 A 点一般为 3.0,精心设计加工后,可降至 2.5;

σ_d——应力集中区域附近部位按最大剪应力理论所得的当量应力,MPa;

E^t——壁温为 t ℃时的弹性模量,MPa;

$[\sigma_a]$——允许应力幅度,MPa,见图 2-5-1。

---

5) 一般规定应力波动次数大于 10^5 次引起的疲劳称"高周疲劳",而小于 10^5 次引起的疲劳称"低周疲劳"。

6) 如需再考虑热应力,其计算方法见文献[42]。

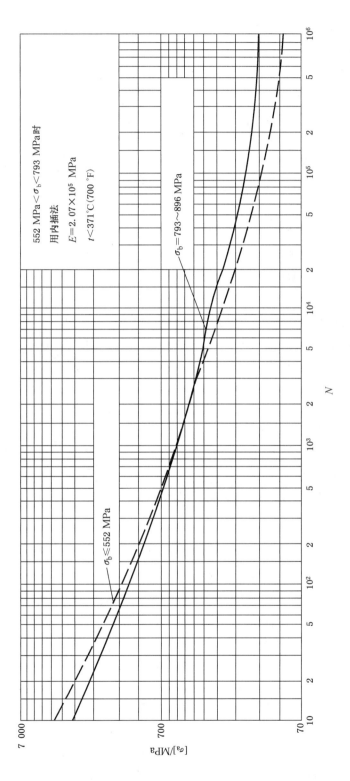

图 2-5-1 低周疲劳设计曲线

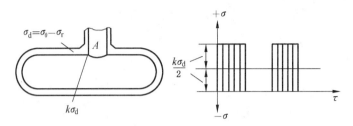

图 2-5-2　圆筒形容器应力最大点的应力变化

虚拟应力：

低周疲劳问题需引用虚拟应力概念,见图 2-5-3。应力集中处的应变包括弹性应变(0-ε_1)与塑性应变(ε_1-ε_2),人为地按虎克定律关系换算出的应力 $\sigma_{虚}$ 称"虚拟应力"。如直接按真实应力归纳数据,应力与周数关系曲线的分散度过大。

图 2-5-1 所示低周疲劳设计曲线即是根据试件应变值人为地按虎克定律关系换算出的"虚拟应力"得出的。该曲线已计入了足够的安全裕度:按应力幅度 σ_a 为 2.0;按周数 N 为 20,其中考虑实验数据分散取 2.0,尺寸效应取 2.5,表面粗糙度、环境影响等取 4.0,即 $2.0 \times 2.5 \times 4.0 = 20$。

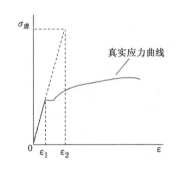

图 2-5-3　虚拟应力($\sigma_{虚}$)与真实应力

由图 2-5-1 低周疲劳曲线可见,低周疲劳强度与钢种关系不大。因此,对于抗拉强度 σ_b 较高的钢种,从一般静载强度考虑,工作应力取得较高,则低周疲劳寿命必然较短。例如 16Mng 元件比 20g(Q245R)元件的低周疲劳寿命要短一些,即为一例。对此点应有明确的了解。

累积损伤原则：

有时会遇到在整个工作期限内,应力幅度有较大变化的情况,此时,可按"累积损伤原则"考虑低周疲劳强度,即应满足

$$\frac{n_1}{N_1}+\frac{n_2}{N_2}+\cdots \leqslant 1$$

式中：n_1、N_1——在应力幅度 σ_{a1} 下的工作周数及允许工作周数；

　　　n_2、N_2——在应力幅度 σ_{a2} 下的工作周数及允许工作周数。

n_1/N_1 表示在 σ_{a1} 作用下的损伤百分数,余此类推,总的损伤百分数不应超过 100%。

应用低周疲劳计算解决问题示例：

详见 8-6 节之 1 关于不绝热锅壳、集箱允许最大壁厚的依据。

3　低周疲劳试验

按一般静载强度计算取足够安全裕度(见 6-2 节),或按本节所述低周疲劳计算,锅炉受压元件的低周疲劳强度均可以得到保证。但前者是间接方法,后者只能对应力集中有确切了解的结构才能计算。许多结构尚需通过低周疲劳试验直接确定它们的低周疲劳强度。例如:锅壳锅炉的不同结构拉撑件、角焊连接的 H 形下脚圈、角焊连接的集箱端盖、翻边管接头等元件

都是在专门的低周疲劳试验台上通过低周疲劳试验来确定它们的疲劳强度。

图 2-5-4 所示为一种低周疲劳试验台的液压系统图。

试验介质为油或水（添加防腐剂）。试验时，电动机 2 带动变量泵 3 旋转，液压油被吸入经油泵加压。有一定压力的油通过单向阀 4，再经过三位四通电液阀 5 进入试验件 8 使试件内油压升高。通过压力继电器 7 调节选择试验压力，当系统达到试验压力时，压力继电器微动开关接通，使三位四通电液阀换位，试验件中的部分液压油开始通过电液阀 5 反向流动并通过回路过滤器 9 返回油箱 13，则试验件内油压迅速降低。

由电路系统的可调时间继电器、中间继电器等的控制，隔一定时间后，试验件中的压力降至某值（约为工作压力的 10%）时，三位四通电液阀换向，又向试验件内部充油加压。待压力达到压力继电器的调定值时，再一次泄荷降压。如此反复，试验件内压力周期变化，从而达到进行低周疲劳试验的目的。

为防止压力意外增高造成事故，系统中装有溢流阀 11。溢流阀的动作压力应调得比试验压力略高一些，因此，正常疲劳试验时，溢流阀处于关闭状态。当试验系统发生故障使压力迅速增高时，液压油即可通过溢流阀返回油箱。

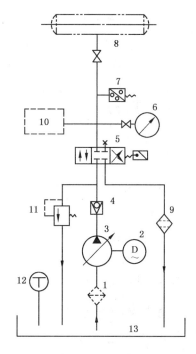

1—低压过滤器；2—电动机；3—变量油泵；
4—单向阀；5—三位四通电液阀；
6—压力表；7—压力继电器；8—试验件；
9—高压过滤器；10—二次仪表；
11—溢流阀；12—温度计；13—油箱

图 2-5-4　低周疲劳试验台的液压系统图

如欲暂停试验，可使三位四通阀处于中间空位，工件油路不通。此时，经油泵送入管路的液压油通过溢流阀返回油箱。

在管路系统中设有供连接二次测试仪表 10 的管接头，一般是通过压力传感器接函数记录仪等仪表。每加压泄压一次，压力继电器的电讯号传给电磁计数器或电子计数器，用以准确记录疲劳周数。

压力表 6 用以指示试验压力。为防止压力表疲劳损坏，不观测时，应随时截断压力表通路。

油箱 13 应有一定容积，以免温度很快上升。为检查油温，油箱设有指示温度计 12。

在上述系统中，如增设增压器，使增压后的油路通入试验件，可进行试验压力远大于油泵最高压力的低周疲劳试验。

低周疲劳试验一般以 20 倍寿命周数而不泄漏为准，试验压力取元件工作压力。低周疲劳试验是一种时间延续较长的试验。例如，每分钟压力变动 10 次，约需 14 个昼夜才能达到 20 万周。

低周疲劳试验一般危险性不大，但为防止液压油外泄时与明火接触以及非正常撕裂等带来的危害，试验件应置放在隔离间内。有关低周疲劳的进一步论述，见2-6节。

2-6　角焊缝疲劳强度解析与建议

本节介绍长期实际经验与大量低周疲劳试验均证实：锅炉受压元件角焊缝（即使无坡口角焊）的可靠性应予信任，应消除对角焊缝可能导致低周疲劳的疑虑。满足工艺要求的角焊缝不应限制应用，强度计算标准对角焊缝受压元件明显增加壁厚的规定并不适宜。

[注释]

人们总是担心角焊缝根部残留的细小裂纹可能导致低周疲劳破坏。应按"断裂力学"概念予以澄清：按传统观念，锅筒壁上不允许存在任何裂纹这样危险性大的缺陷。随着无损检测技术的发展，过去认为一直无缺陷的产品，现在却可能会发现存在一些细小裂纹，但它们一直在安全运行着。20世纪60年代发展起来的一门新的力学分支——"断裂力学"给出了解决这些问题的方法，澄清了过去的一些不够准确的、甚至是错误的概念（参见本书第24章）。

1　角焊缝与疲劳强度

(1) 应改宽对角焊缝疲劳强度的要求

角焊（无坡口角焊、填角焊）在工业锅炉受压元件中，尽管有较长的应用历史，但由于单面角焊缝根部一般不易完全焊透，特别是无坡口角焊缝更不可能作到全厚度焊透，因而长期以来，许多人总是担心焊缝根部的应力集中可能导致过早疲劳破坏。在制订锅炉强度计算标准时，由于存在上述担心，而简单地用明显增大壁厚（大于1.5倍）的方法，来防止可能产生的疲劳破坏。另外，锅炉设计者、锅炉质检人员由于不甚了解角焊缝的实际耐疲劳能力，经常不建议采用角焊结构，有时会给元件结构及制造工艺增加一些麻烦。

实际上，对角焊缝的抗疲劳能力无需过于担心，下述分析与试验皆证实角焊缝的抗疲劳能力是足够大的，我国经验丰富的锅炉监检人员与国外标准亦皆如此对待。

当然，由于结构、工艺过于违反标准要求，或明显结垢，而导致应力集中过大时，低周疲劳现象也是可能发生的。

(2) 角焊缝疲劳强度研究与国外标准的规定

我国约于30年前，为了深入研究工业锅炉角焊缝强度，先后于哈尔滨（哈工大锅炉强度研究组：哈工大与龙江锅炉厂、黑龙江省化工机械厂、松花江锅炉厂合作）、大连（哈工大与大连造船厂、大连小型锅炉厂合作）、沈阳（沈阳工业锅炉厂）等地展开低周疲劳强度实验研究工作，均未发现所研究的角焊缝产生疲劳现象。其中，在大连造船厂对工业锅炉不同尺寸集箱平端盖以及有拉撑、有支撑的角焊元件[填角焊，无氩弧焊打底；材料20g（Q245R）]所进行的低周疲劳实验表明，设计压力下的应力幅经多达20×10^4次变动均未发现疲劳现象，因而使我国锅炉强度标准将填角焊平端盖最大尺寸D_w放大至426 mm。

三浦锅炉（约占日本非发电锅炉总容量90%）的主要受压部件采用填角焊结构。20多万台已经受约30年成功运行的考验，从未产生疲劳损坏现象。

俄国标准[44]允许集箱平端盖与筒体的连接采用无坡口角焊结构,仅要求焊缝厚度(角焊缝根部至焊缝表面的垂直距离)不小于筒体壁厚。这种平端盖的计算厚度也小于我国标准填角焊连接平端盖的厚度。

美国 ASME 规范压力容器篇[43]中包含低周疲劳校核计算内容,但指出:如元件经长期运行实践证实并未产生低周疲劳破坏,则对类似元件无必要进行疲劳分析;同时也提示应特别关注产生明显应力集中的部位,如角焊缝、未焊透的焊缝、补强板、壁厚突变等处。美国 ASME 规范动力锅炉篇[46]、热水锅炉篇[47]未列入疲劳校核内容。

(3) 角焊缝应力集中对疲劳强度影响不很大的原因

工业锅炉采用的材料一般属于循环硬化材料[抗拉强度与屈服限的比值:$\sigma_b/\sigma_s (R_m/R_{eL})$大于 1.4]。使用这种材料制作的元件在疲劳过程中,其应力集中部位的塑性变形成分会不断转换成弹性变形,而弹性变形的抗疲劳能力远大于塑性变形,故低周疲劳不易产生[48]。因此,即使压力变动的总次数较多,一般也不至于引起低周疲劳破坏。我国锅炉长期运行实践也充分证实:凡尺寸与工艺合格的角焊缝并未因应力集中而产生疲劳破坏。

2 角焊元件的低周疲劳试验结果

在前述角焊缝低周疲劳试验之后,又一次试验研究,其目的在于进一步全面、深入地核实不同角焊缝的耐疲劳能力,期望能对由碳钢制造的工业锅炉角焊缝的耐疲劳能力有结论性看法。本次低周疲劳实验与疲劳后爆破试验[49],是在长期从事此项工作、经验丰富的权威性单位——大连锅炉压力容器检验研究所进行的。此项实验是与日本三浦株式会社、大连理工大学共同完成。

(1) 试件

1) 试验件结构与焊缝型式

低周疲劳试验件共三类 6 种,见表 2-6-1 与图 2-6-1。

表 2-6-1 低周疲劳试验件

No	类　　别	端盖、端板的结构与焊缝型式
1	圆筒形集箱的平端盖	内置式,填角焊
2		外置式,填角焊
3		外置式,无坡口角焊
4	矩形集箱的平端盖	内置式,填角焊
5	矩形截面环形集箱的平端板 (三浦锅炉)	小直径;外置式,填角焊
6		大直径;外置式,填角焊

试件№1~№4 的尺寸见图 2-6-1,试件№5 与№6 的尺寸见图 2-6-1 与表 2-6-2。

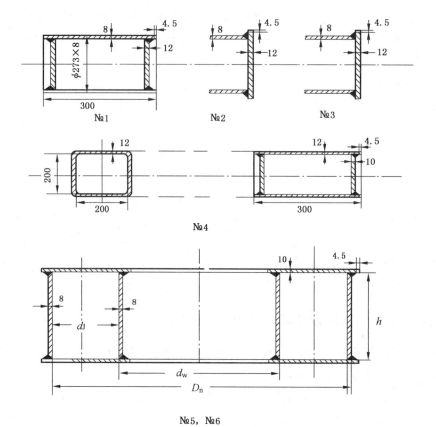

试验件材料：平板—20g(Q245R)；管件—20号。

图 2-6-1　实验件结构图

表 2-6-2　试件尺寸　　　　　　　　　　　　　　mm

试件№	d_w	D_n	d_J	h
5	360	660	150	300
6	720	1 020	150	300

2) 焊接条件与焊缝质量

鉴于我国工业锅炉产品制造工艺的现状，为了使研究结果更具一般性，本研究选用持有C级制造许可证的生产厂加工试验件；另外，对试验件的焊接条件及焊缝质量除要求符合一般的法规、规范外，无任何其它要求。本实验件的手工施焊环境温度较低；无氩弧焊打底，且焊条的直径较大，导致不易焊透；超声波探伤及断面检查的结果均证实焊缝质量基本不合格。在上述颇为不利的条件下验证焊缝的抗疲劳能力，会更有说服力。

(2) 试验

1) 试验方法

参照 GB/T 9252 疲劳试验方法[50]进行试验。

试验件设计压力为 1.0 MPa。疲劳试验压力上限取试验件设计压力的 1.5 倍，即 1.5 MPa(为缩短试验时间)，下限压力为 0.2 MPa。压力循环频率不超过每分钟 10 次。6 个试件总容积 246 L,串在一起同时试验。实际元件运行最高壁温约 200 ℃,冷态疲劳实验基本不影响结果。

2) 试验装置

哈工大采用的低周疲劳实验装置系统与工作情况详见文献[51,52],黑龙江省化工机械厂的见文献[53]。大连锅炉压力容器检验研究所采用的实验装置型号为 PVF-T-Ⅲ,装置系统参见文献[50],实验介质为液压油。

3) 疲劳周数

① 运行压力的变动状况

工业锅炉寿命按 30 年考虑,如每日压力由 0 至额定压力变动为 1 次,则累计次数达 1 万次。实际上,这种考虑偏于保守,因为压力在小范围内波动对疲劳寿命影响很小,而压力由 0 至额定压力变动 1 万次的可能性并不存在。

对于工业锅炉进行低周疲劳分析时,按压力由 0 至额定压力变动累计 5 000 次考虑,更接近于实际。

② 安全系数

美国 ASME 低周疲劳设计曲线考虑应力幅变动次数 N 的安全系数 n_N 高达 20(详见 2-5 节)。

对于用实际锅炉受压元件,而不是用试棒进行低周疲劳实验情况,上述安全系数可以明显缩小,因为 $n_N=20$ 中考虑实验数据分散的 2.0 应保留,考虑受载截面尺寸影响的 2.5 可以取消,考虑表面条件等影响因素的 4.0 可以缩小至 3.0,则取 $n_N=2\times 3=6$ 已足够。

③ 实验压力变动周数

如上所述,按压力变动累计周数 $N=5\,000$,n_N 取 6,则额定压力下疲劳实验周数应达 $n_N\times N=6\times 5\,000=3\times 10^4$。

本实验故意将实验压力提高 1.5 倍,则应力幅 S_a 也增大 1.5 倍。根据疲劳积累损伤原则,应力幅提高时,较小的疲劳周数即可达到同样疲劳损伤程度。应力幅提高后,达到同样疲劳损伤程度的疲劳周数可由美国 ASME 低周疲劳设计曲线(图 2-5-1)近似求得:元件可能的疲劳周数 $N=5\,000$ 所对应的应力幅 $S_a=350$ MPa,而 $1.5S_a=1.5\times 350=525$ MPa 所对应的疲劳周数 N 约可减少至 1 500。则本实验相当于额定压力下疲劳 $3\times 10^4\times(5\,000/1\,500)=10\times 10^4$ 周,明显超出所需 3×10^4 周。

(3) 实验结果

1) 低周疲劳试验

本次 6 种试验件,在试验压力上限为 1.5 MPa(试验件设计压力的 1.5 倍),下限压力为 0.2 MPa 条件下,经受 3×10^4 周应力波动后,均未发现任何疲劳损伤迹象。这与以前历次低周疲劳实验结果完全相同。

2) 疲劳试验后的再爆破试验

本次疲劳试验后,增加对已疲劳 3×10^4 周试验件的再爆破试验项目,目的在于考核疲劳是否使材料受到明显损伤。

实测结果表明,已疲劳 3×10^4 周的 6 种试验件再爆破所得的爆破压力仍较高——最低也比设计压力高 6.5 倍;并不存在爆破压力明显下降趋势[49]。

3　关于角焊缝疲劳问题的总结和建议

（1）总结

1）以前历次工业锅炉角焊缝低周疲劳实验从未发现产生低周疲劳现象；

2）本低周疲劳实验在角焊缝的焊接条件与焊缝质量均较差条件下进行,仍未发现任何疲劳损坏迹象；疲劳后爆破实验也证实不存在明显疲劳损伤现象；

3）我国大量工业锅炉凡尺寸与工艺合格的角焊缝,均未发现低周疲劳损坏现象；

4）日本20多万台三浦锅炉近30年运行中从未发现角焊缝产生低周疲劳损坏；

5）特殊情况下,例如平直炉胆明显结垢,而且端部角焊缝有缺陷,则锅炉多次启停后,因炉胆过大的热伸长引起过高的热应力可能导致焊缝疲劳破裂。

（2）建议

基于以上情况,对于由碳钢制造,焊缝尺寸与焊接工艺满足有关规程要求的工业锅炉不受热(不受火焰辐射或不受高温烟气冲刷)的角焊元件,建议：

1）消除对采用角焊缝(无坡口角焊)可能导致低周疲劳的疑虑；

2）角焊平板受压元件的计算厚度不宜过于增大；

3）用水压验证实验可直接确定最高允许工作压力,而不必再补充进行疲劳试验或疲劳分析。

第3章 锅炉元件的内应力

3-1 锅炉元件的热应力

热应力(温度应力)普遍存在于锅炉受压元件中,它对锅炉受压元件的强度起明显影响作用,应对它有较全面的了解。

1 热应力

对于圆筒形元件,例如受热面管,当热流自外向内传递时(图3-1-1),则外壁与内壁的温差为[推导参见式(4-1-10)]

$$\Delta t = t_w - t_n = \frac{q r_w \ln \frac{r_w}{r_n}}{\lambda} \quad \cdots\cdots (3\text{-}1\text{-}1)$$

式中：q——热负荷,W/m²；

r_n、r_w——内、外半径,m；

λ——平均温度下的导热系数,W/(m·℃)。

由于沿壁厚存在温度梯度,沿壁厚各微小单元在圆筒切线方向、轴线方向及径向的热变形皆各不相等,而圆筒是一个整体,受热后只能作统一变形(胀大),则各微小单元在不同方向由于不能得到充分膨胀或收缩,于是在壁上产生环向、轴向及径向热应力 $\sigma_{\theta t}$、σ_{zt} 及 σ_{rt},见图3-1-1。这些热应力沿壁厚的分布如式(3-1-2)~式(3-1-4)所示(其推导见文献[11])：

环向(切向)热应力

$$\sigma_{\theta t} = \frac{E\alpha \Delta t}{2(1-\mu)\ln \frac{r_w}{r_n}} \left[\ln \frac{r_w}{r} + \frac{r_n^2}{r_w^2 - r_n^2}\left(1+\frac{r_w^2}{r^2}\right) \ln \frac{r_w}{r_n} - 1 \right] \quad \cdots\cdots (3\text{-}1\text{-}2)$$

轴向热应力

$$\sigma_{zt} = \frac{E\alpha \Delta t}{2(1-\mu)\ln \frac{r_w}{r_n}} \left[2\ln \frac{r_w}{r} + \frac{2r_n^2}{r_w^2 - r_n^2} \ln \frac{r_w}{r_n} - 1 \right] \quad \cdots\cdots (3\text{-}1\text{-}3)$$

径向热应力

$$\sigma_{rt} = \frac{E\alpha \Delta t}{2(1-\mu)\ln \frac{r_w}{r_n}} \left[\ln \frac{r_w}{r} + \frac{r_n^2}{r_w^2 - r_n^2}\left(1-\frac{r_w^2}{r^2}\right) \ln \frac{r_w}{r_n} \right] \quad \cdots\cdots (3\text{-}1\text{-}4)$$

式中：E——平均温度下的弹性模量,MPa；

α——平均温度下的线膨胀系数;

μ——波松比;

r_n、r_w——内外半径,mm;

r——对应所求应力点的半径,mm;

Δt——外壁与内壁的温差,℃[由式(3-1-1)求得]。

按式(3-1-2)～式(3-1-4)所得热应力值沿壁厚的分布见图 3-1-2。由图可见,在外部加热情况下,内壁的热应力是拉伸性质的(环向与轴向),与内压力产生的工作应力(环向与轴向)同号,互相叠加,有时可能达到不允许的程度——产生低周疲劳现象。

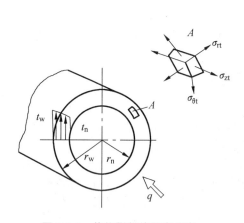 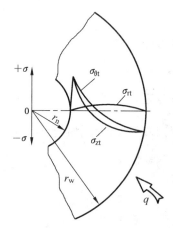

图 3-1-1 传热引起的温度分布不均及热应力 　　图 3-1-2 外部加热时热应力分布(此图仅表示值的大小,不表示应力方向,应力方向见图 3-1-1)

当热流方向自内向外时,外壁与内壁的温差为

$$\Delta t = t_w - t_n = -\frac{q r_w \ln \dfrac{r_w}{r_n}}{\lambda}$$

此式代入式(3-1-2)～式(3-1-4)所得各向热应力与热流自外向内时的应力比较,仅符号相反。

对于锅炉钢材,$t = 200\ ℃ \sim 500\ ℃$,$\beta = r_w/r_n = 1.0 \sim 2.0$,由式(3-1-2)～式(3-1-4)可得式(3-1-5)的近似计算公式:

$$\left. \begin{array}{l} 内壁\ \sigma_{\theta tn} = \sigma_{ztn} = 2\Delta t \quad \text{MPa} \\ 外壁\ \sigma_{\theta tw} = \sigma_{ztw} = -2\Delta t \quad \text{MPa} \end{array} \right\} \quad \cdots\cdots (3\text{-}1\text{-}5)$$

式中:Δt——外壁与内壁的温差,℃。

可见,如内外壁温差为 50 ℃时,内外壁的热应力达 100 MPa。

实际锅炉元件沿圆周及沿长度的热流不是均匀的,这也必然要引起相应的温度梯度及由此而产生的热应力。因此,准确计算锅炉元件的热应力是十分困难的。

由式(3-1-2)～式(3-1-4)以及式(3-1-1)可以看出,当材料的线膨胀系数 α 大、导热系数 λ 小、热负荷 q 大、外径与内径的比值 $\beta = r_w/r_n$ 大(当管径相同时,即壁厚大)时,热应力也大。在受热及几何尺寸相同情况下,奥氏体钢的热应力要比珠光体钢大得多,因奥氏体钢的线膨胀系数 α 较大,而导热系数 λ 又较小,见表 3-1-1。另外,水冷壁管以及对流管束最前排管的热应力比纯对流受热面管为大,有时可能大 5～10 倍,因为这些管子的热负荷大。

表 3-1-1　珠光体钢与奥氏体钢物理性能对比

钢　种	$\alpha/10^{-6}℃^{-1}$		$\lambda/[W/(m^2 \cdot ℃)]$		$E、\mu$
	20～100 ℃	20～600 ℃	100 ℃	600 ℃	
20 号碳钢	11.2	14.4	50.7	35.6	两钢种基本一样
18-8 奥氏体钢	16.6	18.2	16.3	24.7	

2　热变形与热应力近似计算

图 3-1-3 所示为两端固定牢的直杆,原长度为 l_0,温升为 Δt。假设能够自由膨胀,则热伸长

$$\lambda_t = \alpha \Delta t l_0$$

由表 3-1-1,对于碳钢,线膨胀系数

$$\alpha \approx 1.2 \times 10^{-5} ℃^{-1}$$

设 $l_0 = 1\,000$ mm,$\Delta t = 100$ ℃,则

$$\lambda_t \approx 1.2 \times 10^{-5} \times 100 \times 1\,000 \approx 1.2 \text{ mm}$$

即:**碳钢,长 1 m,温差 100 ℃,膨胀约 1.2 mm**。

如不能自由膨胀,相当于被压缩 $-\lambda_t$,则压缩应力可得式(3-1-6)的近似计算:

$$\sigma_t = E\varepsilon = E\frac{-\lambda_t}{l_0} = -E\alpha\Delta t \approx -2 \times 10^5 \times 1.2 \times 10^{-5} \Delta t$$

即

$$\sigma_t \approx -2.4\Delta t \quad \cdots\cdots\cdots\cdots\cdots\cdots\cdots\cdots\cdots\cdots\cdots (3-1-6)$$

可见,此式与式(3-1-5)无大差别。

将 $\Delta t = 100$ ℃代入,得

$$\sigma_t = -2.4 \times 100 = -240 \text{ MPa}$$

工业锅炉中,水冷炉排管曾得到较多应用,见图 3-1-4。

一般情况下,两端不可能完全固定牢,总会少许膨胀,则上述热应力值也会相应减小。

水冷炉排管的热负荷 $q \approx 65 \times 10^3$ W/m^2,小型锅炉的水质较差,水冷炉排管内如有 2 mm～3 mm 厚的水垢,其管壁温度可达 200 ℃～300 ℃。如锅炉安装温度取为 0 ℃,壁温取为 250 ℃,则温升 $\Delta t = 250 - 0 = 250$ ℃。

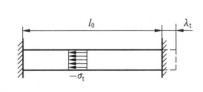

图 3-1-3　直杆热应力示意图

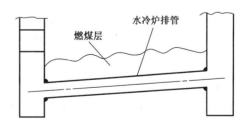

图 3-1-4　水冷炉排管示意图

由式(3-1-6),得

$$\sigma_t \approx -2.4\Delta t = -2.4 \times 250 = -600 \text{ MPa}$$

考虑到水冷炉排两端的热变形不会完全受阻,则上述热应力值会有一定减小,即使减小 1/3 也超过 2 倍屈服限($2\sigma_s^t$)。则两端焊缝经过多次数启停后出现疲劳裂纹,此例颇多。

如果炉排管的直径较小,受热后会因失稳而弯曲,弯曲应力会明显小于上述值。但会由于应力松弛而产生积累残余弯曲变形见 3-3 节。

附注:水冷壁热膨胀问题

一台 29 MW 热水锅炉,水冷壁管两端高差为 11.1 m。上端与锅筒相连,下端与集箱相连。安装后,发现集箱固定牢,不能向下自由膨胀。水冷壁内水的平均温度为 90 ℃,壁温约为 140 ℃(GB/T 16508—1996 标准表 4)。

水冷壁受热面向下膨胀量约为

$$\lambda_t = \alpha \Delta t l_0 \approx 1.2 \times 10^{-5} \times 140 \times 11\ 100 = 18.6 \text{ mm}$$

由于水冷壁管径较小,且空间弯曲,加之壁温不高,故产生弯曲变形,则热应力值不会很大。按管系程序计算结果表明,由于弯曲所产生的横向变形小于 20 mm,弯曲应力小于许用值。由于弯曲变形是全弹性的,故停炉后,能够完全恢复。但考虑到如果有少许结垢,可能由于应力松弛而产生积累残余弯曲变形见 3-3 节,故集箱固定牢,是不允许的。

3 热应力对元件强度的影响

(1) 稳定的热应力

对由塑性材料(钢材等)制成的元件强度的影响较小,一般不会使元件失效——丧失工作能力。

下面以承受内压力作用的管子为例加以说明。为便于分析,假设由内压力产生的工作应力与由温差产生的热应力仅是环向的。

如管子外径与内径的比值不大,则工作应力沿壁厚各点可认为相同,如图 3-1-5 中 0-1-2-3 所示。若同时受自外向内的热流 q 作用,管壁中热应力与工作应力相叠加,合成应力如 0-1-4-5-3 所示。在内壁区域的合成应力已超过屈服限。如管子由塑性材料制成,则合成应力沿壁厚的实际分布并非如此,因内壁区域合成应力一旦达到屈服限,即不再明显增加。塑性好的材料应力-应变曲线如图 3-1-6a)所示,屈服阶 ab 所对应的应变量要比比例限所对应的应变量大 10~15 倍之多。管子内层由于外部约束,变形很小,不可能超出屈服阶,因而内壁区域的合成应力不会超过屈服限,实际合成应力如 0-6-7-8-3(图 3-1-5)所示。对于无明显屈服阶的塑性材料,见图 3-1-6b),内壁区域合成应力超过屈服限后,也只略有升高,总的情形与上述的无大区别。

从承载能力考虑,只有沿壁厚各层的应力都达到屈服限后,管子才失去工作能力。由于热应力总是正负同时存在,而且二者互相平衡,所以热应力不可能使管子失去工作能力:内壁区域由于工作应力与热应力同号,叠加后可能屈服,但外壁区域由于异号,合成应力反而下降。

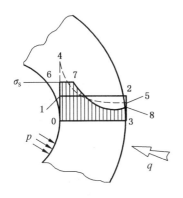
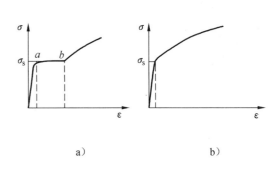

图 3-1-5 塑性材料管件中工作应力与热应力合成示意图

图 3-1-6 塑性材料变形性能

工作应力与热应力实际上都是三向的,按一定强度理论从工作应力与热应力的当量应力角度分析,也会得到同样结果。因此,可以得出这样的结论:对于由塑性材料制成的承压元件,稳定的热应力(非周期波动的)不会使元件失效。但这并不意味着可以忽视热应力,因为合成应力使元件出现塑性变形时,在介质长期作用下,易于产生腐蚀损坏。特别是,对于重要承压元件,如锅筒,必须采取措施控制热应力,使不要过大。

(2) 热应力对脆性材料制成的元件的影响

当合成应力达到材料抗拉强度时,如图 3-1-7 所示,此区域即开始破裂,使承载截面变小,并在裂口处产生应力集中,故一旦出现裂纹,即刻扩大,使元件断裂。因此,可以得出这样的结论:对于由脆性材料制成的承压元件,热应力较大使局部合成应力达到抗拉强度时,元件即沿整个断面破坏。

(3) 周期变动的热应力

对元件强度的影响则较大,即使是塑性材料,如热应力引起周期变化的塑性变形,则元件可能产生低周疲劳破坏;如热应力只引起周期变化的弹性变形,当变化频率很大时,可能产生高周疲劳破坏,称之为"热疲劳",例如,受热面汽水界面波动区域、高压锅筒给水管孔区域(未装保护套管时)、喷水减温器中喷水雾化区段等部位所产生的疲劳裂纹皆属热疲劳。

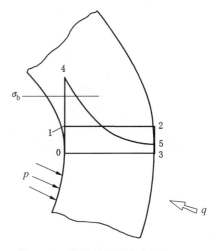

图 3-1-7 脆性材料管件中工作应力与热应力合成示意图

3-2 锅炉元件的残余应力

锅炉元件中的残余应力主要是焊接残余应力——简称"焊接应力",与胀接残余应力——简称"胀接应力"。

1 焊接应力

焊接时元件加热不均匀是产生焊接应力的根本原因。两块平板对接焊时,焊缝区域被加热到很高温度,随着远离焊缝,加热温度渐次降低,如图 3-2-1 所示。如各区域金属可以自由伸长,其伸长情况如图 3-2-1a)中 *abcde* 曲线所示。但钢板是一个整体,只能较均匀地伸长(Δl),于是焊缝区域被压缩,而焊缝以外区域被拉伸。焊缝区域中部因超过屈服限而产生塑性压缩变形,如图中 c 区斜线部分所示。

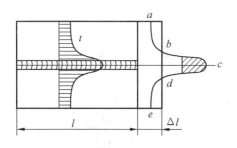

a）焊接过程　　　　　　　　　　b）焊接以后

图 3-2-1　对接焊时的焊接应力产生示意图

冷却以后,已产生塑性压缩变形的部分应该比其他部分短一些,如图 3-2-1b)中 *lmnop* 曲线所示。但钢板是一个整体,只能较均匀地收缩($\Delta l'$),于是焊缝区域中部因拉长而产生拉伸应力,两侧因压短而产生压缩应力。这些应力是焊接后残留于焊件中的,故属于残余应力。

在两块钢板对接焊时,除产生上述纵向焊接应力外,还产生横向焊接应力,如图 3-2-2 所示,这是由于焊缝两端头散热条件较好,因而温度较低造成的。如果钢板很厚,还会产生垂直于壁面方向的焊接应力。

基于同样原因,在填补板及管接头焊缝区域(图 3-2-3、图 3-2-4)也产生焊接应力,σ_θ 为环向应力,σ_r 为径向应力,在焊缝处都是拉应力。焊件刚度愈大,焊接应力也愈大。

与热应力一样,焊接残余应力不会使塑性

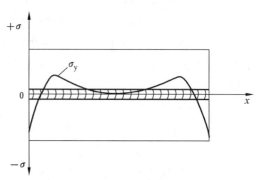

图 3-2-2　横向焊接应力

材料制成的元件立即破坏,但焊接应力过大时,与工作应力叠加后,会使低周疲劳寿命明显下降。特别是焊缝有缺陷时,过大的拉伸性质的焊接应力十分有害,由此引起的低周疲劳破坏事故时有所闻。因此,对于焊接应力较大的元件,必须采取措施予以降低。焊前预热工件,可使焊缝区域与周围部分的温差减小,从而降低焊接应力。焊后进行回火,由于焊接应力松弛(见 3-3),可使焊接应力减小。靠机械拉伸办法,如压力容器的超水压办法,也可有效地降低焊接应力。对图 3-2-1 所示对接焊钢板,如焊后进行较大拉伸使焊缝区域产生拉伸塑性变形,则焊后所残留下的塑性压缩变形减小,从而使焊接应力下降。

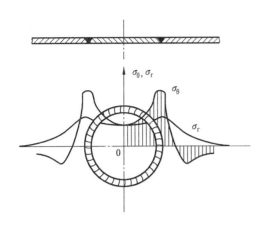
图 3-2-3 焊接填补板的焊接应力

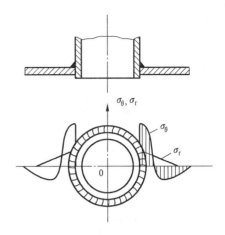
图 3-2-4 焊接管接头的焊接应力

由于焊接应力可以设法控制在安全程度以内,而且难以准确计算,故强度计算时不考虑。

2 胀接应力

胀接是利用"不均匀变形"方法产生残余应力使管子与管板紧密连接在一起的一种连接形式。因此,这种残余应力是有益而不是有害的。

设有一块带孔的平板,孔表面受很大径向力 P 的作用,见图 3-2-5。此时,孔边缘的点 1 变形到点 2,由于变形较大,产生两部分变形:弹性变形 2-3 及塑性变形 3-1。而距离孔边缘较远的点 4 变形到点 5。由于点 4、5 的间距小于 1、2 的间距(如不考虑轴向变形,这两个间距反比于 R 及 r),故可能只出现弹性变形。除去外力后,点 2 只能回复到点 3 的位置(点 3 至点 1 塑性变形部分不能回复);点 5 本应完全回复到原来位置点 4(因全是弹性变形),但由于点 2 只回复到点 3,限制了点 5 的回复,使点 5 也只回复一部分至点 6(如不考虑轴向变形,点 6 及点 4 所在二圆构成的环面积应等于点 3 及点 1 所在二圆构成的环面积)。

由于点 5 未能得到充分回复(收缩),于是产生指向圆孔中心的径向压缩应力 σ_r(见图 3-2-5),与此同时,也出现环向应力 σ_θ。应力 σ_r 及 σ_θ 是除去外力后残留于工件内部的残余应力,其产生原因在于外力作用时出现有不均匀变形——沿径向各点的塑性变形值不同。

理论计算表明,径向应力 σ_r 及环向应力 σ_θ 的分布如图 3-2-6 所示。如果孔边缘为插入的圆环,如图中虚线所示,则径向应力 σ_r^0 紧压圆环,使它难以拔脱。如果圆环改为管头,就是胀管。

基于以上分析,在胀接区域附近,不应进行焊接或加热温度过高,否则,胀接残余弹性变形会转变为塑性变形见 3-3 节,使胀接应力减小,从而导致胀接牢固性及严密性下降。基于同样原因,壁温较高时(约 400 ℃),不宜采用胀接连接形式。

管孔相距较近时,胀接应力叠加后的分布情形如图 3-2-7 所示。当胀接应力与工作应力叠加后,孔边缘处的合成应力有所下降,见图 3-2-8 所示。

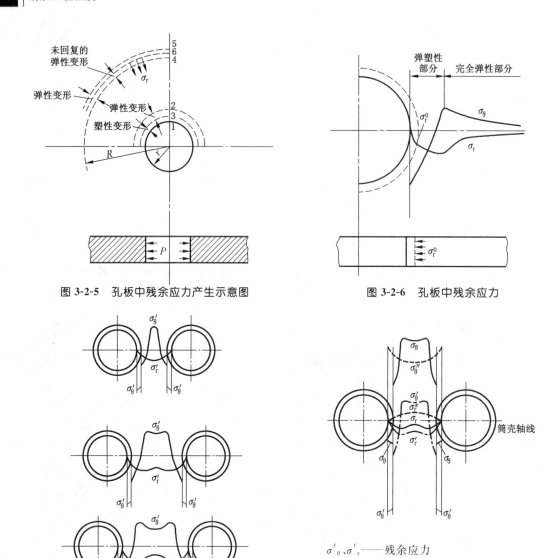

图 3-2-5 孔板中残余应力产生示意图

图 3-2-6 孔板中残余应力

σ'_θ、σ'_r——残余应力
σ''_θ、σ''_r——工作应力
σ_θ、σ_r——合成应力

图 3-2-7 孔排胀管后残余应力

图 3-2-8 胀接孔排应力

3-3 锅炉元件的应力松弛

应力松弛现象普遍存在于锅炉受压元件中,锅炉强度事故分析时,经常会遇到此问题。

1 应力松弛

为了用螺栓压紧两个工件,例如压紧管道上的两个法兰盘,需转动螺母使螺杆弹性拉长——出现拉应力,从而产生压紧力。在高温下会发现螺杆产生的拉应力随着时间 τ 的延长而自行减小,从而使压紧力减弱,如不及时重新旋紧螺帽,会使管道内部工质外泄。拉应力的自行减小是螺杆中弹性变形不断转变为塑性变形的结果,如图 3-3-1 所示。在最初,即 $\tau=0$ 时,螺杆中的变形 Δl_0 全为弹性变形,此时,螺杆中的应力为

$$\sigma_0 = E \frac{\Delta l_0}{l_0}$$

式中:E——弹性模量;
Δl_0——初变形;
l_0——原长度。

随着时间的增长,弹性变形逐渐转变为塑性变形;弹性变形不断减小,螺杆中的应力也就相应地不断下降:

$$\sigma = E \frac{\Delta l_t}{l_0}$$

式中:Δl_t——螺杆中剩余的弹性变形,$\Delta l_t < \Delta l_0$。

在上述的弹性变形不断转变为塑性变形的过程中,$\Delta l_0 = \Delta l_t + \Delta l_s$ 是固定不变的(Δl_s 为塑性变形值)。这种在具有固定初变形的工件中,应力的自行减小现象称为"应力松弛"。

应力松弛现象,对于钢材来说,即使在室温条件下也能产生,当然,进行得极慢。随着温度升高,应力松弛现象愈明显。碳钢在 200 ℃条件下,应力松弛现象已较明显,参见表 3-3-1。温度波动会使应力松弛加快[40]。

在松弛过程中,应力随时间的变化可用松弛曲线表示,见图 3-3-2。某钢材在某温度下的松弛特性 σ_{s0}^t 是在初应力为某 σ_0 时,经指定工作期限后,所残留下来的应力值。

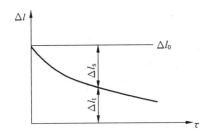

图 3-3-1 弹性变形转变为塑性变形的示意图

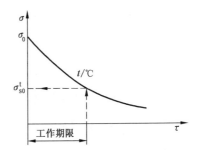

图 3-3-2 应力松弛曲线

20 号碳钢的松弛特性 σ_{s0}^t 如表 3-3-1 所示,其他材料可参见有关材料手册。

表 3-3-1 20 号碳钢的松弛特性

热处理状态	试验温度/℃	初应力 σ_0/MPa	对应下列时间(h)的 σ_{s0}^t/MPa				
			100	500	1 000	3 000	10 000
950 ℃退火	200	147	108	107	107	103	(95)
	300	147	104	101	101	99	(94)
	400	118	83	79	78	75	(67)

上述应力松弛现象也产生于压配合零件和弹簧上。

上述应力松弛现象也广泛存在于锅炉受压元件中。熟悉这种应力松弛现象对全面了解元件应力状态与元件变形颇有裨益。

2 应力松弛对热应力与残余应力的影响

下面以锅炉受热面管子的轴向热应力及轴向残余应力为例加以说明：

当热流 q 自外向内，沿壁厚的温度分布如图3-3-3所示。此时管壁沿轴向的变形，在无约束时，应如 abc 曲线所示（放大表示），但管壁是个整体，只能产生一个平均伸长，如 ebd 线。这样，管壁内部被拉长（面积 eab），而管壁外部被压缩（面积 cdb），于是产生轴向热应力，此轴向热应力正、负同时存在，见图3-3-3。之后，在高温作用下，弹性变形（面积 eab 及 cdb）逐渐转变成塑性变形，热应力值随之变小，即产生了"热应力松弛"现象。假如弹性变形全部都转变为塑性变形（实际上只转变一部分），则热应力全部消失。当管子冷却后，由于管壁内外部已产生了相应于面积 eab

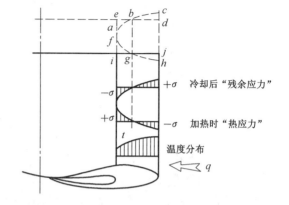

图 3-3-3 管壁热应力及残余应力产生示意图

及 cdb 的拉伸及压缩塑性变形，则管壁形状应变成 fgh 曲线所示的样子，但实际上管壁作平均收缩，如 igj 线所示，于是沿壁厚出现了与热应力符号相反的残余应力。此残余应力也是正负同时存在，见图3-3-3。如果此后温度并不很低，则随着停留时间的延长，管壁内残留的弹性变形会逐渐转变为塑性变形，与此同时，残余应力就不断减小，即产生了"残余应力松弛"现象。

如果管壁温度不高或停留时间不长，就不能或来不及产生塑性变形，于是上述残余应力及残余应力松弛即不出现。如果残余应力值达到屈服限，则元件经多次这样反复屈服是很不利的。

应力松弛现象对胀接连接的不利影响见3-2节。

3 应力松弛对锅炉元件变形的影响

应力松弛使锅炉受压元件产生永久变形（残余变形）的实例并不罕见。

如锅炉水冷壁上端固定，而下端未留有足够膨胀间隙，细而又长的水冷壁管工作时由于无法自由膨胀，必然导致弯曲。由于水冷壁管受火侧的壁温较高，故一般向受火侧弯曲。但上述弯曲也受水冷壁管初始弯曲方向影响。因此，少数管也可能向背火侧或左右两侧弯曲。

上述弯曲一般为弹性弯曲，冷却后，弯曲变形即行消失。但如壁温较高（内部介质温度较高或内壁结垢）使弯曲应力松弛时，弯曲弹性变形会逐渐有一部分转变为塑性变形，冷却后，水冷壁管出现了残余弯曲变形。锅炉再次启动后，在此残余变形基础上，再次出现弹性弯曲变形，随着时间延长，又有一部分弹性变形转变为塑性变形，停炉冷却后，使前一次残余变形加大。这样，膨胀受阻而壁温较高的水冷壁管经多次启停后，会发现明显弯曲。即使内部介质温度不高，例如仅 70 ℃～80 ℃，当水垢厚度约 1 mm 时，壁温足可以达到能够产生应力松弛现象（见表3-3-1与表4-1-1），由此引起水冷壁管弯曲是有先例的。因此，必须保证水冷壁管能够自由膨胀。

工业锅炉双层燃烧方式采用的水冷炉排管，当两端固定住又为细长直管时，曾普遍产生过水冷炉排管永久性弯曲变形，其原因与上述水冷避管情形一样。

第4章 锅炉元件的壁温计算分析与应用示例

锅炉是受火焰辐射、高温烟气加热的压力容器。设计、运行不当时,可能引起壁温过高,强度下降,安全性不保。锅炉受压元件许多事故是因壁温过高引起的。因此,壁温计算分析十分重要。

利用传热学基本原理,对热负荷(热流密度)较高的锅炉受压元件的壁温,也包括对其隔热层的温度,进行计算分析,关系到强度、选材、防止腐蚀、防止结渣等多方面问题。不仅设计开发新锅炉时,需要利用壁温计算分析的结果进行选材、判定结构的可行性;而且,运行锅炉事故分析时,经常需要经过壁温计算,深入解析事故的原因。

本章介绍壁温计算与有关问题,并给出常遇到的壁温计算分析示例。在本书撰写者的其他著作中对此也多有论述,如文献[11,39,52]等。

4-1 锅炉元件的壁温分析

本节给出锅炉元件壁温的计算方法,还对实际运行条件下(结有水垢时)的壁温升高情况以及强度计算时所用"计算壁温"简化计算的来源等问题作较详细介绍。

1 壁温计算公式

圆筒形元件有热量传递时,沿筒壁厚度各点的金属温度不同,当热流向内传递时如图 4-1-1 所示。

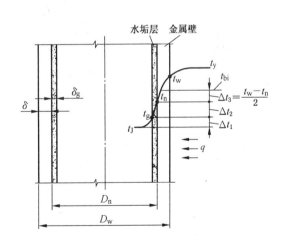

图 4-1-1 圆筒壁的温度分布

校核元件的氧化速度是否超过允许值时,需计算外壁温度(当热流向内传递时);而校核元件强度时,需计算壁厚的平均温度,因强度计算是按沿壁厚的平均应力考虑的。

圆筒形元件沿壁厚的温度分布呈抛物线形状,但为简化计,取元件内外壁温的算术平均值 $0.5(t_w+t_n)$ 作为确定材料强度特性及许用应力的依据。

由传热学可知,多层圆筒形元件的热负荷 q 可写成式(4-1-1)~式(4-1-3):

$$q=\frac{\alpha_2(t_g-t_J)\pi(D_n-2\delta_g)l}{\pi D_w l}=\alpha_2\frac{D_n-2\delta_g}{D_w}(t_g-t_J) \quad\cdots\cdots\cdots\cdots\cdots (4\text{-}1\text{-}1)$$

$$q = \frac{2\pi\lambda_g l}{\ln\dfrac{D_n}{D_n - 2\delta_g}}(t_n - t_g)\frac{1}{\pi D_w l} = \frac{2\lambda_g}{D_w \ln\dfrac{D_n}{D_n - 2\delta_g}}(t_n - t_g) \quad \cdots\cdots\cdots\cdots (4\text{-}1\text{-}2)$$

$$q = \frac{2\pi\lambda l}{\ln\dfrac{D_w}{D_n}}(t_w - t_n)\frac{1}{\pi D_w l} = \frac{2\lambda}{D_w \ln\dfrac{D_w}{D_n}}(t_w - t_n) \quad \cdots\cdots\cdots\cdots (4\text{-}1\text{-}3)$$

式中：t_J——介质额定平均温度，℃；

q——以外壁为准的热负荷，W/m^2；

α_2——内壁对介质的放热系数，$W/(m^2 \cdot ℃)$；

$\lambda、\lambda_g$——钢材与水垢的导热系数，$W/(m^2 \cdot ℃)$；

$\delta、\delta_g$——壁厚与水垢厚度，m；

l——管段长度，m。

其他符号见图4-1-1。

由式(4-1-1)得水垢表面温度见式(4-1-4)：

$$t_g = \frac{qD_w}{\alpha_2(D_n - 2\delta_g)} + t_J \quad \cdots\cdots\cdots\cdots (4\text{-}1\text{-}4)$$

由式(4-1-2)及式(4-1-4)得内壁温度见式(4-1-5)：

$$t_n = \frac{qD_w \ln\dfrac{D_n}{D_n - 2\delta_g}}{2\lambda_g} + \frac{qD_w}{\alpha_2(D_n - 2\delta_g)} + t_J \quad \cdots\cdots\cdots\cdots (4\text{-}1\text{-}5)$$

由式(4-1-3)及式(4-1-5)得外壁温度见式(4-1-6)：

$$t_w = \frac{qD_w \ln\dfrac{D_n}{D_n - 2\delta_g}}{2\lambda_g} + \frac{qD_w}{\alpha_2(D_n - 2\delta_g)} + \frac{qD_w \ln\dfrac{D_w}{D_n}}{2\lambda} + t_J \cdots\cdots (4\text{-}1\text{-}6)$$

计算壁温：

内外壁温的算术平均值——计算壁温 t_{bi} 表述见式(4-1-7)：

$$t_{bi} = \frac{t_n + t_w}{2} = t_J + \frac{qD_w}{\alpha_2(D_n - 2\delta_g)} + \frac{qD_w \ln\dfrac{D_n}{D_n - 2\delta_g}}{2\lambda_g} + \frac{qD_w \ln\dfrac{D_w}{D_n}}{4\lambda} \cdots\cdots (4\text{-}1\text{-}7)$$

根据公式 $\ln\alpha = 2\dfrac{\alpha-1}{\alpha+1} + \dfrac{2}{3}\left(\dfrac{\alpha-1}{\alpha+1}\right)^3 + \dfrac{2}{5}\left(\dfrac{\alpha-1}{\alpha+1}\right)^5 + \cdots$

式中 α 值接近1时，可近似写成

$$\ln\alpha = 2\frac{\alpha-1}{\alpha+1}$$

并设 $\beta = D_w/D_n$，则式(4-1-7)变成便于应用的式(4-1-8)：

$$t_{bi} = t_J + \frac{qD_w}{\alpha_2(D_n - 2\delta_g)} + \frac{q\delta_g}{\lambda_g}\frac{D_w}{D_n - 2\delta_g} + \frac{q\delta}{\lambda}\frac{\beta}{\beta+1} \quad \cdots\cdots\cdots\cdots (4\text{-}1\text{-}8)$$

如 $\delta、\delta_g$ 的单位改为mm并取最大热负荷，则式(4-1-8)变成式(4-1-9)：

$$t_{bi} = t_J + \frac{q_{max}}{\alpha_2}\frac{D_w}{D_n - 2\delta_g} + \frac{q_{max}\delta_g}{1\,000\lambda_g}\frac{D_w}{D_n - \delta_g} + \frac{q_{max}}{1\,000}\frac{\delta}{\lambda}\frac{\beta}{\beta+1} \quad \cdots\cdots (4\text{-}1\text{-}9)$$

此式就是我国锅壳锅炉与水管锅炉强度计算标准中所采用的计算壁温公式。此式也可用于热量由内向外传递的情况。

内外壁温差：

式(4-1-7)中的等号右边第二、三及四项分别代表图 4-1-1 中 Δt_1、Δt_2 及 Δt_3，即

$$\Delta t_1 = t_g - t_J = \frac{qD_w}{\alpha_2(D_n - 2\delta_g)}$$

$$\Delta t_2 = t_n - t_g = \frac{qD_w \ln \dfrac{D_n}{D_n - 2\delta_g}}{2\lambda_g}$$

$$\Delta t_3 = \frac{t_w - t_n}{2} = \frac{qD_w \ln \dfrac{D_w}{D_n}}{4\lambda}$$

由上式得计算热应力用的内外壁温差见式(4-1-10)：

$$\Delta t = t_w - t_n = \frac{qD_w \ln \dfrac{D_w}{D_n}}{2\lambda} \quad\cdots\cdots\cdots\cdots\cdots (4\text{-}1\text{-}10)$$

2　水垢对壁温的影响

水垢的存在除改变温度分布以外，还使热负荷有所变化(因水垢的热阻使热负荷有所下降)。由传热学可知：

$$\frac{q}{q'} = \frac{\dfrac{t_y - t_J}{\sum \Delta h}}{\dfrac{t_y - t_J}{\sum \Delta h'}} = \frac{\sum \Delta h'}{\sum \Delta h} = \frac{\Delta h_J + \Delta h_{bi} + \Delta h_y}{\Delta h_J + \Delta h_g + \Delta h_{bi} + \Delta h_y}$$

式中：　　　q、q'——有水垢与无水垢时的热负荷；

$t_y - t_J$——烟温与介质温度之差；

$\sum \Delta h$、$\sum \Delta h'$——有水垢与无水垢时的总热阻；

Δh_J、Δh_g、Δh_{bi}、Δh_y——介质侧、水垢层、金属壁、烟气侧的热阻。

对于锅筒、水冷壁管、炉胆、烟管等，由于介质为汽水混合物或水，则介质侧的放热十分强烈[放热系数约在 5 000 W/(m²·℃)以上]，故介质侧热阻 Δh_J 可以忽略不计，则得

$$\frac{q}{q'} = \frac{\Delta h_{bi} + \Delta h_y}{\Delta h_g + \Delta h_{bi} + \Delta h_y}$$

将各热阻用相应公式代入，最后得有水垢时的热负荷见式(4-1-11)：

$$q = q' \frac{\dfrac{1}{2\lambda} \ln \dfrac{D_w}{D_n} + \dfrac{1}{\alpha_1 D_w}}{\dfrac{1}{2\lambda_g} \ln \dfrac{D_n}{D_n - 2\delta_g} + \dfrac{1}{2\lambda} \ln \dfrac{D_w}{D_n} + \dfrac{1}{\alpha_1 D_w}} \quad\cdots\cdots (4\text{-}1\text{-}11)$$

将式(4-1-11)代入式(4-1-7)，即可求出水垢对计算壁温的影响。下面以 $\phi 60 \times 3.5$ mm 的水冷壁管为例，得不同水垢厚度使计算壁温的增高情况，如表 4-1-1 及图 4-1-2 所示。计算中

取无水垢时的热负荷 $q' = 175 \times 10^3 \text{ W/m}^2$，$\alpha_2 = 5\,815 \text{ W/(m}^2 \cdot \text{℃)}$，外壁对烟气的放热系数 $\alpha_1 = 233 \text{ W/(m}^2 \cdot \text{℃)}$，$\lambda = 44.2 \text{ W/(m} \cdot \text{℃)}$，$\lambda_g = 1.16 \text{ W/(m} \cdot \text{℃)}$。

由表 4-1-1 可见，水垢产生的温差 Δt_2 最大。

由图 4-1-2 可见，计算壁温随着水垢加厚而明显上升，但上升程度渐次缓和，这是由于水垢使热负荷不断减小所造成的。几毫米厚的水垢，就使传热量下降约一半，也使壁温明显增高。对外燃式烟管锅炉锅壳热负荷最高部位所作的类似计算结果，与上述水冷壁管的情况基本一致。

表 4-1-1 水垢对温度分布的影响 ℃

δ_g/mm	0	0.1	1	2	3	4	5	10	20
$\Delta t_1 = t_g - t_J$	34.0	33.3	28.8	25.1	22.4	20.4	18.8	14.4	14.9
$\Delta t_2 = t_n - t_g$	0	16.6	141	241	314	375	422	563	682
$\Delta t_3 = \dfrac{t_w - t_n}{2}$	7.4	7.2	6.0	5.1	4.3	3.8	3.3	2.0	0.8
$t_{bi} - t_J = \Delta t_1 + \Delta t_2 + \Delta t_3$	41.4	54.1	146	241	344	399	444	579	698

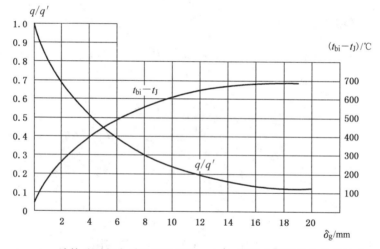

$t_{bi} - t_J$——计算壁温与介质温度的差值；q/q'——有无水垢时的热负荷比值

图 4-1-2 水垢对计算壁温与热负荷的影响

[注释] 对流受热面管壁的灰层、烟炱对壁温的影响

由类似于上述的计算分析可知，烟气侧管壁积灰后，由于灰层内部间隙含有气体，导热系数颇低，也使受热面热负荷明显下降，因此必须经常清灰。但是，烟气侧管壁积灰却与上述介质侧管壁积垢不同，壁温反而会明显下降。

事故分析： 锅炉排管对流受热面熔化而消失

一台锅炉事故造成排管对流受热面几乎完全消失——变成铁渣。事故原因分析如下：

燃烧挥发份颇高的烟煤，由于燃烧不完全导致排管受热面烟气侧壁面不断积存烟炱。排管下集箱手孔垫片安装错位，运行一段时间后突然向外大量喷汽。排管存水漏尽后，介质侧放热系数变得甚低，失去冷却能力，导致壁温明显升高，促使烟炱燃烧。由于燃烧的炙热烟炱与壁面直接接触——接触换热能力甚强,管壁温度进一步升高,当高于钢管的熔点,排管即熔化而消失。

燃油电站锅炉列管式空气预热器也发生过积存烟炱燃烧,而空气侧放热系数又很低,与上述热应力用的内外壁温差同样原因——壁温大幅度升高,导致空气预热器列管被烧毁。

3 有关计算壁温的规定

锅炉受压元件强度计算取用的壁温为内外壁温的算术平均值,称"计算壁温"(见本节之1)。

锅炉元件沿周界的热负荷是不均匀的,辐射受热面管子尤其严重。热量由最大热负荷处向其他部位流散所引起的壁温下降,可用小于1的均流系数 J 考虑。此外,过热蒸汽沿平行并列管的分布也是不够均匀的,当介质温度 t_J 取为平均温度时,还应加上温度偏差值 Δt。对于过热蒸汽集箱,由于介质进行混合,使这种温度偏差值下降,故在温度偏差 Δt 上应乘以小于1的介质混合程度系数 X。这样,就得到不同锅炉元件的计算壁温公式。

(1) 锅筒

对于需考虑存在水垢的小型锅炉,计算壁温按式(4-1-9)计算。

无水垢时按式(4-1-12)计算:

$$t_{bi} = t_J + \frac{q_{max}}{\alpha_2}\beta + \frac{q_{max}}{1\,000}\frac{\delta}{\lambda}\frac{\beta}{\beta+1} \quad \cdots\cdots (4\text{-}1\text{-}12)$$

(2) 集箱

集箱的计算壁温按式(4-1-13)。

$$t_{bi} = t_J + \frac{q_{max}}{\alpha_2}\beta + \frac{q_{max}}{1\,000}\frac{\delta}{\lambda}\frac{\beta}{\beta+1} + X\Delta t \quad \cdots\cdots (4\text{-}1\text{-}13)$$

(3) 管子

管子的计算壁温按式(4-1-14)。

$$t_{bi} = t_J + J\left(\frac{q_{max}}{\alpha_2}\beta + \frac{q_{max}}{1\,000}\frac{\delta}{\lambda}\frac{\beta}{\beta+1}\right) + \Delta t \quad \cdots\cdots (4\text{-}1\text{-}14)$$

式中: t_J——介质的额定温度,℃;

q_{max}——最大热负荷,W/m²;

α_2——壁面对介质的放热系数,W/(m²·℃);

D_w、D_n——圆筒外直径和内直径,mm;

$\beta = D_w/D_n$——外径与内径的比值;

δ——金属壁的厚度,mm;

λ——金属的导热系数,W/(m·℃);

Δt——介质温度偏差,℃;

X——介质混合程度系数;

J——均流系数。

上述公式中的 t_J、q_{max}、Δt、X、J 等取锅炉热力计算给出的值,λ 按有关手册查取。

简化计算:

为了简化计算,我国锅炉强度标准根据不同工作条件的热负荷、放热系数等,给出按上述公式算出的 t_{bi} 建议值[11],详见 6-1 节、标准正文,所给建议值含有裕度,有些情况的裕度明显偏大,见 6-1 节之 2。

4 计算壁温对受压元件最小需要壁厚与工作寿命的影响

根据我国锅炉强度标准给出的许用应力值,按不同的计算壁温负偏差 Δt_{bi} 所算得的最小需要厚度减小值 $\Delta\delta$,见表 4-1-2。

表 4-1-2 最小需要壁厚的减小值 $\Delta\delta$

t_{bi}	℃	300			400			500		
Δt_{bi}		−20	−40	−50	−20	−40	−50	−20	−40	−50
Q235	%	−3.9	−9.4	−11.7	—	—	—	—	—	—
Q245R		−4.2	−8.3	−10.8	−5.4	−10.8	−14.0	−43	−86	−114

由表可见,如果实际壁温低于计算壁温取值(负偏差),会使计算出的受压元件最小需要壁厚值减小较多,温度越高影响越大。

对于在蠕变条件下工作的元件,计算壁温的少许偏差会使工作寿命明显改变。例如,温度升高 10 ℃,几乎使工作寿命减少一半(见 2-4 节之 1)。

由以上分析可以看出,计算壁温取值对锅炉受压元件的壁厚影响很大。

4-2 防焦箱的壁温计算分析示例

锅炉发展历程中,炉排燃烧层的两侧,为防止结渣,一般皆设置"防焦箱"——"矩形防焦箱"或"圆筒形防焦集箱"(即水冷壁的光面下集箱)。其原因在于炙热的燃烧层与温度较低的防焦箱壁面(壁温接近内部介质温度)相对运动接触时,不易引起结渣现象。

目前,有些煤质差的锅炉,为有利于引燃与燃烧,于炉膛两侧墙水冷壁下部,铺设耐火混凝土卫燃带,无疑是有益的,但是,水冷壁下集箱也用耐火混凝土包覆。另外,我国有些锅炉用户水质欠佳,为防止防焦箱内壁因结垢而导致壁温升高,严重时开裂,也涂以耐热保温层,见图 4-2-1a)。上述措施的不利后果是未顾及壁温升高,易于结渣带来的危害。

严重的是,为了锅炉"适应性强",即使煤质、水质较好的锅炉用户也加以效仿,并已形成惯例——目前我国新设计的锅炉水冷壁下集箱几乎都涂以耐热保温层。

据燃煤锅炉用户与长期从事炉排运行调试的人员反映,上述炉排两侧前段高温部分,大都出现明显结渣现象,特别是,灰熔点较低的燃料尤甚。对于煤质较好、水质合格的用户,根本无需涂以耐热保温层。

基于以上现状,有必要对水冷壁下集箱前部高温区段的壁温工况进行计算分析[56],见图 4-2-1。

由于工业锅炉压力较低,壁厚与直径的比值较小,则壁温计算分析一般按平板传热处理,与圆筒相比,误差很小,对以下分析结果基本无影响。

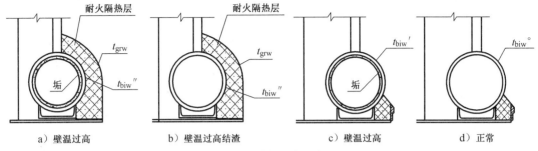

图 4-2-1 壁面温度示意图

1 有隔热层有水垢

有隔热层有水垢见图 4-2-1a)。

依据传热学,有

$$t_{grw} - t_{biw}'' = q'' \delta_{gr}/\lambda_{gr}$$
$$t_{biw}'' - t_{bin}'' = q'' \delta/\lambda$$
$$t_{bin}'' - t_{gn}'' = q'' \delta_g/\lambda_g$$
$$t_{gn}'' - t_J = q''/\alpha_J$$

以上 4 式相加,得

$$t_{biw}'' - t_J = q''(\delta/\lambda + \delta_g/\lambda_g + 1/\alpha_J)$$

而热负荷

$$q'' = (t_{hy} - t_J)/(1/\alpha_{hy} + \delta_{gr}/\lambda_{gr} + \delta/\lambda + \delta_g/\lambda_g + 1/\alpha_J) \quad \cdots\cdots (4\text{-}2\text{-}1)$$

于是外壁温度与内部介质温度的差值:

$$t_{biw}'' - t_J = (t_{hy} - t_J)(\delta/\lambda + \delta_g/\lambda_g + 1/\alpha_J)/$$
$$(1/\alpha_{hy} + \delta_{gr}/\lambda_{gr} + \delta/\lambda + \delta_g/\lambda_g + 1/\alpha_J) \quad \cdots\cdots (4\text{-}2\text{-}2)$$

式中:q''——有隔热层时的单位面积热负荷,W/m^2;

t_{grw}——隔热层外壁温度,℃;

t_{biw}''——防焦箱外壁温度,℃;

t_{bin}''——防焦箱内壁温度,℃;

t_{gn}''——水垢内壁温度,℃;

t_J——内部介质温度,取 100 ℃;

t_{hy}——燃烧层火焰温度,取 1 500 ℃;

δ_{gr}——隔热层厚度,取 100 mm;

δ——防焦集箱壁厚,取 20 mm;

δ_g——水垢厚度,取 5 mm;

λ_{gr}——隔热层的导热系数,取 1.3 W/(m·℃);

λ——碳钢防焦箱的导热系数,取 44 W/(m·℃);

λ_g——水垢的导热系数,取 1.15 W/(m·℃);

α_{hy}——燃烧层火焰放热系数,取 120 W/(m^2·℃);

α_J——内部介质放热系数,取 5 000 W/(m² · ℃)。

以上数值代入式(4-2-1)与式(4-2-2)得:

$$q'' = 15.5 \times 10^3 \text{ W/m}^2$$

$$t_{biw}'' = t_J + 77.6 \text{ ℃}$$

可见,如有 100 mm 厚的隔热层,防焦箱的外壁温度并 t_{biw}'' 不高,但耐火隔热层的外表面温度 t_{grw} 却颇高:

$$t_{grw} = t_{biw}'' + q'' \delta_{gr} / \lambda_{gr} = 1\ 371 \text{ ℃}$$

而烟煤软化温度(灰熔点,ST,t_2)一般约为 1 250 ℃,则耐火隔热层的外表面的结渣现象已难避免。

2 有隔热层无水垢

有隔热层无水垢见图 4-2-1b)。

有隔热层无水垢时,式(4-2-1)与式(4-2-2)中的 δ_g / λ_g 取消,计算得:

$$q'' = 16.3 \times 10^3 \text{ W/m}^2$$

$$t_{biw}'' = t_J + 10.7 \text{ ℃}$$

可见,如有 100 mm 厚的隔热层,当无水垢时,防焦箱的外壁温度更低一些,但是耐火隔热层的外表面温度仍颇高:

$$t_{grw} = t_{biw}'' + q'' \delta_{gr} / \lambda_{gr} = 1\ 364 \text{ ℃}$$

同样,结渣也难避免。

以上计算分析表明,即使耐火隔热层为 100 mm,其外表面温度已高于灰熔点。何况,一般耐火隔热层的厚度要大于 100 mm,其外表面温度更接近于灰熔点。

3 无隔热层有水垢

无隔热层有水垢见图 4-2-1c)。

无隔热层有水垢时,式(4-2-1)与式(4-2-2)中防焦集箱的壁温与热负荷用 ′ 代替上述的 ″。

式(4-2-1)与式(4-2-2)中的 $\delta_{gr} / \lambda_{gr}$ 取消,计算得:

$$q' = 105 \times 10^3 \text{ W/m}^2$$

$$t_{biw}' = t_J + 525 \text{ ℃}$$

可见,尽管水垢厚度仅 5 mm,防焦箱的外壁温度已高达 625 ℃,显然防焦箱强度已不够。无隔热层时不同水垢厚度 δ_g 对应的防焦箱外壁温度见表 4-2-1。

表 4-2-1 无隔热层时水垢厚度对防焦箱壁温的影响

水垢厚度 δ_g/mm	0[1]	1	2	3	4	5
防焦箱外壁温度与介质温度的差值(t_{biw}'[2] $- t_J$)/℃	102	216	312	394	464	525
防焦箱外壁温度 t_{biw}'[2]/℃	202	316	412	494	564	625

1) 见以下 4 的计算结果;
2) 取内部介质温度为 100 ℃。

由表可见,水垢厚度仅 3 mm 时,防焦箱的外壁温度 t_{biw}' 已高于碳钢的规程允许值(450 ℃)。锅炉运行实践经验也证实,不符合水质标准时,防焦箱开裂现象时有发生。

4 无隔热层无水垢

无隔热层无水垢见图 4-2-1d)。

无隔热层无水垢时,式(4-2-1)与式(4-2-2)中,防焦集箱的壁温与热负荷用°代替前述的″;δ_g/λ_g 与 δ_{gr}/λ_{gr} 取消,计算得:

$$t_{biw}° = t_J + 102 \ ℃$$
$$q° = 156 \times 10^3 \ W/m^2$$

以上计算结果 $t_{biw}° - t_J = 102 \ ℃$,与各国标准[57]给出值 $t_{biw}° - t_J = 110 \ ℃$ 基本一致。

可见,外壁温度 $t_{biw}°$ 较低,不会影响防焦箱强度。

5 计算结果分析

由以上计算可见:

1) 防焦箱外壁涂以耐火隔热层,尽管防焦箱的壁温可满足强度要求,但耐火隔热层的外壁结渣难以避免;

2) 防焦箱的外壁应是光面的,而内壁不许有水垢,表明水处理与水质监督必须完全做到。

4-3 高温管板的壁温计算分析示例

组合螺纹烟管锅炉高温烟管筒(见图 2-1-11)的高温管板(上管板)入口烟温较高,约为 900 ℃,本节对高温管板的安全可靠性进行全面分析。

本计算分析也适用于其他高温管板。

需要关注的是高温管板及其相邻的烟管入口区段:

高温管板(包括管头)——图 4-3-1 中的 Ⅰ 部位;
烟管入口区段——图 4-3-1 中的 Ⅱ 部位。

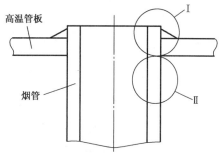

图 4-3-1 高温管板关注部位示意图

1 高温管板壁温计算分析

组合螺纹烟管锅炉(图 2-1-11)高温烟管筒的高温管板入口烟温一般不超过 900 ℃。而卧式内燃锅炉(图 2-1-1)高温管板入口烟温(回烟室温度)国内外一般为 1 000 ℃~1 100 ℃或更高,当管端结构严格满足锅炉强度标准要求,而且锅水水质也能满足锅炉水质标准要求时,管板长期运行安全可靠,国内外皆如此。但是,由于我国目前一些锅炉用户对水质重视不够,加之一些工厂的制造工艺与监检欠佳,对于高温烟管筒的入口管板,不得不采取以下补充防范措施:设第二道防线来确保高温管板及管端的安全。

实践经验证实,在高温管板外壁铺设耐火隔热层是保护管板颇为有效的措施。高温烟管筒的上部为水平管板,很易铺设耐火隔热层。利用 1 mm～2 mm 厚,100 mm～150 mm 长的耐热钢套管(图 4-3-2)或耐热陶瓷套管(图 4-3-3),由隔热层入口插入烟管内壁,也保护了烟管入口区段,同时,使隔热层(耐火混凝土)孔的边缘不可能脱落。

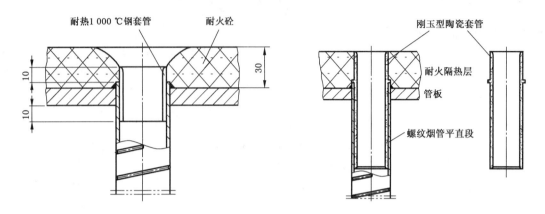

图 4-3-2 高温管板耐热钢套管保护措施   图 4-3-3 高温管板刚玉套管保护措施

以下的壁温计算表明,耐火砼(混凝土)隔热层厚度为 20 mm 时,即使内壁有 10 mm 厚的水垢(铺设隔热层以后,内壁一般很少有水垢),管板壁温也不会超过 500 ℃,碳钢管板不会氧化起皮。但需注意,如入口烟温过高与灰熔点偏低时,耐火隔热层壁面有结渣的可能性(参见 4-2 节)。

(1) 壁温计算

按不利条件计算,烟温 $t_y = 950$ ℃、介质温度 $t_J = 204$ ℃(表压 1.6 MPa 的饱和温度)。

壁温计算参见图 4-3-4。

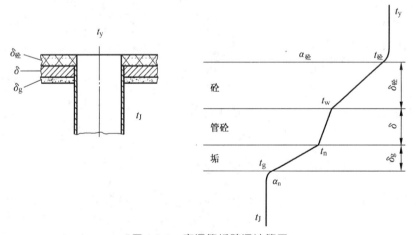

图 4-3-4 高温管板壁温计算图

按传热学原理,有:

1) 传热系数

$$K = \frac{1}{\frac{1}{\alpha_{砼}} + \frac{\delta_{砼}}{\lambda_{砼}} + \frac{\delta}{\lambda} + \frac{\delta_g}{\lambda_g} + \frac{1}{\alpha_n}} \approx \frac{1}{\frac{0.02}{1.3} + \frac{0.01}{1.16}} = 41.7 \text{ W/(m}^2 \cdot \text{℃)}$$

式中：耐火砼外壁放热系数 $\alpha_{砼}$ 很大（大空间辐射，且高温 900 ℃），故上式中 $1/\alpha_{砼}$ 忽略不计；碳钢管板热阻很小，故 δ/λ 也忽略不计；汽水混合物放热系数 α_n 很大，则 $1/\alpha_n$ 同样忽略不计。

耐火砼的厚度 $\delta_{砼}$ 取 20 mm；耐火砼 800 ℃ 的导热系数 $\lambda_{砼}=0.744+0.000\,7t_p=1.3$ W/(m·℃)。水垢的厚度 δ_g 取 10 mm；水垢的导热系数 $\lambda_g=1.16$ W/(m·℃)。

2）热负荷（单位面积传热量）

$$q=K(t_y-t_J)=41.7\times(950-204)=31\,100\ \text{W/m}^2$$

3）外壁温度

因 $1/\alpha_{砼}$ 忽略不计，则 $t_{砼}=t_y$，得：

$$t_w=t_y-\frac{q}{\dfrac{\lambda_{砼}}{\delta_{砼}}}=950-\frac{31\,100}{\dfrac{1.3}{0.02}}=950-478=471\ \text{℃}$$

同样计算表明：无水垢时，管板壁温接近内部介质温度；如耐火砼厚度仍为 20 mm，假设水垢厚度达 20 mm，管板壁温已接近 600 ℃。实际上，铺设隔热层以后，即使锅水水质较差时，水垢厚度达 20 mm 是不可能的。

（2）可靠性

管板外壁铺设仅 20 mm 厚的耐火砼，即使管板内壁水垢厚度达 10 mm 时，管板壁温仍低于安全温度（500 ℃）。可见，根据目前我国锅炉水质与工艺实际情况，铺设耐火砼是必要的。一般施工时，常加厚至 50 mm 或更厚，实无必要，当然裕度就更大了。

2　烟管入口区段壁温计算分析

（1）壁温计算

1）烟管入口区段为水或汽水混合物

计算图见图 4-3-5。

① 传热系数

$$K=\frac{1}{\dfrac{1}{\alpha_y}+\dfrac{\delta}{\lambda}+\dfrac{1}{\alpha_J}}\approx\frac{1}{\dfrac{1}{80}+\dfrac{0.003}{44}+\dfrac{1}{5\,000}}=78.3\ \text{W/(m}^2\cdot\text{℃)}$$

式中：烟气侧（螺纹烟管）放热系数 α_y 取 80 W/(m·℃)，碳钢管热阻 δ/λ 很小不计，水或汽水混合物放热系数 α_J 取 5 000 W/(m·℃)。

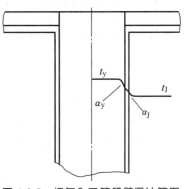

图 4-3-5　烟气入口管段壁温计算图

② 热负荷

$$q=K(t_y-t_J)=78.3\times(950-204)=58\,400\ \text{W/m}^2$$

③ 壁温

$$t_{bi}=t_J+q/\alpha_J=204+58\,400/5\,000=216\ \text{℃}$$

2）烟管入口区段形成蒸汽垫

① 传热系数

$$K = \frac{1}{\frac{1}{\alpha_y} + \frac{\delta}{\lambda} + \frac{1}{\alpha_J}} \approx \frac{1}{\frac{1}{80} + \frac{0.003}{44} + \frac{1}{50}} = 30.3 \text{ W/(m}^2 \cdot \text{℃)}$$

式中：烟气侧（螺纹烟管）放热系数 α_y 取 80 W/(m·℃)，碳钢管热阻 δ/λ 很小不计，蒸汽垫放热系数 α_J 参照锅炉热力计算方法[58]近似取 50 W/(m·℃)。

② 热负荷

$$q = K(t_y - t_J) = 30.8 \times (950 - 204) = 23\,000 \text{ W/m}^2$$

③ 壁温

$$t_{bi} = t_J + q/\alpha_J = 204 + 23\,000/50 = 204 + 460 = 664 \text{ ℃}$$

可见，如果形成蒸汽垫，壁温已达 600～700 ℃，烟管将明显氧化起皮，甚至被压瘪（介质外压力）。

（2）可靠性

一般情况下，烟气入口区段不会形成蒸汽垫，则烟气入口区段的壁温明显低于安全温度（500 ℃）。

高温烟管筒烟管入口区段因其中烟速较高，对流换热较强，且有一定辐射换热，因而担心热水锅炉可能因产生过冷沸腾而逐渐积垢。试验证实，水的扰动对防止过冷沸腾现象起明显作用。炉膛水冷壁管内流动由于水无扰动，加之，炉膛前部热负荷颇高，一般才要求水速约达 0.5 m/s。而烟管筒内水的流动在管间，扰动明显，加之，热负荷明显低于炉膛前部，则防止过冷沸腾水速很低——顺排布置时为百分之几 m/s，而错排布置烟管时，稍有流动即可，参见文献[32]10-2 节。因此，无需担心出现过冷沸腾问题。

附：高温管板安全可靠示例

当高温管板管端结构合理，而且锅水水质严格满足锅炉水质标准要求时，高温管板安全可靠的实例颇多：

1) 卧式内燃锅炉高温管板

高温管板入口烟温（回烟室温度）国内外一般为 1 000 ℃～1 050 ℃或更高，尽管外壁未铺设耐火砼（耐火水泥）隔热层，其安全可靠性已如前所述无问题。

2) 新型锅壳锅炉高温管板

热水型水火管锅壳锅炉高温管板，当锅水水质未满足锅炉水质标准时，有可能因积垢使壁温明显升高而开裂。如外壁铺设耐火水泥隔热层（或耐火瓷片）以后，管板开裂现象不再发生。可见，管板外壁铺设耐火隔热层是保护管板颇为有效的措施。

3) 余热锅炉高温管板

大连科林能源工程技术开发有限公司、大连航化能源装备有限公司设计制造的余热锅炉为防腐、防磨、耐高温，采用了图 4-3-6 与图 4-3-7 所示的高温管板结构。

用于 950 ℃烟温时：

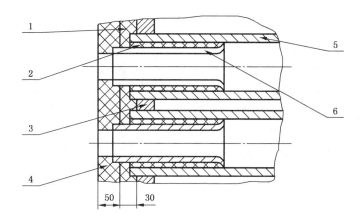

1、2—含镐型硅酸铝纤维;3—前管板;4—耐火浇注料;5—烟管;6—隔热套管

图 4-3-6　高温管板入口保护

用于 1 000 ℃ 烟温时:

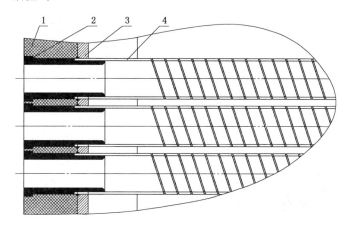

1—绝热耐火管板保护层;2—陶瓷管;3—管板;4—螺纹烟管

图 4-3-7　废热锅炉管板保护措施

上述结构(见文献[32]5-5 节、5-6 节)也曾用于 1 470 ℃,已长期安全运行。

综上所述,烟火管锅炉的管板不属于不安全结构,国内外一直大量应用至今,已经历一个多世纪。如果制作工艺与监检不严格,运行水质欠管理,引发出开裂漏水事故与管板本身无关。

4-4　热风炉换热器的壁温计算分析示例

热风炉烟气直接加热式换热器,常出现烟气入口管段壁温过高烧毁或烟气出口管段壁温低于露点而腐蚀问题。因此,进行壁温计算分析十分必要。

以 1.4 MW 热风炉为例,其换热器由二段组成:高温段与低温段(图 4-4-1)。

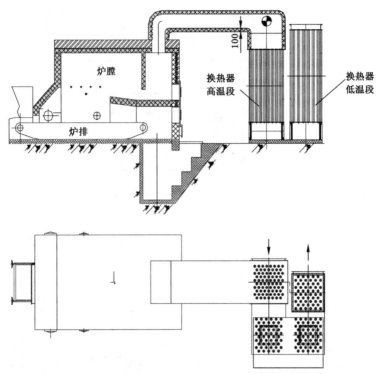

图 4-4-1 热风炉及其换热器

为降低高温段的烟气入口处管段与管板的壁温,应避免将高温空气送入高温段烟气入口。

为防止低温段烟气出口处的壁温低于露点温度,将低温段加热后的空气送入低温段烟气出口处。

有关数据:

高温段烟气入口处的烟温 980 ℃;

高温段烟气入口处的空气温度 65 ℃;

低温段烟气出口处的烟气温度 160 ℃;

低温段烟气出口处的空气温度 65 ℃。

壁温计算参见图 4-4-2。

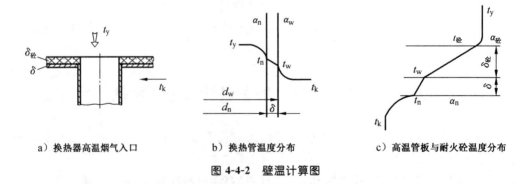

a) 换热器高温烟气入口　　b) 换热管温度分布　　c) 高温管板与耐火砼温度分布

图 4-4-2 壁温计算图

1 高温段换热管与管板最高壁温（为高温段选材料用）

(1) 换热管

按传热学，传热系数：

$$K = \cfrac{1}{\cfrac{d_w}{\alpha_n d_n} + \cfrac{d_w}{2\lambda}\ln\cfrac{d_w}{d_n} + \cfrac{1}{\alpha_w}} = \cfrac{1}{\cfrac{70}{73.9\times 66} + \cfrac{0.070}{2\times 22.8}\ln\cfrac{70}{66} + \cfrac{1}{84.4}}$$

$$= \cfrac{1}{0.014\,4 + 0.000\,09 + 0.011\,8} = 38.3 \text{ W}/(\text{m}^2 \cdot ℃)$$

传热量：

$$Q = K\pi d_w(t_y - t_k) = 38.0\times\pi\times 0.07(980-65) = 7\,650 \text{ W/m}$$

内壁温度：

$$t_n = t_y - \cfrac{Q}{\alpha_n \pi d_n} 980 - \cfrac{7\,650}{73.9\times\pi\times 0.066} = 980 - 499 = 481 \text{ ℃}$$

式中：Q——单位长度传热量，W/m；

α_n——内壁放热系数（由热力计算）73.9 W/(m²·℃)；

α_w——外壁放热系数（由热力计算）84.4 W/(m²·℃)；

λ——铬镍奥氏体耐热钢 600 ℃ 的导热系数（见本书下篇）22.8 W/(m·℃)；

其他符号见图 4-4-2。

(2) 高温管板

按传热学，传热系数：

$$K = \cfrac{1}{\cfrac{1}{\alpha_{砼}} + \cfrac{\delta_{砼}}{\lambda_{砼}} + \cfrac{\delta}{\lambda} + \cfrac{1}{\alpha_n}} \approx \cfrac{1}{\cfrac{0.03}{1.3} + \cfrac{0.006}{22.8} + \cfrac{1}{0.5\times 73.9}} =$$

$$\cfrac{1}{0.023 + 0.000\,26 + 0.027\,1} = 19.8 \text{ W}/(\text{m}^2 \cdot ℃)$$

由于耐火砼外壁放热系数 $\alpha_{砼}$ 很大（大空间辐射，且高温 980 ℃），故上式中 $1/\alpha_{砼}$ 忽略不计；管板内壁放热系数 α_n 近似取横向冲刷的半数。

传热量：

$$Q = K(t_y - t_k) = 19.8(980-65) = 18\,100 \text{ W/m}^2$$

外壁温度：

$$t_w = t_y - \cfrac{Q}{\cfrac{\lambda_{砼}}{\delta_{砼}}} = 980 - \cfrac{18\,100}{\cfrac{1.3}{0.03}} = 980 - 418 = 562 \text{ ℃}$$

（如耐火砼厚度改为 20 mm，则管板外壁温度升高至 651 ℃。）

式中：Q——单位面积传热量，W/m²；

α_n、$\alpha_{砼}$——内壁、耐火砼外壁放热系数，W/(m²·℃)；

$\lambda_{砼}$——耐火砼 800 ℃ 的导热系数，取 $0.744 + 0.000\,7 t_p = 1.3$ W/(m·℃)；

λ——铬镍奥氏体耐热钢 600 ℃ 的导热系数，取 22.8 W/(m·℃)；

其他符号见图 4-4-2。

由以上计算可见,高温段换热管最高壁温仅 481 ℃,高温管板(耐火砼厚度 30 mm 保护)最高壁温 562 ℃,如耐热保护层增厚一些,最高壁温能够有所下降。如高温段也采用碳钢,正常运行时安全可靠;但是,因停电等原因导致送风机停止供风时,壁温会暂时超过非受压件允许温度(550 ℃)。

2 低温段换热管内壁最低壁温（防止露点腐蚀校核用）

按传热学,传热系数:

$$K=\dfrac{1}{\dfrac{d_w}{\alpha_n d_n}+\dfrac{d_w}{2\lambda}\ln\dfrac{d_w}{d_n}+\dfrac{1}{\alpha_w}}=\dfrac{1}{\dfrac{70}{73.9\times 66}+\dfrac{0.070}{2\times 22.8}\ln\dfrac{70}{66}+\dfrac{1}{84.4}}$$

$$=\dfrac{1}{0.014\,4+0.000\,09+0.011\,8}=38.0\ \text{W}/(\text{m}^2\cdot\text{℃})$$

单位长度传热量:

$$Q=K\pi d_w(t_y-t_k)=38.0\times\pi\times 0.07(160-65)=794\ \text{W/m}$$

内壁温度:

$$t_n=t_y-\dfrac{Q}{\alpha_n\pi d_n}160-\dfrac{794}{73.9\times\pi\times 0.066}=160-52=108\ \text{℃}$$

我国烟煤一般皆为低硫煤(含硫量 S_{ar} 小于 1%～1.5%),长期实践经验表明,烟管壁温约不低于 100 ℃时,一般尚未发生低温烟气露点腐蚀现象。"根据国外资料,对于列管式换热器,最低管壁温度一般希望保持在 110 ℃以上"[34]。

本设计最低管壁温度为 108 ℃,处于低温段最后一级的烟气出口部位。低温烟气露点腐蚀现象是逐渐累积过程,如因燃料含硫量偏高、经常在低负荷条件下运行等原因,而产生低温烟气露点腐蚀现象,可更换低温段最后一级换热器。

4-5 内螺纹外肋片铸铁管空气预热器的壁温计算分析示例

内螺纹外肋片铸铁空气预热器[32,59],是钢管管内螺纹技术应用于铸铁换热件的一种成功发展。由于具有一些独特优点,工业锅炉已广为应用,小型发电锅炉也有应用。

内螺纹外肋片铸铁管式换热件,见图 4-5-1 与图 4-5-2。

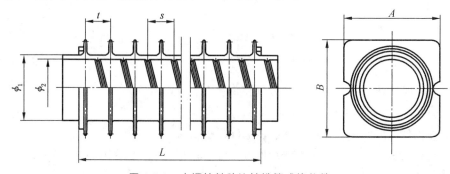

图 4-5-1 内螺纹外肋片铸铁管式换热件

图 4-5-2　内螺纹外肋片铸铁管式换热件照片

1　壁温计算

内螺纹外肋片铸铁管式换热件基管内壁温度 t_{bin} 与外壁温度 t_{biw}（图 4-5-3）可近似按以下平板简单公式求得（与筒壁公式的误差不超过 2%～3%）：

$$Q = \alpha_y H_y (t_y - t_{bin})$$

$$Q = (\lambda_z / \delta) H_y (t_{bin} - t_{biw})$$

$$Q = \alpha_k H_k (t_{biw} - t_k)$$

式中：铸铁导热系数 $\lambda_z = 39.5 \text{ W/(m·℃)}$。

最高壁温 t_{bimax} 位于螺纹的顶端（图 4-5-4）。

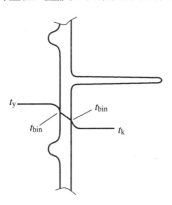

图 4-5-3　铸铁管换热件壁温　　　　图 4-5-4　螺纹顶端最高壁温

t_{bimax} 按下式计算[60,61]：

$$t_{bimax} = t_y - (t_y - t_{bin}) \text{ch}0 / \text{ch}(me)$$

$$m = [2\alpha_y / (\lambda_z \delta_0)]^{0.5}$$

式中：ch0、ch(me)——双曲线函数[61]。

以上应按高温烟气入口处计算。

计算结果表明，即使入口烟温达 850 ℃，最高壁温仍可控制在 400 ℃ 以下[62]。铸铁管式换热件属于非承压件，承受的载荷很小，灰口铸铁的允许壁温达 500 ℃[63,64]，因此，一般可用灰口铸铁制成。

铸铁管式换热件的高温烟气入口端如与换热管整体铸成(图 4-5-5),彼此相靠,最外侧用型钢框架箍住,其上铺设耐火型砖并涂以耐火水泥,既隔热又防漏风。计算表明耐火隔热层的厚度约为 30 mm 即可使入口端壁温控制在允许值以下。铸铁管换热件下部端头插入于下管板中。如高温烟气入口端也采用插入式管板结构,应注意铸铁换热件端头不宜过长,以防端头壁温超过允许值。

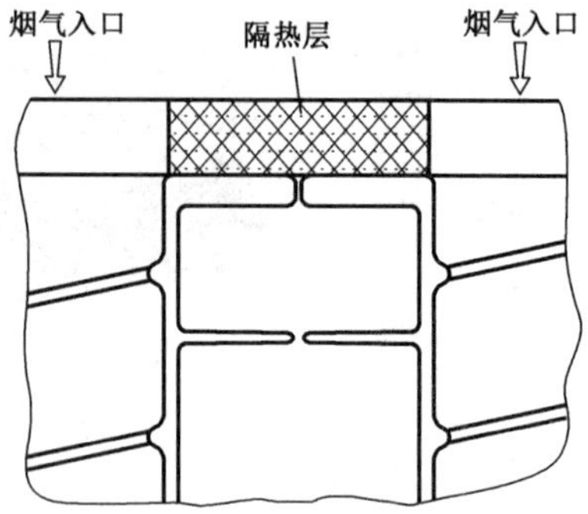

2 热应力计算

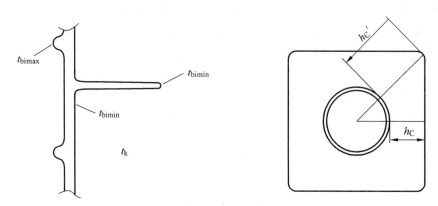

图 4-5-5 铸铁换热件高温烟气入口端

内螺纹外肋片铸铁管式换热件最低壁温 t_{bimin} 位于肋片顶端(图 4-5-6)。

图 4-5-6 肋片顶端最低壁温计算图

t_{bimin} 按下式计算:

$$t_{bimin} = t_k + (t_{biw} - t_k) \text{ch}0/\text{ch}(mh_C')$$
$$m = [2\alpha_k/(\lambda_z \delta_C)]^{0.5}$$

式中:h_C' 见图 4-5-6。

根据计算出的螺纹顶端最高壁温与肋片顶端最低壁温的差值:

$$\Delta t = t_{bimax} - t_{bimin}$$

近似按筒壁结构求热应力:

$$\sigma^t \approx 0.122 \Delta t [(2\beta+1)/2\beta] \times [\alpha_z E_z/(\alpha E)]$$

式中:α_z——铸铁线膨胀系数 10.2×10^6;

α——碳钢线膨胀系数 11.9×10^{-6};

E_z——铸铁弹性模量 1.6×10^5 N/mm^2;

E——碳钢弹性模量 2.1×10^5 N/mm^2;

β——外径与内径的比值,近似取肋片对角线与基管内径之比。

由上式可知,铸铁件的热应力比碳钢件约减小 35%。

安全系数:

$$n = \sigma_b/\sigma_t$$

式中:σ_b——铁抗拉强度。

n——一般应大于 2。

第 5 章 锅炉受压元件强度计算标准

强度计算标准应用者除对标准的技术内容,如计算公式的来源、结构规定的依据、应用时的注意事项等需要全面熟悉以外,还应对与强度计算标准有关的一些问题,如强度计算标准的特点、我国强度标准的演变、与国内外同类标准的差异等也应有一定的了解。如此,才能真正做到正确理解标准、准确应用标准,而不是死板执行标准。

5-1 锅炉强度计算标准特点与国内外概况

本节对锅炉强度计算标准的特点进行分析并概括介绍国内外强度计算标准情况。有关我国锅炉强度计算标准详情见 5-2 节。

本书叙述,常将锅炉受压元件强度计算标准简称为"强度标准"。

1 强度计算标准特点

锅炉强度计算标准的特点[52,75,96]在绪论中已涉及一些,以下作补充介绍。

(1) 强度标准具有强制性与法律效应

强度标准涉及安全,故具有强制性,锅炉业界必须遵照执行。

一旦发生锅炉汽水爆炸造成人员死伤或造成重大损失而追究法律责任时,必然也包括审查是否严格按强度标准计算或认真执行了结构规定,可见锅炉受压元件强度计算标准具有一定法律效应。

(2) 强度标准经过认真研讨与审查批准后也可改变执行

有时会发现强度标准的某些规定不尽合理,此时,应与标准起草单位共同研究处理方法,若作改动应经标准管理机构审核,再报主管锅炉安全技术的部门审查批准。

(3) 强度标准涉及的学科广泛

锅炉强度标准主要涉及以下 4 个学科:

锅炉学:因为是锅炉元件的强度计算标准,所以涉及锅炉各方面知识,例如锅炉结构、锅炉元件受力状态、锅炉工艺特点、锅炉运行条件、锅炉热负荷,等;

力学:应力分析、公式的推导等与力学密切相关;

金属学:金属材料的一般性能、高温性能、性能的变化等均与金属学有关;

传热学:元件的壁温及其分布规律涉及传热学。

可见,单一力学分析不可能全面解决锅炉强度问题。

(4) 理论基础与实践经验都颇为重要

强度标准是在理论分析、科学实验成果基础上形成的,而且还包含长期经验的总结。强度标准中某些规定、个别计算方法至今尚无严密理论基础,也未经过严格试验校核,但它们已沿用了几十年、上百年,实践证实它们是安全可靠的,可以依赖的。个别无法计算的结构,如已应用数十年,而且安全可靠,则称之为"安全结构",无需计算。可见,实践经验对强度保证也颇为重要。

(5) 强度标准的内容组成

锅炉强度计算标准主要由简易计算方法与结构规定两部分组成。

为使广大锅炉工作者均能应用标准,只能给出最简易方法——计算公式简单,载荷只计介质压力,用安全系数计入未考虑到的其他各种影响强度的不利因素。

此外,还辅以一些结构上的限定,不致于使不利因素过大超出简易方法所控制的限度,因此,强度标准所给出的结构规定与计算公式同样重要。

(6) 强度计算标准辅以例题的必要性

锅炉受压元件强度计算标准涉及设计、监检、改造等多方面,诸多技术人员广泛应用。标准叙述简练,不可能作详细解释,而应用人员技术水平不一,例题起计算示范作用,便于理解,避免错误。标准修订一般要更改计算方法与结构规定,最后需要通过全面示例计算,检验计算结果,并与修订前加以对比,以了解修订的效果与可行性。

注:我国锅炉四大计算标准(强度、热力、空气动力、水动力)半个世纪以来皆包括大量计算示例,给应用者带来很大方便。目前仅强度计算由于"向国外标准靠"而取消了例题。

将大量例题加入《锅壳锅炉》与《水管锅炉》总标准中,并不协调。如果能够发行附有例题的强度计算标准单行本,此问题就得以解决。

本书为了弥补上述缺憾,给出各种锅炉受压元件的大量计算示例。

2 锅炉强度计算标准国内外概况

(1) 我国

1) 我国锅炉强度计算标准发展概况

1843年五口通商后,我国在租界里才有了锅炉[75]。为解决安装与修理,出现了为它们服务的修理与制造配件的工场。逐渐有了十几家工厂,均以修配和仿制一些小容量锅炉为主,是作坊式生产,形成不了一种工业行业。制造工艺和技术要求,都只是抄袭进口锅炉的蓝图上的条文,后发展为生产一些小型立式和卧式锅炉的工厂。当时谈不上有厂标和专门产品标准。

从20世纪50年代至60年代初,是全盘学习苏联,并引进设计、工艺、管理以及相关标准。水管锅炉强度计算标准主要依赖当时苏联标准,锅壳锅炉同时参照英国标准。

到20世纪60年代初,劳动部颁布《蒸汽锅炉安全规程》(61年)及劳动部、一机部联合颁布了《火管锅炉受压元件强度计算暂行规定》(61年)[76]与一机部的(DZ)173—62《水管锅炉受压元件强度计算暂行规定》[77]。

20世纪60代中期至70年末,几乎一切标准规定停顿,由于锅炉是受压设备,在此期间爆炸事故频繁。于20世纪70年代初,组织行业一些工厂编制了锅炉各部件的制造技术条件,于1975年公布了17项标准。我国JB 2194—77《水管锅炉受压元件强度计算》标准[78]由上海发电设备成套设计研究所组织起草的,1978年颁布,废止了62年的《暂行规定》。

至 20 世纪 80 年代初,国家着手制订与修订各种新标准。关于锅炉强度计算标准,机械部于 1984 年颁布了 JB 3622—84《锅壳式锅炉受压元件强度计算》标准[79],废止了 61 年《暂行规定》。

20 世纪 80 年代至 90 年代,国家全面改革开放,掀起大量国外资料、标准和技术设备的引进高潮,并提出了采用国际标准要求。行业深感已有标准已不敷使用,遂组织各方面教授、专家于 1988 年修订成 GB 9222—88《锅壳锅炉受压元件强度计算》[80],于 1996 年修订成 GB/T 16508—1996《锅壳锅炉受压元件强度计算》[81]。

进入 21 世纪后,水管锅炉修订成 GB/T 9222—2008《水管锅炉受压元件强度计算》[82]。随着国际技术交流的频繁和国内科研发展及生产实践的需要,标准也应及时修改。修订却全面靠向欧洲 EN 标准相关内容,于 2013 年颁布 GB/T 16508—2013《锅壳锅炉》标准[45]与 GB/T 16507—2013《水管锅炉》标准[42]。由于未认真与我国约半个世纪形成的强度计算标准对比分析,仅经 1 年即不得不进行大量修改,造成不良后果(锅壳锅炉标准尤甚)。

注:见"锅容标委文[2014]33 号"附录第 1 号勘误表。

有关我国锅炉强度计算标准的具体情况详见 5-2 节。

2) 我国 60 余年来在锅炉强度方面积累了丰富经验

① 从未有过因强度标准计算厚度而引发出不安全问题

我国是生产、使用锅炉最多的国家,可谓锅炉大国。建国后有标准以来的 60 余年,数百万台锅炉运行实践表明,满足我国标准要求的计算厚度与结构规定的锅炉,从无一台因计算厚度引发问题的案例。上述十分宝贵的实践经验是最佳的 1∶1 试验验证。

② 理论分析、数字计算分析、试验研究、经验积累能为修订强度标准提供可靠依据

60 余年来,我国对锅炉受压元件强度进行过大量研究工作,诸如:电站锅炉孔排、大孔、三通等结构的强度分析与实验研究、低周疲劳分析等;锅壳锅炉双向受弯平板元件、角焊结构、平板拉撑件等的应力分析与实验研究,拱形管板强度有限元分析与实验研究、平直与波形炉胆强度性能分析等,还专门进行过钢制、铸铁、铝制锅炉受压元件热态爆炸能量实验研究。

上述经验与研究成果为国外锅炉界所重视。例如,英国 BS 标准曾规定超过 20 mm 厚的碳钢元件需要热处理,根据我国经验已修改放宽至 30 mm;再如,日本依据我国对外置角焊结构的理论分析与试验结果,肯定了这种结构的应用依据,日本还对我国铸铁锅炉热态爆炸试验与结果颇感兴趣;法国 ALSTOM-JTA 分公司完全吸收了我国螺纹烟管强度经验,并多次咨询有关技术问题。

(2) 其他国家

其他国家都有各自的锅炉受压元件强度计算标准。

1) 美国 1905 年发生的一次死伤近 200 人的锅炉爆炸事故[6]促使美国对锅炉安全问题高度重视,于 1914 年正式出版了 ASME 锅炉规范。该规范是在编制锅炉制造与安装的州法基础上,由美国机械工程师协会(ASME)起草供各州使用的锅炉法令。至今已形成完整的锅炉、压力容器规范,其中包含动力锅炉[46]与热水锅炉[47]分篇。各种锅炉受压元件强度计算与结构规定完整地纳入在上述规范内。上述 ASME 规范是目前国际上最具权威的规范。

2) 苏联于 1932 年开始制定锅炉受压元件强度计算标准,于 1950 年正式颁布了全国通用

的《锅炉机组强度计算标准》[84],1953 年对此标准作了某些修订,于 1956 年在作了较大修改的基础上重新颁布了标准[85],于 1958 年又作了某些补充与修改[86]。可见,标准的修订是经常的。我国未制定自己的强度标准以前,各锅炉制造厂基本上应用的是上述各版本苏联标准。苏联于 1965 年颁布的新标准[87]以及经互会标准[88]对我国标准的修订起了重要参考作用。

3) 英国使用的是 BS2790《焊接结构锅壳锅炉的设计与制造》[67]、BS1113《水管蒸汽锅炉规范》[89]等系列标准。英国是最早生产锅炉的国家,特别是在锅壳锅炉方面积累了相当丰富的生产与运行经验。我国最早出现的锅壳锅炉强度计算暂行规定[76]主要是参照当时版本的英国锅壳锅炉标准而制定的。国际标准组织(ISO)推出的 ISO 5730《焊接结构固定式锅壳锅炉标准》[90]也主要是参照英国锅壳锅炉标准而制定的。

4) 在制定与修订我国锅炉受压元件强度标准时,除汲取了以上 3 个国家相应标准的有益经验外,也参考了德国《TRD 蒸汽锅炉技术规程》[91]与日本《锅炉构造规格》[92]《陆用钢制锅炉构造》[93]等标准。

我国 2013 年修订的强度计算标准向欧洲标准(EN)[68]靠,改变了我国标准传统。

(3) 各国锅炉强度计算标准间的差异

一个值得注意的问题是,在材料、结构、锅炉参数等基本相同条件下,按各国标准算出的壁厚有较大差别。按 20 世纪 60 年代一些国家标准算出的壁厚如图 5-1-1 所示[94]。由图可见,按美国、英国标准算出的壁厚几乎比按瑞典、德国标准算出的大一倍。

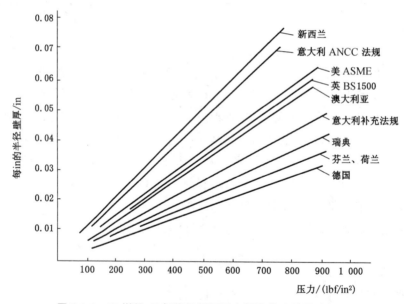

图 5-1-1　20 世纪 60 年代按不同国家标准算出壁厚的差异

按 20 世纪 70 年代某些国家标准算出壁厚如表 5-1-1 所示。由表可见,按美国、日本标准算出的壁厚仍比按德国标准算出的大很多。按我国 JB2194—77 标准[78]算出的厚度居中。苏联标准是不断减小壁厚,但 1965 年标准[87]不再减小。

表 5-1-1 按各国标准对锅筒筒体壁厚的计算结果

国别	中国		苏联		
标准	JB 2194—77 标准[33]	DZ 173—62 暂行规定[32]	1965 年 强度标准[44]	1958 年 强度标准[43]	1956 年 强度标准[42]
公式	$S=\dfrac{pD_n}{200[\sigma]\varphi-p}+c$	$S=\dfrac{pD_n}{230[\sigma]\varphi-p}+c$	$S=\dfrac{pD_n}{200[\sigma]\varphi-p}+c$	$S=\dfrac{pD_n}{230[\sigma]\varphi-p}+c$	$S=\dfrac{pD_n}{230[\sigma]\varphi-p}+c$
许用应力（取小值）$[\sigma]$/(kgf/mm²)	$\eta\dfrac{\sigma_b^t}{2.5}=22$ $\eta\dfrac{\sigma_s^t}{1.5}=24.6$	$\eta\dfrac{\sigma_b^t}{3.0}=18.4$ $\eta\dfrac{\sigma_s^t}{1.65}=22.4$	$\eta\dfrac{\sigma_b^t}{2.6}=21.2$ $\eta\dfrac{\sigma_s^t}{1.5}=24.6$	$\eta\dfrac{\sigma_b^t}{3.0}=18.4$ $\eta\dfrac{\sigma_s^t}{1.65}=22.4$	$\eta\dfrac{\sigma_b^t}{3.75}=16$ $\eta\dfrac{\sigma_s^t}{1.65}=22.4$
减弱系数 φ	0.78	0.8	0.8	0.8	0.8
附加壁厚 c/mm	4	0	0	0	0
壁厚 S/mm	80	77	78	77	89

国别	苏联	美国	日本	德国	ISO
标准	50 年 强度标准[41]	ASME 规范[39]	火力发电 技术基准[51]	TRD—301 锅炉 技术规程[49]	R831 固定式锅炉 制造规程[53]
公式	$S=\dfrac{pD_n}{(230[\sigma]-p)\varphi}+c$	$S=\dfrac{pD_w}{200[\sigma]\varphi+1.2p}+c$	$S=\dfrac{pD_w}{200[\sigma]\varphi+1.2p}+c$	$S=\dfrac{pD_n}{(200[\sigma]-p)\varphi}+c$	$S=\dfrac{pD_n}{200[\sigma]\varphi-p}+c$
许用应力（取小值）$[\sigma]$/(kgf/mm²)	$\dfrac{\sigma_b}{4}=15$ $\dfrac{\sigma_s^t}{1.8}=20.7$	$\dfrac{\sigma_b^t}{4}=13.8$ $\dfrac{\sigma_s^t}{1.6}=23.1$	$\dfrac{\sigma_b}{4}=15$ $\dfrac{\sigma_s^t}{1.6}=23.1$	$\dfrac{\sigma_b}{2.4}=25$ $\dfrac{\sigma_s^t}{1.5}=24.6$	$\dfrac{\sigma_b}{2.7}=22.2$ $\dfrac{\sigma_s^t}{1.6}=23.1$
减弱系数 φ	0.74	0.825	0.825	0.84	0.825
附加壁厚 c/mm	0	2.5	2.5	0.5	0.75
壁厚 S/mm	102	122	110.5	61.5	71.5

注：锅炉内径 $D_n=1\,600$ mm；工作压力 $p=155$ kgf/cm²；材料 18 MnMoNb；计算壁温 $t_{bi}=t_b=344$ ℃；强度特性 $\sigma_b=60$ kgf/mm²，$\sigma_b^t=55$ kgf/mm²，$\sigma_s^t=37$ kgf/mm²；许用应力修正系数 $\eta=1.0$（焊接锅筒，置于烟道外）。

壁厚的大小并不意味设计的先进与落后。壁厚大则应力水平低，即使有缺陷，仍可在监督条件下继续运行，即可以"带病"运行。德国第一台高压锅炉在苛刻条件下运行 40 年仍完好的重要原因是壁较厚，其工作应力约为后来采用的许用应力的一半。美国、日本锅炉的壁厚一直较大，至今很少有关其产生裂纹的报导；而 20 世纪 60、70 年代苏联、西德的壁厚较小，有的锅筒在运行中产生了裂纹。因此，有的厂家对于电站锅筒这样重要元件，实际取用壁厚要比按标准计算所需厚度放大得一些。有些国家，历史上壁厚一直偏大，如大幅度减薄，必须对钢材规格、检验标准、工艺要求等重新考虑,加之钢材较充足、工时价格偏高等原因,所以并不急于使标准计算出的壁厚减小。

锅炉强度计算标准的统一工作:

锅炉强度计算标准的统一工作,国际上于 20 世纪 50 年代初就已进行。在 1964 年提出了固定式锅炉制造规范草案,1968 年国际标准组织(ISO)理事会接受了这个草案并成为 R831 推荐书[95]。此推荐书以水管锅炉为主,也包含锅壳锅炉一些重要元件内容。1973 年,ISO/TC11/WG10(国际标准组织锅炉压力容器技术委员会第 10 工作小组)又专门组织编写焊接结构固定式锅壳锅炉标准,于 1981 年完成了该标准的建议草案(ISO/DP5730),于 1992 年正式颁布了 ISO 5730 标准[90]。以上情况表明,国际间锅炉强度标准的统一工作曾不停地进行过。在我国锅炉强度标准的以前修订过程中对上述国际标准都曾给予足够重视,并力求与其保持一致。当然,也必须考虑本国的特点与自己标准的连续性[97]。由于各国锅炉强度计算标准均已应用多年,自成体系,较难改动,因而锅炉强度计算标准的统一工作并无明显进展。

包括锅炉受压元件强度计算标准内容的一些国外标准(规范、规程、规格)如表 5-1-2 所示。

表 5-1-2 国外主要锅炉标准一览表

国家或组织	标准名称
国际标准化组织(ISO)	ISO/R831:1968 固定式锅炉制造规范[95] ISO 5730:1992 焊接结构固定式锅壳锅炉标准[90]
美国	ASME 锅炉压力容器规范: 第Ⅰ卷 动力锅炉[46] 第Ⅳ卷 热水锅炉[47]
英国	BS2790 焊接结构锅壳锅炉设计和制造[67] BS1113 水管蒸汽锅炉规范[89] BS1971 锅壳锅炉波形炉胆[99]
德国	TRD 蒸汽锅炉技术规程[91]
日本	JIS 8201 陆用钢制锅炉构造[92] 锅炉构造规格(日本锅炉协会)[93] JISB 8203 铸铁锅炉构造[100]
经互会(CЭB)1)	CT CЭB5307—85 蒸汽和热水锅炉强度计算一般要求[88] CT CЭB5308—85 蒸汽和热水锅炉元件壁厚计算[88] CT CЭB5309—85 蒸汽和热水锅炉元件减弱系数计算[88]
欧洲(EN)2)	EN 12952 水管锅炉[68] EN 12953 锅壳锅炉[68]

1) 包括:保加利亚、匈牙利、越南、东德、古巴、蒙古、波兰、罗马尼亚、苏联、捷克等 10 国;
2) 包括:奥地利、比利时、捷克共和国、丹麦、芬兰、法国、德国、希腊、冰岛、以色列、意大利、卢森堡、马尔他、荷兰、挪威、葡萄牙、西班牙、瑞典、瑞士、英国等 20 国。

各国锅炉受压元件强度裕度变化趋势总结：

锅炉受压元件的强度裕度应该多大？100 年前，对应抗拉强度的安全系数先取 $5(n_b=5)$，以后降至 4；再后，同时给出屈服限与抗拉强度（n_s 与 n_b）两个约束条件，其中 n_b 降至 3，后又降至 2.4。随着技术进步、人们对事物认识的深化以及不断积累经验，对约束条件也在不断放宽，现已基本趋于稳定，但这并不意味已成定局。

另一方面，世界各国锅炉强度计算标准计算出的元件厚度差异较大。各国已形成的自己标准一般仅对发现的局部问题进行修改，轻易不做较大变更——保持标准的连续性。因为，标准的较大变动会牵涉方方面面，诸如材料的规格、工艺方法、监检手段，等。尽管曾提出锅炉强度标准国际化问题，并已形成推荐标准，但至今各国仍各行其是。

各国标准的计算厚度有较大差异，较厚者有向较低厚度靠的趋势，但计算厚度较薄者并无故意提高现象。

5-2　我国锅炉强度计算标准的演变

本节详细介绍我国锅炉强度计算标准的历史演变。

从强度计算角度考虑，许多国家将锅壳锅炉与水管锅炉分开，如国际标准、欧盟标准、英国标准等。我国也如此效仿。这样效仿并不合适，见本节之 3。

1　锅壳锅炉强度计算标准

(1) 列表简介

1) 暂行规定

标准名称	火管锅炉受压元件强度计算
起草单位	劳动部锅炉局
公布单位	劳动部、第一机械工业部
公布时间	1961 年 1 月

2) 部标准

标准名称	锅壳式锅炉受压元件强度计算
标准代号	JB 3622—84
提出并归口单位	上海工业锅炉研究所
起草单位	哈尔滨工业大学、上海工业锅炉研究所等
主要起草人	李之光、刘复田、田耀鑫等
批准单位	机械工业部
发布时间	1984 年 3 月 14 日
实施时间	1984 年 7 月 1 日

3）国家标准

a. 1996年国家标准

标准名称	锅壳锅炉受压元件强度计算
标准代号	GB/T 16508—1996
提出单位	机械工业部
负责起草与归口单位	上海工业锅炉研究所
主要起草人	李之光、刘复田、田耀鑫、刘福仁、刘曼青、王铣床、夏长江、吴志刚、王昌明
发布单位	国家技术监督局
发布时间	1996年9月3日
实施时间	1996年12月1日

b. 2013年国家标准

标准名称	锅壳锅炉
标准代号	GB/T 16508.1~16508.3
提出并归口单位	全国锅炉压力容器标准委员会（SAC/TC 262）
起草单位	中国特种设备检测研究院、上海工业锅炉研究所、上海发电设备成套设计研究院、江苏太湖锅炉股份有限公司、张家港市江南锅炉压力容器有限公司、江苏双良锅炉有限公司、泰山集团股份有限公司、广州天鹿锅炉有限公司、广东省特种设备检测研究院、张家港海陆重工有限公司、无锡太湖锅炉有限公司、上海市特种设备监督检验技术研究院、上海广安工程应用技术有限公司。
主要起草人[1]	寿比南、张显、钱凤华、李军、张瑞、王善武、王为国、徐锋、陈秀彬、吴国妹、顾利平、张宏、李春、施鸿飞、吴艳、李越胜、席代国、雷钦祥、周冬雷、潘瑞林、薛建光、吴钢、高宏伟、喻孟全、蔡昊、王海荣、程志华
发布单位	国家质量监督检验检疫总局、国家标准委
发布时间	2013年12月31日
实施时间	2014年7月1日

1）其中有部分人员并未参与起草技术工作。

(2) 简要说明

1)《火管锅炉受压元件强度计算暂行规定》(1961年)

我国于1961年公布的《火管锅炉受压元件强度计算暂行规定》[76]，尽管称为"暂行规定"，实际上是"标准"，而且执行了23年之久。它是新中国成立后首次发布的锅炉强度计算标准，它使我国锅壳锅炉设计、制造、改装等方面工作的规范化有了自己的依据。因当时我国在锅壳锅炉强度方面的研究工作尚不多，而且对生产经验的总结也不足，故该标准主要是参照50年代国外相应标准，特别是英国BS标准制定的。

2) JB 3622—84《锅壳式锅炉受压元件强度计算》

历时23年后，发布了JB 3622—84《锅壳式锅炉受压元件强度计算》标准[79]——机械部标准。为制定此标准,除广泛汲取一些工业先进国家的类似标准(英国 BS 标准[67]、美国 ASME 规范[47]、日本锅炉构造规格[92,93]、德国 TRD 规程[91]、苏联标准[84—87]等)外,还积极组织实验研究工作[102],并深入总结生产经验,还考虑了与国际标准化组织(ISO)提出的标准建议[95]接轨问题。因此,此标准是该年代一部较为完善的标准。关于铆接结构,因新生产的锅炉中已不再采用,故不再列入。如遇到铆接结构时,可参照 61 年"暂行规定"[76]进行计算。

将"火管锅炉"更名为"锅壳式锅炉",与国际惯用名称取得一致,含意也更加确切。

这是一份全面包括立式、卧式各种结构锅壳锅炉的标准。根据国内常用的炉型,参照了当时能收集到的日本和英国标准,吸收了他们对一些结构新的计算公式和方法,特别是 80 年代初,刚改革开放开始进口一些油炉,国内工厂也准备生产,标准适时地加入了波形炉胆的计算公式。该标准的颁布执行,大大促进了锅壳锅炉技术发展,并提高了产品质量和可靠性。

3) GB/T 16508—1996《锅壳锅炉受压元件强度计算》

自 1990 年起酝酿对 JB 3622—84 标准进行修订,1991 年上海工业锅炉研究所专门列项并组织国内专家开始修订工作。由于必须广泛征求意见、进行多次修改与补充,加之审批手续等,至 GB/T 16568—1996 标准发布时,共历时 6 载。

GB/T 16508—1996 在修订过程中始终体现了以下原则:

① 纳入了我国几十年来的丰富生产经验与科研成果,使新标准有利于促进我国锅炉的发展;

② 除汲取工业发达国家类似标准(新版本)的有益经验外,还尽量与国际标准化组织(ISO)颁布的标准[90]相接近;

③ 增补一批前标准欠缺而又需要应用的元件计算方法与结构规定,以满足锅炉结构发展的需求;

④ 将多年来实践证实不合理的规定予以取消,不明确的内容加以确定;

⑤ 与国内其他有关标准中内容相同部分尽量取得一致,以促进国内同类标准的统一;

⑥ 未明显增减厚度,某些元件厚度的减小是使计算更趋合理,且有其他标准参考,也有长期实践经验为依据。

根据以上原则,GB/T 16508—1996 对 JB 3622—84 标准作了以下一些主要修订[103,104]:

① 增补的内容:凸形管板、铸铁锅片、不同尺寸波形炉胆、卧式内燃湿背锅炉回燃室、环形与矩形集箱、圆形与矩形集箱端盖、螺纹烟管,以及锅壳与炉胆上加煤大孔等计算;

② 放宽或取消要求的内容:不绝热锅壳最大允许厚度、填角焊缝的个别使用条件、炉胆膨胀环之间的最大距离、立式锅炉炉胆孔排的减弱、拉撑管厚度不小于 5 mm、烟管与管板焊接连接时也应布置拉撑管、锅壳上管接头需加厚等规定;

③ 从严要求的内容:高温管板管端的限定烟气烟温、斜拉杆与直拉杆的呼吸空位、角撑板结构、不加支承的直拉杆最大长度、凸形元件附加厚度等;

④ 更改的内容:基本许用应力、热水锅炉计算压力、平直炉胆计算公式、凸形元件计算公式、焊缝之间的最小距离等。

由上述可见,GB/T 16508—1996 标准为保证锅壳锅炉的安全、为便于制造厂生产,作了相当多的改动。

该标准的主要特点是在吸收国外最新技术时（主要是 BS 2790—92《焊接结构锅壳锅炉设计和制造规范》），也把我国 10 年来自己创造并经过长期运行考验过的安全结构列入，如拱型管板、螺纹烟管等，还把当时已逐渐出现的铸铁锅炉也作为附录列于其后。该标准已基本达到国际先进水平。标准颁布后深受工厂欢迎，经 17 年的使用，对推动工业锅炉技术发展做出了有益贡献。

4) GB/T 16508.1～16508.3—2013《锅壳锅炉》

GB/T 16508—1996 标准经 12 年后，于 2008 年开始修订，2013 年发布，2014 年实施。锅壳锅炉强度计算标准指 GB/T 16508.1～16508.3—2013 总则、材料、设计与强度计算。紧接着又颁布第 1 号勘误表。与前标准实施的间隔时间长达 18 年之久。

新标准特点：

① 依据理论分析、有限元计算分析、应力测试结果，放宽了一些不合理的过严内容，例如，明显减小了下脚圈、平端盖厚度，给出各国相关标准无有的外置角焊平端盖新结构；依据有限元计算分析放宽了凸形封头人孔尺寸的限制及筒壳中大孔与孔排的加强规定。

② 依据有限元计算分析，增补了各国标准长期以来尚无有的水管管板计算方法，填补了标准的空白。

③ 依据分析、运行经验并参照国外标准，减小了烟管厚度。

④ 参照水管锅炉相关标准，增补了应力验证法，扩大了非标准元件强度的处理方法。

⑤ 许用应力表中的数据更加细化。

以上诸多改进体现了标准的与时俱进，不断完善与创新精神，应予充分肯定。

新版标准尚存在许多明显问题，尽管经过大量勘误（于 2014 年以锅容标委文(2014)33 号文件发布颇大篇幅的第 1 号勘误），仍有不少需要认真讨论与改进的内容。这样，才不会给锅炉行业带来困惑，以及进入国际标准行列时，才会无可非议。

2 水管锅炉强度计算标准

（1）列表简介

1）暂行规定

标准名称	水管锅炉受压元件强度计算
标准代号	电指(DZ)173—62
起草单位	劳动部锅炉局
公布单位	劳动部、第一机械工业部
公布时间	1962 年 3 月 9 日

2）部标准

标准名称	水管锅炉受压元件强度计算[1]
标准代号	JB 2194—77

提出单位	上海锅炉研究所[2)]
起草单位	上海锅炉研究所等九个单位
起草人	李之光、黄乃祉、蒋智翔、贾士贤、沈根荣、程忠志、沈其炎、郭毅、崔金现、高永泉、王铣庆、杜兴文、顾逢时、马承天、杨文鹄
发布单位	第一机械工业部、国家劳动总局
实施时间	1977 年 12 月 1 日

1) 于 1979 年 4 月 18 日又公布"关于 JB 2194—77《水管锅炉受压元件强度计算》补充规定及其说明"（补充规定由上海锅炉研究所负责解释）；
2) 即上海发电设备成套设计研究所的前身。

3) 国家标准

a. 1988 年国家标准

标准名称	水管锅炉受压元件强度计算
标准代号	GB 9222—88
提出并归口单位	上海发电设备成套设计研究所
负责起草单位	上海发电设备成套设计研究所
起草单位	上海发电设备成套设计研究所、哈尔滨工业大学、清华大学、哈尔滨锅炉厂、哈尔滨电站设备成套设计研究所、上海锅炉厂、武汉锅炉厂、东方锅炉厂、西安交通大学、上海工业锅炉研究所、上海机械学院
参加起草人员	黄乃祉、李之光、蒋智翔、沈根荣、张庆江、贾世贤、蒋胜龙、崔金现、沈其炎、杨小昭、夏长江、鲍子初、王铣庆、吴天禄、杨忠涛、田耀鑫、赵文成
发布单位	国家技术监督局
发布时间	1988 年 6 月 6 日
实施时间	1989 年 1 月 1 日

b. 2008 年国家标准

标准名称	水管锅炉受压元件强度计算
标准代号	GB/T 9222—2008
提出并归口单位	全国锅炉压力容器标准委员会(SAC/TC 262)
负责起草单位	上海发电设备成套设计研究院
起草单位	上海发电设备成套设计研究所、武汉锅炉股份有限公司、东方锅炉(集团)股份有限公司、哈尔滨锅炉厂有限公司、无锡华光锅炉股份有限公司、上海锅炉厂有限公司、发电设备国家工程研究中心、国电热工研究院、杭州锅炉集团有限公司、四川锅炉厂、上海四方锅炉厂、济南锅炉集团有限公司

参加起草人员	李立人、张瑞、张庆江、吴祥鹏、盛建国、陈玮、肖慧芳、陶生智、林洪书、张宇音、梁剑平、曹雷生、姚梅初、冯景源、徐沁、赵伟民、余德祖、田耀鑫、梁昌乾、刘树涛、金平、李林、管雪芳、张强军 顾问：李之光、刘福仁、黄乃祉、陈济榕、肖忠华、吴如松
发布单位	国家技术监督局、国家标委会
发布时间	2008年1月31日
实施时间	2008年7月1日

c. 2013年国家标准

标准名称	水管锅炉
标准代号	GB/T 16507.1～16507.4
提出并归口单位	全国锅炉压力容器标准委员会（SAC/TC 262）
负责起草单位	上海发电设备成套设计研究院
主要起草人	严宏强、郑国耀、张瑞、亓安芳、徐玉军、曾会强、孔伯汉、肖慧芳、侯晓东、左彩霞、朱志强、陈秀彬、钱凤华、吕翔、肖忠华、吾之英、张显、程义、杨华春、骆声、徐沁、刘都槐、吕丽华、刘树涛、陈秀彬、王正光、王宏生、施鸿飞、陈永岐、郭建明、蒋刚、杨文、钱钢、王桂玲、李立人、梁剑平、董师宏、姚梅初、郑水云、赵伟民、李林、张强军、吴祥鹏、盛建国、陈玮、毛荷芳、马红
发布单位	国家质量监督检验检疫总局、国家标准委
发布时间	2013年12月31日
实施时间	2014年7月1日

（2）简要说明

1）《水管锅炉受压元件强度计算暂行规定》（1962年）

我国于1962年颁布的《水管锅炉受压元件强度计算暂行规定》[77]，尽管称为"暂行规定"，但实际是"标准"，而且执行了15年之久。它与《火管锅炉受压元件强度计算暂行规定》[76]均由我国主管锅炉安全的劳动部锅炉局根据急需而制定的。因当时我国在水管锅炉强度方面所作的研究工作尚不多，且对生产经验的总结也不够，故该标准主要是参照20世纪50年代苏联标准而制定的。根据实际需要增补了铸铁省煤器管、旧的扁圆形（碟形）封头等计算内容，此外，为便于计算，给出大量线算图。此《暂行规定》的颁布执行，与《火管锅炉受压元件强度计算暂行规定》一样，共同促进了我国锅炉技术发展，并提高了产品质量和可靠性。

2）JB 2194—77《水管锅炉受压元件强度计算》

经历15年后发布了机械部标准JB 2194—77《水管锅炉受压元件强度计算》[78]。尽管制定时正处于困难时期，但组织单位与起草成员是在努力了解国外标准与总结国内已有经验的基础上，经过大量调查及多次修改后而提出的。标准颁布后，又组织标准编写成员编著一本《锅炉受压元件强度——标准分析》[11]，该书出版后，对标准应用者深入理解标准、正确使用标准起了较大作用。又经历2年，在全面复查此标准后，对个别条文作了一些从严规定，诸如碳钢集箱的允许使用壁温、工作压力大于 140 kgf/cm² 锅筒的许用应力修正系数、相邻两个大孔的加强问题、翻边焊接管接头的校核条件、三通使用条件等。于是,在 1979 年颁布了"关于 JB 2194—77《水管锅炉受压元件强度计算》补充规定"。

高等院校与发电锅炉制造厂都参加制定工作。在总结我国发电锅炉的生产、研究经验,并参照苏联、美国、德国等标准而制定出此标准。

3) GB 9222—88《水管锅炉受压元件强度计算》

自 1979 年起又经过 9 年,于 1988 年发布了国家标准 GB 9222—88《水管锅炉受压元件强度计算》[80]。随着科学技术的进步、生产的发展以及对外开放的要求,此标准全面总结了以往科研成果与生产经验,并考虑了向 ISO 国际标准化组织提出的 R831 固定式锅炉制造规范[95]接轨问题。此标准采用了国际法定计量单位。由于此标准较以前的 JB 2194—77 标准在各方面均有明显改进,更能适应生产发展的需要,故遵照机科标 1987—120 号文件的精神已由部标准改为国家标准。

4) GB/T 9222—2008《水管锅炉受压元件强度计算》

经历 10 年后,于 2008 年发布了 GB/T 9222—2008《水管锅炉受压元件强度计算》。此次标准修订工作十分认真,总结了前 10 年的宝贵经验,集中有经验的各方面人员修订。这是一部水平更高的国家标准;还包括低周疲劳寿命计算方法,有限元计算也可作为最高允许计算压力的一种验证方法;对水管式工业锅炉的特点,也给予了关注;然而,取消了颇有参考价值的例题。

5) GB/T 16507.1~16507.4—2013《水管锅炉》

GB/T 9222—2008 标准经过 6 年,于 2014 年实施 GB/T 16507—2013《水管锅炉》标准。修订此标准时,提出尽量靠 EN 欧盟标准。受压元件强度计算内容不再单独成册,纳入总标准《水管锅炉》中,取消了颇有参考价值的例题,编排格式也明显有所改变。

此标准于 2014 年以锅容标委文(2014)33 号文件发布大篇幅第 1 号勘误。

6) 对我国逐渐形成的强度计算标准的评价

我国"GB/T 16507《水管锅炉》与 GB/T 16508《锅壳锅炉》两大系列标准在锅炉标准系列中占据着非常重要位置",而其中涉及结构设计与强度计算的标准,还集中体现锅炉强度理论与计算原理的成就。

3 不同标准的关系

(1) 我国锅炉强度计算标准划分存在的问题

国外根据锅炉的组成分为锅壳锅炉与水管锅炉两类,因而形成锅壳锅炉与水管锅炉两个强度计算标准。

例如,英国 BS 2790—1969《焊接结构锅壳锅炉(除水管锅炉外)》。这就明确只适用锅壳锅炉而不适用水管锅炉。1986 年版其名称虽改为《焊接结构锅壳锅炉设计和制造规范》没有了"除水管锅炉外"几个字,但在其"范围"内还是明确"本标准不适用于水管锅炉"。欧盟 EN 标准也这样处理。

我国锅炉组成与国外有明显区别,水火管锅炉在工业锅炉中占有较大份额,我国锅炉组成的特点是除锅壳锅炉与水管锅炉以外,还有水火管锅炉。

我国目前将水火管锅炉划归锅壳锅炉类,因而锅壳锅炉强度计算标准不得不将水火管锅炉中的水管锅炉部分的全部元件(锅筒、封头、圆筒形与矩形集箱、端盖、管子、三通等元件)皆包含在内。这给我国数量颇多的水火管锅炉(也包括新型水火管锅壳锅炉、水火管组合螺纹烟管锅炉)设计带来方便。

而与此同时,我国水管锅炉强度计算标准也包含低压水管锅炉内容,即两个强度计算标准皆含有低压水管锅炉内容。

由于我国水管锅炉强度计算标准与锅壳锅炉强度计算标准由不同单位编制,不免上述两个标准的水管锅炉部分略有差异,水管锅炉强度计算标准由电站锅炉人员编制,对工业水管锅炉特点考虑少一些。

商讨:

如将《锅壳锅炉》与《水管锅炉》标准的区分改为《工业锅炉》与《电站锅炉》,既结合我国锅炉组成的特点,而上述问题就不复存在。

(2) 各种锅炉的强度计算标准尚不协调问题

我国除上述两个主要固定式锅炉强度计算标准外,还有以下标准:

适用于民用海船锅炉的强度标准(包含在我国《钢制海船建造规范》[71]之内);

适用于民用内河船舶锅炉的强度标准(包含在我国《长江水系钢船建造规范》[72]之内);

适用于海军舰艇锅炉的强度标准(包含在我国海军《舰船建造规范》[70]之内)。

以前还有机车锅炉强度计算标准,现已失去作用。

可见,各类锅炉的强度问题均被各自有关标准制约着,以达到确保安全又不浪费钢材的目的。以上各强度标准的计算原理、所用公式、结构规定等基本上是一样的,也存在一定差异,主要是由于起草单位不同、各自传统与习惯有差异造成的。因此,上述各规程中的有些规定互不相同内容,有待协调统一,但一般而言,应向锅炉安全技术监察规程靠拢,因为后者是锅炉技术法规。

关于上述各种锅炉强度标准之间的差异以及统一我国这些标准的建议,详见文献[73]。

5-3 强度计算标准适用条件

本节对锅炉强度计算标准的压力、材料、介质适用范围进行分析。

1 压力适用范围问题

(1) 最高压力

1) 水管锅炉

水管锅炉受压元件结构简单,蒸汽与热水型对压力均不提出最高限制要求。

2) 锅壳锅炉

锅壳锅炉受压元件结构复杂(管板、拉撑、加固、等),元件之间的温度差异较大,水容也较大(爆炸能量与水容成正比增加),故从安全角度考虑,不适于压力高的蒸汽锅炉,一般规定不大于 2.5 MPa 或 3.9 MPa。如 ISO/DIS 5730 标准[90]、TRD 标准[91]规定不大于 3 MPa,EN 12953.1 标准[68]规定不超过 40 bar(4.0 MPa)。

锅壳锅炉的锅壳内由于设置炉胆、烟管、拉撑件,使锅壳直径明显大于同容量水管锅炉的锅筒直径。锅壳的壁厚与锅壳的直径、锅壳内介质的压力均成正比关系,为防止锅壳过厚,蒸汽与热水锅壳锅炉的压力一般也不宜过高。

对于蒸汽锅壳锅炉,2.5 MPa(表压)对应的饱和温度为226 ℃,此时,即使壁温最高的防焦箱也不会超过350 ℃,因而确定许用应力时,不必考虑持久强度。

对给水与锅水温差的限制[1]标准也没有涉及。

讨论:

随着技术的发展,用户对锅壳锅炉有提高压力需要,设计压力逐步放宽是可行的,但如完全不予限制,并非合适[75],因为除上述安全以外,还应考虑到压力提高的同时,就提高了对材料、工艺、检验、设备等的要求。历来锅壳锅炉由于压力不高,均为饱和温度,故其对钢材的要求也不很高,均是碳钢或碳锰钢。若工作压力不受限制,则材料就可能要求采用合金钢和高合金钢。同样也提高了工艺要求及设备的增加。还应注意受火元件的厚度不应超过允许值;压力过大时,如存在形状复杂元件,应分析其应力状态是否可以接受。

GB/T 16508.1—2013 第1部分总则1.2中只规定了适用于压力大于或等于0.1 MPa,但上限不再提出要求。与此同时,对材料、工艺、监检、设备等也应相呼应。

3) 余热锅炉

余热(废热)锅炉的结构与运行条件一般优于锅壳锅炉,ISO/DIS 5730、TRD 标准对余热锅炉未提出压力的限制。

问题回复: 有的工厂提出6.0 MPa 的余热锅壳式蒸汽锅炉(图5-3-1)可否生产。

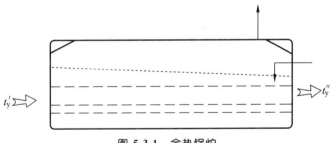

图 5-3-1 余热锅炉

可以生产的依据:①锅壳不受热(不与火焰接触)——无热流筒壳的内外壁温差热应力为0,故无壁厚限制;②管板受热(与烟气接触)——标准无最大壁厚限制;③锅壳与烟管温差引起的总体热应力(二次应力)与工作应力之和允许达 $2\sigma_s$,裕度颇大。基于以上分析,图5-3-1所示余热锅炉可不受压力限制。

4) 铸铁锅炉

铸铁性能与钢材有较大区别,属于脆性材料类,灰口铸铁尤甚,对热应力颇敏感,锅片一次

---

[1] 关于进入锅壳的水温与出水温度(热水锅炉)或与饱和蒸汽温度(蒸汽锅炉)的差值对强度的影响问题,我国历次版本锅壳锅炉强度计算标准均未予考虑。因为水进入锅壳后立即与锅水混合,使直接作用于元件上的水温差值会明显减小。锅炉设计时,一般不允许低温水直接冲向热负荷较高的元件。如低温给水管直接进入锅壳,一般要求加装套管。我国多年来这样处理,并未由于未专门考虑上述温度差值而发生过问题。

浇注而成,因而使用条件限制较严:过去蒸汽锅炉本体最高使用压力一般不允许超过 0.1 MPa 表压;热水锅炉水头不得超过 50 m,热水温度不允许超过 120 ℃。依据目前铸铁材质与浇铸工艺质量的提高现状,以及铸铁锅炉热态爆破试验结果,曾提出球墨铸铁蒸汽锅炉本体最高使用压力提高至 0.4 MPa 表压的建议[105]。

(2) 最低压力

蒸汽与热水锅炉强度计算标准一般皆规定适用于额定出水压力≥0.1 MPa。实际上,压力<0.1 MPa 时,计算公式与≥0.1 MPa 时并无差异,仅个别结构的规定条件可以适当放宽一些。

常压热水锅炉水压试验压力为 0.2 MPa(表压),可以按热水锅炉或锅壳锅炉强度标准进行计算,负压锅炉强度也可参照计算。

(3) 波动压力校核

电站锅炉调峰机组启停频繁,舰用锅炉压力变化剧烈,应考虑较厚、较重要元件——锅筒的疲劳校核问题。水管锅炉强度计算标准与舰用锅炉强度计算标准均包括相应计算方法。锅壳锅炉压力较低,壁较薄,尽管 30 年启动周数可能多达 1 万,但一般不会疲劳破坏,故不要求疲劳校核。

2 适用材料问题

(1) 碳钢、低碳锰钢锅炉

锅壳锅炉与工业水管锅炉的参数一般不高,均由低碳钢、低碳锰钢制造。标准中许用应力的确定、一些结构的规定等均依据这种材料的性能特点而给出。采用其他材料制造时,必须认真研究所用材料的性能及应用于锅炉上的可行性,以及强度计算的特点。

(2) 铸铁锅炉

铸铁锅炉在许多工业先进国家均有较大发展[105,106],我国也有多年的生产历史。但我国过去无强度计算方法可循,只能借助冷态破坏实验确定其最高允许使用压力。GB/T 16508—1996 标准基于国内大规模冷态、热态实验研究[1,106]以及参考国外有关强度标准,增加了铸铁锅炉受压元件强度计算方法与结构规定。GB/T 16508.3—2013 加以引用。

(3) 铝制锅壳锅炉

20 世纪 80 年代初,在我国出现的铝制锅壳锅炉,由于铝材与钢材同属于塑性材料,故均采用以最大剪应力强度理论为基础的基本计算公式,即锅壳锅炉强度计算标准给出的壁厚或最高允许工作压力计算公式可以通用。但铝材在不高的温度(100 ℃~200 ℃)条件下蠕变现象已明显,它的持久强度明显低于屈服限[107]。因此,许用应力应按持久强度确定。此外,铝材的允许计算壁温、最小取用壁厚等也均与钢材有所区别。铝制锅炉经过大量论证,并得到锅炉安全监察部门批准后,才开始投入批量生产。

(4) 不锈钢锅壳锅炉

有些工厂提出用不锈钢制造锅壳锅炉,同样,也必须考虑这种材料性能与低碳钢有区别。例如,不锈钢的热应力明显大于低碳钢(详见 3-1 节),对其受火部分的允许壁厚应认真分析。

3 适用介质问题

（1）水

我国各版本锅壳锅炉与水管锅炉强度计算标准皆规定适用于水介质。

水质必须严格满足水质标准的要求：

应指出，锅炉给水与锅水的质量如不能满足水质标准的要求，强度标准给出的壁温计算与实际情况会有较大偏差，强度难以保证。

目前，国内不少锅炉用户对给水、锅水的质量关注不够。锅炉受热面结水垢使壁温明显提高（见4-1节），而壁温直接影响元件的强度。许多事故与此有关。应用强度计算标准计算锅炉受压元件强度的可靠程度，在很大程度上取决于水质是否确实满足锅炉水质标准的各项要求。

注：不进行水质处理与监督，等于"锅炉慢性自杀"；补充水的过滤、除硬度、除氧设备为锅炉的不可分割组成部分；锅炉进水（给水）与锅水按标准要求进行监督必不可少——见 GB/T 1576—2008《工业锅炉水质》标准对给水与锅水水质的要求。

我国历来对锅炉水质重视不够，特别是除氧常被忽略。

我国国标与行标皆明确要求锅炉水质必须除氧：

1）我国《工业锅炉设计计算方法》[108]明确规定："当采用钢管省煤器时，给水必须经过除氧"（与锅炉容量无关）。

2）GB/T 1576—2008《工业锅炉水质》标准规定："额定蒸发量大于或等于10 t/h(7 MW)的蒸汽或热水锅炉，给水应除氧，额定蒸发量小于10 t/h(7 MW)的蒸汽或热水锅炉，如果发现局部氧化腐蚀，也应采取除氧措施。"

（2）导热油

如介质不是水，应对所用介质的性能进行深入了解，并论证采用本标准的可行性。例如，对于以油为介质的导热油锅炉，其介质的放热系数明显低于水，则计算壁温与本标准的规定取值会有较大差别。

第6章 计算压力与计算壁温及许用应力

本章介绍锅炉受压元件强度计算的计算压力、计算壁温与许用应力的确定方法及其来源,并提出尚存在一些需要讨论的问题。

6-1 计算压力与计算壁温

计算压力与计算壁温是影响计算壁厚的重要因素。为便于计算,标准给出一些简单规定,本节介绍这些规定的来源。

1 计算压力

工作压力:

锅炉受压元件运行时承受的工作压力按下式计算:

$$p_o = p_r + \Delta p_f + \Delta p_h$$

式中:p_r——锅炉额定压力,MPa;

Δp_f——介质流动阻力附加压力,MPa;

Δp_h——受压元件所受液柱静压力,MPa。

计算压力:

元件设计的计算压力 p 还需考虑附加压力 Δp_a:

$$p = p_o + \Delta p_a$$

式中:Δp_a——考虑安全阀低启压力的增加值,MPa。

说明:

1) 考虑介质流动阻力的附加压力 Δp_f 为锅炉最大负荷下计算元件至锅炉出口的流动阻力,一般指蒸汽过热器阻力。

2) 液柱附加压力按下式近似计算:

$$\Delta p_h \approx 0.01h \quad \text{MPa}$$

式中:h——水柱高度,m。

我国 JB 2194—77 水管锅炉强度计算标准制定时,参考苏联标准,规定 $\Delta p_h < 3\%(p_r + \Delta p_f + \Delta p_a)$ 时,取 $\Delta p_h = 0$。以后各标准顺延至今。

注:上述 $\Delta p_h < 3\%(p_r + \Delta p_f + \Delta p_a)$ 时,取 $\Delta p_h = 0$ 问题,见8-9节之1。

3) 考虑安全阀整定的附加压力 Δp_a 各国标准的规定互不一致,主要是传统习惯不同造成的。

在锅炉运行寿命期限内,安全阀的开启次数远少于锅炉启停次数,其升高值也并不大,故安全阀动作压力的升高基本不会影响疲劳寿命。因此,在计算压力中不计入此升高值是合理的。有的国外标准[88]也认为安全阀开启压力的短时升高与连续压力(静载)不同,规定不超过工作压力的10%可不考虑。德国TRD标准[91]在计算压力中不考虑安全阀整定压力增值。

[注释] 我国锅炉强度计算标准中 Δp_a 的演变

JB 2194—77《水管锅炉受压元件强度计算》标准规定:计算压力"不考虑安全阀动作的压力升高"。但以后的锅炉受压元件强度计算标准皆改为计算压力需考虑安全阀整定压力(最低值)与工作压力的差值 Δp_a。这是效仿某些国外标准,未认真思考的结果。

JB 3622—84《锅壳式锅炉受压元件强度计算》标准规定 Δp_a 为安全阀低始启压力的升高值。于是强度计算出现以下矛盾:由于热水锅炉的低始启压力升高值明显大于蒸汽锅炉,从而出现计算出的厚度大于蒸汽锅炉的不合理现象。因为热水锅炉的事故后果,一般比蒸汽锅炉为小,故在相同工作压力条件下,热水锅炉计算厚度不应大于蒸汽锅炉。于是GB/T 16508—1996标准对热水锅炉与蒸汽锅炉用同一附加压力 Δp 考虑安全阀压力升高问题,就避免了上述不合理现象:额定压力小于1.25 MPa时,$\Delta p=0.02$ MPa;额定压力不小于1.25 MPa时,$\Delta p=0.04$ MPa。

目前 Δp_a 的取值

热水锅炉和蒸汽锅炉(直流锅炉和再热系统除外)的设计附加压力相同。

$p_r \leqslant 0.8$ MPa $\qquad \Delta p_a = 0.05$ MPa

0.8 MPa $< p_r \leqslant 5.9$ MPa $\qquad \Delta p_a = 0.06 p_o$

$p_r > 5.9$ MPa $\qquad \Delta p_a = 0.08 p_o$

直流锅炉和再热系统的设计附加压力 Δp_a 可取元件工作压力 p_o 的0.1倍。

注:依据上述原因与我国初始标准以及国外标准的有关规定,建议 p_a 恢复为0。

校核锅炉出口最高允许工作压力:

锅炉出口处的最高允许工作压力 $[p]_g$ 一般用于校核已有锅炉的承压能力。

为确定 $[p]_g$,应先求出所有元件的最高允许计算压力 $[p]$,再将它们分别减去各自的 Δp_f、Δp_h、Δp_a,则所得最小值即为锅炉出口处的最高允许工作压力 $[p]_g$。

2 计算壁温的来源

确定许用应力用的壁温为内外壁的算数平均温度,GB/T 16508.3—2013 锅壳锅炉受压元件强度计算将它称"计算温度"。

注:我国以前各版本标准以及GB/T 16507.4—2013水管锅炉受压元件强度计算皆称"计算壁温",称"计算壁温"表述得明了、具体,而"计算温度"过于笼统。

经推导,得计算壁温基本公式(6-1-1)[参见式(4-1-9)]:

$$t_c = t_{mave} + \frac{q_{max}}{\alpha_2} \frac{D_o}{D_i - 2\delta_g} + \frac{q_{max}\delta_g}{1\,000\lambda_g} \frac{D_o}{D_i - 2\delta_g} + \frac{q_{max}}{1\,000\lambda} \frac{\delta}{\lambda} \frac{\beta}{\beta_1} \qquad ℃ \quad \cdots\cdots(6\text{-}1\text{-}1)$$

式中: t_{mave}——介质平均温度,℃;

q_{max}——以外壁为准的最大热负荷,W/m²;

α_2——内壁对介质的放热系数,W/(m²·℃);

λ、λ_g——钢材与水垢的导热系数,W/(m·℃);

D_o、D_i——筒壳外直径、内直径,mm;

$\beta = D_o/D_i$——筒壳外径与内径的比值；

$\delta \ 、 \delta_g$——壁厚与水垢厚度，mm。

我国与其他国家标准历来对"计算壁温"一般皆简化处理，用介质额定平均温度 t_{mave} 加上附加温度 Δt 来表示：

$$t_c = t_{mave} + \Delta t$$

(1) 附加温度 Δt 的规定值

介质温度的附加温度 Δt 是根据不同工作条件下的热负荷、放热系数等，对不同元件按式(6-1-1)算出的[11]。

应指出，标准中计算壁温的简易确定方法仅适用于无垢情况。因此，严格满足水质标准的要求至关重要。目前，锅炉事故，如管板开裂、锅壳鼓包、爆管等，都不是实际应力偏高所致，而导致这些问题的主要原因是水质欠佳产生水垢，使实际壁温超过计算壁温而引起的。但强度计算标准对此不能考虑，只能给出符合水质标准要求情况的计算壁温值。

由于计算温度对计算出的壁厚有明显影响（有时，计算壁温相差 20 ℃，壁厚可能约差 5%），故参照某些实测数据，对比一些国外标准，进行了较祥细的计算分析。以下是我国 JB 2194—77 标准给出的值，以后各标准修订变化不大。

注：约 40 年前，由该标准执笔人(本书撰写者)经计算分析、参考国外标准并征求编委意见归纳出来的[11]，由于计算壁温影响较大，标准给出的计算壁温值需要审。

1) 锅筒筒体

置于烟道内部的绝热锅筒，按 $D_i = 1\ 755$ mm, $\delta = 46$ mm, $p_o = 4.5$ MPa, $t_{mave} = 258$ ℃, $\lambda = 44$ W/(m·℃)，绝热层厚度为 80 mm 及不同热负荷 q_{max} 等条件下按式(6-1-1)的计算结果，如表 6-1-1 所示。以中压锅炉为例，具有代表性。

表 6-1-1　置于烟道内的绝热锅筒筒体的附加温度 Δt　　　　℃

绝热层外表温度	α_2/W/(m²·℃)	q_{max}/W/m²	外壁温度	内壁温度	计算温度 t_c	附加温度 $\Delta t = t_c - t_{mave}$
600	3 140	8 374	264	261	263	5
1 000	5 327	18 259	271	262	267	9
1 000	5 629	20 701	272	262	267	9

依据以上给出的计算结果，建议：

$$t_c = t_{mave} + 10 \text{ ℃}$$

置于 600 ℃ 以下烟温区域未绝热，其计算结果如表 6-1-2 所示。

表 6-1-2　置于 600 ℃ 以下烟温区域未绝热锅筒的附加温度 Δt　　　　℃

D_o/D_i	β	δ/mm	$q_{max} = 29\ 075$ W/m²　$\alpha_2 = 5\ 815$ W/(m²·℃)　$\lambda = 44$ W/m·℃		附加温度 $\Delta t = t_c - t_{mave}$
			$\dfrac{q_{max}\beta}{\alpha_2}$	$\dfrac{q_{max}}{1\ 000}\dfrac{\delta}{\lambda}\dfrac{\beta}{\beta+1}$	
900/800	1.12	50	5.6	0.35δ	23
1 100/1 000	1.10	50	5.4	0.35δ	23

表 6-1-2(续) ℃

D_o/D_i	β	δ mm	$q_{max}=29\,075$ W/m² $\alpha_2=5\,815$ W/(m²·℃) $\lambda=44$ W/m·℃		附加温度 $\Delta t = t_c - t_{mave}$
			$\dfrac{q_{max}\beta}{\alpha_2}$	$\dfrac{q_{max}}{1\,000}\dfrac{\delta}{\lambda}\dfrac{\beta}{\beta+1}$	
1 400/1 300	1.08	50	5.4	0.34δ	23
1 600/1 500	1.06	50	5.3	0.34δ	21
1 900/1 800	1.05	50	5.3	0.34δ	21

依据以上计算结果，建议：

$$t_c = t_{mave} + 30\ ℃$$

置于 600 ℃ 以上对流烟道内未绝热，其计算结果如表 6-1-3 所示。

表 6-1-3　置于 600 ℃ 以上烟温区域未绝热锅筒筒体的附加温度 Δt　　℃

D_o/D_i	β	$\delta/$ mm	$q_{max}=29\,075$ W/m² $\alpha_2=5\,815$ W/(m²·℃) $\lambda=44$ W/(m·℃)			$q_{max}=58\,150$ W/m² $\alpha_2=9\,304$ W/(m²·℃) $\lambda=44$ W/(m·℃)			$q_{max}=87\,225$ W/m² $\alpha_2=11\,630$ W/(m²·℃) $\lambda=44$ W/(m·℃)		附加温度 $\Delta t = t_c - t_{mave}$
			$\dfrac{q_{max}\beta}{\alpha_2}$	$\dfrac{q_{max}}{1\,000}\dfrac{\delta}{\lambda}\dfrac{\beta}{\beta+1}$	t_c-t_{mave}	$\dfrac{q_{max}\beta}{\alpha_2}$	$\dfrac{q_{max}}{1\,000}\dfrac{\delta}{\lambda}\dfrac{\beta}{\beta+1}$	t_c-t_{mave}	$\dfrac{q_{max}\beta}{\alpha_2}$	$\dfrac{q_{max}}{1\,000}\dfrac{\delta}{\lambda}\dfrac{\beta}{\beta+1}$	
860/800	1.07	30	5.4	0.34δ	15	6.7	0.68δ	27	8.0	1.02δ	39
1 060/1 000	1.06	30	5.3	0.34δ	15	6.6	0.68δ	27	8.0	1.02δ	39
1 360/1 300	1.05	30	5.2	0.33δ	15	6.5	0.66δ	16	7.9	0.99δ	38
1 560/1 500	1.04	30	5.2	0.33δ	15	6.5	0.66δ	16	7.8	0.99δ	38
1 860/1 800	1.03	30	5.2	0.33δ	15	6.4	0.66δ	16	7.7	0.99δ	38

依据以上计算结果，建议：

$$t_c = t_{mave} + 50\ ℃$$

置于炉膛内未绝热，其计算结果如表 6-1-4 所示。

表 6-1-4　置于炉膛内的未绝热锅筒筒体的附加温度 Δt　　℃

D_o/D_i	β	$\delta/$ mm	$q_{max}=58\,150$ W/m² $\alpha_2=9\,304$ W/(m²·℃) $\lambda=44$ W/(m·℃)			$q_{max}=116\,300$ W/m² $\alpha_2=15\,003$ W/(m²·℃) $\lambda=44$ W/(m·℃)			$q_{max}=174\,450$ W/m² $\alpha_2=15\,933$ W/(m²·℃) $\lambda=44$ W/(m·℃)		附加温度 $\Delta t = t_c - t_{mave}$
			$\dfrac{q_{max}\beta}{\alpha_2}$	$\dfrac{q_{max}}{1\,000}\dfrac{\delta}{\lambda}\dfrac{\beta}{\beta+1}$	t_c-t_{mave}	$\dfrac{q_{max}\beta}{\alpha_2}$	$\dfrac{q_{max}}{1\,000}\dfrac{\delta}{\lambda}\dfrac{\beta}{\beta+1}$	t_c-t_{mave}	$\dfrac{q_{max}\beta}{\alpha_2}$	$\dfrac{q_{max}}{1\,000}\dfrac{\delta}{\lambda}\dfrac{\beta}{\beta+1}$	
840/800	1.05	20	6.6	0.68δ	20	8.2	1.35δ	35	11.5	2.03δ	52
1 040/1 000	1.04	20	6.6	0.68δ	20	8.2	1.35δ	35	11.4	2.02δ	52
1 340/1 300	1.04	20	6.5	0.67δ	20	8.1	1.34δ	35	11.4	2.00δ	51
1 540/1 500	1.03	20	6.5	0.67δ	20	8.0	1.34δ	35	11.2	2.00δ	51
1 840/1 800	1.02	20	6.4	0.66δ	20	7.9	1.32δ	34	11.2	1.90δ	49

依据以上计算结果,建议:

$$t_c = t_{mave} + 80 \text{ ℃}$$

有时锅筒壁被密集管束所遮挡,使透过的辐射热流明显减小,而且筒壁也受不到烟气的强烈冲刷,此种情况下,尽管锅筒壁置于炉膛内且无其他绝热措施,然而壁温不会比内部介质温度明显升高,因此建议:

$$t_c = t_{mave} + 20 \text{ ℃}$$

如锅筒置于炉膛内,但采取可靠的绝热措施,筒壁温度也会有所下降,建议此情况下:

$$t_c = t_{mave} + 40 \text{ ℃}$$

若锅筒置于烟道以外,由于沿壁厚传热量很小,故建议此情况下:

$$t_c = t_{mave}$$

[注释] 计算壁温与实测的偏差

曾对一台中压电站锅炉锅筒壁温进行测试(见图6-1-1)。

图示部位的实测外壁温度 $t_w = 251.5$ ℃,内部介质温度 $t_J = 236$ ℃,内壁温度 $t_n \approx 238$ ℃,则计算壁温为

$$t_{bi} = \frac{t_w - t_n}{2} = \frac{251.5 + 238}{2} = 245 \text{ ℃}$$

计算壁温与介质温度的实际差值:

$$\Delta t = t_{bi} - t_J = 245 - 236 = 9 \text{ ℃}$$

而按上述,此差值为20 ℃。显然规定值大了一些。

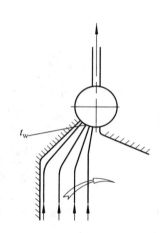

图 6-1-1 计算壁温实测部位

目前,有关计算壁温的实测校核工作尚不多。在每次修订标准时,仅根据计算分析,对计算壁温作一些调整。实际上,标准中计算壁温表只能给出可能最大热负荷下的值,考虑的条件也过于笼统,裕度必然较大。关于计算壁温,尚需进行必要的实测校核工作。

2) 集箱和防焦箱

置于烟道内的绝热集箱,根据锅筒的计算(表6-1-1),可知水或汽水混合物集箱的计算壁温不会超过其介质温度10 ℃,故建议:

$$t_c = t_{mave} + 10 \text{ ℃}$$

置于600 ℃以下烟温区域的未绝热的水或汽水混合物集箱的计算结果如表6-1-5所示。

表 6-1-5 置于600 ℃以下烟温未绝热的水或汽水混合物集箱的附加温度 Δt ℃

D_o / D_i	β	δ/mm	$q_{max}=29\,075$ W/m² $\alpha_2=4\,652$ W/(m²·℃) $\lambda=44$ (W/m·℃)		附加温度 $\Delta t = t_c - t_{mave}$
			$\dfrac{q_{max}\beta}{\alpha_2}$	$\dfrac{q_{max}}{1\,000}\dfrac{\delta}{\lambda}\dfrac{\beta}{\beta_2}$	
219/179	1.22	20	7.6	0.36δ	15
273/203	1.34	35	8.4	0.38δ	22
419/347	1.21	36	7.6	0.36δ	21

介质为汽水混合物时,式(4-1-13)中的 $X\Delta t = 0$;介质为水时,$X\Delta t$ 很小,亦可忽略不计。

依据以上计算结果,建议:
$$t_c = t_{mave} + 30 \ ℃$$

置于 600 ℃ 以上对流烟道内的水或汽水混合物集箱的计算结果如表 6-1-6 所示。

表 6-1-6　置于 600 ℃ 以上对流烟道内的水或汽水混合物集箱的附加温度 Δt　　　　℃

D_o/D_i	β	δ/mm	$q_{max}=29\,075\ W/m^2$ $\alpha_2=4\,652\ W/(m^2·℃)$ $\lambda=44\ W/(m·℃)$			$q_{max}=58\,150\ W/m^2$ $\alpha_2=4\,652\ W/(m^2·℃)$ $\lambda=44\ W/(m·℃)$		附加温度 $\Delta t = t_c - t_{mave}$
			$\dfrac{q_{max}\beta}{\alpha_2}$	$\dfrac{q_{max}}{1\,000}\dfrac{\delta}{\lambda}\dfrac{\beta}{\beta+1}$	$t_c - t_{mave}$	$\dfrac{q_{max}\beta}{\alpha_2}$	$\dfrac{q_{max}}{1\,000}\dfrac{\delta}{\lambda}\dfrac{\beta}{\beta+1}$	
219/179	1.22	22	7.6	0.31δ	14	15.2	0.62δ	28
273/223	1.22	25	7.6	0.31δ	15	15.2	0.62δ	31
419/359	1.17	30	7.4	0.36δ	18	14.8	0.71δ	36

依据以上计算结果,建议:
$$t_c = t_{mave} + 50 \ ℃$$

受火焰或炽热燃料层辐射的不绝热的水或汽水混合物的集箱或防焦箱的计算结果,如表 6-1-7 所示。

表 6-1-7　受火焰及炽热燃料层辐射的不绝热的水或汽水混合物集箱或防焦箱的附加温度 Δt　　℃

D_o/D_i	β	δ/mm	$q_{max}=116\,300\ W/m^2$ $\alpha_2=4\,652\ W/(m^2·℃)$ $\lambda=44\ W/(m·℃)$			$q_{max}=174\,450\ W/m^2$ $\alpha_2=4\,652\ W/(m^2·℃)$ $\lambda=44\ W/(m·℃)$		附加温度 $\Delta t = t_c - t_{mave}$
			$\dfrac{q_{max}\beta}{\alpha_2}$	$\dfrac{q_{max}}{1\,000}\dfrac{\delta}{\lambda}\dfrac{\beta}{\beta+1}$	$t_c - t_{mave}$	$\dfrac{q_{max}\beta}{\alpha_2}$	$\dfrac{q_{max}}{1\,000}\dfrac{\delta}{\lambda}\dfrac{\beta}{\beta+1}$	
219/199	1.10	10	28	1.38δ	41	41	2.08δ	62
273/241	1.13	16	28	1.38δ	50	42	2.08δ	75
419/375	1.12	22	28	1.38δ	56	43	2.08δ	88

依据以上计算结果,建议:
$$t_c = t_{mave} + 110 \ ℃$$

集箱内的介质为饱和蒸汽时,由于放热系数低于水或汽水混合物的,故在同样条件下,壁温与饱和汽温的差值较大。则对烟道内集箱的计算壁温作如下规定:

在烟道内采取可靠绝热措施的饱和蒸汽集箱:
$$t_c = t_{mave} + 25 \ ℃$$

在烟温不超过 600 ℃ 对流烟道内的不绝热饱和蒸汽集箱:
$$t_c = t_{mave} + 40 \ ℃$$

在烟温超过 600 ℃ 对流烟道内的不绝热饱和蒸汽集箱:

$$t_c = t_{\text{mave}} + 60\ ℃$$

集箱内的介质为过热蒸汽时,还应加上考虑介质温度沿集箱长度分布不均的增值 $X\Delta t$,故规定:

在烟道内采取可靠绝热措施的过热蒸汽集箱:

$$t_c = t_{\text{mave}} + 25\ ℃ + X\Delta t$$

在烟温不超过 600 ℃ 对流烟道内的不绝热过热蒸汽集箱:

$$t_c = t_{\text{mave}} + 40\ ℃ + X\Delta t$$

在烟温超过 600 ℃ 对流烟道内的不绝热过热蒸汽集箱:

$$t_c = t_{\text{mave}} + 60\ ℃ + X\Delta t$$

式中的介质混合程度系数 X,一般取为 0.5;如果能保证介质在集箱内作到完全混合,X 可取零;此式中的 Δt 为过热蒸汽温度偏差,℃,取自热力计算。

对于不受热的过热蒸汽集箱,与 1962 年《暂行规定》[77]一样,仍规定:即使完全混合,也取 $X\Delta t = 10\ ℃$。这样,对于参数为 450 ℃ 的中压锅炉,不受热的出口集箱的计算壁温为 460 ℃。

我国《锅炉安全技术监察规程》[69]规定碳钢用于集箱时,计算壁温不得超过 450 ℃。

这样,上述集箱就应采用低合金钢制造。

注:对碳钢集箱壁温的限制,主要是为了防止危险性链状石墨化。据我国有关电厂运行情况调查表明,20 号钢不受热的集箱在汽温 450 ℃(短时达 460 ℃)运行 10^5 h 以上尚未发生石墨化。国内调查中还发现,长期在 460 ℃ 下运行的碳钢蒸汽导管,运行 6 万 h 未发现问题,但在接近 10^5 h 发现了石墨化。国外资料[109,110]也指出,对于壁温在 454.4 ℃(850 °F)以上运行的碳钢粗大件,在运行 3.5 万 h 后必须进行石墨化检查,确定石墨分布状态,同时应进行严格的金属监督和必要的试验研究工作。因此,JB 2194—77 标准仍和 1962 年《暂行规定》一样,规定碳钢用于集箱时,计算壁温不得超过 450 ℃。

3)管子

对于自然循环锅炉当 $q_{\max}$ 不超过 350 kW/m² 时,或压力不超过 13.7 MPa 的多次强制循环锅炉,当 $q_{\max}$ 不超过 350 kW/m² 时,沸腾管的计算壁温可按下式计算:

$$t_c = t_{\text{mave}} + 60\ ℃$$

对流式省煤器的计算壁温按下式计算:

$$t_c = t_{\text{mave}} + 30\ ℃$$

辐射式省煤器的计算壁温按下式计算:

$$t_c = t_{\text{mave}} + 60\ ℃$$

结构布置合理的过热器的计算壁温,按下列公式计算:

对流式过热器

$$t_c = t_{\text{mave}} + 50\ ℃$$

辐射式或半辐射式(屏式)过热器

$$t_c = t_{\text{mave}} + 100\ ℃$$

以上两式是根据大量热力计算结果归纳出来的。

其他情况下的管子的计算壁温可按前述的式(6-1-1)计算。

对于超过临界参数的锅炉受热面管子,当热负荷很大时(大于 465 kW/m²),壁厚增加可能引起壁温明显增高,反而会使强度下降[111],此时,应作几个壁温的计算,以选取最佳壁厚。

由上述确定计算壁温时并不考虑锅炉出口过热蒸汽温度在允许范围内的偏差,此偏差已在安全系数中考虑。

(2) 计算壁温的取值

1) 水管锅炉

水管锅炉受压元件的计算壁温[42]参照上述建议值,按表 6-1-8～表 6-1-10 取。

表 6-1-8　锅筒计算壁温 t_c　　　　　　　　　　　℃

工 作 条 件		计 算 公 式
不受热	在烟道外	$t_c = t_{mave}$
绝热	在烟道内	$t_c = t_{mave} + 10$
	在炉膛内	$t_c = t_{mave} + 40$
透过管束的辐射热流不大,而且筒体壁面不受烟气的强烈冲刷		$t_c = t_{mave} + 20$
	对流烟道内,烟温≤600 ℃	$t_c = t_{mave} + 30$
	对流烟道内,600 ℃＜烟温＜900 ℃	$t_c = t_{mave} + 50$
	对流烟道或炉膛内,烟温≥900 ℃	$t_c = t_{mave} + 90$

注:对于受热的锅筒,t_{mave} 系指水空间温度。

表 6-1-9　集箱和防焦箱计算壁温 t_c　　　　　　　　　　　℃

内 部 工 质	工 作 条 件		计 算 公 式
水或汽水混合物	不受热	烟道外	$t_c = t_{mave}$
	绝热	烟道内	$t_c = t_{mave} + 10$
	不绝热	对流烟道内,烟温≤600 ℃	$t_c = t_{mave} + 30$
		对流烟道内,600 ℃＜烟温＜900 ℃	$t_c = t_{mave} + 50$
		对流烟道或炉膛内,烟温≥900 ℃	$t_c = t_{mave} + 110$
饱和蒸汽	不受热	烟道外	$t_c = t_s$
	绝热	烟道内	$t_c = t_s + 25$
	不绝热	对流烟道内,烟温≤600 ℃	$t_c = t_s + 40$
		对流烟道内,600 ℃＜烟温＜900 ℃	$t_c = t_s + 60$
过热蒸汽	不受热	烟道外	$t_d = t_{mave} + X\Delta t$
	绝热	烟道内	$t_c = t_{mave} + 25 + X\Delta t$
	不绝热	对流烟道内,烟温≤600 ℃	$t_c = t_{mave} + 40 + X\Delta t$
		对流烟道内,600 ℃＜烟温＜900 ℃	$t_c = t_{mave} + 60 + X\Delta t$

注:对于受热的汽水混合物集箱和防焦箱筒体,t_{mave} 系指不出现自由水面时的温度;
表中的 Δt 为过热蒸汽温度偏差。

表 6-1-10　管子和管道的计算壁温 t_c　　　　　　　　　　　　　　　　　　　　　℃

元件	条件	计算公式
沸腾管	$p_r \leqslant 13.7$ MPa 及 $q_{max} \leqslant 407$ kW/m²	$t_c = t_s + 60$
省煤器管	对流式省煤器	$t_c = t_{mave} + 30$
	辐射式省煤器	$t_c = t_{mave} + 60$
过热器管	对流式过热器	$t_c = t_m + 50$
	辐射式或半辐射式（屏式）过热器	$t_c = t_{mave} + 100$
管道	在烟道外	$t_c = t_{mave}$

2）锅壳锅炉

锅壳锅炉受压元件的计算温度（计算壁温）[45]参照上述建议值，按表 6-1-11 取。

表 6-1-11　计算温度 t_c　　　　　　　　　　　　　　　　　　　　　　　　℃

受压元件型式及工作条件	t_c
防焦箱	$t_{mave} + 110$
直接受火焰辐射的锅壳筒体、炉胆、炉胆顶、平板、管板、火箱板、集箱	$t_{mave} + 90$
与温度 900 ℃ 以上烟气接触的锅壳筒体、回燃室、平板、管板、集箱	$t_{mave} + 70$
与温度 600 ℃～900 ℃ 烟气接触的锅壳筒体、回燃室、平板、管板、集箱	$t_{mave} + 50$
与温度低于 600 ℃ 烟气接触的锅壳筒体、平板、管板、集箱	$t_{mave} + 25$
水冷壁管	$t_{mave} + 50$
对流管、拉撑管、烟管[1)]	$t_{mave} + 25$
不直接受烟气或火焰加热的元件	t_{mave}

注：表中 t_c 仅适用于锅炉给水质量符合 GB/T 1576 或 GB/T 12145 的情况。
1）实例：烟管入口烟温 900 ℃，前部烟室辐射，入口烟速超过 30 m/s，$t_c = t_{mave} + 25$ 明显偏低。

（3）其他标准计算壁温的规定

有些标准规定计算壁温考虑壁厚影响，较为细致，见表 6-1-12。

表 6-1-12　其他标准计算壁温的规定

元件	工作条件	我国 1962 年《暂行规定》	苏联 1965 年标准	西德 1973 年 TRD301	我国 JB 2194—77 标准
锅筒	置于烟温大于 600 ℃ 的烟道内，未绝热	—	$t_c = t_{mave} + 2.5\delta + 20$ ℃（当 $\delta = 20$ mm 时，$t_c = t_{mave} + 70$ ℃）	$t_c = t_{mave} + 2\delta + 15$ ℃（当 $\delta = 20$ mm 时，$t_c = t_{mave} + 55$ ℃）	$t_c = t_{mave} + 50$ ℃
	置于烟道内，未绝热	$t_c = t_{mave} + 100$ ℃	$t_c = t_{mave} + 4\delta + 30$ ℃（当 $\delta = 20$ mm 时，$t_c = t_{mave} + 110$ ℃）	不允许放在炉膛内直接受热水或水汽混合物集箱	$t_c = t_{mave} + 10$ ℃

表 6-1-12（续）

元件	工作条件	我国 1962 年《暂行规定》	原苏联 1965 年标准	原西德 1973 年 TRD301	我国 JB 2194—77 标准
水或水汽混合物集箱	置于烟道内，可靠绝热	$t_c = t_{mave} + 10\ ℃$	$t_c = t_{mave} + 10\ ℃$	$t_c = t_{mave} + 20\ ℃$	$t_c = t_{mave} + 10\ ℃$
	置于烟温小于 600 ℃ 的烟道内，未绝热	$t_c = t_{mave} + 30\ ℃$	$t_c = t_{mave} + 1.25\delta + 10\ ℃$ $+ X\Delta t$（当 $\delta = 30$ mm 时， $t_c = t_{mave} + 90\ ℃) + X\Delta t$	$t_c = t_J + 2\delta + 15\ ℃$ （当 $\delta = 30$ mm 时， $t_c = t_J + 75\ ℃$）	$t_c = t_{mave} + 30\ ℃$
	置于烟温大于 600 ℃ 的烟道内，未绝热	—	$t_c = t_{mave} + 2.5\delta + 20\ ℃$ $+ X\Delta t$（当 $\delta = 30$ mm 时， $t_c = t_{mave} + 95\ ℃) + X\Delta t$	$t_c = t_{mave} + 50\ ℃$	$t_c = t_{mave} + 50\ ℃$
	置于炉膛内未绝热	$t_c = t_{mave} + 150\ ℃$	$t_c = t_{mave} + 4\delta + 30\ ℃$ （当 $\delta = 30$ mm 时， $t_c = t_{mave} + 150\ ℃$）	不允许放在炉膛内直接受热	$t_c = t_{mave} + 110\ ℃$
饱和蒸汽集箱	置于烟道内，可靠绝热	$t_c = t_{mave} + 30\ ℃$	$t_c = t_{mave} + X\Delta t$	$t_c = t_{mave} + 20\ ℃$	$t_c = t_{mave} + 25\ ℃$
	置于烟温小于 600 ℃ 的烟道内，未绝热	$t_c = t_{mave} + 50\ ℃$	按式（6-1-1） $+\Delta t$ 计算	$t_c = t_{mave} + 35\ ℃$	$t_c = t_{mave} + 40\ ℃$

英国标准 BS 2790—89、国际标准 ISO 5730—92 对管板的计算壁温考虑得较细致，需要经过计算确定。考虑到管板属于双向受弯元件，按目前各国通用计算方法的安全裕度颇大，即使计算壁温与实际情况有较大差异，也不会使强度不足，故我国标准未参照修改。

（4）计算壁温最低值的规定

计算壁温最低值，各标准作如下规定：

1）火管锅炉强度计算暂行规定

计算壁温≤250 ℃ 按常温抗拉强度确定许用应力，计算壁温＞250 ℃ 按计算壁温的屈服限确定许用应力。

2）JB 3622—84 标准

规定计算壁温不低于 200 ℃。

3）GB/T 16508—1996 标准

规定计算壁温不低于 250 ℃。

4）欧洲 EN 标准、德国 TRD 标准

计算壁温不给出最低值规定。

注：计算壁温小于 250 ℃ 时取 250 ℃ 的规定，对热水锅炉、低参数蒸汽锅炉受压元件厚度的影响较大，尤其不受热元件。

[注释] 计算壁温的起算温度(最低值)的变化

JB 2194—77 水管锅炉强度标准规定计算壁温取值不应低于 200 ℃，因为如按国际惯例取值不低于 250 ℃使参数很低的小型锅炉裕度偏大。

实际上，小型锅炉的工艺条件、运行条件一般均较差，计算壁厚大一些也是应该的。小型锅炉的压力一般较低，计算厚度常小于要求的最小需要厚度，因此计算壁温取得大一些，一般不会带来实质性差别。加之，ISO 国际标准也规定计算壁温取值不应低于 250 ℃，故 GB/T 9222—1988 标准作了与 ISO 国际标准相一致的调整。

(5) 存在水垢的计算壁温

有关存在水垢时的计算壁温问题，可参见 4-1 节之 2 的解析

JB 2194—77 水管锅炉标准曾给出存在水垢时的计算壁温公式。

对于电站锅炉，因要求在无垢条件下运行，故不会遇到上述问题。对于工业锅炉特别是小型锅炉，水垢情况较为复杂，公式中的最大热负荷 q_{max} 也很难准确确定。作为强度计算标准，不宜给出难以准确计算的公式，故 GB 9222—88 水管锅炉标准取消了上述公式。GB 9222—88 标准给出的计算壁温表与计算公式，仅适用于不存在水垢情况。GB/T 16508—1996 锅壳锅炉标准在计算壁温表中，明确指出：所给 t_{bi} 值仅适用给水质量符合 GB 1576 水质标准的情况。给水质量满足了要求，若不定期排污，仍有结垢可能，因此，应规定给水与锅水质量均应满足水质标准要求。GB 9222—88 标准也应提出这一要求。工业锅炉满足水质要求后，有些轻微结垢从而使壁温稍有提高，已纳入安全系数考虑的范围内。

6-2　许用应力及其安全系数

许用应力及其安全系数是锅炉受压元件强度的基本问题，以下进行详细叙述，并加以解析。

1　安全性与经济性

锅炉受压元件的厚度直接涉及安全性与经济性，而厚度取决于许用应力及其安全系数。

(1) 安全性

锅炉是一种受火的压力容器，锅壳、锅筒等容积较大的受压元件，因强度储备不够，而引发汽水爆炸，其后果异常严重，详见 1-1 节。按强度标准计算出的厚度是影响安全性的重要因素。

(2) 经济性

锅炉受压元件的厚度也涉及钢材消耗，直接影响锅炉造价——经济性。

钢材消耗与节能、环保密切相关：为生产钢材需消耗能量并污染环境（炼焦、炼铁）。锅炉行业是耗钢大户之一，在确保安全的前提条件下，如何节省钢材，是当前与今后节能环保大形势下，所必须关注的问题。

2 锅炉受压元件的许用应力

（1）许用应力

我国各版本锅壳锅炉与水管锅炉强度计算标准都规定许用应力$[\sigma]$按式(6-2-1)计算：

$$[\sigma]=\eta[\sigma]_J \quad\quad\quad (6\text{-}2\text{-}1)$$

式中：η——基本许用应力的修正系数；

$[\sigma]_J$——基本许用应力。

基本许用应力$[\sigma]_J$取下述3个数值中的最小值：

$$[\sigma]_J=\frac{\sigma_b}{n_b} \quad [\sigma]_J=\frac{\sigma_s^t}{n_s} \quad [\sigma]_J=\frac{\sigma_D^t}{n_D} \quad\quad (6\text{-}2\text{-}2)$$

式中σ_b、σ_s^t与σ_D^t分别表示材料的常温抗拉强度、计算壁温时的屈服限与持久强度，而n_b、n_s与n_D分别表示对应上述不同强度特性的安全系数，目前它们分别为

$$n_b=2.7 \quad n_s=1.5 \quad n_D=1.5 \quad\quad\quad (6\text{-}2\text{-}3)$$

对于低碳钢、低碳锰钢及低碳锰钒钢在350℃以下，其他低合金热强钢在400℃以下，蠕变不明显，不需考虑持久强度问题，取消式(6-2-1)、式(6-2-2)中第三项。

为了减少计算上的麻烦，在强度标准中给出基本许用应力表，根据材料牌号与计算壁温可直接查出$[\sigma]_J$。如果在满足强度标准的规定所得强度特性使许用应力比按基本许用应力表得出值较高时，也可不使用基本许用应力表。

基本许用应力表见本节之4。

（2）基本许用应力的修正系数

基本许用应力的修正系数η用来考虑不同元件的结构特点、受力情况、工作条件等的区别。

各种元件的结构及工作条件等不同，为使各元件具有大致相同的实际安全裕度，所给出的许用应力亦应不同。例如，受烟气直接加热的元件因存在热应力，它的许用应力应比置于烟道以外的不存在热应力（热应力很小）的元件为小；单面角焊平端盖由于结构不理想（焊缝根部可能有缺陷），其许用应力亦应小一些。这些差异都用修正系数η来考虑。式(6-2-3)所给出的安全系数值，是按不直接接触烟气的锅筒、封头而确定的（此时，$\eta=1.0$）。

实际安全系数：

由式(6-2-1)及式(6-2-2)可见，实际安全系数n由修正系数η及对应不同强度特性的安全系数n_b、n_s或n_D所组成，即

$$n=\frac{n_b}{\eta} \quad n=\frac{n_s}{\eta} \text{ 或 } n=\frac{n_D}{\eta}$$

（3）对应抗拉强度的许用应力

对应抗拉强度的安全系数n_b反映与破坏之间所留有的裕度。另外，可防止单纯追求采用屈强比(σ_s/σ_b)高的材料来提高许用应力所带来的脆裂危险性。因为，如果取消对n_b的要求[将式(6-2-2)中的第一个基本许用应力取消]，那么，采取一定热处理办法使材料的屈强比提高，则许用应力也跟随增加，但屈强比提高时，一般来说，塑性、韧性都下降。

提出对 n_b 的要求后,当屈强比 $\dfrac{\sigma_\mathrm{s}^\mathrm{t}}{\sigma_\mathrm{b}} > 0.56$ 时,对应抗拉强度的基本许用应力 $[\sigma]_\mathrm{s} = \dfrac{\sigma_\mathrm{b}}{n_\mathrm{b}}$ 将小于对应屈服限的基本许用应力 $[\sigma]_\mathrm{J} = \dfrac{\sigma_\mathrm{s}^\mathrm{t}}{n_\mathrm{s}}$。显然,应取以抗拉强度为准的基本许用应力,所以,较高的屈强比并不会使取用的许用应力过高。

可见,当 $\sigma_\mathrm{s}^\mathrm{t}/\sigma_\mathrm{b} > 0.56$ 时,对应屈服限的实际安全系数 $n_\mathrm{s} > 1.5$。

锅炉用钢的屈强比一般不大于 0.56,此时基本许用应力无需考虑抗拉强度问题。故分析锅炉强度问题时,常以 $n_\mathrm{s} = 1.5$ 为基础。

(4) 基本许用应力修正系数 η

基本许用应力的修正系数 η 值纯属人为的经验系数。

不同结构型式与不同工作条件的修正系数 η 值,见后续有关章节的规定与说明。

基本许用应力修正系数 η 的取值对强度计算结果影响较大。有些元件随着锅炉结构的变化、工艺水平的提高、工作条件的改变,基本许用应力修正系数 η 也应变更,但一俟规定,各版本标准即沿用,变化不大。

3 锅炉受压元件的安全系数

(1) 对应屈服限的安全系数

对应屈服限的安全系数 n_s 主要用以防止元件内壁产生大面积屈服,因屈服较明显时,使材料加工硬化,导致塑性、韧性及抗腐蚀能力下降,故距大面积屈服应留有裕度。另外,一般要求结构上做到应力集中系数不超过 3.0,如取 $n_\mathrm{s} = 1.5$,则元件应力集中处的最大应力能控制在 $3[\sigma]_\mathrm{J}$ 以内,即保证了不至于超过 2 倍屈服限:

$$3[\sigma]_\mathrm{J} = 3\,\dfrac{\sigma_\mathrm{s}^\mathrm{t}}{1.5} = 2\sigma_\mathrm{s}^\mathrm{t}$$

也就不至于发生周期交变塑性变形——"不安定现象",见 7-1 节。

锅炉受压元件的安全系数应考虑:①根据元件重要性及制造工艺水平而留有的余地;②所用强度原理与计算公式的准确性;③计算未反应的力与力矩;④计算应力与实际应力的偏差;⑤材料强度特性的准确性等。

以屈服限为准的安全系数由以下因素组成[112]:

$$n_\mathrm{s} = s\,k_1\,k_2\,k_3\,k_4$$

式中:s——固有的(真正的)安全系数;

k_1——考虑计算公式准确性的系数;

k_2——考虑所用强度原理准确性的系数;

k_3——考虑计算应力与实际应力有偏差以及计算中未反映的内力与外力的系数;

k_4——考虑材料特性准确性的系数。

如以屈服限为准的安全系数取 $n_\mathrm{s} = 1.5$,则除掉上述各种因素后,则真正的安全系数 s 只有 1.2~1.3。

实际上,很难准确确定不同结构、不同工作条件下元件的各组成系数 k_i 的大小。只能根据经验,笼统地规定出考虑了以上诸因素的一个总系数——安全系数 n_s。

注：外压圆筒屈服限安全裕度偏大问题,见 9-4 节 2 之(2)。

(2) 对应抗拉强度的安全系数

在锅炉强度计算的发展中,一开始许用应力[σ]仅考虑抗拉强度 σ_b：

$$[\sigma] = \sigma_b / n_b$$

用以防止爆炸。因为筒壳的始裂压力 p_{sl} 与抗拉强度 σ_b 成正比关系[11]：

$$p_{sl} \approx \frac{2\sigma_b \delta}{D_m} \quad\cdots\cdots\cdots\cdots\cdots\cdots (6\text{-}2\text{-}4)$$

式中：δ——壁厚；

D_m——中直径。

则

$$p_{sl} \approx 2n_b [\sigma] \delta / D_m$$

即安全系数 n_b 愈大,始裂压力 p_{sl} 愈高。

注：始裂指开始破裂,容器已完全失去承载能力,对于锅筒(锅壳)与管道可能引发汽水爆炸。有关始裂压力与汽水爆炸的关系详见 1-2 节。

强度计算初期,安全系数 n_b 取得较大,由于对强度的把握性提高,安全系数 n_b 不断下降。

如前所述,目前许用应力不仅单一取决于抗拉强度,还需要考虑屈服限。如 n_b 下降过多,将导致对应抗拉强度的许用应力 σ_b/n_b 过大,则许用应力仅取决于屈服限,于是担心追求采用屈强比(σ_s/σ_b)高的材料来提高许用应力所带来的脆裂危险性。因此,对应抗拉强度的安全系数既要距始裂压力留有足够安全裕度——n_b 不应降得过低,也应避免采取措施过于提高 n_b 所带来的脆裂危险性——n_b 不宜定得过高。目前,我国取 $n_b = 2.7$。

(3) 对应持久强度的安全系数

对应持久强度的安全系数 n_D 用以保证在工作寿命期限以内,不致于发生蠕变破坏。持久强度试验数据分散带约为 $\pm 20\%$,持久强度特性一般取平均值,那么,实际安全系数仅有 $1.5 \times 0.8 = 1.2$。因为安全阀动作压力升高的累积时间相对工作寿命很短,这种压力升高对持久强度寿命的影响可以忽略不计,而高温元件的水静压力也很小,因而,安全裕度 1.2 主要用以提高寿命储备,可由 10^5 h 约提高到 2×10^5 h,见 2-4 节。

(4) 高参数大容量锅炉的安全系数

高参数大容量锅炉元件的许用应力应该取得小一些[36],理由如下：

锅炉功率增大,受热面管径及工质流速不会有较大变化,因此,在参数相同条件下,受热面管总长度、集箱数目、集箱上开孔数目、焊接接头总数目等与锅炉容量约成正比关系。如制造、安装工艺水平及检查手段不变,则由于缺陷造成破坏事故的次数与锅炉容量约成正比关系。而事故停炉的损失也与容量成正比关系。因此,一定时期以内锅炉事故的损失应大致与容量的平方成比例,例如：

一台 5 万 kW 锅炉机组一年损坏 1 个焊口,停炉检修 1 h,则每年损失电 5 万 kW·h；一台 50 万千瓦锅炉机组一年就大约损坏 10 个焊口,停炉检修一次也需 1 h,则每年损失电 500 万 kW·h。

当然,这是个大略估算,但不难看出大容量机组安全可靠性的重大意义。大容量机组安全可靠性应从多方面解决,安全系数适当加大也是措施之一。苏联1965年强度标准规定,30万kW及更大容量锅炉受热面管及锅炉范围内的汽、水连接管,取许用应力的修正系数 $\eta=0.9$,而不是1.0;若压力大于14 MPa表压,即使容量小于30万kW,根据用户意见,也可取为0.9。

我国水管锅炉强度标准 GB 9222—88 规定额定压力不小于13.7 MPa的锅筒许用应力修正系数 $\eta=0.9$,GB/T 9222—2008 规定额定压力不小于16.7 MPa的锅筒和封头的许用应力修正系数 $\eta=0.95$,GB/T 16507.4—2013 取消了 GB/T 9222—2008 的上述规定,即压力不小于16.7 MPa的锅筒和封头的许用应力修正系数 $\eta=1.0$。

(5) 外压炉胆的安全裕度

关于外压炉胆的安全裕度分析见9-4节之3。

4 锅炉钢板与钢管的适用范围与许用应力表

表6-2-1~表6-2-5给出的许用应力表既适合水管锅炉也适合锅壳锅炉。

相邻温度之间的许用应力值可用算数内插法确定,并用舍去小数点以后的数值。

注:水管锅炉标准[66]增加了几个高合金钢管牌号;锅壳锅炉标准[65]开始明确可以舍去小数点以后的数值,其最大偏差约为5‰,对壁厚计算结果基本无影响。

1) 锅炉钢板

表6-2-1 锅炉钢板的适用范围

材料牌号	材料标准	适用范围	
		工作压力/MPa	壁温/℃
Q235B Q235C Q235D	GB/T 3274	≤1.6	≤300
20	GB/T 711	≤1.6	≤350
Q245R	GB 713	≤5.3[1]	≤430
Q345R	GB 713	≤5.3[1]	≤430
13MnNiMoR	GB 713	不限	≤400
15CrMoR	GB 713	不限	≤520
12Cr2Mo1R	GB 713	不限	≤575
12Cr1MoVR	GB 713	不限	≤565

1) 用于不受辐射热的锅筒等受压元件时,工作压力不受限制。

表 6-2-2　锅炉钢板的基本许用应力

材料牌号	材料标准	热处理状态	材料厚度/mm	室温强度 R_m/MPa	室温强度 $R_{p0.2}$/MPa	在下列温度(℃)下的许用应力/MPa													
						20	100	150	200	250	300	350	400	425	450	475	500	525	550	575
Q235B Q235C Q235D	GB/T 3274	热轧,控轧,正火	≤16	370	235	136	133	127	116	104	95									
		热轧,控轧,正火	>16~36	370	225	136	127	120	111	96	88									
20	GB/T 711	热轧,控轧,正火	≤16	410	245	148	147	140	131	117	108	98								
Q245R	GB 713	热轧	≤16	400	245	148	147	140	131	117	108	98	91	85	61					
		热轧	>16~36	400	235	148	140	133	124	111	102	93	86	83	61					
		控轧	>36~60	400	225	148	133	127	119	107	98	89	82	80	61					
		正火	>60~100	390	205	137	123	117	109	98	90	82	75	73	61					
			>100~150	380	185	123	112	107	100	90	80	73	70	67						
Q345R	GB 713	正火	≤16	510	345	189	189	189	183	167	153	143	125	93	66					
			>16~36	500	325	185	185	183	170	157	143	133	125	93	66						
			>36~60	490	315	181	181	173	160	147	133	123	117	93	66						
		正火+回火	>60~100	490	305	181	181	167	150	137	123	117	110	93	66						
			>100~150	480	285	178	173	160	147	133	120	113	107	93	66						
			>150~200	470	265	174	163	153	143	130	117	110	103	93	66						
13MnNiMoR	GB 713	正火+回火	30~100	570	390	211	211	211	211	211	211	211	203							
			>100~150	570	380	211	211	211	211	211	211	211	200								
15CrMoR	GB 713	正火+回火	6~60	450	295	167	167	167	160	150	140	133	126	123	119	117	88	58		
			>60~100	450	275	167	167	157	147	140	131	124	117	114	111	109	88	58		
			>100~150	440	255	163	157	147	140	133	123	117	110	107	104	102	88	58		
12Cr2Mo1R	GB 713	正火+回火	6~150	520	310	193	187	180	173	170	167	163	160	157	147	119	89	61	46	37
12Cr1MoVR	GB 713	正火+回火	6~60	440	245	163	150	140	133	127	117	111	105	102	100	97	95	82	59	41
			>60~100	430	235	157	147	140	133	127	117	111	105	102	100	97	95	82	59	41

2) 锅炉钢管

表 6-2-3　锅炉钢管的适用范围

材料牌号	材料标准	适用范围		
		主要用途	工作压力/MPa	壁温/℃
10	GB 8163	受热面管子	≤1.6	≤350
20		集箱、管道	≤1.6	≤350
10	GB 3087	受热面管子	≤5.3	≤460
20		集箱、管道	≤5.3	≤430
09CrCuSb	NB/T 47019	尾部受热面管子	不限	≤400
20G	GB 5310	受热面管子	不限	≤460
		集箱、管道	不限	≤430
20MnG	GB 5310	受热面管子	不限	≤460
25MnG		集箱、管道	不限	≤430
15MoG	GB 5310	受热面管子	不限	≤480
20MoG				
12CrMoG	GB 5310	受热面管子	不限	≤560
15CrMoG		集箱、管道	不限	≤550
12Cr2MoG	GB 5310	集箱、管道	不限	≤575
12Cr1MoVG	GB 5310	受热面管子	不限	≤580
		集箱、管道	不限	≤565
15Ni1MnMoNbCu	GB 5310	集箱、管道	不限	≤450
10Cr9Mo1VNbN	GB 5310	集箱、管道	不限	≤620
10Cr9MoW2VNbBN	GB 5310	集箱、管道	不限	≤630

表 6-2-4　锅炉钢管的适用范围(需要考虑烟气侧高温氧化时)

材料牌号	材料标准	适用范围		
		主要用途	工作压力/MPa	外壁壁温[1]/℃
12Cr2MoG	GB 5310	受热面管子	不限	≤600
12Cr2MoWVTiB	GB 5310	受热面管子	不限	≤600
12Cr3MoVSiTiB	GB 5310	受热面管子	不限	≤600
07Cr2MoW2VNbB	GB 5310	受热面管子	不限	≤600
10Cr9Mo1VNbN	GB 5310	受热面管子	不限	≤650
10Cr9MoW2VNbBN	GB 5310	受热面管子	不限	≤650
07Cr19Ni10	GB 5310	受热面管子	不限	≤670
10Cr18Ni9NbCu3BN	GB 5310	受热面管子	不限	≤705
07Cr25Ni21NbN	GB 5310	受热面管子	不限	≤730
07Cr19Ni11Ti	GB 5310	受热面管子	不限	≤670
07Cr18Ni11Nb	GB 5310	受热面管子	不限	≤670
08Cr18Ni11NbFG	GB 5310	受热面管子	不限	≤700

1) 外壁壁温指烟气侧管子外壁的温度。

表 6-2-5　锅炉钢管的基本许用应力

材料牌号	材料标准	热处理状态	室温强度 R_m/MPa	室温强度 $R_{p0.2}$/MPa	\multicolumn{17}{c}{在下列温度(℃)下的许用应力/MPa}	备注
					20	100	150	200	250	300	350	400	425	450	475	500	525	550	575	600	625	650	675	700	
10	GB 3087	正火,≤16 mm	335	205	124	124	118	110	97	81	74	73	72	61	41										
10	GB 3087	正火,>16 mm	335	195	124	121	116	110	97	81	74	73	72	61	41										
20	GB 3087	正火,≤16 mm	410	245	152	147	136	125	113	99	91	85	66	49	36										
20	GB 3087	正火,>16 mm	410	235	152	143	134	125	113	99	91	85	66	49	36										
09CrCuSb	NB/T 47019	正火	390	245	144	144	137	127	120	113															
20G	GB 5310	正火	410	245	152	152	152	143	131	118	105	85	66	49	36										
20MnG	GB 5310	正火	415	240	154	146	143	139	131	122	117	103	78	58	40										
25MnG	GB 5310	正火	485	275	179	168	163	158	151	140	134	117	85	59	40										
15MoG	GB 5310	正火	450	270	167	167	167	150	137	120	113	107	105	103	102	62									
20MoG	GB 5310	正火	415	220	146	138	135	133	125	121	118	113	110	107	103	70									
12Cr-rMoG	GB 5310	正火+回火	410	205	137	129	125	121	117	113	110	106	103	100	97	75	51	32	17						
15Cr-rMoG	GB 5310	正火+回火	440	295	163	163	163	163	163	161	152	144	141	137	135	97	66	41	23						
12Cr2MoG	GB 5310	正火+回火, 油淬+回火	450	280	166	128	125	124	123	123	123	122	119	99	81	64	49	35	24						
12Cr1MoVG	GB 5310	正火+回火, 油淬+回火	470	255	170	165	162	159	156	153	150	146	143	141	137	123	97	73	53	37					
12Cr2MoWVTiB	GB 5310	正火+回火	540	345	200	200	200	200	200	200	200	200	200	200	196	164	134	108	83	61					
07Cr2MoW2VNbB	GB 5310	正火+回火	510	400	188	188	188	188	188	188	188	188	180	164	147	128	110	89	71	53					

表 6-2-5(续)

材料牌号	材料标准	热处理状态	室温强度 R_m/MPa	室温强度 $R_{p0.2}$/MPa	\multicolumn{16}{c}{在下列温度(℃)下的许用应力/MPa}	备注
					20	100	150	200	250	300	350	400	425	450	475	500	525	550	575	600	625	650	675	700	
12Cr3MoVSiTiB	GB 5310	正火+回火	610	440	225	225	225	225	225	225	225	225	225	204	172	140	113	90	69	52					
15Ni1MnMoNbCu	GB 5310	正火+回火 油淬+回火	620	440	229	229	229	229	229	229	229	229	208	163	105	46									
10Cr9Mo1VNbN	GB 5310	正火+回火 油淬+回火	585	415	216	216	216	216	216	216	216	216	216	202	174	147	124	102	81	62	45				
10Cr9MoW2VNbBN	GB 5310	正火+回火 油淬+回火	620	440	229	229	229	229	229	229	229	229	229	229	213	181	151	124	100	75	54	37			
07Cr19Ni10	GB 5310	固溶处理	515	205	136	136	136	130	122	116	111	107	105	103	101	99	97	95	78	64	52	42	33	27	1)
					136	113	103	96	90	86	82	79	78	76	75	73	72	70	69	64	52	42	33	27	1)
10C18Ni9NbCu3BN	GB 5310	固溶处理	590	235	156	156	156	156	153	148	143	140	137	135	133	131	130	119	111	102	89	78	61	47	
					156	135	126	119	113	109	106	103	102	100	99	97	96	95	93	92	89	78	61	47	
07Cr19Ni11Ti	GB 5310	固溶处理	515	205	136	136	136	136	135	128	122	119	117	115	114	113	112	93	75	59	46	37	29	23	1)
					136	123	114	107	100	95	91	88	87	85	85	84	83	82	75	59	46	37	29	23	1)
07Cr18Ni11Nb	GB 5310	固溶处理	520	205	136	136	136	136	136	135	131	127	126	125	125	124	122	120	108	88	70	55	42	32	1)
					136	126	118	111	105	100	97	94	93	93	93	93	91	89	88	87	70	55	42	32	1)
08Cr18Ni11NbFG	GB 5310	固溶处理	550	205	136	136	136	136	136	136	133	130	128	127	126	124	123	122	120	106	85	66	51	39	1)
					136	123	116	111	106	102	99	96	95	94	93	92	91	90	89	88	85	66	51	39	1)
07Cr25Ni21NbN	GB 5310	固溶处理	655	295	196	196	196	188	180	174	170	166	164	162	160	158	155	153	132	107	90	69	54	41	1)
					196	163	149	139	133	129	126	123	121	120	118	117	115	113	110	107	90	69	54	41	1)

1) 该许用应力仅适用于允许产生微量永久变形的元件,对于有微量永久变形就引起泄漏或故障的场合不能采用。

我国以前各版本锅炉强度计算标准用钢及其适用范围的演变,参见《锅炉强度标准应用手册(增订版)》[52]。

6-3　强度裕度有关问题

本节介绍与锅炉受压元件强度裕度有关的问题:距破裂的裕度、壁厚不宜增加等问题。

1　安全裕度解析

(1) 锅壳(锅筒)距破裂的实际裕度

我国锅炉受压元件强度计算标准规定许用应力($\eta=1.0$ 时)为

$$[\sigma]=\frac{\sigma_b}{n_b}$$

$$[\sigma]=\frac{\sigma_s^t}{n_s}$$

$$n_b=2.7, n_s=1.5$$

$[\sigma]$ 取较小值。

屈服比 $\sigma_s^t/\sigma_b > 0.56$ 时,上述第 1 式才较小。

许多国外标准,如欧盟标准[68]、经互会标准[88]规定:

$$n_b=2.4 \quad n_s=1.5$$

屈服比 $\sigma_s^t/\sigma_b > 0.63$ 时,上述第 1 式才较小。

对于锅炉用低碳钢、低碳锰钢,屈强比既不可能大于 0.56,更不可能大于 0.63。因此,对应抗拉强度的许用应力并无实际意义。许用应力只受控于屈服限。由于低碳钢、低碳锰钢,壁温约 250 ℃ 的屈强比 σ_s^t/σ_b 不超过 0.4 或 0.5,则按 $n_s=1.5$ 确定许用应力,相当于

$$n_b=\sigma_b/[\sigma]=\sigma_b n_s/\sigma_s^t=1.5/0.4=3.75$$
$$=\sigma_b n_s/\sigma_s^t=1.5/0.5=3$$

则由低碳钢、低碳锰钢制造的圆筒形受压元件,距始裂的裕度约为 4(低碳钢)与 3(低碳锰钢)。考虑到取用壁厚一般皆大于计算所需壁厚,则距始裂的裕度大于上述值。

(2) $n_s=1.45$ 在我国曾经执行过 15 年

由以上分析可见,对于由低碳钢、低碳锰钢制造的圆筒形受压元件,许用应力只受控于屈服限,故以下关于壁厚对比,按屈服限考虑。

我国 1962 年水管锅炉强度计算暂行规定[77]关于圆筒的基本公式与对应屈服限的安全系数见式(6-3-1)和式(6-3-2):

$$S_1=\frac{pD_n}{2.3[\sigma]-p} \quad \cdots\cdots\cdots\cdots\cdots\cdots\cdots\cdots\cdots (6\text{-}3\text{-}1)$$

$$[\sigma]=\frac{\sigma_s^t}{n_s}$$

$$n_s=1.65$$

经过 15 年后,1977 年水管锅炉强度计算标准[78]及以后各版本强度计算标准皆改为:

$$S_1 = \frac{pD_n}{2[\sigma] - p} \quad \cdots\cdots\cdots\cdots\cdots\cdots\cdots\cdots\cdots\cdots\cdots\cdots (6\text{-}3\text{-}2)$$

$$[\sigma] = \frac{\sigma_s^t}{n_s}$$

$$n_s = 1.5$$

二者理论计算厚度 S_1 的差别(忽略分母中 p 的影响——不超过0.5%):

$$1.5/2 \div (1.65/2.3) = 1.05$$

即1977年及以后各版本水管锅炉标准与锅壳锅炉强度计算标准的理论计算厚度 S_1 皆比1962年暂行规定约增加5%。以上用理论计算厚度 S_1 对比,因各标准的附加厚度相对理论计算厚度较小。

我国1962年暂行规定与当时苏联标准相同。

1962年水管锅炉强度计算暂行规定执行了15年后,为与世界大多数国家标准取得一致,于是作了修改。

我国是世界各国使用锅炉最多的国家——以几十万台计,而且1962年暂行规定又执行了15年,从未因厚度较薄而出现过强度问题。

如我国现行标准取 $n_s = 1.45$,则有

$$1.45/2 \div (1.65/2.3) = 1.01$$

即计算厚度与1962年暂行规定基本一致。

讨论:随着人们对事物认识逐步加深以及不断积累经验,对安全裕度要求不断放宽[见5-1节2之(3)]。考虑到钢耗还涉及能源消耗与环境污染,故修订标准稍许降低安全系数是适宜的。

2 壁厚增加需要审慎

标准变更带来壁厚变化对锅炉生产的影响较明显。特别是壁厚增加的影响尤甚,不仅钢耗增加,也波及到钢材规格的改变、已生产的产品难以出厂等。仅由于更改条文或参考国外标准而带来壁厚的增加需要审慎而行。

(1) 2013年以前我国工业锅炉壁厚的变化

由于影响计算壁厚的因素较多,以下给出简单近似计算,但不影响对比分析。

以碳钢, $t_{bi} = 250\ ℃$, $\sigma_b^t \approx \sigma_b = 400$ MPa, $\sigma_s^t \approx 200$ MPa, $\eta = 1.0$; $p = 1.0$ MPa, $D_i = 1\ 000$ mm 为例。

对比计算结果见表6-3-1。

表6-3-1 我国1961~2008年标准计算对比

年 代	1961	1962	1977	1984	1988	1996	2008
标准	火暂	水暂(DZ)132-62	水标 JB 2194—77	壳标 JB 3622—84	水标 GB 9222—88	壳标 GB/T 16508—1996	水标 GB/T 9222—2008
计算壁厚基本公式	式(6-3-1)	式(6-3-1)	式(6-3-2)	式(6-3-2)	式(6-3-2)	式(6-3-2)	式(6-3-2)

表 6-3-1(续)

年代		1961	1962	1977	1984	1988	1996	2008
许用应力/MPa	σ_b^t/n_b	—	400/3 =133	400/2.5 =160	400/2.7 =148	—	—	—
	σ_b/n_b	400/4 =100	—	—	—	400/2.7 =148	400/2.7 =148	400/2.7 =148
	σ_s^t/n_s	200/1.75 =114	200/1.65 =121	200/1.5 =133	200/1.6 =125	200/1.5 =133	200/1.5 =133	200/1.5 =133
取用[σ]		100	121	133	125	133	133	133
计算壁厚 t_1/mm		4.35	3.59	3.76	4.00	3.76	3.76	3.76
$t_1/t_{1(62)}$		1.21	1	1.05	1.11	1.05	1.05	1.05

由表 6-3-1 可见：

1962 年水管锅炉强度计算暂行规定的计算壁厚最小。

1961 年火管锅炉强度计算暂行规定所取的 n_b 明显偏大，故对应抗拉强度的许用应力小于对应屈服限的许用应力，而其他各标准都是对应屈服限的许用应力较小。

制定 1961 年火管锅炉强度计算暂行规定、1984 年锅壳锅炉强度计算标准时，认为锅壳锅炉(火管锅炉)受压元件的应力状态、工作条件与工艺水平均较水管锅炉差一些，故计算壁厚应大一些。而制定 1996 年锅壳锅炉强度计算标准时，认为有些元件的应力状态、工作条件较差已反映在系数 K（双向受弯元件）与许用应力修正系数 η 中，而工艺水平并不存在较水管锅炉差的问题。因而，两类锅炉的安全系数应该一致，两类锅炉工作条件相同的元件壁厚也应一样。以上看法也反映在壁厚的变化上。

(2) 2013 年以后我国工业锅炉强度计算标准的计算壁厚问题

我国 2013 年向欧洲标准(EN)靠的主要元件(锅筒与封头)壁厚变化见表 6-3-2，其他元件见文献[74]。

表中不同标准表示方法：

1996 标准——GB/T 16508—1996.锅壳锅炉受压元件强度计算；

2013 标准——GB/T 16508.3—2013.锅壳锅炉设计与强度计算；

2013 标准+勘误——GB/T 16508.3—2013 加第 1 号勘误表 2014.9；

2013 标准+勘误+取消安全阀整定压力增值——为本书编著者的建议。

说明：表中用计算厚度 δ_c 对比，因各标准的附加厚度相对计算厚度较小。

单位：计算压力、基本许用应力、屈服限与抗拉强度——MPa；内径、计算厚度与直径——mm；

计算壁温——℃。

表 6-3-2 我国 2013 年与 1996 年锅壳锅炉标准计算对比

内容		蒸汽锅炉 ZLL20-1.6-M				热水锅炉 ZLL58-1.25(1.6)/130(150)/70(90)-AⅡ（括号内的参数较高）			
		1996 标准	2013 标准	2013 标准＋勘误	2013 标准＋勘误＋取消安全阀整定压力增值	1996 标准	2013 标准	2013 标准＋勘误	建议 2013 标准＋勘误＋取消安全阀整定压力增值
锅筒（受热）	计算压力 p	1.66	1.7	1.7	1.6	1.3(1.66)	1.4(1.79)	1.4(1.79)	1.25(1.6)
	内径 D_i	1 200				1 200			
	计算壁温 t_c	294				250 (250)		220 (240)	
	材料	Q245R/GB 713				Q245R/GB 713			
	基本许用应力 $[\sigma]_J$	114	103			125 (125)	117 (111)	125 (114)	125 (120)
	计算壁厚 δ_c	15.1	17.1	17.1	16.1	10.8 (13.8)	12.4 (16.8)	11.5 (16.3)	10.3 (13.8)
椭球形封头（不受热）	计算压力 p	1.66	1.7	1.7	1.6	1.3 (1.66)	1.4 (1.79)	1.4 (1.79)	1.25 (1.6)
	内径 D_i	1 200				1 200			
	计算壁温 t_c	250	250	204	204	250	250	130 (150)	130 (150)
	材料	Q245R/GB 713				Q245R/GB 713			
	许用应力 $[\sigma]_J$	125	117	130	130	125	117	143 (140)	143 (140)
	计算壁厚 δ_c	12.0	13.1	11.8	11.1	9.35 (12)	10.8 (13.8)	8.8 (11.5)	7.9 (10.3)

由表 6-3-2 可见，锅炉最重要元件——锅筒及其封头的壁厚，2013 年标准比前一版本（1996 年），蒸汽锅炉与热水锅炉皆偏大，已引起强烈反应。

说明：修订标准时，如基本许用应力有变化，可调整基本许用应力修正系数 η 或系数 K（平板元件）等措施，使计算所需壁厚不增加。

第7章 强度的判定与强度问题的解决方法

锅炉受压元件强度判定用的"应力分类及其控制原则"对理解标准、制定标准、尤其对强度问题处理颇为重要。

过去,由于对其缺乏认识,我国锅炉界曾走过弯路,例如:

电站锅炉——对大孔孔排补强应力测试结果未能按"应力分类与控制原则"方法对待,限制了大孔孔排的应用[11];

工业锅炉——管板烟管束与人孔之间局部区域以及拱形管板与锅壳交接部位的应力测试结果也未能按"应力分类与控制原则"方法对待,而对安全引起不必要的疑义,于是国内各地不必要地研究对策,见12-3节之3。

在标准制定、修订中,过去由于对其缺乏认识,依据测试应力制定的某些计算与规定有些偏严,至今未变,有待复议。

锅炉设计者与监查人员有些由于对其仍未有足够认识,甚至根本不了解,使很易解决的问题,悬而不决。

"强度问题的解决方法"是本书撰写者长期处理锅炉元件强度问题实践经验的有关总结,今后在遇到问题需要处理时,预先浏览会有所裨益。

7-1 锅炉受压元件的应力分类及其控制原则

锅炉受压元件在工作时,一般要同时承受介质压力和一定的热应力与外载荷等的作用,另外,元件几何形状也不同,因而元件的不同部位产生性质和数值不同的各类应力。这些不同种类的应力对锅炉元件强度的影响并不一样,相差甚至很大。

由于对上述不同种类应力计算较繁琐,在锅炉受压元件强度设计中,仅根据介质压力引起的大面积平均应力进行计算。但标准中的许多规定与限制却是根据应力分类原则制定的。另外,分析锅炉受压元件结构的合理性及分析锅炉受压元件强度事故时,也必须根据应力分类原则,对不同种类应力加以区别对待,以得出合理的结论来。有限元计算方法,在锅炉元件强度分析中已广为应用,所计算出的应力值,必须用应力分类的控制原则来衡量。应力实测方法,也经常被采用,测量出的应力值,同样也必须用应力分类的控制原则来确定它们是否在允许范围以内。

重要受压容器、原子能容器,需要按应力分类对元件强度进行详细分析[43,113]。

1 锅炉受压元件的应力分类

锅炉受压元件中产生的应力(图7-1-1)可分为以下三类:一次应力、二次应力和峰值应力;

此外,还存在一定残余应力。

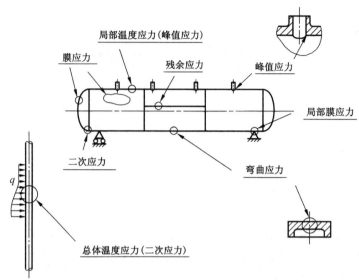

图 7-1-1　锅炉受压元件应力种类示意图

(1) 一次应力

一次应力是介质压力或外载荷作用下,在元件中直接产生的应力。

一次应力又分为以下 3 种:膜应力、弯曲应力和局部膜应力。

1) 膜应力

锅筒、凸形封头等薄壁元件,由介质压力直接产生的沿壁厚的应力平均值称"薄膜应力"或"膜应力"。

膜应力的特点是:①发生在大面积范围内;②随着介质压力升高,这种应力不断增加,先是元件屈服,最后发生破裂;③这种应力与外力(介质压力)相平衡。

膜应力对元件总体的影响最大,故长期以来,锅筒、凸形封头、管子等元件的强度计算公式,是根据这种膜应力按一定强度原理推导出来的。

2) 局部膜应力

以筒壳环向局部壁厚减薄处为例(图 7-1-2),该减薄处的较大膜应力称"局部膜应力"。局部膜应力仅发生在局部,周围的相对较低的膜应力区域对它起加强作用(指常见的塑性材料),则局部膜应力对元件整体强度的影响不会很大,故对局部膜应力的限制条件应有所放宽。

锅筒、凸形封头、集箱等元件与支座、接管相连接等部位皆存在局部膜应力。

局部膜应力的特点是:①发生在局部区域;②这种应力与外力相平衡。

图 7-1-2 示例中,减薄处 ΔL 不能过宽,否则,不属于局部;相邻减薄处之间的距离 L 不能过小,否则,加强作用减弱,也不属于局部。

"局部"的尺寸规定:

膜应力强度 S[1] 超过 1.1 倍许用应力区域的宽度沿轴线(筒壳)或经线(回转壳)方向不大于 $\sqrt{R_p t}$,并且相邻两个这样区域边缘的间距不小于 $2.5\sqrt{R_p t}$,则此区域的膜应力属于局部膜

---

1) 应力强度 S 即当量应力 σ_d。

应力。以上，R_p 与 t 分别表示此区域的平均半径及壁厚。

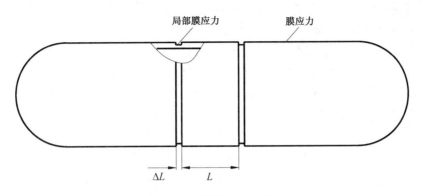

图 7-1-2 局部膜应力示意

3) 弯曲应力

平板元件在外载作用下，壁面处的当量应力 S_w（图 7-1-3）称"弯曲应力"。

锅炉集箱平端盖、拉撑平板等元件在介质压力作用下产生的弯曲应力，锅筒、集箱等元件在自重及相连元件重量等外载荷作用下产生的附加弯曲应力，皆属于这种应力。

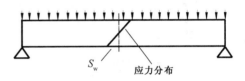

图 7-1-3 弯曲应力

弯曲应力的特点是：①沿壁厚分布不均；②随着载荷升高，先是壁面达到屈服限，以后，逐渐沿元件各处的整个壁厚进入屈服，这时，才认为元件已丧失工作能力；③这种应力与外力相平衡。

由于弯曲应力沿壁厚分布不均，当壁面应力达到屈服限时，其他部位仍处于弹性状态，故弯曲应力对元件强度的影响较膜应力为小，对其限制条件亦应放宽。

(2) 二次应力

两个几何特性不相同的相连元件在外载（压力）作用下，各自变形（彼此不约束时）不可能一致（称为"不协调"），即在连接处存在变形差值 Δ（图 7-1-4）。但相连元件是连为一体的，两个元件的边界需各自弯曲以便消除变形差值，于是产生附加的弯曲应力——称"二次应力"。二次应力只产生在局部，故有时也称"局部弯曲应力"。

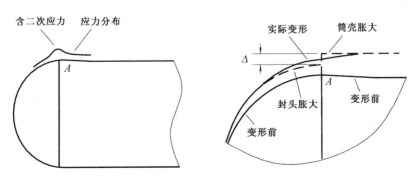

图 7-1-4 二次应力示意

外载施加于元件而直接产生的应力(外载→应力)称"一次应力",以上所述的膜应力、局部膜应力、弯曲应力皆属于一次应力。而外载引起变形,再由于变形"不协调"而产生的应力(外载→变形不协调→应力),则称为"二次应力"。

二次应力并不独立存在,它与膜应力、局部膜应力或弯曲应力同时存在,叠加后的值即使很大,使全厚度进入屈服,但由于它们周围区域对其起约束作用,使变形无法发展下去(具有"自限性"),即不会使元件失去工作能力,故对二次应力的限制条件应明显放宽。

筒壳与凸形封头的连接部位、平端盖与筒体的连接部位、人孔圈与筒壳的连接部位、拱形管板的拱形区与平板区的连接部位、拉撑件与平板的连接部位、管子与筒壳的连接部位等皆存在二次应力。

二次应力的特点是:①发生在局部区域里;②沿壁厚分布不均;③这种应力即使很大,沿壁厚均已进入屈服——产生了"塑性铰",因塑性铰只能变形到 Δ(图 7-1-4)而中止(两侧结构限制塑性铰,使它不能无限变形下去),故这种应力具有"自限性",而前述的一次应力却没有这种自限性,而属于"非自限性"的;④这种应力不是外力直接引起的,故不与外力相平衡,而是自身平衡的,即

$$\int_F \sigma_e Z \mathrm{d}F = 0 \qquad \int_F \sigma_e \mathrm{d}F = 0$$

式中:σ_e——二次应力;

F——截面积;

Z——由重心起算的距离。

二次应力的不安定状态:

二次应力具有自限性,不会使元件失去工作能力,但要防止出现下述的"不安定状态"。

对于塑性较好的材料,其应力-应变关系可设想为如图 7-1-5 所示情况(理想弹塑性体)。

当图 7-1-4 所示过渡区的变形差值 Δ 使筒体内外壁出现的应变 ε_1 大于 ε_s 但小于 $2\varepsilon_s$ 时(ε_s 为相应于屈服限 σ_s 的弹性应变),其应力-应变关系如图 7-1-6a)中 OAB 线所示。此时,壁面除产生弹性应变 ε_s 外,还产生塑性应变 $\varepsilon_1 - \varepsilon_s$。当卸去筒内介质压力时,筒体变形完全恢复,则过渡区内外壁的应变 ε_1 也随之回复至零。相应的应力-应变关系为 BC 线。此时,除拉伸性质的弹性应变 mn 全部回复外,还产生压缩性质的弹性应变 n_C(其值等于 $\varepsilon_1 - \varepsilon_s$)及相应的压缩应力 OC。再次作用相同的介质压力时,过渡区内外壁的应力-应变关系为 CB 线,即沿着 CB 线升至 B 点。再卸压时,应力-应变关系仍为 BC 线,即沿着 BC 线回至 C 点。因此,当介质压力使过渡区内外壁产生的应变 ε_1 大于 ε_s 但小于 $2\varepsilon_s$ 时,除第一次加压时产生塑性应变 $\varepsilon_1 - \varepsilon_s$ 外,在以后的加压、卸压过程中,只出现反复弹性应变,不再产生塑性应变。这种状态称为"安定状态"。

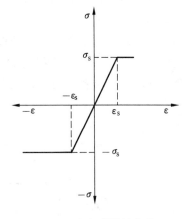

图 7-1-5　理想弹塑性体的应力-应变关系

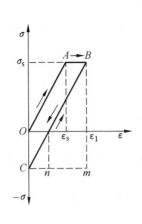 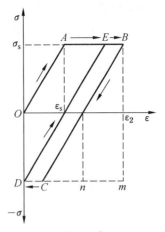

a) $\varepsilon_s < \varepsilon_1 \leqslant 2\varepsilon_s$ 　　　　　　b) $\varepsilon_2 > 2\varepsilon_s$

图 7-1-6　应力-应变关系

如果过渡区内外壁的应变 ε_2 大于 $2\varepsilon_s$，加压时的应力-应变关系如图 7-1-6b) 中 OAB 线所示。卸压时，ε_2 回复至零，相应的应力-应变关系为 BCD 线，即除拉伸性质的弹性应变 mn 全部回复外，还将产生压缩性质的弹性应变 nC 及塑性应变 CD。再次加压时，应力-应变关系为 DEB，即产生拉伸塑性应变 EB。再卸压时，应力-应变关系又为 BCD 线。因此，当内压力使过渡区内外壁产生的应变 ε_2 大于 $2\varepsilon_s$ 时，在加压、卸压过程中，将重复出现拉伸及压缩性质的塑性变形。这种状态称为"不安定状态"。拉伸及压缩塑性变形反复一定次数后，将引起塑性疲劳破坏。

为防止出现上述不安定状态，要求过渡区内外壁应变不大于两倍屈服应变 ($2\varepsilon_s$)。

由图 7-1-6 可见，应变超过 ε_s 以后，应力已不随应变增加而升高。如假设应变超过 ε_s 以后，应力仍按虎克定律直线关系即沿图 7-1-6 中 OA 斜线的斜率关系继续升高，则这种应力属于"虚拟应力"（图 2-5-3）。即

$$\sigma_{虚} = E\varepsilon_{弹+塑}$$

两倍屈服应变包括弹性与塑性应变。上述应变不大于两倍屈服应变 ($2\varepsilon_s$) 如用虚拟应力表述，则为

$$\sigma_{虚} \leqslant E \cdot 2\varepsilon_s = 2\sigma_s$$

按屈服限确定的许用应力为

$$[\sigma] = \frac{\sigma_s}{1.5}$$

则得虚拟应力的允许值为

$$\sigma_{虚} \leqslant 3[\sigma]$$

应注意实际应力是不可能这么大，这一强度条件所指的是虚拟应力。引出虚拟应力概念可使所有强度条件均统一用应力表示。

虚拟应力概念见 2-5 节之 2 与图 2-5-3。

(3) 峰值应力

峰值应力是元件在几何形状突变处产生的应力明显升高值。

锅炉元件中很小的圆弧转角、焊缝缺陷等处应力集中区域的最大应力扣除沿壁厚均匀分布(拉伸、压缩时)或呈线性分布(弯曲时)的应力值所余下的应力,即是峰值应力。

峰值应力的特点是应力值较大,但衰减很快;不引起结构明显变形,但成为导致低周疲劳破坏的起因,因而,应防止过大的峰值应力。

(4) 残余应力

残余应力是元件工艺(焊接、胀接等)后残留于元件上的应力。残余应力在一定温度作用下,会随时间推移而逐渐减小,此现象称为残余应力松弛现象(见 3-3 节)。

焊接残余应力属于对元件强度不利的应力,尽管由于上述松弛现象会逐渐减小,仍要求不要过大。锅炉受压元件强度计算时焊接残余应力不作为一种载荷处理。胀接残余应力是保证接口密封与强度的应力,但亦不宜过大,以免损伤材料。同样,强度计算时胀接残余应力亦不作载荷处理。

2 对不同种类应力的控制原则

由于上述各类应力对元件强度的影响不同,因而在限制其允许值上,应该区别对待。

锅炉受压元件的当量应力按最大剪应力强度理论确定,称"应力强度",用 S 表示,其下角表示应力性质——例如,m 为膜应力。

1) 膜应力的应力强度 S_m 应满足下式要求:

$$S_m \leqslant [\sigma]$$

式中:S_m——根据膜应力的 3 个主应力,按最大剪应力强度理论算得的当量应力;

$[\sigma]$——强度计算标准给出的许用应力。

2) 局部膜应力的应力强度 S_{Jm} 应满足下式要求:

$$S_{Jm} \leqslant 1.5[\sigma]$$

式中:S_{Jm}——根据局部膜应力的 3 个主应力,按最大剪应力强度理论算得的当量应力。

3) 膜应力或局部膜应力与弯曲应力之和的应力强度 $S_{m(Jm)+w}$ 应满足下式要求:

$$S_{m(Jm)+w} \leqslant 1.5[\sigma]$$

式中:$S_{m(Jm)+w}$——根据膜应力或局部膜应力与弯曲应力的各应力分量所求出的 3 个主应力,按最大剪应力强度理论算得的当量应力。

4) 膜应力或局部膜应力与弯曲应力和二次应力之和的应力强度 $S_{m(Jm)+w+e}$ 应满足下式要求:

$$S_{m(Jm)+w+e} \leqslant 3[\sigma]$$

式中:$S_{m(Jm)+w+e}$——根据膜应力或局部膜应力与弯曲应力和二次应力的各应力分量所求出的 3 个主应力,按最大剪应力强度理论算得的当量应力。

5) 膜应力或局部膜应力与弯曲应力和二次应力以及峰值应力之和的应力强度 $S_{m(Jm)+w+e+f}$ 应满足下式要求:

$$\frac{1}{2} S_{m(Jm)+w+e+f} \leqslant [\sigma_a]$$

式中:$S_{m(Jm)+w+e+f}$——根据膜应力或局部膜应力与弯曲应力和二次应力以及峰值应力的各应力分量所求出的 3 个主应力,按最大剪应力强度理论算得的当量应力;

$[\sigma_a]$——按低周疲劳设计曲线(图 2-5-1),根据应力变化周数确定的允许应力幅度。

上述各种应力值,元件有限元强度分析时,由有限元计算给出。

锅筒管孔区域的应力控制示例:

锅筒管孔区域由于内压力产生膜应力,由于管子向外拉力使膜应力局部增高,由于管孔周围区域与接管的变形不等产生二次应力,由于转角小圆弧产生峰值应力,则应同时满足以下 4 个条件:

$$S_m \leqslant [\sigma]$$

$$S_{Jm} \leqslant 1.5[\sigma]$$

$$S_{Jm+e} \leqslant 3[\sigma]$$

$$\frac{1}{2}S_{Jm+e+f} \leqslant [\sigma_a]$$

应力分类及其控制原则的应用示例:

本书中给出的有限元计算对不同种类应力的控制示例,见 10-6 节、16-3 节、17-3 节、18-8 节等。

对于锅炉低碳钢:

锅炉受压元件各项应力应满足以下各项规定:

① 膜应力的当量应力 $\sigma_{d(m)} \leqslant [\sigma] = 125$ MPa(200 ℃以下);

② 局部膜应力的当量应力 $\sigma_{d(Jm)} \leqslant 1.5[\sigma] = 188$ MPa;

注:以下如膜应力为局部膜应力,则用局部膜应力替代。

③ 膜应力+一般弯曲应力的合成应力的当量应力 $\sigma_{d(m+w)} \leqslant 1.5[\sigma] = 188$ MPa;

④ 膜应力+二次应力的当量应力 $\sigma_{d[m+e]} \leqslant 3[\sigma] = 375$ MPa;

⑤ 膜应力+二次应力+峰值应力的合成应力的当量应力幅 $0.5\sigma_{d[m+e+f]} \leqslant [\sigma_a] \approx 350$ MPa。

式中:σ_d 表示当量应力,$[\sigma]$ 为材料许用应力(按锅炉强度计算标准取),$[\sigma_a]$ 为允许应力幅(按工业锅炉最大可能起停次数 10^4 考虑)。

3 热应力的分类与限制规定

以上所述为不存在热应力或不考虑热应力影响情况。如需考虑热应力时,还存在以下应力成分:

(1) 总体热应力

锅筒、管子等元件沿轴向温度分度不均时,因径向变形不均,在温度不同的交界处所产生的热应力(称为"总体热应力"),具有与前述二次应力相同性质,故也按前述的二次应力限制原则处理。

(2) 局部热应力

元件沿壁厚温差引起的热应力与当量线性热应力之差以及元件壁面局部温度突变引起的热应力称"局部热应力"。具有峰值应力性质(应力升高值较大,衰减较快,不引起结构明显变形),但与其他应力成份联合作用下,成为导致低周疲劳的起因,故也按前述的峰值应力限制原则处理。

注：当量线性热应力系指与沿壁厚产生的实际热应力具有相同弯矩的线性分布应力。

7-2 锅炉受压元件强度问题的解决方法

长期以来锅炉设计、制造、运行、改造等实践表明,锅炉受压元件强度问题经常会遇到,需要处理的强度问题颇多。

在解决锅炉受压元件强度问题时,上节所述应力分类与控制原则知识必须具备。

本书撰写者根据长期参与处理解决锅炉强度问题的经验,介绍了应用过的解决方法。本节给出部分应用示例,其他应用示例,详见本书有关内容。

1 应用锅炉强度基本原理与强度标准基本规定

在解决强度问题时,始终涉及锅炉强度基本原理,基本原理是解决问题的基础。同时,解决问题应以锅炉强度标准的基本规定为准,如安全裕度的大小、何种元件的壁面不许屈服或可以屈服、常温元件与高温元件的寿命等都不能偏离标准的要求。

解决具体强度问题,要比按照标准进行强度计算要复杂得多,既要有深厚的强度理论基础,也要有丰富的实践经验;还需要思路开阔、思维灵活,又不违反标准。

示例 1：对电站锅炉明显超压的处理

某超高压电站锅炉因运行误操作,导致短时明显超压(超过额定压力 1.46 倍),属于严重运行事故,难以决定可否继续运行。处理此问题时,计算分析了锅筒的强度裕度,由于取用壁厚较大,此次明显超压未使内壁产生大面积屈服(锅筒类重大元件不许可);大孔边缘等处的峰值应力增大,因仅为一次超压,对低周疲劳寿命损耗很小。因而可以继续运行,但下不为例。另一高压电站锅炉检修后水压试验因操作台仪表显示失灵,致使压力达额定压力的 1.6 倍,也属于严重事故。由于超压较大,导致下降管内壁全面积屈服。经过对强度标准规定:发电锅炉管件允许外径与内径的比值 $\beta \leq 2.0$ 的分析,可知电站锅炉因水质严格保证,管内壁全面积屈服是允许的:标准规定 $\beta \leq 2$,内壁已屈服。则此次明显超压使下降管内壁全面积屈服尚属可以,故允许继续运行。

以上示例详见 8-10 节之 1。

示例 2：对工业锅炉结构明显违反技术条件的处理

某锅炉厂的多台工业锅炉已运至工地现场,急待安装供热。用户发现锅筒环向焊缝明显下凹(未满焊),担心强度不够。经分析,该锅筒的孔桥减弱系数很小(约为 0.3),环向焊缝无孔桥减弱,则环向焊缝处的壁厚裕度颇大,而且环向焊缝对锅筒强度的影响仅为纵向焊缝的一半。于是消除担心,批准可以投运,但要求锅炉厂对技术条件应认真执行。

此例详见 8-10 节之 3。

在上述事故处理过程中,应用了锅炉强度基本原理与强度标准基本规定。

2 利用强度标准的制定依据

强度标准的一些规定,一般是按最不利条件给出的。需要处理某一具体问题时,常遇到非极限情况,此时可按标准制定时所应用的同一方法加以分析,会得出可适当放宽的结果。

应用示例:对受热锅壳壁厚违反标准规定的处理

锅炉强度标准曾规定不绝热锅壳的最大壁厚为 20 mm[79]。但有的锅炉设计要求与高温烟气直接接触的锅壳壁厚大于此规定。参考一些解释锅炉强度标准的专著,例如文献[11,39,52],会了解到上述规定来源于对热应力的限制,用以防止产生低周疲劳现象。结合所遇到问题中的一些数据进行同样计算分析,发现适当放大壁厚完全可行。不仅解决了设计中遇到的实际问题,甚至推动了标准中这一规定的修改[81]。

此例说明,工程技术人员不仅应会按标准计算和执行标准中的一些规定,而且也应了解标准的制定依据。

此例详见 8-6 节之 1。

3 参照有关标准与专著

一本标准不可能包括所有各种元件,国外以及国内有关标准也不会雷同。个别元件在规定执行的标准中未包括,其他标准中如有时,也可以参照。但应认真分析,因为各标准的制定依据不完全相同(如安全系数取法不同,材料性能要求不同,工艺条件不一样等)。参照执行要比后述的实验验证容易得多。

示例1:拉撑曲面板计算

图 12-2-3 所示"拉撑曲面板"结构(曲面板为圆筒的一部分),在我国锅炉强度标准中未包括,但在国外标准中有明确计算方法(曲面板计算及其拉撑件的计算)[114,115],12-2 节之 3 也介绍了其计算方法,如遇到类似结构可参照计算。

示例2:非径向(斜向)开孔的补强

某些锅炉上会遇到非径向(斜向)开孔的补强问题,但国内锅炉强度标准尚未包括,而德国 TRD 规程[91]中有明确计算方法:偏离径向的角度不大于 45°时,可按"压力面积法"计算。18-2 节之 3 也给出有关计算方法。

示例3:低周疲劳校核计算

有关低周疲劳校核计算,我国锅壳锅炉标准未包括,但在我国水管锅炉标准、国外标准、我国舰船建造规范中均包括在内。锅壳锅炉处理问题时,可参照计算。

4 应用应变片测量应力法

应变片测量应力的方法以前广为应用于锅炉受压元件强度的确定与研究,尤其电站锅炉应用较多,例如:厚壁管对大孔孔排补强、焊接三通、热拔三通、热拔大直径下降管管接头等的研究[11,190—192],以及在锅炉的锅筒、封头实体上对应力的测量。在工业锅炉强度研究中,也多有应用,例如:为确定拉撑平板承载能力等展开的研究[119,120,155]、对集箱角焊缝的应力状态的研究,对炉胆启动过程中的应力变化等[51]。

说明：与日本三浦公司合作对环形集箱应变片测量应力与有限元计算结果对比，表明二者结果颇吻合，详见 14-2 节。

5 应用有限元计算法

有限元计算法对解决锅炉受压元件强度问题越来越得到广泛应用。应用有限元计算法解决了工业锅炉无法利用标准计算元件的强度问题，也曾为标准制定起了重要作用。有限元计算法在逐渐取代应变片测量应力法，后者常作为有限元计算法的一种验证手段。

有限元计算法在 GB/T 9222—2008 水管锅炉受压元件强度计算标准中，已开始作为决定元件最高允许计算压力的验证方法中的一种。以后在 GB/T 16508.3—2013 锅壳锅炉设计与强计算以及 GB/T 16507.4—2013 水管锅炉受压元件强度计算标准中皆已列出。

示例 1：凸形管板计算方法的建立

凸形管板在我国发展过程中，先进行应力实测、光弹测量。之后应用有限元计算法进行结构优化，又经过不同几何形状与几何尺寸拱形管板的大量有限元计算与实测对比，在此基础上提出简易计算方法，并纳入 GB/T 16508—1996 标准中。详见 10-4 节之 2。

示例 2：水管管板计算方法的建立

世界各国锅炉强度计算标准皆无水管管板的计算方法，利用有限元计算分析方法对其建立的过程详见本书 15-2 节。

示例 3：凸形封头孔径放宽限制的有限元计算分析，使锅壳锅炉强度计算标准[45]采纳，见 10-6 节。

6 应用爆破验证法

爆破验证法是长期以来一直应用的确定元件允许工作压力的方法。它简单易行，能综合反映元件的结构合理性与承载能力。

工业锅炉压力较低，常温水升压破裂，无需严格防护，爆破验证法应用较多。角焊缝元件低周疲劳试验后，并未破裂，再进行爆破试验，以研究疲劳对强度的影响，见 2-6 节。

应用示例：外置式角焊平端盖纳入我国锅壳锅炉强度计算标准

对外置式角焊平端盖（以前标准只允许应用内置式角焊平端盖）多次进行的爆破试验表明，外置式的爆破压力反而高于内置式的。于是我国锅壳锅炉强度标准开始纳入外置式角焊平端盖结构，见 11-3 节之 3。

7 应用低周疲劳液压试验法

有许多结构，如集箱角焊端盖、H 形下脚圈、拉撑件、大孔边缘、波形炉胆、螺纹烟管等，皆存在明显应力集中现象。靠静压试验，再辅之以必要安全系数，尽管也能在一定程度上计入了疲劳强度，但对于应力集中较大或对应力集中程度不很明确的结构，就应该通过疲劳试验直接确定其疲劳强度。对于电站锅炉压力较高的元件，建立低周疲劳液压试验装置有一定难度，而对于工业锅炉压力不高的元件，则较为简单易行。因此，国内在工业锅炉领域里，此法得到了广泛应用，确也解决了许多实际强度问题。

应用示例：长期以来,我国锅炉界尽量避免采用角焊缝。如需应用,标准规定厚度明显加大。曾进行过的大量角焊缝元件低周疲劳试验表明,角焊缝的疲劳强度并不低,而且在修订标准时,对此已有所考虑。详见本书 2-6 节。

8　应用热态爆破法

热态爆破(爆炸)法是最接近实际的强度试验研究方法。它比常温水压试验验证法能更全面更确切地反映元件的真实强度,因为还包括温度、热应力影响因素。同时,还可了解破坏属于泄漏型(破裂)还是爆炸型,也能通过测量得出爆炸能量的数值。当然,组织这种试验的难度较大。

应用示例：曾组织过两次不同材料(钢、铝、铸铁)的多种试验件(锅筒、集箱模拟件,实体锅片,小型铝制锅炉)的热态爆炸试验,收获颇丰,明确爆炸型与泄漏型的区别、得出理论爆炸能量修正系数、提出定量分析爆炸起因的方法等,详见本书 1-2 节与 1-3 节。

9　应用应力分类分析法

在以上所有解决强度问题的方法中,均涉及对不同应力不同对待问题。特别是与应力测试有关的试验验证法以及有限元计算法都会出现不同种类应力的组合,在判断属于那一类应力及确定其允许值时,必须应用应力分类及其控制原则的原理。

应用示例：平管板与筒壳连接处的直段、封头与筒壳连接处的直段明显存在局部弯曲应力(二次应力),由于允许值颇高,一般无需校核。同理,内燃锅炉回烟室前后平板与中间筒壳相连接的直段亦不需校核。皆由应力分类及其控制原则所决定的,详见本书 10-5 节之 1。

10　处理新结构强度应首先进行受力分析

对新结构需要分析其受力状态,不应仅依据外形即套用标准中的公式进行强度计算。

示例 1：新结构的外形类似 U 型下脚圈

图 16-4-1a)所示为某余热锅炉装置中的烟气加热水的承压套筒,其端部外形与立式锅炉 U 形下脚圈相同,但二者受力状态完全不同,计算壁厚差异甚大,详见 16-4 节之 3。

示例 2：新结构的外形类似三通

图 7-2-1a)所示结构的外形与图 7-2-1b)所示结构相同,故拟按三通公式计算。

三通计算公式是依据内压力使支管对主管孔周围(图示 A 处)产生较大拉力推导出的,见本书 17-2 节之 1。而图 7-2-1a)所示结构由于支管完整穿过主管,它对主管孔周围起颇大拉撑作用。故此结构的受力状态颇佳,与三通的上述受力状态完全不同。

分析：

$\phi 325 \times 12$ mm 主管内为水,计算压力 1.4 MPa,$\phi 273 \times 10$ mm 支管内无压力。

$\phi 325 \times 12$ mm 主管所需厚度不到 3 mm,强度裕度过大。$\phi 273 \times 10$ mm 支管在主管内承受外压,因属于管子不会失稳,也按内压公式计算,所需厚度也不到 3 mm,强度裕度仍过大。即使有孔排,厚度也足够。

可见,图 7-2-1a)所示结构纯属"安全结构",无需计算或试验校核。

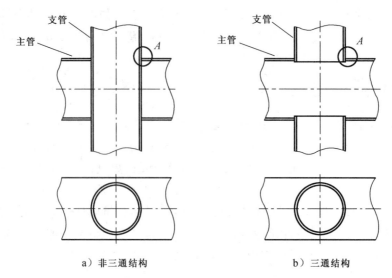

图 7-2-1 结构对比

11 应用相关专业综合知识

解决锅炉受压元件强度问题,除力学以外,需要其他多方面知识。

以传热学知识为例:强度分析、事故处理时,传热学知识尤为重要,因元件壁温直接影响强度。

应用示例:水垢明显影响壁温导致水冷壁爆管,详见本书 4-1 节;

防焦箱壁温过高引发破裂分析,详见本书 4-2 节;

烟管筒高温管板开裂一般取决于其壁温,壁温分析详见本书 4-3 节。

钢材性能变坏涉及金属学,锅炉自身支撑计算需要理论力学,锅炉汽水爆炸分析还需要工程热力学等。

以上诸多示例表明:处理实际强度问题,需要具备多方面知识,应加强学习,还需要肯于决断,具备敢于担当精神。

中篇　锅炉强度计算解析与问题处理及计算示例

　　本篇对锅炉元件强度标准给出的各种元件计算方法与结构要求进行了详细论述与解析,对设计、运行实践中出现过的强度问题、发生过的强度事故进行分析。此外,给出不同锅炉的计算示例。

　　说明:引用或叙述旧标准有关问题时,一般采用旧标准的符号,因较直观;本书"符号说明"中给出新标准与旧标准的符号说明,以便于对比。

第 8 章　内压圆筒形元件的强度

　　锅炉承受内压力作用的圆筒形元件有：水管锅炉与水火管锅炉中的锅筒、集箱、管道、管子，锅壳锅炉中的锅壳、大横水管等（见 2-1 节）。这些元件的总重量占水管锅炉的绝大部分，占水火管锅炉、锅壳锅炉的大部分。容积最大的锅筒与锅壳以及大直径高压管道破裂后果异常严重。高压大容量水管锅炉的锅筒筒体壁厚达 100 mm 以上。因此，各国对锅筒筒体的应力分析与实验研究均较为透彻，强度标准均给出完整的准确计算方法。

　　本章给出内压厚壁圆筒的应力分析与各种圆筒形元件（还包括弯头与环形集箱）按薄壁圆筒的简化强度计算方法与结构规定，以及附加外载的校核计算方法、强度问题解析与事故分析与处理示例。

8-1　内压厚壁圆筒的应力分析

　　圆筒在内压力作用下，主要产生拉应力及压应力。同时，也产生一定的弯曲应力：圆筒承受内压力作用后，直径变大[图 8-1-1a)]，圆筒的 $\overset{\frown}{ad}$ 段变形至 $\overset{\frown}{a'd'}$；如将 $\overset{\frown}{ad}$ 平移至 $\overset{\frown}{a'd'}$ 相切位置[图 8-1-1b)]，会发现 $\overset{\frown}{ad}$ 段除被拉长以外，还会出现一定程度的弯曲。但计算表明，所产生的弯曲应力远较拉伸应力为小，可以忽略不计[116]。

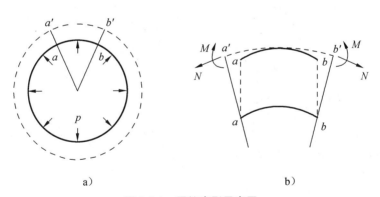

图 8-1-1　圆筒变形示意图

　　锅炉圆筒形元件的壁厚相对直径一般要小的多，故在推导强度计算公式时，可近似认为应力沿壁厚均匀分布，此时，将上述元件称"薄壁圆筒"。一般来说，圆筒外径与内径的比值 $\beta = D_o/D_i \leqslant 1.2$ 时，属于薄壁圆筒。薄壁圆筒推导强度计算公式较简易，详见 8-2 节。

　　但是，在深入分析圆筒的强度、讨论强度计算公式的应用范围、最大允许水压试验压力、不绝热圆筒最大允许壁厚的限制条件等问题时，就必须了解应力沿壁厚的分布情形，特别是对高压锅炉来说，此问题显得尤为必要。因此，应对承受内压厚壁圆筒的应力分析有所熟悉。

圆筒在内压力作用下,壁上任意一点产生3个方向主应力:沿圆筒切线方向的"环向应力"σ_θ,沿圆筒轴线方向的"纵向应力"("轴向应力")σ_z,沿圆筒直径方向的"径向应力"σ_r。

1　求纵向应力 σ_z

纵向应力σ_z很容易求得。由于受力及几何形状都是轴对称的(相对$O—O$轴,见图8-1-2,如不计两端封头变形的影响,则圆筒横截面在受力变形以后仍是平面,因此,纵向应力沿壁厚的分布是均匀的。于是,根据平衡条件即可得出纵向应力:

$$\sigma_z = \frac{P}{F}$$

式中:P——外力(内压力)在水平方向的总和,即作用在封头上的轴向分力;
$\quad\quad F$——圆筒壁的横截面积。

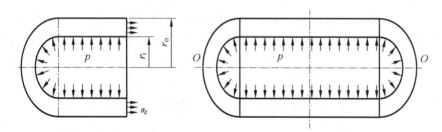

图 8-1-2　厚壁圆筒壁上的纵向应力

可以证明,不管封头形状如何,作用在封头上的轴向分力等于内压力乘以圆筒的横截面上介质所占据的面积,即

$$P = p\pi r_i^2$$

于是

$$\sigma_z = \frac{P}{F} = \frac{p\pi r_i^2}{\pi(r_o^2 - r_i^2)} = \frac{p r_i^2}{r_o^2 - r_i^2} = \frac{p}{\beta^2 - 1} \quad\quad\quad\quad (8\text{-}1\text{-}1)$$

式中:$\beta = r_o/r_i$——外径与内径的比值。

2　求环向应力 σ_θ 与径向应力 σ_r

由于无法预先了解环向与径向变形规律,故仅靠平衡条件得不出环向应力σ_θ与径向应力σ_r值。此时,应从平衡、几何及物理三方面条件进行分析,以便得出沿壁厚各点的σ_θ与σ_r值。求解步骤如下:

(1)依据内力平衡条件求σ_θ与σ_r之间的关系

根据轴对称的特点,按图8-1-3所示方法截取一微元体$abcd$。其中ad和bc面为相距dr的两个圆柱面,ab和cd面为夹角等于$d\theta$的两个径向截面。为便于分析,微元体的轴向长度取为1。

由于受力及几何形状都是轴对称的,因而产生的变形也将对称于圆筒的轴线。在轴对称变形条件下,作用在微元体$abcd$上将只有正应力,没有剪应力,而且环向应力σ_θ和径向应力σ_r与角度θ无关,故依据微元体上的内力平衡条件,可求得σ_θ与σ_r的关系:

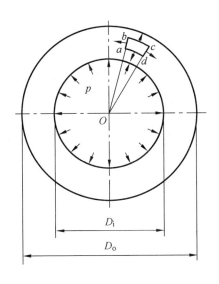
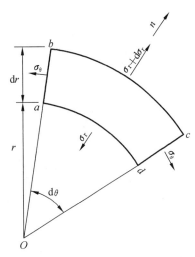

图 8-1-3　厚壁圆筒壁上微元体的变形与应力

在 ab 与 cd 面上的环向应力皆为 σ_θ；

在对应 r 的 ad 面上的径向应力为 σ_r；

在对应 $r+\mathrm{d}r$ 的 bc 面上的径向应力为 $\sigma_r+\mathrm{d}\sigma_r$。

此外，在微元体上还存在纵向应力 σ_z，它的存在对微元体的内力平衡条件不起作用。

根据微元体在 n 方向上的"平衡条件"（见图 8-1-3），有

$$(\sigma_r+\mathrm{d}\sigma_r)(r+\mathrm{d}r)\mathrm{d}\theta - \sigma_r r \mathrm{d}\theta - 2\sigma_\theta \mathrm{d}r \sin\frac{\mathrm{d}\theta}{2} = 0$$

将此方程展开，取 $\sin\dfrac{\mathrm{d}\theta}{2}=\dfrac{\mathrm{d}\theta}{2}$ 并略去高阶微量，得式(8-1-2)

$$\sigma_r \mathrm{d}r + r\mathrm{d}\sigma_r - \sigma_\theta \mathrm{d}r = 0$$

或

$$\sigma_r - \sigma_\theta + r\frac{\mathrm{d}\sigma_r}{\mathrm{d}r} = 0 \quad\cdots\cdots\cdots\cdots\cdots\cdots\cdots (8\text{-}1\text{-}2)$$

此式称"内力平衡方程"。它体现 σ_θ 与 σ_r 之间的关系，仅靠此式无法求解 σ_θ 及 σ_r。

(2) 依据几何条件求应变 ε_θ 与 ε_r 之间的关系

几何条件指微元体位移与应变之间的关系。

由于轴对称性，厚壁圆筒受内压力作用时，将发生对称于圆筒轴线的膨胀，即圆筒横截面上各点都沿径向向外产生位移，如图 8-1-4 所示。于是，微元体由原来的 $abcd$ 位置移到 $a'b'c'd'$ 位置。以 u 表示半径 r 处各点的径向位移，$u+\mathrm{d}u$ 表示半径 $r+\mathrm{d}r$ 处各点的径向位

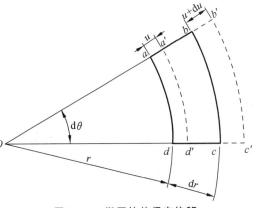

图 8-1-4　微元体的径向位移

移,则微元体的径向应变为

$$\varepsilon_r = \frac{(u+\mathrm{d}u)-u}{\mathrm{d}r} = \frac{\mathrm{d}u}{\mathrm{d}r}$$

产生径向位移的同时,圆筒各圆周将胀大,微元体的环向应变为

$$\varepsilon_\theta = \frac{(r+u)\mathrm{d}\theta - r\mathrm{d}\theta}{r\mathrm{d}\theta} = \frac{u}{r}$$

以上两式称为"几何方程",它表明 ε_θ、ε_r 都是径向位移 u 的函数,两者是互相关联着的。上述两式可合并为一式。为此,将 ε_θ 对 r 求导数,得

$$\frac{\mathrm{d}\varepsilon_\theta}{\mathrm{d}r} = \frac{r\dfrac{\mathrm{d}u}{\mathrm{d}r} - u}{r^2} = \frac{1}{r}\left(\frac{\mathrm{d}u}{\mathrm{d}r} - \frac{u}{r}\right)$$

或

$$\frac{\mathrm{d}\varepsilon_\theta}{\mathrm{d}r} = \frac{1}{r}(\varepsilon_r - \varepsilon_\theta) \quad\cdots\cdots\cdots\cdots\cdots\cdots\cdots\cdots\cdots\cdots\cdots (8\text{-}1\text{-}3)$$

此方程称"变形协调方程",它体现出 ε_θ 与 ε_r 之间的关系。

(3) 利用虎克定律的应力与应变关系以求应力解

根据广义虎克定律,在弹性范围内,微元体的应力与应变之间存在如下关系:

$$\left.\begin{aligned}\varepsilon_\theta &= \frac{1}{E}[\sigma_\theta - \mu(\sigma_z + \sigma_r)] \\ \varepsilon_r &= \frac{1}{E}[\sigma_r - \mu(\sigma_\theta + \sigma_z)]\end{aligned}\right\} \cdots\cdots\cdots\cdots\cdots\cdots (8\text{-}1\text{-}4)$$

式中: E、μ——弹性模量与波松比。上述公式称"物理方程"。

由以上平衡、几何、物理3个条件共列出四个方程:内力平衡方程式(8-1-2)、变形协调方程式(8-1-3)及两个物理方程(8-1-4)。其中有4个未知量 σ_θ、σ_r、ε_θ 及 ε_r,因而可求解。

1) 建立求应力的微分方程

根据物理方程,得

$$\frac{\mathrm{d}\varepsilon_\theta}{\mathrm{d}r} = \frac{1}{E}\left(\frac{\mathrm{d}\sigma_\theta}{\mathrm{d}r} - \mu\frac{\mathrm{d}\sigma_r}{\mathrm{d}r}\right)$$

$$\frac{1}{r}(\varepsilon_r - \varepsilon_\theta) = \frac{1+\mu}{r}\frac{1}{E}(\sigma_r - \sigma_\theta)$$

将它们分别代入变形协调方程式(8-1-3)等号的两侧,得

$$\frac{1}{E}\left(\frac{\mathrm{d}\sigma_\theta}{\mathrm{d}r} - \mu\frac{\mathrm{d}\sigma_r}{\mathrm{d}r}\right) = \frac{1+\mu}{r}\frac{1}{E}(\sigma_r - \sigma_\theta)$$

消去 E 后,上式变为

$$\frac{\mathrm{d}\sigma_\theta}{\mathrm{d}r} - \mu\frac{\mathrm{d}\sigma_r}{\mathrm{d}r} = \frac{1+\mu}{r}(\sigma_r - \sigma_\theta) \quad\cdots\cdots\cdots\cdots\cdots\cdots (8\text{-}1\text{-}5)$$

此式与内力平衡方程式(8-1-2)联合,便可求解应力:

由式(8-1-2)及式(8-1-5),消去与 σ_θ 有关的项,得

$$\frac{\mathrm{d}^2\sigma_r}{\mathrm{d}r^2} + \frac{3}{r}\frac{\mathrm{d}\sigma_r}{\mathrm{d}r} = 0$$

解此方程即可得出 σ_r 值,然后再根据内力平衡方程求解 σ_θ。

2) 解应力微分方程

令
$$\frac{d\sigma_r}{dr}=\sigma'_r$$

则有
$$\frac{d\sigma'_r}{dr}=-\frac{3}{r}\sigma'_r$$

即
$$\frac{d\sigma'_r}{\sigma'_r}=-3\frac{dr}{r}$$

等式两边积分,得
$$\ln\sigma'_r=-3\ln r+C'=-3\ln r+\ln C$$

由此得
$$\frac{d\sigma_r}{dr}=\sigma'_r=Cr^{-3} \quad\cdots\cdots\cdots\cdots\cdots\cdots\cdots\cdots\cdots\cdots (8\text{-}1\text{-}6)$$

再积分,得
$$\sigma_r=-\frac{C}{2r^2}+C_1$$

令
$$C_2=-\frac{C}{2}$$

得
$$\sigma_r=C_1+C_2\frac{1}{r^2} \quad\cdots\cdots\cdots\cdots\cdots\cdots\cdots\cdots\cdots\cdots (8\text{-}1\text{-}7)$$

将式(8-1-6)及式(8-1-7)以及 $C=-2C_2$ 代入(8-1-2),得
$$\sigma_\theta=C_1-C_2\frac{1}{r^2} \quad\cdots\cdots\cdots\cdots\cdots\cdots\cdots\cdots\cdots\cdots (8\text{-}1\text{-}8)$$

3) 求积分常数

积分常数 C_1 及 C_2 可由边界条件确定:

内壁 $r=r_i, \sigma_r=-p$

外壁 $r=r_o, \sigma_r=0$

将这两个边界条件代入式(8-1-7),即可求得
$$C_1=\frac{pr_i^2}{r_o^2-r_i^2} \qquad C_2=\frac{pr_o^2 r_i^2}{r_o^2-r_i^2}$$

4) 得出 σ_θ 及 σ_r 沿壁厚分布的关系式

将 C_1 及 C_2 代入式(8-1-8)及式(8-1-7),即可得出应力 σ_θ 及 σ_r 与 r 的关系式:

$$\left.\begin{array}{l}\sigma_\theta=\dfrac{pr_i^2}{r_o^2-r_i^2}\left(1+\dfrac{r_o^2}{r^2}\right)=\dfrac{p}{\beta^2-1}\left(1+\dfrac{r_o^2}{r^2}\right)\\[2ex]\sigma_r=\dfrac{pr_i^2}{r_o^2-r_i^2}\left(1-\dfrac{r_o^2}{r^2}\right)=\dfrac{p}{\beta^2-1}\left(1-\dfrac{r_o^2}{r^2}\right)\end{array}\right\} \cdots\cdots\cdots\cdots (8\text{-}1\text{-}9)$$

由式(8-1-1)、式(8-1-9)所得三向应力沿壁厚的分布如图 8-1-5 所示。

5) 内壁与外壁应力值

由式(8-1-9)可见:

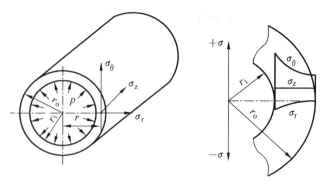

图 8-1-5　应力值沿壁厚的分布

内壁($r=r_i$)处

$$\left.\begin{aligned}\sigma_{\theta i} &= p\frac{\beta^2+1}{\beta^2-1} \\ \sigma_{ri} &= -p\end{aligned}\right\} \quad\cdots\cdots\cdots\cdots\cdots\cdots\cdots\cdots\cdots\cdots (8\text{-}1\text{-}10)$$

外壁($r=r_o$)处

$$\left.\begin{aligned}\sigma_{\theta o} &= \frac{2}{\beta^2-1} \\ \sigma_{ro} &= 0\end{aligned}\right\} \quad\cdots\cdots\cdots\cdots\cdots\cdots\cdots\cdots\cdots\cdots (8\text{-}1\text{-}11)$$

由于 β 值大于 1，故内壁环向应力最大。

8-2　未减弱内压圆筒的强度计算式

本节论述锅炉承受内压圆筒形元件：锅筒（锅壳）、直集箱与直管（直管道），按"薄壁圆筒"推导的强度计算式及其应用条件。

1　强度计算式

锅炉圆筒形元件由于壁厚相对直径小的多，故按薄壁圆筒处理。即认为环向应力 σ_θ 与纵向应力 σ_z 沿壁厚皆均匀分布，而径向应力 σ_r 等于零。

由于薄壁圆筒假设筒壁中的 σ_θ 与 σ_z 均匀分布，故仅由平衡条件即可求出它们的值。

应用材料力学中常用的截面法，在圆筒上截取长度为 1 的一段，并按图 8-2-1 所示方法切成两半。

外力（内压力 p）在水平方向的合力为

$$\int_0^\pi pr_i\sin\theta\,d\theta = 2pr_i$$

可见，它相当于在 $abcd$ 切割面上作用压力的总和。

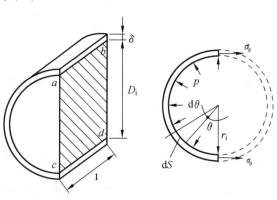

图 8-2-1　求 σ_θ 的截面法

在水平方向内力的总和为

第 8 章 内压圆筒形元件的强度

根据内外力平衡条件以及薄壁圆筒的假设,有

$$2\sigma_\theta\delta = 2pr_i \approx pD_m$$

于是得环向应力

$$\sigma_\theta = \frac{pD_m}{2\delta} \quad \cdots\cdots\cdots\cdots (8\text{-}2\text{-}1)$$

式中：D_m——平均直径。

将圆筒横截开,见图 8-2-2,不管封头形状如何,外力在水平方向的总和为

$$p\frac{\pi D_i^2}{4} \approx p\frac{\pi D_m^2}{4}$$

在水平方向上内力的总和为

$$\sigma_z \pi D_m \delta$$

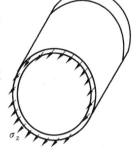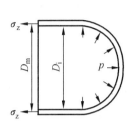

图 8-2-2 求 σ_z 的截面法

根据内外力平衡条件,有

$$\sigma_z \pi D_m \delta = p\frac{\pi D_m}{4}$$

于是得纵向应力

$$\sigma_z = \frac{pD_m}{4\delta} \quad \cdots\cdots\cdots\cdots\cdots\cdots\cdots\cdots\cdots\cdots\cdots\cdots\cdots\cdots (8\text{-}2\text{-}2)$$

由式(8-2-1)及式(8-2-2)可见

$$\sigma_\theta = 2\sigma_z$$

可见,承受内压力作用的圆筒,环向应力为纵向应力的二倍。

锅炉受压元件皆由塑性较好的钢材制造。大量实验及实践经验证明,它们承受过大内压力作用时,一般都由于产生很大塑性变形,直至剪断而失效(裂口面的走向与壁面呈 45°角)。因此,目前几乎所有国家都采用最大剪应力理论做为计算准则,则其当量应力的强度条件为

$$\sigma_d = \sigma_{\max} - \sigma_{\min} = \sigma_\theta - \sigma_r \leqslant [\sigma]$$

将式(8-2-1)及 $\sigma_r = 0$ 代入上式,得

$$\sigma_d = \frac{pD_m}{2\delta} - 0 \leqslant [\sigma] \quad \cdots\cdots\cdots\cdots\cdots\cdots\cdots\cdots\cdots\cdots\cdots\cdots (8\text{-}2\text{-}3)$$

以上为按薄壁圆筒处理所得的强度条件。

如将 $D_m = D_i + \delta$ 代入式(8-2-3),可得以内径为准的理论计算公式：

$$\delta \geqslant \delta_c = \frac{pD_i}{2[\sigma] - p} \quad \cdots\cdots\cdots\cdots\cdots\cdots\cdots\cdots\cdots\cdots\cdots\cdots (8\text{-}2\text{-}4)$$

$$p \leqslant p_c = \frac{2[\sigma]\delta}{D_i + \delta} \quad \cdots\cdots\cdots\cdots\cdots\cdots\cdots\cdots\cdots\cdots\cdots\cdots (8\text{-}2\text{-}5)$$

如将 $D_m = D_o - \delta$ 代入式(8-2-3),则得以外径准的理论计算公式：

$$\delta \geqslant \delta_c = \frac{pD_o}{2[\sigma] + p} \quad \cdots\cdots\cdots\cdots\cdots\cdots\cdots\cdots\cdots\cdots\cdots\cdots (8\text{-}2\text{-}6)$$

$$p \leqslant p_c = \frac{2[\sigma]\delta}{D_o - \delta} \quad \cdots\cdots\cdots\cdots\cdots\cdots\cdots\cdots\cdots\cdots\cdots\cdots (8\text{-}2\text{-}7)$$

以上公式中 δ_c、p_c——理论计算厚度、理论允许压力。

内压筒壳纵向应力 σ_z 为环向应力 σ_θ 一半的特点：

1）管子超压裂口走向

① 管子超压裂口一般总是纵向的，而不可能产生环向裂口，见图 8-2-3。

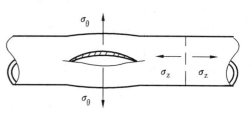

图 8-2-3　内压管子超压裂口

② 哈尔滨锅炉厂中央实验室对带环槽管爆破试验表明：环槽深度小于 1/2 壁厚，产生纵向裂口；环槽深度大于 1/2 壁厚，沿环槽产生环向裂口。

2）锅筒孔排布置

锅筒上布置孔排时，环向孔排可以比纵向孔排密得多，见图 8-2-4。

3）环向与纵向焊缝的不同对待

① 环向焊缝的受力条件要比纵向焊缝好得多，见图 8-2-5。因此对探伤要求较轻。

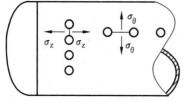

图 8-2-4　内压锅筒孔排布置

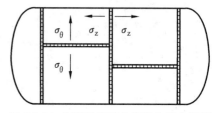

图 8-2-5　内压锅筒环向焊缝与纵向焊缝

② 环向焊缝未满焊——环焊缝明显偏低（图 8-2-6），考虑到存在上述环向焊缝的受力条件要比纵向焊缝好得多，因而有同意运行的先例（见 8-10 节之 3）。

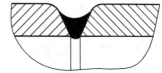

图 8-2-6　筒壳环焊缝偏低结构示意

思考：既然各国强度标准皆规定环向孔排可以比纵向孔排密得多，那么环向焊缝可否比纵向焊缝适当偏低一些，见图 8-2-6。这是个习惯与观念的大改变，一时肯定难以接受，但是，安全可靠性却能够完全保证。

2　公式适用范围

式(8-2-4)～式(8-2-7)是在薄壁圆筒的假设基础上导出的，即假设环向与纵向应力皆沿壁厚均匀分布，而径向应力为零。实际上，环向应力分布不均，内壁最大；径向应力不为零，分布也不均匀，内壁最小（图 8-1-4）。内壁的当量应力为沿壁厚的最大当量应力，其值为

$$\sigma_{di} = \sigma_{\theta i} - \sigma_{ri}$$

将式(8-1-10)代入上式，得内壁当量应力

$$\sigma_{di} = p \frac{\beta^2 + 1}{\beta^2 - 1} - (-p) = 2p \frac{\beta^2}{\beta^2 - 1}$$

薄壁圆筒的当量应力，由式(8-2-3)，为

$$\sigma_d = \frac{p D_m}{2\delta} = \frac{p(D_o - D_i)}{2(D_o - D_i)} = \frac{p}{2} \frac{\beta + 1}{\beta - 1}$$

由以上两式,得内壁当量应力与薄壁圆筒当量的比值为

$$\frac{\sigma_{di}}{\sigma_d} = 4\frac{\beta^2}{(\beta+1)^2}$$

对于不同的 β,此比值如表 8-2-1 所示,表中亦列出了不同 β 所对应的 δ/D_i 值,β 值按下式计算:

$$\beta = D_o/D_i = 1 + 2\delta_c/D_i$$

表 8-2-1 不同 β 所对应的 σ_{di}/σ_d 比值

β	1.0	1.2	1.5	2.0
δ_c/D_i	0	0.10	0.25	0.50
σ_{di}/σ_d	1.00	1.19	1.45	1.78

由表 8-2-1 可见,β 与 δ_c/D_i 值愈大,当量应力比值 σ_{di}/σ_d 亦愈大,即内壁实际应力状态比薄壁圆筒愈不安全(易于达到屈服状态)。

锅炉受压元件相对屈服限的安全系数 $n_s=1.5$。考虑到强度计算公式中有时忽略一定水柱静压力,以及未计入外载引起的少量附加应力、正常运行时出现的热应力、锅炉出口温度的偏差、材料性能的偏差等,则相对屈服限的实际安全裕度可达 1.2 的程度(见 6-2 节)。对于屈服强比大的钢材,由于许用应力按抗拉强度取,则相对屈服限的实际安全裕度要大于 1.2。

锅筒:

对于重要的受压元件——锅筒,内壁出现大面积屈服是不允许的,因而前述薄壁圆筒公式的应用范围应限制在 $\beta \leq 1.2$ 以内,此时,由表 8-2-1 可见 $\sigma_{di}/\sigma_d=1.19$,内壁不会出现大面积屈服。

集箱:

集箱由于孔排减弱程度较大,β 值有时可能大于 1.2。但 β 较大皆属于高参数情况,而高参数情况下的水质要求很严格,则屈服引起的抗腐蚀能力下降问题已不突出,故 β 放宽至 1.5。对于过热蒸汽高温集箱,由于过热蒸汽的腐蚀性很小,另外,屈服对蠕变抗力基本无影响,因而 β 值还可进一步放宽,放大到 2.0。

管子:

管子及管道的重要性较锅筒、集箱要差一些,因而公式的应用范围皆可放大至 $\beta \leq 2.0$。

基于上述情况。我国水管锅炉标准,对于不同元件,根据它们的重要性及工作条件对计算公式的应用范围做了不同的限制,见表 8-2-2。

表 8-2-2 对 β 值的限制

元件		β
锅筒		≤ 1.2[1)]
集箱	水、汽水混合物及饱和蒸汽	≤ 1.5
	过热蒸汽	≤ 2.0
管子及管道		≤ 2.0

1) GB/T 16507.4—2013 水管锅炉受压元件强度计算对锅筒 β 值的限制已放宽至 1.3。

锅壳锅炉因压力较低,一般都能满足上述要求,故不专门给出对 β 值的限制。

$\beta = D_o/D_i$ 按 $1 + 2\delta_c/D_i$ 确定的说明:

表 8-2-2 所列出的对 β 值的限制,只是对于当量应力等于许用应力($\sigma_d = [\sigma]$)的情况而言。实际上,为了适应管子规格的条件,取用壁厚 δ 往往比理论计算壁厚 δ_c 大一些,有时甚至大很多。故校验对 β 值的限制,β 值应按理论计算壁厚 δ_c 确定。

8-3 孔排与焊缝的减弱

本节论述锅筒(锅壳)与集箱的孔排对筒体的减弱计算方法,还介绍锅筒(锅壳)、集箱与管子(管道)的焊缝减弱情况。

1 孔排的减弱

锅筒与集箱需开设许多不同排列形式的孔排。孔排会使孔间截面的应力增大,从而使锅筒与集箱的强度下降。

从孔排中取两个孔,见图 8-3-1。当压力较小时(p_1),孔间最小截面(孔桥)上的应力分布很不均匀,孔边缘处的应力最大(应力集中);压力增大到一定程度后(p_2),孔边缘附近的应力达到屈服限即不再增加;压力再增大时(p_3),沿孔桥应力均一化,都达到屈服限。这是塑性好的钢材具有的特点。因此,孔排对筒壳的减弱计算是基于孔桥平均应力考虑的。

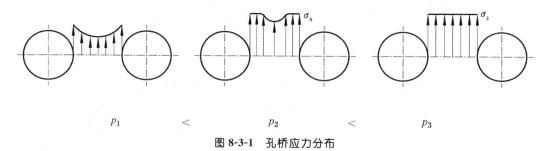

图 8-3-1 孔桥应力分布

(1) 顺列孔排(图 8-3-2)

如纵向(轴向)孔间距为 s,壁厚为 δ,孔径为 d,则在 s 范围内金属截面积为 $(s-d)\delta$;若未开孔,则在 s 范围内金属截面积为 $s\delta$。这两种情况下的金属截面积比值称"纵向孔桥减弱系数",用 φ 表示,即

$$\varphi = \frac{(s-d)\delta}{s\delta} = \frac{s-d}{s} \cdots\cdots \quad (8\text{-}3\text{-}1)$$

减弱系数 φ 表示孔排处金属截面积的减小程度,即表示筒壳孔排处强度的减弱程度。

同样,也可以得出"横向孔桥减弱系数",用 φ' 表示,即

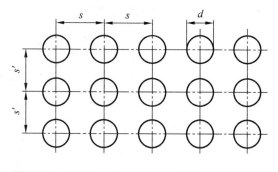

图 8-3-2 圆筒上的顺列孔排

$$\varphi' = \frac{s' - d}{s'} \quad \cdots\cdots\cdots\cdots\cdots\cdots\cdots\cdots\cdots\cdots\cdots\cdots (8\text{-}3\text{-}2)$$

式中：s'——横向孔间距，s'指对应于平均直径(D_m)的孔间圆弧的距离(图 8-3-3)。

下面推导被顺列孔排减弱后的强度计算公式。

在纵向孔桥中(图 8-3-4)环向应力的平均值将增加到

$$\frac{pD_m}{2\delta\varphi}$$

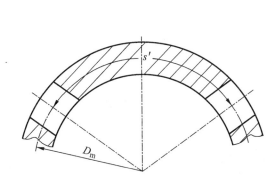
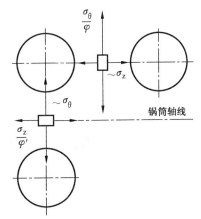

σ_θ、σ_z——未被孔排减弱的平均应力

图 8-3-3　横向孔间距 s'　　　图 8-3-4　孔桥上的应力

试验表明，纵向孔桥中的纵向应力反而要下降一些，而纵向孔桥中的径向应力认为等于零。可见，最大应力仍为环向应力，而最小应力仍为径向应力。按最大剪应力理论，得

$$\sigma_d = \frac{pD_m}{2\delta\varphi} - 0 \leqslant [\sigma]$$

由此，得

$$\delta \geqslant \frac{pD_i}{2\varphi[\sigma] - p} \quad \cdots\cdots\cdots\cdots\cdots\cdots\cdots\cdots\cdots\cdots (8\text{-}3\text{-}3)$$

$$p \leqslant \frac{2\varphi[\sigma]\delta}{D_i + \delta} \quad \cdots\cdots\cdots\cdots\cdots\cdots\cdots\cdots\cdots\cdots (8\text{-}3\text{-}4)$$

在横向孔桥中(图 8-3-4)，纵向应力的平均值将增加到

$$\frac{pD_m}{4\delta\varphi'}$$

在横向孔桥中的环向应力近似地认为不受横向开孔的影响，即仍为

$$\frac{pD_m}{2\delta}$$

而孔桥上的径向应力仍认为等于零。

可见，当 $\varphi' < 0.5$ 时，上述纵向应力将变为最大主应力，按最大剪切力理论，有

$$\sigma_d = \frac{pD_m}{4\delta\varphi'} - 0 \leqslant [\sigma]$$

得

$$\delta \geqslant \frac{pD_m}{4\varphi'[\sigma] - p} \quad \cdots\cdots\cdots\cdots\cdots\cdots\cdots\cdots\cdots\cdots (8\text{-}3\text{-}5)$$

$$p \leqslant \frac{4\varphi'[\sigma]\delta}{D_i + \delta} \quad\cdots\cdots\cdots\cdots\cdots\cdots\cdots\cdots\cdots\cdots\cdots\cdots (8\text{-}3\text{-}6)$$

当 $\varphi' \geqslant 0.5$ 时，最大主应力为上述不受横向开孔影响的环向应力，则筒壳相当于未受任何减弱。

将式（8-3-3）、式（8-3-4）与式（8-3-5）、式(8-3-6)进行对比，可见横向孔排对强度的影响要比纵向孔排影响小的多（相差一倍），这是纵向应力比环向应力小一倍造成的。

（2）错列孔排（图 8-3-5）

对于错列孔排，除应按式(8-3-3)、式(8-3-4) 及式(8-3-5)、式(8-3-6)考虑被纵向与横向孔排减弱的强度以外，还需考虑被斜向孔排减弱的强度。

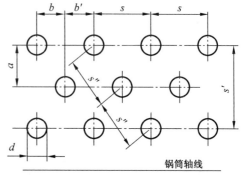

图 8-3-5　圆筒上的错列孔排

由材料力学知，斜向截面上的应力[图 8-3-6a)]为

$$\sigma'_\psi = \frac{\sigma_z + \sigma_\theta}{2} - \frac{\sigma_z - \sigma_\theta}{2}\cos 2\psi$$

$$\sigma'_{\psi+90} = \frac{\sigma_z + \sigma_\theta}{2} + \frac{\sigma_z - \sigma_\theta}{2}\cos 2\psi$$

$$\tau'_\psi = \frac{\sigma_z - \sigma_\theta}{2}\sin 2\psi$$

当筒壳被斜向孔排减弱时，在孔桥上应力 σ'_ψ 与 τ'_ψ 将增大 $1/\varphi''$ 倍，而 $\sigma'_{\psi+90}$ 近似认为不变，则有[图 8-3-6b)]

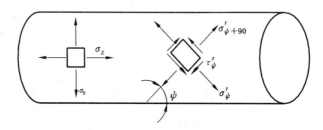

a）圆筒无孔斜向

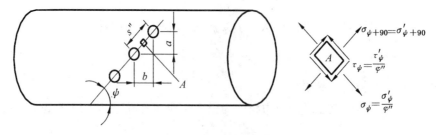

b）圆筒斜向孔桥处

图 8-3-6　斜向截面的应力状态

$$\sigma_\psi = \frac{\sigma'_\psi}{\varphi''} \qquad \sigma_{\psi+90} = \frac{\sigma'_{\psi+90}}{\varphi''} \qquad \tau_\psi = \frac{\tau'_\psi}{\varphi''}$$

而
$$\varphi'' = \frac{s'' - d}{s''} \quad\cdots\cdots\cdots\cdots\cdots\cdots\cdots\cdots\cdots\cdots\cdots\cdots (8\text{-}3\text{-}7)$$

φ'' 称"斜向孔桥减弱系数",s'' 为斜向孔间距,d 为孔径。

上述应力状态下的两个主应力为

$$\sigma_{\max} = \frac{\sigma_\psi + \sigma_{\psi+90}}{2} + \sqrt{\left(\frac{\sigma_\psi - \sigma_{\psi+90}}{2}\right)^2 + \tau_\psi^2}$$

$$\sigma_{\min} = \frac{\sigma_\psi + \sigma_{\psi+90}}{2} - \sqrt{\left(\frac{\sigma_\psi - \sigma_{\psi+90}}{2}\right)^2 + \tau_\psi^2}$$

薄壁圆筒受内压时的另一个主应力——径向应力为零,$\sigma_{\max} > 0$ 是无疑的,一般情况下,$\sigma_{\psi+90}$ 较小,在假设 $\sigma_{\psi+90} \approx 0$ 的基础上,$\sigma_{\min} < 0$。由最大剪应力理论得

$$\sigma_d = \sigma_{\max} - \sigma_{\min} = \sqrt{\sigma_\psi^2 + 4\tau_\psi^2} \leqslant [\sigma]$$

将 σ_ψ、τ_ψ 以及 $\sigma_z = \sigma_\theta/2$ 代入上式,得

$$\frac{\sigma_\theta}{\varphi''} \sqrt{\left(\frac{3}{4} + \frac{1}{4}\cos 2\psi\right)^2 + \frac{1}{4}\sin^2 2\psi} \leqslant [\sigma]$$

设
$$n = \frac{b}{a}$$

并根据图 8-3-6b)得

$$\sin 2\psi = 2\sin\psi\cos\psi = 2\frac{ab}{s''^2} = 2\frac{ab}{a^2 + b^2} = 2\frac{n}{1+n^2}$$

$$\cos 2\psi = \cos^2\psi - \sin^2\psi = \frac{b^2}{s''^2} - \frac{a^2}{s''^2} = \frac{n^2 - 1}{1+n^2}$$

代入前式,经整理,得

$$\frac{\sigma_\theta}{\varphi''} \sqrt{1 - \frac{0.75}{(1+n^2)^2}} \leqslant [\sigma]$$

设
$$K = \frac{1}{\sqrt{1 - \dfrac{0.75}{(1+n^2)^2}}} \quad\cdots\cdots\cdots\cdots\cdots\cdots\cdots\cdots (8\text{-}3\text{-}8)$$

$$\varphi_d = K\varphi'' \quad\cdots\cdots\cdots\cdots\cdots\cdots\cdots\cdots\cdots\cdots\cdots\cdots (8\text{-}3\text{-}9)$$

φ_d 称"斜向孔桥当量减弱系数",再将上式代入式(8-3-3),则得

$$\delta \geqslant \frac{pD_i}{2\varphi_d[\sigma] - p} \quad\cdots\cdots\cdots\cdots\cdots\cdots\cdots\cdots (8\text{-}3\text{-}10)$$

$$p \leqslant \frac{2\varphi_d[\sigma]\delta}{D_i + \delta} \quad\cdots\cdots\cdots\cdots\cdots\cdots\cdots\cdots\cdots (8\text{-}3\text{-}11)$$

由式(8-3-8)可知,K 居于 1 与 2 之间。当孔排趋向于纵向时,$a \to 0$,$n \to \infty$,$K \to 1$,此时,$\varphi_d \to \varphi$;当孔排趋向横排时,$b \to 0$,$n \to 0$,$K \to 2$,此时,$\varphi_d \to 2\varphi'$。

如 $b \neq b'$(图 8-3-5)亦应按 b' 再求 φ_d,因为在 a 与 b 不变的条件下,$b' < b$ 时,虽然 K 增

大,但 φ'' 减小,因而,无法判断哪个斜向孔排的 φ_d 较小。

斜向孔排的 φ_d 也可按图 8-3-7 线算图确定。

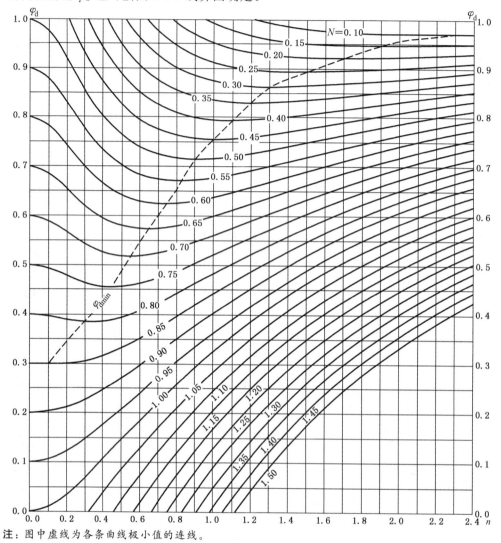

注:图中虚线为各条曲线极小值的连线。

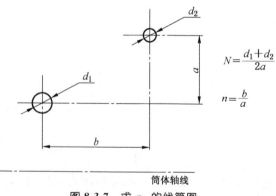

图 8-3-7 求 φ_d 的线算图

孔桥减弱系数可以利用补强措施予以提高,见 18-5 节,对减小筒壳壁厚效果明显。

(3) 孔径的取法

孔径 d 取管接头的内径或取孔的直径,对孔桥减弱系数的影响很大,例如 $\phi 60 \times 3.5$ mm 的管接头,当孔排节距 $s=100$ mm 时,孔桥减弱系数:

d 按管接头内径取值:

$$\varphi = \frac{s-d_n}{s} = \frac{100-53}{100} = 0.47$$

d 按孔的直径取值:

$$\varphi = \frac{s-d}{s} = \frac{100-61}{100} = 0.39$$

二者偏差达

$$\frac{0.47-0.39}{0.47} \times 100 = 17\%$$

即壁厚约相差 17%。

如管子与筒壳为非坡口型单面角焊连接[图 8-3-8a)],无疑 d 应取孔的直径。

JB 3622—84 锅壳锅炉标准基于大量实验研究[117,118],规定双面焊插入式管接头取管子(孔圈)的内径。即图 8-3-8b)所示双面角焊连接,d 取管子(孔圈)的内径。如为坡口型填角焊连接[图 8-3-8c)、d)],由于管子(孔圈)与筒壳已成为统一整体,则 d 更应取管子(孔圈)的内径。

GB/T 16508—1996 锅壳锅炉标准考虑到 JB 3622—84 标准已实施了十余年,而且锅壳只限于低碳钢与低碳锰钢,一般皆用于非受热部位的双面角焊连接,JB 3622—84 锅壳锅炉标准的规定基本不变。为慎重计,还是注明非受热部位的插入式双面角焊连接 d 可取管子(孔圈)的内径。

GB/T 9222—2008 水管锅炉标准规定,插入式整体焊接管接头取内径,额定压力不大于 2.5 MPa 的插入式双面角焊管接头(孔圈)也取内径。

GB/T 16508.3—2013 锅壳锅炉设计与强度计算规定各种情况取孔的直径。第 1 号勘误表修改为:插入式整体焊接管接头取内径,额定压力不大于 2.5 MPa 的插入式双面角焊管接头(孔圈)取内径。

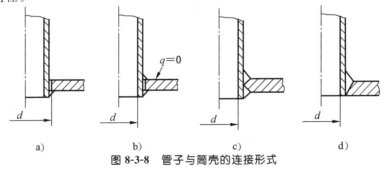

图 8-3-8 管子与筒壳的连接形式

注:如管子(孔圈)与筒壳整体焊为一体或双面角焊低压情况,我国锅炉强度计算标准取内径而不是取孔径已有约半个世纪实践经历。

其他孔:

1) 直径不等

如孔排中两相邻孔径不同,在计算孔桥减弱系数时,式(8-3-1)、式(8-3-2)及式(8-3-7)中的

直径 d 应以平均直径 d_m 代入：

$$d_m = \frac{d_1 + d_2}{2} \quad\quad\quad (8\text{-}3\text{-}12)$$

2) 凹座孔

如为孔径沿壁厚不同的凹座孔（图 8-3-9），则孔的截面积为 $d(\delta-h)+hd_1$。与此截面积相同，但孔径沿壁厚相同时，所对应的孔径——"当量孔径" d_e 为

$$d_e = \frac{d(\delta-h)+hd_1}{\delta} = d + \frac{h}{\delta}(d_1 - d) \cdots (8\text{-}3\text{-}13)$$

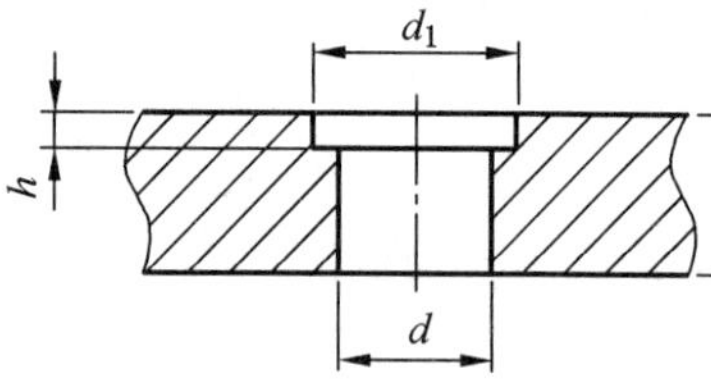

图 8-3-9　具有凹座的开孔

求减弱系数时，用 d_e 代替 d。

3) 非径向孔

有时会遇到图 8-3-10 所示孔排中的孔为非径向孔。

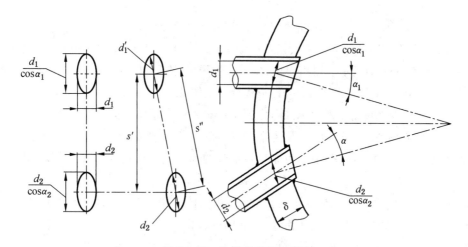

图 8-3-10　孔排中的非径向孔

从承载截面考虑，图 8-3-10 中横向孔排的非径向孔使承载截面积减少 $(d/\cos\alpha)\delta$，而纵向孔排非径向孔与径向孔一样，承载截面积皆减少 $d\delta$。对于斜向孔排，非径向开孔使承载截面积减少 $d'\delta$，而 $d < d' < d/\cos\alpha$。因此

横向孔桥减弱系数的 d 用当量直径 d_e 代替：

$$d_e = \frac{d}{\cos\alpha} \quad\quad\quad (8\text{-}3\text{-}14)$$

式中：α——非径向孔的轴线偏离径向的角度（图 8-3-10）。

纵向孔桥减弱系数的 d 不变。

斜向孔桥减弱系数的 d 用当量直径 d_e 代替（按几何条件推导得）：

$$d_e = d\sqrt{\frac{n^2+1}{n^2+\cos^2\alpha}} \quad\quad\quad (8\text{-}3\text{-}15)$$

由于非径向开孔的应力集中系数增大，我国锅壳式锅炉强度计算标准对非径向孔排提出较严要求：孔必须机械加工，α 不得大于 $45°$（见 8-8 节之 1）。

对于椭圆孔或其他开孔情况，d_e 按相邻孔轴线之间的截面积减少换算。

[注释]非径向孔的加工方法

GB/T 16508—1996 锅壳锅炉标准将 JB 3622—84 标准中"非径向孔必须经机械加工"的规定已修改为"非径向孔宜经机械加工或仿形气割成形",这是根据工厂实际情况与工艺进展而决定的。许多工业锅炉厂因机械加工非径向孔有困难,实际上并未执行上述规定;沈阳工业锅炉厂已制成仿形气割非径向孔的专用设备,由于气割后的质量较高,其专用设备已被其他厂采用,故 GB/T 16508—1996 标准规定非径向孔亦可仿形气割。GB 9222—88 中 2.4.10 亦作如上修改是适宜的。

(4) 可不考虑孔排减弱的节距

如孔间距(纵向、横向或斜向)较大。大于按下式计算的 s_0 时,可不考虑孔排的减弱,即按孤立的单孔处理。

$$s_0 = \frac{d_1 + d_2}{2} + 2\sqrt{(D_i + \delta)\delta} \quad \cdots\cdots (8\text{-}3\text{-}16)$$

式中:D_i——圆筒内径;

δ——圆筒厚度;

d_1、d_2——孔直径。

圆筒承受内压力作用时,孔边缘附近产生应力集中,如果孔间距较大,孔桥的中部就受不到任何影响,其应力与未开孔筒体的 σ_0 一样[图 8-3-11a]。当孔间距小到一定程度后,由于应力集中区域重叠,使整个孔桥的应力都高于 σ_0 时[图 8-3-11b)],才按孔排减弱来考虑筒体强度问题。

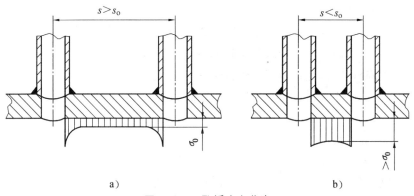

图 8-3-11 孔桥应力分布

筒体上孔边缘的应力集中范围,见图 8-3-12,可粗略地根据筒体端部边界效应的衰减规律(参见 18-7 节之 1)来确定。式(8-3-16)就是根据上述原则确定下来的。

(5) 孔桥补强

孔桥减弱系数可以借助补强办法予以提高,详见 18-5 节。

(6) 立式锅炉筒壳上加煤孔与除渣孔的孔桥见 8-8 节之 2(2)的解析。

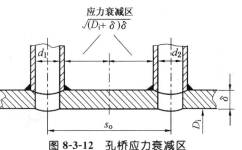

图 8-3-12 孔桥应力衰减区

2 焊缝减弱系数

除孔排外,焊缝也是一种减弱形式,这种减弱用焊缝减弱系数(焊接接头系数)φ_w来表示。焊缝减弱系数表示对焊缝强度的信任程度,等于焊缝强度与母材强度的比值。它与许多因素有关,如焊接工艺方法、焊缝型式、检查手段、残余应力消除程度、工艺掌握程度、钢材类别等。焊缝减弱系数是根据经验而定的。

随着焊接工艺水平的不断提高和无损检测技术的普遍应用,φ_w在逐步提高。在满足焊接规程要求的前提条件下,我国水管锅炉标准[66]与锅壳锅炉标准[65]的焊缝减弱系数主要与坡口型式和无损检测范围有关,如表8-3-1所示。

表8-3-1 焊接接头系数(焊缝减弱系数)

焊接接头形式	无损检测比例	焊接接头系数 φ_w	
		GB/T 16507	GB/T 16508
双面坡口焊缝 双面焊对接接头和相当于双面焊的全焊透对接接头(例如氩弧焊打底双面成形的焊接方法)	100%无损检测	1.00	1.00
	局部无损检测	0.90	0.85
单面坡口焊缝 单面焊对接接头(沿焊缝根部有垫板)	100%无损检测	0.90	0.90
	局部无损检测	0.80	0.80

对于被纵向焊缝减弱的圆筒,其强度计算与被纵向孔排减弱的圆筒一样,即也按式(8-3-3)~式(8-3-6)计算,其中φ用φ_w代替。对于被横向(环向)焊缝减弱的圆筒,由于焊缝减弱系数较大(φ_w皆大于0.5),则按未受任何减弱处理,这和横向孔桥减弱系数$\varphi' \geqslant 0.5$情况一样。

锅炉圆筒形元件上除孔排及焊缝对强度起减弱作用以外,孤立的单个大孔,如锅筒上的主蒸汽管孔、集中下降管孔等,也起减弱作用。由于这种大孔的数量很少,因此在决定整个圆筒壁厚的基本计算公式中不予考虑,但必须对大孔采取专门补强措施,使其对圆筒的减弱作用控制在允许范围以内,详见18-2节。

[注释]焊缝减弱系数的变化

在制订JB 3622—84标准时,曾征求过哈尔滨锅炉厂、哈工大焊接专家对焊缝减弱系数的意见,也曾作过实验校核工作[119]。总的情况是,技术要求合格的对接焊缝的强度不小于母材,角焊缝的疲劳强度也很高。但锅炉生产比较分散,制造水平与检查手段差别较大,焊缝减弱系数规定值应考虑到此情况。因此,JB 3622—84标准给出的焊缝减弱系数推荐值基本上仍采用61年火管锅炉强度计算"暂行规定"的数值,而焊缝根部有垫板的单面焊对接焊缝的减弱系数由0.90降至0.80,这是根据国内实践经验而定的[120]。总体而言,GB/T 16508—1996锅壳锅炉强度标准的焊缝减弱系数比GB 9222—88水管锅炉强度标准略低一些。以后各标准顺延下来。

8-4 内压圆筒形元件的强度计算

锅炉受压元件强度设计分为设计计算与校核计算两种。设计计算的目的是求新设计锅炉元件的壁厚,校核计算的目的主要是求已运行过的旧锅炉的最高允许工作压力,有时新设计锅炉也可根据已有材料规格,进行校核计算。

本节介绍设计计算与校核计算两种方法,这两种计算方法的原理并无区别,故以后章节仅介绍设计计算方法。在 21-5 节给出立式锅炉强度校核计算示例。

锅炉元件强度计算的压力为表压,因元件承担介质压力与大气压力之差(表压),而介质饱和温度按绝对压力确定。

本节适用于锅筒、直集箱、直管的强度计算,而弯管(弯头)、环形集箱见 8-5 节。

1 设计计算

(1) 锅筒(锅壳)筒体的名义厚度(取用厚度)

应满足式(8-4-1)要求:

$$\delta \geqslant \delta_{\min} = \delta_c + C = \frac{pD_i}{2\varphi_{\min}[\sigma] - p} + C \cdots\cdots\cdots\cdots (8\text{-}4\text{-}1)$$

式中: δ——名义厚度("取用厚度"),mm;

$\delta_{\min}$——最小需要厚度,mm;

δ_c——计算厚度("理论计算厚度"),mm;

C——厚度附加量("附加厚度"),mm,C 是受压元件腐蚀裕量 C_1、受压元件制造减薄量 C_2 和受压元件钢材厚度负偏差 C_3 之和,即 $C=C_1+C_2+C_3$,详见本节之 4。

p——计算压力,MPa,详见 6-1 节;

D_i——筒体的内直径,mm;

$\varphi_{\min}$——最小减弱系数,取 φ、$2\varphi'$、φ_d、φ_w 中最小值,详见 8-3 节之 1;

$[\sigma]$——许用应力,MPa,见本节之 3。

式(8-4-1)是在式(8-2-4)基础上,考虑孔排及焊缝的减弱以及必要的附加量而得出的。由于锅筒(锅壳)筒体的标称直径是内直径,故采用如上以内直径为基础的公式。

成品最小厚度:

制造后验收成品的最小厚度应满足下式要求:

$$\delta_{\min(验收)} \geqslant \delta_c + C_1$$

式中附加厚度仅取运行的腐蚀裕量 C_1,是因为制造减薄量 C_2 和受压元件钢材厚度负偏差 C_3 均已经包含在制造与选材过程中。其他元件的制造后成品最小厚度亦如此计算,不再复述。

(2) 集箱筒体的名义厚度(取用厚度)

应满足式(8-4-2)要求:

$$\delta \geqslant \delta_{\min} = \delta_c + C = \frac{pD_o}{2\varphi_{\min}[\sigma] + p} + C \cdots\cdots\cdots\cdots (8\text{-}4\text{-}2)$$

式中: D_o——集箱筒体的外直径,mm;

其他符号与式(8-4-1)相同。

式(8-4-2)是在式(8-2-6)基础上,考虑孔排及焊缝的减弱以及必要的附加量而得出的。由于集箱筒体一般用无缝钢管制造,而无缝钢管的标称尺寸为外径,故采用如上的以外直径为基础的公式。

(3) 管子(管道)的名义厚度(取用厚度)

应满足式(8-4-3)要求：

$$\delta \geqslant \delta_{\min} = \delta_c + C = \frac{pd_o}{2[\sigma]+p} + C \quad \cdots\cdots\cdots\cdots\cdots\cdots (8\text{-}4\text{-}3)$$

式中：d_o——管子的外直径，mm；

其他符号与式(8-4-1)相同。

此公式中无有减弱系数($\varphi_{\min}=1.0$)，因管子(管道)不设置孔排，虽有焊缝，但仅是横向的，而横向焊缝的减弱系数可以不计(见 8-3 节之 1)。

(4) 立式锅炉大横水管的名义厚度(取用厚度)

应满足式(8-4-4)要求：

$$\delta \geqslant \frac{pD_i}{44} + 3 \quad \cdots\cdots\cdots\cdots\cdots\cdots (8\text{-}4\text{-}4)$$

式中符号与式(8-4-1)相同。

式(8-4-4)的适用范围为 102 mm$\leqslant D_i \leqslant$300 mm，名义厚度(取用厚度)应不小于 6 mm。将式(8-4-4)与式(8-4-3)进行对比，可见许用应力很小，约等于 22.5 MPa，而且附加壁厚较大，等于 3 mm。这是由于大横水管受力比较复杂、易于积存水垢且处于高温区域，故历来取较大壁厚。

2 校核计算

(1) 锅筒(锅壳)筒体的最高允许工作压力

锅筒(锅壳)筒体的最高允许工作压力按式(8-4-5)计算：

$$[p] = \frac{2\varphi_c[\sigma]\delta_e}{D_i + \delta_e} \quad \cdots\cdots\cdots\cdots\cdots\cdots (8\text{-}4\text{-}5)$$

式中：$[p]$——最高允许工作压力，MPa；

φ_c——校核部位的减弱系数；

δ_e——筒体有效厚度，mm；

δ——取用厚度，mm；

C——附加厚度，mm；

其他符号与式(8-4-1)相同。

式(8-4-5)中的有效厚度为取用厚度 δ(而不是最小需要厚度 $\delta_{\min}$)减去附加厚度，即

$$\delta_e = \delta - C$$

这是因为厚度取得愈大，最高允许工作压力亦愈高。

新设计锅筒(锅壳)筒体采用校核计算时，式(8-4-5)中的 φ_c 取最小值，C 值与式(8-4-1)的相同。

已运行筒体校核计算时，式(8-4-5)中的有效厚度 δ_e 取实际壁厚减去以后可能的腐蚀减薄量，如各处腐蚀减薄很小，可以忽略不计。

校核计算应取各元件校核部位所得$[p]$中最小值作为锅炉的最高允许工作压力。还应考

虑大孔补强的最高允许工作压力。

(2) 集箱筒体的最高允许工作压力

集箱筒体的最高允许工作压力按式(8-4-6)计算：

$$[p] = \frac{2\varphi_c[\sigma]\delta_e}{D_o - \delta_e} \quad\quad\quad (8-4-6)$$

$$\delta_e = \delta - C$$

式中：D_o——管子外直径，mm；

其他符号与式(8-4-5)相同。

新设计或已运行锅炉集箱筒体的校核方法与上述锅筒(锅壳)筒体所述相同。

(3) 管子(管道)的最高允许工作压力

管子(管道)的最高允许工作压力按式(8-4-7)计算：

$$[p] = \frac{2[\sigma]\delta_e}{d_o - \delta_e} \quad\quad\quad (8-4-7)$$

$$\delta_e = \delta - C$$

式中符号与式(8-4-3)相同。

新设计或已运行锅炉管子的校核方法与上述锅筒(锅壳)筒体所述相同。

(4) 立式锅炉大横水管的最高允许工作压力

立式锅炉大横水管的最高允许工作压力按式(8-4-8)计算：

$$[p] = \frac{44(\delta - 3)}{D_i} \quad\quad\quad (8-4-8)$$

式中符号与式(8-4-5)相同。

新设计、已运行大横水管的校核方法与上述锅筒(锅壳)筒体所述相同。

3 许用应力

许用应力见式(6-2-1)：

$$[\sigma] = \eta[\sigma]_J$$

式中：η——基本许用应力的修正系数；

$[\sigma]_J$——基本许用应力。

基本许用应力$[\sigma]_J$见 6-2 节之 4。

确定$[\sigma]_J$所需计算壁温见 6-1 节之 2(2)。

基本许用应力的修正系数 η 见表 8-4-1；

表 8-4-1 基本许用应力修正系数 η

元件名称	烟温和工作条件	η
内压锅筒(锅壳)和集箱筒体	不受热(不与火焰或烟气直接接触)	1.0
	烟温≤600 ℃、透过管束的低辐射热流且壁面无烟气的强烈冲刷	0.95
	烟温>600 ℃	0.90
管子	内压	1.0

受热(与火焰或烟气直接接触)的内压圆筒,由于存在附加热应力,因此 η 应减小:烟温较低,取 $\eta=0.95$;烟温较高,取 $\eta=0.9$。

内压管子即使受热,破坏后果不很严重,故取 $\eta=1.0$。

注:JB 2194—77 标准规定非焊接管孔的基本许用应力修正系数 η 比焊接管孔有所降低,这样规定是参照苏联标准[84,85]制定的。其他国家标准对非焊接管孔并不特殊处理,苏联 1965 年标准[87]也取消了上述规定。实际上,管孔的连接形式(焊接、胀接等)对元件强度不会产生明显差异。因此,GB 9222—88 标准规定各种管孔一样对待,GB/T 16508—1996 锅壳锅炉标准也这样处理。

关于高参数大容量锅炉的基本许用应力的修正系数 η 减小问题,见 6-2 节之 3(4)。

4 附加厚度

强度计算的厚度附加量(附加厚度)C 按式(8-4-9)计算:

$$C=C_1+C_2+C_3 \quad\quad\quad\quad (8-4-9)$$

式中:C_1——受压元件腐蚀裕量的附加厚度,mm;

C_2——受压元件制造减薄量的附加厚度,mm;

C_3——受压元件钢材厚度负偏差的附加厚度,mm。

(1) 锅筒(锅壳)筒体

1) 腐蚀裕量的附加厚度 C_1

腐蚀裕量与水侧的含氧量、烟气侧的含硫量等有关,并与锅炉设计的寿命相关。腐蚀裕量的附加厚度 C_1 一般取 0.5 mm,对厚度超过 20 mm 的元件,腐蚀裕量可取 0,若腐蚀裕量超过 0.5 mm,则取实际可能的腐蚀减薄量。

问题:上述厚度超过 20 mm 时,C_1 可取 0 mm 的规定是否合适,见 8-9 节之 1。

2) 制造减薄量的附加厚度 C_2

C_2 应根据具体工艺情况而定。一般情况下,按表 8-4-2 确定。

表 8-4-2 卷制减薄量的附加厚度 C_2[42]

卷制工艺	热卷		冷卷	
	$p_r \geqslant 9.8$ MPa	$p_r < 9.8$ MPa	热校	冷校
C_2	4	3(2[1])	1	0

1) 锅壳锅炉标准[83]。

3) 钢材厚度负偏差(为负值时)的附加厚度 C_3

C_3 按有关材料标准确定(板材按 GB/T 709)。

(2) 直集箱筒体与直管的附加厚度

对于钢管制成的直集箱筒体与直管,C_1 按前述锅筒(锅壳)筒体腐蚀裕量的附加厚度处理,C_2 取为零。

钢管负偏差(为负值时)的附加厚度 C_3 如下计算:

1) 设计计算

由管材制造的集箱及管子,如管材的最大负偏差为 $m\%$,则实际壁厚只有

$$\frac{100-m}{100}\delta$$

对于直集箱及直管,不存在工艺减薄,则上述实际壁厚应等于理论计算壁厚,即

$$\frac{100-m}{100}\delta = \delta_c$$

因此,有

$$\delta = \frac{100}{100-m}\delta_c$$

则对应负偏差的附加厚度为

$$C_3 = \delta - \delta_c = \frac{100}{100-m}\delta_c - \delta_c = \frac{100}{100-m}\delta_c$$

或

$$C_3 = A\delta_c \quad \cdots\cdots\cdots\cdots\cdots\cdots\cdots\cdots\cdots (8\text{-}4\text{-}10)$$

式中 A 值为

$$A = \frac{m}{100-m}$$

A 值如表 8-4-3 所示。

表 8-4-3　直集箱与管子的 A 值

厚度最大负偏差 $m/\%$	15	10	5	0
A	0.18	0.11	0.05	0

2) 校核计算

根据已有材料规格(即取用厚度 δ 为已知),进行校核计算时的附加厚度:

C_1 按前述锅筒(锅壳)筒体腐蚀裕量的附加厚度处理,C_2 取为零。

钢管厚度负偏差(为负值时)的附加厚度 C_3 由于取用厚度 δ 为已知,则按式(8-4-11)计算:

$$C_3 = \frac{m}{100}\delta \quad \cdots\cdots\cdots\cdots\cdots\cdots\cdots\cdots\cdots (8\text{-}4\text{-}11)$$

5　工艺性水压试验压力校核计算

(1) 关于工艺性水压试验

锅炉水压试验有两种:工艺性水压试验(hydrostatic test)与验证强度水压试验(proof test)。

工艺性水压试验是锅炉生产的最后一道工序,适当大于工作压力而不漏水即可,此即。安全规程规定的工艺性水压试验压力。

验证性水压试验用以验证元件的最大允许承载压力,则验证强度的水压试验压力明显高于工艺性水压试验压力。

以下仅介绍工艺性水压试验,而验证强度水压试验见 20-1 节。

(2) 工艺性水压试验校核计算

工艺性水压试验压力高于元件的计算压力,但在室温条件下进行,材料的强度特性较运行条件下为高。因此,需要对水压试验时的强度进行必要的校核。

一般规定,工艺性水压试验时元件内壁的当量应力(膜应力)不应超过试验温度条件下材料屈服强度 R_{eL}^t 的0.9倍,即距内壁大面积屈服留有10%的裕度。

1)锅筒与集箱筒体

由式(8-1-10),得锅筒内壁当量应力:

$$\sigma_{di}=\sigma_{\theta i}-\sigma_{ri}=p\frac{\beta^2+1}{\beta^2-1}-(-p)=2p\frac{\beta^2}{\beta^2-1}$$

则

$$p=\frac{\beta^2-1}{2\beta^2}\sigma_{di}$$

若水压试验时锅筒的最小减弱系数为 φ_{sw}(有时它区别于设计锅炉的 φ_{min},因水压试验时可能有些孔尚未开出),令 $\sigma_{di}=0.9R_{eL}^t$,且 β 改为取用厚度的 β_e,p 改为 p_{sw},则上式变为

$$p_{sw}=0.45\frac{\beta_e^2-1}{2\beta_e^2}\varphi_{sw}R_{eL}^t \quad\cdots\cdots\cdots\cdots\cdots\cdots\cdots\cdots\cdots\cdots (8\text{-}4\text{-}12)$$

而

$$\beta_e=\frac{D_o}{D_o-2\delta_e} \text{ 或 } \beta_e=1+\frac{2\delta_e}{D_i} \quad\cdots\cdots\cdots\cdots\cdots\cdots\cdots\cdots (8\text{-}4\text{-}13)$$

式中:p_{sw}——最大允许水压试验压力,MPa;

δ_e——锅筒有效厚度(取用厚度),mm;

D_o——锅筒外直径,mm;

φ_{sw}——水压试验时的最小减弱系数,取 φ、$2\varphi'$、φ_d 及 φ_w 中的最小值;

R_{eL}^t——水压试验温度(20 ℃)时的屈服限,MPa。

如锅炉有关规程中规定的锅筒工艺性水压试验压力大于按上式算出的 p_{sw} 值时,应取上述计算的 p_{sw} 作为水压试验压力。

2)管子

锅炉制造技术条件要求进行两倍工作压力(2p)的水压试验,若管子取用壁厚与计算最小需要壁厚接近时,管子内壁会屈服。对于电站锅炉,取用壁厚的裕度一般不很大,但水质要求严格,因而屈服不会导致不良后果。另外,考虑管子的重要性(破裂的后果)要比锅筒、集箱为小,故取消了水压试验压力校核计算公式。对于过热蒸汽管子或管道,因许用应力较小,则冷态水压试验压力允许较高,亦无必要给出水压试验压力校核计算公式。

水管锅炉强度计算标准给出的上述校核公式,主要用于电站锅炉,而锅壳锅炉的压力一般较低,外径与内径的比值 $\beta=D_o/(D_o-2\delta_e)$ 较小,因皆能够满足上述要求,故未要求校核。低压水管锅炉也无必要校核。

解析:关于1.25倍与1.5倍工作压力的工艺性水压试验压力

我国锅筒水压试验压力一般为1.25倍工作压力,一般情况下均能满足上式要求[122]。

1982年国家科委、国家经委、国家标准局联合行文要求我国积极采用国际标准,1984年国务院发文要求加快采用国际标准速度,提出了如何满足国际标准[95]给出的1.5倍工作压力的水压试验压力问题。论证[122]表明,当取用厚度接近最小需要厚度时,无论工业锅炉或电站锅炉锅筒,以1.5倍工作压力作为水压试验压力,皆满足不了上述公式要求。

美国、日本标准要求水压试验压力为1.5倍工作压力,但这些标准的安全系数较大,计算出的厚度明显偏大,内壁当量应力在1.5倍工作压力水压试验压力下一般不会超过0.9倍屈服限。

工艺性水压试验属于最后一道工艺性试验,用以检验是否因工艺欠佳、钢材尚有缺陷等而引起泄漏现象。对于工艺验证,1.5倍工作压力很难表明比1.25倍工作压力优越多少。于是,原劳动部锅炉局正式发文不允许将水压试验由1.25倍工作压力改为1.5倍工作压力。

水压试验压力应根据国家强度标准的安全裕度大小而定,因此,引用国外标准,必须结合国情认真分析[122]。

6 不等壁厚锅筒强度

为了节省金属,有些国家用不等厚度钢板制造筒体。被孔排减弱较严重的一半取较厚钢板;另一半未被减弱如也取较厚钢板则无必要,故取较薄钢板。我国有的锅炉,尤其有些移动式锅炉曾这样制造筒体。这样,就出现不等壁厚锅筒强度问题。

厚壁与薄壁的连接有两种形式:①壁的内径重合(图8-4-1);②壁的中径重合(图8-4-2)。

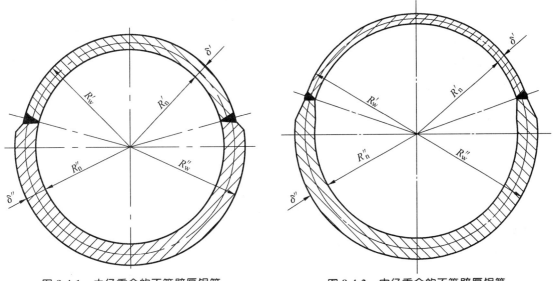

图8-4-1 内径重合的不等壁厚锅筒　　　　图8-4-2 中径重合的不等壁厚锅筒

美国规范[46]、日本规格[92]均要求筒体纵缝应该中径重合,环缝可不重合;经互会标准[88]要求中径重合,如果内径重合应对结合处作局部应力校核计算。

不同壁厚相结合部位,由于几何形状不同会产生附加的局部弯曲应力,属于二次应力(见7-1节),它与膜应力之和不应大于$3[\sigma]=2\sigma_s$。若过渡梯度满足标准要求(8-6之4),对于前述两种连接方式,上述应力要求均能得到满足[11]。

JB 2194—77水管锅炉标准给出中径重合形式(图8-4-2)的计算方法。经推导[36],得出薄壁与厚壁均可按一般筒体公式计算,内直径应统一取为薄壁内半径与厚壁内半径之和。如果采用内径重合形式,自然均应取内直径。

GB 9222—88水管锅炉标准与后续标准规定,薄壁与厚壁部分不论何种连接方式,均按各自筒体公式计算,公式中内直径取2倍各自的内半径。

过渡部分锥度的限制,见8-6节之4。

过渡部分的连接处不宜形成尖角,否则局部集中应力过大。

图 8-4-3 所示 $a—a$ 至 $b—b$ 不允许开孔的区域，是一种习惯上的要求。

8-5 内压弯头与环形集箱的强度分析与计算

管子（管道）的弯头在锅炉中广为应用，国内外运行中曾发现弯头提早损坏情况（出现裂纹或爆破）。环形集箱在某些锅炉中有所采用，如电站锅炉旋风炉的上、下环形集箱。本节介绍它们的受力特点、强度计算方法等。

1 弯头与环形集箱的应力分析

弯头（环形集箱）在内压作用下，薄壁圆筒壁中的平均应力可按以下方法求出。

（1）环向应力 σ_θ

按作用于 abb_1a_1 环形曲面（图 8-5-1）上力的垂直分量的平衡条件，可求出环向应力 σ_θ：

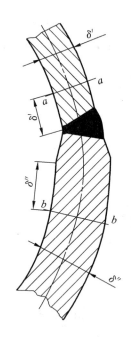

图 8-4-3 过渡区段的要求

$$p\pi(R^2-R_o^2)\frac{\alpha}{360}-\sigma_\theta \delta \sin\theta 2\pi R \frac{\alpha}{360}=0$$

式中：p——内压力；其他符号见图 8-5-1。
则

$$\sigma_\theta=\frac{p(R^2-R_o^2)}{2\delta R \sin\theta}$$

式中：$R=R_o+r\sin\theta$
则

$$\sigma_\theta=\frac{pr}{2\delta}\frac{2R_o+r\sin\theta}{R_o+r\sin\theta} \quad\cdots\cdots\cdots\cdots\cdots\cdots\cdots\cdots\cdots（8-5-1）$$

式中：r——管子半径（沿壁厚平均半径）。

由上式可见，环向应力 σ_θ 沿圆周各点分布不均，情况如下：

1) $\theta=0$，即在弯头顶部（图 8-5-1 中 b 点）

$$\sigma_\theta=\sigma_{\theta b}=\frac{pr}{\delta} \quad\cdots\cdots\cdots\cdots\cdots\cdots\cdots\cdots\cdots（8-5-1a）$$

此应力与直圆筒壁的环向应力值一样。

2) $\theta=\frac{1}{2}\pi$，即在弯头外侧（图 8-5-1 中 e 点）

$$\sigma_\theta=\sigma_{\theta e}=\frac{pr}{2\delta}\frac{2R_o+r}{R_o+r} \quad\cdots\cdots\cdots\cdots\cdots\cdots\cdots（8-5-1b）$$

此应力为最小环向应力值。

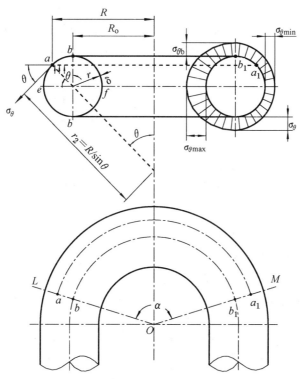

图 8-5-1　弯头(环形集箱)受力示意图

3) $\theta = \dfrac{3}{2}\pi$，即在弯头内侧(图 8-5-1 中 f 点)

$$\sigma_\theta = \sigma_{\theta f} = \frac{pr}{2\delta} \frac{2R_o - r}{R_o - r} \quad \cdots\cdots\cdots\cdots\cdots\cdots\cdots\cdots (8\text{-}5\text{-}1\text{c})$$

此应力为最大环向应力值。

上述环向应力 σ_θ 沿圆周分布情形，如图 8-5-1 右上部所示。

(2) 轴向应力 σ_z

按曲面上力的平衡条件，可求出弯头壁中的轴向应力 σ_z：

$$\frac{\sigma_\theta}{r} + \frac{\sigma_z}{r_2} = \frac{p}{\delta}$$

式中 $r_2 = R/\sin\theta$ (图 8-5-1)，则有

$$\frac{\sigma_\theta}{r} + \frac{\sigma_z \sin\theta}{R} = \frac{p}{\delta}$$

而 $R = R_o + r\sin\theta$，将式(8-5-1)代入上式，则得

$$\sigma_z = \frac{pr}{2\delta} \quad \cdots\cdots\cdots\cdots\cdots\cdots\cdots\cdots\cdots\cdots\cdots\cdots (8\text{-}5\text{-}2)$$

可见，所得轴向应力 σ_z 与直圆筒壁的纵向应力一样，它沿弯头各点不变。

弯头壁上各点的径向应力 σ_r，对于薄壁圆筒认为等于零。

(3) 铸造弯头强度计算

从以上应力分析，可见弯头(环形集箱)内侧(图 8-5-1 中 f 点)的应力最大，若各点壁厚相

同,且无椭圆度,则破坏应发生在内侧。

铸造弯头的壁厚基本上均匀不变,又无椭圆度,则上述应力状态适用于铸造弯头。

由于轴向应力小于环向应力,而且认为径向应力为零,则按最大剪切应力理论,得铸造弯头内侧的强度条件为

$$\sigma_d = \frac{pr}{2\delta} \frac{2R_o - r}{R_o - r} \leqslant [\sigma]$$

将 $r = D_m/2$ 代入,解出计算厚度 δ_c,得

$$\delta_c = \frac{pD_m}{2[\sigma]} \frac{4R_o - D_m}{4R_o - 2D_m} = \delta_{c直}\left(1 + \frac{1}{4\dfrac{R_o}{D_m} - 2}\right) \quad \cdots\cdots\cdots\cdots (8\text{-}5\text{-}3)$$

式中:δ_c——弯头理论计算壁厚;

$\delta_{c直}$——薄壁直筒理论计算壁厚;

D_m——弯头沿壁厚平均直径。

若将 δ_c 写成 $\delta_c = \delta_{c直} + C$,并且为了方便起见,以外直径 D_o 代替平均直径 D_m,同时取铸造弯头壁厚负偏差及腐蚀减薄量为 2 mm,由式(8-5-3),得铸造弯头的附加厚度为

$$C = \frac{1}{4\dfrac{R_o}{D_o} - 2}\delta_{c直} + 2 \quad \cdots\cdots\cdots\cdots\cdots\cdots\cdots\cdots\cdots\cdots\cdots\cdots (8\text{-}5\text{-}4)$$

这样,铸造弯头强度计算公式为

$$\delta \geqslant \delta_{c直} + C = \frac{pD_o}{2[\sigma] + p} + C$$

式中 C 按式(8-5-4)确定。

2 考虑弯管壁厚变化的应力分析与附加壁厚计算

大量弯头(环形集箱)都是直管弯成的,外侧壁厚减薄,内侧壁厚增大。壁厚变化可由弯头轴向纤维的相对变化来求得:

$$\frac{\Delta\delta}{\delta} = -\mu \frac{\Delta l}{l}$$

式中:$\Delta\delta/\delta$——弯头壁厚的相对变化;

$\Delta l/l$——弯头轴向纤维的相对变化;

μ——弯头材料的波松比。

由于管子弯曲后已出现很大塑性变形,故可取 $\mu = 0.5$。则弯管后外侧轴向纤维(图 8-5-2 中,通过 e 点的轴向纤维)的相对变化为

$$\frac{\Delta l_e}{l_e} = \frac{\left(R_o + \dfrac{D_m}{2}\right)\theta - R_o\theta}{R_o\theta} = \frac{1}{2}\frac{D_m}{R_o}$$

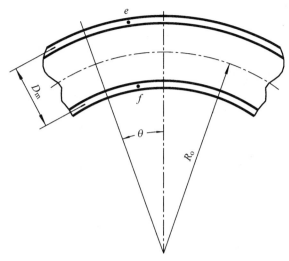

图 8-5-2　弯头截面示意图

故外侧壁厚的变化量为

$$\Delta\delta_e = -\mu \frac{\Delta l_e}{l_e}\delta = -\frac{1}{4}\frac{D_m}{R_o}\delta$$

则弯头外侧壁厚为

$$\delta_e = \delta + \Delta\delta_e = \left(1 - \frac{1}{4}\frac{D_m}{R_o}\right)\delta \quad \cdots\cdots (8\text{-}5\text{-}5)$$

同理,可得弯头内侧壁厚为

$$\delta_f = \delta + \Delta\delta_f = \left(1 + \frac{1}{4}\frac{D_m}{R_o}\right)\delta \quad \cdots\cdots (8\text{-}5\text{-}6)$$

将式(8-5-5)代入式(8-5-1b),得外侧环向应力

$$\sigma_{\theta e} = \frac{pD_m}{4\delta}\frac{4R_o + D_m}{4R_o - D_m}\frac{4R_o}{2R_o + D_m} \quad \cdots\cdots (8\text{-}5\text{-}7)$$

将式(8-5-6)代入式(8-5-1c),得内侧环向应力

$$\sigma_{\theta f} = \frac{pD_m}{4\delta}\frac{4R_o - D_m}{4R_o + D_m}\frac{4R_o}{2R_o - D_m} \quad \cdots\cdots (8\text{-}5\text{-}8)$$

对比式(8-5-7)与式(8-5-8)可知,内侧环向应力比外侧稍大一些,即 $\sigma_{\theta f} > \sigma_{\theta e}$,但二者差别不很大。在管子弯曲过程中,管子截面出现一定椭圆度,在内压作用下将产生附加弯矩。由于外侧管壁较内侧管壁为薄,则外侧管壁附加弯曲应力大于内侧管壁的。试验表明,弯头一般不在内侧破坏,说明外侧合成应力大于内侧。因此,我国 JB 2194—77 强度标准以外侧受力情况作为计算基础。弯头的轴向应力小于环向应力,而且认为径向应力为零,则按最大剪应力理论的强度条件为

$$\sigma_d = \sigma_{\theta e} = \frac{pD_m}{4\delta}\frac{4R_o + D_m}{4R_o - D_m}\frac{4R_o}{2R_o + D_m} \leqslant [\sigma]$$

将上式进行整理,得弯头理论计算壁厚

$$\delta_c = \frac{pD_m}{2[\sigma]}\left[1 + \frac{1}{\left[\dfrac{4R_o}{D_m} - 1\right]\left(\dfrac{2R_o}{D_m} + 1\right)}\right] = \delta_{c直}\left[1 + \frac{1}{\left[\dfrac{4R_o}{D_m} - 1\right]\left(\dfrac{2R_o}{D_m} + 1\right)}\right]$$

式中:$\delta_{c直}$——薄壁直管的理论计算壁厚。

为计算方便,将上式中的平均直径 D_m 以外直径 D_o 代替,并且
$$\delta_c = \delta_{c直} + C'$$
则考虑弯头形状所产生的应力变化与工艺过程所产生的壁厚变化的附加壁厚为
$$C' = \frac{1}{(4n-1)(2n+1)}\delta_{c直} \approx \frac{1}{2n(4n+1)}\delta_{c直}$$
式中:$n = R_o/D_o$。

若管子壁厚的最大负偏差为 $m\%$,则考虑负偏差的附加壁厚为
$$C'' = \frac{m}{100}\delta$$
式中:δ——管子的取用壁厚。

这样,管子的取用壁厚应满足以下条件:
$$\delta \geqslant \delta_{c直} + C_1 = \delta_{c直} + \frac{1}{2n(4n+1)}\delta_{c直} + \frac{m}{100}\delta$$
式中:$C_1 = C' + C''$。

解出 δ,得
$$\delta \geqslant \frac{100}{100-m}\left[1 + \frac{1}{2n(4n+1)}\right]\delta_{c直} = \delta_{c直} + \frac{1}{100-m}\left[\frac{50}{n(4n+1)} + m\right]\delta_{c直}$$

则考虑管子应力变化、壁厚变化及负偏差的附加壁厚为
$$C_1 = \frac{1}{100-m}\left[\frac{50}{n(4n+1)} + m\right]\delta_{c直} = A_1\delta_{c直}$$

若取腐蚀减薄量为 0.5 mm,则弯头总的附加壁厚为
$$C = C_1 + 0.5 = A_1\delta_{c直} + 0.5 \quad \cdots\cdots\cdots\cdots\cdots\cdots\cdots (8\text{-}5\text{-}9)$$

式中:
$$A_1 = \frac{1}{100-m}\left[\frac{50}{n(4n+1)} + m\right] \quad \cdots\cdots\cdots\cdots\cdots\cdots (8\text{-}5\text{-}10)$$

为计算方便,JB 2194—77 标准分为以下 3 种情况确定附加壁厚 C:

1) 当相对曲率半径较小,即 $R_o/D_o < 1.8$ 时,A_1 值按式(8-5-10)计算。

2) 当相对曲率半径为一般锅炉常用值,即 $1.8 \leqslant R_o/D_o \leqslant 3.5$ 时,根据式(8-5-10)取 $n = 1.8$ 计算出 A_1 值后列表使用,如表 8-5-1 所示。

表 8-5-1 $1.8 \leqslant R_o/D_o \leqslant 3.5$ 的 A_1 值

厚度最大负偏差 $m/\%$	15	10	5	0
A_1	0.22	0.15	0.09	0.03

3) 当相对曲率半径较大,即 $R_o/D_o > 3.5$ 时,可忽略弯曲的影响,取 A_1 等于直管的 A,A 见表 8-4-2。

后续锅炉强度计算标准的计算方法:

1) 水管锅炉强度计算标准 GB/T 16507.4—2013 的弯头(环形集箱)计算公式并未考虑弯曲产生壁厚变化,而是按本节之 1 的式(8-5-1a)、式(8-5-1b)与式(8-5-1c)的环向应力,按最

大剪切应力理论：$\sigma_d = \sigma_\theta \leqslant [\sigma]$，并引入各自的减弱情况，给出三处：外弧（外侧）、内弧（内侧）、中弧（中心线）的计算公式。

2）锅壳锅炉强度计算标准 GB/T 16508.3—2013 的弯头（环形集箱）计算，考虑了壁厚的变化，仅针对外弧（外侧）进行计算。

3 弯头实际强度与弯头强度变坏

（1）弯头的实际强度

如前所述，弯头（环形集箱）应力最大部位为外侧（图 8-5-1 中 e 点），一些实际运行弯头及试验弯头的破坏有不少实例发生于此处。但也有破坏发生在其他部位，这是由以下原因造成的。

在弯管过程中，除管壁厚度发生变化外，同时在截面上产生一定椭圆度。在内压力作用下，弯头截面由椭圆趋向圆形，于是在椭圆长轴（图 8-5-1 中 b 点附近）内壁处产生附加拉伸应力，当椭圆度大到一定值以后，此处合成应力将大于弯头外侧，于是弯头破坏发生于此处。我国有的电厂过热器导汽管弯头安装椭圆度曾超过允许值较多，有因此引起过早破坏的实例。

有些弯头横截面并非标准椭圆形，而呈现较复杂的形状，如图 8-5-3 所示。此时，弯头外侧较薄区域的曲率半径很大，在内压力作用下，使点 1 产生较大环向拉应力，易形成纵向裂纹。另一危险区域为曲率半径最小的过渡区段点 2 处，在内压力作用下，也产生较大环向拉应力而易形成纵向裂纹，有时导致破裂。

若弯管是冷弯的，塑性变形产生冷作硬化——屈服限、抗拉强度上升，尽管弯头应力大于直段的应力，有时破坏也可能发生在直段部位。

综上所述，带有弯头的管子，破坏部位有 3 种可能：①弯头外侧；②弯头曲率半径最大或最小部位；③直管段。至于具体破坏在哪个部位，取决于壁的减薄、椭圆度、材料硬化程度等。

如弯头强度计算仅按外侧最薄部位进行，不考虑椭圆度过大等情况，则弯头椭圆度必须满足要求。

（2）电站锅炉弯头强度的变坏

椭圆度过大是使弯头承载能力下降的一个重要因素，上面已有叙述。

有些电厂管道弯头外侧曾存在严重的划痕，如我国某电厂管道弯头外侧的外壁存在深达 3 mm 的划痕，此处正是弯头较薄部位。国外也有因此而造成破裂的实例，值得注意。

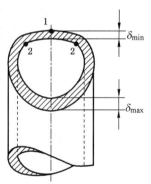

图 8-5-3 弯头横截面

苏联曾多次发生 12Cr1MoV、12MoCr、15CrMo 钢过热器蛇形管及管道的冷加工弯头在运行 12 000 h～35 000 h 后出现大量裂纹，甚至爆破的实例。裂纹多发生在弯头外侧的外壁，也有发生在曲率半径最小的内壁。无明显变形，裂纹具有晶间裂开性质，属于典型蠕变破坏。值得注意的是，这些皆发生在金属温度为 520 ℃～550 ℃ 区间。低于或高于此温度区间，则无此种破坏现象发生。认为是冷态塑性变形对此温度区间的持久强度起有害作用所致。我国也有 12Cr1MoV 钢导汽管弯头过早出现裂纹及爆破的实例。

奥氏体钢(Cr18Ni12Ti、Cr14Ni14W2Mo)过热器蛇形管弯头冷弯后如不进行固溶处理(加热到 1 000 ℃～1 050 ℃,停留 15 min 后空气冷却),运行不久即可能产生大量裂纹。

以上见文献[36]及所给出的有关文献。

大直径厚弯头是在热态下完成的。由于加热温度难以沿长度及沿周界一致,常导致产生不均匀的金相组织。在安装场地,有时用气焊枪加热弯头进行校形,由于温度不易掌握,可能因过烧而使金相组织变坏。这都明显降低弯头的热强度。

综上所述,为保证弯头具有足够强度,应在弯管工艺上多加注意。

8-6 内压圆筒形元件结构要求的解析

圆筒形元件按理想圆筒形、壁厚均匀、无附加热应力等假设条件导出的公式计算。这些假设条件偏离较多时,应力可能超过允许值。故提出结构限制要求,使应力控制在允许范围以内。本节对此进行分析。

1 不绝热筒体的最大允许壁厚

当热流自外向内传递时,锅筒(锅壳)内壁的热应力为拉伸应力,而内压力在内壁产生的应力也为拉伸应力。因而,内壁工作条件最差,此时内壁的当量应力为

$$\sigma_{di} = \sigma_{\theta i} + \sigma_{\theta i}^t$$

式中:$\sigma_{\theta i}$——内压力引起的内壁环向应力;

$\sigma_{\theta i}^t$——内壁环向热应力。

由式(3-1-2)对于碳钢 $\sigma_{\theta i}^t$ 可简化为[11]

$$\sigma_{\theta i}^t = 1.22 \Delta t \frac{2\beta+1}{\beta+1}$$

于是

$$\sigma_{di} = \sigma_{\theta i} + 1.22 \Delta t \frac{2\beta+1}{\beta+1}$$

式中:Δt——外壁与内壁的温差,℃。

从防止低周疲劳考虑,由式(2-5-1)得

$$\frac{k\sigma_{di}}{2} \leqslant [\sigma_a]$$

式中:k——考虑应力集中、温度修正的系数。

将 σ_{di} 代入此式,并经整理,得

$$\Delta t \leqslant \frac{\beta+1}{1.22(2\beta+1)k}(2[\sigma_a] - k\sigma_{di}) \quad\cdots\cdots\cdots\cdots\cdots\cdots\cdots\cdots(8\text{-}6\text{-}1)$$

由式(4-1-10),有

$$\Delta t = \frac{qD_o \ln\beta}{2\lambda} \approx \frac{qD_o}{\lambda} \frac{\beta-1}{\beta+1} \quad\cdots\cdots\cdots\cdots\cdots\cdots\cdots\cdots(8\text{-}6\text{-}2)$$

将上两式合并,得

$$A(2\beta+1)(\beta-1) \leqslant (\beta+1)^2$$

式中：

$$A = \frac{qD_o}{\lambda} \frac{1.22k}{2[\sigma_a] - k\sigma_{di}} \quad \cdots\cdots\cdots\cdots\cdots\cdots\cdots\cdots\cdots\cdots (8\text{-}6\text{-}3)$$

求解 β，近似得

$$\beta \leqslant \frac{2A + 1.6}{2A - 1}$$

或

$$\delta \leqslant \frac{1.3}{2A + 1.6} D_o \quad \cdots\cdots\cdots\cdots\cdots\cdots\cdots\cdots\cdots\cdots\cdots\cdots\cdots (8\text{-}6\text{-}4)$$

式(8-6-3)、式(8-6-4)中：

    D_o——外直径，m；

    q_{max}——最大热负荷，W/m²；

    λ——导热系数，W/(m·℃)；

    σ_{di}——内壁的当量应力，MPa；

    $[\sigma_a]$——低周疲劳允许压力幅，MPa。

按上式并根据不同元件实际数据，可得出如表 8-6-1 所示的不绝热筒体的最大允许壁厚值。由表可见，电站锅炉不绝热筒壳的最大允许壁厚值较大。

表 8-6-1　不绝热筒壳的最大允许壁厚 δ

元 件		$p \leqslant 2.5$ MPa 的工业锅炉锅筒		电站锅炉集箱		工业锅炉集箱	
烟温	℃	>800	600~800	>900	600~900	>900	600~900
启停次数 N	次	10 000	10 000	2 000	2 000	10 000	10 000
$[\sigma_a]$	MPa	270	270	440	440	270	270
k		3	3	3	3	3	3
σ_{di}	MPa	120	120	150	150	120	120
q	W/m²	70×10³	47×10³	116×10³	81×10³	116×10³	81×10³
λ	W/(m·℃)	44.2	44.2	44.2	44.2	44.2	44.2
D_w	m	0.8	0.8	0.3	0.3	0.3	0.3
A 值		25.7	17.1	6.72	4.71	16.1	11.2
δ	mm	19.6	29.1	25.9	35.4	11.5	16.3
我国锅炉强度标准规定的 δ 值	mm	20[1]	30	30	45	10	15

1) 不绝热锅壳(锅筒)的最大允许厚度经计算分析有一定放宽，见以下的注。

对于热负荷很高的电站锅炉水冷壁管子，考虑到温度变化的次数较多，应力循环次数取 4 000，由图 2-5-1 得 $[\sigma_a] = 350$ MPa。由于焊缝根部可能有缺陷，取 $k = 2$。设 $\sigma_{di} = 150$ MPa，$\beta = 1.5$。将上述数值代入(8-6-1)得

$$\Delta t \leqslant \frac{\beta + 1}{1.22(2\beta + 1)k}(2[\sigma_a] - k\sigma_{di}) = \frac{1.5 + 1}{1.22 \times 4 \times 2}(2 \times 350 - 2 \times 150) = 102\ ℃ \approx 100\ ℃$$

即为了防止低周疲劳，外壁与内壁的温差不应大于 100 ℃。

由式(8-6-2)可得

$$\delta \leqslant \frac{D_o}{1+\dfrac{D_o q}{\Delta t \lambda}}$$

如 q 用 q_{max} 代替,取 $\Delta t = 100\ ℃$,δ 与 D_o 的单位取 mm,则得出为防止水冷壁管子产生低周疲劳而对壁厚的限制公式:

$$\delta \leqslant \frac{D_o}{1+\dfrac{D_o q_{max}}{10^5 \lambda}} \quad \text{mm}$$

式中:D_o——外直径,mm;

q_{max}——最大热负荷,W/m^2;

λ——导热系数,$W/(m \cdot ℃)$。

工业锅炉不绝热锅壳厚度超标的处理:

JB 3622—84 标准规定在烟温大于 800 ℃ 的烟道或炉膛内不绝热锅壳的最大允许厚度为 20 mm,而炉胆的最大允许厚度却为 22 mm,显然有矛盾。因为热应力随着热负荷、厚度的增加而变大,而不绝热锅壳的热负荷明显小于炉胆,理应最大允许厚度大于炉胆。

不绝热锅壳的最大允许厚度是从防止热应力过大导致低周疲劳出发,按式(8-6-3)与式(8-6-4)得出的。

示例 1:

新型水火管锅壳锅炉下降管入口处在 800 ℃ 烟道内,取压力 $p = 1.6$ MPa,热负荷 $q = 60 \times 10^3\ W/m^2$,应力集中系数 $k = 3$;锅壳外径 $D_o = 2.2$ m,导热系数 $\lambda = 44.2\ W/(m \cdot ℃)$,允许应力幅度 $[\sigma_a] = 270$ MPa(低碳钢,疲劳 10^4 次)。筒壳内壁当量应力

$$\sigma_{di} \approx \frac{pD_o}{2\delta\varphi} = \frac{1.6 \times 2\,200}{2 \times 24 \times 0.68} = 108\ \text{MPa}$$

(锅壳厚度 $\delta = 24$ mm,下降管处孔桥减弱系数 $\varphi = 0.68$。)

为防止过大热应力引起低周疲劳,按式(8-6-3)与式(8-6-4):

$$A = \frac{qD_o}{\lambda} \times \frac{1.22k}{2[\sigma_a] - k\sigma_{di}} = \frac{60 \times 10^3 \times 2.2}{44.2} \times \frac{1.22 \times 3}{2 \times 270 - 3 \times 108} = 50.6$$

$$\delta_{max} = \frac{1.3}{2A + 1.6} D_o = \frac{1.3}{2 \times 50.6 + 1.6} \times 2.2 = 0.028\ \text{m} = 28\ \text{mm}$$

得最不利情况下的最大允许厚度达 28 mm。实际上,下降管入口处并非不绝热,则最大允许厚度会明显大于 28 mm。如果锅壳下部热负荷最高处的应力集中系数 $k = 1$(不存在大孔),即使热负荷高达 150 W/m^2,最大允许厚度 δ_{max} 还会更大。

处理:

基于以上分析,不绝热锅壳的最大允许厚度适当放大些是应该的。标准的规定也有了相应改变:GB/T 16508—1996 标准由 20 mm 改为 26 mm。以后,GB/T 9222—2008 水管锅炉强度计算标准与后续标准皆作了同样改变。

启示:

由以上分析可见,标准的一些规定值一般是按最不利情况给出的,且留有裕度。实际设计工作

中,如遇到与标准的规定值相差不大的情况,则可寻找标准规定的原始依据,并结合实际情况进行分析。如确实不会带来不良后果,则可上报主管锅炉安全部门取得同意。以上介绍的是典型一例。

示例 2:

某余热利用设备内筒(炉胆)的外径 $D_o=0.9$ m,壁厚 $\delta=30$ mm;外压力 $p=3.26$ MPa;在 900 ℃ 烟温下工作,热负荷取 $q=60\times10^3$ W/m²,应力集中系数 $k=3$;导热系数 $\lambda=44.2$ W/(m·℃),允许应力幅度 $[\sigma_a]=270$ MPa(低碳钢,疲劳 10^4 次)。

筒壳(炉胆)内壁当量应力:

$$\sigma_{di} \approx \frac{pD_o}{2\delta\varphi} = \frac{3.26\times900}{2\times30\times0.85} = 57.5 \text{ MPa}$$

为防止过大热应力引起低周疲劳:

$$A = \frac{qD_o}{\lambda} \times \frac{1.22k}{2[\sigma_a]-k\sigma_{di}} = \frac{60\times10^3\times0.9}{44.2} \times \frac{1.22\times3}{2\times270-3\times57.5} = 12.1$$

$$\delta_{max} = \frac{1.3}{2A+1.6}D_o = \frac{1.3}{2\times12.1+1.6}\times0.9 = 0.045 \text{ m} = 45 \text{ mm}$$

得最不利情况下的最大允许厚度达 45 mm。其原因在于直径较小,内壁当量应力颇低,允许附加热应力较大。

2 锅筒(筒壳)的最小允许壁厚

若根据强度计算取用的锅筒壁厚过小,则在制造、运输、安装等过程中,可能由于偶然原因而使锅筒局部塌陷或产生过大的总体变形,难以保持设计的形状,因而,规定任何情况下锅筒壁厚不应小于规定值:

锅壳锅炉强度计算标准规定:锅壳内直径 D_i 大于 1 000 mm 时,锅壳筒体的名义厚度(取用厚度)不应小于 6 mm;锅壳内直径 D_i 不大于 1 000 mm 时,锅壳筒体的名义厚度不应小于 4 mm。

如果管子胀接在锅壳上,壁厚过小则不能保证连接质量的要求。根据实践经验,此时,锅壳壁厚不应小于 12 mm。

水管锅炉强度计算标准也有同样要求。但未给出锅筒内直径 D_i 不大于 1 000 mm 时,锅筒的名义厚度不应小于 4 mm 的规定。这是两个标准不协调所致。

3 对筒体椭圆度的限制

当筒体有一定椭圆度时,在内压力作用下产生的最大弯矩(图 8-6-1)可按下式计算[11,36,39]:

$$M_{max} = \frac{p}{8}D_{max}^2\eta \approx \frac{p}{8}D_m^2\eta$$

式中:$\eta=(D_{max}-D_{min})/D_{max}$,称"相对椭圆度";

D_m——中径。

由上式得附加弯曲应力为

$$\sigma_w = \frac{6M_{max}}{\delta^2} = \frac{3}{4}\frac{pD_m^2}{\delta^2}\eta$$

由此,得最大环向的应力为

$$\sigma_{\theta+w}=\sigma_\theta+\sigma_w=\frac{pD_m}{2\delta}+\frac{3}{4}\frac{pD_m^2}{\delta^2}\eta=\frac{pD_m}{2\delta}\left(1+\frac{3}{2}\frac{D_m}{\delta}\eta\right) \quad\cdots\cdots\cdots\cdots(8\text{-}6\text{-}5)$$

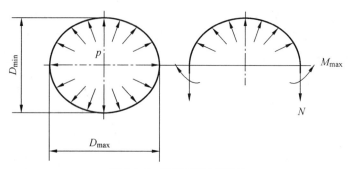

图 8-6-1 有椭圆度的筒壳

校核示例:

对于锅筒筒体,若取 $\beta=1.05$,则 $D_m/\delta=2/(\beta-1)=40$。高压锅炉锅筒筒体的允许相对椭圆度 $\eta=0.7\%$(见表 8-6-2)。代入式(8-6-5),得

$$\sigma_{\theta+w}=1.42\frac{pD_m}{2\delta}=1.42\sigma_\theta$$

即附加弯曲应力使环向的应力增大 42%。当存在弯曲应力时,许用应力可放大到 $1.5[\sigma]$(见 7-1 节),另外,此弯曲应力具有二次应力性质,许用应力还可以放大,因此,规定 $\eta=0.7\%$ 是安全的。中低压锅炉锅筒筒体的允许相对椭圆度 $\eta\approx(0.4\sim0.6)\%$,而中低压锅炉的 D_m/δ 较大,可达 600。代入式(8-6-5),得

$$\sigma_{\theta+w}=(1.36\sim1.54)\frac{pD_m}{2\delta}=(1.36\sim1.54)\sigma_\theta$$

可见,规定 $\eta\approx(0.4\sim0.6)\%$ 也是安全的。

对于弯头及环形集箱,若 $\beta=1.3,\eta=10\%$(见表 8-6-3),得

$$\sigma_{\theta+w}=2\frac{pD_m}{2\delta}\approx2\sigma_\theta$$

由于附加弯曲应力具有二次应力性质,以及弯头及集箱相对锅筒来说,其破坏后果要小得多,故根据工艺上的实际可能,将允许椭圆度放宽。

表 8-6-2 锅筒筒体的允许最大椭圆度[1]   mm

锅炉类型		中低压锅炉			高压锅炉
内直径 D_i		≤1 000	1 000~1 500	>1 500	≤1 800
椭圆度 $D_{imax}-D_{imin}$	热卷	6	7	9	$0.007D_i$
	冷卷	4	6	8	

1) GB/T 16507.5—2013 与 GB/T 16508.4.4—2013 规定:锅筒同一截面上最大内径与最小内径之差,不应大于其名义内径的 1%。

表 8-6-3　弯头及环形集箱的允许最大椭圆度　　　　　　　　　　　　　　　mm

中心线的曲率半径 R_o		$<2.5D_o$	$2.5D_o \leqslant R_o < 4D_o$	$R_o \geqslant 4D_o$
椭圆度 $D_{omax} - D_{omin}$	弯头	$0.12 D_o$	$0.10 D_o$	$0.08 D_o$
	环形集箱	$0.10 D_o$	$0.08 D_o$	

由于工艺的进步,椭圆度会有所减小,则应力状态更能满足要求。

4　对锅筒壁的锥度限制

锅筒不等壁厚的连接部位,为了减小局部应力增值[11,36],需要将较厚壁的端部按一定锥度削至较薄壁的厚度,见图 8-6-2。

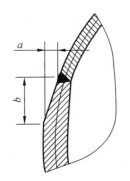
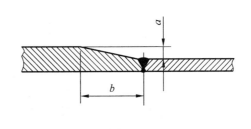

图 8-6-2　不等壁厚的连接部位锥度

按最大剪应力强度理论,环向平均应力的增值起主要作用。对锅筒纵向过渡有详细理论分析[11]。应力的增值具有二次应力性质,当锥度为 1∶4～1∶3 时,应力的增值不会超过 $2[\sigma]$。

我国强度计算标准最初规定锥度不大于 1∶4,目前规定锥度不大于 1∶3。锅筒环向过渡也按此处理。各国标准规定大致相同,实践证实从来都是安全可靠的。

对于锅筒中径重合形式(图 8-4-2),过渡区段可近似视作图 8-6-3 所示受拉伸的楔形件。在楔形件横截面上的垂直应力分量 σ'(相当于筒体壁上的环向应力 σ_θ)在截面中部最大两侧最小。当过渡梯度为 $a∶b = 1∶4$ 时,中部最大应力仅比平均应力大 4%[36,44],相当于过渡区段中间部分的环向应力仅增加 4%。尽管它具有一次应力性质,但仅属于局部升高,加之升高值又不大,故对强度的影响很小,可不予考虑。

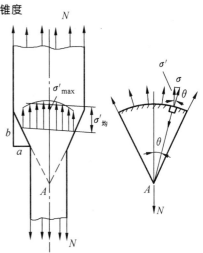

图 8-6-3　楔形件受力情况

8-7　附加外载的校核计算

锅炉内压元件的强度计算公式是仅根据内压力导出的。在有些情况下,外部载荷引起的应力可能较大,使合成应力超过许可值。因此,在强度计算之后,有时还需进行附加外载的校核计算。本节校核计算方法适合于锅筒筒体与集箱筒体。

过大的外载元件有限元计算分析与补强措施,详见17-3节。

1 附加外载的校核计算公式

承受内压力的锅炉圆筒在最不利情况下,同时承受内压力以及外部轴向力、弯矩和扭矩的联合作用(主要指管件)。在这种情况下,最不利的应力状态如图8-7-1中A点所示(内压力引起的径向应力σ_r忽略不计)。

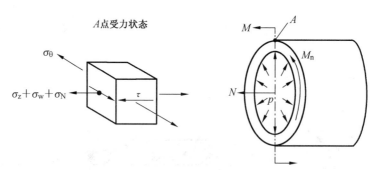

σ_θ——内压力引起的环向应力;σ_z——内压力引起的轴向应力;
σ_w——弯矩M引起的弯曲应力(轴向);σ_N——轴向力N引起的轴向应力;
τ——扭矩M_n引起的剪切力

图 8-7-1 圆筒最不利A点的应力状态

根据材料力学平面应力状态分析,平面内的两个主应力为

$$\sigma_{\max} = \frac{\sigma_\theta + (\sigma_z + \sigma_N + \sigma_w)}{2} + \sqrt{\left(\frac{\sigma_\theta - (\sigma_z + \sigma_N + \sigma_w)}{2}\right)^2 + \tau^2}$$

$$\sigma_{\min} = \frac{\sigma_\theta + (\sigma_z + \sigma_N + \sigma_w)}{2} - \sqrt{\left(\frac{\sigma_\theta - (\sigma_z + \sigma_N + \sigma_w)}{2}\right)^2 + \tau^2}$$

锅炉受压元件的剪切应力很小,此时,$\sigma_{\min} > 0$,而垂直于平面的径向应力$\sigma_r = 0$,则按最大剪切应力强度理论所得A点的当量应力为$\sigma_{\max}$。于是得根据7-1节所述的应力分类原则,得

$$S_{m+w} = \frac{1}{2}(\sigma_z + \sigma_w + \sigma_N + \sigma_\theta + \sqrt{(\sigma_z + \sigma_w + \sigma_N - \sigma_\theta)^2 + 4\tau^2}) \leqslant 1.5[\sigma]$$

如去除弯曲应力σ_w应满足:

$$S_m = \frac{1}{2}(\sigma_z + \sigma_N + \sigma_\theta + \sqrt{(\sigma_z + \sigma_N - \sigma_\theta)^2 + 4\tau^2}) \leqslant [\sigma]$$

上述公式中,S表示应力分类中按最大剪切应力强度理论的当量应力,下角的m与w分别表示膜应力与弯曲应力。

同时按以上两式校核较为繁琐,故近似地仅取前一公式,但将式中$1.5[\sigma]$改为$[\sigma]$。此式仍较繁琐,还可以简化成下式[11]:

$$\sigma_z + \sigma_N + \sqrt{\sigma_w^2 + 4\tau^2} \leqslant [\sigma]$$

可以证明,以上简化偏于安全。

上述公式中

$$\sigma_\theta = 2\sigma_z$$
$$\sigma_z = \frac{p(D_o - \delta_e)}{4\delta_e \varphi_1}$$

式中：p——内压力，MPa；

D_o——外直径，mm；

$\delta_e = \delta - C$——有效壁厚，mm；

δ——取用壁厚，mm；

C——附加壁厚，mm；

φ_1——校核部位的横向孔桥减弱系数或环焊缝减弱系数。

最后的附加外载校核公式为

$$\sigma_N + \sqrt{\sigma_w^2 + 4\tau^2} \leqslant [\sigma] - \frac{p(D_o - \delta_e)}{4\delta_e \varphi_1} \quad \cdots\cdots\cdots\cdots\cdots \quad (8\text{-}7\text{-}1)$$

如仅有弯矩，则上式变为

$$\sigma_w \leqslant [\sigma] - \frac{p(D_o - \delta_e)}{4\delta_e \varphi_1} \quad \cdots\cdots\cdots\cdots\cdots \quad (8\text{-}7\text{-}2)$$

以上公式中的附加轴向应力按下式计算：

$$\sigma_N = \frac{N}{100 F \varphi_1} \quad \text{MPa}$$

附加弯曲应力按下式计算：

$$\sigma_w = \frac{M}{100 W \varphi_1} \quad \text{MPa}$$

附加剪应力按下式计算：

$$\tau = \frac{M_n}{200 W \varphi_1} \quad \text{MPa}$$

上述公式中：

N——附加轴向力，N；

M、M_n——校核截面的附加弯矩与扭矩，N·cm；

F——校核截面的断面积，cm^2；

W——校核截面的抗弯断面系数，cm^3；

φ_1——校核部位的横向孔桥减弱系数或环向焊缝减弱系数。

2 锅筒筒体弯矩计算

锅筒在一般情况下，外载主要引起弯曲应力。而且在以下两种情况下，才需对锅筒进行弯曲应力校核：

1) 锅筒支座或吊架之间的距离（支点间距）超过 10 m；

2) 不论支点间距如何，当 $2\varphi' < \varphi$ 或者 $2\varphi'$ 接近 φ 时。

在上述第一种情况下，由于支点间距很大，弯曲应力有可能达到不允许的程度；在第二种情况下，横截面减弱很严重，而弯曲应力正作用在横截面内，因而弯曲应力也可能达到不允许的程度。

在没有较大的局部载荷情况下，外载可以看成沿元件长度均匀分布，即可以将元件看成受均布载荷作用的外伸梁，见图 8-7-2。

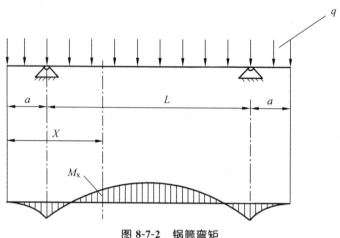

图 8-7-2 锅筒弯矩

支点间任一断面中的弯矩按式(8-7-3)计算：

$$M = M_x = \frac{q(L+2a)(x-a)}{2} - \frac{qx^2}{2} \quad \text{N·cm} \quad \cdots\cdots (8-7-3)$$

式中：q——单位长度载荷，N/cm；

$$q = \frac{\sum G}{L+2a} a$$

$\sum G$——促使元件弯曲的总重力，N。对于锅筒，包括锅筒本身的重力、对应最高水位的锅筒内部水的重力、锅筒外部绝热层的重力、锅内设备的重力、使锅筒弯曲的所有其它元件（安全阀、主汽阀）及管道系统（也包括其内部介质）等的重力。

L——支点间距，cm；

a——悬臂部分的长度，cm；

x——由锅筒端部至所求断面的距离，cm。

最大弯矩在锅筒中间。

3 锅筒筒体抗弯断面系数计算

锅筒上布置各种孔排，锅筒横截面被孔所减弱(图8-7-3)。弯矩最大的断面不一定是被孔减弱最严重的断面。因此，在确定最危险断面时，应同时考虑弯矩和抗弯断面系数两个因素，有时，还要考虑有环向焊缝的断面。在某些情况下，需要校核几个断面，以找出最大弯曲应力。

被孔减弱断面的抗弯断面系数应为对通过被减弱断面形心 C 水平轴 $X'—X'$（即中性轴）的抗弯断面系数，按式(8-7-4)计算：

$$W = W_x' = \frac{J_x'}{\frac{D_o}{2} + y_c} \quad \cdots\cdots\cdots\cdots\cdots\cdots\cdots (8-7-4)$$

式中：y_c——形心 C 与圆心 O 的垂直距离，见图 8-7-3；

J_x'——对中性轴 $X'-X'$（通过形心的水平轴）的惯性矩。

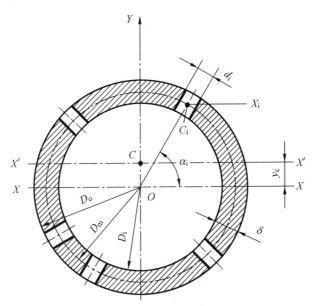

图 8-7-3　被孔减弱的圆筒断面

根据材料力学求形心的方法,有

$$y_c = \frac{S_X}{F}$$

式中：S_X——被减弱断面对 X 轴的静矩；

F——被减弱断面的面积。

计算时,被减弱断面积为未减弱圆筒的断面积减去各管孔的断面积(近似看作矩型 δd_i, δ 为圆筒壁厚, d_i 为各管孔直径)。未减弱圆筒断面对 $X-X$ 轴的静矩为零,各管孔断面对 X_i 轴的静矩为 $\delta d_i (D_m/2) \sin\alpha_i$, D_m 为圆筒中径, α_i 为各管孔断面中心的坐标角(由 X_i 轴逆时针方向为正)。代入上式,得

$$y_c = \frac{-\frac{D_m \delta}{2} \sum d_i \sin\alpha_i}{\frac{\pi}{4}(D_o^2 - D_i^2) - \delta \sum d_i} \approx \frac{-\frac{D_m \delta}{2} \sum d_i \sin\alpha_i}{\pi D_m \delta - \delta \sum d_i} = \frac{1}{2} \frac{D_m \sum d_i \sin\alpha_i}{\pi D_m - \sum d_i}$$

被减弱断面对中性轴 X' 的惯性矩,根据材料力学惯性矩平行移轴定理,为

$$J_x' = J_x - y_c^2 F$$

式中：F——被减弱断面的面积

$$F \approx \delta(\pi D_m - \sum d_i)$$

J_x——被减弱断面对通过圆心的 $X-X$ 轴的惯性矩

$$J_x = J_{xo} - \sum J_{xi}$$

J_{xo}——未减弱断面对 $X-X$ 轴的惯性矩

$$J_{xo} = \frac{\pi}{64}(D_o^4 - D_i^4) \approx \frac{\pi}{8} D_m^3 \delta$$

J_{xi}——各管孔断面对 $X-X$ 轴的惯性矩,根据惯性矩平行移轴定理,有

$$J_{xi} = J_{xi}^{\circ} + (d_i \delta)\left(\frac{D_m}{2}\sin\alpha_i\right)^2$$

式中：J_{xi}°——各管孔断面对通过各自断面形心 C_i 的水平轴 X_i 的惯性矩。

由于管孔断面的边长与 X_i 轴不平行，应用惯性矩转轴定理，得

$$J_{xi}^{\circ} = \frac{\delta d_i^3}{12}\cos^2\alpha_i + \frac{\delta^3 d_i}{12}\sin^2\alpha_i$$

对于一般锅筒，管孔直径 d_i 及筒体壁厚 δ 都比筒体平均直径 D_m 小很多。故 J_{xi}° 项可以忽略不计。将 J_{xo} 及 J_{xi} 代入 J_x，再将 J_x 代入 J_x' 后，得

$$J_x' \approx \frac{\pi}{8}D_m^3\delta - \frac{D_m\delta}{4}\sum d_i \sin^2\alpha_i - \delta(\pi D_m - \sum d_i)y_c^2$$

将 y_c 代入，最后得

$$J_x' = \frac{\pi D_m^2 \delta}{4}\left[\frac{1}{2}\pi D_m - \sum d_i \sin^2\alpha_i - \frac{(\sum d_i \sin\alpha_i)^2}{\pi D_m - \sum d_i}\right]$$

严格讲，横截面上开孔不一定对称于垂直轴 Y，故以上计算有一定的近似性，但考虑到管孔尺寸相对筒体平均直径小很多，故不会引起明显偏差。

当管孔布置基本上对称于 $X—X$ 轴时，形心 C 可近似认为与圆心重合，即 $y_c = 0$，此时，可按下式公式简化计算：

$$W = W_x' = \frac{2J_x'}{D_o}$$

式中

$$J_x' = \frac{D_m^2\delta}{4}\left[\frac{1}{2}\pi D_m - \sum d_i \sin^2\alpha_i\right]$$

8-8 内压圆筒形元件强度问题解析与说明

本节对正文中未及解析与说明的问题加以补充。

1 解析

（1）非径向孔的应力状态

关于非径向孔，JB 3622—84 标准规定孔的轴线偏离径向的角度 α 不得大于 45°，否则应力集中过大[11,36,115,121]。还规定非径向孔桥的许用应力比一般径向孔桥下降 10%，这仅是人为从严考虑。非径向孔桥减弱系数因存在角度 α 也有所下降，如再规定许用应力下降 10%，则算出壁厚明显增大，从而限制了非径向孔排的应用。此外，为防止一般气割使孔的质量变差，规定非径向孔必须机械加工，无疑是正确的，但也限制了可保证孔的质量的其他加工方法的应用。

考虑以上情况后，GB/T 16508—1996 标准取消了将许用应力下降 10% 的规定，此外，在工艺上除机械加工外，也允许仿形气割方法的应用。

如果孔的轴线偏离径向的角度 α 大于 45°，不是不可以的，可根据应力集中增大进行

处理。

图 8-8-1a)为非径向孔,图 8-8-1b)为另一种非径向孔,称斜向孔。

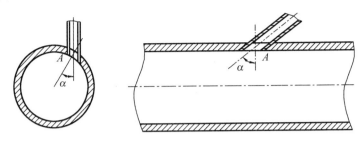

a) 非径向孔　　　　　　　b) 斜向孔

图 8-8-1　非径向孔

非径向孔与斜向孔由于皆存在小于 90°的尖角部分 A(图 8-8-1),则该处的应力集中系数有所增大[136]:

图 8-8-1a)非径向孔　　$k_{非径向}=k(1+2\sin^2\alpha)$

图 8-8-1b)斜向孔　　　$k_{斜向}=k(1+\tan^{4/3}\alpha)$

式中：k——一般径向孔的应力集中系数。

如在尖角部分 A(图 8-8-1)增加焊缝尺寸,可以消除较大的应力集中现象。

示例：集箱非径向排污管孔

图 8-8-2 所示排污孔明显偏离集箱的径向,应力集中严重,但由于集箱无孔排部位的安全裕度颇大,可视为"安全结构",至今各地质检部门允许应用。

(2) 最小孔桥减弱系数 $\varphi、\varphi'、\varphi''$ 的规定

我国(DZ) 173—62《水管锅炉受压元件强度计算暂行规定》曾规定减弱系数 $\varphi、\varphi'、\varphi''$ 均不应小于 0.3,但未注明是指焊接管还是胀接管。当时,有的焊接管孔桥减弱系数 $\varphi<0.3$ 的小型锅炉曾被禁止生产。其他一些国家限制情况如表 8-8-1 所示。

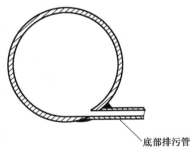

图 8-8-2　下集箱排污孔接管

表 8-8-1　对孔桥最小减弱系数的限制

国 别	中 国	苏 联		美 国	日 本
来 源	1962 年标准[77]	1956 年标准[125]	1965 年标准[87]	ASME 标准[46]	专著[126]
孔排减弱系数应不小于	0.3	0.3	0.258	0.25	0.2
备 注	未注明是焊接管头还是胀接管头				只限于胀接管头

注：俄国经互会标准[88]规定为 0.286。

胀接孔桥最小减弱系数限制的依据：

胀接管子的孔周围产生直径约 $1.5d$ 的塑性变形区域(图 8-8-3),为确保胀接质量,要求塑性变形区域不重叠,即管孔不应过密。当塑性变形区域恰好相切时,其节距 $s=1.5d$,则

$$\varphi = \frac{s-d}{s} = \frac{1.5d-d}{1.5d} = 0.33 \approx 0.3$$

因而,对于胀接管孔,φ、φ' 及 φ'' 皆不应小于 0.3。

焊接孔桥无需最小减弱系数限制的依据:

曾对不同减弱系数的焊接孔排作过实验研究[118],即使焊接管孔排的最小减弱系数为 0.185,孔桥截面的金相组织仍属正常。有些人曾担心孔桥减弱系数过小时,焊缝热影响区会重叠影响强度。实际上,多层焊缝不仅热影响区重叠,而且焊缝本身就是重叠的。因此,在制定 JB 2194—77 标准时已采纳了焊接孔排不必要求最小减弱系数的建议,我国后续标准均这样处理。

(3) 管孔与焊缝重叠问题

1) 胀接管孔

胀接管孔应尽量避开焊缝,因为焊缝及其热影响区的金属变形性能与其他部位难以完全一样,若孔的一部分在焊缝区域,另一部分处于母材上,则难以保证胀接严密性。因而规定,胀接管孔中心距焊缝边缘的距离 L 不应小于 $0.8d$,且不小于 $0.5d + 12$ mm(图 8-8-4)。

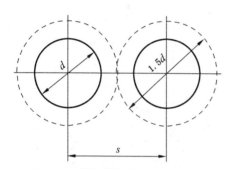

图 8-8-3 胀接管孔之间的最小距离

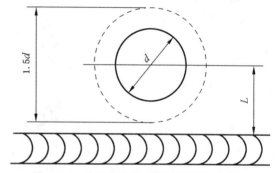

图 8-8-4 胀接管孔与焊缝之间的最小距离

2) 焊接管孔

焊接管孔应尽量避开焊缝,如不得已开在焊缝上时,应满足锅炉制造技术条件的要求。如果在孔桥上有焊缝通过(图 8-8-5),则减弱系数应取孔桥减弱系数与焊缝减弱系数的乘积。

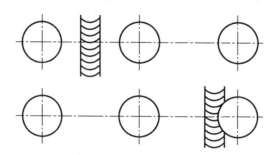

注:焊接孔排与焊缝重叠一般是不允许的,但由于结构的需要,有时很难避开主焊缝。如果焊后进行退火处理消除残余应力,另外,低压锅炉管子壁厚余量颇大,对焊缝起一定加强作用,则从强度考虑是可行的。

图 8-8-5 孔桥与焊缝重叠

管板的焊接孔排与管板拼接焊缝重叠问题的处理,参见 12-3 节之 4。

(4) 立式旋风炉上部环形集箱的汽水混合物引出管起支吊作用的强度分析

某电站锅炉立式旋风筒全部重量约 20 t,仅借助与锅筒相连的 4 根 $\phi 159 \times 8$ mm 的汽水混合物引出管吊起。则 4 根汽水混合物引出管产生的附加轴向应力为

$$\sigma_z = \frac{G}{n\pi dS} = \frac{20 \times 10^3}{4\pi \times 159 \times 8} = 1.25 \text{ kgf/mm}^2 = 12.3 \text{ MPa}$$

式中:G——旋风炉总重;

n——引出管根数。

可见,此应力很小,比许用应力小 1 个数量级,它对连接焊缝的强度不会产生明显影响作用。

内压力引起的轴向应力为

$$\sigma_{z(p)} = \frac{p\pi 4 d_n^2}{\pi d_n S} = \frac{14 \times 159}{4 \times 8} = 69.6 \text{ MPa}$$

式中:p——内压力,取 14 MPa。

可见,重量引起的 σ_z 比内压力引起的 $\sigma_{z(p)}$ 要小得多。

另外,重量引起的应力 σ_z 对于集箱孔边缘具有局部应力性质(局部应力的许用应力为膜应力许用应力的 1.5 倍),而集箱孔加强所采用的等面积加强方法也有较大裕度。

基于以上分析,对该旋风炉重量引起的附加载荷虽未进行专门校核计算,但分析表明已是安全可靠的。

(5) 锅筒壁开盲孔的强度分析

为测量锅筒壁沿厚度的温度分布规律,在壁上开设不同深度的盲孔。设盲孔直径 $\phi 5$ mm,最深盲孔底部的剩余厚度 $S_1 = 10$ mm (见图 8-8-6),内压力 $p = 12$ MPa。常担心盲孔底部仅留 10 mm 厚能否承受如此高压的作用。

盲孔底部可视为小平端盖,即所示结构相当于承受压力作用的直径仅有 5 mm 的平端盖,与其相连接件的壁厚甚大,则平端盖的周边约束应属于固支形式(平端盖周边的刚度甚大)。则由 11-1 节解析可知最大弯矩为 $M_r = \frac{1}{8} pR^2$,于是最大弯曲应力

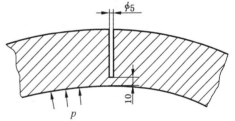

图 8-8-6 厚壁筒体壁温测试盲孔

$$\sigma_w = \frac{\frac{1}{8} pR^2}{\frac{S^2}{16}} = 0.75 \frac{pR^2}{S_1^2}$$

由此,得所需厚度

$$S_1 = 0.433 D \sqrt{\frac{p}{[\sigma]}}$$

则

$$S_1 = 0.433 \times 5\sqrt{\frac{12}{109}} = 0.72 \text{ mm}$$

式中：$[\sigma] = 109 \text{ MPa}$（20号碳钢，$t_{bi} = 320\ ℃$）；

$D = 5$ mm（盲孔直径）。

可见，取 $S_1 = 10$ mm 有相当大的裕度。其原因在于盲孔直径（平端盖直径）很小。

2 说明

(1) 孔桥减弱系数的线算图

我国各版本锅炉强度计算标准中确定孔桥减弱系数 φ_d 值的线算图（图 8-3-7），是本书编著者于 20 世纪 60 年代提出的[124]。图可用以优化设计——尽量提高斜向孔桥当量减弱系数 φ_d，另外，利用线算图可对手算结果起校核作用。此线算图纳入于我国首个强度计算标准 JB 2194—77《水管锅炉受压元件强度计算》标准，以后各版本水管与锅壳锅炉标准均加以采用。

(2) 立式锅炉筒壳上加煤孔与出渣孔的计算

立式锅炉加煤孔圈、除渣孔圈对炉胆与锅壳起拉撑作用，可使炉胆向内变形与锅壳向外变形都受到制约[图 8-8-7b]。但锅筒上的管子却不能拉撑锅筒[图 8-8-7a]，反而由于锅筒存在孔排，使承载截面减小，而使孔桥应力上升，孔的节距愈小，减弱的程度愈大。但加煤孔、除渣孔的情况则相反，孔的节距愈小，上述拉撑作用愈大（与拉撑平板情况相似）。但因孔圈的尺寸较大，孔周边的应力集中较明显，故应按孔加强方法处理。有的工厂曾按孔桥减弱方法来计算锅壳与炉胆厚度，由于受力模型不同，算法有误，且使锅壳与炉胆厚度明显增加。

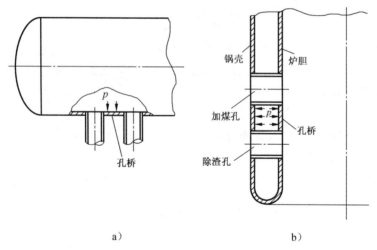

图 8-8-7 孔桥受力状态

(3) 孤立小孔的强度

直径小于无需补强孔的最大允许直径 $[d]$ 的孤立孔属于孤立小孔，其强度已足够，无需校核其强度。

在锅筒（筒壳）上常会遇到尺寸不大的孤立孔。其周围未减弱的金属对此孔有明显加强作用，且尺寸不大，孔边缘的应力集中也不会很大，因此，这类孔不必校核它的孔径 d 是否小于 $[d]$，它的存在不会影响筒壳的强度。俄国经互会标准[88]规定满足以下尺寸的孔可不予考虑：

$$d \leqslant 0.25\sqrt{D_p(t-c)}$$

例如,筒壳平均直径 $D_p=1\,000$ mm,有效壁厚 $t_c=20$ mm,则 $d\leqslant 35$ mm。

(4) 锅壳上局部凹坑尺寸的限制

校核锅壳强度时,常会遇到孤立的腐蚀凹坑。按 7-1 节应力分类与处理规定角度考虑,凹坑如未连成一片,则凹坑周围的未减弱金属会对凹坑起到明显加强作用,因此,凹坑的深度不应作为减薄量。有的标准[127]规定,当锅壳板上凹坑的最大长度不大于 2.5 倍原板厚,其深度不大于以下值时可不予考虑:

① 受火部分为原厚度的 50%;
② 扳边部分为原厚度的 30%。

但两相邻凹坑的距离应不小于 120 mm。

(5) 锅壳锅炉强度简化处理

锅壳锅炉强度有以下简化处理:

由于绝大多数锅壳锅炉的压力不高($\leqslant 2.5$ MPa),筒壳外径与内径的比值 β 不大,故不提出对 β 的限制;

按我国锅炉监察规程所规定的水压试验压力,筒壳内壁不会产生大面积屈服,故也无必要给出允许的水压试验压力校核公式;

筒壳均不很长,故无需进行外载引起弯曲应力的校核。

以上也应适用于工业水管锅炉。

8-9 内压圆筒形元件强度计算问题与改进

1 关于计算壁厚允许减小的规定

我国历来各版本强度计算标准皆规定液柱静压力 $\Delta p_h < 0.03(p_r + \Delta p_f + \Delta p_a)$ 时,取 $\Delta p_h=0$。这表明有些元件壁厚可能因而减少 3%,是 20 世纪 50 年代参照苏联标准沿用至今的规定。

此外,我国各版本强度计算标准皆规定厚度超过 20 mm 时,腐蚀裕量 C_1 可取 0,而不是 0.5 mm,也是 20 世纪 50 年代参照苏联标准沿用至今的规定。

以上两项规定皆体现计算壁厚在有些情况下是可以忽略一些的。但是强度问题从来都是不可以忽略小数的,例如计算壁厚 30.1 mm 时,取用壁厚从来都不可以为 30 mm。可见上述两项规定与处理强度问题的一般原则存在明显矛盾。

个别情况下,上述两项突变式的忽略碰在一起,壁厚有可能减少 5%。如上述规定存在,是否计算壁厚可以向减小 5% 化整问题需要讨论决定。

示例:工业锅炉的上锅壳基本无液柱静压力,并未利用上述液柱静压力 3% 可以忽略的规定,那么如其计算所需壁厚 20.5 mm,如取 20 mm,壁厚仅忽略 0.5/20=0.025=2.5%<3%,则按理是应该允许的。

如按上述规定,高压电站锅炉就可以忽略小数点以前的尾数了。例如,上锅筒计算所需壁厚205 mm，如取200 mm，仅忽略5/200＝0.025＝2.5%＜3%，则同理壁厚忽略5 mm也是应该允许的。

建议：上述壁厚允许减小的规定与对待锅炉安全并不协调，锅炉其他计算标准从无可以向小的方向圆整习惯。因此，强度计算标准可以取消上述规定。

2　关于2或3个孔构成孔排的孔桥减弱系数提高问题

由2或3个孔构成的孔排对筒壳的减弱程度小于由多孔构成的孔排，见图8-9-1，因为M与N区域未被减弱的部分会对孔桥A起一定加强作用。

我国(DZ)173—62水管锅炉受压元件强度计算暂行规定中曾规定只有2个孔的孔排按以下算式提高其孔桥减弱系数：

对于纵向孔排　　　$\varphi_{(2)}=\dfrac{s-d}{s-0.6d}$

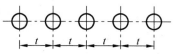

对于横向孔排　　　$\varphi_{(2)}'=\dfrac{s'-d}{s'-0.3d}$

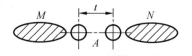

图8-9-1　不同孔数的孔排算

对于斜向孔排　　　$\varphi_{(2)}''=\dfrac{s''-d}{s''-0.4d}$

可见，减弱系数的值得到明显提高。苏联1956年标准[125]即如此处理。而苏联1965年标准[128]与俄国经互会标准[88]规定碳钢锅筒(集箱)上只有2个孔的孔排，其孔桥减弱系数按下式予以提高：

$$\varphi_{(2)}=\dfrac{2.1\varphi}{1+\varphi}$$

式中φ对于纵向孔排为按式(8-3-1)计算出的值φ；对于横向孔排为按式(8-3-2)计算出的值乘2，即$2\varphi'$；对于斜向孔排为按式(8-3-7)计算出的值乘K，即$K\varphi''$。

对于不同节距的3孔孔排，按下式计算：

$$\varphi_{(3)}=\dfrac{1}{2}\varphi_1+\varphi_2$$

式中φ_1、φ_2为不同节距的φ、$2\varphi'$、$K\varphi''$值。但求出的$\varphi_{(3)}$值不应大于按2孔公式算出的值。

以$s=120$ mm，$d=60$ mm纵向2孔孔排为例：

按GB/T 16508—1996标准及以后标准：

$$\varphi=\dfrac{s-d}{s}=\dfrac{120-60}{120}=0.5$$

按DZ173—62标准：

$$\varphi_{(2)}=\dfrac{s-d}{s-0.6d}=\dfrac{120-60}{120-0.6\times60}=0.714$$

可见，$\varphi_{(2)}$比φ提高43%。

按苏联1965年标准、经互会标准：

$$\varphi_{(2)}=\dfrac{2.1\times\varphi}{1+\varphi}=\dfrac{2.1\times0.5}{1+0.5}=0.667$$

可见，$\varphi_{(2)}$ 比 φ 提高 30% 以上。

再以 $s_1=120$ mm, $s_2=140$ mm, $d=60$ mm 纵向 3 孔孔排为例：

按 GB/T 16508—1996 标准：

$$\varphi = \frac{s_1-d}{s_1} = \frac{120-60}{120} = 0.5$$

按苏联 1965 年标准、经互会标准：

$$\varphi_1 = \frac{s_1-d}{s_1} = \frac{120-60}{120} = 0.5$$

$$\varphi_2 = \frac{s_2-d}{s_2} = \frac{140-60}{140} = 0.571$$

$$\varphi_{(3)} = \frac{1}{2}(\varphi_1+\varphi_2) = \frac{1}{2}(0.5+0.571) = 0.536$$

它未大于按 2 孔公式算出的值(0.667)。

可见，$\varphi_{(3)}$ 比 φ 提高 7.2%。

美国 ASME 规范、日本标准、ISO 国际标准对不等距孔排，按下式求孔桥减弱系数：

$$\varphi = \frac{\sum_{i=1}^{n_1}(s-d)}{L_1} \text{ 或 } \frac{1.25\sum_{i=1}^{n_2}(s-d)}{L_2} \text{ 中较小者}$$

式中 L_1、L_2 为与筒体内直径、内半径相等的区间长度，若内直径大 1 500 mm，取 $L_1=$1 500 mm, $L_2=750$ mm；

n_1、n_2 为在 L_1、L_2 范围内孔的数目。

对于 2 孔、3 孔或不等节距孔的孔排，按以上国外标准均比 GB/T 16508—1996 标准与以后标准的孔桥减弱系数明显提高。GB/T 16508—1996 标准未能参照制定的原因是，以前制定 JB 2194—77 标准时，考虑到国内东方锅炉厂专门为不同数目孔的孔排作过应力测定与爆破试验，2 孔孔桥减弱系数比 6 孔孔桥提高不到 10%[129]，达不到前述提高的程度，故未考虑 2 孔孔桥减弱系数提高问题。以后国内未再作过专门研究工作，因而制定 JB 3622—84 锅壳锅炉标准、GB 9222—88 水管锅炉标准以及 GB/T 16508—1996 锅壳锅炉标准时，都未予考虑。实际上，按(DZ)173—62 水管锅炉受压元件强度计算暂行规定将 2 孔孔桥减弱系数明显提高的有些锅筒，已有 30 余年运行经历，尚无发生问题的报导。国外标准一直这样处理，而且苏联标准已有 40 余年经验。由于涉及锅壳(锅筒)这样大件的壁厚问题，今后应多作些研究工作，以便得到合理解决。

3 应力减小系数 $\varphi_s \leqslant 0.4$ 可不进行孔补强计算问题

按 18-2 节大孔补强计算的规定，应力减小系数(实际减弱系数)$\varphi_s \leqslant 0.4$ 时，补强条件已自行满足，不应再进行孔补强计算。这样规定有些保守：

以下以实际锅炉计算为例。21-2 节"58 MW 组合螺纹烟管热水锅炉强度计算与分析"之 1 所有孔的补强计算皆表明：$\varphi_s=0.5$ 时，起补强作用的筒体面积 A_4 与需要补强的面积 A 已基本相等，再加上其他起补强作用的面积，两个补强条件均能满足要求。因此，$\varphi_s<0.5$ 时，已

无必要进行大量繁琐的大孔补强计算。这表明,从 GB/T 9222—2008 标准开始及以后标准规定的 $\varphi_s \leqslant 0.4$ 可不进行孔补强计算的规定有些保守。40 年前,确定 $\varphi_s \leqslant 0.4$ 可不进行孔补强计算,并未进行详细计算分析,但此规定一直延续至今。

因此,实际减弱系数 $\varphi_s \leqslant 0.4$ 时,可不进行孔补强计算的规定,应改为 $\varphi_s \leqslant 0.5$ 时,可不进行大孔补强计算。

4　大孔构成的孔桥减弱系数问题

习惯上称 $d \geqslant [d]$ 的孔为"大孔",$d < [d]$ 的孔为"小孔"。$[d]$ 为无需补强孔的最大允许直径。

(1) 孤立大孔不存在孔桥减弱系数

各标准皆规定:相邻两孔间距不小于按式(8-9-1)求出的 s_o 时,属于孤立孔(单孔),不必计算孔桥减弱系数。

$$s_o = d_p + 2\sqrt{(D_n + \delta)\delta} \tag{8-9-1}$$

节距 $s > s_o$ 的 $d > [d]$ 的单个大孔,仅需要补强,补强后按无孔处理。

设计者尽量将大孔之间的节距拉开,以满足上式要求。

以下(2)、(3)全为节距 $s \leqslant s_o$ 的大孔问题。

(2) 孔排中只有一个大孔

锅壳锅炉标准[83]规定:孔排中仅有一个 $d > [d]$ 的大孔,补强后按无孔处理。

理解:既然按无孔处理,就不需要考虑孔桥问题。

水管锅炉标准[42]规定,此大孔与相邻小孔的节距需要满足 $s \geqslant d_{em} + 0.5d_o + e$ 的要求(e 焊角尺寸),补强后按无孔处理。

(3) 两个相邻大孔

水管锅炉标准[42]指出该标准不包含节距 $s \leqslant s_o$ 的两个相邻大孔的计算方法,表明此问题尚待明确。GB/T 9222—2008 则允许通过有限元计算等方法加以解决。而 JB 2194—77《水管锅炉受压元件强度计算》标准曾规定,对孔排中的孔进行加强后可按无孔处理,即可取孔桥减弱系数 $\varphi = 1.0$。

1979 年对 JB 2194—77 标准复审时,根据上海锅炉厂研究所对一台高压模拟汽包应力测试时发现上述处理偏于不安全[11],遂改为相邻两孔中一个孔的 $d > [d]$ 时,可进行加强,加强后,此孔按无孔处理。但补充要求此方法只能将 φ_w 提高 1.33 倍。以后制定的标准: JB 3622—84、GB 9222—88 与 GB/T 16508—1996 均如此处理。若孔排中孔的节距 $s \leqslant s_o$,且孔排中的孔径 d 皆大于 $[d]$,已不许计算。此问题留待以后解决。当时,只能不设计这种孔排。

我国 1962 年水管锅炉受压元件强度计算暂行规定并未提出上述补充要求,共执行了 15 年。苏联与后来俄罗斯的有关标准也无此补充要求。前上海锅炉厂研究所的试验孔桥的实测应力亦应按应力分类原则重新审视。

锅壳锅炉标准[83]则给出节距 $s \leqslant s_o$ 的两个相邻大孔的计算方法,但较繁琐。

建议:基于孔桥补强有限元计算结果

基于工业锅炉所作的孔桥补强有限元计算结果(见18-8节),提出以下建议:

1) 由小孔或大孔构成的孔排皆可采用孔桥加强办法提高孔桥减弱系数,允许提高到的孔桥减弱系数均可以达到1.0。

2) 对加强管接头厚度与被加强筒壳厚度之比值不必提出明确要求。

3) 加厚管接头的高度与焊缝尺寸对改善管孔周边应力状态能起明显作用,建议:

① 加厚管接头起补强作用的高度可取2.5倍管接头厚度;

② 加厚管接头的焊角尺寸应等于加厚管接头的厚度。

注:以上计算两个大孔孔排的节距仅为1.42倍平均孔径。

电站锅炉也可进行类似有限元计算,并提出明确建议。

关于允许2个大孔利用补强来提高减弱系数,并允许孔桥减弱系数$\varphi=1.0$问题:参阅"关于筒壳中孔桥加强限制条件放宽的建议"见文献[185]。

5　锅壳上管接头需否加厚问题

GB 9222—88标准参照ISO/R 831—1968《固定式锅炉制造规范》,规定锅筒上管接头的最小厚度为

$$t_{\min}=0.04 d_{\mathrm{w}}+2.5 \text{ mm}$$

式中d_w为管接头的外径,mm。ISO/R 831—1968指明,这是承受内压力以及各种附加外载所要求的。电站锅炉与其他设备的管路连接较复杂,国外许多公司进行系统应力分析设计。如仅按GB 9222—88标准进行元件强度设计时,采用上述管接头最小厚度限制是必要的。

工业锅炉锅壳(锅筒)上管接头的附加外载不大,国际标准ISO 5730—92锅壳锅炉[90]及英国BS 2790—89锅壳锅炉标准[67]规定最小厚度为

$$t_{\min}=0.015 d_{\mathrm{w}}+3.2 \text{ mm}$$

在常用外径d_w范围内,此要求比ISO/R 831—68为低。

近半个世纪来,我国工业锅炉锅筒(锅壳)上的管接头从未有意加厚,并无因此导致损坏实例。为减少因钢管品种增多给锅炉制造带来的麻烦,GB/T 16508—1996标准与JB 3622—84标准均不提出管接头最小厚度的要求。

6　关于锅壳最小取用厚度的规定

关于锅壳最小取用厚度,JB 3622—84标准规定为6 mm。国内许多制造厂对此传统规定提出疑义。实际上,此规定的意义在于制造锅壳时防止出现过大总体变形而给工艺带来一些困难。如锅壳直径较小,也规定最小取用厚度为6 mm,显然不够合理。因此,GB/T 16508—1996标准规定锅壳内径D_i大于1 000 mm时,锅壳的取用厚度"不宜"小于6 mm,D_i不大于1 000 mm时,取用厚度"不宜"小于4 mm。"不宜"表示并不强行规定之意。我国《常压热水锅炉通用技术条件》笼统规定:锅筒壁厚"不得"小于4 mm,相对上述有压锅炉,规定的不够灵活。

值得注意,以上规定仅对价格相对不高的碳钢钢板而言。而其它材料,如不锈钢、铝等,

应根据技术经济可行性另行规定。

7 焊缝之间的距离

JB 3622—84 标准提出"避免管孔焊缝与相邻焊缝的热影响区互相重合"的要求。由于"热影响区"无定量规定,故难以执行。GB/T 16508—1996 标准改为"避免管孔焊缝边缘与相邻主焊缝边缘的净间距小于 10 mm","相邻焊接管孔焊缝边缘净间距不宜小于 6 mm"。对于低碳钢、低碳锰钢,焊缝热影响区重合可能引起的不利后果,一直不明确。有关实验证实并无不利后果[118]。因此,GB/T 16508—1996 标准提出"不宜"小于 6 mm,而不是"不应"小于 6 mm。

8 填角焊缝在锅壳上的应用问题

关于填角焊缝在锅壳、管板、炉胆等重要元件互相连接部位的应用问题,多年来,国内一些高等院校、研究所、工厂作了大量研究工作并积累了许多应用经验。机械部、劳动部主管司局参加过有关鉴定会,也颁发过有关文件[1),2)],同意一些技术素质与工艺水平较高的工厂可以应用,但在应用时,有一定限制条件,如锅炉额定压力不大于 1.6 MPa,烟温不大 600 ℃ 部位,全焊透且坡口经机械加工等。GB/T 16508—1996 标准除列出上述文件中主要内容外,还增补了"不受烟气冲刷部位,且采用可靠绝热时,不受此限"(指烟温不大于 600 ℃ 的限制)。例如,对于图 8-9-2 所示卧式内燃湿背锅炉后管板与检测孔圈的连接焊缝 A,尽管相邻烟气转向室的烟温一般高于 1 000 ℃,但如果对应焊缝 A 的内侧敷设绝热层,由于该处不受烟气冲刷,绝热层不会脱落,则焊缝 A 的工作条件会明显改善,故可以采用填角焊型式。

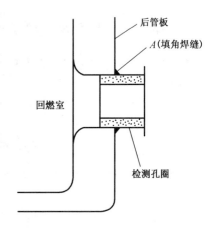

图 8-9-2 卧式内燃湿背锅炉后部简图

8-10 内压圆筒形元件强度事故分析与处理

强度问题事故分析与处理需要综合知识(锅炉学、力学、金属学、传热学等)以及数字分析(有限元计算分析)能力,还应以强度计算标准与安全规程为依据。

损坏原因分析时,应注意损坏经常是几种原因综合作用的结果,不应仅根据个别情况做出完全肯定或绝对否定的结论。

处理事故时,注意不要轻易报废、停运,而应尽力找出可能继续使用的依据,以免造成损失,同时告诫下不为例。

本节给出锅炉圆筒形受压元件损坏原因分析与事故处理的部分典型实例。所采用的事故

---

1) 机电发函[90]便字第 010 号;
2) 劳锅局字[1990]8 号。

原因分析与事故处理方法参见 7-2 节。

1 电站锅炉超压与超温事故处理

(1) 电站锅炉超压重大事故

20 世纪 80 年代,东北某电厂 10 万千瓦机组超高压锅炉在大修后水压试验时,由于操作台仪表失灵,致使压力约达 1.6 倍工作压力,明显超过规定的 1.25 倍。锅筒是锅炉中最重要受压元件,锅筒是否受到损伤,可否继续使用,事关重大。

分析:

事故后,核算该锅炉受压元件强度时,得知锅筒取用厚度比计算最小需要厚度大得较多。按水压试验最高允许压力 p_{sw} 公式校核满足了要求,即锅筒最薄弱的孔桥内壁距大面积屈服尚有 10% 以上裕度。其次,这样大幅度超压仅是一次,对低周疲劳寿命不会造成不利影响。

下降管内壁已进入大面积屈服状态,但对于电站锅炉,管子内壁屈服是允许的(见 8-2 节之 2 关于管件允许外径与内径的比值 $\beta \leqslant 2.0$ 的解析)。

处理:

基于以上分析,该锅炉得以继续满负荷运行。

当然,此锅炉在重新启动前,必须彻底检验有否漏检的原有裂纹;在以后运行中更应加强监督。

启示:

有些电站锅炉制造厂技术最高负责人——总工程师,在最后审批锅炉设计图纸时,将重要受压元件的取用壁厚适当放大,而在意外事件中产生了有利作用。

(2) 电站锅炉超温超压重大事故

20 世纪 90 年代,华北某电站 10 万 kW,13.7 MPa 超高压锅炉,由于汽轮机非正常关闸时,锅炉安全阀未能正常动作,致使锅筒超压至 21.3 MPa;过热器出口集箱超温至 600 ℃,压力升高至 20.0 MPa,持续 13 min 20 s。集箱尺寸为 $\phi 325 \text{ mm} \times 50 \text{ mm}$,材料为 12Cr1MoVG。其许用温度为 565 ℃,可见,超温值也较大。

1) 出口集箱超温超压处理

分析:

出口集箱为重要受压部件,能否继续运行,需对其蠕变寿命损耗进行计算。

由式(2-4-1)应力与蠕变破坏时间存的关系:

$$\tau = A\sigma^{-B}$$

经推导,得[130]

$$\lg \frac{\tau}{10^5} = B \lg \frac{\sigma_{10^5}}{\sigma_d/0.8}$$

$$B = \lg \frac{1}{\lg \frac{\sigma_{10^4}}{\sigma_{10^5}}}$$

式中：σ_{10^5}——600 ℃ 10^5 h 持久强度，查得 60 MPa；

σ_{10^4}——600 ℃ 10^4 h 持久强度，查得 80 MPa；

σ_d——升压后的当量应力，经计算，为 95.6 MPa；

0.8——裕度。

将以上数值代入：

$$B = \lg \frac{1}{\lg \frac{80}{60}} = 8.0$$

$$\lg \frac{\tau}{10^5} = 8.0 \times \lg \frac{60}{95.6/0.8} = 8.0 \times (-0.3) = -2.4$$

得 $\tau = 398$ h

即在压力为 20.0 MPa，温度为 600 ℃ 条件下，蠕变寿命为 398 h。则

蠕变寿命损耗 = 13 min 20 s/398 h = 0.07%

即不到千分之一。

此外，还需了解壁温升高会使氧化速度加大[图 8-10-1b)]，但由于升至 600 ℃ 的时间很短，故其影响可以不计。

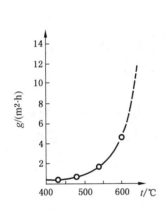

a) 碳钢在蒸汽介质中的重量损失曲线（36 h 试验）

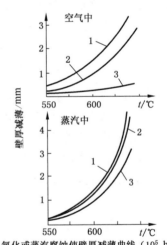

b) 氧化或蒸汽腐蚀使壁厚减薄曲线（10^5 h 后）

图 8-10-1　锅炉钢材氧化速度

处理：

此事故处理的结论是：可以继续运行，下不为例。

2) 锅筒超压处理

分析：

锅筒运行超压一般应按以下原则处理：

①当取用厚度为计算最小需要厚度的 k 倍，即 $S = kS_{\min}$，而超压尚未达到额定压力的 k 倍时，不需进行强度分析，可继续运行。

②当超压已大于 $\dfrac{n'}{\eta}k$ 倍额定压力时［$n' \approx 1.2$ 为固有安全裕度，即考虑各种不利因素后，元件的实际安全系数；对于额定压力不小于 13.7 MPa 的锅筒，$\eta = 0.9$（高参数大容量锅炉许用

应力修正系数)],由于孔桥内壁有可能大面积屈服,锅筒强度已受到损伤,故不允许再在以前参数下继续运行。

③当超压大于 k,但不超过 $\dfrac{n'}{\eta}k$ 时,应考虑应力集中偏大部位——大孔边缘等处的低周疲劳寿命损耗程度,还应全面检查锅筒可能存在缺陷部位的状态。

上述锅筒取用厚度为计算最小需要厚度的 1.1 倍,即 $k=1.1$, $\dfrac{n'}{\eta}k=\dfrac{1.2}{0.9}\times 1.1=1.47$。而超压的倍数为 1.46,属于上述第 3 种情况。

根据锅筒超压值 21.3 MPa,并取孔边缘的应力集中系数为 3.3,再考虑除内压力外还有一定热应力,则得应力幅度 σ_a 为 348 MPa,根据 ASME 低周疲劳曲线(图 2-5-1),得允许启停次数 $[N]\approx 5000$ 周(钢材为 BHW35 低合金钢板,$\sigma_b>588$ MPa,$t_{bi}=370$ ℃)。由于只超压 1 次,故低周疲劳寿命仅损耗 $1/5\,000=0.02\%$。经检查,该锅筒并无原始缺陷。

处理:

由于分析得有根有据,因此,该锅筒可以在原参数下继续运行,但类似事故不应再次发生。以后运行停炉后,加强监督——检查锅筒大孔边缘。

以上二例应用强度标准的规定知识解决了问题,不硬性规定必须降压运行,未造成重大损失。

2　电站锅炉爆管原因分析

(1) 剩余强度不够引起汽水混合物连通管爆裂

云南某高压电站锅炉蒸汽过热器汽水混合物引入管,由于附于其上的灰中含有大量硫的成分,在水分作用下,所形成的硫酸对管子起腐蚀作用。管子壁厚逐渐减薄,终使强度不足,管子爆裂,酿成人员死伤重大事故。

爆裂时的管子厚度只剩下约 1.5 mm。该管子外径 $D_w=133$ mm,管材为 12Cr1MoV 低合金钢,温度约为 350 ℃。

承压能力校核:

$$p_b \approx \dfrac{2\sigma_b^t s_y}{D_w - s_y} = \dfrac{2\times 530\times 1.5}{133-1.5} = 12.1 \text{ MPa}$$

式中:$\sigma_b^t \approx 530$ kgf/mm²。

这与爆破前实际运行压力基本相符。

教训: 运行单位疏于壁厚检查,责任重大。

(2) 综合因素引起过热器爆管

东北某电厂 13.7 MPa,670 t/h 锅炉高温段对流过热器直管段(12Cr1MoV 钢),累计运行 1 000 h 后爆管。爆管处破口形状与切割断面见图 8-10-2。

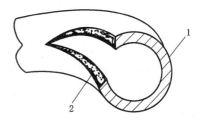

1—事故后切割断面;2—破口断面

图 8-10-2　破口形状(取割样一半)

检查与化验:

1) 钢管成分、性能均符合 GB 5310—1995 的要求;

2) 破口处由 $\phi 42\times 5.6$ mm 胀粗到 $\phi 60\times 5.4$ mm,壁厚有一定减薄;

3) 内壁有 4 条直道缺陷,深度为 0.18 mm～0.31 mm;

4) 内外壁均有脱碳现象:内壁深度 0.18 mm,外壁深度 0.18 mm～0.27 mm;

5) 内外壁有轻微氧化物;

6) 金相组织为珠光体加铁素体,晶粒度 6～7 级。

分析:

由以上检查与化验可见,事故是因管壁过热(引起蠕变、蒸汽腐蚀、高温氧化)以及缺陷(直道)共同造成的。过热使管子强度减弱,如无缺陷仍可工作下去,缺陷成为提早破坏的直接原因。

3 工业锅炉违反技术要求的处理

(1) 锅筒环焊缝明显偏低处理

东北某工业锅炉厂生产的 8 台锅炉已运至工地现场,急待安装供汽。用户发现锅筒环向焊缝普遍存在未焊满现象,见图 8-10-3。明显不符合锅炉制造技术条件要求,用户担心不安全。锅炉数量较多,且急用,需要尽快给出明确处理意见。

分析:

以下应用锅炉强度基本原理与锅炉强度标准进行分析。

作用于环向焊缝的主要应力为锅筒轴向应力 σ_z,它仅为作用于纵向焊缝的环向应力 σ_θ 的 1/2,按强度标准规定,环向焊缝的减弱系数即使仅为 0.5,也按乘以 2 等于 1.0 来取。

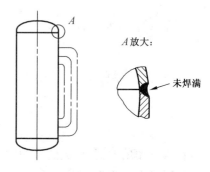

图 8-10-3 立式水管工业锅炉锅筒示意图

另外,该锅筒孔桥最小减弱系数约等于 0.3,则焊缝处的壁厚裕度甚大,仅需约 1/3 厚度即可满足强度要求。

再者,环焊缝相对很窄,属于局部膜应力(图 7-1-2),从"应力分类与限制原则"考虑,由于局部膜应力以外部位为比它小的一般膜应力对此局部区域有加强作用,故对局部膜应力的限制条件有所放宽。

基于以上分析,锅筒环向焊缝有一定未焊满现象不会引发锅炉不安全问题。

处理:

由于分析得有根有据,又考虑到锅炉已运至现场,用户等待急用,于是主管锅炉安全部门同意投入安装使用,但批评制造厂并要求以后不许再次发生类似情况。

以上属于活用强度标准知识解决问题,而不硬性退货的实例。

启示: 环焊缝广为应用于锅炉、压力容器的圆筒形元件上,历史上从来都是其厚度不低于筒壳,已经习以为常。既然环焊缝的宽度能够满足局部应力条件,能否将其厚度降至筒壳厚度的 1/1.5=0.67,即减少 1/3,打破百年陈规,提请考虑。

(2) 环向焊缝明显错边的处理

某圆筒形容器运行压力 $p=1.3$ MPa,介质温度 175 ℃,由 16Mng 制造,已起停近 8 000

次。复查时发现环向焊缝明显错边,见图 8-10-4,已超过标准允许值,焊缝无危险性缺陷。

分析:

按静压力核算:

$$t=\frac{pD_n}{2\sigma_n[\sigma]-p}+C=\frac{1.3\times1\,300}{2\times1.0\times149-1.3}+1=6.7\text{ mm}$$

减去错边后的剩余壁厚尚有 22−6=16 mm,它明显大于静压力所要求的厚度 6.7 mm。

按低周疲劳校核:

由式(2-5-1),有

$$k\leqslant\frac{2E'[\sigma_a]}{2.07\times10^5\times\sigma_d}=\frac{2\times195\times10^3\times270}{2.07\times10^5\times52.8}=9.6$$

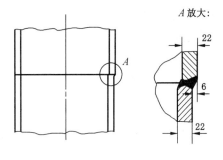

图 8-10-4 筒壳错边示意图

式中:E'——弹性模量,按 250 ℃ 取为 195×10^3 MPa;

σ_d——当量应力。

$$\sigma_d=\frac{pD_n}{2t}=\frac{1.3\times1\,300}{2\times16}=52.8\text{ MPa}$$

$[\sigma_a]$——允许应力幅度,用户请求再启停 300 次后更换新容器,累积起停次数 $N=8\,000+300=8\,300$ 周,由图 2-5-1 中 $\sigma_b\leqslant552$ MPa 曲线(16Mng $\sigma_b=510$ MPa)查得 270 MPa。

处理:

由上述计算可见,该错边处的应力集中系数几乎可以达到 10,但实际上,是不会达到的。该容器已运行了许多年,发现不合格后,经上述计算分析,再运行一段时间(启停不超过 300 次),是可以的。

4 工业锅炉水冷壁弯曲与爆管原因分析及处理

(1) 水冷壁管弯曲

1) 东北某木材厂生产用蒸汽锅炉,夜间短时缺水,导致大量水冷壁管出现可见弯曲,但未发现高温氧化脱皮现象。如更换管子,影响急件交货。

经切割检查,基本无垢,壁厚未减薄。

分析:

水冷壁管计算需要壁厚:

$$t=\frac{pD_n}{2[\sigma]-p}=\frac{1.3\times45}{2\times125-1.3}=0.24\text{ mm}$$

而实际厚度约为 3 mm,强度裕度十分大。

处理:

水冷壁管壁温升高伸长,两端受阻,必然弯曲。由于壁厚裕度颇大,即使钢材性能有些变化,强度足能保证。因此,原劳动局批准继续运行,不必停运影响生产。

2) 东北某供热厂采暖用较大容量热水锅炉,运行一段时间后,发现水冷壁管普遍弯曲。

分析:

水冷壁下集箱向下膨胀受阻,而且水处理设备长期停用。

水冷壁管内积垢,运行时,壁温升高,先是膨胀受阻出现少许不可见弯曲。此弯曲应力尽管不大,但由于应力松弛(见 3-3 节),停炉后出现很小残余弯曲。多次运行后,残余弯曲叠加,继而变为可见弯曲。

处理：

为防止水冷壁管继续弯曲,需要消除水冷壁向下膨胀受阻现象,并切实保证水质。

（2）水冷壁爆管

东北某工业锅炉在改进燃烧后,火床温度明显上升,在火床上部炉温最高区段不久发生爆管事故。改进燃烧前,并未爆管。

分析：

事后发现管内壁约有 2 mm 厚水垢。介质温度为 223 ℃。参照 4-1 节结垢壁温分析,在正常热负荷下,即使有 2 mm 厚水垢,壁温 $t_{bi}=t_J+\Delta t=223+241=464$ ℃,尚不会发生问题,但已接近碳素钢允许壁温(500 ℃)。

改善燃烧后,由于火床温度明显上升,其热负荷约以火焰温度的 4 次方而提高。如火焰温度由 1 200 ℃ 上升至 1 350 ℃,温度提高 1.125 倍,热负荷提高约为 1.6 倍。则上述 Δt 值增至 $1.6 \times 241=386$ ℃,于是壁温升至 223 ℃ + 386 ℃ ≈ 609 ℃,必然会很快爆管。以上近似计算也明显说明问题。

处理：

清除水垢以后,加强锅炉水质管理。

第 9 章　外压圆筒形元件的强度与稳定

锅壳锅炉的锅壳内部包含较多承受外压力作用的圆筒形元件,如平直炉胆、波形炉胆、回烟室筒壳和烟管。

本章详述这些外压圆筒形元件的强度计算方法与结构规定,以及有关解析与建议,还给出外压"跑道形""腰圆形"回烟室计算示例与新结构波形炉胆有限元计算分析结果。

9-1　外压圆筒强度与稳定的计算式

锅炉承受外压力作用的圆筒形元件有:卧式或立式锅壳锅炉的平炉胆[图 9-1-1a)、c)]、卧式锅壳锅炉的波形炉胆[图 9-1-1b)]、立式锅壳锅炉的冲天管[图 9-1-1c)]、回烟室筒壳与烟管[图 9-1-1b)]。另外,水管锅炉中的面式减温器,锅炉用汽-水与汽-汽热交换器也有承受外压力的管子。

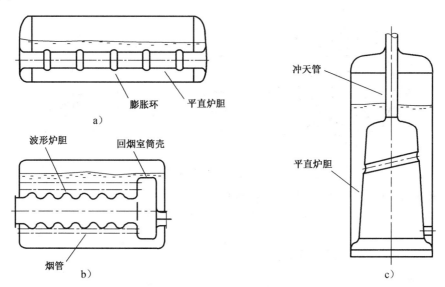

图 9-1-1　锅炉承受外压圆筒形元件示意图

本节介绍上述外压圆筒形元件强度与稳定计算式的来源,而外压波形炉胆在 9-5 节与 9-6 节论述。

1　刚度较大圆筒的计算式

对于刚度较大的圆筒(壁较厚而筒径不很大,不会失稳),当承受外压力作用时,壁内的应力状态与承受内压力作用时相比,主要区别在于应力全是负的。其应力的推导过程与承受内

压力基本一样(见 8-1 节),区别在于边界条件不同。承受外压力作用时的边界条件为:

外壁,$r=r_o$,$\sigma_r=-p$

内壁,$r=r_i$,$\sigma_r=0$

将这两个边界条件代入式(8-1-7),得系数

$$C_1=-p\frac{r_o^2}{r_o^2-r_i^2} \qquad C_2=p\frac{r_o^2 r_i^2}{r_o^2-r_i^2}$$

将系数代入式(8-1-8)及式(8-1-7),就得出环向应力 σ_θ 及径向应力 σ_r 与 r 的关系式:

$$\sigma_\theta=-\frac{pr_o^2}{r_o^2-r_i^2}\left(1+\frac{r_i^2}{r}\right)$$

$$\sigma_r=-\frac{pr_o^2}{r_o^2-r_i^2}\left(1+\frac{r_i^2}{r}\right)$$

如果外压圆筒两端封住且承受外压力作用,与式(8-1-1)推导方法一样,可得纵向应力 σ_z 为

$$\sigma_z=-\frac{pr_o^2}{r_o^2-r_i^2}$$

由以上三式所得应力沿壁厚的分布如图 9-1-2 所示。

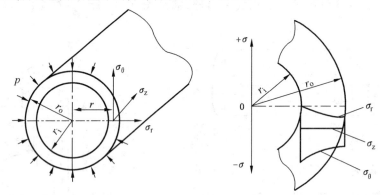

图 9-1-2 外压圆筒沿壁厚的应力分布

如按薄壁圆筒处理,按 8-2 节所示方法可得:

环向应力:

$$\sigma_\theta=-\frac{pD_o}{2\delta}$$

纵向应力:

$$\sigma_z\approx-\frac{pD_o}{4\delta}$$

径向应力:

$$\sigma_r=0$$

按最大剪切应力理论,强度条件为

$$\sigma_d=\sigma_{max}-\sigma_{min}$$
$$=0-\left(-\frac{pD_o}{2\delta}\right)\leqslant[\sigma]$$

由此,得强度公式:

$$\delta \geqslant \frac{pD_o}{2[\sigma]} \quad \cdots\cdots\cdots\cdots\cdots\cdots\cdots\cdots\cdots\cdots\cdots (9\text{-}1\text{-}1)$$

可见,承受外压力作用圆筒的强度计算公式,与承受内压力公式基本一样。

对于锅炉平直炉胆,两端未封住,纵向应力等于零,按最大剪切应力理论,则式(9-1-1)也适用于平直炉胆。

2 刚度较小圆筒的计算式

对于刚性不很大的圆筒(壁较薄,而筒径较大),情况则比较复杂。有时,应力未达到屈服限,就可能失去原来形状,开始显现压扁或折皱现象——称为"失稳(屈曲)"。因此,对刚性不很大的圆筒,除校核强度外,还需校核是否稳定,根据二者较差确定所需壁厚或最高允许工作压力。

产生失稳的最低压力称"临界压力"或"失稳压力"。临界压力与壁厚 δ、长度 L、筒径 D、弹性模量 E 和波松比 μ 有关。按材料力学,如果 L/D 满足以下条件:

$$\frac{L}{D} > K\sqrt{\frac{D}{\delta}}$$

则临界压力与长度无关;若 L/D 小于上式条件,由于两端的加固作用,会使临界压力提高。

当 $0.0097 \leqslant \delta/D \leqslant 0.0146$ 时,试验的 $K=1.73$。由上式得临界长度

$$L_{lj} = KD\sqrt{\frac{D}{\delta}} = 1.73D\sqrt{\frac{D}{\delta}}$$

$L > L_{lj}$ 称"长圆筒",$L < L_{lj}$ 称"短圆筒",工程实际中 L_{lj} 常用下式来确定:

$$L_{lj} = (15 \sim 20)D$$

长圆筒:

对于长圆筒,由于可以不考虑端部的影响,则临界压力与承受均匀外压的圆环相似,经推导[116]后,得圆环的临界压力为

$$p_{lj} = \frac{n^2-1}{12} \frac{E\delta^3}{(1-\mu^2)R_m^3}$$

式中:n——$2,3,4\cdots$;

R_m——圆筒的中半径。

由 $n=2$,得最小临界压力为

$$p_{lj} = \frac{E\delta^3}{4(1-\mu^2)R_m^3} \quad \cdots\cdots\cdots (9\text{-}1\text{-}2)$$

n 为不同值所对应的理论变形情形,如图 9-1-3 所示。实际上,$n=2$ 椭圆形为常见情况,当遇到某种阻碍时,可能出现 $n=3$ 成 A 的形状。

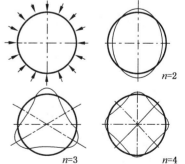

图 9-1-3 长圆筒失稳后的理论变形情况

短圆筒:

锅壳锅炉的炉胆计算长度与直径之比 L/D 一般仅为 1.5~2.5,属于短圆筒。

对于短圆筒,经推导并简化后[18],得

$$p_{lj} = \frac{2.6E\left(\dfrac{\delta}{D}\right)^{2.5}}{\dfrac{L}{D} - 0.45\left(\dfrac{\delta}{D}\right)^{0.5}}$$

分母中第二项影响不大,忽略后则得

$$p_{lj} = \frac{2.6E\delta^2}{LD\left(\dfrac{D}{\delta}\right)^{0.5}} \quad \cdots\cdots\cdots\cdots\cdots\cdots\cdots \text{(9-1-3)}$$

取临界压力的安全系数(稳定系数)为 n,则

$$p \leqslant \frac{p_{lj}}{n}$$

代入式(9-1-3),得短圆筒稳定公式:

$$\delta = \left(\frac{npL}{2.6E}\right)^{0.4} D^{0.6} \quad \cdots\cdots\cdots\cdots\cdots\cdots\cdots \text{(9-1-4)}$$

这就是承受外压力作用短圆筒的稳定计算公式。

上述稳定计算公式的特点是与抗拉强度、屈服限无关。

9-2 外压炉胆的强度与稳定计算

各国锅炉强度计算标准对外压圆筒一般皆采用半经验公式。半经验公式系指公式中主要计算物理量之间的关系与理论推导的计算式基本一样,再加以经验修正。

本节介绍我国锅炉强度计算标准 GB/T 16508.3—2013 采用的半经验公式,也是欧洲标准 EN 采用的计算式。

本节给出平直炉胆、波形炉胆,平直与波形组合炉胆以及加固平直炉胆的计算方法与结构规定;而有关存在的问题、解析、改进详见 9-3 节~9-6 节。

1 平直炉胆计算

(1) 卧式平直炉胆

1) 卧式平直炉胆结构

卧式平直炉胆结构见图 9-2-1。

2) 卧式平直炉胆计算

壁厚采用以下二式中较大值。

强度公式:

$$\delta \geqslant \frac{B}{2}\left[1 + \sqrt{1 + \frac{0.12 \times D_m u}{B\left(1 + \dfrac{D_m}{0.3L}\right)}}\right] + 1 \quad \cdots\cdots\cdots\cdots\cdots \text{(9-2-1)}$$

式中:

$$B = \frac{pD_m n_1}{2R_{el}^t\left(1 + \dfrac{D_m}{15L}\right)}$$

第 9 章 外压圆筒形元件的强度与稳定

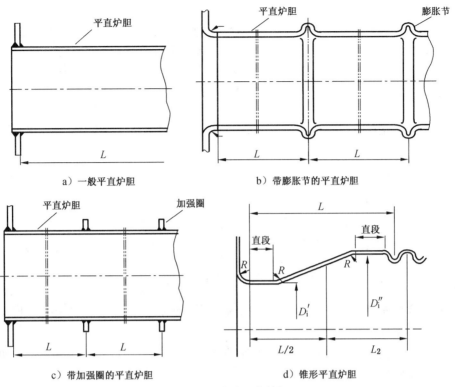

图 9-2-1 卧式平直炉胆

稳定公式：

$$\delta \geqslant D_m^{0.6}\left(\frac{pLn_2}{1.73E^t}\right)^{0.4}+1 \quad \cdots\cdots\cdots\cdots\cdots\cdots (9\text{-}2\text{-}2)$$

式中：δ——取用壁厚，mm；

　　　p——计算压力（表压），MPa；

　　D_m——炉胆平均直径，mm；

　　　u——平直炉胆圆度百分率，一般应取 $u=0.5$，参见 9-3 节；

n_1、n_2——强度与稳定安全系数，取值见表 9-2-1。

　　　L——平直炉胆的计算长度，见图 9-2-1，mm。

表 9-2-1 安全系数

锅 炉 级 别	n_1	n_2[1]
$p\leqslant 0.38$ MPa，且 $pD_m\leqslant 480$ MPa·mm	3.5	3.9
其他情况	2.5	3.0

1) 稳定安全系数 n_2 相对理论计算实际为 5.85 与 4.5，即表 9-2-1 中 $n_2\times 1.5$，详见 9-4 节之 3(2)。

卧式平直炉胆的计算长度 L 按以下规定确定：

① 炉胆用膨胀环（膨胀节）连接时，以环的横向中心线作为 L 的起算点，见图 9-2-1b)。

② 平直炉胆设置加强圈时，以加强圈横向中心线作为 L 的起算点，见图 9-2-1c)。

③ 炉胆与封头等元件连接：扳边对接焊时，则扳边起点作为 L 的起算点，见图 9-2-1b)、d)；角焊时，则角焊根部作为 L 的起算点，见图 9-2-1a)、b)。

3)锥形平直炉胆计算

锥形平直炉胆计算方法与上述平直炉胆基本相同,仅平均直径 D_m 取法不同:

对于有锥度的炉胆,见图 9-2-1d)或图 9-4-3 锥形炉胆计算图,D_m 可近似取两端内直径之和的一半:

$$D_i = \frac{D_i' + D_i''}{2} \quad\quad\quad (9\text{-}2\text{-}3)$$

关于锥形平直炉胆计算解析,详见 9-4 节之 3。

(2)立式平直炉胆

1)立式平直炉胆结构

立式平直炉胆结构见图 9-2-2。

2)立式平直炉胆计算

立式平直炉胆采用以下计算公式[92]:

$$\delta \geqslant 1.5 \frac{pD_i}{\varphi_{\min} R_m}\left[1+\sqrt{1+\frac{4.4L}{p(L+D_i)}}\right]+2 \quad\quad\quad (9\text{-}2\text{-}4)$$

按此式计算厚度小于上述卧式公式,因为立式平直炉胆与卧式相比,不存在环向受热不均与环向受力不均情况。

式中:D_i——炉胆内直径,mm;对于有锥度的炉胆(图 9-2-3),取两端内直径之和的一半,见式(9-4-3)。

$\varphi_{\min}$——最小减弱系数;

R_m——20 ℃时的抗拉强度,MPa,

其他符号同式(9-2-2)。

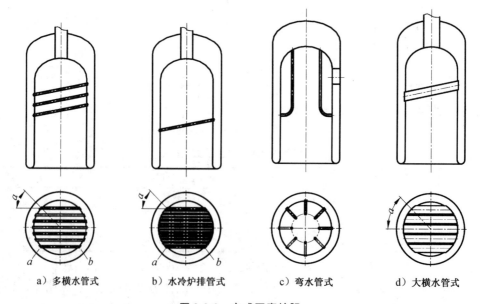

a)多横水管式　　b)水冷炉排管式　　c)弯水管式　　d)大横水管式

图 9-2-2　立式平直炉胆

立式平直炉胆的计算长度 L 按以下规定确定：

① 炉胆在环向装有短拉撑时，如拉撑较密，节距不超过炉胆厚度的 14 倍时，可取这一圈拉撑的中心线作为 L 的起算点，见图 9-2-4a）。

② 与凸形炉胆顶相连时，见图 9-2-4a），其中 X 值见表 9-2-2。

表 9-2-2 X 值[1)]

h_o/D_o	0.17	0.20	0.25
X/D_o	0.07	0.08	0.10
h_o/D_o	0.30	0.40	0.50
X/D_o	0.12	0.16	0.20

1) 立式锅炉平直炉胆与凸形炉胆顶相连时，因后者对平直炉胆的支承作用较弱（径向刚性较小），故参照 BS 2790—1989 标准[67]，将平直炉胆的计算长度作了适当增加。

③ 各种下脚圈的 L 起点，见图 9-2-4。

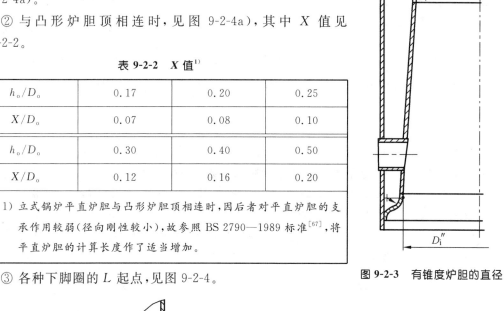

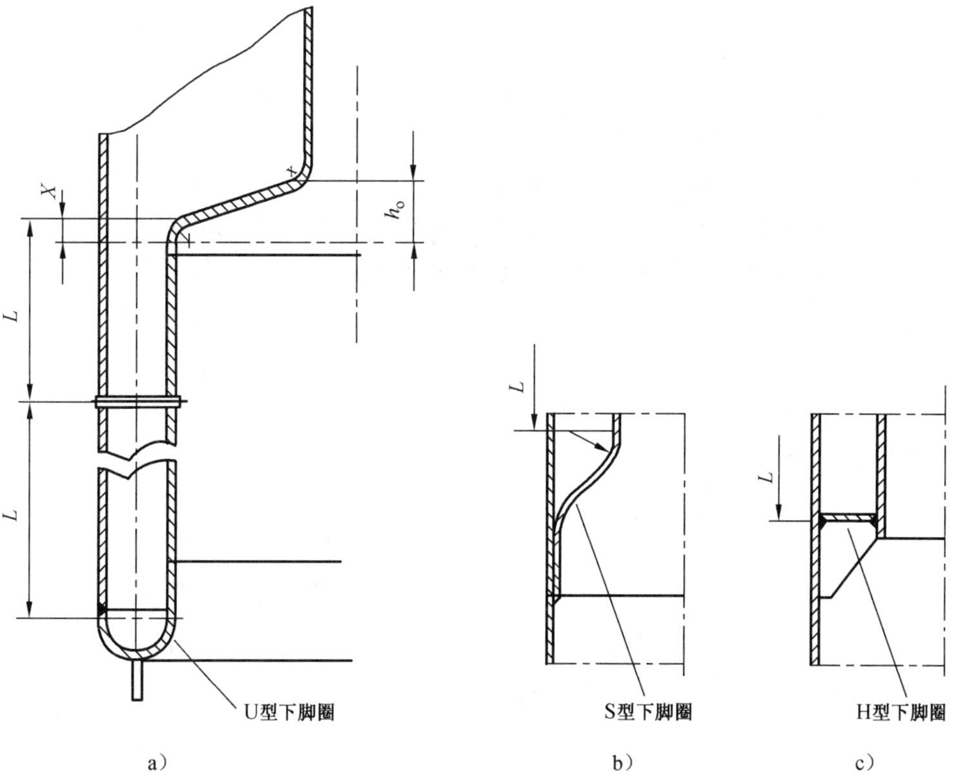

图 9-2-3 有锥度炉胆的直径

a) U型下脚圈
b) S型下脚圈
c) H型下脚圈

图 9-2-4 立式炉胆计算长度 L

3) 立式锅炉平直炉胆对孔与孔排的考虑

① 多横水管或水冷炉排管式立式平直炉胆

被多横水管或水冷炉排管减弱的立式平直炉胆,见图 9-2-2a)、b)。经常是管子排列较密,如按孔排减弱计算,会使炉胆过厚。实际上,这些排列较密的管子对防止炉胆失稳起支撑作用;对强度也有利,因这些管子会阻止炉胆向内收缩变形,则应力必然减小。仅 $\overset{\frown}{ad}$ 弧区域由于无管排支承,而使边缘管排纵向孔桥的压应力有一定增加,但 $\overset{\frown}{ad}$ 弧不长,压应力增加不会明显。如边缘孔排的管孔焊缝尺寸满足拉撑管焊缝尺寸要求,则这种炉胆的孔桥减弱系数 φ 可取为 1.0。

② 弯水管式立式锅炉平直炉胆

弯水管立式锅炉平直炉胆,见图 9-2-2c)。其孔排减弱问题应加以考虑,因弯水管对炉胆的支承作用不大。但可采用孔桥加强方法使减弱系数得以提高。

注:GB/T 16508—1996 标准采纳了上述论点,使多年来立式锅炉炉胆过厚问题得以有效解决。

③ 大横水管式立式锅炉平直炉胆

大横水管锅炉,见图 9-2-2d),由于横水管可提高炉胆的稳定性,故式(9-2-4)中的 p 除以大于 1 的系数 k,但计算长度 L 不变。系数 k 的取法如下:

1 个大横水管时 $k=1.03$;

2 个大横水管时 $k=1.05$;

3 个大横水管时 $k=1.08$。

由于大横水管直径不很大,且为焊接结构,无需进行补强计算。

注:如卧式炉胆也存在大横水管,可参照上述立式锅炉方法作同样处理。

立式锅炉平直炉胆加煤孔、除渣孔的计算:

关于立式锅炉平直炉胆上加煤孔、除渣孔等的减弱问题,GB/T 16508—1996 标准给出了明确规定——无需考虑孔排减弱,参见 8-8 节之 2(2)的说明。

2 波形炉胆计算

(1) 波形炉胆结构

由圆弧线构成的波形炉胆见图 9-2-5。

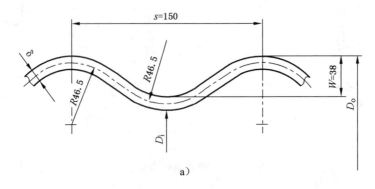

图 9-2-5 常用波形炉胆

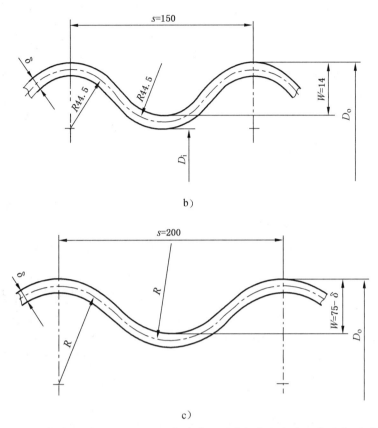

b)

c)

注：上述波形炉胆结构是 GB/T 16508—1996 标准参照国外标准给出的 3 种型式，有待依据我国经验修改与增补。遗憾的是，在此标准中并未给出尺寸偏差的限制范围。以上问题延续至今未变。

图 9-2-5（续）

（2）波形炉胆计算

波形炉胆的轴向断面为波纹形状。根据波纹形状的不同，分为福克斯型（Fox type）、毛尔逊型（Morrison type）等[114]。我国一般采用由圆弧线构成的波纹形状炉胆，即福克斯型炉胆，其他型由于波纹形线较复杂，故未得到应用。

波形炉胆在轴向能吸收较大热变形，且径向刚性较大，故其稳定性比平直炉胆大。许多国家锅炉强度标准均规定在一定波纹尺寸条件下，采用只考虑强度的简化计算公式，仅许用应力有所降低。

波形炉胆（图 9-2-5）的取用壁厚应满足式（9.2-5）要求（节距及波深见表 9-2-3）：

$$\delta \geqslant \delta_{\min} = \frac{pD_o}{2[\sigma]} + 1 \quad \cdots\cdots\cdots\cdots\cdots\cdots\cdots\cdots\cdots\cdots (9\text{-}2\text{-}5)$$

式中：$[\sigma]$——许用应力，其中修正系数 $\eta = 0.6$。

两个连续波节之间的平直部分不超过 250 mm 时（图 9-5-3），对平直部分无需校核。

注：以上按式（9-2-5）的计算方法过于简单，大直径波形炉胆的稳定裕度相对偏小问题，见 9-5 节。

3 平直与波形组合炉胆计算

标准[45]规定平直与波形组合炉胆的平直部分计算长度 L 由最边缘一节波纹的中心线起

算(图 9-2-6)。如平直部分长度不超过 250 mm,可把它看作波形炉胆的一部分,不必按平炉胆专门计算;L 超过 250 mm,平直部分按上述平直炉胆计算。

最边缘一节的波节作为平直部分的端部支撑,需要承担较大载荷作用,因而对最边缘一节截面相对其自身中性轴的惯性矩 I_1 提出具体要求,I_1 不得小于按式(9-26)计算出的所需惯性矩 I':

$$I' = \frac{pL_2 D_m^3}{1.33 \times 10^6} \quad \cdots\cdots\cdots (9\text{-}2\text{-}6)$$

即 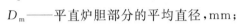 $I_1 \geqslant I'$

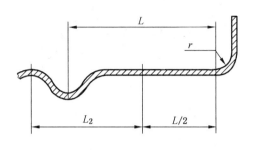

图 9-2-6 平直与波形组合炉胆

式中:p——外压力(表压),MPa;

D_m——平直炉胆部分的平均直径,mm;

L_2——最边缘一节波纹的承载(外压力)计算长度,mm(按图 9-2-6 确定)。

L_2 确定方法的说明:

由图 9-2-6 可见,L_2 是按均分原则确定的,即最边缘一节波纹与立板各承担 L 一半的外压作用。

注:按均分原则确定因立板的垂直刚度明显大于波纹,即最边缘一节波纹所需惯性矩 I' 公式(9-2-6)含较大安全裕度。另外,此方法裕度偏大的另一原因是第 2 波节、第 3 波节…也在递减起作用。

以上所需惯性矩 I' 计算公式的来源,参见本节之 4(3)。

常用波纹截面对其中性轴的惯性矩 I_1 见表 9-2-3。

表 9-2-3 波纹截面对其中性轴的惯性矩 I_1($\times 10^4 \mathrm{mm}^4$)

图序号	节距 s 波深 W/ mm	δ/mm											
		10	11	12	13	14	15	16	17	18	19	20	21	22
图 9-2-5a)	$s=150$ $W=38$	31.8	35.6	39.5	43.5	47.7	52	56.5	61	65.9	70.9	76.1	81.5	87.2
图 9-2-5b)	$s=150$ $W=38$	37.6	42.1	46.7	51.4	56.2	61.2	66.3	71.7	77.2	82.9	88.8	94.5	101.3
图 9-2-5c)	$s=150$ $W=38$	129.2	138.7	147.5	155.7	163.3	170.3	176.8	182.9	188.4	193.5	198.3	202.7	206.8

表 9-2-3 给出的波纹截面对其中性轴的惯性矩 I_1 的来源见 9-5 节之 3。

如果波纹尺寸不是图 9-2-5 所示的,对其中性轴的惯性矩 I_1 可按 9-5 节之 3 给出的公式计算求得。

4 平直炉胆的加强圈与膨胀环计算

(1) 加强圈

由式(9-1-3)可见,在炉胆直径已定条件下,增加壁厚 δ 或减小计算长度 L 都能提高炉胆的临界压力。从经济观点考虑,减小计算长度有利。如在平直炉胆上牢固地焊上满足一定尺寸要求的加强圈(图 9-2-7),由于它能明显提高炉胆横向刚度,则加强圈可以视为炉胆计算长度的起算点,这样,就减小了炉胆的计算长度,从而提高了炉胆的稳定性。

如果最边缘一节波纹的惯性矩 I_1 小于上述的波纹所需惯性矩 I',可在炉胆平直部分设置加强圈(图 9-2-7),用以减小 L_2,使所需惯性矩 I' 随之减小,以满足 I_1 应大于 I' 的要求。

设置加强圈后,最边缘一节波纹承载计算长度 L_2 的确定方法如图 9-2-7 所示。

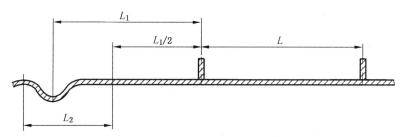

图 9-2-7　炉胆平直部分设置加强圈

图 9-2-7 中要求 $L_1 \leqslant L$,因波节的支持作用一般小于加强圈。

加强圈计算:

加强圈截面对其自身中性轴的惯性矩 I_J 应满足所需惯性矩 I' 的要求,即

$$I_J \geqslant I'$$

加强圈截面对其自身中性轴的惯性矩 I_J 按下式计算:

$$I_J = \frac{\delta_J h_J^3}{12} \quad \text{mm}^4$$

式中:δ_J、h_J——加强圈宽度、高度,mm。

加强圈需要的惯性矩 I' 按式(9-2-6)计算。

(2) 膨胀环

膨胀环类似于波节,既能提高炉胆的横向刚性,也能改善炉胆的轴向柔性,但结构比波节复杂,见标准[45]。

膨胀环计算:

膨胀环截面对其自身中性轴的惯性矩 I_3 应满足所需惯性矩 I' 的要求,即

$$I_3 \geqslant I'$$

膨胀环需要的惯性矩 I' 与式(9-2-5)相同。

膨胀环截面对其自身中性轴的惯性矩 I_3 根据截面形状与尺寸由标准[45]查取。

(3) 加强圈(膨胀环)需要惯性矩计算公式的来源

加强圈:

设计加强圈时,考虑加强圈应承受距两侧相邻支点各一半长度范围内的全部外压力作用,将此宽度 L_2 的压力折合到宽度为 δ_J、高度为 h_J 的加强圈上,并利用式(9-1-2)的关系(p_{lj} 应乘以 L_2/δ_J,δ 改为 h_J),得

$$\frac{p_{lj} L_2}{\delta_J} = \frac{E h_J^3}{4(1-\mu^2)\left(\dfrac{D}{2}\right)^3}$$

或

$$p_{lJ}L_2 = \frac{24E}{(1-\mu^2)D^3}\frac{\delta_J h_J^3}{12} = \frac{24EI_J}{(1-\mu^2)D^3}$$

式中： D——加强圈截面中性轴的直径，mm；

L_2——承压计算长度，mm，按各支点均分原则处理；

$\frac{\delta_J h_J^3}{12} = I_J$——加强圈对其自身中性轴的惯性矩。

上式是根据全部外压力都由加强圈承担导出的，实际上，外压力分别由炉胆与加强圈共同承担。通常，加强圈与炉胆的合成惯性矩比加强圈惯性矩至少大 30%。取 $E = 1.95 \times 10^3$ MPa，$\mu = 0.3$，$D \approx D_o$，临界压力的安全系数为 5，即 $p = p_{lp}/5$，则由上式得

$$5pL_2 = \frac{24 \times 1.95 \times 10^3 \times 1.3 I_J}{(1-0.3^2)D_o^3}$$

由此，得加强圈具有的惯性矩 I_J 应满足式(9-2-7)要求：

$$I_J = \frac{\delta_J h_J^3}{12} \geq \frac{pL_2 D_o^3}{1.33 \times 10^4} \quad \text{mm}^4 \quad \cdots\cdots (9\text{-}2\text{-}7)$$

式中：p——外压力(表压)，MPa；

L_2——承压计算长度，mm；

D_m——炉胆的平均直径，mm。

由以上公式推导可见，加强圈应有的惯性矩公式(9-2-6)距理论需要值包含 5 倍安全裕度。

膨胀环：

膨胀环的受力形式与加强圈一样，膨胀环截面对其自身中性轴的惯性矩 I_3 亦采用与上述式(9-2-7)相同的形式：

$$I_3 \geq \frac{pL_2 D_o^3}{1.33 \times 10^4} \quad \text{mm}^4$$

5　炉胆的环形端板计算

炉胆与燃烧器孔的过渡型式除利用图 9-2-1d)所示锥形段以外，还可利用环形端板结构型式(图 9-2-8)，后者更适合炉胆直径与燃烧器孔直径相差较大的情况。

环形端板的受力情形与立式锅炉的炉胆顶基本相同(图 9-2-9)。

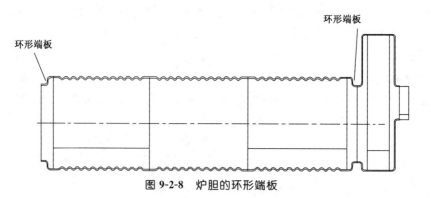

图 9-2-8　炉胆的环形端板

因此，环形端板可按下述环形平板公式（见 11-2 节）计算：

$$\delta = K d_e \sqrt{\frac{p}{[\sigma]}+1}$$

式中：d_e——二点画的当量圆直径，mm；

K——系数，为三点画圆的 1.5 倍[45]。

环形端板两端的圆筒形直段厚度可与端板一样（原因见 10-5 节之 1）。

6 回烟室圆筒计算

卧式内燃锅炉回烟室的外压平直圆筒部分按卧式平直炉胆计算。

为减小厚度，亦可改为波形结构，按波形炉胆计算。

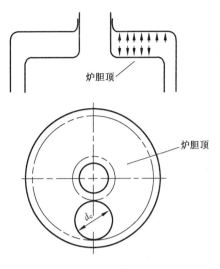

图 9-2-9 立式锅炉的炉胆顶

7 冲天管计算

立式锅炉冲天管的应力状态与立式平直炉胆基本相同，可参照立式平直炉胆计算[见本节 1 之(2)]。对于蒸汽锅炉，水位波动部位可能产生交变应力腐蚀[131]，因此，附加厚度由 2 mm 增至 4 mm。

JB 3622—84 锅壳式锅炉受压元件强度计算标准曾提出冲天管外径大于 300 mm 时，一般应加装内衬铸铁管，其下端应低于水位。实践表明，未加装也未出现问题，故 GB/T 16508—1996 锅壳锅炉受压元件强度计算标准即不再提出此要求。

冲天管的计算长度 L 按图 9-2-10 确定。

8 外压管计算

(1) 烟管

烟管壁厚与直径的比值较小，不可能失稳，仅按强度公式(8-4-3)计算：

$$\delta \geqslant \delta_{min} = \delta_c + C = \frac{p d_o}{2[\sigma]+p}+C$$

由于烟管工作条件较差，还起拉撑作用，故许用应力取得较小，许用应力修正系数为 0.8。附加厚度 C 按内压管处理。

螺纹烟管尽管存在螺纹，可是其力学性能仍较佳[32,132,133]，故 GB/T 16508—1996 标准开始规定螺纹烟管与一般平直烟管一样处理，已实施了 30 余年。

有关外压烟管强度解析，详见 9-8 节。

(2) 外径不大于 200 mm 的管子

GB/T 16507.4—2013 水管锅炉受压元件强度计算标准规定：承受外压的管子当外径不

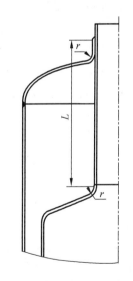

图 9-2-10 立式冲天管的计算长度 L

大于 200 mm 时，其计算方法与承受内压力的基本一样，但壁厚应增至 1.45 倍（相当于许用应力中的修正系数为承受内压时的 0.7 倍）。

注：锅炉管子外径不大于 200 mm 不可能失稳，强度计算公式的许用应力修正系数应与内压管子一样：取 1.0，而取 0.7[45]需要讨论。

9-3 炉胆的结构要求与解析

本节对 9-2 节需要解析的问题加以补充，包括对壁厚的限制、平直炉胆长度、连接结构的解析。

1 对壁厚的限制

1）最小壁厚

无论平直炉胆或波形炉胆，其壁厚均不应小于 8 mm，这比承受内压力作用的圆筒形元件要严格些（承受内压圆筒的壁厚应不小于 6 mm）。这是因为圆筒承受内压力作用时，如果圆筒壁厚过小，由于某些偶然因素而改变形状，内压力就会使它趋向于恢复原来的圆筒形状；而承受外压力作用下，外压力却会加剧形状的改变。

2）最大壁厚

无论平直炉胆或波形炉胆，其壁厚均不得大于 22 mm，与不绝热受内压筒体一样，也是为防止因热应力过大而可能出现低周疲劳现象所规定的。炉胆虽然热负荷很高，但应力集中情况较缓和（无孔），因而壁厚最大值不宜比烟温大于 800 ℃ 不绝热筒壳更严格*。

* 不绝热锅壳的最大壁厚曾规定的 20 mm 现已改为 26 mm（见 8-6 节之 1）。

问题处理：锥形炉胆允许壁厚计算

某 1.6 MPa 15 t/h 高效率低应力内燃天然气锅炉，其波形炉胆两端的锥形炉胆部分按强度标准计算，需要的厚度为 26 mm，而标准要求炉胆壁厚不应超过 22 mm。这就需要根据未绝热受压元件允许壁厚的规定原理（见 8-6 节之 1），结合具体情况进行计算分析。

结合此锅炉的锥形炉胆实际情况：

$$\sigma_{dn} = \frac{pD_w}{2\delta} = \frac{1.6 \times 1\,300}{2 \times 26} = 40 \text{ MPa}$$

取 $q = 100 \times 10^3 \text{ W/m}^2$：

$$A = \frac{qD_w}{\lambda} \frac{1.22k}{2[\sigma] - k\sigma_{dn}} = \frac{100 \times 10^3 \times 1.3}{44.2} \frac{1.22 \times 2}{2 \times 270 - 2 \times 40} = 15.6$$

允许厚度：

$$\delta = \frac{1.3}{2A + 1.6} D_w = \frac{1.3}{2 \times 15.6 + 1.6} \times 1.3 = 0.052 \text{ m} = 52 \text{ mm}$$

取 $q = 150 \times 10^3 \text{ W/m}^2$：

$$A = 23.4$$

允许厚度：

$$\delta = 0.035 \text{ m} = 35 \text{ mm}$$

锥形炉胆位于炉胆两端,热负荷 q 不可能达 150×10^3 W/m^2,故设计壁厚取 26 mm 可行。

2 平直炉胆长度

1) 卧式平直炉胆

卧式内燃锅炉平直炉胆不应太长,否则,过大的温度变形仅靠两端封头来吸收,将产生较大热应力。

JB 3622—84 标准要求卧式内燃锅炉平直炉胆的长度如超过 1 000 mm 时,至少每隔 1 000 mm 设置一个膨胀环,这使炉胆结构明显复杂。GB/T 16508—1996 标准参照 BS 2790—1989 标准,将 1 000 mm 放宽至 3 000 mm;但如炉胆一端或两端为填角焊结构,它与扳边结构相比,吸收炉胆轴向变形的能力较小;另外,认为填角焊缝耐疲劳能力也较差,故只放宽至 2 000 mm。

标准 GB/T 16508.3—2013 规定卧式内燃锅炉平直炉胆计算长度一般不应超过 2 000 mm,如炉胆两端均为扳边连接,则计算长度可放大至 3 000 mm。超过上述规定时,应采用膨胀环或波形炉胆来提高柔性,此时,波纹部分的长度应不小于炉胆全长的 1/3。

讨论:

专门有限元计算分析[134]表明,1 600 mm 长的平直炉胆中含有 1 个宽度为 204 mm 的波节时,最大环向应力下降至平直炉胆的 65%;2 个波节时,下降至平直炉胆的 31%,3 个波节时,下降至平直炉胆的 20%。可见,上述波形部分的长度不小于炉胆全长的三分之一的规定再短一些是可行的。

平直与波形组合炉胆中的平直部分,由于波形部分已有足够柔性,故无需再设膨胀环。

2) 立式平直炉胆

制定 GB/T 16508—1996 标准时,仅对卧式平直炉胆的长度提出要求,而对立式平直炉胆未提出要求,其原因是:立式炉胆 U 型或 S 型下脚圈的柔性(两个 R 构成,而 $R\approx50$ mm)明显大于扳边圆弧的柔性(R38 mm)。现行标准 GB/T 16508.3—2013 沿用 GB/T 16508—1996 未变。

问题处理:

图 9-3-1 所示结构的上下部的柔性与 U 型下脚圈一样,并且是上下柔性双重的。另外,内部热源的温度又低于锅炉炉膛,立式平直炉胆即使长度约 5 m,不增设膨胀环也是可行的。

3 连接结构

1) 平板、管板或凸形封头与炉胆的连接

平板、管板或凸形封头与炉胆的连接,宜采用扳边圆弧过渡型式;如采用填角焊缝结构,就必须双面焊透,且只允许使用于烟温不大于 600 ℃ 条件。当时主要是为防止低周疲劳而规定的[135]。

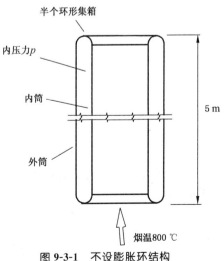

图 9-3-1 不设膨胀环结构

2) 加强圈与炉胆的连接

加强圈的结构必须满足图 9-3-2 的要求。焊缝必须开坡口,不允许留有未焊透部分,因空隙的热阻很大,很高的烟温会使该处壁温明显升高,多次启停可能产生疲劳裂纹。

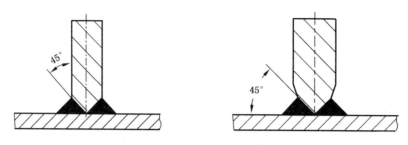

图 9-3-2　加强圈与炉胆的焊接结构要求

3) 支撑板与回烟室的连接

如回烟室需要支撑于锅壳底部,因为内部烟温达 1 000 ℃ 以上,与上述 2)一样,所以回烟室与支撑件的连接亦应采用全焊透连接。

9-4　平直炉胆的计算问题与解析

9-2 节与 9-3 节对一些问题已作了简要说明,并提出应讨论与改进的内容。本节对需要较多解释的问题进行分析。

1　我国历届标准的平直炉胆计算与对比分析

(1) 基本计算公式的演变

1) 1961 年《火管锅炉受压元件强度计算暂行规定》(简称"61 火暂")

当 $L/D_w \leqslant 1.5$ 时,取 t_I 及 t_{II} 两者较大值:

稳定公式:

$$t_I = \sqrt{\frac{pD_w(L+610)}{105\,000}} + 0.5$$

强度公式:

$$t_{II} = \sqrt{\frac{(pD_w + 3.5L)41}{1\,120\sigma_b}} + 0.5$$

注:"61 火暂"t_I 式中误乘以 $\sqrt{41/\sigma_b}$,因该式为稳定公式,与抗拉强度 σ_b 无关,故以上 t_I 式中已删去。以上公式中 L 为计算长度,D_w 为炉胆外径。

当 $L/D_w > 1.5$ 时,如仍采用 t_I 及 t_{II} 式,将使厚度过大,故采用以下计算厚度较小的单一公式 t_{III}:

$$t_{III} = 0.015 \frac{pD_n}{\sigma_b}\left[1 + \sqrt{1 + \frac{\alpha L}{p(L+D_n)}}\right] + 2$$

由表 9-4-1 与图 9-4-1 可见,$L/D_w > 1.5$ 时,t_I 及 t_{II} 式中较大值明显大于 t_{III} 式,而且 L/D_w 愈大,差值亦愈大。此外,计算压力愈小时,上述差值更大[57]。

"暂行规定"同时指出，L/D_w 不宜大于 2。

[t_I 式与 t_{II} 式的注释]

t_I 式、t_{II} 式为早期英国 BS 标准使用的公式。

t_I 式的形式与稳定理论式(9-1-4)类似，是根据经验修正成的半经验稳定公式。此式与式(9-1-4)的区别在于将 0.4 及 0.6 次方都改为平方并增加了修正系数，两公式计算结果无明显差别。

t_{II} 式的形式与强度理论式(9-1-1)类似，是根据经验进行修正成的半经验强度公式。

[t_{III} 式的注释]

8-6 节之 2 的式(8-6-5)中后一项乘以修正系数 $\alpha = L/(L+D)$，得：

$$\sigma_{max} = \sigma_{\theta+w} = \sigma_\theta + \sigma_w = \frac{pD_m}{2\delta}\left(1 + \frac{3}{2}\frac{D_m}{\delta}\eta\alpha\right)$$

并取 $\sigma_{max} = \sigma_b/6$，$\sigma_b = 450$ MPa，$\eta = 0.5$，即得 t_{III} 式。

可见 t_{III} 式是在强度公式基础上，考虑不圆度 η（也用 u 表示），并进行相对长度 L/D 修正的半经验公式。此外，t_{III} 式中增加用以考虑卧式与立式的系数 α。

卧式平直炉胆中炉篦的上半部接受高温辐射与对流换热，而下半部则有冷空气冷却；此外，炉胆上半部与下半部所受水柱静压力也不同。这种工作条件不对称性对承受外压作用的圆筒会产生明显的不利影响，故卧式炉胆的系数 α 取 75，而立式炉胆因不存在上述不利因素，取 45（见表 9-4-1）。

2) JB 3622—84《锅壳式锅炉受压元件强度计算》标准（简称"84 壳标"）

"61 火暂"采用两套公式过于繁琐，而且在 L/D_w 为 1.5 左右时，有时出现不合理现象：L/D_w 略小于 1.5 时，应按 t_I 及 t_{II} 式确定厚度，所得值 L/D_w 略大于 1.5 时按 t_{III} 式计算的厚度。这显然不合理，因为 L/D_w 较小时，计算出的厚度理应较小。因此，取消了 t_{III} 式，仅按 t_I 及 t_{II} 式确定厚度（不再考虑 L/D_w 值的限制）。

由于 JB 3622—84 标准规定卧式平直炉胆的长度如超过 1 000 mm 时，至少每隔 1 000 mm 设置一个膨胀环，则 L/D_w 不会较大，因此不至于使炉胆过厚。可是立式锅炉平直炉胆的计算长度 L 允许达到 $2D_w$，于是当 L/D_w 较大时，势必厚度大于按"61 火暂"确定的值；当计算压力不大，且 L/D_w 接近 2 时，厚度会大得较多[57]。将"61 火暂"修订成 JB 3622—84 标准时，未考虑到此情况，给立式锅炉制造厂带来不小困难。

3) GB/T 16508—1996《锅壳锅炉受压元件强度计算》（简称"96 壳标"）

对卧式平直炉胆采用 t_{IV} 及 t_V 式，取两者较大值：

强度公式：

$$t_{IV} = \frac{B}{2}\left[1 + \sqrt{1 + \frac{0.12D_p u}{B\left(1 + \dfrac{D_p}{0.3L}\right)}}\right] + 0.75$$

式中

$$B = \frac{pD_p n_1}{2\sigma_s^t\left(1 + \dfrac{D_p}{15L}\right)}$$

稳定公式：

$$t_V = D_p^{0.6}\left(\frac{pLn_2}{1.73E^t}\right)^{0.4} + 0.75$$

而立式锅炉平直炉胆采用厚度较小的 t_{III} 式。

t_{IV} 及 t_V 式是英国标准 BS 2790—1989 采用的公式，德国 TRD 规程也采用此种公式，但个别系数略有变动。按此两式所得厚度与其他公式所得厚度的对比见图 9-4-1。

[t_{IV} 式与 t_V 式的注释]

t_{IV} 式是强度公式。此式与 t_{III} 式一样，也是在含有不圆度 u 的强度公式基础上，根据经验与试验进行修正的半经验公式。

如不圆度 $u=0$，则 $t_{\mathrm{IV}}=B$。而 B 式体现炉胆端部的有利固定作用，L 愈大，固定作用愈弱，炉胆长度 $L=\infty$，t_{IV} 则为典型外压圆筒强度计算公式：

$$t_{\mathrm{IV}} = \frac{pD_p}{2\sigma_s^t/n_1}$$

炉胆不圆度 u 对厚度的影响较明显，见后述 2(3)。

t_V 式为典型稳定公式，其推导见 9-1 节。

注："61 火暂"执行了 23 年，数以万台计的卧式与立式锅炉平直炉胆都用 t_{III} 式计算厚度，一直安全运行，从未发生因厚度偏小出现事故的实例。另外，日本、俄罗斯一直采用此式。因此，立式锅炉平直炉胆仍采用 t_{III} 式是适宜的。

参照日本标准[92]，对立式锅炉平直炉胆的计算长度 L 未作限制。

4) GB/T 16508.3—2013《锅壳锅炉 第 3 部分：设计与强度计算》

沿用 GB/T 16508—1996 标准的公式。但是，GB/T 16508—1996 标准之后出现的欧洲标准尽管仍沿用 BS 2790—1989 公式的型式，而系数却有改变，计算厚度也略有减小，见图 9-4-2。

(2) 平直炉胆计算壁厚对比

上述 5 种公式的壁厚计算结果，见图 9-4-1。

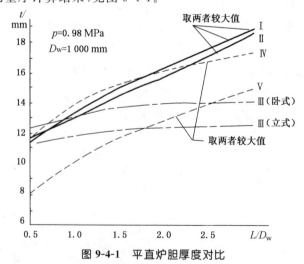

图 9-4-1　平直炉胆厚度对比

由上述对比可见,我国强度标准关于平直炉胆计算公式的变化较大,矛盾也较突出,曾给制造厂带来一些困难。GB/T 16508—1996 标准在修订之前,曾协助立式锅炉制造厂可应用立式平直炉胆计算公式,消除了明显不合理的规定("84 壳标"取消了立式锅炉计算公式),得到了主管锅炉安全部门的认可,GB/T 16508—1996 标准制定时不合理的内容也得到了改正。这表明,在标准尚未修改之前,标准中不尽合理的内容可通过深入论证而加以改正,同时也表明标准经常修订是十分必要的。

由图 9-4-1 可见,立式炉胆的计算厚度明显偏小。

表 9-4-1 是供参考的另一种组算结果对比。

表 9-4-1 平直炉胆厚度对比

$\dfrac{L}{D_w}$	公式 t_I、t_II、t_III		
	$t_\mathrm{I}=\sqrt{\dfrac{pD_w(L+610)}{105\,000}}+1$	$t_\mathrm{II}=\dfrac{(pD_w+3.5L)41}{1\,120\sigma_b}+1$	$t_\mathrm{III}=0.015\dfrac{pD_n}{\sigma_b}\left[1+\sqrt{\dfrac{\alpha L}{1+p(L+D_n)}}\right]+2$
	取两者较大值		卧式	立式

$\dfrac{L}{D_w}$	t_I	t_II	卧式 t_III	立式 t_III
0.5	8.69	7.56	8.73	7.88
1.0	10.27	9.12	9.60	8.52
2.0	12.80	12.25	10.35	9.08
3.0	14.88	15.38	10.69	9.34
4.0	16.68	18.50	10.89	9.49

$\dfrac{L}{D_w}$	公式 t_IV、t_V	
	$t_\mathrm{IV}=\dfrac{B}{2}\left[1+\sqrt{1+\dfrac{0.12D_p u}{B\left(1+\dfrac{D_p}{0.3L}\right)}}\right]+0.75$ $B=\dfrac{pD_p n_1}{2\sigma_s^t\left(1+\dfrac{D_p}{15L}\right)}$	$t_\mathrm{V}=D_p^{0.6}\left(\dfrac{pLn_2}{1.73E_t}\right)^{0.4}+0.75$
	取两者较大值	
0.5	7.53	6.40
1.0	9.30	8.20
2.0	11.17	10.60
3.0	12.25	12.30
4.0	12.94	13.74

注:1. $p=5.6$ kgf/cm² (t_I、t_II、t_III) $p=0.55$ MPa (t_IV、t_V);

2. $D_w=1\,000$ mm $D_n=980$ mm $D_p=0.5(D_w+D_n)=990$ mm;

3. 20g: $\sigma_b=41$ kgf/mm² $E^t=195\times 10^3$ MPa(250 ℃) $\sigma_s^t=165$ MPa(250 ℃);

4. $t_{bi}=158+90=248$ ℃;

5. $n_1=2.5$ $n_2=3.0$ ($p>0.38$ MPa, $pD_p>480$ MPa·mm);

6. $\alpha=75$(卧式) $\alpha=45$(立式);

7. $u=1.5$。

2 GB/T 16508.3—2013 标准与欧洲标准直炉胆计算对比分析

GB/T 16508—2013《锅壳锅炉 第 3 部分:设计与强度计算》——简称"我国 2013 壳标";
欧洲标准(EN) EN 12953 锅壳锅炉——简称"欧洲壳标"。

(1) 计算公式对比

计算公式对比见表 9-4-2。

表 9-4-2 "我国 2013 壳标"与"欧洲壳标"计算公式的对比

	我国 2013 壳标	欧洲壳标
强度	$\delta_s \geqslant \dfrac{B}{2}\left[1+\sqrt{1+\dfrac{0.12 \times D_m u}{B\left(1+\dfrac{D_m}{0.3L}\right)}}\right]+1$ $B=\dfrac{pD_m n_1}{2R_{el}^t\left(1+\dfrac{D_m}{15L}\right)}$	$\delta_s \geqslant \dfrac{B}{2}\left[1+\sqrt{1+\dfrac{0.12 \times D_m u}{B\left(1+\dfrac{5D_m}{L}\right)}}\right]+1$ $B=\dfrac{pD_m n_1}{2R_{el}^t\left(1+\dfrac{0.1D_m}{L}\right)}$
稳定	$\delta \geqslant D_m^{0.6}\left(\dfrac{pLn_2}{1.73E^t}\right)^{0.4}+1$	$\delta \geqslant D_m^{0.6}\left(\dfrac{pLn_2}{2.6E^t}\right)^{0.4}+1$

(2) 安全系数

安全系数对比见表 9-4-3 与表 9-4-4。

表 9-4-3 "我国 2013 壳标"的安全系数

锅 炉 级 别	屈服 n_1	稳定 n_2
$p \leqslant 0.38$ MPa,且 $pD_m \leqslant 480$ MPa·mm	3.5	3.9
其 他 情 况	2.5	3.0

表 9-4-4 "欧洲壳标"的安全系数

锅 炉 级 别	屈服 n_1	n_2
$p > 0.6$ N/mm² 或 $p \leqslant 0.6$ N/mm² 且 $D_m/L < 0.25$	2.5	3.0
$p < 0.6$ N/mm² 且 $D_m/L \geqslant 0.25$	2.0	

(3) 计算厚度差异

计算壁厚对比见表 9-4-5。

表 9-4-5 "我国 2013 壳标"与"欧洲壳标"计算壁厚对比

炉胆长度	我国 2013 壳标 强度/稳定	欧洲壳标 强度/稳定
$L=3\,000$ mm	14.6/17.3	13.8/14.9
$L=2\,000$ mm	13.8/14.9	12.8/12.8
$L=1\,000$ mm	12.2/11.5	11.4/9.9

注:$p=1.25$ MPa,$D_o=1\,000$ mm,$D_m=980$ mm,$u=0.5$。

由表 9-4-5 可见,"欧洲壳标"计算壁厚较小。

(4) 椭圆度 u 对计算厚度的影响

1) 关于椭圆度 u 的取值

我国"2013 壳标"7.3.1.7 卧式平直炉胆的椭圆度(圆度百分率)u：
$$u=200(D_{o\,max}-D_{o\,min})/(D_{o\,max}+D_{o\,min})$$
规定"也可取 $u=1.2$"(一般只能如此)。

于是，普遍取 $u=1.2$。

椭圆度 $u=1.2$ 改用标准限定值 0.5，明显减小计算厚度。

取 $u=0.5$ 的说明：

GB/T 16508—2013《锅壳锅炉 第 4 部分：制造、检验与验收》中 4.4.6.3 规定：同一截面上最大内径与最小内径之差，对于炉胆圆筒形部分，不应大于其名义内径的 0.5%。(而锅壳筒体为 1%)

由于炉胆椭圆度百分率 u 应保证≤0.5。因此，平直炉胆壁厚计算时，炉胆椭圆度 u 应取 0.5；如果实际 u 值小于 0.5，则炉胆壁厚计算时，也可取实际测量值。

2) 计算结果对比

由表 9-4-6 可见，椭圆度的影响很大。

表 9-4-6 平直炉胆椭圆度 u 值对壁厚的影响

炉胆长度	炉胆椭圆度 u		
	1.2	0.5	0
$L=3\,000$ mm	18.6	14.6	10
$L=2\,000$ mm	17.2	13.8	9.9
$L=1\,000$ mm	14.8	12.2	9.6

注：$p=1.25$ MPa，$D_o=1\,000$ mm。

(5) 计算壁厚对比总结

图 9-4-2 给出："我国 2013 壳标"与"欧洲壳标"的计算壁厚对比，椭圆度 u 对计算厚度的影响，我国曾应用过多年的单一公式(强度与稳定用的同一公式 $t_{Ⅲ}$)计算结果，以及与波形炉胆计算结果的对比。

曲线说明：

"欧洲壳标"不区分卧式与立式。

单一公式 $t_{Ⅲ}$ 计算简单，卧式与立式又有区别；我国应用过 23 年，立式又应用 20 年至今。以上计算壁厚曲线图可供今后修订标准时参考之用。

3 安全裕度分析

(1) 内压与外压失效过程对比

元件各处强度不可能完全均匀一致，以下失效皆发生于某局部。

内压圆筒至破裂的过程：屈服(开始向外凸起)→撑开破裂(可能引发汽水爆炸)；

外压圆筒至破裂的过程：失稳(开始向内凹下)→压瘪破裂(可能引发汽水爆炸)。

可见,屈服与失稳皆是破裂前的一种现象。外压失稳不能继续应用,内压大面积屈服也不许继续应用,皆属于失效。

失效——不允许继续工作,距失效应留有一定裕度;

破裂——可能引发汽水爆炸,距破裂应留有较大裕度。

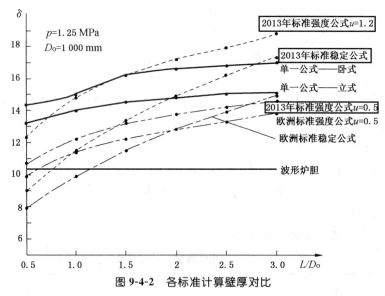

图 9-4-2　各标准计算壁厚对比

(2) 安全裕度对比

1) 内压安全裕度

① 屈服

防止屈服的计算裕度一般为 1.5;

② 破裂

防止破裂的计算裕度一般为 2.5。验证强度试验的破裂裕度为 4——试验破裂裕度取得较大,因试验精度较难控制(涉及人员、设备、仪表,等),试验破裂压力距理论式(6-2-3)的分散度也较大[11]。

2) 外压安全裕度

① 失稳

影响炉胆稳定性的各种不利因素较多,如初始椭圆度、环向受热不均、水平放置时的自重与介质重量使环向受力不均等。失稳压力考虑了 1.5 倍裕度,如下:

由 9-1 节,临界压力的理论计算式为

$$p_{lj} = \frac{2.6E\delta^2}{LD\left(\dfrac{\delta}{D}\right)^{0.5}}$$

取 p_{lj} 除以 1.5,得实际可能的临界压力

$$p_{lj} = \frac{1.73E\delta^2}{LD\left(\dfrac{\delta}{D}\right)^{0.5}}$$

再考虑安全系数 n_2 以及加上附加壁厚 1 mm,于是得标准计算公式:

$$\delta \geqslant D_m^{0.6}\left(\frac{pLn_2}{1.73E^t}\right)^{0.4}+1$$

表 9-4-3 规定安全系数 $n_2=3$ 或 3.9，再考虑上述 p_{lj} 除以 1.5，则相对计算公式的临界压力安全裕度为 $3\times1.5=4.5$ 或 $3.9\times1.5=5.85$。即距失稳压力的裕度过高；内压可能引发爆炸的计算裕度仅为 2.5，而外压距开始失稳的裕度竟达 4.5 与 5.85，距可能引发爆炸的裕度就过高了。

② 破裂

外压难以给出距破裂的安全裕度，因原始状态对外压破裂压力的影响明显大于内压的影响。内压圆筒进入屈服后，其截面形状在内压力作用下会自然向外变为理想圆形——原始形状不工整得以恢复，各种圆筒破裂形状相似（无孔排圆筒皆产生纵向裂口），尽管如此，破裂压力的分散度仍较大；而外压作用下，会加大原始形状不工整的程度，压瘪破裂的形状不可能各圆筒相似。

③ 屈服

外压不失稳按强度考虑的屈服安全裕度按表 9-4-3，$n_1=3.5$ 或 2.5 同样也偏高，因为外压与内压屈服属于同一性质，开始屈服的受力条件并无区别，而内压仅为 1.5。

4　锥形炉胆计算方法

(1) 锥形炉胆受力分析

1) 强度

过渡圆弧：

与回转锥形壳两端相连的是过渡圆弧，见图 9-4-3a)。过渡圆弧为半径等于 R 的环形筒壳的一部分，见图 9-4-3c)中的 $\overset{\frown}{ab}$ 圆弧。$\overset{\frown}{ab}$ 圆弧的膜应力与环形筒壳一样。因直径 $2R$ 很小，则膜应力也很小。由于锅炉锥形炉胆的角度 α 不大（约不大于 $30°$），因此过渡圆弧两端的弯矩 M 不大，见图 9-4-3d)，而直径 $2R$ 又很小，则弯曲应力也不大，而且弯曲应力成分的许用应力为膜应力的 1.5 倍。过渡圆弧两端的二次应力加上弯曲应力及膜应力之和允许值很大，达 2 倍屈服限。另外，因为低压锅炉的锥形炉胆壁也并不很薄，所以，锅炉锥形炉胆的过渡圆弧从不采取加厚措施[11]。

锥形壳：

锥形壳的应力可按 10-1 节之 1(1) 回转薄壳的分析方法确定：

因母线为直线，则

$$\rho_1=\infty \quad \rho_2=r/\cos\alpha$$

代入式(10-1-1)与式(10-1-2)，得

$$\sigma_m=\frac{p\rho_2}{2\delta}=\frac{pD}{4\delta}\frac{1}{\cos\alpha} \quad\cdots\cdots(9\text{-}4\text{-}1)$$

$$\sigma_\theta=\frac{p}{\delta}\rho_2\left(1-\frac{\rho_2}{2\rho_1}\right)=\frac{pD}{2\delta}\frac{1}{\cos\alpha} \quad\cdots\cdots(9\text{-}4\text{-}2)$$

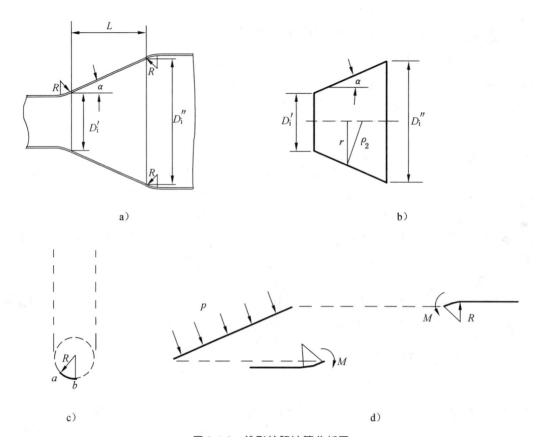

图 9-4-3 锥形炉胆计算分析图

可见,上述应力比圆筒增大 $1/\cos\alpha$ 倍,即锥体母线与轴线的夹角 α 增加使应力增大;另外,应力随着直径 $D=2r$ 的增加而增大。

基于以上分析,锥形炉胆强度计算可按平直炉胆的厚度增大 $1/\cos\alpha$ 倍考虑,并取大端直径计算,计算长度应缩小,取

$$L = \frac{L}{2}\left[1+\frac{D_{oS}}{D_{oL}}\right]$$

式中:D_{oS}——小端外径;
D_{oL}——大端外径。

2)稳定

外压锥形壳的稳定分析与筒壳基本相同,试验临界压力分散度较大,一般为直圆筒的 $0.8\sim1.3$ 倍[136],可按平直炉胆计算,其临界压力取平直炉胆的 0.8 倍。

(2)锥形炉胆计算

图 9-4-4 为锥形炉胆的计算图。

1)不超过 250 mm 直段

图 9-4-4 中的直段如不超过 250 mm 时,由

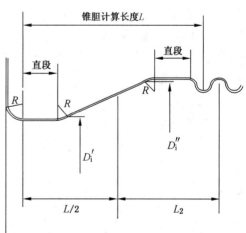

图 9-4-4 锥形炉胆计算图

于较窄,其两相邻部分已满足强度与稳定要求,则较窄部分可近似按局部应力考虑,不必计算(因局部应力的许用应力可放大 1.5 倍)。

2) 锥形部分

锅炉强度计算标准中炉胆锥形部分厚度采用简化计算方法:

锥形炉胆计算方法纳入我国第一个锅壳锅炉强度计算标准 JB 3622—84《锅壳式锅炉受压元件强度计算》,在以后的 GB/T 16508—1996 以及 GB/T 16508.3—2013 仍采用未变更。

简化计算方法即炉胆锥形段厚度可近似按平直炉胆公式计算,公式中 D_m 取锥形炉胆两端大小内直径 D_i' 与 D_i''(图 9-4-4)之和的一半。这样计算并未按上述理论分析进行。由于平直炉胆计算方法的裕度较大,因此,不会影响安全。如果今后修订标准时,降低过大的安全裕度,就应考虑前述的理论计算方法。

3) 边缘一节波纹惯性矩的校核

计算长度 L 段承受外压力作用,其两端需有支撑。一端的管板起支撑作用,另一端的边缘第一波节起支撑作用,按左右端各承担一半考虑。计算方法见 9-2 节之 3。

9-5　波形炉胆计算改进与结构创新

在 9-2 节有关外压波形炉胆的强度计算中已对一些问题作了简要说明,并提出应讨论与改进的内容。本节对需要较多说明的问题加以解析,还提出波形炉胆的新计算方法与结构创新,并给出有限元计算校核示例。

1　波形炉胆计算存在的问题与新计算方法

(1) 目前波形炉胆计算存在的问题

波形炉胆由于不易失稳,故我国标准[45,81]以及国外一些标准给出的计算公式为简单的强度计算公式(9-2-4):

$$\delta \geqslant \delta_{\min} = \frac{pD_o}{2[\sigma]} + 1$$

式中许用应力:

$$[\sigma] = \eta[\sigma]_J$$

许用应力修正系数 η 取 0.6,则相对屈服限的安全系数 $n = n_s/\eta = 1.5/0.6 = 2.5$。

以上计算方法的问题:

1) 仅为强度的公式,但厚度 δ 并未考虑波节纵向截面比平直形明显增大(图 9-5-1)约 20%,即未反映起主要作用的环向应力减小较多问题;

2) 用过大的修正系数 η 来保证稳定。小直径的稳定裕度过大,大直径的稳定裕度偏小(见表 9-5-1);

3) 公式并未反映波纹尺寸的大小。

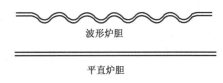

图 9-5-1　承载截面对比

表 9-5-1　大直径波形炉胆稳定裕度偏小的计算　　　波形炉胆(ϕ1 800 mm×20 mm)

序号	名称	符号	单位	计算公式或数据来源	数值
1	计算压力	p	MPa	同锅壳筒体	1.3
2	介质额定平均温度	t_{mave}	℃	设计给定	193
3	计算温度	t_c	℃	按 GB/T 16508.3 表 4，直接受火焰辐射，$t_{\text{mave}}+90$	283
4	材料	—	—	选取	Q245R
5	许用应力	$[\sigma]_J$	MPa	按 GB/T 16508.2 表 2	105
6	修正系数	η		按 GB/T 16508.3 表 3	0.6
7	许用应力	$[\sigma]$	MPa	$\eta[\sigma]_J=0.6\times105$	63
8	波形炉胆外径	D_o	mm	设计给定	1 840
9	设计厚度	δ_s	mm	$\dfrac{pD_o}{2[\sigma]}+1=\dfrac{1.3\times1\,840}{2\times63}+1$	19.98
10	名义厚度	δ	mm	取	20
11	校核	—	—	$\delta>\delta_s$	满足
按波节惯性矩校核：					
12	波形炉胆平均直径	D_m	mm	$D_o-\delta$	1 820
13	炉胆波形节距	L_2	mm	按 GB/T 16508.3 表 10 图 14a)	150
14	具有需要惯性矩	I_1	mm^4	按 GB/T 16508.3 表 10	76.1×10^4
15	需要惯性矩	I'	mm^4	$\dfrac{pL_2 D_m^3}{1.33\times10^6}=\dfrac{1.3\times150\times1\,820^3}{1.33\times10^6}$	88.4×10^4
16	校核[1]	—	—	$I_1<I'$，88.4×10^4 mm^4>76.1×10^4 mm^4	不满足要求

1) 需要的惯性矩 I' 与炉胆直径 3 次方 D_m^3 成比例关系，故大直径炉胆稳定裕度偏小。

(2) 新计算方法的提出

考虑到以上标准计算方法过于不合理，故提出新计算方法。

新计算方法是按波节惯性矩的计算方法。即根据波节具有的惯性矩 I_b 应满足承受外压需要的惯性矩 I 进行波形炉胆计算。此方法表述为

$$I_b \geqslant I = \frac{pLD_m^3}{1.33\times10^6}$$

式中：I_b——单一波节具有的惯性矩(见表 9-2-3 或查标准或按标准计算[45,81])；

I_b——单一波节需要的惯性矩；

L——单一波节宽度的承压宽度；

D_m——炉胆平均直径。

需要的惯性矩 I 公式的推导见 9-2 节之 4(3)。

此公式推导过程包含失稳压力裕度等于 5,另外,因存在平直部分,将具有的惯性矩放大了 30%,而波节相连结构不存在平直部分,不应放大 30%,故波节相连结构的失稳压力裕度约等于 4(5/1.3=3.85≈4)。关于失稳压力安全裕度等于 4 已足够大的说明,见 9-4 节之 3。

采用这种考虑稳定的计算方法,强度会自然得到满足。对此,以下计算分析得到证实。

例如:$p=1.66 \text{ MPa}$,$D_m=1\,250 \text{ mm}$、$L=150 \text{ mm}$ 的波形炉胆。

需要的惯性矩:

$$I = \frac{pLD_m^3}{1.33 \times 10^6} = \frac{1.66 \times 150 \times 1\,250^3}{1.33 \times 10^6} = 36.6 \times 10^4 \text{ mm}^4$$

波深最小的 38 mm,壁厚 12 mm 的波纹具有惯性矩:

$$I_b = 39.5 \times 10^4 \text{ mm}^4$$

稳定已满足。

强度要求厚度为:

$$\delta \geqslant \delta_{\min} = \frac{pD_o}{2[\sigma]} + 1 \approx \frac{1.66 \times 1\,262}{2 \times 0.9 \times 131} + 1 = 9.9 \text{ mm}$$

式中许用应力按 Q245R 取,许用应力修正系数取 0.9,不再兼顾稳定问题。

可见,明显小于稳定所需 12 mm。而且以上计算公式尚未反应波形炉胆承压面积的明显增大。

以上新计算方法基于稳定严格计算,仅校核单一波节的稳定要求即可。

这种计算方法的特点:

① 计算厚度小于目前标准计算方法,与 9-6 节有限元校核计算结果相一致;
② 反映了波纹尺寸的影响;
③ 反映了稳定与炉胆直径 3 次方成正比关系,保证了大直径炉胆的稳定裕度;
④ 与目前标准对波形炉胆边缘一节的计算方法取得一致;
⑤ 为下述新型波形炉胆提供可行计算方法。

2 波形炉胆结构的创新

(1) 新型波形炉胆

特点:波纹(波节)减少,见图 9-5-2。

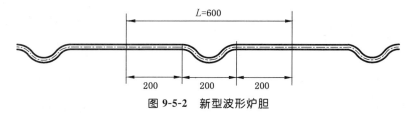

图 9-5-2 新型波形炉胆

注:基于现行标准规定:两个连续波节之间的平直部分不超过 250 mm 时(图 9-5-3),对平直部分无需校核,所以有些公司提出图 9-5-4 所示波形炉胆改进设想,但缺乏足够依据,尚需论证。论证可按上述新计算方法进行。

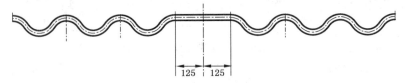

图 9-5-3 常规波形炉胆中的平直部分

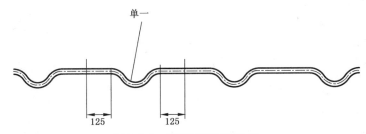

图 9-5-4 波形炉胆改进设想

(2) 对新型波形炉胆的校核计算

例如:图 9-5-2 结构,$p=1.66$ MPa,$D_m=1\,250$ mm,波节宽度 $L=200$ mm。

校核:

按我国标准[45,81],需要的惯性矩为:

$$I = \frac{pLD_m^3}{1.33 \times 10^6} = \frac{1.66 \times 600 \times 1\,250^3}{1.33 \times 10^6} = 147 \times 10^4 \text{ mm}^4$$

按壁厚 14 mm 查标准,则具有的惯性矩为

$$I_b = 163 \times 10^4 \text{ mm}^4$$

可见,壁厚仅 14mm 足能满足稳定要求。

新结构波形炉胆,见图 9-5-5 与图 9-5-6:

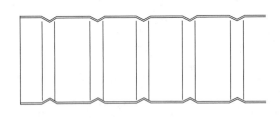

图 9-5-5 新结构波形炉胆

图 9-5-6 新结构波形炉胆三维图

对柔性的影响:

标准[45,81]规定:当平直炉胆长度超出 2 m 或 3 m 时,为提高柔性设置波形炉胆的长度应不小于炉胆全长的 1/3。

图 9-5-2、图 9-5-5 所示结构的波形部分,正好占 1/3 长度。

注:有限元计算[134]表明:平直部分长 1 600 mm,含 1 个 200 mm 宽波节,锅炉运行使炉胆因壁温升高膨胀而对管板的作用力,相对一般平直炉胆下降 35%;2 个波节,下降 59%;3 个波节,下降 80%。可见,设置 3 个波节的柔性已相当大,则波节长度之和约为全长的 37%。

为了新结构波形炉胆更具说服力,按我国标准[45,81]规定的应力分析方法(有限元计算分析)进行详细校核,表明完全安全可靠,详见 9-6 节。

3 波纹(波节)惯性矩的计算

标准[45,81]仅给出一些典型几何尺寸波纹的惯性矩数值(表 9-2-3),但在设计中常遇到其他几何尺寸结构。因此,JB 3622—84 标准给出适用于各种几何尺寸的波形炉胆惯性矩公式,沿用至今,其推导过程如下[1]:

波形炉胆中的一个波纹如图 9-5-7 所示。取 1/4 波纹,见图 9-5-8。

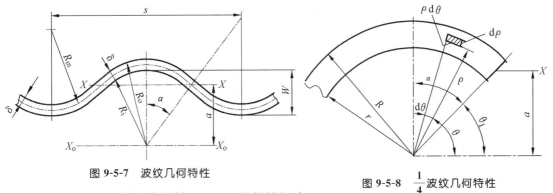

图 9-5-7 波纹几何特性　　　　图 9-5-8 $\frac{1}{4}$ 波纹几何特性

1/4 波纹相对波纹中性轴($X—X$)的惯性矩为

$$i_{1/4} = \int_{\theta_1}^{\pi/2} \int_{R_i}^{R_o} (\rho\sin\theta - a)^2 \rho \, d\rho \, d\theta$$

$$= \int_{\theta_1}^{\pi/2} \int_{R_i}^{R_o} (\rho^3 \sin2\theta - 2a\rho^2\sin\theta + a^2\rho) \, d\rho \, d\theta$$

先将变量 ρ 由 R_i 积分至 R_o,再将变量 θ 由 θ_1 积分至 $\pi/2$,最后,各项乘以 4 即得到一个波纹的惯性矩:

$$i_1 = \frac{R_o^4 - R_i^4}{4}[2\alpha + \sin(2\alpha)] - \frac{8}{3}a(R_o^3 - R_i^3)\sin\alpha + 2a^2(R^2 - R_i^2)\alpha \quad \cdots(9\text{-}5\text{-}1)$$

式中 R_o、R_i、α、a 由图 9-5-7、图 9-5-8 中的几何关系得:

波纹外半径　　　　　　　　$R_o = R_m + \dfrac{\delta}{2}$

波纹内半径　　　　　　　　$R_i = R_m + \dfrac{\delta}{2}$

半夹角(弧度)　　　　　　　$\alpha = \arcsin\left(\dfrac{s}{4R_m}\right)$

中性轴 $X—X$ 与通过圆心的轴线 $X_o—X_o$ 的距离:

$$a = R_m \cos\alpha$$

以上各式中的波纹中半径 R_m 可由下式求得:

$$R_m = \sqrt{\left(\frac{s}{4}\right)^2 + \left(R_m - \frac{W}{2}\right)^2}$$

---

1) 此方法由原广州劲马锅炉有限公司涂益新提出,后经本书撰写者整理完成。

则

$$R_m = \frac{s^2}{16W} + \frac{W}{4}$$

式中：W——波纹深度。

按此方法计算结果与表 9-2-3 基本一致。

9-6 波形炉胆的有限元计算校核

本节对各种炉胆(平直、新型波形、标准波形)进行有限元计算对比,还给出 WNS 4 t/h 与 WNS 15 t/h 内燃锅炉新型波形炉胆失稳有限元计算结果。

1 不同结构炉胆对比计算

有限元计算采用 ANSYS18.0 软件。

由于炉胆两端有管板等的加强,可以近似认为两端保持原始截面形状,为此炉胆两端径向、环向位移均为 0,另一端轴向位移为 0。

炉胆计算均承受 1.3 MPa 外压,尺寸见以下各图。

(1) 平直炉胆

平直炉胆的计算模型见图 9-6-1。

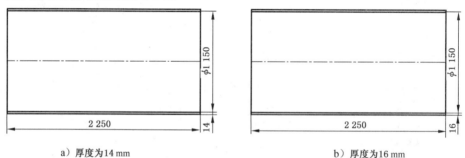

a) 厚度为14 mm   b) 厚度为16 mm

图 9-6-1 平直炉胆计算模型

平直炉胆发生失稳时的变形见图 9-6-2。

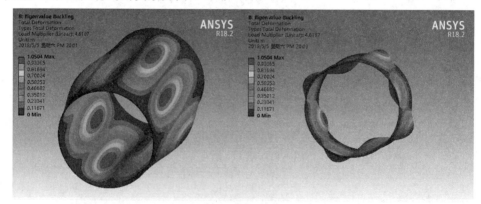

a) 厚度为14 mm

图 9-6-2 平直炉胆发生失稳的变形图

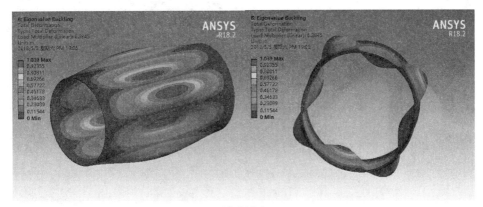

b）厚度为16 mm

图 9-6-2（续）

（2）标准波形炉胆

标准波形炉胆的计算模型见图 9-6-3。

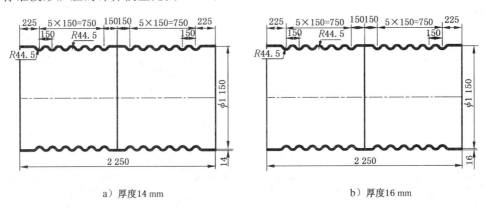

a）厚度14 mm　　　　　　　　　　　b）厚度16 mm

图 9-6-3　标准波形炉胆计算模型

标准波形炉胆发生失稳时的变形见图 9-6-4。

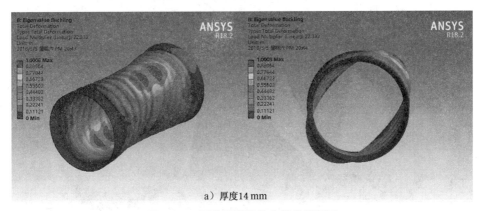

a）厚度14 mm

图 9-6-4　标准炉胆发生失稳的变形图

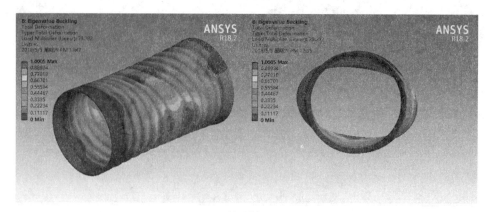

b）厚度16 mm

图 9-6-4（续）

失稳仅发生在平直段边缘。$L_{平直}=150$ mm。

（3）新型波形炉胆

新型波形炉胆的计算模型见图 9-6-5。

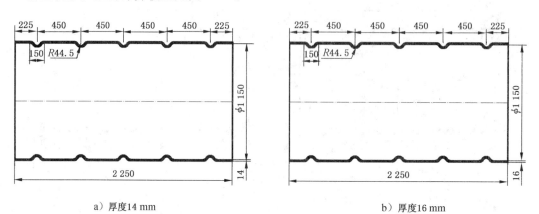

a）厚度14 mm 　　　　　　　　b）厚度16 mm

图 9-6-5　新型波形炉胆计算模型

新型波形炉胆发生失稳时的变形见图 9-6-6。

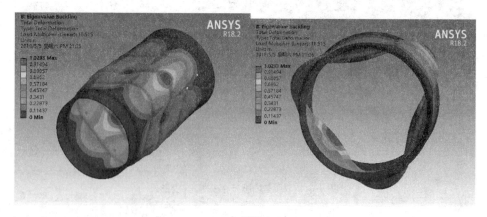

a）厚度14 mm

图 9-6-6　新型波形炉胆发生失稳的变形图

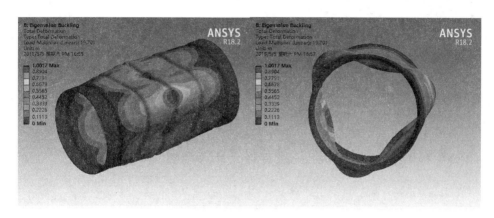

b）厚度16 mm

图 9-6-6（续）

失稳也发生在平直段边缘。$L_{平直}=300$ mm。

有限元计算数据对比：

上述不同模型的失稳计算结果，见表 9-6-1。

表 9-6-1　不同模型失稳计算结果

模　　型	载荷因子[1]	失稳临界载荷/MPa	失稳数
平直炉胆（δ14 mm）	4.618 7	6.00	4
平直炉胆（δ16 mm）	6.384 5	8.30	4
标准波形炉胆（δ14 mm）	22.333	29.03	3
标准波形炉胆（δ16 mm）	29.382	38.02	3
新型波形炉胆（δ14 mm）	16.515	21.47	2
新型波形炉胆（δ16 mm）	19.701	25.61	2
1）载荷因子（失稳压力/工作压力）即稳定安全裕度。			

抗失稳能力分析：

1）平直炉胆

压力 1.3 MPa，$D_n=1\,150$ mm，Q245R，按标准[83]的计算需要厚度约 17 mm。由表 9-6-1 数据，厚度为 17 mm 的稳定安全裕度应大于 7。

2）新型波形炉胆

压力 1.3 MPa，$D_n=1\,150$ mm。

按惯性矩计算方法[9-5 节之 1(2)]：

波纹宽度 150 mm

计算长度 $L=450$ mm。

需要的惯性矩：
$$I = \frac{pLD^3}{1.33 \times 10^6} = \frac{1.3 \times 450 \times 1\,150^3}{1.33 \times 10^6} = 66.9 \times 10^4 \text{ mm}^4$$

采用标准[83]图 14b)型，取壁厚 16 mm，波纹具有惯性矩：
$$I_b = 66.3 \times 10^4 \text{ mm}^4$$

基本满足要求。

由表 9-6-1，稳定安全裕度 $n = 19.7$。波形炉胆安全裕度为 4 已足够，见 9-5 节之 1(2)。

2 WNS 4t/h 新型波形炉胆失稳有限元计算校核

按惯性矩方法[9-5 节之 1(2)] 计算：

压力 1.3 MPa，$D_n = 1\,000$ mm。

波纹宽度 150 mm，波纹个数减少 2/3。

计算长度 $L = 450$ mm。

需要的惯性矩：
$$I = \frac{pLD_m^3}{1.33 \times 10^6} = \frac{1.3 \times 450 \times 1\,000^3}{1.33 \times 10^6} = 43.98 \times 10^4 \text{ mm}^4$$

采用标准[83]图 14b)型，壁厚 12 mm，波纹具有惯性矩：
$$I_b = 46.7 \times 10^4 \text{ mm}^4$$

已满足要求。

(1) 计算模型

计算模型由新型波形炉胆主体、两端环板、两个端板、一个外壳组焊而成，见图 9-6-7。炉胆波纹见图 9-6-8。

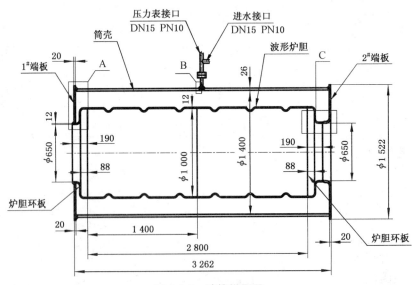

图 9-6-7　计算模型图

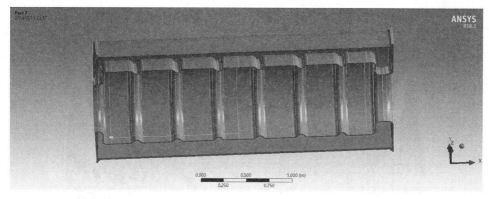

图 9-6-7(续)

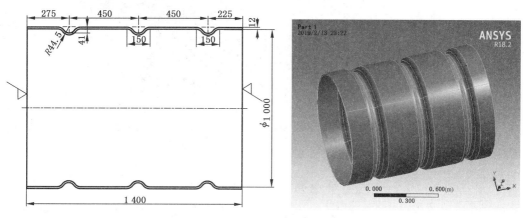

图 9-6-8 波纹图

网格划分：

划分网格后的模型见图 9-6-9，单元数 19751，节点数 51566。

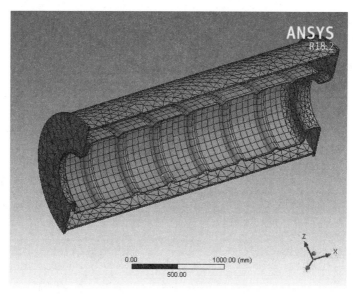

图 9-6-9 划分网格后的模型

(2) 计算结果

失稳变形：

模型变形结果如图 9-6-10 所示。炉胆发生失稳的波数为 2，最大位移为 1.017 2 mm。

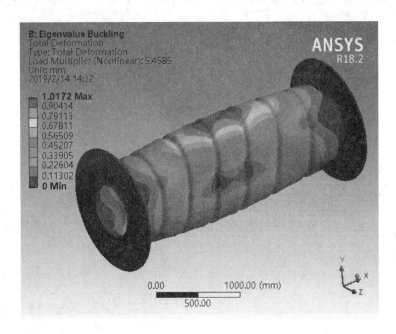

图 9-6-10 模型变形图

失稳载荷因子（稳定安全裕度）为 5.44。波形炉胆稳定安全裕度为 4 已足够，见 9-5 节之 1(2)。

3 WNS 15 t/h 新型波形炉胆失稳有限元计算校核示例

按惯性矩方法[9-5 节之 1(2)]计算：

压力 1.3 MPa，$D_n = 1\ 600$ mm。

波纹宽度 200 mm，波纹个数减少 1/2。

计算长度 $L = 400$ mm。

需要的惯性矩：

$$I = \frac{pLD_m^3}{1.33 \times 10^6} = \frac{1.3 \times 400 \times 1\ 600^3}{1.33 \times 10^6} = 160 \times 10^4\ \text{mm}^4$$

标准[83] 图 14c)型，壁厚 14 mm，波纹具有惯性矩：

$$I_b = 163.3 \times 10^4\ \text{mm}^4$$

已满足要求。

(1) 计算模型

计算模型见图 9-6-11。

第 9 章 外压圆筒形元件的强度与稳定

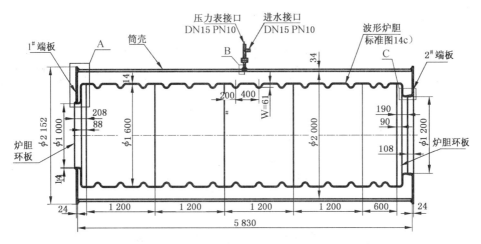

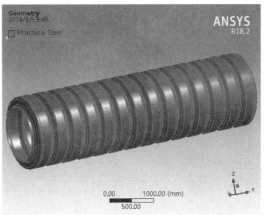

图 9-6-11 计算模型图

计算结果：

失稳变形见图 9-6-12，失稳计算见表 9-6-2。

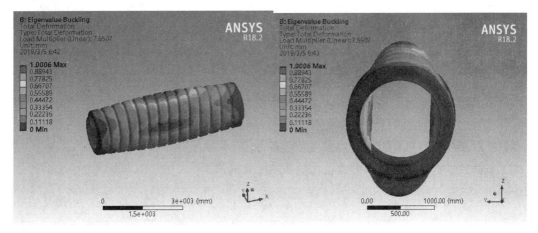

图 9-6-12 计算失稳变形图

失稳载荷因子(稳定安全裕度)为 7.65。波形炉胆稳定安全裕度为 4 已足够,见 9-5 节之 1(2)。

表 9-6-2　波形炉胆失稳计算　　波形炉胆计算($\phi 1\,600 \times 14$ mm)

序号	名称	符号	单位	计算公式或数据来源	数值
1	计算压力	p	MPa	同锅壳筒体	1.3
2	介质额定平均温度	t_{mave}	℃	饱和蒸汽温度(绝对压力 p_1+0.1)	193
3	计算温度	t_c	℃	按 GB/T 16508.3 表 4 及 5.6.1,直接受火焰辐射,$t_{mave}+90=193+90$	283
4	材料	—	—	设计给定	Q345R
5	许用应力	$[\sigma]_J$	MPa	按 GB/T 16508.2 表 2	158
6	修正系数	η		按 GB/T 16508.3 表 3	0.6
7	许用应力	$[\sigma]$	MPa	$\eta[\sigma]_J=0.6\times 158$	95
8	波形炉胆外径	D_o	mm	设计给定 $1\,600+2\times 14$	1628
9	计算需要厚度	δ_s	mm	$\dfrac{pD_o}{2[\sigma]}+1=\dfrac{1.3\times 1\,628}{2\times 95}+1$	12.1
10	名义厚度	δ	mm	取	14
按惯性矩计算:					
11	波形炉胆平均直径	D_m	mm	$D_o-\delta=1\,628-14$	1614
12	炉胆计算长度	L_2	mm	设计给定(波节宽度 200 mm+左右各 200 mm 平直部分)	400
13	新型单一波节需要的惯性矩	I'	mm⁴	$\dfrac{pL_2D_m^3}{1.33\times 10^6}=\dfrac{1.3\times 400\times 1\,614^3}{1.33\times 10^6}$	164×10^4
14	新型单一波节具有的惯性矩	I_1	mm⁴	按 GB/T 16508.3 表 10,δ14 mm,图 14c)	163×10^4
15	校核	—	mm⁴	$I_1\approx I'$	满足
				炉胆内径 $D_i\leqslant 1\,800$ mm,满足 GB/T 16508.3,7.3.5.1 要求	
				满足 GB/T 16508.3,7.3.5.2 炉胆厚度 $8\leqslant \delta \leqslant 22$ mm 的要求	

结语:

1) 以上炉胆有限元校核计算所得稳定安全裕度明显大于需要值,表明波形炉胆按惯性矩的新计算方法可行,也表明公式计算方法的裕度足够大。

2) 有限元计算结果表明新结构波形炉胆可行。

3) 需要惯性矩与直径 3 次方成正比关系,4 t/h 锅炉 1 000 mm 小直径新型炉胆的波纹个数可以节省 $\dfrac{2}{3}$,而 15 t/h 锅炉 1 600 mm 大直径新型炉胆的波纹个数只能节省 $\dfrac{1}{2}$,而且需要深度大的波纹。

注:上述有限元计算按线性程序进行,而按含椭圆度 0.5% 的非线性程序所得临界载荷略低,但不影响以上结论。

9-7 外压回烟室计算方法与解析

本节介绍外压"跑道形"(腰圆形)回烟室计算方法与解析。

"跑道形"回烟室尽管形状复杂些,但其计算方法完全符合锅壳锅炉强度计算标准要求,本节对此加以说明并给出详细计算示例。

新提出的两种无拉撑无加固回烟室属于创新型结构,21-4 节给出详细计算示例。其中外压封头还应用有限元计算方法加以校核。

本节还给出回烟室的外压检查孔圈计算方法。

1 "跑道形"回烟室计算方法

对于蒸汽型内燃锅炉,为增加汽空间高度,可采用"跑道形"回烟室。

由图 9-7-1 可见,"跑道形"回烟室由 3 种型式元件组成:
① 前管板与后平板;
② 两个有加固横梁的上下平板;
③ 两个承受外压的半圆筒。

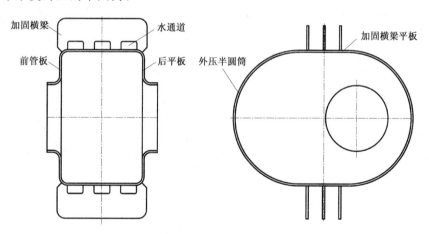

图 9-7-1 "跑道形"回烟室

计算方法:

1) 前管板与后平板——按强度计算标准有关管板与拉撑平板部分计算;
2) 有加固横梁的平板——按强度计算标准相应部分计算;
3) 承受外压的半圆筒——按强度计算标准中的平直炉胆部分计算。

以上计算方法完全符合强度计算标准要求,我国大量新型内燃炉皆这样处理,已经历 20 余年长期运行考验,并得到质检部门认可。

[解析]

图 9-7-2 中,回烟室的半圆筒与平板相连接,其连接部位 A[图 9-7-2a)]从来不需专门校核二次应力的存在,因工作应力与二次应力之和允许达到 2 倍屈服限(见 7-1 节),此限制条件一般均能满足。故半圆筒的部位 A 与完整外压圆筒的部位 B[图 9-7-2b)]同样对待——按圆筒

计算。同理，图中平板的端部 A 也同样处理——按平板计算。

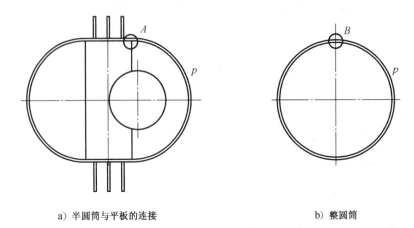

a) 半圆筒与平板的连接　　　　b) 整圆筒

图 9-7-2　计算部位对比示意

2　"跑道形"回烟室计算示例

本节以 WNS4.2-1.0/95/70-Q 锅炉"跑道形"回烟室为例。也可参见 21-3 节的卧式内燃锅炉计算示例中相应部分。

以下计算包括：

1) 回烟室前管板强度计算（$\delta 10$ mm）

2) 回烟室后平板强度计算（$\delta 10$ mm）

3) 回烟室圆筒强度计算（$\delta 12$ mm）

4) 加固横梁强度计算（$\delta 12$ mm）

5) 回烟室有加固横梁的平板强度计算（$\delta 12$ mm）

计算附图（图 9-7-3～图 9-7-5）：

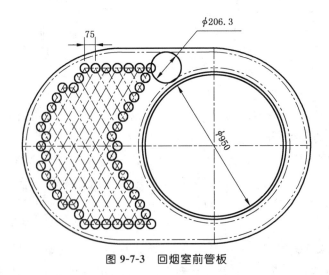

图 9-7-3　回烟室前管板

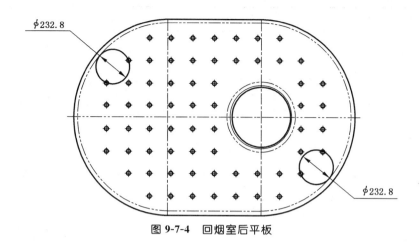

图 9-7-4　回烟室后平板

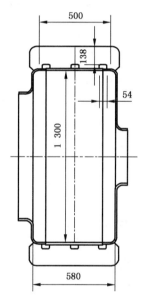
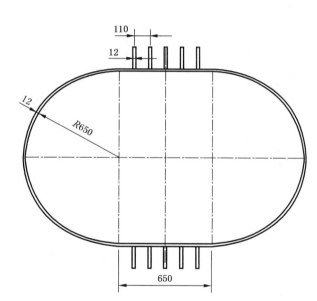

图 9-7-5　有加固横梁的平板

应用的标准：

1] GB/T 16508.1—2013《锅壳锅炉　第 1 部分：总则》；

2] GB/T 16508.2—2013《锅壳锅炉　第 2 部分：材料》；

3] GB/T 16508.3—2013《锅壳锅炉　第 3 部分：设计与强度计算》；

4] GB/T 16508.4—2013《锅壳锅炉　第 4 部分：制造、检验与验收》；

5] TSG G0001—2012《锅炉安全技术监察规程》。

（1）回烟室前管板强度计算（$\delta 10$ mm）

结构：见图 9-7-3。

序号	名　　称	符号	单位	计算公式或数据来源	数值
1	计算压力	p	MPa	同锅壳筒体	0.81
2	介质额定平均温度	t_{mave}	℃	额定出水温度	95

序号	名称	符号	单位	计算公式或数据来源	数值
3	计算温度	t_c	℃	按3],表4,直接受火焰辐射,$t_{mave}+70$ $=95+70$	165
4	材料	—	—	设计给定	Q245R
5	名义厚度	δ	mm	取	10
6	基本许用应力	$[\sigma]_J$	MPa	按2],表2,$\delta \leqslant 16$ mm	137
7	基本许用应力修正系数	η	—	按3],表3,烟管管板	0.85
8	许用应力	$[\sigma]$	MPa	$\eta[\sigma]_J=0.85\times137$	116
9	平板区				
9-1	当量圆直径	d_{el}	mm	设计给定	206.3
9-2	系数	K	—	按3],表14(0.45+0.35+0.35)/3	0.37
9-3	成品最小厚度	δ_{1min}	mm	$Kd_e\sqrt{\dfrac{p}{[\sigma]}}+1=0.37\times206.3\times\sqrt{\dfrac{0.81}{116}}+1$	7.4
10	烟管区				
10-1	由于烟管区最小厚度均比其他部位小,裕度很大,故不予计算。				
11	横向孔桥抗压强度判定(图9-7-3)				
11-1	回烟室(火箱)管板的内壁间距	s	mm	设计给定	580
11-2	管孔横向节距	S_1	mm	设计给定	75
11-3	烟管内直径	d_i	mm	设计给定	50
11-4	常温抗拉强度	R_m	MPa	按2],表2,Q245R	400
11-5	成品最小厚度	δ_{2min}	mm	$\dfrac{psS_1}{186(S_1-d_i)}\dfrac{400}{R_m}=\dfrac{0.81\times580\times75}{186\times(75-50)}\times\dfrac{400}{400}$	7.6
12	计算需要厚度最大值	δ_{max}	mm	$\max(\delta_{1min},\delta_{2min})=\max(7.4,7.6)$	7.6
13	校核	$\delta\geqslant\delta_{min}$,满足3],9.4.4,$\delta\geqslant8$ mm 且 $D_i>1\,000$ mm 的要求			

(2)回烟室后平板强度计算(δ10mm)

结构:见图9-7-4。

序号	名称	符号	单位	计算公式或数据来源	数值
1	计算压力	p	MPa	同回烟室前管板	0.81
2	许用应力	$[\sigma]$	MPa	同回烟室前管板	116
3	平板区				
3-1	当量圆直径	d_{el}	mm	设计给定	232.8
3-2	系数	K	—	按3],表14,(0.43+0.43+0.35)/3	0.40

序号	名称	符号	单位	计算公式或数据来源	数值
3-3	成品最小厚度	δ_{min}	mm	$Kd_e\sqrt{\dfrac{p}{[\sigma]}+1}=0.40\times 232.8\times\sqrt{\dfrac{0.81}{116}+1}$	8.8
4	名义厚度	δ	mm	取	10
5	校核			$\delta\geqslant\delta_{min}$,管子与管板采用焊接连接,满足 3],9.4.4,$\delta\geqslant 8$ mm 且 $D_i>$1 000 mm 的要求	

(3) 回烟室半圆筒强度计算(δ12 mm)

结构：见图 9-7-5。

序号	名称	符号	单位	计算公式或数据来源	数值
1	计算压力	p	MPa	同锅壳筒体	0.81
2	介质额定平均温度	t_{mave}	℃	额定出水温度	95
3	计算温度	t_c	℃	按 3],表 4,直接受火焰辐射,$t_{mave}+70=95+70$	165
4	材料	—	—	设计给定	Q245R
5	回烟室筒体厚度	δ	mm	取	12
6	计算温度时的屈服点	R_{eL}^t	MPa	按 2],表 B.1	206
7	回烟室筒体内直径	D_i	mm	设计给定 $R_i=650$mm,$D_i=2\times R_i=2\times 650$	1300
8	回烟室筒体平均直径	D_m	mm	$D_i+\delta=1\,300+12$	1 312
9	强度安全系数	n_1	—	按 3],表 8	2.5
10	稳定安全系数	n_2	—	按 3],表 8	3.0
11	计算长度	L	mm	按 3],7.3.1.5	500
12	圆度百分率	u	—	按 4],4.4.6.3,取	0.5
13	计算值	B	—	$\dfrac{pD_m n_1}{2R_{eL}^t\left(1+\dfrac{D_m}{15L}\right)}=\dfrac{0.81\times 1\,312\times 2.5}{2\times 206\times\left(1+\dfrac{1\,312}{15\times 500}\right)}$	5.5
14	设计厚度(强度)	δ_{1s}	mm	$\dfrac{B}{2}\left[1+\sqrt{1+\dfrac{0.12\times D_m u}{B\left(1+\dfrac{D_m}{0.3L}\right)}}\right]+1=$ $\dfrac{5.5}{2}\times\left[1+\sqrt{1+\dfrac{0.12\times 1\,312\times 0.5}{5.5\times\left(1+\dfrac{1\,312}{0.3\times 500}\right)}}\right]+1$	8.1
15	计算温度时的弹性模量	E^t	MPa	按 2],表 B.11	193 100

序号	名称	符号	单位	计算公式或数据来源	数值
16	设计厚度(稳定)	δ_{2s}	mm	$D_m^{0.6}\left(\dfrac{pLn_2}{1.73E^t}\right)^{0.4}+1 = 1312^{0.6}\times\left(\dfrac{0.81\times500\times3}{1.73\times193\,100}\right)^{0.4}+1$	8.9
17	计算需要厚度最大值	δ_s	mm	$\max(\delta_{1s},\delta_{2s})=\max(8.1,8.9)$	8.9
18	名义厚度	δ	mm	取	12
19	校核(回烟室筒体即使按卧式直炉胆考虑,也能满足要求)			$\delta\geqslant\delta_s$,满足要求	
				内径 $D_i\leqslant1\,800$ mm,满足 3],7.3.5.1 要求	
				计算长度 $L\leqslant2\,000$ mm,满足 3],7.3.5.3 要求	
				回烟室筒体厚度,满足 3],7.4.2,10 mm$\leqslant\delta\leqslant35$ mm 的要求	

(4) 加固横梁强度计算(δ12 mm)

结构:见图 9-7-5。

序号	名称	符号	单位	计算公式或数据来源	数值
1	计算压力	p	MPa	同相连元件	0.81
2	介质额定平均温度	t_{mave}	℃	额定出水温度	95
3	计算温度	t_c	℃	按 3],10.8.3 及表 4,不直接受烟气或火焰加热,$t_c=t_{mave}$	95
4	材料	—	—	设计给定	Q245R
5	名义厚度	δ_H	mm	取	12
6	基本许用应力	$[\sigma]_J$	MPa	按 2],表 2	147
7	基本许用应力修正系数	η	—	按 3],表 3	1.0
8	许用应力	$[\sigma]$	MPa	$\eta[\sigma]_J=1.0\times147$	147
9	回烟室管板的内壁间距	s	mm	设计给定	580
10	加固横梁间距	S_H	mm	设计给定	110
11	加固横梁计算高度	h_H	mm	设计给定	138
12	系数	K_H	mm	按 3],10.8.1	1.13
13	计算需要厚度	δH_{min}	mm	$\dfrac{ps^2S_H}{K_H h_H^2[\sigma]}=\dfrac{0.81\times580^2\times110}{1.13\times138^2\times147}$	9.47
14	校核			$\delta_H\geqslant\delta_{Hmin}$ 满足要求	
				加固横梁与火箱顶板的连接采用全焊透结构,满足 3],10.8.4 要求	

(5) 回烟室有加固横梁的平板强度计算（δ12 mm）

结构：见图 9-7-5。

序号	名称	符号	单位	计算公式或数据来源	数值
1	计算压力	p	MPa	同相连元件	0.81
2	基本许用应力	$[\sigma]_J$	MPa	同回烟室前管板	137
3	基本许用应力修正系数	η	—	按3], 表3	0.85
4	许用应力	$[\sigma]$	MPa	$\eta[\sigma]_J = 0.85 \times 137$	116
5	系数	K	—	按3], 9.5.3, 有水通道	0.46
6	加固横梁间距	S_H	mm	设计给定	110
7	加固横梁厚度	δ_H	mm	设计给定	12
8	加固横梁水通道宽度	m	mm	设计给定	54
9	当量圆直径	d_e	mm	$\sqrt{(m+\delta_H)^2 + S_H^2} = \sqrt{(54+12)^2 + 110^2}$	128
10	计算需要厚度	δ_{min}	mm	$Kd_e\sqrt{\dfrac{p}{[\sigma]}} + 1 = 0.46 \times 128 \times \sqrt{\dfrac{0.81}{116}} + 1$	5.9
11	名义厚度	δ	mm	取	12
12	校核			$\delta \geqslant \delta_{min}$ 满足要求 火箱（回烟室）顶板扳边内半径 $R = 50$ mm，$R \geqslant \delta$ 且 $R \geqslant 25$ mm，满足3], 9.5.4 要求	

关于无拉撑无加固件的圆筒形回烟室：

前述的"跑道形"回烟室上部平板需有加固横梁，后部平板有多个短拉杆与其后的锅壳后平板相连接。而拉撑件与加固件焊接要求较严格，又增加结构刚性，故要求改为无拉撑与无加固件结构。

无拉撑无加固件的圆筒形回烟室为创新型内燃锅壳锅炉的重要元件，见 21-4 节。

3 回烟室的外压检查孔圈计算方法

湿背式内燃锅炉回烟室与后部管板相连的外压检查孔圈（图 9-7-6）的应力状态与卧式平直炉胆基本相同，也按卧式平直炉胆公式计算。由于孔圈相对很短，两端加固作用颇大，因此很难失稳，无必要进行稳定校核，仅外压强度简单计算即可。

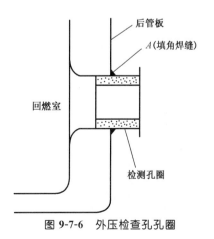

图 9-7-6 外压检查孔孔圈

9-8　外压管的计算与解析

电站锅炉面式减温器的换热水管、相变式锅壳锅炉的冷凝器换热水管皆需考虑承受外压强度问题。承受外压力作用的水管计算较简单，一般仍应用内压管的计算方法，仅许用应力取得较小——水管锅炉强度计算标准[42]取许用应力修正系数 $\eta=0.7$。尽管明显增加壁厚，然而并未带来实质问题，因管子规格的壁厚比计算值大得多。

注：上述水管直径较小，不存在失稳问题，这种传统处理方法无视直径，皆取 $\eta=0.7$ 值得商榷。

锅壳锅炉承受外压力作用的烟管（指平直管）与螺纹烟管应用较多，标准[45]给出明确计算方法。螺纹烟管广泛应用，对其强度与刚度性能进行过全面细致研究。

本节对外压烟管计算与螺纹烟管强度与刚度性能给以全面介绍。

1　烟管计算公式

承受外压力作用的烟管，由于直径较小而管材厚度因规格限制又不可能很小，因此不存在失稳问题。许多国家锅炉强度标准均采用仅考虑强度的简化计算公式。由于烟管还起拉撑作用，如失效，后果严重，因此长期以来许用应力取得较低。

我国 GB/T 16508—1996 锅壳锅炉受压元件强度计算标准[81]规定平直烟管（含螺纹烟管）的厚度皆按以下公式计算：

$$t_{\min} = pd_w/70 + 1.5$$

此公式中的许用应力颇低——仅 35 MPa，小于内压的 3/1，是过于保守的计算公式。对于压力≤1.6 MPa 的低压锅壳锅炉计算出的烟管厚度一般不超过 3.5 mm，还可以接受。但是，压力＞1.6 MPa 时，烟管厚度已大于 4 mm，表明仍按以上保守公式计算不够合理。

以后的我国锅壳锅炉标准[45]向欧洲标准靠拢，烟管的计算厚度将有所减小。

（1）欧洲标准

欧洲标准 EN-12953-3:2002(E)12.1 条规定，外径≤170 mm 的烟管厚度按下式计算：

$$\delta_{\min} = \delta_1 + c_1 + c_2$$

式中：δ_1——理论计算厚度，按下式计算：

$$\delta_1 = pd_o/(1.6[\sigma])$$

可见，相对内压公式厚度仅增大 20%（内压公式分母为 2.0）；

c_1——考虑负偏差的附加厚度；

c_2——考虑腐蚀减薄的附加厚度，厚度≤30 mm 取 0.75 mm。

但厚度取值不应小于表 9-8-1 给出值：

表 9-8-1　欧洲标准烟管厚度

外径/mm	最小厚度/mm
$d_o \leqslant 26.9$	1.90
$26.9 < d_o \leqslant 54.0$	2.20

表 9-8-1(续)

外径/mm	最小厚度/mm
$54.0 < d_o \leqslant 76.1$	2.50
$76.1 < d_o \leqslant 88.9$	2.80
$88.9 < d_o \leqslant 114.3$	3.15
$114.3 < d_o \leqslant 139.7$	3.50
$139.7 < d_o \leqslant 168.3$	3.99

(2) 我国 2013 年标准[45]

$$\delta \geqslant \frac{pd_o}{2[\sigma]} + C$$

许用应力修正系数取 0.8。

但规定厚度取值不应小于表 9-8-2 给出值:

表 9-8-2 我国标准烟管厚度　　　　　　　　　　mm

外径	最小厚度
$d_o \leqslant 25$	2
$25 < d_o \leqslant 76$	2.5
$76 < d_o \leqslant 89$	3
$89 < d_o \leqslant 133$	3.5

按我国 2013 年标准计算示例:

$p=2.5$ MPa, $\phi 57 \times 3.5$ mm 螺纹烟管(与平直烟管一样对待)最小壁厚:

$$\delta \geqslant \frac{pd_o}{2[\sigma]} + C = \frac{2.6 \times 57}{2 \times 119} + 0.85 = 1.47 \text{ mm}$$

式中 $p=2.6$ MPa 为计算压力,$d_o=57$ mm 为管子外径,均为 ZLL10-2.5-AⅡ锅炉设计给定;

$[\sigma]$ 由计算壁温 $t_{bi}=(226+50)=276$ ℃查得,再由 $\eta=0.8$ 修正后得出;

$C = C_1 + C_2 + C_3 = 0.5 + 0 + 0.35 = 0.85$

C_1——考虑受压元件腐蚀减薄的附加厚度,一般取 0.5 mm;

C_2——考虑受压元件工艺减薄的附加厚度,直烟管取 0 mm;

C_3——考虑材料厚度下偏差的附加厚度,按下面规定取值:

GB/T 3087 表 3"冷拔钢管壁厚允许偏差"中规定,壁厚 $\delta > 3$ mm 时,允许负偏差为 $-10\%\delta$,故 $\phi 57 \times 3.5$ mm 管子的厚度负偏差 $C_3 = 0.1 \times 3.5 = 0.35$ mm。

由上表及以上计算得 $\phi 57$ mm 管子壁厚可取为 2.5 mm。

可见壁厚取值明显大于计算值。

由以上计算可见,承受外压作用的烟管无需计算,取标准建议最小厚度即可。

2 螺纹烟管的强度与刚度特性

近 40 年来,螺纹烟管在我国工业锅炉中,得到广泛应用。我们曾对螺纹烟管的力学性能进行过全面研究[32]。

(1) 强度

螺纹烟管除一般静载强度外,还有因螺纹沟槽应力集中可能引起的低周疲劳强度问题。

1) 静载强度

① 螺纹冷作硬化对材料性能的影响

利用滚轮在室温条件下轧制成螺纹,必然由于塑性变形使钢材产生冷作硬化:经过一定时间(室温下几个月甚至几年,100 ℃～300 ℃条件下 0.5 h～2 h)出现强度特性上升,塑性特性下降,特别是冲击韧性尤为明显下降现象。这种冷作硬化现象,金属学称为机械时效,或简称时效。塑性变形率愈大,时效愈明显。当塑性变形率达 3% 时,时效已较显著。以后增加变缓,塑性变形率大于 10%,基本不再增加,见图 9-8-1。100 ℃～300 ℃ 正是大量工业锅炉元件的工作条件。图 9-8-1 所示含碳 0.2% 相当于常用的 20 号低碳钢,含铜 0.2% 在钢材技术条件规定范围以内。

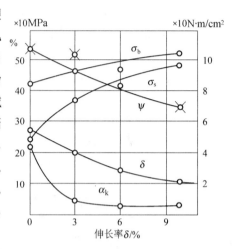

图 9-8-1 塑性变形率对时效的影响

由低碳钢制造的锅炉元件冷加工后,尽管时效使继续塑性变形的能力下降,但由于仍保留较好塑性,故一般不会导致不良后果。由于锅炉元件不会受到较大冲击载荷作用,也从未因韧性下降而发生事故。以锅炉管件冷弯为例,当弯曲角度较大时,塑性变形大于 10%,时效现象已很显著。但长期运行实践证实,从未因时效而产生问题。可见,时效使塑性、韧性下降,但仍可接受;而时效使强度上升,却是有益的[137]。

如上所述,螺纹烟管和冷弯、冷卷锅炉元件一样,尽管冷轧螺纹的材料性能会有些改变,然而不会影响螺纹烟管的安全可靠性,对此数十年运行经验也得到证实。

② 力学性能

螺纹烟管由于螺纹所占比例很小,因而与平直烟管相比,纵截面、横截面的承载面积基本未变,且环向、轴向应力未变,沿螺纹方向的斜向应力变化也不大。

哈尔滨工业大学、重庆锅炉厂、南京锅炉厂对螺纹烟管力学与工艺性能作过较细致的实验研究工作[138-141],得出许多有参考价值的数据。

a) 螺纹管(结构件)轴向拉伸试验

结构件拉伸试验与试棒拉伸试验不同。试棒拉伸试验用以确定材料性能,而结构件实物拉伸试验所得结果,除与材料性能有关外,还取决于实物的应力状态。

在材料拉伸试验机上对同样材料(20G),同样尺寸规格($\phi 51 \times 3.5$ mm)的螺纹管($e=2.2$ mm,$s=14$ mm)与平直管所得拉伸曲线[133]见图 9-8-2～图 9-8-4。可见,曲线差异较大。

螺纹管的断口沿螺纹线方向出现,发生在螺纹底部。而平直管断口处有明显收缩现象。

试件的标距 L 取为 260 mm(参照标准试件 $L=11.3F^{0.5}$,式中 F 为管壁截面积)。

图 9-8-2 螺纹管的伸长率 $\delta=3.3\%$,图 9-8-3 热处理后螺纹管的 $\delta=16.1\%$,而图 9-8-4

平直管的 $\delta=22.8\%$。可见，螺纹管伸长率比平直管明显下降。

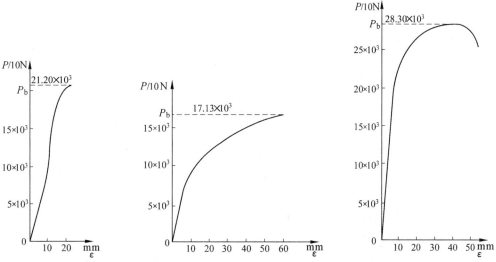

图 9-8-2　螺纹管拉伸曲线　　图 9-8-3　退火处理后的螺纹管拉伸曲线　　图 9-8-4　平直管拉伸曲线

螺纹管的抗拉强度 $\sigma_b=406$ MPa，热处理后的 $\sigma_b=328$ MPa，而平直管的 $\sigma_b=542$ MPa。可见，螺纹管的抗拉强度比平直管也有所下降。

对 20G，$\phi70\times3.5$ mm，$e=2.5$ mm，$s=30$ mm～40 mm 的 5 根螺纹管作拉伸试验[139]得 $\sigma_b=454$ MPa，398 MPa，451 MPa，460 MPa，438 MPa，而平直管得 489 MPa。可见，也是螺纹管抗拉强度较平直管略有所下降。

对 20G 大量实物试件轴向拉伸试验所得结论[138]，也是螺纹管抗拉强度较平直管略有所下降。

以上现象是由于螺纹底部截面积减小、受力复杂，且有明显应力集中现象所致。

b）螺纹管验证性水压试验

螺纹烟管工作时承受外压力作用，而验证性水压试验承受内压力作用。但由于螺纹烟管直径与壁厚比 s/d 较小，不可能失稳，则内压破裂压力基本上可代表外压破裂压力。

材料 20G，$\phi70\times3.5$ mm，$e=2.5$ mm，$s=40$ mm 的螺纹管的破裂压力 $p_b=51.7$ MPa，而 20G，$\phi70\times3.5$ mm 平直管的 $p_b=45.2$ MPa[139]。其他大量破裂试验结果[138]也是螺纹管的破裂压力略高于平直管。

管件破裂试验为三向受力状态，而前述拉伸试验为单向受力状态。二者受力状态明显不同。螺纹管破裂试验的最大主应力为环向，因而裂口为纵向，裂口横断螺纹沟槽。对于螺纹管，纵向截面的大量螺纹沟槽，使环向变形（径向胀粗）受到一定抑制，因而爆破压力略有上升。

c）工艺性试验

螺纹管轧制后的长度方向（轴向）收缩率，对于材料 20G，$\phi70\times3.5$ mm，$e=2\sim3$ mm，$s=30$ mm～40 mm 的螺纹管，约为 4 mm/m（~4‰）。

螺纹管的螺纹底部减薄量，对于材料 20G，$\phi70\times3.5$ mm，$e=2.5$ mm，$s=40$ mm 的螺纹管，约为 0.2 mm。对于材料 20G，$\phi51\times3.5$ mm，$e=2$ mm～2.5 mm，$s=20$ mm～30 mm 的螺纹管，底部减薄量为 0.15 mm。可见，减薄量并不显著，均小于 10%。管壁愈厚、滚压轮外

缘圆角半径愈小,螺纹底部减薄量愈大;为达到同一深度,滚压次数愈多,螺纹底部减薄量愈小。

2) 疲劳强度

螺纹沟槽因几何形状变化较大,会产生明显应力集中,尤以沟槽底部外壁最为严重。

对常用几何参数螺纹烟管进行轴向拉伸,测量螺纹管外表面应变分布。用基长仅 0.5 mm 应变片测量螺纹底部应变,换算出的应力(虚拟应力)比平直部分高出 15~20 倍。螺纹深度愈大,应力集中愈严重[133]。在锅炉多次起停后,应考虑产生高应力塑性疲劳(低周疲劳)问题。

由于应力集中系数值对于不同几何形状的螺纹难以准确确定,因此无法用简单计算法(利用 ASME 低周疲劳曲线)计算低周疲劳强度。但可用低周疲劳实验法[50]确定。较准确的低周疲劳实验为利用两端堵死的螺纹管段作为试验件,实验系统见 2-5 节。实验介质为油或水(加防腐剂)。由于锅壳锅炉压力不高(一般≤2.5 MPa),低周疲劳实验系统在一般实验室不难建成。

较简易的低周疲劳实验是将螺纹管切成纵向条状试件,在疲劳拉伸试验机上进行。由于精度较差,因此应给予较大安全裕度。以下为利用简易方法得出的结果。

实验证实,各种常用锅炉螺纹烟管条状试件的纵向应力幅不大于 370 MPa 时,经 20×10^4 周,无任何疲劳迹象。而锅炉螺纹烟管应力实测与有限元应力计算均表明实际纵向应力远小于此值。按习惯规定,考虑 20 倍安全裕度,则可确保 1×10^4 周(相当于 30 年起停次数)不会产生低周疲劳破坏。我国应用螺纹烟管已有 30 余年历史,实践证实,从未产生过低周疲劳破坏事故。实验证实,当应力幅明显加大,变化周数再增多,于应力集中最严重的外壁沟槽底部会产生裂纹[133]。

(2) 刚度

刚度是指结构的刚度,具有同样强度特性的材料因结构形状不同,而刚度各异。例如:图 9-8-5 结构在同样力 Q(轴向)作用下,a)的轴向变形 λ_1 很小,而 b)的变形 λ_2 较大,c)的变形 λ_3 居中。称结构 a)的刚度很大,b)的刚度较小,c)的刚度居中。

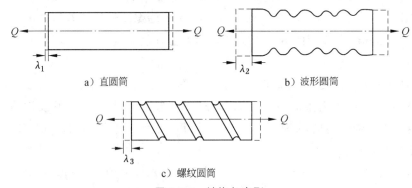

图 9-8-5 结构与变形

可见,同样材料制成的上述结构不同的元件,其材料强度特性(σ_s、σ_b)尽管相同,但刚度却相差很大。

螺纹管因存在螺纹沟槽,在同样轴向力作用下,它的轴向变形大于一般平直烟管。即螺纹管的刚度(刚性)较小,或称螺纹管的柔性较大。

对于螺纹管,应用平面应变模型,经推导,得如下无因次准则关系式[133,140,141]:

$$K = \frac{\varepsilon}{\varepsilon_l} = \frac{1}{1 + A\left(\frac{e}{\delta}\right) + B\left(\frac{e}{s}\right)\left(\frac{e}{\delta}\right)^2}$$

式中:K——螺纹管刚度与平直管刚度的比值;

A、B——待定系数,由试验所得数据确定;

ε、ε_l——平直管与螺纹管的变形率,%;

δ——壁厚,mm;

e——螺纹高度(内壁起算向管内),mm;

s——螺纹节距,mm。

根据螺纹管条状试件拉伸试验数据,采用多元回归程序,进行 K 关于因子(e/δ)和(e/s) $(e/\delta)^2$ 的最小二乘回归,得到式(9-8-1)的回归计算式:

$$K = \frac{\varepsilon}{\varepsilon_l} = \frac{1}{1 + 1.94\left(\frac{e}{s}\right) + 8.66\left(\frac{e}{s}\right)\left(\frac{e}{\delta}\right)^2} \quad \cdots\cdots\cdots\cdots (9\text{-}8\text{-}1)$$

式(9-8-1)的实验范围:$e/\delta = 0.04 \sim 0.23$;$e/s = 0.28 \sim 0.91$。

由式(9-8-1)可见,螺纹高度 e 增加、螺纹节距 s 减小、壁厚 δ 减小,皆使 K 值下降,即螺纹管刚度下降;当 $e = 0$ 或 $s = \infty$,即为平直管,K 值为1。

由式(9-8-1)可知,在螺纹烟管常见几何参数条件下,$K = 0.6 \sim 0.8$,即螺纹管刚度比平直管刚度下降 20%~40%。这对减小螺纹烟管与管板连接焊缝热应力是有益的。当然,在内压力作用下,管板向外变形量会有一定增大,可能导致管板应力值上升。因此,了解和掌握螺纹管刚度变化对管板应力的影响程度,直接关系到管板的强度。

螺纹管刚度下降对管板应力的影响:

应用 SAP5 计算程序,采用减小钢材弹性模数 E 以降低烟管刚度方法,分别计算刚度为平直管刚度的 1%、10%、20%、40%、60%、100%以及刚度为 0 及 ∞ 的多种情况下拱形管板最高应力值(在上拱形区)的变化[142—145],如图 9-8-6 所示。

上述计算结果表明:随着螺纹烟管刚度降低(K 值减小),管板最高应力值略有增加,当烟管刚度不低于平直管刚度的 10%时,管板最高应力值的增量不超过 10%[143—145]。

除内压力使管板向外变形导致烟管伸长外,烟管温升也使烟管伸长。

取烟管的轴向拉应力为 62.5 MPa(0.5 倍许用应力),则平直烟管的应变值为

$$\varepsilon_{po} = \sigma/E = 62.5/200 \times 10^3 \approx 0.03\%$$

如螺纹烟管的刚度为平直烟管的 60%,则应变值增加至

$$\varepsilon_p = \varepsilon_{po}/0.6 = 0.0413\%$$

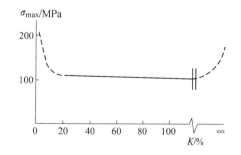

图 9-8-6 刚度变化对拱形管板最高应力的影响

如螺纹烟管温升值 $\Delta_t=25\ ℃$（按强度标准取），则温升应变值为
$$\varepsilon\Delta_t=\alpha\times\Delta_t=0.03\%$$
式中 $\alpha=1.2\times10^{-5}\ mm/(mm\cdot ℃)$。

总应变为
$$\sum\varepsilon=\varepsilon_p+\varepsilon\Delta_t=0.071\ 3\%$$

相当于刚度下降：
$$K=\varepsilon_{po}/\sum\varepsilon=0.03/0.071\ 3=0.42=42\%$$

即螺纹烟管的刚度为平直烟管的 42%，相当于纹烟管的刚度约下降一半。螺纹烟管刚度下降越多，管板向外变形越大，管板应力越高。但由图 9-8-6 可知，管板应力最大值的增量不会超过 5%。考虑到螺纹烟管刚度下降使管板应力增加很小，故有限元计算可不考虑螺纹烟管刚度下降对管板强度的影响。

（3）结论

螺纹烟管广泛应用已成必然趋势。前述螺纹烟管力学性能分析与实验研究表明，螺纹尽管因冷态加工存在一些塑性变形，但各项性能可完全满足锅炉工作要求。它的静态强度颇高，而且疲劳强度也足可满足 30 年以上寿命要求。另外，刚度小于一般平直烟管，使管板与烟管整体柔性提高，从而减小管端连接焊缝的热应力，而螺纹烟管刚度下降不会引起管板应力明显上升。

由以上情况可见，螺纹烟管尽管存在螺纹，但其力学性能仍较佳，故 GB/T 16508—1996 标准开始规定：螺纹烟管的强度与一般平直烟管一样对待。

我国几十万台这种结构锅炉经数十年运行考验，充分证实上述看法与我国标准的规定都是正确的。

第 10 章 凸形元件的强度

锅炉中的凸形元件有：水管锅炉承受内压力作用的凸形封头、锅壳锅炉承受内压力作用的凸形管板、承受外压力作用的炉胆顶、新结构回烟室外压后封头等。

本章包括：凸形元件的应力分析，强度计算方法与结构规定，有关强度问题解析与处理，还有应用有限元计算分析方法提出结构改进的建议。

10-1 凸形元件的应力分析与计算式

凸形元件包括：凹面受压的凸形封头[图 10-1-1a)、b)、d)～f)]与凸面受压的炉胆顶[图 10-1-1e)、f)]、半球形炉胆[图 10-1-1d)]等。

凹面受压的凸形管板[10-1-1c)]周边由凸形部分构成，也并入凸形元件。

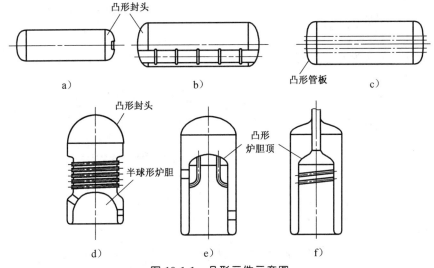

图 10-1-1 凸形元件示意图

锅炉各种凸形元件皆属于回转壳。

回转壳是由平面曲线 AB 绕同一平面上的 AO 轴旋转而形成（图 10-1-2）。AB 称为"母线"，母线在回转过程中任一位置留下的迹线称"经线"，而母线上任一点的轨迹称"纬线"。母线形状不同，得不同形状回转壳：母线为半圆，得球形回转壳；母线为半椭圆，得椭球形回转壳。

1 内压凸形元件应力分析

（1）内压回转薄壳的应力

回转壳承受内压力作用时，其纬线和经线方向皆发生伸长变形，因而在纬线方向上产生

"环向应力"(纬向应力)σ_θ,在经线方向上产生"经向应力"σ_m,见图 10-1-2。

由于曲面几何形状及受力都是轴对称的(相对 AO 轴),因此沿同一纬线上各点的环向应力与经向应力皆彼此相等。但沿经线上不同点处,环向应力或经向应力不一定皆相等。

对于薄壁回转壳($\beta=D_o/D_i\leqslant 1.2$),可假设上述两种应力沿壁厚均匀分布,故可应用截面法由平衡条件确定它们的大小。另外,认为垂直于壁面方向的径向应力等于零,且忽略弯矩和剪力。

1)求经向应力 σ_m

为求得任一纬线上的经向应力 σ_m,以该纬线为锥底作一正交(垂直)于回转壳壁面的圆锥面(图 10-1-3),此圆锥面截取的回转壳厚度是回转壳的实际厚度,在此截面上作用的应力正是经向应力 σ_m。上述锥面的顶点在回转壳的对称轴上,此锥面母线的长度 OC 用 ρ_2 表示,称"第二曲率半径"(图 10-1-3),它是回转壳微元体在纬线上的曲率半径,见图 10-1-4a)。

考虑回转壳被圆锥面切割出来的上部分受内外力在 Y 轴上投影的平衡条件(图 10-1-3),得

$$p\frac{\pi D^2}{4}-\sigma_m \pi D\delta \sin\theta=0$$

由于是薄壳,可认为 C 点与壁厚中点重合。

由图 10-1-3 可得

$$D=2\rho_2 \sin\theta$$

代入前式,得经向应力

$$\sigma_m=\frac{p\rho_2}{2\delta} \quad\quad\quad (10\text{-}1\text{-}1)$$

由于经线上不同点的 ρ_2 不同,则 σ_m 沿经线是变化的。

2)求环向应力 σ_θ

在回转壳上取一微元体 F,见图 10-1-4a)。它由内外壁面、前述正交于壁面的两个圆锥面所切割出的 a、b 面以及由 AmO 面及 AnO 面所切割出的 c 与 d 面组成。该微元体受力的空间视图如图 10-1-4b)所示。图 10-1-4c)为两个侧面视图。

根据微元体在法线 n 方向上力的平衡条件,见图 10-1-4c),得

$$p\mathrm{d}l_1\mathrm{d}l_2-2\sigma_\theta \mathrm{d}l_1\delta \sin\frac{\mathrm{d}\theta_2}{2}-2\sigma_m\mathrm{d}l_2\delta\sin\frac{\mathrm{d}\theta_1}{2}=0$$

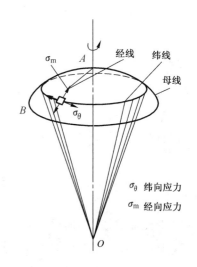

σ_θ—纬向应力(环形应力);σ_m—经向应力

图 10-1-2 回转壳应力状态

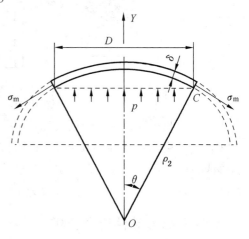

图 10-1-3 求经向应力图

由图 10-1-4c),有

$$\sin\frac{\mathrm{d}\theta_2}{2}=\frac{0.5\mathrm{d}l_2}{\rho_2} \qquad \sin\frac{\mathrm{d}\theta_1}{2}=\frac{0.5\mathrm{d}l_1}{\rho_1}$$

将它们代入前式,得

$$\frac{\sigma_\mathrm{m}}{\rho_1}+\frac{\sigma_\theta}{\rho_2}=\frac{p}{\delta}$$

式中:ρ_1——回转壳微元体在经线上的曲率半径,称"第一曲率半径"。

将式(10-1-1)代入上式,得

$$\sigma_\theta=\frac{p}{\delta}\rho_2\left(1-\frac{\rho_2}{2\rho_1}\right) \quad\cdots\cdots\cdots\cdots\cdots\cdots\cdots\cdots\cdots\cdots\quad (10\text{-}1\text{-}2)$$

此应力沿经线各点也是不一样的。

对于球形薄壳,由于 $\rho_1=\rho_2=R$(球半径),则有

$$\sigma_\mathrm{m}=\sigma_\theta=\frac{pR}{2\delta}$$

对于圆筒形薄壳,由于 $\rho_1=\infty$,$\rho_2=R$(筒半径),则有

$$\sigma_\mathrm{m}=\frac{pR}{2\delta} \qquad \sigma_\theta=\frac{pR}{\delta}$$

(2) 内压椭球形与半球形元件的应力

为求得椭球形元件的 σ_m 及 σ_θ 值,必须确定第一及第二曲率半径 ρ_1 及 ρ_2。

1) 求第一曲率半径 ρ_1

如经线(母线)的曲率方程 $y=y(x)$,则第一曲率半径 ρ_1 可由下式[1]求得

$$\rho_1=\left|\frac{(1+y'^2)^{\frac{3}{2}}}{y''}\right|$$

对于椭圆曲线,方程为

$$\frac{x^2}{R^2}+\frac{y^2}{h^2}=1$$

式中符号意义见图 10-1-5。

则有

$$y'=-\frac{h^2}{R^2}\frac{x}{y} \qquad y''=-\frac{h^4}{R^2}\frac{x}{y^3}$$

于是得第一曲率半径:

$$\rho_1=\frac{(R^4y^2+h^4x^2)^{\frac{3}{2}}}{R^4h^4}$$

---

1) 见数学手册。

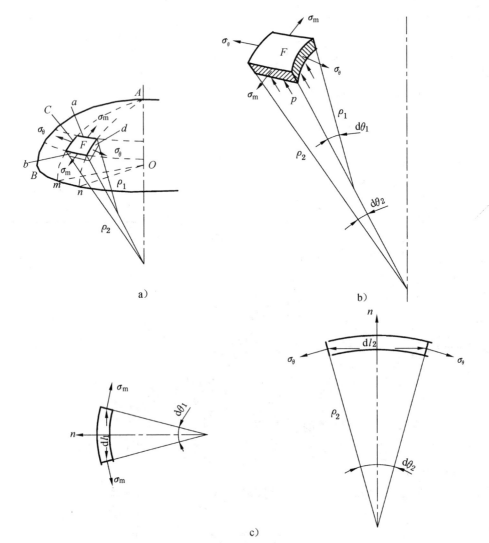

图 10-1-4 求环向应力图

2) 求第二曲率半径 ρ_2

由图 10-1-5 可见

$$\rho_2 = \frac{x}{\sin\theta}$$

由 y' 的几何意义（切线的斜率），可得

$$y' = \mathrm{tg}\theta$$

则

$$\sin\theta = \frac{y'}{[1+(y')^2]^{\frac{1}{2}}}$$

于是得

$$\rho_2 = \frac{[1+(y')^2]^{\frac{1}{2}}}{y'}x$$

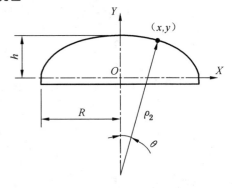

图 10-1-5 椭球形壳

将椭圆曲线的 $y' = -\dfrac{h^2}{R^2}\dfrac{x}{y}$ 代入此式,得第二曲率半径:

$$\rho_2 = \dfrac{(R^4 y^2 + h^4 x^2)^{\frac{1}{2}}}{h^2}$$

3) 求经向应力 σ_m 与环向应力 σ_θ

将上述第二曲率半径 ρ_2 代入式(10-1-1),得经向应力:

$$\sigma_m = \dfrac{p}{2\delta} \dfrac{(R^4 y^2 + h^4 x^2)^{\frac{1}{2}}}{h^2} \quad\cdots\cdots\cdots\cdots\cdots (10\text{-}1\text{-}3)$$

将上述第一曲率半径 ρ_1 及第二曲率半径 ρ_2 代入式(10-1-2),得环向应力:

$$\sigma_\theta = \dfrac{p}{\delta} \dfrac{(R^4 y^2 + h^4 x^2)^{\frac{1}{2}}}{h^2} \left[1 - \dfrac{R^4 h^2}{2(R^4 y^2 + h^4 x^2)}\right] \cdots (10\text{-}1\text{-}4)$$

由以上两式可见,椭球形封头的应力值与长短轴之比(R/h)有关:此比值等于 1 时,椭球变为圆球,应力最小;此比值愈大(h 相对愈小,即愈扁平)时,应力愈大。

$R/h = 2$ 时:

我国椭球形封头常采用 $R/h = 2$(标准椭球形封头),这时,既便于加工(凹形不太深),受力也不太大。图 10-1-6 给出在 $R/h = 2$ 情况下的应力分布图[11,39,115]。

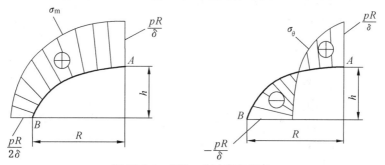

图 10-1-6　$R/h = 2$ 时应力分布

由图可见,封头顶点 A 的应力为

$$\sigma_m = \sigma_\theta = \dfrac{pR}{\delta}$$

而长轴端点 B 的应力为

$$\sigma_m = \dfrac{pR}{2\delta} \qquad \sigma_\theta = \dfrac{pR}{\delta}$$

可见,封头顶点(A 点)及长轴端点(B 点)的当量应力最大。

一般尺寸时:

对于一般尺寸的椭球形封头,顶点 A 处的应力为

$$\sigma_m = \sigma_\theta = \dfrac{pR}{2\delta}\left(\dfrac{R}{h}\right)$$

长轴端点 B 处的应力为

$$\sigma_m = \dfrac{pR}{2\delta} \qquad \sigma_\theta = \dfrac{pR}{\delta}\left(1 - \dfrac{R^2}{2h^2}\right)$$

说明：封头顶点（A 点）及长轴端点（B 点）以外区域的应力较小，此区域如有减弱（设置孔排等），仍按锅壳筒体方法计算减弱，会含有多余裕度。

2 凸形元件强度计算公式

（1）内压椭球形及半球形封头

椭球形封头顶端 A 处的当量应力为

$$\sigma_d = \sigma_{max} - \sigma_{min} = \frac{pR}{2\delta}\left(\frac{R}{h}\right) - 0 = \frac{pR}{2\delta}\left(\frac{R}{h}\right)$$

可以证明，对于 $R/h \leqslant 1.62$ 的深椭球形封头，长轴端部 B 点的当量应力小于顶部 A 点的；当 $R/h > 1.62$ 时（常用情况），B 点的当量应力已大于 A 点的，即危险点已由顶部转移到长轴端部。

实际上，长轴端部 B 点与筒壳相连，该部位的实际应力状态较比复杂。R/h 较大，即封头较平时，内压力作用后，长轴将明显缩短，封头变形后如 ab 曲线（图 10-1-7），故长轴端点附近的环向应力很大（为负值），使 B 点的当量应力大于 A 点的当量应力。但实际上，封头长轴端部是与筒壳相连，筒壳在内压力作用下将胀大，由 B 点变形至 C 点。由于封头与筒壳是一个整体，因此实际变形如 $afed$ 曲线所示。这样，封头长轴端部不可能明显向内缩小，因此，该部位的实际当量应力不会增大过多，仍是 A 点的当量应力最大。

如果椭球形封头的强度计算式基于顶部 A 点来建立，则

$$\sigma_d = \frac{pR}{2\delta}\left(\frac{R}{h}\right) \leqslant [\sigma] \quad \cdots\cdots\cdots (10\text{-}1\text{-}5)$$

为计算方便起见，式中采用内直径 D_i 及内高 h_i，则有

$$\frac{pD_i}{4\delta}\left(\frac{D_i}{2h_i}\right) \leqslant [\sigma]$$

由此，得

$$\delta \geqslant \frac{pD_i}{4[\sigma]}Y \quad \cdots\cdots\cdots (10\text{-}1\text{-}6)$$

式中

$$Y = \frac{D_i}{2h_i}i \quad \cdots\cdots\cdots (10\text{-}1\text{-}7)$$

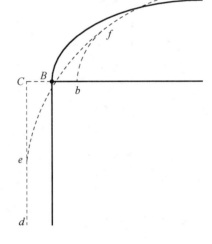

图 10-1-7 封头与筒壳的变形

Y 称为"形状系数"，用以反映封头形状的影响。

如果椭球形封头的强度计算式基于长轴端部 B 点来建立，则为与筒壳公式类似，取

$$\delta \geqslant \frac{pD_iY}{2[\sigma] - p}$$

注：标准[45] 的上式分母中 $-p$ 取 $-0.5p$，二者无明显区别。

式中形状系数

$$Y = \frac{1}{6}\left[2 + \left(\frac{D_i}{2h_i}\right)^2\right] \quad \cdots\cdots\cdots\cdots\cdots\cdots (10\text{-}1\text{-}8)$$

这就是标准[42]采用的承受内压力作用的椭球形及半球形封头的强度计算公式。

关于形状系数 Y 的对比见 10-3 节之 1。

注：凸形元件计算公式基于顶部 A 点建立较为简单，更加合理，已经应用过许多年。

（2）外压凸形元件

外压凸形元件与外压圆筒一样，还存在稳定问题。锅炉强度计算标准的外压凸形元件对此简化处理：强度与稳定统一用强度计算公式，取较小许用应力修正系数来反映稳定问题的存在。

3 凸形元件的稳定问题

（1）外压凸形元件

如果回转壳承受外压力作用（凸面受压），随着压力的增加，所产生的压缩应变就会加大，压力去除后，此应变消失；但压力较大，达到某一数值时，会突然发生局部塌陷，压力去除后，塌陷不能回复。这种现象和承受外压力作用的筒壳一样，也称为"失稳"，所对应的压力也称为"临界压力"。

若内部介质当压力降低时膨胀性很强，如饱和水、蒸汽等，一旦发生突然局部塌陷，由于容积增大，介质压力下降，使介质突然膨胀，可能使整个封头全部压塌，这时，与筒壳接合部分很易裂开，酿成重大事故。

椭球形元件在外压力作用下的临界压力 p_{lj} 理论曲线如图 10-1-8 所示[136]。

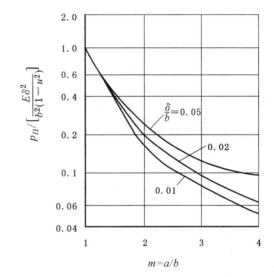

a—椭球长轴半径；b—椭球短轴半径；E—弹性模量；δ—壁厚；μ—圆度百分率；b—横坐标 $m=a/b$—椭球长短轴之比，纵坐标为 $p_{lj}\Big/\left[\dfrac{E\delta^2}{b^2(1-\mu^2)}\right]$

图 10-1-8 外压椭球临界压力 p_{lj} 理论曲线

由图可见，随着椭球长短轴之比值 m 增加，临界压力 p_{lj} 急剧下降。

试验临界压力 p_{lj} 值比以上理论值约下降 15%。

在锅炉强度标准中，凸形元件稳定问题不专门计算，只在许用应力的修正系数上予以考虑。

新结构回烟室的外压后封头有限元计算分析，见 9-7 节。

（2）内压凸形元件

内压凸形元件（凹面受压）也存在稳定问题[136]。由前述可知，对于扁平的凸形元件（椭球长短轴之比 $m=a/b$ 较大）长轴端部产生较大压缩应力，当壁厚较小时，此部位也可能出现失稳现象。

锅炉内压凸形元件，即使低压也不很薄，从来不作稳定校核。

10-2 凸形元件的强度计算与结构要求

本节给出各种凸形元件:椭球形、半球形、扁球形和凸形管板的强度计算方法与结构要求,并对需要简要说明的问题加以注释,而对需要较多论述的问题,在 10-3 节~10-5 节中作详细解析。

1 椭球形与半球形元件计算

标准[45]规定:内压或外压的计算方法相同,即承受内压或外压的计算方法一样,二者的区别体现在基本许用应力修正系数上,即对外压不单独进行稳定计算。

(1) 计算公式

标准[45]规定按式(10-2-1)确定椭球形元件的取用壁厚:

$$\delta \geqslant \delta_{\min} = \frac{p D_i Y}{2\varphi[\sigma] - 0.5p} + C \cdots\cdots\cdots\cdots (10\text{-}2\text{-}1)$$

式中:Y——形状系数:

$$Y = \frac{1}{6}\left[2 + \left(\frac{D_i}{h_i}\right)^2\right] \cdots\cdots\cdots\cdots (10\text{-}2\text{-}2)$$

δ——取用壁厚,mm;

$\delta_{\min}$——最小需要壁厚,mm;

C——附加壁厚,mm;

p——计算压力(表压),MPa;

D_i——内直径,mm;

φ——减弱系数;

$[\sigma]$——许用应力,MPa,

$$[\sigma] = \eta[\sigma]_J$$

$[\sigma]_J$——基本许用应力,MPa;

η——基本许用应力的修正系数。

注:确定$[\sigma]_J$所需计算壁温见 6-1 节之 2(2)。

(2) 计算公式的应用条件

式(10-2-1)只有在满足下列条件时才有效:

$$\frac{h_i}{D_i} \geqslant 0.2; \quad \frac{\delta - C}{D_i} \leqslant 0.1; \quad \frac{d}{D_i} \leqslant 0.7 \cdots\cdots\cdots\cdots (10\text{-}2\text{-}3)$$

说明:

1) $h_i/D_i \geqslant 0.2$

如前所述,凸形元件的基本计算公式是根据无弯曲力矩导出的,即认为应力仅是由于体积均匀膨胀引起的。但实际上,在体积膨胀的同时,各处曲率均有变化,因而还存在弯曲应力。当封头过于扁平(h_i/D_i 很小)时,弯曲应力已较明显,以膜应力为基础的假设已不适用,故有 $h_i/D_i \geqslant 0.2$ 的规定。

注：(DZ) 173—62《水管锅炉受压元件强度计算暂行规定》[77]曾规定h_w/D_w小到0.15（h_w、D_w为外高度与外直径）。

2) $(\delta-C)/D_i \leqslant 0.1$

因为有薄膜的假设（应力沿壁厚均匀分布、径向应力等于零），则壁不能太厚，故有$(\delta-C)/D_i \leqslant 0.1$的规定。

以上两项限制条件一般均能满足。

3) $d/D_i \leqslant 0.7$

利用$1-d/D_i$来考虑孔的减弱是一种长期应用的经验方法。经过有限元计算分析已由0.6放宽至0.7，详见10-6节。

(3) 孔与焊缝的减弱

对于直径较大的回转壳，一般由几块钢板拼焊后压制成型（图10-2-1），因而，存在焊缝减弱问题。另外，凸形封头上常开设尺寸较大的人孔（图10-2-2），人孔边缘附近区域会出现当量应力σ_d明显升高现象，最高应力一般发生在人孔长轴（图10-2-3），即人孔也使封头强度减弱。另外，凸形元件上，有时也存在孔排减弱问题。

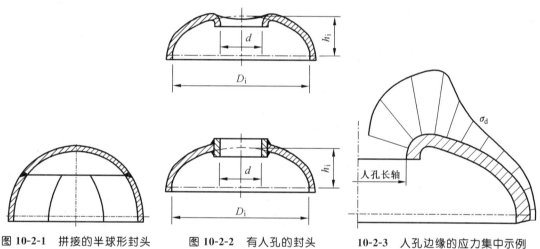

图 10-2-1 拼接的半球形封头　　图 10-2-2 有人孔的封头　　10-2-3 人孔边缘的应力集中示例

上述强度减弱，用减弱系数φ来考虑。减弱系数φ如表10-2-1所示。

表 10-2-1 凸形封头减弱系数

结构形式	φ
无孔无拼接焊缝	1.00
无孔有拼接焊缝	φ_w
有孔无拼接焊缝有孔[1)]有拼接焊缝，但二者不重合	取φ_w和$1-\dfrac{d}{D_i}$中较小者
有孔有拼接焊缝，但二者重合[2)]	$\varphi_w\left[1-\dfrac{d}{D_i}\right]$

1) 对于椭圆孔圈，d取长轴内尺寸；
2) 接管焊缝边缘与主焊缝边缘的净距离大于10 mm为不重合，不大于10 mm为重合。

外压元件的减弱系数 φ：

凸面受压的炉胆顶、半球形炉胆,取减弱系数 $\varphi=1.0$。

注：炉胆顶、半球形炉胆皆存在尺寸较大的冲天管孔、出烟孔,由于基本许用应力修正系数 η 取得很低(见表 10-2-2),不再考虑上述孔的减弱问题。

孔排减弱按以下方法确定：

1) 内压凸形封头上开设孔排时,其减弱系数：

$$\varphi_1 = \frac{s_{\min} - d}{s_{\min}} \quad \quad \quad (10\text{-}2\text{-}4)$$

式中：$s_{\min}$——相邻两孔的最小节距,不考虑孔排的方向；

　　　　d——孔的直径。

如 φ_1 小于表 10-2-1 凸形封头减弱系数时,公式(10-2-1)中的 φ 取 φ_1。

2) 外压炉胆顶上开设孔排时,如按上式计算的孔桥减弱系数 φ_1 不小于炉胆顶的许用应力修正系数 $\eta=0.4$ 时,不必考虑孔排的减弱。如 φ_1 小于 η 时,强度计算公式中的减弱系数 φ 用 φ_1 代入,此时,取许用应力的修正系数 $\eta=1.0$。

有关上述孔与孔排减弱的解析,见 12-3 节之 2。

封头上的水位表孔、压力表孔等,由于直径不大,又加上管头的加强作用,故不会引起由于应力集中导致的低周疲劳现象,因此无需校核强度。

(4) 许用应力修正系数

承受内压或外压凸形元件的基本许用应力修正系数见表 10-2-2。表中的 η 值是制定 JB 3622—84 锅壳式锅炉受压元件强度计算时,主要参照国外标准(BS 2790、ISO 5730)[67,90] 并作了必要分析而确定的,经 10 余年应用后,并无疑义,故 GB/T 16508—1996 标准继续采用,现行标准仍基本沿用。

注：应指出,修正系数 η 值是早年凭经验规定的,有待复审。

表 10-2-2　凸形元件的基本许用应力修正系数 η

结构型式与工作条件	修正系数 η
凹面受压的凸形封头,不与烟气、火焰接触	1.0
立式无冲天管锅炉凸面受压的半球形炉胆	0.30
立式无冲天管锅炉凸面受压的炉胆顶	0.40
立式冲天管锅炉凸面受压的炉胆顶	0.50
立式冲天管锅炉凹面受压的凸形封头	0.65
卧式内燃锅炉凹面受压的凸形封头	0.80
凸形管板的凸形部分	0.95
凸形管板的烟管管板部分	0.85

说明：

立式无冲天管锅炉凸面受压的半球形炉胆,由于凸面受压存在失稳问题并与火焰直接接触,而且其上部还可能积垢,故 η 值很小,取 $\eta=0.3$。

立式无冲天管锅炉凸面受压的炉胆顶,与上述半球形炉胆相比,区别仅在于不与火焰直接接触,则 $\eta=0.4$。

立式冲天管锅炉凸面受压的炉胆顶,由于其上部凹面受压凸形封头经冲天管的拉撑作用,使受力下降,故取 $\eta=0.5$。

注:此值 η 偏小,见 9-7 节之 2(2)。

立式冲天管锅炉凹面受压的凸形封头,由于其下部凸面受压炉胆顶经冲天管的拉撑作用,使受力下降,故取 $\eta=0.65$。

卧式内燃锅炉凹面受压的凸形封头,系指旧式仅含炉胆的锅壳锅炉,由于炉胆膨胀对其有顶压作用,则取 $\eta=0.8$。

凹面受压凸形管板的凸形部分受力状态较好,不与烟气、火焰接触,考虑加工较难,取 $\eta=0.95$。

(5) 附加厚度 C

GB/T 16508.3—2013 规定:

$$C=C_1+C_2+C_3$$

其中腐蚀减薄量的附加厚度 C_1,一般取为 0.5 mm,若厚度大于 20 mm,腐蚀裕量可取为 0 mm,若腐蚀减薄量超过 0.5 mm,则取实际可能的腐蚀减薄值。

考虑工艺减薄的附加厚度 C_2 应根据具体工艺情况而定,一般情况下,冲压工艺减薄量可取 0.1δ。

考虑材料厚度下偏差(为负值时)的附加厚度 C_3 按有关材料标准确定。

注:JB 3622—84 标准对椭球形和半球形元件取附加厚度 $C=1$ mm,而对扁球形元件取 $C=2$ mm。

对于水管锅炉[42],工艺减薄按表 10-2-3 取,其钢板负偏差和腐蚀减薄与筒壳的一样。

表 10-2-3 水管锅炉凸形封头的工艺附加厚度 C_2

结 构 参 数	凸 形 封 头	直 段
椭球形($0.2 \leqslant h_i/D_i \leqslant 0.35$)	$0.1(\delta_t+C_1)$ 或 $0.9(\delta-C_3)$	0
深椭球形或球形($0.35 \leqslant h_i/D_i \leqslant 0.5$)	$0.15(\delta_t+C_1)$ 或 $0.13(\delta-C_3)$	0

(6) 工艺性水压试验压力的校核计算

有关工艺性水压试验压力的说明,参见 8-4 节之 5。

凸形封头水压试验压力校核公式:

球形壳内壁环向应力为

$$\sigma_{\theta n}=\frac{p}{2}\left(\frac{\beta^3+2}{\beta^3-1}\right)$$

内壁径向应力为

$$\sigma_{rn}=-p$$

如为椭球形封头,内壁环向应力应乘以 $2Y$,Y 为形状系数[见 10-3 节之 1(2)],则

$$\sigma_{\theta n}=p\left(\frac{\beta^3+2}{\beta^3-1}\right)Y$$

内壁径向应力不变仍为 $\sigma_{rn}=-p$。

在水压试验时按最大剪应力强度理论所得的当量应力不应大于 $0.9\sigma_s$,则有

$$p\left(\frac{\beta^3+2}{\beta^3-1}\right)Y-(-p)\leqslant\sigma_s$$

经推导,得

$$p \leqslant \frac{0.9(\beta^3-1)}{(\beta^3+2)Y+(\beta^3-1)}\sigma_s$$

如水压试验时的减弱系数为 φ_{sw},水压试验压力用 p_{sw} 表示,则

$$p_{sw} \leqslant \frac{0.9(\beta^3-1)}{(\beta^3+2)Y+(\beta^3-1)}\varphi_{sw}\sigma_s$$

此式可表述为

$$p_{sw} \leqslant \frac{0.9(\beta_e^3-1)}{(2+\beta_e^3)Y+(\beta_e^3-1)}\varphi_{sw}R_{eL}^t \quad \cdots\cdots (10\text{-}2\text{-}5)$$

式中:β_e——有效直圆筒体外径与内径的比值,按式(8-4-13)计算。

Y——形状系数,见式(10-2-2);

φ_{sw}——水压试验时的最小减弱系数;

R_{eL}^t——水压试验温度(20 ℃)时的屈服限,MPa。

如锅炉有关规程中规定的锅筒工艺性水压试验压力大于按上式算出的 p_{sw} 值时,应取上述计算的 p_{sw} 作为水压试验压力。

2 扁球形元件计算方法

承受内压或外压的计算方法一样,二者的区别体现在基本许用应力修正系数上。

扁球形元件见图 10-2-4。

扁球形元件按式(10-2-6)确定取用壁厚:

$$\delta \geqslant \delta_{min} = \delta_1 + C = \frac{pR_i}{2\varphi_w[\sigma]} \quad \cdots\cdots (10\text{-}2\text{-}6)$$

式中:R_i——封头主体部分内壁曲率半径(图 10-2-4);

φ_w——焊接接头系数;

C——按前述椭球形元件处理。

式(10-2-6)仅适用于封头主体部分的内壁曲率半径 R_i 不大于封头直径 D_i 的情况,否则,已趋于平板应力状态。

许用应力按椭球形元件处理。

式(10-2-6)未反应大孔的减弱,孔的减弱已反映在安全裕度中。

3 凸形管板计算方法

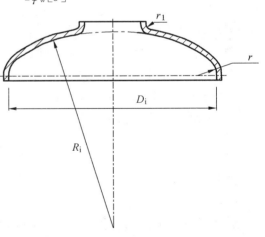

图 10-2-4 扁球形封头

(1) 外燃锅炉的凸形管板

我国首先在外燃锅炉(新型锅壳锅炉)上出现拱形管板[32],它的强度最初靠应力测试或有限元计算确定。以后 GB/T 16508—1996《锅壳锅炉受压元件强度计算》开始给出椭球形管板与拱形管板的计算方法。GB/T 16508.3—2013《锅壳锅炉 第 3 部分:设计与强度计算》仍沿用。

1) 椭球形管板

椭球形管板（图 10-2-5）的厚度计算按椭球形元件有关规定确定，见本节之 1。

由于烟管束对椭球形管板有明显拉撑作用，故上述计算方法存在多余厚度。

由于烟管孔排的节距不大，可不计算孔排强度。边缘管孔中心线与管板外表面交点的法线所形成的夹角不应大于 45°，这样可防止应力集中过大（见 8-8 节之 1；管孔宜经机械加工或仿形气割成形。

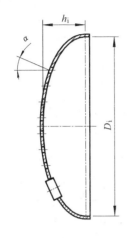
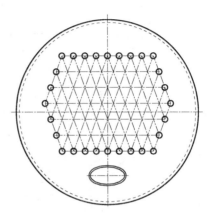

图 10-2-5　椭球形管板

2) 拱形管板

拱形管板（图 10-2-6）中的凸形部分由不同椭圆线构成，其厚度计算按上述椭球形元件有关规定确定。计算公式中的 D_i 用最大当量内径 D_{ie} 代入，D_{ie} 取两倍椭圆长半轴，视为椭球的封头内半径，而长半轴近似由边缘烟管管排中心线起算：$D_i = \overline{2a''b}$，见图 10-2-6。即强度计算将平板边缘区与凸形部分视为一体（图 12-2-7）。而有关公式应用条件中的 D_i 用当量内径 D_{ie}' 代入，取 $D_{ie}' = \overline{2a'b}$（图 10-2-6），即当量内径按凸形部分尺寸确定。

拱形管板的平直部分按烟管管束区以内的平板有关规定确定，由于烟管孔排的节距一般不大，可不计算孔排强度。边缘部分（图 10-2-6 中斜线所示部分），可不进行校核（见 10-4 节）。

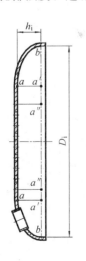
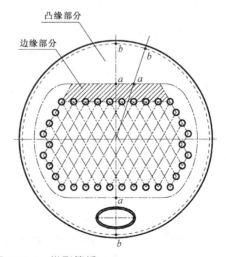

图 10-2-6　拱形管板

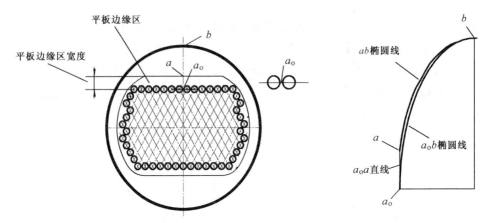

图 10-2-7　拱形管板凸形部分尺寸

(2) 内燃锅炉的凸形管板

内燃锅炉的凸形管板(图 10-2-8)也由凸形部分与平板部分构成。它与外燃锅炉凸形管板(图 10-2-7)的区别仅在于平板边缘区的尺寸较大。

内燃锅炉凸形管板的计算方法与上述外燃炉凸形管板一样,即按图 10-2-8 中 $B'—B$(最大尺寸)的 2 倍视为椭球内直径进行计算。

有限元计算表明,最大可能宽度边缘区的应力仍小于许用值,见 10-4 节。

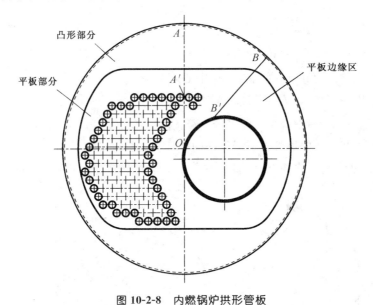

图 10-2-8　内燃锅炉拱形管板

4　凸形元件的结构要求

(1) 壁厚限制

1) 最小壁厚

凸形封头、炉胆顶等凸形元件,和锅筒(锅壳)、炉胆等一样,也有最小壁厚的要求。

凸形封头内径大于 1 000 mm 时,厚度不应小于 6 mm;不大于 1 000 mm 时,最小厚度可以下降至 4 mm。

承受外压的炉胆顶和半球形炉胆的最小厚度为 8 mm。

2) 最大壁厚

凸形封头一般不受热，不会因内外壁温差引起过大热应力而可能出现低周疲劳问题，故一般不提出最大壁厚要求。

凸形封头或拱形管板凸形部分即使受辐射或烟气加热且不绝热，因其计算所需厚度一般皆小于锅壳(锅筒)，故也无必要提出最大允许厚度问题。

半球形炉胆的热负荷很高，最大名义厚度与炉胆一样，也为 22 m。

(2) 开孔布置

1) 炉胆孔

JB 3622—84 标准要求两孔边缘之间投影距离不小于较小孔的直径，孔边缘至封头边缘之间的投影距离不小于 $0.1D_n + t$（图 10-2-9）。GB/T 16508—1996 标准将"孔"改为"炉胆孔"，因为炉胆孔受热膨胀较大，上述投影距离相当于呼吸空位距离，如大些可减小热应力。同时，不计炉胆孔孔桥的减弱计算(GB/T 16508—1996 标准开始规定)，因为炉胆孔孔桥的的受力状态与一般孔孔桥完全不同，类似于图 8-8-7a)与图 8-8-7b)的结构及相应的解释。同理，拱形管板人孔边缘至管板边缘的投影距离，亦应取消不小于 $0.1D_n + t$ 的要求。

2) 一般孔

位于人孔附近的孔，应使开孔边缘与人孔扳边弯曲起点之间的距离或者与加强圈焊缝之间的距离不小于 δ（图 10-2-9）。

扳边孔不得开在焊缝上。

以上皆是长期以来的规定，沿袭至今。

3) 扳边半径

扁球形封头或炉胆顶，为避免扳边处应力过大，规定内半径 r（图 10-2-4）不应小于相连锅壳或炉胆厚度的 4 倍，且至少应为 64 mm；与冲天管相连的内半径 r_1 不应小于炉胆厚度的 2 倍，且至少应为 25 mm。

4) 孔扳边与孔圈

对孔扳边与孔圈的要求，见 18-2 节之 4。

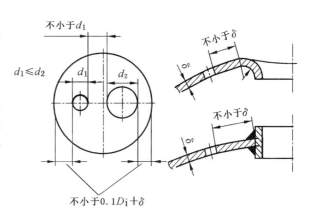

图 10-2-9 封头上孔的布置

10-3 凸形封头强度计算解析

本节介绍我国强度计算标准中凸形封头强度基本计算式的变化与对比，还讨论凸形封头人孔减弱、孔桥减弱计算方法等问题。

1 基本计算式的变化

(1) JB 3622—84 标准采用的计算式

对于一般尺寸的椭球形封头,顶点 A 处(图 10-1-2)的应力为

$$\sigma_m = \sigma_\theta = \frac{pR}{2\delta}\left(\frac{R}{h}\right)$$

按最大剪应力强度理论,并取封头上垂直于壁面方向的径向应力 $\sigma_r \approx 0$,则当量应力

$$\sigma_d = \sigma_{max} - \sigma_{min} = \frac{pR}{2\delta}\left(\frac{R}{h}\right) - 0 \leqslant [\sigma]$$

由此,得

$$\delta \geqslant \frac{pR}{2[\sigma]}\left(\frac{R}{h}\right)$$

为方便起见,取半径 $R \approx D_i/2$,内高度 $h \approx h_i$,

则壁厚

$$\delta \geqslant \frac{pD_i}{4[\sigma]}\left(\frac{D_i}{2h_i}\right) = \frac{pD_i Y_1}{4[\sigma]} \quad\cdots\cdots\cdots\cdots\cdots\cdots (10\text{-}3\text{-}1)$$

式中形状系数

$$Y_1 = D_i/(2h_i)$$

由上述可见,椭球形封头的基本计算式是按顶点应力导出的。

(2) GB/T 16508—1996 标准采用的计算式

为与 GB/T 9222—1988 水管锅炉标准取得一致,GB/T 16508—1996 标准采用了如下导出的基本计算式。

为使凸形元件的基本式与圆筒形元件的类同,用 $2Y$ 反映内高度与内直径比值的影响,则有

$$\delta \geqslant \frac{pD_i 2Y}{4[\sigma] - p} = \frac{pD_i Y}{2[\sigma] - 0.5p} \quad\cdots\cdots\cdots\cdots\cdots (10\text{-}3\text{-}2)$$

GB/T 9222—1988 标准参照美国 ASME 规范第Ⅷ分册第Ⅰ分篇[43]取 Y 的计算式为

$$Y = \frac{1}{6}\left[2 + \left(\frac{D_i}{h_i}\right)^2\right] \quad\cdots\cdots\cdots\cdots\cdots\cdots\cdots (10\text{-}3\text{-}3)$$

对比式(10-3-1)、式(10-3-2)可见,按 JB 3622—84 标准与 GB/T 16508—1996 标准算出厚度的差异主要反映在 Y_1 与 $2Y$ 上,因式(10-3-2)分母中的 p 相对 $2[\sigma]$ 很小。Y_1 与 $2Y$ 的差异见表 10-3-1 与图 10-3-1。

表 10-3-1　Y_1 与 $2Y$ 的差异

h_i/D_i	0	0.1	0.2	0.25	0.3	0.4	0.5
Y_1	∞	5	2.5	2	1.67	1.25	1
$2Y$	∞	9	2.75	2	1.59	1.19	1

由表 10-3-1 与图 10-3-1 可见,按 GB/T 16508—1996 标准求出的厚度与 JB 3622—84 标准相比:当 $h_i/D_i = 0.2$ 时,约厚 10%;而标准椭球形($h_i/D_i = 0.25$)或半球形($h_i/D_i = 0.5$),两者

厚度一样。浅椭球形凸形元件($h_i/D_i<0.25$) 由于弯曲应力增大,适当增加厚度也是应该的。

(3) GB/T 16508.3—2013 标准采用的计算式

GB/T 16508.3—2013 标准采用的计算式沿用 GB/T 16508—1996 标准的。

(4) 扁球形(碟形)元件的基本计算式

扁球形回转壳由两个不同半径的共轭弧线所构成。旧式封头常由此种简单形线构成。此种封头由于过渡圆弧处受力欠佳,担心可能引起低周疲劳裂纹,故一般不建议采用。此种扁球形封头按曲率半径为 R_n 的主体部分计算。半径为 R_n 的球形壳(图 10-2-4)的最大应力:

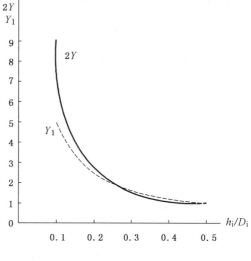

图 10-3-1　Y_1 与 $2Y$ 的差异

$$\sigma_{\max}=\frac{pR_i}{2\delta}$$

(它仅是筒壳最大应力——环向应力 σ_θ 的一半)。

而沿壁厚平均的最小应力 $\sigma_{\min}\approx 0$

按最大剪应力理论强度条件的当量应力 $\sigma_a=\sigma_{\max}-\sigma_{\min}=\dfrac{pR_i}{2\delta}-0\leqslant[\sigma]$

由此得基本计算式

$$\delta\geqslant\frac{pR_i}{2[\sigma]}$$

应用此式的条件为内曲率半径 R_n 不应大于其内径 D_i,否则封头近于平直,顶部弯曲应力过大;另外,过渡圆弧内半径 r 亦不应过小,否则该处二次应力过大。

2　对单孔减弱系数 φ 的校核

凸形封头强度计算基本公式中用 $\varphi=1-\dfrac{d}{D_n}$ 来计入单孔的减弱,即用整体加厚方法对单孔进行补强。

上海锅炉厂对具有内扳边椭圆人孔的椭球形封头的实测应力结果如图 10-3-2 所示。封头内径 $D_n=1\,663$ mm,内高度 $h_n=474$ mm,厚度 $S=46$ mm,人孔内尺寸 425 mm× 320 mm,扳边内半径 $r=50$ mm,封头直段长度 $h=75$ mm。

$$\frac{h_n}{D_n}=\frac{474}{1\,663}=0.285>0.2$$

$$\frac{S_{\min}-C}{D_n}\approx\frac{40}{1\,663}=0.024>0.1$$

$$\frac{d}{D_n}=\frac{425}{1\,663}=0.256<0.6$$

该封头的工作压力为 5.2 MPa，则当量应力（沿壁厚平均应力）为

$$\sigma_d = \frac{pD_n}{4\left(1-\dfrac{d}{D_n}\right)S_y} \frac{D_n}{2h_n}$$

$$= \frac{5.2 \times 1\,663}{4\left(1-\dfrac{425}{1\,663}\right) \times 40} \frac{1\,663}{2 \times 474}$$

$$= 13.0 \text{ kgf/mm}^2 (127 \text{ MPa})$$

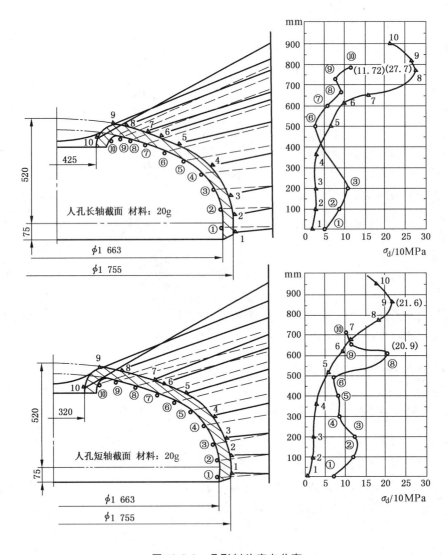

图 10-3-2　凸形封头应力分布

由实测应力可知，人孔附近及与筒壳连接的平直段附近均有较大的附加弯曲应力，显然，属于几何不连续产生的二次应力。最大应力 27.7 kgf/mm²(272 MPa)距允许的 2 倍屈服限（约为 400 MPa）尚有较大裕度。可见，考虑单孔减弱的公式较为保守。

3　凸形封头、炉胆顶上孔排的减弱

在封头上开设孔排时,尽管所在部位不一定处于应力最高区域(封头顶部),但为稳妥计,应将孔排减弱反应到封头减弱系数中去。例如,在无大孔且无拼接焊缝的封头上开设孔排,则封头减弱系数取如下孔桥减弱系数:

$$\varphi_1 = \frac{s_{\min} - d}{s_{\min}}$$

式中:$s_{\min}$——封头上相邻管孔中心线与厚度中线交点的最小展开尺寸,不考虑孔排的方向;
d——开孔直径。

在有单孔但无拼接焊缝的封头上开设孔排时,封头减弱系数取 $1-d/D_i$ 及上述孔桥减弱系数 φ_1 中的较小值。

制定 JB 3622—84 标准时,关于凸形封头、炉胆顶的孔排[立式弯水管锅炉,图 9-2-2c)]的计算方法,是按以下原则确定的:

1) 如在凸形封头上开设孔排时,尽管孔排所在部位不一定处于应力最高区域,为简化计算,统一用 φ_1 计入于封头减弱系数 φ 中。φ_1 中的 $s_{\min}$ 为相邻两孔的最小节距,不考虑孔排的方向。封头上不同部位的各向应力大小不一,以上是一种简化处理。

2) 立式弯水管锅炉的炉胆顶沿纬向(环向)较均匀地布置孔排,这对炉胆顶的稳定性不会产生不利影响,还可能由于弯水管的某些支撑作用而少许提高炉胆顶的稳定性。但当孔桥减弱系数 φ_1 小于炉胆顶的许用应力修正系数 $\eta=0.4$ 时,炉胆顶应从强度角度计算,计算公式中的减弱系数 φ 用 φ_1 代入,此时,取许用应力的修正系数 $\eta=1.0$,而不必再取 $\eta=0.4$,因稳定已不是主要问题。如果 $\varphi_1>0.4$,不必考虑孔排的减弱,即不必考虑 φ_1,而许用应力修正系数 η 仍取为 0.4,因此时孔桥强度已不是主要问题。以上处理方法应用十余年尚无疑义,故 GB/T 16508—1996 标准继续采用。后续锅壳标准仍沿用。

4　热旋压封头

热旋压封头广泛应用于集箱上,国内已积累了丰富生产经验。由于其厚度按凸形封头公式校核均能满足要求,因此 GB/T 16508—1996 锅壳锅炉标准规定无需计算,但要求收口处圆滑过渡。

由于热旋压封头仅用于集箱上,因此 GB/T 16508—1996 标准将它列入集箱端盖章节中。

10-4　凸形管板强度计算方法的建立

我国锅壳锅炉于 40 年前开始采用无拉撑的凸形管板,但无计算方法可循。本节介绍凸形管板的研究与处理经历以及本书编著者如何提出凸形管板的简化计算方法[147],并纳入我国强度计算标准中。

1　凸形管板强度问题研究与处理经历

烟管管板是锅壳锅炉特有的重要受压元件,由于结构与应力状态均较复杂,而且尺寸也较大,其安全可靠性成为锅壳锅炉十分重要的问题,历来受到各国锅炉界的高度重视。

为开发新型锅壳锅炉[32],对锅壳锅炉烟管管板改革展开了全面深入研究,包括:拉撑平管板的大量应力实测与分析存在的问题,为开创新型无拉撑凸形(拱形、椭球形)管板所做的应力实测、有限元计算分析、提出简易计算公式并纳入国家标准等。

在上述一系列工作基础上,我国大量锅壳锅炉逐渐用新型无拉撑凸形(拱形、椭球形)管板取代国内外常用的拉撑平管板,使管板刚性下降,再与刚性较小的螺纹烟管相配合,使热态下的应力状态明显改善;另外,因取消锅壳内部施焊困难的拉撑件,从而改善了工艺条件,也避免了因装配、焊接困难可能出现的焊接缺陷,使锅壳锅炉安全可靠性得到明显改进。

凸形管板已成为我国新型锅壳锅炉(新型水火管锅壳锅炉、新型卧式内燃锅壳锅炉)所采用新技术中的重要一项。

凸形管板开发的主要问题是强度。凸形管板强度问题以拱形管板最突出。

拱形管板强度保证方法的三个阶段:

(1) 初创阶段——经应力测试合格后允许应用

经光弹模型测试与实物应力测量证实,拱形管板的应力状态较有拉撑的平管板确有明显改善,也消除了拉撑平管板人孔上部的高应力区。为取得锅炉安全监察部门的认可,曾于1983年在上海专门召开两次论证会。上海劳动局对被测试的一种拱形管板予以批准,其他尺寸拱形管板应再作应力测试,才能批准应用。

(2) 进一步研究阶段——经有限元计算合格后可以应用

为使拱形管板得以在全国推广,哈尔滨工业大学曾进行大量应力分析工作,提出凸形部分应将不同尺寸扁球线改为椭球线以及合理尺寸的边缘宽度(管束最外烟管至平面部分边界线的距离)等建议。嗣后,原劳动部锅炉压力容器检测中心、大连轻工机械总厂又对10 t/h 锅炉 $\phi1\,800$ mm 拱形管板及相连烟管的应力状态作了有限元计算分析并进行了详细测试。测试结果表明,有限元计算方法是可以信赖的。以上工作对拱形管板在全国的推广应用起了较大推动作用——锅炉安全监察部门将必须应力测试调整为经有限元计算合格后即可以应用。

(3) 简易强度计算方法的提出——按强度标准计算即可以应用

拉撑平管板的强度计算方法,国内外有强度计算标准可循,都是根据所画假想圆按双向受弯平板计算。而拱形管板的强度计算并无国外标准可循。采用拱形管板需进行有限元计算,会给锅炉制造厂带来一些困难。

为解决此问题,本书编著者在总结大量有限元计算结果的基础上提出凸形管板(椭球形与拱形)简易计算方法,参见文献[147],并且此方法已纳入锅壳锅炉强度计算标准GB/T 16508—1996 与 GB/T 16508.3—2013。这为推广应用拱形管板提供了方便条件。

我国已有多个专业厂家生产拱形管板,以避免锅炉厂自行加工的困难,也使产品质量得以保证。拱形管板需用专门胎具压制,为减少胎具规格,1996年对已有大量拱形管板的尺寸进行归纳调整,提出通用尺寸拱形管板[32]。

至今,拱形管板已基本上改变了我国数量颇多的水火管锅壳锅炉最重要元件(锅壳)的面貌。目前,拱形管板又开始被内燃锅壳锅炉所应用。

2 椭球形管板应力状态与计算公式的由来

(1) 椭球形管板应力状态

以下结合 1.4 MW,0.7 MPa,95/75 ℃,DZL 型新型水火管热水锅炉,介绍利用有限元计算方法详细分析无烟管椭球形封头与有烟管椭球形管板的变形与应力变化规律[52,147]。

几何尺寸:椭球形管板内高度与内直径的比值 h_n/D_n = 300/1 200 mm,壁厚 t = 10 mm(与锅壳相同),最上排烟管中心线至锅壳顶点的距离与最下排烟管中心线至锅壳最低点的距离皆等于 350 mm,材料为 20g。螺纹烟管 $\phi63.5 \times 3.5$ mm。

弹性模量变化:用弹性模量比普通直烟管下降 50% 来考虑螺纹烟管刚度下降及烟管与锅壳热变形差异的影响。由于螺纹烟管刚度变化对管板最高应力值的影响不大,则上述处理不会带来较大偏差。

有烟管(实线)与无烟管(虚线)时的变形对比见图 10-4-1 与表 10-4-1。

由图 10-4-1 可见,有烟管时,管板中部向外变形受到明显约束,与此同时,边缘变形比无烟管时稍有增大(图中点 7 附近)。

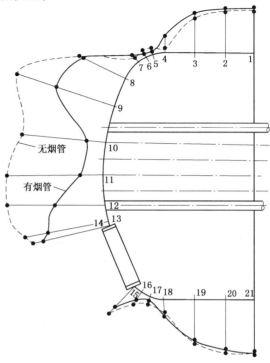

图 10-4-1 烟管对变形的影响

表 10-4-1 有烟管与无烟管时的变形(位移)对比

序号	位移/10^{-1} mm		序号	位移/10^{-1} mm	
	有烟管	无烟管		有烟管	无烟管
1	2.46	2.38	12	2.42	9.20
2	2.43	2.29	13	4.73	7.89
3	2.33	2.15	14	5.04	7.61
4	1.49	0.79	15	1.57	1.78
5	0.047	0.21	16	0.47	0.67
6	0.17	0.31	17	0.18	0.33
7	0.33	0.19	18	0.94	0.85
8	2.49	2.56	19	2.61	2.79
9	5.84	10.08	20	2.75	2.82
10	0.67	8.06	21	2.77	2.83
11	0.75	9.24			

有烟管(实线)与无烟管(虚线)时的膜应力对比见图 10-4-2 与表 10-4-2。

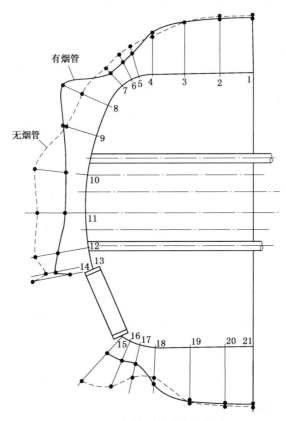

图 10-4-2 烟管对膜应力的影响

表 10-4-2 有烟管与无烟管时的膜应力对比

序号	应力/MPa		序号	应力/MPa	
	有烟管	无烟管		有烟管	无烟管
1	75.1	75.5	12	43.5	77.1
2	74.9	75	13	55.0	67.1
3	73.1	73.1	14	32.4	91.3
4	48.3	43.0	15	31.5	86.7
5	33.6	45.8	16	28.7	67.9
6	26.2	38.7	17	27.7	43.9
7	23.2	33.7	18	49.6	42.2
8	69.9	41.6	19	73.4	73.5
9	49.9	55.5	20	75.0	75.3
10	36.6	75.8	21	75.2	75.7
11	31.0	69.5			

有烟管(实线)与无烟管(虚线)时外壁当量应力(指按最大剪应力强度理论的当量应力,以

下同)对比见图 10-4-3 与表 10-4-3。

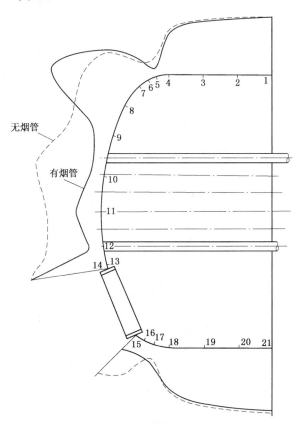

图 10-4-3 烟管对外壁当量应力的影响

表 10-4-3 有烟管与无烟管时的外壁应力对比

序号	应力/MPa		序号	应力/MPa	
	有烟管	无烟管		有烟管	无烟管
1	76.5	76.8	12	20.6	85.2
2	76.3	76.5	13	115.3	114.3
3	74.7	75.7	14	39.3	58.7
4	57.1	63.3	15	28.1	77.4
5	10.6	23.8	16	21.0	60.5
6	32.7	28.0	17	23.7	18.9
7	66.8	66.4	18	55.9	60.0
8	117.0	73.7	19	73.6	74.4
9	30.6	63.8	20	75.9	76.0
10	17.9	99.6	21	76.3	76.4
11	35.0	80.0			

有烟管(实线)与无烟管(虚线)时的内壁当量应力对比见图 10-4-4 与表 10-4-4。

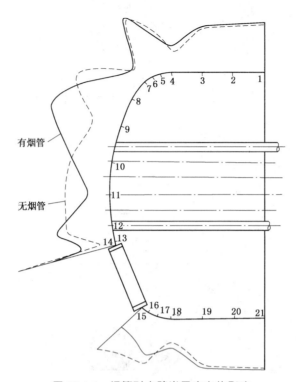

图 10-4-4 烟管对内壁当量应力的影响

表 10-4-4 有烟管与无烟管时的内壁应力对比

序号	应力/MPa		序号	应力/MPa	
	有烟管	无烟管		有烟管	无烟管
1	73.9	74.1	12	90.9	72.5
2	73.7	73.6	13	52.5	22.2
3	71.5	70.2	14	116.2	168.4
4	39.8	32.9	15	43.6	96.0
5	56.5	68.2	16	44.4	75.6
6	100.6	97.1	17	60.2	74.3
7	28.3	20.8	18	43.4	34.9
8	75.0	94.2	19	73.1	72.5
9	114.3	47.6	20	74.2	74.7
10	68.1	65.0	21	74.3	75.0
11	35.7	69.9			

由以上有限元应力计算可见,烟管的存在对管板应力状态有一定改善作用;在几何特性有突变部位(椭球形管板接近筒壳部位以及人孔圈附近)存在明显二次应力成分。

椭球形管板二次应力最大部位的应力值(膜应力+弯曲应力+二次应力)为 117 MPa(第 8 点),明显小于 $2\sigma_s^t \approx 350$ MPa。管板最大膜应力为 69.9 MPa(第 8 点),明显小于 $[\sigma] \approx 106$ MPa。可见,完全符合按应力分类原则的考核条件,还包含过大安全裕度。

（2）烟管应力状态

有限元计算表明，最大应力的烟管在最上排或最下排的中间。

烟管的最大当量应力对于表 10-4-5 中序号 1～序号 8 管板都小于 100 MPa，序号 9 管板的上部空间（汽空间）高度达 660 mm，3.5 mm 厚度螺纹烟管的当量应力才达 103 MPa。烟管应力具有明显二次应力性质，因为它的变形不是无限的，而是达到管板变形极限量而中止，具有明显自限性，因此，按二次应力考核（$\leqslant 2\sigma_s^t \approx 350$ MPa），其中拉伸应力（一次应力）很小。可见，裕度也是很大的。

在所有设计中都取消 $\geqslant$5 mm 厚的拉撑管。这符合锅壳锅炉强度计算标准要求。

（3）椭球形管板强度计算方法的由来

各国锅炉强度计算标准皆采用便于应用的简单计算公式，即计算标准给出的公式仅由膜应力导出，再用安全系数与结构规定来控制膜应力以外的弯曲应力、二次应力（局部弯曲应力）以及峰值应力成分，使它们皆能在允许范围以内。

基于以上情况，凸形管板也应按基于膜应力的公式计算强度。

曾对大量锅壳锅炉椭球形管板进行过有限元计算分析：锅炉容量 0.7 MW（1 t/h）～7 MW（10 t/h），压力 0.7 MPa，内直径 1 000 mm～1 800 mm，内高度与内直径之比为通用的 0.25，锅壳上部空间高度 $h \approx 300$ mm～400 mm，下部空间高度 $h' \approx h$，壁厚 $t = 8$ mm～18 mm，椭球形管板的壁厚均与筒壳一致，材料 20g；螺纹烟管 $\phi 51 \times 3.5$～$\phi 89 \times 3.5$ mm，材料为 20G，螺纹烟管的弹性模量按前述较普通直烟管下降 50% 来考虑。

有限元计算的最大膜应力 σ_m 及其他有关数据列于表 10-4-5 中。

表 10-4-5　椭球形板管膜应力特性

序号	参数	h_n/D_n mm	t mm	σ_m MPa	$[\sigma]$ MPa	$t_{\min}$ mm	$t_{\min}/t$	$\sigma_m/[\sigma]$
1	0.7 MW 0.7 MPa 95/70 ℃	250/1 000	8	54.9	109.4	6.45	0.81	0.5
2	0.7 MW 0.7 MPa 95/70 ℃	250/1 000	10	40.4	109.4	6.45	0.65	0.37
3	1.4 MW 0.7 MPa 95/70 ℃	300/1 200	10	53.2	109.4	6.79	0.68	0.49
4	1.4 MW 0.7 MPa 95/70 ℃	300/1 200	10	64.2	109.4	6.79	0.68	0.58
5	2.8 MW 0.7 MPa 95/70 ℃	350/1 400	12	28.9	109.4	7.67	0.64	0.26

表 10-4-5(续)

序号	参数	h_n/D_n mm	t mm	σ_m MPa	$[\sigma]$ MPa	t_{min} mm	t_{min}/t	$\sigma_m/[\sigma]$
6	4.2 MW 1.0 MPa 115/70 ℃	400/1 600	14	62.7	109.4	10.7	0.76	0.57
7	7 MW 1.0 MPa 115/70 ℃	450/1 800	14	72.8	109.4	11.4	0.81	0.67
8	6 t/h 1.3 MPa 194 ℃	400/1 600	18	64.0	106.3	15.4	0.86	0.60
9	10 t/h 1.3 MPa 194 ℃	450/1 800	13	89.8	106.3	16.3	0.91	0.84

表 10-4-5 中 t_{min} 为按锅壳锅炉强度计算标准[81]给出的一般椭球形封头公式计算出的值。

$$t_{min} = \frac{pD_n Y}{2\varphi[\sigma] - 0.5p} + C$$

式中许用应力按管板(考虑在高温下工作,而结构也较复杂)取

$$[\sigma] = \eta[\sigma]$$

$$\eta = 0.85$$

人孔减弱系数 $\varphi = 1 - \dfrac{d}{D_n}$

烟管孔排区域由于节距较小,烟管之间的弯曲应力很小,故不予考虑。

由表 10-4-5 可见,按上述方法计算椭球形管板的安全裕度是足够的,因为算出的膜应力与许用应力的比值 $\sigma_m/[\sigma]$ 都小于最小需要壁厚与取用壁厚的比值 t_{min}/t。

计算方法:

根据上述有限元计算分析,为简化计算,椭球形管板可按一般椭球形封头公式计算,不计孔排的影响;无孔排的凸形部分不受热,取许用应力修正系数 $\eta = 0.95$。

注:以上计算方法包含较大裕度,有待修订。

3 拱形管板应力状态与计算公式的由来

(1) 拱形管板应力状态

图 10-4-5 所示为 4t/h, 0.7 MPa, DZL 型锅炉拱形管板简图,管板壁厚 18 mm,筒壳壁厚 16 mm,材料为 20g;烟管 $\phi 63.5 \times 3.5$ mm,材料为 20G。

注:管板壁厚 18 mm 是按后述计算方法计算值经圆整得出的。

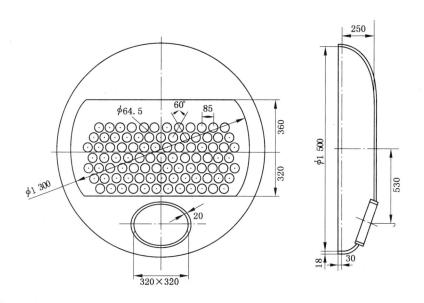

图 10-4-5 4t/h、0.7MPa、DZL 型锅炉拱形管板简图

由于管板、筒壳与烟管连为一体,构成高次静不定结构,故采用锅炉整体作为计算模型。由于锅炉的对称性,取其四分之一计算,共有节点 674 个,单元 673 个,其中板壳元 626 个,三维梁元 47 个,网格划分见图 10-4-6。

外壁当量应力、内壁当量应力、膜当量应力分布见图 10-4-7～图 10-4-9。

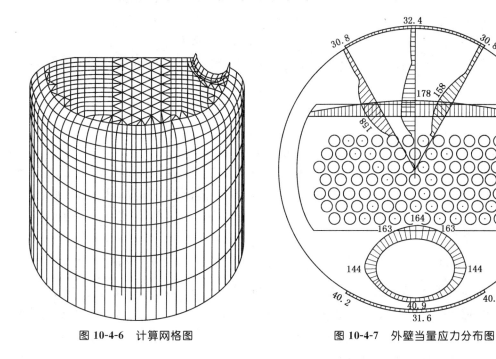

图 10-4-6 计算网格图　　　　图 10-4-7 外壁当量应力分布图

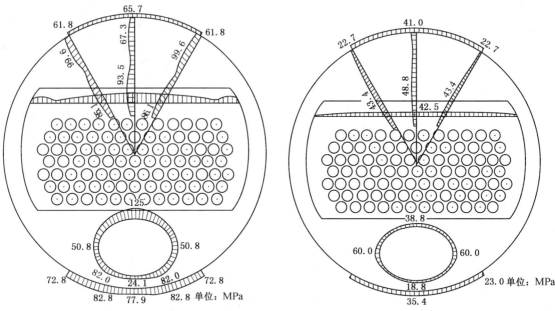

图 10-4-8　内壁当量应力分布图　　　图 10-4-9　膜当量应力分布图

由以上有限元应力计算可见：在拱形管板凸形部位，除膜应力外还存在较大弯曲应力成分；在凸形部分接近平管板部位，出现明显二次应力成分，在凸形部分接近筒壳部位以及人孔圈附近也存在明显二次应力成分。

凸形部分与人孔圈附近的二次应力最大值（膜应力＋弯曲应力＋二次应力）分别为 178 MPa 与 164 MPa，均明显小于 $2\sigma_{st} \approx 350$ MPa；拱形管板最大膜应力为 49 MPa，明显小于 $[\sigma] = 106$ MPa；基本不存在二次应力部位的最大应力（膜应力＋弯曲应力）皆小于 $1.5[\sigma] = 159$ MPa。

可见，此拱形管板凸形部分强度足够，而且包含颇大安全裕度。

平管板部分被大量烟管所拉撑，其应力状态与拉撑平管板的烟管区相同，烟管孔排区域按平管板校核。

曾对数十台水火管锅壳锅炉进行同样计算，所得结果与上述基本相同。

（2）烟管应力状态

有限元计算表明，最大应力烟管在最上排或最下排的中间。

当量应力最大的螺纹烟管在最上排中间，其值为 35 MPa。烟管应力具有明显二次应力性质，因为它的变形不是无限的，而是达到管板变形极限量而中止，具有明显自限性，因此，按二次应力考核（$\leqslant 2\sigma_{st} \approx 350$ MPa），其中拉伸应力（一次应力）很小。可见，裕度是很大的。

（3）拱形管板计算方法

图 10-4-10 为拱形管板计算图，其凸形部分由不同椭圆线 $\widehat{ab}$ 构成，各椭圆线的高度相同。图中 a_o-a-b 线（$\overline{a_o\text{-}a}$ 为直线，$\widehat{ab}$ 为椭圆线）两端分别被烟管（a_o）与筒壳（b）所拉撑，两端为支撑点。a_o-a-b 线可近似视为椭圆线。由于 a_o-a-b 曲线的支点为 a_o 与 b，则相当于图 10-4-10b)所示完整椭球形封头的椭圆线。则封头公式中的直径 D_n 应为 $D_{nd} = 2 \times \overline{a''b}$，见图 10-4-10b)。

拱形管板强度应按长轴最大的椭圆线计算。

拱形管板含人孔的凸形部分算出的厚度有时较大，但考虑人孔加强后，拱形管板厚度不用增大。

以上拱形管板强度计算将平板边缘区与凸形部分统一视为椭圆线,即椭圆长半轴包含平板边缘区与凸形部分两项,其目的在于遇到较大一些的平板边缘区结构,强度也能保证。

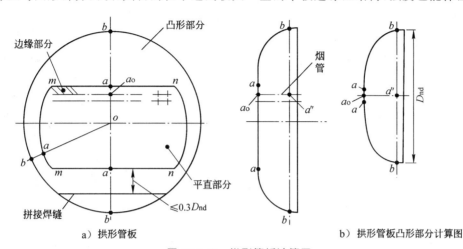

a) 拱形管板 b) 拱形管板凸形部分计算图

图 10-4-10 拱形管板计算图

(4) 内燃锅壳锅炉的拱形管板与计算方法

在上述外燃锅壳锅炉上广泛应用拱形管板之后,在内燃锅炉上也开始应用拱形管板。

内燃锅壳锅炉见图 10-4-11,其锅壳前部的拱形管板与后部的拱形平板见图 10-4-12。

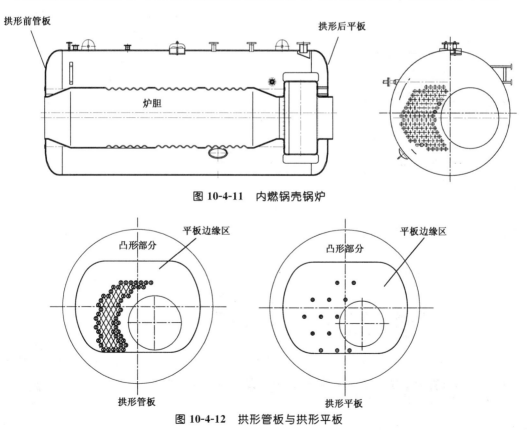

图 10-4-11 内燃锅壳锅炉

图 10-4-12 拱形管板与拱形平板

经过有限元计算分析,归纳出的计算方法与前述外燃锅炉一样,也是将平板边缘区与凸形部分统一视为椭圆线,即椭圆长半轴包含平板边缘区与凸形部分两项。

图 10-4-13 所示拱形管板的最大椭圆长半轴为 $C—C'$ 的投影直线。

10t/h 卧式内燃锅炉的"平板边缘区"见图 10-4-14。

最大平板边缘宽度 $C—C''=671.8$ mm($A—A'$ 由于中间 f 处存在邻近烟管,故不视为最大平板边缘宽度),计算出的各项应力指标皆明显低于允许值,见表 10-4-6。其他路径的各项应力指标也明显低于允许值。

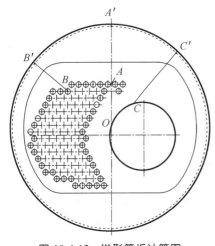

图 10-4-13　拱形管板计算图

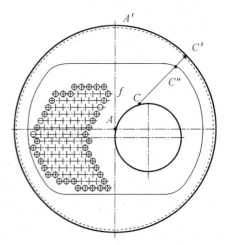

图 10-4-14　10t/h 卧式内燃锅炉拱形管板

表 10-4-6　10 t/h 卧式内燃锅炉拱形管板有限元计算结果

项目	单位	计算值	允许值
膜应力的当量应力最大值	MPa	59.76	125
膜应力+弯曲应力的当量应力最大值	MPa	80.96	188
膜应力+弯曲应力+二次应力的最大值	MPa	141.32	375
膜应力+弯曲应力+二次应力+峰值应力的最大应力幅	MPa	70.66	350

可见,强度裕度颇大。

由于其他容量(20 蒸吨及以下)此型锅炉拱形管板的平板"边缘区"宽度皆小于本计算的 671.8 mm,故 1～20 蒸吨此型锅炉的拱形管板皆已批准生产与运行。

拱形管板的平直部分按烟管管板计算。

注:拱形管板在大量应用,其安全裕度偏大问题需要重审,参见 10-5 节之 3。

10-5　凸形元件强度计算存在的问题与处理

本节对凸形元件强度计算存在的一些问题,如边缘直筒段校核计算的必要性、d/D 限制可以放宽、凸形管板安全裕度偏大等,进行分析并提出处理建议。

1 凸形元件边缘直筒段可以取消校核计算

封头、炉胆顶、拱形管板等凸形元件一般皆设置直筒段 L（图 10-5-1）。

锅炉安全技术监察规程[69]要求直段长度 L 见表 10-5-1。

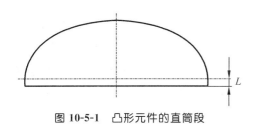

图 10-5-1　凸形元件的直筒段

表 10-5-1　直段长度 L　　　mm

封头内直径	直段长度 L
≤600	≥25
>600	≥38

椭球形或半球形回转壳与筒壳相连接处因几何参数改变而产生应力高峰（二次应力），曾认为容器环向主焊缝应避开此应力高峰，从而要求回转壳留一直段。理论推导表明此应力高峰并非处于几何参数改变处，而是在与该处有一距离的筒壳上（见 23-2 节之 1）。实际上，留一直段是为制造及装配需要而设置。

此直筒段很窄，如按应力分类规定，此直筒段无需进行强度校核：

按应力分类的规定，局部应力可以放大至 $1.5[\sigma]$，即厚度比按 $[\sigma]$ 计算可以减少 33%。局部区域的定义为沿回转壳经线（圆筒为轴线）的尺寸不大于 $\sqrt{R_p \delta_{min}}$。例如，对于 1 000 mm 直径，壁厚 10 mm，局部区域的定义尺寸：$\sqrt{500 \times 10} = 70.7$ mm。显然，L 尺寸小于此值，可按局部膜应力处理。直径与壁厚较大的局部区域宽度 L 更大。

锅炉凸形元件直筒段加上筒壳的削薄部分的 ΔL，见图 10-5-2，一般也小于 $\sqrt{R_p \delta_{min}}$ 值。这样，凸形封头的筒形直段厚度取封头凸形部分即可，无需计算，也可避免因直筒段较厚，使凸形部分厚度跟随增大。

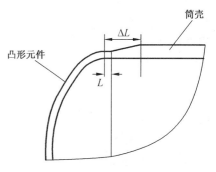

图 10-5-2　回转壳直筒段校核

问题处理：某高压电站锅炉的凸形封头边缘直段的长度，由于误操作小于当时的要求（表 10-5-2）。

考虑到不涉及强度问题，尚不影响焊接对位等工艺要求。完全可以应用，避免了重作的损失。

表 10-5-2　凸形封头直段长度 l 的以前要求　　　mm

封头壁厚 S	直段长度 l
≤10	≥25
10<S≤20	≥S+15
20<S≤40	≥$\frac{S}{2}$+25

建议：锅壳锅炉现行强度计算标准 GB/T 16508.3—2013 中凸形封头不再提出对其筒形直段按圆筒公式校核是对的，但是，蝶形封头与拱形管板却提出对其筒形直段按圆筒公式校核，无疑是不正确的，明显有矛盾。

水管锅炉强度计算标准 GB/T 16507.4—2013 按传统,仍提出对其筒形直段按圆筒公式校核,也无必要。

2 放大 $d/D_i \leqslant 0.6$ 限制条件

我国以前各标准规定的 $d/D_i \leqslant 0.6$ 的限制条件,某些锅炉难以满足。各国标准尽管采用基本相同的计算公式,但 d/D_i 的限制条件却不尽相同。例如,英国 BS 1113《水管蒸汽锅炉规范》[89]的限制条件为 $d/D_i \leqslant 0.7$,而英国 BS 2790 锅壳锅炉强度标准[67]的限制条件却为 $d/D_i \leqslant 0.5$。实验与有限元计算表明 $d/D_i \leqslant 0.6$ 的限制条件是可以放宽一些的(见 10-6 节)。

我国锅壳锅炉标准[45]已放宽至 $d/D_i \leqslant 0.7$。

我国水管锅炉标准[42],仍是 $d/D_i \leqslant 0.6$ 未变。实际上,有些水管锅炉的锅筒直径也较小,$d/D_i \leqslant 0.6$ 的要求不能满足要求。

附注:电站锅炉椭球形封头应力实测结果

图 10-5-3 所示为上海锅炉厂对 $\dfrac{d}{D_n}$ 较大的椭球形封头的应力实测结果。

封头内径 $D_n = 600$ mm,开孔直径 $d = 380$ mm,内高度 $h_n = 170$ mm,厚度 $S = 40$ mm。

$$\frac{h_n}{D_n} = \frac{170}{600} = 0.283 > 0.2$$

$$\frac{S_{\min} - C}{D_n} \approx \frac{35}{600} = 0.058 < 0.1$$

$$\frac{d}{D_n} \approx \frac{380}{600} = 0.633 > 0.6$$

该封头的工作压力为 5.2 MPa,则当量应力(沿壁厚平均应力)为

$$\sigma_d = \frac{PD_n}{4\left(1 - \dfrac{d}{D_n}\right)S_y} \cdot \frac{D_n}{2h_n}$$

$$= \frac{5.2 \times 600}{4\left(1 - \dfrac{380}{600}\right) \times 35} \cdot \frac{600}{2 \times 170}$$

$$= 107 \text{ MPa}$$

由实测应力可见,在人孔附近、与筒壳相连的直段附近有明显二次应力,但最大应力尚小于上述计算当量膜应力。

这表明 $\dfrac{d}{D_n} \leqslant 0.6$ 用条件来限制其应用范围是有较大裕度的。

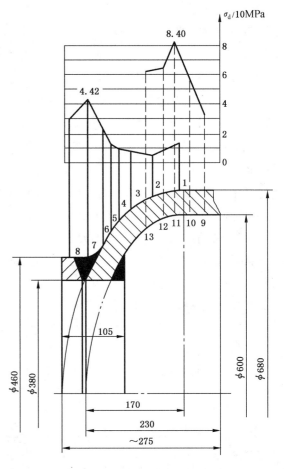

图 10-5-3 凸形封头应力分布

3 凸形管板安全裕度偏大问题

凸形管板制定计算方法时,考虑是新结构,其安全裕度尽量偏大。

10-4 节有限元计算结果表明,椭球形管板与拱形管板的各项应力皆明显低于允许值。其主要原因在于 10-4 节所给出的计算方法(已被标准所采用)并未反映烟管的拉撑作用使凸形管板应力状态的改善,也未反映拱形管板凸形部分的曲面板几何特点。

注: 美国 ASME 规范[46,47]对有拉撑的弯曲板(有拉撑的凸形封头)的最高允许工作压力规定为弯曲板无拉撑时的最高允许工作压力加上由于存在拉撑使允许工作压力的提高值(见 PFT-23、PG30.1.4),日本标准也如此。

以上所述安全裕度偏大问题,可对基本许用应力修正系数作进一步修改加以解决。

拱形管板强度取决于凸形部分,而基本许用应力修正系数却基于烟管管板特点(受热、应力状态较复杂)确定取 0.85,有矛盾。GB/T 16508.3—2013 标准作了修改:拱形管板凸形部分的基本许用应力修正系数改为 0.95,这样,计算壁厚就下降了约 10%,使问题有一定缓和。

4 拱形管板平板边缘区宽度问题

图 10-5-4a)所示拱管形板外壁最大应力(弯曲+膜应力)发生在上拱形区中轴线的 c-a_0-a-b 线上,该线上应力的分布如图 10-5-4b)、c)、d)所示,各点所对应的应力值见表 10-5-3。

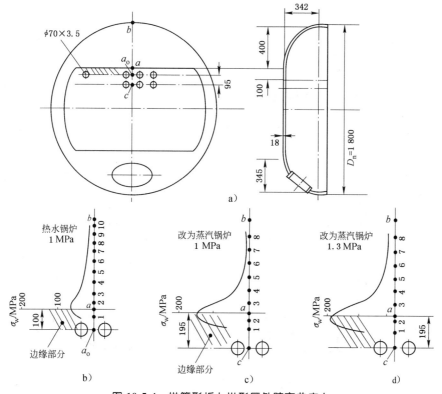

图 10-5-4 拱管形板上拱形区外壁弯曲应力

表 10-5-3　拱管形板上拱形区外壁弯曲应力值

位置 No	1	2	3	4	5	6	7	8	9	10
1 MPa 热水锅炉 图 10-5-3b)	48	67	48	38	31	37	38	34	32	23
1 MPa 蒸汽锅炉 图 10-5-3c)	69.3	144.0	96.1	41.3	20.9	13.7	8.1	10.4	—	—
1.3 MPa 蒸汽锅炉 图 10-5-3d)	90.1	182	125	53.7	27.1	17.6	10.5	20.5	—	—

由图 10-5-4 可见,最大应力靠近平管板边缘与上拱形区的交界线,而该处恰是几何不连续处,而且最大应力两侧衰减很快,包含明显二次应力成分。该锅炉按 1.0 MPa 热水锅炉设计,见图 10-5-4b)。如改为蒸汽锅炉,为提高汽空间高度而将最上一排烟管取消,边缘宽度由 100 mm 增至 200 mm,且将压力提高至 1.3 MPa,见图 10-5-4d)。则最大应力值约为 182 MPa,而含二次应力的允许值为 $2\sigma_t^s \approx 360$ MPa,可见,裕度颇大。因此,边缘宽度即使再增加也是可行的。

10-4 节之 3(4) 所示拱形管板的平板宽度最大达 670 mm,各项当量应力最大值(膜应力,膜应力+弯曲应力,膜应力+弯曲应力+二次应力)皆明显低于允许值。表明平板边缘区宽度不是决定管板强度的关键尺寸。

5　拱形管板上回水分配管的减弱问题

由于结构的需要,有些锅炉回水分配管需要布置在拱形管平板部分与凸形部分的交界线 $\overline{mn}$ 上(图 10-5-5)。考虑到回水分配管的末端与另一管板并不相连而是悬空的,它并不对两个管板起拉撑作用,因而连接焊缝 A 并不承担拉撑力的作用。因此,这种结构是可以采用的,而且不必进行强度(孔补强)校核。

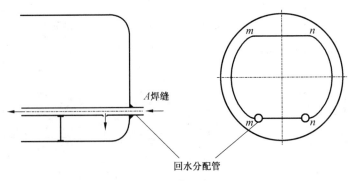

图 10-5-5　回水分配管位置

6 拱形管板拼接焊缝位置问题

《锅炉锅筒技术条件》要求：锅炉凸形封头拼接焊缝与封头中心线之间的距离不应超过 $0.3D_n$（D_n 为封头内直径），其目的在于拼接焊缝不出现在曲率较大的封头边缘区域。

对于拱形管板，拼接焊缝的位置不应由拱形管板中心线起算，而应由平直部分与凸形部分相交线 m-n 起算（图 10-5-6），即拱形管板拼接焊缝与 m-n 之间的投影距离不应超过 $0.3D_{nd}$，而当量内直径 D_{nd} 等于 2 倍 ab 椭球线的投影尺寸，因为椭球线 ab 的起点为 a 点，而不是拱形管板的中心点 O。

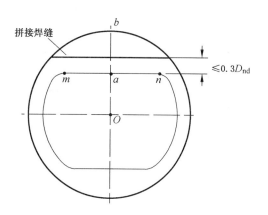

图 10-5-6　拱形管板拼接焊缝的位置

10-6　凸形封头孔径放宽限制的有限元计算分析

我国以前各版本锅炉强度计算标准关于椭球形封头计算公式的应用条件皆规定：大孔（人孔）直径与封头直径的比值 $d/D_n \leqslant 0.6$。

各国锅炉强度计算标准尽管采用基本相同的计算公式，但此限制条件互有区别。例如，英国 BS 1113 水管蒸汽锅炉规范[89]的限制条件为 $d/D_n \leqslant 0.7$，而英国 BS 2790 锅壳锅炉强度标准[67]却为 $d/D_n \leqslant 0.5$。以前我国应力实测表明[104]，$d/D_n \leqslant 0.6$ 限制条件是可以放宽一些的。

人孔尺寸是一定的：400 mm×300 mm，则筒筒直径较小时，d/D_n 可能超过 0.6。近 40 年以来，锅炉强度计算标准使用者，多次反映在实际工作中，会遇到此情况。

本计算表明，带焊接孔圈的人孔周边的应力状态明显优于翻边人孔，故本节只介绍翻边人孔情况。

1　有限元计算

本计算采用 Solidworks Simulation 有限元计算软件。
计算模型：
设计压力：$p=1.25$ MPa；标准椭圆封头，$h_n=0.25\,D_n$；筒体直段长度为 1 000 mm。
采用 3 种模型：$d/D_n=0.5,0.62,0.73$，按强度标准计算所得尺寸见表 10-6-1。

表 10-6-1　模型几何尺寸汇总　　　　　　　　　　　　　　　　　　mm

模　型	1	2	3
比值 d/D_n	0.5	0.62	0.73
封头直径	800	650	550

表 10-6-1（续） mm

模 型		1	2	3
椭圆孔		400×300		
人孔直径 d（长轴尺寸）		400		
封头筒体厚度		12	12	14
人孔圈高度		70		75
人孔盖	尺寸	434×334		438×338
	厚度	20		
垫片	尺寸	424×324		428×328
	厚度	3		

垫片处理：

按 Solidworks 材料库中的橡胶材料：线性弹性同向性；

弹性模量：$E=6.1$ MPa；泊松比：0.49；抗拉强度：13.787 1 MPa；

屈服强度：9.237 37 MPa；密度：1 000 kg/m³；垫片厚度：3 mm。

2 计算结果

应力探测路径、应力曲线图及应力值如下：

1) 模型 1（$D_n=800$ mm，$d/D_n=0.5$）

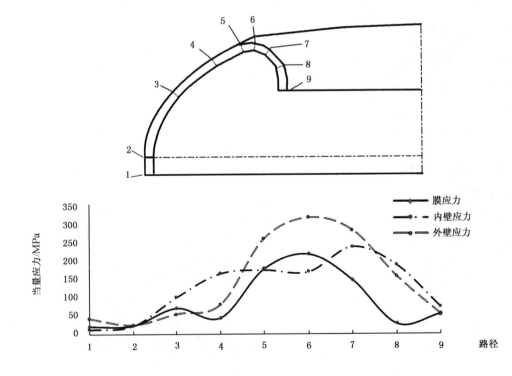

当量应力 MPa

路径	膜	内壁		外壁	
		膜+弯曲[1]	合成[2]	膜+弯曲[1]	合成[2]
1	22.37	13.65	13.70	43.65	43.67
2	25.11	24.35	24.35	25.96	25.96
3	74.36	104.49	104.84	56.39	56.85
4	47.09	170.41	171.08	82.56	82.82
5	184.86	157.06	180.92	257.13	269.30
6	226.14	162.95	175.97	304.98	328.21
7	152.33	184.35	246.70	270.98	292.37
8	29.31	194.43	194.64	161.69	161.90
9	57.85	75.27	75.76	45.19	54.55

1) 表中不同路径的弯曲应力属于一般弯曲应力抑或局部弯曲应力(二次应力),应视所在位置而定,参见 11-2 节 1 之(4);
2) 还包含峰值应力。

2) 模型 2($D_n = 650$ mm, $d/D_n = 0.62$)

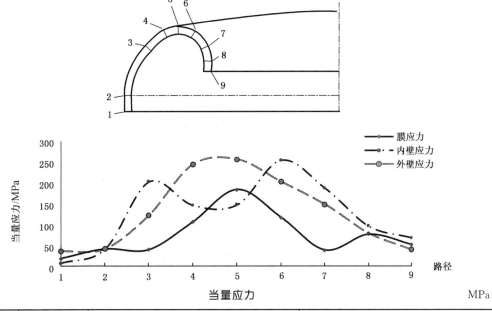

当量应力 MPa

路径	膜	内壁		外壁	
		膜+弯曲[1]	合成[2]	膜+弯曲[1]	合成[2]
1	18.61	6.23	6.47	36.32	36.62
2	41.24	40.46	40.47	42.03	42.04

表(续)　　　　　　　　　　　　　　　　　MPa

路径	膜	内壁		外壁	
		膜+弯曲[1]	合成[2]	膜+弯曲[1]	合成[2]
3	39.63	193.93	205.88	120.16	124.50
4	107.75	114.63	148.61	231.59	248.18
5	186.85	141.78	149.65	233.67	260.82
6	118.93	219.45	259.08	191.99	206.31
7	38.71	189.39	190.48	149.60	150.62
8	76.89	96.37	97.45	78.37	80.52
9	51.81	67.05	67.86	37.95	39.69

1) 表中不同路径的弯曲应力属于一般弯曲应力抑或局部弯曲应力(二次应力)，应视所在位置而定，参见 11-2 节 1 之(4)；
2) 还包含峰值应力。

3) 模型 3（$D_n = 650$ mm，$d/D_n = 0.73$）

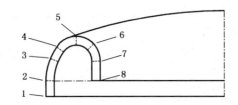

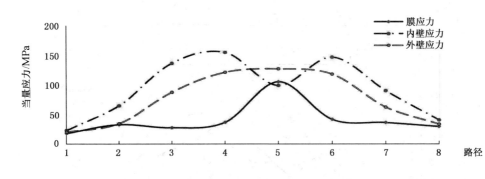

当量应力　　　　　　　　　　　　　　　　　MPa

路径	膜	内壁		外壁	
		膜+弯曲[1]	合成[2]	膜+弯曲[1]	合成[2]
1	18.00	22.84	22.97	20.04	20.11
2	32.83	62.11	65.04	33.11	34.64
3	27.61	136.49	136.62	87.63	87.75
4	36.82	152.38	155.09	110.53	121.45

表(续)　　　　　　　　　　　　　　　　　　　　　MPa

路径	膜	内壁		外壁	
		膜＋弯曲[1]	合成[2]	膜＋弯曲[1]	合成[2]
5	105.51	89.93	99.19	123.41	127.28
6	41.77	138.69	147.04	114.81	118.44
7	36.43	88.82	90.47	62.62	62.73
8	29.63	37.02	40.74	24.31	33.67

1) 表中不同路径的弯曲应力属于一般弯曲应力抑或局部弯曲应力(二次应力)，应视所在位置而定，参见11-2节1之(4)；
2) 还包含峰值应力。

3　计算结果分析

应力控制规定与校核。

（1）应力控制规定

见7-1节之2。

（2）应力校核

由以上3种模型计算结果(当量应力表与曲线)可见：

1) 模型1($D_n=800$ mm, $d/D_n=0.5$)

路径6正处在几何特性互不相同的封头与人孔的过渡区，则属于含有二次应力的区域，该处膜应力＋二次应力的当量应力允许值$\leqslant 3[\sigma]=375$ MPa，而计算值为304.98 MPa，小于允许值。

该处膜应力变化梯度大，可按局部膜应力处理。膜应力最大值达226.14 MPa，略大于局部膜应力允许值$\sigma_{d(jm)}\leqslant 1.5[\sigma]=188$ MPa。可见，翻边人孔的应力状态欠佳，但此类封头大量运行，并无出现问题的报导。

2) 模型2($D_n=650$ mm, $d/D_n=0.62$)、模型3($D_n=650$ mm, $d/D_n=0.73$)

各项应力皆可满足要求。

3) 随着d/D_n增大(由0.5增至0.73)，应力反而下降。这与封头厚度增大以及孔越大越趋向环壳，应力状态越好有关。

4　建议

根据以上有限元计算以及长期运行经验，翻边人孔由目前的限制条件$d/D_n\leqslant 0.6$放宽至$d/D_n\leqslant 0.7$是可行的。

GB/T 16508.3—2013已接受放宽至$d/D_n\leqslant 0.7$。

注：带焊接孔圈的人孔尺寸d/D_n可否不受限制有待验证。

第11章 平板元件的强度

平板结构在锅炉中应用较多,包括:集箱平端盖、平堵板、人孔(手孔)盖,拉撑平板、烟管管板、加固平板、支撑平板以及水管管板等。

本书第8章论述的筒壳(锅壳筒体、集箱筒体、管子等)和第10章回转壳(凸形封头、凸形管板等)在内部介质压力作用下向外膨胀,主要产生拉伸应力。第9章论述的筒壳(炉胆、冲天管等)和回转壳(炉胆顶、半球形炉胆等)在外部介质压力作用下向内收缩,主要产生压缩应力,除强度外还存在失稳问题。而本章论述的平板元件在介质压力作用下主要产生弯曲应力,其应力状态与拉伸、压缩明显不同。

本章仅包括周边连续约束的圆平板在均布压力作用下双向受弯的应力分析与强度计算,包括集箱平端盖、人孔(手孔)盖等。

面积较大的平板为防止产生过大的弯曲应力,需设置拉撑件或加固件,称"拉撑平板"或"加固平板",烟管管板也属于有拉撑的平板,这些平板在第12章论述。矩形集箱及其端盖属于矩形平板,在第14章论述。水管管板属于"支撑平板",在第15章论述。这些元件都属于非圆形的双向受弯平板,其计算方法也以圆形平板为基础进行简化处理。

提示:平板元件的强度裕度明显过大问题,各国标准至今未改变,我国亦如是。特别是,一般角焊(指非填角焊)平板的计算厚度尤为明显过大。各种平板的应力测试、爆破试验、低周疲劳试验、有限元计算分析皆证实情况的确如此。本章据此明确提出需要改变平板元件的计算现状。

11-1 平板元件的应力分析与强度计算式

1 无孔圆平板

(1) 无孔圆平板应力状态

周边连续固定的圆平板承受介质压力(横向均布载荷)作用下,主要产生双向(X向与Y向)弯曲变形;而一般梁仅两端固定,主要产生单向弯曲变形。

双向弯曲变形圆平板的内力为双向弯矩M与剪力Q。根据受力及几何形状都是轴对称(对称于Z轴)的特点,在分析内力时,截取一微元体(图11-1-1),其中1-4及2-3面为相距dr的两个环向截面,1-2及3-4面为夹角等于$d\theta$的两个径向截面。

若距圆心O的距离为r的环向截面内的径向弯矩为M_r,剪力为Q_r,则$r+dr$环向截面内的径向弯矩为M_r+dM_r,剪力为Q_r+dQ_r。由于轴对称性,两径向截面上的剪力$Q_\theta=0$,只存在环向弯矩M_θ,并且两径向截面上的环向弯矩相等。为便于分析,M_r、Q_r及M_θ都取截面上单位长度(厚度)的值。

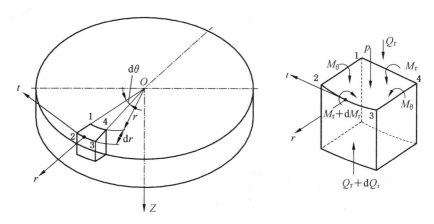

图 11-1-1　圆平板上微元体的受力状态

除上述3个内力分量外,在弯曲挠度比较大的情况下,因平板周边的约束,还产生径向拉力。但锅炉平板属于小挠度范围,故径向拉力可不予考虑。

(2) 无孔圆平板应力分析

与厚壁圆筒应力分析一样,仍借助平衡、几何及物理条件来确定各项内力。

1) 平衡条件

根据微元体在 Z 方向上力的平衡条件,由图 11-1-1,有

$$(Q_r + dQ_r)(r + dr)d\theta - Q_r r d\theta - p r d\theta dr = 0$$

将此方程展开,并略去高阶微量 $dQ_r dr d\theta$,得

$$Q_r dr + dQ_r r - p r dr = 0$$

或

$$\frac{d(Q_r r)}{dr} = pr \quad \cdots\cdots (11\text{-}1\text{-}1)$$

在考虑对 t 轴的力矩平衡条件时,应注意 1-2 与 3-4 截面并不平行,故两环向弯矩 $M_\theta dr$ 对 t 轴的合力矩为 $2M_\theta dr \sin(d\theta/2) = M_\theta d\theta dr$。根据 t 轴的力矩平衡条件,有

$$(M_r + dM_r)(r + dr)d\theta - M_r r d\theta + Q_r r d\theta dr + \frac{1}{2} p r d\theta (dr)^2 - M_\theta d\theta dr = 0$$

将此方程展开,并略去高阶微量,得

$$r\frac{dM_r}{dr} + (M_r - M_\theta) + Q_r r = 0 \quad \cdots\cdots (11\text{-}1\text{-}2)$$

式(11-1-1)与式(11-1-2)为"内力平衡方程"。两个方程包含3个未知内力 M_r、Q_r 及 M_θ,故无法求解。为求解,必须再建立方程。

2) 几何条件

求径向应变 ε_r:

在横向载荷作用下,平板将产生横向位移——挠度 W。设平板各点的径向应变为 ε_r,环向应变为 ε_θ。当平板较薄时,由图 11-1-2 得径向应变:

$$\varepsilon_r = \frac{b_1 b_2}{a a_1} = \frac{Z d\varphi}{\rho_r d\varphi} = \frac{Z}{\rho_r}$$

式中:ρ_r——中性面在讨论点的径向曲率半径;

Z——b 点离平板中性面 a—a_1 的距离。

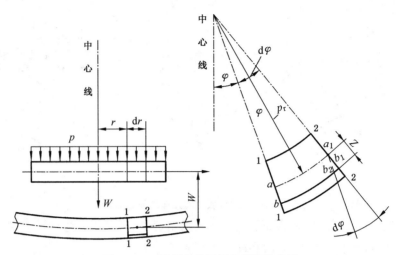

图 11-1-2　平板弯曲后径向截面的变形

在小挠度情况下，由材料力学知曲率半径与挠度存在以下关系：

$$\frac{1}{\rho_r} = -\frac{d^2 W}{dr^2}$$

则

$$\varepsilon_r = -Z \frac{d^2 W}{dr^2} \quad \cdots\cdots (11\text{-}1\text{-}3)$$

求环向应变 ε_θ：

当平板产生横向位移时，中性面没有环向应变。但是，中性面的弯曲使各环向截面转动角度 φ，与直梁相似，由材料力学知此转角与挠度存在如下关系：

$$\varphi = -\frac{dW}{dr}$$

因此，离中相面 Z 处的周长将发生变化，环向应变为（图 11-1-3）：

$$\varepsilon_\theta = \frac{2\pi(r + Z\varphi) - 2\pi r}{2\pi r} = \frac{Z\varphi}{r} = -\frac{Z}{r}\frac{dW}{dr} \quad \cdots\cdots (11\text{-}1\text{-}4)$$

3）物理条件

根据广义胡克定律，应力与应变之间存在如下关系：

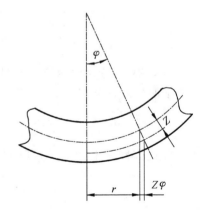

图 11-1-3　平板弯曲后环向截面的转角

$$\left. \begin{array}{l} \sigma_r = \dfrac{E}{1-\mu^2}(\varepsilon_r + \mu\varepsilon_\theta) \\[6pt] \sigma_\theta = \dfrac{E}{1-\mu^2}(\varepsilon_\theta + \mu\varepsilon_r) \end{array} \right\} \quad \cdots\cdots (11\text{-}1\text{-}5)$$

此公式即为"物理方程"。

由平衡、几何及物理 3 个条件得 6 个方程：式（11-1-1）～式（11-1-5），但其中未知量有 8 个：M_r、Q_r、M_θ、ε_r、ε_θ、W、σ_r 及 σ_θ。为了求解，尚需要建立两个补充方程。根据正应力与弯

矩的关系,有:

$$M_r = \int_{S/2}^{S/2} \sigma_r Z dZ = \int_{S/2}^{S/2} \frac{E}{1-\mu^2}\left(\frac{d^2W}{dr^2}+\frac{\mu}{r}\frac{dW}{dr}\right)Z^2 dZ = -D\left(\frac{d^2W}{dr^2}+\frac{\mu}{r}\frac{dW}{dr}\right) \quad \cdots\cdots (11\text{-}1\text{-}6)$$

$$M_\theta = -D\left(\frac{1}{r}\frac{dW}{dr}+\mu\frac{d^2W}{dr^2}\right) \quad \cdots\cdots\cdots\cdots\cdots\cdots\cdots (11\text{-}1\text{-}7)$$

式中: $D = \dfrac{ES^2}{12(1-\mu^2)}$ ——平板"抗弯刚度"。

这样,就可以求解应力了。

(3) 无孔圆平板的应力解

将式(11-1-1)与式(11-1-2)合并为一式。为此,将式(11-1-2)对 r 求一次导数,有

$$r\frac{d^2M_r}{dr^2} + 2\frac{dM_r}{dr} - \frac{dM_\theta}{dr} + \frac{d(Q_r r)}{dr} = 0$$

将式(11-1-1)代入此式,得

$$r\frac{d^2M_r}{dr^2} + 2\frac{dM_r}{dr} - \frac{dM_\theta}{dr} + pr = 0 \quad \cdots\cdots\cdots\cdots (11\text{-}1\text{-}8)$$

将式(11-1-6)及式(11-1-7)代入此式,就可得到只包含未知量 W 的微分方程。为此,先计算下列导数:

$$\frac{dM_r}{dr} = -D\left(\frac{d^3W}{dr^3}+\frac{\mu}{r}\frac{d^2W}{dr^2}-\frac{\mu}{r^2}\frac{dW}{dr}\right)$$

$$\frac{d^2M_r}{dr^2} = -D\left(\frac{d^4W}{dr^4}+\frac{\mu}{r}\frac{d^3W}{dr^3}-\frac{2\mu}{r^2}\frac{d^2W}{dr^2}+\frac{2\mu}{r^3}\frac{dW}{dr}\right)$$

$$\frac{dM_\theta}{dr} = -D\left(\frac{1}{r}\frac{d^2W}{dr^2}-\frac{1}{r^2}\frac{dW}{dr}+\mu\frac{d^3W}{dr^3}\right)$$

将以上三式代入式(11-1-8),并经整理,得

$$\frac{d^4W}{dr^4}+\frac{2}{r}\frac{d^3W}{dr^3}-\frac{1}{r^2}\frac{d^2W}{dr^2}+\frac{1}{r^3}\frac{dW}{dr}=\frac{p}{D} \quad \cdots\cdots\cdots (11\text{-}1\text{-}9)$$

此式称为圆平板在均匀压力下的"挠度微分方程"或"位移微分方程"。由此式解出 W 后,再代入式(11-1-6)及式(11-1-7),即可求得弯矩,进而求得应力。

式(11-1-9)是线性非齐次方程,它的通解为

$$W = \frac{pr^4}{64D} + A_1\ln r + A_2 r^2\ln r + A_3 r^2 + A_4 \quad \cdots\cdots\cdots\cdots (11\text{-}1\text{-}10)$$

积分常数 A_1、A_2、A_3 及 A_4 可由圆平板的边界条件确定。

无孔圆平板的解:

对于中心无孔的圆平板,在板中心 $r=0$ 处,其挠度为有限值,故 A_1 及 A_2 必须为零,否则中心处的挠度将为无限大。这样,挠度微分方程变为

$$W = \frac{pr^4}{64D} + A_3 r^2 + A_4 \quad \cdots\cdots\cdots\cdots\cdots\cdots (11\text{-}1\text{-}11)$$

1) 周边铰支(图 11-1-4)

设圆平板的半径为 R,边界条件为

当 $r=R$ 时
$$W=0$$
$$M_r=0$$

将式(11-1-11)及式(11-1-6)代入以上边界条件,并联立求解,得
$$A_3=-\frac{3+\mu}{32(1+\mu)}\frac{pR^2}{D}$$
$$A_4=-\frac{5+\mu}{64(1+\mu)}\frac{pR^4}{D}$$

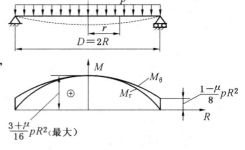

图 11-1-4　周边铰支的弯矩分布图

将以上 A_3、A_4 代入式(11-1-11),得
$$W=\frac{p}{64D}(R^2-r^2)\left(\frac{5+\mu}{1+\mu}R^2-r^2\right)$$

将此式代入式(11-1-6)及式(11-1-7),得弯矩方程式
$$M_r=\frac{3+\mu}{16}(R^2-r^2)p \quad\cdots\cdots\cdots\cdots\cdots\cdots\cdots\cdots\quad(11\text{-}1\text{-}12)$$
$$M_\theta=\frac{1}{16}[(3+\mu)R^2-(1+3\mu)r^2] \quad\cdots\cdots\cdots\cdots\cdots\quad(11\text{-}1\text{-}13)$$

它们的分布如图 11-1-4 所示,最大弯矩在中心。

2) 周边固支(图 11-1-5)

边界条件为

当 $r=R$ 时
$$W=0$$
$$\frac{dW}{dr}=0$$

将式(11-1-11)代入以上边界条件,有
$$\frac{pR^4}{64D}+A_3R^2+A_4=0$$
$$\frac{pR^3}{16D}+2A_3R=0$$

解以上联立方程,得
$$A_3=-\frac{pR^2}{32D}$$
$$A_4=-\frac{pR^4}{64D}$$

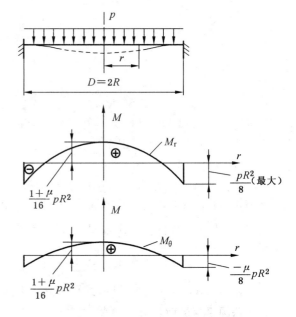

图 11-1-5　周边固支的弯矩分布图

将以上 A_3、A_4 代入式(11-1-11),得
$$W=\frac{p}{64D}(R^2-r^2)^2$$

将此式代入式(11-1-6)及式(11-1-7),得弯矩方程式
$$M_r=\frac{1}{16}[(1+\mu)R^2-(3+\mu)r^2]p \quad\cdots\cdots\cdots\cdots\cdots\quad(11\text{-}1\text{-}14)$$

$$M_\theta = \frac{1}{16}\left[(1+\mu)R^2 - (1+3\mu)r^2\right]p \quad\cdots\cdots\cdots\cdots\cdots\cdots (11\text{-}1\text{-}15)$$

它们的分布如图 11-1-5 所示,最大弯矩在周边。

3)周边弹性约束(图 11-1-6)

如将图 11-1-5 所示曲线绘制到图 11-1-4 中,并将曲线纵坐标上移 $pR^2/8$,则两种周边约束情况的曲线重合在一起,如图 11-1-6 所示。最合理的周边约束应是平板中心及周边的弯矩相等,如图 11-1-6 中虚线横坐标所示。可见,接近于固支的"弹性约束"最好。

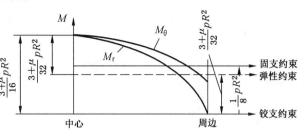

图 11-1-6　周边不同约束的对比

锅炉中圆筒形集箱平端盖的周边约束情况与此相近。

最大弯曲应力:

根据上述弯矩方程,可求得不同周边约束情况下的最大弯曲应力:

① 铰支圆平板(中心)

$$\sigma_w = \frac{M}{W} = \frac{\frac{3+\mu}{16}pR^2}{\frac{\delta^2}{6}} = \frac{3(3+\mu)}{8}\frac{pR^2}{\delta^2} = \alpha\frac{pR^2}{\delta^2}$$

② 固支圆平板(周边)

$$\sigma_w = \frac{M}{W} = \frac{\frac{1}{8}pR^2}{\frac{\delta^2}{6}} = \frac{3}{4}\frac{pR^2}{\delta^2} = \alpha\frac{pR^2}{\delta^2}$$

③ 接近固支的弹性约束圆平板(中心与周边)

$$\sigma_w = \frac{M}{W} = \frac{\frac{3+\mu}{32}pR^2}{\frac{\delta^2}{6}} = \frac{3(3+\mu)}{16}\frac{pR^2}{\delta^2} = \alpha\frac{pR^2}{\delta^2} \quad\cdots\cdots\cdots (11\text{-}1\text{-}16)$$

式中:W——抗弯断面系数;

δ——圆平板厚度。

剪力 Q_r 引起的剪切力要比弯矩引起的正应力小得多,故强度计算中不予考虑。

(4)无孔圆平板的强度计算式

按最大剪应力强度理论,并设垂直壁面方向的应力为零,则强度条件

$$\alpha\frac{pR^2}{\delta^2} \leqslant [\sigma]$$

由此,得

$$\delta = KD_i\sqrt{\frac{p}{[\sigma]}} \quad\cdots\cdots\cdots\cdots\cdots\cdots\cdots\cdots\cdots\cdots (11\text{-}1\text{-}17)$$

式中：$D_i \approx 2R$——集箱内直径；

K——系数

$K = \sqrt{\alpha}/2$。

不同约束情况下的 K 值如表 11-1-1 所示。可见，对于锅炉圆筒形集箱无孔平端盖，可以取 $K=0.4$。

表 11-1-1　圆形平板周边不同约束情况下的 K 值

周边约束情况	α	K
铰支约束	$\dfrac{3(3+\mu)}{8}=1.238$	0.556
固支约束	$\dfrac{3}{4}=0.75$	0.433
弹性约束	$\dfrac{3(3+\mu)}{16}=0.619$	0.393

注：取 $\mu=0.3$。

2　有孔圆平板

(1) 有孔圆平板的应力分析

中心有圆孔的圆平板，对于厚度不很大的薄壁情况 $[\delta < (R-0.5d)/3, R$ 为板半径，d 为中心孔直径]，仍可按式(11-1-10)求解弯矩。式(11-1-10)包含 4 个积分常数，环板外周边与内孔边界处各有两个边界条件，足以确定 4 个积分常数。它的求解过程与无中心孔的实心圆平板相似，但推导过程较冗长[11]。

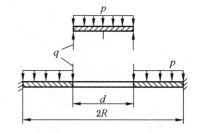

图 11-1-7　有孔平端盖受力示意图

中心有圆孔的圆形平端盖，除承受均匀压力作用外，在孔边缘处还承受孔盖传递来的集中分布载荷 q（图 11-1-7）。

如平端盖周边约束为固支，孔边缘无加强措施，则径向及环向弯曲应力可表述为[11]

周边处：

$$\sigma_r = \alpha_1 \frac{pR^2}{\delta^2} \quad \sigma_\theta = \mu\alpha_1 \frac{pR^2}{\delta^2}$$

$$\alpha_1 = 0.75\left[1 + m^2 \frac{1+\mu - m^2(3+\mu)}{1-\mu + m^2(1-\mu)}\right]$$

孔边处：

$$\sigma_r = 0 \quad \sigma_\theta = \alpha_2 \frac{pR^2}{\delta^2}$$

$$\alpha_2 = 0.75(1-\mu^2)\frac{(m_2-1)^2}{1-\mu + m^2(1+\mu)}$$

式中：$m = d/(2R)$。

系数 α_1 及 α_2 随 m 的变化如图 11-1-8 所示（取

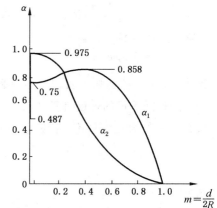

图 11-1-8　系数 α_1 及 α_2 随 m 值的变化曲线

$\mu=0.3$)。

由图 11-1-8 可见,m 接近零时,α_2 最大,达 0.975,但无孔时($m=0$),$\alpha_2=0.487$,即 m 接近零时,孔边的环向应力比无孔时要大很多,这是因为存在直径很小孔时,孔边胀大量很大所致。对于集箱平端盖,当中心有很小的孔时,管接头对孔的胀大起明显约束作用,故实际环向应力不会很大。

由图 11-1-8 可见,$m=0.42$ 时,α_1 值最大,达 0.858,与无孔时的 $\alpha_1=0.75$(见表 11-1-1)相比,使径向应力增大 0.858/0.75 = 1.15 倍,相当于式(11-1-17)中的系数 K 增加 $\sqrt{1.15}$ = 1.07 倍。基于以上情况,对于有孔平端,取 $K=0.45$。

当平端盖上开孔直径 d 很大时,由图 11-1-8 可见,α_1 及 α_2 都很小,则弯曲应力也很小,这是因为此时已变成宽度很小的环板,其受力情况大为改善所致。

注:见 21-2 节之 15 与 16 的计算结果对比。

(2) 有孔圆平板的强度计算式

许多强度计算标准皆规定:中间有孔的平端盖强度计算公式与无孔圆平板一样,即也采用式(11-1-17),但系数 K 取上述最不利结构[$m=d/(2R)=0.42$]的值 0.45。

注:有孔平端盖的 K 值不宜放大。

长期以来,许多标准集箱有孔平端盖的 K 值放大约 10%~20%。

基于本节之 2 的分析,孔径与平板的直径之比 $m=d/(2R)$ 大于 0.5 时,系数 K 仍可按无孔平板取。另外,对于有孔平端盖,孔的边缘设有补强圈,以及孔与接管相连,由于它们对平板孔的补强作用颇大(1/2、1/4 面积补强,见 18-4 节),因此,也无需增加壁厚。因此,有孔集箱平端盖的 K 值不宜增大。

3 椭圆形平板

锅筒的人孔盖、头孔盖或集箱的手孔盖通常是椭圆形的平板,其周边约束连续,但属于铰支形式。它的中心处应力最大,其值如下列公式所示[116](见图 11-1-9):

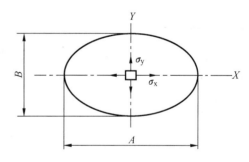

图 11-1-9 孔盖示意图

$$\sigma_x = \beta_x \frac{pB^2}{\delta^2} \quad \sigma_y = \beta_y \frac{pB^2}{\delta^2}$$

式中:β_x、β_y——系数,见表 11-1-2。

表 11-1-2 β_x 及 β_y 值

A/B	1.0	1.1	1.2	1.3	1.4	1.5	2.0	5.0
B/A	1.0	0.909	0.833	0.769	0.714	0.666	0.5	0.2
β_x	0.31	0.33	0.33	0.34	0.34	0.33	0.32	0.26
β_y	0.31	0.35	0.39	0.42	0.46	0.48	0.57	0.72

由表 11-1-3 可得,$\sigma_y \geq \sigma_x$。

强度计算式:

由强度条件

$$\sigma_y = \beta_y \frac{pB^2}{\delta^2} \leqslant [\sigma]$$

得

$$\delta \geqslant \sqrt{\beta_y} B \sqrt{\frac{p}{[\sigma]}} = KB \sqrt{\frac{p}{[\sigma]}} \quad \cdots\cdots\cdots\cdots\cdots\cdots\cdots (11\text{-}1\text{-}18)$$

系数 K:

如为圆形

$$K = \sqrt{\beta_y} = \sqrt{0.31} = 0.556 \approx 0.55$$

如为椭圆形

$$K = \sqrt{\beta_y} = \sqrt{0.31} \sqrt{\frac{\beta_y}{0.31}} = 0.556 K_1 \approx 0.55 K_1$$

由此,得椭圆形孔盖强度计算式:

$$\delta = K_1 KB \sqrt{\frac{p}{[\sigma]}} \quad \cdots\cdots\cdots\cdots\cdots\cdots\cdots (11\text{-}1\text{-}19)$$

式中: K——系数,取 0.55;

$K_1 = \sqrt{\dfrac{\beta_y}{0.31}}$——形状系数,可按表 11-1-2 换算出。对于常用的椭圆形平板,如表 11-1-3 所示。

表 11-1-3 形状系数 K_1

B/A	1.0	0.75	0.5
$K_1 = \sqrt{\beta_y/0.31}$	1.0	1.17	1.35
我国强度标准[83]规定的 K_1	1.0	1.15	1.3

考虑到平板的实际安全裕度很大,故规定的 K_1 值比理论计算值略小一些,前式中的系数 0.556 取 0.55,另外,许用应力的修正系数取得大一些: $\eta = 1.05$。

11-2 平板元件的强度计算与结构要求

1 平端盖强度计算

圆筒形集箱的平端盖(表 11-2-1)、用法兰压紧的管道平堵板(图 11-2-1)及圆形或椭圆形孔盖(人孔、头孔、手孔)在均布压力作用下,主要产生双向弯曲变形,均属于双向受弯元件,依据 11-1 节的应力分析,可按式(11-2-1)计算:

$$\delta_1 \geqslant \delta_{1\min} = K_1 KL \sqrt{\frac{p}{[\sigma]}} \quad \cdots\cdots\cdots\cdots\cdots\cdots\cdots (11\text{-}2\text{-}1)$$

式中: δ_1——取用厚度,mm;

δ_{1min}——最小需要壁厚,mm;

K_1——形状系数,取自表 11-1-3;

K——系数,标准[45]规定:对于集箱平端盖,按表 11-2-1 取;对于孔盖、平堵板,取 $K=0.55$;

L——计算尺寸,mm,对于集箱平端盖,取 $L=D_i$;对于孔盖、平堵板,L 取承受介质压力部分的计算尺寸 D_c:圆形为内直径($D_c=D_i$),椭圆形为短轴尺寸($D_c=B$),见图 11-1-9;

p——计算压力(表压),MPa;

$[\sigma]$——许用应力,MPa,按下式计算:

$$[\sigma]=\eta[\sigma]_J$$

$[\sigma]_J$——基本许用应力,MPa;

η——基本许用应力的修正系数,平端盖见表 11-2-1;孔盖、平堵板,取 1.0。

确定$[\sigma]_J$所需计算壁温见 6-1 节之 2(2)。

式(11-2-1)是由式(11-1-19)得出的。

说明:关于取消附加厚度问题

式(11-2-1)未考虑附加厚度是一种传统作法。平板主体部分的壁厚由于其加工不弯曲、不凸起,因而不存在工艺减薄,至于腐蚀减薄、板材负偏差,由于上述系数 K 有较大近似性,而且平板裕度颇大,综合考虑已无必要再加上附加厚度 C。

表 11-2-1 集箱平端盖的系数 K 与基本许用应力修正系数 η[45]

序号	平端盖形式	结构要求	K 无孔	K 有孔	η		备注
1	(图)	$r \geq 3\delta_1$ $L \geq \delta_1$	0.40	0.45	$L \geq 2\delta_1$: 0.40 / 0.45 ; 1.00	$2\delta_1 > L \geq \delta_1$: 0.95	
2	(图)	$r \geq \frac{1}{3}\delta$ 且 $r \geq 5$ mm $\delta_2 \geq 0.8\delta_1$	0.40	0.45	0.90		

表 11-2-1(续)

序号	平端盖形式	结构要求	K 无孔	K 有孔	η	备注
3		$K_1 \geqslant \delta$ $K_2 \geqslant \delta$ $h \leqslant (1 \pm 0.5)$mm	0.50	0.60	0.85	用于锅炉额定压力不大于 2.5 MPa 且 D_i 不大于 $\phi 426$ mm
3			0.40	0.40	1.05	用于水压试验[1]
4		$K_1 \geqslant \delta$ $K_2 \geqslant \delta$ $h \leqslant (1 \pm 0.5)$mm	0.60	0.70	0.85	用于锅炉额定压力不大于 2.5 MPa 且 D_i 不大于 $\phi 426$ mm

1) 用于水压试验时可以不开或开小坡口。

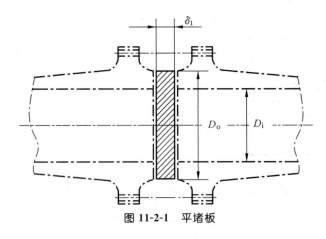

图 11-2-1 平堵板

[注释]

关于上述平板元件强度裕度颇大问题,详见 11-3 节。

关于表 11-2-1 中序号 4 外置式平端盖的强度明显大于序号 3 内置式平端盖问题,详见 11-3 节。

附注：人孔盖计算公式的实验校核

曾对椭圆形孔盖作过超压实验[162]。人孔盖如图 11-2-2 所示。人孔盖材料为 A3F。

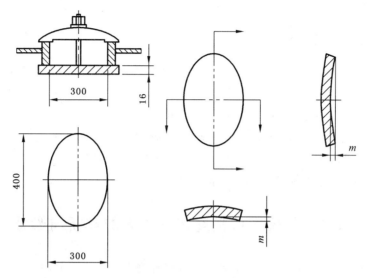

图 11-2-2　人孔盖残余变形

试验压力为 3.43 MPa 时的孔盖残余变形为：

人孔盖 No	m/mm	n/mm
1	17	21
2	7	11

孔盖尚未泄漏，更未破裂。

孔盖最高允许计算压力为：

$$[p] = 3.30\left(\frac{t}{K_1 l_1}\right)^2 [\sigma]$$

$$= 3.03 \times \left(\frac{16}{0.75 \times 300}\right)^2 \times 113$$

$$= 0.802 \text{ MPa}$$

孔盖尚未泄漏的压力 $p_s = 3.43$ MPa 与最高允许计算压力 $[p] = 0.802$ MPa 的比值为 4.28 倍。可见，人孔盖计算公式的裕度足够大。

工艺性水压试验最高允许压力

圆形平端盖的工艺性水压试验最高允许压力按式(11-2-2)计算：

$$[p]_h = 0.9\left(\frac{\delta_1}{KD_i}\right)^2 R_e \quad\cdots\cdots\cdots\cdots\cdots\cdots\cdots\cdots\cdots\cdots (11\text{-}2\text{-}2)$$

平盖板的工艺性水压试验最高允许压力按式(11-2-3)计算：

$$[p]_h = 0.9\left(\frac{\delta_1}{KYD_c}\right)^2 R_e \quad\cdots\cdots\cdots\cdots\cdots\cdots\cdots\cdots\cdots (11\text{-}2\text{-}3)$$

式(11-2-2)与式(11-2-3)是依据壁面最大弯曲应力距屈服限留有10%裕度导出的。

以上为水管锅炉强度计算标准[42]的要求,而锅壳锅炉标准[45]由于壁较薄未提出此要求。

注:平板基本计算公式的裕度颇大,水压试验压力公式也包含很大裕度。因此,平端盖的水压试验压力校核公式可以取消。

2 平端盖的结构要求

如果平端盖上不只有一个孔,要求任意两孔边缘之间的距离不应小于其中小孔的直径。这样规定可防止孔边缘应力集中区域重叠。此时,强度计算与单孔一样,取 $K=0.45$,不按孔桥强度考虑,因平端盖的强度裕度颇大(见11-3节)。

孔边缘至平端盖边缘之间距离不应小于2倍端盖厚度($2\delta_1$),中心孔直径与端盖内直径之比不应大于0.8,都是为了避免高应力区进入内转角过渡圆弧以内。

扳边端盖的直段较短,不必按圆筒校核强度。

11-3 平板元件强度裕度过大的解析与验证

平板元件强度裕度过大,是各国锅炉强度计算标准存在的突出问题。

为了验证平板强度裕度过大,并作为修订锅炉强度计算标准的重要依据,在本书编著者主持下,曾进行过3次研究工作,包括各种平板的爆破试验、应力与变形测试、有限元计算分析、低周疲劳试验等内容。

注:1980年,与哈尔滨工业大学热能工程教研室及力学教研室、哈尔滨小型锅炉厂合作;

2006年,与日本三浦工业株式会社、大连锅炉压力容器检验研究所、大连理工大学力学教研室、大连本德锅炉公司合作;

2018年,与辽宁盛昌绿能锅炉公司、锅炉检验研究机构合作。

本节仅涉及典型圆平板的强度裕度过大问题,而其他平板:拉撑平板、矩形直集箱的平壁板与矩形平端盖、环形集箱的平盖板、支撑平板等的强度裕度过大问题在12章与14章中论述。

1 圆平板的过大承载能力与验证

(1) 圆平板的过大承载能力

周边固支平板在均布压力 p 作用下,屈服变形理论分析情况如下:

设压力 $p=p_1$ 时,中心与周边的内外壁皆达到屈服限 σ_s,见图 11-3-1a)中 s 处。随着压力加大,屈服由壁面向内扩展,当 $p=p_2$ 时,中心与周边沿壁厚全部进入屈服状态,见图 11-3-1b)中全黑区域。此时,周边成为铰支支承。压力再增加,当 $p=p_3$ 时,屈服区域扩大,见图 11-3-1c)中全黑区域。压力继续升高至 $p=p_s$ 时,两屈服区完全重叠,整个平端盖沿壁厚均已进入屈服状态,此时,由于产生大变形,而视为丧失了工作能力。平端盖的破裂,只有压力再升高,当 $p=p_b$ 时,才发生在中心或周边处。根据塑性理论分析,固支平板全部屈服的压力 p_s 约为初始发生局部表面屈服对应压力 p_1 的8倍[11]。而锅筒由内壁面开始屈服至沿壁厚全部屈服只需压力增加很小——约1.2倍。显然,二者差异甚大。

可见,周边固支平板的承载能力颇大,焊接于壳体的平板接近于固支,而铰支平板的承载能力与固支相差并不很大(见 11-1 节),即锅炉平板元件的理论承载能力颇大,平板元件与筒壳、凸形元件相比,同样厚度的承载能力应该明显偏大。但目前各国锅炉强度计算标准在处理平板强度问题上恰与此相反,见表 11-3-3。

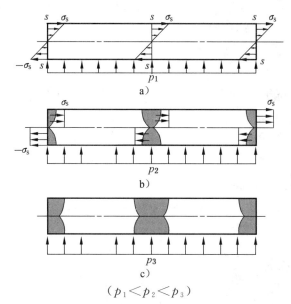

图 11-3-1 固支平端盖应力与塑性变形区

(2)圆平板过大安全裕度验证

1)圆平板破裂压力

实验圆筒形集箱尺寸:外径 $D_w=219$ mm,厚度 $t=8$ mm,长度 $L=420$ mm;平端盖厚度 $t_1=8$ mm。为比较,焊缝受弯尺寸(计算厚度[161])w 皆取为 8 mm,见图 11-3-2。

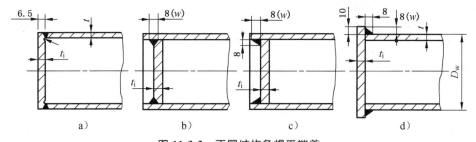

图 11-3-2 不同结构角焊平端盖

试件爆破(破裂)压力 p_b 见表 11-3-1。试件破口大多发生在焊缝上,个别发生在筒壳焊缝热影响区,平端盖本身并未开裂[158]。

表 11-3-1 圆平板爆破(破裂)压力 p_b MPa

型式	a) 对接焊	b) 内置坡口角焊	c) 内置无坡口角焊	d) 外置无坡口角焊
p_b	13.0, 15.5	10.2, 11.2	11.0	15.0, 15.8, 16.0

2) 实测破裂安全裕度

按强度计算标准的规定,实测破裂压力与最高允许工作压力之比 $p_b/[p]$——破裂安全裕度 n_b 约达到 4 即可。

① 对接焊连接平端盖

平端盖与筒体为对接焊连接[图 11-3-2a)],系数 $K=0.4$(接近理论值)。许用应力 $[\sigma]=\eta[\sigma]_J=0.9[\sigma]_J$,则

最高允许工作压力的计算值为

$$[p] = \left(\frac{t_1}{KD_n}\right)^2 [\sigma] = \left(\frac{8}{0.4 \times 203}\right)^2 \times 0.9 \times 125 = 1.09 \text{ MPa}$$

而表 11-3-1 实测爆破压力 $p_b = 13.0$ MPa,则

破裂安全裕度高达

$$n_b = p_b/[p] = 13.0/1.09 = 11.9$$

② 内置填角焊连接平端盖

平端盖与筒体为全厚度填角焊连接[图 11-3-2b)],$K=0.5$;$\eta=0.85$,$[\sigma]=0.85[\sigma]_J$,则

最高允许工作压力计算值为

$$[p] = \left(\frac{t_1}{KD_n}\right)^2 [\sigma] = \left(\frac{8}{0.5 \times 203}\right)^2 \times 0.85 \times 125 = 0.66 \text{ MPa}$$

而实测爆破压力 $p_b = 10.2$ MPa,则

破裂安全裕度高达

$$n_b = p_b/[p] = 10.2/0.66 = 15.5$$

③ 内置无坡口角焊连接平端盖

内置无坡口角焊连接平端盖[图 11-3-2c)]的爆破压力与有坡口角焊连接[图 11-3-2b)]基本相同。

④ 外置无坡口角焊连接平端盖

平端盖与筒体为外置无坡口角焊连接[图 11-3-2d)],按无坡口考虑:$K=0.6$;$\eta=0.85$,$[\sigma]=0.85[\sigma]_J$,则

最高允许工作压力计算值为

$$[p] = \left(\frac{t_1}{KD_n}\right)^2 [\sigma] = \left(\frac{8}{0.6 \times 203}\right)^2 \times 0.85 \times 125 = 0.46 \text{ MPa}$$

而实测爆破压力 $p_b = 15.0$ MPa,则

破裂安全裕度高达

$$n_b = p_b/[p] = 15.0/0.46 = 32.6$$

以上破裂安全裕度仅指焊缝而言,平板本身的裕度还要高。

由以上按标准计算与实验测试对比可见,集箱平端盖的强度裕度明显偏大。尤其是外置无坡口角焊连接平端盖的安全裕度更大。

电站锅炉集箱平端盖的承载能力同样明显偏大:

电站锅炉 $\phi 325 \times 26$ mm 集箱平端盖的常温爆破压力 $p_b \approx 87$ MPa 超过最高允许工作压力 10 倍以上[159]。

2 外置角焊平端盖强度明显优于内置的进一步实测与分析

（1）实测

制作内置式与外置式两种结构集箱平端盖（图 11-3-3），作进一步爆破测试对比[160]。每种结构各 2 件，每件各 2 个平端盖。

实验筒体尺寸：外径 $D_w = 273$ mm，厚度 $t = 8$ mm，长度 $L = 300$ mm；平端盖厚度 $t_1 = 10$ mm。为了比较，焊缝受弯尺寸（计算厚度[161]）w 皆取为 11 mm。

采用半壁厚 45°坡口填角焊；装配间隙 0～1 mm；实验件材料 20 号碳钢；焊条型号 JH-J422g，ϕ3.2 mm 打底（无氩弧焊打底），ϕ4.0 mm 施焊——内置式 1 道，外置式 2 道；集箱平置转动状态下焊接。

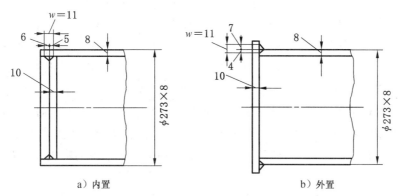

图 11-3-3　内置与外置角焊平端盖

爆破试验后试件变形情况见照片图 11-3-4。

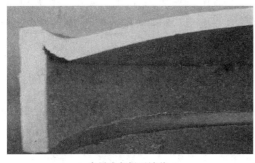

a）内置式角焊平端盖

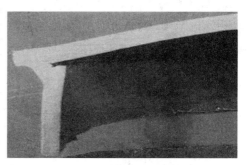

b）外置式角焊平端盖

（图中上部为平端盖，下部为集箱筒壳）

图 11-3-4　内置与外置角焊平端盖爆破试验后的照片

由图 11-3-4 可见，内置式平端盖变为球壳的一部分，其径向剖面为一圆弧线。外置式平端盖试件的变形与以上有明显的不同：平端盖变为从中心部分到边界部分曲率有明显变化的曲面板，其径向剖面曲线不再是圆弧线，其中部曲率与两边曲率的符号相反。另外，外置式平端盖的筒体端部有明显的向内弯曲，即有明显的"收口"现象，而内置式平端盖的筒体端部却无有可见的"收口"现象。

试件爆破（破裂）压力 p_b 见表 11-3-2。

表 11-3-2　爆破(破裂)压力[1] p_b　　　　　　　　　　　　　　　　MPa

型式	内置式	外置式
p_b	9.2,10.2	13.8,14.7

1) 焊缝破裂,平端盖尚未破裂。

由表 11-3-2 可见,外置式角焊平端盖(2 个试验件,共 4 个端盖)的实测爆破压力比内置式(2 个试验件,共 4 个端盖)约高出 50%(p_b 按标准规定,内置式取 4 个端盖最低值 9.2 MPa,外置式取 4 个端盖最低值 13.8 MPa)。

(2) 分析

直观感觉外置式角焊平端盖的承载能力较低,但实际并非如此。

认真分析后,会发现外置式结构承载能力偏高是有明显原因的:

1) 当端盖承受内压力作用时,两种形式端盖的焊缝都受到弯矩 M 的作用(图 11-3-5),焊缝根部皆受拉。对于内置式角焊平端盖,当端盖因弯曲而向内收缩时,焊缝又受一附加拉力 N 的作用;而对于外置式角焊平端盖,则当端盖因弯曲而向内收缩时,焊缝受附加剪切力 T 的作用。显然,焊缝根部的承剪能力要大于承拉能力。

2) 对于内置式角焊平端盖,平端盖进入筒体一段距离。当端盖因弯曲向内收缩时,由于筒体刚度较大(受力点不在筒体端部)不易向内变形,则拉力 N 必然较大。而外置式角焊平端盖则不然,筒体刚度较小(受力点在筒体端部),易于向内变形,与端盖向内收缩互相协调,而使剪切力 T 下降。

3) 外置式角焊平端盖的平面向筒体外伸长一段,形成外沿(它不与介质压力直接接触)。此外沿会限制端盖向外弯曲变形,导致减小端盖挠度,也减少端盖向中心收缩,而使剪切力 T 进一步下降。外沿也使端盖截面曲线具有正反两个曲率。内置式角焊平端盖不存在外沿,其刚度明显小于外置式,易于弯曲,使端盖截面曲线为一圆弧,端盖向中心收缩较大,因而,拉力 N 必然较大。焊缝处类似于铰支。

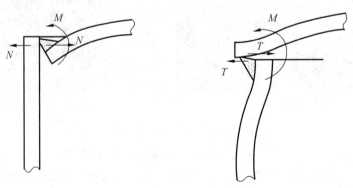

图 11-3-5　内外置角焊平端盖变形图

应指出:内置式坡口角焊平端盖的端盖直径必须与筒体内径很好配合,否则,坡口底部间隙难以保证,影响焊缝根部的质量,而焊缝根部的质量直接决定平端盖承压能力。外置式端盖的直径则无需严格保证,端盖与筒体端部搭接,只要筒体端面平整,焊缝根部间隙即可基本消除。

值得注意的是,只要焊缝受弯尺寸 w 相同(皆为 8 mm,见图 11-3-2),内置式无坡口角焊结构(c 型)的实测爆破压力并不低于有坡口结构(b 型)。

外置角焊平板结构的推广应用问题:

两次多个试件爆破试验与理论分析皆证实:外置角焊平板结构确实明显优于内置式。但是,人们习惯感觉恰与此相反:认为内置平端盖焊于集箱之内,不易被内压力推出,而外置平端盖焊于集箱端头之外,强度不如内置式。

日本三浦株式会社几十万台数十年外置角焊平端板的应用实践与批量试验也证实外置角焊结构完全可行(见 14-2 节)。

应该相信科学试验与理论分析以及实践,需要改变观念,不应限制外置式的应用。

此外,低周疲劳试验也证实,外置角焊平板启停次数不受限制——见 2-6 节。

3　平板元件与其他形状元件的计算厚度对比

平板元件的强度裕度(承载能力)过大问题至今并仍保存于各国强度计算标准中,平板元件的计算厚度反而明显大于其他元件,见表 11-3-3。

表 11-3-3　受压元件强度计算结果一览

计算参数:$p=1.0$ MPa(表压),$D_n=1\,000$ mm,$[\sigma]=125$ MPa,$\eta_h=1.0$。

按 GB/T 16508—1996 标准计算,后续标准计算结果基本未变。

分类			示意图	公式	结果/mm
内压	回转壳	1 球形	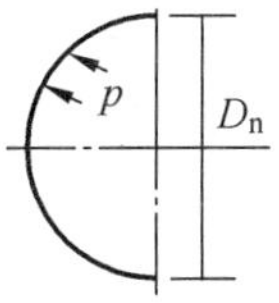	$t_{\min}=\dfrac{0.5pD_n}{2[\sigma]-0.5p}+C$ $C\approx 1$	3
		2 椭球形	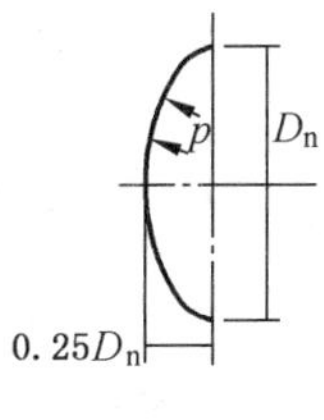	$t_{\min}=\dfrac{pD_nY}{2[\sigma]-0.5p}+C$ $Y=1\quad C\approx 1$	5
		3 圆筒形	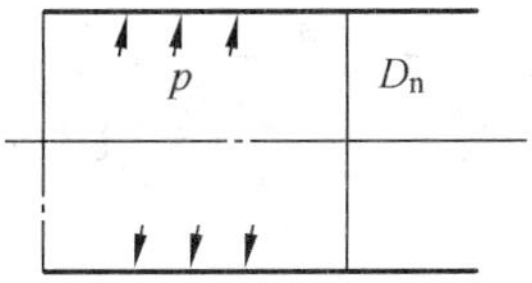	$t_{\min}=\dfrac{pD_n}{2[\sigma]-p}+C$	5

表 11-3-3(续)

分类		示意图	公式	结果/mm
内外压	平板	4 圆形	$t_{min} = 0.4D_n\sqrt{\dfrac{p}{[\sigma]}}$ $[\sigma] = 0.85 \times 125$	36 过厚!
内外压	平板	5 拉撑平板	$t_{min} = 0.43 d_J \sqrt{\dfrac{p}{[\sigma]}} + 1$ $[\sigma] = 0.85 \times 125$ MPa $d_J = 350$ mm	16 仍很厚
外压	回转壳	6 圆筒形	强度 t_{min} 公式见 GB/T 16508—1996 稳定 t_{min} 公式见 GB/T 16508—2008	11 9
外压	回转壳	7 波形圆筒	$t_{min} = \dfrac{pD_w}{2[\sigma]} + 1$ $[\sigma] = 0.6 \times 125$ MPa $D_w = 1\,000$ mm	8

由表可见,同样直径条件下,按标准计算的平板(表中序号 4)所需壁厚为 36 mm,而筒壳(表中序号 3)的壁厚仅需 5 mm。

分析:

以上明显不合理现象的主要原因,在于平板壁厚的计算基于壁面局部(中心)应力最大处距屈服留有一定裕度的规定,而未反映平板具有过大承载能力的特点。也就是平板主体即使中心局部也必须距屈服留有裕度,根本不考虑距破裂还有 10 倍以上的升压裕度。

这种陈旧的观念应该改变。实际上,锅炉受压元件强度主要是不破坏的能力。而屈服是破坏之前的一种现象,屈服引起的塑性变形对于锅炉元件并非不允许存在,例如冷弯的锅筒(锅壳)、冷压的封头、管道与管子弯头等元件都包含塑性变形成分。

另外,锅炉元件对变形要求并不严格——不是考核的指标,平板实际变形也并不大,见本节之 4 与 11-5 节。

4 平板变形的实测[1)]

(1) 试验设备与试验条件

1) 圆形平端盖变形试验件

圆形平端盖变形试验件见图 11-3-6。

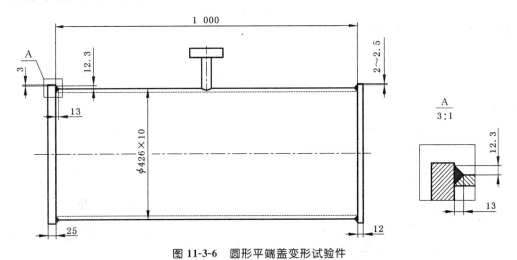

图 11-3-6　圆形平端盖变形试验件

采用较大尺寸圆筒形集箱($\phi 426 \times 10$ mm)外置填角焊平端盖,两端平端盖厚度不一,焊缝尺寸一样。

按标准[45],最高允许工作压力:

壁厚 12 mm　$[p] = \left(\dfrac{t_1}{KD_n}\right)^2 [\sigma] = \left(\dfrac{12}{0.6 \times 406}\right)^2 \times 0.85 \times 125 = 0.26$ MPa

壁较薄,用以了解明显变形情形。

壁厚 25 mm　$[p] = 1.12$ MPa

接近实际情形,如 1.0 MPa、1.3 MPa。

2) 试验设备参数及工具

① 水泵

型号:3DS-1.2/32

流量:1.2 m³/h

出口压力:32 MPa

② 测量工具

0~200 mm 深度尺。

③ 压力表

量程:0~25 MPa。

检定有效期之内。

④ 试验温度

---

1) 辽宁盛昌绿能有限公司与北京盛昌之光锅炉研发中心完成。

环境温度:3 ℃;

介质水温度:26 ℃。

(2) 试验结果

1) 变形

实测变形见表 11-3-4。

表 11-3-4　平端盖中心 c 点膨胀变形统计

试验压力/MPa	测点示意图	平端盖厚度/mm		注
		12	25	
		残余变形值		
7		16	0.4	初次误加压过大
2.5		+1	+0.6	重新加压
5.0		+2.4	+1.1	再加压
10.0(破裂)		+26.3	+2.3	再加压

由表可见,25 mm 厚,最高允许工作压力 $[p]$ = 1.12 MPa 条件下的变形不会超过 1 mm。

2) 破裂压力

10 MPa——12 mm 平板,焊缝根部未焊透处起裂,裂缝向外发展至边缘,平板外缘形成分层裂口,见图 11-3-7 与照片图 11-3-8。

平板中心最大弯曲应力处,10 MPa 时,凸起 42.3 mm,毫无破裂迹象。

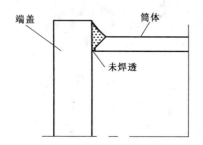
a) 平端盖厚度 δ 25 微变形

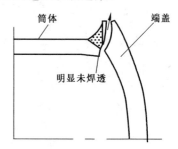
b) 平端盖厚度 δ 12 焊缝根部撕裂

图 11-3-7　圆形平端盖壁厚 25 mm、12 mm 破裂后局部图

3) 焊缝强度

角焊缝高度 K = 12.3 mm,D_i = 406 mm,承压 10 MPa 才于焊缝根部撕裂。表明焊缝静载强度颇高。

a）平端盖厚度δ25微变形　　　　　　　　b）平端盖厚度δ12焊缝根部撕裂

图 11-3-8　圆形平端盖壁厚 25 mm、12 mm 破裂后切割断面照片

11-4　平板强度裕度过大问题的处理

本节在保留目前圆平板计算公式基础上,修正其不合理的许用应力与乘以考虑承载能力颇大的系数两项措施,以改变裕度过大问题,使平板计算趋向于合理。

1　对目前圆平板计算公式的验证

（1）按应力分析所得的圆平板计算式

锅炉圆筒形集箱平端盖,目前各国标准皆采用下列计算式：

$$t = KD_n \sqrt{\frac{p}{[\sigma]}} \quad \cdots\cdots\cdots\cdots\cdots\cdots (11\text{-}4\text{-}1)$$

$$[p] = \left(\frac{t}{KD_n}\right)^2 [\sigma] \quad \cdots\cdots\cdots\cdots\cdots\cdots (11\text{-}4\text{-}2)$$

$$\sigma_w = \frac{p}{\left(\dfrac{t}{KD_n}\right)^2} \quad \cdots\cdots\cdots\cdots\cdots\cdots (11\text{-}4\text{-}3)$$

式中：t——厚度,mm；

　　　K——系数；

　　　D_n——圆筒形集箱内直径,mm；

　　　p——内压力,MPa；

　　　$[\sigma]$——许用应力,MPa；

　　　σ_w——按最大剪应力理论的弯曲当量应力,MPa。

由 11-1 节可知,上述计算式是按圆形平板与筒体的连接既不是铰支,也不是固支,而是一种接近于固支的"弹性支承"形式,并根据平板中心处最大的壁面弯曲应力等于许用应力导出的,此时,系数 $K \approx 0.4$。

（2）圆平板试件应力测试与有限元计算验证

圆平板试件见图 11-4-1。№1 为内置填角焊,№2 为外置填角焊,№3 为外置角焊结构。

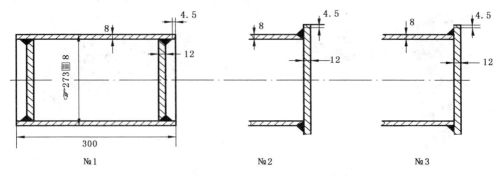

图 11-4-1　圆平板试件

对圆筒形集箱内置填角焊平端盖,利用应变片测量与有限元方法计算(ANSYS 程序),得出的当量应力值(№1 试件)见图 11-4-2。由图可见,应力实测值与有限元方法计算结果基本一致。为便于对比,内壁(内侧)弯曲应力取绝对值。

由于平端盖周边还有二次应力,故中心表面处直接测得的即为最大弯曲应力。

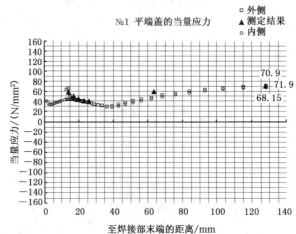

图 11-4-2　圆筒形集箱的内置填角焊平端盖壁面当量应力分布

上述测试与有限元计算的壁面最大弯曲应力与按式(11-4-3)计算值对比,见表 11-4-1。

表 11-4-1　圆平板试验件中心处的弯曲应力对比

试件 No	p/MPa	t/mm	D_n/mm	系数 K	σ_w/MPa	
					按式(11-4-3)计算值	有限元计算(实测)值
1	1.0	12	257	0.4	73.4	70.9
2	1.0	12	257	0.4	73.4	79.6
3	1.0	12	257	0.45	92.9	94.3

材料:20 号碳钢钢板。

由上述对比可见,平板壁面最大弯曲应力的理论计算式与有限元计算结果基本一致。

关于系数 K 值:

不同平板元件的系数 K 不同,是对假想圆(d_J)画法近似性的一种修正。系数 K 应通过试验求得。

本实验压力 $p=1.0$ MPa。

平端盖试验件No1 按上述式(11-4-3),取 $K=0.4$(理论值)计算出的 $\sigma_w=73.4$ MPa,与有限元计算(实测)值 70.9 MPa 较接近,见表 11-4-1。

试验件No2 为外置式端盖,端盖与筒体的连接刚性下降,有效直径也略大于内置式端盖。试验件No3 为无坡口角焊,其连接刚性会再下降一些,而有效直径也再略增大一些。因而实测应力是:试验件No3 > No2 > No1。有限元计算(实测)结果也是如此,见表 11-4-1。

试验件No3 如取 $K=0.45$,则 σ_w 的计算值 92.9 MPa,已基本接近于它的测试值 94.3 MPa。

关于应力:

平端盖中心处壁面的应力 σ_w 为一次弯曲应力最大值(简称弯曲应力)。由于受内压作用,外壁弯曲应力为正,内壁为负;由于平板承压凸起使横向投影尺寸减小从而产生横向拉应力,结果使弯曲应力的绝对值,在外壁略大于内壁。

结果与建议:

以上圆平板试件应力测试与有限元计算验证表明,按壁面最大应力所得的目前圆平板计算式是正确的。

但是这种按壁面最大应力不大于屈服限并留有 1.5 倍裕度为基础进行强度计算明显不合理(见 11-3 节)。由于此公式已长期应用,建议在此基础上进行修正以反映平板颇大的承载能力。

2 平板强度裕度过大问题的处理建议

(1) 目前平板强度计算公式的许用应力不符合应力控制原则的规定

根据平板中心处的壁面弯曲应力,取强度条件:

$$\sigma_w = K \frac{p D_i^2}{\delta^2} \leqslant [\sigma]$$

得各国强度计算标准应用的厚度计算公式。

其中的问题在于对受弯元件,式中 $[\sigma]$ 为拉伸的许用应力,明显不合理——不符合应力控制原则的规定。

(2) 按弯曲许用应力对系数 K 的修正

按应力分类与控制原则的规定,弯曲许用应力 $[\sigma]_w$ 为 1.5 倍拉伸许用应力 $[\sigma]$,则

$$\sigma_w = K \frac{p D_i^2}{\delta^2} \leqslant 1.5[\sigma]$$

得

$$\delta = \frac{K}{\sqrt{1.5}} D_i \sqrt{\frac{p}{[\sigma]}} = K' D_i \sqrt{\frac{p}{[\sigma]}}$$

式中:$K=0.4$

$$K' = \frac{K}{\sqrt{1.5}} = 0.33$$

可见,平板计算公式中的系数 K 由 0.4 应改为 0.33,壁厚约减少 20%。

以上仅是按单向受弯梁考虑的。对于双向受弯平板情况,还有很大裕度需要考虑。

[注释]单向受弯与双向受弯的承载能力对比

变形:

由图 11-4-3 可见:

单向受弯梁——两端有约束,而两侧无约束(自由变形面),较易弯曲;

双向受弯平板——每侧皆有约束,较难弯曲。

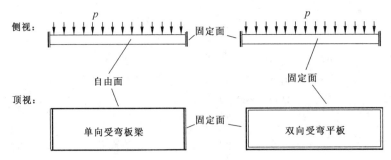

图 11-4-3　单向受弯与双向受弯对比

承载能力:

单向受弯梁——梁的跨度中部截面由壁面屈服变为全截面屈服需增加 1.5 倍压力,梁的中部截面开始产生大变形,梁明显弯曲;

双向受弯平板——平板中心处由壁面屈服变为全截面屈服也需增加 1.5 倍压力,平板变为环板,不可能产生大变形;理论分析只有中心处壁面的压力增加 8 倍,才使平板全部屈服,开始明显变形。这正是平板的承载能力明显大于梁的原因。因此,用梁的许用应力计算平板明显不合理。这也是上述平板破裂压力明显大于计算允许工作压力的原因。

3　计算修订建议

现行标准给出的圆形平板计算公式型式不变,但增加考虑承载能力的修正系数 C:

$$t = CKD_n \sqrt{\frac{p}{[\sigma]}} \quad \cdots\cdots\cdots\cdots\cdots\cdots (11\text{-}4\text{-}1)$$

系数 K:

体现弯曲强度判定的特点,系数 K 取 0.33。

承载能力修正系数 C:

考虑到标准的连续性——壁厚不宜一次减小过多,建议:

$$C = 0.8$$

基本许用应力修正系数 η:

对于对接焊以及内外置填角焊平端盖,基本许用应力修正系数 η 皆宜取为 1.0。

综合结果:

以上修订可使平板壁厚约减小 35%。

11-5　平板变形的有限元计算示例

本节有限元计算主要目的：
平板强度裕度过大(大数倍)，如厚度减薄，变形值是否可以接受；
有限元计算变形与实测值(11-3 节之 4)对比。

1　计算模型

按图 11-5-1a)进行三维设计，筒体长度为 1 100 mm，生成的三维模型如图 13-5-1b)所示。

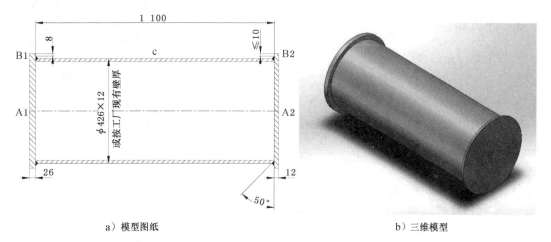

a) 模型图纸　　　　　　　　　b) 三维模型

图 11-5-1　计算模型

约束及边界条件：
在已建立的三维模型上，施加约束及边界条件，如图 13-5-2 所示。

图 13-5-2　约束及边界条件图

本研究主要考察在内力作用下平板的变形及受力情况,需施加如下载荷及边界条件:

约束条件:为进行计算,需要限制模型轴向移动和旋转两个自由度。故限制筒体的轴向位移及切向位移(转动),如图 11-5-2 中绿色箭头所示。允许径向位移。

边界条件:筒体内表面、两端平板的内表面施加压力。如图 11-5-2 中红色箭头所示。

材料:筒体及平板均选用普通碳钢。

2 网格划分

对已设置好约束及边界条件的模型自动划分网格。划分网格后的模型如图 11-5-3 所示。

3 计算结果

对网格划分后的模型进行后处理计算,生成计算结果。

为对比分析,对模型分别施加 2.5 MPa、5.0 MPa 两种压力进行有限元计算,计算结果如下。

1) 平板的变形总图

计算后的模型变形总图如 11-5-4 所示。由图可见:薄壁平板明显变形,中心点变形最大。

2) 平板的变形值探测图

平板的变形值探测图见图 11-5-5。

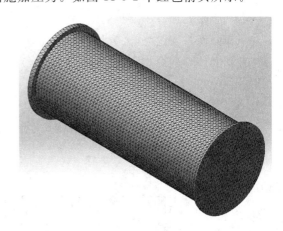

图 11-5-3 网格划分图

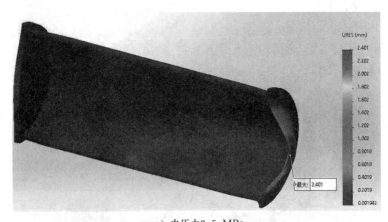

a) 内压力 2.5 MPa

图 11-5-4 模型变形总图

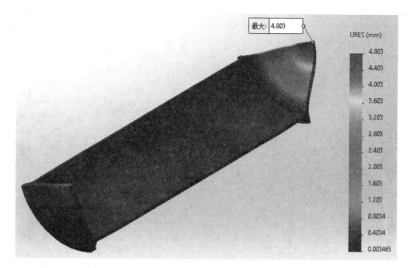

b) 压力5.0 MPa

续图 11-5-4

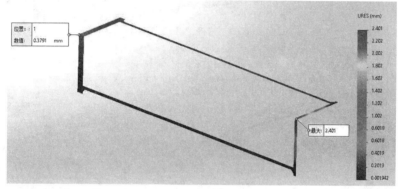

a) 内压力2.5 MPa时
厚壁中心点变形值为0.379 1 mm，薄壁中心点变形值为2.401 mm

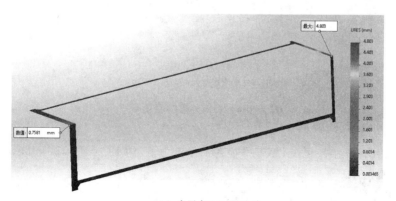

b) 内压力5.0 MPa时
厚壁中心点变形值为0.758 1 mm，薄壁中心点变形值为4.803 mm

图 11-5-5　变形值探测图

可见：厚壁平板中心点在工作压力下（约 1.3 MPa，见 11-3 节之 4）的变形明显小于 1 mm。

3）筒体中部外壁的变形值

筒体中部外壁变形见图 11-5-6。

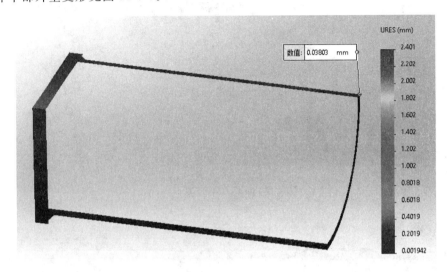

a）内压力 2.5 MPa
筒体中部外壁变形值为 0.038 03 mm。

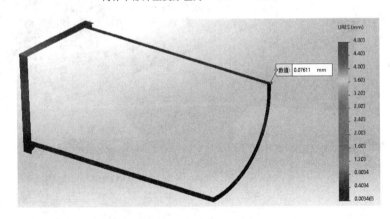

b）内压力 5.0 MPa
筒体中部外壁变形值为 0.076 1 mm。

图 11-5-6　筒体外壁中点变形

结论：

由以上有限元计算结果可见，厚壁平板在工作压力下（约 1.3 MPa，参见 11-3 节之 4）的变形值很小，不到 1 mm；

有限元计算变形值与实测值（11-3 节之 4）基本一致。

第 12 章 拉撑(加固)平板的强度

拉撑(加固)平板是内燃锅壳锅炉中结构较复杂的重要元件。

本章论述拉撑(加固)平板的强度计算与结构要求,并给出问题解析及其处理示例。而与其相匹配的拉撑(加固)件在 13 章论述。

12-1 拉撑(加固)平板的强度计算与结构要求

在锅壳式锅炉中,经常会遇到有拉撑件(圆拉杆、角撑板)的平板结构,如拉撑平板、有加固横梁的火箱顶板等。烟管管板也属于有拉撑件(拉撑管、烟管)的平板。它们如图 12-1-1 所示。这些元件在均布压力作用下,主要产生双向弯曲变形,与 11 章平板一样,也属于双向受弯元件。

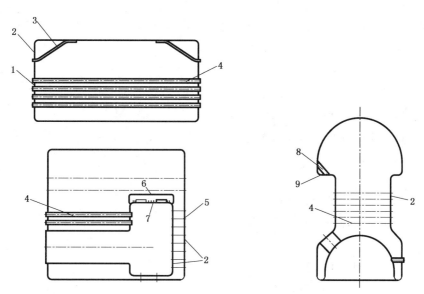

1—烟管管板;2—拉撑平板;3—斜拉杆;4—烟管;5—直拉杆;
6—加固横梁;7—回燃室顶板;8—角撑板;9—弓形板

图 12-1-1　拉撑平板与烟管管板

拉撑平板在介质压力作用下,将产生中间凸起的双向弯曲变形(图 12-1-2)。图中上部与下部斜线所示为向外弯曲变形(凸起)较大区域,中部烟管之间的孔桥也产生很小弯曲变形。以上变形特点是具有几个不变形点(固定点、拉撑点),斜线区域中心凸起相对较高。其变形情况与 11-1 节所述集箱圆形平端盖类似,但后者支撑点是连续的外圆,而前者是不连续的个别点。二者同属于双向受弯平板,因此,拉撑平板可近似采用与集箱圆形平端盖同样形式的计算公式,但需进行修正。

以卧式内燃锅壳锅炉为例,中间凸起较高的区域用当量圆直径 d_e 进行计算(图 12-1-3)。

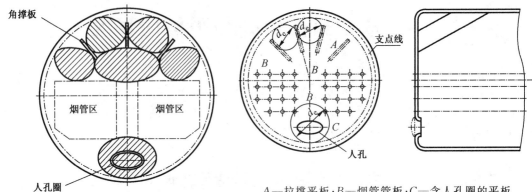

图 12-1-2　拉撑平板弯曲变形(斜线部分)示意

A—拉撑平板;B—烟管管板;C—含人孔圈的平板

图 12-1-3　拉撑(加固)平板和烟管管板

1　拉撑平板

(1) 强度计算

1) 计算公式

如上所述,近似采用与集箱圆形平端盖同样形式的计算公式,将式(11-1-17)中的直径 D_i 改为当量圆直径 d_e(图 12-1-3),并取附加厚度 1 mm,得

$$\delta_1 \geqslant \delta_{1\min} = K d_e \sqrt{\frac{p}{[\sigma]}} + 1 \quad\cdots\cdots\cdots\cdots\cdots\cdots\cdots\cdots (12\text{-}1\text{-}1)$$

式中:δ_1——取用厚度,mm;

$\delta_{1\min}$——最小需要壁厚,mm;

K——系数;

d_e——当量圆直径,mm;

p——计算压力(表压),MPa;

$[\sigma]$——许用应力,MPa,按下式计算:

$[\sigma] = \eta [\sigma]_J$

$[\sigma]_J$——基本许用应力,MPa;

η——基本许用应力的修正系数。

确定 $[\sigma]_J$ 所需计算壁温见 6-1 节之 2(2)。

附加厚度粗略取 1 mm。

可见,式(12-1-1)是将周边不连续固定的平板变形,假想为标准圆形而得出的,再用系数 K 加以修正。

注:拉撑平板属于平板受弯,有较大强度裕度,参见 11-3 节与 11-4 节。以上计算方法对此并未加考虑。

2) 系数 K

系数 K 体现周边的支撑(固定)情况,依据分析与经验所规定的值见表 12-1-1。

表 12-1-1　系数 K 值

支撑形式		K
支点线	平板或管板与锅壳筒体、炉胆或冲天管连接：	
	扳边连接	0.35
	坡口型角焊连接并有内部封焊	0.37
	内部无法封焊的单面坡口型角焊[1]	0.50
直拉杆、拉撑管、角撑板、斜拉杆		0.43
带垫板的拉杆		0.38
焊接烟管(包括螺纹管)；管头 45°扳边的胀接管		0.45

1) 如氩弧焊打底，且 100% 无损检测，K 可取 0.4；如采用垫板，且 100% 无损检测，K 可取 0.45。

可见，表中 K 值在 0.4 上下，与平端盖大致相当。

3) 当量圆直径 d_e

将上述周边不连续固定的平板变形，假想为标准圆形，其直径称"当量圆直径 d_e"也称"假想圆直径 d_J"。

① 当量圆

当量圆(假想圆)应尽量能够体现实际的变形情况。由图 12-1-4 可见，当量圆直径 d_e 能近似表征平板变形的特点。

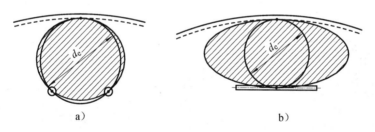

图 12-1-4　拉撑平板的变形

3 个支撑点画假想圆[图 12-1-4a)]已基本接近周边连续支撑的圆形平端盖变形情况，2 个支撑点[图 12-1-4b)]不如 3 个支撑点，可以想象 4 个或更多支撑点会更接近于圆形平端盖状态。因此，规定，二点画假想圆算出的计算厚度应比三点画假想圆增加 10%，而 4 个及更多支撑点可降低计算厚度 10%。

② 当量圆的画法

支点与支点线：

能够对平板起到固定(拉撑、支撑、加固)作用的点或线称为支点与支点线，当量圆应与之相切。

拉撑杆、拉撑管与烟管中心视为支点，角撑板的中心线以及与平板相连壳体的扳边或焊缝视为支点线(支点线上的各点都是支点)，见图 12-1-5 与图 12-1-6。

注：支点或支点线实际是在拉撑(支撑)件的边缘焊缝上，以上规定留有裕度。如按拉撑(支撑)件边缘画当量圆，较为方便，无需按中心或中心线画，留有裕度并无必要。

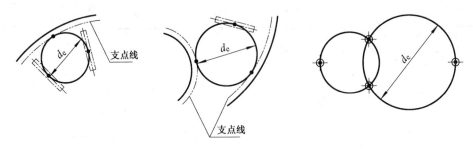

图 12-1-5　当量圆画法

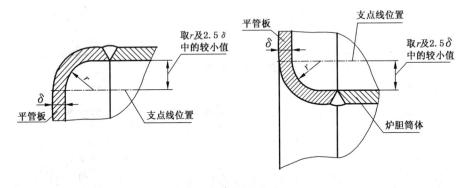

a) 扳边支点线位置

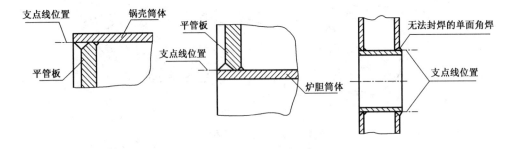

b) 角焊支点线位置

图 12-1-6　支点线确定方法

注意：

① 画假想圆时 3 个支撑点不应都在直径的一侧

如三点都在直径的一侧，则无支撑的另一侧半圆不受支撑点约束，可以大变形，其变形情形不可能类似于集箱平端盖。

同理，如经过 2 个支撑点画假想圆，则二点应位于同一直径上。

② 人孔或手孔的扳边或加强圈焊缝都不是支点线

人孔或手孔的扳边或加强圈焊缝都不应视为支点线，因为在压力作用下，它们连同孔盖一起向外变形（图 12-1-2 中人孔区域的变形斜线凸起部分），起不到拉撑作用。

以上当量圆的画法，适用于各种拉撑、支撑、加固的平板。

4) 基本许用应力修正系数 η

按标准规定，拉撑（加固）平板与烟管管板皆取 $\eta=0.85$，这主要是考虑应力状态较为复杂一些。

(2) 结构要求

如平板或管板是扳边的,则扳边内半径不应小于两倍板厚,且至少为 38 mm。

扳边孔不应开在对接焊缝上。

注:以上扳边内半径的规定长期为各标准所应用,属于经验性的。

[注释]

1) 平板的边缘直段不需校核

平板的边缘直段从未要求按筒壳公式校核,因为可按局部应力处理,见 10-5 节之 1。

2) 平板不给出最大允许厚度

平管板热负荷较高,内外壁温差较大,热膨胀量差异也较大,但平板会因膨胀量不同而弯曲,从而内外壁膨胀量差异得以部分实现,就减小了热应力。而筒壳或球壳则不然,内外壁膨胀量的差异全部引起热应力。另外,由前述平板应力分析可知,平板的应力状态显著优于筒壳或球壳,即使有些热应力,仅使屈服区域放大些,远达不到全部屈服,更不可能出现两倍屈服限导致材料疲劳。受热的平端盖情况也如是。

基于以上分析,锅炉强度计算标准皆不给出平管板最大允许厚度的要求。

2 含人孔圈的平板

含人孔的平板见图 12-1-7。

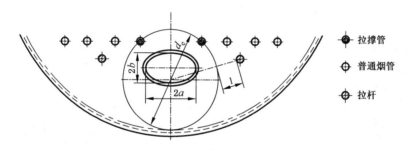

图 12-1-7 包含人孔的平板

(1) 强度计算

1) 计算公式

含人孔的平板按式(12-1-2)计算:

$$\delta_1 \geq \delta_{1\min} = 0.62\sqrt{\frac{p}{\sigma_b}(Cd_e^2 - d_h^2)} \quad \cdots\cdots (12\text{-}1\text{-}2)$$

式中:σ_b——20 ℃时的抗拉强度,MPa;

C——系数;

d_e——当量圆直径,mm;

d_h——人孔尺寸,mm;

其他与式(12-1-1)相同。

2) 系数 C

系数 C 按表 12-1-2 确定。

表 12-1-2　系数 C

包含人孔平板的拉撑情况	C
无拉撑或两侧有拉撑但 $l > \dfrac{d_e}{10}$	1.64
两侧有拉撑且 $l = 0 \sim \dfrac{d_e}{10}$	1.19

注：l 为拉杆外缘距当量圆的最小距离（见图 12-1-7）。

3) 当量圆直径 d_e

按本节之 1(1) 之 3) 画。

4) 人孔尺寸 d_h

人孔尺寸 d_h 取椭圆孔长半轴与短半轴之和，即

$$d_h = a + b$$

式(12-1-2)与表 12-1-2 来源，见 12-2 节之 2 的说明。

含头孔、手孔的平板，也按上述含人孔方法计算。

(2) 结构要求

人孔圈或头孔圈焊缝边缘与平板扳边起点之间的净距离不应小于 6 mm。

扳边孔不应开在对接焊缝上。

人孔圈角焊缝可不开坡口，因不受热；如采用坡口焊，变形明显。

3　有加固横梁的平板

有加强横梁的回烟室（火箱）顶板，见图 12-1-8。

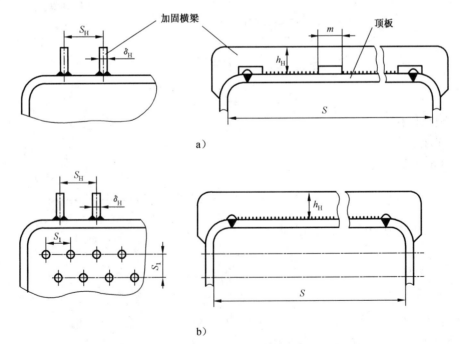

图 12-1-8　有加固横梁的火箱（回烟室）顶板

(1) 强度计算

1) 计算公式

有加固横梁的火箱顶板在均匀压力作用下的受力情况与拉撑平板基本一样,也是产生双向弯曲,故强度计算也按式(12-1-1)进行。

2) 系数 K

系数 K 按表 12-1-3 确定。如果在全部焊接之后进行清除应力处理。则 K 值可比表 12-1-3 给出值减少 10%。

表 12-1-3　有加固横梁的火箱顶板的系数 K

结 构 型 式	K
有 水 通 道	0.46
无 水 通 道	0.56

注:有水通道时,4点画当量圆,水温与壁温也较为均匀,K 值相应减小一些。

3) 当量圆直径 d_e

当量圆直径 d_e 按以下方法确定:

① 横梁有水通道时[图 12-1-8a)]

$$d_e = \sqrt{(m+\delta_H)^2 + S_H^2}$$

式中:m——水通道宽度;

δ_H——加固横梁的厚度;

S_H——加固横梁之间的净距离。

② 横梁无水通道时[图 12-1-8b)]

$$d_e = S_H$$

以上 d_e 确定方法参见 12-2 节之 2 的说明。

4) 基本许用应力修正系数 η

按本节之 1(1)之 4)确定。

(2) 结构要求

加固横梁与顶板必须填角焊(中间无间隙),而且加固横梁两端不与扳边壁焊接(图 12-1-8),见 13-2 节之 5 的说明。

如顶板是扳边的,则扳边内半径不应小于板厚,且至少为 25 mm。

注:火箱或回烟室平板尺寸较小,故扳边半径的要求较前述的管板小一些。

4　环形平板

立式冲天管式锅炉的环形封头与环形炉胆顶(图 12-1-9)皆属于均布压力作用的环形平板结构。

(1) 强度计算

1) 计算公式

环形平板也画当量圆,按式(12-1-1)计算。

2) 当量圆直径 d_e

画法见图 12-1-9。

仅靠冲天管支持时,d_e 取与支点线相切所画出的切圆直径(图 12-1-9 右部分);

装有拉撑件时,d_e 取通过 3 个或 3 个以上支撑点所画出的圆中最大圆的径(图 12-1-9 左部分)。

3) 系数 K

仅靠冲天管支持时,系数 K 取表 12-1-1 给出值的 1.5 倍;

若因宽度较大而加拉撑杆时,如为三点支撑,K 按表 12-1-1 确定;如为四点支撑,K 值降低 10%。

4) 基本许用应力的修正系数 η

按本节之 1(1)之 4)确定。

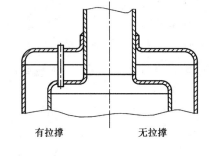

有拉撑　　　　无拉撑

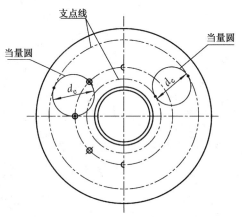

图 12-1-9　立式冲天管式锅炉的环形封头与环形炉胆顶

(2) 结构要求

环形平封头和环形平炉胆顶上装有拉杆时,对于外径大于 1 200 mm 但小于 1 500 mm 的锅壳筒体,至少应装 4 根拉杆。外径等于或大于 1 500 mm 但小于 1 800 mm 的锅壳筒体,至少装 5 根拉杆;外径等于或大于 1 800 mm 的锅壳筒体,至少装 6 根拉杆。

环形平封头或环形平炉胆顶的外缘扳边内半径不应小于两倍板厚,且至少为 38 mm;内缘扳边(与冲天管相连)内半径不应小于板厚,且至少为 25 mm。

以上结构规定是参照英国 BS 2790—88 标准确定的。

5　烟管管板

(1) 烟管管板

强度计算:

1) 计算公式

烟管管板在均匀压力作用下的受力情况与拉撑平板一样,也是产生双向弯曲,故强度计算也按式(12-1-1)进行。

2) 系数 K

按拉撑管画假想圆时,系数 K 取自表 12-1-1。

3) 当量圆直径 d_e

① 胀接烟管束

为避免胀接烟管与管板连接处胀口的强度不够,也为提高管板刚度,通常在烟管区域内装置厚度较大的拉撑管,并要求拉撑管与管板牢固焊在一起(见图 13-1-3)。此时,按拉撑管中心画当量圆直径 d_e。

胀接管束在个别情况下,也可不装拉撑管;例如,烟气流动为单回程且管板上的管束面积较小(不超过 0.65 m²)即属于此种情况。这是因为各烟管内烟气温度较均匀,烟管与管板的连接处不会因温差出现较大热应力。此时,可按胀接管最大节距画当量圆直径 d_e。

② 焊接烟管束

焊接烟管束也有明显拉撑作用,不必再专门装设拉撑管,取焊接烟管最大节距为当量圆直径 d_e。

卧式内燃锅炉管束区域最上及最下管排以及相邻两回程管束之间的两侧管排的受力较大,故这些管排上应装设拉撑管,并按此拉撑管中心画管束区域以外平板的当量圆。

4) 基本许用应力的修正系数 η

按本节之 1(1)之 4)确定。

结构要求:

胀接管直径不大于 51 mm 时,管板名义厚度不应小于 12 mm,胀接管直径大于 51 mm 时,管板名义厚度不应小于 14 mm。管子与管板连接全部采用焊接时,管板名义厚度不应小于 8 mm;如管板内径大于 1 000 mm,则管板名义厚度不应小于 10 mm。

管子与管板采用胀接连接时,其孔桥不应小于 $0.125d + 12.5$ mm。焊接管板孔桥应使相邻焊缝边缘的净距离不小于 6 mm,若进行焊接热处理,可不受此限制。

管孔焊缝边缘至扳边起点的距离不应小于 6 mm,对于胀接管,管孔中心至扳边起点的距离不应小于 $0.8d$,且不应小于 $0.5d + 12$ mm。

(2) 回烟室(火箱)的侧管板

回烟室侧管板见图 12-1-10。

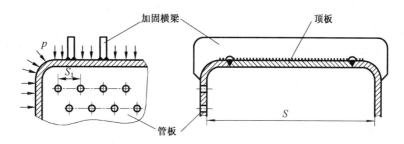

图 12-1-10 回烟室侧管板抗压校核图

强度校核计算:

当顶板不用吊杆而用横梁加固时(图 12-1-10),顶板与横梁承担全部压力作用;此时,侧管板除按式(12-1-1)计算孔桥强度外,还应按式(12-1-3)校核孔桥处的抗压强度:

$$\delta > \frac{pSS_1}{186(S_1 - d_i)} \frac{400}{R_m} \quad \cdots\cdots\cdots\cdots\cdots\cdots (12\text{-}1\text{-}3)$$

式中: S_1——管孔横向节距,mm;

d_i——管子内直径,mm;

S——火箱管板的内壁间距,mm;

R_m——室温抗拉强度,MPa。

由图 12-1-10 可见,顶板上的全部压力由四壁支撑。式(12-1-3)是根据顶板向下传递压力 pSS_1(单个节距范围内)的一半由孔桥及管壁,即由 $\delta(S_1-d_i)$ 来承担,并取抗压许用应力为 93 MPa,再考虑抗拉强度修正($400/R_m$)而推导出来的老公式。

结构要求:

如顶板是扳边的,则扳边内半径不应小于板厚,且至少为 25 mm。

(3) 立式多横火管锅炉的烟管管板

立式多横火管锅炉(考克兰锅炉)的烟管管板见图 12-1-11a)。

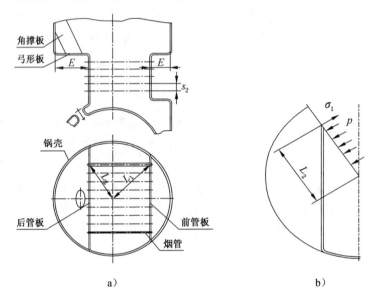

图 12-1-11 立式多横火管锅炉管板最外侧孔桥强度校核图

强度校核计算:

此种锅炉的烟管管板除按式(12-1-1)计算孔桥强度外,还应按式(12-1-4)校核最外侧垂直管排的强度:

$$\delta \geqslant \frac{pD}{2\varphi[\sigma]-p}+1 \quad\cdots\cdots\cdots\cdots\cdots\cdots\cdots\cdots\quad(12\text{-}1\text{-}4)$$

式中:$[\sigma]$——许用应力,MPa;

D——当量直径,mm,等于最外侧管排中心与管板壁中线之交点至锅壳轴线距离的二倍:

前管板　$D=2L_1$　[图 12-1-11a)]

后管板　$D=2L_2$　[图 12-1-11b)]

φ——最外侧管排的减弱系数:

$$\varphi=\frac{s_2-d}{s_2}$$

s_2——管孔垂直节距,mm;

d——管孔直径,mm。

式(12-1-4)是根据图 12-1-11b)所示计算图,按压力 p 的合力与最外侧孔排孔桥处应力 σ_1

的合力相平衡近似推导出来的。

结构要求：

立式多横水管板最外侧垂直管排如为胀接管，为防止最外侧垂直管排与管板的连接强度不足，要求最外侧垂直管排每间隔一根管子应是拉撑管。

12-2 拉撑(加固)平板与拉撑曲面板的强度解析

在 12-1 节阐述拉撑(加固)平板强度计算与结构规定中，对一些问题已作了简要解释，本节对需要较多说明的问题作进一步分析。

1 含人孔平板的强度计算

含人孔的平板见图 12-2-1。

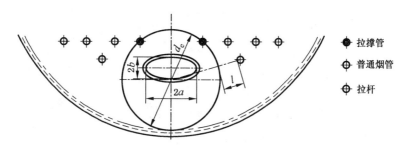

图 12-2-1 含人孔的平板

基于理论分析与应力测试，得按假想圆计算平板的基本计算式[114]：

无孔圆平板 $\sigma_w = \dfrac{3}{16} \dfrac{p d_e^2}{\delta^2}$

注：此式与 11-1 节对圆形平板应力分析得出的式(11-1-16)大致相同。

含人孔圆平板 $\sigma_w = \dfrac{3}{16} \dfrac{p(d_e^2 - d_h^2)}{\delta^2}$

注：此式表示人孔尺寸 d_h 增加，弯曲应力 σ_w 减小，与 11-1 节之 2 所述规律相同。

由于当量圆 d_e 的支撑点不是连续的，受力较差，故上式中的 d 不能简单用当量圆直径 d_e 代替，而应改用 $k d_e$ 代替。k 为大于 1 的系数，由对比实验测得，其值见表 12-2-1。则上式变为

$$\sigma_w = \frac{3}{16} \frac{p(k^2 d_e^2 - d_h^2)}{\delta^2} = \frac{3}{16} \frac{p(C d_e^2 - d_h^2)}{\delta^2}$$

式中 $C = k^2$，见表 12-2-1。

表 12-2-1 系数 C 与 k

包含人孔平板的拉撑情况	C	k
无拉撑或两侧有拉撑但 $l > \dfrac{d_e}{10}$	1.64	1.27,1.29
两侧有拉撑且 $l = 0 \sim \dfrac{d_e}{10}$	1.19	1.09

注：l 为拉杆外缘距当量圆的最小距离(见图 12-2-1)。

规定拉伸许用应力$[\sigma]=\sigma_s/2$,而弯曲许用应力应放大 1.5 倍,另外,取 $\sigma_s=0.65\sigma_b$,则由前式,得

$$\frac{3}{16}\frac{p(Cd_e^2-d_h^2)}{\delta^2}\leqslant 1.5\frac{0.65\sigma_b}{2}$$

此式经整理即得:

$$\delta_1\geqslant\delta_{1\min}=0.62\sqrt{\frac{p}{\sigma_b}(Cd_e^2-d_h^2)}\quad\cdots\cdots\cdots\cdots\cdots\cdots\cdots(12\text{-}2\text{-}1)$$

日本锅炉构造规格长期应用此式[148]。

注:编制我国 JB 3622—84 锅壳式锅炉受压元件强度计算标准时,本书撰写者建议采用式(12-2-1),后续标准沿用。但由上述可见,此式是理论分析后,经设定、转换得出的含抗拉强度 σ_b 的陈旧公式。含人孔的环板由于孔径较大,应力状态较好(见 11-1 节的图 11-1-8),上式已有反映。

2 有加固横梁平板的当量圆直径

加固横梁有水通道时,为 4 个支点画当量圆,支点见图 12-2-2a)。

当量圆直径公式为

$$d_e=\sqrt{M^2+S_H^2}$$

式中:$M=m+\delta_H$。

这是将水通道两端的支点各放宽半个 δ_H(加固横梁的厚度),此规定相当于加固横梁的支点线不在加固横梁的边缘,而取加固横梁的中线,见图 12-2-2a)。

加固横梁无水通道时,为 2 个支点画当量圆,支点见图 12-2-2b),也规定支点线不在加固横梁的边缘,而取加固横梁的中线,则 $d_e=\delta_H$。

注:实际上,平板强度裕度颇大,这种过细的计算规定并无意义。与无水通道时一样,完全可行。

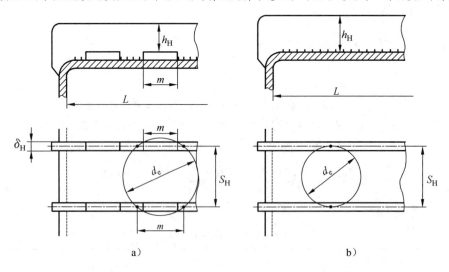

图 12-2-2 有加固横梁的顶板

3 拉撑曲面板强度计算

工业锅炉中的拉撑曲面板见图 12-2-3。曲面板为圆筒的一部分,拉撑曲面板与火室顶板

靠拉杆相连。

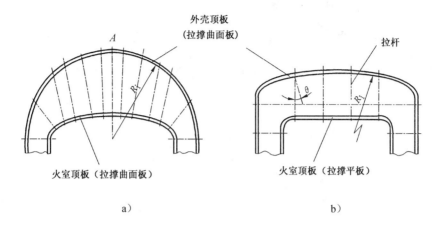

图 12-2-3 拉撑曲面板

(1) 火室顶板计算方法

火室顶板有的是曲率半径较大的拉撑曲面板[图 12-2-3a)]，压力作用在凸面上；有的是拉撑平板[图 12-2-2b)]。它们都按以前所述的拉撑平板计算[114,115]。

(2) 外壳顶板计算方法

外壳顶板为有拉撑的圆筒形曲面板，它的强度比无拉撑的筒壳肯定大。

1) 图 12-2-3b)所示凹面受压的外壳顶板(有拉撑的曲面板，曲面形状为筒形的一部分)的最高允许工作压力$[p]$取以下二式中的较小值[114,115]：

$$[p]=[p]_1+[p]_2 \quad\quad\quad (12\text{-}2\text{-}2)$$
$$[p]=[p]_1+[p]_3 \quad\quad\quad (12\text{-}2\text{-}3)$$

$[p]_1$为无拉撑筒壳的最高允许工作压力。计算时，取$D_i=2R_i$[R_i为曲面的曲率内半径，见图12-2-3b)]。如曲面板上有焊缝、孔排等，应求出最小减弱系数$\varphi_{\min}$并反映到$[p]_1$中。

$[p]_2$为有拉撑平板的最高允许工作压力，按 12-1 节所述方法计算。计算时，取系数$K=0.25$，拉撑节距按外壁展开尺寸计算。

$[p]_3$为拉杆的最高允许工作压力，按 13-1 节所述方法计算。计算时，支撑面积按外壳顶板的外壁计算。如拉杆不垂直于壁面，按斜拉杆计算，取$\alpha=90°-\theta$[θ为拉杆与壁面法线的夹角，见图 12-2-3b)]。

2) 图 12-2-3a)所示凹面受压的外壳顶板(有拉撑的半个圆筒)，按美国 ASME 锅炉压力容器规范[46]规定，其最高允许工作压力为按上述二式及式(12-2-4)计算所得最小值：

$$[p]=\frac{100[\sigma]\varphi\delta}{R_i-\sum(t\sin\beta)} \quad\quad\quad (12\text{-}2\text{-}4)$$

式中：$[p]$——最高允许工作压力(表压)，kgf/cm^2；

$[\sigma]$——许用应力，按拉撑平板取，kgf/mm^2；

φ——顶部(A处)截面的减弱系数；

δ——外壳顶板厚度，mm；

R_i——外壳顶板内半径，mm；

t——火室顶板上拉杆中心节距（直线距离），见图 12-2-4，mm；

β——拉杆与垂线形成的夹角，见图 12-2-4；

$\sum(t\sin\beta)$——顶板中心线一侧各拉杆 $t\sin\beta$ 的总和。

式(12-2-4)的来源：

将火箱顶板及外壳顶板切割出宽度为 L 的一段（图 12-2-5），可见每个拉杆对外壳顶板所施加的拉力为 ptL。

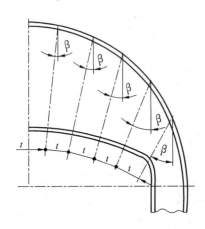

图 12-2-4　外壳顶板计算图

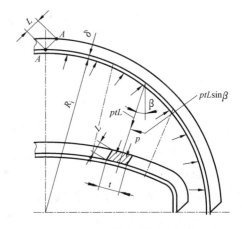

图 12-2-5　外壳顶板受力图

A—A 截面的内力应该与内压力作用于外壳顶板的水平分力和拉杆作用于外壳顶板的水平分力之和相平衡，即

$$\sigma\delta L\varphi = pR_i L - \sum(ptL\sin\beta)$$

由此，得

$$p = \frac{\sigma\delta\varphi}{R_i - \sum(t\sin\beta)}$$

将上式中的应力 σ 用许用应力 $[\sigma]$ 代替，并考虑工程常用单位后，即得式(12-2-4)。

可见式(12-2-4)是按外壳顶板顶部（A 处）截面考虑的。如果最小减弱系数 $\varphi_{\min}$ 在顶部截面，还应校核最小减弱系数所在截面的强度。最小减弱系数所在截面的最高允许工作压力可按式(12-2-5)计算：

$$[p]' = [p]\frac{a}{b} \cdots\cdots\cdots (12\text{-}2\text{-}5)$$

式中：$[p]$——按式(12-2-4)计算，但取 $\varphi = \varphi_{\min}$；

a——火箱中心线处外壳顶板内壁至火箱顶板外壁之间的距离；

b——在通过最小减弱系数截面的半径上，与火箱顶板外壁相切且正交该半径的交点至外壳顶板内壁的距离，见图 12-2-6。

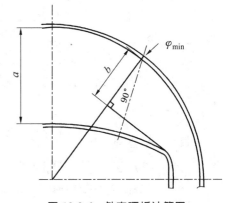

图 12-2-6　外壳顶板计算图

4 管板外载校核计算

(1) 矩形管板外载校核

1) 校核计算方法

立式列管空气加热器(横截面为矩形)的下管板承受较大载荷作用,视为均布载荷作用下的矩形平板受弯结构,可按下式近似计算[88]:

$$\delta_1 = \delta_l + c$$

式中:δ_l——理论计算厚度,mm;

$$\delta_l = \frac{kym}{\varphi}\left(\frac{p}{[\sigma]}\right)^{0.5}$$

$k = 0.53$,考虑周边约束情况的系数;

$y = \dfrac{1.4}{\left[1+\left(\dfrac{m}{n}\right)^2\right]^{0.5}}$,形状系数;

m、n——管板短边、长边净尺寸,mm;

$\varphi = \sqrt{\dfrac{1-\dfrac{\sum d}{n}}{1-\left(\dfrac{\sum d}{n}\right)^3}}$,减弱系数;

$\sum d$——对应长边 n 截面上孔径之和,mm;

$p = \dfrac{\sum G}{F}$,MPa,均布载荷;

$F = m \times n$,mm²,管板计算面积;

$[\sigma]$——许用应力,MPa;

$$[\sigma] = \frac{k_w \sigma_s^t}{n_s}$$

$k_w = 1.5$,考虑弯曲受力状态;

σ_s^t——管板温度条件下的屈服限,MPa;

$n_s = 1.5$,安全系数;

c——附加厚度,可取 1 mm～2 mm。

下管板周边与基础采用固定连接。

如下管板面积过大,为减小管板厚度,应设置中间支点或加强筋。

2) 校核计算示例

以热风炉空气加热器为例[29](见表 12-2-2)。

应用的计算标准:GB/T 16508—1996。

表 12-2-2　换热器下管板强度计算

序号	名　称	符号	单位	公式及来源	数值
1	考虑周边约束情况的系数	k	—	按本节 4 之 1	0.53
2	作用于下管板的全部载荷	ΣG	N	给定	9 600
3	管板短边净尺寸	m	mm	根据结构	960
4	管板长边净尺寸	n	mm	根据结构	1 000
5	管板计算面积	F	mm²	$m \cdot n = 960 \times 1\,000$	9.6×10^5
6	均布载荷	p	MPa	$\dfrac{\Sigma G}{F} = \dfrac{9\,600}{9.6 \times 10^5}$	0.01
7	形状系数	y	—	$\dfrac{1.4}{[1+(\frac{m}{n})^2]^{0.5}} = \dfrac{1.4}{[1+(\frac{960}{1\,000})^2]^{0.5}}$	1.01
8	对应长边 n 截面上孔径之和	Σd	mm	给定	350
9	减弱系数	φ	—	$\sqrt{\dfrac{1-\frac{\Sigma d}{n}}{1-(\frac{\Sigma d}{n})^3}} = \sqrt{\dfrac{1-\frac{350}{1\,000}}{1-(\frac{350}{1\,000})^3}}$	0.82
10	系数（考虑弯曲受力状态）	k_w	—	按本节 4 之 1	1.5
11	材料	—	—	给定	Q235A
12	抗拉强度	σ_b	MPa	按 GB/T 16508—1996，表 1	372
13	系数	$\dfrac{\sigma_s^t}{\sigma_b}$	—	按 GB/T 16508—1996，表 2，550 ℃	0.25
14	管板温度条件下的屈服限	σ_s^t	MPa	$\sigma_b \dfrac{\sigma_s^t}{\sigma_b} = 372 \times 0.25$	93
15	安全系数	n_s	—	按 GB/T 16508—1996	1.5
16	许用应力	$[\sigma]$	MPa	$\dfrac{k_w \sigma_s^t}{n_s} = \dfrac{1.5 \times 93}{1.5}$	93
17	理论计算厚度	δ_l	mm	$\left(\dfrac{kym}{\varphi}\right)\left(\dfrac{p}{[\sigma]}\right)^{0.5} = \left(\dfrac{0.53 \times 1.01 \times 960}{0.82}\right) \times \left(\dfrac{0.01}{93}\right)^{0.5}$	6.5
18	附加厚度	c	mm	可取 1～2	2
19	最小需要厚度	δ_{min}	mm	$\delta_l + c = 6.5 + 2$	8.5
20	取用厚度	δ	mm	$\delta \geqslant \delta_{min}$	14

（2）圆形管板外载校核

以载荷较大的 46 MW 组合螺纹烟管锅炉高温烟管筒为例[30]。

1）校核计算方法

圆形管板外载受力状态与承受压力作用的管板类似，故圆形管板外载校核按管板计算。

2）校核计算示例

① 重量统计（见表 12-2-3）

表 12-2-3　46 MW 高温烟管筒重量统计表

序号	名　称	数量	总量/kg		备注
			单重	总重	
1	筒体	1	1 479	1 479	$L=2\,900$
2	上下管板	2	201	402	
3	烟管	149	26	3 874	
4	排污管	2	4.6	9.2	
5	横隔板	1	51.1	51.1	
6	竖隔板	4	4.1	16.4	
7	手孔装置	2	6.1	12.2	
8	容水量			4 100	
	合计			9 943.9	

② 下管板承受的外载

烟管与水的重量为主(筒体重量支撑于基础,不计)。

$$G = 3\,874 + 4\,100 + 402 = 8\,376 \text{ kgf} \quad \text{取 } 8\,500 \text{ kgf}。$$

③ 下管板承载面积

$$F = 0.785 \times D^2 = 0.785 \times 1\,700^2 = 227 \times 10^4 \text{ mm}^2$$

④ 下管板外载均布载荷

$$p_{\text{外载}} = 8\,500/227 \times 10^4 = 0.003\,74 \text{ kgf/mm}^2 = 0.036\,6 \text{ MPa}$$

可见,外载的均布载荷 $p_{\text{外载}}$ 要比内压力 $p = 1.3$ MPa 小得多。因此,一般情况下,不专门计算外载。

⑤ 附加外载最大应力(在管板边缘处)

$$\sigma_{\max} = p[KD/(\delta-1)]^2/2 = 0.036\,6 \times [0.37 \times 1\,700/(14-1)]^2/2 = 42.8 \text{ MPa}$$

式中 $K = 0.37$(支点线)。

除以 2,因上下管板通过烟管束共同承担外载。

⑥ 内压力引起的应力

$$\sigma = p[Kd_e/(\delta-1)]^2 = 1.3 \times [0.42 \times 221/(14-1)]^2 = 66.3 \text{ MPa}$$

式中 $K = 0.42$(各种支点平均值)。

⑦ 合成应力

$$\sum \sigma = \sigma + \sigma_{\max} = 66.3 + 42.8 = 109 \text{ MPa}$$

⑧ 校核

许用应力

$$[\sigma] = 122 \text{ MPa}$$

可见

$$\sum \sigma < [\sigma]$$

满足要求。

说明：

管板受力状态属于平板弯曲，强度裕度颇大；另外，管板弯曲受烟管管束明显约束。

基于以上情况，无必要再考虑烟管筒外载问题。因此，2～80 蒸吨此型锅炉早已投运，其烟管筒从未提供管板外载校核计算。

12-3 拉撑(加固)平板的强度问题与处理

拉撑平板的强度裕度与圆形平端盖一样，也是很大，本节提出同样处理建议。

拉撑平板强度需要处理的问题较多，本节介绍部分处理实例。

1 拉撑平板的强度裕度过大问题与处理

(1) 拉撑平板的强度裕度颇大

工业锅炉拉撑平板专门实验表明，工作压力为 0.8 MPa 有 6 块对称布置角撑板的试验锅炉，当压力升至 4.6 MPa 时，一块角撑板与平板的焊缝处产生穿透性裂纹，泄漏压力约为工作压力的 8 倍[118]。拉撑平板的残余变形状态见图 12-3-1，中部凸起约 9 mm。平板本身并未破裂。

可见强度裕度颇大，与 11-3 节之 1 所述一样。

(2) 考虑平板承载能力颇大对强度计算的建议

建议拉撑(加固)平板与烟管管板强度计算与集箱平端盖一样(11-4 节之 2)，改用以下公式：

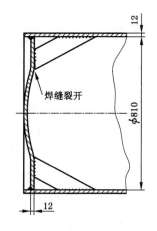

图 12-3-1 拉撑平板变形示意图

$$\delta_1 \geqslant \delta_{1\min} = C_1 K d_e \sqrt{\frac{p}{[\sigma]}} + 1 \quad \cdots\cdots \quad (12\text{-}3\text{-}1)$$

式中：δ_1——取用厚度，mm；

$\delta_{1\min}$——最小需要壁厚，mm；

C_1——承载能力修正系数；

K——系数；

d_e——当量圆直径，mm；

p——计算压力(表压)，MPa；

$[\sigma]$——许用应力，MPa，

$$[\sigma] = \eta[\sigma]_J$$

$[\sigma]_J$——基本许用应力，MPa；

η——基本许用应力的修正系数。

系数 K 与承载能力修正系数 C_1：

系数 K 取 0.33，与圆形平端盖的建议值一样，见 11-4 节之 3。

承载能力修正系数 C_1 取 0.9，它大于圆形平端盖的建议值($C=0.8$)，因拉撑平板结构较

复杂。

2　外置式管板的应用示例

法国阿利桑那系列燃油锅炉（3 MW 以下，0.5 MPa）、德国 Ecoflam 系列燃油锅炉（1.4 MW 以下，0.5 MPa）的管板为外置式，采用填角焊与锅壳相连，见图 12-3-2。

外置式管板与锅壳连接焊缝的受力与内置式传统结构相比有明显改善，详见 11-3 节之 3。

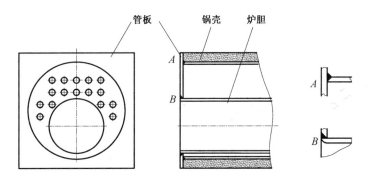

图 12-3-2　外置式管板

3　拉撑平管板人孔上部强度问题的处理

平管板人孔正上方约呈三角形的 A 区域（图 12-3-3），经许多地区（上海、南京、大连）应力实测表明外壁应力高达 1.5～2.0 倍屈服限，曾引起许多工厂与质检部门的困惑。但此高应力区很小，高应力衰减很快，且弯曲应力为主。实际上是二次应力引起的。按"应力分类与控制原则"考虑，不超过 2 倍屈服限是允许的，详见 7-1 节。国内外大量锅炉长期运行表明，该区域从未出现过问题。

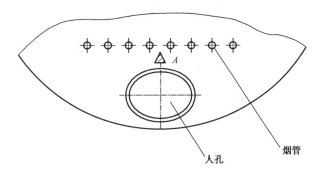

注：为此，曾多次召开讨论会。大连 523 厂在中部 A 区域拟焊接以横梁，聘请全国一流老专家参与讨论。我国质检部门还咨询过日本锅炉协会——回答是未测试过，但从来无问题。

图 12-3-3　平管板人孔区

4　管板主焊缝上焊以烟管管排问题的处理

当管板直径很大，需由两块钢板拼接而成，可能烟管管排中心线与管板主焊缝中心线互相重叠。如钢板拼接后以及压制成管板毛胚后，皆进行 100% 探伤检验，并对探伤合格的管板毛胚进行消除内应力热处理,则对于由低碳钢制成的管板毛胚,其主焊缝的材料性能与母材应基本相同。此条件下,在主焊缝上焊以烟管管排,与在母材上焊并无区别。

管板拼接焊缝经过热处理后残余应力可基本消除,当然焊上烟管后常难以再退火。但是,管板属于双向受弯曲元件,强度计算标准给出的计算方法包含相当大的安全裕度,足可抵消一定残余应力的影响。另外,在工作温度下残余应力会逐渐减小——残余应力松弛现象(见 3-3 节),因此,残余应力在强度计算中是不考虑的因素。

基于以上分析,在特殊需要情况下对于碳钢管板,于拼接焊缝上焊以烟管管排后不进行退火处理是可行的。

为使这种结构拱形管板的安全可靠性确实得到保证,约 25 年前,经过专家论证,已允许工艺水平较高的锅炉厂生产这种主焊缝上焊以烟管管排的管板。

5 旋压扳边厚度明显减薄的处理

卧式内燃锅炉大直径管板的扳边旋压成型,使扳边圆弧半径 r 处明显减薄(图 12-3-4)——已超过标准规定的允许减薄值。

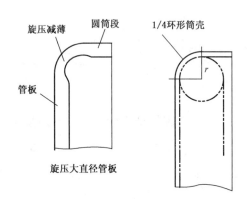

图 12-3-4 旋压扳边处明显减薄示意图

考虑到以下原因:

1) 扳边圆弧为 1/4 环形筒壳(图 12-3-4 右),因 r 很小,则内压需要厚度也很小;

2) 管板边缘施加于扳边圆弧的弯矩较小,因周边支撑接近于弹性;另外,向外拉力由于存在拉撑件与烟管,也不大;

3) 管板计算壁厚包含颇大裕度(见本节之 1)。

尽管扳边圆弧半径 r 处明显减薄,安全可行,已被批准应用。

6 假想圆内孔的处理

假想圆内有单孔或多孔时,管端头对孔的补强作用颇大(1/4 面积补强,见 18-4 节);加之平板强度裕度颇大,故无需增加壁厚。

第13章 拉撑(加固)件的强度

平板上的拉撑件有:角撑板、斜拉杆、直拉杆等,加固件为加固横梁;烟管区的拉撑件为拉撑管、焊接烟管。

拉撑件受力以拉伸为主,由开始屈服至破裂的升压倍数与平板受弯大不相同;拉伸仅约为1倍,而平板双向受弯达8倍以上。另外,这些元件必须十分可靠,如果断裂会导致平板破坏,后果十分严重;因为有拉撑件的较大容量锅炉的水容一般都较大,爆破能量也较大。因此,拉撑件、加固件的安全裕度规定得较大;另外,对拉撑件两端连接焊缝提出严格要求。

锅壳平板拉撑件的运行实践与试验研究表明,拉撑件是锅壳锅炉中较薄弱环节,尤其是焊接部位,详见13-3节之3与4。

本章论述拉撑(加固)件的强度计算与结构要求,并给出问题解析与问题处理示例。

拉撑(加固)平板与拉撑(加固)件结构较复杂,也给工艺带来较多麻烦。21-4节提出完全取消拉撑(加固)件的内燃锅炉结构与计算示例。

13-1 拉撑(加固)件的强度计算与结构要求

本节首先介绍布置拉撑件必须满足的呼吸空位要求。本节给出不同拉撑(加固)件的强度计算方法与结构要求。

1 呼吸空位

内燃锅壳锅炉的结构特点是将主要受热面(炉胆、烟管)置于锅壳以内,锅壳的端部一般用拉撑平板(烟管管板)将锅壳、炉胆、烟管连在一起。由于锅炉运行时,炉胆、烟管、锅壳的轴向膨胀量不一,则拉撑平板必然产生弯曲变形与附加的弯曲热应力,见13-2节之1。

降低上述弯曲热应力的有效措施是将温度不同的相邻元件在平板壁面上的距离加大。温度不同相邻元件在平板壁面上的允许最小距离称"呼吸空位",见图13-1-1。

拉撑件与其他温度不同相邻元件的布置需满足呼吸空位的要求。其他温度不同相邻元件的布置也需满足呼吸空位的要求。

呼吸空位的规定值:
呼吸空位的规定值仅是根据分析与经验而确定的。

1) 炉胆外壁与烟管外壁之间或炉胆外壁与锅壳筒体内壁之间的呼吸空位,应不小于锅壳筒体内径的5%和50 mm的较大值,如锅壳筒体内径的5%大于100 mm时,可取100 mm。

2) 角撑板端部或直拉杆边缘与烟管外壁之间的呼吸空位应不小于100 mm。

3) 锅壳筒体内壁与烟管外壁之间的呼吸空位应不小于40 mm。

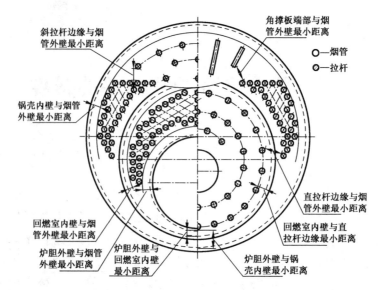

图 13-1-1　管板上不同壁温元件的最小距离(呼吸空位)

4) 角撑板端部或直拉杆边缘与炉胆外壁之间的呼吸空位,一般应不小于 200 mm。当锅壳筒体外径大于 1 800 mm 和炉胆长度大于 6 000 mm 时,呼吸空位应不小于 250 mm;当锅壳筒体外径小于 1 400 mm 和炉胆长度小于 3 000 mm 时,呼吸空位应不小于 150 mm。

5) 所有其他情况的呼吸空位,应不小于锅壳筒体内径的 3% 和 50 mm 的较大值,如锅壳筒体内径的 3% 大于 100 mm 时,可取 100 mm。

考虑到波形炉胆、斜拉杆的柔性较角撑板、直拉杆为大,故管板用斜拉杆与锅壳相连时,则其间的呼吸空位要求可以减 30%。

如波形炉胆的两端都为扳边结构,而且管板用斜拉杆与锅壳相连,则其间的呼吸空位可以减小 50%。

关于呼吸空位解析与建议,详见 13-2 节之 1。

2　直拉杆、拉撑管与斜拉杆的强度计算与结构要求

直拉杆结构见图 13-1-2。

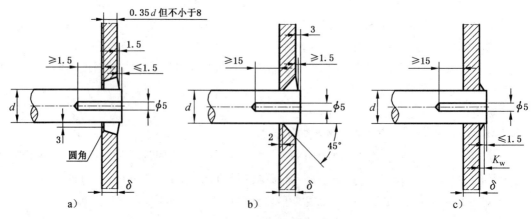

图 13-1-2　直拉杆与平管板的连接

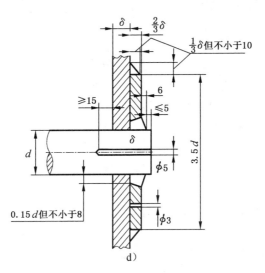

a)、b)、c) 可用于烟温＞600 ℃结构；d) 只允许用于烟温≤600 ℃。

图 13-1-2(续)

拉撑管结构见图 13-1-3。

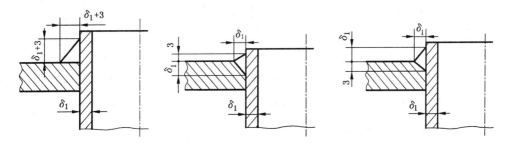

图 13-1-3　拉撑管与平管板连接

斜拉杆结构见图 13-1-4。

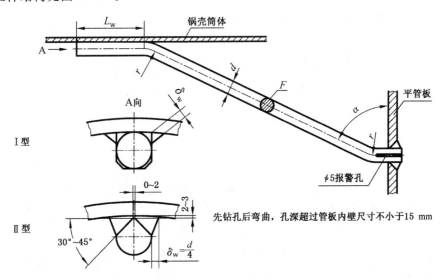

图 13-1-4　斜拉杆与平管板及锅壳筒体的连接

(1) 强度计算

直拉杆与拉撑管按式(13-1-1)进行强度计算：

$$F \geqslant F_{\min} = \frac{pA}{[\sigma]} \quad \cdots\cdots\cdots\cdots\cdots\cdots\cdots\cdots\cdots\cdots (13\text{-}1\text{-}1)$$

斜拉杆按式(13-1-2)进行强度计算：

$$F \geqslant F_{\min} = \frac{pA}{[\sigma]} \frac{1}{\sin\alpha} \quad \cdots\cdots\cdots\cdots\cdots\cdots\cdots (13\text{-}1\text{-}2)$$

式中：F——取用截面积，cm^2；

$F_{\min}$——最小需要截面积，cm^2；

p——设计压力，MPa，取相连元件的计算压力；

A——拉撑面积，cm^2；

$[\sigma]$——许用应力，MPa；

$$[\sigma] = \eta[\sigma]_J$$

$[\sigma]_J$——基本许用应力，MPa，其中计算温度按按不受热元件取；

η——基本许用应力的修正系数，见后；

α——斜拉杆(角撑板)与平板的夹角，见图 13-1-4。

拉撑面积 A：

拉撑件所分担的拉撑面积 A 应是距各支撑点等距离的连线(中位线)所包围的面积。

中位线可以近似地取为 3 个相邻支撑点切圆的中心和 2 个相邻支撑点切圆的中心之间的最近连线(图 13-1-5)，详见 13-2 节之 2 的解析。

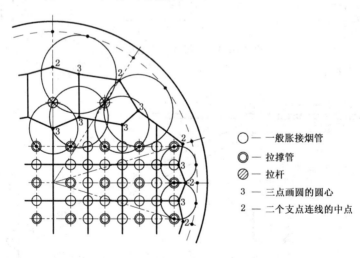

图 13-1-5　拉撑面积 A 的近似确定方法

对于直拉杆、拉撑管或焊接烟管，应将中位线所包围的面积减去直拉杆、拉撑管或焊接烟管所占据的面积作为拉撑面积，因被减去的面积上并无压力作用。

对于斜拉杆与角撑板，则不需减去所占据的拉撑平板面积，因为此面积上有介质压力作用。

中位线所包围的面积——拉撑面积 A 的确定方法见图 13-1-5。

图 13-1-5 中，一般胀接烟管不视为支点，则画中位线不考虑它们的存在。

3个支撑点画圆的中心距这3个支撑点等距离,2个支撑点的中点也是等距离点,则中位线必然经过上述中心与中点。这样,上述中心与中点的连续即可近似得出中位线。

图 13-1-5 中,拉撑件(拉杆、拉撑管)周围的封闭中位线即构成需要拉撑的范围。

说明:

通过三个支撑点画圆时,其圆心距各支撑点等距,该圆心为中位线上的一点。这种3个支撑点画圆的目的与画当量圆(12-1 节)不同,不应混为一谈,不存在3点都在直径的一侧要求。

基本许用应力的修正系数 η:

取基本许用应力的修正系数 $\eta=0.6$。η 取得这样小的原因,见 13-2 节之 3。

(2) 结构要求

锅壳平板直拉杆与斜拉杆的直径不得小于 25 mm。回烟室(火箱)直拉杆的直径不得小于 20 mm。这些规定主要是由于拉撑件很重要,需留有较大裕度。

如直拉杆长度超过 4 m,中间应加支点,以免产生过大挠度。

注:大容量内燃锅炉直拉杆因挠度过大,在运输时拉杆颤动使拉杆端部焊缝产生裂纹,致使用户水压试验时发现泄漏。

与烟温大于 600 ℃ 接触的拉杆端部不应伸出过长,超出焊缝长度不应大于 1.5 mm。此规定是长期运行经验的总结,如伸出过长,端头有可能由于向杆内导热困难使热应力过大而过早疲劳损坏或者较快烧损,详见 11-3 节之 2 的解析。如不与火焰接触,超出焊缝长度可放宽至 5 mm。

拉杆的端头应钻出 $\phi 5$ mm 的警报孔并伸入介质侧一定深度(15 mm)。一般情况下,焊缝根部最薄弱,一但裂缝伸入到警报孔,即向外排汽,发出警报,可及时处理,以避免事故扩大。

斜拉杆的转角半径 r 不应小于 2 倍杆的直径,以提高柔性。

斜拉杆(角撑板)与平板形成的夹角 α 不应小于 60°,见图 13-1-4、图 13-1-6,否则,与锅壳连接部位受力明显变大。

注:夹角 $\alpha=45°$ 的角撑板,在锅炉升压强度试验时,发现角撑板与锅壳连接部位明显出现凹坑。

斜拉杆与锅壳筒体连接部位的外部烟温应不大于 600 ℃,因该处受力较大。

(3) 焊缝计算与要求

1) 直拉杆与拉撑管焊缝

直拉杆与拉撑管焊缝见图 13-1-2 与图 13-1-3。图 13-1-2c)中的 K_w 应满足下式要求:

$$K_w \geqslant \frac{125 F_{min}}{\pi d_w}$$

2) 斜拉杆焊缝计算

斜拉杆与锅壳筒体连接的焊缝厚度 δ_w,对于 I 型焊缝(图 13-1-4)应满足下式要求:

$$\delta_w \geqslant \frac{125 F_{min}}{2 L_w}$$

对于 II 型焊缝(图 13-1-3),厚度 δ_w 取为 $d/4$。

任何情况下,焊缝厚度 δ_w 不应小于 10 mm。

焊缝长度 L_w 应满足下式要求:

$$L_w = \frac{250 F_{min}}{d}$$

3) 焊缝结构要求

直拉杆、斜拉杆与平板连接焊缝的要求见图 13-1-2～图 13-1-4。

3　角撑板的强度计算与结构要求

角撑板结构见图 13-1-6。

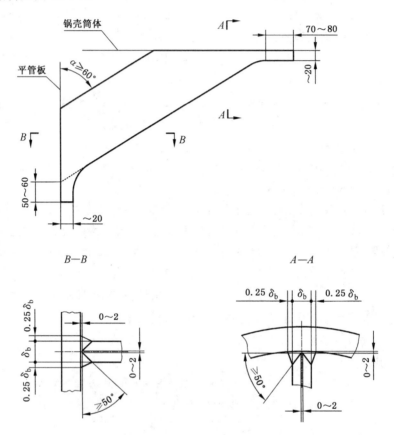

图 13-1-6　角撑板与管板及锅壳筒体的连接

（1）强度计算

角撑板的最小需要截面积按式(13-1-2)计算。

角撑板与平管板、锅壳筒体的焊缝长度 L_w 应满足下式要求：

$$L_w \geqslant \frac{100pA}{\eta_h [\sigma] \delta_b \sin\alpha} + 20$$

焊缝系数 $\eta_h = 0.6$。

计算压力取相连元件的计算压力，计算温度按不受热元件取。

（2）结构要求

角撑板在平管板上宜辐射布置(图 13-1-7)，两块角撑板间的夹角宜在 15°～30° 之间。

角撑板与平管板、锅壳筒体的连接焊缝均为坡口型，应严格保证焊缝避免出现咬边等缺陷，焊缝与母材圆滑过渡。

角撑板与平管板的夹角 α 不应小于 60°，否则，与锅壳相连焊缝受力过大。

参照国外标准规定角撑板厚度不应小于平管板厚度的70%,也不应小于锅壳筒体的厚度和不大于锅壳筒体厚度的1.7倍。

角撑板与平管板、锅壳筒体连接处的结构形状与尺寸应符合图13-1-6的要求。

角撑板与平管板、锅壳筒体连接部位的烟温不应大于600℃。

角撑板的刚度较大,已逐渐被斜拉杆所取代。

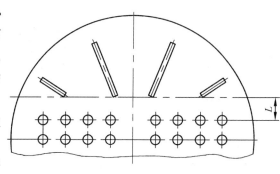

图13-1-7 角撑板布置

4 加固横梁的强度计算与结构要求

加固横梁见图12-1-8。

(1) 强度计算

加固横梁按式(13-1-3)进行强度计算：

$$\delta_H \geqslant \frac{pS^2 S_H}{K_H h_H^2 [\sigma]} \quad \cdots\cdots\cdots\cdots (13\text{-}1\text{-}3)$$

式中:p——设计压力(表压),MPa(按相连元件确定);

S——回烟室(火箱)两侧板的内壁间距(图12-1-8),mm;

S_H——火箱顶板上加固横梁间距,mm;

K_H——系数,为1.13;

h_H——横梁计算高度(图12-1-8),mm;

$[\sigma]$——许用应力,MPa,按下式计算:

$$[\sigma] = \eta [\sigma]_J$$

$[\sigma]_J$——基本许用应力,MPa;

η——基本许用应力的修正系数,由于公式较准确,且不受热,取1.0。

式(13-1-3)来源见13-2节之3。

(2) 结构要求

加固横梁与回烟室(火箱)顶板必须填角全焊透(图12-1-8),因为如有间隙,其热阻颇大,顶板局部壁温升高,担心锅炉多次启停引起低周疲劳。

13-2 拉撑(加固)件强度的解析

在13-1节拉撑(加固)件强度计算与结构要求中已对一些问题作了简单说明。本节对复杂的问题加以解析。

1 关于呼吸空位

(1) 呼吸空位说明

以图13-2-1所示炉胆与锅壳相连为例,锅炉运行时由于炉胆壁温高于锅壳,二者轴向变形

出现差值 Δl，则中间的平板产生弯曲变形与弯曲热应力。热应力最大点为图示连接点 B 与 A 处。燃油锅炉冷态启动实测表明，B 点热应力达工作应力的 3 倍以上[134]。B 点为炉胆与管板的连接处。

降低上述热应力的有效措施是将平板上温度不同的相邻元件壁面之间的距离 L 加大（图 13-2-1）。在 Δl 相同条件下，L 愈大则热应力愈小。Δl 值还取决于炉胆与锅壳的温差，对于既定锅炉它是固定的，但 L 值是可由设计者改变的。

如为柔性明显的波形炉胆，热伸长差值 Δl 的一部分被波形炉胆吸收，则平板弯曲热应力下降。柔性愈大（刚度愈小），平板弯曲应力下降得愈多。

（2）呼吸空位要求的演变

JB 3622—84 标准制定时，参照英国标准 BS 2790—1969 版本，仅对刚度较大的角撑板提出呼吸空位要求，而对斜拉杆、直拉杆等未提出要求。

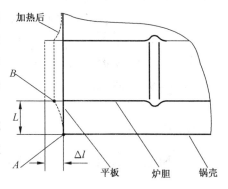

图 13-2-1 呼吸空位 L

实际经验表明，因平管板相连的不同元件温度有差异及膨胀不一而使管板及相连元件产生过大热应力并导致产生低周疲劳问题，是时有发生的。因此，英国标准 BS 2790—1987 版本及国际标准 ISO 5730:1992 对此提出了较严格及较细致的要求，不仅对角撑板，也对斜拉杆、直拉杆、烟管等都提出了要求。

GB/T 16508—1996 标准参照 BS 2790—1987 及 ISO 5730:1992 标准并充分考虑了我国长期生产卧式内燃锅炉的经验，对呼吸空位作了较大修改与增补。考虑到波形炉胆、斜拉杆的柔性较角撑板、直拉杆为大，故管板用斜拉杆与锅壳相连时各处呼吸空位的要求可以减少 30%；如波形炉胆的两端都为扳边结构，而且管板用斜拉杆与锅壳相连，则各处呼吸空位可以减小 50%。

提示：螺纹烟管较一般平直烟管的柔性明显增大（刚度下降约 30%），则对呼吸空位的要求理应放宽一些，但 GB/T 16508—1996 标准尚未加以考虑。GB/T 16508—2013 标准沿用 GB/T 16508—1996 标准未变。

附注：双炉胆与单炉胆内燃锅炉角撑板对呼吸空位的要求

JB 3622—84 标准提出以下要求：

双火筒（炉胆）内燃锅炉，角撑板在平板上的"呼吸空位"见图 13-2-2，平炉胆上方的呼吸空位尺寸如表 13-2-1 所示；平炉胆下方的呼吸空位可取此表给出值的一半，因为炉胆下部受热比上部弱得多。

表 13-2-1 双火筒（炉胆）内燃锅炉的呼吸空位   mm

平板厚度	12	14	16	18	20	>20
呼吸空位	255	280	305	330	330	340

单火筒（炉胆）内燃锅炉的呼吸空位线按图 13-2-3 确定，图中：

$$AO = K = 3\delta + 63.5 \text{ mm}$$

式中：δ——平板厚度，mm。

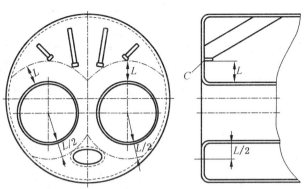
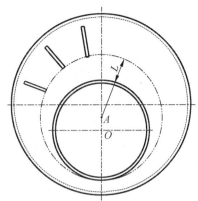

图 13-2-2 双火筒(炉胆)内燃锅炉的呼吸空位   图 13-2-3 单火筒(炉胆)内燃锅炉的呼吸空位

以 A 为中心,以 $R=D_o/2+K$ 为半径画圆,这就是呼吸空位的界限,(D_o 为炉胆外直径,mm)。炉胆顶部的呼吸空位尺寸 $L=2K=6\delta+127$ mm。

如为波形炉胆,由于炉胆本身的轴向柔性较大,则呼吸空位可取上述规定的 70%。

在烟管管束上下方,建议留有 $L \geqslant 100$ mm 的呼吸空位,L 为由烟管外壁至角撑板端部的最小距离。

2 拉撑件所支撑面积 A 的近似求法

拉撑件应尽量均匀布置,使每个拉撑件承担的作用力大致相同,即拉撑件所分担的拉撑面积希望尽量一致。

拉撑件所分担的拉撑面积是距各支点等距离的连线(中位线)所包围的面积。例如,图 13-2-4 所示的角撑板中心线与扳边支点线之间的中位线为 $bcdef$ 曲线,因为这条线上各点距角撑板中心线与距扳边支点线是相同的:

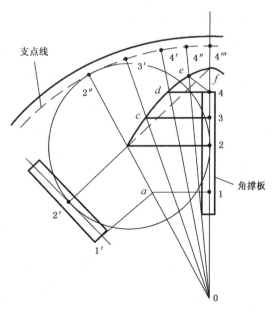

图 13-2-4 中位线准确画法

$$b-2=b-2'',\quad c-3=c-3',\quad d-4=d-4',$$
$$e-4=e-4'',\quad f-4=f-4'''.$$

可以证明[150]：def 段为椭圆线（点与圆弧的中位线），而 bcd 段为抛物线（直线与圆弧的中位线）。为简化计，可用 bf 直线代替上述曲线，二者偏差不大。

基于以上简化，中位线可以近似地取为 3 个相邻支撑点切圆的中心和 2 个相邻支撑点切圆的中心之间的最近连线，如图 13-2-5 和图 13-2-6 所示。图中 2 为两个相邻支撑点切圆的中心，3 为三个相邻支撑点切圆的中心；图中仅示意给出个别切圆。

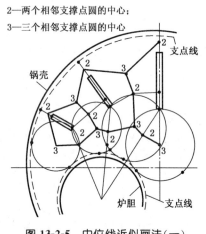

图 13-2-5　中位线近似画法（一）

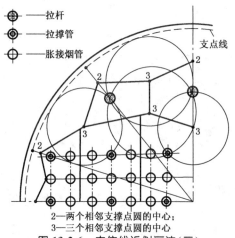

图 13-2-6　中位线近似画法（二）

3　直拉杆与拉撑管计算与结构要求的解析

（1）计算问题

1）基本计算公式与焊脚尺寸计算公式

直拉杆和拉撑管最小需要截面积计算公式以及直拉杆与平管板的连接焊缝的焊脚尺寸计算公式都十分简单——力的平衡原则，无需专门推导。

2）许用应力

拉撑件的许用应力取得很低——基本许用应力的修正系数 $\eta=0.55$（GB/T 16508—1996 标准），后续标准为 0.6。这是因为拉撑件是十分重要的元件，若拉撑件失去了拉撑作用，例如某一拉撑件的焊缝裂断，则附近拉撑件的承载立即加大，很可能随之裂断，继而使被拉的平板破裂；另外，凡是设置拉撑件的锅壳容积一般均较大，破裂后果十分严重——可能引发汽水爆炸。

注：爆破实验证实，一个拉撑件焊缝一声破裂失去拉撑作用后，随之相邻拉撑件失效，整个锅筒很快就破坏[118]。

3）焊接管束可不进行拉撑计算

长期实践与分析证实，由大量焊接烟管构成的管束形成一个拉撑整体，对管板能起较强的拉撑作用。由于烟管用塑性较好的钢材制造，即使少数烟管受力较大，其应力达到屈服限即不再增加，各烟管受力得以均衡。因此，焊接管束可不进行拉撑计算。

4）拉撑管厚度由计算决定

GB/T 16508—1996 标准取消了拉撑管的厚度至少为 5 mm 的规定，其厚度由计算决定。这给制造厂备料(钢管规格)带来方便。BS 2790—1989、ISO 5730:1992 也是这样处理的。

5) 螺纹烟管与一般平直烟管一样对待

螺纹烟管取代一般直烟管已成必然趋势。曾对螺纹烟管力学性能进行过深入分析与实验研究,它的静态强度颇高,而且疲劳强度也足可满足 30 年以上运行寿命要求;另外,刚度约为一般直烟管的 30%,使管板与烟管整体柔性提高,从而减小管端连接焊缝的热应力。螺纹烟管刚度下降也不会引起管板应力明显上升。螺纹烟管在我国实际应用已近 40 年,在国外有更长时间的运行实践。因此,GB/T 16508—1996 标准明确规定螺纹烟管与一般直烟管一样对待,但其柔性提高可使呼吸空位适当减小尚未加以反映。

6) 取消拉撑管问题

国际标准 ISO 5730:1992、英国标准 BS 2790—1989 皆规定焊接烟管与胀接后管端扳边的烟管管束无需再专门设置拉撑管,因为这种烟管本身已具有足够拉撑作用。只是由于管束边缘的烟管所受拉力较大,故规定管束边缘应配以一定数量的拉撑管。

我国 JB 3622—84 标准已经实施了上述焊接烟管束可取消拉撑管的规定。

GB/T 16508—1996 标准对焊接烟管束仍沿用此规定。另外,明确边缘管排应有一定数量拉撑管,体现为当管束边缘某些烟管与最近支点线或最近支点(支点指烟管束以外的支撑点、烟管束以内的焊接烟管或另一管束的焊接烟管)的距离大于 250 mm 时,其焊缝尺寸应满足拉撑管焊缝尺寸的要求,而管束内的任何焊接烟管均不作拉撑计算。至于胀接烟管束,当管端扳边的角度满足一定要求后,与上述焊接烟管同样对待也是可以的,但由于制定 GB/T 16508—1996 标准时,这方面的实践经验总结得不多,故未做出此规定。

注:各种容量新型锅壳锅炉的拱形管板中,螺纹烟管束上下边缘烟管管排均未设置拉撑管,已有约 30 年安全运行经历。

7) 焊接烟管束的计算

JB 3622—84 标准规定焊接烟管束的强度按烟管中心所画圆直径的 4 倍作为假想圆直径进行计算。这一规定的依据并不充分,故 GB/T 16508—1996 标准改为取烟管最大节距为假想圆直径,并将系数 K 适当加大至 0.47。

(2) 结构规定

1) 直拉杆无需中间支撑的长度

直拉杆由于本身重量较大而截面惯性矩又相对不大,故产生的挠度比烟管大。当跨距 L 为 4 m~5 m 时,挠度 f 可达 20 mm~30 mm。但如此大的挠度引起管端轴向变形尚不到 1 mm,因而不会对管板强度起明显影响作用。

如拉杆两端近似按铰接考虑,由图 13-2-7 有如下几何关系:

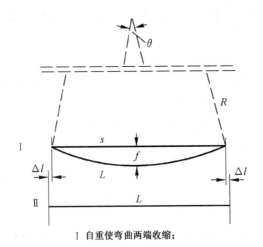

Ⅰ 自重使弯曲两端收缩；

Ⅱ 原始状态

图 13-2-7 直拉杆变形示意图

$$s = 2R\sin\frac{\theta}{2}$$

$$L = R\theta$$

$$f = 2R\sin^2\frac{\theta}{4}$$

设　　　　　$R = 100$ m　　$\theta = 0.05$ rad

则　　　　　$L = 100 \times 0.05 = 5$ m

$$s = 2 \times 100 \times \sin\frac{0.05}{2} = 4.9995 \text{ m}$$

$$f = 2 \times 100 \times \sin^2\frac{0.05}{4} = 0.0312 \text{ m} = 31.2 \text{ mm}$$

$$\Delta L = 0.5 \times (L - s) = 0.5 \times (5 - 4.9995) = 0.00025 \text{ m} = 0.25 \text{ mm}$$

可见，长度 L 约为 5 m 的直杆，挠度 $f = 31.2$ mm 时，两端仅各收缩 $\Delta L = 0.25$ mm。即挠度虽较大，但两端变形甚小，故强度标准对挠度不提出要求。但过大挠度在运输震动时，可能导致端部焊缝开裂，故 GB/T 16508—1996 标准规定直拉杆长度大于 4 m 时中间应加支撑。后续标准沿用上述规定。

拉撑管或一般烟管相对实心的直拉杆由于自身重量相对较小，而截面惯性矩相对较大，故挠度也相对较小，因此 GB/T 16508—1996 标准未提出中间加支撑的要求。

2）高温管板烟管端部的结构要求从严

英国 BS 2790—1989 已规定必须消除烟管管孔间隙及管端削至与焊缝平齐（超出长度不应大于 1.5 mm）。烟温界限，由过去规定的大于 800 ℃ 降至大于 600 ℃，可见已明显从严。我国高温管板开裂问题尤较突出（因锅水质量欠佳），故 GB/T 16508—1996 标准也作同样规定。

关于高温管板烟管端部结构要求从严的原因，详见 13-3 节之 2。

4 斜拉杆、角撑板计算与结构要求的解析

(1) 计算公式

1) 斜拉杆与角撑板的计算公式

斜拉杆的最小需要厚度计算公式是按图 13-2-8 所示两端铰支简单计算模型导出的。实际上,斜拉杆两端焊在平板与筒壳上,并非铰支而是接近于固支,则拉杆上除拉力 $pA/\sin\alpha$ 以外还存在弯矩。实验也表明拉杆中确实存在弯曲应力成分。此外也存在一定剪力。计算公式仅是根据拉力导出的,但许用应力取得很小 ($\eta=0.55$)。几十年经验表明,这样处理是安全可行的。

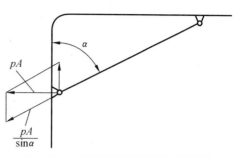

图 13-2-8 斜拉焊或角撑板的计算模型

2) 斜拉杆两端焊缝尺寸的计算公式

斜拉杆两端焊缝尺寸的计算公式均十分简单而无需专门推导。各式均包含较大安全裕度。

3) 角撑板两端焊缝尺寸的计算公式

角撑板与平管板、锅壳筒体连接焊缝所需长度的计算公式,是近似公式,包含很大安全裕度。

(2) 结构要求

1) 对角撑板结构要求从严

角撑板的刚性大于斜拉杆,故一般推荐采用斜拉杆。如采用角撑板,应对结构、工艺等提出较严要求。GB/T 16508—1996 对角撑板形状、焊接质量、布置等均提出明确要求,对角撑板厚度的要求也作些修改。另外,JB 3622—84 曾允许角撑板与锅壳的连接采用一般角焊缝,而 GB/T 16508—1996 则改为必须坡口型焊接。角撑板的端部应封焊好,因该处应力集中最明显。以上规定,后续标准沿用。

2) 斜拉杆与锅壳连接部位的允许温度从严

斜拉杆与锅壳筒体连接部位的烟温,JB 3622—84 标准规定为不得大于 800 ℃,而 GB/T 16508—1996 标准从严,改为不得大于 600 ℃。此规定改的原因是为与下述角撑板的规定取得一致。

3) 角撑板与锅壳相连的允许温度条件从严

角撑板与受辐射热的锅壳相连(又未填角焊)致使大量锅壳局部开裂的教训见 13-3 节之 3。为避免再发生类似现象,JB 3622—84 标准要求:角撑板不允许与烟温大于 800 ℃的锅壳部位连接(即使采用坡口型焊接也同样处理)。GB/T 16508—1996 将烟温界限由不大于 800 ℃改为不大于 600 ℃而使要求从严。当然,如果锅壳外部进行可靠绝热且运行中绝热层不会脱落,可以不受此烟温限制。由于存在上述烟温限制,故一般情况下锅壳下部常将角拉撑改为直杆拉撑,当然,采用凸形管板时由于无需拉撑,此问题不复存在。

5 加固横梁计算与结构要求的解析

(1) 加固横梁的计算公式

加固横梁的最小需要厚度公式(13-1-3),是将介质压力乘以分担的面积视为均布荷重作用于横梁上而导出(参见图12-1-8):

加固横梁所受的均匀载荷

$$q = pS_H$$

最大弯矩(按两端铰接不利情况考虑)

$$M_{max} = \frac{qS^2}{8} = \frac{pS_H S^2}{8}$$

而横梁的抗弯断面系数

$$W = \frac{\delta_H h_H^2}{6}$$

则

$$\sigma_W = \frac{M_{max}}{W} = \frac{\dfrac{pS_H S^2}{8}}{\dfrac{\delta_H h_H^2}{6}} \leqslant [\sigma]$$

于是得

$$\delta_H \geqslant \frac{pS_H S^2}{K_H h_H^2 [\sigma]} \tag{13-2-1}$$

式中:$K_H = \dfrac{8}{6} = 1.33$。

GB/T 16508—1996 取 $K_H = 1.13$,适当放大了安全裕度,现行标准沿用。

(2) 结构要求

必须填角焊,因回烟室(火箱)中烟温较高,如焊缝与顶板之间存在间隙,顶板局部烟温升高,其后果可能与炉胆加强圈未焊透类似,见 9-3 节之 3。

但是,加固横梁的两端扳边处免焊(图12-1-8),否则,扳边难以变形,起不到增加柔性作用。锅炉承压后,横梁两端与扳边的间隙消失,开始起支撑作用。

13-3 拉撑(加固)件的强度问题与处理

拉撑(加固)件的强度问题较多,本节进行分析并提出处理建议。

1 呼吸空位问题与处理

呼吸空位的规定值仅是根据分析与经验而确定的,人为因素较重,长期基本未变,调整空间较大。以下仅对明显不合理的内容提出修改意见。

1) 回烟室筒体与其他元件之间的呼吸空位应减小

对于卧式内燃湿背锅炉(图 13-3-1),回燃室筒体与其他元件(烟管、炉胆、直拉杆等)的呼吸空位,按标准[45]可近似将"回燃室筒体"视为"锅壳筒体"的规定偏严,因为回燃室前后经烟管、炉胆、短拉杆与锅壳前后管板相连,它们的轴向总体刚性要比锅壳筒体小得多,故对回燃室筒体与相连元件之间的呼吸空位要求可以减小,建议减小 30%(参照波形炉胆、扳边可减小呼吸空位的规定)。

注:修订标准时,此规定并未认真议论,带来偏严要求。

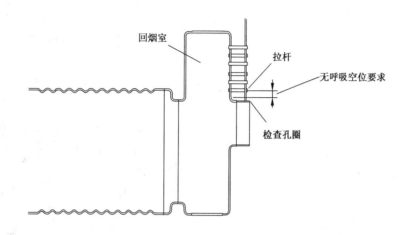

图 13-3-1　回燃室与后平板之间的检查孔圈

2) 湿背锅炉的检查孔圈与短拉杆之间不必提出呼吸空位要求

湿背内燃锅炉回燃室与后管板(平板)之间的检查孔圈(图 13-3-1),由于很短而且因绝热壁温不高,与相邻短拉杆的温差很小,则它与相邻拉杆之间不必考虑留有呼吸空位。

注:审图要求检查孔圈需按炉胆考虑。许多制造厂难以接受。

3) 螺纹烟管相邻呼吸空位可以减小

如平直烟管改用柔性明显增大的螺纹烟管,则呼吸空位可以减小。

2　高温管板管端结构必须严格保证

国内外锅炉强度计算标准规定高温管板烟气入口温度大于 600 ℃时,烟气入口端必须严格满足图 13-3-2 所示两项结构要求:管端伸出 0~1.5 mm 以消除烟管与管板孔壁的间隙。

(1) 从严要求的原因

烟管入口烟温较高时,若烟管管端伸向烟气侧较长,则管端的壁温会明显升高(管端距内部介质较远,得不到充分冷却),热应力也必然较大。

若烟管与管板孔之间有间隙,则间隙中的水由于

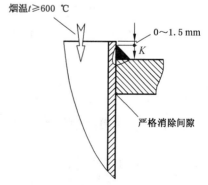

图 13-3-2　螺纹烟管入口端结构要求示意图

热负荷高,会不断蒸发(图 13-3-3,左)再不断进入水,逐渐出现水垢(图 13-3-3,右),导热能力下降,局部壁温升高;多次启停,焊缝产生变动热应力。

此外,管端焊缝或胀接部位还存在一定残余应力。因此,容易发生管端与孔桥开裂。对于热水锅炉,高温管板孔桥处内部水的流速一般很低,因过冷沸腾而生成水垢会加速上述开裂的发生。因此,如何防止管板开裂已为各国所关注。

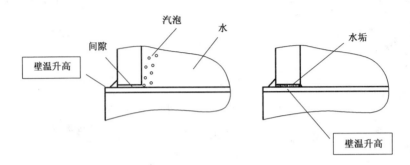

注:以上所述由间隙中不断逸出气泡及逐渐出现水垢并堵死间隙,是依据两次模型热态试验而观察到的[151,152];至于管板开裂漏水是为大量锅炉运行实践所证实的,以下所述即为一例。

图 13-3-3　烟管伸出过长与烟管管板存在间隙

(2) 管端事故示例

违反上述要求,经一冬运行,发生图 13-3-4 所示文字与外观现象。已引起裂纹出现漏水。

外观现象:

① 大部分烟管端头超出焊缝 δ 约 5 mm,个别超出约 10 mm,皆已明显超过要求的 0~1.5 mm。由于端头烟气侧壁温明显升高,致使氧化脱皮。

② 烟管与管板之间的间隙已被水垢填满。

③ 因焊缝高度沿周向不一,则管头温度沿周向必有差异,多次启停后,管头变为非圆形。

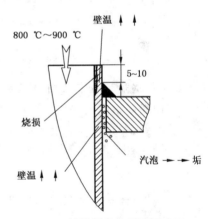

图 13-3-4　缺陷结构与后果示意图

(3) 处理建议

1) 焊缝不可能十分平齐,则焊脚尺寸 K 沿周界不会一样。如端头长度 1.5 mm 对应最长焊脚,则较短焊脚部位的端头长度将大于以上要求。端头长度较大部位的温度必然较高。因此,端头的上述要求应该对应最短焊脚处,端头多余长度应切削去,不会影响连接强度。

2) 由于全部完工后无法检查是否已经消除了间隙,故在施工过程中应不断进行监查。

3) 高温管板烟管入口烟温控制:热水锅炉设计取为 750 ℃以下,蒸汽锅炉为 800 ℃以下。

4) 个别工厂于高温管板的烟管束全部孔桥铺设耐火层。

3 拉撑板置于高温区的历史教训与处理

我国水火管锅壳锅炉发展初期,在对应炉膛前部高热负荷区的锅壳内底部焊以角撑板,且采用不开坡口的普通双面角焊,则角撑板下端面与锅壳内壁面之间形成间隙。在炉膛颇高热负荷作用下,间隙中的水必然汽化并使锅壳局部壁温上升。蒸汽由间隙端部逸出后而锅水进入时,又使该处壁温下降。再汽化再进入水,会使壁温周期变化,逐导致产生大量环向裂纹(轴向变形受角焊缝约束,周期变化的轴向热应力导致产生环向裂纹),迫使制造厂对上千台锅炉进行维修。

改进:

为避免再发生类似现象,JB 3622—84 标准要求:角撑板不允许与烟温大于 800 ℃ 的锅壳部位连接(即使采用坡口型焊接也同样处理)。GB/T 16508—1996 将烟温界限由不大于 800 ℃ 改为不大于 600 ℃ 而使要求从严。当然,如果锅壳外部进行可靠绝热且运行中绝热层不会脱落,可以不受此烟温限制。由于存在上述烟温限制,故一般情况下锅壳下部常将角拉撑改为直杆拉撑,当然,采用凸形管板时由于无需拉撑,此问题不复存在。

4 拉撑件强度试验结果简介

我国 20 世纪 60 年代初的火管锅炉受压元件强度计算暂行规定(原劳动部、原一机部,1961)中,对锅壳锅炉平板拉撑件的规定较少,制造厂对拉撑件的重要性认识也不足,有些锅炉的拉撑件焊缝尺寸不够、焊接质量欠佳,拉撑板的角度未满足≥60°要求,在水压试验时即断开。也有的在运行后酿成重大爆炸事故。

20 世纪 70 年代,在黑龙江省原劳动局大力支持下,本书撰写者曾对带有拉撑板、斜拉杆、斜链片等型式拉撑件的锅壳平板强度,组织过大量试验研究工作,包括理论分析与验证性水压试验、低周疲劳测试、应变测量等项目[153-155]。得到哈尔滨工业大学锅炉教研室、力学教研室、哈尔滨市劳动局、黑龙江省轻工机械厂、哈尔滨工业锅炉厂、哈尔滨锅炉厂等单位的大力支持。

上述工作的目的在于为制定我国锅壳锅炉正式强度计算标准(JB 3622—84)提供依据。所提出的有关规定沿用到 GB/T 16508—1996 与后续锅壳锅炉强度计算标准。

(1) 角撑板试验与演变

角撑板能起明显拉撑作用,但锅炉运行时,由于角撑板刚度颇大,其两端连接焊缝会产生较大热应力。

最初,有些锅壳锅炉的角撑板结构简单,对焊接质量重视不够,角撑板与筒壳的夹角仅 45°。验证性水压试验时,锅壳最弱部分为角撑板与平板之间焊缝的端部,见图 12-3-1,该处存在应力集中现象最明显,则首先裂开。为加强此薄弱部分的强度,JB 3622—84 标准于该处增设小横板,见图 13-3-5。

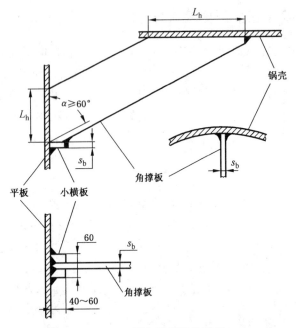

图 13-3-5　带小横板的角撑板

增设小横板,并不能减小角撑板的刚度,又使结构复杂。于是,后续版本 GB/T 16508—1996 参照当时英国 BS 标准,改用略有柔性的角撑板结构(图 13-3-6)。

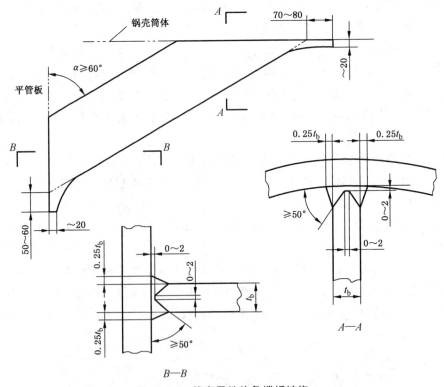

图 13-3-6　略有柔性的角撑板结构

(2) 斜拉杆试验

斜拉杆同样能起明显拉撑作用,由于斜拉杆的刚度较小,可减小焊缝热应力。

斜拉杆两端与平板、筒壳连接部位同样存在明显应力集中现象。

验证性水压试验只能表征静压强度,而低周疲劳试验则能表征运行强度的大小。低周疲劳试验与验证性态水压试验、应力测试结果表明[153−155]:

1) 斜拉杆最薄弱处为斜拉杆与平板的连接部位。疲劳裂纹均在图 13-3-7 所示位置。

2) 破裂后内部介质经警报孔而喷出,警报孔确具警报作用。

3) 疲劳裂纹处的弯曲应力最大,为减小该处弯曲应力,建议去掉斜拉杆与平板连接处的直段[115],即取 $e=0$。

4) 斜拉杆相对角撑板具有一定柔性;相对链片式斜拉撑或栓柱角撑板(BS 2790—1973)其结构较简单,因此建议优先采用。

5) 为改善斜拉杆转角处的应力状态,建议转角半径 r 不应小于 2 倍拉杆直径($2d$)。

6) 斜拉杆与平板的夹角 α 不应小于 60°,否则斜拉杆对筒壳的拉力过大。

以上内容基本上均已纳入 GB/T 16508—1996 标准中,并且后续标准沿用。

(3) 链片式斜拉撑试验

链片式斜拉撑见于 BS 2790—1973,如图 13-3-8 所示。

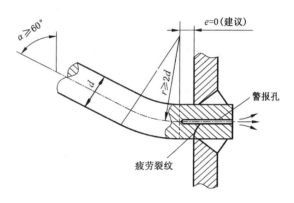

图 13-3-7 斜拉杆与平板的连接出现裂纹示意

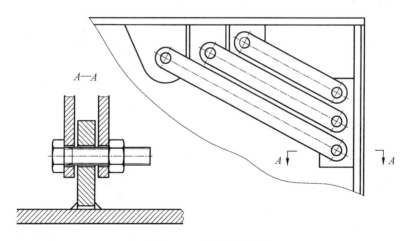

图 13-3-8 链片式斜拉撑

这种链片式斜拉撑既能起拉撑作用,又由于销钉与销孔存在间隙,应该是一种较好拉撑件。但由于销钉与销孔的间隙未能很好控制,应力与破裂压力测试结果并不理想[155]。加之,结构较复杂,故我国标准未能采纳。

5　锅壳锅炉彻底取消拉撑件问题

对锅壳平板拉撑件的大量试验研究后,深刻感受到拉撑件确是锅壳锅炉的相对最薄弱环节,尤其是焊接部位;另外,拉撑件使内燃锅炉整体刚性加大,热应力增加。

如果锅壳锅炉能够彻底取消拉撑件,应是提高锅炉安全可靠性的一大创新。本书推出的全无拉撑件卧式内燃锅炉(见21-4节)的原因正在于此。

第 14 章 矩形集箱的强度

矩形截面直集箱长期用作炉排的防焦箱等部件。另外,矩形截面环形集箱作为立式圆筒形炉膛受热面的上下集箱(日本三浦锅炉)也在大量应用。

矩形截面直集箱与矩形截面环形集箱,以下统称为"矩形集箱"。

[注释]

长期以来,矩形集箱筒体的传统计算方法(GB/T 16508—1996 等)是将双向受弯的平板筒体简化为单向受弯梁。共计算繁琐,计算厚度明显偏大。本书撰写者根据试验与有限元计算分析,提出仍可按双向受弯平板的简易公式计算,并已纳入我国锅壳锅炉标准 GB/T 16508.3—2013。

本章给出矩形集箱按双向受弯平板的简易计算方法,并与单向受弯梁传统计算方法进行对比。

14-1 矩形集箱的强度计算与结构要求

本节给出的矩形集箱计算方法是按双向受弯考虑的,与传统计算方法(GB/T 16508—1996 等)相比,合理又简单。

1 矩形截面直集箱的平板筒体与平端盖

(1) 计算方法

我国强度计算标准[45]对矩形直集箱平板筒体与平端盖,已按双向受弯平板处理强度,计算厚度按式(14-1-1)计算:

$$\delta_c = K d_e \sqrt{\frac{p}{[\sigma]}} \tag{14-1-1}$$

名义厚度(取用厚度)应满足:

$$\delta \geqslant \delta_c$$

校核计算时,最高允许工作压力按式(14-4-2)计算:

$$[p] = \left(\frac{\delta}{K d_e}\right)^2 [\sigma] \tag{14-1-2}$$

式中计算压力 p,按 6-1 节的规定确定;

计算温度 t_c,按 6-1 节的规定确定;

系数 K 按表 14-1-1 选取,如为二点画当量圆,再增加 10%。

注:上述公式中附加厚度取 0,因无工艺减薄,另外,平板强度裕度颇大。

表 14-1-1 系数 K 与 η

元件名称		系数 K		
l/m（图 14-1-5）		1.0	0.75	0.5
矩形集箱的筒体	$\eta=1.25$	0.65	0.65	0.65
矩形集箱的平端盖	$\eta=0.75$	0.5	0.6	0.65

注：关于系数 K 与许用应力修正系数 η 的取值，参见 14-2 节的修改意见。

矩形集箱的筒体当量圆直径 d_e 为两支撑点画圆（支撑点为矩形长边的扳边起点），如图 14-1-1 所示。矩形集箱的平端盖当量圆直径 d_e 为两支撑点画圆（矩形短边）或四支撑点画圆（正方形边长），如图 14-1-2 所示。

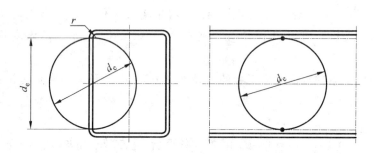

图 14-1-1 矩形集箱筒板的当量圆直径

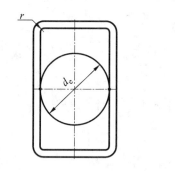 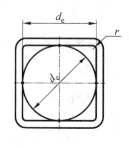

图 14-1-2 矩形集箱平端盖的当量圆直径

支撑点和支点线的确定方法按第 12 章。

［注释］

上述矩形直集箱平板筒体和平端盖计算时，未考虑单孔与多孔的存在问题，原因见 14-3 节之 3 的说明。

（2）结构要求

矩形集箱的结构应采用全焊透的对接焊接，如图 14-1-3 所示。

矩形集箱的焊缝不允许布置在集箱角上，如图 14-1-4 所示。

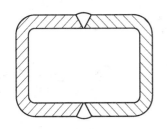
图 14-1-3 有纵向焊缝的集箱

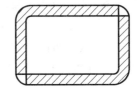
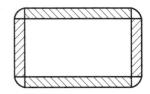
图 14-1-4 不允许的角焊结构

集箱内圆角半径 r（图 14-1-5）应满足以下要求：

$$r \geqslant \frac{1}{3}\delta, \text{且 } r \geqslant 6 \text{ mm}$$

矩形截面的集箱在各个侧面应具有相同的厚度。在一个面和/或其对称面上开孔后，其相距 $90°$ 的面上不得开孔，开孔应在一条直线上或两条相平行的直线上开圆形孔。椭圆形开孔只能位于一条直线上。开孔直线应与纵轴相平行，且要求 $b \leqslant m/2$，见图 14-3-2、图 14-3-3。

[注释]

计算方法已改变，以上规定有待重审。由于计算面的两个侧面起拉撑作用，故要求各面应具有相同的厚度以及 $b \leqslant m/2$ 是适宜的。

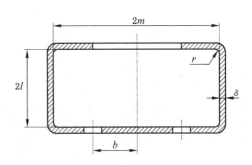
图 14-1-5 集箱内圆角半径

2 矩形截面环形集箱的平盖板

（1）计算方法

矩形截面环形集箱平盖板强度计算方法与前述矩形直集箱平板筒体及其平端盖基本相同。

系数 K 按第 12 章表 12-1-1 选取，由于为二点画圆（图 14-1-8），故应再增加 10%。

注：关于计算方法的修订建议见 14-2 节。

当量圆直径 d_e 为 2 个支撑点画圆，如图 14-1-6 所示。

支撑点和支点线按第 12 章有关规定确定。

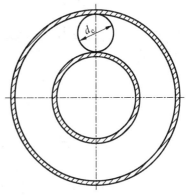
图 14-1-6 角焊平盖板的假想圆

注：GB/T 16508.3 的计算厚度增加 1 mm 附加厚度，实无必要，见 1(1) 的注。

附：矩形截面环形集箱内、外筒体计算

矩形截面环形集箱外筒体承受内压按第 8 章相关规定进行计算；

矩形截面环形集箱内筒体承受外压按第 9 章相关规定进行计算。

（2）结构要求

矩形截面环形集箱平盖板与集箱筒体的连接允许采用全焊透 T 形接头，即外置填角焊结构。已经受过长期考验。

14-2 矩形集箱的强度有限元计算分析与建议

为提供矩形集箱与矩形截面环形集箱的平板强度计算方法,专门机构曾组织过应力测试、有限元计算分析以及爆破与低周疲劳试验[49,156],并提出计算方法。本节对这些问题进行详细介绍。

本节属于矩形平板与环形平板的强度研究与解析,而 11-3 与 11-4 节论述的是圆形平板的强度研究与解析。二者研究方法基本相同。

1 矩形集箱的应力测试与有限元计算分析

(1) 试件

测试应力的矩形截面集箱试验件[156]共两类 5 种,见表 14-2-1 与图 14-2-1。

表 14-2-1 矩形截面集箱的试验件

试件№	试验元件	端盖、盖板的结构与连接
1	矩形直集箱的平板筒体与平端盖	内置式,填角焊
2、3	矩形截面环形集箱的平盖板	小直径;外置式,填角焊
4、5		大直径;外置式,填角焊

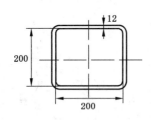
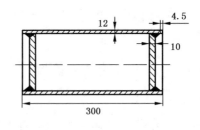

№1

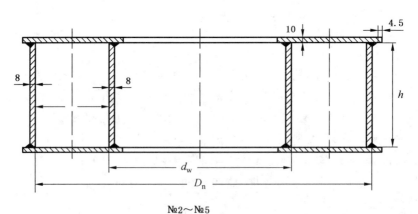

№2~№5

试件№1—矩形集箱;试件№2~№5—矩形截面环形集箱

图 14-2-1 矩形集箱的实验件结构图

试件№1的尺寸见图14-2-1,试件№2~№5的尺寸见图14-2-1与表14-2-2。

表 14-2-2 试件№2~№5的尺寸

试件№	d_w	D_n	d_J	h
2	360	660	150	300
3	360	960	300	300
4	720	1 020	150	300
5	720	1 020	150	600
试验件材料:20g。				

(2) 应力

利用应变片测量与有限元计算(ANSYS程序),得出的当量应力值见图14-2-2~图14-2-5。由图可见,应力实测值与有限元方法计算结果基本一致。为便于对比,内壁(内侧)弯曲应力取绝对值。

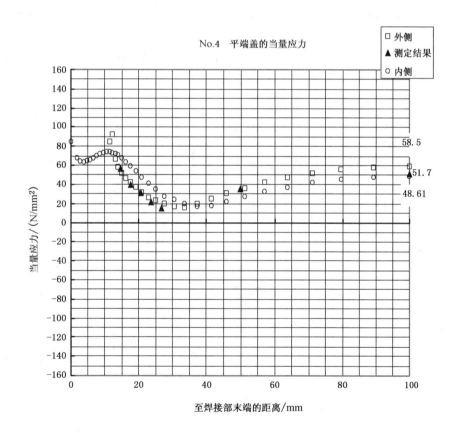

图 14-2-2 矩形集箱的内置式填角焊平端盖(试件№1)横向的当量应力分布

由以上有限元计算曲线与应力测试结果对比,以及以前进行过的其他元件对比可见,采用简易的有限元计算方法分析强度问题是可以信赖的。

注：有限元计算和应力测量主要由日本三浦工业株式会社完成。为了增加其信赖性，大连理工大学对试验件也进行了应力测量，大连本德锅炉公司也作了有限元计算。以上结果彼此皆基本吻合。

1) 一次弯曲应力

矩形平端盖的壁面中心以及矩形集箱筒板壁面中线、环形集箱平盖板壁面中线的应力 σ_w 为一次弯曲应力最大值（简称弯曲应力）。由于受内压力作用，外壁弯曲应力为正，内壁为负；而且由于平板承压凸起使横向投影尺寸减小从而产生横向拉应力，结果使弯曲应力的绝对值外壁略大于内壁。

有限元计算的 σ_w 值用以校核计算公式的准确性，而承压能力颇高可用修正系数加以考虑，详见后述。

2) 二次应力

平板元件与相连筒体的交界处，含二次应力（局部弯曲应力）。根据应力分类与控制原则（见 7-1 节），该处应力（指虚拟应力）不应大于 2 倍屈服限（$2\sigma_s' \approx 400$ MPa）。

矩形集箱两个相邻筒板之间的过渡圆弧较小时，该处会产生较大弯曲应力。即使此弯曲应力过大，使过渡圆弧全厚度进入屈服，形成塑性铰（变为铰支），但由于相邻筒板的约束作用，变形无法发展下去（具有自限性）。故该处应力性质与上述二次应力相同，亦应按二次应力处理。

各种试验件的上述应力（虚拟应力）最大值皆明显低于允许值 $2\sigma_s'$。

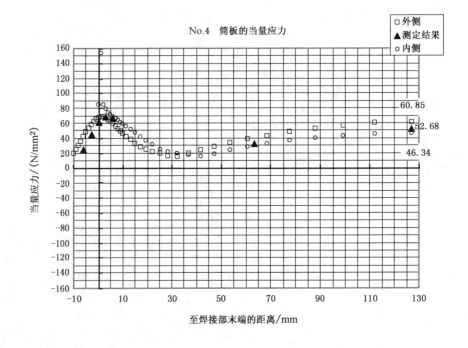

图 14-2-3　矩形集箱的平板筒壳（试件№1）的纵向当量应力分布

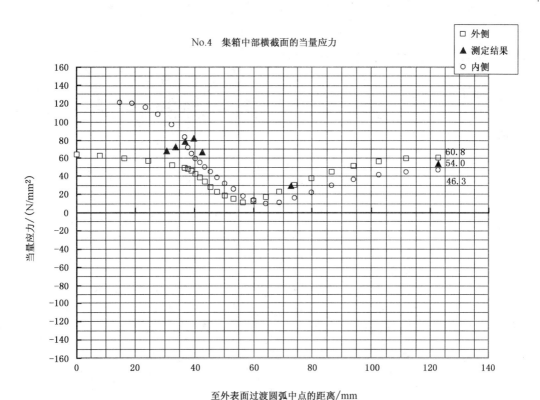

图 14-2-4　矩形集箱的平板筒壳（试件№1）的横向当量应力分布

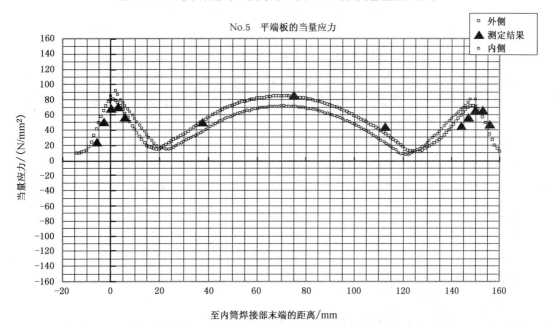

图 14-2-5　环形集箱的平端板（试件№2）的横向当量应力分布

3）集中应力

试验件焊缝根部应力集中较为明显,是元件启仃过程中可能产生疲劳破坏的部位。低周疲劳实验证实,该部位未产生任何疲劳损坏迹象[49],同时,也验证了试件的二次应力不会引起疲劳破坏。

2 矩形集箱计算方法与修订建议

(1) 计算公式

以下按目前确定平板强度的通用方法,即各种平板元件皆以壁面最大弯曲应力 σ_w 作为确定简单强度计算公式的依据。

为对比,先从圆形平板开始。

1) 圆形平板(圆形平端盖等)

锅炉圆形平板元件,目前各国标准皆采用下列计算式:

$$t = K d_J \sqrt{\frac{p}{[\sigma]}}$$

$$[p] = \left(\frac{t}{K d_J}\right)^2 [\sigma]$$

$$\sigma_w = \frac{p}{\left(\frac{t}{K d_J}\right)^2}$$

式中：t——厚度,mm;
　　　K——系数;
　　　d_J——假想圆直径,mm;
　　　p——内压力,MPa;
　　　$[\sigma]$——许用应力,MPa;
　　　σ_w——按最大剪应力理论的最大一次弯曲应力的当量应力,MPa。

上述公式是按壁面最大弯曲当量应力 σ_w 等于许用应力导出的(但未考虑弯曲许用应力放大 1.5 倍),此时,系数 $K \approx 0.4$。此公式既有理论依据,也颇简单,但包含过大安全裕度,详见 11-3 节。

2) 非圆形平板(矩形平板、环形平板等)

对于非圆形平板,我国强度标准[45]已改用按画假想圆的简易近似方法计算,仍采取上述公式形式。区别仅在于用假想圆直径 d_J 代替内直径 D_n。即使 4 个支撑点画假想圆,其应力状态也比具有无限支撑点(支点线)的圆形平板差一些,因此 σ_w 会有一定提高。如仅 2 个支撑点画假想圆,σ_w 会更高一些。一般用调整系数 K 值来反映 σ_w 的提高。

(2) 系数 K

不同平板元件的系数 K 不同,是对假想圆 d_J 画法近似性的一种修正。系数 K 应通过试验(或有限元计算分析方法)求得。以下参照前述图 14-2-2～图 14-2-5 的当量应力值得出系数 K 的数值。

1) 矩形集箱的平端盖与平筒板

试验件№1 的平端盖因 4 点画假想圆,应力状态接近于圆形,$K = 0.4$ 时,σ_w 计算值 64.0 MPa 与实测值 58.5 MPa 较接近。

试验件№1 的平筒板为 2 点画假想圆,应力状态比 4 点画假想圆变差,$K = 0.55$ 时,σ_w 计算值与实测值才接近。

2) 矩形截面环形集箱的平盖板

试验件№2～№5 的环形集箱平盖板试验为 2 点画假想圆,而且平端板为环形,$K=0.6$ 时,σ_w 计算值与实测植才接近。

K 值:

① 矩形集箱的内置式角焊平端盖,$K=0.55$;

② 矩形集箱的筒板与环形集箱的外置式填角焊环形平盖板,皆取 $K=0.6$。

(3) 计算修订建议

1) 计算公式

现行标准给出的计算公式型式不变,但增加考虑承载能力的修正系数 C:

$$t = CKd_J\sqrt{\frac{p}{[\sigma]}}$$

与式(11-4-1)相同。

承载能力修正系数 C:

考虑到标准的连续性,壁厚不宜一次减小过多,建议:

$$C = 0.9$$

2) 系数 K

前述 2(2)所得 K 值是未考虑弯曲许用应力放大 1.5 倍得出的。考虑放大 1.5 倍后的 K 值应改为 $K/\sqrt{1.5}$ 见 11-4 节之 2(2),则

① 矩形集箱的内置式角焊平端盖,$K=0.55/1.22=0.45$;

② 矩形集箱的筒板与环形集箱的外置式填角焊环形平盖板,皆取 $K=0.6/1.22=0.5$。

3) 许用应力 $[\sigma]$

对于上述各种平板(锅炉低碳钢),建议统一取

$[\sigma] = \eta[\sigma]_J$

$\eta = 1.0$(不受火)

$\eta = 0.9$(受火)。

$[\sigma]_J = \sigma_s^t/1.5$ 或按标准[45]取。

3 环形集箱外置式角焊平盖板的承压能力

三浦工业株式会社近些年来对矩形截面环形集箱作了大量爆破实验[157],试验件如图 14-2-6 所示,结构尺寸与爆破(破裂)压力 p_b 见表 14-2-3。

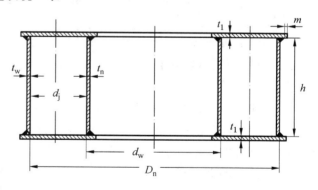

图 14-2-6 矩形截面环形集箱试验件

以上破裂皆发生在焊缝,平板并未破裂。即使如此,$p_b/[p]$ 仍明显高。可见,环形平盖板的承压能力与圆筒形集箱平端盖一样颇高。

表 14-2-3 矩形截面环形集箱试验件尺寸与爆破压力

No	D_n mm	d_w mm	d_J mm	t_1 mm	t_n mm	t_w mm	h mm	p_b MPa	K	η	$[p]$ MPa
1	1 318	966	176	16	12	12	150	21.4	0.6	1.25	3.58
2	549	341	104	6	6	6	85	14.5	0.6	1.25	1.44
3	806	498	154	9	9	9	114	14.5	0.6	1.25	1.48
4	990	694	148	9	9	9	114	12.5	0.6	1.25	1.60
5	980	694	143	9	9	9	123	11	0.6	1.25	1.72
6	355	184	85.5	6	6	6	67	18.7	0.6	1.25	2.13
7	580	254	163	6	6	6	77	10	0.6	1.25	0.587

D_n——外筒的内直径；

d_w——内筒的外直径；

$d_J = 0.5(D_n - d_w)$——假想圆直径；

t_1——环形平板厚度；

t_n、t_w——内、外筒厚度；

h——筒长；

p_b——爆破压力；

$[p] = (t_1/Kd_J)^2 \eta [\sigma]_J$——最高允许工作压力；

η——基本许用应力修正系数；

$[\sigma]_J$——基本许用应力，取为 125 MPa；$m \approx 5$ mm。

14-3 矩形集箱的强度计算问题与处理

本节介绍矩形集箱平板筒体（矩形平板）按单向受弯梁计算方法（GB/T 16508—1996 等）的来源，并与根据试验与有限元计算分析提出的双向受弯平板计算方法（14-2 节之 2）进行对比。

本节还讨论矩形集箱按双向受弯计算时对单孔或孔排无需考虑减弱的原因。

本书第 11 章圆形平板、第 12 章拉撑平板与本章矩形平板（包括环形平板）共同具有的一个突出情况，是按现行标准计算的强度裕度（承压能力）过大。本节是涉及此问题的最后一节，对此进行概括性总结。

1 矩形集箱按单向受弯梁的计算方法

（1）按单向受弯梁的应力分析

矩形集箱的平板筒体如图 14-3-1 所示。

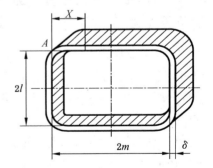

图 14-3-1 矩形集箱示意图

在矩形集箱壁内，除存在较大弯曲应力外，还存在侧壁对其产生的拉伸应力。弯曲应力分布不均匀，在角部及中部的值明显上升。因此，矩形集箱厚度按角部或中部的最大合成应力确定。

如果以 $2m$ 表示集箱的长边净宽，以 $2l$ 表示短边净宽，以 δ 表示厚度（图 14-3-1），则在 $2m$ 壁中（截面为 $\delta \times 1$）的弯曲应力为

$$\sigma_w = \frac{M_X}{\frac{\delta^2}{6}} = \frac{6M_X}{\delta^2}$$

式中：M_X——内压力在上述壁内引起的弯矩。

如果以 M_J 表示集箱角上截面为 $\delta \times 1$ 的弯矩，则集箱角上的弯曲应力为

$$\sigma_{wJ} = \frac{6M_J}{\delta^2}$$

与此同时，由于内压力的作用，也使集箱四壁及角上产生拉应力。在 $2m$ 壁的拉应力为

$$\sigma = \frac{pl}{\delta}$$

在角上的拉应力为

$$\sigma_J = \frac{p\sqrt{m^2 + l^2}}{\delta}$$

因此，在 $2m$ 壁内的合成应力为

$$\sigma_w + \sigma = \frac{6M_X}{\delta^2} + \frac{pl}{\delta} \quad \cdots\cdots (14\text{-}3\text{-}1)$$

而在角上的合成应力为

$$\sigma_{wJ} + \sigma_J = \frac{6M_J}{\delta^2} + \frac{p\sqrt{m^2 + l^2}}{\delta} \quad \cdots\cdots (14\text{-}3\text{-}2)$$

当 $2m$ 壁中有某种减弱时，合成应力为

$$\sigma_w + \sigma = \frac{6M_X}{\delta^2 \varphi_1} + \frac{pl}{\delta \varphi} \quad \cdots\cdots (14\text{-}3\text{-}3)$$

式中：φ_1、φ——对应受弯及受拉情况下的孔排或焊缝的减弱系数。

由式(14-3-3)考虑强度条件

$$\sigma_w + \sigma \leqslant [\sigma]$$

得

$$\delta \geqslant \frac{pl}{2[\sigma]\varphi} + \sqrt{\frac{p^2 l^2}{4[\sigma]^2 \varphi^2} + \frac{6M_X}{[\sigma]\varphi_1}}$$

式中根号内第一项是可以忽略的小数，则有

$$\delta \geqslant \frac{pl}{2[\sigma]\varphi} + \sqrt{\frac{6M_X}{[\sigma]\varphi_1}} \quad \cdots\cdots (14\text{-}3\text{-}4)$$

同样，由式(14-3-2)，得

$$\delta \geqslant \frac{p\sqrt{m^2 + l^2}}{2[\sigma]} + \sqrt{\frac{6M_J}{[\sigma]}} \quad \cdots\cdots (14\text{-}3\text{-}5)$$

式(14-3-4)及式(14-3-5)中的 M_X 及 M_J 可按以下方法求得：

根据作用在集箱 $2m$ 壁上的力及弯矩,有

$$M_X = mpx - \frac{1}{2}px^2 + M_J \quad \cdots\cdots (14\text{-}3\text{-}6)$$

角上的弯矩 M_J 可用力矩分配法求得。

将 $2m$ 壁视为两端固支的梁,则在左角(A 角)上产生的弯矩为

$$-\frac{p}{12}(2m)^2 = -\frac{p}{3}m^2$$

同时,在 $2l$ 壁的右角(A 角)上产生的弯矩为

$$\frac{p}{3}l^2$$

因此,角 A 上(图 14-3-1)的合成弯矩为

$$-\frac{p}{3}(m^2 - l^2)$$

此合成弯矩按两壁的刚度再分配到两个壁的角上。则在 $2m$ 壁的角上分到

$$\frac{p}{3}(m^2-l^2)\frac{\dfrac{I_m}{2m}}{\dfrac{I_m}{2m}+\dfrac{I_l}{2l}} = \frac{p}{3}(m^2-l^2)\frac{\dfrac{1}{m}}{\dfrac{1}{m}+\dfrac{1}{l}} = \frac{p}{3}(ml-l^2)$$

式中 I_m 及 I_l 为 $2m$ 壁及 $2l$ 壁的惯性矩,由于相等,故消去。

最后得,作用在 $2m$ 壁左角上的弯矩为

$$M_J = -\frac{p}{3}m^2 + \frac{p}{3}(ml - l^2) = -\frac{p}{3}(m^2 - ml + l^2) \quad \cdots\cdots (14\text{-}3\text{-}7)$$

将式(14-3-7)代入式(8-4-6),得

$$M_X = mpx - \frac{1}{2}px^2 - \frac{1}{3}p(m^2 - ml + l^2) \quad \cdots\cdots (14\text{-}3\text{-}8)$$

将式(14-3-8)及式(14-3-7)分别代入式(14-3-4)及式(14-3-5),即可求出相应的壁厚。

(2) 按单向受弯梁的计算公式

矩形集箱的最小需要厚度按下列公式计算,取两者较大值。

$$\delta_{\min} = m\left(K_1\frac{p}{[\sigma]} + K_2\sqrt{\frac{p}{[\sigma]}}\right) \quad \cdots\cdots (14\text{-}3\text{-}9)$$

$$\delta_{\min} = m\left(K_3\frac{p}{\varphi[\sigma]} + K_4\sqrt{\frac{p}{\varphi_1[\sigma]}}\right) \quad \cdots\cdots (14\text{-}3\text{-}10)$$

校核计算时,矩形集箱的最高允许计算压力按下列公式计算,取两者较小值。

$$[p] = \frac{\delta^2}{m^2}\frac{1}{2K_1\dfrac{\delta}{m} + K_2^2}[\sigma] \quad \cdots\cdots (14\text{-}3\text{-}11)$$

$$[p] = \frac{\delta^2}{m^2}\frac{1}{2\dfrac{K_3}{\varphi}\dfrac{\delta}{m} + \dfrac{K_4^2}{\varphi_1}}[\sigma] \quad \cdots\cdots (14\text{-}3\text{-}12)$$

系数 K_1、K_2、K_3、K_4 按式(14-3-13)~式(14-3-16)计算。

$$K_1 = 0.5\sqrt{1+\frac{l^2}{m^2}} \quad \cdots\cdots\cdots\cdots(14\text{-}3\text{-}13)$$

$$K_2 = 1.41\sqrt{1-\frac{l}{m}\left(1-\frac{l}{m}\right)} \quad \cdots\cdots\cdots\cdots(14\text{-}3\text{-}14)$$

$$K_3 = 0.5\frac{l}{m} \quad \cdots\cdots\cdots\cdots(14\text{-}3\text{-}15)$$

$$K_4 = \sqrt{1-3\frac{b^2}{m^2}+2\frac{l}{m}\left(1-\frac{l}{m}\right)} \quad \cdots\cdots\cdots\cdots(14\text{-}3\text{-}16)$$

（3）减弱系数

按单向受弯梁计算，需要考虑孔排的减弱问题。

当集箱壁无减弱时，壁上最大弯矩出现在壁的中间断面上，此时，式(14-3-8)中的 $x=m$。

当集箱壁上有纵向孔排时（图 14-3-2），则最大应力可能发生在孔排断面上，也可能发生在中间断面上。对于孔排断面，式(14-3-8)中的 $x=m-b$。

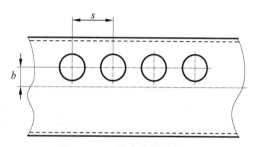

图 14-3-2　纵向布置孔排

当孔排是错列布置时（图 14-3-3），最大应力也可能发生在斜向孔桥断面上。因此，也有必要校验斜向孔桥断面的强度。

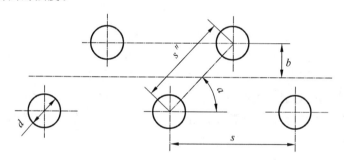

图 14-3-3　错列布置孔排

由式(14-3-8)可知，作用在中间断面($x=m$)的弯矩为

$$M_m = p\left(\frac{1}{6}m^2+\frac{1}{3}ml-\frac{1}{3}l^2\right)$$

则作用在斜向孔桥面上的弯矩为

$$M_m' = p\left(\frac{1}{6}m^2+\frac{1}{3}ml-\frac{1}{3}l^2\right)\cos\alpha$$

式中：α——集箱轴线方向与斜向孔桥方向所形成的夹角。

将式(14-3-4)中的 M_x 用上述 M'_x 代替，即可校验斜向孔桥的强度。

式(14-3-4)中的 φ 是对应受拉情况下的减弱系数，按下式计算：

$$\varphi = \frac{s-d}{s}$$

式中：s——轴向孔间距；

d——孔沿轴向方向的尺寸;对圆孔则为直径。

φ_1 是对应受弯情况下的减弱系数。当壁上存在孔排时,一方面降低了抗弯断面系数,使弯曲应力反比于 φ 而升高,但另一方面,在孔内焊接或胀接管子,或手孔盖的孔圈,都会使抗弯能力明显增加,而且这种有利影响随着 d 的增加而加大。根据此情况,φ_1 值按下述原则确定:

$d' < m$ 时 $\varphi_1 = \dfrac{s-d}{s}$

$m < d' < 1.3m$ 时 $\varphi_1 = \dfrac{s-\dfrac{2}{3}d}{s}$

$d' > 1.3m$ 时 $\varphi_1 = \dfrac{s-\dfrac{1}{3}d}{s}$

式中 d' 为孔的横向尺寸,d 为孔的轴向尺寸(图 14-3-4)。

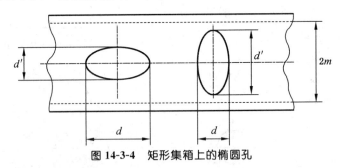

图 14-3-4　矩形集箱上的椭圆孔

对于斜向孔排,上述求 φ 及 φ_1 公式中的 s 应以斜向孔间距 s' 代替。

如果集箱上有纵向焊缝而无孔排时,此时,φ 及 φ_1 应以焊缝减弱系数 φ_w 代入。

评价:过去长期应用的上述计算方法按单向受弯计算不合理,造成裕度过大(见本节之2)。另外,孔排减弱问题亦无需考虑(见本节之3)。

2 按单向受弯梁与按双向受弯平板的计算对比

14-2 节介绍了根据试验与有限元计算分析提出的双向受弯平板计算方法,切合实际又简单,否定了过去标准的繁琐又不合理的计算方法,被以后标准采纳。以下介绍双向受弯平板计算方法的壁厚明显减小情况。

以图 14-2-1 中 №1 结构为例。

$p = 1.0$ MPa。

(1) 按单向受弯梁

$$\delta = m\left(K_1 \dfrac{p}{[\sigma]} + K_2 \sqrt{\dfrac{p}{[\sigma]}}\right) = 11.7 \text{ mm} \quad (\text{角部})$$

$$\delta = m\left(K_3 \dfrac{p}{\varphi[\sigma]} + K_4 \sqrt{\dfrac{p}{\varphi_1[\sigma]}}\right) = 8.3 \text{ mm} \quad (\text{中部})$$

应取较大值 11.7 mm。

式中：$m = 100$ mm　　　$l = 100$ mm

$$K_1 = 0.5\sqrt{1 + \frac{L^2}{m^2}} = 0.707$$

$$K_2 = 1.41\sqrt{1 - \frac{L}{m}\left(1 - \frac{L}{m}\right)} = 1.41$$

$$K_3 = 0.5\frac{L}{m} = 0.5$$

$$K_4 = \sqrt{1 - 3\frac{b^2}{m^2} + 2\frac{L}{m}\left(1 - \frac{L}{m}\right)} = 1$$

$b = 0$ mm

$[\sigma] = \eta[\sigma]_J = 1.25 \times 125 = 156$ MPa

$\varphi = \varphi_1 = 1$（减弱系数）

（2）按双向受弯平板

按双向受弯平板：

$$t = C_1 K d_J \sqrt{\frac{p}{[\sigma]}} = 0.9 \times 0.5 \times 176 \times \sqrt{\frac{1.0}{125}}$$
$= 7.08$ mm

式中：$d_J = 200 - 2r = 176$ mm（见图 14-3-5）

$r \geqslant t/3$ 且 $\geqslant 6$ mm，考虑弯曲加工，取 $r = 12$ mm

$C_1 = 0.9$

$K = 0.5$

$[\sigma] = \eta[\sigma]_J = 1.0 \times 125 = 125$ MPa

可见，壁厚下降 $(11.7 - 7.08)/11.7 = 39\%$。

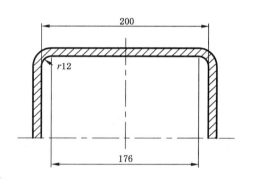

图 14-3-5　矩形集箱筒板的计算图

3　对单孔与孔排无需考虑减弱的原因

前述按单向受弯梁计算，需要考虑孔排的减弱问题，而按双向受弯平板计算，不考虑单孔与孔排的减弱。实际上，均不需要考虑单孔与孔排的减弱，原因如下：

理论分析表明，双向受弯平板的承压能力数倍大于单向受弯梁（见 11-3 节）。

平板受压爆破试验验证（见 14-2 节之 3）也表明承压能力颇大。另外，孔内焊接或胀接管子以及手孔盖的孔圈，都会使抗弯能力明显增加。

基于以上分析，矩形平板（矩形集箱的筒体与平端盖以及环形集箱的平盖板）上设置单孔或孔排无需考虑减弱问题。

4　对锅炉平板元件强度的总结

（1）平板元件有很高的承载能力

理论与实测均证实圆形与矩形平板元件的破裂强度裕度过分大，因而破裂皆发生在连接焊缝或热影响区内，平板本身并不破裂。

(2) 目前各国强度计算厚度明显偏大

目前，世界各国计算工业锅炉平板元件（低碳钢），皆按局部屈服导出公式，采用与筒壳一样的许用应力，再加之并未考虑平板元件破裂安全裕度过大的实际情况，因而圆形与矩形平板元件的壁厚明显偏大。

(3) 推荐外置式角焊结构

外置式角焊平端盖、平端板比内置式具有更高的破裂安全裕度，而且都不会产生低周疲劳破坏（详见 2-6 节）。因此，对于由碳钢制造、焊缝尺寸与焊接工艺均能满足要求的不受热的外置式角焊平端盖、平端板，是完全可以应用的。

第 15 章 水管管板的强度

水管管板元件的受力状态具有特殊性,与烟管管板不同。各国锅炉强度计算标准皆无水管管板的计算方法。

本章依据受力分析[30,52]、有限元计算分析[164]与应力测试[165],提出水管管板受力特点,并给出简易计算方法。

15-1 水管管板的受力分析

1 水管管板的应用

立式直水管锅炉(图 15-1-1)是一种常见的锅炉炉型。由于占地面积小,也常用做船用锅炉。这种锅炉包含水管管板元件。

日本大量生产的三浦锅炉也有水管管板,见图 15-1-2。

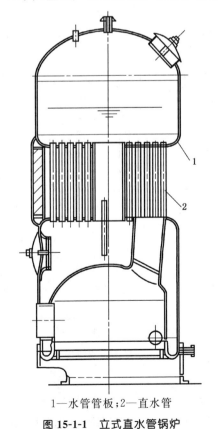

1—水管管板;2—直水管

图 15-1-1 立式直水管锅炉

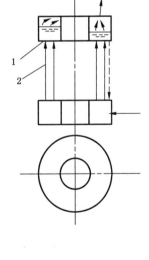

1—水管管板;2—直水管

图 15-1-2 立式直水管锅炉示意图(日本三浦)

管壳式换热器(图 15-3-1)的管板受力状态与水管管板有相同之处,也按水管管板计算强度,见 15-3 节之 2。

2 水管管板的受力特点

水管管板的受力情况与烟管管板有较大区别。

烟管管板的受力情况较简单:

烟管管板被大量烟管所拉撑(属于拉撑平板),烟管使管板难以向外凸起(弯曲变形)。烟管节距越小,烟管间所画假想圆的直径越小,则管板弯曲应力亦越小。

水管管板的受力情况则较复杂:

(1) 单根直水管模型

单根直水管模型(图 15-1-3)承受内压力 p 作用时,水管管板与水管的变形与受力情况:

上、下水管管板承受内压力 p 作用时,水管对管板变形不起约束作用,上、下管板皆自由向外凸起 f 值,见图 15-1-3b),则模型顶部向上位移 $2f$ 值。

水管承受轴向拉力作用,其轴向拉伸应力为(重力相对内压力的影响较小,不予考虑):

式中:p——内压力;$\sigma_2 = \dfrac{p d_n}{4t}$

d_n——水管内直径;

t——水管壁厚。

(2) 单圈直水管模型

单圈直水管模型(图 15-1-4)承受内压力 p 作用时,由于仅一圈水管,其刚度一般不大,水管对管板约束也不大,则管板向外凸起,水管跟随弯曲。水管承受弯曲应力与轴向拉力作用。

如水管刚度较大,不会失稳,则单圈直水管以内可视为独立的圆形平板;而单圈直水管以外,可视为独立的环形平板。

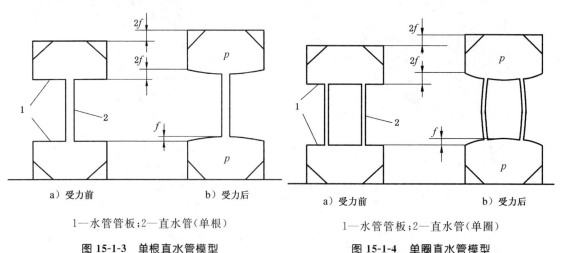

a) 受力前　　　　b) 受力后　　　　　　　a) 受力前　　　　b) 受力后
1—水管管板;2—直水管(单根)　　　　　1—水管管板;2—直水管(单圈)
图 15-1-3　单根直水管模型　　　　　　　图 15-1-4　单圈直水管模型

(3) 多圈直水管束模型

多圈直水管束模型(图 15-1-3)承受内压力 p 作用时,由于水管束的总体刚度颇大,则水管束对管板起明显约束作用,使管板难以向外凸起。水管束区域内的管板基本上仍保持为平面,

则相当于水管束对管板起支撑作用——属于支撑平板。而水管束承受轴向压缩力作用,其轴向压缩应力为

$$-\sigma_z \approx \frac{p\pi(D_n^2 - nd_n^2)}{4n\pi d_w t}$$

式中:p——内压力;
D_n——管板直径;
d_n、d_w——水管的内、外直径;
n——水管根数;
t——水管壁厚。

水管束区域以内的管板应力状态与前述烟管管板类似。

管板边缘管的刚度不大时,因相连筒壳的拉力作用,会产生较大弯曲变形。有限元计算表明,水管束的外圈水管因管板弯曲而向外明显弯曲,见图 15-1-5b)中虚线。外圈水管会存在较大弯曲应力,同时还存在拉伸应力。由于水管束的外圈水管对管板边缘区域起拉撑作用,对水管束中各水管的轴向压缩应力分布会产生一些影响。

模型顶部向上的位移 2Δ 值,小于前述的 $2f$ 值(图 15-1-3、图 15-1-4)。

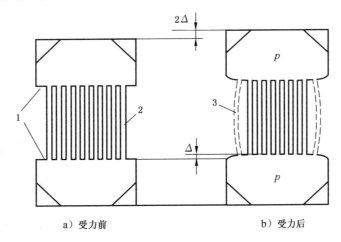

a) 受力前　　　　　　　b) 受力后

1—水管管板;2—直水管束(多圈)

图 15-1-5　多圈直水管束模型

上述多圈直水管束模型与直水管锅炉相当,其应力状态可用有限元计算分析方法求出,见 15-2 节。

15-2　水管管板的有限元计算分析

水管管板应力状态的取得,主要依靠有限元计算,也作了部分应力测试校核。

1　有限元计算

本计算采用 Solidworks Simulation 有限元计算软件,Simulation 是一个与 SolidWorks 完全集成的设计分析系统。

水管管板锅炉有限元计算模型见图 15-2-1。

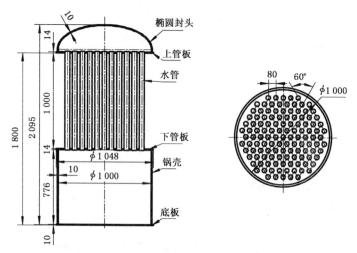

图 15-2-1　水管管板锅炉有限元计算模型

有限元计算模型取板材为 20g,管材为 20;内压力为 1.3 MPa;尺寸见表 15-2-1。

表 15-2-1　计算模型尺寸　　　　　mm

锅壳内直径	锅壳壁厚	管板直径	管板壁厚	水管尺寸	水管长度
1 000	10	1 000	14	$\phi 51\times 3$	1 020

管板上的管孔为正三角形布置,节距 80 mm。由于节距较小,只在外圈水管及管间孔桥处布置应变片测量应力。利用实测应力校核有限元计算结果,二者偏差不超过 10%。全面分析主要依靠有限元计算结果。

模型有限元网格划分,见图 15-2-2。

模型固定在地基上。

承受内压力作用后,上锅壳向上位移,管束区以内的水管管板仅向外略微凸起,而外圈水管至角焊缝之间的管板边缘区域的变形则较大,并导致外缘水管向外弯曲也较大。

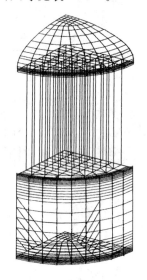

图 15-2-2　有限元网格划分图

2　变形图

在模型底板上应用"固定"约束。有限元计算后生成的位移放大图(为观察方便仅显示模型的少部分)如图 15-2-3 所示。

对于图 15-2-3 所示 3 种情况(改变边缘宽度),都是最外 1 圈的水管与对应的管板边缘明显向外与向上下弯曲。图 15-2-3 中最外圈水管中部的最大水平位移分别为 2.2 mm,3.5 mm,7.3 mm,而内部的水管与管板皆未出现可见弯曲。图 15-2-4~图 15-2-9 所示的管板应力分布与水管应力状态也说明此情况。以上模型的管板直径 $D_n=1\ 000$ mm,而直径 $D_n=1\ 600$ mm 的情况与上述也一样。各模型水管 $\phi 51\times 3$ mm 为最常用尺寸。

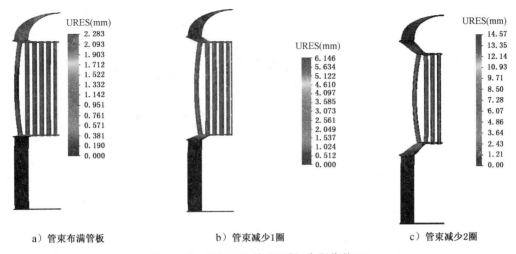

a）管束布满管板　　　　　　b）管束减少1圈　　　　　　c）管束减少2圈

图 15-2-3　计算模型位移图解（变形倍数 20）

3　当量应力

测出图 15-2-3 上管板下表面的外壁当量应力（下管板上表面的外壁当量应力与其基本相同）与水管长度中间的外壁轴向应力，见图 15-2-4～图 15-2-9。

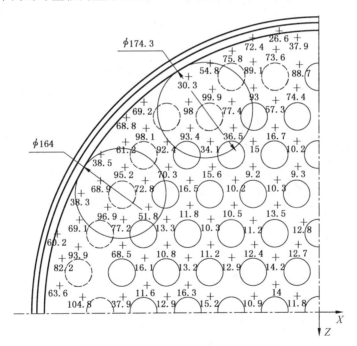

（图中较大尺寸的圆皆为假想圆，见后述）

图 15-2-4　管束布满管板时上管板外壁当量应力分布

图 15-2-4 为管束布满管板[图 15-2-3a)]时，上管板下表面的外壁当量应力分布。

图 15-2-5 为管束布满管板[图 15-2-3a)]时，水管两侧的外壁轴向应力分布。

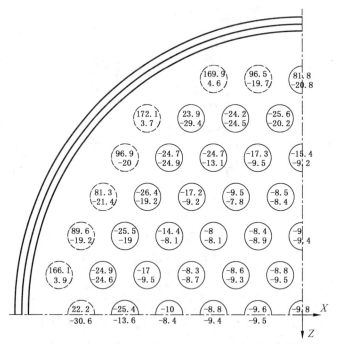

图 15-2-5　管束布满管板时水管外壁轴向应力分布

图 15-2-6 为管束减少 1 圈 [图 15-2-3b)] 时，上管板下表面的外壁当量应力分布。

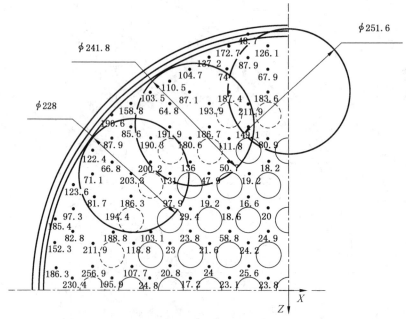

（图中较大尺寸的圆皆为假想圆，见后述）

图 15-2-6　管束减少 1 圈时上管板外壁当量应力分布

图 15-2-7 为管束减少 1 圈 [图 15-2-3b)] 时，水管两侧的外壁轴向应力分布。

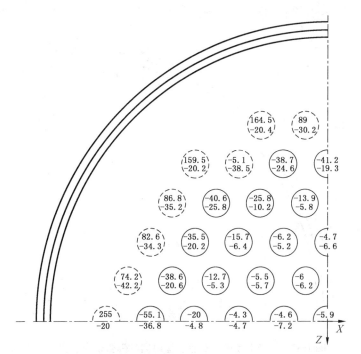

图 15-2-7　管束减少 1 圈时水管两侧的外壁轴向应力分布

图 15-2-8 为管束减少 2 圈[图 15-2-3c)]时,上管板下表面的外壁当量应力分布。

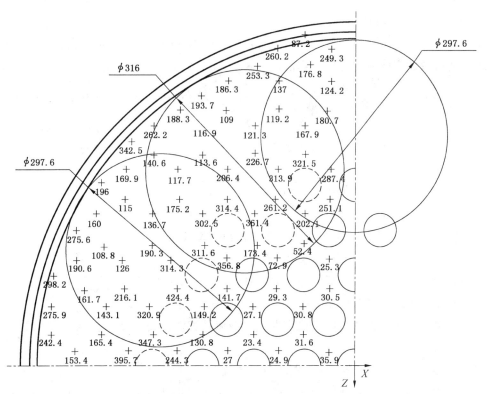

(图中较大尺寸的圆皆为假想圆,见后述)

图 15-2-8　管束减少 2 圈时上管板外壁当量应力分布

图 15-2-9 为管束减少 2 圈[图 15-2-3c)]时,水管两侧的外壁轴向应力分布。

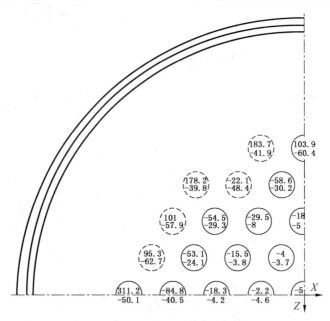

图 15-2-9　管束减少 2 圈时水管两侧的外壁轴向应力分布

4　计算结果分析

(1) 管束区以内管板的应力校核

水管未失稳时,对管板有明显支撑作用,则管束区以内的管板部分应按支撑水管之间的平板考虑。此区域的弯曲应力近似计算值:

$$\sigma_w = \frac{p}{\left(\dfrac{t}{Kd_J}\right)^2} d_J \quad\quad\quad (15\text{-}2\text{-}1)$$

式中：t——板厚,14 mm；

　　　K——系数,取 0.47；

　　　d_J——假想圆直径,取节距 80 mm；

　　　p——计算压力,1.3 MPa。

代入后,得 $\sigma_w = 9.38$ MPa。它与有限元计算值(图 15-2-4 中基本不受管板边缘影响的管束中心部位)无大差异(有限元计算值还包含一些其他应力成分)。

可见,管束区以内管板(孔桥区域)的应力明显低于允许值 $1.5[\sigma] = 188$ MPa。

(2) 管板边缘区的应力校核

包含最外 1 圈水管的边缘区域的弯曲应力近似计算值也按式(15-2-1)计算。

式中：t——板厚,14 mm；

　　　K——系数,取 0.6(参见 14-2 节之 2(2) 或文献[156])；

　　　d_J——假想圆直径,由图 15-2-4,图 15-2-6,图 15-2-8,$d_J = 174$ mm,251.6 mm,316 mm

　　　　　(不考虑虚线所示最外 1 圈管的存在)；

p——计算压力,1.3 MPa。

代入式(15-2-1),得 σ_w = 64.2 MPa,151 MPa,238 MPa,它与假想圆中心的有限元计算值(图 15-2-4,图 15-2-6,图 15-2-8)亦无大差异。

按应力分类与控制的规定,弯曲应力 $\sigma_{d(w)} \leqslant 1.5[\sigma]$ = 188 MPa,则图 15-2-3c)模型的管板的计算弯曲应力超出此规定值。但是,有限元计算(图 15-2-8)超出此规定值的部位处于管板边缘区,该处存在明显二次应力,允许小于 $3[\sigma]$ = 375 MPa,故强度亦应无问题。

(3) 水管受力分析

外圈水管:

由于管板边缘区域的弯曲变形较大,导致外圈水管明显弯曲并拉伸(图 15-2-3)。

图 15-2-5、图 15-2-7、图 15-2-9 中最不利的外圈水管中部两侧的外壁轴向应力值(MPa)分别为(172.1,3.7)、(255,-20)、(311.2,-51.2)。

由于水管的弯曲应力不是内压力直接导致的,而是管板边缘的弯曲变形引起的(内压力引起管板边缘弯曲变形,后者再引起水管产生弯曲应力),故属于二次应力,应按二次应力考核,而二次应力与其他应力之和的最大值允许小于 $3[\sigma]$ = 375 MPa,则上述应力均小于此值。

外圈以内的水管束:

外圈以内水管束的应力为相对不大的压缩应力,还包含很小弯曲应力成分。

15-3 水管管板的计算方法

本节给出锅炉水管管板与管壳式换热器水管管板的计算方法。

1 锅炉水管管板

(1) 管板

水管管板计算之前,应核实水管束的稳定性是否已满足。

水管束的稳定性校核:

以 15-2 节模型为例。

单根水管的失稳临界力

$$P_{cr} = \frac{\pi^2 EJ}{(vL)^2} = \frac{\pi^2 \times 2 \times 10^5 \times 131 \times 10^3}{(0.5 \times 1000)^2} \approx 1035 \times 10^3 \text{ N}$$

式中: v——考虑失稳变形的系数,两端固支 0.5;

E——弹性模量,2×10^5 MPa;

J——惯性矩

$$J = \frac{\pi(d_w^4 - d_n^4)}{64} = \frac{\pi(51^4 - 45^4)}{64} = 131 \times 10^3 \text{ mm}^4$$

d_w、d_n——水管外径、内径,mm;

L——水管长度,mm。

单根水管的平均轴向载荷:

$$N = \frac{p\pi(D_\mathrm{n}^2 - nd_\mathrm{n}^2)}{4n} = \frac{1.3 \times \pi \times (1\,000^2 - 33 \times 45^2)}{4 \times 33} \approx 28\,876 \text{ N}$$

式中：p——计算压力，1.3 MPa；

D_n——管板直径，1 000 mm；

d_n——水管内径，45 mm；

n——管子数量，33[按最不利的模型图 15-2-3c)，扣除最外 1 圈]。

安全裕度：

$$n = \frac{P_\mathrm{cr}}{N} = \frac{1\,035 \times 10^3}{28\,876} = 35$$

可见，安全裕度颇大(安全系数计算取 $n \approx 4$ 已足够)，故不可能失稳。

水管束的稳定条件已满足时：

管束区以内的管板部分按 12-1 节之 1(1)给出的管板计算方法进行：系数 K 取 0.47，假想圆直径 d_J 取水管最大节距。

管板边缘区域也按 12-1 节之 1(1)给出的管板计算方法进行：系数 K 取 0.6，假想圆直径 d_J 按管板边缘的支点线与起支撑作用的水管束边缘管绘制(取外数第 2 排水管)。

注：以上计算方法未考虑平板安全裕度过大，亦可参考 14-2 节之 2(3)予以考虑。

水管束稳定条件未满足时：

应根据管板直径 D_n 按上述方法计算(取 $d_\mathrm{J} = D_\mathrm{n}$)。孔排减弱可忽略不计，因为给出的计算方法包含过大安全裕度，而且管端还对孔排起一定加强作用。

（2）水管

水管应力很小，强度无需校核。

2 管壳式换热器水管管板计算

相变换热式锅炉的管壳式冷凝换热器属于锅炉的一部分，其水管管板强度理应按下述锅炉强度计算方法确定，算出的厚度不大。

管壳式冷凝换热器(图 15-3-1)的水管管板受力状态与计算方法如下：

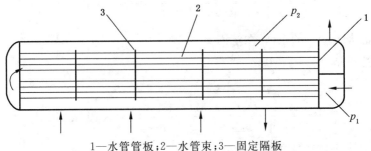

1—水管管板；2—水管束；3—固定隔板

图 15-3-1　管壳式冷凝换热器示意图

当 $p_2 > p_1$ 时，此时管板属于拉撑平板，与烟管管板受力状态完全一样，故应按烟管管板计算。一般规定，取计算压力等于壳内压力 p_2，视水管端部的压力 $p_1 = 0$。

当 $p_2 < p_1$ 时，管板属于支撑平板。当水管束不失稳时，水管管板的受力状态属于支撑平板，应力与拉撑平板（烟管管板）并无区别，故亦按烟管管板计算。一般规定，取计算压力等于水管端部的压力 p_1，视壳内压力 $p_2 = 0$。

只要固定隔板间距不过分长，水管束不失稳条件很容易满足。

第 16 章　立式锅炉下脚圈的强度

立式锅炉外壳与炉胆的下部用下脚圈相连(图 16-1-1 为常用的 U 型下脚圈)。

断面为 S 型、U 型下脚圈属于轴对称曲面壳,其受力特点与本书前述的筒壳、凸形壳、平板有明显区别。

本章指出标准采用的计算方法以二维曲梁模型为基础,裕度明显偏大。

本章应用有限元计算分析结果,并参照应力测试验证,给出厚度应减小建议。

断面为 H 型的填角焊下脚圈属于平板受弯元件,其受力状态与本书前述拉撑平板元件相同。

16-1　下脚圈的强度计算与结构要求

1　下脚圈的受力状态

立式锅炉外壳与炉胆的下部相连元件称下脚圈,见图 16-1-1。

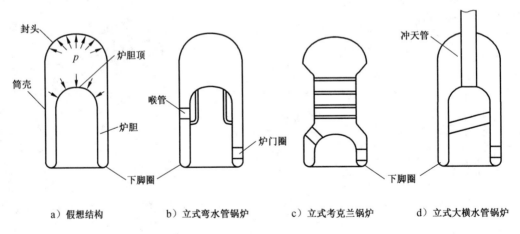

图 16-1-1　立式锅炉与下脚圈示意图

分析下脚圈受力最大截面 a 的受力状态时(图 16-1-2),计有以下 3 种外力:

N ——介质压力 p 作用于锅炉封头而传至下脚圈的力;

p ——介质压力;

Q ——地基反作用力,等于锅炉重量。

经分析可知,地基反作用力 Q 相对 N 的影响很小,故强度分析时可忽略不计。

锅炉结构对下脚圈受力状态的影响：

1）假想结构

当筒壳与炉胆仅靠下脚圈相连，而无有任何其他牵连时[图 16-1-1a)]，封头与炉胆顶因受内压力作用而向相反方向的弛张只能靠下脚圈来约束，则下脚圈受力较大，以弯曲为主。

2）有冲天管结构

若筒壳与炉胆之间有冲天管相连[图 16-1-1d)]，则封头与炉胆顶向相反方向的弛张主要靠刚性大的冲天管拉住，则这种结构锅炉的下脚圈受力情况大为改善，无需进行强度计算。

3）无冲天管结构

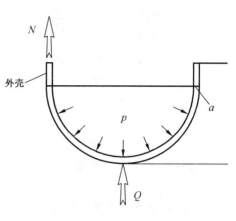

图 16-1-2 下脚圈受力示意图

对于无冲天管的其他立式锅炉[图 16-1-1b)、c)]，由于喉管和炉门圈对筒壳及炉胆也起到一定牵连作用，则这种结构的锅炉下脚圈受力情况较比图 16-1-1a)假想结构为好。

2 U 型与 S 型下脚圈的强度计算与结构要求

以下按 GB/T 16508.3—2013[45] 的规定：

立式冲天管锅炉：

立式冲天管锅炉的 S 型下脚圈和 U 型下脚圈厚度可不必进行计算，其名义厚度应不小于相连炉胆的厚度，且不小于 8 mm。

立式无冲天管锅炉：

立式无冲天管锅炉的 S 型和 U 型下脚圈(图 16-1-3 和图 16-1-4)的取用厚度按式(16-1-1)计算：

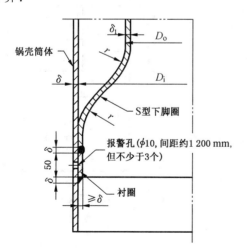

图 16-1-3 S 型下脚圈与锅壳连接结构

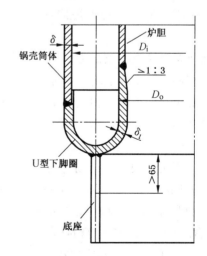

图 16-1-4 U 型下脚圈与锅壳连接结构

$$\delta_1 \geqslant \sqrt{\frac{pD_i(D_i-D_o)}{990}} \sqrt{\frac{372}{R_m}+1} \quad\quad (16\text{-}1\text{-}1)$$

式中：p——计算压力(表压)，MPa；
D_i——锅壳筒体内径，mm；
D_o——炉胆外径，mm；
R_m——常温抗拉强度，MPa。

校核计算时，立式无冲天管(且炉胆顶部无拉撑)的 S 型和 U 型下脚圈的最高允许工作压力按式(16-1-2)计算：

$$[p] = \frac{(\delta_1 - 1)^2 \cdot 990 R_m}{D_i(D_i - D_o) \cdot 372} \quad\quad\quad (16\text{-}1\text{-}2)$$

[注释]强度计算的演变

JB 3622—84"锅壳式锅炉受压元件强度计算"与 GB/T 16508—1996"锅壳锅炉受压元件强度计算"规定无冲天管立式锅炉 S 型下脚圈按上述式(16-2-1)、式(16-2-2)计算，U 型下脚圈的壁厚需再增加 20%，最高允许工作压力为按式(16-2-2)计算的 70%。

如 16-2 节所述，上述无冲天管立式锅炉下脚圈强度计算公式是按二维曲梁模型且无任何能对下脚圈起加固作用的喉孔圈、加煤孔圈、出渣孔圈所推导出的，故包含较大安全裕度。下脚圈应力分析、有限元计算与冷、热态应力测试[166-168,170]也都表明上述计算方法包含较大裕度。

依据理论分析与有限元计算结果[166,167]，GB/T 16508.3—2013[45]进行了修订：公式虽然未改变，但取消了常用的 U 型下脚圈上述附加条件，使计算壁厚明显下降，最高允许工作压力明显提高，而 S 型下脚圈并无改变。

3 H 型下脚圈的强度计算与结构要求

有冲天管或炉胆顶部有可靠拉撑的立式锅炉 H 型下脚圈的计算厚度按第 12 章拉撑平板计算，但取用厚度不应小于相连炉胆的厚度，且不小于 8 mm。

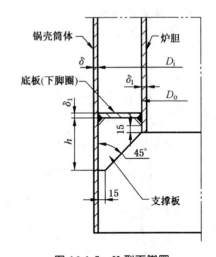

图 16-1-5 H 型下脚圈

无冲天管或炉胆顶部无可靠拉撑的立式锅炉 H 型下脚圈可用于额定压力 $p \leqslant 1.0$ MPa 的锅炉，其下脚圈和支撑板的结构型式应满足图 16-1-5 的要求。在锅壳筒体下部内径弧线长度不大于 400 mm 处应布置支撑板，且不少于 4 块。下脚圈底板和支撑板的厚度取不低于炉胆厚度，且不小于 8 mm，支撑板与相邻件的焊接应采用全焊透结构。

在 H 型下脚圈结构中，各相邻件焊接的 T 型接头不得位于温度≥600 ℃的场合。

由于 U 型、S 型下脚圈需在加热状态下利用模具压制成形，而且改变炉胆、锅壳直径时，需要更改模具，而采用 H 型下脚圈结构，则无需模具。

16-2 下脚圈计算公式的解析

下脚圈受内压力 p 作用后,除产生经向应变与经向应力 σ_m 外,根据波松横向应变原理,还要产生与经向应变相垂直的纬向应变。因下脚圈的受力与几何形状都是轴对称的,故受力后,图 16-2-1 所示截面 m 仍然保持为平面,因而沿壁厚不均匀的纬向应变无法实现,于是产生相应的纬向应力 σ_θ。除上述经向应力 σ_m 及纬向应力 σ_θ 以外,还存在垂直于壁面的径向应力 σ_r。

径向应力 σ_r 相对很小,可视为等于零,即将下脚圈视为薄壳。最大主应力为经向应力 σ_m,这已被实验所证实。

1 底部作为死点的 U 型下脚圈应力分析

如 U 型下脚圈底部牢固焊死(图 16-2-2),并且基座刚性大(厚度较大的环圈),以致焊死处基本无变形(位移与转角)的可能,则此处可视为"死点"。另外,由于锅壳的刚性比曲梁大的多,可将下脚圈与锅壳连接处视为无水平位移、无转角,只作垂直位移的支点,其计算模型如图 16-2-3 所示。

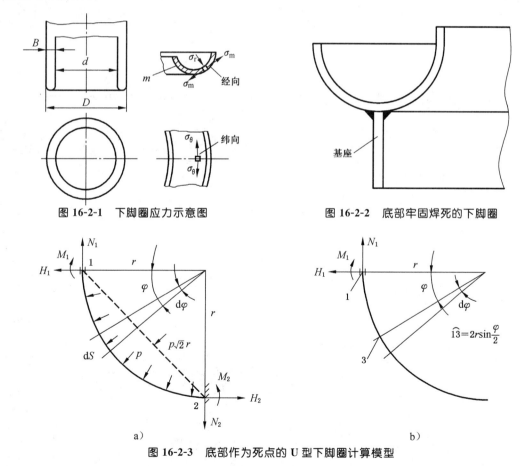

图 16-2-1 下脚圈应力示意图

图 16-2-2 底部牢固焊死的下脚圈

图 16-2-3 底部作为死点的 U 型下脚圈计算模型

由静力学平衡条件[图 16-2-3a)]，有

$$\sum X = 0 \quad H_2 - H_1 - pr = 0 \quad \cdots\cdots\cdots\cdots\cdots\cdots\cdots\cdots (16\text{-}2\text{-}1)$$

$$\sum Y = 0 \quad N_1 - N_2 - pr = 0 \quad \cdots\cdots\cdots\cdots\cdots\cdots\cdots\cdots (16\text{-}2\text{-}2)$$

$$\sum M = 0 \quad -H_1 r + N_1 r + M_1 - M_2 - p\sqrt{2}r\frac{\sqrt{2}r}{2} = 0 \quad \cdots\cdots (16\text{-}2\text{-}3)$$

曲梁 1-2 段是回转壳的一部分，1 点的回转半径比 2 点的大，因而曲梁的宽度不应各处一样，2 点应比 1 点小一些。但为简化计算分析，式(16-2-1)～式(16-2-3)按宽度相同——单位宽度列出。由于 1 点与 2 点的回转半径差异不大，故不会带来明显差异。

5 个未知量(H_1、H_2、N_2、M_1、M_2；而 N_1 为已知量)，仅 3 个方程，属于二次静不定问题。

设 1 点无水平位移，按材料力学则有：

$$\int_S \frac{M_\varphi}{EJ} \frac{\partial M_\varphi}{\partial H_1} dS = 0 \quad \cdots\cdots\cdots\cdots\cdots\cdots\cdots\cdots (16\text{-}2\text{-}4)$$

由图 16-2-3b)得

$$M_\varphi = -H_1 r \sin\varphi + N_1 (r - r\cos\varphi) + M_1 - p 2r \sin\frac{\varphi}{2} r \sin\frac{\varphi}{2}$$

$$= -H_1 r \sin\varphi + N_1 r - N_1 r \cos\varphi + M_1 - 2pr^2 \left(\frac{1}{2} - \frac{\cos\varphi}{2}\right) \quad \cdots\cdots (16\text{-}2\text{-}5)$$

$$\frac{\partial M_\varphi}{\partial H_1} = -r\sin\varphi$$

$$dS = r d\varphi$$

代入式(16-2-4)并积分

$$\frac{1}{EJ} \int_0^{\frac{\pi}{2}} (-H_1 r \sin\varphi + N_1 r - N_1 r \cos\varphi + M_1 - pr^2 + pr^2 \cos\varphi)(-r\sin\varphi) r d\varphi = 0$$

得

$$-\frac{1}{4} H_1 r + \frac{1}{2} N_1 r + M_1 - \frac{1}{2} pr^2 = 0 \quad \cdots\cdots\cdots\cdots\cdots\cdots (16\text{-}2\text{-}6)$$

设 1 点无转角，则有：

$$\int_S \frac{M_\varphi}{EJ} \frac{\partial M_\varphi}{\partial M_1} dS = 0 \quad \cdots\cdots\cdots\cdots\cdots\cdots\cdots\cdots (16\text{-}2\text{-}7)$$

式中：M_φ，dS 同前；且

$$\frac{\partial M_\varphi}{\partial M_1} = 1$$

代入式(16-2-7)并积分，得

$$-H_1 r + \left(\frac{\pi}{2} - 1\right) N_1 r + \frac{\pi}{2} M_1 - \left(\frac{\pi}{2} - 1\right) pr^2 = 0 \quad \cdots\cdots\cdots (16\text{-}2\text{-}8)$$

解方程式(16-2-6)与式(16-2-8)，得

$$H_1 = 0.925(N_1 - pr)$$

$$M_1 = 0.925(N_1 r - pr^2)$$

H_1 代入式(16-2-1)，得

$$H_2 = 0.925 N_1 + 0.075 pr$$

由式(16-2-2)，有

$$N_2 = N_1 - pr$$

H_1 及 M_1 代入式(16-2-3),得

$$M_2 = 0.301(N_1 r - pr^2)$$

将所得 H_1,M_1 以及 $N_1 = \dfrac{p \dfrac{\pi D_i^2}{4}}{\pi D_i} = \dfrac{pD_i}{4}$ 代入式(16-2-5),得

$$M_\varphi = (1.226 - \cos\varphi - 0.925\sin\varphi)\left(\dfrac{D_i}{4} - r\right)pr$$

设 $r = 0.04 D_i$,得

$$M_\varphi = 0.21(1.226 - \cos\varphi - 0.925\sin\varphi)pD_i r = k_1 pD_i r \quad\cdots\cdots\cdots (16\text{-}2\text{-}9)$$

式中:k_1 见下表:

$\varphi/(°)$	0	15	30	45	60	75	90
k_1	0.047 5	0.012 7	−0.021 6	−0.028 4	−0.015 8	0.015 4	0.063 2

弯矩 M_φ 及外壁应力 σ_m 的分布规律如图 16-2-4 所示。

注:为便于与应力测试结果相对照,故给出外壁应力分布规律。

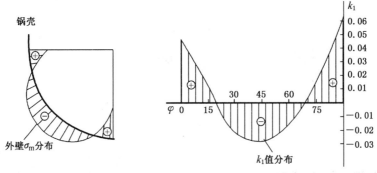

图 16-2-4 底部作为死点的 U 型下脚圈弯矩 M_φ 及外壁应力 σ_m 的分布

2 底部不作为死点的 U 型下脚圈应力分析

计算模型如图 16-2-5 所示。

由静力学平衡条件,有

$$\sum X = 0 \quad H_1 - H_2 = 0 \cdots\cdots\cdots\cdots\cdots\cdots\cdots (16\text{-}2\text{-}10)$$

$$\sum Y = 0 \quad N_1 - N_2 - p2r = 0 \cdots\cdots\cdots\cdots\cdots (16\text{-}2\text{-}11)$$

$$\sum M = 0 \quad N_1 2r + M_1 - M_2 - p2r^2 = 0 \cdots\cdots\cdots (16\text{-}2\text{-}12)$$

由图 16-2-5,得

$$M_\varphi = H_1 r\sin\varphi + N_1(r - r\cos\varphi) +$$

$$M_1 - p2r\sin\dfrac{\varphi}{2} r\sin\dfrac{\varphi}{2} \cdots\cdots (16\text{-}2\text{-}13)$$

$$\dfrac{\partial M_\varphi}{\partial H_1} = r\sin\varphi$$

$$\dfrac{\partial M_\varphi}{\partial M_1} = 1$$

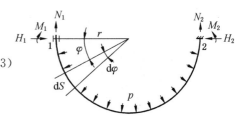

图 16-2-5 底部不作为死点的 U 型下脚圈计算模型

$$dS = r\,d\varphi$$

代入式(16-2-4)及式(16-2-7)并积分,得

$$\frac{\pi}{2}H_1 r + 2N_1 r + 2M_1 - 2pr^2 = 0 \quad\cdots\cdots\cdots\cdots\cdots\cdots\cdots (16\text{-}2\text{-}14)$$

$$2H_1 r + \pi N_1 r + \pi M_1 - \pi pr^2 = 0 \quad\cdots\cdots\cdots\cdots\cdots\cdots\cdots (16\text{-}2\text{-}15)$$

解方程式(16-2-14)与式(16-2-15),得

$$H_1 = 0$$
$$M_1 = -N_1 r + pr^2$$

由式(16-2-10),有

$$H_2 = 0$$

由式(16-2-11),有

$$N_2 = N_1 - 2pr$$

由式(16-2-12),有

$$M_2 = N_1 r - pr^2$$

将所得 H_1, M_1 及 $N_1 = \dfrac{pD_i}{4}$ 代入式(16-2-13),得

$$M_\varphi = -r\cos\varphi\left(\frac{D_i}{4} - r\right)pr$$

设 $r = 0.04D_i$,得

$$M_\varphi = -0.21\cos\varphi\, pD_i r = k_2 pD_i r \quad\cdots\cdots\cdots\cdots\cdots\cdots\cdots (16\text{-}2\text{-}16)$$

弯矩 M_φ 及外壁应力 σ_m 的分布规律如图 16-2-6 所示。

3 S 型下脚圈应力分析

计算模型如图 16-2-7 所示。

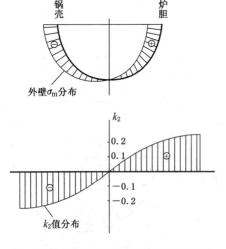

图 16-2-6 底部不为死点的 U 型下脚圈弯矩 M_φ 及外壁应力 σ_m 的分布

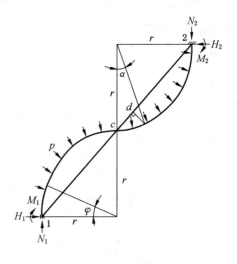

图 16-2-7 S 型下脚圈计算模型

由静力学平衡条件，有

$$\sum X = 0 \quad H_2 - H_1 + p2r = 0 \quad \cdots\cdots (16\text{-}2\text{-}17)$$

$$\sum Y = 0 \quad N_1 - N_2 - p2r = 0 \quad \cdots\cdots (16\text{-}2\text{-}18)$$

$$\sum M = 0 \quad -H_1 2r + N_1 2r + M_1 + M_2 - p2\sqrt{2}\,r\sqrt{2}\,r = 0 \quad \cdots (16\text{-}2\text{-}19)$$

设 1 点无水平位移，则有

$$\int_{\frac{S}{2}} \frac{M_\varphi}{EJ} \frac{\partial M_\varphi}{\partial H_1} dS + \int_{\frac{S}{2}} \frac{M_a}{EJ} \frac{\partial M_a}{\partial H_1} dS = 0 \quad \cdots\cdots (16\text{-}2\text{-}20)$$

由图 16-2-7，得

$$M_\varphi = -H_1 r\sin\varphi + N_1 (r - r\cos\varphi) + M_1 - pr^2 + pr^2 \cos\varphi \quad \cdots (16\text{-}2\text{-}21)$$

$$M_a = -H_1 (r + r - r\cos\alpha) + N_1 (r + r\sin\alpha) + M_1 -$$

$$p\sqrt{2}\,r\left(\frac{\sqrt{2}\,r}{2} + \overline{cd}\right) - pr^2 + pr^2\cos\alpha$$

可以证明：

$$\overline{cd} = \frac{\sqrt{2}}{2} r(1 + \sin\alpha - \cos\alpha)$$

则

$$M_a = -2H_1 r + H_1 r\cos\alpha + N_1 r + N_1 r\sin\alpha + M_1 - 3pr^2 -$$

$$pr^2 \sin\alpha + 2pr^2 \cos\alpha \quad \cdots\cdots (16\text{-}2\text{-}22)$$

$$\frac{\partial M_\varphi}{\partial H_1} = -r\sin\varphi$$

$$\frac{\partial M_a}{\partial M_1} = -(2r - r\cos\alpha)$$

$$dS = r d\varphi, \, dS = r d\alpha$$

代入式(16-2-20)，并积分，得

$$-3.85 H_1 r + 4.14 N_1 r + \pi M_1 - 5.99 pr^2 = 0 \quad \cdots\cdots (16\text{-}2\text{-}23)$$

设 1 点无转角，则有

$$\int_{\frac{S}{2}} \frac{M_\varphi}{EJ} \frac{\partial M_\varphi}{\partial M_1} dS + \int_{\frac{S}{2}} \frac{M_a}{EJ} \frac{\partial M_a}{\partial M_1} dS = 0 \quad \cdots\cdots (16\text{-}2\text{-}24)$$

将式(16-2-21)、式(16-2-22)以及 $\frac{\partial M_\varphi}{\partial M_1} = 1, \frac{\partial M_2}{\partial M_1} = 1, dS = r d\varphi, dS = r d\alpha$ 代入式(16-2-24)并积分，得

$$-\pi H_1 r + \pi N_1 r + \pi M_1 - 4.28 pr^2 = 0 \quad \cdots\cdots (16\text{-}2\text{-}25)$$

解方程式(16-2-23)与式(16-2-25)，得

$$H_1 = 1.41 N_1 - 2.41 pr$$

由式(16-2-25)，得

$$M_1 = 0.41 N_1 r - 1.05 pr^2$$

由式(16-2-19)，得

$$M_2 = 0.41 N_1 r - 0.23 pr^2$$

由式(16-2-17),得
$$H_2 = 1.41N_1 - 0.41pr$$
由式(16-2-18),得
$$N_2 = N_1 - 2pr$$
将所得 H_1, M_1 及 $N_1 = \dfrac{pD_i}{4}$ 代入式(16-2-21)及式(16-2-22),并设 $r = 0.04D_i$,得
$$M_\varphi = (0.2705 - 0.21\cos\varphi - 0.2561\sin\varphi)pD_i r = k_3 pD_i r \cdots\cdots (16\text{-}2\text{-}26)$$
$$M_\alpha = (-0.3217 + 0.3361\cos\alpha + 0.21\sin\alpha)pD_i r = k_4 pD_i r \cdots\cdots (16\text{-}2\text{-}27)$$

式中: k_3、k_4 见下表:

$\varphi, \alpha /$ (°)	0	15	30	45	60	75	90
k_3	0.0605	0.00131	-0.03941	-0.05903	-0.05628	-0.03128	0.0144
k_4	0.0144	0.05477	0.07436	0.06439	0.02821	-0.03179	-0.1117

弯矩 M_φ、M_α 及外壁应力 σ_m 的分布规律如图 16-2-8 所示。图中 A 处内壁为拉应力,偶有疲劳裂纹发生。

4 下脚圈强度计算公式的来源

标准[45]仅给出 S 型下脚圈计算公式,而 U 型下脚圈只对 S 型下脚圈计算公式作一些修正。以下论述 S 型下脚圈的计算公式来源。

由本节之 3,S 型下脚圈截面 2(图 16-2-7、图 16-2-9)的应力最大,以下对其进行分析。

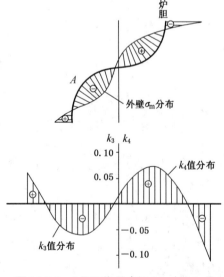

图 16-2-8　S 型下脚圈弯矩 M_φ 与 M_α 及外壁应力 σ_m 的分布

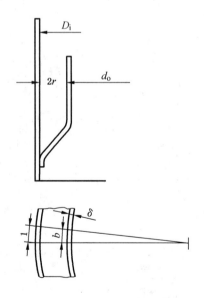

图 16-2-9　S 型下脚圈尺寸图

强度条件为:

$$\sigma_m = \frac{M_2}{W} \leqslant 1.5[\sigma] \quad \cdots\cdots\cdots\cdots\cdots\cdots\cdots\cdots\cdots\cdots (16\text{-}2\text{-}28)$$

式中：
$$M_2 = 0.41 N_1 r + 0.23 p r^2$$

$$N_1 = \frac{p D_i}{4}$$

设
$$r = 0.04 D_i$$

得
$$M_2 = 0.41 \frac{p D_i}{4} r + 0.23 p \times 0.04 D_i r = 0.11 p D_i r$$

由图 16-2-9，$b:1 = d_o : D_i$，即 $b = d_o/D_i$，则
$$W \approx \frac{\delta^2 b}{6} = \frac{\delta^2}{6} \frac{d_o}{D_i}$$

将 M_2 及 W 代入式(16-2-28)，得
$$\sigma_m = \frac{0.11 p D_i r}{\frac{\delta^2}{6} \frac{d_o}{D_i}} \leqslant 1.5 \frac{\sigma_b^{20}}{n_b} \quad \cdots\cdots\cdots\cdots\cdots\cdots\cdots\cdots (16\text{-}2\text{-}29)$$

取 $n_b = 3.0$，并且由图 16-2-9，有
$$r = \frac{D_i - d_o}{4}$$

则得
$$\delta = \sqrt{\frac{p D_i (D_i - d_o)}{3.03 \sigma_b^{20}} \frac{D_i}{d_o}} \quad \cdots\cdots\cdots\cdots\cdots\cdots\cdots\cdots (16\text{-}2\text{-}30)$$

如压力 p 的单位取 kgf/cm^2，20℃抗拉强度 σ_b^{20} 的单位取 kgf/mm^2，尺寸单位取 mm，则得 S 型下脚圈强度计算公式：

$$\delta = \sqrt{\frac{p D_i (D_i - d_o)}{303 \sigma_b^{20}} \frac{D_i}{d_o}}$$

前设 $r = 0.04 D_i$，即 $\frac{D_i}{d_o} = 1.19$，取 $\sigma_b^{20} = 38 \text{ kgf/mm}^2$，则上式变为

$$\delta = \sqrt{\frac{p D_i (D_i - d_o)}{96\ 800}}$$

它与英国 BS 标准给出的公式
$$\delta = \sqrt{\frac{p D_i (D_i - d_o)}{10\ 100}}$$

基本一致。

5　不同结构下脚圈对比

下表给出不同结构下脚圈的计算结果：

名　称	S 型	U 型	
		底部作为死点	底部不作为死点
最大弯矩 M_2	$0.41 N_1 r + 0.23 p r^2$	$0.30 N_1 r - 0.30 p r^2$	$1.00 N_1 r - 1.00 p r^2$
壁厚 δ 对比	1.00	0.78	1.43

由表可见,底部作为死点的 U 型下脚圈的受力情况最好,而底部不作为死点的 U 型下脚圈的受力情况最差,S 型下脚圈居中。

因此,图 16-2-2 所示 U 型下脚圈底部与基座焊死的结构为推荐结构,而图 16-2-10 所示结构接近底部不作为死点的 U 型下脚圈,故不可取。

尽管图 16-2-2 所示 U 型下脚圈底部与基座焊死,但基座(环圈)的刚性不可能非常大,因而这种结构介于底部作为死点的假想结构与底部不作为死点结构之间,至于偏向于哪种,取决于基座的厚度和焊缝的尺寸。

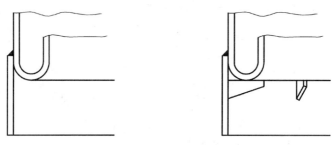

图 16-2-10　U 型下脚圈结构

16-3　下脚圈的有限元计算分析

本节给出的下脚圈有限元计算结果[167]能够体现曲面壳(并非曲梁)的当量应力分布以及锅壳与炉胆对下脚圈实际约束(有一定水平位移与转角)的影响。而 16-2 节给出的弯曲应力分布是基于曲梁与周边无位移无转角的简化模型计算结果,以便于得出简单计算式。在有限元计算分析结果基础上可对保守的简化模型计算式加以适当修正,达到合理减小下脚圈厚度目的(见 16-4 节)。

以下给出不同结构下脚圈的有限元计算对比分析。

1　计算模型

计算以 LSG 0.3-0.7-AⅡ型立式锅炉为例。

计算模型按实际结构进行简化(忽略一些不必要的接管及其他附属零件),不影响对原结构的应力分析。

(1) 无加固件模型

无加固元件(冲天管、喉孔圈、加煤孔圈、出渣孔圈)时(图 16-3-1),下脚圈内圈承受炉胆顶全部压力的向下分力作用,下脚圈的受力较大。

(2) 有加固件模型

有一种或几种加固元件(冲天管、喉孔圈、加煤孔圈、出渣孔圈)时(图 16-3-2),炉胆顶压力的向下分力同时由下脚圈与加固元件承担,则下脚圈的受力有所减小。

模型皆采用 U 型底部支承结构,与能起减轻下脚圈受力作用的加固元件不同。

计算压力(表压)0.7 MPa,饱和蒸汽温度 171℃;锅壳筒体内直径 $D_n=1\,200$ mm;炉胆外直径 $D_w=1\,000$ mm;板材 20g,常温抗拉强度 $\sigma_b=400$ MPa。

第 16 章 立式锅炉下脚圈的强度

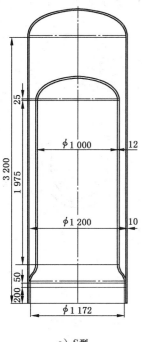

a) S型

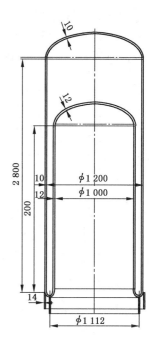

b) U型——底部支承

c) U型——外侧支承

图 16-3-1 无加固件的有限元计算模型

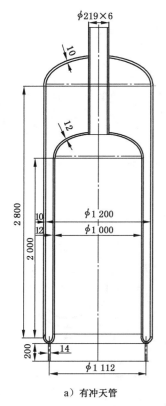

a) 有冲天管

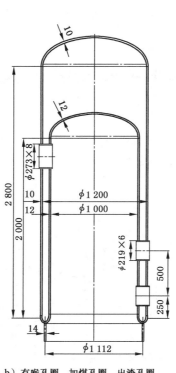

b) 有喉孔圈、加煤孔圈、出渣孔圈

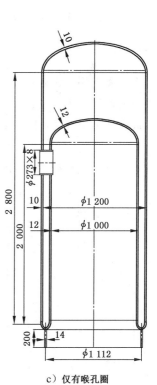

c) 仅有喉孔圈

图 16-3-2 有加固件的有限元计算模型

S 型下脚圈厚度按式(16-1-1)计算取 14 mm;为对比分析,U 型下脚圈厚度亦取为 14 mm。炉胆取用厚度为 14 mm;锅壳取用厚度为 10 mm。

各种模型的 S 型下脚圈与 U 形下脚圈的结构尺寸见图 16-3-3。

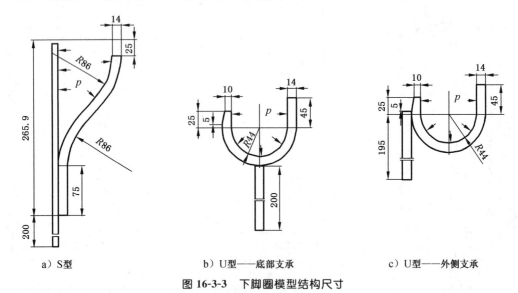

图 16-3-3　下脚圈模型结构尺寸

锅炉底座面采用"固定制约",限制模型的三向位移。锅壳内表面、炉胆外表面、下脚圈内表面、炉胆顶外表面、顶部封头内表面施加 0.7 MPa 的面压力。

采用抛物线四面体实体单元,单元由 4 个边节点、6 个中节点和 6 条边线来定义。

2　计算结果

本计算采用 Solidworks Simulation 有限元计算软件,Simulation 是一个与 SolidWorks 完全集成的设计分析系统。

取弹性模量 2.1×10^5 MPa,泊松比 0.28。

经过计算,按最大剪应力强度原理生成当量应力图解。沿下脚圈剖面进行应力线性化,不同模型下脚圈线性化路径如图 16-3-4 所示。

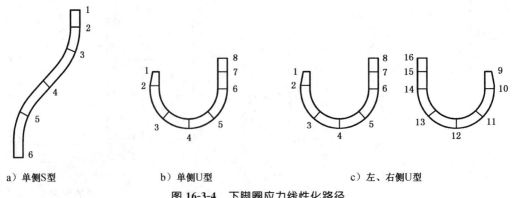

图 16-3-4　下脚圈应力线性化路径

以下膜应力指内外壁平均应力的当量应力 $\sigma_{d(m)}$，而内外壁当量应力为膜应力+弯曲应力+峰值应力的当量应力 $\sigma_{d(m+w+f)}$。当量应力 $\sigma_d = \sigma_{max} - \sigma_{min}$。

模型 a) 无加固元件的 S 形下脚圈：

路径见图 16-3-4a)。

路径	膜应力	内壁当量应力			外壁当量应力		
		弯曲应力	峰值应力	总计应力	弯曲应力	峰值应力	总计应力
1	55.3	−2.4	2.6	55.5	2.4	0.9	58.6
2	64.5	12.6	2.2	79.5	7.7	0.8	73
3	62.70	35.30	1.60	99.60	16.20	1.90	80.80
4	25.70	−5.40	0.20	20.50	7.00	0.20	32.90
5	22.20	32.60	0.70	55.50	9.50	0.70	32.40
6	36.60	5.20	0.20	42.00	−2.30	0.60	34.90

当量应力分布曲线示例：

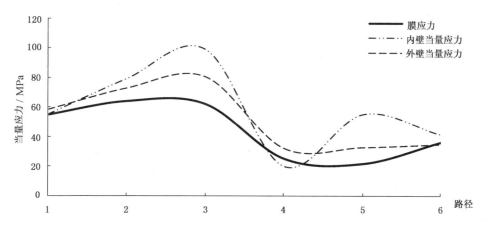

模型 b) 无加固元件的 U 形下脚圈——底部支承：

路径见图 16-3-4b)。

路径	膜应力	内壁当量应力			外壁当量应力		
		弯曲应力	峰值应力	总计应力	弯曲应力	峰值应力	总计应力
1	38.70	41.60	0.10	80.40	−13.00	−0.10	25.60
2	40.80	67.90	3.30	112.00	27.20	6.30	74.30
3	31.80	60.60	0.10	92.50	1.50	0.10	33.40
4	26.10	4.20	0.60	30.90	13.30	1.10	40.50
5	11.80	54.30	0.10	66.20	39.10	0.10	51.00
6	44.00	51.60	0.40	96.00	34.10	1.70	79.80
7	49.20	21.20	3.60	74.00	26.70	6.70	82.60
8	52.20	7.30	1.10	60.60	18.00	15.70	85.90

模型 c) 无加固元件的 U 形下脚圈——外侧支承：

路径见图 16-3-4b)。

路径	膜应力	内壁当量应力			外壁当量应力		
		弯曲应力	峰值应力	总计应力	弯曲应力	峰值应力	总计应力
1	45.82	87.66	0.13	133.61	39.57	0.13	85.52
2	54.89	44.38	0.86	100.13	77.91	0.49	133.29
3	26.28	157.44	0.23	183.95	172.75	0.23	199.26
4	110.93	−5.12	0.07	105.88	31.60	0.07	142.60
5	72.28	29.84	58.40	160.52	78.51	24.30	175.09
6	49.75	151.25	0.21	201.21	99.55	0.21	149.51
7	66.97	43.22	0.12	110.31	53.47	0.12	120.56
8	82.39	19.87	0.07	102.33	18.56	0.07	101.02

模型 d) 有冲天管的 U 形下脚圈——底部支承：

路径见图 16-3-4b)。

路径	膜应力	内壁当量应力			外壁当量应力		
		弯曲应力	峰值应力	总计应力	弯曲应力	峰值应力	总计应力
1	25.32	33.34	0.13	58.79	−4.42	0.04	20.94
2	29.54	59.14	1.63	90.31	24.85	4.86	59.25
3	16.26	60.20	0.07	76.53	28.57	0.07	44.90
4	24.67	12.68	0.02	37.37	8.67	0.02	33.36
5	10.09	41.88	0.05	52.02	30.72	0.05	40.86
6	40.97	51.53	0.09	92.59	33.65	0.09	74.71
7	44.49	17.70	4.90	67.09	25.18	7.43	77.10
8	48.11	6.60	0.67	55.38	15.09	13.62	76.82

模型 e) 有喉孔圈、加煤孔圈、出渣孔圈的 U 形下脚圈——底部支承：

路径见图 16-3-4c)。

路径	膜应力	内壁当量应力			外壁当量应力		
		弯曲应力	峰值应力	总计应力	弯曲应力	峰值应力	总计应力
1	19.56	34.31	0.04	53.91	−2.78	0.04	16.82
2	20.33	54.83	0.45	75.61	26.27	1.80	48.40
3	17.90	52.93	0.06	70.89	18.02	0.06	35.98

路径	膜应力	内壁当量应力			外壁当量应力		
		弯曲应力	峰值应力	总计应力	弯曲应力	峰值应力	总计应力
4	17.88	5.97	0.50	24.35	13.77	0.90	32.55
5	12.93	32.62	0.04	45.59	9.06	0.04	22.03
6	35.32	39.07	0.07	74.46	30.40	0.07	65.79
7	40.96	13.30	2.00	56.26	21.51	3.96	66.43
8	44.28	6.78	0.84	51.90	14.46	10.80	69.54
9	18.30	40.60	0.05	58.95	10.74	0.05	29.09
10	15.91	51.79	0.30	68.00	24.95	2.21	43.07
11	25.11	18.95	0.03	44.09	2.78	0.03	27.92
12	25.65	3.55	0.02	29.22	9.02	0.02	34.69
13	17.83	46.70	16.44	80.97	18.02	9.72	45.57
14	41.64	36.55	0.16	78.35	45.7	0.1	87.44
15	40.41	4.66	0.05	45.12	36.82	0.05	77.28
16	42.16	−10.84	1.92	33.24	25.87	17.75	85.78

模型 e) 与有加固件侧成 **90°** 的无加固件侧的 **U** 形下脚圈——底部支承：路径见图 16-3-4b）。

注：无任何加固件与有加固件（含喉孔圈、加煤孔圈、出渣孔圈）两侧的计算结果无明显差异。

路径	膜应力	内壁当量应力			外壁当量应力		
		弯曲应力	峰值应力	总计应力	弯曲应力	峰值应力	总计应力
1	18.54	26.52	0.10	45.16	−6.48	0.03	12.09
2	18.01	47.75	0.31	66.07	20.11	3.11	41.23
3	17.46	46.86	0.06	64.38	12.35	0.06	29.87
4	16.01	8.35	0.18	24.54	6.89	0.37	23.27
5	8.19	25.21	0.04	33.44	17.93	0.04	26.16
6	32.25	24.91	0.10	57.26	25.70	0.04	57.99
7	37.35	19.20	2.77	59.32	8.75	2.19	48.29
8	41.55	12.86	13.05	67.46	2.45	2.59	46.59

模型 f) 仅有喉孔圈的 **U** 形下脚圈——底部支承：仅有喉孔圈侧，线性化路径为图 16-3-4c）。

路径	膜应力	内壁当量应力			外壁当量应力		
		弯曲应力	峰值应力	总计应力	弯曲应力	峰值应力	总计应力
1	20.49	34.98	0.05	55.52	−3.66	0.03	16.86
2	20.89	53.92	0.43	75.24	26.69	1.26	48.84
3	20.4	51.99	0.06	72.45	12.07	0.06	32.53
4	19.11	6.75	0.39	26.25	13.25	0.73	33.09
5	9.12	31.91	0.05	41.08	26.28	0.05	35.45
6	35.11	36.32	0.07	71.5	28.46	0.07	63.64
7	41.29	12.22	1.9	55.41	20.61	4.04	65.94
8	45.16	5.28	0.99	51.43	16.95	12.95	75.06
9	32.49	−4.82	0.06	27.73	41.07	0.06	73.62
10	31.50	31.74	5.43	68.67	67.31	0.67	99.48
11	24.55	98.73	0.12	123.40	53.71	0.12	78.38
12	31.53	1.17	0.03	32.73	12.84	0.03	44.40
13	23.44	55.62	22.10	101.16	11.95	13.09	48.48
14	41.73	64.63	0.17	106.53	51.82	0.07	93.62
15	47.05	17.18	0.07	64.3	36.68	0.07	83.8
16	49.34	9.91	0.04	59.29	13.67	0.04	63.05

3 分析

按应力分类与控制原则的规定,见 7-1 节之 2。

(1) 膜应力已接近许用应力[σ]＝125 MPa;

(2) 外壁应力达 200 MPa,已大于 1.5[σ]＝188 MPa。

(3) 其他 5 种实际可能结构:

1) 膜应力皆远小于许用应力[σ]＝125 MPa;

2) 外壁或内壁应力皆远小于 1.5[σ]＝188 MPa。

有限元计算表明,外侧支承 U 形下脚圈[图 16-3-1c)]的应力状态明显劣于 S 形与底部支承 U 型下脚圈[图 16-3-1a)与 b)],这与文献[166]的应力分析完全一致。故 GB/T 16508—1996 锅壳锅炉受压元件强度计算标准已取消了这种外侧支承 U 形下脚圈结构。

裕度:

S 型下脚圈[图 11-6-1a)]与底部支承 U 型下脚圈[图 11-6-1b)]无论有否加固件,按标准[45]给出的式(16-1-1)计算,至少还有 30% 以上的裕度。

16-4 下脚圈的强度问题与处理

1 下脚圈计算需要改变

S 型下脚圈的目前计算公式[45]：

$$\delta_2 \geqslant \sqrt{\frac{pD_i(D_i-d_o)}{990}}\sqrt{\frac{372}{R_m}}+1$$

式中不同材料对壁厚的影响用 $\sqrt{\dfrac{372}{R_m}}$ 体现，过于陈旧，与标准中其他公式又不协调。

建议改变 S 型下脚圈强度计算公式：

由 16-2 节之 4 的式(16-2-28)，强度条件为

$$\sigma_m = \frac{0.11 pD_i r}{\dfrac{\delta^2}{6}\dfrac{d_o}{D_i}} \leqslant 1.5[\sigma]$$

按图 16-2-9

$$r = \frac{D_i - d_o}{4}$$

取

$$\frac{D_i}{d_o} = 1.19$$

则得建议公式：

$$\delta \geqslant \sqrt{\frac{pD_i(D_i-d_o)}{7.64[\sigma]}}$$

如考虑附加厚度取 1 mm 与数字圆整，可改为

$$\delta \geqslant \sqrt{\frac{pD_i(D_i-d_o)}{7.7[\sigma]}}+1 \quad\cdots\cdots\cdots\cdots\cdots\cdots\cdots (16\text{-}4\text{-}1)$$

基本许用应力修正系数 η 取 1.0。

以上仅是对公式形式改变的建议，而对公式计算厚度应参照 16-3 节有限元计算结果，再增加小于 1 的修正系数。

建议：

基于有限元计算分析结果(16-3 节之 3)，无冲天管立式锅炉的 S 型下脚圈[图 16-3-1a]与底部支承 U 型下脚圈[图 16-3-1b]的厚度按式(16-4-1)减少 20%，即

$$\delta \geqslant C\sqrt{\frac{pD_i(D_i-d_o)}{7.7[\sigma]}}+1 \quad\cdots\cdots\cdots\cdots\cdots\cdots (16\text{-}4\text{-}2)$$

式中：C——厚度修正系数，取 0.8。

取用厚度不宜小于炉胆厚度。

基本许用应力修正系数 η 取 1.0。

2 H型下脚圈的安全性可以信赖

为在我国推广这种工艺简单、成本低廉的H型下脚圈,曾进行过深入研究,包括:冷态、热态应力测试,有限元计算分析,而且是与U型下脚圈对比进行的,还作了0.8 MPa表压实体锅炉低周疲劳试验。分析与实测结果表明,H型下脚圈是安全可靠的[168]。

为防止一些工厂粗制滥造,GB/T 16508—1996标准暂未纳入这种结构,但工艺水平较高的制造厂,在得到主管安全部门的同意后应用是可行的。后续标准[45]纳入了这种H型下脚圈结构。

至今,国内已经过长期运行考验。

注:丹麦欧巴(Auborg)公司早有H型下脚圈结构。

3 半个环形筒壳与U型下脚圈受力状态不同

图16-4-1a)所示为某余热锅炉装置中的烟气加热水的承压套筒,其端部外形与立式锅炉U形下脚圈相同,故拟按无冲天管立式锅炉U形下脚圈公式计算。由于套筒直径较大,算出的壁厚颇大。实际上,套筒的受力状态与下脚圈完全不同。

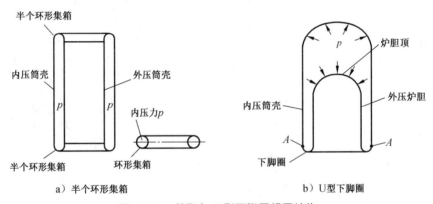

a) 半个环形集箱   b) U型下脚圈

图 16-4-1 外形与U形下脚圈相同结构

无冲天管立式锅炉U形下脚圈的壁厚计算公式,是依据炉胆顶上压力 p 的向下合力使下脚圈的 A 截面[图16-4-1b)]产生较大弯曲应力推导出的,见16-2节。而上述套筒的端部为半个环形集箱[图16-4-1a)],只承受内压力作用,不存在其他力,应按环形集箱计算,见8-5节,所需厚度明要显小(因集箱直径很小)。

第17章 异型元件的强度

异形元件,主要是三通元件(焊制三通、锻造三通、叉形管、热挤压三通),都是在主管上开一个口,形成"三通",在汽水管道上、锅炉水冷壁系统上都有应用,工业锅炉大口径下降管与集箱连接处一般也按三通元件处理。

我国几个大型电站锅炉公司与研究院和高校合作,对各种三通元件进行过详细研究,使锅炉设计有计算规定可循[171—177]。在工业锅炉焊制三通方面也进行过一些有限元计算分析工作,为扩大其应用条件提供依据[178,179]。

本章主要论述计算方法,而详细结构规定见标准[42,45]。

17-1 异型元件的强度计算与结构要求

锅炉常用异型元件结构示意见图 17-1-1。

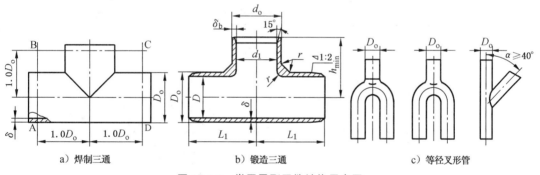

a) 焊制三通　　b) 锻造三通　　c) 等径叉形管

图 17-1-1　常用异型元件结构示意图

1　焊制三通与锻造三通计算

无缝钢管焊制三通与锻造三通的计算厚度按式(17-1-1)～式(17-1-6)计算:
主管:

$$\delta_c = \frac{pD_o}{2\varphi_Y[\sigma]+p} \quad \cdots\cdots (17\text{-}1\text{-}1)$$

支管:

$$\delta_{1c} = \delta_c \frac{d_o}{D_o} \quad \cdots\cdots (17\text{-}1\text{-}2)$$

焊制三通与锻造三通的最小需要厚度按式(17-1-3)、式(17-1-4)计算:
主管:

$$\delta_{\min} = \delta_c + C \quad \cdots\cdots (17\text{-}1\text{-}3)$$

支管：
$$\delta_{1min}=\delta_{1c}+C_1 \quad (17\text{-}1\text{-}4)$$

焊制三通与锻造三通的名义厚度（取用厚度）应满足以下要求：

主管：
$$\delta\geqslant=\delta_c+C \quad (17\text{-}1\text{-}5)$$

支管：
$$\delta_1\geqslant=\delta_{1c}+C_1 \quad (17\text{-}1\text{-}6)$$

以上计算适用于 $D_o\leqslant813$ mm、$d_i/D_i\geqslant0.8$ 的范围（$d_i/D_i<0.8$ 按孔补强处理）。

计算压力 p 取相连元件的计算压力；

计算温度 t_c 按 6-1 节之 2(2) 确定；

附加厚度 C 按筒壳的规定计算；

许用应力按集箱确定。

用厚度补强（指无加强件）的焊制三通，应采用全焊透接管结构型式，见图 17-1-2。

有些情况下，焊制三通需要采用补强件，如单筋补强或蝶式补强，见图 17-1-2。

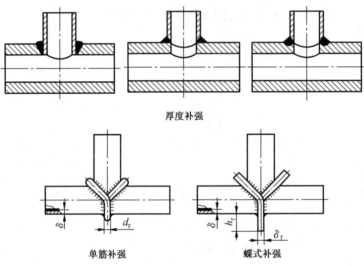

图 17-1-2 补强结构

补强件尺寸要求见表 17-1-1。

表 17-1-1 焊制三通单筋补强与蝶式补强的尺寸要求　　　　mm

补强型式	补强元件尺寸	
	$\delta\leqslant20$	$\delta>20$
蝶式	$\delta_r=\delta, h_r=6\delta$	$\delta_r=\delta, h_r=120$
单筋	$d_r=1.5\delta$	

减弱系数 φ_Y：

式(17-1-1)中的减弱系数 φ_Y 按表 17-1-2 确定。

表 17-1-2　焊制三通的减弱系数 φ_Y

计算壁温	结构参数	补强型式	φ_Y
低于由持久强度确定许用应力的起始温度	$1.05 \leqslant \beta < 1.10$	蝶式	0.90
	$p_r \leqslant 2.5$ MPa、$1.05 \leqslant \beta < 1.10$、$D_o \leqslant 273$ mm	厚度	取式(17-1-7)值的 2/3
	$1.10 \leqslant \beta$ 且 $\beta_t \leqslant 1.50$	蝶式	0.90
		单筋	0.80
		厚度	按式(17-1-7)计算
不低于由持久强度确定许用应力的起始温度	$1.05 \leqslant \beta < 1.10$	蝶式	按式(17-1-7)计算
	$p_r \leqslant 2.5$ MPa、$1.05 \leqslant \beta < 1.10$、$D_o \leqslant 273$ mm	厚度	取式(17-1-7)值的 2/3
	$1.10 \leqslant \beta < 1.25$ 且 273 mm$< D_o \leqslant 813$ mm	蝶式或单筋	按式(17-1-7)计算
	$1.10 \leqslant \beta < 1.25$ 且 $D_o \leqslant 273$ mm	蝶式或单筋	0.70
	$1.25 < \beta$ 且 $\beta_t \leqslant 2.00$	厚度	按式(17-1-7)计算
	$1.25 < \beta$ 且 $\beta_t \leqslant 1.50$	蝶式或单筋	0.70

φ_Y 按式(17-1-7)计算：

$$\varphi_Y = \frac{1}{1.2\left[1+X\sqrt{1+Y^2/(2Y)}\right]} \quad\cdots\cdots\cdots\cdots\cdots\cdots\cdots(17\text{-}1\text{-}7)$$

式中：$X = d_i^2/(D_m d_m)$；

　　　$Y = 4.05(\delta_e^3 f \delta_{1e}^3)/(\delta_e^2 \sqrt{D_m \delta_e})$。

由表可见：

焊制三通当 $1.05 \leqslant \beta < 1.10$ 时（工业锅炉常用结构），需采用蝶式补强——工艺较复杂。

如额定压力不大于 2.5 MPa，主管外径 $D_o \leqslant 273$ mm，可不采用蝶式补强结构，允许利用增大壁厚——厚度补强方式，但 φ_Y 取计算值的 2/3——壁厚过大。

注：以上问题的讨论与建议见 17-3 节与 17-4 节。

不绝热三通的最大允许厚度应符合不绝热集箱的规定。

在图 17-1-3 所示的 ABCD 三通区域内，应尽量避免开孔。若必须开孔，则应布置在弧长 l 范围内，且孔的直径不应大于 D_o 的 1/4，而且以 60 mm 为限。同时，接管焊缝的外边缘至三通焊缝的外边缘的距离 L_2 不应小于 20 mm。

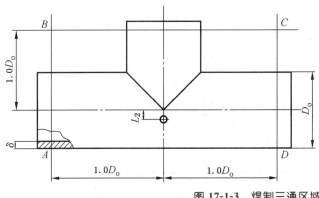 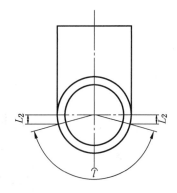

图 17-1-3　焊制三通区域

焊制三通的水压试验压力按有关锅炉制造技术条件取用,但不应超过集箱筒体的水压试验压力。

2 等径叉形管计算

等径叉形管(图 17-1-4)的计算按三通的规定处理。

等径叉形管计算方法只适用于 $D_o \leqslant 108$ mm,$1.05 \leqslant \beta_c \leqslant 2.0$ 范围。

等径叉形管可用钢管弯制、锻造、铸造或用钢板压焊。减弱系数 φ_Y 可按以下规定取用:

当计算温度 t_c 小于钢材持久强度对基本许用应力起控制作用的温度时:$\varphi_Y = 0.70$;

当计算温度 t_c 不小于钢材持久强度对基本许用应力起控制作用的温度时:$\varphi_Y = 0.60$。

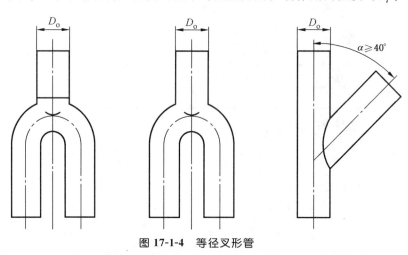

图 17-1-4 等径叉形管

3 热挤压三通计算

热挤压三通的强度计算方法只适用于无缝钢管经多套模具热挤压成型的直型三通和鼓型三通。

直型三通指支管直径不大于主管直径的三通,三通的主流通道成直线形。如图 17-1-5 所示。

鼓型三通指支管直径大于主管直径的三通,它由等径直型三通锻缩而成,锻缩处圆滑过渡,三通的主流通道成鼓型,如图 17-1-6 所示。

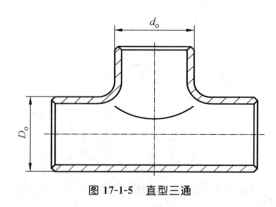

图 17-1-5 直型三通

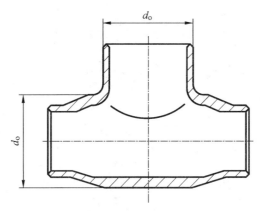

图 17-1-6 鼓型三通

热挤压三通主管圆筒体的计算厚度按式(17-1-8)计算：

$$\delta_t = \frac{pD_o}{2\varphi_{min}[\sigma]+p} \quad \cdots\cdots (17\text{-}1\text{-}8)$$

热挤压三通支管圆筒体的计算厚度按式(17-1-9)计算：

$$\delta_t = \frac{pd_o}{2\varphi_{min}[\sigma]+p} \quad \cdots\cdots (17\text{-}1\text{-}9)$$

热挤压三通过渡区计算厚度及支管最大允许内径按表 17-1-3 计算。

表 17-1-3 热挤压三通过渡区计算厚度及支管最大允许内径　　　　　mm

主管外径	≤660 mm		>660 mm	
过渡区计算厚度及支管最大允许内径	直型三通	$\delta_t = \dfrac{1.3pD_o}{1.9[\sigma]+p}+2$	直型三通	$\delta_t = \dfrac{1.3pD_o}{2[\sigma]+p}+10$
	鼓型三通	$\delta_t = \dfrac{1.3pd_o}{1.9[\sigma]+p}+2$	鼓型三通	$\delta_t = \dfrac{1.3pd_o}{2[\sigma]+p}+10$
过渡区计算厚度及支管最大允许内径	$[d]_{i\,max}=d_o+2R-2\sqrt{(R+\delta_t+C_1)^2-R^2}$ 当 $R>2.42(\delta_t+C_1)$ 时,取 $[d]_{i\,max}=d_o-2(\delta_t+C_1)$		$[d]_{i\,max}=d_o-2(\delta_t+C_1)$	
过渡区(A、B、C、D)范围及相关尺寸示意图	(见图)		(见图)	

17-2　三通计算公式的解析

异型元件(焊制三通、锻造三通、等径叉形管、热挤压三通)的应力状态较复杂,目前只能作简易分析给出近似公式,其应用条件的限制、结构要求基本上都是根据一些实验与经验而确定的。

1　基本计算公式来源

异型元件的基本计算公式皆以三通为基础,计算图见 17-2-1。

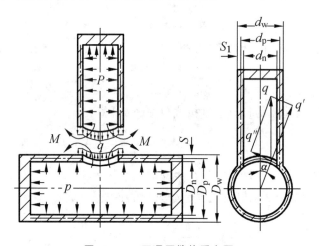

图 17-2-1　三通元件的受力图

三通主管受力情况可视为内压力 p 和支管的拉力 q 共同作用的结果(图 17-2-1)。内压力 p 所产生的三向应力与以前所述圆筒相同,而拉力 q 按下式计算:

$$q = \frac{p\frac{\pi}{4}d_n^2}{\pi d_p} = \frac{pd_n^2}{4d_p}$$

此拉力 q 可分解为主管径向拉力 q' 与环向拉力 q''。根据拉力 q' 及 q'' 所求得的最大环向应力发生在角度 $\alpha=\alpha_1$ 处,α_1 按下式计算[182]:

$$\mathrm{tg}\alpha_1 = \frac{4.05(S^3+S_1^3)}{S^2\sqrt{D_pS}}$$

最大环向应力为

$$\sigma''_{\theta\max} = \frac{pD_p}{4S}\frac{X}{Y}\sqrt{1+Y^2}$$

此处的纵向应力为

$$\sigma''_z = \frac{pD_p}{4S}\frac{X}{0.3Y}\frac{1}{\sqrt{1+Y^2}}$$

式中

$$X = \frac{d_n^2}{D_p d_p} \quad \cdots\cdots\cdots\cdots\cdots\cdots\cdots\cdots (17\text{-}2\text{-}1)$$

$$Y = \mathrm{tg}\alpha_1 = \frac{4.05(S^3 + S_1^3)}{S^2 \sqrt{D_p S}} \quad \cdots\cdots\cdots\cdots\cdots\cdots (17\text{-}2\text{-}2)$$

与内压力产生的膜应力叠加后,得 $\alpha = \alpha_1$ 处总的环向应力与纵向应力:

$$\sigma_\theta = \sigma'_\theta = \sigma''_{\theta\max} = \frac{pD_p}{2S}\left(1 + \frac{X}{2Y}\sqrt{1+Y^2}\right)$$

$$\sigma_z = \sigma'_z = \sigma''_z = \frac{pD_p}{4S}\left(1 + \frac{X}{0.3Y}\frac{1}{\sqrt{1+Y^2}}\right)$$

对于薄壁筒壳,取径向应力

$$\sigma_r = 0$$

对于等径三通,可以证明[11],当 $\beta \geqslant 1.03$ 时(β 为主管外径与内径的比值),$\sigma_\theta > \sigma_z$。按最大剪应力理论,有

$$\sigma_d = \sigma_\theta = \frac{pD_p}{2S}\left(1 + \frac{X}{2Y}\sqrt{1+Y^2}\right) \leqslant [\sigma]$$

若以 $D_p = D_w - S$ 代入,得

$$S \geqslant \frac{pD_w}{2\varphi_y[\sigma] + p} \quad \cdots\cdots\cdots\cdots\cdots\cdots\cdots\cdots (17\text{-}2\text{-}3)$$

式中:φ_y——三通减弱系数

$$\varphi_y = \frac{1}{1 + \dfrac{X\sqrt{1+Y^2}}{2Y}}$$

考虑到三通计算公式的精确度与其他元件相比尚差一些,故将减弱系数减小 20%,于是取

$$\varphi_y = \frac{1}{1.2\left(1 + \dfrac{X\sqrt{1+Y^2}}{2Y}\right)} \quad \cdots\cdots\cdots\cdots\cdots (17\text{-}2\text{-}4)$$

以上式(17-2-1)~式(17-2-4)即为我国水管与锅壳锅炉强度计算标准采用的无加强件(厚壁补强)的三通主管的强度基本计算公式。

三通上开孔的布置:

在锅炉结构中出于布置的需要,有时在三通区域内开设一些孔径较小的孔。基于试验[11,173],GB 9222—88 给出关于开孔布置的一些要求。

2 基本计算公式的应用条件

1)以上基本计算公式的推导有一定近似性,国内曾作过一些试验加以验证[171—173]。试验结果列于表 17-2-1。

表 17-2-1　无加强元件焊制三通的试验结果

试验类型	三通类型	三通尺寸	$\beta(=\beta_1)$ 或 β/β_1	三通材料	试验减弱系数 φ_{sh}	理论减弱系数 φ_y	$\dfrac{\varphi_y-\varphi_{sh}}{\varphi_y}\times 100\%$
常温爆破试验	等径	$\phi 76\times 4.5$	1.13	12Cr1MoV	0.846	0.673	−25.7
	等径	$\phi 89\times 4$	1.10	20号钢	0.861	0.658	−30.8
	等径	$\phi 133\times 10$	1.18	20号钢	0.749	0.685	−9.3
	等径	$\phi 273\times 9$	1.07	15号钢	0.752	0.642	−17.2
	等径	$\phi 273\times 22$	1.19	20号钢	0.706	0.690	−2.3
高温蠕变持久爆破试验	等径	$\phi 76\times 4.5$	1.13	12Cr1MoV	0.660	0.673	+1.9
	等径	$\phi 31\times 3$	1.24	20号钢	0.773	0.700	−10.4
	等径	$\phi 80\times 8$	1.25		0.693	0.703	+1.4
	等径	$\phi 80\times 15$	1.60		0.782	0.766	−2.1
高温蠕变持久爆破试验	异径	$\phi 80\times 15/\phi 32\times 6$	1.60		0.872	0.883	+1.2
	异径	$\phi 80\times 10/\phi 56\times 7$	1.33		0.778	0.778	0
	异径	$\phi 80\times 15/\phi 65\times 15$	1.60/1.86		0.905	0.836	−8.3
	异径	$\phi 80\times 8/\phi 67\times 11$	1.25/1.49		0.935	0.796	−17.5
	异径	$\phi 80\times 8/\phi 52\times 3.5$	1.25/1.16		0.673	0.740	+9.1

表中的试验减弱系数 φ_{sh} 为三通爆破压力与一般直管爆破压力的比值(三通主管与一般直管的直径及壁厚相同条件下)。

试验结果表明:

常温爆破试验:试验减弱系数 φ_{sh} 皆大于理论计算减弱系数 φ_y (试验都在 $\beta_1=\beta$ 条件下进行);

高温蠕变爆破试验:

$$\beta_1=\beta \text{ 时 } \varphi_{sh}\approx\varphi_y$$
$$\beta_1>\beta \text{ 时 } \varphi_{sh}>\varphi_y$$
$$\beta_1<\beta \text{ 时 } \varphi_{sh}<\varphi_y$$

式中:β_1——支管外径与内径的比值。

由以上试验结果可见,在高温蠕变条件下,当支管 β_1 小于主管 β 时,理论计算值 φ_y 偏于不安全;其他所有情况,φ_y 皆有一定裕度。

为安全计,GB/T 9222—1988 标准规定上述基本计算公式只适用于 $\beta_1=\beta$ 情况。于是,给出支管壁厚必须满足以下条件:

$$S_{l1}=S_l\dfrac{d_w}{D_w} \quad\cdots\cdots\cdots\cdots\cdots\cdots\cdots(17\text{-}2\text{-}5)$$

式中:S_{l1}、S_l——支管、主管的理论计算壁厚。

2) 由于三通试验是在一定 β 值条件下进行的,故 JB 2194—77 水管锅炉强度计算标准规定以上基本计算公式的应用条件为:

若工作温度不在蠕变温度范围内 $1.1 \leqslant \beta \leqslant 1.5$

若工作温度在蠕变温度范围以内 $1.25 < \beta \leqslant 1.5$

GB 9222—88 标准将 β 值的上限改为 β_l（按理论计算壁厚确定的外径与内径的比值），例如将上述 $1.1 \leqslant \beta \leqslant 1.5$ 改为 $1.1 \leqslant \beta, \beta_l \leqslant 1.5$。一般情况下 $\beta_l < \beta$。这样就使应用条件扩大一些。此外，GB 9222—88 标准根据实际要求并作了分析后，将工作温度在蠕变范围以内的限制扩大至 $\beta_l \leqslant 2.0$。

GB 9222—88 标准考虑到工业锅炉的实际需要（β 较小），加之工作温度较低，实验表明理论 φ_Y 值又偏于保守（试验 $\varphi_{sh} > \varphi_Y$），故规定压力不大于 2.5 MPa 锅炉的 β 值在 $1.05 \leqslant \beta < 1.1$ 范围内亦可采用无加强结构，但考虑试验三通主管直径未超过 273 mm，故加上限于 $D_w \leqslant$ 273 mm 的规定。

3) 无补强件三通的支管也可看成筒壳上的单个孔。有些国家应用"等面积补强法"或"压力面积补强法"计算无加强件三通的减弱系数[11]。

计算分析[11]表明：当 $d_n/D_n < 0.8$ 时，按等面积补强法计算三通，比按前述三通计算方法较为安全。因此，GB 9222—88 标准规定三通基本计算公式仅适用于 $d_n/D_n \geqslant 0.8$。如果 $d_n/D_n < 0.8$，应按等面积加强法确定三通的强度。

3 有补强件的三通计算

考虑到三通强度研究工作尚不充分，因此超过前述基于试验给出的公式适用范围时，应对三通进行补强。单筋补强或蝶式补强均可提高三通的减弱系数，蝶式补强的效果较好，但工艺较复杂。

基于试验给出了补强件（单筋或蝶式）的建议尺寸及带补强件三通的减弱系数 φ_y。

注： 较简单补强结构参见 17-3 节。

4 锻造三通计算方法

锻造三通虽然制造工艺较复杂，金属耗量也较大，但在高应力区不存在焊缝。规定锻造三通可按焊制三通计算，这样，安全可靠性更大。锻造三通一般用于高参数条件，壁较厚，不会出现 β 过小超出允许范围问题。

锻造三通只有"厚壁补强"一种结构，减弱系数也按焊制三通确定。

5 等径叉形管计算方法

等径叉形管的受力状态，与一般三通类似。计算方法与焊制三通相同。减弱系数 φ_y 是基于试验给出的。

6 热挤压三通的强度

1973 年，热挤压三通开始应用于国内高压、超高压锅炉大口径集中下降管。

热挤压三通在加热状态下使用模具冲压成形，属于变壁厚异形元件，应力状态较为复杂，靠理论分析难以确定它的强度。国内曾对它的强度作过较多实验与分析工作[171—178]。

GB 9222—88 标准规定用试验验证法确定它的最高允许工作压力。GB/T 9222—2008 开始增加了热挤压三通计算方法。

也可用有限元法计算它的应力,并确定它的强度。

17-3 外载三通强度有限元计算分析与处理

锅炉下降管与下集箱的交界处为焊接三通结构。下降管不仅是水循环的一部分,对于自身支撑锅炉[32]又是锅炉受力颇大的重要元件。对于容量不很大的锅炉,下降管与下集箱连接部位的三通由于壁厚裕度较大,可视为"安全结构",不需进行强度计算。

对于大容量锅炉,外载颇大(包括锅炉上部锅壳自重与水重),三通强度计算必须考虑外载,但无计算方法可循。

本节应用有限元计算方法分析锅炉集箱三通(包括叉形管)在较大外载作用下的强度,并提出一种新式简单补强结构[178]。

本节还对壁厚裕度过大的三通按"安全结构"处理,提出可不校核的建议。

1 外载与内压力联合作用下的三通强度问题

图 17-3-1 所示为大容量水火管锅壳锅炉集箱三通(包括叉形管)结构示意图。

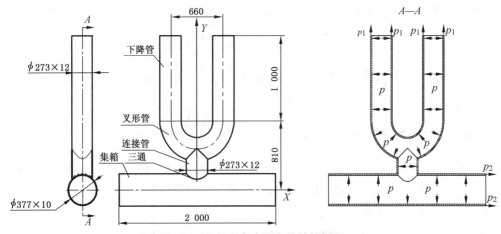

图 17-3-1 仅考虑内压力的计算模型

有限元计算参数:

计算压力 1.25 MPa(表压),材料 20 号碳钢,许用应力 125 MPa,泊松比 0.3,屈服强度 215 MPa,抗拉强度 400 MPa,弹性模量 2.1×10^5 MPa。

锅炉下降管(叉形管与立管)为 $\phi 273 \times 12$ mm,下集箱为 $\phi 377 \times 10$ mm。

(1) 仅考虑内压力作用的有限元计算

下降管的立管与下集箱连接部位的 $\dfrac{d_n}{D_n} = \dfrac{249}{357} = 0.70 < 0.8$,其强度不按三通计算,应按大孔补强考虑。但外载颇大,而叉形管的结构尺寸又未满足标准要求,以下应用有限元法校核其强度。

本计算采用 Solidworks Simulation 有限元计算软件,Simulation 是一个与 SolidWorks 完

全集成的设计分析系统。

1) 计算模型

计算模型应按实际结构进行简化,且不影响原结构的应力状态。简化后的计算模型见图 17-3-1。

2) 边界条件处理

下集箱左端面采用"不可移动(无移动)"约束,限制计算模型的三向位移;右端面与 2 个下降管上端面采用"在平面上"约束,只允许端面的纵向移动。考虑到约束对计算部位的影响,下降管及单侧集箱的长度取 2 倍管径,这样,已能消除端部约束的影响[180,181]。

下降管、叉形管、集箱内壁施加 1.25 MPa 的均布压力。每根下降管的上端面施加由于内压力而产生的面拉应力:

$$p_1 = p \frac{d_n^2}{d_w^2 - d_n^2} = 1.25 \times \frac{249^2}{273^2 - 249^2} = 6.2 \text{ MPa}$$

集箱的右端面施加由于内压力而产生的面拉应力:

$$p_2 = p \frac{d_n^2}{d_w^2 - d_n^2} = 1.25 \times \frac{357^2}{377^2 - 357^2} = 11 \text{ MPa}$$

3) 网格划分

采用抛物线四面体实体单元,单元由 4 个边节点、6 个中节点和 6 条边线来定义。采用"自动过渡"对局部网格进行细化。整个模型的单元数为 60 044 个,节点数为 121 371 个,计算时间约为 3 min。

网格划分后的计算模型如图 17-3-2 所示。

4) 计算结果

经过计算,得按最大剪应力强度原理的当量应力图解,如图 17-3-3 所示。

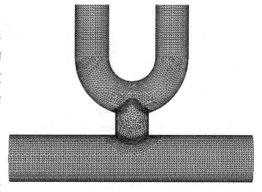

图 17-3-2 网格划分图

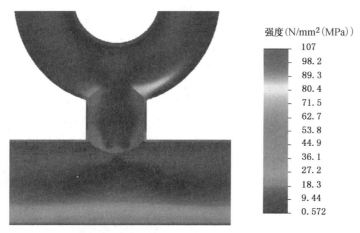

图 17-3-3 仅考虑内压作用的当量应力图解

由图 17-3-3 可见,叉形管与三通各部位的当量应力均很小,最大应力发生在集箱三通的肩部内侧 MAX 处。所有路径当量应力皆小于按应力分类控制原则的规定。

(2) 内压力与外载联合作用的有限元计算

锅炉自重及水的重量共为 210 t(2.06×10^6 N),作用在 8 根下降管上。在图 17-3-1 计算模型的基础上,保持边界条件相同,在下降管上端面再施加面压力:

$$p_{wz} = \frac{2.06 \times 10^6}{\frac{\pi}{4}(273^2 - 249^2) \times 4 \times 2} = 26.2 \text{ MPa}$$

经过计算,得当量应力图解,如图 17-3-4 所示。

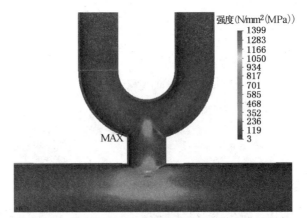

图 17-3-4 考虑内压力与外载联合作用的当量应力图解

由图 17-3-4 可见,在考虑所有载荷的作用下,集箱三通腹部(图 17-3-5)内侧的合成应力高达 1 399 MPa。因此,应对该部位采取措施予以补强。

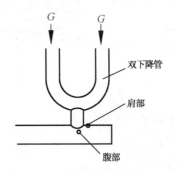

图 17-3-5 受力较大的部位——腹部

2 三通补强的新结构

由图 17-3-4 可见,最高应力仅发生在接管与集箱连接部位的腹部,故在该部位焊以筋板予以补强,效果应是最佳,见图 17-3-6。此种结构比焊制三通的单筋补强、蝶式补强(图 17-1-2),简单得多。

(1) 有限元计算校核

将叉形管与立管部位加厚至 $\phi 273 \times 16$ mm,集箱三通部位加厚至 $\phi 377 \times 20$ mm,筋板厚度 60 mm(40 mm 也能满足要求);本例的外载颇大,故要求筋板较厚。计算模型如图 17-3-7

所示。采用筋板补强结构的网格划分见图17-3-8。

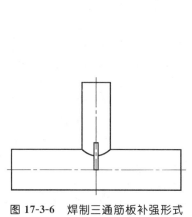

图 17-3-6　焊制三通筋板补强形式

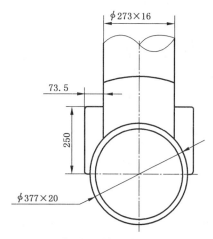

图 17-3-7　采用筋板补强的有限元计算模型

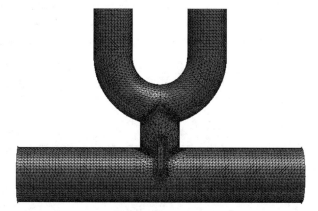

图 17-3-8　采用筋板补强结构的网格划分图

沿纵剖面与横剖面取不同路径进行应力线性化,整理出纵剖面与横剖面当量应力曲线,见图17-3-9与图17-3-10(路径及坐标名称示于图中)。

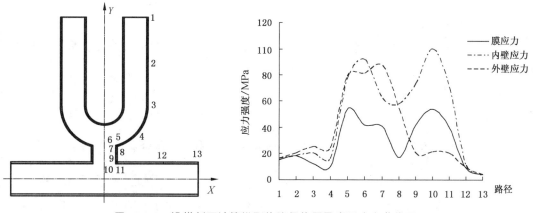

图 17-3-9　沿纵剖面计算模型的路径位置及当量应力曲线图

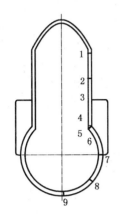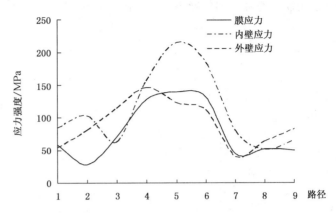

图 17-3-10　沿横剖面计算模型的路径位置及当量应力曲线图

可见,最高应力区域出现在集箱腹部的内侧(图 17-3-10),对该处设置了 3 条评定线作为评定路径(即路径 4~路径 6)。应力评定结果如表 17-3-1 所示。

表 17-3-1　当量应力值评定　　　　　　　　　　　　　　　　　　MPa

评定线		薄膜应力 σ_m	弯曲应力 σ_w	峰值应力 σ_f	合成应力	评定结果
路径 4	内壁	128	25	3	156	通过
	外壁		−17	34	145	通过
路径 5	内壁	139	64	11	214	通过
	外壁		−37	20	122	通过
路径 6	内壁	131	41	19	191	通过
	外壁		−47	13	97	通过

注:参照应力分类与控制原则评定(见 7-1 节),薄膜应力具有局部性质。

根据计算,筋板厚度如为 40 mm 时,最高合成应力(含二次应力)为 365 MPa,各项应力值皆能满足要求,参见 7-1 节之 2。

(2) 结论与建议

1) 仅有内压力时,集箱三通应力最大部位发生在三通肩部内侧,在内压力和外载联合作用下,集箱三通最大应力发生在三通腹部内侧。

2) 在内压力与颇大外载的联合作用下,叉形管和集箱三通部分需要适当加厚。利用筋板补强集箱三通腹部是一种新的简单方法。

3　对 $\beta < 1.05$、$D_w > 273$ mm 的工业锅炉"三通"强度分析与处理

工业锅炉下降管与集箱的连接处(图 17-3-11)经常会遇到 $d_n/D_n > 0.8$ 情况。按标准要求,应按三通计算。但由于压力较低,β 值有时达不到 1.05,超出了三通求减弱系数 φ_y 的限制范围;个别情况下,下集箱(相当于主管)的外径 $D_w > 273$ mm,也超出了限制范围。例如,DZL14-1.0/115/70 型锅炉的下集箱采用 $\phi 325 \times 10$ mm,而下降管采用 $\phi 273 \times 10$ mm 的管

子。由于 $d_n/D_n = 253/305 = 0.829 > 0.8$,故应按三通计算:尽管 $\beta = D_w/D_n = 325/305 = 1.07 > 1.05$,但 $D_w = 325$ mm > 273 mm,超出了限制范围。

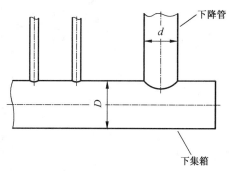

图 17-3-11　下降管与下集箱的"三通"连接结构

按标准强度计算数据可知,集箱(主管)的计算最小需要壁厚 $S_1 = 2.66$ mm(指孔桥处,而远离孔桥处 $S_1 = 1.4$ mm),但有效壁厚 $S_y = S - C = 8.1$ mm,可见强度的裕度颇大。另外,由 17-2 节有关限制范围的依据看,限制范围是根据曾作过的试验件尺寸而定的。即使 $\beta < 1.05$, $D_w > 273$ mm 未作过试验验证,但壁厚的裕度已高达数倍,故上述结构肯定是安全可靠的。实际上,上述结构也从未发生过强度问题,习惯上称上述结构为"传统安全结构",故对它可不进行强度校核计算。

17-4　三通应用条件放宽的有限元计算分析与建议

工业锅炉焊制三通经常会遇到 $1.05 \leqslant \beta < 1.10$ 范围内的较薄结构。我国锅炉强度计算标准基于试验范围给出的应用条件较为苛刻:由表 17-1-2 可见,需要:

蝶式补强——工艺较复杂;

或明显增厚(减弱系数 φ_y 减少 1/3),而且只允许用于 $p \leqslant 2.5$ MPa, $D_o \leqslant 273$ mm 条件。

本节利用有限元计算方法核实上述规定的必要性,并提出改进建议。

1　计算模型参数

计算模型皆无补强,参数见表 17-4-1(附计算验证结果)。

表 17-4-1　计算模型参数

No	主管直径 D_w mm	支管直径 d_w mm	额定压力 p_e MPa	计算压力 p_J MPa	β 值	验证(详见本节之 2 的计算结果)
1	$\phi 273 \times 10$	$\phi 273 \times 10$	3.8	3.95	1.064 7	通过
2	$\phi 273 \times 8$	$\phi 273 \times 8$	3.0	3.12	1.050 1	通过
3	$\phi 273 \times 7$	$\phi 273 \times 7$	2.5	2.6	1.043 2	通过

表 17-4-1(续)

No	主管直径 D_w mm	支管直径 d_w mm	额定压力 p_e MPa	计算压力 p_J MPa	β 值	验证(详见本节之2的计算结果)
4	$\phi 426 \times 15$	$\phi 426 \times 15$	3.8	3.95	1.063 2	仅局部膜应力略大于允许值
5	$\phi 426 \times 12$	$\phi 426 \times 12$	3.0	3.12	1.049 3	仅局部膜应力略大于允许值
6	$\phi 426 \times 11$	$\phi 426 \times 11$	2.5	2.6	1.045	通过
7	$\phi 273 \times 10$	$\phi 219 \times 8$	3.8	3.95	1.065	通过
8	$\phi 273 \times 8$	$\phi 219 \times 7$	3.0	3.12	1.050 5	通过
9	$\phi 273 \times 7$	$\phi 219 \times 6$	2.5	2.6	1.044	通过
10	$\phi 426 \times 15$	$\phi 377 \times 13$	3.8	3.95	1.063 2	仅局部膜应力略大于允许值
11	$\phi 426 \times 12$	$\phi 377 \times 11$	3.0	3.12	1.049 5	仅局部膜应力略大于允许值
12	$\phi 426 \times 11$	$\phi 377 \times 10$	2.5	2.6	1.045	通过

表中：

β 值都在 1.044～1.064 7 之间，平均值为 1.05，即按标准规定的允许最薄校核；

等径三通($\phi 273$ mm 及 $\phi 426$ mm)，3 种不同压力；

非等径三通($\phi 273$ mm 与 219 mm 及 $\phi 426$ mm 与 377 mm)，3 种不同压力。

2 计算结果[179]

以下仅给出表 17-4-1 中有代表性的 3 例。

(1) $\phi 273 \times 10$ mm 无补强等径三通(p_e=3.8 MPa)——表 17-4-1 中 No1

1) 基本参数

额定压力 p_e=3.8 MPa，计算压力 p=3.95 MPa。

材料 20/GB 3087，许用应力$[\sigma]$=125 MPa，泊松比 0.3，屈服限 225 MPa，弹性模量 2.1×10^5 MPa。在支管与主管相接处外壁加 10 mm×10 mm 三角形焊缝，内壁设 5 mm 的倒角。

2) 边界条件的处理

主管左端面限制 X、Y、Z 三向位移，右端面限制 X、Y 向位移，只允许端面的轴向位移。考虑约束对计算部位的影响，支管及单侧主管的长度取 2 倍管径，已能消除端部约束的影响。

支管、主管内壁施加 p=3.95 MPa 的均匀压力。主管的右端面施加由于内压力而产生的管壁拉应力与支管的上端面施加由于内压力而产生的管壁拉应力：

$$p_b = p \frac{D_n^2}{D_w^2 - D_n^2} = 3.95 \times \frac{253^2}{273^2 - 253^2} = 24.03 \text{ MPa}$$

3）计算结果

模型的应力计算结果见图 17-4-1。

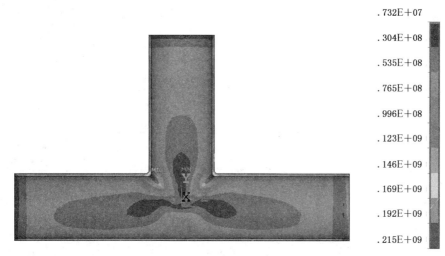

图 17-4-1　整体应力强度分布

沿纵剖面取不同路径进行应力线性化,整理出路径不同位置的当量应力曲线,见图 17-4-2（路径及坐标名称示于图中）。

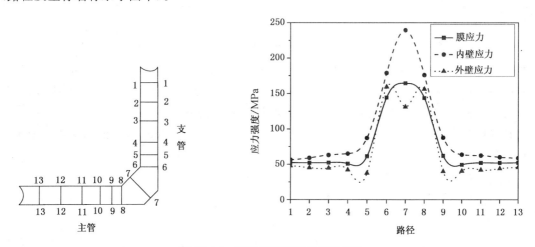

图 17-4-2　路径位置及当量应力曲线

应力值及评定结果见表 17-4-2。按应力力分类与控制原则进行评定（见 7-1 节之 2）。

表 17-4-2　各评定线上的应力计算结果　　　　　　　　　　　　MPa

评定线	薄膜应力	弯曲应力		薄膜+弯曲		峰值应力		总应力		评定结果
		内壁	外壁	内壁	外壁	内壁	外壁	内壁	外壁	
1-1	52.15	4.19	−4.18	56.34	47.97	0.001 8	0.001 8	56.342	47.972	通过
2-2	52.1	6.91	−6.91	59.01	45.19	0.003	0.003	59.013	45.193	通过
3-3	52.35	10.74	−7.7	63.09	44.65	0.004 7	0.004 7	63.095	44.655	通过

表 17-4-2（续） MPa

评定线	薄膜应力	弯曲应力		薄膜+弯曲		峰值应力		总应力		评定结果
		内壁	外壁	内壁	外壁	内壁	外壁	内壁	外壁	
4-4	50.97	13.95	−8.78	64.92	42.19	0.007 1	0.007 1	64.927	42.197	通过
5-5	61.32	25.78	−23.71	87.1	37.61	0.015 3	0.015 3	87.115	37.625	通过
6-6	144.4	16.4	−7.5	160.8	136.9	18	22.3	178.8	159.2	通过[1]
7-7	164.4	56.8	−38.2	221.2	126.2	18.24	5.032	239.44	131.23	通过[1]
8-8	143.8	15.3	−8.8	159.1	135	16.84	21.11	175.94	156.11	通过[1]
9-9	61.99	25.71	−22.02	87.7	39.97	0.014 5	0.014 5	87.715	39.985	通过
10-10	49.41	14.17	−9.04	63.58	40.37	0.006 6	0.006 6	63.587	40.377	通过
11-11	52.03	10.11	−10.09	62.14	41.94	0.004 4	0.004 4	62.144	41.944	通过
12-12	51.99	8.01	−8	60	43.99	0.003 5	0.003 5	60.004	43.994	通过
13-13	52.23	6.5	−6.5	58.73	45.73	0.002 8	0.002 8	58.733	45.733	通过

1) 属于局部膜应力。

由图 17-4-2 与表 17-4-2 可见：

膜应力曲线在路径 7-7 处最大。膜应力属于局部的条件为应力超过 $1.1[\sigma]=138$ MPa 且宽度不大于 $\sqrt{R_p t}=\sqrt{131.5\times10}=36.3$ mm，而实际宽度（图 17-4-2 中膜应力超过 138 MPa 的各路径中点连线长度）约为 23.72 mm，小于此值。另外，此区域以外的应力明显下降，不存在超过 $[\sigma]$ 的相邻区域。故此区间的膜应力属于局部膜应力。

按局部膜应力 $S_{Jm} \leqslant 1.5[\sigma]=1.5\times125=188$ MPa 的要求，上述区间的局部膜应力皆小于此允许值。

其他应力也满足按应力分类与控制原则的要求。

由以上计算结果可见，$D_o=273$ mm，$\beta=1.05$，即使 $p_e=3.8$ MPa 的无补强等径三通强度也足够。

(2) $\phi 426\times 11$ mm 无补强等径三通（$p_e=2.5$ MPa）——表 17-4-1 中 No6

1) 基本参数

额定压力 $p_e=2.5$ MPa，计算压力 $p_J=2.6$ MPa。

其他与(1)之1)相同。

2) 边界条件的处理

与(1)之2)基本相同。

3) 计算结果

模型的应力分析结果见图 17-4-3。

图 17-4-3 整体应力强度分布

沿纵剖面取不同路径进行应力线性化,整理出路径不同位置的当量应力曲线,如图 17-4-4 所示(路径及坐标名称示于图中)。

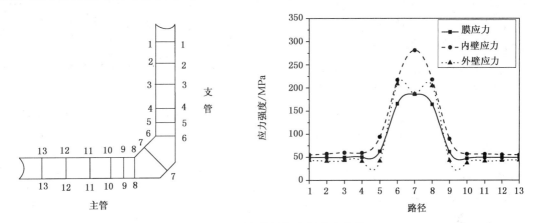

图 17-4-4 路径位置及当量应力曲线

应力值及评定结果见表 17-4-3。

表 17-4-3 各评定线上的应力分析结果　　　　　MPa

评定线	薄膜应力	弯曲应力		薄膜+弯曲		峰值应力		总应力		评定结果
		内壁	外壁	内壁	外壁	内壁	外壁	内壁	外壁	
1-1	49.26	5.88	−5.88	55.14	43.38	0.002 6	0.002 6	55.143	43.383	通过
2-2	49.34	7.8	−7.8	57.14	41.54	0.003 4	0.003 4	57.143	41.543	通过
3-3	49.42	10.06	−6.31	59.48	43.11	0.004 4	0.004 4	59.484	43.114	通过
4-4	49.92	9.05	−9.04	58.97	40.88	0.005 8	0.005 8	58.976	40.886	通过
5-5	62.7	31.12	−21.05	93.82	41.65	0.019 5	0.019 5	93.84	41.67	通过
6-6	174.5	25.4	2.3	199.9	176.8	17.18	31.48	217.08	208.28	通过[1]
7-7	183.1	63.5	−19	246.6	164.1	34.52	20.66	281.12	184.76	通过[1]
8-8	173	31.4	5.6	204.4	178.6	13.69	25.77	218.09	204.37	通过[1]

续表 17-4-3　　　　　　　　　　　　　　　　MPa

评定线	薄膜应力	弯曲应力		薄膜+弯曲		峰值应力		总应力		评定结果
		内壁	外壁	内壁	外壁	内壁	外壁	内壁	外壁	
9-9	61.6	28.06	−18.98	89.66	42.62	0.016 9	0.016 9	89.677	42.637	通过
10-10	46.96	9.74	−9.73	56.7	37.23	0.005 1	0.005 1	56.705	37.235	通过
11-11	49.05	7.64	−7.63	56.69	41.42	0.003 3	0.003 3	56.693	41.423	通过
12-12	49.1	6.38	−6.37	55.48	42.73	0.002 8	0.002 8	55.483	42.733	通过
13-13	49.19	5.72	−5.81	54.91	43.38	0.002 5	0.002 5	54.913	43.383	通过

1) 属于局部膜应力。

由图 17-4-4 与表 17-4-3 可见：

膜应力曲线在路径 7-7 处最大。膜应力属于局部的条件为应力超过 $1.1[\sigma]=138$ MPa 且宽度不大于 $\sqrt{R_p t}=\sqrt{207.5\times 11}=47.8$ mm，而实际宽度（图 17-4-4 中膜应力超过 138 MPa 的各路径中点连线长度）约为 24.66 mm，小于此值。另外，此区域以外的应力明显下降，不存在超过 $[\sigma]$ 的相邻区域。故此区间的膜应力属于局部膜应力。

按局部膜应力 $S_{Jm}\leqslant 1.5[\sigma]=1.5\times 125=187.5$ MPa（20 号碳钢在 200 ℃ 以下的 $[\sigma]=125$ MPa）的要求，上述区间的局部膜应力皆小于此允许值。

由以上计算结果可见，$D_o=426$ mm，$\beta=1.05$，$p_e=2.5$ MPa 的无补强等径三通强度足够。

(3) $\phi 426\times 15$ mm 无补强等径三通（$p_e=3.8$ MPa）——表 17-4-1 中 №4

1) 基本参数——同(1)之 1)。

额定压力 $p_e=3.8$ MPa，计算压力 $p_J=3.95$ MPa。

其它与(1)之 1)相同。

2) 边界条件的处理

与(1)之 2)基本相同。

3) 计算结果

模型的应力计算结果见图 17-4-5。

图 17-4-5　整体应力强度分布

沿纵剖面取不同路径进行应力线性化,整理出路径不同位置的当量应力曲线,见图17-4-6(路径及坐标名称示于图中)。

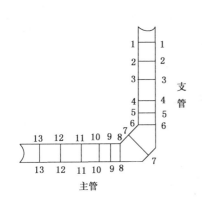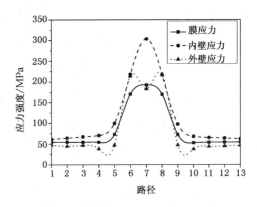

图 17-4-6　路径位置及当量应力曲线

应力值及评定结果见表 17-4-4。

表 17-4-4　各评定线上的应力分析结果　　　　　　　　　　　　　　MPa

评定线	薄膜应力	弯曲应力		薄膜+弯曲		峰值应力		总应力		评定结果
		内壁	外壁	内壁	外壁	内壁	外壁	内壁	外壁	
1-1	54.28	6.96	−6.96	61.24	47.32	0.003	0.003	61.243	47.323	通过
2-2	54.4	9.78	−9.78	64.18	44.62	0.004 3	0.004 3	64.184	44.64	通过
3-3	54.25	12.99	−7.77	67.24	46.48	0.005 6	0.005 6	67.246	46.486	通过
4-4	54.17	16.32	−16.06	70.49	38.11	0.086	0.086	7	38.196	通过
5-5	73.02	26.67	−26.1	99.69	46.92	0.019 9	0.019 9	99.71	46.94	通过
6-6	170.5	29.2	−6.8	199.7	163.7	18.19	50.08	217.89	213.78	通过[1]
7-7	192.7	72.3	−34.8	265	157.9	38.67	25.23	303.67	183.13	不通过[1]
8-8	169.9	27	−6.2	196.9	163.7	19.89	54.45	216.79	218.15	通过[1]
9-9	72.54	25.15	−25.1	97.69	47.44	0.017 9	0.017 9	97.708	47.458	通过
10-10	52.72	15.22	−15.15	67.94	37.57	0.007 6	0.007 6	67.948	37.578	通过
11-11	53.77	11.32	−9.78	65.09	43.99	0.004 9	0.004 9	65.095	43.995	通过
12-12	54.33	9.53	−9.53	63.86	44.8	0.004 1	0.004 1	63.864	44.804	通过
13-13	54.33	7.95	−7.95	62.28	46.38	0.003 5	0.003 5	62.284	46.384	通过

1) 属于局部膜应力。

由图 17-4-6 与表 17-4-4 可见:

膜应力曲线在路径 7-7 处最大。膜应力属于局部的条件为应力超过 $1.1[\sigma]=138$ MPa 且宽度不大于 $\sqrt{R_p t}=\sqrt{205.5\times 15}=55.5$ mm,而实际宽度(图 17-4-6 中膜应力超过 138 MPa 的各路径中点连线长度)约为 28.5 mm,小于此值。另外,此区域以外的应力明显下降,不存在超过 $[\sigma]$ 的相邻区域。故此区间的膜应力属于局部膜应力。

按局部膜应力 $S_{Jm} \leqslant 1.5[\sigma]=1.5\times 125=188$ MPa 的要求,上述区间路径 7-7 处局部膜应力略大于此允许值。

由以上计算结果可见:$D_o=426$ mm 条件下,$\beta=1.05$,$p_e=3.8$ MPa 的等径三通强度略有不足。

3 计算结果分析

除 $D_o=426$ mm,$p_e=3.8$ MPa 或 3.0 MPa 的等径或不等径无补强焊接三通的强度略有不足外,表 17-4-1 中其他情况皆强度足够。

可见 β 不小于 1.05 的以下两种参数:

$$D_o \leqslant 273 \text{ mm}, p_e \leqslant 3.8 \text{ MPa}$$
$$D_o \leqslant 426 \text{ mm}, p_e \leqslant 2.5 \text{ MPa}$$

等径或不等径焊接三通,既不需要补强,也不需要增厚(即减弱系数 φ_y 无需减少 1/3)。

以上有限元计算结果表明:强度计算标准[42]给出的 $1.05 \leqslant \beta < 1.10$ 范围内的限制条件偏于严格,建议适当放宽。

第 18 章　孔与孔桥的补强

锅炉受压元件上需要开设尺寸不同的单个孔(孤立孔)与孔排。

当孔的直径较大时,孔边缘处应力集中也较突出,应对这些大孔进行补强——称单孔补强。

当孔排中孔的直径不很大时无需进行补强,但为减小锅筒(锅壳)厚度需要提高孔桥减弱系数时,亦可进行孔的补强——称孔桥补强,相当于缩小孔的直径,使孔桥减弱系数得以提高。

锅筒(锅壳)、封头、管板、平板上的人孔、头孔、手孔等,尽管不进行补强计算,亦应对它们的边缘(扳边或孔圈)提出一定尺寸要求,故标准给出结构尺寸的规定。为减小封头厚度,亦可对孔补强,相当于缩小孔的直径。

本章介绍孔补强原理以及筒壳、凸形封头与平板上孔补强计算方法的区别,还给出孔桥补强的计算方法。

我国历次版本锅炉强度计算标准对孔桥的补强计算方法多有变化[184,185],而且限制条件过于严苛,甚至限制应用。本章对此进行全面解析并提出改进建议。

在不同文献中,"补强"亦称"加强"。

18-1　筒壳允许不补强的最大孔径

本节基于对孔边缘应力状态的分析,指出大孔需要补强的原因,并给出筒壳无须补强最大允许孔径的确定方法。

1　孔边缘的应力状态

关于圆筒壳上开孔附近的应力状态,至今仅对薄壳且较小的孔才有较为精确的了解。其他情况只有通过应力测试或有限元计算才能准确了解。

图 18-1-1 给出薄壁圆筒上无接管圆孔附近的应力(环向平均应力)分布,可见孔边缘的应力很大,但衰减很快,即孔边缘有明显应力集中现象。

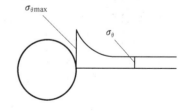

图 18-1-1　孔边缘的环向平均应力分布

薄壁圆筒上无接管圆孔边缘的环向平均应力(图 18-1-1)为[186]

$$\sigma_{\theta\max}=2.5\sigma_\theta\left(1+1.15\frac{d^2}{D_i\delta}\right)=k\sigma_\theta \quad\cdots\cdots\cdots\cdots\cdots\cdots (18\text{-}1\text{-}1)$$

式中应力集中系数

$$k=2.5\left(1+1.15\frac{d^2}{D_i\delta}\right) \quad\cdots\cdots\cdots\cdots\cdots\cdots (18\text{-}1\text{-}2)$$

筒壳平均环向应力

$$\sigma_\theta = \frac{pD_i}{2\delta} \quad \cdots\cdots\cdots\cdots\cdots\cdots\cdots\cdots\cdots\cdots\cdots\cdots (18\text{-}1\text{-}3)$$

式(18-1-1)适用于 $d/(D_i\delta)^{0.5} \ll 1.0$，当 $d/(D_i\delta)^{0.5} \leqslant 0.5$，也较准确。

由式(18-1-1)可见，$\sigma_{\theta\max}$ 与孔径 d 及筒壳曲率 $1/(D_i/2)$ 有关。式(18-1-1)中 $d^2/D_i\delta$ 或 $d/(D_i\delta)^{0.5}$ 为理论分析时所用的参数。

2 无多余厚度筒壳的允许不补强最大孔径

由式(18-1-2)可见，如 $d=0$，则 $k=2.5$。而 k 允许达到 3 为各国标准所共识。一般皆规定许用应力 $[\sigma]=\sigma_s/1.5$，如 $k=3$ 相当于 $\sigma_{\theta\max}=3[\sigma]=2\sigma_s$，这样就可防止产生"不安定现象"（见 6-2 节），故 k 一般允许达到 3。可见，即使在未受任何减弱（减弱系数 $\varphi=1$）且无多余厚度的筒壳上，可以开一定尺寸的小孔。

如设开孔直径

$$d = 0.4(D_i\delta)^{0.5}$$

代入式(18-1-2)，得 $k=2.96$，与 3.0 基本一致，则按上式求得的 d 就是无多余厚度筒壳的允许最大孔径 $[d]$：

$$[d] = 0.4(D_i\delta)^{0.5} \quad \cdots\cdots\cdots\cdots\cdots\cdots\cdots\cdots\cdots\cdots (18\text{-}1\text{-}4)$$

式(18-1-4)见苏联 65 年标准[87,187]。而经互会标准[88]给出的公式为 $[d]=0.25(D_i\delta)^{0.5}$，代入式(18-1-2)，得 $k=2.68$，距 3.0 约有 10% 的裕度。

3 有多余厚度筒壳的允许不补强最大孔径

筒壳最小需要厚度应按孔排处的最小减弱系数 $\varphi_{\min}$ 确定，得

$$\delta_{\min} = \frac{pD_i}{2\varphi_{\min}[\sigma] - p} + C$$

另外，取用壁厚 δ 一般又大于 $\delta_{\min}$（因需要圆整到钢板规格尺寸或人为增厚），则以上两个因素就使孔排以外区域的厚度 δ 有较多余量，$\sigma_\theta = pD_i/2\delta$ 就要降低。由式(18-1-1)可见，孔排以外区域的不补强的开孔直径 d 就可以增大，显然，它会大于按式(18-1-4)求得的 $[d]$ 值。

孔排以外区域能满足强度要求的厚度：

$$\delta_o = \frac{pD_i}{2[\sigma] - p} \quad \cdots\cdots (18\text{-}1\text{-}5)$$

令

$$\varphi_s = \frac{\delta_o}{\delta_y} = \frac{\frac{pD_i}{2[\sigma]-p}}{\delta - C}$$

式中 $\delta_y = \delta - C$，C 为附加厚度。

φ_s 表示孔排以外区域的应力减小程度（图 18-1-2）：φ_s 愈小，无孔排处应力减小得愈多。

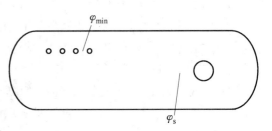

图 18-1-2 筒壳中的 $\varphi_{\min}$ 与 φ_s

可将 φ_s 称为"应力减小系数"（GB/T 16508—1996 标准称"实际减弱系数"）。可见，φ_s 愈小，d

就可以增大愈多。d 称为"未补强孔的最大允许孔径",用$[d]$表示。$[d]$表示有多余厚度筒壳上未采取任何补强措施时的最大允许孔径。

未补强孔最大允许孔径$[d]$:

有多余厚度筒壳的未补强孔的最大允许孔径$[d]$尚无严格推导公式,只能靠试验(也可应用有限元计算结果)与理论规律整理出便于应用的公式。例如,苏联1965年标准[87,187]就是根据 Ш.Н.卡兹基于试验与分析建立起的下述公式[188]:

$\varphi_s > 0.5$ 时　　$[d] = 1.2[4/(3\varphi_s) - 1](D_P \delta_y)^{0.5}$

$\varphi_s \leqslant 0.5$ 时　　$[d] = 2(1/\varphi_s - 1)(D_P \delta_y)^{0.5}$

$\varphi_s = 0$ 时　　$[d] = 0.4(D_P \delta_y)^{0.5}$

后一式与上述式(18-1-4)基本相同。

经互会标准[88]则给出式(18-1-6):

$$[d] = \left(\frac{2}{\varphi_s} - 1.75\right)\sqrt{D_P \delta_y} \quad\cdots\cdots\cdots\cdots\cdots\cdots\cdots\cdots\cdots (18\text{-}1\text{-}6)$$

由上述公式可见,应力减小系数 φ_s 愈小,未补强孔的最大允许孔径$[d]$就愈大,符合前述分析规律。

我国各版本锅炉强度标准皆采用列线图确定最大允许孔径$[d]$——见图18-2-1,该列线图是基于以下公式(18-1-7)绘制的:

$$[d] = 8.1[(D_i \delta_y (1 - \varphi_s))]^{1/3} \quad\cdots\cdots\cdots\cdots\cdots\cdots\cdots\cdots\cdots (18\text{-}1\text{-}7)$$

此公式为苏联1950年、1956年标准[84,85]以及其他许多国家标准所采用。

18-2　筒形元件孔的补强

本节给出筒壳无需补强最大允许孔径的确定方法,提出对补强的结构要求,还给出补强的计算方法。

1　孔需要补强的尺寸

如18-1节所述,我国锅炉强度计算标准按式(18-1-7)求无需补强的最大允许孔径$[d]$:

$$[d] = 8.1[(D_i \delta_y (1 - \varphi_s))]^{1/3}$$

即尺寸超过$[d]$的孔应予补强。

孔径大于$[d]$的孔习惯称为"大孔"。

尽管此式长期应用,但公式的因次并不和谐(等号左右的符号单位不一致),故我国强度计算标准从 JB 3622—84 开始,将其绘制成线算图(图18-2-1),而标准中不再显示此公式。

以下补强方法仅适用于 $d/D_i < 0.8$ 和 $d < 600$ mm 的孔。如为椭圆孔,d 取长轴尺寸,椭圆孔仅适用于长轴与短轴之比不大于2的开孔。

$d/D_i \geqslant 0.8$ 的集箱开孔,集箱厚度按三通计算(见第17章)。

应用图18-2-1确定锅筒(锅壳)筒体未补强孔的最大允许直径$[d]$时,先按式(18-2-1)计算锅壳筒体的应力减小系数(亦称实际减弱系数)φ_s:

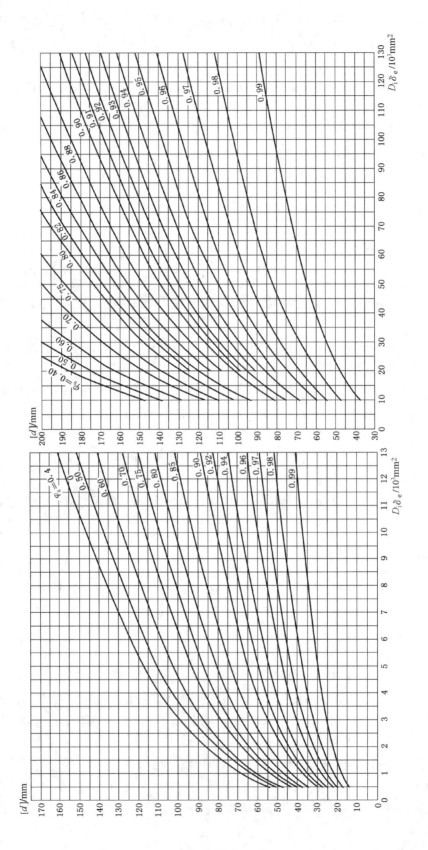

图 18-2-1 未补强孔的最大允许直径

$$\varphi_s = \frac{pD_i}{(2[\sigma]-p)\delta_g} \quad\cdots\cdots\cdots\cdots\cdots\cdots\cdots\cdots\cdots\cdots\cdots\cdots (18\text{-}2\text{-}1)$$

对于应力减小系数 $\varphi_s \leqslant 0.4$ 的筒体,需要补强的孔已得到自身补强,无需另行补强。

注：此规定较严格,建议放宽至 $\varphi_s \leqslant 0.5$,见 8-9 节之 3。

对于应力减小系数 $\varphi_s > 0.4$ 的筒体,未补强孔的直径 d 不应大于按图 18-2-1 确定的未补强孔的最大允许直径 $[d]$,且最大为 200 mm(即大于 200 mm 的孔必须补强,无需按图 18-2-1 确定 $[d]$)。如为椭圆孔,d 取筒体纵截面上的尺寸(因该截面的环向应力最大)。

2 补强结构

孔的补强结构型式见图 18-2-2,约束条件:

图 18-2-2a)、b)、c) 结构仅适用于锅炉额定压力 $\leqslant$ 2.5 MPa 的锅炉;

图 18-2-2a) 结构(双面非填角焊形式)仅适用于圆筒体不受热(其补强计算方法可与图 18-2-2d)型相同)。

补强元件与圆筒体的角焊缝强度,如需要验算可按 JB/T 6734[189] 进行。

扳边孔习惯上不作补强强结构考虑。

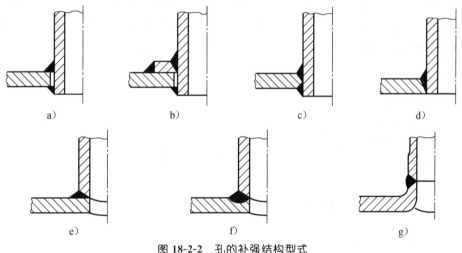

图 18-2-2 孔的补强结构型式

国外标准[88]对大孔的补强也允许采用不开坡口单面角焊结构(图 18-2-3)。

此结构要求焊缝尺寸 Δ：

$\Delta \geqslant 2.1 h_1 s_1 / d_w$

$h_1 = 1.25[d_m(s-C)]^{0.5}$

$d_m = d_w - s_1$

式中：s、s_1——筒体与接管的壁厚;

d_w——接管外直径;

C——筒体附加厚度。

同时,要求 Δ 不应小于管子的壁厚 s_1。

目前我国锅壳锅炉与水管锅炉强度计算标准规定较严,

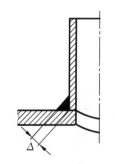

图 18-2-3 大孔补强角焊结构

单面非填角角焊(图 18-2-4)、胀接结构皆不属于补强结构。因为管子与壳体未能成为一个完全整体。

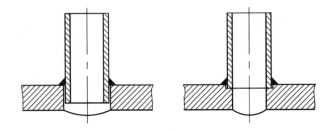

图 18-2-4　单面非填角焊接管

坡口填角焊形式[图 18-2-2b)～g)]使管子与壳体成为完全一个整体,故皆作为补强结构。图 18-2-2a)为双面角焊,其强度较佳[58,118],也视为补强结构,但规定仅适用于不受热结构。

带有垫板的结构,如上下全是坡口填角焊形式,也属于补强结构。

[注释]

非填角焊的双面角焊结构[图 18-2-2a)],我国 JB 2194—77 标准将其视为补强结构,静态与疲劳试验均表明其补强作用明显。但是,修订此标准时,质检部门认为两个非填角焊缝之间会存在空隙,其中残存的气体在受热条件下因膨胀会产生张力,于是 GB/T 16508—1996 标准规定此结构仅适用于不受热圆筒体,后续锅壳与水管锅炉强度计算标准沿用至今。实际上,空隙中即使残存气体,是在焊接极高温度下残留的,其数量极少,不可能产生张力影响强度。

非填角焊的双面角焊作为补强结构,工业锅炉曾应用过 10 余年,并未出现任何问题。

3　补强计算

(1) 等面积补强方法

1) 补强方法

我国历次版本锅炉强度标准皆采用以下补强方法:

$$A \geqslant dt_。 \quad (18\text{-}2\text{-}2)$$

式中:A——孔边缘的多余金属面积

$t_。$——孔排以外区域(减弱系数 $\varphi=1.0$ 区域)的计算需要厚度。

式(18-2-2)表示用孔边缘的多余金属截面积将孔径 d 所需厚度 $t_。$ 的截面积完全"堵住"。

上述"等面积补强"属于经验方法,许多外国标准亦采用,已经受相当长期的考验,且有足够裕度。

解析:

世界各国对容器上大孔所采用的补强设计方法不尽相同,主要有:等面积补强方法、以极限分析作为设计基础的补强方法、以安定性要求作为设计准则的补强方法。

极限应力分析补强方法使补强后的应力集中系数不大于 2.25,即最大应力为

$$\sigma_{\max}=2.25[\sigma]=2.25\frac{\sigma_s}{1.5}=1.5\sigma_s$$

安定性要求的补强方法使补强后的应力集中系数不大于 3.0,即最大应力为

$$\sigma_{\max}=3.0[\sigma]=3.0\frac{\sigma_s}{1.5}=2\sigma_s$$

等面积补强方法较为简单,是世界各国很早以来一直应用至今的方法,当然是一种近似的处理方法。

按等面积补强方法,对图 18-2-5 所示大孔,要求图中 1-2-3-4-5-6-7-8-9 所包围面积(竖线所示面积)的 2 倍应等于 8-10-11-12 所包围面积(横线所示)的 2 倍,即要求由于开孔所欠缺的承载截面积 dt_0(t_0 为筒壳未减弱时所需厚度)应被孔周围一定范围($ABCD$)内的多余承载截面积 $K_h^2+2h_t(t_{1y}-t_{10})+(B-d)(t_y-t_0)$ 所填补(式中符号见图 18-2-5),即要求:

$$K_h^2+2h_t(t_{1y}-t_{10})+(B-d)(t_y-t_0)\geqslant dt_0$$

如补强管的许用应力 $[\sigma]_1$ 小于筒壳的许用应力 $[\sigma]$,则对上式应进行修正:

$$K_h^2+2h_t(t_{1y}-t_{10})\frac{[\sigma]_1}{[\sigma]}+(B-d)(t_y-t_0)\geqslant dt_0 \quad\cdots\cdots\cdots\cdots\cdots (18\text{-}2\text{-}3)$$

式中 t_0 与 t_{10} 为未减弱筒壳与补强管的计算所需厚度。

式(18-2-2)体现除去管子本身所需承压面积 $2h_1t_{10}$,再除去筒壳所需承压面积 $(B-d)t_0$,而多余下来的面积应不小于孔应承压的面积 dt_0。

无论圆孔或椭圆孔均应按筒壳的轴向截面来考虑上述补强,因为作用于轴向横截面上的环向应力 σ_θ 最大(环向应力 σ_θ 为轴向应力 σ_z 的 2 倍)。如前述多余截面积乘以环向应力 σ_θ,则表明等面积补强法相当于由于开孔所未能承担的力,需要用多余截面积所承受的力来补偿。

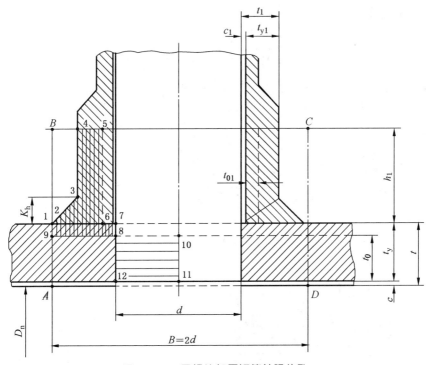

图 18-2-5 用焊接加厚短管补强的孔

2) 补强的有效范围

图 18-2-5 中的 $ABCD$ 开孔补强有效范围,是按孔边缘高应力的衰减距离而确定的,在高

应力区域以外增补多余截面的作用不大。

用以补强管孔的多余金属面积(补强面积)布置得愈靠近孔边缘(应力明显增高区域),其补强效果愈好。基于以上情况,除应满足上述等面积补强以外,我国从 JB 3622—84 标准开始还附带要求需补强的面积(dt_0)的 3/2 应布置在离孔边缘 $d/4$ 范围以内,见图 18-2-6,即同时需满足以下两个条件:

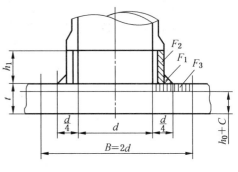

图 18-2-6　补强面积计算示意图

$$2(F_1+F_2+F_3) \geqslant dt_0 \cdots\cdots (18\text{-}2\text{-}4)$$

$$2(F_1+F_2)+F_3 \geqslant \frac{2}{3}dt_0 \cdots (18\text{-}2\text{-}5)$$

有关孔补强的有效范围解析,见 18-7 节之 1。

[注释] 补强面积布置问题

关于"补强面积的 3/2 应布置在离孔边缘 $d/4$ 范围以内"的补充要求并无严格依据,是编委当时觉得要求严格一些更好。后续各版本标准一致效仿沿用,其他国家的标准并无此补充要求。这种人为规定使补强面积增多,也给计算分析带来麻烦,应该取消此要求。

3) 不同条件下的补强要求

① $\varphi_s \leqslant 0.4$ 时无需补强

如果不考虑附加补强结构(如图 18-2-6 中的焊缝截面积 F_1 及加厚短管截面积 F_2)的补强作用,则式(18-2-4)变成

$$2F_3 \geqslant dt_0$$

或

$$(B-d)(t_y-t_0) \geqslant dt_0 \quad t_y = t-C$$

即

$$d(t_y-t_0) \geqslant dt_0$$

$$t_y \geqslant 2t_0$$

得

$$\varphi_s = \frac{t_0}{t_y} \leqslant 0.5$$

而式(18-2-5)变成

$$F_3 \geqslant \frac{2}{3}dt_0$$

或

$$\frac{1}{2}(B-d)(t_y-t_0) \geqslant \frac{2}{3}dt_0$$

解出后,得

$$t_y \geqslant \frac{7}{3}t_0$$

或

$$\varphi_s = \frac{t_0}{t_y} \leqslant \frac{3}{7} = 0.43$$

由以上分析可见,当 $\varphi_s \leqslant 0.43$ 时,即使不加任何补强结构,式(18-2-4)及式(18-2-5)两个条件均能满足。因此标准规定:当 $\varphi_s \leqslant 0.4$ 时(偏于安全),即使 $d > [d]$ 亦不必进行补强。以上分析并未考虑图 18-2-6 中的焊缝截面积 F_1 及加厚短管截面积 F_2 的补强作用,显然裕度明

显偏大。

② $\varphi_s > 0.6$ 时仅要求等面积补强

由以上分析可见,当 $\varphi_s > 0.4$ 时,必须添补补强结构。若添补的补强结构都集中在距孔边缘 $d/4$ 范围内(对于短管补强结构,一般是这样的),则距孔边缘 $d/4$ 范围内的全部补强面积为

$$2(F_1 + F_2) + F_3 = 2(F_1 + F_2 + F_3) - F_3$$

如将式(18-2-4)及 $t_0/t_y \geqslant 0.6$ 代入上式,经整理得

$$2(F_1 + F_2) + F_3 = dt_0 - \frac{d}{2}(t_y - t_0) \geqslant \frac{2}{3} dt_0$$

也就是说,当 $\varphi_s = t_0/t_y \geqslant 0.6$ 时,只要满足等面积补强要求[式(18-2-4)],则对补强面积分布的要求[式(18-2-5)]就自然得到满足。

③ $0.4 < \varphi_s < 0.6$ 时,需同时满足式(18-2-4)及式(18-2-5)要求

基于以上分析,对于短管补强结构,只有当 $0.4 < \varphi_s < 0.6$ 时,才需同时按式(18-2-4)及式(18-2-5)进行补强计算。

利用垫板补强时,也是根据上述原则进行计算,但考虑到垫板的补强效果较差,故计算垫板的有效补强面积时,应乘以 0.8。

④ 椭圆孔的布置

锅筒上的椭圆孔,一般都是将短轴布置在锅筒的轴线方向,见图 18-2-7,这样可以减小孔边缘的应力集中程度。

当平板单向受拉伸时,椭圆孔边缘 m、n 点的应力 σ_m、σ_n 如图 18-2-8 所示。

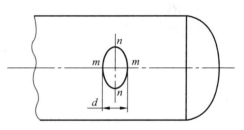

图 18-2-7 锅筒上椭圆孔的布置

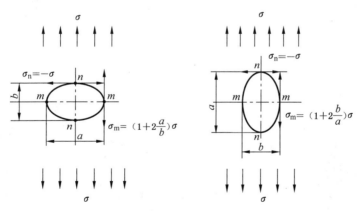

图 18-2-8 平板上椭圆孔边缘上的应力

两向受力可叠补处理。由于筒壳上环向应力 σ_θ 等于 2 倍轴向应力 σ_z,即 $\sigma_z = \frac{1}{2}\sigma_\theta$,则筒壳上椭圆孔边缘的应力如图 18-2-9 所示。

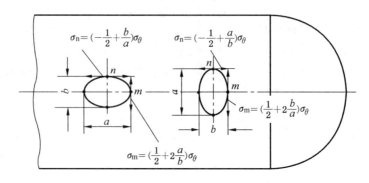

图 18-2-9 筒壳上椭圆孔边缘的应力

可见,椭圆孔短轴与筒壳轴线方向一致时,孔边缘的最大应力较小。当 $a:b=2$ 时,椭圆孔短轴与筒壳轴线方向一致时,孔边缘最大应力为 $1.5\sigma_\theta$,而椭圆孔长轴与筒壳轴线方向垂直时,则为 $4.5\sigma_\theta$。

(2) 压力面积补强法

德国 TRD 规程[91]采用"压力面积法"计算孔的补强。此方法要求在有效补强范围内的元件内部介质总压力应由壳体与补强件来承担(图 18-2-10),即

$$pF_p = \sigma_\theta F_\sigma$$

由于
$$\sigma_\theta - \sigma_r \geqslant [\sigma]$$

取
$$\sigma_r = -\frac{p}{2}$$

则
$$pF_p \leqslant \left([\sigma] - \frac{p}{2}\right) F_\sigma$$

得
$$F_\sigma \geqslant \left[\frac{p}{[\sigma]-\frac{p}{2}}\right] F_p \quad \cdots\cdots (18\text{-}2\text{-}6)$$

对于斜向孔,只要 $\alpha \geqslant 45°$(图 18-2-11)也按式(18-2-6)计算所需承载面积。

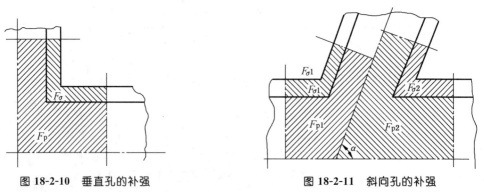

图 18-2-10 垂直孔的补强　　　图 18-2-11 斜向孔的补强

"压力面积法""等面积补强法"均认为只要在补强有效范围内的承载截面积相同,所能承受的压力也就相同,故二者要求的补强面积也大致相同[11]。补强有效范围的规定,二者有一定差别[91]。

[注释] 斜向孔也可应用"等面积补强法"

以上两种补强方法皆是应用增加大孔周边的承载面积以降低过高的应力,二者并无实质区别。对于垂直孔与斜向孔理应同样对待,"压力面积法"已这样处理,则"等面积补强法"方法也应适用于斜向孔。即对于斜向孔,也可按本节 3 之(1)所述的"等面积补强法"进行补强。

4 人孔、头孔、手孔边缘结构尺寸的要求

人孔、头孔、手孔与可启闭的孔盖相配合,为了有压介质不泄漏,需要施加拧紧力,接触面也要求有一定宽度。因此,孔边缘需要满足一定结构尺寸要求,见图 18-2-12。

图 18-2-12 人孔、头孔、手孔边缘结构

焊接孔圈与扳边孔扳边的高度 h 应满足下式要求:

$$h \geqslant \sqrt{\delta d}$$

其依据是高度 $h < \sqrt{\delta d}$ 时,孔边缘应力偏大;h 也无必要明显大于 $\sqrt{\delta d}$,因为 h 达到 $\sqrt{\delta d}$ 以后,孔边缘应力不再继续下降[114]。

关于孔圈的厚度 δ_1,需满足下式要求:

$$\delta_1 \geqslant \frac{7}{8}\delta$$

且 δ_1 对于人孔不宜小于 19 mm,对于头孔圈不宜小于 15 mm,对于头孔圈不宜小于 6 mm。如孔的尺寸大于可不补强的允许孔径,除需满足上述结构尺寸要求外,还需再作补强计算。以上关于对人孔、头孔、手孔边缘需要满足的结构尺寸要求,适用于各种受压元件。

18-3 凸形元件孔的补强

凸形元件对单孔的处理与筒壳(见 18-2 节)有明显区别,其补强目的也不同,本节对此加以介绍,并给出补强计算方法。

1 凸形元件对单个孔处理的特点

椭球形封头上单个孔对强度的影响,是用单孔减弱系数 φ 加以考虑的:

$$\varphi = 1 - \frac{d}{D_i} \quad\cdots\cdots\cdots\cdots\cdots\cdots\cdots\cdots\cdots\cdots\cdots (18\text{-}3\text{-}1)$$

如此式改写为

$$\varphi = \frac{D_i - d}{D_i}$$

可见,其意义为因存在直径 d 而使凸形封头承载截面减小的程度,强度计算时用以增大壁厚,也近似考虑了单孔周边应力增加对强度的影响。

既然已经近似考虑了孔边应力增大对强度的影响，就无须再进行补强计算。凸形元件上单个大孔有时也需要补强，其目的是为减小壁厚（见本节之 2）。

以上所述对凸形元件单孔的处理是与锅筒（锅壳）的单孔补强处理有原则区别的，以下对二者进行对比说明。

锅筒（锅壳）：

如 18-2 节所述，锅筒强度计算是根据孔桥减弱系数 φ_{min} 来确定壁厚，则在没有孔排的部位就存在壁厚裕度，取用壁厚 δ 正好等于最小需要壁厚 δ_{min} 时，如图 18-3-1 所示。φ_{min} 愈小，多余壁厚 $\delta_{min}-(\delta_c+C)$ 就愈大。许多情况下，取用壁厚比最小需要壁厚还大一些（$\delta>\delta_{min}$），则无孔排处的多余壁厚就更大。这时，即使单个大孔因孔径较大而产生较大的应力集中，但由于附近的平均应力较小，则孔边缘的应力值不会超出允许范围。所以，只要单个孔的孔径小于允许值 $[d]$ 时，就可以不考虑它的存在。而 $[d]$ 与多余壁厚有关，多余壁厚愈大，无需补强的允许值 $[d]$ 就愈大。

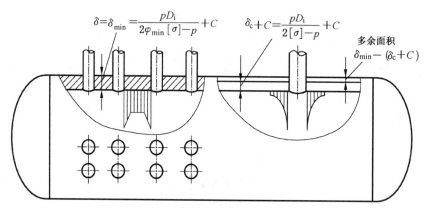

图 18-3-1 大孔附近锅筒壁的多余厚度

凸形元件：

封头孔附近区域的应力水平与上述锅筒的不同。封头一般并无孔排，故不存在因孔排使大孔附近出现多余壁厚现象，因而只要有孔，原则上不管孔径多大，都必须在计算时，用单孔减弱系数 $\varphi=1-d/D_i$ 使壁厚增大。但是，封头计算所需厚度一般小于锅筒，为了制造方便以及使用的钢板规格统一，常取封头壁厚与锅筒一样，这样，封头也就出现多余壁厚（图 18-3-2）。这种情况下，在封头上开设一定尺寸的孔，是允许的，不必再用减弱系数 $\varphi=1-d/D_i$ 增加封头壁厚。

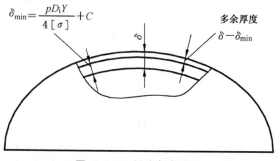

图 18-3-2 封头多余壁厚

无需计算单孔减弱系数的允许孔径$[d]$:

设某无孔封头的取用壁厚大于最小需要壁厚,即

$$\delta \geqslant \delta_{\min} = \frac{pD_iY}{4[\sigma]} + C$$

如果在此封头上开孔,则最小需要壁厚为

$$\delta'_{\min} = \frac{pD_iY}{4\varphi[\sigma]} + C$$

式中

$$\varphi = 1 - \frac{d}{D_i}$$

当孔径 d 为某 $[d]$ 值时,会使 $\delta'_{\min} = \delta$,这时的单孔减弱系数 φ 用 K 表示,即

$$K = 1 - \frac{[d]}{D_i} \cdots\cdots\cdots\cdots\cdots\cdots\cdots\cdots\cdots\cdots\cdots\cdots\cdots\cdots\cdots (18\text{-}3\text{-}2)$$

则有

$$\delta = \delta'_{\min} = \frac{pD_iY}{4K[\sigma]} + C$$

由此,得

$$K = \frac{pD_iY}{4K[\sigma](\delta - C)} \cdots\cdots\cdots\cdots\cdots\cdots\cdots\cdots\cdots\cdots\cdots (18\text{-}3\text{-}3)$$

由式(18-3-2)得

$$[d] = (1-K)D_i \cdots\cdots\cdots\cdots\cdots\cdots\cdots\cdots\cdots\cdots\cdots\cdots\cdots (18\text{-}3\text{-}4)$$

式中 K 按式(18-3-3)确定。

式(18-3-4)就是封头按无孔计算时,当取用壁厚偏大所允许的开孔直径。

如果采用无孔封头计算的壁厚,当孔径 d 大于按式(18-3-4)确定的 $[d]$ 时,应采用补强办法,使 d 缩小到 $[d]$ 的程度。

由于凸形元件与筒壳皆受拉伸应力作用,则凸形元件也采用 18-2 节之 3(1) 所述的"等面积补强"原则。

2 为减小凸形封头厚度对孔的补强

凸形封头为减小厚度,也可采用"等面积补强"原则使 d 缩小,从而达到减小壁厚目的。

图 18-3-3 所示斜线部分面积为孔周边的多余面积,它等于使孔缩小的面积 A_F,则 d 缩小到

$$[d]_d = d - \frac{A_F}{\delta_e}$$

于是减弱系数提高至

$$\varphi = 1 - \frac{[d]_d}{D_i}$$

这样,计算壁厚就得以减小。

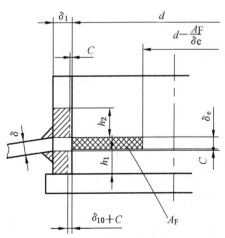

图 18-3-3 凸形元件上孔的补强

对于凸形元件的接管或有孔盖的孔圈,强度多余面积按图 18-3-4 确定。

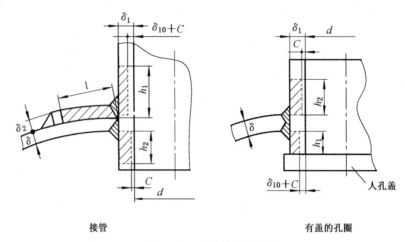

接管　　　　　　　　　　　　有盖的孔圈

图 18-3-4　封头孔的补强

图中：d——人孔长轴尺寸,如是圆孔,则为孔直径,mm;

δ——取用壁厚,mm;

C——附加厚度,可参照筒壳所述原则确定;

δ_c——孔圈伸向介质一侧承受外压作用所需理论计算厚度,为简化,可按承受内压圆筒公式计算,即

$$\delta_c = \frac{pd}{2[\sigma]+p}$$

式中：d——孔的长轴尺寸,如是圆孔,则为直径。

强度多余面积的有效范围见图 18-3-4,其中有效高度 h_1、h_2 与筒壳孔补强一样。

注： 关于水管锅炉标准凸形元件应用补强减小壁厚问题,见 18-7 节之 5。

18-4　平板孔的补强

平板元件对单孔的补强是与筒壳(见 18-2 节)、凸形元件(见 18-3 节)有明显区别,补强所需面积也不同,本节对此加以介绍,并给出补强计算方法。

1　平板孔的补强特点

平板孔的补强与锅筒(锅壳)、凸形封头孔的补强都有明显区别：

筒壳(锅筒)最薄弱部位为孔排,无孔排区域也采用与孔排区域相同的壁厚,则有多余壁厚,故存在尺寸不很大的孔($d \leqslant [d]$),就无必要进行补强。

凸形封头强度计算公式中,已反映出孔对封头的减弱,故不必再进行补强计算,只有在为减小封头壁厚时,才考虑补强问题。

平板元件一般不像锅壳存在孔排,锅壳孔排以外部位有多余厚度;也不像凸形封头,其基本计算公式已反映了孔的减弱,故平板元件有孔时就应考虑孔的补强。当然,如平元件板取用厚度大于计算厚度时,也应允许有一定尺寸的孔而无需补强。

只有包含人孔、头孔在内的平板计算公式中已考虑了存在孔，故不必再考虑孔的补强问题。

平板受弯采用 1/2 或 1/4 补强：

平板上孔的补强不能再采用锅筒或凸形封头的"等面积补强"办法，而采用"1/2 或 1/4 面积补强"办法，因为平板以受弯为主，而锅筒或凸形封头以受拉为主。

平板受弯采用 1/2 或 1/4 面积补强的原因，详见 18-7 节之 2 的解析。

2 平板孔的补强计算

（1）补强结构

平板上孔的补强结构，见图 18-4-1～图 18-4-4。

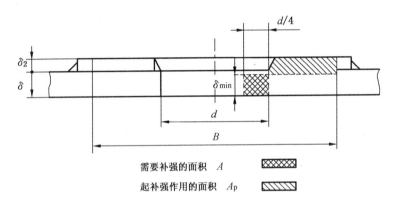

图 18-4-1 利用补强板对平板孔进行补强

1）补强板

利用补强板对平板孔进行补强，见图 18-4-1。

2）补强圈

① 焊接补强圈

利用焊接补强圈对平板孔进行补强，见图 18-4-2。

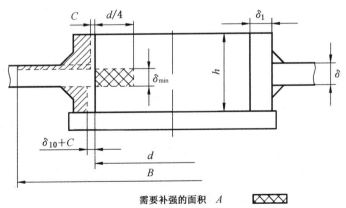

图 18-4-2 利用焊接补强圈对平板孔进行补强

② 扳边补强圈

利用扳边补强圈对平板孔进行补强,见图18-4-3。

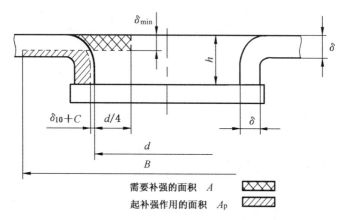

图 18-4-3　利用扳边补强圈对平板孔进行补强

3) 补强接管

利用补强接管对平板孔进行补强,见图18-4-4。

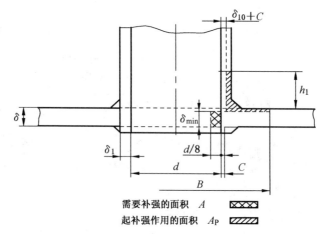

图 18-4-4　利用补强接管对平板孔进行补强

(2) 补强计算

平板孔的补强要求图18-4-1～图18-4-4中的起补强作用的面积 A_P 不小于需要补强的面积 A ,即

$$A_P \geqslant A$$

可见,图18-4-1～图18-4-3体现了1/2面积补强原则,而图18-4-4体现了1/4面积补强原则。

上述图中的补强板有效范围:

$$宽度 B \leqslant 2d;$$

高度 h_1 取 $2.5\delta_1$ 与 $2.5\delta_2$ 中较小值。

图18-4-1～图18-4-4中的 d 为孔的直径或长轴尺寸。

对于图18-4-3所示的扳边补强结构,如18-2节之4所述,随着扳边高度 h 的增高,孔边缘受力状态有所改善。当 h 达到 $\sqrt{\delta d}$ 时（δ 为平板厚度，d 为孔的短轴尺寸），再增大 h 已无作用。故规定扳边高度应满足下式要求：

$$h \geqslant \sqrt{\delta d}$$

图 18-4-2 所示的焊接补强圈结构比扳边的补强作用要好些，补强圈的高度 h 也应满足上式的要求。此外，要求补强圈的厚度 $\delta_1 \geqslant (7/8)\delta$，且最小为 19 mm；焊脚尺寸 $e = (7/8)\delta$。

（3）平板上无需补强的条件

若平板的取用厚度 δ 大于最小需要厚度 δ_{min}，表明孔边缘附近已有多余截面起补强作用，根据 1/2 和 1/4 面积补强原则，可以导出 $\delta \geqslant 1.5\delta_{min}$ 和 $\delta \geqslant 1.25\delta_{min}$ 时，平板自身的多余截面已满足了补强要求——自身得到补强，故无需再设置补强件。

18-5　孔桥的补强

利用孔桥补强减小锅筒（锅壳）壁厚方法，国内外均有应用，我国锅壳锅炉强度计算标准与初期水管锅炉强度计算标准亦皆包含此方法。

四十年前，在一起高压模拟汽包大孔孔桥补强应力测量研究工作中（见 18-7 节之 3），由于当时我国锅炉技术人员尚未应用"应力分类与控制原则"对受压元件强度的判定，随出现大孔孔排（$d > [d]$）不允许应用孔桥补强的结论，并一直延续至今。

我国对孔排利用孔桥补强方法达到减小锅筒（锅壳）壁厚目的，已有数十载应用经历，并未出现任何问题。但是，目前对孔桥补强限制越来越严格。如果并无试验或应力分析依据（需按"应力分类与控制原则"判定），也未发现应用问题，未经认真议论就开始严格限制其应用条件："未形成孔排的单独孔桥可以采用孔桥补强"，是不妥的。

我国锅炉强度计算标准类似以上情况，再举关于孔的强度两例：1）大孔"补强面积的 2/3 应布置在离孔边缘 $d/4$ 范围以内"的补充要求并无严格依据，国外标准也无此规定，仅是编委觉得要求严格一些更好（见 18-2 节之 3）；2）关于 2 孔、3 的孔桥减弱系数可以提高的规定，我国标准执行过多年，至今国外标准也有此内容。但是，有的国外标准无此规定，就不再允许继续应用（见 8-9 节之 2）。

以上都涉及锅炉最重要元件——锅筒（锅壳）的壁厚与结构。

这种"愈严格，愈不会出现问题"的思维方式与处理方法，不利于技术发展。尤其作为标准的规定，实际上，就得必须遵照执行。

本章参照国内外锅炉强度计算标准已有的规定与有限元计算分析结果（18-8 节），给出利用孔桥补强减小锅筒（锅壳）壁厚的计算方法。

1　利用孔桥补强减小锅筒（锅壳）壁厚

锅筒（锅壳）的筒体壁厚是按孔桥处的强度确定的，因而孔桥减弱系数直接关系到整个筒体的壁厚。孔桥减弱系数所反映的承载截面见图 18-5-1a）。实际上，与锅筒焊在一起的管头尽管承担管内工质压力的作用，但管头截面总有一定裕度，它对孔桥必然起某些补强作用，则孔桥处的实际承载截面如图 18-5-1b）。

对于低压锅炉,因管头承受内压所需厚度很小(一般小于0.5 mm),而实际壁厚较大(约3.5 mm),而锅筒壁厚不大(约在16 mm以下),所以这种补强作用是显著的。

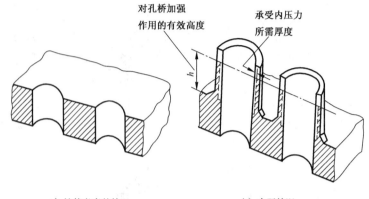

a) 计算考虑的情况　　　　b) 实际情况

图 18-5-1　承载截面(斜线部分)

对于压力较高锅炉,一般情况下管头补强作用有限,但如将管头加厚,借以提高对孔桥的补强作用,从而使整个锅筒壁厚减薄,这对管孔不很多的近代锅炉的锅筒,有时颇为有益。国外即有采用加厚管接头使减弱系数达到1.0的实例。

附注:孔桥补强的实验验证

对工业锅炉孔桥补强作用实验研究表明,孔排管头的补强作用是明显的[53,118]。即使电站锅炉也确有补强作用,哈尔滨锅炉厂 HG 670/140-2 型锅炉汽包应力测定[190]、上海锅炉厂400t/h超高压锅炉汽包应力测定[191]均表明孔桥截面的平均应力并未按标准规定的孔桥减弱系数计算值而上升。

2　孔桥补强计算

锅筒(锅壳)利用孔桥补强以减小壁厚,是应用接管的多余壁厚截面使管孔的计算直径缩小来实现。这与凸形元件用补强方法提高减弱系数方法基本一样,见 18-3 节。

由于孔桥承受拉应力作用,故也采用"等面积补强"原则,如图 18-5-2、图 18-5-3 所示。

补强后,由于孔径 d 缩小至 $[d]_d$,则孔桥减弱系数得以提高。

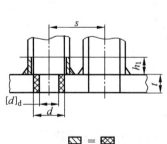　　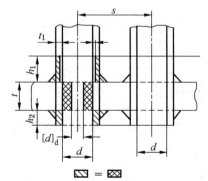

图 18-5-2　单面焊管接头对孔桥补强示意　　图 18-5-3　双面焊管接头对孔桥补强示意

(1) 由小孔 $d<[d]$ 构成的孔桥补强

由图 18-5-2、图 18-5-3 可见,为提高孔桥减弱系数 φ,采用孔边缘的多余金属面积 A 将孔径 d 缩小至 $[d]_d$,即

$$A=(d-[d]_d)t \quad\cdots\cdots\cdots\cdots\cdots\cdots\cdots\cdots\cdots\cdots\cdots (18\text{-}5\text{-}1)$$

式中：A——孔边缘的多余金属面积；

$[d]_d$——缩小后的当量直径；

t——锅筒壁厚。

此时,减弱系数

$$\varphi=(s-[d]_d)/s$$

式中：s——孔排节距。

由于 $d_d<d$,则 φ 得以提高。

(2) 两孔中有一个大孔 $d\geqslant[d]$ 的孔桥补强

大孔补强后按无孔处理,就只剩下一个小于 $[d]$ 的孔。于是,这两个孔已不存在孔桥减弱问题了,剩下的一个小于 $[d]$ 的孔就无需再校核强度了。

注：GB/T 16507.4—2013 水管锅炉标准[42]还补充给出最小节距的限制条件：一个大孔与其邻近小孔的节距 $s\geqslant d_{均}+0.5d_{大孔外径}+e$ (e 为焊角高度)。

(3) 由大孔 $d\geqslant[d]$ 构成的孔桥补强

1) GB/T 16508.3—2013[45]

按 18-2 节所述,单个大孔补强方法要求满足式 $A\geqslant dt$。这相当于将大孔完全"堵死",已不再存在孔。

如孔排中的大孔也照此处理,由于等于无孔,则减弱系数 $\varphi=1$。同时再补充规定未考虑孔桥补强时的任意方向的孔桥减弱系数应不小于 0.3,否则,两孔太近,应力过于复杂,补强结构也不好处理。这样,可就使最重要的锅筒(锅壳)壁厚有可能减小。

以上是苏联与现俄罗斯标准关于孔桥补强的原则处理方法。我国处理原则也应基本如此,但增加一些条件,见本节之 2。

2) GB/T 16507.4—2013[42]

由于对高压锅炉两个大孔的补强效果不明,则不包含孔排中全为大孔的补强计算方法。

2 孔桥补强应满足的条件

(1) 补强结构

图 18-2-2a)、d)、e)、f)、g) 接管焊接结构亦适用于孔桥补强。

(2) 允许提高孔桥减弱系数的程度

制定 JB 2194—77 标准时,规定应满足以下条件：

$$t_y>0.75\frac{t_o}{\varphi_w} \quad\cdots\cdots\cdots\cdots\cdots\cdots\cdots\cdots\cdots\cdots\cdots (18\text{-}5\text{-}2)$$

式中：φ_w——未采取补强措施前的孔桥减弱系数；

$t_y=t-C$——补强后希望达到的有效厚度；

t_o——未减弱筒体的理论计算厚度。

利用上式控制孔桥补强办法不能使有效厚度 t_y 减小过多。

由式(18-5-2)，得

$$\frac{t_o}{t_y} < \frac{\varphi_w}{0.75}$$

而 t_o/t_y 为允许提高达到的减弱系数 $[\varphi]$，则有

$$[\varphi] < 1.33 \varphi_w \quad \cdots\cdots\cdots\cdots\cdots\cdots\cdots\cdots\cdots\cdots (18\text{-}5\text{-}3)$$

即利用孔桥补强办法只允许将原来未考虑补强的减弱系数 φ_w 提高 33%，它相当于只允许壁厚减少 25%。

注：制定 JB 2194—77 水管锅炉受压元件强度计算标准时，由于担心接管（管接头）过厚时刚度大，会使孔边缘应力过于增大，故"为稳妥计，暂规定"孔桥补强方法只能将原有的（未补强时的）孔桥减弱系数 φ_w 提高 1/3(33%)[11]。例如，由小孔或大孔构成的孔排的原有孔桥减弱系数 $\varphi_w = 0.63$，则只能提高至 $\varphi = 1.33 \times 0.63 = 0.84$，而不能提高至 $\varphi = 1.0$。

只允许 φ_w 提高 1/3 的规定并无理论与试验依据，国外标准也无此规定，但我国以后的历次版本锅炉强度标准皆如此顺延处理。

式(18-5-2)也可表述为

$$\varphi_w > \frac{3}{4} \frac{t_o}{t_y} = \frac{3}{4} [\varphi]$$

根据上述允许提高达到的减弱系数 $[\varphi]$ 就可求出允许将未考虑补强时的孔径 d 最多可以缩小到的 $[d]_d$ 值。

例如：对于纵向孔桥：

$$[\varphi] = \frac{s - [d]_d}{s}$$

则

$$[d]_d = (1 - [\varphi])s$$

对于横向孔排：

$$[\varphi] = 2 \frac{s' - [d]_d}{s'}$$

则

$$[d]_d = (1 - \frac{[\varphi]}{2})s'$$

GB/T 16508.3—2013 锅壳锅炉标准参考我国经验与有限元计算分析结果，放宽了孔的补强条件，还补充了一些规定：

1) 两个大孔($d \geqslant [d]$)构成的孔排，可采用孔桥补强办法提高孔桥减弱系数，但要求两孔的节距不应小于其平均直径的 1.5 倍；

注：以上表明两个大孔($d \geqslant [d]$)构成的孔排，允许利用补强办法提高孔桥减弱系数。

2) $\varphi_w < \frac{3}{4}[\varphi]$ 时，可采用孔桥补强办法提高孔桥减弱系数，但要求两孔的节距不应小于其平均直径的 1.5 倍。

3) 加厚管接头起补强作用的高度取 2.5 倍管接头厚度。

4) 加厚管接头的焊角尺寸应等于管接头的厚度。

注：以上 3)与 4)的规应仅是对大孔孔桥补强的要求(见 18-8 节)。

GB/T 16507.4—2013水管锅炉标准并未作出上述放宽的规定,而是不包含孔排中全为大孔的补强计算方法。

注：我国历次版本强度计算标准关于大孔桥补强规定的变化,详见18-7节之3。

18-6 外压炉胆孔的补强

外压炉胆孔的补强问题较少遇到。

立式锅炉的炉门(加煤)孔圈、排烟喉管(图16-1-1)均使炉胆存在尺寸较大的孔;旧式单火筒或双火筒卧置锅炉有时为增加受热面,在炉胆内设置一些水管,其两端连接在炉胆壁上,也使炉胆上存在一些孔。

标准规定,如孔径较大使孔边缘的应力集中过大,也应考虑这些孔的补强问题。如存在孔排,也应考虑减弱问题。

讨论：炉胆承受外压与承受内压的应力状态基本相同,则炉胆大孔周边与孔桥的应力状态也类似于内压筒壳。因此,标准规定大孔补强与孔桥减弱皆按内压圆筒已有方法进行。但是,对于承受外压的炉胆,加煤孔圈、炉胆内的水管等反而使孔的周边受力状态改善,因为煤孔圈、炉胆内的水管等拉撑或支撑孔周边,抵消外压的作用,防止孔的向内扩张,另外,与孔相连元件还有补强作用,因此,无需与内压锅筒一样进行补强计算。而内压锅筒的接管或孔盖使孔周边增加外力(参见图17-2-1),增加孔的向外扩张。二者受力状态完全不同。

1 孔补强计算方法

GB/T 16508—1996与后续标准对外压炉胆大孔补强计算作如下规定：

炉胆上孔的补强方法适用于炉胆上的$d/D_o \leqslant 0.6$的孔。如为椭圆孔,d取长轴尺寸；

炉胆上孔的补强计算按内压圆筒有关规定进行；

炉胆上的加煤孔圈等的理论计算厚度,按承受内压圆筒公式计算；

炉胆上如存在孔排,也按内压圆筒的规定计算。

2 结构要求

1) 孔圈深入炉胆端部结构见图18-6-1。可见,填角焊使孔圈与炉胆形成整体；进入炉胆的端部与焊缝平齐且设圆角,防止局部温度过高。

2) 由于炉胆与火焰、高温烟气接触,故不允许用垫板补强,因为垫板与炉胆之间存在的间隙使传热受阻,而使局部壁温明显增高。

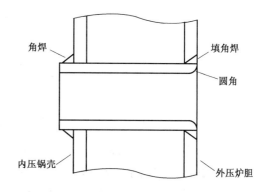

图18-6-1 深入炉胆的孔圈端部结构要求

18-7 孔与孔桥补强的解析

本节对上述各节未能详细论述的问题进行补充。

1 筒壳孔补强有效范围的来源

（1）筒壳

一般用加厚短管或垫板对大孔进行补强。加厚短管或垫板只有在孔边缘应力增高区域内的部分才能起到补强作用。在筒壳上，该区域扩展到直径近于 2 倍孔径的同心圆范围内。孔边缘应力衰减情况见图 18-7-1。由图可见，$r=2r_0$ 时，开孔的影响已不明显，即应力增高主要出现在 $r=2r_0$ 范围以内，故在筒壳上的有效补强范围为 2 倍孔径。

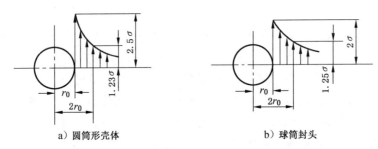

图 18-7-1 孔边缘附近应力的衰减情形

（2）接管

对于补强接管（管接头），还存在沿接管长度方向的有效补强范围。

补强接管端部与圆筒连接处为保持与圆筒变形协调一致，将在短管端部产生弯矩与剪力，弯矩起主导作用。如将接管视为薄壁圆筒，当端部承受弯矩 M_0 作用时，在圆筒内产生的弯矩 M_z 为（参见 23-1 节）

$$M_z = M_0 e^{-\lambda z}(\sin\lambda Z + \cos\lambda Z)$$

$$\lambda = \frac{\sqrt[4]{12(1-\mu^2)}}{\sqrt{d_p \delta_1}}$$

式中：μ——弹性模量，取为 0.3。

弯矩分布如图 18-7-2 所示，可见，随着远离端部（Z 增大），弯矩很快下降。$Z=\sqrt{d_p\delta_1}$ 当时，$M_z=0.117M_0$，故认为 $Z\leqslant\sqrt{d_p\delta_1}$ 范围内，弯矩的影响较为显著。所以，一些外国标准取 $\sqrt{d_p\delta_1}$ 作为有效补强高度。我国长期以来，取有效补强高度为 $h=2.5\delta_1$ 及 $h=2.5\delta$ 中较小值（δ 为筒壳壁厚）。为安全计，可以取 $h=2.5\delta_1$（或 2.5δ）及 $h=\sqrt{d_p\delta_1}$ 中的较小值作为有效补强高度。

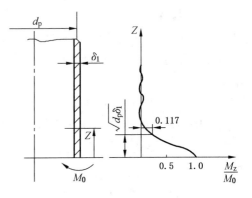

图 18-7-2 薄壁圆筒端部弯矩衰减情形

上述有效补强范围一般用 $ABCD$ 线表示(图 18-2-4)。

2 平板受弯 1/2 与 1/4 面积补强的来源

如平板上孔边缘采用补强时(图 18-7-3),截取包含孔及补强板在内的一长条,如图中虚线所示。

平板无孔时,$a—b$ 截面的抗弯断面系数为

$$W_0 = \frac{d_1 \delta^2}{6}$$

平板有孔且有补强板的抗弯断面系数为

$$W = \frac{d_1(\delta+\delta_2)^2}{6} - \frac{d(\delta+\delta_2)^2}{6}$$

为了使补强后的弯曲应力与无孔时一样,则要求作到 $W=W_0$,于是得

$$(d_1-d)(\delta+\delta_2)^2 = d_1\delta^2$$

或

$$\frac{d_1}{d} = \frac{(\delta+\delta_2)^2}{2\delta\delta_2+\delta_2^2} \quad \cdots\cdots (18\text{-}7\text{-}1)$$

设补强板的截面积为 F_J,孔的截面积为 F,则有

$$\frac{F_J}{F} = \frac{(d_1-d)\delta_2}{d\delta} = \frac{\delta_2}{\delta}\left(\frac{d_1}{d}-1\right)$$

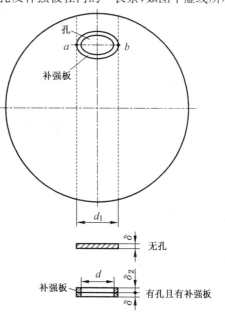

图 18-7-3 平板上孔补强示意图

将式(18-7-1)代入上式后,得

$$\frac{F_J}{F} = \frac{\delta_2}{\delta}\frac{\delta^2}{2\delta\delta_2+\delta_2^2} = \frac{\delta}{2\delta+\delta_2} = \frac{1}{2+\frac{\delta_2}{\delta}} < \frac{1}{2}$$

可见,补强板所需截面积 F_J 不到孔截面积 F 的一半,即受弯时不按等面积补强原则考虑,而等面积补强原则是按拉应力考虑的。

基于上述分析,强度计算标准近似规定:补强板所需截面积 F_J 为孔截面积 F 的一半。

对于接管补强,由于起补强作用的高度大于补强板厚度,而抗弯断面系数与高度的平方成正比关系,故近似规定:起补强作用的截面积 F_J 等于孔截面积 F 的 1/4 即可,F_J 为接管多余面积以及平板多余面积与焊缝面积,如有补强板,还包括其面积。

注:可见,上述接管补强的规定是一种过于笼统的近似规定,如接管多余面积较其他面积为小,这样规定就有缺陷。但是,平板的强度计算裕度颇大(见 11-3 节),尚不至于不安全。

3 大孔孔桥补强规定的变化

多年来,我国锅炉强度标准有关大孔构成孔排的孔桥补强问题多有变化。

1) JB 2194—77 水管锅炉受压元件强度计算标准

此标准参照苏联标准的规定,允许大孔孔排可以利用孔桥补强方法提高减弱系数,对此并无疑义。但是,只允许将原有的(未补强时的)孔桥减弱系数 φ_w 提高 1/3 是当时编委出于安全确定的。

2) JB 2194—77 标准的"补充规定"(1980 年公布)

JB 2194—77 标准的"补充规定"沿用只允许 φ_w 提高 1/3 的规定；取消允许大孔孔排可以利用孔桥补强方法提高减弱系数的规定，允许相邻两孔中只存在一个大孔，而不允许孔排中全为大孔。其依据是：

1976 年，上海锅炉厂研究所曾对废热锅炉高压模拟汽包参照国外资料进行过大孔孔桥补强研究[192]，由 $\varphi_w=0.63$ 补强至 $\varphi=1.0$，使厚度 $t=t_o$。应力测得孔边缘高应力区的孔桥内壁最大环向应力 $\sigma_{\theta n\ max}$ 达到屈服限，内外壁最大平均环向应力 $0.5(\sigma_{\theta n}+\sigma_{\theta w})$ 达到 $1.2[\sigma]$。当时，认为已不够安全，遂不允许对大孔构成的孔排应用补强方法提高孔桥减弱系数，其后果是锅炉筒壳上不再允许存在大孔孔排，只允许存在单个大孔与小孔组合成的孔排或单个大孔。

实际上，JB 2194—77 标准"决定最高允许工作压力的验证试验"规定高应力部位的 $\sigma_{\theta n\ max}$ 允许达到 $2.25[\sigma]$，相当于 1.5 倍屈服限；而内外壁最大平均环向应力 $0.5(\sigma_{\theta n}+\sigma_{\theta w})$ 允许达到 $1.3[\sigma]$。显然，上述测试结果都在允许范围以内，将 $\varphi_w=0.63$ 提高至 1.0 是该标准所允许的。

3) JB 3622—84 锅壳式锅炉受压元件强度计算标准

沿用上述的 JB 2194—77 标准及其补充规定。

4) GB 9222—88 水管锅炉受压元件强度计算标准

沿用 JB 2194—77 标准及其补充规定。

5) GB/T 16508—1996 锅壳锅炉受压元件强度计算标准

沿用 JB 2194—77 标准及其补充规定。

6) GB/T 9222—2008 水管锅炉受压元件强度计算标准

沿用 JB 2194—77 标准只允许将原有的(未补强时的)孔桥减弱系数 φ_w 提高 1/3(33%)的规定。但是，孔排中全为大孔时，给出其强度的解决方法：可按"决定元件最高允许计算压力的验证法"的有关规定处理。

7) GB/T 16508.3—2013

孔排中全为大孔时，给出了其孔桥补强的解决方法。同时补充规定未考虑孔桥补强时的任意方向的孔桥减弱系数应不小于 0.3，还给出结构规定(18-5 节之 2)。

8) GB/T 16507.4—2013

明确指出不包括孔排中全为大孔时的孔桥补强方法。

说明：尽管我国不同版本标准关于孔桥补强的细节规定并不完全一致，但历史上从未发生过因孔排强度不够而导致的事故。

4 补强孔圈采用非填角角焊连接问题

JB 3622—84 标准要求凸形封头与补强元件采用填角焊连接形式。多年实践表明，如为椭球形孔，很难加工成工整形状的坡口，填角焊的质量难以保证。考虑到凸形元件上的孔并不受热，故 GB/T 16508—1996 标准取消了上述开坡口的要求。

锅壳锅炉后续强度计算标准也取消了上述开坡口的要求。

5 水管锅炉标准凸形元件利用孔补强减小壁厚问题

GB 9222—88 标准取消了 JB 2194—77 标准中有关凸形封头应用孔的补强措施以减小封

头厚度的规定。原因是参数较高的凸形封头较厚,如在人孔周围焊以较厚的加强板圈,对孔边缘应力状态改善作用不大;另外,一般也不采用此法来减小封头厚度[193]。

工业锅炉有时需要利用孔补强办法来减小凸形元件厚度,另外,工业锅炉凸形元件也不很厚,因此 GB/T 16508—1996 标准保留了 JB 3622—84 标准中的有关内容。BS 2790—1989 标准也将孔的补强作为减小封头厚度的一种措施[67]。

注:对于压力不超过 2.5 MPa 的水管锅炉,参照 GB/T 16508—1996 标准的上述规定处理是适宜的。GB/T 16507.4—2013 标准已建议水管锅炉凸形封头也可以应用孔的补强措施以减小封头厚度。

18-8 孔桥补强有限元计算分析与建议

我国历次版本锅炉强度计算标准对锅筒(锅壳)的孔桥补强限制条件较为严格,根据有限元计算分析[185],可以放宽。本节提出的建议可供标准修订参考之用。

1 有限元计算模型设计

以下计算模型设计皆将孔桥补强的限制条件明显放宽,以校核其可行性。

(1) 小孔 $d<[d]$ 孔桥补强

取锅壳内径 $D_n=1\,600$ mm,计算压力 $p=1.25$ MPa(表压),材料 Q245R,许用应力 $[\sigma]=125$ MPa,管接头内直径 $d=53$ mm,纵向相邻两孔节距 $s=100$ mm。

补强前的纵向孔桥减弱系数:

$$\varphi_w = \frac{s-d}{s} = \frac{100-53}{100} = 0.47$$

锅壳最小需要厚度(附加厚度 $C=0.75$ mm):

$$t_{min} = \frac{pD_n}{2\varphi_w[\sigma]-p} + C = \frac{1.25\times1\,600}{2\times0.47\times125-1.25} + 0.75 = 18.0 \text{ mm}$$

如利用加厚管接头将 φ_w 提高至 1.0,相应的锅壳厚度(取附补厚度 $C=0$):

$$t = \frac{pD_n}{2[\sigma]-p} = \frac{1.25\times1\,600}{2\times125-1.25} = 8.0 \text{ mm}$$

计算模型中孔排节距 $s=100$ mm,已小于可不考虑孔桥减弱的节距:

$$s_o = d_p + 2\sqrt{(D_n+t)t} = 53+2\sqrt{(1\,600+8)\times8} = 280 \text{ mm}$$

计算模型的锅壳厚度取上述 φ_w 提高至 1.0 时的 8 mm。计算模型见图 18-8-1。

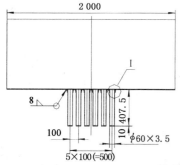 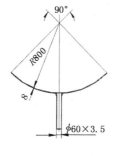 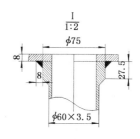

图 18-8-1 小孔 $d<[d]$ 孔桥补强结构的模型

加厚管接头补强面积计算：

管接头尺寸见图 18-8-1。

加厚管接头承受内压所需的理论计算厚度：

$$t_{10}=\frac{pd}{2\,[\sigma]_1-p}=\frac{1.25\times53}{2\times125-1.25}=0.27\text{ mm}$$

管接头附加厚度 $C_1=0.5$ mm, $C_2=At_{01}=0.11\times0.27=0.03$ mm, $C=C_1+C_2$, 管接头有效厚度 $t_{y1}=t_1-C=11-0.53=10.47$ mm, 补强有效高度 $h=2.5t=2.5\times8=20$ mm, 补强面积 $F=2h(t_{1y}-t_{10})+k_h^2=2\times20\times(10.47-0.27)+8^2=472\text{ mm}^2$。

锅壳筒体纵截面内补强需要面积 $A=dt_0=53\times8=424\text{ mm}^2$。二者较接近。一般是补强面积皆取大于补强需要面积，本计算约大于10%。这样管接头厚度（11 mm）已大于锅壳厚度（8 mm），已将孔桥减弱系数由 0.47 提高至 1.0。

(2) 大孔 $d>[d]$ 孔桥的补强

取锅壳内径 $D_n=1\,600$ mm, 计算压力 $p=1.25$ MPa (表压), 材料许用应力 $[\sigma]=125$ MPa, 锅壳开孔直径 $d=253$ mm, 标准规定不补强最大允许孔径 $[d]=200$ mm, 显然, $d>[d]$, 将孔封堵相当于不存在孔排（$\varphi=1.0$），相应的锅壳厚度（取附补厚度 $C=0$）$t=8$ mm（同前）。

计算模型中孔排节距 $s=360$ mm, 已小于可不考虑孔桥减弱的节距：

$$s_0=d_p2\sqrt{(D_n+t)t}=253+2\sqrt{(1\,600+8)\times8}=480\text{ mm}$$

另外，未补强的孔桥减弱系数

$$\varphi_w=\frac{s-d}{s}=\frac{360-253}{360}=0.3$$

可见，计算模型利用加厚管接头将 φ_w 提高至 1.0, 相应的锅壳厚度 $t=8.0$ mm, 见图 18-8-2。

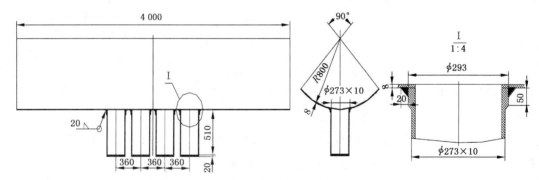

图 18-8-2 大孔 $d>[d]$ 孔桥补强结构的模型

加厚管接头补强面积计算：

采用加厚管接头对大孔进行补强，管接头尺寸见图 18-8-2。管接头承受内压所需的理论计算厚度：

$$t_{10}=\frac{pd}{2\,[\sigma]_1-p}=\frac{1.25\times53}{2\times125-1.25}=0.27\text{ mm}$$

锅壳筒体纵截面内起补强作用的管接头多余面积：管接头附补厚度 $C_1=0.5$ mm, $C_2=At_{10}=0.11\times1.27=0.14$ mm, $C=C_1+C_2=0.64$ mm, 管接头有效厚度 $t_{1y}=t_1-C=20-$

$0.64=19.4$ mm。管接头的取用厚度(20 mm)明显大于锅壳厚度(8 mm),补强有效高度 h 取 2.5 倍锅壳厚度与 2.5 倍管接头厚度的最小值,为 $2.5\times8=20$ mm,显然不够合理,故取 2.5 倍管接头厚度,即 $2.5\times20=50$ mm,则补强面积 $A_1=2h(t_{1y}-t_{10})=2\times50\times(19.4-1.27)=1\,813$ mm²。起补强作用的焊缝面积 $A_2=K_h^2=20^2=400$ mm²。补强面积 $A_1+A_2=1\,813+400=2\,213$ mm²。锅壳筒体纵截面内补强需要面积 $A=dt_0=253\times8=2\,024$ mm²。二者较接近,不大于10%。这样管接头(厚度 20 mm)已明显大于锅壳厚度(8 mm),已将孔桥减弱系数由 0.3 提高至 1.0。

2 有限元计算结果与建议

本计算采用 Solidworks Simulation 有限元计算软件,Simulation 是一个与 SolidWorks 完全集成的设计分析系统。

(1) 小孔 $d<[d]$ 孔桥补强的当量应力值

小孔补厚管接头与孔桥的"路径"(应力评定线)见图 18-8-3,有限元计算得各路径的当量应力值见表 18-8-1,管接头与孔桥的当量应力分布曲线见图 18-8-4。

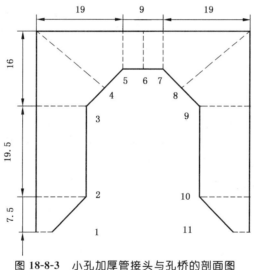

图 18-8-3　小孔加厚管接头与孔桥的剖面图

表 18-8-1　小孔加厚管接头与孔桥的当量应力值　　　　　　MPa

路径	膜应力	内壁应力			外壁应力		
		弯曲	峰值	合成	弯曲	峰值	合成
1	49.62	−3.27	0.01	46.36	3.44	0.01	53.07
2	37.77	16.07	0.13	53.97	12.76	0.08	50.61
3	82.58	67.12	0.08	149.78	−47.97	0.08	34.69
4	192.10	143.21	40.80	376.11	−134.79	38.29	95.60
5	155.03	46.83	0.21	202.07	−46.74	1.26	109.55

表 18-8-1(续)　　　　　　　　　　　　　　　　　　　　　　　　　　　MPa

路径	膜应力	内壁应力			外壁应力		
		弯曲	峰值	合成	弯曲	峰值	合成
6	148.22	38.66	0.05	186.93	−38.42	0.05	109.85
7	155.77	46.12	0.05	201.94	−45.98	0.05	109.84
8	184.58	132.03	25.35	341.96	−128.48	25.65	81.75
9	83.23	67.54	0.09	150.86	−47.62	0.09	35.70
10	42.07	14.74	0.41	57.22	9.34	0.15	51.56
11	51.67	−1.80	0.00	49.87	2.05	0.00	53.72

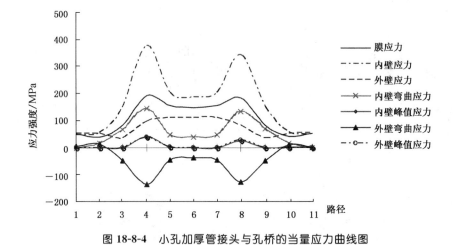

图 18-8-4　小孔加厚管接头与孔桥的当量应力曲线图

(2) 大孔 $d>[d]$ 孔桥补强的当量应力值

大孔加厚管接头与孔桥的"路径"("应力评定线")见图 18-8-5，有限元计算得各路径的当量应力值见表 18-8-2，管接头与孔桥的当量应力分布曲线见图 18-8-6。

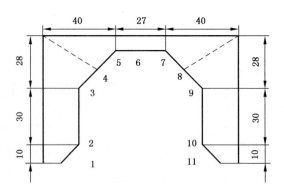

图 18-8-5　大孔加厚管接头与孔桥的剖面图

表 18-8-2　大孔加厚管接头与孔桥的当量应力值　　　　　　　　　　MPa

路径	膜应力	内壁			外壁		
		弯曲	峰值	总计	弯曲	峰值	总计
1	32.97	52.35	0.13	85.45	2.78	0.13	35.88
2	18.76	64.97	0.67	84.4	30.99	1.77	51.52
3	112.47	35.60	7.86	155.93	−17.35	2.95	98.07
4	180.26	65.71	18.64	264.61	−62.82	17.83	135.27
5	175.01	1.98	0.07	177.06	1.19	0.07	176.27
6	180.19	−16.39	0.12	163.92	57.13	0.16	237.48
7	174.69	2.54	0.06	177.29	0.51	0.06	175.26
8	178.54	64.12	18.61	261.27	−61.69	18.92	135.77
9	116.05	34.93	2.39	153.37	−26.29	8.09	97.85
10	21.11	57.99	0.16	79.26	21.96	0.28	43.35
11	31.81	50.09	0.13	82.03	4.62	0.12	36.55

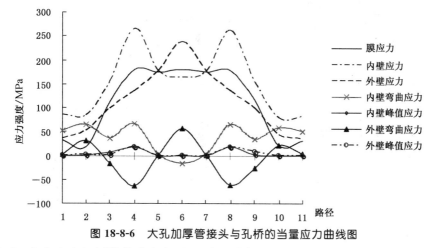

图 18-8-6　大孔加厚管接头与孔桥的当量应力曲线图

应指出,多次改变加厚管接头与焊缝尺寸的计算结果表明:加厚管接头的高度与焊角尺寸对改善管孔周边应力状态起明显作用。

(3) 分析

1) 应力限制规定

见 7-1 节之 2。

2) 应力校核

孔桥与加厚管接头交接处(图 18-8-3、图 18-8-5 中的路径 3、5、7、9)除膜应力外,还存在二次应力与峰值应力,由表 18-8-1 与表 18-8-2 可见,其合成当量应力的应力幅 $\frac{1}{2}\sigma_{d(m+e+f)}$ 远低于 $[\sigma_a] \approx 350$ MPa。膜应力与二次应力之和 $\sigma_{d(m+e)}$ 也低于 $3.0[\sigma] = 375$ MPa。

孔桥膜应力属于局部的条件为不小于 1.1 倍 $[\sigma]$ 区域的轴向宽度不大于 $\sqrt{R_p t} = \sqrt{800 \times 8}$

=80 mm,图 18-8-3 与图 18-8-5 中不小于 1.1 倍[σ]的膜应力区域皆不大于 80 mm。按局部膜应力 $\sigma_{d(Jm)} \leqslant 1.5[\sigma] = 188$ MPa 的要求,其当量膜应力皆能满足要求。

由上述可见:

对于小孔 $d < [d]$ 孔排,φ_w 由 0.47(结构决定难以再小)补强至 1.0(提高 2 倍以上),对于大孔 $d > [d]$ 孔排,φ_w 由 0.3 补强至 1.0(提高 3 倍以上),是有可能的。

3)关于补强管接头厚度的限制

我国标准对补强管接头厚度与被补强筒壳厚度之比值并无明确要求。以俄国为首的经互会标准[88]要求管接头或补强板的厚度不大于被补强筒壳厚度,但也允许管接头或补强板的厚度放大到被补强筒壳厚度的 2 倍(对工艺应预先有所考虑),但孔补强计算时不计厚度的放大。

本计算表明,管接头厚度与被补强筒壳厚度之比值已高达 20/8=2.5(大孔孔排),并未因管接头过厚,刚度大,而使孔边缘应力过于增大。

(4)建议

1)对补强管接头厚度与被补强筒壳厚度之比值不必提出明确要求。

2)由小孔或大孔构成的孔排皆可采用孔桥补强办法提高孔桥减弱系数,允许提高到的孔桥减弱系数可以达到 1.0。

3)厚壁管接头的高度与焊缝尺寸对改善管孔周边应力状态能起明显作用,建议:

① 厚壁管接头起补强作用的高度,当管接头的厚度明显大于筒壳厚度时,取 2.5 倍筒壳厚度与 2.5 倍管接头厚度中最小值的规定并不合理,本计算表明管接头厚度为筒壳厚度的 2.5 倍时,可取 2.5 倍管接头厚度;

② 厚壁管接头的焊角尺寸应等于补厚管接头的厚度。

第 19 章 铸铁锅片的强度

许多国家铸铁锅炉在工业锅炉中占有不小比重,例如,日本、苏联铸铁锅炉容量约占工业锅炉总容量的 1/4[195,196]。许多国家锅炉规范中,也都包括铸铁锅炉强度计算内容。

根据我国铸铁锅炉的可能发展趋势[197],GB/T 16508—1996 标准开始纳入铸铁锅炉强度计算,以附录的形式出现。

19-1 铸铁锅片的强度确定方法

确定铸铁锅炉强度的方法有:
——计算法;
——水压试验法。

注:GB/T 16508—1996 标准采用的铸铁锅炉强度确定方法,是本书撰写者考察日本铸铁锅炉后,又参考国外标准[198]并结合我国生产经验提出的,见文献[199]的介绍。后续标准基本未变。文献[200,201]对铸铁锅炉强度确定方法也提出一些有益见解。

1 计算法

GB/T 16508—1996 标准与 GB/T 16508.3—2013 标准皆规定:

铸铁受压元件采用与钢制受压元件相应几何形状的基本计算公式计算,但许用应力与附加厚度体现铸铁特点。

其他国家标准,如美国 ASME 规范[46,47]、德国 TRD 规范(TRD301)[91]、苏联标准[87]等亦如此处理。

(1) 计算公式

铸铁锅片的横断面多为近似矩形空心结构,我国上述标准规定:

无拉杆的空心锅片可近似按矩形集箱公式计算(参见图 19-1-1);

有拉杆的锅片(图 19-2-2)按画当量圆直径的平板公式计算。

以下为空心锅片计算法,而有拉杆的锅片计算见 19-2 节之 1 的例题 2。

GB/T 16508.3—2013 标准的钢制矩形集箱已由 GB/T 16508—1996 标准的按单向受弯繁琐计算方法(见 14-3 节)改为按双向受弯画当量圆的简易计算方法(见 14-1 节),则空心铸铁锅片计算也作了相应变化,即按式(19-1-1)计算空心铸铁锅片壁厚:

$$\delta_s = K d_e \sqrt{\frac{p}{[\sigma]}} \quad \text{mm} \quad \cdots\cdots\cdots\cdots (19\text{-}1\text{-}1)$$

式中:K——系数,取 0.65,较钢制元件偏大,体现铸铁元件的裕度放大;

d_e——当量圆直径,mm,按 14-1 节的规定画,见图 19-1-1;

p——计算压力(表压),MPa;

$[\sigma]$——许用应力,MPa。

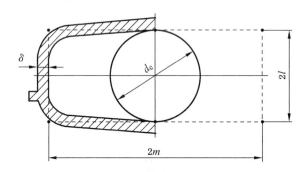

图 19-1-1　铸铁锅炉空心锅片计算图

(2) 安全系数与许用应力

按 GB/T 16508.2—2013"材料部分"的规定:

1) 安全系数

灰铸铁不小于 10;

球墨铸铁不小于 8。

2) 许用应力

许用应力等于常温抗拉强度除以上述安全系数。

常用铸铁件材料(公称厚度≤30 mm)的抗拉许用应力按表 19-1-1 确定。

表 19-1-1　常用铸铁件的抗拉许用应力　　　　　　　　　　　　　　　MPa

材料牌号	材料标准	热处理状态	常温		在下列壁温下的许用应力/℃					
			R_m	R_{eL}	≤20	100	150	200	250	300
HT300	GB/T 9439	退火	300	—	30	30	30	30	30	
HT350	JB/T 2639		350	—	35	35	35	35	35	
QT400-18	GB/T 1348	球化退火	400	250	50	50	50	50	50	50
QT450-10	JB/T 2637		450	310	56	56	56	56	56	56

注:表中同一材料不同壁温下的抗拉许用应力相同,皆按上述安全系数得出的。

按 GB/T 16508—1996 标准,许用应力见表 19-1-2。

表 19-1-2　铸铁元件的许用应力$[\sigma]$

材料	灰口铸铁		球墨铸铁
热处理	不退火	退火	退火
许用应力	$\dfrac{\sigma_b}{6.0}$	$\dfrac{\sigma_b}{5.0}$	$\dfrac{\sigma_b}{4.0}$ 与 $\dfrac{\sigma_{0.2}}{2.5}$ 中的较小值

注:铸铁的抗弯曲能力偏大,抗压缩能力更好,故其许用应力比上述抗拉的分别放大 1.5 和 2.0 倍。

可见,GB/T 16508.3—2013 标准的许用应力明显小于 GB/T 16508—1996 标准,但前者标准由于采用平板公式,在同样许用应力下的计算厚度也明显减小。二者计算结果对比见 19-2 节。

我国为探讨铸铁锅炉强度曾进行过大规模冷态、热态爆破实验研究工作[1,3]。实验结果证实 GB/T 16508—1996 标准提出的计算方法是完全可以保证铸铁锅炉安全的。

2 水压试验法

水压试验即 20-1 节所述的"验证性水压试验法"。

GB/T 16508—1996 标准与 GB/T 16508.3—2013 标准给出的最高允许计算压力为

$$[p] = \frac{p_{bs}}{5} \frac{R_m}{R_{ml}} \quad \cdots\cdots\cdots\cdots\cdots\cdots\cdots\cdots\cdots (19\text{-}1\text{-}2)$$

式中:p_{bs}——爆破压力;
R_m——常温抗拉强度标准规定值;
R_{ml}——受压件常温抗拉强度。

3 安全系数存在的问题

20-1 节所述 GB/T 16508.3—2013 标准给出的最高允许计算压力爆破验证法,对于铸铁元件的安全系数为 4/0.7=5.7,而上述铸铁锅片的安全系数则为 5,二者存在明显差异。

考虑到计算方法的安全裕度与水压试验法的差距过大,则上述式(19-1-2)中的安全系数 5 改为 6 较适宜。

另外,计算方法的安全裕度(10 与 8,K=0.65)与水压试验法(即使取 6)的差异明显偏大问题,有待讨论。

[注释]

美国 ASME 规范[46,47]规定:受拉元件强度计算的许用应力取材料标准中室温最小抗拉强度 σ_b 除以 5 与高温抗拉强度 σ_{bt} 除以 5 中的较小值;受弯曲元件的许用应力放大 1.5 倍,受压缩元件放大 2.0 倍。

德国 TRD 规程[91]、苏联标准[87]的安全系数都明显偏大(7.0~11.0)。

19-2 铸铁锅片的强度计算示例

为便于分析问题,以下给出我国两个标准的计算对比。

1 GB/T 16508—1996

说明:以下例题中的符号等,皆按 GB/T 16508—1996 标准给出。

例题 1

求图 19-2-1 所示空心铸铁锅片的厚度 t。

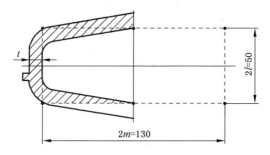

图 19-2-1　空心铸铁锅片计算图

解：

图 19-2-1 所示空心锅片按简化矩形结构计算，其最小需要厚度，取以下二式算得的较大值：

$$t_{\min}=m\left[K_1\frac{p}{[\sigma]}+K_2\sqrt{\frac{p}{[\sigma]}}+C\right]$$

$$t_{\min}=m\left[K_3\frac{p}{[\sigma]}+K_4\sqrt{\frac{p}{[\sigma]}}+C\right]$$

式中 $p=0.5$ MPa(表压)，铸铁式热水锅炉；

$$K_1=0.5\sqrt{1+\frac{l^2}{m^2}}=0.5\times\sqrt{1+\frac{25^2}{65^2}}=0.536;$$

$$K_2=1.41\sqrt{1-\frac{1}{m}\left(1-\frac{1}{m}\right)}=1.41\times\sqrt{1-\frac{25}{65}\times\left(1-\frac{25}{65}\right)}=1.23;$$

$$K_3=0.5\frac{l}{m}=0.5\times\frac{25}{65}=0.192;$$

$$K_4=\sqrt{1-3\frac{b^2}{m^2}+2\frac{l}{m}\left(1-\frac{1}{m}\right)}=\sqrt{1-3\times\frac{0}{65^2}+2\times\frac{25}{65}\times\left(1-\frac{25}{65}\right)}=1.21;$$

$[\sigma]=1.5\dfrac{\sigma_b}{5}=1.5\times\dfrac{300}{5}=90$ MPa(主要受弯曲，而拉伸占很小部分；灰铸铁 HT300，$\sigma_b=300$ MPa，退火，安全系数取 5)；

$C=2$ mm。

得

$$t_{\min}=65\times\left[0.536\times\frac{0.5}{90}+1.23\times\sqrt{\frac{0.5}{90}}\right]+2=8.15\text{ mm}$$

$$t_{\min}=65\times\left[0.192\times\frac{0.5}{90}+1.21\times\sqrt{\frac{0.5}{90}}\right]+2=7.93\text{ mm}$$

其中较大值为 8.15 mm，取

$$t=10\text{ mm}$$

例题 2

求图 19-2-2 所示有拉杆铸铁锅片的厚度 t 与拉杆直径 d。

解：

1）拉撑平板部分最小需要厚度

$$t_{\min} = Kd_J\sqrt{\frac{p}{[\sigma]}} + C$$

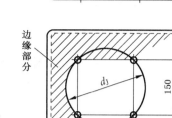

图 19-2-2　有拉杆的铸铁锅片计算图

式中 $K = 0.9 \times 0.43 = 0.39$（通过四个撑杆画假想圆）；

$d_J = \sqrt{150^2 + 150^2} = 212$ mm；

$p = 0.5$ MPa（表压）；

$[\sigma] = 1.5 \dfrac{\sigma_b}{6} = 1.5 \times \dfrac{300}{5} = 90$ MPa（主要受弯曲，而拉伸占很小部分；灰铸铁 HT300，$\sigma_b = 300$ MPa，退火，安全系数取 5）；

$C = 2$ mm。

则

$$t_{\min} = 0.39 \times 212\sqrt{\frac{0.5}{90}} + 2 = 8.16 \text{ mm}$$

取

$t = 10$ mm

2）直拉撑最小需要截面积

$$F_{\min} = \frac{pA}{[\sigma]}$$

式中 $p = 0.5$ MPa；

$A = 15 \times 15 - \dfrac{\pi}{4} 2.8^2 = 219$ cm²；

$[\sigma] = \eta \dfrac{\sigma_b}{6} = 0.55 \times \dfrac{300}{5} = 33$ MPa。

则

$$F_{\min} = \frac{0.5 \times 219}{33} = 3.3 \text{ cm}^2$$

拉杆最小需要直径：

$$d = \sqrt{\frac{400 F_{\min}}{\pi}} = \sqrt{\frac{400 \times 3.3}{\pi}} = 20.5 \text{ mm}$$

取

$d = 22$ mm

（直拉杆一般做成扁条形截面。）

图 19-2-2 所示边缘部分的宽度明显小于 d_J，无需计算。

2　GB/T 16508.3—2013

求图 19-2-3 所示空心锅片的厚度 δ。

为对比,取与例题1相同条件。

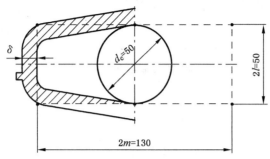

图 19-2-3　空心铸铁锅片计算图

计算:

序号	项目	符号	单位	公式及来源	数值
1	计算压力(表压)	p	MPa	同 19-2 节	0.5
2	介质额定平均温度	t_{mave}	℃	热水温度	90
3	计算壁温	t_c	℃	按 GB/T 16508.3,表 4,锅片受火焰辐射 $t_{mave}+90=90+90$	180
4	材料	—	—	设计给定(灰口铸铁 GB/T 9439)	HT300
5	许用应力	$[\sigma]$	MPa	按 GB/T 16508.2,表 13	30
6	系数	K	—	按 GB/T 16508.3,A.1.2.1 取	0.65
7	当量圆直径	d_e	mm	设计给定	50
8	设计计算厚度	δ_s	mm	$\delta_s=Kd_e\sqrt{\dfrac{p}{[\sigma]}}=0.65\times 50\sqrt{\dfrac{0.5}{30}}$	4.2
9	厚度附加量	C	mm	按 GB/T 16508.3,A.1.4 取	2
10	计算需要厚度	δ_s+C	mm	$\delta_s+C=4.2+2$	6.4
11	名义厚度	δ	mm	取	8

以上对比计算表明,GB/T 16508.3—2013 标准的计算厚度小于 GB/T 16508—1996 标准。

第 20 章 强度的验证方法

锅炉新结构的有些受压元件,其强度计算标准未包括。为解决此问题,我国 JB 2194—77 水管锅炉强度计算标准开始给出确定这些元件最高允许工作压力的验证方法。后续标准沿用。GB/T 16508.3—2013 与 GB/T 16507.4—2013 也给出最高允许工作压力的验证方法。

强度验证方法所得出的最高允许工作压力,相当于校核计算的最高允许工作压力 $[p]$,强度验证法与按标准的计算方法具有同等效力。

讨论:我国与其他国家锅炉强度计算标准皆包含陈旧的计算方法与结构规定。但由于强度涉及安全,既然陈旧的已应用多年且安全可靠,一般并不希望改变。于是,有些元件按标准校核计算得出的最高允许工作压力 $[p]$ 明显低于按验证方法得出的允许工作压力,平板元件最为突出(见 11 章)。

按理,既然形状特殊元件的允许工作压力可以按验证方法得出,那么标准已经包含的元件如按验证方法得出的允许工作压力偏高,就应该取按验证方法得出的较高压力。相应的计算壁厚公式也应进行修正。这样,才可避免同一标准存在明显矛盾,才能促使标准的进步。

20-1 受压元件最高允许工作压力的验证方法

锅炉受压元件强度验证法包括静压验证方法、疲劳验证方法与应力分析验证方法。

静压验证方法一般用于几何形状合理——满足圆角半径要求的元件,既能保证静压强度,也能满足疲劳强度要求。

疲劳验证方法是对圆角不能满足要求或对疲劳有异议的元件,验证其疲劳强度性能的一种方法。

应力分析验证方法是利用近代有限元计算分析方法,在计算机上进行数字计算的一种验证受压元件静压与疲劳强度的计算方法。

静压与疲劳验证方法一般在实际尺寸元件上进行,有时为了减少费用,也可在缩小尺寸的模拟元件上进行,就需要遵守相似与模化原理。

"工艺性水压试验"方法与上述验证静压强度的验证方法(称"验证性水压试验"方法)不同,工艺性水压试验满足不了验证强度的要求。二者有时混淆,故本章最后也介绍"工艺性水压试验",起对比作用。

1 静压强度的验证方法

静压强度验证方法应用较广,以下作详细介绍。

静压验证方法对试验元件圆角半径的要求:

"验证性水压试验"属于静压试验方法,而不是低周疲劳液压试验方法——简称"疲劳液压试验"。"验证性水压试验"的目的,主要是验证静态强度;当考虑一定安全裕度后,所得允许工作压力也能保证一定疲劳强度,但要求元件应力集中不能超出安全裕度所考虑的范围,因此,对试验元件的几何形状,主要是圆角半径提出一定要求——圆角半径不应小于以下二者较小值:

① 10 mm;
② 与圆角相连元件较厚部分壁厚的 1/4。

注:以上规定有待利用有限元计算分析方法加以核对。

静压强度验证方法包括应力验证法、屈服验证法与爆破验证法。

(1) 应力验证法

应力验证法利用应变片测量应力。

以下应力分类及其控制原则见 7-1 节。

应力验证法所测得的应力分为:

1) 低应力区域(没有受到结构不连续影响的区域)的应力
① 内外壁平均应力,即膜应力;
② 壁面最大应力,含一般弯曲应力。
2) 高应力区域(局部应力升高或含二次应力的区域)的应力
① 内外壁平均应力,即局部膜应力;
② 壁面最大应力,含二次应力,也称局部弯曲应力。

这些不同种类应力,按应力分类原则确定其允许值:

膜应力的允许值为$[\sigma]$;
含一般弯曲应力的允许值为 $1.5[\sigma]$;
局部膜应力的允许值为 $1.5[\sigma]$;
含二次应力的允许值为 $3[\sigma]$。

以上$[\sigma]$为强度计算标准给出的考虑了元件计算壁温的受压元件许用应力。

这些允许值所对应的验证压力 p_{ys} 见图 20-1-1~图 20-1-4,再考虑必要的试验精度修正见式(20-1-1),即得出相当于校核计算的元件最高允许工作压力$[p]$。

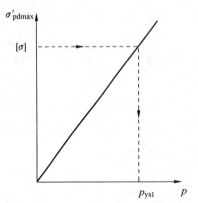

图 20-1-1 低应力区内外壁平均应力的当量应力最大点的 σ'_{pdmax}-p 直线

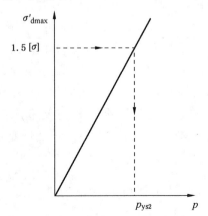

图 20-1-2 低应力区当量应力最大点的 σ'_{dmax}-p 直线

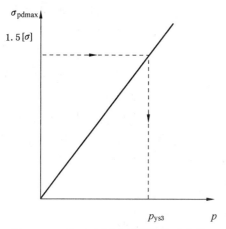

图 20-1-3　高应力区内外壁平均应力的当量应力最大点的 σ_{pdmax}-p 直线

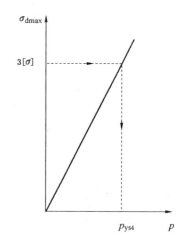

图 20-1-4　高应力区当量应力最大点的 σ_{dmax}-p 直线

取 p_{ys1}、p_{ys2}、p_{ys3}、p_{ys4} 中最小值为 p_{ysmin}。再考虑应变测量的相对误差 Δ 后，得最高允许工作压力：

$$[p] = \frac{p_{ysmin}}{1+\Delta} \quad\cdots\cdots\cdots\cdots\cdots\cdots\cdots\cdots\cdots\cdots\cdots\cdots\cdots\cdots (20\text{-}1\text{-}1)$$

由于图 20-1-1～图 20-1-4 中的许用应力 $[\sigma]$ 已考虑了元件的计算壁温，故对所得压力 $[p]$ 不作温度修正。

如果所得最高允许工作压力 $[p]$ 用于其他壁温条件，则需进行温度修正：

$$[p]' = [p]\frac{[\sigma]'}{[\sigma]}$$

式中：$[p]'$——其他计算壁温元件时的最高允许工作压力；

$[p]$——验证性水压试验所得最高允许工作压力，即式（20-1-1）；

$[\sigma]'$——其他计算壁温元件的许用应力；

$[\sigma]$——试验元件工作条件下计算壁温的许用应力。

[注释]

GB 9222—88 对 JB 2194—77"最高允许计算压力的验证试验"规定做出修改：

高应力部位的 $\sigma_{\theta nmax}$ 由允许达到 $2.25[\sigma]$ 改为允许达到 $3[\sigma]$，相当于 2 倍屈服限，而该部位内外壁最大平均环向应力 $0.5(\sigma_{\theta n}+\sigma_{\theta w})$ 由允许达到 $1.3[\sigma]$ 改为允许达到 $1.5[\sigma]$；低应力部位的规定亦有所放宽。这些规定已与 ASME 规范[43]相一致。表明制定 JB 2194—77 标准时，编委倾向于从严。

（2）屈服验证法

屈服验证法根据元件低应力区的外壁应力最高点达到屈服时的压力来确定元件的最高允许工作压力。如元件钢材已有冷作硬化（塑性变形），屈服限有所上升，则不能反映元件正常状态下的承压能力；如元件有残余应力，在此基础上试验所得的允许工作压力偏高（残余应力为负）或偏低（残余应力为正）。因此，试验前应对试件退火，消除冷作硬化与残余应力。

此方法只适用于按屈服限确定许用应力的元件。如果元件钢材屈强比（σ'_s/σ_b）大于 0.56

时,许用应力已不按屈服限确定(因为 $\sigma_s^t/\sigma_b > 0.56$ 时,$\sigma_b/2.7 < \sigma_s^t/1.5$,基本许用应力取 $\sigma_b/2.7$)。此时不能应用屈服验证法。因此,采用此方法的条件是:钢材的屈强比

$$\frac{\sigma_s^t}{\sigma_b} \leqslant 0.56$$

我国水管与锅壳锅炉强计算标准规定钢材屈强比(σ_s/σ_b)不应大于 0.6。

工作温度达到以持久强度来确定许用应力的温度时,也不能应用此方法,因为持久强度(蠕变强度)的性质与屈服验证试验温度条件下的常规强度有明显区别。例如,许多因素(钢材金相质量、晶粒度、化学成分等)对这两种强度的影响有较大区别,二者破坏机理也不相同;蠕变破坏属于晶间性质,而常规破坏属于晶体裂开性质。

元件的最高允许计算压力按式(20-1-2)确定:

$$[p] = k \frac{p_{ss}[\sigma]_J \varphi_w}{R_{eL}} \quad \cdots\cdots\cdots\cdots\cdots\cdots\cdots\cdots \quad (20\text{-}1\text{-}2)$$

式中:k——系数,一般取 0.75;对于运行后能够经常检查内外壁的元件,可取 1.0。

p_{ss}——元件的屈服压力;

$[\sigma]_J$——工作温度下的基本许用应力;

φ_w——焊缝减弱系数;

R_{eL}——试验温度下的屈服限。

屈服压力可利用应变测量方法按图 20-1-5 求得。

讨论:我国标准规定在可能发生高应力部位布置应变片,最大应力点(为二次应力)的应变对应的压力为元件的屈服压力 p_{ss}。二次应力是允许达到 2 倍屈服限 $2\sigma_s$ 的,以它达到屈服限来确定最高允许工作压力,过于严苛。如根据元件低应力区的外壁应力最高点达到屈服 σ_s 时的压力来确定元件的允许工作压力,更接近于实际。

屈服验证法在实际工作中很少应用。

(3)爆破验证法

爆破验证法是长期以来一直较多应用的确定元件最高允许工作压力的方法,因为它简单易行,能综合反映元件的结构合理性与承载能力。

爆破验证法在常温下进行,因此,此方法只适用于在蠕变温度(持久强度起控制作用的温度)以下工作的元件,其原因如前所述。

元件的最高允许计算压力按式(20-1-3)确定:

$$[p] = \frac{p_{bs} \delta_{yz} [\sigma]_J R_m}{4 \delta_{ys} [\sigma]_{Js} R_{ml}} \varphi_w f \cdots\cdots\cdots (20\text{-}1\text{-}3)$$

式中:p_{bs}——爆破压力;

δ_{yz}/δ_{ys}——考虑元件实际壁厚(δ_{yz})与试验件壁厚(δ_{ys})差异的修正;

$[\sigma]_J/[\sigma]_{Js}$——考虑实际壁温与试验件壁温差异的修正。

R_m/R_{ml}——考虑钢材抗拉强度保证值(R_m)与试验件抗拉强度(R_{ml})差异的修正;

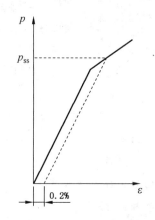

图 20-1-5 按应变最大点的压力-应变曲线确定屈服压力

φ_w——焊缝减弱系数；

f——铸造成型元件的系数取 0.7，其他非铸造成型元件取 1.0。

标准要求爆破验证法试件不少于 3 个，取试验结果的最小值。

讨论：钢制试件一般较精确，试件数量可以减少。

以上 3 种验证法的最后取值：

按 GB 9222—88 标准的规定，无论作哪一种验证试验所得 $[p]$ 都有效。因此，如果同时作 2 种或 3 种试验，原则上可取最高值。但一般是取相对最可信的值，这样要比单一试验更为可靠。

2 低周疲劳强度的验证方法

锅炉受压元件低周疲劳试验可参照 GB/T 9252—2001 气瓶疲劳试验方法进行。

本书 2-5 节给出工业锅炉受压元件低周疲劳试验示例。

本书对低周疲劳试验实践中遇到的一些问题，如锅炉元件在工作寿命期限内应考虑的启停次数（周数）、实际元件试验的疲劳安全系数、实验压力变动次数减少等，所给出的考虑与处理方法见本书 2-6 节。

疲劳实验未出现裂纹的再爆破试验，目的在于考核疲劳是否使材料受到明显损伤。

3 应力分析的验证方法

以上所述各种静压、疲劳验证方法皆需进行试验。由于试验条件的限制，难以广泛实施；特别是，数量较多的对比性试验，困难更大。

有限元计算技术的出现，可以做到在计算机上完成静压、疲劳等的验证。利用已有通用程序计算机计算与试验的差异很小，可参见 11-4 节、14-2 节。

有关有限元应力分析的验证方法见 20-2 节，其应用实例详见本书有关章节。

此外，还有以真实应力为基础的有限元弹塑性数值分析验证法，可得出类似于爆破压力的元件失去承载能力的失效压力 p_b。失效压力 p_b 除以安全裕度 4，再考虑材料、温度修正与焊缝减弱得允许工作压力：

$$[p] = \frac{p_b [\sigma]}{4 [\sigma]_t} \varphi_w f$$

式中：p_b——失效压力；

$[\sigma]/[\sigma]_t$——考虑计算壁温与有限元计算温度差异的修正；

φ_w——焊缝减弱系数；

f——铸造成型元件的系数取 0.7，其他取 1.0。

注：有限元应力分析验证法当应力超过弹性限以虚拟应力为基础，而有限元弹塑性数值分析验证法以真实应力为基础。有关虚拟应力与真实应力见 2-5 节之 2 与图 2-5-3。

应力试验验证与有限元应力分析验证可得出元件任意部位的各种应力成分分量，对分析元件强度颇为重要，而爆破试验所得的爆破压力与有限元弹塑性数值分析验证所得的失效压力，仅能得出元件的承载能力。

20-2　有限元计算方法在强度验证中的应用

本节介绍有限元计算方法在解决锅炉元件强度的作用,并概述有限元计算方法的原理。

1　有限元强度计算的应用

(1) 解决锅炉强度问题应用有限元计算分析方法的示例

我国 20 世纪 90 年代,外燃新型锅壳锅炉提出用拱形管板取代旧式锅壳锅炉拉撑平管板,经过实物应力测试、光弹模型应力分析、有限元计算分析等方法进行过研究,而被纳入 GB/T 16508—1996 标准,主要是靠大量有限元计算结果归纳完成的[147]。

我国锅壳锅炉强度计算标准 GB/T 16508.3—2013 修订时,曾利用有限元计算分析方法提供一些修改依据并对个别元件提出计算新方法,已基本被修订采纳,诸如:

1) 水管管板强度分析与计算方法[164];
2) 筒壳中大孔与孔排的加强计算方法[194];
3) 立式锅炉下脚圈的强度分析与计算[170];
4) 外载与内压力联合作用下集箱三通与叉形管的强度分析[178];
5) 对椭球形封头孔径与封头内径比值(d/D_n)限制条件放宽的建议[202]。

锅炉结构创新也需要有限元强度分析方法,例如:近几年发展起来的高效率低应力卧式内燃锅炉的拱形管板、全无拉撑内燃锅炉的回烟室等都是靠有限元强度分析方法解决的。

如果应用有限元计算方法对不尽合理与裕度过大内容进行全面审核,我国与世界锅炉强度计算标准会有较大改进。

(2) 目前解决锅炉受压元件强度的方法

1) 标准计算法

约百年以来,与锅炉强度计算有关的标准所采用的简单计算公式是基于材料力学导出的,这样才便于应用。受力较复杂部位用几何形状限制、安全系数来保证强度。因此,强度是由计算与结构规定共同来保证的。由于应用十分简易,我国锅炉制造厂设计时,主要采用标准计算法。

2) 应力测试与爆破、疲劳验证法

应力测试与爆破、疲劳验证法皆需进行试验。由于试验条件的限制,难以广泛实施。

至今,应力测试与爆破验证法,凡有限元计算法能够解决的,尽量少用。但重要问题的研究,需要有限元计算分析法与应力测试法并用,有时也用爆破验证法与疲劳验证法综合校核。

3) 有限元计算分析法

有限元计算分析方法要比应力测试、爆破、疲劳等研究方法简易、廉价得多。

近些年,由于有限元计算分析程序的可靠程度得到普遍承认,也得到锅炉行业的认可,于是,将基于有限元计算分析的"应力分析验证法"也纳入我国水管锅炉与锅壳锅炉强度计算标准中。有限元计算分析程序能够清晰地分别给出薄膜应力、弯曲应力与峰值应力分布,再根据不同限制条件来判定元件的强度。有限元应力计算求得的应力要比经许多简化与假设的材料力学求得的应力更接近于实际。这种方法比粘贴大量应变片测得壁面应力的"应力验证法"优越得多,不仅可节省人力、物力,而且解决问题的速度快得多。

2 有限元计算方法

(1) 有限元计算方法原理概述

有限元法的基本思路是将真实的弹性体划分(离散)成大量有限尺寸的小"单元",彼此靠单元的"节点"关联。将各节点的受力与变形关系彼此联系起来,就可得到整个元件中各节点受力与外部载荷的关系。由此可得出不同载荷情况下元件中的应力值。当单元尺寸减小时,就可得出实际元件的准确解。

有限元法的特点是,无需写出全部弹性力学方程,只需靠计算机解出成千上万线性方程构成的方程组即可很快完成。计算者应用现有的有限元计算程序,建立计算模型,指定单元种类,给出边界条件、所用材料与受载情况,计算机即可自动算出各处应力值。

上述有限尺寸的小"单元"称为"有限单元"或"有限元",故这种计算方法称为"有限单元法"或"有限元法"。

有限元计算法以计算机为工具,以复杂问题为对象,可用复杂模型代替手算时给出的过于简化的模型,使计算精度大为提高。有限元计算法便于大量优化计算分析,有限元计算法是设计、科研必须的数字计算手段。有限元计算法使一些实验手段主要起校核作用。

有限元法是一种数学模拟(仿真)方法,它与物理模拟(模化)方法(见 20-3 节)可共同解决复杂问题。

(2) 有限元计算中的应力分解

元件某截面壁厚上的直线 $a\text{-}b$ 称"路径"(应力评定线),见图 20-2-1,此路径上的应力分布一般为一条曲线。有限元计算程序可算出沿路径上的应力分布并将应力分布曲线分解为以下应力成分[203,204]:①沿壁厚均匀分布(一条直线)的膜应力 σ_m;②沿壁厚合力为零(一条斜线)的弯曲应力 σ_w;③余下的非线性分布(一条曲线)的峰值应力 σ_f。峰值应力最大值发生在壁面,它向壁的内部衰减较快。

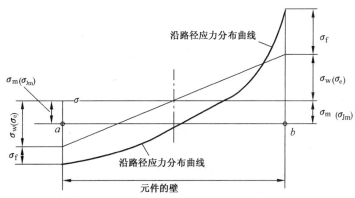

$a\text{-}b$—路径(应力评定线);σ_m—薄膜应力;σ_w—弯曲应力;
σ_f—峰值应力;σ_{Jm}—局部薄膜应力;σ_e—二次应力

图 20-2-1　元件截面沿路径的应力分布与分解

计算者可指定任一路经,有限元计算程序可给出膜应力 σ_m 以及内壁与外壁的弯曲应力 σ_w 和峰值应力 σ_f 的成分以及换算出的当量应力;再根据应力分类规定来判定膜应力 σ_m 是否属于局部膜应力 σ_{Jm},弯曲应力 σ_w 是否属于局部弯曲应力 σ_{Jw}(即二次应力 σ_e),最后按应力限制原则评定强度是否合格。

(3) 有限元计算对强度的判定

有限元计算结果直接给出膜应力、弯曲应力与峰值应力及其分布。依据应力分类知识将薄膜应力分为一般薄膜应力与局部薄膜应力,将弯曲应力分为一般弯曲应力与局部弯曲应力(二次应力)。因此需要了解应力的分类知识——详见 7-1 节之 1。

有限元计算后对强度的判定需要了解不同应力的限制原则——详见 7-1 节之 2。

本书各有限元计算示例给出具体判定强度的方法。

附注:有限元计算常采用 Solidworks Simulation 有限元计算软件,Simulation 是一个与 SolidWorks 完全集成的设计分析系统,具有以下特点:①计算功能强大,可以进行静态、动态、频率、扭曲、流体、压力容器等计算;②计算速度快,约为 ANSYS 软件所用时间的 1/9;③完全中文界面,使用者不需熟练英语。它已应用于航空航天、机车、食品、机械、国防、交通、模具、电子通讯等全球 100 多个国家的数万家企业。

经过对几个具体实例的有限元计算与分析,认为 Solidworks Simulation 软件与 ANSYS 软件计算结果是基本一致的。

20-3 相似原理与模型试验在强度验证中的应用

验证性试验也可在缩小尺寸的模拟元件上进行,这可明显节省试验经费。

缩小尺寸强度验证性试验的模型尺寸与试验结果推广的关系,应遵守相似原理,参见文献[22,205—209]。

1 强度相似原理

(1) 弹性范围

1) 受力梁

不同受力情况下的不同结构与不同断面形状的受弯梁(图 20-3-1),由材料力学可知,应力(表面应力 σ)及变形(挠度 y 及截面转角 θ)被以下方程式所描述:

$$\sigma = \frac{M}{W} \quad \cdots\cdots\cdots\cdots (20\text{-}3\text{-}1)$$

$$EJ\frac{d^2 y}{dx^2} = M \quad \cdots\cdots\cdots\cdots (20\text{-}3\text{-}2)$$

$$\frac{dy}{dx} = \theta \quad \cdots\cdots\cdots\cdots (20\text{-}3\text{-}3)$$

式中:M——弯矩,kgf·m;

W——抗弯断面系数,m^3;

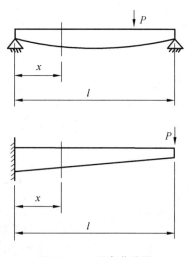

图 20-3-1 受弯曲的梁

E——弹性模数,kgf/m^2;

J——惯性矩,m^4。

对于相似系统,按方程分析方法[22],由式(20-3-1)~式(20-3-3)导出相似准则;

① 方程中的任一项除以其他项

由式(20-3-1) $\dfrac{\sigma W}{M}$

由式(20-3-2) $\dfrac{EJ}{M}\dfrac{d^2 y}{dx^2}$

由式(20-3-3) $\dfrac{1}{\theta}\dfrac{dy}{dx}$

② 量的代替并得出相似准则

$$\dfrac{\sigma W}{M} \rightarrow \dfrac{\sigma l^3}{Pl}$$

得
$$\dfrac{\sigma l^2}{P}=\text{不变量} \quad\cdots\cdots\cdots\cdots (20\text{-}3\text{-}4)$$

$$\dfrac{EJ}{M}\dfrac{d^2 y}{dx^2} \rightarrow \dfrac{El^4}{Pl}\dfrac{y}{l^2}$$

得
$$\dfrac{yEl}{P}=\text{不变量} \quad\cdots\cdots\cdots\cdots (20\text{-}3\text{-}5)$$

$$\dfrac{1}{\theta}\dfrac{dy}{dx} \rightarrow \dfrac{1}{\theta}\dfrac{y}{l}$$

得
$$\dfrac{y}{\theta l}=\text{不变量} \quad\cdots\cdots\cdots\cdots (20\text{-}3\text{-}6)$$

相似准则式(20-3-6)可与准则式(20-3-5)合并为

$$\dfrac{\theta El^2}{P}=\text{不变量} \quad\cdots\cdots\cdots\cdots (20\text{-}3\text{-}6')$$

式(20-3-4)~式(20-3-6′)中:

P——外力,kgf;

l——尺寸(相对应的某一尺寸——定性尺寸),m。

在上述3个相似准则——式(20-3-4)、式(20-3-5)及式(20-3-6′)中,应力σ、挠度y及截面转角θ都是被决定量,故准则式(20-3-4)、式(20-3-5)及式(20-3-6′)都是非定性准则。

由于没有定性准则,则模拟条件仅要求下述单值条件相似:

a) 模拟梁与实物梁的几何形状相似;

b) 模拟梁与实物梁的受力位置相似,如果力的作用方向与梁成一定角度β,还要求方向角β相等。

注:角度的定义是两个线性尺寸的比例,故要求模型上的角度与实物中对应的角度相等。

满足以上模拟条件后,在模拟梁上测得的应力σ、各截面的挠度y及转角θ的分布规律即与实物梁上的相似,则模拟梁上测得的应力σ、挠度y及截面转角θ的值应按式(20-3-4)、

式(20-3-5)及式(20-3-6′)推广到实物梁上,即

$$\left(\frac{\sigma l^2}{P}\right)_{模} = \left(\frac{\sigma l^2}{P}\right)_{实} \quad\cdots\cdots\cdots\cdots\cdots\cdots\cdots\cdots\cdots\cdots (20\text{-}3\text{-}7)$$

$$\left(\frac{yEl}{P}\right)_{模} = \left(\frac{yEl}{P}\right)_{实} \quad\cdots\cdots\cdots\cdots\cdots\cdots\cdots\cdots\cdots\cdots (20\text{-}3\text{-}8)$$

$$\left(\frac{\theta El^2}{P}\right)_{模} = \left(\frac{\theta El^2}{P}\right)_{实} \quad\cdots\cdots\cdots\cdots\cdots\cdots\cdots\cdots\cdots\cdots (20\text{-}3\text{-}9)$$

式中角注"模"代表模拟梁,"实"代表实物梁。

如以 C_σ、C_l、C_P 表示模拟梁与实物梁上应力 σ、几何尺寸 l、外力 P 的相似倍数,则由式(20-3-7)~式(20-3-9)得

$$C_\sigma = \frac{C_P}{C_l^2} \quad\cdots\cdots\cdots\cdots\cdots\cdots\cdots\cdots\cdots\cdots (20\text{-}3\text{-}10)$$

$$C_y = \frac{C_P}{C_l C_E} \quad\cdots\cdots\cdots\cdots\cdots\cdots\cdots\cdots\cdots\cdots (20\text{-}3\text{-}11)$$

$$C_\theta = \frac{C_P}{C_E C_l^2} \quad\cdots\cdots\cdots\cdots\cdots\cdots\cdots\cdots\cdots\cdots (20\text{-}3\text{-}12)$$

以式(20-3-10)为例,如模型几何尺寸缩小至 $1/4$($C_l=1/4$),外力缩小至 $1/8$($C_P=1/8$),则得

$$C_\sigma = \frac{C_P}{C_l^2} = \frac{\left(\frac{1}{8}\right)}{\left(\frac{1}{4}\right)^2} = 2$$

即模拟梁上测得的应力值为实物梁的 2 倍,此时,应注意模拟梁上的应力不得超出弹性范围。

如果要求模拟梁上的应力值与实物梁上的相符($C_\sigma=1$)。则由式(20-3-10)得

$$C_P = C_l^2$$

即外力改变倍数应为几何尺寸改变倍数平方,如模型几何尺寸缩至 $1/4$,则外力应缩小至 $1/16$。

同理,根据选定的 C_l、C_P 及 C_E 值,亦可按式(20-3-11)及式(20-3-12)求得 C_y 及 C_θ 值。

在以上分析中,忽略了梁的自身重量,但在一般情况下,不会带来明显偏差。当不宜如此处理时,可按应力、变形均可叠加的原理处理(在小变形的情况下)。此时,自重产生的力矩 M 用 γl^4 代替(γ 为材料重度,l 为定性尺寸),则得如下相似准则:

$$\frac{\sigma W}{M} \rightarrow \frac{\sigma l^3}{\gamma l^4}$$

$$\frac{\sigma}{\gamma l} = 不变量 \quad\cdots\cdots\cdots\cdots\cdots\cdots\cdots\cdots\cdots\cdots (20\text{-}3\text{-}13)$$

$$\frac{EJ}{M}\frac{d^2 y}{dx^2} \rightarrow \frac{El^4}{\gamma l^4}\frac{y}{l^2}$$

$$\frac{Ey}{\gamma l^2} = 不变量 \quad\cdots\cdots\cdots\cdots\cdots\cdots\cdots\cdots\cdots\cdots (20\text{-}3\text{-}14)$$

$$\frac{1}{\theta}\frac{\mathrm{d}y}{\mathrm{d}x} \rightarrow \frac{1}{\theta}\frac{y}{l}$$

$$\frac{y}{\theta l} = 不变量 \quad\cdots\cdots\cdots\cdots\cdots\cdots\cdots\cdots\cdots\cdots\cdots\cdots\cdots (20\text{-}3\text{-}6\mathrm{a})$$

相似准则式(20-3-6)可与准则式(20-3-14)合并,变为

$$\frac{\theta E}{\gamma l} = 不变量 \quad\cdots\cdots\cdots\cdots\cdots\cdots\cdots\cdots\cdots\cdots\cdots\cdots\cdots (20\text{-}3\text{-}6\mathrm{b})$$

进行叠加时,应使考虑外载的相似倍数 C_σ、C_y 及 C_θ 与考虑自重时的相应的相似倍数具有同一数值。

2) 受压容器

① 确定相似准则

上述受力梁仅用 3 个方程式即可描述它的应力、变形与转角状态。而不同形状受压容器可统一用与受压容器应力以及变形有关的方程式:应力平衡方程式、应变与应力关系方程式(虎克定律)、应变与位移关系方程式以及边界处压力与应力关系方程式来描述。在此基础上,找出其中各物理量与所包含的因次,并得出定性与非定性准则(详见文献[22])。

② 模型试验应遵守的条件(模拟条件)

由唯一的定性准则:材料的泊松系数 μ = 不变量,要求模型与实物材料的泊松系数 μ 彼此相等,即

$$\mu_{模型} = \mu_{实物}$$

此外,模型与实物的几何尺寸相似是模型试验必须需保证的边界条件。由于外载皆是均匀分布的压力,受力边界条件自然满足。

可见,受压容器强度的模拟条件很简单。

模型与实物材料的泊松系数 μ 彼此相等,不难做到:模型与实物材料一样,此条件自然满足。另外,各种钢材(碳钢、合金钢)的泊松系数 μ 变化很小,故模型皆可由碳钢制造。

模型与实物的几何尺寸相似尽管不难做到,但关键部位,如焊缝,较难精确无误。

③ 模型试验数据的推广

为求得应力:

按非定性准则 $\frac{p}{\sigma}$ = 不变量,则模型数据与实物数据的关系为

$$\left(\frac{p}{\sigma}\right)_{模型} = \left(\frac{p}{\sigma}\right)_{实物} \quad\cdots\cdots\cdots\cdots\cdots\cdots\cdots\cdots\cdots\cdots\cdots\cdots\cdots (20\text{-}3\text{-}15)$$

可见,在满足上述模拟条件下,缩小模型上施加的压力与实物相同时,模型上测得的应力即为实物的应力。

为求得变形:

按非定性准则 $\frac{p}{\sigma\varepsilon} = \frac{pl}{\sigma\Delta}$ = 不变量,则模型数据与实物数据的关系为

$$\left(\frac{pl}{E\Delta}\right)_{模型} = \left(\frac{pl}{E\Delta}\right)_{实物} \quad\cdots\cdots\cdots\cdots\cdots\cdots\cdots\cdots\cdots\cdots\cdots\cdots\cdots (20\text{-}3\text{-}16)$$

式中：ε——应变；

Δ——变形量；

l——定性尺寸(相对应的某一尺寸)。

可见，在满足上述模拟条件下，缩小模型上施加的压力与实物相同时，模型上测得的变形量 Δ 要缩小——与实物尺寸缩小的倍数相同；为使缩小模型上测得的变形量 Δ 与实物一样，则压力增加的倍数应等于实物缩小的倍数(压力增加后仍应处于弹性范围)。以上为实物与模型的材料一样时，即弹性模量 E 相同的情况；如 E 不相同时，则按上述式(20-3-16)关系，也可找出各数量之间关系。

(2) 弹-塑性范围

压力容器承受压力作用后，个别部位会出现塑性变形。如需研究塑性变形区域的应力、变形状态，需依据塑性变形的应变与应力关系方程式(非虎克定律)找出相应的相似准则。如模型所用材料与实物相同，则模型试验与弹性范围并无区别。

蠕变变形、爆破压力模型试验也属于弹-塑性范围。

以蠕变模型试验为例，蠕变强度模拟时，应注意应力 σ 与应变 ε 呈幂函数关系：

$$\sigma_i = A\varepsilon^n$$

在双对数坐标中呈现直线关系(图 20-3-2)。

指数 n 为定性准则，模型所用钢材的指数 n 应与实物的一致。例如，铜、铅的指数 n 与耐热钢使用温度及 10^5 h 的值基本相同，则耐热钢的蠕变现象可以用蠕变抗力较小的材料在不高的温度下及较短时间内加以模拟[22]。

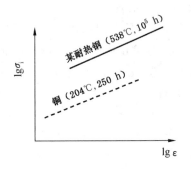

图 20-3-2 应力与应变关系

2 强度模拟试验应注意的问题

强度模拟试验对以下问题应引起注意：

1) 焊缝尺寸应严格保证几何相似。许多试验资料表明，小尺寸模拟件的强度大于实物强度，其原因在于小尺寸模拟件的焊缝尺寸相对较大，而焊缝的强度一般决定受压元件的强度。例如，焊制三通元件的强度(爆破压力、进入屈服的压力)与绝对尺寸无关，而取决于支管直径 d 与主管直径 D 之比值构成的减弱系数 φ：

$$\varphi = 1 - 0.3\frac{d}{D}$$

但多次模型试验表明，小尺寸三通的强度皆高于大尺寸三通，其原因正在于焊缝尺寸相对较大，加强作用较大所致。

有些精度较高的试验，要求将焊缝磨加工成相似形状并保证其相似倍数与模拟件严格一致[213]。

2) 有的蠕变试验仅保证减弱系数相同，见图 20-3-3，未保证几何相似，则所得结果只能是定性的。

3）模型设计时，应考虑到模型的尺寸不宜过小，除焊缝尺寸难以保证外，制造公差也相对减小，还会给测量带来困难。

4）在模拟件上焊接温升对金属性能的影响以及焊后的残余应力难以作到完全相似，在试验结论中应作必要考虑。

5）断裂力学小尺寸试样试验时，一般锅炉钢板的临界张开位移 δ_c 达 100 μm 以上，而高强度钢仅有几微米，难以测量，见 24-2 节之 2(2)。

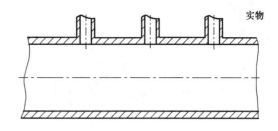
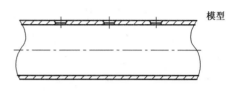

图 20-3-3　几何不相似的模型

第 21 章　锅炉受压元件强度计算示例与分析

考虑到工业锅炉的结构较复杂,生产工业锅炉的厂家数量颇多,故本章示例以工业锅炉为主,也给出电站锅炉主要元件的计算示例。

强度计算需按标准进行,尽管标准不断修订,但计算方法、简化处理与应注意的问题基本不变。这些问题正是本书着重关注的。另外,为了保持标准连续性,不影响生产,即使需要增加壁厚,一般也是每次修订只少许增加;如长期应用的标准未因壁厚偏小而引发问题,则对壁厚无必要增加。

注:标准体系[75,101,194]的突变,例如 GB/T 16508.3—2013[45]决定靠向欧洲标准(EN),使有些元件的壁厚增加明显[74],则属于特例。再修订时标准体系与壁厚只能延续。

(1) 锅炉强度计算方法

1) 设计计算方法

设计计算方法应用于新锅炉设计,有两种方式:

① 根据锅炉参数求壁厚——见 21-1 节、21-2 节、21-3 节与 21-4 节之 2;

② 依靠经验先定下壁厚,再校核此壁厚能否满足参数要求——见 21-4 节之 1。

2) 校核计算方法

校核计算方法应用于旧锅炉强度校核,是根据实测壁厚求允许最高允许工作压力——见 21-6 节。

(2) 强度计算应注意的问题

1) 锅炉强度计算应按强度计算标准进行

锅炉受压元件强度关系到重大安全问题,应按国家标准进行计算。

2) 应准确理解强度计算标准的内容

锅炉受压元件强度计算尽管较容易,但要求对计算公式、数据选取、结构规定能够准确理解,尽量了解其来源。否则,可能出现偏离标准原意的错误。

3) 强度计算经分析可以简化处理

容量较大锅炉的强度计算工作量很大,重复内容较多,相当繁琐。计算前应对计算元件进行分析、对比,可免去许多无需计算的内容。

本章给出较完整强度计算,同时指出无需计算的内容。

4) 注意有效数字

计算数字的位数过多并无意义,反而运算麻烦。

(3) 本章内容

本章给出以下几种锅炉受压元件计算示例与简要分析:

1) 新型水火管蒸汽锅炉强度计算;

2) 水火管组合螺纹烟管热水锅炉强度计算;

3) 卧式内燃蒸汽锅炉强度计算；

4) 全无拉撑(无加固)卧式内燃蒸汽锅炉强度计算；

5) 超高压电站锅炉强度计算；

6) 小容量立式锅壳锅炉校核计算。

说明：

示例1)与2)水火管锅炉涵盖了锅壳式与水管式工业锅炉锅炉的主要受压元件的计算；

示例3)现代内燃锅炉涵盖了大部分内燃锅炉典型受压元件的计算；

示例4)给出创新型全无拉撑(无加固)的柔性结构卧式内燃锅炉的计算；

示例5)给出超高压电站锅炉主要受压元件的计算；

示例6)给出小容量立式锅壳锅炉的校核计算。

21-1　新型水火管蒸汽锅炉强度计算

1　计算说明

本计算以 10 t/h, 1.25 MPa 为例，结构见图 21-1-1～图 21-1-15。

本锅炉强度计算采用按锅炉参数求壁厚的设计计算方式。

本锅炉强度计算经分析，注意了以下问题：

1) 承受内压作用的管件有相当大的壁厚裕度

承受内压作用的管件因直径较小、无孔排减弱而取用厚度又较大，则低压工业锅炉的壁厚裕度颇大。

由计算可见：

$\phi 219 \times 10$ mm 管子的计算需要厚度 $\delta = 1.95$ mm，它仅为取用厚度 10 mm 的 20%；

$\phi 51 \times 3$ mm 管子的计算需要厚度 $\delta = 0.987$ mm，它仅为取用厚度 3 mm 的 33%。

因此，低压工业锅炉承受内压作用的管件一般无需进行强度计算。

2) 承受外压作用的烟管按标准取最小厚度即可

承受外压作用的烟管计算厚度很小，无需计算，可按标准要求，取最小厚度。

3) 承受内压作用的集箱筒体无孔排部位有相当大的壁厚裕度

由计算可见：

$\phi 273 \times 10$ mm 集箱的筒体无孔排部位的计算需要厚度 $\delta_{min} = 1.99$ mm，它仅为取用厚度 10 mm 的 20%。集箱筒体厚度是按孔排处的减弱系数确定的，而集箱筒体的孔桥减弱系数一般都很小——0.3 上下。因而，集箱与大直径下降管连接部位无需进行孔补强计算或三通强度计算，而且也不必专门考虑外载强度。按此原则处理的数十万台 10 蒸吨及以下容量水火管锅炉已经受近 40 年运行考验，而数百台大于 10 蒸吨容量水火管锅炉也已经受约 30 年考验。仅 70 MW 水火管三锅壳锅炉，下降管与集箱连接处需要加固(见 17-3 节)。

4) 有些部位经对比分析可不作计算

如拱形管板(图 21-1-9)的下拱形部分无需计算。

5) 有些元件应根据所在部位的工作条件可按不受热计算

如大孔补强、人孔盖、封头、省煤器筒体等皆应按不受热条件计算,取计算温度等于介质温度。

6) 拱形管板(图 21-1-9、图 21-1-10)的圆筒形直段不需进行强度判定

根据局部应力的许用应力可以放大 1.5 倍的规定(见 7-1 节锅炉元件的应力分类与控制原则),GB/T 16508.3—2013 对凸形封头不再提出对其筒形直段按圆筒公式判定是对的,但是,蝶形封头与拱形管板却提出对其筒形直段按圆筒公式判定,无疑是不正确的,互有矛盾。

水管锅炉强度计算标准 GB/T 16507.4—2013 仍按传统提出对其筒形直段按圆筒公式判定,也无必要。

以上详见本书 10-5 节之 1。

7) 集箱椭球形封头的许用应力修正系数 $\eta=1$

集箱椭球形封头(图 21-1-13)属于凹面受压的凸形封头,许用应力修正系数 η 理应取为 1,但 GB/T 16508.3—2013 标准表 3 写得不够明确。

8) 斜向与环向孔桥的节距与轴向孔桥一样可皆取外壁尺寸

按外径与按中径的偏差:

以内径 $D_{内径}=1\,000$ mm,厚度 $\delta=10$ mm 低压锅炉锅筒为例:

$$(D_{外径}-D_{中径})/D_{中径}=(1\,020-1\,010)/1\,010 \approx 0.9\%$$

可见,误差很小,而且偏于安全,故斜向与环向孔桥的节距可皆取外壁尺寸,无必要按中径取。

本计算按以下标准进行:

1] GB/T 16508.1—2013《锅壳锅炉 第 1 部分:总则》;

2] GB/T 16508.2—2013《锅壳锅炉 第 2 部分:材料》;

3] GB/T 16508.3—2013《锅壳锅炉 第 3 部分:设计与强度计算》;

4] GB/T 16508.4—2013《锅壳锅炉 第 4 部分:制造、检验与验收》;

5] GB/T 16508.5—2013《锅壳锅炉 第 5 部分:安全附件和仪表》;

6] TSG G0001—2012《锅炉安全技术监察规程》。

本计算包括以下内容:

注:为了对比说明可以无需计算的部分,以下计算也包含应忽略的一些内容并加以提示。

(1) 锅壳筒体强度计算($\phi 1\,800 \times 18$ mm)

1) 400 mm×300 mm 人孔补强计算

2) $\phi 221$ mm 管孔补强计算

(2) 锅壳前拱形管板强度计算($\phi 1\,800 \times 14$ mm)

(3) 锅壳后拱形管板强度计算($\phi 1\,800 \times 14$ mm)

(4) 集箱筒体强度计算($\phi 273 \times 10$ mm)

(5) 集箱椭球形封头强度计算($\phi 273 \times 10$ mm)

(6) 水冷壁管壁厚强度计算($\phi 51 \times 3$ mm)

(7) 下降管壁厚强度计算($\phi 219 \times 10$ mm)

(8) 省煤器筒体强度计算($\phi 1\,200 \times 8$ mm)

(9) 省煤器平管板强度计算($\phi 1\,200 \times 10$ mm)

(10) 螺纹烟管强度计算($\phi 70 \times 3.5$ mm)

(11) 锅炉强度计算汇总表

计算附图：

锅炉本体示意图：

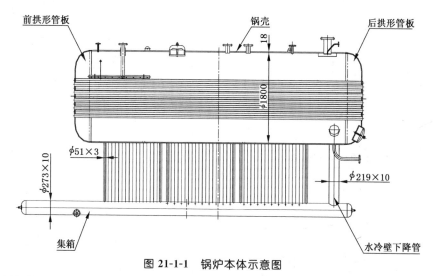

图 21-1-1　锅炉本体示意图

锅壳筒体外表面展开示意图：

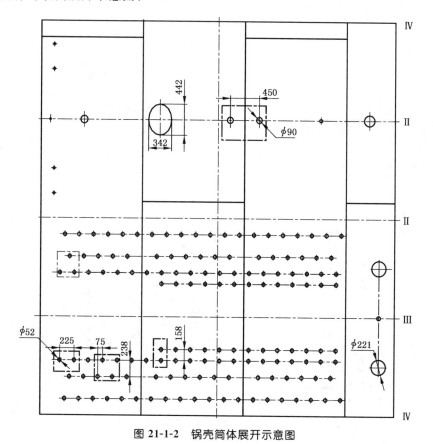

图 21-1-2　锅壳筒体展开示意图

由图 21-1-2 可见,孔排需要孔桥减弱系数计算,孤立大孔需要孔补强计算。较小容量锅壳(锅筒)一般皆不存在孔桥需要补强问题。

锅炉受压元件计算部分的结构图:

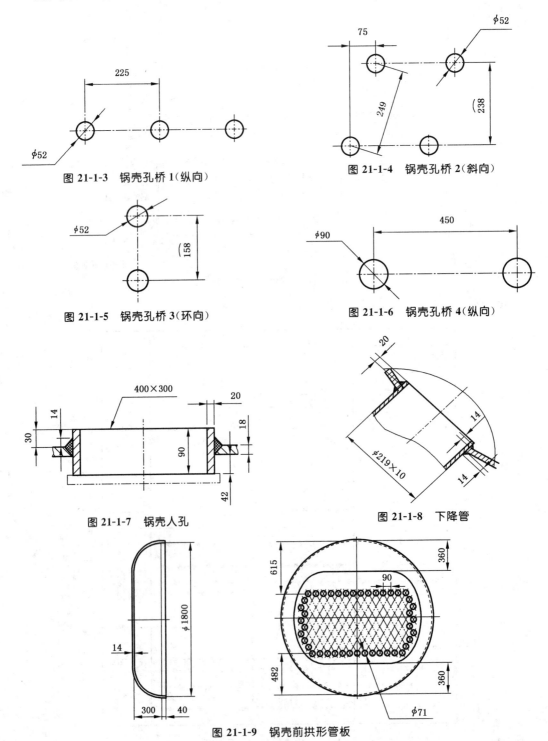

图 21-1-3 锅壳孔桥 1(纵向)

图 21-1-4 锅壳孔桥 2(斜向)

图 21-1-5 锅壳孔桥 3(环向)

图 21-1-6 锅壳孔桥 4(纵向)

图 21-1-7 锅壳人孔

图 21-1-8 下降管

图 21-1-9 锅壳前拱形管板

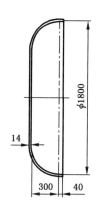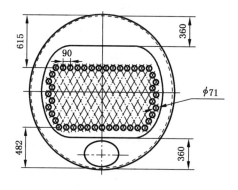

图 21-1-10　锅壳后拱形管板

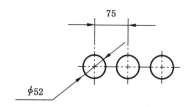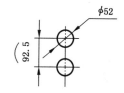

图 21-1-11　集箱筒体孔桥 1（纵向）　　　图 21-1-12　集箱筒体孔桥 2（环向）

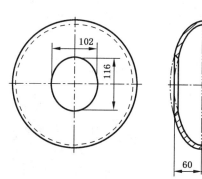

图 21-1-13　集箱椭球形封头

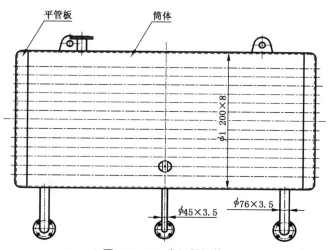

图 21-1-14　省煤器筒体

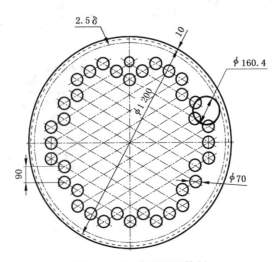

图 21-1-15 省煤器平管板

2 强度计算

(1) 锅壳筒体强度计算($\phi 1\,800 \times 18$ mm)

结构:见图 21-1-2～图 21-1-6。

序号	名　称	符号	单位	公式及来源	数值
1	额定压力(表压)	p_r	MPa	设计给定	1.25
2	液柱高度	h	m	设计给定	1.8
3	液柱静压力	Δp_h	MPa	$0.01h = 0.01 \times 1.8$	0.018
4	介质流动阻力附加压力	Δp_f	MPa	无过热器,锅壳筒体至锅炉出口之间的压力降,取	0
5	附加压力	Δp_a	MPa	按 5],表 3,安全阀低整定压力与安全阀所在位置工作压力的差值,0.04×1.25	0.05
6	液柱静压力判定值	—	MPa	$0.03(p_r + \Delta p_a + \Delta p_f) = 0.03 \times (1.25 + 0.05 + 0)$	0.039
7	液柱静压力取值	Δp_h	MPa	按 3],5.7.3,$\Delta p_h = 0.018 < 0.03(p_r + \Delta p_a + \Delta p_f) = 0.039$,取	0
8	工作压力	p_o	MPa	$p_r + \Delta p_f + \Delta p_h = 1.25 + 0 + 0$	1.25
9	计算压力	p	MPa	$p_o + \Delta p_a = 1.25 + 0.05$	1.3
10	介质额定平均温度	t_{mave}	℃	饱和蒸汽温度(绝对压力 $p_r + 0.1$)	195
11	计算温度	t_c	℃	按 3],表 4,直接受火,$t_{mave} + 90 = 195 + 90$	285
12	材料	—	—	设计给定	Q245R
13	名义厚度	δ	mm	取	18

序号	名称	符号	单位	公式及来源	数值
14	基本许用应力	$[\sigma]_J$	MPa	按2],表2,$\delta>16$ mm	105
15	基本许用应力修正系数	η	—	按3],表3,受热(烟温>600℃)	0.9
16	许用应力	$[\sigma]$	MPa	$\eta[\sigma]_J = 0.9 \times 105$	94.5
17	锅壳筒体内径	D_i	mm	设计给定	1 800
18	焊接接头系数	φ_w	—	按1],6.4.7.2,双面对接焊,100%无损检测	1.0
19	孔直径	d_1	mm	图 21-1-3	52
20	孔直径	d_2	mm	图 21-1-3	52
21	相邻两孔平均直径	d_m	mm	$(d_1+d_2)/2 = (52+52)/2$	52
22	可不考虑孔间影响的相邻两孔最小节距	s_o	mm	$d_m + 2\sqrt{(D_i+\delta)\delta} = 52 + 2\sqrt{(1\,800+18)18}$	414
23	判定			s,s''及s'均小于s_o,均应计算孔桥减弱系数	
24	孔桥1				
24-1	纵向节距	s	mm	$s<s_o$	225
24-2	孔直径	d	mm	图 21-1-3	52
24-3	纵向孔桥减弱系数	φ_1	—	$\dfrac{s-d}{s}=\dfrac{225-52}{225}$	0.77
25	孔桥2				
25-1	按按中径展开的相邻孔在圆周方向的弧长[1]	a	mm		238
25-2	相邻孔在纵轴方向的长度	b	mm	图 21-1-4	75
25-3	斜向节距(弧长)	s''	mm	$\sqrt{a^2+b^2}=\sqrt{238^2+75^2}<s_o$	249
25-4	斜向孔桥减弱系数	φ''	—	$\dfrac{s''-d}{s''}=\dfrac{249-52}{249}$	0.79
25-5	比值	n	—	$\dfrac{b}{a}=\dfrac{75}{238}$	0.32
25-6	斜向孔桥换算系数	K	—	$\dfrac{1}{\sqrt{1-\dfrac{0.75}{(1+n^2)^2}}}=\dfrac{1}{\sqrt{1-\dfrac{0.75}{(1+0.32^2)^2}}}$	1.62
25-7	斜向孔桥当量减弱系数	φ_d	—	$K\varphi''=1.62\times0.79>1$,按3],6.6.1,取	1.0
26	孔桥3				
26-1	孔直径	d	mm	图 21-1-5	52
26-2	按中径展开的横向弧长[1]	s'	mm	$s'<s_o$	158
26-3	横向孔桥减弱系数	φ'	—	$\dfrac{s'-d}{s'}=\dfrac{158-52}{158}$	0.67

序号	名称	符号	单位	公式及来源	数值
26-4	2倍横向孔桥减弱系数	$2\varphi'$	—	$2\varphi'=2\times0.67=1.34$,按3],6.1.1,取	1.0
27	孔直径	d_1	mm	图21-1-6	90
28	孔直径	d_2	mm	图21-1-6	90
29	相邻两孔平均直径	d_m	mm	$(d_1+d_2)/2=(90+90)/2$	90
30	可不考虑孔间影响的相邻两孔最小节距	s_o	mm	$d_m+2\sqrt{(D_i+\delta)\delta}=90+2\sqrt{(1\,800+18)18}$	452
31	判定			s 小于 s_o,应计算孔桥减弱系数	
32	孔桥 4				
32-1	孔直径	d	mm	图21-1-6	90
32-2	纵向节距	s	mm	$s<s_o$	450
32-3	纵向孔桥减弱系数	φ_2	—	$\dfrac{s-d}{s}=\dfrac{450-90}{450}$	0.8
33	最小减弱系数	$\varphi_{\min}$	—	$\min(\varphi_w,\varphi_1,\varphi_d,2\varphi',\varphi_2)=\min(1.0,0.77,1.0,1.0,0.8)$	0.77
34	理论计算厚度	δ_c	mm	$\dfrac{pD_i}{2\varphi_{\min}[\sigma]-p}=\dfrac{1.3\times1\,800}{2\times0.77\times94.5-1.3}$	16.2
35	腐蚀裕量的附加厚度	C_1	mm	按3],6.7.1	0.5
36	制造减薄量的附加厚度	C_2	mm	按3],6.7.1,冷卷冷校	0
37	钢材厚度负偏差的附加厚度	C_3	mm	按6],查GB/T 713与GB/T 709	0.3
38	厚度附加量	C	mm	$C_1+C_2+C_3=0.5+0+0.3$	0.8
39	成品最小厚度	$\delta_{\min}$	mm	$\delta_c+C_1=16.2+0.5$	16.7
40	计算需要厚度	δ_c+C	mm	$\delta_c+C=16.2+0.8$	17.0
41	校核			$\delta\geqslant\delta_c+C$,18 mm>17.0 mm,满足3],式(6)要求	
				$D_i\geqslant1\,000$ mm,$\delta\geqslant6$ mm,满足3],6.8.1要求	
				管孔焊缝边缘与相邻主焊缝边缘的净距离不小于10 mm,满足3],6.9.3要求	
				受火锅筒壁厚18 mm<26 mm,满足3],6.8.3,表5要求	
42	有效厚度	δ_e	mm	$\delta-C=18-0.8$	17.2
43	不受热计算温度	t_c	℃	饱和蒸汽温度(绝对压力 $p_r+0.1$)	195
44	不受热部位基本许用应力	$[\sigma]_J$	MPa	按2],表2,$\delta>16$ mm	125
45	补强处许用应力修正系数	η	—	按3],表3,补强孔部位条件,不受热	1.0
46	补强处许用应力	$[\sigma]$	MPa	$\eta[\sigma]_J=1.0\times125$	125
47	未减弱筒体理论计算厚度(孔所在部位不受热)	δ_o	mm	$\dfrac{pD_i}{2[\sigma]-p}=\dfrac{1.3\times1\,800}{2\times125-1.3}$	9.4

序号	名 称	符号	单位	公式及来源	数值
48	实际减弱系数(孔补强部位不受热)	φ_s	—	$\dfrac{pD_i}{(2[\sigma]-p)\delta_e}=\dfrac{1.3\times1\,800}{(2\times125-1.3)\times17.2}$	0.55
49	判定			$\varphi_s>0.4$，按 3]，13.3.7，需要补强	
50	未补强孔最大允许直径 注：补强结构指内径。	$[d]$	mm	$8.1[D_i\delta_e(1-\varphi_s)]^{1/3}=8.1\times[1\,800\times17.2\times(1\times0.55)]^{1/3}$ 或查曲线(按 3]，图 50)	195
51	400 mm×300 mm 人孔、ϕ219 mm 管子的内径大于 $[d]$，需要补强。				

1) 见本节最前的计算注意问题之 8)。

1) 400 mm×300 mm 人孔补强计算

结构：见图 21-1-7。

序号	名 称	符号	单位	公式及来源	数值
1	人孔直径(纵截面内尺寸，短轴)	d	mm	设计给定	300
2	人孔圈外尺寸(长轴)	d_o	mm	设计给定	440
3	计算压力	p	MPa	同锅壳筒体	1.3
4	介质额定平均温度	t_{mave}	℃	同锅壳筒体	195
5	计算温度	t_c	℃	按 3]，表 4，不受热，$t_c=t_{\text{mave}}$	195
6	人孔圈材料	—	—	设计给定	Q245R
7	人孔圈取用厚度	δ_1	mm	设计给定	20
8	基本许用应力	$[\sigma]_J$	MPa	按 2]，表 2，16 mm<δ<36 mm	125
9	基本许用应力修正系数	η	—	按 3]，表 3，孔圈	1.0
10	许用应力	$[\sigma]_1$	MPa	$\eta[\sigma]_J=1\times125$	125
11	腐蚀裕量的附加厚度	C_1	mm	按 3]，6.7.1	0.5
12	制造减薄量的附加厚度	C_2	mm	按 3]，6.7.1，冷卷冷校	0
13	钢材厚度负偏差的附加厚度	C_3	mm	按 6]，查 GB/T 713 与 GB/T 709	0.3
14	厚度附加量	C	mm	$C_1+C_2+C_3=0.5+0+0.3$	0.8
15	人孔圈有效厚度	δ_{1e}	mm	$\delta_1-C=20-0.8$	19.2
16	未减弱人孔圈理论计算厚度	δ_{10}	mm	$\dfrac{p(d_o-2\delta_{1e})}{2[\sigma]_1-p}=\dfrac{1.3\times(440-2\times19.2)}{2\times125-1.3}$	2.1
17	未减弱筒体理论计算厚度(孔所在部位不受热)	δ_o	mm	$\dfrac{pD_i}{2[\sigma]-p}=\dfrac{1.3\times1\,800}{2\times125-1.3}$	9.4
18	有效补强宽度	B	mm	$2d=2\times300$	600
19	比值	$\dfrac{[\sigma]_1}{[\sigma]}$	—	按 3]，13.3.9，因$[\sigma]_1>[\sigma]$，取$[\sigma]_1=[\sigma]$，下同	1.0

序号	名称	符号	单位	公式及来源	数值
20	纵截面内的补强需要面积	A	mm^2	$[d+2\delta_{1e}(1-\frac{[\sigma]_1}{[\sigma]})]\delta_o$ $=[300+2\times19.2(1-1.0)]\times9.4$	2 820
21	需要补强面积的 $\frac{2}{3}$	$\frac{2A}{3}$	mm^2	$\frac{2A}{3}=\frac{2}{3}\times2\,820$	1 880
22	焊脚尺寸	e	mm	图 21-1-7	14
23	起补强作用的焊缝面积	A_1	mm^2	$e^2=14^2$	196
24	人孔圈伸入筒体内壁的实际尺寸	h_1'	mm	图 21-1-7	42
25	人孔圈伸出筒体外壁的实际尺寸	h_2'	mm	图 21-1-7	30
26	有效补强高度(人孔盖在内侧)	h_1	mm	$\min(h_1', 2.5\delta_1, 2.5\delta)=\min(42,50,45)$	42
27	有效补强高度(外侧)	h_2	mm	$\min(h_2', 2.5\delta_1, 2.5\delta)=\min(30,50,45)$	30
28	纵截面内起补强作用的人孔圈面积	A_2	mm^2	$[2h_1(\delta_{1e}-\delta_{10})+2h_2\delta_{1e}]\frac{[\sigma]_1}{[\sigma]}$ $=[2\times42\times(19.2-2.1)+2\times30\times19.2]\times10$	2 588
29	纵截面内起补强作用补强垫板面积	A_3	mm^2	无垫板	0
30	纵截面内起补强作用的筒体面积	A_4	mm^2	$[B-d-2\delta_{1e}(1-\frac{[\sigma]_1}{[\sigma]})](\delta_e-\delta_0)$ $=[600-300-2\times19.2\times(1-1.0)]\times(17.2-9.4)$	2 340
31	总补强面积	ΣA	mm^2	$A_1+A_2+A_3+A_4=196+2\,588+0+2\,340$	5 124
32	离孔边四分之一孔径范围内的补强面积	—	mm^2	$A_1+A_2+A_3+0.5A_4=196+2\,588+0+0.5\times2\,340$	3 954
33	校核			$A_1+A_2+A_3+A_4>A$, 5 124 mm^2 > 2 820 mm^2, 且 $A_1+A_2+A_3+0.5A_4>2A/3$, 3 954 mm^2 > 1 880 mm^2, 两个条件皆满足要求	
33	校核			$\frac{d}{D_i}=\frac{d_o-2\delta_1}{D_i}=\frac{440-2\times20}{1\,800}<0.8$ 且 $d=d_o-2\delta_1=440-2\times20$ $=400\,mm<600\,mm$。对椭圆孔,长短轴之比<2,满足3],13.3.2的要求	
34	人孔圈高度	h	mm	设计给定	90
35	校核			$h\geqslant(\delta d)^{0.5}=(18\times300)^{1/2}=73.5\,mm$,满足3],13.6.5要求 $\delta_1\geqslant\frac{7\delta}{8}=\frac{7\times18}{8}=15.8\,mm$, $\delta_1=20\,mm\geqslant19\,mm$, $\delta_1=20\,mm\geqslant\frac{7\delta}{8}$,满足3],13.8.1要求	

2) $\phi 221$ mm 管孔补强计算

结构:见图 21-1-8。

序号	名称	符号	单位	公式及来源	数值
1	管子外径	d_o	mm	设计给定($\phi 219 \times 10$)	219
2	管子内径	d_i	mm	设计给定	199
3	计算压力	p	MPa	同锅筒筒体	1.3
4	介质额定平均温度	t_{mave}	℃	同锅筒筒体	195
5	计算温度	t_c	℃	按3],表4,不受热,$t_c = t_{mave}$	195
6	材料	—	—	设计给定	20
7	管子名义厚度	δ_1	mm	取	10
8	基本许用应力	$[\sigma]_J$	MPa	按2],表4,$\delta \leqslant 16$ mm	126
9	基本许用应力修正系数	η	—	按3],表3,管子	1.0
10	许用应力	$[\sigma]_1$	MPa	$\eta[\sigma]_J = 1.0 \times 126$	126
11	管子理论计算厚度	δ_c	mm	$\dfrac{pd_o}{2[\sigma]_1 + p} = \dfrac{1.3 \times 219}{2 \times 126 + 1.3}$	1.1
12	腐蚀裕量的附加厚度	C_1	mm	按3],6.7.3.1	0.5
13	制造减薄量的附加厚度	C_2	mm	按3],6.7.3.1	0
14	厚度下偏差与公称厚度百分比	m	%	按 GB/T 3087 $\dfrac{1.5}{10} \times 100$	15
15	钢材厚度负偏差的附加厚度	C_3	mm	$\dfrac{m}{100-m}(\delta_c + C_1) = \dfrac{15}{100-15}(1.1 + 0.5)$	0.28
16	厚度附加量	C	mm	$C_1 + C_2 + C_3 = 0.5 + 0 + 0.28$	0.78
17	管子有效厚度	δ_{1e}	mm	$\delta_1 - C = 10 - 0.78$	9.22
18	管子所需的理论计算厚度	δ_{1o}	mm	$\dfrac{p(d_o - 2\delta_{1e})}{2[\sigma]_1 - p} = \dfrac{1.3 \times (219 - 2 \times 9.22)}{2 \times 126 - 1.3}$	1.04
19	未减弱筒体的理论计算厚度(孔所在部位不受热)	δ_o	mm	$\dfrac{pD_i}{2[\sigma] - p} = \dfrac{1.3 \times 1\,800}{2 \times 125 - 1.3}$	9.4
20	有效补强宽度	B	mm	$2d = 2 \times 199$	398
21	需要补强的面积	A	mm²	$[d + 2\delta_{1e}(1 - \dfrac{[\sigma]_1}{[\sigma]})]\delta_o$ $= [199 + 2 \times 9.22(1 - 1.0)] \times 9.4$	1 871
22	需要补强面积的 $\dfrac{2}{3}$	$\dfrac{2A}{3}$	mm²	$\dfrac{2A}{3} = \dfrac{2}{3} \times 1\,871$	1 247
23	焊角尺寸	e	mm	图 21-1-8	14

序号	名称	符号	单位	公式及来源	数值
24	纵截面内起补强作用的焊缝面积	A_1	mm²	$2e^2 = 2 \times 14^2$	392
25	管子伸出筒体外壁的实际尺寸	h_1'	mm	图 21-1-8	150
26	管子伸入筒体内壁的实际尺寸	h_2'	mm	图 21-1-8	20
27	有效补强高度(外侧)	h_1	mm	$\min\{h_1', 2.5\delta_1, 2.5\delta\} = \min\{150、25、45\}$	25
28	有效补强高度(内侧)	h_2	mm	$\min\{h_2', 2.5\delta_1, 2.5\delta\} = \min\{20、25、45\}$	20
29	纵截面内起补强作用管接头多余面积	A_2	mm²	$[2h_1(\delta_{1e}-\delta_{1o})+2h_2\delta_{1e}]\dfrac{[\sigma]_1}{[\sigma]}$ $= [2\times25\times(9.22-1.04)+2\times20\times9.22]\times1.0$	778
30	纵截面内起补强作用补强垫板面积	A_3	mm²	无垫板	0
31	纵截面内起补强作用的筒体面积	A_4	mm²	$[B-d-2\delta_{1e}(1-\dfrac{[\sigma]_1}{[\sigma]})](\delta_e-\delta_o)$ $= [398-199-2\times9.22(1-\dfrac{94.5}{94.5})](17.2-9.4)$	1 552
32	总补强面积	ΣA	mm²	$A_1+A_2+A_3+A_4 = 392+778+0+1\,552$	2 722
33	离孔边四分之一孔径范围内的补强面积	—	mm²	$A_1+A_2+A_3+0.5A_4 = 392+778+0+0.5\times1\,552$	1 946
34	校核			$A_1+A_2+A_3+A_4>A$,$2\,722\text{ mm}^2>1\,871\text{ mm}^2$,且 $A_1+A_2+A_3+0.5A_4>\dfrac{2A}{3}$,$1\,946\text{ mm}^2>1\,247\text{ mm}^2$,两个条件皆满足要求 $\dfrac{d}{D_i}=\dfrac{d_o-2\delta_1}{D_i}=\dfrac{219-2\times10}{1\,800}<0.8$ 且 $d=d_o-2\delta_1=219-2\times10=199\text{ mm}<600\text{ mm}$,满足 3],13.3.2 要求	

(2) 锅壳前拱形管板强度计算($\phi1\,800\times14$ mm)

结构:见图 21-1-9。

序号	名称	符号	单位	公式及来源	数值
1	计算压力	p	MPa	同锅壳筒体	1.30
2	介质额定平均温度	t_{mave}	℃	同锅壳筒体	195
3	计算温度	t_c	℃	按 3],表 4,600℃<烟温<900℃, $t_c = t_{\text{mave}}+50 = 195+50$	245
4	材料	—	—	设计给定	Q245R
5	名义厚度	δ	mm	取	14
6	基本许用应力	$[\sigma]_J$	MPa	按 2],表 2,$\delta\leqslant16$ mm	118
7	凸形部分				

序号	名称	符号	单位	公式及来源	数值
7-1	凸形部分基本许用应力修正系数	η	—	凸形管板的凸形部分,按3],表3	0.95
7-2	凸形部分许用应力	$[\sigma]$	MPa	$\eta[\sigma]_J = 0.95 \times 118$	112
7-3	腐蚀减薄的附加厚度	C_1	mm	按3],8.3.10	0.5
7-4	工艺减薄附加厚度	C_2	mm	按3],8.3.10,冲压工艺取,$0.1\delta = 0.1 \times 14$	1.4
7-5	材料厚度下偏差的附加厚度	C_3	mm	按6],查 GB/T 713 与 GB/T 709	0.3
7-6	厚度附加量	C	mm	$C_1 + C_2 + C_3 = 0.5 + 1.4 + 0.3$	2.2
7-7	有效厚度	δ_e	mm	$\delta - C = 14 - 2.2$	11.8
8	上部凸形部分				
8-1	上部凸形部位当量直径	D_{ie}'	mm	设计给定 $2\overline{a'b} = 2 \times 360$	720
8-2	上部凸形部位当量直径	D_{ie}	mm	设计给定 $2\overline{a''b} = 2 \times 615$	1 230
8-3	管板内高	h_i	mm	设计给定	300
8-4	焊接接头系数	φ_w	—	按1],6.4.7.2,双面对接焊,100%无损检测	1.00
8-5	减弱系数	φ	—	按3],表13,无孔有拼接焊缝,$\varphi = \varphi_w$	1.0
8-6	形状系数	Y	—	$\dfrac{1}{6}\left[2 + \left(\dfrac{D_{ie}}{2h_i}\right)^2\right] = \dfrac{1}{6}\left[2 + \left(\dfrac{1\,230}{2 \times 300}\right)^2\right]$	1.03
8-7	计算需要厚度	$\delta_c + C$	mm	$\dfrac{pD_{ie}Y}{2\varphi[\sigma] - 0.5p} + C = \dfrac{1.3 \times 1\,230 \times 1.03}{2 \times 1.0 \times 112 - 0.5 \times 1.3} + 2.2$	9.6
8-8	校核			$\dfrac{h_i}{D_{ie}} = \dfrac{300}{720} = 0.42, \dfrac{h_i}{D_{ie}} \geqslant 0.2$,满足3],8.3.3 要求	
				$\dfrac{\delta - C}{D_{ie}'} = \dfrac{14 - 2.2}{720} = 0.016, \dfrac{\delta - C}{D_{ie}'} \leqslant 0.1$,满足3],8.3.3 要求	
9	下部凸形部分[1)]				
9-1	下部凸形部位当量直径	D_{ie}'	mm	设计给定 $2\overline{a'b} = 2 \times 360$	720
9-2	下部凸形部位当量直径	D_{ie}	mm	设计给定 $2\overline{a''b} = 2 \times 482$	964
9-3	管板内高	h_i	mm	设计给定	300
9-4	减弱系数	φ	—	按3],表13,无孔无拼接焊,$\varphi = \varphi_w$	1.0
9-5	形状系数	Y	—	$\dfrac{1}{6}\left[2 + \left(\dfrac{D_{ie}}{2h_i}\right)^2\right] = \dfrac{1}{6}\left[2 + \left(\dfrac{964}{2 \times 300}\right)^2\right]$	0.76

序号	名称	符号	单位	公式及来源	数值
9-6	计算需要厚度	δ_c+C	mm	$\dfrac{pD_{ie}Y}{2\varphi[\sigma]-0.5p}+C=\dfrac{1.3\times964\times0.76}{2\times1.0\times112-0.5\times1.3}+2.2$	6.5
9-7	校核			$\dfrac{h_i}{D_{ie}'}=\dfrac{300}{720}=0.42,\dfrac{h_i}{D_{ie}'}\geqslant 0.2$,满足 3],8.3.3 要求 $\dfrac{\delta-C}{D_{ie}'}=\dfrac{14-2.2}{720}=0.016,\dfrac{\delta-C}{D_{ie}'}\leqslant 0.1$,满足 3],8.3.3 要求	
10	圆筒形直段[2)]				
10-1	基本许用应力	$[\sigma]_J$	MPa	同 5	118
10-2	基本许用应力修正系数	η'	—	圆筒形部位,按 3],表 3, 受热(烟温>600 ℃)	0.9
10-3	许用应力	$[\sigma]'$	MPa	$\eta'[\sigma]_J=0.9\times118$	106
10-4	圆筒直段直径	D_i	mm	设计给定	1 800
10-5	最小减弱系数	$\varphi_{\min}$	—	按 3],8.5.3.1,取	1.00
10-6	理论计算厚度	δ_c	—	$\dfrac{pD_i}{2\varphi_{\min}[\sigma]'-p}=\dfrac{1.3\times1\,800}{2\times1.0\times106-1.3}$	11.1
10-7	厚度附加量	C	mm	圆筒直段冲压形成,取凸形部位	2.2
10-8	计算需要厚度	δ_c+C	mm	$\delta_c+C=11.1+2.2$	13.3
11	烟管管板部分				
11-1	基本许用应力	$[\sigma]_J$	MPa	同 5	118
11-2	基本许用应力修正系数	η'	—	凸形管板的烟管部分,按 3],表 3	0.85
11-3	许用应力	$[\sigma]'$	MPa	$\eta'[\sigma]_J=0.85\times118$	100
11-4	当量圆直径	d_e	mm	按 3],9.4.2,取烟管最大节距	90
11-5	系数	K	—	按 3],9.4.2,取	0.47
11-6	计算需要厚度	$\delta_{\min}$	mm	$Kd_e\sqrt{\dfrac{p}{[\sigma]'}}+1=0.47\times90\times\sqrt{\dfrac{1.3}{100}}+1$	5.8
12	计算需要厚度最大值	$\delta_{\max}$	mm	max[9.6,6.5,13.3,5.8]	13.3
13	管板取用厚度 14.0 mm>13.3 mm,满足强度要求				

1) 下部凸形部分的当量直径小于上部凸形部分,无需计算。

2) 圆筒形直段的计算所需厚度明显大于其他部分,但圆筒形直段无需计算,见本节最前的计算注意问题之 6)。

(3) 锅壳后拱形管板强度计算(ϕ1 800×14 mm)

结构:见图 21-1-10。

序号	名称	符号	单位	公式及来源	数值
1	计算压力	p	MPa	同锅壳筒体	1.30
2	介质额定平均温度	t_{mave}	℃	同锅壳筒体	195
3	计算温度	t_c	℃	按3],表4,烟温<600 ℃, $t_c = t_{mave} + 25 = 195 + 25$	220
4	材料	—	—	设计给定	Q245R
5	名义厚度	δ	mm	取	14
6	基本许用应力	$[\sigma]_J$	MPa	按2],表2,$\delta \leqslant 16$ mm	125
7	凸形部分				
7-1	凸形部分基本许用应力修正系数	η	—	凸形管板的凸形部分,按3],表3	0.95
7-2	凸形部分许用应力	$[\sigma]$	MPa	$\eta [\sigma]_J = 0.95 \times 125$	119
7-3	腐蚀减薄的附加厚度	C_1	mm	按3],8.3.10	0.5
7-4	考虑工艺减薄的附加厚度	C_2	mm	按3],8.3.10,冲压工艺取,$0.1\delta = 0.1 \times 14$	1.4
7-5	考虑材料厚度下偏差附加厚度	C_3	mm	按6],查 GB/T 713 与 GB/T 709	0.3
7-6	厚度附加量	C	mm	$C_1 + C_2 + C_3 = 0.5 + 1.4 + 0.3$	2.2
7-7	有效厚度	δ_e	mm	$\delta - C = 14 - 2.2$	11.8
8	上部凸形部分				
8-1	上部凸形部位当量直径	D_{ie}'	mm	设计给定 $2\overline{a'b} = 2 \times 360$	720
8-2	上部凸形部位当量直径(考虑强度)	D_{ie}	mm	设计给定 $2\overline{a''b} = 2 - 615$	1 230
8-3	管板内高	h_i	mm	设计给定	300
8-4	形状系数	Y	—	$\frac{1}{6}\left[2+\left(\frac{D_{ie}}{2h_i}\right)^2\right] = \frac{1}{6}\left[2+\left(\frac{1230}{2\times300}\right)^2\right]$	1.03
8-5	减弱系数	φ	—	按3],表13,无孔有拼接焊缝	1.0
8-6	计算需要厚度	$\delta_c + C$	mm	$\frac{pD_{ie}Y}{2\varphi[\sigma]-0.5p} + C$ $= \frac{1.3 \times 1230 \times 1.03}{2 \times 1.0 \times 119 - 0.5 \times 1.3}$	9.1
8-7	校核			$\frac{h_i}{D_{ie}'} = \frac{300}{720} = 0.42, \frac{h_i}{D_{ie}} \geqslant 0.2,$满足3],8.3.3要求	
				$\frac{\delta - C}{D_{ie}'} = \frac{14-2.2}{720} = 0.016, \frac{\delta - C}{D_{ie}'} \leqslant 0.1,$满足3],8.3.3要求	
9	下部凸形部分				

序号	名称	符号	单位	公式及来源	数值
9-1	下部凸形部位当量直径	D_{ie}'	mm	设计给定 $2\overline{a'b}=2\times360$	720
9-2	下部凸形部位当量直径(考虑强度)	D_{ie}	mm	设计给定 $2\overline{a''b}=2\times482$	964
9-3	管板内高	h_i	mm	设计给定	300
9-4	减弱系数	φ	—	按3],表13,有孔无拼接焊缝 $1-d/D_i=1-400/964$	0.59
9-5	形状系数	Y	—	$\dfrac{1}{6}\left[2+(\dfrac{D_{ie}}{2h_i})^2\right]=\dfrac{1}{6}\left[2+(\dfrac{964}{2\times300})^2\right]$	0.76
9-6	计算需要厚度	δ_c+C	mm	$\dfrac{pD_{ie}Y}{2\varphi[\sigma]-0.5p}+C=$ $\dfrac{1.3\times964\times0.76}{2\times0.59\times119-0.5\times1.3}+2.2$	9.0
9-7	校核			$\dfrac{h_i}{D_{ie}}=\dfrac{300}{720}=0.42,\dfrac{h_i}{D_{ie}'}\geqslant0.2$,满足3],8.3.3要求	
				$\dfrac{\delta-C}{D_{ie}'}=\dfrac{14-2.2}{720}=0.016,\dfrac{\delta-C}{D_{ie}'}\leqslant0.1$,满足3],8.3.3要求	
10	圆筒形直段[1)]				
10-1	基本许用应力	$[\sigma]$	MPa	同5	125
10-2	基本许用应力修正系数	η'	—	圆筒形部分,按3],表3,不受热	1.0
10-3	许用应力	$[\sigma]'$	MPa	$\eta'[\sigma]_J=1.0\times125$	125
10-4	管板圆筒部位直径	D_i	mm	设计给定	1 800
10-5	最小减弱系数	φ_{min}	℃	按3],8.5.3.1,取	1.00
10-6	理论计算厚度	δ_c	—	$\dfrac{pD_i}{2\varphi_{min}[\sigma]'-p}=\dfrac{1.3\times1\,800}{2\times1.0\times125-1.3}$	9.4
10-7	厚度附加量	C	mm	圆筒直段冲压形成,取凸形部位	2.2
10-8	计算需要厚度	δ_c+C	mm	$\delta_c+C=9.4+2.2$	11.6
11	烟管管板部分				
11-1	基本许用应力	$[\sigma]_J$	MPa	同5	125
11-2	基本许用应力修正系数	η'	—	凸形管板的烟管管板部分,按3],表3	0.85
11-3	许用应力	$[\sigma]'$	MPa	$\eta'[\sigma]_J=0.85\times125$	106
11-4	当量圆直径	d_e	mm	按3],9.4.2,取烟管最大节距	90
11-5	系数	K	—	按3],9.4.2,取	0.47

序号	名称	符号	单位	公式及来源	数值
11-6	计算需要厚度	$\delta_{\min}$	mm	$Kd_e\sqrt{\dfrac{p}{[\sigma]}+1}=0.47\times 90\times\sqrt{\dfrac{1.3}{106}+1}$	5.7
12	计算需要厚度最大值	$\delta_{\max}$	mm	$\max[9.1,9.0,11.6,5.7]$	11.6
13	管板取用厚度 14.0 mm＞11.6 mm，满足强度要求				

1) 见(2)前拱形管板的角注2)。

（4）集箱筒体强度计算（$\phi273\times10$ mm）

结构：见图 21-1-11、图 21-1-12。

序号	名称	符号	单位	公式及来源	数值
1	额定压力（表压）	p_r	MPa	设计给定	1.25
2	液柱高度	h	m	设计给定	3.27
3	液柱静压力	Δp_h	MPa	$0.01h=0.01\times 3.27$	0.033
4	介质流动阻力附加压力	Δp_f	MPa	无过热器，锅壳筒体至锅炉出口之间的压力降，取	0
5	附加压力	Δp_a	MPa	按5]，表3，安全阀低整定压力与安全阀所在位置工作压力的差值，0.04×1.25	0.05
6	液柱静压力判定值	—	MPa	$0.03(p_r+\Delta p_a+\Delta p_f)=0.03\times(1.25+0.05+0)$	0.039
7	液柱静压力取值	Δp_h	MPa	按3]，5.7.3，$\Delta p_h=0.033<0.03(p_r+\Delta p_a+\Delta p_f)=0.039$，取	0
8	工作压力	p_o	MPa	$p_r+\Delta p_f+\Delta p_h=1.25+0+0$	1.25
9	计算压力	p	MPa	$p_o+\Delta p_a=1.25+0.05$	1.3
10	介质额定平均温度	t_{mave}	℃	饱和蒸汽温度（绝对压力 $p_r+0.1$）	195
11	计算温度	t_c	℃	侧水冷壁下集箱作为防焦箱，按3]，表4，$t_{mave}+110=195+110$	305
12	材料	—	—	设计给定	20
13	名义厚度	δ	mm	取	10
14	基本许用应力	$[\sigma]_J$	MPa	按2]，表2，$\delta\leqslant 16$ mm	98.2
15	基本许用应力修正系数	η	—	按3]，表3，受热（烟温＞600 ℃）	0.9
16	许用应力	$[\sigma]$	MPa	$\eta[\sigma]_J=0.9\times 98.2$	88
17	筒体外径	D_o	mm	设计给定	273
18	纵向节距	s	mm	图 21-1-11	75
19	孔直径	d	mm	图 21-1-11	52

序号	名称	符号	单位	公式及来源	数值
20	纵向孔桥减弱系数	φ	—	$\dfrac{s-d}{s}=\dfrac{75-52}{75}$	0.31
21	孔直径	d	mm	图 21-1-12	52
22	按中径展开的横向弧长[1)]	s'	mm	图 21-1-12	92.5
23	横向孔桥减弱系数	φ'	—	$\dfrac{s'-d}{s'}=\dfrac{92.5-52}{92.5}$	0.438
24	2 倍横向孔桥减弱系数	$2\varphi'$	—	$2\varphi'=2\times 0.438$	0.876
25	最小减弱系数	φ_{min}	—	取 $\min(\varphi, 2\varphi')=\min(0.31, 0.876)$	0.31
26	理论计算厚度	δ_c	mm	$\dfrac{pD_o}{2\varphi_{min}[\sigma]+p}=\dfrac{1.3\times 273}{2\times 0.31\times 88+1.3}$	6.34
27	腐蚀裕量的附加厚度	C_1	mm	按 3],6.7.2.1	0.5
28	制造减薄量的附加厚度	C_2	mm	按 3],6.7.2.1	0
29	厚度下偏差与公称厚度百分比	m	%	按 GB/T 3087,$\dfrac{1.5}{10}\times 100$	15
30	钢材厚度负偏差的附加厚度	C_3	mm	$\dfrac{m}{100-m}(\delta_c+C_1)=\dfrac{15}{100-15}(6.34+0.5)$	1.21
31	厚度附加量	C	mm	$C_1+C_2+C_3=0.5+0+1.21$	1.71
32	成品最小厚度	δ_{min}	mm	$\delta_c+C_1=6.34+0.5$	6.84
33	计算需要厚度	δ_c+C	mm	$\delta_c+C=6.34+1.71$	8.05
34	校核			$\delta\geq\delta_{min}$,不绝热集箱壁厚 10 mm<15 mm,满足 3],6.8.5,表 6 要求	
35	有效厚度	δ_e	mm	$\delta-C=10-1.71$	8.29
36	实际减弱系数	φ_s	—	$\dfrac{pD_i}{(2[\sigma]-p)\delta_e}=\dfrac{1.3\times 253}{(2\times 88-1.3)8.29}$	0.23
37	判定			$\varphi_s<0.4$,满足 3],13.3.5 要求,无需补强	
38	集箱最大开孔直径	d_i	mm	设计给定	199
39	校核			$d_i/D_i=199/253=0.73,d_i/D_i<0.8$,满足 3],13.3.2 要求	

1) 可按外径(壁面)确定,见本节最前的计算注意问题之 8)。

(5) 集箱椭球形封头强度计算($\phi 273\times 10$ mm)

结构:见图 21-1-13。

说明:圆筒形直段未予计算,见本节最前的计算注意问题之 6)。

序号	名称	符号	单位	公式及来源	数值
1	计算压力	p	MPa	同集箱筒体	1.3
2	计算温度	t_c	℃	同集箱筒体	195
3	材料	—	—	设计给定	Q245R
4	名义厚度	δ	mm	取	10
5	基本许用应力	$[\sigma]_J$	MPa	按2],表2,$\delta \leq 16$ mm	132
6	基本许用应力修正系数	η	—	按3],表3,不受热	1.0
7	许用应力	$[\sigma]$	MPa	$\eta[\sigma]_J = 1.0 \times 132$	132
8	封头内直径	D_i	mm	设计给定	253
9	封头内高度	h_i	mm	设计给定	60
10	手孔长轴(内尺寸)	d	mm	设计给定	102
11	形状系数	Y	—	$\frac{1}{6}\left[2+(\frac{D_i}{2h_i})^2\right] = \frac{1}{6}\left[2+(\frac{253}{2\times 60})^2\right]$	1.07
12	封头减弱系数	φ	—	按3],表13,有孔无拼接焊缝, $1-d/D_i = 1-102/253$	0.6
13	腐蚀裕量的附加厚度	C_1	mm	按3],8.3.10	0.5
14	制造减薄量的附加厚度	C_2	mm	按3],8.3.10,$0.1\delta = 0.1 \times 10$	1
15	钢材厚度负偏差的附加厚度	C_3	mm	按6],查GB/T 713与GB/T 709	0.3
16	厚度附加量	C	mm	$C_1+C_2+C_3 = 0.5+1+0.3$	1.8
17	计算需要厚度	δ_{min}	mm	$\frac{pD_iY}{2\varphi[\sigma]-0.5p}+C=$ $\frac{1.3\times 253\times 1.07}{2\times 0.6\times 132-0.5\times 1.3}+1.8$	4.03
18	校核			$\delta > \delta_{min}, 10\text{ mm} > 4.03\text{ mm}$,满足要求 $\frac{h_i}{D_i}=\frac{60}{253}=0.24,\frac{h_i}{D_i} \geq 0.2$,满足3],8.3.3要求 $\frac{\delta-C}{D_i}=\frac{10-1.8}{253}=0.032,\frac{\delta-C}{D_i} \leq 0.1$,满足3],8.3.3要求 $\frac{d}{D_i}=\frac{102}{253}=0.40,\frac{d}{D_i} \leq 0.7$,满足3],8.3.3要求	

(6) 水冷壁管壁厚计算($\phi 51 \times 3$ mm)

结构:见图21-1-1。

说明:以下计算结果表明水冷壁管、对流管壁厚无需计算,见本节最前的计算注意问题之1)。

序号	名称	符号	单位	公式及来源	数值
1	计算压力	p	MPa	同集箱筒体	1.3
2	介质平均温度	t_{mave}	℃	同锅壳筒体	195
3	计算温度	t_c	℃	按 3],表 4,水冷壁管,$t_c = t_{\text{mave}} + 50 = 195 + 50$	245
4	材料	—	—	设计给定	20
5	名义厚度	δ	mm	取	3
6	基本许用应力	$[\sigma]_J$	MPa	按 2],表 2,$\delta \leqslant 16$ mm	114
7	基本许用应力修正系数	η	—	按 3],表 3	1.0
8	许用应力	$[\sigma]$	MPa	$\eta[\sigma]_J = 1.0 \times 114$	114
9	管子外径	d_o	mm	设计给定	51
10	弯管中心线的半径	R	mm	设计给定	160
11	弯管外侧形状系数	K_1	mm	$\dfrac{4R + d_o}{4R + 2d_o} = \dfrac{4 \times 160 + 51}{4 \times 160 + 2 \times 51}$	0.931
12	理论计算厚度	δ_c	mm	$\dfrac{p d_o}{2[\sigma] + p} = \dfrac{1.3 \times 51}{2 \times 114 + 1.3}$	0.29
13	弯管外侧的理论计算厚度	δ_{bc}	mm	$K_1 \times \delta_c = 0.931 \times 0.29$	0.27
14	腐蚀余量的附加厚度	C_1	mm	按 3],6.7.3.1	0.5
15	弯管外侧工艺减薄系数	α_1	—	$\dfrac{25 d_o}{R} = \dfrac{25 \times 51}{160}$	7.97
16	弯管减薄量	C_2	mm	$\dfrac{\alpha_1}{100 - \alpha_1}(\delta_{bc} + C_1) = \dfrac{7.97}{100 - 7.97}(0.27 + 0.5)$	0.067
17	厚度下偏差与公称厚度百分比	m	%	按 GB/T 3087,$\dfrac{0.45}{3} \times 100$	15
18	钢材厚度负偏差的附加厚度	C_3	mm	$\dfrac{m}{100 - m}(\delta_{bc} + C_1 + C_2) = \dfrac{15}{100 - 15}(0.27 + 0.5 + 0.067)$	0.15
19	厚度附加量	C	mm	$C_1 + C_2 + C_3 = 0.5 + 0.067 + 0.15$	0.717
20	弯管侧的有效厚度	δ_{be}	mm	$\delta - C = 3 - 0.717$	2.28
21	计算需要厚度	δ	mm	$\delta_{bc} + C = 0.27 + 0.717$	0.987
22	校核			$\delta \geqslant \delta_{bc} + C$,3 mm $\geqslant$ 0.987 mm,满足 3],6.4.1 要求	

(7) 下降管壁厚强度计算($\phi 219 \times 10$ mm)

结构:见图 21-1-1。

说明:下降管壁厚无需计算,见本节最前的计算注意问题之 1)。

序号	名称	符号	单位	公式及来源	数值
1	计算压力	p	MPa	同集箱筒体	1.3
2	介质平均温度	t_{mave}	℃	同锅壳筒体	195
3	计算温度	t_c	℃	按3],表4,不直接受热,$t_c = t_{mave}$	195
4	材料	—	—	设计给定	20
5	名义厚度	δ	mm	取	10
6	基本许用应力	$[\sigma]_J$	MPa	按2],表2,$\delta \leq 16$ mm	126
7	基本许用应力修正系数	η	—	按3],表3	1.0
8	许用应力	$[\sigma]$	MPa	$\eta[\sigma]_J = 1.0 \times 126$	126
9	管子外径	d_o	mm	设计给定	219
10	弯管中心线的半径	R	mm	设计给定	800
11	弯管外侧形状系数	K_1	mm	$\dfrac{4R+d_o}{4R+2d_o} = \dfrac{4\times800+219}{4\times800+2\times219}$	0.94
12	理论计算厚度	δ_c	mm	$\dfrac{pd_o}{2[\sigma]+p} = \dfrac{1.3\times219}{2\times126+1.3}$	1.12
13	弯管外侧的理论计算厚度	δ_{bc}	mm	$K_1 \times \delta_c = 0.94 \times 1.12$	1.05
14	腐蚀余量的附加厚度	C_1	mm	按3],6.7.3.1	0.5
15	弯管外侧工艺减薄系数	α_1	—	$\dfrac{25d_o}{R} = \dfrac{25\times219}{800}$	6.84
16	弯管减薄量	C_2	mm	$\dfrac{\alpha_1}{100-\alpha_1}(\delta_{bc}+C_1) = \dfrac{6.84}{100-6.84}(1.05+0.5)$	0.11
17	厚度下偏差与公称厚度百分比	m	%	按GB/T 3087,$\dfrac{1.5}{10}\times100$	15
18	钢材厚度负偏差的附加厚度	C_3	mm	$\dfrac{m}{100-m}(\delta_{bc}+C_1+C_2) = \dfrac{15}{100-15}(1.05+0.5+0.11)$	0.29
19	厚度附加量	C	mm	$C_1+C_2+C_3 = 0.5+0.11+0.29$	0.9
20	弯管侧的有效厚度	δ_{be}	mm	$\delta - C = 10 - 0.9$	9.1
21	计算需要厚度	δ	mm	$\delta_{bc}+C = 1.05+0.9$	1.95
22	校核			$\delta \geq \delta_{bc}+C$, 10 mm $\geq$ 1.95 mm,满足3],6.4.1要求	

(8) 省煤器筒体强度计算($\phi1\,200\times8$ mm)

结构:见图21-1-14。

序号	名称	符号	单位	公式及来源	数值
1	额定压力(表压)	p_r	MPa	设计给定	1.25
2	液柱高度	h	m	设计给定	1.2
3	液柱静压力	Δp_h	MPa	$0.01h = 0.01 \times 1.2$	0.012
4	介质流动阻力附加压力	Δp_f	MPa	无过热器,锅壳筒体至锅炉出口之间的压力降,取	0
5	附加压力	Δp_a	MPa	按5],表3,安全阀低整定压力与安全阀所在位置工作压力的差值,0.04×1.25	0.05
6	液柱静压力判定值	—	MPa	$0.03(p_r + \Delta p_a + \Delta p_f) = 0.03 \times (1.25 + 0.05 + 0)$	0.039
7	液柱静压力取值	Δp_h	MPa	按3],5.7.3,$\Delta p_h = 0.012 < 0.03(p_r + \Delta p_a + \Delta p_f) = 0.039$,取	0
8	工作压力	p_o	MPa	$p_r + \Delta p_f + \Delta p_h = 1.25 + 0 + 0$	1.25
9	计算压力	p	MPa	$p_o + \Delta p_a = 1.25 + 0.5$	1.3
10	介质平均温度	t_{mave}	℃	由热力计算,出口水温	57.4
11	计算温度	t_c	℃	按3],表4,不直接受热,$t_c = t_{mave}$	57.4
12	材料	—	—	设计给定	Q245R
13	名义厚度	δ	mm	取	8
14	基本许用应力	$[\sigma]_J$	MPa	按2],表2,$\delta \leqslant 16$ mm	147
15	基本许用应力修正系数	η	—	按3],表3,不受热	1.0
16	许用应力	$[\sigma]$	MPa	$\eta[\sigma]_J = 1.0 \times 147$	147
17	筒体内直径	D_i	mm	设计给定	1 200
18	焊接接头系数	φ_w	—	按1],6.4.7.2,双面对接焊,100%无损检测	1.0
19	最小减弱系数	φ_{min}	—	$\varphi_w = \varphi_{min}$	1.0
20	理论计算厚度	δ_c	mm	$\dfrac{pD_i}{2\varphi_{min}[\sigma] - p} = \dfrac{1.3 \times 1\,200}{2 \times 1.0 \times 147 - 1.3}$	5.3
21	腐蚀裕量的附加厚度	C_1	mm	按3],6.7.1	0.5
22	制造减薄量的附加厚度	C_2	mm	按3],6.7.1,冷卷冷校	0
23	钢材厚度负偏差的附加厚度	C_3	mm	按6],查GB/T 713与GB/T 709	0.3
24	厚度附加量	C	mm	$C_1 + C_2 + C_3 = 0.5 + 0 + 0.3$	0.8
25	成品最小厚度	δ_{min}	mm	$\delta_c + C_1 = 5.3 + 0.5$	5.8

序号	名称	符号	单位	公式及来源	数值
26	计算需要厚度	$\delta_c + C$	mm	$\delta_c + C = 5.3 + 0.8$	6.1
27	校核			$\delta \geqslant \delta_c + C$,满足 3],6.3.1,式(6)	
28	有效厚度	δ_e	mm	$\delta - C = 8 - 0.8$	7.2
29	实际减弱系数	φ_s	—	$\dfrac{pD_i}{(2[\sigma]-p)\delta_e} = \dfrac{1.3 \times 1\,200}{(2 \times 147 - 1.3) \times 7.2}$	0.74
30	判定			$\varphi_s > 0.4$,按 3],13.3.7,大孔需要补强	
31	未补强孔最大允许直径 注:补强结构指内径。	$[d]$	mm	$8.1[D_i\delta_e(1-\varphi_s)]^{1/3}$ $= 8.1 \times [1\,200 \times 7.2 \times (1-0.74)]^{1/3}$ 或查曲线(按 3],图 50)	106
32	所有管孔内径 $d < [d]$,故不需补强				
33	校核			$D_i > 1\,000$ mm,$\delta \geqslant 6$ mm,满足 3],6.8.1 要求 管孔焊缝边缘与相邻主焊缝边缘的净距离不小于 10 mm,满足 3],6.9.3 要求	

(9) 省煤器平管板强度计算($\phi 1\,200 \times 10$ mm)

结构:见图 21-1-15。

序号	名称	符号	单位	公式及来源	数值
1	计算压力	p	MPa	同省煤器筒体	1.3
2	介质温度	t_{mave}	℃	热力计算,出口水温	57.4
3	计算温度	t_c	℃	按 3],表 4,烟温$\leqslant 600$ ℃, $t_c = t_{mave} + 25 = 57.4 + 25$	82.4
4	材料	—	—	设计给定	Q245R
5	名义厚度	δ	mm	取	10
6	基本许用应力	$[\sigma]_J$	MPa	按 2],表 2,$\delta \leqslant 16$ mm	147
7	基本许用应力修正系数	η	—	按 3],表 3,有拉撑平板	0.85
8	许用应力	$[\sigma]$	MPa	$\eta[\sigma]_J = 0.85 \times 147$	125
9	平板区				
9-1	系数	K	—	按 3],表 14,$(0.35+0.45+0.45)/3$	0.42
9-2	当量圆直径	d_e	mm	图 21-1-15	160.4
9-3	计算需要厚度	δ_{1min}	mm	$Kd_e\sqrt{\dfrac{p}{[\sigma]}}+1 = 0.42 \times 160.4 \times \sqrt{\dfrac{1.3}{125}}+1$	8.7
10	烟管区				
10-1	系数	K	—	按 3],9.4.2,取	0.47

序号	名称	符号	单位	公式及来源	数值
10-2	管子外径	d_o	mm	设计给定	70
10-3	当量圆直径	d_e	mm	图 21-1-15	90
10-4	计算需要厚度	δ_{2min}	mm	$Kd_e\sqrt{\dfrac{p}{[\sigma]}+1}=0.47\times 90\times\sqrt{\dfrac{1.3}{125}+1}$	5.3
11	计算需要厚度最大值	δ_{max}	mm	$\max(\delta_{1min},\delta_{2min})=\max(8.7,5.3)$	8.7
12	判定			$\delta\geqslant\delta_{min}$,10 mm>8.7 mm 满足要求	
13	管板内径	D_i	mm	设计给定	1 200
14	校核			$D_i\geqslant 1\,000$ mm,$\delta\geqslant 10$ mm,满足 3],9.4.4 要求	
15	相邻焊缝边缘净距离	l_1	mm	设计给定	20
16	判定			$l_1\geqslant 6$ mm 满足要求	
17	管孔焊缝边缘至扳边起点距离	l_2	mm	设计给定	51.1
18	判定			$l_2\geqslant 6$ mm 满足要求	

(10) 螺纹烟管强度计算($\phi 70\times 3.5$ mm)

结构:见图 21-1-1。

说明:承受外压作用的烟管无需计算厚度,可按标准要求,取最小厚度即可,见本节最前的计算注意问题之 2)。

序号	名称	符号	单位	公式及来源	数值
1	计算压力	p	MPa	同锅壳筒体	1.3
2	介质额定平均温度	t_{mave}	℃	饱和蒸汽温度(绝对压力 $p_r+0.1$)	195
3	计算温度	t_c	℃	按 3],表 4,对流管, $t_c=t_{mave}+25=195+25$	220
4	材料	—	—	设计给定	20
5	名义厚度	δ	mm	取	3.5
6	基本许用应力	$[\sigma]_J$	MPa	按 2],表 4,$\delta\leqslant 16$ mm	120
7	基本许用应力修正系数	η	—	按 3],表 3,烟管	0.8
8	许用应力	$[\sigma]$	MPa	$\eta[\sigma]_J=0.8\times 120$	96
9	螺纹烟管外径	d_o	mm	设计给定	70
10	理论计算厚度	δ_c	mm	$\dfrac{pd_o}{2[\sigma]}=\dfrac{1.3\times 70}{2\times 96}$	0.47
11	腐蚀余量的附加厚度	C_1	mm	按 3],6.7.3.1	0
12	制造减薄量的附加厚度	C_2	mm	按 3],6.7.3.1	0

序号	名称	符号	单位	公式及来源	数值
13	厚度下偏差与公称厚度百分比	m	%	按 GB/T 3087,$\frac{0.35}{3.5}\times 100$	10
14	钢材厚度负偏差的附加厚度	C_3	mm	$\frac{m}{100-m}(\delta_c+C_1)=\frac{10}{100-10}(0.47+0)$	0.05
15	厚度附加量	C	mm	$C=C_1+C_2+C_3=0+0+0.05$	0.05
16	计算需要厚度	δ_c+C	mm	$\delta_c+C=0.47+0.05$	0.52
17	管子最小公称厚度	$\delta_{\min(公称)}$	mm	根据 d_o 查3],表12	2.5
18	校核			$\delta\geqslant\delta_c+C,3.5\text{ mm}>0.52\text{ mm}$ 且 $\delta>\delta_{\min(公称)},3\text{ mm}>2.5\text{ mm}$ 满足要求	

(11) 强度计算汇总表

部件	名称	符号	单位	数值
锅壳筒体	计算压力	p	MPa	1.3
	锅壳内径	D_i	mm	1 800
	材料	—	—	Q245R/GB/T 713
	计算压力	p	MPa	1.3
	计算需要厚度	δ_c+C	mm	17.0
	名义厚度(取用厚度)	δ	mm	18
锅壳前拱形管板	计算压力	p	MPa	1.3
	管板内高	h_i	mm	300
	材料	—	—	Q245R/GB/T 713
	计算需要厚度	δ_c+C	mm	13.3
	名义厚度(取用厚度)	δ	mm	14
锅壳后拱形管板	计算压力	p	MPa	1.3
	管板内高	h_i	mm	300
	材料	—	—	Q245R/GB/T 713
	计算需要厚度	δ_c+C	mm	11.6
	名义厚度(取用厚度)	δ	mm	14
集箱筒体	计算压力	p	MPa	1.3
	集箱外径	D_o	mm	273
	材料	—	—	20/GB/T 3087
	计算需要厚度	δ_c+C	mm	8.05
	名义厚度(取用厚度)	δ	mm	10

部件	名称	符号	单位	数值
集箱椭球形封头	计算压力	p	MPa	1.3
	封头内径	D_i	mm	253
	封头内高	h_i	mm	60
	材料	—	—	Q245R/GB/T 713
	计算需要厚度	δ_c+C	mm	4.03
	名义厚度(取用厚度)	δ	mm	10
水冷壁管	计算压力	p	MPa	1.3
	材料	—	—	20/GB/T 3087
	管子外径	d_o	mm	51
	计算需要厚度	$\delta_{bc}+C$	mm	0.987
	名义厚度(取用厚度)	δ	mm	3
下降管	计算压力	p	MPa	1.3
	材料	—	—	20/GB/T 3087
	管子外径	d_o	mm	219
	计算需要厚度	$\delta_{bc}+C$	mm	1.95
	名义厚度(取用厚度)	δ	mm	10
省煤器筒体	计算压力	p	MPa	1.3
	筒体内径	D_i	mm	1 200
	材料	—	—	Q245R/GB/T 713
	计算需要厚度	δ_c+C	mm	6.1
	名义厚度(取用厚度)	δ	mm	8
省煤器管板	计算压力	p	MPa	1.3
	管板内径	D_i	mm	1 200
	材料	—	—	Q245R/GB/T 713
	计算需要厚度	δ_c+C	mm	8.7
	名义厚度(取用厚度)	δ	mm	10
螺纹烟管	计算压力	p	MPa	1.3
	材料	—	—	20/GB/T 3087
	管子外径	d_o	mm	70
	计算需要厚度	δ_c+C	mm	0.52
	名义厚度(取用厚度)	δ	mm	3.5

21-2　组合螺纹烟管热水锅炉强度计算

1　计算说明

本计算以 58 MW,130/70 ℃为例。

本锅炉强度计算经分析,注意了以下问题:
(1) 与 21-1 节相同的各种问题。
(2) 本锅炉容量较大,需要补强的大孔较多,而且彼此相距较近。为简化计算,尽量使它们之间的节距大于可不考虑孔间影响的节距,而成为孤立大孔。

本计算按以下标准进行:
1] GB/T 16508.1—2013《锅壳锅炉　第 1 部分:总则》;
2] GB/T 16508.2—2013《锅壳锅炉　第 2 部分:材料》;
3] GB/T 16508.3—2013《锅壳锅炉　第 3 部分:设计与强度计算》;
4] GB/T 16508.4—2013《锅壳锅炉　第 4 部分:制造、检验与验收》;
5] GB/T 16508.5—2013《锅壳锅炉　第 5 部分:安全附件和仪表》;
6] TSG G0001—2012《锅炉安全技术监察规程》。

本计算包括以下内容:
注:为了对比说明可以无需计算的部分,以下计算也包含应忽略的一些内容并加以提示。

锅炉本体示意图
锅炉受压元件计算部分结构图见图 21-2-1～图 21-2-18。
(1) 锅筒筒体强度计算(ϕ1 200×14 mm)
　1) ϕ221 mm 管孔补强计算
　2) ϕ275 mm 管孔补强计算
　3) ϕ428 mm 管孔补强计算
　4) 400 mm×300 mm 人孔补强计算
(2) 锅筒椭球形封头强度计算(ϕ1 200×12 mm)
(3) 侧水冷壁下集箱筒体强度计算(ϕ377×10 mm)
(4) 侧水冷壁下集箱椭球形封头强度计算(ϕ377×10 mm)
(5) 前拱下集箱及后下集箱筒体强度计算(ϕ325×10 mm)
(6) 前拱下集箱及后下集箱椭球形封头强度计算(ϕ325×10 mm)
(7) 后拱上集箱筒体强度计算(ϕ273×10 mm)
(8) 前拱上集箱及后上集箱筒体强度计算(ϕ219×8 mm)
(9) 集箱旋压封头强度计算(ϕ273×10 mm,ϕ219×8 mm)
(10) 前支撑管、后下降管强度计算(ϕ273×10 mm)
(11) 后拱管强度计算(ϕ70×6 mm)
(12) 水冷壁管、前拱管、后墙管强度计算(ϕ60×4 mm)

(13) 前拱下降管、后拱下降管强度计算($\phi 219 \times 8$ mm)

(14) 高温烟管筒筒体强度计算($\phi 1\,500 \times 12$ mm)

　　$\phi 161$ mm 管孔补强计算

(15) 高温烟管筒上管板强度计算($\phi 1\,500 \times 14$ mm)

(16) 高温烟管筒下管板强度计算($\phi 1\,500 \times 14$ mm)

(17) 螺纹烟管强度计算($\phi 89 \times 4$ mm)

(18) 低温烟管筒筒体强度计算($\phi 1\,400 \times 10$ mm)

(19) 低温烟管筒上管板强度计算($\phi 1\,400 \times 12$ mm)

(20) 低温烟管筒下管板强度计算($\phi 1\,400 \times 12$ mm)

(21) 集气罐筒体强度计算($\phi 700 \times 8$ mm)

　　$\phi 428$ mm 管孔补强计算

(22) 集气罐椭球形封头强度计算($\phi 700 \times 8$ mm)

(23) 强度计算汇总表

计算附图：

锅炉本体示意图：

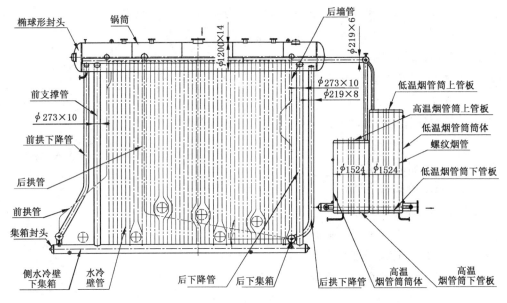

图 21-2-1　锅炉本体示意图

锅炉筒体外表面展开示意图：

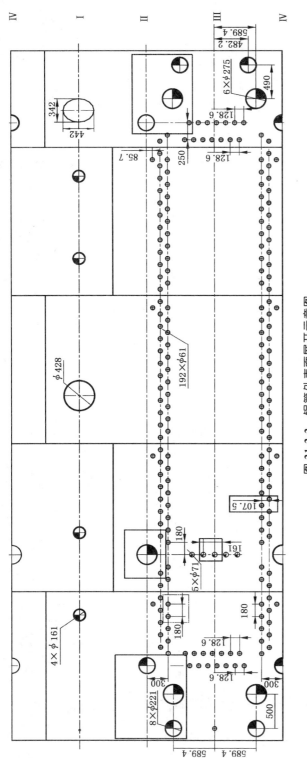

图 21-2-2　锅筒外表面展开示意图

由图可见，孔排需要孔桥减弱系数计算，孤立大孔需要孔补强计算，尺寸小于未补强最大允许孔径的各种尺寸单孔皆无需计算，此外，大孔与其他孔之间的强度也需考虑。

锅炉受压元件计算部分结构图：

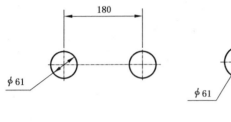

图 21-2-3　锅筒孔桥 1（纵向）

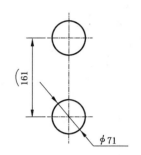

图 21-2-4　锅筒孔桥 2（斜向）

图 21-2-5　锅筒孔桥 3（环向）

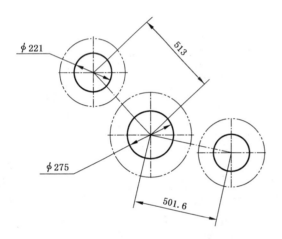

图 21-2-6　锅筒孔桥 4（补强孔孔排）

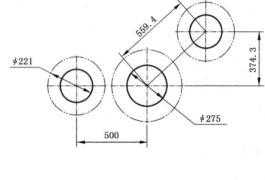

图 21-2-7　锅筒孔桥 5（补强孔孔排）

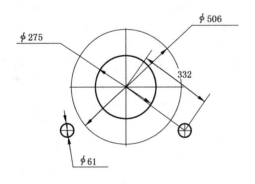

图 21-2-8　锅筒孔桥 6（补强孔与小孔孔排）

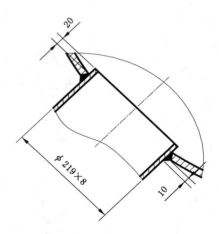

图 21-2-9　锅筒下降管孔

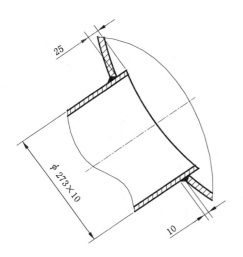

图 21-2-10 锅筒下降管孔

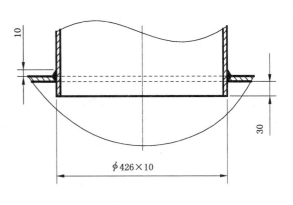

图 21-2-11 锅筒出水管孔

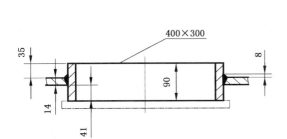

图 21-2-12 锅筒人孔

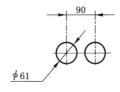

图 21-2-13 下集箱筒体孔桥（纵向）

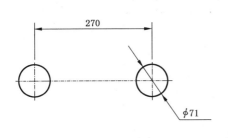

图 21-2-14 上集箱筒体孔桥（纵向）

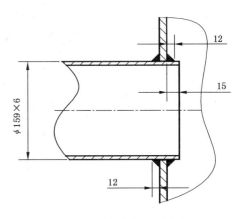

图 21-2-15 高温烟管筒进水管孔

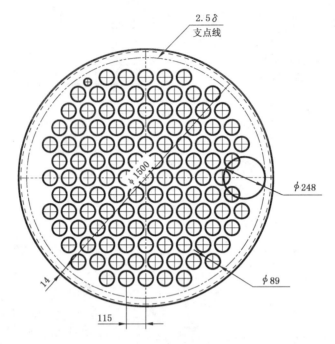

图 21-2-16　高温烟管筒下管板

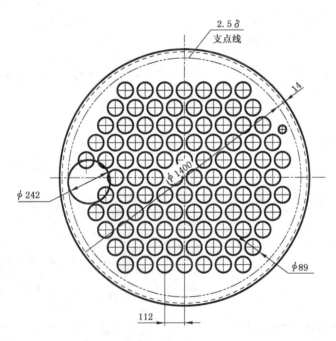

图 21-2-17　低温烟管筒下管板

第21章 锅炉受压元件强度计算示例与分析

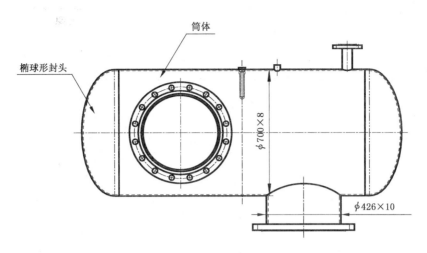

图 21-2-18 集气罐示意图

2 强度计算

(1) 锅筒筒体强度计算($\phi 1\,200 \times 14$mm)

结构:见图 21-2-2～图 21-2-8。

序号	名　　称	符号	单位	公式及数据来源	数值
(1)壁厚计算					
1	额定压力(表压)	p_r	MPa	设计给定	1.25
2	液柱高度	h	m	设计给定	1.2
3	液柱静压力	Δp_h	MPa	$0.01h = 0.01 \times 1.2$	0.012
4	介质流动阻力附加压力	Δp_f	MPa	无过热器,锅壳筒体至锅炉出口之间的压力降,取	0
5	附加压力	Δp_a	MPa	按5],表3,安全阀低整定压力与安全阀所在位置工作压力的差值,0.1×1.25	0.125
6	液柱静压力判定值	—	MPa	$0.03(p_r + \Delta p_a + \Delta p_f) = 0.03 \times (1.25 + 0.125 + 0)$	0.041
7	液柱静压力取值	Δp_h	MPa	按3],5.7.3,$\Delta p_h = 0.012 < 0.03(p_r + \Delta p_a + \Delta p_f) = 0.041$,取	0
8	工作压力	p_o	MPa	$p_r + \Delta p_f + \Delta p_h = 1.25 + 0 + 0$	1.25
9	计算压力	p	MPa	$p_o + \Delta p_a = 1.25 + 0.125$	1.38
10	介质额定平均温度	t_{mave}	℃	取额定出水温度	130
11	计算温度	t_c	℃	按3],表4,直接受火,$t_{mave} + 90 = 130 + 90$	220
12	材料	—	—	设计给定	Q245R

序号	名称	符号	单位	公式及数据来源	数值
13	名义厚度	δ	mm	取	14
14	基本许用应力	$[\sigma]_J$	MPa	按2],表2,$\delta \leqslant 16$ mm	125
15	基本许用应力修正系数	η	—	按3],表3,受热(烟温>600 ℃)	0.9
16	许用应力	$[\sigma]$	MPa	$\eta[\sigma]_J = 0.9 \times 125$	113
17	锅筒筒体内径	D_i	mm	设计给定	1 200
18	焊接接头系数	φ_w	—	按1],6.4.7.2,双面对接焊,100%无损检测	1.0
19	筒体名义厚度	δ	mm	设	14
20	孔直径	d_1	mm	图 21-2-3	61
21	孔直径	d_2	mm	图 21-2-3	61
22	相邻两孔平均直径	d_m	mm	$\dfrac{d_1+d_2}{2}=\dfrac{61+61}{2}$	61
23	可不考虑孔间影响的相邻两孔的最小节距	s_o	mm	$d_m + 2\sqrt{(D_i+\delta)\delta} = 61 + 2\sqrt{(1\,200+14)14}$	322
24	孔桥1				
24-1	纵向节距	s	mm	$s<s_o$	180
24-2	孔直径	d	mm		61
24-3	纵向孔桥减弱系数	φ	—	$\dfrac{s-d}{s}=\dfrac{180-61}{180}$	0.66
25	孔桥2				
25-1	按中径展开的相邻孔在圆周方向的弧长	a	mm	图 21-2-4	107.5
25-2	相邻孔在纵轴方向的长度	b	mm	图 21-2-4	90
25-3	斜向节距(弧长)	s''	mm	$\sqrt{a^2+b^2}=\sqrt{107.5^2+90^2}<s_o$	140
25-4	孔直径	d	mm		61
25-5	斜向孔桥减弱系数	φ''	—	$\dfrac{s''-d}{s''}=\dfrac{140-61}{140}$	0.56
25-6	比值	n	—	$\dfrac{b}{a}=\dfrac{90}{107.5}$	0.84
25-7	斜向孔桥换算系数	K	—	$\dfrac{1}{\sqrt{1-\dfrac{0.75}{(1+n^2)^2}}}=\dfrac{1}{\sqrt{1-\dfrac{0.75}{(1+0.84^2)^2}}}$	1.16

序号	名称	符号	单位	公式及数据来源	数值
25-8	斜向孔桥当量减弱系数	φ_d	—	$K\varphi''=1.16\times0.56$	0.65
26	孔桥3				
26-1	横向节距（弧长）	s'	mm	$s'<s_o$	161
26-2	孔直径	d	mm	图 21-2-5	71
26-3	横向孔桥减弱系数	φ'	—	$\dfrac{s'-d}{s'}=\dfrac{161-71}{161}$	0.56
26-4	2倍横向孔桥减弱系数	$2\varphi'$	—	$2\varphi'=2\times0.56=1.12$，按3]，6.1.1，取	1.0
27	最小减弱系数	$\varphi_{\min}$	—	$\min(\varphi_w,\varphi,\varphi_d,2\varphi')=$ $\min(1.0,0.66,0.65,1.0)$	0.65
28	计算厚度	δ_c	mm	$\dfrac{pD_i}{2\varphi_{\min}[\sigma]-p}=\dfrac{1.38\times1200}{2\times0.65\times113-1.38}$	11.4
29	腐蚀裕量的附加厚度	C_1	mm	按3]，6.7.1	0.5
30	制造减薄量的附加厚度	C_2	mm	按3]，6.7.1，冷卷冷校	0
31	钢材厚度负偏差的附加厚度	C_3	mm	按6]，查 GB/T 713 与 GB/T 709	0.3
32	厚度附加量	C	mm	$C_1+C_2+C_3=0.5+0+0.3$	0.8
33	成品最小厚度	$\delta_{\min}$	mm	$\delta_c+C_1=11.4+0.5$	11.9
34	计算需要厚度	δ_c+C	mm	$11.4+0.8$	12.2
35	校核			$\delta\geqslant\delta_c+C$，14 mm>12.2 mm，满足3]，6.3.1式(6)要求	
				$D_i>1000$ mm，$\delta\geqslant6$ mm，满足3]，6.8.1 要求	
				管孔焊缝边缘与相邻主焊缝边缘的净距离不小于10 mm，满足3]，6.9.3 要求	
				受火锅筒壁厚14 mm<26 mm，满足3]，表5 要求	
36	有效厚度	δ_e	mm	$\delta-C=14-0.8$	13.2
37	不受热计算温度	t_c	℃	取额定出水温度	130
38	不受热部位基本许用应力	$[\sigma]_J$	MPa	按2]，表2，$\delta\leqslant16$ mm	143
39	补强处许用应力修正系数	η	—	按3]，表3，补强孔部位条件，不受热	1.0
40	补强处许用应力	$[\sigma]$	MPa	$\eta[\sigma]_J=1.0\times143$	143
41	未减弱筒体理论计算厚度（孔所在部位不受热）	δ_o	mm	$\dfrac{pD_i}{2[\sigma]-p}=\dfrac{1.38\times1200}{2\times143-1.38}$	5.8
42	实际减弱系数（孔补强部位不受热）	φ_s	—	$\dfrac{pD_i}{(2[\sigma]-p)\delta_e}=\dfrac{1.38\times1200}{(2\times143-1.38)\times13.2}$	0.44
43	判定			$\varphi_s>0.4$，按3]，13.3.7，需要补强	

序号	名称	符号	单位	公式及数据来源	数值
44	未补强孔最大允许直径 注：补强结构指内径。	$[d]$	mm	$8.1[D_i\delta_e(1-\varphi_s)]^{1/3}$ $=8.1\times[1\,200\times13.2\times(1-0.44)]^{1/3}$ 或查曲线(按3],图50)	168
	$\phi219、\phi273、\phi426$ 管子以及 400 mm×300 mm 人孔的内径均大于$[d]$，需要补强				
(2)大孔孔桥校核					
45	孔桥 4				
45-1	孔直径(内径)	d_1	mm	图 21-2-6	203
45-2	孔直径(内径)	d_2	mm	图 21-2-6	253
45-3	相邻两孔平均直径	d_m	mm	$\dfrac{d_1+d_2}{2}=\dfrac{203+253}{2}$	228
45-4	可不考虑孔间影响的相邻两孔的最小节距	s_o	mm	$d_m+2\sqrt{(D_i+\delta)\delta}=228+2\sqrt{(1\,200+14)14}$	488
45-5	节距校核	s	mm	513 mm、501.6 mm 大于s_o，属于单孔，按3],6.6.3,不存在孔桥减弱问题	仅需补强
46	孔桥 5				
46-1	相邻两孔平均直径	d_m	mm	同 45-3	228
46-2	可不考虑孔间影响的相邻两孔的最小节距	s_o	mm	$d_m+2\sqrt{(D_i+\delta)\delta}=228+2\sqrt{(1\,200+14)14}$	488
46-3	节距校核	s	mm	559.4 mm、500 mm 大于s_o，属于单孔，按3],6.6.3,不存在孔桥减弱问题	仅需补强
47	孔桥 6				
47-1	孔直径(内径)	d_1	mm	图 21-2-8	52
47-2	孔直径(内径)	d_2	mm	图 21-2-8	253
47-3	相邻两孔平均直径	d_m	mm	$\dfrac{d_1+d_2}{2}=\dfrac{52+253}{2}$	152.5
47-4	可不考虑孔间影响的相邻两孔的最小节距	s_o	mm	$d_m+2\sqrt{(D_i+\delta)\delta}=152.5+2\sqrt{(1\,200+14)14}$	413
47-5	节距校核	s	mm	332 mm 孔与相邻小孔的节距皆小于s_o，仅为一个大孔，按3],13.7.1 d)，补强后按无孔处理，不存在孔桥减弱问题	仅需补强

1) $\phi221$ mm 管孔补强计算

结构：见图 21-2-9。

序号	名称	符号	单位	公式及数据来源	数值
1	管子外径	d_o	mm	设计给定($\phi 219 \times 8$)	219
2	管子内径	d_i	mm	设计给定	203
3	计算压力	p	MPa	同锅筒筒体	1.38
4	介质额定平均温度	t_{mave}	℃	同锅筒筒体	130
5	计算温度	t_c	℃	按3],表4,不受热,$t_c = t_{mave}$	130
6	材料	—	—	设计给定	20
7	管子名义厚度	δ_1	mm	取	8
8	基本许用应力	$[\sigma]_J$	MPa	按2],表4,$\delta \leq 16$ mm	140
9	基本许用应力修正系数	η	—	按3],表3,管子	1.0
10	许用应力	$[\sigma]_1$	MPa	$\eta[\sigma]_J = 1.0 \times 140$	140
11	管子理论计算厚度	δ_c	mm	$\dfrac{pd_o}{2[\sigma]_1 + p} = \dfrac{1.38 \times 219}{2 \times 140 + 1.38}$	1.07
12	腐蚀裕量的附加厚度	C_1	mm	按3],6.7.3.1	0.5
13	制造减薄量的附加厚度	C_2	mm	按3],6.7.3.1	0
14	厚度下偏差与公称厚度百分比	m	%	按 GB/T 3087,$\dfrac{1.2}{8} \times 100$	15
15	钢材厚度负偏差的附加厚度	C_3	mm	$\dfrac{m}{100-m}(\delta_c + C_1) = \dfrac{15}{100-15}(1.07+0.5)$	0.28
16	厚度附加量	C	mm	$C_1 + C_2 + C_3 = 0.5 + 0 + 0.28$	0.78
17	管子有效厚度	δ_{1e}	mm	$\delta_1 - C = 8 - 0.78$	7.2
18	管子所需的理论计算厚度	δ_{1o}	mm	$\dfrac{p(d_o - 2\delta_{1e})}{2[\sigma]_1 - p} = \dfrac{1.38 \times (219 - 2 \times 7.2)}{2 \times 140 - 1.38}$	1.0
19	未减弱筒体的理论计算厚度(孔所在部位不受热)	δ_o	mm	$\dfrac{pD_i}{2[\sigma] - p} = \dfrac{1.38 \times 1200}{2 \times 143 - 1.38}$	5.8
20	有效补强宽度	B	mm	$2d = 2 \times 203$	406
21	比值	$\dfrac{[\sigma]_1}{[\sigma]}$	—	按3],13.3.9,因$[\sigma]_1 > [\sigma]$,故取$[\sigma]_1 = [\sigma]$,下同	1.0
22	需要补强的面积	A	mm²	$[d + 2\delta_{1e}(1 - \dfrac{[\sigma]_1}{[\sigma]})]\delta_o$ $= [203 + 2 \times 7.2(1 - 1.0)] \times 5.8$	1 177
23	需要补强面积的$\dfrac{2}{3}$	$\dfrac{2A}{3}$	mm²	$\dfrac{2A}{3} = \dfrac{2}{3} \times 1177$	785

序号	名称	符号	单位	公式及数据来源	数值
24	焊角尺寸	e	mm	图 21-2-9	10
25	纵截面内起补强作用的焊缝面积	A_1	mm²	$e^2=10^2$	100
26	有效补强高度(外侧)	h_1	mm	$\min\{2.5\delta_1,2.5\delta\}=\min\{20,35\}$	20
27	有效补强高度(内侧)	h_2	mm	$\min\{2.5\delta_1,2.5\delta\}=\min\{20,35\}$	20
28	纵截面内起补强作用管接头多余面积	A_2	mm²	$[2h_1(\delta_{1e}-\delta_{1o})+2h_2\delta_{1e}]\frac{[\sigma]_1}{[\sigma]}$ $=[2\times20\times(7.2-1.0)+2\times20\times7.2]\times1.0$	536
29	纵截面内起补强作用补强垫板面积	A_3	mm²	无垫板	0
30	纵截面内起补强作用的筒体面积	A_4	mm²	$[B-d-2\delta_{1e}(1-\frac{[\sigma]_1}{[\sigma]})](\delta_e-\delta_o)$ $=[406-203-2\times7.2(1-1.0)](13.2-5.8)$	1 502
31	总补强面积	ΣA	mm²	$A_1+A_2+A_3+A_4=100+536+0+1\,502$	2 138
32	离孔边四分之一孔径范围内的补强面积	—	mm²	$A_1+A_2+A_3+0.5A_4=100+536+0+0.5\times1\,502$	1 387
33	校核			$A_1+A_2+A_3+A_4>A$,2 138 mm²>1 177 mm² 且 $A_1+A_2+A_3+0.5A_4>\frac{2A}{3}$,1 387 mm²>785 mm²,两个条件皆满足要求 且 $d=\frac{d_o-2\delta_1}{D_i}=\frac{219-2\times8}{1200}<0.8$ 且 $d=d_o-2\delta_1=219-2\times8=203$ mm<600 mm,满足 3〕,13.3.2 要求	

2) $\phi275$ mm 管孔补强计算

结构:见图 21-2-10。

序号	名称	符号	单位	公式及数据来源	数值
1	管子外径	d_o	mm	设计给定($\phi273\times10$)	273
2	管子内径	d_i	mm	设计给定	253
3	计算压力	p	MPa	同锅筒筒体	1.38
4	许用应力	$[\sigma]_1$	MPa	同 $\phi221$ mm 管孔补强计算	140
5	管子名义厚度	δ_1	mm	取	10
6	理论计算厚度	δ_c	mm	$\frac{pd_o}{2[\sigma]_1+p}=\frac{1.38\times273}{2\times140+1.38}$	1.34
7	腐蚀裕量的附加厚度	C_1	mm	按 1〕,6.7.3.1	0.5
8	制造减薄量的附加厚度	C_2	mm	按 1〕,6.7.3.1	0

序号	名称	符号	单位	公式及数据来源	数值
9	厚度下偏差与公称厚度百分比	m	%	按 GB/T 3087，$\dfrac{1.5}{10}\times 100$	15
10	钢材厚度负偏差的附加厚度	C_3	mm	$\dfrac{m}{100-m}(\delta_c+C_1)=\dfrac{15}{100-15}(1.34+0.5)$	0.32
11	厚度附加量	C	mm	$C_1+C_2+C_3=0.5+0+0.32$	0.82
12	管子有效厚度	δ_{1e}	mm	$\delta_1-C=10-0.82$	9.2
13	管子所需的理论计算厚度	δ_{1o}	mm	$\dfrac{p(d_o-2\delta_{1e})}{2[\sigma]_1-p}=\dfrac{1.38\times(273-2\times 9.2)}{2\times 140-1.38}$	1.3
14	未减弱筒体理论计算厚度（孔所在部位不受热）	δ_o	mm	同 $\phi221$ mm 管孔补强计算	5.8
15	有效补强宽度	B	mm	$2d=2\times 253$	506
16	需要补强的面积	A	mm²	$[d+2\delta_{1e}(1-\dfrac{[\sigma]_1}{[\sigma]})]\delta_o$ $=[253+2\times 9.2(1-1.0)]\times 5.8$	1 467
17	需要补强的面积的 $\dfrac{2}{3}$	$\dfrac{2A}{3}$	mm²	$\dfrac{2A}{3}=\dfrac{2}{3}\times 1\,467$	978
18	焊角尺寸	e	mm	图 21-2-10	10
19	纵截面内起补强作用的焊缝面积	A_1	mm²	$e^2=10^2$	100
20	有效补强高度（外侧）	h_1	mm	$\min\{2.5\delta_1,2.5\delta\}=\min\{25,35\}$	25
21	有效补强高度（内侧）	h_2	mm	$\min\{2.5\delta_1,2.5\delta\}=\min\{25,35\}$	25
22	纵截面内起补强作用管接头多余面积	A_2	mm²	$[2h_1(\delta_{1e}-\delta_{1o})+2h_2\delta_{1e}]\dfrac{[\sigma]_1}{[\sigma]}$ $=[2\times 25(9.2-1.3)+2\times 25\times 9.2]\times 1.0$	855
23	纵截面内起补强作用补强垫板面积	A_3	mm²	无垫板	0
24	纵截面内起补强作用的筒体面积	A_4	mm²	$[B-d-2\delta_{1e}(1-\dfrac{[\sigma]_1}{[\sigma]})](\delta_e-\delta_o)$ $=[506-253-2\times 9.2(1-1.0)](13.2-5.8)$	1 872
25	总补强面积	ΣA	mm²	$A_1+A_2+A_3+A_4=100+855+0+1\,872$	2 927
26	离孔边四分之一孔径范围内的补强面积	—	mm²	$A_1+A_2+A_3+0.5A_4=100+855+0+$ $0.5\times 1\,872$	1 891

序号	名称	符号	单位	公式及数据来源	数值
27	校核			$A_1+A_2+A_3+A_4>A$,2 927 $mm^2>1$ 467 mm^2 且 $A_1+A_2+A_3+0.5A_4>$,1 891 $mm^2>978$ mm^2,两个条件皆满足要求 且 $d=\dfrac{d_o-2\delta_1}{D_i}=\dfrac{273-2\times10}{1200}<0.8$ 且 $d=d_o-2\delta_1=273-2\times10=253$ $mm<600$ mm,满足 3〕,13.3.2 要求	

3) $\phi428$ mm 管孔补强计算

结构:见图 21-2-11。

序号	名称	符号	单位	公式及数据来源	数值
1	管子外径	d_o	mm	设计给定($\phi426\times10$)	426
2	管子内径	d_i	mm	设计给定	406
3	计算压力	p	MPa	同锅筒筒体	1.38
4	许用应力	$[\sigma]_1$	MPa	同 $\phi221$ mm 管孔补强计算	140
5	管子名义厚度	δ_1	mm	取	10
6	管子理论计算厚度	δ_c	mm	$\dfrac{pd_o}{2[\sigma]_1+p}=\dfrac{1.38\times426}{2\times140+1.38}$	2.09
7	腐蚀裕量的附加厚度	C_1	mm	按 3〕,6.7.3.1	0.5
8	制造减薄量的附加厚度	C_2	mm	按 3〕,6.7.3.1	0
9	厚度下偏差与公称厚度百分比	m	%	按 GB/T 3087,$\dfrac{1.5}{10}\times100$	15
10	钢材厚度负偏差的附加厚度	C_3	mm	$\dfrac{m}{100-m}(\delta_c+C_1)=\dfrac{15}{100-15}(2.09+0.5)$	0.46
11	厚度附加量	C	mm	$C_1+C_2+C_3=0.5+0+0.46$	0.96
12	管子的有效厚度	δ_{1e}	mm	$\delta_1-C=10-0.96$	9.04
13	管子所需的理论计算厚度	δ_{1o}	mm	$\dfrac{p(d_o-2\delta_{1e})}{2[\sigma]_1-p}=\dfrac{1.38\times(426-2\times9.04)}{2\times140-1.38}$	2.0
14	未减弱筒体理论计算厚度 (孔所在部位不受热)	δ_o	mm	同 $\phi221$ mm 管孔补强计算	5.8
15	有效补强宽度	B	mm	$2d=2\times406$	812
16	需要补强的面积	A	mm^2	$[d+2\delta_{1e}(1-\dfrac{[\sigma]_1}{[\sigma]})]\delta_o$ $=[406+2\times9.04\times(1-1.0)]\times5.8$	2 355
17	需要补强的面积的 $\dfrac{2}{3}$	$\dfrac{2A}{3}$	mm^2	$\dfrac{2A}{3}=\dfrac{2}{3}\times2$ 355	1 570

序号	名称	符号	单位	公式及数据来源	数值
18	焊角尺寸	e	mm	图 21-2-11	10
19	纵截面内起补强作用的焊缝面积	A_1	mm²	$e^2=10^2$	100
20	有效补强高度(外侧)	h_1	mm	$\min\{2.5\delta_1, 2.5\delta\} = \min\{25, 35\}$	25
21	有效补强高度(内侧)	h_2	mm	$\min\{2.5\delta_1, 2.5\delta\} = \min\{25, 35\}$	25
22	纵截面内起补强作用管接头多余面积	A_2	mm²	$[2h_1(\delta_{1e}-\delta_{1o})+2h_2\delta_{1e}]\dfrac{[\sigma]_1}{[\sigma]}$ $=[2\times25(9.04-2.0)+2\times25\times9.04]\times1.0$	804
23	纵截面内起补强作用补强垫板面积	A_3	mm²	无垫板	0
24	纵截面内起补强作用的筒体面积	A_4	mm²	$[B-d-2\delta_{1e}(1-\dfrac{[\sigma]_1}{[\sigma]})](\delta_e-\delta_o)$ $=[812-406-2\times9.04\times(1-1.0)](13.2-5.8)$	3 004
25	总补强面积	ΣA	mm²	$A_1+A_2+A_3+A_4=100+804+0+3\,004$	3 908
26	离孔边四分之一孔径范围内的补强面积	—	mm²	$A_1+A_2+A_3+0.5A_4=100+804+0+0.5\times3\,004$	2 406
27	校核			$A_1+A_2+A_3+A_4>A$, $3\,908\text{ mm}^2 > 2\,355\text{ mm}^2$,且 $A_1+A_2+A_3+0.5A_4>\dfrac{2A}{3}$, $2\,406\text{ mm}^2 > 1\,570\text{ mm}^2$,两个条件皆满足要求 且 $d=\dfrac{d_o-2\delta_1}{D_i}=\dfrac{426-2\times10}{1200}<0.8$ 且 $d=d_o-2\delta_1=426-2\times10=406\text{ mm}<600\text{ mm}$,满足 3],13.3.2 要求	

4) 400 mm×300 mm 人孔补强计算

结构:见图 21-2-12。

序号	名称	符号	单位	公式及数据来源	数值
1	计算压力	p	MPa	同锅筒筒体	1.38
2	计算温度	t_c	℃	同 $\phi221$ mm 管孔补强计算	130
3	人孔圈材料	—	—	设计给定	Q245R
4	人孔圈取用厚度	δ_1	mm	设计给定	20
5	基本许用应力	$[\sigma]_{J1}$	MPa	按 2],表 2,16 mm<δ<36 mm	136
6	基本许用应力修正系数	η	—	按 3],表 3,孔圈	1.0
7	许用应力	$[\sigma]_1$	MPa	$\eta[\sigma]_{J1}=1.0\times136$	136
8	人孔直径(纵截面内尺寸,短轴)	d	mm	设计给定	300
9	人孔圈外尺寸(长轴)	d_o	mm	设计给定	440
10	腐蚀裕量的附加厚度	C_1	mm	按 3],6.7.1	0.5

序号	名称	符号	单位	公式及数据来源	数值
11	制造减薄量的附加厚度	C_2	mm	按3],冷卷冷校	0
12	钢材厚度负偏差的附加厚度	C_3	mm	按6],查 GB/T 713 与 GB/T 709	0.3
13	厚度附加量	C	mm	$C_1+C_2+C_3=0.5+0+0.3$	0.8
14	人孔圈有效厚度	δ_{1e}	mm	$\delta_1-C=20-0.8$	19.2
15	未减弱人孔圈理论计算厚度	δ_{1o}	mm	$\dfrac{p(d_o-2\delta_{1e})}{2[\sigma]_1-p}=\dfrac{1.38\times(440-2\times19.2)}{2\times136-1.38}$	2.0
16	未减弱筒体理论计算厚度(孔所在部位不受热)	δ_o	mm	同 $\phi 221$ mm 管孔补强计算	5.8
17	有效补强宽度	B	mm	$2d=2\times300$	600
18	纵截面内补强需要的面积	A	mm²	$[d+2\delta_{1e}(1-\dfrac{[\sigma]_1}{[\sigma]})]\delta_o$ $=[300+2\times19.2(1-1.0)]\times5.8$	1 740
19	需要补强的面积的 $\dfrac{2}{3}$	$\dfrac{2A}{3}$	mm²	$\dfrac{2A}{3}=\dfrac{2}{3}\times1\,740$	1 160
20	焊脚尺寸	e	mm	图 21-2-12	8
21	起补强作用的焊缝面积	A_1	mm²	$e^2=8^2$	64
22	有效补强高度(人孔盖在内侧)	h_1	mm	$\min\{2.5\delta_1,2.5\delta\}=\min\{50,35\}$	35
23	有效补强高度(外侧)	h_2	mm	$\min\{2.5\delta_1,2.5\delta\}=\min\{50,35\}$	35
24	纵截面内起补强作用的人孔圈面积	A_2	mm²	$[2h_1(\delta_{1e}-\delta_{1o})+2h_2\delta_{1e}]\dfrac{[\sigma]_1}{[\sigma]}$ $=[2\times35(19.2-2.0)+2\times35\times19.2]\times1.0$	2 548
25	纵截面内起补强作用补强垫板面积	A_3	mm²	无垫板	0
26	纵截面内起补强作用的筒体面积	A_4	mm²	$[B-d-2\delta_{1e}(1-\dfrac{[\sigma]_1}{[\sigma]})](\delta_e-\delta_o)$ $=[600-300-2\times19.2\times(1-1.0)]$ $\times(13.2-5.8)$	2 220
27	总补强面积	ΣA	mm²	$A_1+A_2+A_3+A_4=64+2\,548+0+2\,220$	4 832
28	离孔边四分之一孔径范围内的补强面积	—	mm²	$A_1+A_2+A_3+0.5A_4=64+2\,548+0+0.5\times2\,220$	3 722
29	校核			$A_1+A_2+A_3+A_4>A$,4 832 mm² > 1 740 mm²,且 $A_1+A_2+A_3+0.5A_4>2A/3$,3 722 mm² > 1 160 mm²,两个条件皆满足要求 且 $d=\dfrac{d_o-2\delta_1}{D_1}=\dfrac{440-2\times20}{1\,200}<0.8$ 且 $d=d_o-2\delta_1=440-2\times20=$ 400 mm < 600 mm;对椭圆孔,长短轴之比≤2,满足3],13.3.2 要求	

序号	名称	符号	单位	公式及数据来源	数值
30	人孔圈高度	h	mm	设计给定	90
31	校核			$h=\sqrt{\delta d}=\sqrt{14\times 300}=64.8$ mm, $h\geqslant \sqrt{\delta d}$,满足 3],13.6.5 要求	
				$\delta_1=\frac{7}{8}\delta=\frac{7}{8}\times 14=12.25$ mm, $\delta_1=20$ mm $\geqslant 19$ mm, $\delta_1=20$ mm $\geqslant \frac{7\delta}{8}$,满足 3],13.8.1 要求	

分析：以上所有孔的补强计算表明：$\varphi_s=0.5$ 时，起补强作用的筒体面积 A_4 与需要补强的面积 A 已基本相等，再加上其他起补强作用的面积，两个补强条件均能满足要求。因此，$\varphi_s\leqslant 0.5$ 时，已无必要进行繁琐的大孔补强计算。这表明，从 GB/T 9222—2008 标准开始至现行标准规定的 $\varphi_s\leqslant 0.4$ 可不进行孔补强计算的规定有些保守。

（2）锅筒椭球形封头强度计算（$\phi 1\ 200\times 12$ mm）

结构：见图 21-2-1。

序号	名称	符号	单位	公式及数据来源	数值
1	计算压力	p	MPa	同锅筒筒体	1.38
2	介质额定平均温度	t_{mave}	℃	同锅筒筒体	130
3	计算温度	t_c	℃	按 3],表 4,不直接受火, $t_c=t_{\text{mave}}$	130
4	材料	—	—	设计给定	Q245R
5	名义厚度	δ	mm	取	12
6	基本许用应力	$[\sigma]_J$	MPa	按 2],表 2, $\delta\leqslant 16$ mm	143
7	基本许用应力修正系数	η	—	按 3],表 3,不受热	1.0
8	许用应力	$[\sigma]$	MPa	$\eta[\sigma]_J=1.0\times 143$	143
9	封头内直径	D_i	mm	设计给定	1 200
10	封头内高度	h_i	mm	设计给定	300
11	椭圆孔长轴（内尺寸）	d	mm	设计给定	400
12	形状系数	Y	—	$\frac{1}{6}[2+(\frac{D_i}{2h_i})^2]=\frac{1}{6}[2+(\frac{1\ 200}{2\times 300})^2]$	1
13	封头减弱系数	φ	—	按 3],表 13,有孔无拼接, $1-\frac{d}{D_i}=1-\frac{400}{1\ 200}$	0.67
14	腐蚀裕量的附加厚度	C_1	mm	按 3],8.3.10	0.5
15	制造减薄量的附加厚度	C_2	mm	按 3],8.3.10,$0.1\delta=0.1\times 12$	1.2
16	钢材厚度负偏差的附加厚度	C_3	mm	按 6],查 GB/T 713 与 GB/T 709	0.3
17	厚度附加量	C	mm	$C_1+C_2+C_3=0.5+1.2+0.3$	2.0
18	计算需要厚度	δ_c+C	mm	$\frac{pD_iY}{2\varphi[\sigma]-0.5p}+C$ $=\frac{1.38\times 1\ 200\times 1.0}{2\times 0.67\times 143-0.5\times 1.38}+2.0$	10.7

序号	名称	符号	单位	公式及数据来源	数值
19	校核			$\delta > \delta_c + C$ 满足要求 $\dfrac{h_i}{D_i} = \dfrac{300}{1\,200} = 0.25, \dfrac{h_i}{D_i} \geqslant 0.2$,满足 3],8.3.3 要求 $\dfrac{\delta - C}{D_i} = \dfrac{12-2}{1\,200} = 0.008, \dfrac{\delta - C}{D_i} \leqslant 0.1$,满足 3],8.3.3 要求 $\dfrac{d}{D_i} = \dfrac{400}{1\,200} = 0.33, \dfrac{d}{D_i} \leqslant 0.7$,满足 3],8.3.3 要求	

（3）侧水冷壁下集箱筒体强度计算（$\phi 377 \times 12$ mm）

结构：见图 21-2-13。

序号	名称	符号	单位	公式及数据来源	数值
1	额定压力（表压）	p_r	MPa	设计给定	1.25
2	液柱高度	h	m	设计给定	8.4
3	液柱静压力	Δp_h	MPa	$0.01h = 0.01 \times 8.4$	0.084
4	介质流动阻力附加压力	Δp_f	MPa	无过热器,锅壳筒体至锅炉出口之间的压力降,取	0
5	附加压力	Δp_a	MPa	按 5],表 3,安全阀低整定压力与安全阀所在位置工作压力的差值,0.1×1.25	0.125
6	液柱静压力判定值	—	MPa	$0.03(p_r + \Delta p_a + \Delta p_f) = 0.03(1.25 + 0.125 + 0)$	0.041
7	液柱静压力取值	Δp_h	MPa	按 3],5.7.3, $\Delta p_h = 0.084 > 0.03(p_r + \Delta p_a + \Delta p_f) = 0.041$,取	0.084
8	工作压力	p_o	MPa	$p_r + \Delta p_f + \Delta p_h = 1.25 + 0 + 0.084$	1.33
9	计算压力	p	MPa	$p_o + \Delta p_a = 1.33 + 0.125$	1.46
10	介质额定平均温度	t_{mave}	℃	取额定出水温度	130
11	计算温度	t_c	℃	下集箱作为防焦箱,按 3],表 4, $t_c = t_{mave} + 110 = 130 + 110$	240
12	材料	—	—	设计给定	20
13	名义厚度	δ	mm	取	12
14	基本许用应力	$[\sigma]_J$	MPa	按 2],表 4,$\delta \leqslant 16$ mm	115
15	基本许用应力修正系数	η	—	按 3],表 3,受热烟温 >600 ℃	0.9
16	许用应力	$[\sigma]$	MPa	$\eta [\sigma]_J = 0.9 \times 115$	104
17	筒体外径	D_o	mm	设计给定	377

序号	名称	符号	单位	公式及数据来源	数值
18	纵向节距	s	mm	图 21-2-13	90
19	孔直径	d	mm	图 21-2-13	61
20	纵向孔桥减弱系数	φ	—	$\dfrac{s-d}{s}=\dfrac{90-61}{90}$	0.32
21	最小减弱系数	$\varphi_{\min}$	—	φ	0.32
22	理论计算厚度	δ_c	mm	$\dfrac{pD_o}{2\varphi_{\min}[\sigma]+p}=\dfrac{1.46\times 377}{2\times 0.32\times 104+1.46}$	8.1
23	腐蚀裕量的附加厚度	C_1	mm	按3],6.7.2.1	0.5
24	制造减薄量的附加厚度	C_2	mm	按3],6.7.2.1	0
25	厚度下偏差与公称厚度百分比	m	%	按 GB/T 3087,$\dfrac{1.8}{12}\times 100$	15
26	钢材厚度负偏差的附加厚度	C_3	mm	$\dfrac{m}{100-m}(\delta_c+C_1)=\dfrac{15}{100-15}(8.1+0.5)$	1.52
27	厚度附加量	C	mm	$C_1+C_2+C_3=0.5+0+1.52$	2.0
28	成品最小厚度	$\delta_{\min}$	mm	$\delta_c+C_1=8.1+0.5$	8.6
29	计算需要厚度	δ_c+C	mm	$\delta_c+C=8.1+2.0$	10.1
30	判定			$\delta\geqslant\delta_{\min}$,受火集箱壁厚 12 mm<15 mm,满足 3],6.8.5,表 6 要求	
31	有效厚度	δ_e	mm	$\delta-C=12-2.0$	10
32	实际减弱系数	φ_s	—	$\dfrac{pD_i}{(2[\sigma]-p)\delta_e}=\dfrac{1.46\times 353}{(2\times 104-1.46)\times 10}$	0.25
33	判定			$\varphi_s<0.4$,满足 3],13.3.5 要求,无需补强	

说明:下集箱两端支撑管与下降管的出口处,需分担上部锅筒引起的集中外载,由于该处存在过多的剩余厚度而无需外载校核。

(4) 侧水冷壁下集箱椭球形封头强度计算($\phi 377\times 10$ mm)

结构:见图 21-2-1。

序号	名称	符号	单位	公式及数据来源	数值
1	计算压力	p	MPa	同集箱筒体	1.46
2	计算壁温	t_c	℃	同集箱筒体	130
3	材料	—	—	设计给定	Q245R
4	名义厚度	δ	mm	取	10
5	基本许用应力	$[\sigma]_1$	MPa	按2],表2,$\delta\leqslant 16$ mm	143
6	基本许用应力修正系数	η	—	按3],表3,不受热	1.0

序号	名称	符号	单位	公式及数据来源	数值
7	许用应力	$[\sigma]$	MPa	$\eta[\sigma]_J = 1.0 \times 143$	143
8	封头内直径	D_i	mm	设计给定	357
9	封头内高度	h_i	mm	设计给定	82
10	手孔长轴(内尺寸)	d	mm	设计给定	102
11	形状系数	Y	—	$\frac{1}{6}\left[2+(\frac{D_i}{2h_i})^2\right] = \frac{1}{6}\left[2+(\frac{357}{2\times 82})^2\right]$	1.1
12	封头减弱系数	φ	—	按 3],表 13,有孔无拼接, $1-\frac{d}{D_i}=1-\frac{102}{357}$	0.71
13	腐蚀裕量的附加厚度	C_1	mm	按 3],8.3.10	0.5
14	制造减薄量的附加厚度	C_2	mm	按 3],8.3.10,$0.1\delta = 0.1\times 10$	1.0
15	钢材厚度负偏差的附加厚度	C_3	mm	按 6],查 GB/T 713 与 GB/T 709	0.3
16	厚度附加量	C	mm	$C_1+C_2+C_3 = 0.5+1.0+0.3$	1.8
17	计算需要厚度	δ_c+C	mm	$\frac{pD_iY}{2\varphi[\sigma]-0.5p}+C$ $=\frac{1.46\times 357\times 1.1}{2\times 0.71\times 143-0.5\times 1.46}+1.8$	4.63
18	校核			$\delta > \delta_c+C$ 满足要求 $\frac{h_i}{D_i}=\frac{82}{357}=0.23,\frac{h_i}{D_i}\geqslant 0.2,$ 满足 3],8.3.3 要求 $\frac{\delta-C}{D_i}=\frac{10-1.8}{357}=0.022,\frac{\delta-C}{D_i}\leqslant 0.1$ 满足 3],8.3.3 要求 $\frac{d}{D_i}=\frac{102}{357}=0.29,\frac{d}{D_i}\leqslant 0.7$ 满足 3],8.3.3 要求	

(5) 前拱下集箱及后下集箱筒体强度计算($\phi 325 \times 10$ mm)

结构:见图 21-2-13。

序号	名称	符号	单位	公式及数据来源	数值
1	额定压力(表压)	p_r	MPa	设计给定	1.25
2	计算压力	p	MPa	同侧水冷壁下集箱	1.46
3	介质额定平均温度	t_{mave}	℃	取额定出水温度	130
4	计算温度	t_c	℃	按 3],表 4,不受热,$t_c = t_{mave}$	130
5	材料	—	—	设计给定	20
6	名义厚度	δ	mm	取	10
7	基本许用应力	$[\sigma]_J$	MPa	按 2],表 4,$\delta \leqslant 16$ mm	140

序号	名称	符号	单位	公式及数据来源	数值
8	基本许用应力修正系数	η	—	按3],表3,不受热	1.0
9	许用应力	$[\sigma]$	MPa	$\eta[\sigma]_J = 1.0 \times 140$	140
10	筒体外径	D_o	mm	设计给定	325
11	纵向节距	s	mm	图21-2-13	90
12	孔直径	d	mm	图21-2-13	61
13	纵向孔桥减弱系数	φ	—	$\dfrac{s-d}{s} = \dfrac{90-61}{90}$	0.32
14	最小减弱系数	φ_{min}	—	φ	0.32
15	理论计算厚度	δ_c	mm	$\dfrac{pD_o}{2\varphi_{min}[\sigma]+p} = \dfrac{1.46 \times 325}{2 \times 0.32 \times 140 + 1.46}$	5.21
16	腐蚀裕量的附加厚度	C_1	mm	按3],6.7.2.1	0.5
17	制造减薄量的附加厚度	C_2	mm	按3],6.7.2.1	0
18	厚度下偏差与公称厚度百分比	m	%	按GB/T 3087,$\dfrac{1.5}{10} \times 100$	15
19	钢材厚度负偏差的附加厚度	C_3	mm	$\dfrac{m}{100-m}(\delta_c + C_1) = \dfrac{15}{100-15}(5.21+0.5)$	1.0
20	厚度附加量	C	mm	$C_1 + C_2 + C_3 = 0.5 + 0 + 1.0$	1.5
21	成品最小厚度	δ_{min}	mm	$\delta_c + C_1 = 5.21 + 0.5$	5.71
22	计算需要厚度	$\delta_c + C$	mm	$5.21 + 1.5$	6.71
23	校核			$\delta \geq \delta_{min}$ 满足要求	
24	有效厚度	δ_e	mm	$\delta - C = 10 - 1.5$	8.5
25	实际减弱系数	φ_s	—	$\dfrac{pD_i}{(2[\sigma]-p)\delta_e} = \dfrac{1.46 \times 305}{(2 \times 140 - 1.46) \times 8.5}$	0.19
26	判定			$\varphi_s < 0.4$,满足3],13.3.5要求,无需补强	

(6) 前拱下集箱及后下集箱椭球形封头强度计算($\phi 325 \times 10$ mm)

结构:见图21-2-1。

序号	名称	符号	单位	公式及数据来源	数值
1	计算压力	p	MPa	同集箱筒体	1.46
2	计算壁温	t_c	℃	同集箱筒体	130
3	材料	—	—	设计给定	Q245R
4	名义厚度	δ	mm	取	10
5	基本许用应力	$[\sigma]_J$	MPa	按2],表2,$\delta \leq 16$ mm	143

序号	名称	符号	单位	公式及数据来源	数值
6	基本许用应力修正系数	η	—	按3],表3,不受热	1.0
7	许用应力	$[\sigma]$	MPa	$\eta[\sigma]_J = 1.0 \times 143$	143
8	封头内直径	D_i	mm	设计给定	305
9	封头内高度	h_i	mm	设计给定	69
10	手孔长轴(内尺寸)	d	mm	设计给定	102
11	形状系数	Y	—	$\frac{1}{6}\left[2+\left(\frac{D_i}{2h_i}\right)^2\right] = \frac{1}{6}\left[2+\left(\frac{305}{2\times 69}\right)^2\right]$	1.15
12	封头减弱系数	φ	—	按3],表13,有孔无拼接, $1-\frac{d}{D_i}=1-\frac{102}{305}$	0.67
13	腐蚀裕量的附加厚度	C_1	mm	按3],8.3.10	0.5
14	制造减薄量的附加厚度	C_2	mm	按3],8.3.10, $0.1\delta = 0.1\times 10$	1.0
15	钢材厚度负偏差的附加厚度	C_3	mm	按6],查 GB/T 713 与 GB/T 709	0.3
16	厚度附加量	C	mm	$C_1+C_2+C_3 = 0.5+1.0+0.3$	1.8
17	计算需要厚度	δ_c+C	mm	$\frac{pD_iY}{2\varphi[\sigma]-0.5p}+C$ $=\frac{1.46\times 305\times 1.15}{2\times 0.67\times 143-0.5\times 1.46}+1.8$	4.5
18	校核			$\delta > \delta_c+C$ 满足要求 $\frac{h_i}{D_i}=\frac{69}{305}=0.23, \frac{h_i}{D_i}\geqslant 0.2$,满足3],8.3.3 要求 $\frac{\delta-C}{D_i}=\frac{10-1.8}{305}=0.026, \frac{\delta-C}{D_i}\leqslant 0.1$,满足3],8.3.3 要求 $\frac{d}{D_i}=\frac{102}{305}=0.33, \frac{d}{D_i}\leqslant 0.7$,满足3],8.3.3 要求	

(7) 后拱上集箱筒体强度计算($\phi 273\times 10$ mm)

结构:见图 21-2-14。

序号	名称	符号	单位	公式及数据来源	数值
1	额定压力(表压)	p_r	MPa	设计给定	1.25
2	计算压力	p	MPa	同锅筒	1.38
3	介质额定平均温度	t_{mave}	℃	取额定出水温度	130
4	计算温度	t_c	℃	按3],表4,不受热, $t_c=t_{mave}$	130
5	材料	—	—	设计给定	20
6	名义厚度	δ	mm	取	10

序号	名称	符号	单位	公式及数据来源	数值
7	基本许用应力	$[\sigma]_J$	MPa	按2],表4,$\delta \leq 16$ mm	140
8	基本许用应力修正系数	η	—	按3],表3,不受热	1.0
9	许用应力	$[\sigma]$	MPa	$\eta[\sigma]_J = 1.0 \times 140$	140
10	筒体外径	D_o	mm	设计给定	273
11	纵向节距	s	mm	图21-2-14	270
12	孔直径	d	mm	图21-2-14	71
13	纵向孔桥减弱系数	φ	—	$\dfrac{s-d}{s} = \dfrac{270-71}{270}$	0.74
14	最小减弱系数	$\varphi_{\min}$	—	φ	0.74
15	理论计算厚度	δ_c	mm	$\dfrac{pD_o}{2\varphi_{\min}[\sigma]+p} = \dfrac{1.38 \times 273}{2 \times 0.74 \times 140 + 1.38}$	1.81
16	腐蚀裕量的附加厚度	C_1	mm	按3],6.7.2.1	0.50
17	制造减薄量的附加厚度	C_2	mm	按3],6.7.2.1	0
18	厚度下偏差与公称厚度百分比	m	%	按 GB/T 3087,$\dfrac{1.5}{10} \times 100$	15
19	钢材厚度负偏差的附加厚度	C_3	mm	$\dfrac{m}{100-m}(\delta_c + C_1) = \dfrac{15}{100-15}(1.81+0.5)$	0.41
20	厚度附加量	C	mm	$C_1 + C_2 + C_3 = 0.5 + 0 + 0.41$	0.91
21	成品最小厚度	$\delta_{\min}$	mm	$\delta_c + C_1 = 1.81 + 0.5$	2.31
22	计算需要厚度	$\delta_c + C$	mm	$\delta_c + C = 1.81 + 0.91$	2.72
23	名义厚度	δ	mm	取	10
24	判定			$\delta \geq \delta_{\min}$ 满足要求	
25	有效厚度	δ_e	mm	$\delta - C = 10 - 0.91$	9.1
26	实际减弱系数	φ_s	—	$\dfrac{pD_i}{2([\sigma]-p)\delta_e} = \dfrac{1.38 \times 253}{(2 \times 140 - 1.38) \times 9.1}$	0.14
27	判定			$\varphi_s < 0.4$,满足3],13.3.5,无需补强	

(8) 前拱上集箱及后上集箱筒体强度计算($\phi 219 \times 8$ mm)

结构:见图21-2-13。

序号	名称	符号	单位	公式及数据来源	数值
1	额定压力(表压)	p_r	MPa	设计给定	1.25
2	计算压力	p	MPa	同锅筒	1.38

序号	名称	符号	单位	公式及数据来源	数值
3	介质额定平均温度	t_{mave}	℃	取额定出水温度	130
4	计算温度	t_c	℃	按3],表4,不受热,$t_c = t_{\text{mave}}$	130
5	材料	—	—	设计给定	20
6	名义厚度	δ	mm	取	8
7	基本许用应力	$[\sigma]_J$	MPa	按2],表4,$\delta \leq 16$ mm	140
8	基本许用应力修正系数	η	—	按3],表3,不受热	1.0
9	许用应力	$[\sigma]$	MPa	$\eta[\sigma]_J = 1.0 \times 140$	140
10	筒体外径	D_o	mm	设计给定	219
11	纵向节距	s	mm	图21-2-13	90
12	孔直径	d	mm	图21-2-13	61
13	纵向孔桥减弱系数	φ	—	$\dfrac{s-d}{s} = \dfrac{90-61}{90}$	0.32
14	最小减弱系数	$\varphi_{\min}$	—	φ	0.32
15	理论计算厚度	δ_c	mm	$\dfrac{pD_o}{2\varphi_{\min}[\sigma]+p} = \dfrac{1.38 \times 219}{2 \times 0.32 \times 140 + 1.38}$	3.32
16	腐蚀裕量的附加厚度	C_1	mm	按3],6.7.2.1	0.5
17	制造减薄量的附加厚度	C_2	mm	按3],6.7.2.1	0
18	厚度下偏差与公称厚度百分比	m	%	按GB/T 3087,$\dfrac{1.2}{8} \times 100$	15
19	钢材厚度负偏差的附加厚度	C_3	mm	$\dfrac{m}{100-m}(\delta_c + C_1) = \dfrac{15}{100-15}(3.32+0.5)$	0.67
20	厚度附加量	C	mm	$C_1 + C_2 + C_3 = 0.5 + 0 + 0.67$	1.17
21	成品最小厚度	$\delta_{\min}$	mm	$\delta_c + C_1 = 3.32 + 0.5$	3.82
22	计算需要厚度	$\delta_c + C$	mm	$\delta_c + C = 3.32 + 1.17$	4.49
23	判定			$\delta \geq \delta_{\min}$ 满足要求	
24	有效厚度	δ_e	mm	$\delta - C = 8 - 1.17$	6.8
25	实际减弱系数	φ_s	—	$\dfrac{pD_i}{(2[\sigma]-p)\delta_e} = \dfrac{1.38 \times 203}{(2 \times 140 - 1.38) \times 6.8}$	0.15
26	判定			$\varphi_s < 0.4$,满足3],13.3.5,无需补强	

(9) 集箱旋压封头强度计算($\phi 273 \times 10$ mm、$\phi 219 \times 8$ mm)

集箱热旋压封头($\phi 273 \times 10$ mm、$\phi 219 \times 8$ mm)无需强度计算。

分析:集箱的热旋(挤)压椭球形或球形封头,由于计算厚度皆小于相连集箱筒体部分厚度(因集箱孔桥减弱系数很低),而热旋(挤)压封头顶部开孔部位的厚度因收缩又较大,故GB/T 16508—1996锅壳锅炉受压元件强度计算标准规定可不进行计算,但要求收口处圆滑过渡,顶端应开孔以去除收口处的不规则部分。

GB/T 16508.3—2013 锅壳锅炉设计与强度计算标准遗漏了此内容。水管锅炉强度计算标准 GB/T 9221—2008 规定按凸形封头计算,延续至 GB/T 16507.4—2013 水管锅炉受压元件强度计算。显然,规定计算是多余的。

(10) 前支撑管、后下降管强度计算($\phi 273 \times 10$ mm)

分析:因低压,直径又不很大,有相当大的厚度裕度,无需进行强度计算。

(11) 后拱管强度计算($\phi 70 \times 6$ mm)

分析:见(10)。

(12) 水冷壁管、前拱管、后墙管强度计算($\phi 60 \times 4$ mm)

分析:见(10)。

(13) 前拱下降管、后拱下降管强度计算($\phi 219 \times 8$ mm)

分析:见(10)。

(14) 高温烟管筒筒体强度计算($\phi 1\,500 \times 12$ mm)

结构:见图 21-2-1。

序号	名称	符号	单位	公式或数据来源	数值
1	额定压力(表压)	p_r	MPa	设计给定	1.25
2	液柱高度	h	m	设计给定	7.3
3	液柱静压力	Δp_h	MPa	$0.01h = 0.01 \times 7.3$	0.073
4	工质流动阻力	Δp_f	MPa	无过热器,锅壳筒体至锅炉出口之间的压力降,取	0
5	附加压力	Δp_a	MPa	按 5],表 3,安全阀低整定压力与安全阀所在位置工作压力的差值,0.1×1.25	0.125
6	液柱静压力判定值	—	MPa	$0.03(p_r + \Delta p_a + \Delta p_f) = 0.03(1.25 + 0.125 + 0)$	0.041
7	液柱静压力取值	Δp_h	MPa	按 3],5.7.3, $\Delta p_h = 0.073 > 0.03(p_r + \Delta p_a + \Delta p_f) = 0.041$,取	0.073
8	工作压力	p_o	MPa	$p_r + \Delta p_f + \Delta p_h = 1.25 + 0 + 0.073$	1.32
9	计算压力	p	MPa	$p_o + \Delta p_a = 1.32 + 0.125$	1.45
10	额定平均温度	t_{mave}	℃	由热力计算,出口水温	98
11	计算温度	t_c	℃	按 3],表 4,不直接受火,$t_c = t_{mave}$	98
12	材料	—	—	设计给定	Q245R
13	名义厚度	δ	mm	取	12
14	基本许用应力	$[\sigma]_J$	MPa	按 2],表 2,$\delta \leq 16$ mm	147
15	基本许用应力修正系数	η	—	按 3],表 3,不受热	1.0
16	许用应力	$[\sigma]$	MPa	$\eta[\sigma]_J = 1.0 \times 147$	147
17	筒体内径	D_i	mm	设计给定	1 500

序号	名称	符号	单位	公式或数据来源	数值
18	纵向焊接接头系数	φ_w	—	按1],6.4.7.2,双面对接焊,100%无损检测	1.0
19	最小减弱系数	φ_{min}	—	φ_w	1.0
20	理论计算厚度	δ_c	mm	$\dfrac{pD_i}{2\varphi_{min}[\sigma]-p} = \dfrac{1.45\times1\,500}{2\times1.0\times147-1.45}$	7.4
21	腐蚀裕量的附加厚度	C_1	mm	按3],6.7.1	0.5
22	制造减薄量的附加厚度	C_2	mm	按3],6.7.1,冷卷冷校	0
23	钢材厚度负偏差的附加厚度	C_3	mm	按6],查 GB/T 713 与 GB/T 709	0.3
24	厚度附加量	C	mm	$C_1+C_2+C_3=0.5+0+0.3$	0.8
25	成品最小厚度	δ_{min}	mm	$\delta_c+C_1=7.4+0.5$	7.9
26	计算需要厚度	δ_c+C	mm	$\delta_c+C=7.4+0.8$	8.2
27	校核			$\delta\geqslant\delta_c+C$,满足3],6.3.1,式(6)要求	
28	有效厚度	δ_e	mm	$\delta-C=12-0.8$	11.2
29	实际减弱系数	φ_s	—	$\dfrac{pD_i}{(2[\sigma]-p)\delta_e} = \dfrac{1.45\times1\,500}{(2\times147-1.45)\times11.2}$	0.66
30	判定			$\varphi_s>0.4$,按3],13.3.7,需要补强	
31	未补强孔最大允许直径	$[d]$	mm	$8.1[D_i\delta_e(1-\varphi_s)]^{1/3}$ $=8.1\times[1\,500\times11.2\times(1-0.66)]^{1/3}$ (或查曲线,按3],图50)	145
32	$\phi161$ 管孔的内径大于$[d]$,需要补强				
33	校核			$D_i>1\,000$ mm,$\delta\geqslant6$ mm,满足3],6.8.1要求	
				管孔焊缝边缘与相邻主焊缝边缘的净距离不小于10 mm,满足3],6.9.3要求	

$\phi161$ mm 管孔补强计算

结构:见图21-2-15。

序号	名称	符号	单位	公式或数据来源	数值
1	管子外径	d_o	mm	设计给定($\phi159\times6$)	159
2	管子内径	d_i	mm	设计给定	147
3	计算压力	p	MPa	同筒体	1.45
4	介质额定平均温度	t_{tmave}	℃	同筒体	98
5	计算温度	t_c	℃	按3],表4,不直接受火,$t_c=t_{tmave}$	98
6	材料	—	—	设计给定	20

序号	名称	符号	单位	公式或数据来源	数值
7	管子名义厚度	δ_1	mm	取	6
8	基本许用应力	$[\sigma]_J$	MPa	按2],表4,$\delta \leqslant 16$ mm	147
9	基本许用应力修正系数	η	—	按3],表3,不受热	1.0
10	许用应力	$[\sigma]_1$	MPa	$\eta[\sigma]_J = 1.0 \times 147$	147
11	管子理论计算厚度	δ_c	mm	$\dfrac{pd_o}{2[\sigma]_1+p} = \dfrac{1.45 \times 159}{2 \times 147+1.45}$	0.8
12	腐蚀裕量的附加厚度	C_1	mm	按3],6.7.3.1	0.5
13	制造减薄量的附加厚度	C_2	mm	按3],6.7.3.1	0
14	厚度下偏差与公称厚度百分比	m	%	按 GB/T 3087,$\dfrac{0.9}{6} \times 100$	15
15	钢材厚度负偏差的附加厚度	C_3	mm	$\dfrac{m}{100-m}(\delta_c+C_1) = \dfrac{15}{100-15}(0.8+0.5)$	0.23
16	厚度附加量	C	mm	$C_1+C_2+C_3 = 0.5+0+0.23$	0.73
17	管子有效厚度	δ_{1e}	mm	$\delta_1 - C = 6 - 0.73$	5.3
18	管子所需的理论计算厚度	δ_{1o}	mm	$\dfrac{p(d_o-2\delta_{1e})}{2[\sigma]-p} = \dfrac{1.45 \times (159-2 \times 5.3)}{2 \times 147-1.45}$	0.74
19	未减弱筒体理论计算厚度(孔所在部位不受热)	δ_o	mm	$\dfrac{pD_i}{2[\sigma]-p} = \dfrac{1.45 \times 1\,500}{2 \times 147-1.45}$	7.4
20	有效补强宽度	B	mm	$2d = 2 \times 147$	294
21	需要补强的面积	A	mm²	$\left[d+2\delta_{1e}\left(1-\dfrac{[\sigma]_1}{[\sigma]}\right)\right]\delta_o$ $=[147+2\times 5.3(1-1.0)]\times 7.4$	1 088
22	需要补强的面积的 $\dfrac{2}{3}$	$\dfrac{2A}{3}$	mm²	$\dfrac{2A}{3} = \dfrac{2}{3} \times 1\,088$	725
23	焊角尺寸	e	mm	图 21-2-15	12
24	纵截面内起补强作用的焊缝面积	A_1	mm²	$2e^2 = 2 \times 12^2$	288
25	有效补强高度(外侧)	h_1	mm	$\min\{2.5\delta_1, 2.5\delta\} = \min\{15, 25\}$	15

序号	名称	符号	单位	公式或数据来源	数值
26	有效补强高度(内侧)	h_2	mm	$\min\{2.5\delta_1, 2.5\delta\}=\min\{15,25\}$	15
27	纵截面内起补强作用管子多余面积	A_2	mm²	$2h_1(\delta_{1e}-\delta_{1o})+2h_2\delta_{1e}]\dfrac{[\sigma]_1}{[\sigma]}$ $=[2\times15(5.3-0.74)+2\times15\times5.3]\times1.0$	296
28	纵截面内起补强作用补强垫板面积	A_3	mm²	无垫板	0
31	纵截面内起补强作用的筒体面积	A_4	mm²	$\left[B-d-2\delta_{1e}\left(1-\dfrac{[\sigma]_1}{[\sigma]}\right)\right](\delta_e-\delta_o)$ $=[294-147-2\times5.3(1-1.0)]\times(11.2-7.4)$	559
32	总补强面积	$\sum A$	mm²	$A_1+A_2+A_3+A_4=288+296+0+559$	1 143
33	离孔边四分之一孔径范围内的补强面积	—	mm²	$A_1+A_2+A_3+0.5A_4=288+296+0+0.5\times559$	864
34	校核			$A_1+A_2+A_3+A_4>A$, 1 143 mm² > 1 088 mm² 且 $A_1+A_2+A_3+0.5A_4>\dfrac{2A}{3}$, 864 mm² > 725 mm², 两个条件皆满足要求 $\dfrac{d}{D_i}=\dfrac{d_o-2\delta_1}{D_i}=\dfrac{159-2\times6}{1\ 500}<0.8$ 且 $d=d_o-2\delta_1=159-2\times6=147$ mm < 600 mm, 满足 3],13.3.2 要求	

(15) 高温烟管筒上管板强度计算($\phi1\ 500\times14$ mm)

上管板无需计算，取下管板厚度。

分析：上管板最大当量圆处有引出管孔，厚度按平管板有人孔公式计算：

$$\delta>0.62\sqrt{\dfrac{p}{R_m}(Cd_e^2-d_h^2)}=0.62\sqrt{\dfrac{1.45}{400}(1.64\times248^2-161^2)}=10.2\text{ mm}$$

它小于按无孔计算的 12.4 mm[见(16)]。可见，有孔平板强度裕度较大(原因见 11-1 节之 2)，故以无孔下管板强度计算为准。

(16) 高温烟管筒下管板强度计算($\phi1\ 500\times14$ mm)

结构：见图 21-2-16。

序号	名称	符号	单位	公式或数据来源	数值
1	计算压力	p	MPa	同高温烟管筒筒体	1.45
2	介质额定平均温度	t_{tmave}	℃	同高温烟管筒筒体	98
3	计算温度	t_c	℃	按 3],表 4,烟温<600 ℃, $t_c=t_{tmave}+25=98+25$	123
4	材料	—	—	设计给定	Q245R
5	名义厚度	δ	mm	取	14

序号	名称	符号	单位	公式或数据来源	数值
6	基本许用应力	$[\sigma]_J$	MPa	按2],表2,$\delta \leqslant 16$ mm	144
7	基本许用应力修正系数	η	—	按3],表3,有拉撑平板	0.85
8	许用应力	$[\sigma]$	MPa	$\eta[\sigma]_J = 0.85 \times 144$	122
9	平板区				
9-1	系数	K	—	按3],表14,$(0.45+0.45+0.35)/3$	0.42
9-2	当量圆直径	d_e	mm	图21-2-16	248
9-3	计算需要厚度	$\delta_{1\min}$	mm	$Kd_e\sqrt{\dfrac{p}{[\sigma]}+1}=0.42\times248\times\sqrt{\dfrac{1.45}{122}+1}$	12.4
10	烟管区				
10-1	系数	K	—	按3],9.4.2,取	0.47
10-2	管子外径	d_o	mm	设计给定	89
10-3	当量圆直径	d_e	mm	图21-2-16	115
10-4	计算需要厚度	$\delta_{2\min}$	mm	$Kd_e\sqrt{\dfrac{p}{[\sigma]}+1}=0.47\times115\times\sqrt{\dfrac{1.45}{122}+1}$	6.9
11	计算需要厚度最大值	$\delta_{\max}$	mm	$\max(\delta_{1\min},\delta_{2\min})=\max(12.4,6.9)$	12.4
12	判定			$\delta \geqslant \delta_{\min}$,14 mm>12.4 mm 满足要求	
13	管板内径	D_i	mm	设计给定	1 500
14	校核			$D_i>1\,000$ mm,$\delta \geqslant 10$ mm,满足3],9.4.4 要求	
15	相邻焊缝边缘净距离	l_1	mm	设计给定	14
16	判定			$l_1\geqslant 6$ mm,满足3],9.4.5 要求	
17	管孔焊缝边缘至扳边起点距离	l_2	mm	设计给定	19
18	判定			$l_2\geqslant 6$ mm,满足3],9.4.6 要求	

分析:烟管布置一般节距较小,无需计算。

(17) 螺纹烟管强度计算($\phi 89 \times 4$ mm)

结构:见图21-2-1。

序号	名称	符号	单位	公式或数据来源	数值
1	计算压力	p	MPa	同高温烟管筒体	1.45
2	介质额定平均温度	t_{tmave}	℃	同高温烟管筒体	98
3	计算温度	t_c	℃	按3],表4,对流管,$t_c = t_{tmave}+25=98+25$	123
4	材料	—	—	设计给定	20

序号	名称	符号	单位	公式或数据来源	数值
5	名义厚度	δ	mm	取	4
6	基本许用应力	$[\sigma]_J$	MPa	按2], 表4, $\delta \leqslant 16$ mm	142
7	基本许用应力修正系数	η	—	按3], 表3, 烟管	0.8
8	许用应力	$[\sigma]$	MPa	$\eta[\sigma]_J = 0.8 \times 142$	114
9	螺纹烟管外径	d_o	mm	设计给定	89
10	理论计算厚度	δ_c	mm	$\dfrac{pd_o}{2[\sigma]} = \dfrac{1.45 \times 89}{2 \times 114}$	0.57
11	腐蚀余量的附加厚度	C_1	mm	按3], 6.7.3.1	0
12	制造减薄量的附加厚度	C_2	mm	按3], 6.7.3.1	0
13	厚度下偏差与公称厚度百分比	m	%	按 GB/T 3087, $\dfrac{0.5}{4} \times 100$	15
14	钢材厚度负偏差的附加厚度	C_3	mm	$\dfrac{m}{100-m}(\delta_c + C_1) = \dfrac{15}{100-15}(0.57+0)$	0.10
15	厚度附加量	C	mm	$C_1 + C_2 + C_3 = 0 + 0 + 0.1$	0.1
16	计算需要厚度	$\delta_c + C$	mm	$\delta_c + C = 0.57 + 0.1$	0.67
17	管子最小公称厚度	$\delta_{(公称)}$	mm	根据 d_o 查3], 表12	2.50
18	判定			$\delta > \delta_{min}$ 且 $\delta > \delta_{(公称)}$, 满足要求	

分析: 烟管直径皆较小, 无需进行上述计算, 厚度按3]的表12校核即可。

(18) 低温烟管筒筒体强度计算 ($\phi 1\,400 \times 10$ mm)

结构: 见图 21-2-1。

序号	名称	符号	单位	公式或数据来源	数值
1	计算压力	p	MPa	同高温烟管筒	1.45
2	介质额定平均温度	t_{tmave}	℃	由热力计算, 出口水温	94
3	计算温度	t_c	℃	按3], 表4, 不直接受火, $t_c = t_{tmave}$	94
4	材料	—	—	设计给定	Q245R
5	名义厚度	δ	mm	取	10
6	基本许用应力	$[\sigma]_J$	MPa	按2], 表2, $\delta \leqslant 16$ mm	147
7	基本许用应力修正系数	η	—	按3], 表3, 不受火	1.0
8	许用应力	$[\sigma]$	MPa	$\eta[\sigma]_J = 1.0 \times 147$	147
9	筒体内径	D_i	mm	设计给定	1 400
10	纵向焊接接头系数	φ_w	—	按1], 6.4.7.2, 双面对接焊, 100% 无损检测	1.0
11	最小减弱系数	φ_{min}	—	φ_w	1.0

序号	名称	符号	单位	公式或数据来源	数值
12	理论计算厚度	δ_c	mm	$\dfrac{pD_i}{2\varphi_{\min}[\sigma]-p}=\dfrac{1.45\times1\,400}{2\times1.0\times147-1.45}$	6.9
13	腐蚀裕量的附加厚度	C_1	mm	按3],6.7.1	0.5
14	制造减薄量的附加厚度	C_2	mm	按3],6.7.1,冷卷冷校	0
15	钢材厚度负偏差的附加厚度	C_3	mm	按6],查GB/T 713与GB/T 709	0.3
16	厚度附加量	C	mm	$C_1+C_2+C_3=0.5+0+0.3$	0.8
17	成品最小厚度	$\delta_{\min}$	mm	$\delta_c+C_1=6.9+0.5$	7.4
18	计算需要厚度	δ_c+C	mm	$\delta_c+C=6.9+0.8$	7.7
19	校核			$\delta\geqslant\delta_c+C$,满足3],式(6)	
20	有效厚度	δ_e	mm	$\delta-C=10-0.8$	9.2
21	实际减弱系数	φ_s	—	$\dfrac{pD_i}{(2[\sigma]-p)\delta_e}=\dfrac{1.45\times1\,400}{(2\times147-1.45)\times9.2}$	0.75
22	判定			$\varphi_s>0.4$,按3],13.3.7,需要补强	
23	未补强孔最大允许直径	$[d]$	mm	$8.1[D_i\delta_e(1-\varphi_s)]^{1/3}$ $=8.1\times[1\,400\times9.2\times(1-0.75)]^{1/3}$ 或查曲线(按3],图50)	110
24	内径$d<[d]$,无需要补强				
25	校核			$D_i>1\,000$ mm,$\delta\geqslant6$ mm,满足3],6.8.1要求 管孔焊缝边缘与相邻主焊缝边缘的净距离不小于10 mm,满足3],6.9.3要求	

(19) 低温烟管筒上管板强度计算($\phi1\,400\times12$ mm)

无需计算,取下管板厚度。

分析:见(15)。

(20) 低温烟管筒下管板强度计算($\phi1\,400\times12$ mm)

结构:见图21-2-17。

序号	名称	单位	符号	公式或数据来源	数值
1	计算压力	p	MPa	同低温烟管筒筒体	1.45
2	介质额定平均温度	t_{tmave}	℃	同低温烟管筒筒体	94
3	计算温度	t_c	℃	按3],表4,不直接受火, $t_c=t_{\text{tmave}}+25=94+25$	119
4	材料	—	—	设计给定	Q245R

序号	名　称	单位	符号	公式或数据来源	数值
5	名义厚度	mm	δ	取	12
6	基本许用应力	MPa	$[\sigma]_J$	按 2],表 2,$\delta \leqslant 16$ mm	145
7	基本许用应力修正系数	—	η	按 3],表 3,有拉撑平板	0.85
8	许用应力	MPa	$[\sigma]$	$\eta[\sigma]_J = 0.85 \times 145$	123
9	平板区				
9-1	系数	—	K	按 3],表 14,$(0.45+0.45+0.35)/3$	0.42
9-2	当量圆直径	mm	d_e	图 21-2-17	242
9-3	计算需要厚度	mm	$\delta_{1\min}$	$Kd_e\sqrt{\dfrac{p}{[\sigma]}}+1 = 0.42 \times 242 \times \sqrt{\dfrac{1.45}{123}}+1$	12.0
10	烟管区				
10-1	系数	—	K	按 3],9.4.2,取	0.47
10-2	烟管外径	mm	d_o	设计给定	89
10-3	当量圆直径	mm	d_e	图 21-2-17	112
10-4	计算需要厚度	mm	$\delta_{2\min}$	$Kd_e\sqrt{\dfrac{p}{[\sigma]}}+1 = 0.47 \times 112 \times \sqrt{\dfrac{1.45}{123}}+1$	6.7
11	计算需要厚度最大值	m	$\delta_{\max}$	$\max(\delta_{1\min},\delta_{2\min}) = \max(12.0,6.7)$	12
12	判定			$\delta \geqslant \delta_{\min}$,12 mm = 12 mm 满足要求	
13	管板内径	mm	D_i	设计给定	1 400
14	校核			$D_i \geqslant 1\ 000$ mm,$\delta \geqslant 10$ mm,满足 3],9.4.4 要求	
15	相邻焊缝边缘净距离	mm	l_1	设计给定	11
16	判定			$l_1 \geqslant 6$ mm,满足 3],9.4.5 要求	
17	管孔焊缝边缘至扳边起点距离	mm	l_2	设计给定	20
18	判定			$l_2 \geqslant 6$ mm,满足 3],9.4.6 要求	

(21) 集气罐筒体强度计算($\phi 700 \times 8$ mm)

结构:见图 21-2-18。

序号	名　称	符号	单位	公式或数据来源	数值
1	额定压力(表压)	p_r	MPa	设计给定	1.25
2	液柱高度	h	m	设计给定	0.7
3	液柱静压力	Δp_h	MPa	$0.01h = 0.01 \times 0.7$	0.007
4	工质流动阻力	Δp_f	MPa	无过热器,锅壳筒体至锅炉出口之间的压力降,取	0

序号	名称	符号	单位	公式或数据来源	数值
5	附加压力	Δp_a	MPa	按5],表3,安全阀低整定压力与安全阀所在位置工作压力的差值,0.1×1.25	0.125
6	液柱静压力判定值	—	MPa	$0.03(p_r + \Delta p_a + \Delta p_f) = 0.03 \times (1.25 + 0.125 + 0)$	0.041
7	液柱静压力取值	Δp_h	MPa	按3],5.7.3,$\Delta p_h = 0.007 < 0.03(p_r + \Delta p_a + \Delta p_f) = 0.041$,取	0
8	工作压力	p_o	MPa	$p_r + \Delta p_f + \Delta p_h = 1.25 + 0 + 0$	1.25
9	计算压力	p	MPa	$p_o + \Delta p_a = 1.25 + 0.125$	1.38
10	介质额定平均温度	t_{tmave}	℃	取额定出水温度	130
11	计算温度	t_c	℃	按3],表4,不直接受火,$t_c = t_{tmave}$	130
12	材料	—	—	设计给定	Q245R
13	名义厚度	δ	mm	取	8
14	基本许用应力	$[\sigma]_J$	MPa	按2],表2,$\delta \leqslant 16$ mm	143
15	基本许用应力修正系数	η	—	按3],表3,不受热	1.0
16	许用应力	$[\sigma]$	MPa	$\eta [\sigma]_J = 1.0 \times 143$	143
17	锅筒筒体内径	D_i	mm	设计给定	700
18	纵向焊接接头系数	φ_w	—	按1],6.4.7.2,双面对接焊,100%无损检测	1.0
19	最小减弱系数	φ_{min}	—	φ_w	1.0
20	计算厚度	δ_c	mm	$\dfrac{pD_i}{2\varphi_{min}[\sigma] - p} = \dfrac{1.38 \times 700}{2 \times 1.0 \times 143 - 1.38}$	3.4
21	腐蚀裕量的附加厚度	C_1	mm	按3],6.7.1	0.5
22	制造减薄量的附加厚度	C_2	mm	按3],6.7.1,冷卷冷校	0
23	钢材厚度负偏差的附加厚度	C_3	mm	按6],查GB/T 713与GB/T 709	0.3
24	厚度附加量	C	mm	$C_1 + C_2 + C_3 = 0.5 + 0 + 0.3$	0.8
25	成品最小厚度	δ_{min}	mm	$\delta_c + C_1 = 3.4 + 0.5$	3.9
26	计算需要厚度	$\delta_c + C$	mm	$\delta_c + C = 3.4 + 0.8$	4.2
27	校核			$\delta \geqslant \delta_c + C$,满足3],6.3.1,式(6)	
28	有效厚度	δ_e	mm	$\delta - C = 8 - 0.8$	7.2
29	未减弱筒体理论计算厚度	δ_o	mm	$\dfrac{pD_i}{2[\sigma] - p} = \dfrac{1.38 \times 700}{2 \times 143 - 1.38}$	3.4

序号	名称	符号	单位	公式或数据来源	数值
30	实际减弱系数	φ_s	—	$\dfrac{pD_i}{(2[\sigma]-p)\delta_e}=\dfrac{1.38\times 700}{(2\times 143-1.38)\times 7.2}$	0.47
31	判定			$\varphi_s>0.4$，按 3]，13.3.7，需要补强	
32	未补强孔最大允许直径	$[d]$	mm	$8.1[D_i\delta_e(1-\varphi_s)]^{1/3}$ $=8.1\times[700\times 7.2\times(1-0.47)]^{1/3}$ 或查曲线（按 3]，图 50）	112
33	$\phi 426$ 管子的内径大于$[d]$，需要补强				
34	校核			$D_i<1\,000$ mm，$\delta\geqslant 4$ mm，满足 3]，6.8.1 要求	
				管孔焊缝边缘与相邻主焊缝边缘的净距离不小于 10 mm，满足 3]，6.9.3 要求	

$\phi 428$ mm 管孔补强计算

结构：见图 21-2-11。

序号	名称	符号	单位	公式或数据来源	数值
1	管子外径	d_o	mm	设计给定（$\phi 426\times 10$）	426
2	管子内径	d_i	mm	设计给定	406
3	计算压力	p	MPa	同集气罐筒体	1.38
4	许用应力	$[\sigma]_1$	MPa	同 $\phi 221$ mm 管孔补强计算	140
5	管子名义厚度	δ_1	mm	取	10
6	管子理论计算厚度	δ_c	mm	$\dfrac{pd_o}{2[\sigma]_1+p}=\dfrac{1.38\times 426}{2\times 140+1.38}$	2.1
7	腐蚀裕量的附加厚度	C_1	mm	按 3]，6.7.3.1	0.5
8	制造减薄量的附加厚度	C_2	mm	按 3]，6.7.3.1	0
9	厚度下偏差与公称厚度百分比	m	%	GB/T 3087，$\dfrac{1.5}{10}\times 100$	15
10	钢材厚度负偏差的附加厚度	C_3	mm	$\dfrac{m}{100-m}(\delta_c+C_1)=\dfrac{15}{100-15}(2.1+0.5)$	0.46
11	厚度附加量	C	mm	$C_1+C_2+C_3=0.5+0+0.46$	0.96
12	管子的有效厚度	δ_{1e}	mm	$\delta_1-C=10-0.96$	9.0
13	管子所需的理论计算厚度	δ_{1o}	mm	$\dfrac{p(d_o-2\delta_{1e})}{2[\sigma]_1-p}=\dfrac{1.38\times(426-2\times 9.0)}{2\times 140-1.38}$	2.02
14	未减弱筒体理论计算厚度（孔所在部位不受热）	δ_o	mm	$\dfrac{pD_i}{2[\sigma]-p}=\dfrac{1.38\times 700}{2\times 143-1.38}$	3.4

序号	名称	符号	单位	公式或数据来源	数值
15	有效补强宽度	B	mm	$2d = 2 \times 406$	812
16	需要补强的面积	A	mm²	$\left[d + 2\delta_{1e}\left(1 - \frac{[\sigma]_1}{[\sigma]}\right)\right]\delta_o$ $= \left[406 + 2 \times 9.0 \times \left(1 - \frac{140}{143}\right)\right] \times 3.4$	1 382
17	需要补强的面积的 $\frac{2}{3}$	$\frac{2A}{3}$	mm²	$\frac{2A}{3} = \frac{2}{3} \times 1\,382$	921
18	焊角尺寸	e	mm	图 21-2-11	10
19	纵截面内起补强作用的焊缝面积	A_1	mm²	$e^2 = 10^2$	100
20	有效补强高度(外侧)	h_1	mm	$\min\{2.5\delta_1, 2.5\delta\} = \min\{25, 20\}$	20
21	有效补强高度(内侧)	h_2	mm	$\min\{2.5\delta_1, 2.5\delta\} = \min\{25, 20\}$	20
22	纵截面内起补强作用管子多余面积	A_2	mm²	$[2h_1(\delta_{1e} - \delta_{1o}) + 2h_2\delta_{1e}]\frac{[\sigma]_1}{[\sigma]}$ $= [2 \times 20(9.0 - 2.02) + 2 \times 20 \times 9.0] \times \frac{140}{143}$	626
23	纵截面内起补强作用补强垫板面积	A_3	mm²	无垫板	0
24	纵截面内起补强作用的筒体面积	A_4	mm²	$\left[B - d - 2\delta_{1e}\left(1 - \frac{[\sigma]_1}{[\sigma]}\right)\right](\delta_e - \delta_o)$ $= \left[812 - 406 - 2 \times 9.0 \times \left(1 - \frac{140}{143}\right)\right] \times (7.2 - 3.4)$	1 541
25	总补强面积	$\sum A$	mm²	$A_1 + A_2 + A_3 + A_4 = 100 + 626 + 0 + 1\,541$	2 267
26	离孔边四分之一孔径范围内的补强面积	—	mm²	$A_1 + A_2 + A_3 + 0.5A_4 = 100 + 626 + 0 + 0.5 \times 1\,541$	1 497
27	校核			$A_1 + A_2 + A_3 + A_4 > A$,2 267 mm² > 1 382 mm²,且 $A_1 + A_2 + A_3 + 0.5A_4 > \frac{2A}{3}$,1 497 mm² > 921 mm² 两个条件皆满足要求 $\frac{d}{D_i} = \frac{d_o - 2\delta_1}{D_i} = \frac{426 - 2 \times 10}{700} < 0.8$ 且 $d = d_o - 2\delta_1 = 426 - 2 \times 10 = 406$ mm < 600 mm,满足 3],13.3.2 要求	

(22) 集气罐椭球形封头强度计算($\phi 700 \times 8$ mm)

结构:见图 21-2-18。

序号	名称	符号	单位	公式或数据来源	数值
1	计算压力	p	MPa	同集气罐筒体	1.38

序号	名称	符号	单位	公式或数据来源	数值
2	介质额定平均温度	t_{tmave}	℃	同集气罐筒体	130
3	计算温度	t_c	℃	按3],表4,不直接受火,$t_c = t_{tmave}$	130
4	材料	—	—	设计给定	Q245R
5	名义厚度	δ	mm	取	8
6	基本许用应力	$[\sigma]_J$	MPa	按2],表2,$\delta \leq 16mm$	143
7	修正系数	η	—	按3],表3,不受热	1.0
8	许用应力	$[\sigma]$	MPa	$\eta[\sigma]_J = 1.0 \times 143$	143
9	封头内直径	D_i	mm	设计给定	700
10	封头内高度	h_i	mm	设计给定	175
11	名义厚度	δ	mm	取	8
12	形状系数	Y	—	$\frac{1}{6}\left[2+\left(\frac{D_i}{2h_i}\right)^2\right]=\frac{1}{6}\left[2+\left(2\frac{700}{2\times175}\right)^2\right]$	1.0
13	封头减弱系数	φ	—	按3],表13,无孔无拼接焊缝	1.0
14	腐蚀裕量的附加厚度	C_1	mm	按3],8.3.10	0.5
15	制造减薄量的附加厚度	C_2	mm	按3],8.3.10,$0.1\delta=0.1\times8$	0.8
16	钢材厚度负偏差的附加厚度	C_3	mm	按6],查GB/T 713与GB/T 709	0.3
17	厚度附加量	C	mm	$C_1+C_2+C_3=0.5+0.8+0.3$	1.6
18	计算需要厚度	δ_c+C	mm	$\frac{pD_iY}{2\varphi[\sigma]-0.5p}+C=\frac{1.38\times700\times1.0}{2\times1.0\times143-0.5\times1.38}+1.6$	5.0
19	判定			$\delta > \delta_c+C$ 满足要求	
20	校核			$\frac{h_i}{D_i}=\frac{175}{700}=0.25, \frac{h_i}{D_i}\geq0.2$,满足3],8.3.3 要求	
				$\frac{\delta-C}{D_i}=\frac{8-1.6}{700}=0.009, \frac{\delta-C}{D_i}\leq0.1$,满足3],8.3.3 要求	

(23) 强度计算汇总表

部件	名称	符号	单位	数值
锅筒筒体	计算压力	p	MPa	1.38
	锅筒内径	D_i	mm	1 200
	材料	—	—	Q245R/GB/T 713
	计算需要厚度	δ_c+C	mm	12.2
	名义厚度(取用厚度)	δ	mm	14

部件	名称	符号	单位	数值
锅筒椭球形封头	计算压力	p	MPa	1.38
	封头内径	D_i	mm	1 200
	材料	—	—	Q245R/GB/T 713
	计算需要厚度	$\delta_c + C$	mm	10.7
	名义厚度（取用厚度）	δ	mm	12
侧水冷壁下集箱筒体	计算计算压力	p	MPa	1.46
	集箱外径	D_o	mm	377
	材料	—	—	20/GB/T 3087
	计算需要厚度	$\delta_c + C$	mm	10.1
	名义厚度（取用厚度）	δ	mm	12
侧水冷壁下集箱椭球形封头	计算压力	p	MPa	1.46
	封头外径	D_i	mm	377
	材料	—	—	Q245R/GB/T 713
	计算需要厚度	$\delta_c + C$	mm	4.63
	名义厚度（取用厚度）	δ	mm	10
前拱下集箱及后集箱筒体	计算压力	p	MPa	1.46
	集箱外径	D_o	mm	325
	材料	—	—	20/GB/T 3087
	计算需要厚度	$\delta_c + C$	mm	6.71
	名义厚度（取用厚度）	δ	mm	10
前拱下集箱及后下集箱椭球形封头	计算压力	p	MPa	1.46
	封头外径	D_i	mm	325
	材料	—	—	Q245R/GB/T 713
	计算需要厚度	$\delta_c + C$	mm	4.5
	名义厚度（取用厚度）	δ	mm	10
后拱上集箱筒体	计算压力	p	MPa	1.38
	集箱外径	D_o	mm	273
	材料	—	—	20/GB/T 3087
	计算需要厚度	$\delta_c + C$	mm	2.72
	名义厚度（取用厚度）	δ	mm	10

部件	名称	符号	单位	数值
前拱上集箱及后上集箱筒体	计算压力	p	MPa	1.38
	集箱外径	D_o	mm	219
	材料	—	—	20/GB/T 3087
	计算需要厚度	$\delta_c + C$	mm	4.49
	名义厚度(取用厚度)	δ	mm	8
前支撑管、后下降管	管子外径	D_o	mm	273
	材料	—	—	20/GB/T 3087
	名义厚度(取用厚度)	δ	mm	10
后拱管	管子外径	D_o	mm	70
	材料	—	—	20/GB/T 3087
	名义厚度(取用厚度)	δ	mm	6
水冷壁管、前拱管、后墙管	管子外径	D_o	mm	60
	材料	—	—	20/GB/T 3087
	名义厚度(取用厚度)	δ	mm	4
前拱下降管、后拱下降管	管子外径	D_o	mm	219
	材料	—	—	20/GB/T 3087
	名义厚度(取用厚度)	δ	mm	8
高温烟管筒筒体	计算压力	p	MPa	1.45
	锅筒内径	D_i	mm	1 500
	材料	—	—	Q245R/GB/T 713
	计算需要厚度	$\delta_c + C$	mm	8.2
	名义厚度(取用厚度)	δ	mm	12
高温烟管筒上管板	锅筒内径	D_i	mm	1 500
	材料	—	—	Q245R/GB/T 713
	名义厚度(取用厚度)	δ	mm	14
高温烟管筒下管板	计算压力	p	MPa	1.45
	管板内径	D_i	mm	1 500
	材料	—	—	Q245R/GB/T 713
	计算需要厚度	$\delta_c + C$	mm	12.4
	名义厚度(取用厚度)	δ	mm	14

部件	名称	符号	单位	数值
螺纹烟管	计算压力	p	MPa	1.45
	材料	—	—	20/GB/T 3087
	计算需要厚度	δ_c+C	mm	0.67
	取名义厚度(取用厚度)	δ	mm	4
	管子外径	d_o	mm	89
低温烟管筒筒体	计算压力	p	MPa	1.45
	筒体内径	D_i	mm	1 400
	材料	—	—	Q245R/GB/T 713
	计算需要厚度	δ_c+C	mm	7.7
	名义厚度(取用厚度)	δ	mm	10
低温烟管筒上管板	锅筒内径	D_i	mm	1 400
	材料	—	—	Q245R/GB/T 713
	名义厚度(取用厚度)	δ	mm	12
低温烟管筒下管板	计算压力	p	MPa	1.45
	管板内径	D_i	mm	1 400
	材料	—	—	Q245R/GB/T 713
	计算需要厚度	δ_c+C	mm	12
	名义厚度(取用厚度)	δ	mm	12
集气罐筒体	计算压力	p	MPa	1.38
	内径	D_i	mm	700
	材料	—	—	Q245R/GB/T 713
	计算需要厚度	δ_c+C	mm	4.2
	名义厚度(取用厚度)	δ	mm	8
集气罐椭球形封头	计算压力	p	MPa	1.38
	内径	D_i	mm	700
	材料	—	—	Q245R/GB/T 713
	计算需要厚度	δ_c+C	mm	5.0
	名义厚度(取用厚度)	δ	mm	8

21-3　卧式内燃蒸汽锅炉强度计算

1　计算说明

本计算以 15 t/h,1.25 MPa 为例。

本锅炉强度计算经分析,注意了以下问题:

1) 锥形炉胆计算方法见 9-4 节之 4;

2) 拱形管板烟管群的上部大量边缘烟管对拱形部分起支点作用,因烟管焊接于管板,而且节距较小,故按标准未设置拉撑管;

3) 烟管无需计算,按标准取厚度即可;

4) 凸形元件边缘的圆筒形直段无需计算;

5) 炉胆与平板部分(前拱形管板、回烟室前管板)的连接孔,因介质压力使孔边缘出现的应力集中由于炉胆端部起补强作用(平板仅要求 1/4 面积补强,而且平板部分实际需要壁厚不大),一般不要求进行补强计算。

本计算按以下标准进行:

1] GB/T 16508.1—2013《锅壳锅炉　第 1 部分:总则》;

2] GB/T 16508.2—2013《锅壳锅炉　第 2 部分:材料》;

3] GB/T 16508.3—2013《锅壳锅炉　第 3 部分:设计与强度计算》;

4] GB/T 16508.4—2013《锅壳锅炉　第 4 部分:制造、检验与验收》;

5] GB/T 16508.5—2013《锅壳锅炉　第 5 部分:安全附件和仪表》;

6] TSG G0001—2012《锅炉安全技术监察规程》。

本计算包括以下内容:

锅炉变压元件计算部分结构图见图 21-3-1～图 21-3-11。

此炉型呼吸孔空位要求较多,首先按 3]10.3 校核

(1) 锅壳筒体强度计算(ϕ2 796×28 mm)

280 mm×380 mm 人孔补强计算

(2) 锅壳前拱形管板强度计算(ϕ2 800×24 mm)

(3) 锅壳后拱形平板强度计算(ϕ2 800×24 mm)

(4) 螺纹烟管强度计算(ϕ70×3.5 mm)

(5) 波形炉胆强度计算(ϕ1 250×20 mm)

(6) 锥形炉胆强度计算(ϕ1 250×20 mm)

(7) 回烟室前管板强度计算(δ20 mm)

(8) 回烟室后平板强度计算(δ20 mm)

(9) 检查孔圈强度计算(ϕ500×18 mm)

(10) 回烟室半圆筒体强度计算(δ26 mm)

(11) 加固横梁强度计算(δ26 mm)

(12) 回烟室有加固横梁的顶板计算(δ26 mm)

(13) 直拉杆强度计算(φ50 mm)

(14) 冷凝烟管筒筒体强度计算(φ1 200×10 mm)

φ219×10 mm 检查孔补强计算

(15) 冷凝烟管筒管板强度计算(φ1 200×10 mm)

(16) 冷凝烟管筒螺纹烟管强度计算(φ70×3.5 mm)

(17) 强度计算汇总表

计算附图：

锅炉本体示意图：

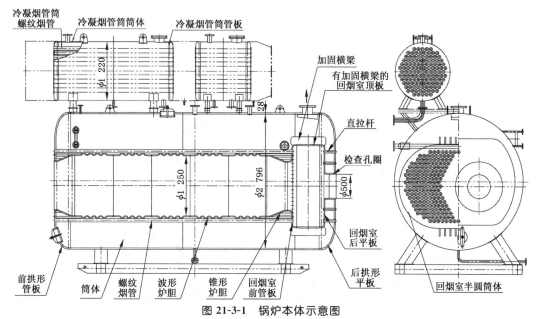

图 21-3-1　锅炉本体示意图

锅壳筒体外表面展开示意图：

由图可见，孤立大孔需要孔补强计算。

锅炉受压元件计算部分结构图：

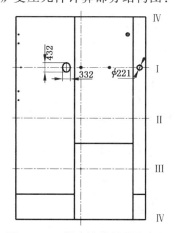

图 21-3-2　锅壳筒体展开示意图

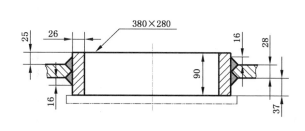

图 21-3-3　锅壳人孔

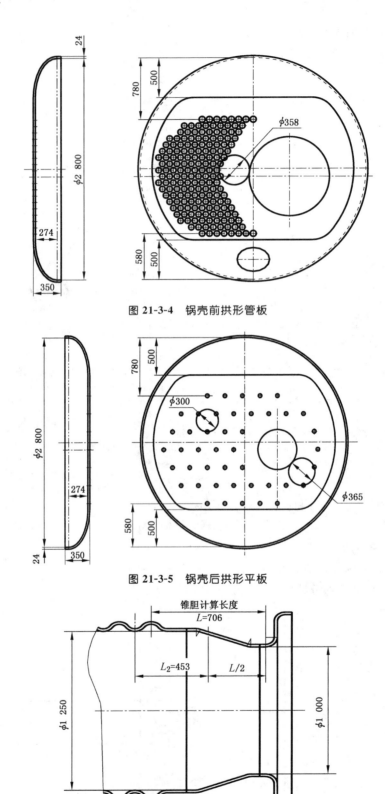

图 21-3-4　锅壳前拱形管板

图 21-3-5　锅壳后拱形平板

图 21-3-6　锥形炉胆

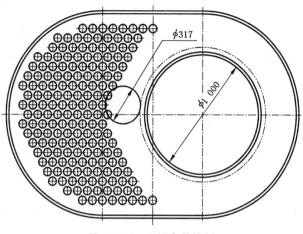

图 21-3-7　回烟室前管板

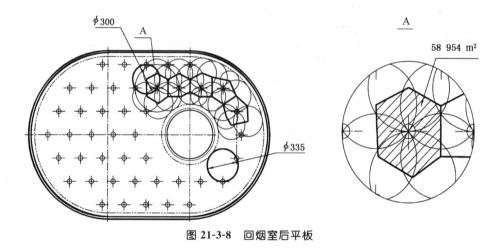

图 21-3-8　回烟室后平板

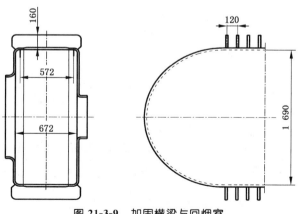

图 21-3-9　加固横梁与回烟室

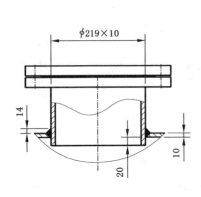
图 21-3-10 检查孔

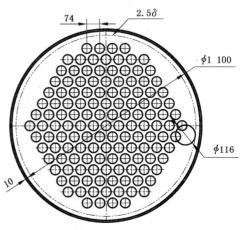
图 21-3-11 冷凝烟管筒管板

2 强度计算

(1) 锅壳筒体强度计算($\phi 2\,796 \times 28$ mm)

结构:见图 21-3-1～图 21-3-2。

序号	名称	符号	单位	计算公式或数据来源	数值
1	额定压力(表压)	p_r	MPa	设计给定	1.6
2	液柱高度	h	m	设计给定	2.6
3	液柱静压力	Δp_h	MPa	$0.01h = 0.01 \times 2.6$	0.026
4	介质流动阻力附加压力	Δp_f	MPa	无过热器,锅壳筒体至锅炉出口之间的压力降,取	0
5	附加压力	Δp_a	MPa	按5],表3,安全阀低整定压力与安全阀所在位置工作压力的差值,0.04×1.6	0.064
6	液柱静压力判定值	—	MPa	$0.03(p_r + \Delta p_a + \Delta p_f) = 0.03 \times (1.6 + 0.064 + 0)$	0.067
7	液柱静压力取值	Δp_h	MPa	按3],5.7.3,$\Delta p_h = 0.026 < 0.03(p_r + \Delta p_a + \Delta p_f) = 0.067$,取	0
8	工作压力	p_o	MPa	$p_r + \Delta p_f + \Delta p_h = 1.6 + 0 + 0$	1.6
9	计算压力	p	MPa	$p_o + \Delta p_a = 1.6 + 0.064$	1.66
10	介质额定平均温度	t_{mave}	℃	饱和蒸汽温度(绝对压力 $p_r + 0.1$)	204
11	计算温度	t_c	℃	按3],表4,不直接受烟气或火焰加热,$t_c = t_{mave}$	204
12	材料	—	—	设计给定	Q245R

序号	名称	符号	单位	计算公式或数据来源	数值
13	名义厚度	δ	mm	根据工厂板材条件，也便于孔补强，取	28
14	基本许用应力	$[\sigma]_J$	MPa	按2]，表2，$\delta>16$mm	123
15	基本许用应力修正系数	η	—	按3]，表3，不受热	1.0
16	许用应力	$[\sigma]$	MPa	$\eta[\sigma]_J=1.0\times 123$	123
17	锅壳筒体内径	D_i	mm	设计给定	2 796
18	纵向焊接接头系数	φ_w	—	按1]，6.4.7.2，双面对接焊，100%无损检测	1.0
19	最小减弱系数	$\varphi_{\min}$	—	φ_w	1.0
20	理论计算厚度	δ_c	mm	$\dfrac{pD_i}{2\varphi_{\min}[\sigma]-p}=\dfrac{1.66\times 2\,796}{2\times 1.0\times 123-1.66}$	19.0
21	腐蚀裕量的附加厚度	C_1	mm	按3]，6.7.1	0.5
22	制造减薄量的附加厚度	C_2	mm	按3]，6.7.1，冷卷冷校	0
23	钢材厚度负偏差的附加厚度	C_3	mm	按6]，查GB/T 713与GB/T 709	0.3
24	厚度附加量	C	mm	$C_1+C_2+C_3=0.5+0+0.3$	0.8
25	成品最小厚度	$\delta_{\min}$	mm	$\delta_c+C_1=19.0+0.5$	19.5
26	计算需要厚度	δ_c+C	mm	$\delta_c+C=19.0+0.8$	19.8
27	校核			$\delta\geqslant\delta_c+C$，28 mm>19.8 mm，满足3]，式(6)要求	
				$D_i\geqslant 1\,000$ mm，$\delta\geqslant 6$ mm，满足3]，6.8.1，要求	
				管孔焊缝边缘与相邻主焊缝边缘的净距离不小于10 mm，满足3]，6.9.3要求	
28	有效厚度	δ_e	mm	$\delta-C=28-0.8$	27.2
29	实际减弱系数	φ_s	—	$\dfrac{pD_i}{(2[\sigma]-p)\delta_e}=\dfrac{1.66\times 2\,796}{(2\times 123-1.66)\times 27.2}$	0.70
30	判定			$\varphi_s>0.4$，按3]，13.3.7，需要补强	
31	未补强孔最大允许直径 注：补强结构指内径。	$[d]$	mm	$8.1[D_i\delta_e(1-\varphi_s)]^{1/3}$ $=8.1\times[2\,796\times 27.2\times(1-0.7)]^{1/3}=230$ 或查曲线（按3]，图50），按3]，13.3.6，取	200
32	280 mm×380 mm人孔的内径 $d>[d]$，需要补强				

280 mm×380 mm人孔补强计算

结构：见图21-3-3。

序号	名称	符号	单位	计算公式或数据来源	数值
1	计算压力	p	MPa	同锅壳筒体	1.66

序号	名称	符号	单位	计算公式或数据来源	数值
2	计算温度	t_c	℃	同锅壳筒体	204
3	材料	—	—	设计给定	Q245R
4	人孔圈取用厚度	δ_1	mm	设计给定	26
5	基本许用应力	$[\sigma]_{J1}$	MPa	按2],表2,$\delta>16$ mm	123
6	基本许用应力修正系数	η	—	按3],表3,孔圈	1.0
7	许用应力	$[\sigma]_1$	MPa	$\eta[\sigma]_{J1}=1.0\times 123$	123
8	人孔直径(纵截面内尺寸,短轴)	d	mm	图21-3-3	280
9	人孔圈外尺寸(长轴)	d_o	mm	图21-3-3	432
10	腐蚀裕量的附加厚度	C_1	mm	按3],6.7.1	0.5
11	制造减薄量的附加厚度	C_2	mm	按3],6.7.1,冷卷冷校	0
12	钢材厚度负偏差的附加厚度	C_3	mm	按6],查GB/T 713和GB/T 709	0.3
13	厚度附加量	C	mm	$C_1+C_2+C_3=0.5+0+0.3$	0.8
14	人孔圈有效厚度	δ_{1e}	mm	$\delta_1-C=26-0.8$	25.2
15	未减弱人孔圈理论计算厚度	δ_{1o}	mm	$\dfrac{p(d_o-2\delta_{1e})}{2[\sigma]_1-p}=\dfrac{1.66\times(432-2\times 25.2)}{2\times 123-1.66}$	2.59
16	未减弱筒体理论计算厚度(孔所在部位不受热)	δ_o	mm	$\dfrac{pD_i}{2[\sigma]_J-p}=\dfrac{1.66\times 2\,796}{2\times 123-1.66}$	19.0
17	有效补强宽度	B	mm	$2d=2\times 280$	560
18	比值	$\dfrac{[\sigma]_1}{[\sigma]}$	—	按3],13.3.9,因$[\sigma]_1=[\sigma]$,故取	1
19	纵截面内补强需要的面积	A	mm²	$\left[d+2\delta_{1e}\left(1-\dfrac{[\sigma]_1}{[\sigma]}\right)\right]\delta_o$ $=\left[280+2\times 25.2\left(1-\dfrac{123}{123}\right)\right]\times 19.0$	5 320
20	需要补强的面积的$\dfrac{2}{3}$	$\dfrac{2A}{3}$	mm²	$\dfrac{2A}{3}=\dfrac{2}{3}\times 5\,320$	3 547
21	焊脚尺寸	e	mm	图21-3-3	16
22	起补强作用的焊缝面积	A_1	mm²	$2e^2=2\times 16^2$	512
23	人孔圈伸入筒体内壁的实际尺寸	h_1'	mm	图21-3-3	37

序号	名称	符号	单位	计算公式或数据来源	数值
24	人孔圈伸出筒体外壁的实际尺寸	h_2'	mm	图 21-3-3	25
25	有效补强高度（人孔盖在内侧）	h_1	mm	$\min(h_1', 2.5\delta_1, 2.5\delta) = \min(37, 50, 70)$	37
26	有效补强高度（外侧）	h_2	mm	$\min(h_2', 2.5\delta_1, 2.5\delta) = \min(25, 50, 70)$	25
27	纵截面内起补强作用的人孔圈面积	A_2	mm²	$[2h_1(\delta_{1e}-\delta_{10})+2h_2\delta_{1e}]\dfrac{[\sigma]_1}{[\sigma]}$ $= [2\times37(25.2-25.9)+2\times25\times25.2]\times\dfrac{123}{123}$	2 933
28	纵截面内起补强作用补强垫板面积	A_3	mm²	无垫板	0
29	纵截面内起补强作用的筒体面积	A_4	mm²	$\left[B-d-2\delta_{1e}\left(1-\dfrac{[\sigma]_1}{[\sigma]}\right)\right](\delta_e-\delta_o)$ $= \left[560-280-2\times25.2\times\left(1-\dfrac{123}{123}\right)\right](27.2-19.0)$	2 296
30	总补强面积	$\sum A$	mm²	$A_1+A_2+A_3+A_4 = 512+2\,933+0+2\,296$	5 741
31	离孔边四分之一孔径范围内的补强面积	—	mm²	$A_1+A_2+A_3+0.5A_4 = 512+2\,933+0+0.5\times2\,296$	4 953
32	校核			$A_1+A_2+A_3+A_4 > A$，$5\,741\text{ mm}^2 > 5\,320\text{ mm}^2$ 且 $A_1+A_2+A_3+0.5A_4 > 2A/3$，$4\,953\text{ mm}^2 > 3\,547\text{ mm}^2$，两个条件皆满足要求	
				$\dfrac{d}{D_i} = \dfrac{d_o-2\delta_1}{D_i} = \dfrac{432-2\times26}{2\,796} = 0.14 < 0.8$，且 $d=(d_o-2\delta_1)=432-2\times26=380\text{ mm}<600\text{ mm}$。对椭圆孔，长短轴之比≤2，满足 3]，13.3.2 要求	
33	人孔圈高度	h	mm	设计给定	90
34	校核			$h \geq (\delta d)^{0.5} = (28\times280)^{0.5} = 89\text{ mm}$，满足 3]，13.6.5 要求	
				$\delta_1 \geq \dfrac{7\delta}{8} = \dfrac{7\times28}{8} = 24.5\text{ mm}$，$\delta_1=26\text{ mm}\geq19\text{ mm}$，$\delta_1=26\text{ mm}\geq\dfrac{7\delta}{8}$，满足 3]，13.8.1 要求	

(2) 锅壳前拱形管板强度计算（$\phi 2\,800\times24$ mm）

结构：见图 21-3-4。

序号	名称	符号	单位	计算公式或数据来源	数值
1	计算压力	p	MPa	同锅壳筒体	1.66
2	介质额定平均温度	t_{mave}	℃	饱和蒸汽温度（绝对压力 $p_r+0.1$）	204

序号	名 称	符号	单位	计算公式或数据来源	数值
3	计算温度	t_c	℃	按3],表4,与低于600℃烟气接触,$t_{mave}+25=204+25$	229
4	材料	—	—	设计给定	Q245R
5	名义厚度	δ	mm	取	24
6	基本许用应力	$[\sigma]_J$	MPa	按2],表2,$\delta>16$ mm~36 mm	116
7	凸形部分				
7-1	基本许用应力修正系数	η	—	凸形管板的凸形部分,按3],表3	0.95
7-2	许用应力	$[\sigma]$	MPa	$\eta[\sigma]_J=0.95\times116$	110
7-3	腐蚀裕量的附加厚度	C_1	mm	按3],8.3.10	0.5
7-4	制造减薄量的附加厚度	C_2	mm	按3],8.3.10,$0.1\delta=0.1\times24$	2.4
7-5	钢材厚度负偏差的附加厚度	C_3	mm	按6],查GB/T 713和GB/T 709	0.3
7-6	厚度附加量	C	mm	$C_1+C_2+C_3=0.5+2.4+0.3$	3.2
7-7	有效厚度	δ_e	mm	$\delta-C=24-3.2$	20.8
8	上部凸形部分				
8-1	上部凸形部位当量直径	D_{ie}'	mm	$2\overline{a'b}=2\times500$	1 000
8-2	上部凸形部位当量直径	D_{ie}	mm	$2\overline{a''b}=2\times780$	1 560
8-3	管板内高	h_i	mm	设计给定	274
8-4	焊接接头系数	φ_w	—	按1],6.4.7.2,双面对接焊,100%无损检测	1.0
8-5	减弱系数	φ	—	按3],表13,无孔有拼接焊缝,取φ_w	1.0
8-6	形状系数	Y	—	$\frac{1}{6}\left[2+\left(\frac{D_{ie}}{2h_i}\right)^2\right]=\frac{1}{6}\times\left[2+\left(\frac{1\,560}{2\times274}\right)^2\right]$	1.68
8-7	计算需要厚度	δ_c+C	mm	$\frac{pD_{ie}Y}{2\varphi[\sigma]-0.5p}+C=\frac{1.66\times1\,560\times1.68}{2\times1.0\times110-0.5\times1.66}+3.2$	23.1
8-8	校核			$\frac{h_i}{D_{ie}'}=\frac{274}{1\,000}=0.28,\frac{h_i}{D_{ie}'}\geqslant0.2$,满足3],8.3.3要求	
				$\frac{\delta-C}{D_{ie}'}=\frac{24-3.2}{1\,000}=0.021,\frac{\delta-C}{D_{ie}'}\leqslant0.1$,满足3],8.3.3要求	
9	下部凸形部分				
9-1	下部凸形部位当量直径	D_{ie}'	mm	设计给定$2\overline{a'b}=2\times500$	1 000
9-2	下部凸形部位当量直径	D_{ie}	mm	设计给定$2\overline{a''b}=2\times580$	1 160
9-3	管板内高	h_i	mm	设计给定	274

序号	名 称	符号	单位	计算公式或数据来源	数值
9-4	减弱系数	φ	—	按3],表13,有孔无拼接焊缝,$1-d/D_i=1-380/1\,160$	0.67
9-5	形状系数	Y	—	$\dfrac{1}{6}\left[2+\left(\dfrac{D_{ie}}{2h_i}\right)^2\right]=\dfrac{1}{6}\left[2+\left(\dfrac{1\,160}{2\times274}\right)^2\right]$	1.1
9-6	计算需要厚度	δ_c+C	mm	$\dfrac{pD_{ie}Y}{2\varphi[\sigma]-0.5p}+C=\dfrac{1.66\times1\,160\times1.1}{2\times0.67\times110-0.5\times1.66}+3.2$	17.7
9-7	校核			$\dfrac{h_i}{D_{ie}'}=\dfrac{274}{1\,000}=0.28,\dfrac{h_i}{D_{ie}'}\geq0.2$,满足3],8.3.3要求	
				$\dfrac{\delta-C}{D_{ie}'}=\dfrac{24-3.2}{1\,000}=0.021,\dfrac{\delta-C}{D_{ie}'}\leq0.1$,满足3],8.3.3要求	
10	烟管区部分				
10-1				由于历来烟管区最小厚度均比其他部位小,裕度很大,故不予计算。	
11	圆筒形直段[1)]				
11-1	基本许用应力	$[\sigma]$	MPa	同锅筒	123
11-2	基本许用应力修正系数	η'	—	凸形管板的烟管部分,按3],表3,不受热	1.0
11-3	许用应力	$[\sigma]'$	MPa	$\eta'[\sigma]_J=1.0\times123$	123
11-4	圆筒直段直径	D_i	mm	设计给定	2 800
11-5	最小减弱系数	φ_{min}	—	按3],8.5.3.1,取	1.0
11-6	理论计算厚度	δ_c	mm	$\dfrac{pD_i}{2\varphi_{min}[\sigma]'-p}=\dfrac{1.66\times2\,800}{2\times1.0\times123-1.66}$	19.0
11-7	厚度附加量	C	mm	圆筒直段冲压形成,取凸形部位	3.2
11-8	计算需要厚度	δ_c+C	mm	$\delta_c+C=19.0+3.2$	22.2
12	平板区管板				
12-1	基本许用应力	$[\sigma]_J$	MPa	同6	116
12-2	基本许用应力修正系数	η'	—	凸形管板的烟管部分 按3],表3	0.85
12-3	许用应力	$[\sigma]'$	MPa	$\eta'[\sigma]_J=0.85\times116$	99
12-4	当量圆直径	d_e	mm	设计给定	358
12-5	系数	K	—	按3],表14,$(0.43+0.43+0.5)/3$	0.45
12-6	计算需要厚度	δ_{min}	mm	$Kd_e\sqrt{\dfrac{p}{[\sigma]}}+1=0.45\times358\times\sqrt{\dfrac{1.66}{99}}+1$	21.9
12-7	计算需要厚度最大值	δ_{max}	mm	$\max(23.1,17.7,22.2,21.9)$	23.1
13	判定			$\delta\geq\delta_{min}$,满足3],9.4.4,$\delta\geq8$ mm 且 $D_i>1\,000$ mm 的要求	

1) 圆筒形直段的计算所需厚度明显大于其他部分,但圆筒形直段无需计算,见本章最前的计算注意问题之6)。

(3) 锅壳后拱形平板强度计算（$\phi 2\,800 \times 24$ mm）

结构：见图 21-3-5。

序号	名 称	符号	单位	计算公式或数据来源	数值
1	计算压力	p	MPa	同前拱形管板	1.66
2	基本许用应力	$[\sigma]_J$	MPa	同锅壳筒体	123
3	名义厚度	δ	mm	取	24
4	凸形部分				
4-1	凸形部分基本许用修正系数	η	—	凸形管板的凸形部分，按3]，表3	0.95
4-2	凸形部分许用应力	$[\sigma]$	MPa	$\eta[\sigma]_J = 0.95 \times 123$	117
4-3	腐蚀裕量的附加厚度	C_1	mm	按3]，8.3.10	0.5
4-4	制造减薄量的附加厚度	C_2	mm	按3]，8.3.10，$0.1\delta = 0.1 \times 24$	2.4
4-5	钢材厚度负偏差的附加厚度	C_3	mm	按6]，查 GB/T 713 和 GB/T 709	0.3
4-6	厚度附加量	C	mm	$C_1 + C_2 + C_3 = 0.5 + 2.4 + 0.3$	3.2
4-7	有效厚度	δ_e	mm	$\delta - C = 24 - 3.2$	20.8
5	上部凸形部分				
5-1	上部凸形部位当量直径	D_{ie}'	mm	$2\overline{a'b} = 2 \times 500$	1 000
5-2	上部凸形部位当量直径	D_{ie}	mm	$2\overline{a''b} = 2 \times 780$	1 560
5-3	管板内高	h_i	mm	设计给定	274
5-4	形状系数	Y	—	$\dfrac{1}{6}\left[2 + \left(\dfrac{D_{ie}}{2h_i}\right)^2\right] = \dfrac{1}{6} \times \left[2 + \left(\dfrac{1\,560}{2 \times 274}\right)^2\right]$	1.68
5-5	减弱系数	φ	—	按3]，表13，无孔有拼接焊缝，取 φ_w	1.0
5-6	计算需要厚度	$\delta_c + C$	mm	$\dfrac{pD_{ie}Y}{2\varphi[\sigma] - 0.5p} + C = \dfrac{1.66 \times 1\,560 \times 1.68}{2 \times 1.0 \times 117 - 0.5 \times 1.66} + 3.2$	21.9
5-7	校核			$\dfrac{h_i}{D_{ie}'} = \dfrac{274}{1\,000} = 0.27,\ \dfrac{h_i}{D_{ie}'} \geqslant 0.2,\ 满足3]，8.3.3 要求$ $\dfrac{\delta - C}{D_{ie}'} = \dfrac{24 - 3.2}{1\,000} = 0.021,\ \dfrac{\delta - C}{D_{ie}'} \leqslant 0.1,\ 满足3]，8.3.3 要求$	
6	下部凸形部分				
6-1	由于下部凸形部位当量直径 $D_{ie} = 1\,160$，小于上部凸形部位当量直径 $D_{ie} = 1\,560$，故不必计算其最小需要厚度。				

序号	名称	符号	单位	计算公式或数据来源	数值
7	圆筒形直段[1]				
7-1	基本许用应力	$[\sigma]$	MPa	同 2	123
7-2	基本许用应力修正系数	η'	—	圆筒形部分,按 3],表 3,不受热	1.0
7-3	许用应力	$[\sigma]'$	MPa	$\eta'[\sigma]_J = 1.0 \times 123$	123
7-4	最小减弱系数	$\varphi_{\min}$	—	按 3],8.5.3.1,取	1.0
7-5	理论计算厚度	δ_c	mm	$\dfrac{pD_i}{2\varphi_{\min}[\sigma]' - p} = \dfrac{1.66 \times 2\,800}{2 \times 1.0 \times 123 - 1.66}$	19.0
7-6	厚度附加量	C	mm	圆筒直段冲压形成,取凸形部分	3.2
7-7	计算需要厚度	$\delta_c + C$	mm	$\delta_c + C = 19.0 + 3.2$	22.2
8	平板管板区部分				
8-1	基本许用应力	$[\sigma]_J$	MPa	同 2	123
8-2	基本许用应力修正系数	η'	—	凸形管板的烟管管板部分,按 3],表 3	0.85
8-3	许用应力	$[\sigma]'$	MPa	$\eta'[\sigma]_J = 0.85 \times 123$	105
8-4	当量圆直径	d_e	mm	设计给定	365
8-5	系数	K	—	按 3],表 14,(0.43+0.43+0.5)/3	0.45
8-6	计算需要厚度	$\delta_{\min}$	mm	$Kd_e\sqrt{\dfrac{p}{[\sigma]'}} + 1 = 0.45 \times 365 \times \sqrt{\dfrac{1.66}{105}} + 1$	21.7
9	拉杆区部分				
9-1	基本许用应力	$[\sigma]_J$	MPa	同 2	123
9-2	拉杆部分基本许用修正系数	η'	—	按 3],表 3,凸形管板的烟管部分	0.85
9-3	拉杆部分许用应力	$[\sigma]'$	MPa	$\eta'[\sigma]_J = 0.85 \times 123$	105
9-4	当量圆直径	d_e	mm	设计给定	300
9-5	系数	K	—	按 3],表 14	0.43
9-6	计算需要厚度	$\delta_{\min}$	mm	$Kd_e\sqrt{\dfrac{p}{[\sigma]'}} + 1 = 0.4 \times 300 \times \sqrt{\dfrac{1.66}{105}} + 1$	17.2
10	计算需要厚度最大值	$\delta_{\max}$	mm	max(21.9,22.2,21.7,17.2)	22.2
11	判定			$\delta \geq \delta_{\min}$,满足 3],9.4.4,$\delta \geq 8$ mm 且 $D_i > 1\,000$ mm 的要求	

1) 圆筒形直段的计算所需厚度明显大于其他部分,但圆筒形直段无需计算,见本章最前的计算注意问题之6)。

(4) 螺纹烟管强度计算($\phi 70 \times 3.5$ mm)

结构:见图 21-3-1。

序号	名称	符号	单位	计算公式或数据来源	数值
1	计算压力	p	MPa	同锅壳筒体	1.66
2	管子外径	d_o	mm	设计给定	70
3	介质额定平均温度	t_{mave}	℃	饱和蒸汽温度(绝对压力 $p_r+0.1$)	204
4	计算温度	t_c	℃	按3],表4,$t_{mave}+25=204+25$	229
5	材料	—	—	设计给定	20
6	名义厚度	δ	mm	取	3.5
7	基本许用应力	$[\sigma]_J$	MPa	按2],表4,$\delta \leq 16$ mm	118
8	基本许用应力修正系数	η	—	按3],表3,烟管	0.8
9	许用应力	$[\sigma]$	MPa	$\eta[\sigma]_J=0.8\times118$	94.4
10	理论计算厚度	δ_c	mm	$\dfrac{pd_o}{2[\sigma]}=\dfrac{1.66\times70}{2\times94.4}$	0.62
11	腐蚀裕量的附加厚度	C_1	mm	按3],6.7.3.1	0
12	制造减薄量的附加厚度	C_2	mm	按3],6.7.3.1	0
13	厚度下偏差与公称厚度百分比	m	%	按 GB/T 3087,$\dfrac{0.44}{3.5}\times100$	12.6
14	钢材厚度负偏差的附加厚度	C_3	mm	$\dfrac{m}{100-m}(\delta_c+C_1)=\dfrac{12.6}{100-12.6}\times(0.62+0)$	0.09
15	厚度附加量	C	mm	$C_1+C_2+C_3=0+0+0.09$	0.09
16	计算需要厚度	δ_c+C	mm	$\delta_c+C=0.62+0.09$	0.72
17	管子最小公称厚度	$\delta_{min(公称)}$	mm	根据 d_o,查3],表12	2.5
18	校核			$\delta \geq \delta_c+C$,3.5 mm>0.72 mm 且 $\delta \geq \delta_{min(公称)}$,3.5 mm>2.5 mm,满足要求	

说明:承受外压作用的烟管无需计算厚度,可按标准要求,取最小厚度即可[见本章最前 21-1 节的计算注意问题之 2)]。

(5) 波形炉胆强度计算($\phi1\,250\times20$ mm)

结构:见图 21-3-1。

序号	名称	符号	单位	计算公式或数据来源	数值
1	计算压力	p	MPa	同锅壳筒体	1.66
2	介质额定平均温度	t_{mave}	℃	饱和蒸汽温度(绝对压力 $p_r+0.1$)	204
3	计算温度	t_c	℃	按3],表4,直接受火焰辐射,$t_{mave}+90=204+90$	294
4	材料	—	—	设计给定	Q245R

序号	名 称	符号	单位	计算公式或数据来源	数值
5	名义厚度	δ	mm	取	20
6	基本许用应力	$[\sigma]_J$	MPa	按2],表2	103
7	基本许用应力修正系数	η	—	按3],表3	0.6
8	许用应力	$[\sigma]$	MPa	$\eta[\sigma]_J = 0.6 \times 103$	61.8
9	波形炉胆外径	D_o	mm	设计给定	1 290
10	计算需要厚度(设计厚度)	δ_s	mm	$\dfrac{pD_o}{2[\sigma]}+1 = \dfrac{1.66 \times 1\,290}{2 \times 61.8}+1$	18.3
11	判定			$\delta > \delta_s$,满足要求	
12	校核			波形炉胆平直部分长度 75 mm≤125 mm,满足3],7.3.2.3 要求	
				波形炉胆与平直炉胆或凸形封头连接处平直部分长度≤250 mm,满足3],7.3.2.4 要求	
				炉胆内径 D_i≤1 800 mm,满足3],7.3.5.1 要求	
				炉胆厚度满足3],7.3.5.2,8 mm≤δ≤22 mm 的要求	

(6) 锥形炉胆强度计算(ϕ1 250×20 mm)

结构:见图 21-3-6。

序号	名 称	符号	单位	计算公式或数据来源	数值
1	计算压力	p	MPa	同锅壳筒体	1.66
2	介质额定平均温度	t_{mave}	℃	饱和蒸汽温度(绝对压力 p_r+0.1)	204
3	计算温度	t_c	℃	按3],表4,直接受火焰辐射,$t_{mave}+90 = 204+90$	294
4	材料	—		设计给定	Q245R
5	计算温度时的屈服点	R_{eL}^t	MPa	按2],表 B.1	155
6	炉胆内径平均值	D_{im}	mm	设计给定,取两端内径平均值,(1 250+1 000)/2	1 125
7	名义厚度	δ	mm	取	20
8	炉胆平均直径	D_m	mm	$D_{im}+\delta = 1\,125+20$	1 145
9	强度安全系数	n_1	—	按3],表8	2.5
10	稳定安全系数	n_2	—	按3],表8	3
11	计算长度	L	mm	按3],7.3.3.1 及图 21-3-6	706
12	圆度百分率[1]	u	—	按3],7.3.1.7	1.2
13	计算值	B	—	$\dfrac{pD_m n_1}{2R_{eL}^t\left(1+\dfrac{D_m}{15L}\right)} = \dfrac{1.66 \times 1\,145 \times 2.5}{2 \times 155 \times \left(1+\dfrac{1\,145}{15 \times 706}\right)}$	13.8

序号	名称	符号	单位	计算公式或数据来源	数值
14	设计厚度(强度)	δ_{1s}	mm	$\dfrac{B}{2}\left[1+\sqrt{1+\dfrac{0.12\times D_m u}{B\left(1+\dfrac{D_m}{0.3L}\right)}}\right]+1=\dfrac{13.8}{2}\times$ $\left[1+\sqrt{1+\dfrac{0.12\times1\,145\times1.2}{13.8\times\left(1+\dfrac{1\,145}{0.3\times706}\right)}}\right]+1$	19.6
15	计算温度时的弹性模量	E^t	MPa	按2],表B.11	184 000
16	设计厚度(稳定)	δ_{2s}	mm	$D_m^{0.6}\left(\dfrac{pLn_2}{1.73E^t}\right)^{0.4}+1=$ $1\,145^{0.6}\left(\dfrac{1.66\times706\times3}{1.73\times184\,000}\right)^{0.4}+1$	12.3
17	计算需要厚度最大值	δ_s	mm	$\max(\delta_{1s},\delta_{2s})=\max(19.6,12.3)$	19.6
18	校核边缘一节波纹的惯性矩				
18-1	炉胆平均直径	D_m	mm	同8	1 145
18-2	炉胆计算长度	L_2	mm	图21-3-6	453
18-3	最小需要惯性矩	I'	mm^4	$\dfrac{pL_2 D_m^3}{1.33\times10^6}=\dfrac{1.66\times453\times1\,145^3}{1.33\times10^6}$	85×10^4
18-4	边缘一节惯性矩	I_1	mm^4	按3],表10中的图14c),节距200 mm(表10中的图14b也可)	198×10^4
19	校核			$\delta\geqslant\delta_s$ 满足要求	
				$I_1>I'$ 满足3],7.3.3.1要求	
				炉胆内径 $D_i\leqslant1\,800$ mm,满足3],7.3.5.1要求	
				炉胆计算长度 $L\leqslant2\,000$ mm,满足3],7.3.5.3要求	

1) 按5],4.4.6.3取 $u=0.5$,计算厚度可以减薄。

(7) 回烟室前管板强度计算(δ20 mm)

结构:见图21-3-7。

序号	名称	符号	单位	计算公式或数据来源	数值
1	计算压力	p	MPa	同锅壳筒体	1.66
2	计算温度	t_c	℃	按3],表4,直接受火焰辐射,$t_{mave}+70=204+70$	274
3	材料	—	—	设计给定	Q245R
4	名义厚度	δ	mm	取	20
5	基本许用应力	$[\sigma]_J$	MPa	按2],表2,$\delta\geqslant16$ mm	107
6	基本许用应力修正系数	η	—	按3],表3,烟管管板	0.85
7	许用应力	$[\sigma]$	MPa	$\eta[\sigma]_J=0.85\times107$	91

序号	名称	符号	单位	计算公式或数据来源	数值
8	平板区				
8-1	当量圆直径	d_e	mm	设计给定	317
8-2	系数	K	—	按3],表14,$(0.45+0.45+0.35)/3$	0.42
8-3	成品最小厚度	δ_{1min}	mm	$Kd_e\sqrt{\dfrac{p}{[\sigma]}}+1=0.42\times317\times\sqrt{\dfrac{1.66}{91}}+1$	19.0
9	烟管区				
9-1	由于烟管区最小厚度均比其他部位小,裕度很大,故不予计算。				
10	横向孔桥抗压强度判定				
10-1	回烟室(火箱)管板的内壁间距	s	mm	设计给定	672
10-2	管孔横向节距	S_1	mm	设计给定	90
10-3	烟管内径	d_i	mm	设计给定	63
10-4	常温抗拉强度	R_m	MPa	按2],表2,Q245R	400
10-5	成品最小厚度	δ_{2min}	mm	$\dfrac{psS_1}{186(S_1-d_i)}\dfrac{400}{R_m}=\dfrac{1.66\times672\times90}{186\times(90-63)}\times\dfrac{400}{400}$	19.9
11	计算需要厚度最大值	δ_{max}	mm	$\max(\delta_{1min},\delta_{2min})=\max(19.0,19.9)$	19.9
12	校核			$\delta\geqslant\delta_{min}$,满足 3],9.4.4,$\delta\geqslant 8$ mm且$D_i>1\,000$ mm的要求	

(8)回烟室后平板强度计算($\delta 20$ mm)

结构:见图21-3-8。

序号	名称	符号	单位	计算公式或数据来源	数值
1	计算压力	p	MPa	同回烟室前管板	1.66
2	许用应力	$[\sigma]$	MPa	同回烟室前管板	91
3	平板区				
3-1	当量圆直径	d_e	mm	设计给定	335
3-2	系数	K	—	按3],表14,$(0.43+0.43+0.35)/3$	0.40
3-3	成品最小厚度	δ_{1min}	mm	$Kd_e\sqrt{\dfrac{p}{[\sigma]}}+1=0.4\times335\times\sqrt{\dfrac{1.66}{91}}+1$	19.1
4	拉杆区				
4-1	当量圆直径	d_e	mm	设计给定	300
4-2	系数	K	—	按3],表14	0.43
4-3	成品最小厚度	δ_{2min}	mm	$Kd_e\sqrt{\dfrac{p}{[\sigma]}}+1=0.43\times300\times\sqrt{\dfrac{1.66}{91}}+1$	18.4

序号	名称	符号	单位	计算公式或数据来源	数值
4-4	计算需要厚度最大值	δ_{max}	—	$\max(\delta_{1\min},\delta_{2\min})=\max(19.1,18.4)$	19.1
5	名义厚度	δ	mm	取	20
6	校核			$\delta\geqslant\delta_{\min}$,管子与管板采用焊接连接;满足 3],9.4.4,$\delta\geqslant 8$ mm 且 $D_i>1\,000$ mm 的要求	

(9) 检查孔圈强度计算($\phi 500\times 18$ mm)

结构:见图 21-3-1。

序号	名称	符号	单位	计算公式或数据来源	数值
1	计算压力	p	MPa	同锅壳筒体	1.66
2	孔圈外径	d_o	mm	设计给定	536
3	介质额定平均温度	t_{mave}	℃	饱和蒸汽温度(绝对压力 $p_r+0.1$)	204
4	计算温度	t_c	℃	按 3],表 4,不直接受烟气(已采取绝热措施),$t_{mave}=t_c$	204
5	材料	—	—	设计给定	Q245R
6	名义厚度	δ	mm	取	18
7	基本许用应力	$[\sigma]_J$	MPa	按 2],表 4,$\delta\geqslant 16$ mm	123
8	基本许用应力修正系数	η	—	按 3],表 3,孔圈	1.0
9	许用应力	$[\sigma]$	MPa	$\eta[\sigma]_J=1.0\times 123$	123
10	纵向焊接接头系数	φ_w	—	按 1],6.4.7.2,双面对接焊,100% 无损检测	1.0
11	最小减弱系数	$\varphi_{\min}$	—	φ_w	1.0
12	理论计算厚度[1)]	δ_c	mm	$\dfrac{pd_o}{2\varphi_{\min}[\sigma]}=\dfrac{1.66\times 536}{2\times 1.0\times 123}$	3.6
13	腐蚀裕量的附加厚度	C_1	mm	按 3],6.7.3.1	0.5
14	制造减薄量的附加厚度	C_2	mm	按 3],6.7.3.1,冷卷冷校	0
15	钢材厚度负偏差的附加厚度	C_3	mm	按 6],查 GB/T 713 与 GB/T 709	0.3
16	厚度附加量	C	mm	$C_1+C_2+C_3=0.5+0+0.3$	0.8
17	成品最小厚度	$\delta_{\min}$	mm	$\delta_c+C_1=3.6+0.5$	4.1
18	计算需要厚度	δ_c+C	mm	$\delta_c+C=3.6+0.8$	4.4
19	校核			$\delta\geqslant\delta_c+C$,18 mm > 4.4 mm 满足要求	

1) 检查孔圈较短,不存在稳定问题,故按强度简化计算。另外,检查孔圈两端平板孔无需补强计算,因短管仅需 1/4 面积补强,而且孔圈存在明显多余厚度。

(10) 回烟室半圆筒体强度计算($\delta 26$ mm)

结构：见图 21-3-9。

序号	名 称	符号	单位	计算公式或数据来源	数值
1	计算压力	p	MPa	同锅壳筒体	1.66
2	介质额定平均温度	t_{mave}	℃	饱和蒸汽温度(绝对压力 p_r+0.1)	204
3	计算温度	t_c	℃	按3],表4,直接受火焰辐射,$t_{\text{mave}}+70=204+70$	274
4	材料	—	—	设计给定	Q245R
5	名义厚度	δ	mm	取	26
6	计算温度时的屈服点	R_{eL}^t	MPa	按2],表 B.1	160
7	回烟室筒体内径	D_i	mm	设计给定	1 690
8	回烟室筒体平均直径	D_m	mm	$D_i+\delta=1\,690+26$	1 716
9	强度安全系数	n_1	—	按3],表8	2.5
10	稳定安全系数	n_2	—	按3],表8	3.0
11	计算长度	L	mm	按3],7.3.1.5	572
12	圆度百分率[1)]	u	—	按3],7.3.1.7	1.2
13	计算值	B	—	$\dfrac{pD_m n_1}{2R_{eL}^t\left(1+\dfrac{D_m}{15L}\right)}=\dfrac{1.66\times 1\,716\times 2.5}{2\times 160\times\left(1+\dfrac{1\,716}{15\times 572}\right)}$	18.6
14	设计厚度(强度)	δ_{1s}	mm	$\dfrac{B}{2}\left[1+\sqrt{1+\dfrac{0.12\times D_m u}{B\left(1+\dfrac{D_m}{0.3L}\right)}}\right]+1=$ $\dfrac{18.6}{2}\left[1+\sqrt{1+\dfrac{0.12\times 1\,716\times 1.2}{18.6\times\left(1+\dfrac{1\,716}{0.3\times 572}\right)}}\right]+1$	24.2
15	计算温度时的弹性模量	E^t	MPa	按2],表 B.11	184 000
16	设计厚度(稳定)	δ_{2s}	mm	$D_m^{0.6}\left(\dfrac{pLn_2}{1.73E^t}\right)^{0.4}+1=$ $1\,716^{0.6}\times\left(\dfrac{1.66\times 572\times 3}{1.73\times 184\,000}\right)^{0.4}+1$	14.2
17	计算需要厚度最大值	δ_s	mm	$\max(\delta_{1s},\delta_{2s})=\max(24.2,14.2)$	24.2
18	校核			$\delta\geqslant\delta_s$,26 mm>24.2 mm,满足要求	
				炉胆(回烟室筒体)内径 $D_i\leqslant 1\,800$ mm,满足3],7.3.5.1要求	
				炉胆(回烟室筒体)计算长度 $L\leqslant 2\,000$ mm,满足3],7.3.5.3要求	
				回烟室筒体厚度 10 mm$\leqslant\delta\leqslant$35 mm,满足3],7.4.2要求	

1) 按5],4.4.6.3,取 $u=0.5$,计算厚度可以减薄。

(11) 加固横梁强度计算（$\delta 26$ mm）

结构：见图 21-3-9。

序号	名　称	符号	单位	计算公式或数据来源	数值
1	计算压力	p	MPa	同相连元件	1.66
2	介质额定平均温度	t_{mave}	℃	饱和蒸汽温度（绝对压力 p_r+0.1）	204
3	计算温度	t_c	℃	按 3]，10.8.3 及表 4，不直接受烟气或火焰加热，$t_{\text{mave}}=t_c$	204
4	材料	—	—	设计给定	Q245R
5	名义厚度	δ_H	mm	取	26
6	基本许用应力	$[\sigma]_J$	MPa	按 2]，表 2，$\delta \geqslant 16$ mm	123
7	基本许用应力修正系数	η	—	按 3]，表 3，不受热	1.0
8	许用应力	$[\sigma]$	MPa	$\eta[\sigma]_J = 1.0 \times 123$	123
9	回烟室管板的内壁间距	s	mm	图 21-3-9	672
10	加固横梁间距	S_H	mm	图 21-3-9	120
11	加固横梁计算高度	h_H	mm	图 21-3-9	160
12	系数	K_H	mm	按 3]，10.8.1	1.13
13	计算需要厚度	$\delta_{H\min}$	mm	$\dfrac{p s^2 S_H}{K_H h_H^2 [\sigma]} = \dfrac{1.66 \times 672^2 \times 120}{1.13 \times 160^2 \times 123}$	25.3
14	校核			$\delta_H \geqslant \delta_{H\min}$ 满足要求	
				加固横梁与火箱顶板的连接采用全焊透结构，满足 3]，10.8.4 要求	

(12) 回烟室有加固横梁的顶板强度计算（$\delta 26$ mm）

结构：见图 21-3-9。

序号	名　称	符号	单位	计算公式或数据来源	数值
1	计算压力	p	MPa	同相连元件	1.66
2	基本许用应力	$[\sigma]_J$	MPa	同回烟室前管板	107
3	基本许用应力修正系数	η	—	按 3]，表 3	0.85
4	许用应力	$[\sigma]$	MPa	$\eta[\sigma]_J = 0.85 \times 107$	91
5	系数	K	—	按 3]，9.5.3，无水通道	0.56
6	加固横梁间距	S_H	mm	设计给定	120
7	加固横梁厚度	δ_H	mm	设计给定	26
8	当量圆直径	d_e	mm	S_H	120
9	计算需要厚度	$\delta_{\min}$	mm	$K d_e \sqrt{\dfrac{p}{[\sigma]}} + 1 = 0.56 \times 120 \times \sqrt{\dfrac{1.66}{91}} + 1$	10.1

序号	名称	符号	单位	计算公式或数据来源	数值
10	名义厚度	δ	mm	取	26
11	校核			$\delta \geqslant \delta_{\min}$, 26 mm > 10.1 mm, 满足要求	
				火箱(回烟室)顶板扳边内半径 $R=40$ mm, $R \geqslant \delta$ 且 $R \geqslant 25$ mm, 满足 3], 9.5.4 要求	

(13) 直拉杆强度计算($\phi 50$ mm)

结构：见图 21-3-8。

序号	名称	符号	单位	计算公式或数据来源	数值
1	计算压力	p	MPa	同后拱形管板	1.66
2	介质额定平均温度	t_{mave}	℃	饱和蒸汽温度(绝对压力 $p_r+0.1$)	204
3	计算温度	t_c	℃	按 3], 10.5.4 及表 4, 不直接受烟气或火焰加热, $t_{\text{mave}}=t_c$	204
4	材料	—	—	设计给定	20
5	基本许用应力	$[\sigma]_J$	MPa	按 2], 表 15	116
6	基本许用应力修正系数	η	—	按 3], 表 3	0.6
7	许用应力	$[\sigma]$	MPa	$\eta[\sigma]_J = 0.6 \times 116$	70
8	拉撑件所支撑的面积	A	mm²	图 21-3-8	58 954
9	最小需要截面积	$F_{\min}$	mm²	$\dfrac{pA}{[\sigma]} = \dfrac{1.66 \times 58\,954}{70}$	1 398
10	计算需要直径	$d_{\min}$	mm	$2(F_{\min}/\pi)^{0.5} = 2 \times (1\,398/\pi)^{0.5}$	42.2
11	取用直径	d	mm	取	50
12	校核			$d \geqslant d_{\min}$, $\phi 50$ mm > $\phi 42.2$ mm, 满足要求	
				直拉杆直径 d, 满足 3], 10.5.6 "用于平管板, $d \geqslant 25$ mm；用于回烟室(火箱), $d \geqslant 20$ mm" 的要求	

(14) 冷凝烟管筒筒体强度计算($\phi 1\,200 \times 10$ mm)

结构：见图 21-3-1。

序号	名称	符号	单位	公式或数据来源	数值
1	额定压力(表压)	p_r	MPa	设计给定	1.6
2	液柱高度	h	m	设计给定	1.2
3	液柱静压力	Δp_h	MPa	$0.01h = 0.01 \times 1.2$	0.012
4	介质流动阻力附加压力	Δp_f	MPa	近似取值	0
5	附加压力	Δp_a	MPa	按 5], 表 3, 安全阀低整定压力与安全阀所在位置工作压力差值, 0.04×1.6	0.06

序号	名称	符号	单位	公式或数据来源	数值
6	液柱静压力判定值	—	MPa	$\Delta p_h \leqslant 0.03(p_r + \Delta p_a + \Delta p_f) = 0.03 \times (1.6 + 0.06 + 0)$	0.05
7	液柱静压力取值	Δp_h	MPa	按3],5.7.3,$\Delta p_h = 0.012 \leqslant 0.03(p_r + \Delta p_a + \Delta p_f)$,取	0
8	工作压力	p_o	MPa	$p_r + \Delta p_f + \Delta p_h = 1.6 + 0 + 0$	1.6
9	计算压力	p	MPa	$p_o + \Delta p_a = 1.6 + 0.06$	1.66
10	介质额定平均温度	t_{mave}	℃	由热力计算,出口水温	117
11	计算温度	t_c	℃	按3],表4及5.6.1,不直接受烟气或火焰加热,$t_c = t_{mave}$	117
12	材料	—	—	设计给定	Q245R
13	名义厚度	δ	mm	取	10
14	基本许用应力	$[\sigma]_J$	MPa	按2],表2,$\delta \leqslant 16$ mm	145
15	基本许用应力修正系数	η	—	按3],表3	1.0
16	许用应力	$[\sigma]$	MPa	$\eta[\sigma]_J = 1.0 \times 145$	145
17	筒体内径	D_i	mm	设计给定	1 200
18	焊接接头系数	φ_w	—	按1],6.4.7.2,单面对接焊,100%无损检测	0.9
19	最小减弱系数	φ_{min}	—	φ_w	0.9
20	理论计算厚度	δ_c	mm	$\dfrac{pD_i}{2\varphi_{min}[\sigma] - p} = \dfrac{1.66 \times 1\,200}{2 \times 0.9 \times 145 - 1.66}$	7.7
21	腐蚀裕量的附加厚度	C_1	mm	按3],6.7.1	0.5
22	制造减薄量的附加厚度	C_2	mm	按3],6.7.1,冷卷冷校	0
23	钢材厚度负偏差的附加厚度	C_3	mm	按6],查GB/T 713与GB/T 709	0.3
24	厚度附加量	C	mm	$C_1 + C_2 + C_3 = 0.5 + 0 + 0.3$	0.8
25	成品最小厚度	δ_{min}	mm	$\delta_c + C_1 = 7.7 + 0.5$	8.2
26	计算需要厚度	$\delta_c + C$	mm	$\delta_c + C = 7.7 + 0.8$	8.5
27	校核			$\delta \geqslant \delta_c + C$,满足3],6.3.1,式(6)	
28	有效厚度	δ_e	mm	$\delta - C = 10 - 0.8$	9.2
29	实际减弱系数	φ_s	—	$\dfrac{pD_i}{(2[\sigma] - p)\delta_e} = \dfrac{1.66 \times 1\,200}{(2 \times 145 - 1.66) \times 9.2}$	0.75
30	判定			$\varphi_s > 0.4$,按3],13.3.7,需要补强	

序号	名称	符号	单位	公式或数据来源	数值
31	未补强孔最大允许直径 注：补强结构指内径。	[d]	mm	$\min\{200, 8.1[D_i\delta_e(1-\varphi_s)]^{1/3}\}$ $= \min\{200, 8.1 \times [1\,200 \times 9.2 \times (1-0.75)]^{1/3}\}$ 或查曲线（按3］，图50）	114
32				$\phi 219$ mm 管子的内径 $d > [d]$，需要补强	
33	校核			$D_i > 1\,000$ mm，$\delta \geqslant 6$ mm，满足3］，6.8.1要求 管孔焊缝边缘与相邻主焊缝边缘的净距离不小于10 mm，满足3］，6.9.3要求	

$\phi 219 \times 10$ mm 检查孔补强计算

结构：见图 21-3-10。

序号	名称	符号	单位	公式或数据来源	数值
1	管子外径	d_o	mm	设计给定（$\phi 219 \times 10$）	219
2	管子内径	d_i	mm	设计给定	199
3	计算压力	p	MPa	同锅壳筒体	1.66
4	介质额定平均温度	t_{mave}	℃	同锅壳筒体	117
5	计算壁温	t_c	℃	按3］，表4，不直接受烟气或火焰加热，$t_c = t_{mave}$	117
6	材料	—		设计给定	20
7	补强管接头名义厚度	δ_1	mm	取	10
8	基本许用应力	$[\sigma]_J$	MPa	按2］，表4，$\delta \leqslant 16$ mm	143
9	基本许用应力修正系数	η	—	按3］，表3，不受热	1.0
10	许用应力	$[\sigma]_1$	MPa	$\eta[\sigma]_J = 1.0 \times 143$	143
11	管子理论计算厚度	δ_c	mm	$\dfrac{pd_o}{2[\sigma]_1 + p} = \dfrac{1.66 \times 219}{2 \times 143 + 1.66}$	1.26
12	腐蚀裕量的附加厚度	C_1	mm	按3］，6.7.3.1	0.5
13	制造减薄量的附加厚度	C_2	mm	按3］，6.7.3.1	0
14	厚度下偏差与公称厚度百分比	m	%	按 GB/T 3087，$\dfrac{1.5}{10} \times 100$	15
15	钢材厚度负偏差的附加厚度	C_3	mm	$\dfrac{m}{100-m}(\delta_c + C_1) = \dfrac{15}{100-15}(1.26+0.5)$	0.31
16	厚度附加量	C	mm	$C_1 + C_2 + C_3 = 0.5 + 0 + 0.31$	0.81
17	补强管接头的有效厚度	δ_{1e}	mm	$\delta_1 - C = 10 - 0.81$	9.19

序号	名 称	符号	单位	公式或数据来源	数值
18	管所需的理论计算厚度	δ_{1o}	mm	$\dfrac{p(d_o-2\delta_{1e})}{2[\sigma]_1-p}=\dfrac{1.66\times(219-2\times9.19)}{2\times143-1.66}$	1.17
19	削弱筒体理论计算厚度（孔所在部位不受热）	δ_o	mm	$\dfrac{pD_i}{2[\sigma]-p}=\dfrac{1.66\times1\,200}{2\times143-1.66}$	6.9
20	补强宽度	B	mm	$2d=2\times199$	398
21	纵截面内补强需要的面积	A	mm²	$\left[d+2\delta_{1e}\left(1-\dfrac{[\sigma]_1}{[\sigma]}\right)\right]\delta_o$ $=\left[199+2\times9.19\left(1-\dfrac{143}{145}\right)\right]\times6.9$	1 373
22	需补强的面积 $\dfrac{2}{3}$	$\dfrac{2A}{3}$	mm²	$\dfrac{2A}{3}=\dfrac{2}{3}\times1\,373$	915
23	焊角尺寸	e	mm	图 21-3-10	14
24	纵截面内起补强作用的焊缝面积	A_1	mm²	$e^2=14^2$	196
25	管接头伸出筒体外壁的实际尺寸	h_1'	mm	设计给定	100
26	管接头伸入筒体内壁的实际尺寸	h_2'	mm	设计给定	20
27	有效补强高度（检查孔盖在外侧）	h_1	mm	$\min\{h_2',2.5\delta_1,2.5\delta\}=\min\{100,25,25\}$	25
28	有效补强高度（内侧）	h_2	mm	$\min\{h_2',2.5\delta_1,2.5\delta\}=\min\{20,25,25\}$	20
29	纵截面内起补强作用管接头多余面积	A_2	mm²	$[2h_1(\delta_{1e}-\delta_{1o})+2h_2\delta_{1e}]\dfrac{[\sigma]_1}{[\sigma]}$ $=[2\times25(9.19-1.17)+2\times20\times9.19]\dfrac{143}{145}$	758
30	纵截面内起补强作用补强垫板面积	A_3	mm²	无垫板	0
31	纵截面内起补强作用的筒体面积	A_4	mm²	$\left[B-d-2\delta_{1e}\left(1-\dfrac{[\sigma]_1}{[\sigma]}\right)\right](\delta_e-\delta_o)$ $=\left[398-199-2\times9.19\times\left(1-\dfrac{143}{145}\right)\right]\times$ $(9.2-6.9)$	458
32	总补强面积	$\sum A$	mm²	$A_1+A_2+A_3+A_4=196+758+0+458$	1 412
33	离孔边四分之一孔径范围内的补强面积	—	mm²	$A_1+A_2+A_3+0.5A_4=196+758+0+0.5\times458$	1 183

序号	名称	符号	单位	公式或数据来源	数值
34	校核			$A_1+A_2+A_3+A_4>A$,1 412 mm²>1 373 mm² 且 $A_1+A_2+A_3+0.5A_4$ $>\dfrac{2A}{3}$,1 183 mm>915 mm²,两个条件皆满足要求	
				$\dfrac{d}{D_i}=\dfrac{199}{1\,200}=0.166<0.8$ 且 $d=203<600$ mm,满足 3〕,13.3.2 要求	

(15)冷凝烟管筒管板强度计算($\phi1\,200\times10$ mm)

结构:见图 21-3-11。

序号	名称	符号	单位	计算公式或数据来源	数值
1	计算压力	p	MPa	同冷凝烟管筒筒体	1.66
2	介质额定平均温度	t_{mave}	℃	由热力计算,出口水温	117
3	计算温度	t_c	℃	按 3〕,表 4,与低于 600 ℃ 烟气接触,$t_{mave}+25=117+25$	142
4	材料	—	—	设计给定	Q245R
5	名义厚度	δ	mm	取	10
6	基本许用应力	$[\sigma]_J$	MPa	按 2〕,表 2,$\delta\leq16$ mm	141
7	基本许用应力修正系数	η	—	按 3〕,表 3	0.85
8	许用应力	$[\sigma]$	MPa	$\eta[\sigma]_J=0.85\times141$	120
9	平板区				
9-1	当量圆直径	d_e	mm	设计给定	116
9-2	系数	K	—	按 3〕,表 14,(0.45+0.45+0.35)/3	0.42
9-3	许用应力	$[\sigma]$	MPa	同 8	120
9-4	计算需要厚度	δ_{1min}	mm	$Kd_e\sqrt{\dfrac{p}{[\sigma]}}+1=0.42\times116\times\sqrt{\dfrac{1.66}{120}}+1$	6.7
10	烟管区				
10-1	当量圆直径	d_e	mm	设计给定	74
10-2	许用应力	$[\sigma]$	MPa	同 8	120
10-3	系数	K	—	按 3〕,表 14	0.47
10-4	计算需要厚度	δ_{2min}	mm	$Kd_e\sqrt{\dfrac{p}{[\sigma]}}+1=0.47\times74\times\sqrt{\dfrac{1.66}{120}}+1$	5.1
11	计算需要厚度最大值	δ_{max}	mm	$\max(\delta_{1\,min},\delta_{2\,min})=\max(6.7,5.1)$	6.7
12	判定			$\delta\geq\delta_{min}$,10 mm>6.7 mm 满足要求	
13	管板内径	D_i	mm	设计给定	1 200
14	校核			$D_i\geq1\,000$ mm,$\delta\geq10$ mm,满足 3〕,9.4.4 要求	

序号	名称	符号	单位	计算公式或数据来源	数值
15	相邻焊缝边缘净距离	l_1	mm	设计给定	9
16	判定			$l_1 \geqslant 6$ mm 满足要求	
17	管孔焊缝边缘至扳边起点距离	l_2	mm	设计给定	12
18	判定			$l_2 \geqslant 6$ mm 满足要求	

(16)凝烟管筒螺纹烟管强度计算($\phi 70 \times 3.5$ mm)

说明：承受外压作用的烟管无需计算厚度，可按标准要求，取最小厚度即可（见本章最前21-1节的计算注意问题之2）。

(17)计算汇总表

部件	名称	符号	单位	数值
锅壳筒体	计算压力	p	MPa	1.66
	内径	D_i	mm	2 796
	材料	—	—	Q245R/GB/T 713
	计算需要厚度	$\delta_c + C$	mm	19.8
	名义厚度（取用厚度）	δ	mm	28
锅壳前拱形管板	计算压力	p	MPa	1.66
	内径	D_i	mm	2 800
	内高	h_i	mm	274
	材料	—	—	Q245R/GB/T 713
	计算需要厚度	$\delta_c + C$	mm	23.1
	名义厚度（取用厚度）	δ	mm	24
锅壳后拱形管板	计算压力	p	MPa	1.66
	内径	D_i	mm	2 800
	内高	h_i	mm	274
	材料	—	—	Q245R/GB/T 713
	计算需要厚度	$\delta_c + C$	mm	22.2
	名义厚度（取用厚度）	δ	mm	24
螺纹烟管	计算压力	p	MPa	1.66
	材料	—	—	20/GB/T 3087
	外径	d_o	mm	70
	计算需要厚度	$\delta_c + C$	mm	0.72
	管子的最小公称厚度	$d_{公称}$	mm	2.5
	名义厚度（取用厚度）	δ	mm	3.5

部件	名　　称	符号	单位	数值
波形炉胆	计算压力	p	MPa	1.66
	外径	D_i	mm	1 290
	材料	—	—	Q245R/GB/T 713
	计算需要厚度	δ_s	mm	18.3
	名义厚度（取用厚度）	δ	mm	20
锥形炉胆	计算压力	p	MPa	1.66
	内径	D_i	mm	1125
	材料	—	—	Q245R/GB/T 713
	计算需要厚度	δ_s	mm	19.6
	名义厚度（取用厚度）	δ	mm	20
回烟室前管板	计算压力	p	MPa	1.66
	材料	—	—	Q245R/GB/T 713
	计算需要厚度	δ_{max}	mm	19.9
	名义厚度（取用厚度）	δ	mm	20
回烟室后平板	计算压力	p	MPa	1.66
	材料	—	—	Q245R/GB/T 713
	计算需要厚度	δ_{max}	mm	19.1
	名义厚度（取用厚度）	δ	mm	20
检查孔圈	计算压力	p	MPa	1.66
	外径	d_o	mm	536
	材料	—	—	Q245R/GB/T 713
	计算需要厚度	$\delta_c + C$	mm	4.4
	名义厚度（取用厚度）	δ	mm	18
回烟室半圆形筒体	计算压力	p	MPa	1.66
	内径	D_i	mm	1 690
	材料	—	—	Q245R/GB/T 713
	计算需要厚度	δ_s	mm	24.2
	名义厚度（取用厚度）	δ	mm	26
加固横梁	计算压力	p	MPa	1.66
	材料	—	—	Q245R/GB/T 713
	计算需要厚度	δ_{Hmin}	mm	25.3
	名义厚度（取用厚度）	δ	mm	26

部件	名称	符号	单位	数值
回烟室有加固梁的顶板	计算压力	p	MPa	1.66
	材料	—	—	Q245R/GB/T 713
	计算需要厚度	δ_{min}	mm	10.1
	名义厚度(取用厚度)	δ	mm	26
直拉杆	计算压力	p	MPa	1.66
	材料	—	—	20/GB/T 699
	计算需要需要直径	d_{min}	mm	42.2
	名义厚度(取用直径)	d	mm	50
冷凝烟管筒筒体	计算压力	p	MPa	1.66
	锅筒内径	D_i	mm	1 200
	材料	—	—	Q245R/GB/T 713
	计算需要厚度	δ_c+C	mm	8.5
	名义厚度(取用厚度)	δ	mm	10
冷凝烟管筒管板	计算压力	p	MPa	1.66
	管板内径	D_i	mm	1 200
	材料	—	—	Q245R/GB/T 713
	计算需要厚度	δ_{max}	mm	6.7
	名义厚度(取用厚度)	δ	mm	10

21-4 全无拉撑件卧式内燃锅炉强度计算

内燃锅炉因紧凑、尺寸小,10 蒸吨以下容量燃油、燃气锅炉广为应用。目前国内外广为应用的卧式三回程内燃锅炉,本体见图 21-4-1。锅壳前后的平管板需设置多个斜拉杆,回烟室后部用多个短拉杆与后部平管板相连。较大容量的此型锅炉前管板下部设置人孔,其左右用长拉杆连接前后平管板。这些拉撑件(斜拉杆、短拉杆、长拉杆)使锅炉整体刚性明显增加。拉撑件有些需在锅壳内焊接,其工艺与监检质量难以保证。锅壳内部布置大量拉撑件给投运后进入检查带来麻烦。

本节介绍全无拉撑件卧式内燃锅炉结构,并给出其计算方法。其中外压凸形封头还应用有限元计算方法进行校核,其结果表明标准计算方法的安全裕度明显偏大。

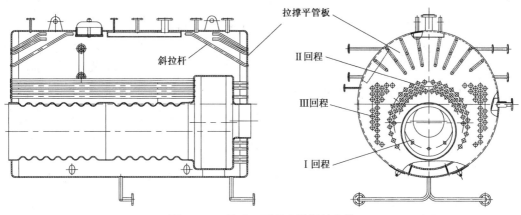

图 21-4-1 卧式三回程内燃锅炉本体

1 全无拉撑件创新型内燃锅炉简介

(1) 新结构说明

为消除上述卧式内燃锅炉的缺点,本书撰写者近几年开发出全无拉撑件的创新型内燃锅炉,其本体结构见图 21-4-2。

由图 21-4-2 可见,由于以下结构变化,使锅炉不存在拉撑件与加固件:

1) 锅壳采用前拱形管板与后椭球形封头;

2) 回烟室(圆筒形)采用后椭球形封头。

这样,锅炉整体已由刚性较大结构,变为柔性较大结构。

如为"跑道形"无拉撑、无加固横梁回烟室,其后部采用半圆筒与两端 1/2 球壳新结构,见图 21-4-7。

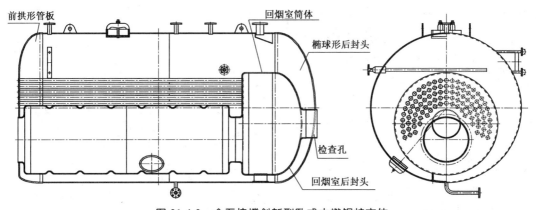

图 21-4-2 全无拉撑创新型卧式内燃锅炉本体

(2) 优越性

1) 提高锅炉安全可靠性——明显降低整体刚性,有效降低不同元件因壁温差异较大而引起连接处(焊缝、扳边)的热应力;

2) 减少制造厂工艺量,减少监检节点(拉撑件端部焊缝);

3) 便于锅壳内检修与施工。

(3) 计算方法

此新型结构可全按锅炉强度计算标准进行,其中前拱形管板计算方法说明,见 10-4 节之 3(4),回烟室外压凸形封头计算说明见后。

(4) 元件通用性

除锅壳前拱形管板(图 21-4-3)需要新做模具外,其他皆为通用标准元件。如前部拱形管板改为椭球形管板(见文献[32]与 10-4 节),就全为通用标准元件。

2 全无拉撑件创新型内燃锅炉计算示例

圆筒形新型回烟室(图 21-4-2),为取消图 21-4-1 所示短拉杆,回烟室与锅壳的后部皆改为椭球形后封头。

需要关注锅壳后封头与回烟室后封头以及与二者连接检查孔的有关计算。

以下计算示例略去与一般内燃锅炉相同的其他元件,如锅壳筒体、前拱形管板等。

应用的计算标准:

1] GB/T 16508.1—2013《锅壳锅炉 第 1 部分:总则》;

2] GB/T 16508.2—2013《锅壳锅炉 第 2 部分:材料》;

3] GB/T 16508.3—2013《锅壳锅炉 第 3 部分:设计与强度计算》;

4] GB/T 16508.4—2013《锅壳锅炉 第 4 部分:制造、检验与验收》;

5] TSG G0001《锅炉安全技术监察规程》。

以 7.0MW,95/70℃ 锅炉为例。

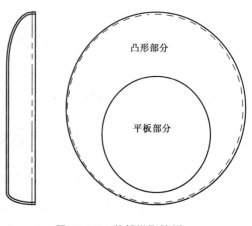

图 21-4-3 前部拱形管板

(1) 锅壳椭球形后封头强度计算($\phi 2\,600 \times 12$ mm)

序号	名称	符号	单位	公式或数据来源	数值
1	计算压力	p	MPa	同锅壳筒体	1.04
2	介质额定平均温度	t_{mave}	℃	额定出水温度	95
3	计算壁温	t_c	℃	按 3],表 4,不直接受烟气或火焰加热,$t_c = t_{mave}$	95
4	材料	—	—	设计给定	Q345R (GB/T 713)
5	名义厚度	δ	mm	取	12
6	基本许用应力	$[\sigma]$	MPa	按 2]表 2,$\delta \leqslant 16$ mm	189
7	基本许用应力修正系数	η	—	按 3],表 3,不受热	1.0

序号	名称	符号	单位	公式或数据来源	数值
8	许用应力	$[\sigma]$	MPa	$\eta[\sigma]_J = 1.0 \times 189$	189
9	封头内直径	D_i	mm	设计给定	2 600
10	封头内高度	h_i	mm	设计给定	650
11	补强后直径	$[d]$	mm	补强后,孔直径减小至 ϕ245 mm	245
12	形状系数	Y	—	$\frac{1}{6}\left[2+\left(\frac{D_i}{2h_i}\right)^2\right]=\frac{1}{6}\left[2+\left(\frac{2\,600}{2\times 650}\right)^2\right]$	1.0
13	封头减弱系数	φ	—	按 3],表 13,有孔无拼接 $1-\frac{[d]}{D_i}=1-\frac{245}{2\,600}$	0.90
14	腐蚀裕量的附加厚度	C_1	mm	按 3],8.3.10	0.5
15	制造减薄量的附加厚度	C_2	mm	按 3],8.3.10,$0.1\delta=0.1\times 12$	1.2
16	钢材厚度负偏差的附加厚度	C_3	mm	按 5]查 GB/T 713 与 GB/T 709	0.3
17	厚度附加量	C	mm	$C_1+C_2+C_3=0.5+1.2+0.3$	2.0
18	计算需要厚度	δ_c+C	mm	$\frac{pD_iY}{2\varphi[\sigma]-0.5p}+C=\frac{1.04\times 2\,600\times 1.0}{2\times 0.90\times 189-0.5\times 1.04}+2.0$	9.96
19	校核			$\delta>\delta_{\min}$,满足要求 $\frac{h_i}{D_i}=\frac{650}{2\,600}=0.25,\frac{h_i}{D_i}\geq 0.2$,满足 3],8.3.3 要求 $\frac{\delta-C}{D_i}=\frac{12-2.0}{2\,600}=0.004,\frac{\delta-C}{D_i}\leq 0.1$,满足 3],8.3.3 要求 $\frac{d}{D_i}=\frac{245}{2\,600}=0.1,\frac{d}{D_i}\leq 0.7$,满足 3],8.3.3 要求	

(2) 锅壳后封头的 ϕ402 mm 检查孔补强计算

序号	名称	符号	单位	公式或数据来源	数值
1	孔圈外径	d_o	mm	设计给定(ϕ426×12)	426
2	孔圈内径	d_i	mm	设计给定	402
3	计算压力	p	MPa	同锅壳椭球形后封头	1.04
4	介质额定平均温度	t_{mave}	℃	同锅壳椭球形后封头	95
5	计算温度	t_c	℃	按 3],表 4(已采取绝热措施),$t_c=t_{\text{mave}}$	95
6	材料	—	—	设计给定	20
7	孔圈名义厚度	δ_1	mm	取	12
8	基本许用应力	$[\sigma]_J$	MPa	按 2],表 4	147

序号	名称	符号	单位	公式或数据来源	数值
9	基本许用应力修正系数	η	—	按3],表3,管子	1.0
10	许用应力	$[\sigma]_1$	MPa	$\eta[\sigma]_J = 1.0 \times 147$	147
11	未减弱孔圈理论计算厚度[1)]	δ_{1c}	mm	$\dfrac{pd_o}{2[\sigma]_1+p} = \dfrac{1.04 \times 426}{2 \times 147+1.04}$	1.50
12	腐蚀裕量的附加厚度	C_1	mm	按3],6.7.1	0.5
13	制造减薄量的附加厚度	C_2	mm	按3],6.7.1	0
14	厚度下偏差与公称厚度百分比	m	%	按GB/T 3087,$\dfrac{1.5}{12} \times 100$	12.5
15	钢材厚度负偏差的附加厚度	C_3	mm	$\dfrac{m}{100-m}(\delta_{1c}-C_1) = \dfrac{12.5}{100-12.5}(1.50-0.5)$	0.14
16	厚度附加量	C	mm	$C_1+C_2+C_3 = 0.5+0+0.14$	0.64
17	有效补强高度(内侧)	h_1	mm	$\min\{2.5\delta_1, 2.5\delta\} = \min\{25,30\}$	25
18	有效补强高度(外侧)	h_2	mm	$\min\{2.5\delta_1, 2.5\delta, h_2\} = \min\{25,30,30\}$	25
19	检查孔圈多余面积(内侧)	A_{F1}	mm²	$h_1 \times (\delta-\delta_{1c}-C) = 25 \times (12-1.50-0.64)$	247
20	检查孔圈多余面积(外侧)	A_{F2}	mm²	$h_2 \times (\delta-C) = 25 \times (12-0.64)$	284
21	检查孔圈焊缝的多余面积	A_{F3}	mm²	$e^2 = 16^2$	256
22	总的多余面积	$\sum A_F$	mm²	$2(A_{F1}+A_{F2}+A_{F3}) = 2 \times (247+284+256)$	1 574
23	封头有效厚度	δ_e	mm	$\delta-C = 12-2.0$	10
24	补强后的孔直径	$[d]$	mm	$d - \dfrac{\sum A_F}{\delta_e} = 402 - \dfrac{1\,574}{10}$	245
25	校核			补强后的直径与假设直径一样,满足强度要求	

1) 由于相对很短,不会失稳,按简化外压强度公式计算。

(3) 回烟室后封头强度计算($\phi 2\,000 \times 16$ mm)

序号	名称	符号	单位	公式或数据来源	数值
1	计算压力	p	MPa	同锅壳筒体	1.04
2	介质额定平均温度	t_{mave}	℃	额定出水温度	95
3	计算壁温	t_c	℃	按3],表4,$t_c = t_{mave}+70$	165

序号	名 称	符号	单位	公式或数据来源	数值
4	材料	—	—	设计给定	Q345R GB/T 713
5	名义厚度	δ	mm	取	16
6	基本许用应力	$[\sigma]_J$	MPa	按2],表2,$\delta \leq 16$ mm	187
7	基本许用应力修正系数	η	—	取[1)	0.6
8	许用应力	$[\sigma]$	MPa	$\eta[\sigma]_J = 0.6 \times 187$	112.2
9	封头内直径	D_i	mm	设计给定	2 000
10	封头内高度	h_i	mm	设计给定	500
11	圆孔直径	d	mm	设计给定	428
12	形状系数	Y	—	$\frac{1}{6}\left[2+\left(\frac{D_i}{2h_i}\right)^2\right]=\frac{1}{6}\left[2+\left(\frac{2\,000}{2\times 500}\right)^2\right]$	1.0
13	封头减弱系数[2)	φ	—	按3],8.3.7	1.0
14	腐蚀裕量的附加厚度	C_1	mm	按3],8.3.10	0.5
15	制造减薄量的附加厚度	C_2	mm	按3],8.3.10,$0.1\delta = 0.1 \times 16$	1.6
16	钢材厚度负偏差的附加厚度	C_3	mm	按5]查GB/T 713与GB/T 709	0.3
17	厚度附加量	C	mm	$C_1+C_2+C_3 = 0.5+1.6+0.3$	2.4
18	计算需要厚度	δ_c+C	mm	$\dfrac{pD_iY}{2\varphi[\sigma]-0.5p}+C = \dfrac{1.04\times 2\,000\times 1.0}{2\times 1.0\times 112.2-0.5\times 1.04}+2.4$	11.7
19	校核			$\delta > \delta_c+C$,满足要求 $\dfrac{h_i}{D_i}=\dfrac{500}{2\,000}=0.25,\dfrac{h_i}{D_i}\geq 0.2$,满足3],8.3.3要求 $\dfrac{\delta-C}{D_i}=\dfrac{16-2.4}{2\,000}=0.006\,8,\dfrac{\delta-C}{D_i}\leq 0.1$,满足3],8.3.3要求 $\dfrac{d}{D_i}=\dfrac{402}{2\,000}=0.20,\dfrac{d}{D_i}\leq 0.7$,满足3],8.3.3要求	

1) 回烟室外压后封头的工作条件优于小容量冲天管锅炉外压炉胆顶(基本许用应力修正系数η为0.5),另外,有限元计算结果表明裕度足够大,故η值取0.6。

2) 基本许用应力修正系数η较低,标准不再要求孔补强计算。

(4) 回烟室筒壳计算($\phi 2\,000 \times 16$ mm)

序号	名 称	符号	单位	计算公式或数据来源	数值
1	计算压力	p	MPa	同锅壳筒体	0.04

序号	名称	符号	单位	计算公式或数据来源	数值
2	回烟室筒体内径	D_i	mm	设计给定	2 000
3	材料	—	—	设计给定	Q345R GB/T 713
4	回烟室筒体厚度	δ	mm	取	16
5	回烟室筒体平均直径	D_m	mm	$D_i+\delta=2\,000+16$	2 016
6	强度安全系数	n_1	—	按 3],表 8	2.5
7	稳定安全系数	n_2	—	按 3],表 8	3.0
8	介质额定平均温度	t_{mave}	℃	额定出水温度	95
9	计算温度	t_c	℃	按 3],表 4,$t_{mave}+70=95+70$	165
10	计算温度时的屈服点	R_{eL}^t	MPa	按 2],表 B.1	289
11	系数	$\dfrac{h_o}{D_o}$	—	按 3]表 7,$h_o/D_o=500/2\,000$	0.25
12	X 值	X	—	按 3]表 7,$X/D_o=0.1$,$X=0.1D_o=0.1\times 2\,000$	200
13	计算长度	L	mm	按 3],7.3.1.5 及图 21-4-4	996.2
14	圆度百分率	u	—	按 4],4.4.6.3 取	0.5
15	计算值	B	—	$\dfrac{pD_m n_1}{2R_{eL}^t\left(1+\dfrac{D_m}{15L}\right)}=\dfrac{1.04\times 2\,016\times 2.5}{2\times 289\times\left(1+\dfrac{2\,016}{15\times 996.2}\right)}$	8.0
16	设计厚度(强度)	δ_{1s}	mm	$\dfrac{B}{2}\left[1+\sqrt{1+\dfrac{0.12\times D_m u}{B\left(1+\dfrac{D_m}{0.3L}\right)}}\right]+1=$ $\dfrac{8}{2}\times\left[1+\sqrt{1+\dfrac{0.12\times 2\,016\times 0.5}{8\times\left(1+\dfrac{2\,016}{0.3\times 996.2}\right)}}\right]+1$	11.9
17	计算温度时的弹性模量	E^t	MPa	按 2],表 B.11	193 100
18	设计厚度(稳定)	δ_{2s}	mm	$D_m^{0.6}\left(\dfrac{pLn_2}{1.73E^t}\right)^{0.4}+1=2\,016^{0.6}\times\left(\dfrac{1.04\times 996.2\times 3}{1.73\times 193\,100}\right)^{0.4}+1$	15.8
19	计算需要最大厚度	δ_s	mm	$\max(\delta_{1s},\delta_{2s})=\max(11.9,15.8)$	15.8
20	校核			回烟室筒壳内径 $D_i=2\,000$ mm,经有限元计算校核,安全可靠	
				回烟室筒壳厚度 $\delta=16$ mm,满足 3],7.4.2,10 mm$\leqslant\delta\leqslant$35 mm 的要求	
				回烟室筒壳计算长度 $L\leqslant 2\,000$ mm,满足 3],7.3.5.3 要求	

圆筒形新型回烟室有限元计算校核:

为进一步验证抗失稳能力,补充进行有限元计算,了解其稳定安全裕度。

计算模型：

计算模型见图 21-4-5。

回烟室后封头取 16 mm，回烟室筒体厚度取 16 mm。

约束条件：

回烟室筒体前端面限制环向位移与径向位移，以保持封头为圆形。

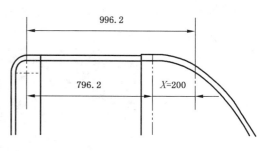

图 21-4-4　回燃室筒壳

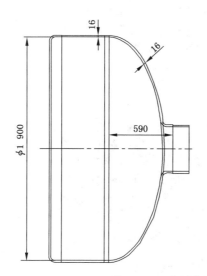

图 21-4-5　新结构回烟室计算模型

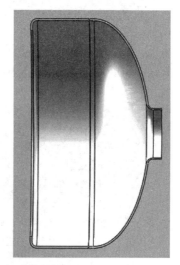

检查孔圈后端面限制环向位移、径向位移与轴向位移。

计算结果：

回烟室后封头发生失稳时的失稳波数为 8 个（图 13-4-8），筒体未失稳。

负载因子为 9.713 5，失稳临界载荷为 1.04 MPa×9.713 5＝10.1 MPa。

可见，失稳安全裕度：

$$n \approx 10$$

如壁厚取 12 mm，而不是 16 mm，$n \approx 10(12/16)^2 = 5.6$。

（参照"图 10-1-8 外压椭球临界压力 p_{U} 理论曲线"的壁厚与临界压力的近似关系。）

结论： 安全裕度足够大。

失稳变形见图 21-4-6：

3　"跑道形"新结构回烟室计算示例

（1）结构说明

蒸汽型内燃锅炉回烟室采用"跑道形"（腰圆形）的目的，在于增加汽空间高度，又不增大锅壳直径。

"跑道形"回烟室需有加固横梁（图 9-7-1）与后部短拉杆。

新结构无加固件、无拉撑件的"跑道形"回烟室，其后部为凸形组合壳，由半圆筒与两端

1/2球壳组成(图21-4-7),即凸形组合壳由最简单的图形组成(部分筒壳与部分球壳)。后部凸形组合壳与前部平管板皆为冲压件(图21-4-7)。

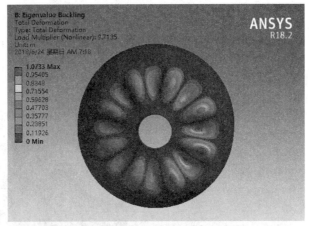

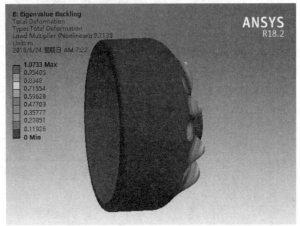

图 21-4-6　新结构回烟室失稳变形图

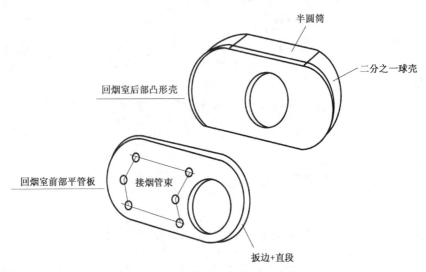

说明：与回烟室前部平管板冲压件对接处,各有 30 mm 直段。

图 21-4-7　无拉撑无加固回烟室冲压件示意图

为便于焊接，按常规，于对接处，皆设置直段。由于直段很窄，类似于平管板经过扳边设置直段与筒壳连接，强度标准不要求计算其强度。这是因为此处膜应力属于局部膜应力，其许用应力放大 1.5 倍，附加的应力属于二次应力，合成应力（局部膜应力＋二次应力）允许值高达 2 倍屈服限，而且从无破坏先例。

为取消短拉杆，锅壳的后部相应改为椭球形后封头，见图 21-4-2。

回烟室后部凸形组合壳图纸见图 21-4-8 与图 21-4-9。

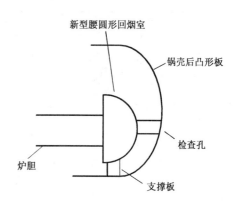

图 21-4-8　锅壳后部示意图

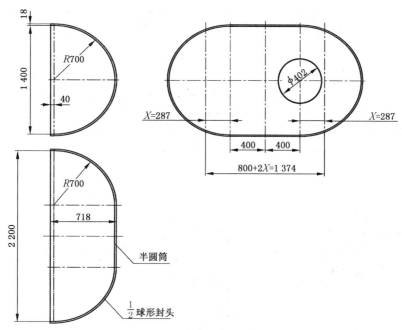

图 21-4-9　回烟室后部凸形组合壳

（2）计算示例

以下给出回烟室后部凸形组合壳强度计算（$\phi 1\,400 \times 18$ mm）。

应用的计算标准：

1］GB/T 16508.1—2013《锅壳锅炉　第 1 部分：总则》；

2］GB/T 16508.2—2013《锅壳锅炉　第 2 部分：材料》；

3］GB/T 16508.3—2013《锅壳锅炉　第 3 部分：设计与强度计算》；

4］GB/T 16508.4—2013《锅壳锅炉　第 4 部分：制造、检验与验收》；

5］TSG G0001《锅炉安全技术监察规程》。

1）1/2 球形封头强度计算

结构：见图 21-4-9。

序号	名称	符号	单位	公式或数据来源	数值
1	计算压力	p	MPa	同锅壳筒体	1.3
2	介质额定平均温度	t_{mave}	℃	饱和蒸汽温度(绝对压力 p_r+0.1)	193
3	计算壁温	t_c	℃	按3],表4,与温度 900 ℃ 以上烟气接触,$t_c=t_{mave}+70=193+70$	263
4	材料	—	—	设计给定	Q245R
5	名义厚度	δ	mm	为与相连元件一致取	18
6	基本许用应力	$[\sigma]_J$	MPa	按2]表2,$\delta>18$ mm	109
7	基本许用应力修正系数	η	—	取[1]	0.6
8	许用应力	$[\sigma]$	MPa	$\eta[\sigma]_J=0.6\times 109$	65.4
9	半球形封头内直径	D_i	mm	设计给定	1 400
10	半球形封头内高度	h_i	mm	设计给定	700
11	孔直径	$[d]$	mm	设计给定	500
12	形状系数	Y	—	$\frac{1}{6}\left[2+\left(\frac{D_i}{2h_i}\right)^2\right]=\frac{1}{6}\left[2+\left(\frac{1\,400}{2\times 700}\right)^2\right]$	0.5
13	半球形壳减弱系数[2]	φ	—	按3],8.3.7	1.0
14	腐蚀裕量的附加厚度	C_1	mm	按3],8.3.10	0.5
15	制造减薄量的附加厚度	C_2	mm	按3],8.3.10,$0.1\delta=0.1\times 18$	1.8
16	钢材厚度负偏差的附加厚度	C_3	mm	按5],查 GB/T 713 与 GB/T 709	0.3
17	厚度附加量	C	mm	$C_1+C_2+C_3=0.5+1.8+0.3$	2.6
18	计算需要厚度	δ_c+C	mm	$\frac{pD_iY}{2\varphi[\sigma]-0.5p}+C=\frac{1.3\times 1\,400\times 0.5}{2\times 1\times 65.4-0.5\times 1.3}+2.6$	9.6
19	校核			$\delta>\delta_c+C$,满足要求	
				$\frac{h_i}{D_i}=\frac{700}{1\,400}=0.5,\frac{h_i}{D_i}\geqslant 0.2$,满足3],8.3.3 要求	
				$\frac{\delta-C}{D_i}=\frac{18-2.6}{1\,400}=0.011,\frac{\delta-C}{D_i}\leqslant 0.1$,满足3],8.3.3 要求	
				$\frac{d}{D_i}=\frac{500}{1\,400}=0.35,\frac{d}{D_i}\leqslant 0.7$,满足3],8.3.3 要求	

1) 回烟室外压后封头的工作条件优于冲天管锅炉外压炉胆顶(基本许用应力修正系数 η 为0.5),另外,有限元计算结果表明裕度足够大,故 η 值取 0.6。
2) 基本许用应力修正系数 η 取的较小,标准不再要求孔补强计算。

2) 半圆筒强度计算($\phi 1\,400 \times 18$ mm)

结构:见图 21-4-9。

序号	名　　称	符号	单位	公式或数据来源	数值
1	计算压力	p	MPa	同锅壳筒体	1.3
2	介质额定平均温度	t_{mave}	℃	饱和蒸汽温度(绝对压力 $p_r+0.1$)	193
3	计算温度	t_c	℃	按 3],表 4,与温度 900 ℃ 以上烟气接触,$t_{mave}+70=193+70$	263
4	材料	—	—	设计给定	Q245R
5	名义厚度	δ	mm	取	18
6	计算温度时的屈服点	R_{eL}^t	MPa	按 2],表 B.1	163
7	半圆筒(炉胆)内径	D_i	mm	设计给定	1 400
8	半圆筒(炉胆)平均直径	D_m	mm	$D_i+\delta=1\,400+18$	1 418
9	强度安全系数	n_1	—	按 3],表 8	2.5
10	稳定安全系数	n_2	—	按 3],表 8	3
11	系数	—	—	按 3],表 7,$h_o/D_o=700/1\,400$	0.5
12	X 值	—	—	按 3],表 7,$X=0.2D_o=0.2\times 1\,436$	287
13	计算长度	L	mm	按 3],7.3.1.5 及图 21-4-9	1 374
14	圆度百分率	u	—	按 4],4.4.6.3	0.5
15	计算值	B	—	$\dfrac{pD_m n_1}{2R_{eL}^t\left(1+\dfrac{D_m}{15L}\right)}=\dfrac{1.3\times 1\,418\times 2.5}{2\times 163\times\left(1+\dfrac{1\,418}{15\times 1\,374}\right)}$	13.2
16	设计厚度(强度)	δ_{1s}	mm	$\dfrac{B}{2}\left[1+\sqrt{1+\dfrac{0.12\times D_m u}{B\left(1+\dfrac{D_m}{0.3L}\right)}}\right]+1=$ $\dfrac{13.2}{2}\times\left[1+\sqrt{1+\dfrac{0.12\times 1\,418\times 0.5}{13.2\times\left(1+\dfrac{1\,418}{0.3\times 1\,374}\right)}}\right]+1$	17.9
17	计算温度时的弹性模量	E^t	MPa	按 2],表 B.11	187 000

序号	名称	符号	单位	公式或数据来源	数值
18	设计厚度(稳定)	δ_{2s}	mm	$D_m^{0.6}\left(\dfrac{pLn_2}{1.73E^t}\right)^{0.4}+1=1418^{0.6}\times\left(\dfrac{1.3\times1374\times3}{1.73\times187000}\right)^{0.4}+1$	16.1
19	计算需要厚度最大值	δ_s	mm	$\max(\delta_{1s},\delta_{2s})=\max(17.9,16.1)$	17.9
20	校核			半圆筒内径 $D_i\leqslant1800$ mm,满足 3],7.3.5.1 要求	
				半圆筒计算长度 $L\leqslant2000$ mm,满足 3],7.3.5.3 要求	
				半圆筒厚度 $\delta=18$ mm,满足 3],7.4.2,10 mm$\leqslant\delta\leqslant$35 mm 的要求	

3) ϕ402 mm 孔补强计算

序号	名称	符号	单位	公式或数据来源	数值
1	计算温度	t_c	℃	按 3],表 4,与 900 ℃ 以上烟温接触,$t_c=t_{mave}+70=193+70$	263
2	材料	—	—	设计给定	Q245R
3	许用应力	$[\sigma]_J$	MPa	按 2],表 2,$\delta>16$ mm	109
4	修正系数	η	—	按 3],表 3,受热(烟温>600 ℃)	0.9
5	许用应力	$[\sigma]_1$	MPa	$\eta[\sigma]_J=0.9\times109$	98.1
6	有效厚度	δ_e	mm	$\delta-C=18-0$	18
7	实际减弱系数	φ_s	—	$\dfrac{pD_i}{(2[\sigma]_1-p)\delta_e}=\dfrac{1.3\times1400}{(2\times98.1-1.3)\times18}$	0.52
8	判定			$\varphi_s>0.4$,按 3],13.3.7,需要补强	
9	未补强孔最大允许直径 注:补强结构指内径	$[d]$	mm	$8.1[D_i\delta_e(1-\varphi_s)]^{1/3}=8.1\times[1400\times18\times(1-0.52)]^{1/3}$ 或查曲线(按 3],图 50)	186
10	ϕ402 mm 孔的内径 $d>[d]$,需要补强				
11	管子外径	d_o	mm	设计给定(ϕ426×12)	426
12	管子内径	d_i	mm	设计给定	402
13	计算压力	p	MPa	同锅壳椭球形后封头	1.3
14	介质额定平均温度	t_{mave}	℃	同锅壳椭球形后封头	193

序号	名称	符号	单位	公式或数据来源	数值
15	计算温度	t_c	℃	按3],表4,与900 ℃以上烟温接触,$t_c = t_{mave} + 70 = 193 + 70$	263
16	检查孔圈名义厚度	δ_1	mm	取	12
17	材料	—	—	设计给定	20
18	基本许用应力	$[\sigma]_J$	MPa	按2],表4	109
19	基本许用应力修正系数	η	—	按3],表3,管子	1.0
20	许用应力	$[\sigma]_1$	MPa	$\eta[\sigma]_J = 1.0 \times 109$	109
21	未减弱管接头理论计算厚度	δ_{1c}	mm	$\dfrac{pd_o}{2[\sigma]+p} = \dfrac{1.3 \times 426}{2 \times 109 + 1.3}$	2.5
22	未减弱半圆筒理论计算厚度	δ_o	mm	$\dfrac{pD_i}{2[\sigma]-p} = \dfrac{1.3 \times 1\,400}{2 \times 98.1 - 1.3}$	9.3
23	腐蚀裕量的附加厚度	C_1	mm	按3],6.7.3.1	0.5
24	制造减薄量的附加厚度	C_2	mm	按3],6.7.3.1	0
25	厚度下偏差与公称厚度百分比	m	%	按GB 3087,$\dfrac{1.25}{10} \times 100$	12.5
26	钢材厚度负偏差的附加厚度	C_3	mm	$\dfrac{m}{100-m}(\delta_{1c}-C_1) = \dfrac{12.5}{100-12.5} \times (2.5-0.5)$	0.29
27	检查孔孔圈厚度附加量	C	mm	$C_1 + C_2 + C_3 = 0.5 + 0 + 0.29$	0.8
28	有效补强高度(外侧)	h_1	mm	$\min\{2.5\delta_1, 2.5\delta\} = \min\{30, 45\}$	30
29	检查孔孔圈多余面积(外侧)	A_{F1}	mm²	$2h_1 \times (\delta-C) = 2 \times 30 \times (12-0.8)$	673
30	焊缝的多余面积	A_{F2}	mm²	$2e^2 = 2 \times 16^2$	512
31	半圆筒多余面积	A_{F3}	mm²	$(B-d) \times (\delta-C-\delta_o) = (2 \times 402 - 402)(18 - 0.8 - 9.3)$	3 176
32	总的多余面积	ΣA_F	mm²	$A_{F1} + A_{F2} + A_{F3} = 673 + 512 + 3\,176$	4 361
33	需要补强面积	A	mm²	$d \times \delta_o = 402 \times 9.3$	3 739
34	靠近孔多余面积	—	mm²	$A_{F1} + A_{F2} + 0.5 A_{F3} = 673 + 512 + 0.5 \times 3\,176$	2 773

序号	名 称	符号	单位	公式或数据来源	数值
35	近孔需要补强面积	—	—	$2A/3 = 2 \times 3\,739/3$	2 493
36	校核			$A_{F1} + A_{F2} + A_{F3} > A$, $4\,361 \text{ mm}^2 > 3\,739 \text{ mm}^2$ 且 $A_{F1} + A_{F2} + 0.5A_{F3} > 2A/3$, $2\,773 \text{ mm}^2 > 2\,493 \text{ mm}^2$,两个条件皆满足要求	

说明:以上计算方法完全符合我国 GB/T 16508.3—2013 的要求。

21-5 电站锅炉元件强度计算示例

本章给出额定工作压力 $p_r = 13.7$ MPa 的电站锅炉主要受压元件——锅筒筒体与封头的强度设计计算方法。

本计算按以下标准进行:

1] GB/T 16507—2013《水管锅炉》——给出元件的完整计算;

2] GB 9222—88《水管锅炉受压元件强度计算》(附录 C1 及 C6)——仅给出计算结果,以便对比。

1 锅筒筒体强度计算($\phi1\,600 \times 95$ mm)

锅炉的额定工作压力 $p_r = 13.7$ MPa(表压),锅筒筒体由 13MnNiMoR 钢板用热卷方法并焊制而成,给定 $\delta = 95$ mm,内径 $D_i = 1\,600$ mm,置于烟道外。最大流量时,锅筒至锅炉出口之间的压降为 1.5 MPa,筒体上孔的减弱见图 21-5-1 a),管孔全部设管接头。试校核锅筒筒体壁厚。

强度计算方式:

本锅筒强度设计采用依靠经验先给定壁厚,再校核壁厚能否满足参数要求的强度计算方式。

计算步骤:

1) 按常规,求出计算压力与许用应力;

2) 求未补强孔最大允许直径$[d]$,对超过$[d]$的大孔进行补强;

3) 求出筒体的允许最小减弱系数$[\varphi]$,并对各组孔群计算孔桥减弱系数φ;

4) φ 与 $[\varphi]$ 对比:

① 如所有孔桥减弱系数 φ 皆大于$[\varphi]$,则筒体强度足够;

② 如个别孔桥减弱系数 φ 小于$[\varphi]$,可加大节距或采取孔桥补强措施,使 $\varphi \geqslant [\varphi]$;

③ 若大部分孔桥减弱系数 φ 皆小于$[\varphi]$,则需要增加壁厚,并重算。

计算附图:

第21章 锅炉受压元件强度计算示例与分析

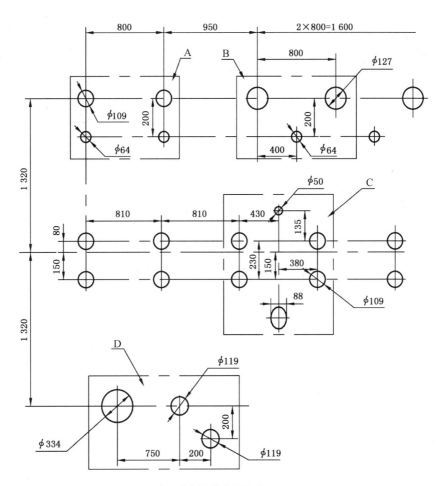

a) 开孔布置（按中径展开）

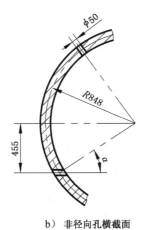

b) 非径向孔横截面

图 21-5-1 锅筒筒体管孔

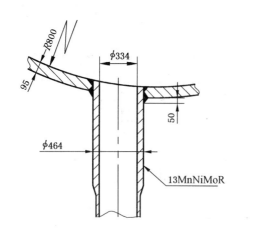
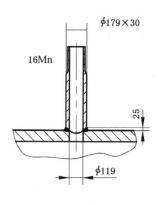

c) D组孔群的孔桥补强管接头

图 21-5-1(续)

计算：

序号	名　称	符号	单位	公式及来源(按1])	数　值	
					按1] GB/T 16507—2013	按2] GB 9222—88
结构尺寸：							
1	锅筒筒体内径	D_i	mm	给定	1 600	
2	名义厚度	δ	mm	取	95	
计算压力：							
3	锅炉额定压力(表压)	p_r	MPa	给定	13.7	
4	工质流动阻力附加压力	Δp_f	MPa	设最大流量锅筒至锅炉出口之间的压力降，取	1.5	
5	附加压力	Δp_a	MPa	按1]之7，表2，安全阀整定压力(较低)与安全阀所在位置工作压力的差值，0.05×13.7	0.69	
6	液柱高度	h	m	给定	1.6	
7	液柱静压力	Δp_h	MPa	$0.01h = 0.01 \times 1.6$	0.016	
8	液柱静压力判定值	—	MPa	$0.03(p_r + \Delta p_a + \Delta p_f)$ $= 0.03 \times (13.7 + 0.69 + 1.5)$	0.48	
9	液柱静压力取值	Δp_h	MPa	按1]之4，7.2.3，$\Delta p_h = 0.016 < 0.03(p_r + \Delta p_a + \Delta p_f) = 0.48$，取	0	

序号	名称	符号	单位	公式及来源(按1])	数值 按1] GB/T 16507—2013	数值 按2] GB 9222—88
10	工作压力	p_o	MPa	$p_r+\Delta p_f+\Delta p_h=13.7+1.5+0$	15.2	
11	计算压力	p	MPa	$p_o+\Delta p_a=15.2+0.69$	15.9	
许用应力:						
12	工质额定平均温度	t_m	℃	饱和蒸汽温(绝对压力, $p_r+0.1$)	347	
13	计算壁温	t_d	℃	按1]之4,表2,烟道外, $t_d=t_m$	347	
14	材料	—	—	给定	13MnNiMoR	13MnNiMoNb
15	基本许用应力	$[\sigma]_J$	MPa	按1]之2,表2, $\delta=30\sim100$ mm	211	
16	基本许用应力修正系数[1]	η	—	按1]之4,表1,不受热	1.0	0.9
17	许用应力	$[\sigma]$	MPa	$\eta[\sigma]_J=1.0\times 211$	211	189.9

1) η 值变化见6-2节之3(4)的说明。

未补强孔最大允许直径:

序号	名称	符号	单位	公式及来源(按1])	数值 按1]	数值 按2]
18	腐蚀裕量	C_1	mm	按1]之4,13.3.2,筒体 $\delta\geq 20$ mm时,取	0	
19	制造减薄量	C_2	mm	按1]之4,附录C,表C.1,热卷, $p_r\geq 9.8$ MPa	4	4.5
20	钢板厚度负偏差	C_3	mm	按GB/T 709—2006,B类查	0.3	
21	厚度附加量	C	mm	$C_1+C_2+C_3=0+4+0.3$	4.3	4.5
22	有效厚度	δ_e	mm	$\delta-C=95-4.3$	90.7	90.5
23	结构特性系数	k	—	$\dfrac{pD_i}{(2[\sigma]-p)\delta_e}=\dfrac{15.9\times 1\,600}{(2\times 211-15.9)\times 90.7}$	0.69	0.772
24	未补强孔最大允许直径(内径)	$[d]$	mm	$8.1\sqrt[3]{D_i\delta_e(1-k)}$ $=8.1\times\sqrt[3]{1\,600\times 90.7(1-0.69)}$ $=288$ 按1]之4,11.3.4, $[d]>200$ mm,取	200	

序号	名称	符号	单位	公式及来源(按1])	数值 按1] GB/T 16507—2013	数值 按2] GB 9222—88
补强计算: 1. 本锅筒只有 D 组孔群中 $\phi 334$ 大孔需要补强。可按1]之4,11.5.1 至 11.5.7 规定进行补强(从略,类似计算见 21-1 节至 21-3 节),补强后按无孔处理。 2. 按1]之4,11.2.5,此大孔与相邻小孔的节距需要满足 $S \geqslant d_{em}+0.5d_o+e$ 的要求; $750 \text{ mm} > 119+0.5 \times 464+50 = 401 \text{ mm}$,已满足。						
允许减弱系数:						
25	筒体允许最小减弱系数	$[\varphi]$	—	$\dfrac{p(D_i+\delta_e)}{2[\sigma]\delta_e} = \dfrac{15.9 \times (1\,600+90.7)}{2 \times 211 \times 90.7}$	0.702	0.782
A 组孔群的孔桥减弱系数:						
26-1	纵向第一孔的当量直径	d_{1e}	mm	给定	109	
26-2	纵向第二孔的当量直径	d_{2e}	mm	给定	109	
26-3	纵向相邻两孔平均当量直径	d_{ae1}	mm	$d_{1e}=d_{2e}=d$	109	
26-4	孔桥相邻两孔的临界节距	s_{c1}	mm	$d_{ae1}+2\sqrt{(D_i+\delta)\delta}$ $=109+2\sqrt{(1\,600+95)\times 95}$	911.6	
26-5	纵向节距校核	s_1	mm	图 21-5-1 a)中节距 800 mm 小于 s_{c1},按1]之4,8.5.3 及表 6,应计算减弱系数	需要计算孔桥减弱系数	
26-6	纵向孔桥减弱系数	φ_1	—	$\dfrac{s-d_{ae}}{s} = \dfrac{800-\dfrac{109+109}{2}}{800}$	0.864	
26-7	横向相邻两孔平均当量直径	d_{ae2}	mm	$\dfrac{d_{1e}+d_{2e}}{2} = \dfrac{109+64}{2}$	86.5	
26-8	横向孔桥相邻两孔的临界节距	s_{c2}	mm	$d_{ae2}+2\sqrt{(D_i+\delta)\delta}$ $=86.5+2\sqrt{(1\,600+95)\times 95}$	889	

序号	名称	符号	单位	公式及来源(按1])	数值 按1] GB/T 16507—2013	数值 按2] GB 9222—88
26-9	横向节距校核	s_2	—	图 21-5-1 a)中节距 200 mm 小于 s_{c2},按1]之 4,8.5.3 及表 6,应计算减弱系数	需要计算孔桥减弱	
26-10	横向孔桥减弱系数	$2\varphi_1'$	—	$2\dfrac{s'-d_{ae2}}{s'}=2\times\dfrac{200-86.5}{200}=1.14$,按1]之 4,8.5.3 取	1.0	
26-11	校核			φ_1、$2\varphi_1'>[\varphi]$,0.864、1.0>0.702,满足强度要求		
B组孔群的孔桥减弱系数:						
27-1	纵向第一孔的当量直径	d_{1e}	mm	给定	127	
27-2	纵向第二孔的当量直径	d_{2e}	mm	给定	127	
27-3	相邻两孔平均当量直径	d_{ae1}	mm	$d_{1e}=d_{2e}=d$	127	
27-4	孔桥相邻两孔的临界节距	s_c	mm	$d_{ae1}+2\sqrt{(D_i+\delta)\delta}$ $=127+2\sqrt{(1\,600+95)\times 95}$	929.6	
27-5	纵向节距校核	s	mm	图 21-5-1 a)中节距 800 mm、小于 s_c,按1]之 4,8.5.3 及表 6,应计算减弱系数	需要计算孔桥减弱	
27-6	纵向孔桥减弱系数	φ_1	—	$\dfrac{s-d_{ae}}{s}=\dfrac{800-\dfrac{127+127}{2}}{800}$	0.84	
27-7	斜向相邻两孔平均当量直径	d_{ae2}	mm	$\dfrac{d_{1e}+d_{2e}}{2}=\dfrac{127+64}{2}$	95.5	
27-8	斜向孔桥相邻两孔的临界节距	s_c''	mm	$d_{ae2}+2\sqrt{(D_i+\delta)\delta}$ $=95.5+2\sqrt{(1\,600+95)\times 95}$	898	
27-9	斜向孔桥节距	s''	mm	$\sqrt{a^2+b^2}=\sqrt{400^2+400^2}$	566	
27-10	斜向节距校核	s''	mm	图 21-5-1a)斜向孔桥节距 566 mm 小于 s_c'',按1]之 4,8.5.3 及表 6,应计算减弱系数	需要计算孔桥减弱	

序号	名称	符号	单位	公式及来源(按1])	数值 按1] GB/T 16507—2013	数值 按2] GB 9222—88
27-11	系数	n	—	$\dfrac{b}{a}=\dfrac{400}{200}$	2	
27-12	孔桥减弱系数线算图中的参数	N	—	$\dfrac{d_{ae2}}{a}=\dfrac{95.5}{200}$	0.478	
27-13	斜向孔桥的减弱系数	φ_2''	—	按1]之4,8.5.6,查图1	0.8	
27-14	校核			φ_1、$\varphi_2''>[\varphi]$,0.84、0.8>0.702,满足强度要求		
C组孔群的孔桥减弱系数:						
1. 纵向和横向孔桥						
28-1-1	纵向孔桥相邻两孔的临界节距	s_c	mm	同 26-4	911.6	
28-1-2	节距校核	s	mm	图21-5-1 a)中各节距810 mm、230 mm 小于 s_c,按1]之4,8.5.3 及表6,应计算减弱系数	需要计算孔桥减弱	
28-1-3	纵向孔桥减弱系数	φ	—	$\dfrac{s-d_{ae}}{s}=\dfrac{810-\dfrac{109+109}{2}}{810}$	0.865	
28-1-5	横向孔桥减弱系数	$2\varphi'$	—	$2\dfrac{s'-d_{ae}}{s'}=2\times\dfrac{230-\dfrac{109+109}{2}}{230}=1.05$,按1]之4,8.5.3 取	1.0	
28-1-6	校核			φ、$2\varphi'>[\varphi]$,0.865、1.0>0.702,满足强度要求		
2. 斜向孔桥						
28-2-1	相邻两孔平均当量直径	d_{ae}	mm	$\dfrac{d_{1e}+d_{2e}}{2}=\dfrac{50+109}{2}$	79.5	
28-2-2	斜向孔桥相邻两孔的临界节距	s_c''	mm	$d_{ae}+2\sqrt{(D_i+\delta)\delta}$ $=79.5+2\sqrt{(1\,600+95)\times 95}$	882	
28-2-3	斜向相邻两孔的节距1	s_1''	mm	$\sqrt{a_1^2+b_1^2}=\sqrt{135^2+430^2}$	451	
28-2-4	斜向相邻两孔的节距2	s_2''	mm	$\sqrt{a_1^2+b_1^2}=\sqrt{135^2+380^2}$	403	

序号	名称	符号	单位	公式及来源(按1])	数值 按1] GB/T 16507—2013	数值 按2] GB 9222—88
28-2-5	斜向节距校核	s''	mm	图 21-5-1 a) 斜向孔桥节距 451 mm、403 mm 小于 s_c'',按1]之 4,8.5.3 及表 6,应计算减弱系数	需要计算孔桥减弱	
28-2-6	系数 1	n_1	—	$\dfrac{b_1}{a_1}=\dfrac{430}{135}$	3.18	
28-2-7	系数 2	n_2	—	$\dfrac{b_2}{a_1}=\dfrac{380}{135}$	2.81	
28-2-8	斜向孔桥的换算系数 1	K_1	—	$\dfrac{1}{\sqrt{1-\dfrac{0.75}{(1+n_1^2)^2}}}=\dfrac{1}{\sqrt{1-\dfrac{0.75}{(1+3.18^2)^2}}}$	1.0	
28-2-9	斜向孔桥的换算系数 2	K_2	—	$\dfrac{1}{\sqrt{1-\dfrac{0.75}{(1+n_2^2)^2}}}=\dfrac{1}{\sqrt{1-\dfrac{0.75}{(1+2.81^2)^2}}}$	1.0	
28-2-10	斜向孔桥减弱系数 1	φ_1''	—	$K_1\dfrac{s_1''-d_{ae}}{s_1''}=1.0\times\dfrac{451-79.5}{451}$	0.824	
28-2-11	斜向孔桥减弱系数 2	φ_2''	—	$K_2\dfrac{s_2''-d_{ae}}{s_2''}=1.0\times\dfrac{403-79.5}{403}$	0.803	
28-2-12	校核			$\varphi_1''、\varphi_2''>[\varphi]$,0.824、0.803>0.702,满足强度要求		
3.非径向斜向孔桥						
28-3-1	角度	α	(°)	$\arcsin\dfrac{h}{R}=\arcsin\dfrac{455}{847.5}$	32.47°	
28-3-2	弧长	l	mm	$\pi R\dfrac{\alpha}{180}=\pi\times847.5\dfrac{32.47°}{180}$	480.3	
28-3-3	系数 1	n_1	—	$\dfrac{b_1}{a}=\dfrac{430}{480.3-150}$	1.3	
28-3-4	非径向孔当量直径 1	d_{e1}	mm	$d\sqrt{\dfrac{n_1^2+1}{n_1^2+\cos^2\alpha}}=88\times\sqrt{\dfrac{1.3^2+1}{1.3^2+\cos^2 32.47°}}$	93.1	
28-3-5	系数 2	n_2	—	$\dfrac{b_2}{a}=\dfrac{380}{480.3-150}$	1.51	

序号	名称	符号	单位	公式及来源(按1])	数值 按1] GB/T 16507—2013	数值 按2] GB 9222—88
28-3-6	非径向孔当量直径2	d_{e2}	mm	$d\sqrt{\dfrac{n_2^2+1}{n_2^2+\cos^2\alpha}}=88\sqrt{\dfrac{1.51^2+1}{1.51^2+\cos^2 32.47°}}$		94
28-3-7	相邻两孔平均当量直径1	d_{ae1}	mm	$\dfrac{d_{1e}+d_{e1}}{2}=\dfrac{109+93.1}{2}$		101.1
28-3-8	斜向孔桥相邻两孔的临界节距2	s_{c1}''	mm	$d_{ae1}+2\sqrt{(D_i+\delta)\delta}=101.1+2\sqrt{(1\,600+95)\times 95}$		903.7
28-3-9	斜向相邻两孔的节距1	s_1''	mm	$\sqrt{l^2+b_1^2}=\sqrt{480.3^2+430^2}$		645
28-3-10	斜向节距1校核	—	mm	图 21-5-1 a)斜向孔桥节距 645 mm 小于 s_{c1}''，按1]之 4,8.5.3 及表 6，应计算减弱系数		需要计算孔桥减弱
28-3-11	孔桥减弱系数线算图中的参数1	N_1	—	$\dfrac{d_{ae1}}{a}=\dfrac{101.1}{480.3-150}$		0.306
28-3-12	斜向孔桥的减弱系数1	φ_1''	—	按1]之 4,8.5.6，查图 1		0.86
28-3-13	相邻两孔平均当量直径2	d_{ae2}	mm	$\dfrac{d_{1e}+d_{2e}}{2}=\dfrac{109+94}{2}$		101.5
28-3-14	斜向孔桥相邻两孔的临界节距2	s_{c2}''	mm	$d_{ae2}+2\sqrt{(D_i+\delta)\delta}=101.5+2\sqrt{(1\,600+95)\times 95}$		904
28-3-15	斜向相邻两孔的节距2	s_2''	mm	$\sqrt{l^2+b_2^2}=\sqrt{480.3^2+380^2}$		612
28-3-16	斜向节距2校核	—	mm	图 21-5-1 a)斜向孔桥节距 612 mm 小于 s_{c2}''，按1]之 4,8.5.3 及表 6，应计算减弱系数		需要计算孔桥减弱
28-3-17	孔桥减弱系数线算图中的参数2	N_2	—	$\dfrac{d_{ae2}}{a}=\dfrac{101.5}{480.3-150}$		0.31

序号	名称	符号	单位	公式及来源（按1]）	数值 按1] GB/T 16507—2013	数值 按2] GB 9222—88
28-3-18	斜向孔桥的减弱系数2	φ_2''	—	按1]之4.8.5.6，查图1	0.855	
28-3-19	校核			$\varphi_1''、\varphi_2''>[\varphi]$，0.86、0.855>0.702，满足强度要求		
D组孔群的孔桥减弱系数：						
29-1	相邻两孔平均当量直径	d_{2ae}	mm	$d_{1e}=d_{2e}=d$	119	
29-2	斜向孔桥相邻两孔的临界节距	s_c''	mm	$d_{2ae}+2\sqrt{(D_i+\delta)\delta}$ $=119+2\sqrt{(1\,600+95)\times 95}$	922	
29-3	斜向节距	s''	mm	$\sqrt{a^2+b^2}=\sqrt{200^2+200^2}$	283	
29-4	斜向节距校核	—	mm	图21-5-1 a)斜向孔桥节距283 mm 小于s_c''，按1]之4.8.5.3及表6，应计算减弱系数	需要计算孔桥减弱系数	
29-5	系数	n	—	$\dfrac{b}{a}=\dfrac{200}{200}$	1.0	
29-6	斜向孔桥减弱系数线算图中的参数	N	—	$\dfrac{d_{1e}+d_{2e}}{2a}=\dfrac{119+119}{2\times 200}$	0.6	
29-7	斜向孔桥的减弱系数	φ	—	按1]之4.8.5.6，查图1	0.63	
29-8	判定			$\varphi<[\varphi]$，0.63<0.702，需孔桥补强计算； $d_{1e}=119$ mm 孔桥，满足1]之4.11.2.4要求，按1]之4.11.6规定计算补强，该斜向孔桥可用管接头补强，以提高孔桥减弱系数， $\dfrac{4}{3}\varphi=\dfrac{4}{3}\times 0.63=0.84>[\varphi]$，满足1]之4.11.6.2的要求		

$\phi 119$ mm 斜向孔桥补强计算：

序号	名称	符号	单位	公式及来源（按1]）	数值 按1] GB/T 16507.4—2013
1	接管焊角高度	e	mm	由图21-5-1 c)	25
2	起补强作用的焊缝面积	A_1	mm²	$e^2=25^2$	625

序号	名 称	符号	单位	公式及来源(按1])	数 值 按1] GB/T 16507.4—2013
3	接管内直径	d_i	mm	给定	119
4	接管名义厚度	δ_b	mm	取	30
5	接管补强有效高度	h	mm	按1]之4,11.5.7, 当 $\dfrac{\delta_b}{d_i}=\dfrac{30}{119}=0.25>0.19$ 时, $\sqrt{(d_i+\delta_b)\delta_b}=\sqrt{(119+30)\times 30}$	66.9
6	厚度附加量	C	mm	锻造车削的管接头下偏差的负值按经验取	0.5
7	接管有效厚度	δ_{be}	mm	$\delta_b-C=30-0.5$	29.5
8	计算壁温	t_d	℃	同锅筒筒体管孔,序号13	347
9	接管材料	—	—	给定	16Mn
10	接管基本许用应力	$[\sigma]_J$	MPa	按1]之2,表7,$\delta=30\sim 100$ mm	117
11	基本许用应力修正系数	η	—	按1]之4,表1,不受热	1.0
12	接管许用应力	$[\sigma]_b$	MPa	$\eta[\sigma]_J=1.0\times 117$	117
13	接管计算厚度	δ_{bo}	mm	$\dfrac{p(d_o-2\delta_{be})}{2[\sigma]_b-p}$ $=\dfrac{15.9(179-2\times 29.5)}{2\times 117-15.9}$	8.74
14	起补强作用的接管面积	A_2	mm²	$2h(\delta_{be}-\delta_{bo})\dfrac{[\sigma]_b}{[\sigma]}$ $=2\times 66.9\times(29.5-8.74)\dfrac{117}{211}$	1 540
15	未减弱筒体的计算厚度	δ_o	mm	$\dfrac{pD_i}{2[\sigma]-p}=\dfrac{15.9\times 1\,600}{2\times 211-15.9}$	62.6
16	斜向相邻两孔间距	S''	mm	$\sqrt{a^2+b^2}=\sqrt{200^2+200^2}$	283
17	系数	n	—	$\dfrac{b}{a}=\dfrac{200}{200}$	1
18	斜向孔桥的换算系数	K	—	$\dfrac{1}{\sqrt{1-\dfrac{0.75}{(1+n^2)^2}}}=\dfrac{1}{\sqrt{1-\dfrac{0.75}{(1+1^2)^2}}}$	1.11
19	孔桥补强计算时的最大当量直径	$[d]_e$	mm	$\left(1-\dfrac{[\varphi]}{K}\right)s''=\left(1-\dfrac{0.702}{1.11}\right)\times 283$	104

序号	名称	符号	单位	公式及来源（按1]）	数值
					按1] GB/T 16507.4—2013
20	需要补强的面积	$A_{需要}$	mm²	按1]之4,表15，$d_i = \dfrac{A_o}{\delta_o} = 119$ $\left(\dfrac{A_o}{\delta_o} - [d]_e\right)\delta_e = (119 - 104) \times 90.7$	1 361
21	总补强面积	$\sum A$	mm²	$A_1 + A_2 = 625 + 1\,540$	2 165
22	校核			$\sum A > A_{需要}$，2 165 mm² > 1 361 mm²，满足1]之4,11.6.7a 的要求。	

2　锅筒球形封头壁厚计算（$\phi1\,600 \times 70$ mm）

封头强度设计方式：

本封头强度设计采用根据锅炉参数求壁厚的计算方式。

计算附图（图 21-5-2）：

计算：

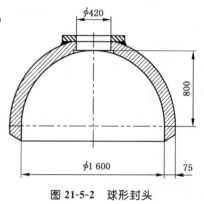

图 21-5-2　球形封头

序号	名称	符号	单位	公式及来源（按1]）	数值	
					1] GB/T 16507—2013	2] GB 9222—88
1	计算压力	p	MPa	同锅筒	15.9	
2	计算壁温	t_d	℃	按1]之4,表4,烟道外,$t_d = t_m$	347	
3	材料	—	—	给定	13MnNiMoR	13MnNiMoNb
4	基本许用应力	$[\sigma]_J$	MPa	按1]之2,表2,$\delta = 30 \sim 100$ mm	211	
5	基本许用应力修正系数	η	—	按1]之4,表1,不受热	1.0	0.9
6	许用应力	$[\sigma]$	MPa	$\eta[\sigma]_J = 1.0 \times 211$	211	190
封头球形部分壁厚计算：						
7	球形封头内径	D_i	mm	图 21-5-2	1 600	
8	球形封头内高度	h_i	mm	图 21-5-2	800	

序号	名称	符号	单位	公式及来源(按1])	数值 1] GB/T 16507—2013	数值 2] GB 9222—88
9	球形封头结构形状尺寸	K_s	—	$\frac{1}{6}\left[2+\left(\frac{D_i}{2h_i}\right)^2\right]=\frac{1}{6}\times\left[2+\left(\frac{1\,600}{2\times 800}\right)^2\right]$	0.5	0.5
10	球形封头开孔减弱系数	φ_{min}	—	$1-\frac{d}{D_i}=1-\frac{420}{1\,600}$	0.74	0.74
11	球形封头计算厚度	δ_{t1}	mm	$K_s\frac{pD_i}{2\varphi_{min}[\sigma]-p}=0.5\times\frac{15.9\times 1\,600}{2\times 0.74\times 211-15.9}$	42.9	48.1
12	腐蚀减薄量	C_1	mm	按1]之4,13.3.2,$\delta>20$ mm,取	0	0
13	制造减薄量	C_2	mm	按1]之4,附录C,表C.2 $0.15(\delta_{t1}+C_1)=0.15(42.9+0)$	6.44	8.21
14	钢板厚度负偏差	C_3	mm	按GB/T 709—2006,B类查	0.3	8.21
15	厚度附加量	C	mm	$C_1+C_2+C_3=0+6.44+0.3$	6.74	8.21
16	球形封头最小壁厚	δ_{1min}	mm	$\delta_{t1}+C=42.9+6.74$	49.64	56.3
封头直段壁厚计算[1]:						
17	焊接接头系数	φ_w	—	按1]之1,6.5.7.2 全焊透对接头,100%无损检测	1.0	1.0
18	封头直段的计算壁厚	δ_{t2}	mm	$\frac{pD_i}{2\varphi_w[\sigma]-p}=\frac{15.9\times 1\,600}{2\times 1.0\times 211-15.9}$	62.6	69.83
19	腐蚀裕量	C_1	mm	按1]之4,13.3.2,$\delta\geq 20$ mm 时,取	0	0
20	制造减薄量	C_2	mm	按1]之4,附录C,表C.1 热卷,$p_r\geq 9.8$ MPa	4	4
21	钢板厚度负偏差	C_3	mm	按GB/T 709—2006,B类查	0.3	4
22	厚度附加量	C	mm	$C_1+C_2+C_3=0+4+0.3$	4.3	4
23	球形封头直段最小壁厚	δ_{2min}	mm	$\delta_{t2}+C=62.6+4.3$	66.9	73.8
封头厚度与校核:						
24	球形封头名义厚度	δ	mm	取	70	75

序号	名称	符号	单位	公式及来源(按1])	数值 1] GB/T 16507—2013	数值 2] GB 9222—88
25	校核			$\dfrac{h_i}{D_i}=\dfrac{800}{1\,600}=0.50$, $\dfrac{h_i}{D_i}\geqslant 0.2$,满足 1]之 4,10.3.4 的要求		
				$\dfrac{d}{D_i}\leqslant\dfrac{420}{1\,600}=0.263$, $\dfrac{d}{D_i}\leqslant 0.6$,满足 1]之 4,10.3.4 的要求		

1) 封头直段无需计算问题,详见 21-1 节之 6)。

两个标准的许用应力修正系数取值有区别,故按 GB 16507—2013 标准计算壁厚比 GB 9222—88 标准计算壁厚偏小。

21-6 立式锅炉强度校核计算

1 计算说明

本节介绍锅炉受压元件校核计算特点,以小容量立式锅炉为例。

某已运行过的立式多横火管(考克兰)锅炉(图 2-1-3),经检验,各受压元件(图 21-6-1)仍完好,且结构合理。锅炉技术档案资料完整。除烟管、拉撑管为 20 号无缝钢管外,其余材料均为 Q245R 钢板。

各受压元件实测尺寸见表 21-6-1。

表 21-6-1 立式多横火管(考克兰)锅炉受压元件结构尺寸

序号	元件名称	单位	结构尺寸	壁厚 δ
1	锅壳筒体内径	mm	1 646	12
2	半球形封头内径	mm	1 646	12
3	半球形炉胆内径	mm	1 420	14
4	U 型下脚圈厚度	mm	—	19
5	前管板厚度	mm	—	16
6	后管板厚度	mm	—	14
7	管孔直径		65	—
7	横向、竖向管孔节距	mm	105	
8	前管板弓形板厚度	mm	—	16
9	后管板弓形板厚度	mm	—	14
10	烟管外直径	mm	64	3
11	拉撑管外直径	mm	64	6
12	人孔	mm	300×400	—
12	人孔盖厚度	mm	—	19

表 21-6-1(续)

序号	元件名称	单位	结构尺寸	壁厚δ
13	手孔	mm	88×102	—
	手孔盖厚度	mm	—	12
14	喉管	mm	300×400	—
	炉门	mm	300×400	—

注：应给出不同部位厚度的更精确一些值。

要求这台锅炉蒸汽出口处正常运行最高压力为 0.7 MPa(表压)，试校核能否合格。

本计算按以下标准进行：

1] GB/T 16508.3—2013——给出完整校核计算；

2] GB/T 16508—1996(附录 B2)——仅给出校核计算的结果，便于对比。

计算附图(图 21-6-1～图 21-6-3)：

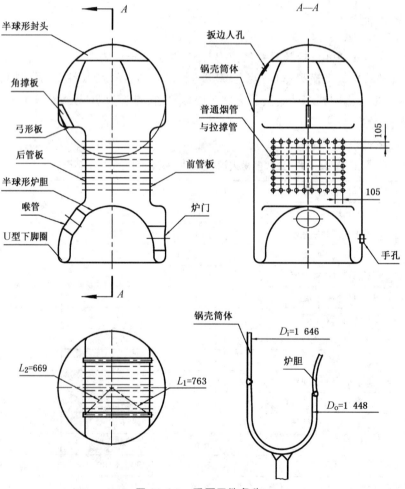

图 21-6-1 受压元件名称

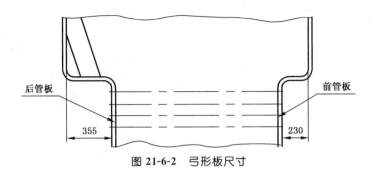

图 21-6-2 弓形板尺寸

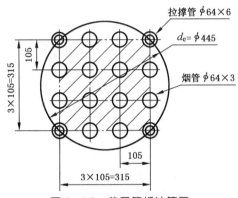

图 21-6-3 前后管板计算图

2 强度计算

(1) 锅壳筒体最高允许计算压力（$\phi1\,646\times12$ mm）

序号	名　称	符号	单位	公式及来源（按1]）	数　值	
					1] GB/T 16508.3—2013	2] GB/T 16508—1996
1	锅炉额定压力（表压）	p_r	MPa	给定	0.7	
2	液柱高度	h	m	给定	1.8	
3	液柱静压力	Δp_h	MPa	$0.01h=0.01\times1.8$	0.018	
4	介质流动阻力附加压力	Δp_f	MPa	无过热器，锅壳筒体至锅炉出口之间的压力降，取	0	
5	附加压力	Δp_a	MPa	按1]之5，表3，安全阀低整定压力与安全阀所在位置工作压力的差值，0.03×0.7	0.021	
6	液柱静压力判定值	—	MPa	$0.03(p_r+\Delta p_a+\Delta p_f)=0.03\times(0.7+0.021+0)$	0.022	

序号	名称	符号	单位	公式及来源(按1])	数值 1] GB/T 16508.3—2013	数值 2] GB/T 16508—1996
7	液柱静压力取值	Δp_h	MPa	按1]之3,5.7.3,$\Delta p_h=0.018<0.03(p_r+\Delta p_a+\Delta p_f)=0.022$,取	0	0
8	工作压力	p_o	MPa	$p_r+\Delta p_f+\Delta p_h=0.7+0+0$	0.7	
9	计算压力	p	MPa	$p_o+\Delta p_a=0.7+0.021$	0.72	
10	介质额定平均温度	t_{mave}	℃	饱和蒸汽温度(绝对压力 $p_r+0.1$)	171	
11	计算壁温	t_c	℃	按1]之3,表4,不受火,$t_{mave}=t_c$	171	250
12	材料	—	—	给定	Q245R	20g
13	基本许用应力	$[\sigma]_J$	MPa	按1]之2,表2,$\delta\leqslant 16$ mm	136	125
14	基本许用应力修正系数	η	—	按1]之3,表3,筒体不受火	1.0	
15	许用应力	$[\sigma]$	MPa	$\eta[\sigma]_J=1.0\times 136$	136	125
16	锅壳筒体内径	D_i	mm	给定	1 646	
17	筒体厚度	δ	mm	实测	12	
18	腐蚀减薄量	C	mm	取	1	
19	有效厚度	δ_e	mm	按1]之3,6.3.3,$\delta-C=12-1$	11	
20	焊接接头系数	φ_w	—	按1]之1,6.4.7.2,局部无损检测	0.85	1.0
21	校核部位减弱系数	φ_c	—	$\varphi_c=\varphi_w$	0.85	1.0
22	最高允许计算压力	$[p]$	MPa	$\dfrac{2\varphi_c[\sigma]\delta_e}{D_i+\delta_e}=\dfrac{2\times 0.85\times 136\times 11}{1\ 646+11}$	1.53	1.43

注:两个标准的计算壁温、许用应力及焊接接头系数取值有区别,故按GB/T 16508.3—2013计算出的最高允许计算压力高于GB/T 16508—1996。

(2) 半球形封头最高允许计算压力($\phi 1\ 646\times 12$ mm)

序号	名称	符号	单位	公式及来源(按1])	数值 1] GB/T 16508.3—2013	数值 2] GB/T 16508—1996
1	基本许用应力	$[\sigma]_J$	MPa	同锅壳筒体	136	125
2	基本许用应力修正系数	η	—	按1]之3,表3,封头	1.0	

序号	名称	符号	单位	公式及来源(按1])	数值 1] GB/T 16508.3—2013	数值 2] GB/T 16508—1996
3	许用应力	$[\sigma]$	MPa	$\eta[\sigma]_J = 1.0 \times 136$	136	125
4	焊接接头系数	φ_w	—	按1]之1,6.4.7.2,局部无损检测	0.85	1.0
5	封头内直径	D_i	mm	给定	1 646	
6	封头内高度	h_i	mm	设计给定	823	
7	封头厚度	δ	mm	实测	12	
8	有效厚度	δ_e	mm	$\delta - C = 12 - 1$	11	
9	减弱系数	φ	—	按1]之3,表13,有孔有拼接焊缝取 φ_w 与 $1 - d/D_i$ 较小值,$1 - d/D_i = 1 - 400/1\,646$	0.757	
10	形状系数	Y	—	$\frac{1}{6}\left[2 + \left(\frac{D_i}{2h_i}\right)^2\right] = \frac{1}{6} \times \left[2 + \left(\frac{1\,646}{2 \times 823}\right)^2\right]$	0.50	
11	腐蚀减薄量	C	mm	取	1	
12	半球形封头最高允许计算压力	$[p]$	MPa	$\dfrac{2\varphi[\sigma]\delta_e}{D_i Y + 0.5\delta_e} = \dfrac{2 \times 0.757 \times 136 \times 11}{1\,646 \times 0.50 + 0.5 \times 11}$	2.73	2.51
13	封头圆筒直段部分最高允许计算压力	$[p]$	MPa	—	不考虑	1.66
14	最高允许计算压力	$[p]$	MPa	取上述最高允许计算压力较小值	2.73	1.66
15	校核			$\delta > \delta_{\min}$,满足要求 $\dfrac{h_i}{D_i} = \dfrac{823}{1\,646} = 0.50$,$\dfrac{h_i}{D_i} \geqslant 0.2$,满足1]之3,8.3.3要求 $\dfrac{\delta - C}{D_i} = \dfrac{12 - 1}{1\,646} = 0.007$,$\dfrac{\delta - C}{D_i} \leqslant 0.1$,满足1]之3,8.3.3要求 $\dfrac{d}{D_i} = \dfrac{400}{1\,646} = 0.24$,$\dfrac{d}{D_i} \leqslant 0.7$,满足1]之3,8.3.3要求		

注:两个标准的基本许用应力及焊接接头系数取值有区别,另外。GB/T 16508.3—2013中无封头圆筒直段部分最高允许计算压力的计算要求,致使计算的封头最高允许计算压力远高于GB/T 16508—1996。

(3) 半球形炉胆最高允许计算压力（$\phi1\ 420\times14$ mm）

序号	名 称	符号	单位	公式及来源（按1]）	数 值	
					1] GB/T 16508.3—2013	2] GB/T 16508—1996
1	介质额定平均温度	t_{mave}	℃	同锅壳筒体	171	
2	计算壁温	t_c	℃	按1]之3，表4，直接受火焰辐射，$t_{\mathrm{mave}}+90=171+90$	261	
3	材料	—	—	给定	Q245R	20 g
4	基本许用应力	$[\sigma]_\mathrm{J}$	MPa	按1]之2，表2，$\delta\leqslant16$ mm	115	123
5	基本许用应力修正系数	η	—	按1]之3，表3	0.3	
6	许用应力	$[\sigma]$	MPa	$\eta[\sigma]_\mathrm{J}=0.3\times115$	34.5	36.9
7	减弱系数	φ	—	按1]之3，8.3.7	1.0	
8	半球形炉胆内径	D_i	mm	设计给定	1 420	
9	半球形炉胆内高度	h_i	mm	设计给定	710	
10	形状系数	Y	—	$\dfrac{1}{6}\left[2+\left(\dfrac{D_i}{2h_i}\right)^2\right]=\dfrac{1}{6}\times\left[2+\left(\dfrac{1\ 420}{2\times710}\right)^2\right]$	0.50	
11	腐蚀减薄量	C	mm	取	1	
12	半球形炉胆厚度	δ	mm	实测	14	
13	有效厚度	δ_e	mm	$\delta-C=14-1$	13	
14	半球形炉胆最高允许计算压力	$[p]$	MPa	$\dfrac{2\varphi[\sigma]\delta_e}{D_iY+0.5\delta_e}=\dfrac{2\times1.0\times34.5\times13}{1\ 420\times0.50+0.5\times13}$	1.25	1.32
15	半球形炉胆圆筒形部分最高允许计算压力	$[p]$	MPa	—	—	0.67
16	最高允许计算压力	$[p]$	MPa	取上述最高允许计算压力较小值	1.25	0.67

序号	名称	符号	单位	公式及来源(按1])	数值 1] GB/T 16508.3—2013	数值 2] GB/T 16508—1996
17	校核			$\dfrac{h_i}{D_i}=\dfrac{710}{1\,420}=0.50$，$\dfrac{h_i}{D_i}\geqslant 0.2$，满足1]之3,8.3.3要求		
				$\dfrac{\delta-C}{D_i}=\dfrac{14-1}{1\,420}=0.009$，$\dfrac{\delta-C}{D_i}\leqslant 0.1$，满足1]之3,8.3.3要求		
				$\dfrac{d}{D_i}=\dfrac{400}{1\,420}=0.28$，$\dfrac{d}{D_i}\leqslant 0.7$，满足1]之3,8.3.3要求		

注：两个标准的基本许用应力取值有区别，GB/T 16508.3—2013中无半球形炉胆圆筒形部分最高允许计算压力的计算要求，致使GB/T 16508.3—2013计算的封头最高允许计算压力远高出GB/T 16508—1996。

(4) U型下脚圈最高允许计算压力($\phi 1\,420\times 14$ mm)

序号	名称	符号	单位	公式及来源(按1])	数值 1] GB/T 16508.3—2013	数值 2] GB/T 16508—1996
1	对应锅壳筒体内径的下脚圈尺寸	D_i	mm	见表21-6-1及图21-6-1	1 646	
2	对应炉胆外径的下脚圈尺寸	D_o	mm	见表21-6-1及图21-6-1	1 448	
3	室温的抗拉强度	R_m	MPa	按1]之，表2；材料Q245R，$\delta\leqslant 16$ mm	400	
4	有效厚度	δ_{1e}	mm	实测	19	
5	最高允许计算压力	$[p]$	MPa	$\dfrac{(\delta_{1e}-1)^2 990 R_m}{D_i(D_i-D_o)372}=\dfrac{(19-1)^2\times 990\times 400}{1\,646(1\,646-1\,448)\times 372}$	1.05	0.74

注：GB/T 16508.3—2013对U型下脚圈最高允许计算压力公式中取消乘以常数0.7的要求，则最高允许计算压力明显高于GB/T 16508—1996计算值。

(5) 前管板最高允许计算压力($\delta 16$)

序号	名称	符号	单位	公式及来源(按1])	数值 1] GB/T 16508.3—2013	数值 2] GB/T 16508—1996
1	校验结构尺寸			按1]之3,9.4.3与2],烟管与管板采用胀接连接,管束区需装设拉撑管,符合要求		
				|按1]之3,9.7.2与2],由于外侧垂直管排与管板采用胀接连接,则每隔一根烟管按10.5.8要求需要焊接|	
				|按1]之3,9.3.11与2],符合管板扳边半径要求|	
				|管板焊缝边缘至扳边起点的距离,符合1]之3,9.4.6与2]要求|	
				|按1]之3,9.4.4与2],胀接管直径大于51 mm,管板厚度不应小于14 mm,现为16 m,满足要求|	
				|按1]之3,9.4.5与2],胀接管板孔桥不应小于$0.125d+12.5$ mm$=0.125\times 65+12.5=20.6$ mm(管孔直径 $d=65$ mm) 图21-6-1中为$105-65=40$ mm,满足要求|	
				|按1]之3,9.7.4,管板两侧的锅壳厚度应比筒壳公式计算厚度大1.5 mm,满足要求|	
2	管束区域					
2-1	介质额定平均温度	t_{mave}	℃	同锅壳筒体	171	
2-2	计算壁温	t_c	℃	按1]之3,表4,与烟气温度低于600 ℃,$t_{\mathrm{mave}}+25=171+25$	196	250
2-3	材料	—	—	给定	Q245R	20g
2-4	基本许用应力	$[\sigma]_J$	MPa	按1]之2,表2,$\delta\leqslant 16$ mm	132	125
2-5	基本许用应力修正系数	η	—	按1]之3,表3,烟管管板	0.85	
2-3	许用应力	$[\sigma]$	MPa	$\eta[\sigma]_J=0.85\times 132$	112.2	106
2-7	最大当量圆直径	d_e	mm	按1]之3,9.3.7、9.4.2及图21-6-3	445	
2-8	系数	K	—	按1]之3,9.4.2、9.3.4及表14,取0.43×0.9	0.39	
2-9	管板厚度	δ	mm	实测	16	
2-10	最高允许计算压力	$[p]$	MPa	$\left(\dfrac{\delta-1}{Kd_e}\right)^2[\sigma]=\left(\dfrac{16-1}{0.39\times 445}\right)^2\times 112.2$	0.84	0.79
3	最外侧垂直管排					

序号	名称	符号	单位	公式及来源（按1]）	数值	
					1] GB/T 16508.3—2013	2] GB/T 16508—1996
3-1	孔桥减弱系数	φ	—	按1]之3,9.7.1, $\dfrac{S_2-d}{S_2}=\dfrac{105-65}{105}$	0.381	
3-2	当量直径	D	mm	按1]之3,9.7.1及图21-6-1,$2L_1=2\times 763$	1 526	
3-3	最高允许计算压力	$[p]$	MPa	$\dfrac{2\varphi[\sigma](\delta-1)}{D+(\delta-1)}=\dfrac{2\times 0.381\times 112.2\times(16-1)}{1\,526+(16-1)}$	0.83	0.79
4	前管板最高允许计算压力	$[p]$	MPa	取管束区域与最外侧垂直管排的较小值	0.83	0.79

注：两个标准的基本许用应力取值不同，故计算出的最高允许计算压力有区别。

（6）后管板最高允许计算压力（$\delta 14$）

序号	名称	符号	单位	公式及来源（按1]）	数值	
					1] GB/T 16508.3—2013	2] GB/T 16508—1996
1	校验结构尺寸			同前管板相同，校验结果均合格		
2	管束区域					
2-1	介质额定平均温度	t_{mave}	℃	同锅壳筒体	171	
2-2	计算壁温	t_c	℃	按1]之3,表4,与烟气温度低于900 ℃, $t_{mave}+25=171+70$	241	250
2-3	材料	—	—	给定	Q245R	20g
2-4	基本许用应力	$[\sigma]_J$	MPa	按1]之2,表2,$\delta\leqslant 16$ mm	119.5	125
2-5	基本许用应力修正系数	η	—	按1]之3,表3,烟管管板	0.85	
2-3	许用应力	$[\sigma]$	MPa	$\eta[\sigma]_J=0.85\times 119.5$	101.6	106
2-7	最大当量圆直径	d_e	mm	按1]之3,9.3.7、9.4.2及图21-6-3	445	
2-8	系数	K	—	按1]之3,9.4.2、9.3.4及表14,取 0.43×0.9	0.39	

序号	名称	符号	单位	公式及来源(按1])	数值 1] GB/T 16508.3—2013	数值 2] GB/T 16508—1996
2-9	管板厚度	δ	mm	实测	14	
2-10	最高允许计算压力	$[p]$	MPa	$\left(\dfrac{\delta-1}{Kd_e}\right)^2[\sigma] = \left(\dfrac{14-1}{0.39\times 445}\right)^2 \times 101.6$	0.57	0.6
3	最外侧垂直管排					
3-1	孔桥减弱系数	φ	—	按1]之 3,9.7.1,$\dfrac{S_2-d}{S_2}=\dfrac{105-65}{105}$	0.381	
3-2	当量直径	D	mm	按1]之,9.7.1,$2L_1=2\times 669$	1 338	
3-3	最高允许计算压力	$[p]$	MPa	$\dfrac{2\varphi[\sigma](\delta-1)}{D+(\delta-1)} = \dfrac{2\times 0.381\times 101.6\times(14-1)}{1\ 338+(14-1)}$	0.74	0.78
4	前管板最高允许计算压力	$[p]$	MPa	取管束区域与最外侧垂直管排的较小值	0.57	0.60

注：两个标准的基本许用应力取值不同，故计算出的最高允许计算压力有区别。

(7) 校验前管板的弓形板($\delta 16$)

序号	名称	符号	单位	公式及来源(按1])	数值 1] GB/T 16508.3—2013	数值 2] GB/T 16508—1996
1	计算压力	p	MPa	同锅壳筒体	0.72	
2	弓形板最大尺寸	E	mm	见图 21-6-2	230	
3	管板厚度	δ	mm	实测	16	
4	Z 值	—	—	按1]之 3,9.7.3 $\dfrac{EpD_i}{\delta p}=\dfrac{230\times 0.72\times 1\ 646}{16}$	17 000	
5	确定角撑板的数目			按1]之 3,9.7.3,对于前管板，$Z>25\ 000$,设 1 块，由于 $Z<25\ 000$,故前管板未设角撑板		

(8) 校验后管板弓的形板($\delta 14$)

序号	名称	符号	单位	公式及来源（按1]）	数值	
					1] GB/T 16508.3—2013	2] GB/T 16508—1996
1	计算压力	p	MPa	同锅壳筒体	0.72	
2	弓形板最大尺寸	E	mm	见图21-6-2	355	
3	管板厚度	δ	mm	实测	14	
4	Z 值	—	—	按1]之3,9.7.3, $\dfrac{EpD_i}{\delta}=\dfrac{355\times 0.72\times 1\,646}{14}$	30 100	
5	确定角撑板的数目			按1]之3,9.7.3,对于后管板,$Z>25\,000$,设1块,故后管板加设一块角撑板		

(9) 普通平直烟管最高允许计算压力（$\phi 64\times 3$）

序号	名称	符号	单位	公式及来源（按1]）	数值	
					1] GB/T 16508.3—2013	2] GB/T 16508—1996
1	管子外径	d_o	mm	给定	64	
2	管子壁厚	δ	mm	实测	3	
3	介质额定平均温度	t_{mave}	℃	同锅壳筒体	171	
4	计算温度	t_c	℃	按1]之3,表4,对流管、拉撑管, $t_{mave}+25=171+25$	196	—
5	材料	—	—	给定	20,GB/T 3087	
6	基本许用应力	$[\sigma]_J$	MPa	按1]之2,表4,$\delta\leqslant 16$ mm	126	
7	基本许用应力修正系数	η	—	按1]之3,表3,烟管	0.8	
8	许用应力	$[\sigma]$	MPa	$\eta[\sigma]_J=0.8\times 126$	101	
9	腐蚀裕量的附加厚度	C_1	mm	按1]之3,6.7.3.1	0.5	
10	制造减薄量的附加厚度	C_2	mm	按1]之3,6.7.3.2,换热管	0	
11	厚度下偏差与公称厚度百分比	m	%	按GB/T 3087,$\dfrac{0.4}{3}\times 100$	13.3	—
12	钢材厚度负偏差的附加厚度	C_3	mm	按1]之3,6.7.3.2,换热管 $\dfrac{m}{100}\delta=\dfrac{13.3}{100}\times 3$	0.4	—

序号	名称	符号	单位	公式及来源(按1])	数值 1] GB/T 16508.3—2013	数值 2] GB/T 16508—1996
13	厚度附加量	C	mm	$C_1+C_2+C_3=0.5+0+0.4$	0.9	—
14	最高允许计算压力	$[p]$	MPa	$\dfrac{2[\sigma](\delta-C)}{d_o}=\dfrac{2\times101(3-0.9)}{64}$	6.6	1.64

注：GB/T 16508.3—2013 与 GB/T 16508—1996 标准的最高允许计算压力计算公式颇不一致，故最高允许计算压力值差异甚大。

(10) 拉撑管最高允许计算压力($\phi64\times6$)

序号	名称	符号	单位	公式及来源(按1])	数值 1] GB/T 16508.3—2013	数值 2] GB/T 16508—1996
1	介质额定平均温度	t_{mave}	℃	同锅壳筒体	171	171
2	计算壁温	t_c	℃	按1]之3，表4，拉撑管，$t_{mave}+25=171+25$	196	250
3	材料	—	—	给定	20，GB/T 3087	20，GB/T 3087
4	基本许用应力	$[\sigma]_J$	MPa	按1]之2，表4，$\delta\leqslant16$ mm	126	125
5	基本许用应力修正系数	η	—	按1]之3，表3，拉撑件	0.6	0.55
6	许用应力	$[\sigma]$	MPa	$\eta[\sigma]_J=0.6\times126$	75.6	68.7
7	拉撑管外直径	d_o	cm	给定	6.4	6.4
8	拉撑的支持面积	A	cm²	见图 21-6-3 $31.5\times31.5-9\left(\dfrac{\pi d_o^2}{4}\right)=31.5^2-9\left(\dfrac{\pi\times6.4^2}{4}\right)$	703	703
9	管子壁厚	δ	cm	实测	0.6	0.6
10	拉撑管的截面积	F	cm²	$\dfrac{\pi}{4}[d_o^2-(d_o-2\delta)^2]=\dfrac{\pi}{4}\times[6.4^2-(6.4-2\times0.6)^2]$	10.93	10.93
11	最高允许计算压力	$[p]$	MPa	$\dfrac{F[\sigma]}{A}=\dfrac{10.93\times75.6}{703}$	1.18	1.07

注：两个标准的基本许用应力及基本许用应力修正系数取值不同，故最高允许计算压力值有区别。

(11) 人孔盖最高允许计算压力(δ19)

序号	名称	符号	单位	公式及来源(按1])	数值	
					1] GB/T 16508—2013	2] GB/T 16508—1996
1	许用应力	$[\sigma]$	MPa	同锅壳筒体	136	125
2	短半轴与长半轴的比值	—	—	$\dfrac{a}{b}=\dfrac{150}{200}$	0.75	
3	形状系数	Y	—	按1]之3,表17	1.15	
4	盖板的计算尺寸	D_C	mm	按1]之3,11.4.4,$2b=2\times150$	300	
5	盖板结构系数	K		按1]之3,11.4.4,d),取	0.55	—
6	人孔盖壁厚	δ_1	mm	实测	19	
7	最高允许计算压力	$[p]$	MPa	$\left(\dfrac{\delta_1}{KYD_C}\right)^2[\sigma]=$ $\left(\dfrac{19}{0.55\times1.15\times300}\right)^2\times136$	1.36	1.25

注：两个标准的最高允许计算压力公式不一致，故最高允许计算压力值有区别。

(12) 手孔盖最高允许计算压力(δ12)

序号	名称	符号	单位	公式及来源(按1])	数值	
					1] GB/T 16508.3—2013	2] GB/T 16508—1996
1	许用应力	$[\sigma]$	MPa	同锅壳筒体	136	125
2	短半轴与长半轴的比值	—	—	$\dfrac{a}{b}=\dfrac{44}{51}$	0.86	
3	形状系数	Y	—	按1]之3,表17	1.08	
4	盖板的计算尺寸	D_C	mm	按1]之3,11.4.4,$2b=2\times44$	88	
5	盖板结构系数	K		按1]之3,11.4.4,d)取	0.55	—
6	手孔盖壁厚	δ_1	mm	实测	12	
7	最高允许计算压力	$[p]$	MPa	$\left(\dfrac{\delta_1}{KYD_C}\right)^2[\sigma]=$ $\left(\dfrac{12}{0.55\times1.08\times88}\right)^2\times136$	7.16	6.58

注：两个标准的最高允许计算压力公式不一致，故最高允许计算压力值有区别。

(13) 校核锅炉出口允许的运行压力

经上述校核计算，各受压元件的最高允许计算压力如下：

序号	名　　称	各受压元件的最高允许计算压力 MPa	
		GB/T 16508.3—2013	GB/T 16508—1996
1	锅壳筒体	1.53	1.43
2	半球形封头	2.73	1.66
3	半球形炉胆	1.25	0.67
4	U 型下脚圈	1.05	0.74
5	前管板	0.83	0.79
6	后管板	0.57	0.60
7	前管板弓形板	0.72 MPa 合格	
8	后管板弓形板	0.72 MPa 合格	
9	普通烟管	6.6	1.64
10	拉撑管	1.18	1.07
11	人孔盖	1.36	1.25
12	手孔盖	7.16	6.58

上述元件最小值为 0.57 MPa(后管板)。锅炉出口最高允许工作压力应为各元件最高允许计算压力减去各自的附加压力、计算元件至出口之间的压力降、水柱静压力。

本锅炉无过热器,故各元件至锅炉出口之间的压力降 $\Delta p_f = 0$ MPa;本锅炉的附加压力 $\Delta p_a = 0.021$ MPa;后管板的水柱静压力 Δp_h 小于额定压力和附加压力及计算元件至锅炉出口间的压力降三者之和的 3%,故后管板允许锅炉出口处正常运行的最高压力为

$$[p]_g = [p] - (\Delta p + \Delta p_a + \Delta p_f)$$
$$= 0.57 - (0 + 0.021 + 0) = 0.55 \text{ MPa}$$

显然,满足不了 0.7 MPa(表压)的要求,该锅炉只能在出口压力为 0.55 MPa(表压)下运行。

分析:以上两个标准(GB/T 16508—2013 与 GB/T 16508—1996)计算结果表明,一个国家的标准体系已经形成约半个世纪(GB/T 16508—1996),当改变为另一体系(欧洲 EN)时,会带来许多变化。

第 22 章　锅炉自身支撑计算

锅筒（锅壳）与其中水的重量是介质压力以外的附加载荷。考虑介质压力与附加载荷同时作用的锅筒校核计算在 8-7 节已作了论述。

本章论述的主要是，受压管件既承受介质压力又起钢架支撑作用的锅炉本体自身支撑结构与强度计算方法。大量锅炉长期应用证实，本章所述结构与简易计算方法安全可靠。另外，在以上锅炉本体自身支撑成功应用启发下，又进一步提出：利用炉排两侧的承载风箱支撑锅炉本体（包括受压件、炉墙等）的结构与计算方法。这是近 20 年锅炉炉排广为采用的新结构型式。

自身支撑可使同一元件起双重作用，不仅可明显节省钢材，也使锅炉结构得以简化。由于有些元件需承受较大外载作用，故需要校核强度。

22-1　锅炉自身支撑计算方法

容量较小的锅炉（≤10 蒸吨）从来都是自身支撑式，无需设置专门钢架支撑上部锅壳（锅筒）——见 22-2 节最后的附注。

本章所述为较大容量（>10 蒸吨）的锅炉本体自身支撑问题。

1　锅炉自身支撑的应用

锅炉自身支撑首先由本书编著者提出，并应用于 20 蒸吨新型水火管锅壳锅炉[32]。此型锅炉最初，由于上部锅壳及其内部烟管、水等全部重量达 60 t，故利用钢架将锅壳、水冷壁等全部重量悬吊于钢架的上部横梁上。钢架耗钢量达 20 t。

此型锅炉由于水动力要求，设置 4 根 $\phi 273 \times 10$ mm（或 22 mm）下降管。尽管上部重量较大，但这 4 根粗大下降管经计算方法完全能够支撑起。因此，可取消悬吊用的钢架，带来较大经济效益与结构简化。以后应用于上部载荷达 65 t 的更大容量锅炉[30]。锅炉自身支撑已经受了 30 余年的考验，从未出现过任何问题。

上述工业锅炉自身支撑结构，由本书撰写者提出后，至今，新型锅壳锅炉、组合螺纹烟管锅炉全都应用，水管锅炉也有采用实例，以后又开始应用受热管支撑后拱、集箱支撑前拱的自身支撑方式。

2　锅炉自身支撑计算方法

工业锅炉自身支撑计算主要采用经过计算程序校核过的简易手算方法。

简易手算之前，应建立计算模型。一种是铰支杆系计算模型，另一种是单层框架计算模型。

（1）铰支杆系计算模型

铰支杆系计算模型可参照锅壳锅炉强度计算标准中的斜拉杆、角撑板等拉撑件计算方法。因为锅壳内部的拉撑件受力状态与支撑上部锅壳的下降管及上升管基本相同，另外，拉撑件损坏的后果（有导致锅壳爆炸的可能）要比下降管及上升管严重得多。

锅壳锅炉强度计算标准对拉撑件（斜拉杆、角撑板）采用的计算模型如图 22-1-1 所示。

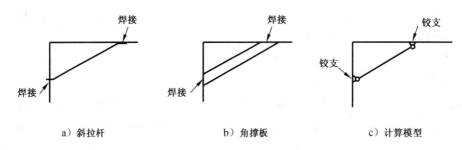

a）斜拉杆　　b）角撑板　　c）计算模型

图 22-1-1　拉撑件计算模型

由于上述元件的重要性以及在其中还存在较大弯矩作用，则在许用应力安全系数中予以充分考虑：

$$[\sigma] = \frac{\eta \sigma_s}{n_s}$$

式中 $n_s = 1.5, \eta = 0.55$。

可见，除取 $n_s = 1.5$ 以外，又取 $\eta = 0.55$，即采用安全裕度几乎再放大 1 倍的方法来反映该元件的重要性以及未计及的弯矩作用。这样，相对于屈服限的实际安全裕度高达

$$n_s' = \frac{n_s}{\eta} = \frac{1.5}{0.55} = 2.73$$

铰支杆系计算模型应用于 70 MW 组合螺纹烟管锅炉计算示例，见 22-2 节之 1。

（2）单层框架计算模型

单层框架计算模型是将锅炉管系简化为简单框架模型（图 22-1-2），利用锅炉钢架设计规范[210]、材料力学手册给出的简易公式进行计算。

许用应力安全系数与上述不同。因为计算形状已向不利方向作了简化，故不必过于放大安全系数。

这种计算模型适用于跨度较小的锅炉，如 15、20 蒸吨锅炉。

炉排承载风箱的 Π 型框架也采用单层框架计算模型，见 22-4 节。

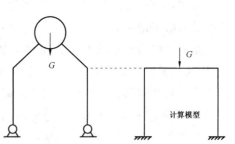

图 22-1-2　单层框架计算模型

附注：关于抗震

1）发电锅炉

为了"使锅炉构架在地震时尽量减少损坏，避免造成电力系统大面积长时间的停电"，我国制定出锅炉构架抗震设计标准[211]。

发电锅炉几千吨载荷悬吊于构架的上部横梁上;而且高度很大(大容量发电锅炉达100 m以上),宽度相对较小——锅炉的"高宽比"约为3。因此,在一定烈度的地震区,对锅炉构架进行抗震设计是必须的。

该标准有以下特点:

① 适用于发电锅炉而不是工业锅炉;

② 仅适用于一定烈度的地震区,而不是任何地区。

以上见标准[211]中"1 主题内容与适用范围"。

2) 工业锅炉

工业锅炉的高度与上部载荷均明显小于发电锅炉——甚至小1个数量级(即约为发电锅炉的1/10)。特别是,新型水火管锅炉、组合螺纹烟管锅炉的一个突出特点是高度明显偏小——即使70 MW(100 蒸吨)容量此型锅炉,其支撑高度仅约为10 m(由上部支撑点至下部基础),上部载荷仅几十吨,而且,"高宽比"约为1。锅筒(锅壳)用刚度较大的三角形管架($\phi 273 \times 14$ mm 下降管)与管架间的横梁来支撑。也可再将横梁延伸至炉墙外,与炉墙的护板架相连;护板架的上端与锅筒(锅壳)相连。

根据国家锅炉安全监察机构长期调查表明,我国工业锅炉从未因地震,甚至8级地震,而使锅炉本体遭受过损坏。基于以上情况,对工业锅炉一般从未要求进行防震设计。

22-2 下降管支撑锅壳的计算

本节给出铰支杆系与单层框架两种计算模型的锅炉本体自身支撑计算示例。

1 铰支杆系计算模型自身支撑计算

以下计算以 ZLL70-1.6/130/70-A Ⅱ 型组合螺纹烟管锅炉[29,30]为例。

(1) 结构尺寸与载荷

1) 结构尺寸

锅炉本体共用4根下降管($\phi 273 \times 10$ mm)支撑,锅炉虽然上部锅壳重量不很大(约20 t),但炉膛宽度较大(约10 m),故前2根、后2根皆用加固横梁(F200 mm×200 mm×8 mm 方管)相连,见图22-2-1。

2) 载荷

锅壳、锅内装置:6×10^4 N;

锅壳内水:12.7×10^4 N;

其他(作用于锅筒上):1×10^4 N;

总计:$G \approx 20 \times 10^4$ N(约20 t)。

注:按本方法计算的载荷达65 t的实例见文献[32]。

(2) 附加外载校核计算

计算模型见图22-2-2。

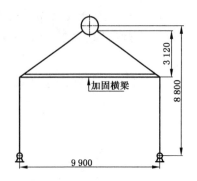

图 22-2-1　ZLL70-1.6/130/70 锅炉自身支撑结构示意图

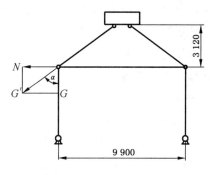

图 22-2-2　自身支撑计算模型

最大轴向力(图 22-2-2)：

$$G' = \frac{G}{n_J \cos\alpha} = \frac{G}{4\cos 55°} = \frac{20 \times 10^4}{4 \times 0.574} = 8.75 \times 10^4 \text{ N}$$

式中下降管根数 $n_J = 4$。

附加轴向应力：

$$\sigma_N = \frac{G'}{\frac{\pi}{4}(d_w^2 - d_n^2)} = \frac{8.75 \times 10^4}{\frac{\pi}{4}(273^2 - 253^2)} = 10.6 \text{ MPa}$$

内压轴向应力：

$$\sigma_z = \frac{p d_w}{4(t_J - c)} = \frac{1.6 \times 273}{4 \times (10-1)} = 12.1 \text{ MPa}$$

合成应力

$$\frac{\sigma_N + \sigma_z}{\varphi_h} = \frac{10.6 + 12.1}{0.9} = 25.2 \text{ MPa}$$

式中：φ_h——焊缝减弱系数，取为 0.9。

250 ℃屈服限 $\sigma_s^{250\text{℃}} \approx 200$ MPa。

相对于屈服限的安全裕度：

$$n_s = \frac{200}{25.2} = 7.9$$

显然，它比拉撑件的实际安全裕度 $n_s' = 2.73$ [见 22-1 节之 2(1)]要高得多，而且尚未考虑上升管的支承作用。

(3) 管系稳定性计算

1) 计算模型

计算模型见图 22-2-3。

2) 稳定计算

按最不利的倾斜下降管段计算：

失稳临界力，按材料力学：

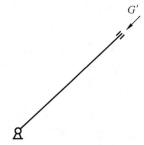

图 22-2-3　稳定性计算模型

$$P_{cr} = \frac{\pi^2 EJ}{(\mu L)^2} = \frac{\pi^2 \times 2 \times 10^5 \times 143 \times 10^6}{(1 \times 5\,435)^2} = 956 \times 10^4 \text{ N}$$

式中弹性模量 $E = 2 \times 10^5$ MPa；

惯性矩 $J = \dfrac{n_J \pi (d_w^4 - d_n^4)}{64} = \dfrac{2\pi(273^4 - 253^4)}{64} = 143 \times 10^6 \text{ mm}^4$；

$$L = \frac{3\,120}{\cos 55°} = \frac{3\,120}{0.574} = 5\,435 \text{ mm}；$$

计算长度系数[210] $\mu = 1.0$。

安全裕度：

$$n = \frac{P_{cr}}{G'} = \frac{956 \times 10^4}{8.75 \times 10^4} = 109$$

可见，裕度颇大。

下降管垂直管段的轴向力明显小于上述倾斜下降管段，而且上述裕度颇大，则无需计算。

(4) 横梁计算

纵向力（图 22-2-2）：

$$N = \frac{G}{4} \tan 55° = \frac{20 \times 10^4}{4} \times 1.428 = 7.14 \times 10^4$$

取 F200×200×4 方管 1 根，$f = 3\,090$ mm²。

纵向应力：

$$\sigma_N = \frac{N}{f} = \frac{7.14 \times 10^4}{3\,090} = 23.1 \text{ MPa}$$

20 号钢的许用应力：

$$[\sigma] = \frac{\eta \sigma_s^{250\,°C}}{n_s} = \frac{0.55 \times 200}{1.5} = 73.3 \text{ MPa}$$

式中 η 和 n_s 见 22-1 节。

可见 $\sigma_N \ll [\sigma]$

(5) 下降管与锅筒、下集箱的连结

尽管锅壳、下集箱在与下降管的连接处局部外力较大，但锅壳、下集箱该处的剩余壁厚颇大，大量锅炉实践证实，安全性完全能够保证。如果需要支撑的上部载荷颇大（达 210 t）才需加固下集箱与下降管的连接处（见 17-3 节）。

2 单层框架计算模型自身支撑计算

以 14 MW（20 t/h）容量单锅壳式新型水火管锅炉为例[32]，介绍利用单层框架计算模型进行自身支撑的计算方法。

(1) 结构尺寸与载荷

结构尺寸见图 22-2-4

载荷见表 22-2-1。

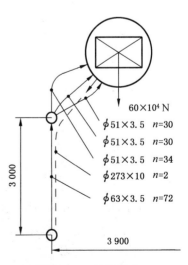

图 22-2-4 结构尺寸

热态(250 ℃)按 $60×10^4$ N 考虑;

冷态(20 ℃)按 $66×10^4$ N 考虑。

表 22-2-1　14 MW(20 t/h)容量锅炉的上部重量　　　　　　　　　　　　　　　N

名　称	热水锅炉	蒸汽锅炉	
		运　行	水压试验
锅　壳	83 000	102 000	
烟　管	114 000		
水	323 000	324 000	389 000
其　他	50 000	55 000	
总　计	570 000	595 000	660 000

以下按全部载荷仅由 4 根下降管支撑考虑。显然包含多余裕度。

(2) 垂直(轴向)应力

仅由 4 根下降管(厚度 10 mm)承担:

$$\sigma_N = \frac{60 \times 10^4}{4\pi \times 273 \times 10} = 17.2 \text{ MPa}$$

可见,垂直应力值比材料屈服限($\sigma_s' \approx 200$ MPa)小很多,安全裕度高达

$$\frac{\sigma_s^t}{\sigma_N} = \frac{200}{17.2} = 11.6$$

(3) 稳定性校核

计算模型见图 22-2-5。

单根下降管失稳临界力(仅下降管承担):

$$P_{cr} = \frac{\pi^2 EJ}{(\mu h)^2} = \frac{\pi^2 \times 2 \times 10^5 \times 71.5 \times 10^6}{3\,000^2} = 1\,568 \times 10^4 \text{ N}$$

式中: μ ——与失稳后弯曲形状有关的长度系数,为 1.0;

E ——弹性模量,为 2×10^5 MPa;

J ——惯性矩;

$$J = \frac{\pi(d_o^4 - d_i^4)}{64} = \frac{\pi(273^4 - 253^4)}{64} = 71.5 \times 10^6 \text{ mm}^4;$$

h ——高度,为 3 000 mm。

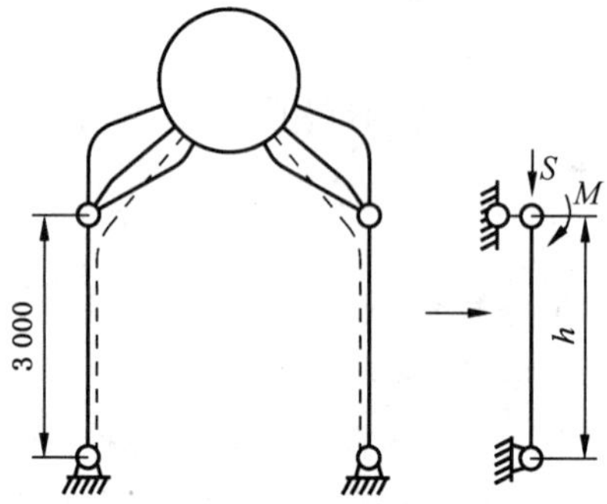

图 22-2-5　稳定性计算模型

而作用在每根下降管的垂直力为

$$S = \frac{60 \times 10^4}{4} = 15 \times 10^4 \text{ N}$$

则安全裕度

$$n = \frac{P_{cr}}{S} = \frac{1\,568 \times 10^4}{15 \times 10^4} = 105$$

实际上,除垂直力 S 以外,还有弯矩 M,后者引起的初始曲率起不利作用,但 105 倍的裕度已是过大了。如采用膜式水冷壁,又增加一些安全裕度。

(4) 附加外载校核

将锅炉本体简化为不利的 Π 字形框架与集中载荷,见图 22-2-6。

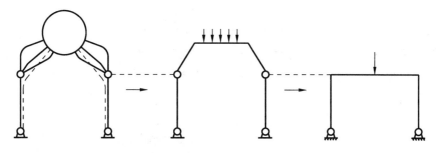

图 22-2-6　附加外载校核计算模型

弯矩分布图如图 22-2-7 所示[210]：

最大弯矩发生在 B、C 角部，其值为

$$M = \frac{1}{4n}GL = \frac{1}{4 \times 2.769} \times 60 \times 10^4 \times 3\,900 = 209 \times 10^6 \text{ N·mm}$$

式中 $n = 2 + k = 2.769$

$$k = \frac{J_2}{J_1}\frac{h}{L} = \frac{3\,000}{3\,900} = 0.769$$

$J_1 = J_2$——惯性矩。

弯曲应力：

$$\sigma_w = \frac{M}{W}$$

式中：W——抗弯断面系数。

$$W = 2\frac{\pi(273^4 - 253^4) \cdot 3\,000}{32 \times 273} = 1.048 \times 10^6 \text{ mm}^3$$

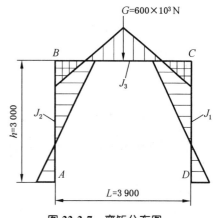

图 22-2-7　弯矩分布图

则

$$\sigma_w = \frac{209 \times 10^6}{1.048 \times 10^6} = 200 \text{ MPa}$$

由内压力引起的轴向应力：

$$\sigma_P = \frac{pd_o}{4t} = \frac{1.3 \times 273}{4 \times (10 - 1.0)} = 9.71 \text{ MPa}$$

校核：

以上计算中，弯曲应力 $\sigma_w = 200$ MPa，而轴向应力 $\sigma_N = 17.2$ MPa，内压力引起的轴应力 $\sigma_P = 9.71$ MPa，可见弯曲应力占主导地位。对弯曲来说，截面开始局面屈服至全截面屈服，弯矩增加 1.5 倍（矩形截面）。从承载能力考虑，强度校核的许用应力不能与受拉状态一样对待。按应力分类原则校核，许用应力放大 1.5 倍，即

$$\sigma_w + \sigma_N + \sigma_P \leqslant 1.5[\sigma]$$

实际上，上升管的承载能力并不小（见下述程序计算结果），至少可使仅由下降管支撑能力提高 1.3 倍。则上述 σ_w 下降至 $\frac{300}{1.3} = 154$ MPa。则有

$$(154 + 17.2 + 9.71) \leqslant 1.5 \times 125$$

$$181 < 188$$

式中许用应力按 250 ℃ 条件取：$[\sigma]=124$ MPa。

上述计算中所用计算模型向颇为不利方向作了简化，另外，对于管件，截面开始局部屈服过渡到全截面屈服，弯矩增加不是 1.5 倍，而是 1.7 倍[36]。

因此，安全裕度是足够的。

以上为运行状态（热态）下的计算结果。

蒸汽锅炉水压试验（冷态）时，外载（锅壳全部冲水）增加约 10%（由前述 60×10^4 N 增加 66×10^4 N），而许用应力增加到：

$$[\sigma]=\eta\frac{\sigma_b}{n_b}=1.0\frac{392}{2.7}=145 \text{ MPa}$$

$$[\sigma]=\eta\frac{\sigma_s}{n_s}=1.0\frac{245}{1.5}=163 \text{ MPa}$$

取较小值，即

$$[\sigma]=145 \text{ MPa}$$

可见，比热态（250 ℃）大 $\dfrac{145}{125}=1.16$ 倍，即增加 16%。

显然，水压试验时尽管外载增加（锅壳全部充水），但由于许用应力上升更多，故强度大于运行状态（热态）。

29 MW 三锅壳小排管式水火管锅壳锅炉自身支撑计算、58 MW 三锅壳八字烟道式水火管锅壳锅炉自身支撑计算也都是按上述简易计算方法进行的。

附注：容量较小锅炉无需自身支撑的校核计算

较小容量指 0.7 MW（1 t/h）～7 MW（10 t/h）。

下面以上部载荷最大的 7 MW（10 t/h）容量锅炉为例，并假设下降管不起支撑作用，仅由上升管支撑上锅壳进行校核计算。

锅炉受力结构如图 22-2-8 所示。

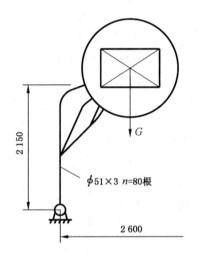

图 22-2-8　7.0 MW 新Ⅲ型结构受力示意图（仅示出一侧水冷壁）

锅壳载荷：

筒壳　$G_1=\pi DtL\gamma=\pi\times1.8\times0.018\times6.7\times7.8=5.3$ t

凸形管板　$G_2\approx1.2n\dfrac{\pi}{4}D^2t\gamma=1.2\times2\times\dfrac{\pi}{4}\times1.8^2\times0.02\times7.8=0.95$ t

烟管　$G_3=n\pi dtL\gamma=144\times\pi\times0.07\times0.035\times6.7\times7.8=5.8$ t

锅水　$G_4=\dfrac{\pi}{4}D^2L\gamma'=\dfrac{\pi}{4}\times1.8^2\times6.7\times1.0=17.0$ t

其他　$G_5\approx1.0$ t

总计　$G=\sum G=30.1$ t $=295\times10^3$ N

式中：D——锅壳直径；

　　　L——锅壳长度；

t——厚度；

d——烟管直径；

γ——金属重度；

γ'——水的重度。

上升管垂直段应力：

$$\sigma_N = \frac{0.5G}{n_s \pi dt} = \frac{0.5 \times 295 \times 10^3}{80 \times \pi \times 51 \times 3} = 3.91 \text{ MPa}$$

式中：n——单侧上升管根数。

可见，σ_N 不足材料屈服限（$\sigma_s^{250\,℃} \approx 200$ MPa）的 $\frac{1}{50}$；管子与下集箱的连接焊缝所受向下的外力甚小。

附加外载校核：

将图 22-2-8 所示受力结构简图化成不利的Ⅱ字框架与集中载荷，参见图 22-2-6。

最大弯矩发生在两个上角部（参见图 22-2-7）其值为

$$M = \frac{1}{4n}GL = \frac{1}{4 \times 2.83} \times 295 \times 10^3 \times 2\,600 = 691 \times 10^5 \text{ N·mm}$$

式中 $n = 2 + 0.83 = 2.83$

$$k = \frac{h}{L} = \frac{2\,150}{2\,600} = 0.83$$

弯曲应力：

$$\sigma_w = \frac{M}{W} = \frac{691 \times 10^5}{410 \times 10^3} = 169 \text{ MPa}$$

式中抗弯断面系数：

$$W = n_s \frac{\pi(d_o^4 - d_i^4)}{32 d_o} = 80 \times \frac{\pi(51^4 - 45^4)}{32 \times 51} = 410 \times 10^3 \text{ mm}^3$$

由内压引起的轴向应力：

$$\sigma_z = \frac{p d_i}{4(t-c)} = \frac{1.3 \times 45}{4 \times (3-1)} = 7.31 \text{ MPa}$$

式中：p——内压力，MPa。

由上述计算，$\sigma_w = 169$ MPa，$\sigma_z = 7.31$ MPa，$\sigma_N = 3.91$ MPa，可见弯曲应力 σ_w 占主要成分（94%）。按应力分类原则，弯曲应力的许用应力应比拉伸许用应力放大 1.5 倍，则强度条件为

$$\sigma_w + \sigma_z + \sigma_N \leq 1.5[\sigma]$$
$$(169 + 7.31 + 3.91) \leq 1.5 \times 125$$
$$180 \leq 188$$

式中拉伸许用应力 $[\sigma] = 125$ MPa（20 号钢 250 ℃）。

可见，附加外载校核结果满足要求。

以上计算忽略较粗下降管（$\phi 219 \times 6$ mm）的支撑作用，而且计算模型又向明显不利方向做了简化，因此，实际安全裕度很大。由于上升管的高度较小，每根上升管承受的轴向应力又不大，因此，也不会发生失稳现象。

基于以上计算分析,即使取消前部下降管的新Ⅲ型、新Ⅴ型结构[32],自身支撑是安全可靠的。

应引起注意的是,如果这种取消前部下降管的锅炉本体受压部件与下部炉排连为一体在安装现场吊装时,由于炉排重量较大,可能导致锅壳前端向上少许翘起(弹性范围)。如已将前护板等结构与锅炉本体及炉排连为一体,则上述问题不再出现。

22-3 承载集箱与拱管支撑炉拱的计算

以下以 ZLL70-1.6/130/70-AⅡ型组合螺纹烟管锅炉为例,介绍承载集箱与拱管的外载强度简易计算方法。承载集箱与拱管既承受介质压力,又支撑颇重的炉拱。

1 外载计算说明

ZLL70-1.6/130/70-AⅡ型组合螺纹烟管锅炉[30],为自身支撑锅炉,集箱与后拱管(图 22-3-1)承受的外载较大,需要校核计算。

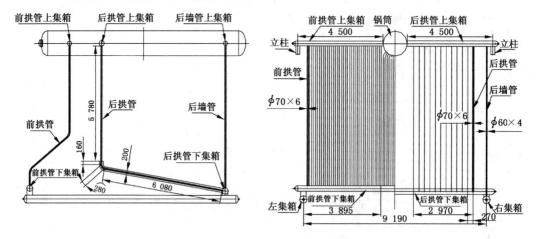

图 22-3-1 外载元件校核示意图

计算说明:

1) 内压引起的应力

锅炉受压元件承受外载时,既承受内压又承受外载作用。以下计算因内压引起的应力相对很小,故不予考虑。

2) 上下集箱的计算方法

由于钢材属于弹-塑性材料,相连元件分担的外载根据元件的刚度会自行分配(刚度大的元件自行承担较多载荷),因此,当相连元件(上集箱与下集箱经水冷壁管联系在一起)各自承载能力之和大于实际总载荷即能保证强度,故按相连元件的共同承载能力计算。

3) 集箱端部支撑的处理

钢材属于弹-塑性材料,完全刚性的固支并不存在。由钢材制作的集箱与锅筒的焊接连接处可按弹性支撑处理较为适宜。弹性支撑介于不可以自由转动的固支与可以自由转动的铰支之间的状态,为简化计算,可按固支与铰支中间状态处理并在安全裕度上给予适当考虑。

4）抗弯断面系数

计算未考虑存在管孔，因计算截面仅存在 1 个直径相对不大的水冷壁管孔，管端还对孔起补强作用，故管孔对计算结果影响很小。

2 前拱管上集箱与下集箱承载能力校核计算

（1）前拱管上集箱承载能力

1）计算模型

前拱管上集箱一端焊接于锅筒，因前墙载荷较大，另一端支撑于立柱，皆按弹性支撑考虑，计算模型见图 22-3-2。

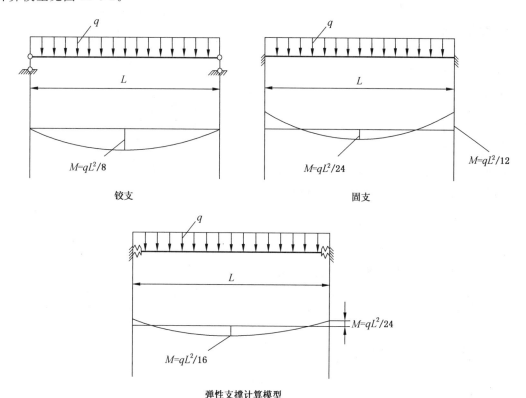

图 22-3-2　前拱管上集箱计算模型

2）弯曲许用应力

$[\sigma_w] = 1.5[\sigma] = 1.5 \times 125 = 188 \text{ MPa} = 1\,800 \text{ N/cm}^2$

式中：$[\sigma]$——250 ℃条件下的碳钢抗拉许用应力。

3）允许的弯矩

由 $[\sigma_w] = \dfrac{M}{W}$ 得：

$M = [\sigma_w]W = 18\,800 \times 210 = 395 \times 10^4 \text{ N·cm}$

式中：W——抗弯断面系数（$\phi 219 \times 8$ mm）；

$$W = \frac{\pi}{32}(d_w^3 - d_n^3) = \frac{\pi}{32}(21.9^3 - 20.3^3) = 210 \text{ cm}^3$$

4) 允许的单位长度载荷

由于此集箱按弹性支撑考虑,则弯矩:

$$M=\frac{qL^2}{(\frac{8+24}{2})}=\frac{qL^2}{16}, 由此得:$$

$$q=\frac{16M}{L^2}=\frac{16\times 395\times 10^4}{450^2}=312 \text{ N/cm}$$

5) 承载能力

$$G_s=qL=312\times 450=140\times 10^3 \text{ N}$$

(2) 前拱管下集箱承载能力

1) 计算模型

见图 22-2-2。

2) 弯曲许用应力

同前。

3) 允许的弯矩

由 $[\sigma_w]=\frac{M}{W}$ 得:

$$M=[\sigma_w]W=18\,800\times 693=130\times 10^5 \text{ N}\cdot\text{cm}$$

式中: W——抗弯断面系数($\phi 325\times 12$ mm):

$$W=\frac{\pi}{32}(d_w^3-d_n^3)=\frac{\pi}{32}(32.5^3-30.1^3)=693 \text{ cm}^3$$

4) 允许的单位长度载荷

由于此集箱的支点属于弹性支撑,则弯矩:

$$M=\frac{qL^2}{(\frac{8+24}{2})}=\frac{qL^2}{16}, 由此得:$$

$$q=\frac{16M}{L^2}=\frac{16\times 130\times 10^5}{919^2}=246 \text{ N/cm}$$

5) 承载能力

$$G_x=qL=246\times 919=226\times 10^3 \text{ N}$$

(3) 前拱总载荷

前拱水冷壁重量:72.5×10^3 N;

水的重量:18×10^3 N;

前墙重量:195×10^3 N;

总载荷:$G=72.5+18+195=28.6$ t$=280\times 10^3$ N。

(4) 校核

前拱管双侧上集箱与下集箱的总承载能力:$G_{sx}=2G_s+G_x=2\times 140\times 10^3+226\times 10^3=506\times 10^3$ N。

前部总载荷:$G=280\times 10^3$ N。

在忽略锅筒还能够承担少部分载荷前提下,仍 $G_{sx}\gg G$,故前拱管上集箱和下集箱的强度裕度颇大。

3 后拱管强度计算

(1) 载荷

后拱管重量：36×10^3 N；

水的重量：10×10^3 N；

后拱耐火混凝土重量：225×10^3 N；

炉拱上积灰重量：150×10^3 N；

总载荷：$G = 421 \times 10^3$ N。

(2) 后拱立管段垂直应力

按立管段与后拱集箱各承担一半载荷计算（$\phi 70 \times 6$ mm）：

$$\sigma = \frac{0.5G}{nf} = \frac{0.5 \times 421 \times 10^3}{31 \times \pi \times 70 \times 6} = 5.1 \text{ MPa}$$

式中：后拱管根数 $n = 31$。

250 ℃条件下的屈服限 $\sigma_s^{250} = 160$ MPa，则安全裕度：

$$n_s = \frac{160}{5.1} = 31$$

可见，裕度颇大。

由于悬吊管垂直应力甚小，故弯头的附加外载应力无需校核。

(3) 后拱管弯曲应力

1) 计算模型

左端按铰支考虑，右端按弹性支撑考虑，弯矩分布曲线为图 22-3-3 中上部两种曲线叠加的一半。

2) 仅由后拱的管子承担

弯矩（图 22-3-3）：

$$M = \frac{49qL^2}{512} = \frac{49 \times 20.8 \times 652^2}{512} = 830 \times 10^3 \text{ N·cm}$$

式中：单位长度载荷

$$q = \frac{G}{nL} = \frac{421\,000}{31 \times 652} = 20.8 \text{ N/cm}$$

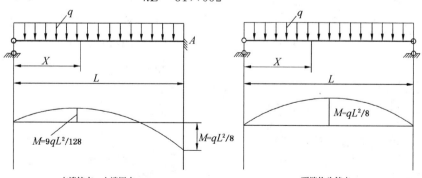

左端铰支，右端固支　　　　　　两端均为铰支

图 22-3-3　后拱管计算模型

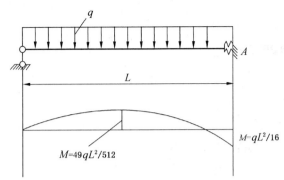

左端铰支，右端弹性支撑计算模型

图 22-3-3（续）

抗弯断面系数（$\phi 70 \times 6$ mm）：

$$W = \frac{\pi}{32}(d_w^3 - d_n^3) = \frac{\pi}{32}(7^3 - 5.8^3) = 14.5 \text{ cm}^3$$

弯曲应力：

$$\sigma_w = \frac{M}{W} = \frac{830\,000}{14.5} = 57.2 \times 10^3 \text{ N/cm}^2 = 572 \text{ MPa}$$

可见，仅由管子承担时 σ_w 已远大于钢管抗弯许用应力 $[\sigma_w] = 1.5[\sigma] = 1.5 \times 125 = 188$ MPa。

3) 仅由水泥板承担

抗弯断面系数：

$$W = \frac{bh^2}{6} = \frac{27 \times 20^2}{6} = 1\,800 \text{ cm}^3$$

式中：后拱管节距 $b = 270$ mm；
　　　水泥板厚度 $h = 200$ mm。

弯曲应力：

$$\sigma_w = \frac{M}{W} = \frac{830\,000}{1\,800} = 461 \text{ N/cm}^2 = 4.61 \text{ MPa}$$

4) 可靠性分析

耐火水泥板的抗弯强度 $\sigma_{kw} = 6.5 \sim 53$ MPa，其值差异甚大，与水泥板材质与工艺质量有关。当重视了水泥板材质与工艺质量，保守地取 $\sigma_{kw} = 20$ MPa。它明显大于仅由水泥板承担时的弯曲应力 $\sigma_w = 4.6$ MPa，安全裕度颇高。实际上，后拱相当于"水冷钢筋"水泥板构件，"水冷钢筋"位于拱的中部，受力很小，即使水冷钢管承担 20% 载荷，其弯曲应力为：

$$\sigma_w = 0.2\sigma_w = 0.2 \times 572 = 114 \text{ MPa}$$

小于钢管抗弯许用应力 188 MPa。

提示：必须保证拱的材质和浇筑工艺质量。

4　后拱管上集箱强度计算

(1) 计算模型

后拱管上集箱一端焊接于锅筒，另一端支撑于立柱，皆按弹性支撑考虑，采用弹性支撑计算模型,见图 22-3-2。

(2) 载荷

按图 22-3-1 结构,后拱前部分承担总载荷的一半($0.5 \times 421 \times 10^3$ N),共 2 个上集箱,在忽略锅筒还能够承担少部分载荷前提下,每个集箱的单位长度载荷:

$$q = \frac{G}{L} = 0.5 \times \frac{0.5 \times 421\,000}{450} = 234 \text{ N/cm}$$

(3) 弯曲应力

抗弯断面系数($\phi 273 \times 10$ mm):

$$W = \frac{\pi}{32}(d_w^3 - d_n^3) = \frac{\pi}{32}(27.3^3 - 25.3^3) = 407 \text{ cm}^3$$

由于此集箱按弹性支撑考虑,则弯矩:

$$M = \frac{qL^2}{\frac{8+24}{2}} = \frac{qL^2}{16} = \frac{234 \times 450^2}{16} = 296 \times 10^4 \text{ N·cm}$$

弯曲应力:

$$\sigma_w = \frac{M}{W} = \frac{2\,960\,000}{407} = 7\,276 \text{ N/cm}^2 = 72.76 \text{ MPa}$$

(4) 校核

弯曲许用应力:$[\sigma_w] = 188$ MPa

$\sigma_w < [\sigma_w]$,可见,满足强度要求,且裕度较大。

5 后墙管上集箱与后拱、后墙管下集箱的承载能力校核计算

(1) 后墙管单侧上集箱承载能力

同前拱管单侧上集箱承载能力:$G_s = 140 \times 10^3$ N。

(2) 后拱、后墙管下集箱承载能力

同前拱管下集箱承载能力:$G_x = 226 \times 10^3$ N。

(3) 后墙、后拱总载荷

后拱总载荷:421×10^3 N;

后墙总载荷:73×10^3 N;

总载荷:$G = 421 + 73 = 494 \times 10^3$ N。

(4) 校核

后拱管单侧上集箱承载能力:$G_s = 140 \times 10^3$ N;

后拱、后墙管下集箱承载能力:$G_x = 226 \times 10^3$ N;

后墙管上集箱和后拱、后墙管下集箱总承载能力:

$$G_{sx} = 2G_s + G_x = 2 \times 140 \times 10^3 + 226 \times 10^3 = 506 \times 10^3 \text{ N}$$

实际载荷:$G = 494 \times 10^3$ N,

可见,$G_{sx} > G$,故后拱管上集箱和后拱、后墙管下集箱强度满足要求。

6 综合评价与注意问题

1) 由于钢材属于弹-塑性材料,相连上下集箱按各自承载能力之和大于共同承担的总载

荷即能保证强度考虑,是一种接近于实际的可行计算方法。

2)两端支撑元件计算不按纯理想的固支或铰支,而按弹性支承处理,使计算结果更接近于实际。

3)尽管本锅炉较宽,但为简化支撑结构,前墙与后墙集箱均未设置中间支撑,计算结果表明集箱尺寸均可接受。

4)后拱管因承担的载荷较大,仅靠拱管本身难以承担。后拱耐火混凝土与拱管形成的"水冷钢管耐火混凝土拱"才可能承担全部载荷受弯作用,而且有较大安全裕度。但必须保证耐火混凝土质量和浇筑工艺质量。

22-4　炉排承载风箱支撑锅炉本体的计算

本节介绍炉排承载风箱支撑锅炉本体的结构要求与强度计算方法,并给出计算示例。

1　承载风箱的优点

利用下降管支撑上部锅壳的全部重量(对于20蒸吨锅壳锅炉达60 t)已广为应用20余载,见图22-4-1。这种自身支撑结构可取消锅炉主钢架,明显节省钢材,首先应用于新型锅壳锅炉,以后水管锅炉也有所采用,组合螺纹烟管锅炉更易于采用。

利用炉排两侧的承载风箱支撑炉排以上的锅炉本体(包括受压件、炉墙等)全部重量,见图22-4-1,是近20年锅炉炉排广为采用的结构型式。

采用承载风箱带来的突出优点是:①节省钢材,一件两用。既是风箱,又是支撑锅炉本体的支座。②锅炉房地面明显工整。风道在锅炉后面引向左右承载风箱,承载风箱外壁与炉墙壁面平齐。

由于承载风箱需支撑其上部锅炉本体的全部重量,故必须确保安全可靠,否则,后果十分严重。因此,承载风箱的结构应合理,还必须进行强度计算分析,并应接受锅炉质检部门的监检。

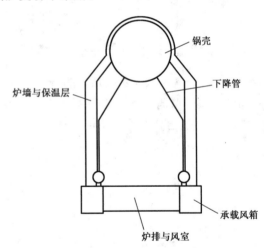

图 22-4-1　锅炉自身支撑示意图

2　结构要求

承载风箱结构见图 22-4-2。
承载风箱的结构要求:
(1)槽钢应立置于风箱壁面
承载风箱由若干个支撑框架(见图 22-4-3)与4个壁面组成(见图 22-4-2)。

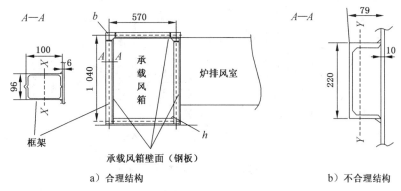

h—补焊；b—加固平板

（图中尺寸数字相应于 58 MW 锅炉炉排）

图 22-4-2 承载风箱结构

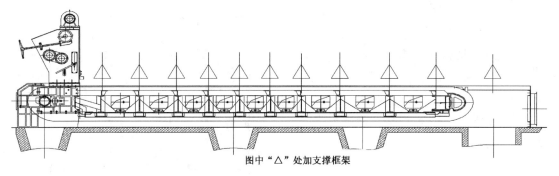

图中"△"处加支撑框架

图 22-4-3 支撑框架布置

每个框架由扣在一起的 2 个槽钢组成，槽钢应立置于风箱壁面（$X—X$ 轴线平行于弯曲面），见图 22-4-2a）。而目前常用的是，槽钢卧置于风箱壁面（$Y—Y$ 轴线平行于弯曲面），见图 22-4-2b），槽钢卧置的抗弯能力小于立置数倍，颇不合理。

(2) 支撑框架两个上角部应焊接加强角板

框架的弯矩分布与弯曲变形见图 22-4-4。由图可见，框架两个上角部的弯曲应力较大，故框架两个上角部应采用平板加固（图 22-4-2 中"b"）；框架两个下角部内侧宜补焊（图 22-4-2 中"h"），因该处受拉——参见图 22-4-4b）。

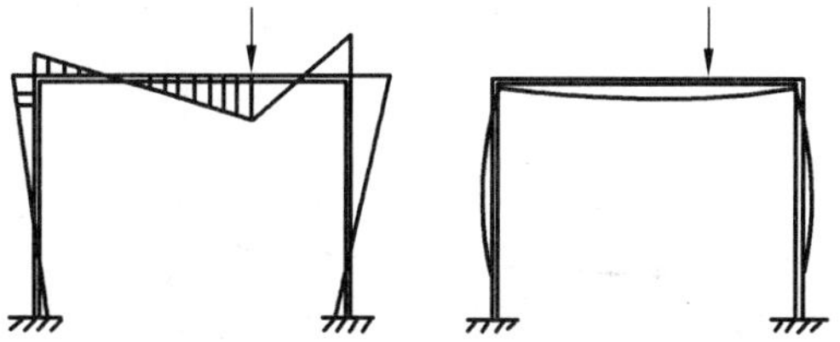

(3) 集箱支座结构

图 22-4-4 风箱框架弯矩分布与弯曲变形

承载风箱之上的锅炉水冷壁下集箱支座见图 22-4-5。

锅炉下降管的集中载荷，经水冷壁下集箱与其下部的整条槽钢作用于承载风箱的多个支撑框架与外壁板上。由于壁厚较大的集箱上部焊接成排的水冷壁，下部又焊接整条槽钢，所以总体刚性较大，故各支撑框架受力较均匀。尽管如此，对应下降管集中载荷之下的支撑框架尺寸宜适当放大些。

集箱与槽钢的连接，前部焊接一段，后部不焊接。锅炉运行时集箱可向后膨胀滑移（集箱下部壁厚裕度甚大）。而槽钢应断续焊在其下的钢板上。

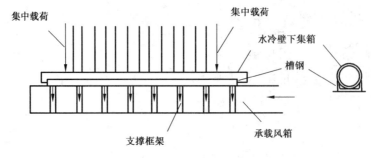

图 22-4-5 支座结构

3 计算

以 58 MW 组合螺纹烟管锅炉为例，介绍承载风箱的强度手算方法。

(1) 结构与载荷

1) 结构

承载风箱结构见图 22-4-2，布置于炉排两侧；支撑框架布置见图 22-4-3。

2) 载荷

作用于单个承载风箱上部的载荷有(见图 22-4-6)：

受压件等——$\sum G_1 = 180 \times 10^4$ N(约相当 180 t)；

炉墙护板等——$\sum G_2 = 200 \times 10^4$ N(约相当 200 t)。

(2) 计算模型

计算模型见图 22-4-6，按 Π 型框架[131,136,137]考虑。

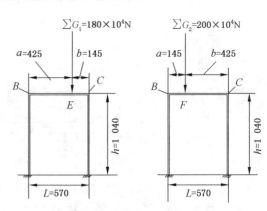

(同一框架作用$\sum G_1$与$\sum G_2$)

图 22-4-6 Π型框架计算模型

计算时，不考虑钢板承载，Π 型框架立柱下部视为固支(因立柱下部与底部横梁及底板牢固连接，见图 22-4-2)。

(3) 计算

由图 22-4-6 可见，横梁上作用 2 个集中力 $\sum G_1$ 与 $\sum G_2$，可分别计算，再算术叠加。

框架上角部的弯矩 M_B、M_C 以及横梁集中力作用点的弯矩 M_P 皆较大(见图 22-4-7)。

框架立柱除需考虑因弯矩 M_B、M_C 产生的弯曲应力以外，还存在压应力；而横梁上需考虑的是弯矩 M_P 产生的弯曲应力。

1) 框架上角部的弯矩

① 荷 $\sum G_1$——位置：$a = 425$ mm，$b =$

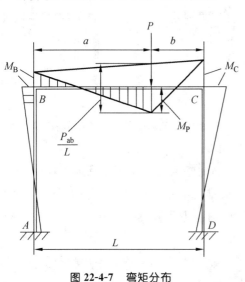

图 22-4-7 弯矩分布

145 mm

$$M_B = \frac{P_1 ab}{L}\left(\frac{1}{N_1} + \frac{b_1 - a_1}{2N_2}\right) = \frac{16.4 \times 10^4 \times 425 \times 145}{570} \times$$

$$\left(\frac{1}{3.82} + \frac{0.254 - 0.746}{2 \times 11.92}\right) = 4.28 \times 10^6 \text{ N} \cdot \text{mm}$$

式中:$P_1 = \sum G_1/n = 180 \times 10^4/11 = 16.4 \times 10^4 \text{ N}$;

$n = 11$(框架个数);

$N_1 = 2 + K = 3.82$;

$N_2 = 1 + 6K = 11.92$;

$K = \dfrac{J_2 h}{J_1 L} = \dfrac{1\,040}{570} = 1.82$;

(惯性矩 $J_1 = J_2$)

$a_1 = \dfrac{a}{L} = \dfrac{425}{570} = 0.746$;

$b_1 = \dfrac{b}{L} = \dfrac{145}{570} = 0.254$。

$$M_C = \frac{Pab}{L}\left(\frac{1}{N_1} - \frac{b_1 - a_1}{2N_2}\right) = \frac{16.4 \times 10^4 \times 425 \times 145}{570} \times$$

$$\left(\frac{1}{3.82} - \frac{0.254 - 0.746}{2 \times 11.92}\right) = 5.01 \times 10^6 \text{ N} \cdot \text{mm}$$

② 载荷 $\sum G_2$——位置: $a = 145$ mm, $b = 425$ mm

$$M_B = \frac{P_2 ab}{L}\left(\frac{1}{N_1} + \frac{b_1 - a_1}{2N_2}\right) = \frac{18.2 \times 10^4 \times 145 \times 425}{570} \times$$

$$\left(\frac{1}{3.82} + \frac{0.746 - 0.254}{2 \times 11.92}\right) = 5.56 \times 10^6 \text{ N} \cdot \text{mm}$$

式中:$P_2 = \sum G_2/n = 200 \times 10^4/11 = 18.2 \times 10^4 \text{ N}$;

$n = 11$(框架个数);

$N_1 = 2 + K = 3.82$;

$N_2 = 1 + 6K = 11.92$;

$K = \dfrac{J_2 h}{J_1 L} = \dfrac{1\,040}{570} = 1.82$;

(惯性矩 $J_1 = J_2$)

$a_1 = \dfrac{a}{L} = \dfrac{145}{570} = 0.254$;

$b_1 = \dfrac{b}{L} = \dfrac{425}{570} = 0.746$。

$$M_C = \frac{Pab}{L}\left(\frac{1}{N_1} - \frac{b_1 - a_1}{2N_2}\right) = \frac{18.2 \times 10^4 \times 145 \times 425}{570} \times$$

$$\left(\frac{1}{3.82} - \frac{0.746 - 0.254}{2 \times 11.92}\right) = 4.74 \times 10^6 \text{ N} \cdot \text{mm}$$

$$\sum M_B = 4.28 \times 10^6 + 5.56 \times 10^6 = 9.84 \times 10^6 \text{ N·mm}$$
$$\sum M_C = 5.01 \times 10^6 + 4.74 \times 10^6 = 9.75 \times 10^6 \text{ N·mm}$$

可见,角部的最大弯矩发生在 B 角。

2) 框架上角部的弯曲应力

抗弯断面系数:
$$W_x = 2 \times 39.7 = 79.4 \text{ cm}^3 = 7.94 \times 10^4 \text{ mm}^3 \text{(立柱为 2 个扣在一起的 10 号普通槽钢)}$$

B 角的弯曲应力:
$$\sigma_w = \sum M_B / W_x = 9.84 \times 10^6 / 7.94 \times 10^4 = 123.9 \text{ N/mm}^2$$
$$[\sigma] = 215 \text{ N/mm}^2 \text{(Q235 号钢的许用应力}^{[131,136]})$$

因 $\sigma_w \ll [\sigma]$,故安全裕度颇大。

3) 立柱垂直压应力
$$\sigma_N = G_B / F = 17.7 \times 10^4 / 25.5 = 6\,941 \text{ N/cm}^2 = 69.41 \text{ N/mm}^2$$

式中:G_B——B 角部立柱载荷;
$$G_B = G_1 b/L + G_2 a/L = 16.4 \times 10^4 \times 145/570 + 18.2 \times 10^4 \times 425/570 = 17.7 \times 10^4 \text{ N}$$
$$F = 2 \times 12.74 = 25.5 \text{ cm}^2 \quad (2\text{ 个扣在一起的 10 号普通槽钢的截面积})。$$

4) 立柱强度
$$\sigma_w + \sigma_N = 123.9 + 69.41 = 193.31 \text{ N/mm}^2$$

应满足以下强度条件[60]:
$$\sigma_w + \sigma_N \leqslant [\sigma]$$

式中:$[\sigma] = 215 \text{ N/mm}^2$(Q235 号钢的许用应力)。

多余的安全裕度:

$n = 215/193.31 = 1.1$,另外,风箱壁面钢板与框架焊接,风箱框架角部予以加固等,皆属于多余的安全裕度。

5) 立柱稳定性

失稳临界力:
$$P_{cr} = \pi^2 E J_x / (\mu h)^2$$

式中:$\mu = 1.0$(稳定长度系数[131,136]);

$E = 2 \times 10^4 \text{ kgf/mm}^2 = 2 \times 10^5 \text{ N/mm}^2$;

$J_x = 2 \times 198.3 = 396 \text{ cm}^4 = 3.96 \times 10^6 \text{ mm}^4$(2 个扣在一起的 10 号普通槽钢的惯性矩);

$h = 1\,040 \text{ mm}$。
$$P_{cr} = \pi^2 \times 2 \times 10^5 \times 3.96 \times 10^6 / 1\,040^2 = 722 \times 10^4 \text{ N}$$
$$G_B = 17.7 \times 10^4 \text{ N}$$

安全裕度:
$$n = P_{cr} / G_B = 722 \times 10^4 / (17.7 \times 10^4) = 41$$

可见,安全裕度足够(即使因弯矩而存在曲率)。

6) 横梁弯矩

因横梁同时受 P_1、P_2 两个集中力作用,故应分别计算出每一个力对两个受力点

(图 22-4-6 所示 E、F)的弯矩,然后将每个受力点的弯矩相加,取较大值。

按文献[131,136]并参见图 22-4-6 和图 22-4-7。

载荷 P_1 作用下 E 点弯矩按下式计算:

$$M_{P1-E} = \frac{P_1 ab}{L} - \frac{bM_B + aM_C}{L} = \frac{16.4 \times 10^4 \times 425 \times 145}{570} - \frac{145 \times 4.28 \times 10^6 + 425 \times 5.01 \times 10^6}{570} = 12.91 \times 10^6 \text{ N} \cdot \text{mm}$$

根据三角形关系求得在 P_1 的作用下 F 点产生的弯矩: $M_{P1-F} = 1.58 \times 10^6$ N·mm。

载荷 P_2 作用下 F 点弯矩按下式计算:

$$M_{P2-F} = \frac{P_2 ab}{L} - \frac{bM_B + aM_C}{L} = \frac{18.2 \times 10^4 \times 145 \times 425}{570} - \frac{425 \times 5.56 \times 10^6 + 145 \times 4.74 \times 10^6}{570} = 14.33 \times 10^6 \text{ N} \cdot \text{mm}$$

根据三角形关系求得在 P_2 的作用下 E 点产生的弯矩: $M_{P2-E} = 1.76 \times 10^6$ N·mm。

则在两个力共同作用下:

E 点的弯矩: $M_E = M_{P1-E} + M_{P2-E} = 12.91 \times 10^6 + 1.76 \times 10^6 = 14.67 \times 10^6$ N·mm。

F 点的弯矩: $M_F = M_{P1-F} + M_{P2-F} = 1.58 \times 10^6 + 14.33 \times 10^6 = 15.91 \times 10^6$ N·mm。

最大弯矩: $M_{max}(M_E、M_F) = M_F = 15.91 \times 10^6$ N·mm。

7) 横梁最大弯曲应力

$$\sigma_W = \frac{M}{W} = \frac{15.91 \times 10^6}{7.94 \times 10^4} = 200.4 \text{ N/mm}^2 \text{ (MPa)}$$

8) 横梁强度

$[\sigma] = 215$ N/mm² (Q235 号钢的许用应力[131,136])

因 $\sigma_W < [\sigma]$,故可行。

附注:简化模型有限元计算校核计算(应用 ANSYS 程序)结果如下:

1) 各点弯矩及弯曲应力

$M_A = 4.792 \times 10^6$ N·mm; $\sigma_{弯A} = 60.5$ MPa;

$M_B = 9.67 \times 10^6$ N·mm; $\sigma_{弯B} = 122$ MPa;

$M_C = 9.635 \times 10^6$ N·mm; $\sigma_{弯C} = 122$ MPa;

$M_D = 4.827 \times 10^6$ N·mm; $\sigma_{弯D} = 60.9$ MPa;

$M_{P1} = 14.368 \times 10^6$ N·mm; $\sigma_{弯P1} = 181$ MPa;

$M_{P2} = 15.633 \times 10^6$ N·mm; $\sigma_{弯P2} = 197$ MPa。

2) 轴向压应力

$\sigma_{压左} = 69.7$ MPa;

$\sigma_{压右} = 66.1$ MPa。

3) 各点位移及挠度

B 点 X 方向位移 0.02 mm;

C 点 X 方向位移:0.004 mm;

Y 方向最大挠度:1 mm(横梁);

X 方向最大挠度：0.47 mm（右立柱）。

4) 变形、弯矩、应力、位移图（见图 22-4-8～图 22-4-12）

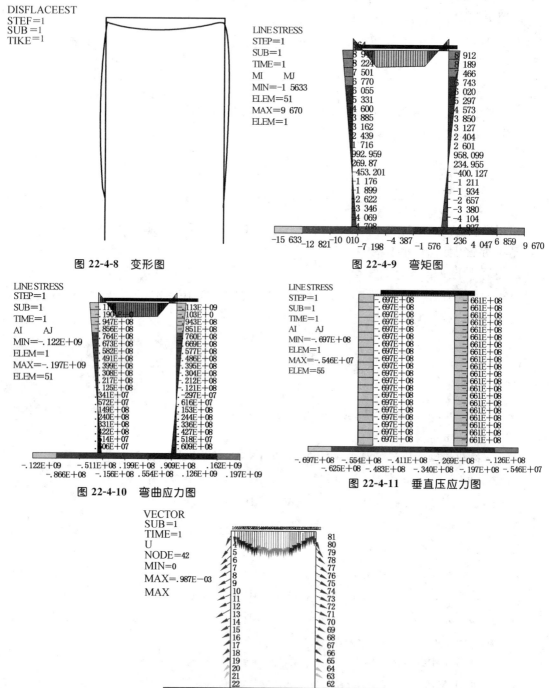

图 22-4-8　变形图

图 22-4-9　弯矩图

图 22-4-10　弯曲应力图

图 22-4-11　垂直压应力图

图 22-4-12　位移向量图

由以上有限元计算结果可见：

1) 左上角 B 点最大合成应力有限元计算结果 $\sigma_{弯B}+\sigma_{压左}=122+69.7=191.7$ MPa，而上

述按标准手算结果为 123.9+69.41=193.31 N/mm²(MPa),二者基本一致。

2) 受力点的最大弯曲应力有限元计算结果 $\sigma_{弯P2}=197$ MPa,而上述按标准手算结果为 200.4 N/mm²(MPa),两者基本一致。

由以上对比计算可见,按标准手算与按有限元计算结果的偏差不超过2%。

22-5 炉排承载风箱支撑锅炉本体的有限元计算分析

利用炉排两侧的承载风箱支撑炉排以上的锅炉本体(包括受压件、炉墙等)全部重量的优点与结构要求,见 22-4 节。

由于承载风箱需支撑其上部锅炉本体的全部重量,故必须确保安全可靠,本节利用有限元计算方法对承载风箱进行强度细致分析,它比手算或简化模型有限元计算(22-4 节)要精确与细致得多。

1 承载风箱结构与载荷

(1) 承载风箱结构

以下计算以 65 蒸吨容量锅炉链条炉排的承载风箱为例。

承载风箱见图 22-5-1。

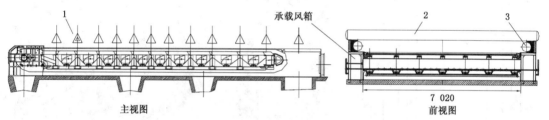

△—支撑框架;1—含有前集箱支座的承载最大的支撑框架;2—前集箱;3—水冷壁下集箱

图 22-5-1 承载风箱及其支撑框架布置

65 蒸吨锅炉炉排每侧风箱的 12 个支撑框架中,有一个框架除与其他框架共同承担锅炉本体及炉墙的均布载荷外,还通过前集箱支座承担前集箱及前拱重量(属于局部载荷),因其承载最大,所以选择该框架(见图 22-5-2)进行强度计算分析。

每个支撑框架由扣在一起的 2 个 8 号槽钢组成,为空心结构,承载最大的框架比其他框架多加一块垫板(图 22-5-3 中 B 角上部)。横梁 B—C 承受锅炉水冷壁下集箱支座与炉墙的均布载荷;此外,B 角部还承受前集箱支座的较大集中载荷作用。有限元计算表明,B 角部如不采取加强措施,将产生明显变形,虚拟应力(弹性加塑性变形率乘以弹性模量)[60]高达 2 369 MPa。因此,B 角部必须加强。具体方法是采用既简便易行又能起到安装定位作用的垫板结构,垫板为 δ20×86 mm×80 mm 钢板,焊接在横梁端部,与立柱对齐(见图 22-5-4)。风箱的上壁面在相应处开豁口,使垫板露出,便于前集箱支座定位与焊接。

(2) 集箱支座结构

承载风箱之上的锅炉水冷壁下集箱支座见图 22-4-5。

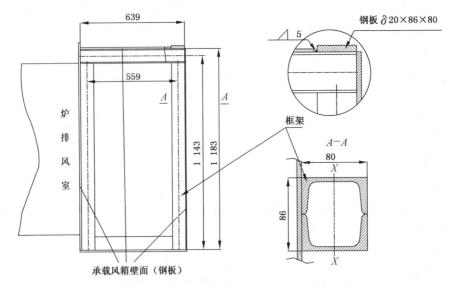

图 22-5-2　65 蒸吨容量锅炉链条炉排承载风箱结构

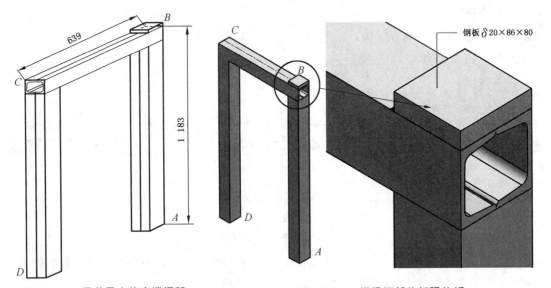

图 22-5-3　承载最大的支撑框架　　　　图 22-5-4　横梁端部的加强垫板

(3) 载荷

1) 均布载荷

锅炉本体及炉墙总重 280×10^4 N(约 280 t)，由两侧共 24 个框架承担，则每个框架承担 117×10^3 N。受力面积：$639 \times 10^{-3} \times 86 \times 10^{-3} = 5.5 \times 10^{-2}$ m²。则均布载荷

$$p_{均} = \frac{\sum G}{f} = \frac{117 \times 10^3}{5.5 \times 10^{-2}} = 2.1 \times 10^6 \text{ N/m}^2$$

2) 集中载荷

承载最大框架除承担上述均布载荷外，还承担前集箱及前拱重量，约 500×10^3 N，作用在框架 B 角部的加强垫板之上，即每块垫板承担 250×10^3 N 集中载荷。局部受力面积：$80 \times 10^{-3} \times 86 \times 10^{-3} = 6.9 \times 10^{-3}$ m²。则均布的集中载荷：

$$p_{集中} = \frac{G}{f} = \frac{250 \times 10^3}{6.9 \times 10^{-3}} = 36.3 \times 10^6 \text{ N/m}^2$$

可见,单位面积集中载荷比单位面积均布载荷大得多——约达 17 倍,而且立柱之上的集中载荷与均布载荷重叠。

2 有限元计算分析

(1) 计算准备

1) 计算程序

本计算采用 Solidworks Simulation 有限元计算软件,Simulation 是一个与 SolidWorks 完全集成的设计分析系统(见 11-3 节之 2)。

2) 创建三维实体模型

计算模型应按实际结构进行绘制。为更安全起见,不计入风箱壁板(10 mm)所起的加强作用,故只创建框架的实体模型,见图 22-5-5。

3) 边界条件

① 约束:对框架的 2 根立柱下底部端面施加全约束——固支(见图 22-5-6)。

② 施加载荷:

a) 对框架的整个横梁上端面施加均布载荷 $p_{均}$(见图 22-5-7);

b) 对横梁上方的垫板上还施加均布的集中载荷 $p_{集中}$(图 22-5-8)。

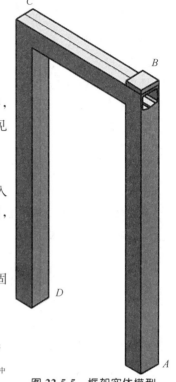

图 22-5-5 框架实体模型

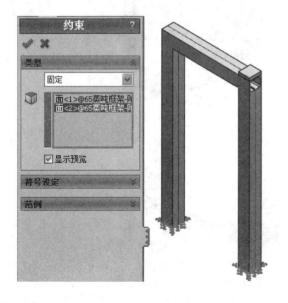

图 22-5-6 框架的约束图

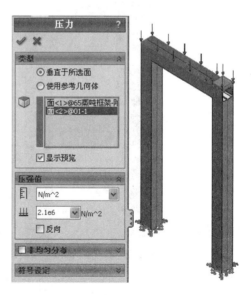

图 22-5-7 框架的均布载荷

4) 网格划分

采用抛物线四面体单元，单元由 4 个边节点、6 个中节点和 6 条边线来定义。采用"自动过渡"对局部网格进行细化。整个模型的单元数为 456 434 个，节点为 779 505 个，计算时间约需 35 min。

网格划分结果见图 22-5-9。

5) 材料特性

材料 Q235，屈服限 235 MPa，泊松比 0.3，弹性模量 2.06×10^5 MPa。

6) 许用应力

① 此框架结构承受的是静载，而且属于塑性材料，故不考虑应力集中问题[130]，而按平均应力处理。另外，集箱支座与炉墙刚性颇大，支撑框架横梁上表面不会因槽钢对接处较薄而产生较大变形或局部塌陷，因此，横梁上表面被压向下变形应较为均匀，受力会"自行均匀化"，故按平均应力处理是恰当的。

② 对于有爆炸可能的锅炉、压力容器受压元件，拉（压）应力沿截面的平均值（σ_m）允许为材料屈服限 σ_s 除以 1.5，拉（压）应力沿截面的平均值+弯曲应力（σ_{m+w}）允许等于材料屈服限 σ_s（因受弯的承载能力比受拉高 1.5 倍）。即需同时满足以下二条件：

图 22-5-8 框架的均布集中载荷

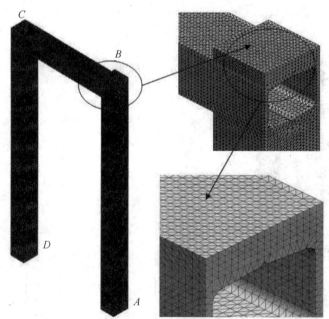

图 22-5-9 网格划分图

拉（压）应力成分的平均值：

$$\sigma_m \leqslant [\sigma] = \sigma_s/1.5$$

拉(压)成分的平均值+弯曲应力：
$$\sigma_{m+w} \leqslant 1.5[\sigma] = \sigma_s$$

③ 以上是按标准计算时的规定，如对元件进行详细应力分析，则许用应力尚可放大一些。有限元计算分析即属于一种详细应力分析方法。

④ 基于以上情形，取承载框架的许用应力为上述锅炉、压力容器受压元件按标准计算时的1.2倍，即

梁、柱(材料Q235)的截面平均应力
$$\sigma_{pj} \leqslant [\sigma] = 1.2\sigma_s/1.5 = 1.2 \times 235/1.5 = 188 \text{ MPa}$$

梁、柱(材料Q235)的截面平均应力+弯曲应力
$$\sigma_{pj+w} \leqslant [\sigma] = 1.2\sigma_s = 282 \text{ MPa}$$

⑤ 以上均按横梁、立柱的轴向应力考虑，因为它与应力强度(第三强度原理的当量应力)相差很小，另外"锅炉钢架设计导则"[131]、材料力学给出的公式也是按轴向应力建立的。

(2) 计算结果与强度校核

模型的变形情形见图22-5-10。

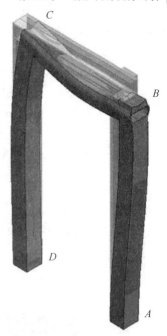

图 22-5-10 模型受力后的变形(放大50倍)

(浅色部分为承载前，深色部分为承载后的变形情形。)

为了清楚地了解框架上应力分布情形，在实体模型上剖出5个计算截面(见图22-5-11和图22-5-12)。图22-5-11中的截面1、截面2和截面3分别是横梁左侧内角部、横梁中间和横梁右侧内角部的截面；图22-5-12中的截面4和截面5分别是上部有较大集中载荷的右侧立柱的上截面和下端面。选取这5个截面作为和手算对比的对应面。

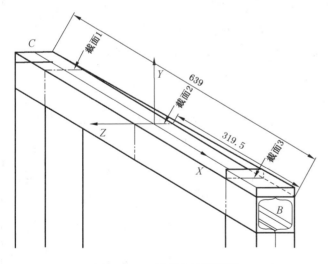

图 22-5-11 横梁的计算截面

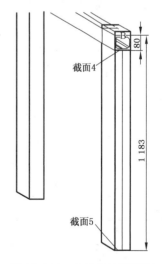

图 22-5-12 立柱的计算截面

1) 截面1

图22-5-13、图22-5-14表示截面1沿横梁宽度方向顶线与底线的应力(轴向)分布。其中间部分为两个扣在一起的槽钢对接处，其接触面宽度为2.5 mm，该处壁厚明显变小，故应力

绝对值明显变大。这是未考虑变形均匀化的结果。

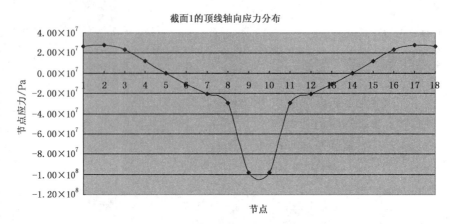

图 22-5-13　截面 1 的顶线轴向应力分布

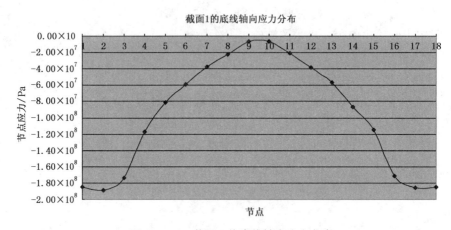

图 22-5-14　截面 1 的底线轴向应力分布

考虑此框架"受力会自行均匀化",而且承受的又是静载,故以下按平均应力处理。

沿横梁宽度方向顶线与底线的拉(压)应力既包括全截面平均应力 σ_{pj} 也包含弯曲应力 σ_w。

以下各表中:σ_{pj+w} 是顶线、底线(对于立柱是外侧线、内侧线)均分 18 个节点应力的平均值;σ_{pj} 是全截面均分 124 个节点应力的平均值。

截面 1 中各项应力见表 22-5-1。

表 22-5-1　截面 1 的顶线、底线的截面平均应力　　　　MPa

位置		σ_{pj+w}	σ_{pj}
截面 1	顶线	−7.7	−8.8
	底线	−94.5	

可见,横梁左侧内角部截面 1 的平均应力 σ_{pj} 很小,平均应力+弯曲应力 σ_{pj+w} 也不大。以上应力 $|\sigma_{pj}|$ 明显小于 $[\sigma]=188$ MPa,$|\sigma_{pj+w}|$ 明显小于 $[\sigma]=282$ MPa。

2) 截面 2

截面 2 应力分布图略,其各项应力见表 22-5-2。

表 22-5-2　截面 2 的顶线、底线的截面平均应力　　　　　　　　　　　　MPa

	位置	σ_{pj+w}	σ_{pj}
截面 2	顶线	−113	−4.6
	底线	86	

可见，横梁中间截面 2 的平均应力 σ_{pj} 很小，平均应力＋弯曲应力 σ_{pj+w} 也不大。以上应力 $|\sigma_{pj}|$ 明显小于 $[\sigma]=188$ MPa，$|\sigma_{pj+w}|$ 明显小于 $[\sigma]=282$ MPa。

3）截面 3

图 22-5-15、图 22-5-16 表示截面 3 沿横梁宽度方向顶线与底线的应力（轴向）分布。

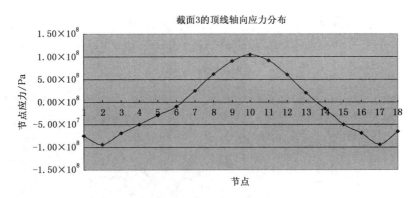

图 22-5-15　截面 3 的顶线轴向应力分布

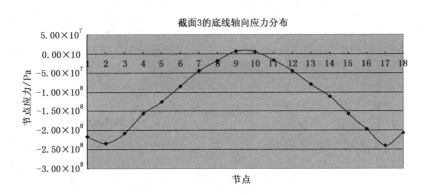

图 22-5-16　截面 3 的底线轴向应力分布

截面 3 的各项应力见表 22-5-3。

表 22-5-3　截面 3 的顶线、底线的截面平均应力　　　　　　　　　　　　MPa

	位置	σ_{pj+w}	σ_{pj}
截面 3	顶线	−15.8	−18.4
	底线	−117	

可见，横梁右侧内角部截面 3 的平均应力 σ_{pj} 很小，顶线的平均应力＋弯曲应力 σ_{pj+w} 也不大。以上应力 $|\sigma_{pj}|$ 明显小于 $[\sigma]=188$ MPa，$|\sigma_{pj+w}|$ 明显小于 $[\sigma]=282$ MPa。

4）截面 4

截面 4 的应力分布图略,其各项应力见表 22-5-4。

表 22-5-4 截面 4 的内侧线、外侧线的截面平均应力　　　　MPa

位置		σ_{pj+w}	σ_{pj}
截面 4	外侧线	−94.8	−172
	内侧线	−212	

可见,立柱的上截面 4 的平均应力 σ_{pj} 与平均应力＋弯曲应力 σ_{pj+w} 皆较大。但 $|\sigma_{pj}|$ 小于 $[\sigma]=188$ MPa,$|\sigma_{pj+w}|$ 也小于 $[\sigma]=282$ MPa。

5）截面 5

图 22-5-17、图 22-5-18 表示截面 5 沿立柱外侧线与内侧线的应力（轴向）分布。

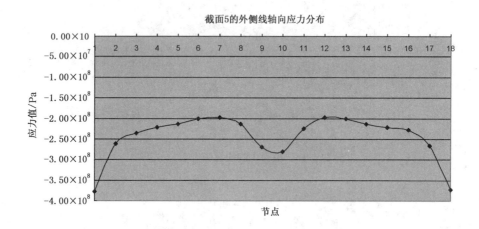

图 22-5-17　截面 5 的外侧线轴向应力分布

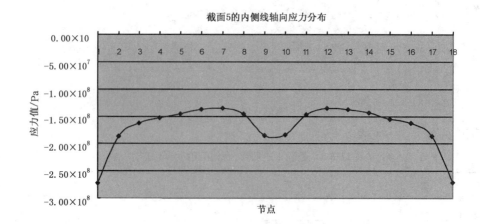

图 22-5-18　截面 5 的内侧线轴向应力分布

截面 5 的各项应力见表 22-5-5。

表 22-5-5　截面 5 的外侧线、内侧线的截面平均应力　　　　　　　　　　MPa

位置		σ_{pj+w}	σ_{pj}
截面 5	外侧线	−243	−162
	内侧线	−168	

虽然立柱下底面 5 的平均应力 σ_{pj} 与平均应力＋弯曲应力 σ_{pj+w} 均很大，但还是能满足 $|\sigma_{pj}| \leqslant [\sigma] = 188$ MPa 与 $|\sigma_{pj+w}| \leqslant [\sigma] = 282$ MPa 的要求。

第 23 章　薄壁圆筒的边界效应

在以前章节里,分析了承受介质压力作用的不同几何特性元件(圆筒、回转壳、平板等)的应力状态。在这些分析中,并未考虑不同几何特性结构的连接处,因相互影响而产生的附加应力。本章对此种附加应力及其特点进行分析。

23-1　圆筒端部作用弯矩及剪切时的边界效应

圆筒与凸形壳(或平板)连成一个整体时,如不考虑彼此约束,于连接处它们各自的变形并不一致——称为"变形不连续";但实际为一个整体,变形必须协调一致,于是在连接处两个元件的变形彼此约制,将各自产生局部弯曲现象。由于此现象只发生在连接处的边界区域里,故称为"边界效应"。由边界效应引起的应力称为"不连续应力"。此不连续应力就是 7-1 节中所述的"二次应力"或"局部弯曲应力"。薄壁圆筒的壁较薄,抗弯能力较弱,因此,这种局部弯曲应力较大,有时可能比由于内压力产生的膜应力还大[11,136]。

上述连接处由于变形必须协调一致,就在圆筒的端部产生沿圆周均匀分布的弯矩 M_0 及剪力 Q_0(图 23-1-1)。

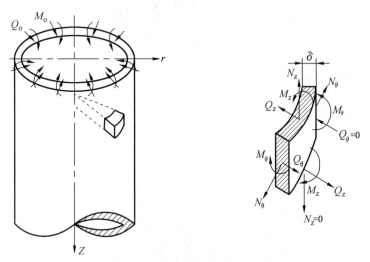

图 23-1-1　圆筒端部附加受力示意图

根据受力及几何形状轴对称的特点,按图 23-1-1 所示方法截取一微元体并加以放大表示(图右部分)。下面分析圆筒端部弯矩 M_0 及剪力 Q_0 引起的内力特点,而弯矩 M_0 及剪力 Q_0 的求法见 23-2 节之 2。

圆筒端部的弯矩 M_0 及剪力 Q_0 除在微元体的横向截面上引起径向弯矩 M_z 及径向剪力

Q_z 以外，在纵向截面上由于以下原因，还引起环向弯矩 M_θ 及环向力 N_θ：

弯矩 M_z 使微元体纵截面的内壁缩短，外侧伸长；由于波松横向变形关系，必然使微元体横向截面的内侧伸长，外侧缩短。如果这种变形是自由的，就不会产生内力，但微元体是处在整个壳体之中，使这种变形受到限制，于是产生环向弯矩 M_θ。环向力 N_θ 也是圆筒弯曲引起的；圆筒端部弯曲时，会使弯曲部分中面的周长有所改变，与此相应就产生环向力 N_θ。

根据轴对称的特点，在微元体纵向截面上，不会产生剪力，即 $Q_\theta = 0$，见图 23-1-1 右部分。这样，只存在 4 个内力：M_z、M_θ、Q_z 及 N_θ。

设在横截面 Z 内的弯矩为 M_z，剪力为 Q_z，则在横截面 $Z + dZ$ 内的弯矩及剪力可写成 $M_z + dM_z$，$Q_z + dQ_z$。根据轴对称的特点，各纵向截面内的内力 M_θ 及 N_θ 均彼此相等（图 23-1-2）。

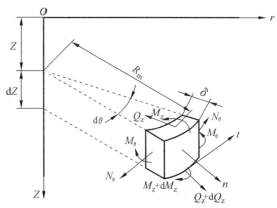

图 23-1-2　圆筒边界效应引起的内力

与厚壁圆筒及圆平面的内力分析一样，仍需借助平衡、几何、物理条件来确定以上内力。

1　平衡、几何、物理方程

（1）平衡条件

根据在法线 n 方向上力的平衡条件（图 23-1-3），得

$$(Q_z + dQ_z)R_m d\theta - Q_z R_m d\theta - 2N_\theta dZ \sin\frac{d\theta}{2} = 0$$

式中 Q_z、N_θ 都是单位长度上的内力。取 $\sin(d\theta/2) = d\theta/2$，则上式变为

$$\frac{dQ_z}{dZ} = \frac{N_\theta}{R_m} \quad \cdots\cdots\cdots\cdots (23\text{-}1\text{-}1)$$

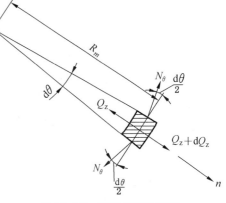

图 23-1-3　微元体横向截面

根据对 t 轴的力矩平衡条件（图 23-1-2），得

$$-M_z R_m d\theta + (M_z + dM_z)R_m d\theta - Q_z R_m d\theta dZ - 2N_\theta dZ \sin\frac{d\theta}{2}\frac{dZ}{2} = 0$$

式中 M_z 也是单位长度上的内力。将上式展开，略去高阶微量，得

$$\frac{dM_z}{dZ} = Q_z \quad \cdots\cdots\cdots\cdots\cdots\cdots\cdots\cdots\cdots\cdots\cdots\cdots (23\text{-}1\text{-}2)$$

式（23-1-1）及式（23-1-2）为"内力平衡方程"，只靠两式无法求解：M_z、M_θ、Q_z 及 N_θ 4 个未知量。

（2）几何条件

一般情况下，当圆筒端部弯曲变形后，中面 A 点变形至 A' 点时，将同时产生径向位移 W 及纵向位移 u（见图 23-1-4）。由材料力学可知，若中面的径向位移 $W = W(Z)$，则在小变形情

况下,距中间 ξ 处的纵向应变为

$$\varepsilon_z' = -\xi \frac{d^2 W}{dZ^2}$$

此外,对于圆筒体,中面有径向位移 W 时,圆筒的周长将改变,因此,将同时产生环向应变

$$\varepsilon_\theta' = \frac{2\pi(R_m + W) - 2\pi R_m}{2\pi R_m} = \frac{W}{R_m}$$

除以上应变外,圆筒纵向位移 $u = u(Z)$ 还要导致纵向应变(图23-1-5)

$$\varepsilon_z'' = \frac{(u + du) - u}{dZ} = \frac{du}{dZ}$$

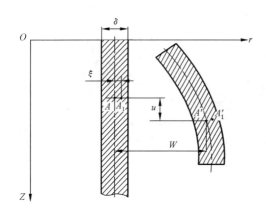

图 23-1-4　圆筒端部弯曲变形示意图

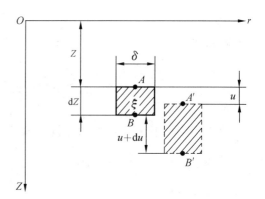

图 23-1-5　圆筒端部纵向变形示意图

故圆筒变形后总的纵向应变及环向应变为

$$\left.\begin{array}{l}\varepsilon_z = \varepsilon_z' + \varepsilon_z'' = -\xi \dfrac{d^2 W}{dZ^2} + \dfrac{du}{dZ} \\[2mm] \varepsilon_\theta = \varepsilon_\theta' = \dfrac{W}{R_m}\end{array}\right\} \quad \cdots\cdots\cdots\cdots\cdots\cdots (23\text{-}1\text{-}3)$$

以上两式为"几何方程"。

(3) 物理条件

根据广义虎克定律,应力与应变之间存在如下关系:

$$\left.\begin{array}{l}\sigma_z = \dfrac{E}{1-\mu^2}(\varepsilon_z + \mu\varepsilon_\theta) = \dfrac{E}{1-\mu^2}\left(-\xi \dfrac{d^2 W}{dZ^2} + \dfrac{du}{dZ} + \mu \dfrac{W}{R_m}\right) \\[3mm] \sigma_\theta = \dfrac{E}{1-\mu^2}(\varepsilon_\theta + \mu\varepsilon_z) = \dfrac{E}{1-\mu^2}\left(\dfrac{W}{R_m} - \xi \dfrac{d^2 W}{dZ^2} + \mu \dfrac{du}{dZ}\right)\end{array}\right\} \cdots\cdots (23\text{-}1\text{-}4)$$

以上两式即为"物理方程"。

2　求解内力

由平衡、几何及物理3个条件得6个方程:式(23-1-1)～式(23-1-4),但其中未知量有9个: M_z、Q_z、N_θ、W、u、ε_z、ε_θ、σ_z 及 σ_θ,另外,待求未知量 M_θ 尚未包含进去。为了求解,尚需建立4个补充方程:

$$N_\theta = \int_{-\delta/2}^{\delta/2} \sigma_\theta d\xi = \frac{E\delta}{1-\mu^2}\left(\frac{W}{R_m} + \mu\frac{du}{dZ}\right)$$

$$N_z = \int_{-\delta/2}^{\delta/2} \sigma_z d\xi = \frac{E\delta}{1-\mu^2}\left(\frac{du}{dZ} + \mu\frac{W}{R_m}\right)$$

$$M_\theta = \int_{-\delta/2}^{\delta/2} \sigma_\theta \xi d\xi = -\frac{E\delta^3}{12(1-\mu^2)}\mu\frac{d^2W}{dZ^2}$$

$$M_z = \int_{-\delta/2}^{\delta/2} \sigma_z \xi d\xi = -\frac{E\delta^3}{12(1-\mu^2)}\mu\frac{d^2W}{dZ^2}$$

$\qquad\qquad\qquad\qquad\qquad\qquad\qquad\qquad\qquad\qquad\qquad\qquad$ (23-1-5)

当没有内压作用时，$N_z = 0$，故由式(23-1-5)中第二式，得

$$\frac{E\delta}{1-\mu^2}\left(\frac{du}{dZ} + \mu\frac{W}{R_m}\right) = 0$$

或

$$\frac{du}{dZ} = -\mu\frac{W}{R_m}$$

将此式代入式(23-1-5)，得

$$N_\theta = \frac{E\delta W}{R_m}$$

$$M_\theta = -\mu D \frac{d^2W}{dZ^2}$$

$$M_z = -D \frac{d^2W}{dZ^2}$$

$\qquad\qquad\qquad\qquad\qquad\qquad\qquad\qquad$ (23-1-6)

式中：$D = \dfrac{E\delta^3}{12(1-\mu^2)}$——筒壳的"抗弯刚度"，N·cm。

将式(23-1-6)与内力平衡方程式(23-1-1)及式(23-12)联立，即可解出位移 W 及未知内力 M_z、M_θ、Q_z、N_θ。

将式(23-1-1)及式(23-1-2)中的剪力 Q_z 消去，得

$$\frac{d^2 M_z}{dZ^2} = \frac{N_\theta}{R_m}$$

将式(23-1-6)中的 N_θ 及 M_z 代入上式，得

$$D\frac{d^4W}{dZ^4} + \frac{E\delta}{R_m}W = 0$$

或

$$\frac{d^4W}{dZ^4} + 4\lambda^4 W = 0 \quad\cdots\cdots\cdots\cdots\cdots\cdots\cdots\cdots (23\text{-}1\text{-}7)$$

式中：$\lambda = \sqrt[4]{\dfrac{3(1-\mu^2)}{R_m^2 \delta^2}}$——"衰减系数"，1/cm。

式(23-1-7)是 W 的四阶常系数齐次微分方程，它的通解为

$$W(Z) = e^{-\lambda Z}(A_1 \cos\lambda Z + A_2 \sin\lambda Z) + e^{\lambda Z}(A_3 \cos\lambda Z + A_4 \sin\lambda Z)$$

式中 A_1、A_2、A_3 及 A_4 待定常数,可由圆筒的边界条件确定。

由上式可见,当 Z 增大时,$e^{\lambda Z}$ 项很快增加;$Z \to \infty$ 时,$e^{\lambda Z} \to \infty$,显然,这与实际情况不符。实际情况是 $Z \to \infty$ 时,$W \to 0$,为满足此条件,常数 A_3 及 A_4 必须等于零,故有

$$W(Z) = e^{-\lambda Z}(A_1 \cos\lambda Z + A_2 \sin\lambda Z) \quad \cdots\cdots\cdots\cdots (23\text{-}1\text{-}8)$$

将此式代入式(23-1-6)及式(23-1-2),即可求得各内力的表达式:

$$\left.\begin{aligned}
N_\theta &= \frac{E\delta}{R_m} e^{-\lambda Z}(A_1 \cos\lambda Z + A_2 \sin\lambda Z) \\
M_z &= -2D\lambda^2 e^{-\lambda Z}(A_1 \sin\lambda Z + A_2 \cos\lambda Z) \\
M_\theta &= \mu M_z \\
Q_z &= -D\frac{d^3W}{dZ^3} = -2D\lambda^3 e^{-\lambda Z} \times \\
&\quad [A_1(\cos\lambda Z - \sin\lambda Z) + A_2(\cos\lambda Z + \sin\lambda Z)]
\end{aligned}\right\} \cdots\cdots\cdots (23\text{-}1\text{-}9)$$

系数 A_1 及 A_2 应根据圆筒端部的弯矩 M_o 及剪力 Q_o 来确定:

当 $Z=0$ 时 $M_z = M_o$,$Q_z = Q_o$。

将它们代入式(23-1-9),得

$$-2D\lambda^2(-A_2) = M_o$$

$$-2D\lambda^3(A_1 + A_2) = Q_o$$

解得

$$A_1 = -\frac{M_o}{2D\lambda^2} - \frac{Q_o}{2D\lambda^3}$$

$$A_2 = \frac{M_o}{2D\lambda^2}$$

将它们代入式(23-1-9),就得到了当圆筒端部有弯矩 M_o 及剪力 Q_o 作用时所引起的各项内力值:

$$\left.\begin{aligned}
N_\theta &= 2R_m\lambda^2 e^{-\lambda Z}[\lambda M_o(\sin\lambda Z - \cos\lambda Z) - Q_o\cos\lambda Z] \\
M_z &= e^{-\lambda Z}\left[M_o(\sin\lambda Z + \cos\lambda Z) + \frac{Q_o}{\lambda}\sin\lambda Z\right] \\
M_\theta &= \mu M_z \\
Q_z &= e^{-\lambda Z}[-2\lambda M_o \sin\lambda Z + Q_o(\cos\lambda Z + \sin\lambda Z)]
\end{aligned}\right\} \cdots\cdots (23\text{-}1\text{-}10)$$

得知内力后,就能求得应力值,见 23-2 节与 23-3 节。

边界效应:

在以上内力中,起主要作用的是径向弯矩 M_z。它沿圆筒纵向的变化规律,如图 23-1-6 所示。由图中所示的曲线可见,M_z 是以 $\lambda Z = \pi$ 为半周期正负变化的,每经半个周期,弯矩 M_z 的绝对值减小 $e^{-\pi}(=0.0432)$ 倍。例如,端部在 M_o 作用下,在 $\lambda Z = \pi$ 处($Z = \pi/\lambda = 2.45\sqrt{R_m\delta} = 1.73\sqrt{D_m\delta}$,取 $\mu = 0.3$),弯矩 $M_z = 0.0433M_o$,已衰减至端部弯矩的 5% 以下。在 $Z = \sqrt{D_m\delta}$ 处($\lambda Z = 1.82$),$M_z = 0.117M_o$。

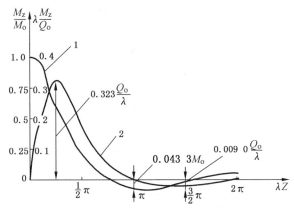

1—端部 M_0 作用下的 M_z 变化曲线；2—端部 Q_0 作用下的 M_z 变化曲线

图 23-1-6　径向弯矩 M_z 衰减规律

由此可见，薄壁圆筒在端部作用弯矩 M_0 或剪力 Q_0 时，它们的影响只是在端部较大，离端部稍远处就明显衰减，故称之为"边界效应"。在受压元件计算中，常取 $Z=\sqrt{D_m\delta}$ 作为衡量边界效应的影响范围，超出此范围，即认为端部影响可以忽略不计，其误差约为 10%。

23-2　圆筒体与凸形封头连接处的应力分析

在介质压力作用下，圆筒体与凸形封头连接处如彼此互不约束，则各自变形一般并不相同。求出筒体与凸形封头的各自变形（位移）后，根据连接处的变形连续条件，可求得在端头上所产生的弯矩 M_0 及剪切力 Q_0，再根据所求得的 M_0 及 Q_0 即可解出发生在端部区域的附加应力值。

1　膜应力产生的径向位移

(1) 圆筒的径向位移

薄壁圆筒的膜应力：环向应力 σ_θ 及纵向引力 σ_z 为

$$\sigma_\theta=\frac{pD_m}{2\delta} \qquad \sigma_z=\frac{pD_m}{4\delta}$$

根据广义虎克定律，环向应变为

$$\varepsilon_\theta=\frac{1}{E}(\sigma_\theta-\mu\sigma_z)=\frac{pD_m}{4\delta E}(2-\mu)$$

圆筒的径向位移 W 与环向应变 ε_θ 的关系为

$$\varepsilon_\theta=\frac{\pi(D_m+2W)-\pi D_m}{\pi D_m}=2\frac{W}{D_m}$$

故圆筒的径向位移

$$W=\frac{1}{2}\varepsilon_\theta D_m=\frac{1}{8}\frac{pD_m^2}{\delta E}(2-\mu) \quad\cdots\cdots\cdots\cdots\cdots\cdots(23\text{-}2\text{-}1)$$

(2) 凸形封头的径向位移

同理，可求出凸形封头在与圆筒连接处的径向位移 W_1（下脚码"1"表示封头的量，下同）。椭球形封头的膜应力：经向应力 σ_m 及环向应力 σ_θ 为

$$\sigma_{m1} = \frac{pD_m}{4\delta_1} \qquad \sigma_{\theta 1} = \frac{pD_m}{2\delta_1}\left(1 - \frac{1}{2}Y^2\right)$$

式中 $Y = D_m/2h_m$。

根据广义虎克定律，环向应变为

$$\varepsilon_{\theta 1} = \frac{1}{E_1}(\sigma_{\theta 1} - \mu_1 \sigma_{m1}) = \frac{pD_m}{4\delta_1 E_1}(2 - Y^2 - \mu_1)$$

故椭球形封头的径向位移

$$W_1 = \frac{1}{2}\varepsilon_{\theta 1} D_m = \frac{1}{8}\frac{pD_m^2}{\delta_1 E_1}(2 - Y^2 - \mu_1) \quad \cdots\cdots\cdots\cdots (23\text{-}2\text{-}2)$$

对于球形封头，$Y=1$，$W_1>0$，但小于圆筒的 W；对于标准椭圆封头，$Y=2$，$W_1<0$，在封头与圆筒连接处封头的位移是向内的，与圆筒的位移 W 方向相反（图23-2-1）。

2 连接处的弯矩 M_o 与剪力 Q_o

圆筒与封头在连接处由上述膜应力所产生的径向位移 W 及 W_1 不相同，但此处应该是连续的。由于位移的连续性，在圆筒及封头的连接处必然要产生附加弯矩 M_o 及剪力 Q_o。（见图23-2-2）。

变形连续条件为：在连接处，对于圆筒及封头，由附加弯矩 M_o 及剪力 Q_o 所产生的径向位移及转角，再加上由膜应力所产生的径向位移应该彼此相等。

设附加弯矩 M_o 及剪力 Q_o 在连接处使圆筒弯曲产生的附加径向位移及转角分别为 W' 及 θ'，则圆筒在连接处（$Z=0$）的总位移 W^* 及转角 θ^* 为

$$\left.\begin{array}{l} W^* = W' + W \\ \theta^* = \theta' \end{array}\right\} \quad \cdots\cdots\cdots\cdots\cdots\cdots\cdots\cdots (23\text{-}2\text{-}3)$$

式中：W——圆筒膜应力产生的径向位移，见式(23-2-1)。

圆筒附加弯曲位移 W' 及转角 θ' 可由式(23-1-8)求得：

$$\left.\begin{array}{l} W' = \dfrac{1}{2D\lambda^3} e^{-\lambda Z}[(\sin\lambda Z - \cos\lambda Z)\lambda M_o - Q_o \cos\lambda Z]_{Z=0} \\ \qquad = -\dfrac{1}{2D\lambda^3}(\lambda M_o + Q_o) \\ \theta' = \dfrac{dW'}{dZ} = \dfrac{1}{2D\lambda^2} e^{-\lambda Z}[(2\lambda \cos\lambda Z)M_o + (\cos\lambda Z + \sin\lambda Z)Q_o]_{Z=0} \\ \qquad = -\dfrac{1}{2D\lambda^2}(2\lambda M_o + Q_o) \end{array}\right\} \cdots\cdots (23\text{-}2\text{-}4)$$

式中

$$D = \frac{E\delta^3}{12(1-\mu^2)}$$

$$\lambda = \sqrt[4]{\frac{12(1-\mu^2)}{D_m^2 \delta}}$$

同理,封头在连接接处的总位移 W^* 及转角 θ^* 为

$$\left.\begin{array}{l} W_1^* = W'_1 + W_1 \\ \theta_1^* = \theta'_1 \end{array}\right\} \cdots\cdots\cdots\cdots\cdots\cdots\cdots\cdots (23\text{-}2\text{-}5)$$

式中:W_1——封头膜应力产生的位移,见式(23-2-2);

W'_1、θ'_1——封头附加弯曲位移及转角。

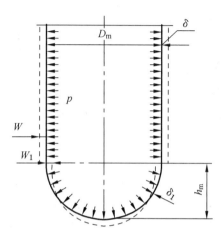

图 23-2-1　标准椭球形封头与圆筒的位移　　图 23-2-2　标准椭球形封头与圆筒连接处的变形

由于附加弯矩 M_o 及剪力 Q_o 所产生的弯曲影响仅发生在封头边缘处,故在求 W'_1 及 θ'_1 时可忽略封头在经向平面内的曲率影响,将封头端部近似地看成平均直径为 D_m 的圆筒。因此,式(23-2-4)对封头也适用。由图 23-2-2 可看出,对于圆筒来说,Q_o 所产生的位移 W' 向内;而对于封头,Q_o 所产生的位移 W'_1 向外,两者相差一个正负号。另外,Q_o 在筒体和封头上所产生的转角 θ' 及 θ'_1 也相差一个正负号。故应将 $-Q_o$ 作为 Q_o 代入式(23-2-4),则得

$$\left.\begin{array}{l} W'_1 = -\dfrac{1}{2D_1\lambda_1^3}(\lambda_1 M_o - Q_o) \\ \theta'_1 = \dfrac{1}{2D_1\lambda_1^2}(2\lambda_1 M_o - Q_o) \end{array}\right\} \cdots\cdots\cdots\cdots\cdots (23\text{-}2\text{-}6)$$

式中

$$D = \frac{E\delta_1^3}{12(1-\mu_1^2)}$$

$$\lambda = \sqrt[4]{\frac{12(1-\mu_1^2)}{D_m^2 \delta_1^2}}$$

变形连续条件为

$$W_1^* = W^*$$
$$\theta_1^* = -\theta^*$$

将式(23-2-1)~式(23-2-6)代入以上公式,并经整理,得

$$-(1-\overline{D}\overline{\lambda}^2)\lambda_1 M_o + (1+\overline{D}\overline{\lambda}^2)Q_o = \overline{p}$$
$$2(1+\overline{D}\overline{\lambda}^2)\lambda_1 M_o - (1-\overline{D}\overline{\lambda}^2)Q_o = 0$$

式中

$$\overline{D} = \frac{D_1}{D}$$

$$\bar{\lambda} = \frac{\lambda_1}{\lambda}$$

$$\bar{p} = \frac{1}{4} D_1 \lambda_1^3 D_m^2 \left[\frac{1}{\delta E}(2-\mu) - \frac{1}{\delta_1 E_1}(2-Y^2-\mu_1) \right] p$$

解上述方程组后,得

$$\left. \begin{aligned} M_o &= \frac{1 - \bar{D}\bar{\lambda}^2}{\bar{\lambda}\left[1 + 2\bar{D}\bar{\lambda}(1+\bar{\lambda}+\bar{\lambda}^2) + \bar{D}^2\bar{\lambda}^4\right]} \bar{p} \\ Q_o &= \frac{2(1+\bar{D}\bar{\lambda})}{1 + 2\bar{D}\bar{\lambda}(1+\bar{\lambda}+\bar{\lambda}^2) + \bar{D}^2\bar{\lambda}^4} \bar{p} \end{aligned} \right\} \quad \cdots\cdots (23\text{-}2\text{-}7)$$

若圆筒与封头在连接处的壁厚相同($\delta_1 = \delta$),且两者的材料亦相同($E_1 = E, \mu_1 = \mu$),则 $D_1 = D, \lambda_1 = \lambda$,得

$$\bar{D} = 1$$
$$\bar{\lambda} = 1$$
$$\bar{p} = \frac{p}{4\lambda} Y^2$$

代入式(23-2-7),得

$$\left. \begin{aligned} M_o &= 0 \\ Q_o &= \frac{p}{8\lambda} Y^2 \end{aligned} \right\} \quad \cdots\cdots (23\text{-}2\text{-}8)$$

3 连接处的应力

将式(23-2-8)代入式(23-1-10)中 N_θ 式,可求出圆筒的最大附加环向力为

$$N'_{\theta\max} = -\frac{pR_m}{4} Y^2 = -\frac{pD_m}{8} Y^2$$

它发生在 $\lambda Z = 0$ 处(连接处),则最大附加环向平均应力为

$$\sigma'_\theta = \frac{N'_{\theta\max}}{\delta} = -\frac{pD_m}{8\delta} Y^2$$

而圆筒的环向膜应力为

$$\sigma_\theta = \frac{pD_m}{2\delta}$$

故总的平均环向应力

$$\sigma_\theta^* = \sigma'_\theta + \sigma_\theta = \frac{pD_m}{2\delta}\left(1 - \frac{1}{4}Y^2\right) \quad \cdots\cdots (23\text{-}2\text{-}9)$$

封头的附加环向力 $N'_{\theta 1\max}$ 与圆筒的数值相同,但相差一个正负号(Q_o 方向相反),即

$$N'_{\theta 1\max} = \frac{pD_m}{8} Y^2$$

相应的最大附加环向平均应力为

$$\sigma'_{\theta 1} = \frac{pD_m}{8} Y^2$$

而封头在连接处($Z=0$)的环向膜应力为

$$\sigma_{\theta 1} = \frac{pD_m}{2\delta}\left(1 - \frac{1}{2}Y^2\right)$$

封头总的平均环向应力 $\sigma_{\theta 1}^* = \sigma_{\theta 1}' + \sigma_{\theta 1}$ 与式(23-2-9)所示圆筒的 σ_θ^* 相同。

孤立考虑圆筒及封头时,两者环向膜应力是不相同的,$\sigma_{\theta 1} > \sigma_\theta$。当圆筒与封头连接在一起变形时,在连接处圆筒的附加环向平均应力 σ_θ' 使圆筒环向应力减小;而封头的附加环向平均应力 $\sigma_{\theta 1}'$ 使封头环向应力增大。因此,连接处的实际环向应力 $\sigma_\theta^* = \sigma_{\theta 1}^*$ 应介于 σ_θ 及 $\sigma_{\theta 1}$ 之间。

将式(23-2-8)代入式(23-1-10)中 M_z 式,可求出圆筒的最大径向附加弯矩为

$$M'_{z\max} = \frac{\sqrt{2}}{2}e^{\frac{\pi}{4}}\frac{Q_o}{\lambda} = 0.040\ 3\frac{p}{\lambda^2}Y^2$$

它发生在 $\lambda Z = \pi/4$ 处,则最大附加径向弯曲应力为

$$\sigma'_{zw} = \frac{M'_{z\max}}{W} \frac{0.040\ 3pY^2 D_m\delta}{\sqrt{12(1-\mu^2)}} \frac{1}{\frac{1}{6}\delta^2} = 0.073\frac{pD_m}{\delta}Y^2$$

式中 μ 取 0.3。

按式(23-1-10)中的 M_θ 式,同样可能得最大附加环向弯曲应力

$$\sigma'_{\theta w} = \mu\sigma'_{zm} = 0.022\frac{pD_m}{\delta}Y^2$$

封头的最大附加弯曲应力亦与上述圆筒的相同。

筒壳与凸形封头(球形及标准形)连接处的应力:

根据上述结果得:

1) 球形封头($Y=1$)在连接区域的应力最大值为

环向应力 $\qquad \sigma_\theta^* = \sigma_{\theta 1}^* = \dfrac{3pD_m}{8\delta}$(在 $\lambda Z = 0$ 处);

纵向(经向)应力 $\qquad \sigma_z = \sigma_m = \dfrac{pD_m}{4\delta}$;

环向弯曲应力 $\qquad \sigma_{\theta w} = 0.022\dfrac{pD_m}{\delta}$(在 $\lambda Z = \pi/4$ 处);

纵向(经向)弯曲应力 $\qquad \sigma_{zw} = 0.073\dfrac{pD_m}{\delta}$(在 $\lambda Z = \pi/4$ 处)。

2) 标准椭球形封头($Y=2$)在连接区域的应力最大值为

环向应力 $\qquad \sigma_\theta^* = \sigma_{\theta 1}^* = 0$(在 $\lambda Z = 0$ 处);

纵向(经向)应力 $\qquad \sigma_z = \sigma_m = \dfrac{pD_m}{4\delta}$;

环向弯曲应力 $\qquad \sigma_{\theta w} = 0.088\dfrac{pD_m}{\delta}$(在 $\lambda Z = \pi/4$ 处);

纵向(经向)弯曲应力 $\qquad \sigma_z = 0.292\dfrac{pD_m}{\delta}$(在 $\lambda Z = \pi/4$ 处)。

[注释]

相邻元件的连接处由于变形不一致(不协调)而产生的二次应力与压力产生的一次应力(膜应力或弯曲应力)之和的允许值可达二倍屈服限 $2\sigma_s^t$(强度标准[42,45]规定,其原因见 7-1 节)。

由前述分析可见,当圆筒与半球形或标准椭球形封头在连接处的壁厚相同,且两者的材料亦相同时(属于常见情况),筒壳与封头连接处附近的应力状态与非边界效应区域无大差异(非边界效应区域的当量应力 $\sigma_d = 0.5\frac{pD_m}{\delta}$,而 $\sigma_d \leqslant \sigma_s^t/1.5$)。可见,前述计算出的应力距允许值 $2\sigma_s^t$ 的差距颇大。

即使内压力作用半球形元件的周边固支,转角 $\theta = 0$,附加的弯曲应力较大,达膜应力的 1.27 倍[11]。但仍然明显低于允许值。

因此,对于锅炉受压元件,在筒体与凸形封头的交界处附近(边界效应区),不要求校核强度。

23-3 圆筒体与平端盖连接处的应力分析

如果平端盖的厚度很大,则圆筒在与平端盖的连接处的位移和转角均可认为等于零(图 23-3-1)。

圆筒体膜应力产生的位移 W 如式(23-2-1)所示。附加弯曲位移 W' 及转角 θ' 见式(23-2-4)。考虑到上述边界条件,则连接处($Z=0$)的总位移与转角为

$$W^* = W + W' = \frac{1}{8}\frac{pD_m^2}{\delta E}(2-\mu) - \frac{1}{2D\lambda^3}(\lambda M_o + Q_o) = 0$$

$$\theta' = \frac{1}{2D\lambda^2}(2\lambda M_o + Q_o) = 0$$

解上述方程组,得

$$\left.\begin{array}{l} M_o = -\dfrac{D\lambda^2}{4}\dfrac{pD_m^2}{\delta E}(2-\mu) \\[2mm] Q_o = -\dfrac{D\lambda^3}{2}\dfrac{pD_m^2}{\delta E}(2-\mu) \end{array}\right\} \quad\cdots\cdots\cdots\cdots\cdots\cdots(23\text{-}3\text{-}1)$$

将式(23-3-1)代入式(23-1-10)中的 N_θ 式,可求出圆筒的最大附加环向力为

$$N'_{\theta\max} = -\frac{pD_m}{4}(2-\mu)$$

它发生在 $\lambda Z = 0$ 处(连接处),则最大附加环向平均应力为

$$\sigma'_\theta = \frac{N'_{\theta\max}}{\delta} = -\frac{pD_m}{4\delta}(2-\mu) = -\frac{pD_m}{2\delta}(1-0.5\mu)$$

而圆筒的环向膜应力为

$$\sigma_\theta = -\frac{pD_m}{2\delta}$$

故总的平均环向应力

$$\sigma_\theta^* = \sigma'_\theta + \sigma_\theta = 0.5\mu \frac{pD_m}{2\delta} \quad \cdots\cdots (23\text{-}3\text{-}2)$$

将式(23-3-1)代入式(23-1-10)中的 M_z 式,可求出圆筒的最大径向附加弯矩为

$$M'_{z\max} = \frac{2-\mu}{8\sqrt{3(1-\mu^2)}} pD_m\delta$$

它发生在 $\lambda Z = 0$ 处(连接处),则最大附加径向弯曲应力为

$$\sigma'_{zw} = \frac{M'_{z\max}}{W} = \frac{2-\mu}{8\sqrt{3(1-\mu^2)}} \frac{pD_m\delta}{\frac{1}{6}\delta^2} = \frac{\sqrt{3}(1+0.5\mu)}{2\sqrt{1-\mu^2}} \frac{pD_m}{\delta} \quad \cdots\cdots (23\text{-}3\text{-}3)$$

按式(23-1-10)中的 M_θ 式,同样可得最大附加环向弯曲应力

$$\sigma'_{\theta w} = \mu\sigma'_{zw} = \frac{\sqrt{3}\mu(1+0.5\mu)}{2\sqrt{1-\mu^2}} \frac{pD_m}{\delta} \quad \cdots\cdots (23\text{-}3\text{-}4)$$

以上结果是当平板厚度很大,认为是完全刚体不发生变形情况下得出的。实际上,平板在介质压力作用下总要发生一定弯曲,如图 23-3-2 所示,此时,在连接处的变形情况与前述的有所区别,因而,边界条件也不相同。计算分析结果表明,δ_1/δ 与 δ/D_i 愈小(δ_1 为平端盖厚度),连接处的应力愈大[212]。

对于锅炉受压元件,在筒体与平封头的交界处附近(边界效应区),一般不要求校核强度。

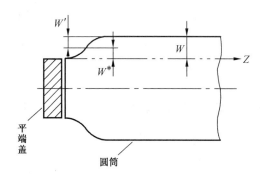

图 23-3-1 圆筒体与平端盖连接处的变形

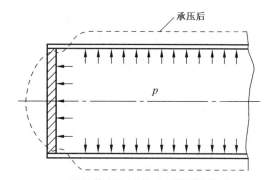

图 23-3-2 圆筒体与平端盖连接处的实际变形情况

第 24 章 有裂纹元件的强度

锅筒一旦破裂,后果异常严重,因此,按传统观念,锅筒壁上不允许存在裂纹这样危险性大的缺陷。近代锅炉构架上悬吊着几千吨、甚至上万吨的整台锅炉,如果大梁断裂,会使锅炉坍塌,因此,按一般想法,也不会允许大梁上存在裂纹。

随着无损检测技术的发展,过去认为一直无缺陷的产品,现在可能会发现存在一些细小裂纹;已交付用户使用多年的产品,在复查时,有时也可能会发现原制造中残留下来的缺陷。我国有的电厂用 16MnNiMo 钢制造的高压锅筒经多年运行后,出现多处裂纹,最深达十余毫米;有些高压锅筒集中下降管口焊缝经运行后,也发现裂纹。因此,在锅炉行业中,会提出这样的实际问题:有裂纹的元件可否出厂、可否继续使用?如果可以,那么,允许存在多大尺寸的裂纹?20 世纪 60 年代发展起来的一门新的力学分支——"断裂力学"给出了解决这些问题的方法,澄清了过去的一些不够准确的、甚至是错误的概念。

根据拉伸试验得出的强度特性(σ_b、σ_s、σ_b^t、σ_s^t、σ_D 等)进行强度计算,对于中、低强度材料以及应用现有无损检测手段及对缺陷的控制标准,是可以做到安全可靠的。但是,只用这种传统强度计算办法,对于高强度钢以及对于带有较大缺陷的中、低强度材料,就有可能产生断裂事故,此时,应该利用断裂力学方法核算强度。

本章介绍断裂力学基本概念与基础知识。

24-1 线弹性断裂力学校验元件的强度

本节介绍有裂纹元件的强度计算方法,并给出计算示例。

1 有裂纹元件的强度计算方法

(1) 应力强度因子 K_I 与断裂韧性 K_{Ic}

图 24-1-1 表示一块"无限大"(相对于裂纹尺寸而言)的平板,其中存在长度为 $2c$ 的穿透性裂纹,在裂纹的垂直方向上作用均匀拉应力 σ。由分析或实验可知,裂纹尖端前缘区域由无裂纹时的单向应力状态变成两向应力状态:σ_x、σ_y 及 τ_{xy}(板较薄时),或三向应力状态 σ_x、σ_y、τ_{xy} 及 σ_z(板较厚时),而且愈接近裂纹尖端,应力愈大。各应力分量为

$$\sigma_x = \frac{K_I}{\sqrt{2\pi r}} F_1$$

$$\sigma_y = \frac{K_I}{\sqrt{2\pi r}} F_2$$

$$\sigma_z = \begin{cases} 0 & (板较薄,平面应力状态) \\ \mu(\sigma_x + \sigma_y) & (板较厚,三向应力状态) \end{cases}$$

$$\tau_{xy} = \frac{K_I}{\sqrt{2\pi r}} F_3$$

式中：F_1、F_2、F_3——与角度 θ 有关的函数；

r——裂纹尖端至所求应力点 A 的距离；

K_I——与所加应力 σ 和裂纹形状、尺寸有关的量,对于图 24-1-1 所示情况：

$$K_I = \sigma\sqrt{\pi c} \quad\cdots\cdots\cdots\cdots\cdots\cdots\cdots\cdots\cdots (24\text{-}1\text{-}1)$$

式中：c——裂纹长度的一半(图 24-1-1)。

可见,若应力 σ 已定,K_I 与 $\sqrt{c}$ 成正比,即 c 愈大则 K_I 愈大,应力 σ_x、σ_y、σ_z^2、τ_{xy} 也愈大。由于裂纹的存在使裂纹尖端区域的应力有所增强,K_I 愈大表示应力增强的愈厉害,故 K_I 称"应力强度因子"。由式(24-1-1)可见,K_I 的单位为 $N/mm^{3/2}$。

对于不同的受力形式、不同的裂纹形状和尺寸,则裂纹尖端前缘的应力增强程度也不一样,因而,K_I 值也不相同。

随着应力 σ 增大,K_I 值增大,裂纹将随之扩张；K_I 大到一定程度时,裂纹扩张突然迅速加快(称为"失稳扩张"),并发生断裂,此时,所对应的 K_I 值用 K_{Ic} 表示,称为"断裂韧性"。

如果将应力强度因子 K_I 比作一般强度计算中的应力 σ,那么,断裂韧性 K_{Ic} 就可比作强度特性(类似 σ_s、σ_b 等)。故断裂韧性是在有裂纹情况下,衡量材料强度的一个新指标。

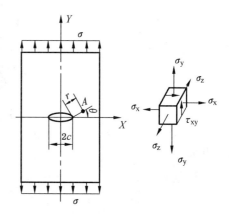

图 24-1-1 裂纹前缘应力状态

(2) 临界应力 σ_c 与临界裂纹尺寸 c_c

不发生断裂的条件是

$$K_I < K_{Ic}$$

式中 K_I 与外加载荷、裂纹形状和尺寸有关；K_{Ic} 与材料性质有关,K_{Ic} 可由实验测得。

由式(24-1-1)可得

$$K_{Ic} = \sigma_c\sqrt{\pi c}$$

式中 σ_c 为对应裂纹失稳扩张时的应力,称为"临界应力"。则不发生断裂的条件也可表示成：

$$\sigma < \sigma_c = \frac{K_{Ic}}{\sqrt{\pi c}}$$

即元件中的裂纹尺寸 c 一定时,元件中的应力 σ 若小于临界应力 σ_c 则不发生断裂。

当应力 σ 不变时,裂纹尺寸 c 愈大,K_I 也愈大。当裂纹尺寸达到某一临界值 c_c 时,则发生裂纹失稳扩张,故有

$$K_{Ic} = \sigma\sqrt{\pi c_c}$$

则不发生断裂的条件又可表示成

$$c < c_c = \frac{1}{\pi}\left(\frac{K_{Ic}}{\sigma}\right)^2$$

式中 c_c 称为"临界裂纹尺寸",即在元件中的应力 σ 一定时,元件的裂纹尺寸 c 若小于临界裂纹尺寸 c_c 则不发生断裂。

（3）裂纹类型

根据裂纹和外力的取向关系(即所谓裂纹受力模型),可分为三种类型(图 24-1-2)。Ⅰ型为张开型,Ⅱ型为滑移型或称面内剪切型,Ⅲ型为撕裂型或称面外剪切型。前面所述内容适用于张开型。张开型受力情况对裂纹扩展的危害最大,大量试验研究工作都集中在张开型上。实际结构中的低应力脆性断裂,绝大部分属于张开型。对于滑移型和撕裂型,应力强度因子及断裂韧性分别用 $K_Ⅱ$ 及 $K_{Ⅱc}$ 和 $K_Ⅲ$ 及 $K_{Ⅲc}$ 表示。

Ⅰ 张开型　　Ⅱ 滑移型　　Ⅲ 撕裂型

图 24-1-2　裂纹受力模型

对于锅炉、压力容器,常见的裂纹有椭圆形表面裂纹及代表夹渣、气孔等缺陷的深埋椭圆形裂开面(图 24-1-3)。

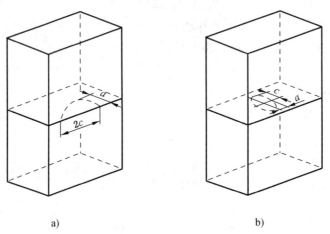

图 24-1-3　裂纹类型

（4）裂纹形状

不同形状裂纹的应力强度因子用下式表示,如：

$$K_I = \sigma\sqrt{\eta\pi c} \quad\quad\quad\quad (24\text{-}1\text{-}2)$$

式中 η 称"裂纹形状系数",如表 24-1-1 所示。

表 24-1-1　张开形裂纹型式与形状系数

裂纹型式	形状系数 η
无限大平板的穿透形裂纹	1.0
深埋的圆形裂开面	$1/\pi^2$
深埋的椭圆形裂开面	$1/\varphi^2$
长的(深度很浅的)表面裂纹	1.2
半椭圆形及半圆形表面裂纹	$1.2/\varphi^2$

表 24-1-1 中的 φ 值按下式计算：

$$\varphi = \int_0^{\pi/2} \left(1 - \frac{c^2 - a^2}{c^2}\sin^2\theta\right) d\theta$$

式中 c、a 见图 24-1-3。

φ 值如表 24-1-2 所示。

表 24-1-2　φ 值

a/c	0.00	0.10	0.25	0.50	0.75	1.00
φ	1.000 0	1.014 8	1.072 3	1.211 1	1.381 5	1.570 8=$\pi/2$

以上给出的应力强度因子求法，适用于裂纹附近区域完全处于弹性状态，这与实际情况有一定差别，但对于大多数工程实际问题，这样算还是可以的。若须精确计算，就需要考虑裂纹尖端前缘局部塑性变形对应力分布的影响。以表面椭圆形裂纹为例，修正后的应力强度因子为

$$K_I = \frac{1.1\sigma\sqrt{\pi c}}{\left[\varphi^2 - 0.212\left(\dfrac{\sigma}{\sigma_s}\right)^2\right]^{1/2}}$$

材料的断裂韧性 K_{Ic} 值在有关手册中可以查到。高强度钢的 K_{Ic} 值较小，不允许的裂纹尺寸较小。

2　计算示例

示例 1：

某元件由 $\sigma_{0.2}=2\,000$ MPa 的高强度钢制造，它的 $K_{Ic}=2\,000$ N/mm$^{3/2}$，另一元件由 $\sigma_{0.2}=500$ MPa 的一般钢材制造，它的 $K_{Ic}=6\,000$ N/mm$^{3/2}$。试求它们的裂纹临界尺寸(假设裂纹都是表面半圆形)。

解：

由式(24-1-2)得

$$c_c = \frac{1}{\pi\eta}\left(\frac{K_{Ic}}{\sigma}\right)^2$$

对于半圆形表面裂纹，由表 24-1-1 及表 24-1-2，得

$$\eta = \frac{1.2}{\varphi^2} = \frac{1.2}{\left(\dfrac{\pi}{2}\right)^2} = \frac{4.8}{\pi^2}$$

元件 1 的设计应力取为 1 500 MPa，则裂纹临界尺寸为

$$c_c = \frac{1}{\pi \frac{4.8}{\pi^2}} \left(\frac{2\,000}{1\,500}\right)^2 = 1.16 \text{ mm}$$

元件 2 的设计应力取为 400 MPa，则裂纹临界尺寸为

$$c_c = \frac{1}{\pi \frac{4.8}{\pi^2}} \left(\frac{6\,000}{400}\right)^2 = 147 \text{ mm}$$

这样大的裂纹是不会漏检的。

示例 2：

某材料的 $\sigma_{0.2} = 2\,100$ MPa，它的 $K_{Ic} = 1\,500$ N/mm$^{3/2}$，另一材料的 $\sigma_{0.2} = 1\,700$ MPa，它的 $K_{Ic} = 2\,500$ N/mm$^{3/2}$。试求它们的断裂应力（假设都存在 $c = 1$ mm 的表面半圆形裂纹）。

解：

由式(24-1-2)与表 24-1-1，得

$$\sigma_c = \sqrt{\frac{\pi}{4.8}} \frac{K_{Ic}}{\sqrt{c}}$$

第 1 种材料的断裂应力为

$$\sigma_c = \sqrt{\frac{\pi}{4.8}} \frac{1\,500}{\sqrt{1}} = 1\,210 \text{ MPa}$$

第 2 种材料的断裂应力为

$$\sigma_c = \sqrt{\frac{\pi}{4.8}} \frac{2\,500}{\sqrt{1}} = 2\,020 \text{ MPa}$$

可见，屈服限高的材料，反而断裂应力小。对于高强度材料，从断裂力学角度考虑，并非屈服限愈高愈好。

以上所叙述的线弹性断裂力学，是在裂纹尖端前缘没有明显塑性变性区，并且处于平面应变状态（在裂纹宽度方向上没有应变）的前提下推导的。因此，它适用于高强度和超强度材料。另外，对于中、低强度材料，当元件断裂很厚或在很低温度条件下，也基本满足上述条件，故也可用线弹性断裂力学解决有关工程问题。

24-2　弹塑性断裂力学校验元件的强度

对于中、低强度材料，在裂纹尖端前缘会形成较大塑性变形区域，而且在宽度方向也要产生塑性变形。如仍用线弹性断裂力学计算，必然要产生较大误差。此时，应该利用弹塑性断裂力学计算。

1　裂纹张开位移 δ（COD）与临界张开位移 δ_c

适用于中、低强度材料的关系式：

$$\delta = \frac{8\sigma_s c'}{\pi E} \ln\sec\frac{\pi\sigma}{2\sigma_s} \quad\cdots\cdots\cdots\cdots\cdots\cdots\cdots\cdots (24\text{-}2\text{-}1)$$

式中：δ——裂纹张开位移(COD)[1]（图24-2-1），mm；

c'——裂纹长度的一半（贯穿于全厚度或近似于全厚度的裂纹），mm；

σ_s——屈服限，MPa；

E——弹性模量，MPa；

σ——应力，MPa。

此式将应力、裂纹尺寸及裂纹尖端的张开尺寸联系起来。

如应力增加，裂纹张开位移也加大，当裂纹张开位移达到某种临界值 δ_c 时，裂纹即开始裂开，此 δ_c 值称为"临界张开位移"。

式(24-2-1)应用于锅炉、压力容器时，应注意以下问题：

1) 式(24-2-1)是从平板推导出来的。受压容器一般为曲面，受内压力作用时，裂纹处将产生附加弯曲应力，使有效应力增大（称为"膨胀效应"）。为此，应在工作应力 σ 上乘以大于1的修正系数 M。

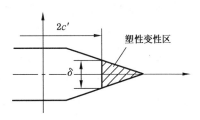

图24-2-1 裂纹受力张开

对于圆筒形容器存在轴向穿透性裂纹时：

$$M = \left[1 + 1.61\left(\frac{c'^2}{R_m \delta^*}\right)\right]^{1/2}$$

对于球形容器存在经向穿透性裂纹时：

$$M = \left[1 + 1.93\left(\frac{c'^2}{R_m \delta^*}\right)\right]^{1/2}$$

式中：R_m——容器平均半径；

δ^*——容器壁厚。

2) 式(24-2-1)是对穿透性裂纹导出的。如为表面裂纹或深埋裂开面，需将裂纹尺寸换算成当量贯穿透性裂纹尺寸。换算方法是以线弹性断裂力学为基础。要求当量贯穿性裂纹的应力强度因子和实际裂纹的相同。前已述及，应力强度因子的一般表示式为：

$$K_I = \sigma\sqrt{\eta\pi c}$$

设穿透性裂纹的半长为 c'，则

$$K'_I = \sigma\sqrt{\pi c'}$$

令 $K'_I = K_I$，得

$$\sigma\sqrt{\pi c'} = \sigma\sqrt{\eta\pi c}$$
$$c' = \eta c \quad\cdots\cdots\cdots\cdots\cdots\cdots\cdots\cdots (24\text{-}2\text{-}2)$$

即式(24-2-1)中的 c' 应以式(24-2-2)代入。

3) 当工作应力 $\sigma \to \sigma_s$ 时，由式(24-2-1)知，$\delta \to \infty$，显然，不合理，故式(24-2-1)只适用于工作应力小于屈服限情况。

---

1) Crack Opening Displacement 的缩写。

2 压力容器开裂应力计算

（1）压力容器的开裂应力

如将式(24-2-1)中的 δ 以 δ_c，σ 以 σ_c 代入，并考虑膨胀效应的修正系数 M，则得压力容器的开裂应力：

$$\sigma_c = \frac{2\sigma_s}{M\pi}\cos^{-1}\exp\left(\frac{\pi E \delta_c}{8\sigma_s c'}\right)$$

开裂压力：

$$p_c = \frac{\delta}{R_m}\sigma_c$$

此式与实验结果较符合。通常塑性材料的开裂压力比爆破压力小得多。例如，对于 15MnV 钢，开裂压力仅为爆破压力的 1/3 左右。这是因为塑性破坏大致包括 3 个阶段：①塑性撕裂开始（始裂），②稳定的裂纹扩展，③失稳断裂。一般 δ_c 都是根据开裂状态测定的。

（2）临界张开位移 δ_c 与断裂韧性 K_{Ic} 的关系

材料的断裂韧性 K_{Ic} 及临界张开位移 δ_c 都由专门试验求得。

求 K_{Ic} 时，对中、低强度钢，为作到平面应变状态，需用厚达数百毫米的试件，需千吨以上的拉力机，显然，这是不易办到的；而对于高强度钢，用厚度大于 5 mm 的试件，数十吨拉力机即可。

小尺寸试样试验时，一般锅炉钢板的临界张开位移 δ_c 达 100 μm 以上，而高强度钢仅有几微米，难以测量。

因此，对于高强度材料常采用线弹性断裂力学，而对于中、低强度材料采用弹塑性断裂力学来解决工程问题。

材料的 δ_c 与 K_{Ic} 之间存在如下近似关系：

$$\delta_c = \frac{K_{Ic}^2}{E\sigma_s}$$

24-3 有裂纹容器启停寿命的估算

本节介绍有裂纹容器启停寿命的估算方法，并给出计算示例。

1 有裂纹元件启停寿命的估算方法

传统的疲劳（高周疲劳、低周疲劳）设计方法是针对没有裂纹的元件，在波动应力（或启停应力）作用下的寿命（指应力波动或启停的次数）。

本章前两节所介绍的是有裂纹的元件在静载作用下裂纹的失稳断裂问题。

本节介绍有裂纹的元件在启停应力作用下，裂纹不断扩展直至断裂的寿命（指启停的次数）。

带有裂纹的元件，经过一次应力循环后，裂纹的扩张量用经验公式(24-3-1)表述：

$$\frac{dc}{dN} = C_o (\Delta K_I)^n \quad \cdots\cdots\cdots\cdots\cdots\cdots\cdots\cdots\cdots\cdots\cdots (24\text{-}3\text{-}1)$$

式中：c——裂纹尺寸，mm；

ΔK_I——应力强度因子的波动范围，N/mm$^{3/2}$；

C_o、n——与材料性能有关的常数（表 24-3-1）；

表 24-3-1 各种钢的 C_o 及 n 值

钢种	C_o	n
马氏体钢	5.9×10^{-11}	2.25
铁素体、珠光体钢	2.2×10^{-13}	3.0
奥氏体钢	7.8×10^{-14}	3.25

表 24-3-1 中的数据均在室温空气中得出，为数据分散带的上限值。

按式(24-3-1)可进行寿命估算。

由式(24-3-1)得

$$dN = \frac{dc}{C_o (\Delta K_I)^n}$$

式(24-1-2)可改写成

$$\Delta K_I = \Delta \sigma \sqrt{\eta \pi c}$$

则

$$dN = \frac{dc}{C_o (\Delta \sigma \sqrt{\eta \pi c})^n}$$

$$N = \int_{c_o}^{c_c} \frac{dc}{C_o ((\Delta \sigma)^n \sqrt{\eta \pi c})^{n/2}}$$

积分得

$$N = \frac{2}{(n-2) C_o \pi^{n/2} \eta^{n/2} (\Delta \sigma)^n} \left(\frac{1}{c_o^{(n-2)/2}} - \frac{1}{c_c^{(n-2)/2}} \right) \quad \cdots\cdots\cdots\cdots (24\text{-}3\text{-}2)$$

式中：c_o——初始裂纹尺寸；

c_c——临界裂纹尺寸；

$\Delta \sigma$——应力波动范围；

N——裂纹尺寸由 c_o 扩展至 c_c 所经历的循环次数。

裂纹初始尺寸 c_o 可根据探伤灵敏度并考虑一定裕度来决定，也可以根据元件实际存在的最大缺陷尺寸来决定。临界裂纹尺寸 c_c 根据以上所述公式来确定。

2 计算示例

某压力容器内直径 $D_i = 1\,600$ mm，壁厚 $S = 80$ mm，工作压力为 $0 \sim 15$ MPa，所用材料为 BHW-35 钢，其性能为 $\sigma_s = 530$ MPa，$E = 2.1 \times 10^5$ MPa，$\delta_c = 0.112$ mm，$C_o = 6.3 \times 10^{-11}$，$n = 2.28$。该容器上有轴向分布的表面半椭圆裂纹，深度 a 与长度 $2c$ 之比为 $1:4$。试求该容器的工作寿命（设初始裂纹半长 $c_o = 2$ mm，4 mm 及 8 mm）。

解：

工作应力为

$$\sigma = \frac{pD_m}{2S} = \frac{15 \times (1\,600 + 80)}{2 \times 80} = 157.5 \text{ MPa}$$

考虑到圆筒直径很大，取曲率修正系数 $M=1$，由式(24-2-1)得贯穿性裂纹的临界尺寸

$$c'_c = \frac{\pi E \delta_c}{8\sigma_s \ln\left[\sec\left(\frac{\pi\sigma}{2\sigma_s}\right)\right]} = \frac{\pi \times 2.1 \times 10^5 \times 0.112}{8 \times 530 \times \ln\left[\sec\left(\frac{\pi \times 157.5}{2 \times 530}\right)\right]} = 154 \text{ mm}$$

由式(24-2-2)可知，对于非贯穿性裂纹，有

$$c_c = \frac{c'_c}{\eta}$$

对于半椭球形表面裂纹，由表 24-1-1 可知

$$\eta = \frac{1.2}{\varphi^2}$$

当 $a/(2c)=1:4$ 时，由表 24-1-2 可知

$$\varphi = 1.21$$

所以

$$c_c = \frac{c'_c \varphi^2}{1.2} = \frac{154 \times 1.21^2}{1.2} = 188 \text{ mm}$$

而相应的裂纹深度 $a_c = 188/2 = 94$ mm，它已大于容器的壁厚。说明此容器失稳断裂发生在泄漏之后，属于泄漏型容器（非爆破型容器）。

如取裂纹尺寸安全系数为 4（相当于 K_{Ic} 的安全系数为 2），则临界裂纹尺寸

$$c_c = \frac{188}{4} = 47 \text{ mm}$$

代入式(24-3-2)，有

$$N = \frac{2}{(n-2)c_o \pi^{n/2} \eta^{n/2} (\Delta\sigma)^n}\left(\frac{1}{c_o^{(n-2)/2}} - \frac{1}{c_c^{(n-2)/2}}\right)$$

$$= \frac{2}{0.28 \times 6.3 \times 10^{-11} \times \pi^{1.14} \times \left(\frac{1.2}{1.21^2}\right)^{1.14} \times (157.5)^{2.28}} \times \left(\frac{1}{c_o^{0.14}} - \frac{1}{47^{0.14}}\right)$$

$$= 3.77 \times 10^5 \left(\frac{1}{c_o^{0.14}} - 0.584\right)$$

若 $c_o = 2$ mm，则 $N = 1.219 \times 10^5$ 次；

若 $c_o = 4$ mm，则 $N = 9.033 \times 10^5$ 次；

若 $c_o = 8$ mm，则 $N = 6.161 \times 10^5$ 次。

可见，初始裂纹尺寸对工作寿命有明显影响，因此，应严格控制及检查初始裂纹尺寸。

下篇 锅炉钢材性能与应用

本篇全面叙述与总结了锅炉强度与锅炉钢材(包括铸铁)的性能、正确选择以及合理使用的问题。锅炉强度会涉及到:锅炉钢材的基本要求与主要特点、锅炉钢材牌号的含义、钢材成分对性能的影响、锅炉钢材的分类、锅炉用钢的性能、高温作用下金相组织的改变、锅炉钢材损伤特征与损伤原因判别方法等。

第 25 章 锅炉钢材特点

本章涉及:锅炉钢材的使用特性、钢材成分对性能的影响、锅炉钢材分类、锅炉钢材牌号的中外表示方法等。

25-1 锅炉钢材的使用特性

锅炉是钢材消耗大户,因此,锅炉强度计算既要保证安全,也需考虑减小钢材消耗,即强度计算需要同时考虑安全性与经济性。

由于锅炉是在承压状态下工作,有些还要同时承受高温或腐蚀性介质的作用,因此对锅炉钢材的使用特性要求较严[40,69,137,214—216]。

1 对锅炉钢材性能的严格要求

锅炉钢材的正确选择和使用是确保锅炉安全的重要技术措施,也涉及锅炉的经济性;为此,国家主管机构对锅炉用钢提出了基本要求,相关主管部门和行业制定了专用的锅炉用钢国家或行业标准。TSG G0001—2012《锅炉安全技术监察规程》对锅炉材料的基本要求是:"锅炉受压元件金属材料、承载构件材料及其焊接材料应当符合相应国家标准和行业标准的要求(包括成分、冶炼方法、交货状态、力学性能、工艺性能、检验方法等方面),受压元件金属材料及其焊接材料在使用条件下应当具有足够的强度、塑性、韧性以及良好的抗疲劳性能和抗腐蚀性能"。不是《锅炉安全技术监察规程》中所规定的材料,未经批准不得用于制造锅炉,也即不允许制造部门不经批准,任意选用超出《锅炉安全技术监察规程》中所规定的材料制造锅炉元件。必要时,可采用与国家或行业现行有关标准规定相当的或实践证明适用于锅炉受压元件的材料,但需履行相关报批手续。采用没有列入《锅炉安全技术监察规程》的新材料时,应用前材料的研制单位应当进行系统的试验研究工作,并应当按规程要求将有关技术资料提交国家主管机构进行技术评审、核准。评审应当包括材料的化学成分、物理性能、力学性能、组织稳定性、高温性能、抗腐蚀性能、工艺性能等内容[217]。

《锅炉安全技术监察规程》对锅炉材料的基本性能要求:

1) 锅炉受压元件和焊接于受压元件的承载构件钢材应当是镇静钢;
2) 锅炉受压元件用钢材室温夏比冲击吸收能量(KV_2)不低于27J;
3) 锅炉受压元件用钢板的室温断后伸长率(A)应当不小于18%。

国家标准 GB 3087《低中压锅炉用无缝钢管》、GB 5310《高压锅炉用无缝钢管》、GB/T 8163《输送流体用无缝钢管》、GB 713《锅炉和压力容器用钢板》、GB/T 711《优质碳素结构钢 热轧厚钢板和钢带》、GB/T 3274《碳素结构钢和低合金结构钢热轧厚钢板和钢带》及行业标准 NB/T 47019.1～47019.8《锅炉、热交换器用管订货技术条件》、YB 4102《低中压锅炉用电焊钢管》等均对标准范围内钢材的订货内容、尺寸、外形、重量、技术要求、试验方法、检验规则、包装、标志和质量证明书等做出了具体规定。

2 锅炉用钢数量大且品种多

锅炉用钢通常是指制造锅炉本体所用的各类钢材；主要包括锅筒（锅壳）、集箱、水冷壁、锅炉管束、过热器、再热器、省煤器、空气预热器、锅炉范围内管道、锅炉构架及阀门等零部件用钢。根据锅炉各组成部件的工作条件及其结构特性，锅炉用钢的主要特点是：数量大，种类、品种、规格多。

（1）锅炉用钢数量大

无论是大容量、高参数的电站锅炉，还是小容量、低参数的工业锅炉，均需使用和消耗大量钢材。锅炉行业是钢铁消耗量很大的部门，每年消耗于生产锅炉的钢材数量相当可观。锅炉容量和参数不同的锅炉所用的锅炉钢材种类和数量差别很大；通常，生产每单位蒸发量（1 t/h）的锅炉所需钢材量为 2.5～10 t[30]。

电站锅炉用钢约占电站主机（锅炉、汽轮机、发电机）的 80%，一台采用引进技术生产的 300 MW 锅炉所需钢材约 8 000 t；600 MW 锅炉需要钢材约 15 000 t；1 000 MW 锅炉需要钢材约 33 700 t；国产 125 MW 汽轮发电机组配用的 400 t/h 锅炉的钢耗为 1 132 t（单位蒸发量钢耗为 2.83 t/(t/h)；直流锅炉的钢材消耗量约为同容量、同参数自然循环汽包炉的 70%左右[216]。2014 年我国电站锅炉产量约为 47.8 万蒸吨，所消耗的钢材总量约达 140 万 t。各种电站锅炉的用钢量见表 25-1-1。

表 25-1-1　各种电站锅炉的用钢量[137]

锅炉蒸发量	t/h	130	220	410	670	1 000	2 008	3 100
配凝汽式汽轮发电机组功率	MW	25	50	100	200	300	600	1 000
每台锅炉用钢量1)	t	520	900	1 300	3 600	8 000	15 000	33 700 2)
单位蒸发量的耗钢量	t/(t/h)	4.0	4.09	3.17	5.37	8	7.47	10.87
单位发电功率的锅炉耗钢量2)	t/MW	20.8	18	13	18	26.7	25	33.7

1）锅炉用钢量均为粗略统计数据。
2）为上锅、哈锅、东锅 1 000 MW 超（超）临界压力锅炉总钢耗的平均值[217]。

工业锅炉的种类较多，即使是同一容量的锅炉，因结构不同，其单台耗钢量也有所不同。例如 29 MW 层燃热水锅炉仅受压件的钢耗就有较大不同，其中，SHL29 双横锅筒水管锅炉受压件的钢耗为 63.4 t（含铸铁省煤器 10.6 t）；ZLL29 组合螺纹烟管水火管锅炉受压件的钢耗为 43 t[30]。工业锅炉每台钢耗量虽然相对不大，但生产数量很大；因而，总耗钢量也相当之大。据中国电器工业协会工业锅炉分会编制的《2015 中国工业锅炉行业年鉴》信息："根据国家统计局公布的工业锅炉的产量数据，2014 年生产工业锅炉 55.81 万蒸吨"，因此，可粗略推断，工业锅炉所消耗的钢材总量约达 167 万 t，略高于电站锅炉。

（2）锅炉所用钢材的种类、品种、规格多

锅炉用钢材包括：碳素钢、低合金钢、中合金钢、高合金钢、低合金热强钢、不锈钢等。特别是电站锅炉，初步统计约有50多个钢种。锅炉钢材的品种也较多，有板材、管材、棒材及型钢等。以600MW锅炉为例，板材用量约占10%，管材用量约占50%，型钢用量约占35%。锅炉用钢的规格也很多，例如锅炉板材包括薄板、中板、厚板、特厚板；所用管材中有薄壁管、厚壁管、小口径及大口径管、鳍片管、螺纹管等。

许多工业发达国家把生产锅炉用钢的数量、质量视为衡量冶金工业发达与否的标志之一。锅炉行业的发展也与钢材供应情况密切相关：能够生产出性能高超的钢材，锅炉的性能、参数即会随之提高。

(3) 合理使用锅炉钢材

选用超过需要的高质量材料或规格过厚的材料并不适宜，不仅浪费优质钢材，还给加工工艺带来困难。锅炉工作者应了解掌握锅炉各种钢材的性能并能依据锅炉各元件的工作条件，根据国家及行业的规程、标准规定正确选用和合理使用钢材。对于锅炉受压元件而言，主要是根据元件所承受的压力、温度以及所处环境的氧化和腐蚀等情况选择钢材。

25-2　锅炉钢材成分对性能的影响

锅炉钢材的性能是由他的成分决定的，不同化学元素对钢材性能所起的作用和产生的影响则不同。了解化学元素对钢材性能所起的作用和产生的影响，对了解钢材成分及其性能，正确选用锅炉钢材会有很大的帮助。

1　碳钢中化学元素对性能的影响

碳素结构钢通常称为碳钢，是钢铁生产中产量最大、品种最多、用途最广的钢类。碳素结构钢的碳含量低，不含任何有意添加的合金元素，具有适当的强度，良好的塑性、韧性、工艺性能和加工成形性能；且其价格不高、来源方便，因而在锅炉制造业中广为采用。

碳钢以铁元素为基体，并含有碳、硅、锰元素及硫、磷等杂质元素。

各种元素对碳钢性能的影响如下：

1）碳（C）

碳是对碳钢性能起决定性作用的元素。

含碳量增加，会使钢的强度、硬度及脆性明显提高，含碳量增加0.1%，抗拉强度约提高58.8 MPa（6 kgf/mm²），屈服限约提高19.6 MPa。但随着含碳量增加，会使塑性及韧性明显下降，韧性下降得尤甚；可焊性随着含碳量的增加也明显恶化。因此，锅炉钢材对含碳量有一定限制，碳钢约限制在0.3%以下，合金钢应更少。另一方面，含碳量下降，除强度降低外，还会使时效敏感性增加，因而，含碳量约小于0.1%的碳钢，在锅炉制造业中不希采用。

目前，我国锅炉制造业所用碳钢钢管的含碳量在0.07%~0.27%范围内；低中压锅炉用碳钢无缝钢管[218]常采用两个牌号：含碳量为0.07%~0.23%的10号及含碳量为0.17%~0.27%的20号；高压锅炉用碳钢无缝钢管[219]采用3个牌号：含碳量为0.17%~0.23%的20G和20MnG及含碳量为0.22%~0.27%的25MnG。锅炉碳钢钢板的含碳量控制在0.12%~0.23%之间；使用者要从钢材的强度、时效敏感性及避免制造厂内使用管理易混等角度考虑合理采用钢号。

2) 硅(Si)

硅是钢中最常见的元素之一,硅是在炼钢时用作还原剂和脱氧剂加入并部分残留于钢中的非金属元素。硅在钢中起着特别重要的作用;它能增强钢的抗张力、弹性、耐酸性和耐热性,但使塑性、韧性明显降低。在镇静钢中硅的含量一般大于0.1%。硅也会使钢的焊接性能恶化,因为硅和氧具有较强的结合力,焊接时易生成低熔点的硅酸盐,增加熔渣和熔化金属的流动性,引起较严重的飞溅现象,影响焊接质量。

3) 锰(Mn)

锰是炼钢时作为脱氧剂而特意加入并部分残留于钢中的金属元素,也是一切黑色金属的通常组成部分。锰和硫作用可以防止热脆,并由此提高钢的可锻性。钢中的锰含量超过0.8%时,即作为锰合金钢。锰对提高钢的淬透性作用十分强烈,对提高低碳和中碳珠光体钢的强度有明显作用,同时也使钢的塑性性能有所降低。锰对钢的高温瞬时强度有所提高。

锰钢的主要缺点是:含锰量较高时,存在明显的回火脆性现象;锰有促进晶粒长大的作用;当锰含量超过1%时,会使钢的焊接性能变差;锰会使钢的耐腐蚀性能降低。

我国锅炉碳钢钢板中含硅量控制在≤0.35%~≤0.55%范围内;锰在钢中能减少硫对钢的危害作用,故要求钢中必保持一定含量,我国锅炉碳钢钢板中含锰量在0.5%~1.7%范围内。锅炉碳钢钢管中硅含量在0.17%~0.37%范围内;锅炉碳钢钢板中锰含量在0.35%~1.0%范围内。

4) 硫(S)、磷(P)

硫、磷是在炼铁时从矿石和燃料中带入,而后又不能完全去除而残留于钢中的。

硫是钢中的有害元素,对钢的危害很大。硫在钢中以硫化铁(FeS)形态存在于晶粒之间,熔点较低,含硫量很高时,在800 ℃~900 ℃以上呈现较大的脆性,在加热锻造、轧制时易开裂,称"红脆性"。这是因为低熔点的硫化物共析体包围晶粒,它们形成易熔的共晶体,以网状分布在晶界上,当钢加热到800 ℃以上时,这种网状共晶体明显软化,使晶界分离、晶间开裂,产生热裂纹。氧的存在会使这种现象变得更严重。此外,硫存在于钢内还能使钢的力学性能降低,特别是疲劳极限、塑性和耐磨性显著降低,故对钢中的硫含量有严格要求。

磷对钢也是有害的,磷在钢中具有严重偏析倾向,磷多的地方成为脆裂的起点,使钢在室温或更低的温度下冲击值明显下降,称"冷脆性"。因此,磷的含量也是越低越好。

按钢的品质要求,普通钢硫、磷的质量分数应≤0.07%;优质钢硫、磷的质量分数应≤0.04%;高级优质钢硫、磷的质量分数应≤0.03%。

5) 气体(O^2、N、H)

钢在冶炼过程中与气体接触,因而钢水总或多或少地吸收一些气体;气体在钢中是相当有害的。

氧:炼钢是一种氧化过程,在钢水中含有相当数量的FeO,浇注前用锰铁、硅铁、铝等除氧,其产物 $MnO、SiO_2、Al_2O_3$ 或 $FeO\cdot MnO、2FeO\cdot SiO_2$ 等大部浮入渣中加以去除。若钢水中含氧太多或冶炼及脱氧操作不良,可能遗留下部分氧化物,夹杂于钢中,能大幅度地降低钢的强度、韧性、疲劳强度。

氮：钢水中吸收的氮能提高钢材的强度与硬度，但也会明显提高钢材的时效敏感性（即冷加工塑性变形后经一定时间出现韧性下降的现象）。

氢：氢在钢的液体状态及固体状态下，溶解度相差很大；在固体状态下随温度的下降，溶解度也不一样。冷却较快时，氢原子来不及向金属外部扩散，将聚集于晶粒缺陷、滑移线及晶界处并形成分子状态的氢，产生很大张力使钢材内部出现裂纹（白点）。

这些有害气体的允许含量，在锅炉钢材标准中，一般不明确给定出，但对它们所影响的性能及所造成的缺陷有明确要求。

6）杂质（Cr、Ni、Cu 等）

在碳钢中有时还可能偶然存在铬、镍、铜等元素，它们会影响钢材的可焊性及其他性能。尤其是铜，它虽能提高耐大气腐蚀能力，但明显降低可焊性，应引起注意。我国锅炉钢材标推对这些元素残余含量的规定见本篇第 28 章至第 31 章之相关内容。

2　合金元素对锅炉钢材性能的影响

随着现代工业和科学技术的不断发展，在机械制造（含锅炉）中，对工件的强度、硬度、韧性、塑性、耐高温及耐腐蚀性、耐磨性以及其他各种物理化学性能的要求越来越高，碳钢已不能完全满足这些要求。为了提高钢的力学性能、改善钢的工艺性能或使钢获得某些特殊的物理和化学性能，在钢的冶炼时有目的地加入一些元素，这些元素即称为合金元素。最常用的有硅、锰、铬、镍、钼、钨、钒、钛、铌、硼、稀土等，磷、硫、氮等在某些情况下也可起合金元素的作用。加入合金元素的钢称为"合金钢"。

应用合金元素时，必须考虑到国内矿产资源情况，应立足于国内，同时也应考虑技术及经济性，兼顾国际资源与贸易往来。根据我国矿产资源特点，应大量采用我国丰富的硅、锰、钒、钛、硼、稀土等元素，合理地使用钨、钼、铌，必要时采用镍、铬元素[37]。

合金元素在钢中的作用是非常复杂的，迄今对它的认识还很肤浅，不够全面，不是对各种合金元素在钢中的综合作用认识不足，就是对单一合金元素在钢中的作用仍未完全认识清楚[220]。各合金元素对钢材（显微组织及热处理，力学、物理、化学及工艺性能）的作用、影响及在锅炉钢材中的使用情况分述于后。

1）硅（Si）

硅的含量在 0.4% 以下不属于合金元素。在钢中不形成碳化物，而是以固溶体形态存在于铁素体或奥氏体中，缩小奥氏体相区；它对提高钢中固溶体的强度和冷加工硬化程度的作用极强，能增加钢的抗张力、弹性、耐酸性和耐热性，在一定程度上使钢的韧性和塑性降低；有强烈的促进碳的石墨化的作用。

在锅炉钢材中增加硅的含量，主要是用来提高热稳定性（抗氧化能力），明显地改进了抗起氧化皮的能力，因此，被用于所有的耐热钢（种）。在普通低合金钢中能提高强度，改善局部耐蚀性。硅含量较高时，会降低钢的焊接性能，焊接时易生成低熔点的硅酸盐，增加熔渣和熔化金属的流动性，引起较严重的飞溅现象，影响焊接质量，并易导致冷脆。

硅的质量分数为 15%～20% 的高硅铸铁，是很好的耐酸材料，对不同温度和浓度的硫酸和硝酸都很稳定。高硅铸铁之所以能抗腐蚀，是由于在其表面形成致密的 SiO_2 薄层，阻碍酸的进一步向材料内部侵蚀。

我国锅炉用钢板材料中:碳素钢硅的含量在 0.17%~0.37%;合金钢中硅含量在 0.15%~0.8%。锅炉用无缝钢管中:合金钢硅的含量在 0.17%~0.9%;不锈(耐热)钢中硅的含量控制在 ≤0.75%。锅炉用锰合金钢中硅含量在 0.15%~0.5%;低合金钢板硅的含量在 0.10%~0.80%。用于过热器固定件的高合金奥氏体耐热钢中,硅的含量在 2%左右。

2) 锰(Mn)

锰和硫作用可以防止热脆,并由此可提高钢的可锻性。钢中锰的含量达 0.8%以上时,视为合金元素,并称为"锰合金钢"。锰是各合金元素中资源丰富,价格低廉,而且性能十分优越的一种合金元素。锰钢在我国的合金结构钢中占首要地位。

锰对提高钢的淬透性的作用是十分强烈的,它仅次于钼,而与铬相近。当锰的质量分数较高时,可以获得很大的淬透厚度。锰是弱碳化物形成元素,它在钢中部分地溶入铁素体(或奥氏体)中,起到固溶强化作用。锰对提高低碳钢和中碳珠光体钢的强度有明显作用(有关资料介绍,每增加 1%的 Mn,可以使强度提高约 98 MPa),锰在提高珠光体钢强度的同时,使钢的塑性有所降低;锰对钢的高温瞬时强度有所提高,但对持久强度和蠕变强度作用不明显。

我国生产的合金钢钢板及部分合金钢钢管皆含有一定数量的锰。锰含量增加,钢的抗氧化性能下降、会明显降低可焊性及耐锈蚀性能,故锅炉钢板中:合金锰钢板锰的含量一般控制在 1.2%~1.6%范围内,合金锰钢管锰的含量一般控制在 0.7%~1.0%范围内。

锰含量不大时,对热强性(抗蠕变能力)影响不大,但含有多量锰的钢,可作为无镍及少镍奥氏体钢的主要奥氏体化元素,使其奥氏体组织钢的热强性大增,称奥氏体耐热钢。我国曾生产的过热器固定件用钢,如 26Cr18Mn12Si2N(旧牌号 3Cr18Mn12Si2N(D1))、22Cr20Mn10Ni2Si2N(旧牌号 2Cr20Mn9Ni2Si2N(钢 101))等,即为含锰约为 10%的奥氏体耐热钢。

锰钢的主要缺点是:①含锰较高时,有较明显的回火脆性现象;②锰有促进晶粒长大的作用,因此锰钢对过热较敏感,在热处理工艺上必须注意。这种缺点可用加入细化晶粒元素如钼、钒、钛等来克服;③当锰的质量分数超过 1%时,会使钢的焊接性能变坏;④锰会使钢的耐锈蚀性能降低。

3) 铬(Cr)

铬是合金钢中应用最广的元素之一,也是锅炉钢材中最常用的合金元素。铬在钢材中的主要作用是提高热稳性,同时也提高抗腐蚀、抗氧化能力及高温与常温强度。在低碳合金钢中加入一定量的铬,也可减弱珠光体球化倾向及防止石墨化现象。

铬是一种有效的碳化物形成元素,增加钢的淬透性并有二次硬化作用;铬的含量增加,钢的强度极限和硬度显著增加(每增加 1%的 Cr,可以使强度提高 78 MPa~98 MPa)[221]。铬含量在 10%以内时,延伸率和断面收缩率也略有提高;但铬含量超过 10%时,则塑性显著降低。适当增加铬的含量可有效提高钢的高温力学性能,但当其含量超过某一值时,高温力学性能会明显降低。这说明铬对钢的高温力学性能的影响有一个最佳含量值。

铬是具有钝化倾向的元素。一定数量的铬加入钢中,可使钢具有良好的抗腐蚀性和抗氧化性,其主要原因是,当受到某种介质侵蚀时,在钢件的表面会形成一层氧化膜(主要是

Cr_2O_3),这层薄膜叫做钝化膜。钝化膜在一定的条件下是致密的,它保护了钢材,使之不再受到腐蚀,因而提高了钢的抗锈蚀能力。各种耐热钢中均含有一定量的铬,在耐蚀不锈钢中铬的质量分数更高。

铬是显著提高钢的脆性转变温度的元素,并能促进钢的回火脆性,因此,一般含铬的结构钢在 450 ℃以上回火后都应采取速冷措施,防止回火脆性。

铬的重要缺点是降低钢材的可焊性,故含铬钢的含碳量应适当降低。

目前,我国锅炉和压力容器用钢板中有 6 种为含铬合金钢,钢中含铬的质量分数在 0.8%～2.5%之间。高压锅炉用无缝钢管中有 11 种为含铬合金钢,钢中含铬的质量分数在 0.4%～11.5%之间;有 6 种为含铬不锈(耐热)钢,钢中含铬的质量分数在 17%～26%之间。

4) 钼(Mo)

钼是锅炉低合金钢中一个最基本的元素。我国生产的低合金锅炉钢材中,除个别牌号外,几乎都含有一定量的钼。

钼对铁素体有固溶强化作用,同时也能提高碳化物的稳定性,因此对钢的强度产生有利的作用。钼在锅炉钢材中主要是用以提高热强性而不减其可塑性和韧性,同时能使钢在高温下有足够的强度,且可改善钢的耐蚀性、冷脆性等性能。

钼在提高低合金钢热强性上,比任何其他元素都有效。它的主要作用是提高钢的再结晶温度和强烈地提高钢中铁素体对蠕变的抗力。加入 0.5%钼约可提高抗蠕变能力 75%,加入 1%约提高 125%,加入 1.5%约提高 150%。此外,钼还有效地抑制渗碳体在工作温度 450～600 ℃下的聚集,促进弥散状的特殊碳化物的析出,从而进一步地起到强化作用。由于钼对钢的高温强度所起的显著作用,珠光体热强钢中差不多都含有一定量的钼。

钼可以改善钢在高温高压下抗氢侵蚀的作用,同时能提高钢的淬透性,而且是消除钢的热脆性和回火脆性的主要合金元素之一,也能提高对蒸汽腐蚀的抵抗能力;钼也能有效地提高钢材的常温及中温(约 300 ℃)强度;因此,钼在我国生产的低合金锅炉钢材中得到普遍应用。

钼是一种较贵重的金属元素,我国锅炉用钢板中有 8 种为含钼的合金钢,钼的质量分数在 0.2%～1.1%之间;高压锅炉用无缝钢管中有 10 种为含钼的合金钢,钼的质量分数在 0.05%～1.2%之间。

钼的主要不良作用是能使低合金钼钢(只含钼的低合金钢)有发生石墨的倾向,如过去用作蒸汽管道的含 0.5%钼的钼钢,曾因出现石墨化现象造成爆破事故。因此目前的热强钢已很少采用纯钼钢,而总是加入一些其他合金元素(如铬等),以防止石墨化现象。

5) 镍(Ni)

镍含量在 0.8%以上的钢即可称为镍钢。镍在钢中不形成碳化物,它是形成和稳定奥氏体的主要合金元素。含镍的合金钢可大大提高钢的力学性能,使钢的强度增强并具有良好的塑性、韧性、改善防腐抗酸耐蚀性,并使铁素体晶粒细化,提高淬透性、增强硬度等;与铬、钼联合使用,提高钢的热强性,是热强钢及奥氏体不锈耐酸钢的主要合金元素之一。

镍对钢的力学性能的影响,主要是通过它对钢的相变和显微组织的作用而产生的。以镍对碳的质量分数为 0.25%的钢正火后的力学性能的影响为例:当镍的质量分数在 5%～6%时,钢的显微组织为铁素体+珠光体,镍起着强化铁素体和细化珠光体的作用,总的效果是提高钢的强度；而基本不影响钢的塑性。当镍的质量分数达 7%～8% 时，钢的组织几乎全为细珠光体，强度增高而塑性有所降低。当镍的质量分数在 10%～20% 时，钢的组织成为马氏体，强度高，塑性低。镍的质量分数超过 20% 时，出现奥氏体，强度逐渐降低，塑性转而升高。当镍的质量分数达 25% 时，钢的显微组织将为纯奥氏体，强度低而塑性好。

一般来说，对于热轧、正火或退火状态的碳钢，一定的镍的质量分数可提高钢的强度而不显著降低其韧性。据统计，每增加 1% 的镍，约可提高钢的强度 30 MPa[216]。

镍不能提高钢的高温强度，因此一般不用作热强钢的强化元素。在奥氏体热强钢中，镍的作用是使钢奥氏体化，并改善钢的加工性和可焊性。

镍可以提高钢的抗腐蚀能力，不仅能耐酸，而且能抗碱和大气的腐蚀。

6）钒（V）

钒是坚硬、可塑性好的金属，它与碳、氧、氮均有极强的结合力，在钢中形成极稳定的碳化物及氮化物，这些钒的碳化物及氮化物通常以极细小的颗粒状态存在，抑制钢中晶界的迁移和晶粒的长大。因此使钢在较高温度时仍保持细晶粒组织，大大地减低钢的过热敏感性，提高钢的强度，增强钢的耐磨性，而对延伸率和冲击韧度几乎没有影响。

钒在锅炉钢材中的主要作用是提高热强性，其效果与钼接近。钒也具有提高常温、中温强度的作用，也是较贵重元素；但是，加入量较多的钒时（超过 1%）会降低热稳性。在钢中加入不少于 5.7 倍碳的质量分数的钒，能将钢中的碳全部固定于 V_4C_3 中，则大大增加钢在高温高压下对氢的稳定性。

钒能显著地改善普通低碳低合金钢的焊接性能。主要原因是钒能细化焊缝金属的铸态组织和减少热影响区的过热敏感性，防止热影响区内近熔化线的金属晶粒的过度长大和粗化。此外，由于钒固定了钢中的一部分碳，降低了钢的淬透性，可以防止在热影响区内形成马氏体或其他较硬的组织，从而使热影响区的硬度不至过高，塑性和韧性不会过度地降低。

钒是我国富有的金属元素之一，也是锅炉钢材中常用的合金元素，在我国生产的高压锅炉低合金钢管中，约一半以上牌号均含有钒；其含量绝大多数在 0.4% 以下。目前，在我国生产的锅炉合金钢板中，钒的含量在 0.15%～0.35% 之间；高压锅炉用无缝钢管钒的含量 0.15%～0.35% 之间。目前，钒已成为发展新钢种的常用元素之一。

7）钛（Ti）

钛和氮、氧、碳都有极强的结合力，和硫的结合力也高于铁，是碳化物强烈形成元素，是强铁素体元素之一。因此，它是一种良好的脱氧去气剂，并且是固定氮和碳的有效元素。微量的钛（质量分数为 0.03%～0.1%）使屈服强度有所提高，当钛与碳质量之比超过 4 时，其强度和韧性急剧下降。钛的质量分数超过 0.025% 时，可作为合金元素考虑。低碳钢中当钛与碳的质量比达 4.5 以上时，具有很好的抗应力腐蚀和碱脆抗力。在铬的质量分数为 4%～6% 的钢中加入钛，能提高钢在高温时的抗氧化性。钛对钢的韧性有改善作用，能改善碳素钢与合金钢的热强性，提高它们的持久强度和蠕变抗力。钛可细化钢的晶粒，并使钢的晶粒粗化温度提高到 1 000 ℃ 以上。由于钛和碳的结合力大于铬和碳的结合力，在不锈钢中常用钛来固定碳，以消除铬在晶界处的贫化，从而消除或减轻不锈钢的晶间腐蚀现象，提高不锈钢的耐腐蚀性，特别是提高奥氏体钢的抗晶间腐蚀和有效防止晶间腐蚀现象，还能显著地改善低碳锰钢和高合金不锈钢的焊接性能。

钛能提高钢在高温高压氢气中的稳定性,使钢在高压下对氢的稳定性高达 600 ℃ 以上。在珠光体低合金钢中,钛可阻止钼钢在高温下的石墨化现象。因此,钛是锅炉高温元件所用的热强钢中的重要合金元素之一。

钛作为重要的战略物资,越来越多的应用于各种先进材料。目前,我国生产的高压锅炉用无缝钢管合金钢材料中有两种(含钛量为 0.08%~0.38%)、不锈(耐热)钢中有 1 种(含钛量为 0.16%~0.6%)为含钛钢种,锅炉用紧固件材料中也有两种钢材为含钛钢种[69]。国外一般是加在高合金奥氏体钢中,用以防止晶间腐蚀。

8) 铌(Nb):

铌是难熔的稀有金属元素,主要以金属化合物和碳化物等相态存在于钢中,它与碳、氧、氮均有极强的结合力,并形成相应的极稳定的化合物,在钢中的主要作用是细化晶粒,提高晶粒粗化温度,提高钢的热强性,改善钢的抗蠕变能力,降低钢的过热敏感性和回火脆性。钢中加入 0.005%~0.05% 的铌,能提高其屈服强度和冲击韧性,降低其韧脆转变温度。铌可改善奥氏体型不锈钢抗晶间腐蚀的性能;在高铬铁素体钢中,有改善高温不起皮和抗浓硝酸侵蚀的性能。在低碳低合金钢和高铬马氏体钢中加入铌,可改善钢的焊接性能。

铌资源在我国较为丰富,但在世界范围存量很少,要根据经济合理的原则,发展其在钢中的应用。目前,我国生产的锅炉和压力容器用优质碳素钢钢板、锰合金钢板中均含有一定量的铌,其中有 2 种(铌的质量分数含量在 0.005%~0.050% 之间)为含铌锰合金钢种;高压锅炉用无缝钢管材料中的合金钢有 6 种(铌的质量分数含量在 0.015%~0.1% 之间)、不锈(耐热)钢中有 4 种(铌的质量分数含量在 0.2%~1.1% 之间)为含铌钢种;锅炉用紧固件材料中也有 1 种合金钢为含铌钢种[29]。

9) 铜(Cu)

铜是扩大奥氏体相区的元素,铜与碳不形成碳化物,可替代一部分镍。铜可提高钢的屈强比及疲劳强度;随铜含量的提高,钢的室温冲击韧性略有提高。铜可提高低合金结构钢抗大气腐蚀的性能,也能略微提高钢的高温抗氧化性。在不锈耐酸钢中加入 2%~3% 的铜,可改善钢对硫酸和盐酸的耐蚀性和对应力腐蚀的稳定性。

我国有丰富的含铜铁矿,其中的铜不易分选,钢中的铜也不能在冶炼过程中分离,因此,发展含铜钢有重大经济意义。用含铜废钢重复冶炼,将使钢中铜含量累积升高,故不宜在炼制中有意加入。目前,我国生产的高压锅炉用无缝钢管材料中的合金钢有 2 种、不锈(耐热)钢中有 1 种为含铜钢种,铜的质量分数含量在 0.30%~3.50% 之间。

10) 钨(W)

钨是熔点(3 387 ℃)最高的难熔金属,钢中每增加 1% 的 W,可以使抗拉强度和屈服强度提高约 37 MPa,并同时改进钢的韧性。钨在钢组织中可缩小奥氏体相区,是强碳化物形成元素,它在钢中除与碳化合形成碳化物外,还可部分地溶入铁素体中形成固溶体。当以钨的特殊碳化物存在时,则会降低钢的淬透性和淬硬性、阻止钢晶粒长大,降低钢的过热敏感性。由于钨在钢中能形成特殊耐磨的碳化物,并能提高钢淬火后回火时马氏体的分解温度,并延缓分解产物的聚集,将使钢在高达 550 ℃~600 ℃ 的温度下仍能保持极高的硬度,也就是使钢具有热硬性。因此，钨能显著提高钢的耐回火性，使其碳化物十分坚硬，因而提高了钢的耐磨性及使钢具有一定的热硬性；钨还能提高钢在高温时的蠕变抗力。钨可显著提高钢的密度，强烈降低钢的热导率；对钢的耐蚀性和高温抗氧化性无有利作用，含钨钢在高温时的耐热性显著下降，但钨能提高钢的抗氢作用的稳定性。

钨在国外一些国家中，属于稀有贵重合金元素，常做为提高热强性而加入于奥氏体钢中；近些年，也有研究发现，在 10Cr9Mo1VNbN 合金钢中加入钨（W）可使钢的持久强度得到提高。

我国的钨矿储藏量较大，在锅炉钢材中可以适量应用；近些年以来，一些新型钢种的研究表明，采取"加 W 减 Mo"的元素调整措施后，对固溶强化效果的提高特别有效。目前，我国高压锅炉用无缝钢管材料中有 5 种含钨的合金钢产品，钨的质量分数含量在 0.30%～2.50% 之间。

11）稀土元素（RE）

常规稀土元素包括元素周期表中的镧系 15 个元素及同处ⅢB族的 2 个元素，共计 17 个元素。这些元素大都在矿石中共生，且化学性质相似，故归为一类，称为稀土元素（RE）。其化学性质活泼，在钢中与硫、氧、氢等化合是很好的脱硫和去气剂，可改变钢中夹杂物的形态和分布，起到净化和改善钢的质量作用。

稀土元素 0.2% 的含量即可提高钢的塑性和冲击韧度，提高耐热钢、电热合金和高温合金的抗蠕变性能；其在某些钢中有细化晶粒，均匀组织的作用，有利于钢的综合力学性能改善。

稀土元素也可提高钢的抗氧化性，显著改善高铬不锈钢的热加工性能，改善钢的焊接性能。

为了稳定地获得稀土元素、改善钢的组织和性能的效果，应注意准确控制稀土在钢中的含量。我国是稀土元素储量丰富的国家，有关稀土在钢中的作用机理和开发应用在大力加强中。20 世纪 60 年代中期我国自行研制的高压锅炉过热器用无缝钢管无铬 8 号（12MoVWBSiRE）钢材中即利用了稀土元素。

12）硼（B）

硼和碳、硅、磷同属于半金属元素，硼以固溶形式存在于钢中即会起到特殊的有益作用；其质量分数一般在 0.001%～0.005% 范围内时对钢的显微组织无明显影响。钢中"有效硼"的作用主要是增加钢的淬透性，微量的硼（≥0.0007%）就可使钢的淬透性有明显的提高；从而节约 Ni、Cr、Mo 等合金元素；当硼的含量增加到 0.001% 以上时，钢的淬透性就不再提高了。因此，钢中只能加入微量的硼，一般生产上限制在 0.001%～0.004%。在此范围内硼对淬透性的作用大致相当于 0.3% 的铬或 0.2% 的钼。由此可知，采用硼钢是十分经济的。

珠光体耐热钢中，微量的硼可以提高钢的高温强度；奥氏体钢材中加入少量（0.025%）的硼就能改善钢的蠕变抗力。硼量加得多时（质量分数超过 0.007%），将使钢蠕变强度降低，并导致钢的热脆现象，使锻造性明显恶化，因此，其含量大多控制在 0.005% 以下。

目前，我国生产的高压锅炉用无缝钢管材料中的合金钢 6 种（硼含量在 0.0003%～0.01% 之间）、不锈（耐热）钢中有 1 种（硼含量在 0.001%～0.010% 之间）为含硼钢种；锅炉用紧固件材料中也有 2 种合金钢为含硼钢种[217]。

13）氮（N）

早期氮被认为是钢中的杂质，后来认识到，在一定条件下，氮可以发挥合金元素的作用。氮和碳一样可固溶于铁，形成间隙式的固溶体。氮能扩大奥氏体相区，其效力约 20 倍与镍，渗入钢表面的氮化物成为表面硬化和强化元素，能使高铬和高铬镍钢的组织致密坚实，而塑性并不降低，冲击韧度还有显著提高；氮还能提高钢的蠕变和高温持久强度。

氮在钢中残留量会导致宏观组织疏松或气孔；氮对不锈钢的耐蚀性、对钢的高温抗氧化性无显著影响；氮含量过高，可使抗氧化性恶化。

氮在钢中的质量分数一般小于 0.3%，特殊情况下可高达 0.6%；其主要应用于渗氮调质结构钢、普通低合金钢、不锈钢及耐热钢。

目前，我国生产的高压锅炉用无缝钢管材料中的合金钢有 4 种（氮含量在 0.03%～0.1% 之间）、不锈（耐热）钢中有 2 种（氮含量在 0.05%～0.35% 之间）为含氮钢种。

14）铝（Al）

铝与氧、氮有很大的结合力。一是用作炼钢时的脱氧定氮剂，少量的铝对铁素体/珠光体钢有细化晶粒作用，抑制低碳钢的时效，改善钢在低温时的韧性，特别是降低钢的脆性转变温度。铝是一个有效的氮化物形成元素；由于氮化铝的高硬度，铝被用作氮化钢的主要合金元素。二是提高钢的抗表面氧化性能。研究结果表明：4%Al 即可改变氧化皮的结构，加入 6%Al 可使钢在 980 ℃ 以下具有抗氧化性。当铝和铬配合并用时，其抗氧化性能有更大的提高。例如，含铁 50%～55%、铬 30%～35%、铝 10%～15% 的合金，在 1 400 ℃ 高温时，仍具有相当好的抗氧化性。由于铝的这一作用，近年来，常把铝作为合金元素加入铁素体耐热钢中。

此外，铝还能提高对硫化氢和 V_2O_5 的抗腐蚀性；还被用作碳钢的表面涂层（铝化处理），改善其耐热性能。

铝在钢中的不利作用主要有：①脱氧时如用铝量过多，将促进钢的石墨化倾向；②当含铝较高时，其高温强度和韧性较低。

25-3　锅炉钢材的分类

钢可按冶炼方法、化学成分、用途、金相组织、品质及制造加工形式等之不同进行分类，以利于认识及便于区别使用。

钢材是钢的加工产品，所谓钢材，就是冶炼合格的钢经过一系列的加工而制成的型材。作为加工产品的钢材，可分为型钢、钢板（钢带）、钢管和金属制品（钢丝、钢丝绳）四大类[223]。

1　按冶炼方法划分

（1）按冶炼设备划分

1）平炉钢

平炉钢是在有拱形炉顶的平炉里，靠外来火焰加热熔化铸铁和废钢所冶炼出的钢。按炉衬材料不同，分为酸性和碱性两种，大多数为碱性。平炉钢原料来源广、设备容量大、品种多、质量好；曾在世界钢的总产量中占绝对优势，现在世界各国有停建平炉的趋势；其主要品种是普通碳素钢、低合金钢和优质碳素钢。平炉钢也称为"马丁炉钢"。

2）转炉钢

转炉钢是在可转动的炉里，靠空气吹液态铸铁（底吹或侧吹）从而烧掉碳、硅、锰等元素所冶炼出来的钢。停止吹空气后，加入一些元素达到脱氧及得到所需要的化学成分。整个过程约 20 min，时间短促，不易控制成分，难以有效去除杂质，故钢的质量不高，难以满足锅炉制造对钢材质量的要求。因此，在旧的锅炉规程中：规定锅炉承压部件所用钢板只能采用平炉钢与电炉钢，不许用转炉钢。

20 世纪 50 年代出现了氧气顶吹转炉钢，这种钢与平炉钢比，具有生产速度快、质量高、成本低、投资少、基建快等优点，是当代主要的炼钢方法。

由于转炉钢冶炼技术的进步，已有可能得到质量较高的钢材，故新近的锅炉规程已不再明确规定不许使用转炉钢了。国际锅炉规范[17]规定锅炉钢板需为平炉、电炉或任何能够给出同样品质的其他钢，同样，也不规定不许使用转炉钢。

转炉钢有时也称为"贝氏麦炉钢"、（酸性底吹转炉钢）、"托马斯钢"（碱性底吹转炉钢）。转炉钢的主要品种是普通碳素钢，氧气顶吹转炉也可生产优质碳素钢和合金钢。

3）电炉钢

电炉钢是在电炉里，利用电能转化为热能的方式来熔化铸铁和废钢所冶炼出的钢。电炉可分为：电弧炉、感应电炉、真空感应电炉、电渣炉、真空自耗炉、电子束炉等。用电炉冶炼方法，由于没有氧化火焰的接触、能准确控制炉温和在还原性介质中能较完全地除去有害杂质，故可炼制质量很高的钢。锅炉钢材中高合金钢及部分低合金钢是电炉钢。

4）酸性炉钢及碱性炉钢

按炉床、炉衬材料的不同，转炉钢、平炉钢、电炉钢又分为酸性炉钢及碱性炉钢。酸性炉钢的夹杂物比碱性炉钢低，含氢量也较少，但无法去除硫、磷。对硫、磷含量的控制，是通过严格要求炉料来达到的，故成本有所提高。锅炉钢材大多为碱性炉钢。

（2）按脱氧程度和浇注制度划分

1）沸腾钢

脱氧不完全的钢属于沸腾钢。钢水中留有 FeO，钢水中注入钢锭模后发生如下反应：

$$FeO+C=Fe+CO\uparrow$$

反应时放出大量 CO 气体，造成钢水沸腾现象。钢锭凝固后，部分 CO 以气泡形式残留在内，增加了钢锭尺寸，钢锭上部没有集中缩孔，钢锭利用率增高，成本降低，但残留在内的气泡布满全锭，使钢锭内部结构疏松，尽管轧制时这些气泡可以压合，但在以后卷板、压制过程中，于气泡压合处仍可能分开；另外，沸腾钢的低温缺口韧性差。鉴于该钢种成分偏析大、质量不均匀，耐蚀性和力学性能差的不足，锅炉承受内压的元件，一般皆不采用沸腾钢，锅炉构架等非承受内压元件一般可以应用。

2）镇静钢

用锰铁、硅铁和铝锭等作为脱氧剂进行完全脱氧的钢属于镇静钢。此种钢水注入钢锭模后很少析出 CO 气体，钢水在钢锭模中无沸腾现象，安静凝固，凝固后的组织致密、成分均匀、性能稳定、质量好。优质碳素钢、合金钢都是镇静钢，锅炉承受内压的元件一般都采用镇静钢。

3) 半镇静钢

脱氧程度介于镇静钢与沸腾钢之间，浇注时沸腾现象弱于沸腾钢；钢的质量、成本和收缩率也介于沸腾钢和镇静钢之间；生产较难控制，故目前在钢产量中所占比例不大；一般仅锅炉构架等非承受内压元件可以应用。

2 按化学成分划分

按化学成分的不同，钢材分为碳素钢及合金钢两大类。

(1) 碳素钢

指钢中碳的质量分数≤2%，并含有少量锰、硅、硫、磷和氧等杂质元素的铁碳合金，按钢中含碳量的不同，可分为：

1) 低碳钢——碳的质量分数≤0.25%；
2) 中碳钢——碳的质量分数为>0.25%～0.60%之间；
3) 高碳钢——碳的质量分数>0.60%。

生铁是指碳的质量分数超过2.11%，并且锰、硅、磷、铬等元素的含量不超过规定极限的铁碳合金。炼钢用生铁碳的质量分数≥3.50%；铸造用生铁碳的质量分数≥3.30%。

(2) 合金钢

为了改善钢的性能，冶炼时在碳素钢基础上加入一定量的合金元素后所形成的钢种称为合金钢。

1) 合金钢根据合金元素总含量的不同分为

① 低合金钢——合金元素总质量分数≤5%；
② 中合金钢——合金元素总质量分数>5%～10%之间；
③ 高合金钢——合金元素总质量分数>10%。

2) 按合金钢中主要合金元素的种类分为

① 三元合金钢——指除铁、碳以外，还含有另一种合金元素的钢，如锰钢、铬钢硅钢、硼钢、钼钢、镍钢等。

② 四元合金钢——指除铁、碳以外，还含有另两种合金元素的钢，如硅锰钢、铬锰钢、铬镍钢、锰硼钢等。

③ 多元合金钢——指除铁、碳以外，还含有另3种或3种以上合金元素的钢，如铬锰钛钢、硅锰钼钒钢等。

锅炉各部件的工作介质温度相差很大，各受热面的热负荷和管内工质的放热系数差别也很大，工作介质（水、烟气等）中也会含有对钢材的腐蚀性成分。因此，应根据各部件的工作压力、计算壁温并考虑工作介质的腐蚀性等因素选用合适的材料。

碳钢价格最经济，只要碳钢可以满足使用要求，一般不选用合金钢，能使用低合金钢的就不采用高合金钢。有些部件的计算温度低于碳钢的许用温度，但对于超高压和亚临界压力锅炉的汽包和水冷壁管，为了降低元件壁厚，减少热应力，缩短从点火到并汽的时间并便于起吊运输，也采用低合金钢制造。

低、中压锅炉受内压元件几乎全由低碳钢制造；高压锅炉受内压元件大部分也由低碳钢制造,仅一部分过热器蛇形管、集箱及蒸汽管道等由低合金钢(低碳低合金钢)制造;超高压和亚临界锅炉受内压元件采用低合金钢制作的数量增多,而且有时还必须应用一部分高合金钢(低碳高合金钢)制作。

锅炉机组中,与高温火焰直接接触的吹灰器、固定件采用耐高温的耐热高合金钢制作;紧固件(螺杆、螺母等)常由中碳钢、中碳中合金钢制造。

含有我国富产合金元素的低合金钢,如锰钢、锰钒钢等,由于强度高、成本较低,而且塑性、韧性、可焊性也能较好地满足锅炉制造的要求,因而在锅炉受内压元件及构件上逐渐得到了广泛的应用。

3 按钢的品质划分

按金属质量的不同,钢材分为普通质量钢、优质钢及高级优质钢。它们之间的主要区别表现在有害物质——硫、磷的含量上;另外,优质钢、高级优质钢对非金属夹杂物的清除、微观及宏观组织的匀称性、钢锭及半成品(钢板、钢管)中缺陷的清除等都提出更高的要求。

(1) 普通钢

普通钢含杂质元素较多,其中硫、磷的质量分数≤0.07%;主要类型有普通碳素钢、低合金结构钢等。

普通碳素钢在锅炉制造中,主要用于制造构架等非承受内压元件。低压锅炉的锅筒可用平炉冶炼的普通镇静钢钢板,如Q235B(适用工作压力≤1.6 MPa、壁温≤300 ℃)来制造。

普通质量低合金钢是在普通质量碳钢的基础上加入少量(一般总量不超过3%)我国富产的合金元素而炼制的;在锅炉制造中,一般用于制造构架等元件。

(2) 优质钢

含杂质元素较少,质量较好,其中硫、磷的质量分数≤0.04%;主要类型有优质碳素结构钢、合金结构钢、碳素工具钢等。

(3) 高级优质钢、特级优质钢

含杂质元素极少,质量较好,其中硫、磷的质量分数≤0.03%;主要用做重要机械结构零件和工具。属于这一类的钢大多是合金结构钢和工具钢,为了区别于一般优质钢,这类钢的牌号后面通常加符号"A"以便识别。

优质钢、高优质钢、特级优质钢的化学成分允许偏差见表25-3-1。

表25-3-1　优质碳素结构钢的化学成分允许偏差(GB/T 699—1999)

组别	磷质量分数 w_P	硫质量分数 w_S
	%	
优质钢	≤0.035	≤0.035
高优质钢	≤0.030	≤0.030
特级优质钢	≤0.025	≤0.020

锅炉受内压元件一般都由优质钢、高级优质钢制造。

4 按金相组织划分

钢的组织结构决定钢的性能,而热处理就是对固态钢施以不同的加热、保温、冷却过程,通过改变钢材内部组织结构而改变钢材的性能的加工工艺。钢的金相组织主要包括：铁素体 F、珠光体 P、奥氏体 A、贝氏体 B、马氏体 M、索氏体 S 和屈氏体 T。热处理工艺主要包括俗称的"四把火"，即淬火、正火、回火和退火；其中，退火或正火常作为预先热处理，淬火、回火作为最终热处理。

(1) 按正火后金相组织的不同划分

1) 珠光体钢

珠光体是铁素体和渗碳体相同的片层状组织；其性能介于铁素体和渗碳体之间，强度、硬度适中，并具有良好的塑性和韧性。锅炉用碳钢及大部分低合金钢（合金元素含量较少时），正火后在空气中冷却得到珠光体加铁素体的金相组织，此种钢称为"珠光体钢"，如 12CrMoG、15CrMoG、12Cr1MoVR 是低合金珠光体热强钢。

2) 贝氏体钢

贝氏体是过饱和铁素体和渗碳体的混合物。一些牌号的锅炉钢材，如 14MnMoV、12MoVBSiRe（无铬 8 号）、12Cr2MoWVTiB（钢 102）、12Cr3MoVSiTiB（Π11）等，正火后得到贝氏体组织，它们属于"贝氏体钢"。

3) 马氏体钢

马氏体是指碳在 α-Fe 中的过饱和固溶体。当合金元素含量较高时，正火后在空气中冷却得到马氏体的金相组织，此种钢称为"马氏体钢"，如 10Cr9Mo1VNb 为马氏体热强钢。

4) 奥氏体钢

奥氏体是碳和其他元素溶解在 γ-Fe 中的固溶体；塑性好，一般在高温下存在。钢料中合金元素含量较高（如铬或镍的含量很多时（约 10% 以上）），在空气中冷却，奥氏体直到室温仍不转变的钢称为"奥氏体钢"。由于它具有较高的热强性和优良的抗氧化性、抗介质腐蚀的能力，是高蒸汽参数锅炉过热器、再热器等壁温很高的高温段受压元件以及与火焰直接接触的受热面固定件等的主要用钢，如典型的有 07Cr19Ni10 及 07Cr18Ni11Nb 型奥氏体不锈钢。国外广泛应用含镍的奥氏体钢，我国由于缺乏镍，已研制出一些含锰的奥氏体钢。

(2) 按加热、冷却时有无相变和室温时的金相组织分为

1) 铁素体钢

铁素体是碳和其他元素溶解于 α-Fe 中的固溶体；其性能与纯铁极为相似，也称为纯铁体。钢中含碳量很低并含有大量的形成或稳定铁素体的元素，如铬、硅等，故在加热和冷却过程中没有相变始终保持为铁素体组织的钢称为铁素体钢。高铬钢即属于铁素体钢，具有较高的抗氧化能力。在锅炉制造中，铁素体钢用来制作吹灰器零件、受热面固定零件等。

2) 半铁素体钢

钢中含碳量较低并含有较多的形成或稳定铁素体的元素，如铬、硅等，在加热和冷却时，只有部分发生 $\alpha \rightarrow \gamma$ 相变，其他部分始终保持 α 相的铁素体组织的钢，称为半铁素体钢。

3) 半奥氏体钢

含有一定的形成或稳定奥氏体的元素，如镍、锰等，故在加热或冷却时，只有部分发生 $\alpha \rightarrow \gamma$ 相变，其他部分始终保持 γ 相的奥氏体组织的钢，称为半奥氏体钢。

4) 奥氏体钢

含有大量的形成或稳定奥氏体的元素,如锰、镍等,故在加热或冷却时,始终保持奥氏体组织的钢,称为奥氏体钢。

5 按制造加工形式划分

按制造加工形式分为:铸钢、锻钢、热轧钢、冷轧钢、冷拔钢。其中:铸钢、锻钢多用于制造锅炉用管件、阀门;生产制造锅炉用钢板及管材采用热轧钢、冷轧钢、冷拔钢。

6 按用途划分

按用途分为:结构钢(包括建筑及工程结构用钢和机械制造用结构钢),工具钢,特殊钢(指用特殊方法生产,具有特殊物理性能、化学性能和力学性能的钢;包括不锈钢、耐热钢、耐磨钢、磁钢等),专业用钢(指各具有专业用途的钢;包括锅炉用钢、焊条用钢、化工机械用钢等)。下面仅对锅炉所用特殊钢中的不锈钢及耐热钢做简要介绍。

(1) 不锈钢

随着科技的快速发展,电站锅炉向大容量高参数发展,工业锅炉结构也随能源(所使用燃料)结构的调整及节能减排的需要而改变;发展变革的锅炉结构对锅炉钢材也提出了新的性能和使用要求,尤其是不锈钢和耐热钢的需求呈上升趋势。

不锈钢是指以铁碳(最大含量不大于1.2%)合金为基体添加主要合金元素Cr(含量至少大于10.5%)及其他合金元素制成的高合金钢。可见,铬是不锈钢中对不锈性和耐蚀性起关键作用的合金元素;随着钢中铬含量的增加,其不锈性和耐蚀性也随之增强。不锈钢的主要特性:一是不锈性,指其在空气、水、蒸汽等弱腐蚀性介质中具有一定的化学稳定性(不生锈);二是在酸、碱、盐溶液等强腐蚀介质中的耐腐蚀性。其中,耐酸、碱和盐等侵蚀性强的介质腐蚀的钢称为耐蚀钢或耐酸钢。不锈钢具有不锈性,但不一定耐蚀,而耐蚀钢则一般都具有较好的不锈性。

各国通用的不锈钢牌号的合金成分都是在典型的Cr13型、Cr17型和18-8型基础上发展、演变而来的,主要是Cr、Cr-Ni、Cr-Ni-Mn、Cr-Ni-Mo、Cr-Ni-Ti、Cr-Ni-Nb、Cr-Ni-N等合金系列。不锈钢目前常用的分类方法是按照按钢的组织结构特点和钢的化学成分特点或两者结合的方法来分类,主要为奥氏体型、奥氏体+铁素体(双相)型、铁素体型、马氏体型和沉淀硬化型五大类型,或铬不锈钢和铬镍不锈钢两大类型。

(2) 耐热钢

耐热钢是指在高温下具有较高强度和良好化学稳定(抗氧化)性的高合金钢;用于制造在一定温度下(再结晶温度以上)工作的部件及构件。

耐热钢目前常用的分类方法是按钢的组织结构特点或合金元素含量来分类,如珠光体、铁素体、奥氏体、马氏体和沉淀硬化不锈钢五类型,或低碳钢耐热钢和高合金耐热钢两大类型[43]。

按耐热钢的特性也可划分为:

1) 热强钢

在高温下(一般在450℃~900℃的温度中使用)有较好的抗氧化性和耐蚀能力,并有较高的抗蠕变、抗断裂的性能，在周期性变化载荷的作用下能较好地经受疲劳应力。因此，热强钢必须同时具有良好的高温抗氧化性和持久强度。此种钢用于制造锅炉过热器等[223]。

2) 抗氧化钢

在 500 ℃～1 200 ℃（有的高达 1 300 ℃）的使用温度中，要求具有较好的抗氧化性及抗高温腐蚀性和一定的高温强度（抗蠕变、抗断裂性能要求不高）的钢种（此钢也称高温不起皮钢）。此种钢用于制造锅炉吊挂等。

7 锅炉钢材的特殊分类

根据工作条件的不同，锅炉主要部件所用材料大致上可分为两大类。一是对于室温及中温（蠕变温度以下）承压部件所用的钢材，主要是钢板（用于制造锅炉的锅筒、锅壳、炉胆等）和部分钢管（用于制造锅炉的蒸发受热面和省煤器受热面以及一些不受热的承压管件等）；二是对于高温（蠕变温度以上）承压元件所用的钢材，主要是钢管（用于制造锅炉的过热器受热面、过热蒸汽管道和集箱等）。因此，锅炉用钢按其工作温度大致上可分为工作温度低于 500 ℃ 的和高于 500 ℃ 的钢材两大类。

(1) 工作温度低于 500 ℃ 的锅炉用钢材

这类钢材包括碳素钢和低合金结构钢。

1) 铁素体-珠光体类型钢

其屈服强度为 300 MPa～450 MPa。在这类钢中加入的合金元素通过固溶强化、增加珠光体含量和细化晶粒使钢的强度提高，如 Q345R 钢等；有时也用加入微量的铌、钡和氮等以形成氮化物使晶粒细化，提高钢的强度，如 13MnNiMoR、15Ni1MnMoNbCu 钢。

2) 低碳贝氏体类型钢

其屈服强度为 500 MPa～700 MPa。这类钢是借助钼和硼而延缓奥氏体在高温区的分解，使之在相当宽的冷却速度范围内能得到贝氏体组织（上贝氏体与下贝氏体）。上贝氏体有相当高的强度，在轧制状态和正火状态下也有适当的韧性，如 14MnMoVB 钢屈服强度为 500 MPa；下贝氏体组织的强度更高，其屈服强度可达 650 MPa～700 MPa，综合性能也更好，并可经回火进一步改善韧性，如 14CrMnMoVB 钢[32]。

3) 马氏体型调质高强度钢

其屈服强度一般在 600 MPa 以上，经淬火加回火处理后，具有很高的强度和较好的韧性。这类钢中的合金元素应保证它具有良好的淬透性，如淬火加回火处理后的 18MnMoNb 钢和 14MnMoNbB 钢等。这类钢还具有良好的低温韧性，可在低温下使用，但其加工工艺性较差，必须严格控制工艺参数。另外，在热加工成形和焊后热处理时，加热温度必须严格控制，不得超过钢材的回火温度，否则将使其强度明显降低。

(2) 工作温度高于 500 ℃ 的锅炉用钢材

这类钢材包括低合金热强钢、奥氏体不锈热强钢和马氏体热强钢。

1) 低合金珠光体热强钢

它是以铬、钼作为主要合金元素，在工作温度较高时，再加入适当的钒，以使沉淀强化和提高组织稳定性。常用的有 15CrMoG 和 12Cr1MoVG 等。

2）低合金贝氏体热强钢

这类钢大都采用多元素少含量的合金化原则；其高温强度高，高温抗氧化性能好，加工工艺性尚可，工作温度（壁温）可达600 ℃。常用的有12Cr2MoWVTiB（钢102）钢和12Cr3MoVSiTiB(Ⅱ11)钢等。

3）奥氏体不锈热强钢

它具有良好的高温强度和高温抗氧化性，工作温度可达600 ℃以上；这类钢都具有很高的韧性，加工工艺性也很好。常用的为18-8型铬镍奥氏体不锈热强钢，如07Cr19Ni10钢、07Cr18Ni11Nb钢等。

4）马氏体热强钢

该类刚不仅具有它具高抗氧化性能和抗高温蒸汽腐蚀性能，而且还具有良好的冲击韧性和高而又稳定的持久塑性及热强性；如10Cr9Mo1VNbN钢、13 Cr13Mo等。

25-4　锅炉钢材牌号的中外表示方法

钢材牌号及化学成分是钢材产品的重要技术指标，从某种意义上讲，也代表一个国家钢材的发展水平。钢材牌号能使人们对某一种钢有一明确概念，会给设计、生产制造、科技交流以及供销、国际贸易往来等方面带来很大方便。但钢材牌号的编制是一件复杂、细致的工作，有的国家生产数千种钢，编出这么多钢号，既一目了然又不重复混淆，诚非易事。

我国解放前没有自己的钢铁标准，皆沿用外国钢号，极其混乱。

1952年，重工业部公布了第一套部颁钢铁标准(重标)，规定了汉语注音字母的钢号表示方法。1959年冶金工业部颁布了以汉字及汉语拼音字母并用的《钢铁产品牌号表示方法》，1963年进行了部分修订。国家科学技术委员会于1964年4月实施了《钢铁产品牌号表示方法》的国家标准(GB 221—63)。

原国家质量监督检验检疫总局于2008年8月发布了GB/T 221—2008《钢铁产品牌号表示方法》的新版标准。

本节按GB/T 221—2008《钢铁产品牌号表示方法》介绍经常会遇到的国内钢材牌号的表示方法。国外钢材牌号的表示方法及对比见本书附录3。

1　国家标准《钢铁产品牌号表示方法》的规定

钢铁产品牌号通常采用大写汉语拼音字母、化学元素符号和阿拉伯数字相结合的方法表示，为了便于国际交流和贸易的需要，也可采用大写英文字母或国际惯例表示符号。

由于汉语拼音字母容易书写和标记，故多加采用。采用汉语拼音字母或英文字母表示产品名称、用途、特性和工艺方法时，一般从产品名称中选取有代表性的汉字的汉语拼音的首字母或英文单词的首位字母。当和另一产品所取字母重复时，改取第二个字母或第三个字母，或同时选取两个（或多个）汉字或英文单词的首位字母。采用汉语拼音字母或英文字母原则上只取1个，一般不超过3个。

钢材的冶炼方法、用途、类别，见表25-4-1。钢材中的常用化学元素符号见表25-4-2。

表 25-4-1　钢材常用冶炼方法、用途、类别的表示方法

名称	汉字表示	拼音字母表示	拼音
酸性平炉	平	P	PING
碱性平炉	（不表示）	（不表示）	
酸性侧吹转炉	酸	S	SUAN
碱性侧吹转炉	碱	J	JAN
顶吹转炉	顶	D	DING
沸腾钢	沸	F	FEI
半镇静钢	半	b	BAN
镇静钢	镇	Z（通常可以省略）	ZHEN
锅炉用钢（管）	锅	G	GUO
锅炉和压力容器用钢	容	R	RONG
焊接用钢	焊	H	HAN
甲类钢	甲	A	
乙类钢	乙	B	
特类钢	特	C	
高优质钢	高	A（置于尾部）	GAO
铸造生铁	铸	Z	ZHU

注：1　铸钢、铸铁也可用下法表示：
　　　铸钢 ZG（ZHU GANG）；灰口铸铁 HT（HUI TEI）；球墨铸铁 QT（QIU TEI）
　　2　原则用第一个字母；如重复，取第二个字母。

表 25-4-2　常用化学元素符号

元素名称	铁	锰	铬	镍	钴	铜	钨	钼	钒	钛
化学元素符号	Fe	Mn	Cr	Ni	Co	Cu	W	Mo	V	Ti
元素名称	锂	铍	镁	钙	锆	锡	铅	铋	铯	钡
化学元素符号	Li	Be	Mg	Ca	Zr	Sn	Pb	Bi	Cs	Ba
元素名称	钐	锕	硼	碳	硅	硒	碲	砷	硫	磷
化学元素符号	Sm	Ac	B	C	Si	Se	Te	As	S	P
元素名称	铝	铌	钽	镧	铈	钕	氮	氧	氢	—
化学元素符号	Al	Nb	Ta	La	Ce	Nd	N	O	H	—

注：混合稀土元素符号用"RE"表示。

2 我国锅炉常用钢牌号表示方法

(1) 碳素结构钢和低合金结构钢

碳素结构钢和低合金结构钢的牌号组成及牌号示例见表 25-4-3。

锅炉和压力容器用钢采用的汉字为"容"、汉语拼音为"RONG"、采用字母为"R",位置在牌号尾。

表 25-4-3 碳素结构钢和低合金结构钢的牌号组成及牌号示例

产品名称	表示方法说明			
	第一部分	第二部分	第三部分	第四部分
碳素结构钢和低合金结构钢	前缀符号+强度值(以 MPa 为单位),其中通用结构钢前缀符号位代表屈服强度的拼音首字母"Q"	(必要时)钢的质量等级,用英文字母 A、B、C、D、E、F 等表示	(必要时)脱氧方式表示符号,即沸腾钢、半沸腾钢、镇静钢、特殊镇静钢,分别以 F、b、Z、TZ 表示。镇静钢、特殊镇静钢表示符号通常可以省略	(必要时)产品用途、特性和工艺方法表示符号;在牌号尾部用汉语拼音或英文单词表示

产品名称	牌号示例说明				牌号示例
	第一部分	第二部分	第三部分	第四部分	
碳素结构钢	最小屈服强度 235 MPa	A 级	沸腾钢	—	Q235AF
低合金结构钢	最小屈服强度 345 MPa	D 级	特殊镇静钢	—	Q235D
锅炉和压力容器用钢	最小屈服强度 345 MPa	—	特殊镇静钢	压力容器"容"的汉语拼音的首位字母"R"	Q345R

(2) 优质碳素结构钢

优质碳素结构钢的牌号组成及牌号示例见表 25-4-4。

表 25-4-4 优质碳素结构钢的牌号组成及牌号示例

产品名称	表示方法说明				
	第一部分	第二部分	第三部分	第四部分	第五部分
优质碳素结构钢	以两位阿拉伯数字表示平均碳含量(以万分之几计)	(必要时)较高含锰量的优质碳素结构钢,加锰元素符号 Mn	(必要时)钢材冶金质量,即高级优质钢、特级优质钢,分别以 A、E 表示,优质钢不用字母表示	(必要时)脱氧方式表示符号,即沸腾钢、半沸腾钢、镇静钢,分别以 F、b、Z 表示。镇静钢表示符号通常可以省略	(必要时)产品用途、特性和工艺方法表示符号;在牌号尾部用汉语拼音或英文单词表示

表 25-4-4(续)

产品名称	牌号示例说明					牌号示例
	第一部分	第二部分	第三部分	第四部分	第五部分	
优质碳素结构钢	碳的质量分数：0.05%~0.11%	锰的质量分数：0.25%~0.5%	优质钢	沸腾钢	—	08F
	碳的质量分数：0.47%~0.55%	锰的质量分数：0.50%~0.80%	高级优质钢	镇静钢	—	50A
	碳的质量分数：0.48%~0.56%	锰的质量分数：0.70%~1.00%	特级优质钢	镇静钢	—	50MnE
例：低中压锅炉用无缝钢管[35]	碳的质量分数：0.07%~0.13%	锰的质量分数：0.35%~0.65%	优质钢	镇静钢	—	10
	碳的质量分数：0.17%~0.23%	锰的质量分数：0.35%~0.65%				20
例：高压锅炉用无缝钢管[36]	碳的质量分数：0.17%~0.23%	锰的质量分数：0.35%~0.65%	优质钢	镇静钢	—	20G
	碳的质量分数：0.17%~0.23%	锰的质量分数：0.70%~1.00%	优质钢	镇静钢	—	20MnG
	碳的质量分数：0.22%~0.27%	锰的质量分数：0.70%~1.00%	优质钢	镇静钢	—	25MnG

（3）合金结构钢

合金结构钢的牌号组成及牌号示例见表 25-4-5。

表 25-4-5 合金结构钢的牌号组成及牌号示例

产品名称	表示方法说明			
	第一部分	第二部分	第三部分	第四部分
合金结构钢	以两位阿拉伯数字表示平均碳含量（以万分之几计）	合金元素含量，以化学元素符号及阿拉伯数字表示。具体表示方法为：平均质量分数小于 1.5% 时，牌号中仅表明元素，一般不标明含量；平均质量分数为 1.5%~2.49%、2.5%~3.49%、3.5%~4.49%、4.5%~5.49% 等时，在合金元素后相应写成 2、3、4、5 等；化学元素符号的排列顺序推荐按含量值递减排列，如果两个或多个元素的含量相等时，相应符号位置按英文字母的顺序排列。	钢材冶金质量，即高级优质钢、特级优质钢，分别以 A、B 表示，优质钢不用字母表示	（必要时）产品用途、特性和工艺方法表示符号

表 25-4-5(续)

产品名称	牌号示例说明				牌号示例
	第一部分	第二部分	第三部分	第四部分	
合金结构钢	碳的质量分数：0.22%~0.29%	铬的质量分数：1.50%~1.80% 钼的质量分数：0.25%~0.35% 钒的质量分数：0.15%~0.30%	高级优质钢	—	25Cr2MoVA
	碳的质量分数：≤0.12%	钼的质量分数：0.35%~0.65% 铬的质量分数：0.70%~1.10% 铜的质量分数：0.25%~0.45% 锑的质量分数：0.04%~0.10%	优质钢	—	09CrCuSb （ND 钢）[1]
例：锅炉和压力容器用钢板[44]	碳的质量分数：≤0.21%	锰的质量分数：1.20%~1.60% 钼的质量分数：0.45%~0.65% 铌的质量分数：0.025%~0.050%	优质钢	锅炉和压力容器用钢"R"	18MnMoNbR
例：高压锅炉用无缝钢管[36]	碳的质量分数：0.15%~0.25%	锰的质量分数：0.40%~0.80% 钼的质量分数：0.44%~0.65%	优质钢	锅炉和压力容器用钢"G"	20MoG
	碳的质量分数：0.12%~0.18%	铬的质量分数：0.80%~1.10% 锰的质量分数：0.40%~0.70% 钼的质量分数：0.40%~0.55%	优质钢	锅炉和压力容器用钢"G"	15CrMoG
	碳的质量分数：0.07%~0.13%	铬的质量分数：8.50%~9.50% 锰的质量分数：0.30%~0.60% 钼的质量分数：0.30%~0.60% 钒的质量分数：0.15%~0.25% 硼的质量分数：0.001 0%~0.006 0% 镍的质量分数：≤0.40% 全铝的质量分数：≤0.020% 铌的质量分数：0.04%~0.09% 氮的质量分数：0.030%~0.070% 钨的质量分数：1.5%~2.00%	优质钢	—	10Cr9MoW2VNbBN

1) NB/T 47019.1~47019.8—2011《锅炉、热交换器用管订货技术条件》。

(4) 不锈钢及耐热钢

我国不锈钢和耐热钢牌号表示方法已与国际惯例接轨。不锈钢和耐热钢的牌号采用化学元素符号和表示各元素含量的阿拉伯数字表示，各元素含量的阿拉伯数字表示按下列规定：

1) 碳含量，用两位或三位阿拉伯数字表示碳含量最佳控制值（以万分之几或十万分之几计）。

① 只规定碳含量上限值，当碳含量上限不大于 0.10% 时，以其上限的 3/4 表示碳含量；当碳含量上限大于 0.10% 时，以其上限的 4/5 表示碳含量。

例如：a) 碳含量上限为 0.08%，碳含量以 06 表示，如牌号 06Cr18Ni18；b) 碳含量上限为 0.2%，碳含量以 16 表示，如牌号 16Cr23Ni13；c) 碳含量上限为 0.15%，碳含量以 12 表示。

对超低碳不锈钢(即碳含量不大于0.030%),用三位阿拉伯数字表示碳含量最佳控制值(以十万分之几计)。

例如:a)碳含量上限为0.03%时,其牌号中的碳以022表示,如022Cr19Ni10;b)碳含量上限为0.02%时,其牌号中的碳以015表示。

② 规定上、下限者,以平均碳含量×100表示。

例如:碳含量为0.16%~0.25%时,其牌号中的碳含量以20表示,如20Cr25Ni20。

2) 合金元素含量,以化学元素符号及阿拉伯数字表示,表示方法同合金结构钢第二部分。钢中有意加入的铌、钛、锆、氮等合金元素,虽然含量很低,也应在牌号中标出。

例如:① 碳含量不大于0.08%,铬含量为18.00%~20.00%,镍含量为8.00%~11.00%的不锈钢,牌号为06Cr19Ni10。

② 碳含量不大于0.03%,铬含量为16.00%~19.00%,钛含量为0.10%~1.00%的不锈钢,牌号为022Cr18Ti。

③ 碳含量为0.15%~0.25%,铬含量为14.00%~16.00%,锰含量为14.00%~16.00%,镍含量为1.5%~3.00%,氮含量为0.15%~0.30%的不锈钢,牌号为20Cr15Mn15Ni2N。

④ 碳含量为不大于0.25%,铬含量为24.00%~26.00%,镍含量为19.00%~22.00%的耐热钢,牌号为20Cr25Ni20。

⑤ 碳含量为0.06%~0.10%,铬含量为17.00%~19.00%,镍含量为9.00%~12.00%,铌含量为0.8%~1.1%的不锈(耐热)钢,牌号为08Cr18 Ni11NbFG("FG"表示细晶粒)。

⑥ 碳含量为0.04%~0.10%,铬含量为24.00%~26.00%,镍含量为19.00%~22.00%,铌含量为0.2%~0.6%,氮含量为0.150%~0.350%的不锈(耐热)钢,牌号为07Cr25Ni21NbN。

(5) 焊接用钢

焊接用钢包括焊接用碳素钢、焊接用合金钢和焊接用不锈钢等。焊接用钢的牌号通常由两部分组成:

第一部分:焊接用钢表示符号"H";

第二部分:各类焊接用钢牌号表示方法;其中各钢种的表示应符合各钢种的规定要求。高级优质碳素结构钢在牌号尾部加"A"。

焊接用钢的牌号组成及牌号示例见表25-4-6。

表25-4-6 焊接用钢的牌号组成及牌号示例

产品名称	表示方法说明				牌号示例
	第一部分 采用字母	第二部分	第三部分	第四部分	
焊接用钢	H	碳含量:≤0.10%的高级优质碳素结构钢	—	—	H08A
焊接用钢	H	碳含量:≤0.1% 铬含量:0.80%~1.10% 钼含量:0.4%~0.60%的高级优质合金结构钢	—	—	H08CrMoA

(6) 铸钢

各种铸钢名称、代号及牌号表示方法见表 25-4-7。

表 25-4-7　各种铸钢名称、代号及牌号表示方法

铸钢名称	代号	牌号表示方法示例及说明
铸造碳钢	ZG	ZG270-500[1] 表示碳素铸钢,屈服强度 270 MPa,抗拉强度 500 MPa
焊接结构用铸钢	ZGH	ZGH230-450[1]
合金耐热铸钢	ZGR	ZGR40Cr25Ni20[2] 表示合金耐热铸钢,碳的含量为 0.4%、铬的含量 25%、镍的含量 20%
合金耐蚀铸钢	ZGS	ZGS06Cr16Ni5Mo[2] 表示合金耐蚀铸钢,碳的含量为 0.06%、铬的含量 16%、镍的含量 5%、钼的含量<1.5%
合金耐磨铸钢	ZGM	ZGM120Mn13Cr2RE[2] 表示合金耐磨铸钢,碳的含量为 1.20%、锰的含量 13%、铬的含量 2%、稀土元素的含量<1.5%

1) 为以力学性能表示的铸铁牌号;
2) 为以化学性能表示的铸铁牌号。

(7) 铸铁

各种铸铁名称、代号及牌号表示方法见表 25-4-8。

表 25-4-8　各种铸铁名称、代号及牌号表示方法(GB/T 5612—2008)

类别名称	铸铁名称	代号	牌号表示方法示例及说明
灰铸铁	灰铸铁	HT	HT250[1] 表示灰铸铁,抗拉强度 250 MPa
	奥氏体灰铸铁	HTA	HTANi20Cr2[2]
	冷硬灰铸铁	HTL	HTLCr1Ni1Mo[2]
	耐磨灰铸铁	HTM	HTMCu1CrMo[2]
	耐热灰铸铁	HTR	HTRCr[2]
	耐蚀灰铸铁	HTS	HTSNi2Cr[2] 表示耐蚀灰铸铁,含 2%的镍及 1%以下的铬
球墨铸铁	球墨铸铁	QT	QT400-18[1] 表示球墨铸铁,抗拉强度 400 MPa、伸长率 18%
	奥氏体球墨铸铁	QTA	QTANi30Cr3[2]
	冷硬球墨铸铁	QTL	QTLCrMo[2]
	抗磨球墨铸铁	QTM	QTMMn8-300[3] 表示抗磨球墨铸铁,含 8%的锰、抗拉强度 300 MPa

表 25-4-8(续)

类别名称	铸铁名称	代号	牌号表示方法示例及说明
球墨铸铁	耐热球墨铸铁	QTR	QTRSi5[2] 表示耐热球墨铸铁,含5%的硅
	耐蚀球墨铸铁	QTS	QTSNi20Cr2[2]
蠕墨铸铁	蠕墨铸铁	RuT	RuT420[1]
可锻铸铁	可锻铸铁	KT	—
	白心可锻铸铁	KTB	KTB350-04[1]
	黑心可锻铸铁	KTH	KTH350-10[1]
	珠光体可锻铸铁	KTZ	KTZ650-02[1] 表示珠光体可锻铸铁,抗拉强度 650 MPa,伸长率 2%
白口铸铁	白口铸铁	BT	—
	抗磨白口铸铁	BTM	BTMCr15Mo[2]
	耐热白口铸铁	BTR	BTRCr16[2]
	耐蚀白口铸铁	BTS	BTSCr28[2]

1) 为以力学性能表示的铸铁牌号;
2) 为以化学性能表示的铸铁牌号;
3) 为以化学性能、力学性能表示的铸铁牌号。

第 26 章 锅炉钢材组织与性能的变化

在对锅炉强度事故进行分析时,除应该具备锅炉的相关知识外,还需要同时具备力学分析与钢材组织与性能变化的相关知识。

本章对锅炉钢材在高温作用下金相组织的改变、锅炉钢材高温氧化与腐蚀、锅炉钢材的脆化做了介绍与论述,最后概况介绍锅炉钢材金相组织与性能变化及其判别方法。

26-1 锅炉钢材在高温作用下金相组织的改变

在室温条件下,钢材的金相组织及性能一般都相当稳定,不随时间而改变。但在高温条件下,原子扩散活动能力加强,在长期工作过程中,钢材的金相组织将不断发生变化;相应地也将会导致钢材性能的改变。

锅炉高温元件要在材料温度(壁温)500 ℃～600 ℃甚至更高温度下长期工作,工作时间达 10 万 h～20 万 h 或更长,因而所用钢材的金相组织及性能不断发生变化是必然现象,严重者曾导致事故发生。锅炉设计、运行及检验工作者对此应有所了解[69,137,216,226]。

1 珠光体球化

渗碳体和铁素体的机械混合物称为珠光体。锅炉高温元件用的低碳钢及大部分低碳低合金钢都是珠光体钢。这种钢的正常组织由珠光体晶粒及铁素体晶粒组成,珠光体晶粒中的铁素体及渗碳体呈片状,称片状珠光体,见图 26-1-1 珠光体球化示意图。

片状珠光体是一种不稳定的组织。按热力学第二定律,具有较大能量的状态有自行向能量较小状态转变的趋势。在相同体积的情况下,片的表面积比球大,球的表面积最小,具有最小的表面能;大球体比同体积的几个小球体具有更小的表面积,其表面能更小。因而,片状珠光体中的渗碳体(Fe_3C)有自行转变为球状并聚集成大球团的趋势。锅炉珠光体钢在高温下长期运行后,确实普遍存在这种转变,此现象即称为"珠光体的球化",其变化球化过程的金相组织变化示意如图 26-1-2 所示。

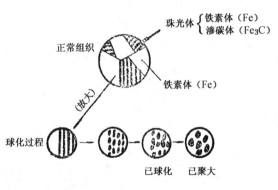

图 26-1-1 珠光体球化示意图

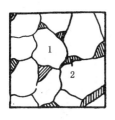 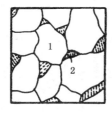  

a）原始组织　　　b）珠光体分散　　　c）成球　　　d）球化组织

1—铁素体；2—片状珠光体；3—球化碳化物

图 26-1-2　珠光体球化过程金相组织变化示意图

伴随珠光体球化的同时，铁素体将析出碳化物，也在聚集长大，在晶界处尤为显著。

珠光体球化能明显加快蠕变速度、降低持久强度。对于碳钢，球化可降低蠕变限约 25%；对于钼钢，可降低蠕变限约 30%~40%，降低持久强度约 40%~50%，若渗碳体聚成大团，甚至可使蠕变限降低 40%~70%。

珠光体球化也使钢材的屈服限、抗拉强度及硬度有所下降，例如，可使抗拉强度下降 10%~15%。珠光体球化对冲击值影响不大，但是，若球团聚集在晶界处，冲击值则有所下降。

图 26-1-3 为高温过热器管（12Cr1MoV）珠光体的球化过程金相图片。

图 26-1-3a）为原始状态。组织为铁素体晶粒与片状珠光体晶粒，力学性能为室温抗拉强度 $R_m = 529$ MPa，屈服强度 $R_e = 359$ MPa，断后伸长率 $A = 33.0\%$，断面收缩率 $Z = 68.0\%$。

图 26-1-3b）为在 540℃、10 MPa 下运行 5 409 h 后的情形。组织为铁素体与珠光体，珠光体已球化，碳化物颗粒已析出并分布在铁素体晶粒内部和晶界处。

图 26-1-3 c）为在 540℃、10 MPa 下运行 14 150 h 后的情形。组织仍为铁素体与珠光体，珠光体已完全球化，碳化物析出并积聚，力学性能为 $R_m = 496$ MPa，$R_e = 320$ MPa，$A = 28.8\%$，$Z = 67.3\%$。

图 26-1-3 d）为在 540℃、10 MPa 下运行 36 652 h 后的情形。组织为铁素体和碳化物，珠光体形态已消失，碳化物分布于晶内和晶界处，力学性能为 $R_m = 444$ MPa，$R_e = 308$ MPa，$A = 30.0\%$，$Z = 70.3\%$。

图 26-1-3 e）为在 540℃、10 MPa 下运行 72 247 h 后的情形。组织为铁素体和碳化物，碳化物聚集于晶界，在原铁素体基体上有更多碳化物析出。

图 26-1-3 f）为在 540℃、10 MPa 下运行 85 672 h 后的情形。出现大量碳化物，晶界析出的碳化物呈链状分布，力学性能为 $R_m = 392$ MPa，$R_e = 255$ MPa，$A = 27.3\%$，$Z = 64.9\%$。

研究表明，温度是影响 12Cr1MoV 钢管珠光体球化的主要因素，随着 12Cr1MoV 钢管珠光体球化程度的加重，材料的高温性能将显著降低；12Cr1MoV 钢管的老化过程，就是珠光体球化程度加剧的过程[233]。

球化及集聚长大是一种基于扩散的过程。至完全球化所需的时间 τ 与温度 T 的关系符合于固体中扩散的指数方程式：

$$\tau = A e^{\frac{b}{T}}$$

式中：T——绝对温度；

b、A——常数；

e——自然对数的底。

a) 硝酸酒精溶液侵蚀 700×

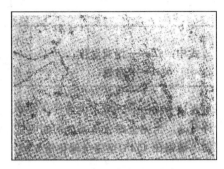
b) 硝酸酒精溶液侵蚀 1 000×

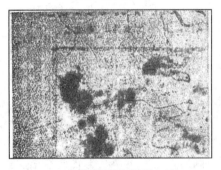
c) 硝酸酒精溶液侵蚀 1 000×

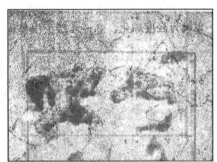
d) 硝酸酒精溶液侵蚀 1 000×

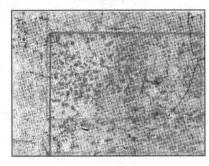
e) 硝酸酒精溶液侵蚀 1 000×

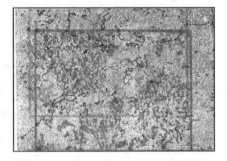
f) 硝酸酒精溶液侵蚀 1 000×

图 26-1-3　12Cr1MoV 钢管珠光体球化金相照片

此关系可表述为如图 26-1-4 所示的曲线。

可见,温度少许升高,至完全球化所需的时间明显下降。例如,碳钢在 454 ℃ 至完全球化需 $5×10^5$ h,但在 482 ℃ 条件下仅需 $9×10^4$ h,即温度升高不 30 ℃,所需时间下降5倍多。

珠光体球化组织具有分型特征,并且可以用分形维数来定量描述。珠光体球化是珠光体形态由极不规则向规则演变,故随着球化程度的提高,反映珠光体形态的分形维数是随之下降的[234]。

根据球化的进展程度,对不同钢种制订出球化的级别。例如,原苏联全苏热工研究所(ВТИ)对 15Mo 钢制订出球化

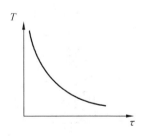

图 26-1-4　至完全球化所需的时间 τ 与绝对温度 T 的关系

六级级别,如图26-1-5所示,各级别所对应的硬度如表26-1-1所示。1~2级为轻度球化,3~4级为中等程度球化,5~6级为严重球化。

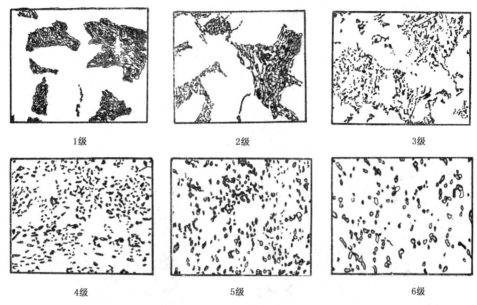

图26-1-5　15Mo钢球化级别(250×)

表26-1-1　15Mo钢球化级别对应的硬度

球化级别	1	2	3	4	5	6
布氏硬度 HB	140~156	140~159	136~148	128~136	121~124	115~117

我国电力行业制定了DL/T 787—2001《火力发电厂用15CrMo钢珠光体球化评级标准》。该标准规定了火力发电厂用15CrMo钢珠光体球化的评级方法。

15CrMo钢正常供货状态的显微组织为铁素体加珠光体,其在工作温度500 ℃~550 ℃范围长期运行过程中,会产生珠光体球化、合金元素在固溶体和碳化物间的再分配及碳化物相结构的改变;15CrMo钢的热强性能和力学性能随着珠光体球化程度和固溶体中合金元素贫化程度的加大而逐渐降低,以致材质渐趋劣化甚至失效。因此,15CrMo钢珠光体球化程度成为判定该类钢使用可靠性的重要判据之一[244]。

15CrMo钢珠光体球化组织特征与分级见表26-1-2,标准评级图谱见图26-1-6,15CrMo钢各球化级别与常温性能的相应数据(平均值)及其高温短时性能的相应数据可参见DL/T 787—2001《火力发电厂用15CrMo钢珠光体球化评级标准》。

表26-1-2　15CrMo钢珠光体球化组织特征与分级

球化程度	球化级别	组织特征	对应图号
未球化(供货态)	1级	珠光体区域明显,珠光体中的碳化物呈层片状	图26-1-6a)
倾向性球化	2级	珠光体区域完整,层片状碳化物开始分散,趋于球状化,晶界有少量碳化物	图26-1-6b)

表 26-1-2(续)

球化程度	球化级别	组织特征	对应图号
轻度球化	3 级	珠光体区域完整,部分碳化物呈粒状,晶界碳化物的数量增加	图 26-1-6c)
中度球化	4 级	珠光体区域尚保留其形态,珠光体中的碳化物多数呈粒状,密度减小,晶界碳化物出现链状	图 26-1-6d)
完全球化	5 级	珠光体区域形态特征消失,只留有少量粒状碳化物多数,晶界碳化物聚集,粒度明显增大	图 26-1-6e)

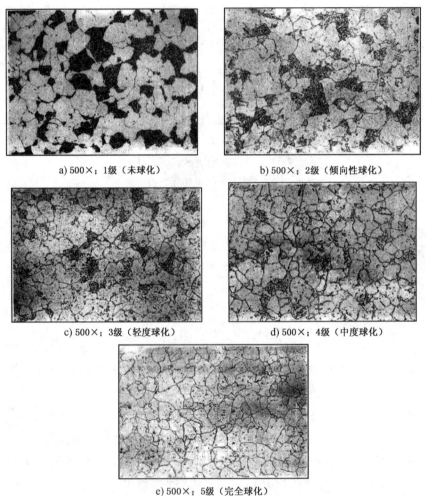

图 26-1-6　CrMo 钢珠光体球化评级图谱

英国托夫特(L. H. Toft)等制订出 1%Cr-0.5%Mo 钢(与 15CrMo 钢相似,仅含 C 量略低,为 0.12%)过热器管球化级别,共分 A、B、C、D、E、F6 级。A 级表示片状珠光体,B、C 级已球化,D 级以后珠光体已消失,组织为铁素体与碳化物,见图 26-1-7。

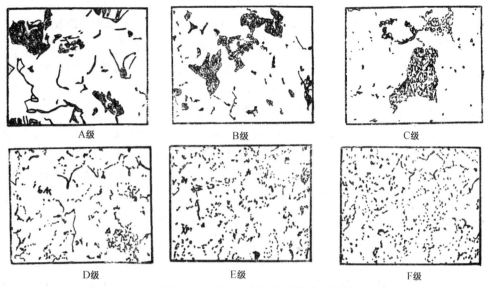

图 26-1-7　1%Cr - 0.5% Mo 钢过热器管球化级别（500×）

球化由 A 级向 F 级过渡，每进一级需多少时间或所需的相对时间多长是有用的，这样，可根据已进入的级别粗略判知未来寿命尚有多少，但目前尚缺乏这类资料。根据已收集到的国内电厂实测情况，绘出如图 26-1-8 所示的曲线关系。由图可见，级别愈高，球化进展愈快。

在球化的进展过程中（图 26-1-1），并非每片直接缩成球团，而是先碎断成块并缩小成球，再变成大团。即在球化的初期，在表面积不断缩小的同时，存在着由于碎断使表面积增大的因素，因而，进程较慢。以后的发展仅表现为表面积的不断缩小，因而，进程较快。

球化的这种发展愈来愈快的趋势，说明当进入后几级时即应引起足够重视。对于管道、集箱等重要元件，若球化已达最末一级是不宜继续使用的。

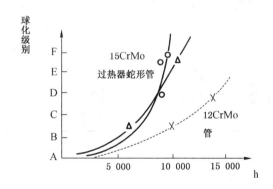

图 26-1-8　国内 10 MPa、510 ℃ 高压锅炉球化进展情况

碳钢是最易球化的钢材，钼钢、铬钼钢较碳钢稳定。钢中含有少量脱氧时残留下来的铝能明显加快球化速度，因而，对脱氧的加铝量有严格限制。

细晶粒钢及冷作硬化钢均使球化加快。

球化组织可以通过热处理方式恢复成原来的片状组织。

2　石墨化

比珠光体球化更为有害的组织变化形式是"石墨化"现象。

这种石墨化现象，是在 1943 年美国的一个电站蒸汽管道，由于突然爆裂而造成重大事故后，才开始得到重视的。该电站蒸汽管道由 $\phi 325 \times 36$ mm 的钼钢制成。管道工作温度为

505 ℃±20 ℃,共工作了 5 年半。破裂地方靠近焊缝,距熔焊金属 3 mm～4 mm。沿整个横断面产生脆性破裂,裂口呈粗糙状。事后分析证实破裂的原因在于沿晶粒周界明显析出石墨,且石墨呈链状分布。石墨本身的强度极小,在钢中可视为孔洞或裂缝。石墨的存在一方面破坏了金属基体的完整性,缩小了承载面积,另一方面,它起缺口作用,导致应力集中。特别是当石墨呈链状分布,危害性则更大。

钢材在高温长期作用下,析出石墨的现象称为"石墨化"。

上述事故促使美国对高压锅炉蒸汽管道进行详细检查。当时美国高压蒸汽管道几乎全由含有约 0.5%Mo 的钢材制成。在检查 39 个大型电站中,发现有 16 个电站的蒸汽管道金属出现了不同程度石墨化现象,其中 7 个电站达到了严重程度。前苏联跟着进行了检查,也发现一些电站蒸汽管道焊缝的热影响区产生了石墨化现象。我国某电厂使用的英国拔柏葛高压锅炉的蒸汽管道(0.5%Mo 钢)运行不到 10 年,也因石墨化现象而更换。石墨化现象一般皆出现于直径及壁厚较大的蒸汽管道上,但在 20 世纪 80 年代我国电厂高压锅炉低温段过热器蛇形管(碳钢)上也发现了石墨化现象。另外,在水冷壁管(碳钢)爆破口处也发现有石墨化现象。

可见,石墨化是指钢中的渗碳体分解成为游离态的碳,并逐渐以石墨形式析出的现象。石墨化在钢中形成石墨夹杂,使钢的脆性急剧增大。在高温($t \geqslant 350$ ℃)下长期服役的碳钢部件均有可能产生石墨,温度越高,石墨化速度就越快。石墨化可用如下反应式表示:

$$Fe_3C \rightarrow 3Fe + C(石墨)$$

石墨化相当于空穴存在于钢中,它割断了钢基体组织的连续性,易于形成应力集中;因此,石墨化使钢材室温及高温下的强度及塑性均下降,特别是冲击韧性和冷弯曲的弯曲角下降尤甚,即石墨化的钢材明显变脆。部件石墨化的最终失效方式为脆性开裂。

原苏联全苏热工研究所(BTN)对 0.5%Mo 钢按石墨出现的程度,将石墨化分为 4 级,并给出弯曲角及冲击值 α_k 的参考数据,见表 26-1-3。

表 26-1-3　石墨化分级与冲击值

石墨化级别	弯曲角	α_k/ J/cm²
一级	>90°	>68.6
二级	50°～90°	39.2～68.6
三级	20°～50°	19.6～39.2
四级	<20°	<19.6

我国电力行业制定了 DL/T 786—2001《碳钢石墨化检验及评级标准》。该标准规定了火力发电厂碳钢制造部件石墨化的检验部位、方法、评定程序与评级标准。石墨化组织特征见表 26-1-4,石墨化程度分级及力学性能见表 26-1-5。

表 26-1-4 石墨化组织特征表

级别	特征	名称
1	石墨球小,间距大,无石墨链	轻度石墨化
2	石墨球较大,比较分散,石墨链短	明显石墨化
3	石墨呈链状,石墨链较长,或石墨聚集呈块状,石墨块较大,具有连续性	显著石墨化
4	石墨化呈聚集链状或块状,石墨链长,具有连续性	严重石墨化

表 26-1-5 石墨化程度分级及力学性能表

级别	面积百分比/%	石墨链长/μm	断后延伸率 A/%	断面收缩率 Z/%	冲击值 A_{KV}/J	弯曲角/(°)
1	<3	<20	>24	>50	>60	>90
2	≥3～7	≥20～30	10～30	15～50	30～70	50～100
3	>7～15	>30～60	6～20	6～20	20～40	20～70
4	>15～30	>60	<10	<10	<20	<30

发生石墨化的钢材所析出的石墨呈球状和团絮状,图 26-1-9 给出了与石墨化组织特征相对应的碳钢的石墨化评级示意图(第一标准级别)[245]。

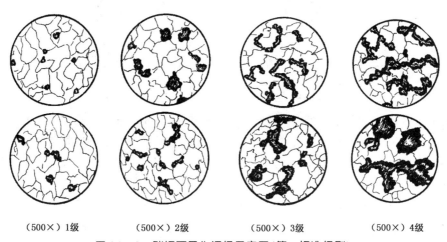

(500×)1级　　(500×)2级　　(500×)3级　　(500×)4级

图 26-1-9 碳钢石墨化评级示意图(第一标准级别)

一般认为石墨化皆发生在珠光体球化完成之后,但也不尽然,碳钢在大于 350 ℃条件下,球化初期(2、3 级)即可能析出石墨。

石墨化过程也是以原子扩散的方式进行的,故温度、时间、合金元素及钢中的缺陷状况都是影响石墨化的重要因素。石墨化只出现在高温条件下;碳钢约在 450 ℃以上,钼钢(0.5% Mo 钢)约在 485 ℃以上才会产生石墨化。温度升高、时间延长,均使石墨化现象加快。但温度过高,约 700 ℃时,非但不出现石墨化现象,反而,已生成的石墨将与铁合成渗碳体。

凡与碳结合能力强的元素加入于钢中皆可阻止石墨化的产生,这些元素有铬、钛、铌、钼等;而与碳结合能力较差的硅、铝、镍等会促进石墨化。炼钢脱氧时,加铝量应严格控制在 0.25 kg/t 以下。铬是一种能有效地防止石墨化的元素,12MoCr 钢即是在 0.5Mo 钢基础上为防止石墨化而产生的。因此,高压蒸汽管道已不用 0.5Mo 钢,被铬钼钢所代替,含铬量约为 0.5% 即有明显效果。

细晶粒钢及有冷作硬化的钢均使石墨化加快。

热处理冷却不均匀产生的残余内应力能显著缩短出现石墨化所需的时间,链状石墨即产生于这种试件之中。钢中存在缺陷的部位、冷变形区(弯管及变截面管的内外壁附近)、焊缝热影响区及温度较高、应力较大的部位均为最易出现石墨化的部位[245]。

3 合金元素的转移

伴随着珠光体球化而产生的现象除石墨化外,还有另一种现象——"合金元素的转移"。

溶于固溶体(铁素体)中的合金元素,要使固溶液体晶格产生畸变。有畸变的晶格是不稳定的,在高温长期作用下,只要温度水平能使合金元素原子有足够活动能力,它就力求从固溶体转移到结构较为稳定的碳化物中去。这样,就产生了合金元素转移现象,也称为"α 固溶体贫化"现象。铁素体中合金元素的贫化必将导致钢材强度的下降。

钼是最容易发生转移的合金元素,如图 26-1-10 所示。

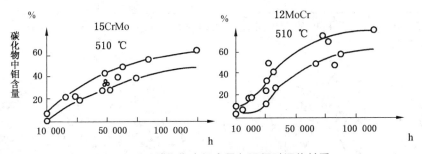

图 26-1-10　碳化物中钼含量与运行时间的关系

铬对钼的转移起一定阻碍作用,单纯含钼的耐热钢(0.5Mo 钢)中钼的转移更快。含碳量增加使钼的转移加快。各国耐热钢总是力图使含碳量降低,以达到组织稳定的目的。钢中含有强烈的碳化物形成元素,如钒、铌,可使固溶体及碳化物相中的合金元素很少随时间改变;同时含钒及铌,使钼的转移尤慢。

我国某电厂主蒸汽管道(12CrMo、ϕ273×28mm、10 MPa、510 ℃)运行累积约 11 万 h 后,蠕变变形仅 0.12%,珠光体球化变化不大,但合金元素有较大的转移:碳化物相中的合金元素明显增多,锰由 0.058% 增至 0.169%,铬由 0.059% 增至 0.125%,钼由 0.012% 增至 0.249%,碳化物中钼的含量达钢中该元素总含量的 55.3%。结果,该钢持久强度下降较多,由原来的 200 MPa 下降到 120 MPa~130 MPa。

在高温长期作用下,除碳化物相的成分有改变外,碳化物的结构也在发生变化,后者也必然会反映到钢材的性能上。碳化物的结构变化力求使碳化物变为更稳定的碳化物。12CrMo 钢在运行前的碳化物为 $Fe_3C(M_3C)$ 和少量 Mo_2C,但在高温下长期运行后,Mo_2C 增多,并出现 $(Cr,Mn)_7C_3$ 及 M_6C 等复杂碳化物。

除上面介绍的几种组织转变外,钢材在较高温度下长时停留后可能引起晶粒长大,使韧性下降;奥氏体钢中出现新相,使钢材变脆等,详见有关文献。另外,时效、热脆性等也是组织改变导致性能变坏的现象,详见后叙。

26-2　锅炉钢材高温氧化与腐蚀

锅炉受热面金属在与高温烟气及汽水介质长期接触过程中，金属表面不断受到各种侵蚀，有时还会侵入金属内部，都对锅炉元件的强度起不断削弱的作用，严重时造成破裂。

这种现象可分为二类。一类是在高温下普遍发生的，壁的减薄是均匀的[图 26-2-1a)]，属于这一类的有高温氧化（烟气侧）与蒸汽腐蚀（蒸汽侧），它们使壁的减薄在强度计算中用附加壁厚加以考虑；另一类是在一定条件下发生的，壁的损伤表现为斑点或局部凹坑式的[图 26-2-1b)]、穿孔性的[图 26-2-1c)]以及晶间性的[图 26-2-1d)]。属于后一类的有硫腐蚀、钒腐蚀、垢下腐蚀（凹坑式的）；氧腐蚀（穿孔性的）；氢损坏（晶间性的）等，它们对壁的损伤在强度计算中无法考虑，应采取措施加以避免。

1　高温氧化

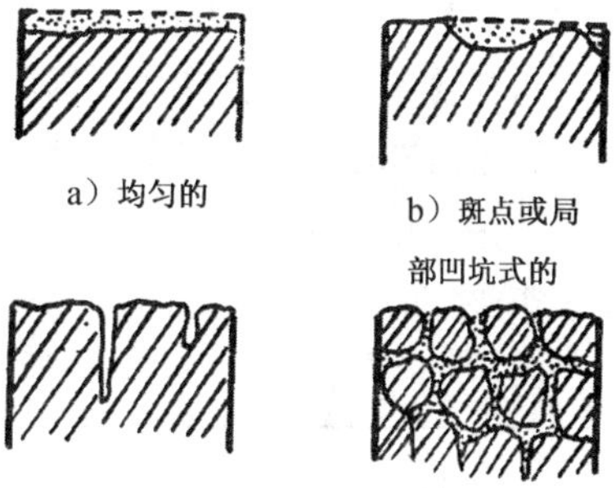

锅炉受热面管子，主要是过热器管子，与高温烟气接触过程中，烟气中的氧将与管子表面层起作用，产生"高温氧化"现象，常简称为"氧化"。在氧化过程中，金属表面生成氧化膜（氧化皮），如氧化膜不牢固，不断生成又不断脱落，就会使氧化现象不断发展下去。

能阻止氧化发展下去的能力称为"热稳性"，热稳性是锅炉高温元件的重要性能之一。

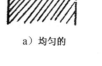
a) 均匀的

b) 斑点或局部凹坑式的

c) 穿孔性的

d) 晶间性的

图 26-2-1　腐蚀破坏的几种型式

氧化属于一种化学腐蚀现象，使金属壁均匀减薄，强度下降。

在氧化的发展中，存在两种扩散过程：氧通过氧化膜向内部扩散及金属通过氧化膜向外部扩散。后者可能性比前者更大些，也就是氧化过程主要发生在氧化膜与烟气的交界处。

为了中断氧化过程的继续发展，所生成的氧化膜应具备以下条件，才能达到保护金属的目的：

1) 氧化膜完整而紧密，如疏松或有裂纹则起不到保护作用；
2) 氧化膜比容比金属稍大些，若相反，则氧化膜会被拉裂；
3) 氧化膜有一定强度及塑性，热膨胀系数与金属相近；
4) 氧化膜与金属能牢固地联结在一起。

碳钢约在 570 ℃以下，氧化膜由 Fe_2O_3 及 Fe_3O_4 组成，含氧比例较大的 Fe_2O_3 在外面。这种氧化膜能起到良好的保护作用。当温度超过 570 ℃时，氧化膜由 Fe_2O_3、Fe_3O_4 及 FeO 组成（FeO 在最里边），其厚度比例约为 1∶10∶100，即氧化膜主要由 FeO 组成，而 FeO 晶格是置换式的，不紧密，故体积很小的金属离子容易通过这种氧化膜向外扩散。因此，碳钢约高于 570 ℃时，氧化现象显著增加。考虑不利因素后，碳钢在 540 ℃以下，不必担心氧化问题。

碳钢的热强性约在 500 ℃以上明显下降，比出现明显氧化现象的温度为低，故碳钢的允许使用温度主要取决于热强性，所以对只允许在 500 ℃以下工作的碳钢高温元件来讲，氧化现象并不突出。但允许在更高温度下工作的耐热钢,氧化现象已成为不可忽视的问题。在考虑耐热钢热强性的同时,还必须考虑热稳性,使耐热钢既具备较高的热强性,也具备相应的热稳性。

钢中加入某些合金元素对提高热稳性能起显著作用。这样元素有铬、硅及铝。它们比铁更易氧化,使钢的表面更易形成这些元素的氧化物,这些元素的氧化物具有很大的紧密性及与钢的联结强度;另外,这些元素的原子尺寸较小,也易于向表面扩散。因此,含有这一类元素的钢材具有较好的热稳性。锅炉高温元件,如过热器管子,特别是受热面固定件、吹灰器等所用钢材都含有这些元素。同时加入2种或3种这样的元素会收到更好的效果。

某些高温元件表面渗铝、渗铬、渗氮也能明显提高抗氧化能力。

温度是影响氧化速度的一个重要因素,温度升高会使2种扩散过程都明显加快,氧化速度大增。

受热面管子上有灰垢时,如灰垢紧密、较厚而且与金属不发生化学反应,则可起到减慢氧化的有利作用,但如灰垢中含有某些化合物反而会使氧化明显加快,如钒腐蚀。

珠光体钢在氧化过程中,钢中碳原子有可能向氧化膜扩散并形成二氧化碳等气体逸向烟气中,从而使元件表面"脱碳"、珠光体消失;其后果是表面强度及硬度下降。

我国 GB/T 13303—1991《钢的抗氧化性能测定方法》标准中,将钢的抗氧化性能分为以下5个级别,见表26-2-1。

表26-2-1 钢的抗氧化级别

级别	抗氧化性分类	氧化速度/$g/(m^2 \cdot h)$
1	完全抗氧化性	<0.1
2	抗氧化性	0.1~1.0
3	次抗氧化性	1.0~3.0
4	弱抗氧化性	3.0~10.0
5	不抗氧化性	>10.0

锅炉承内压高温元件只允许采用1级材料,受热面固定件、吹灰器等可采用2级材料。

高温氧化的极端情况是产生过烧组织。如金属在明显超过氧化温度的条件下长期工作,将使组织疏松,在高应力作用下,还将产生过烧裂纹。例如低压锅炉的炉门圈、烟管或快装锅炉的小烟室引入管等过长地深入高温烟气内,使端部得不到足够冷却,就会经常出现这种过烧组织。

2 腐蚀

(1)蒸汽腐蚀与氢损坏

化学洁净的水(蒸汽)只有在很高温度下(约1 000 ℃)才可能分解,但如果有促使分解的触媒剂时,这种分解在较低温度下即可出现。铁就是这种触媒剂之一。

蒸汽与约高于400 ℃的铁接触时,产生如下反应:

$$4H_2O + 3Fe \rightarrow Fe_3O_4 + 8H$$

于金属表面形成磁性氧化铁膜(Fe_3O_4),这就是"蒸汽腐蚀"现象。

所形成的磁性氧化铁膜,在一定程度上会阻止腐蚀的继续发展。对于碳钢,在 500 ℃ 以上已基本不起保护作用,如图 26-2-2 所示。试验时在管状试件内通以不同温度的蒸汽,测量内壁生成的氧化膜重量即得图 26-2-3 所示曲线。试验表明,压力对试件重量损失不起影响作用。

在锅炉中,可能产生蒸汽腐蚀的元件有:壁温过高的蒸汽过热器受热面管子及汽水分层且蒸汽停滞的蒸发受热面管子等。

在蒸汽腐蚀过程中所产生的氢原子如不能较快地被蒸汽带走,由于氢原子尺寸很小,将穿入金属内部并主要停留于晶界处,与扩散来的碳发生如下反应:

$$4H + C \rightarrow CH_4$$

一则使钢材产生脱碳现象,另外,甲烷(CH_4)在晶粒之间不断聚集,产生很高张力,终使晶间裂开,产生脆裂现象。

蒸汽过热器由于管子堵塞或受热偏差、水力偏差使管内流量减少导致壁温升高、流速下降(约小于 10 m/s)时,上述腐蚀及脆裂现象明显加快。

同一种合金元素对改进热稳性(提高氧化抗力)及提高蒸汽腐蚀抗力方面,作用常不一样。钼能有效地提高蒸汽腐蚀抗力,但对热稳性不起作用;而硅正相反,能有效地改进热稳性,但对蒸汽腐蚀抗力不起作用。铬在以上两方面皆起好的作用。加之,钼、铬均能改进热强性,铬对高温组织稳定性还能起到良好作用,因而铬钼钢在各国高参数锅炉中得到了广泛的应用。

12Cr1MoV、12Cr2MoVSiB 及 12Cr2MoVNb 珠光体锅炉钢材的蒸汽腐蚀速度及氧化速度如图 26-2-3 所示。它们在强度计算附加壁厚中都应该考虑进去。

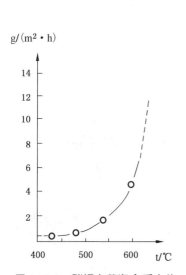

图 26-2-2 碳钢在蒸汽介质中的重量损失曲线(36 h 试验)

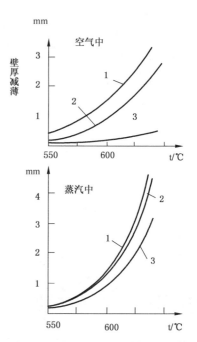

1—12Cr1MoV;2—12Cr2MoVSiB;3—12Cr2MoVNb

图 26-2-3 氧化或蒸汽腐蚀使壁厚减薄曲线(10 万 h 后)

氢损坏大约是在 20 世纪 60 年代才明确起来的一种腐蚀现象。它发生在沸腾管遭受明显腐蚀部位。锅水浸入腐蚀产物之下与高温金属发生相似于上述蒸汽腐蚀的过程,其后果是产生晶间裂纹、材料变脆、严重脱碳、大部分珠光体消失,剩下的主要是铁素体晶粒。

(2) 硫腐蚀

锅炉受热面及其固定件由于烟气中含硫而产生的硫腐蚀现象有好几种。

一种硫腐蚀产生于高压锅炉水冷壁管的外壁。在燃烧器高度区域内,尚未燃尽的火焰直接冲刷水冷壁管,由于继续燃烧,消耗大量氧,形成还原性或半还原性介质条件下产生这种硫腐蚀现象。腐蚀过程如下:

1) 煤粉中黄铁矿(FeS_2)冲到管壁上因受热分解出自由的原子硫和硫化亚铁:

$$FeS_2 \rightarrow FeS + S$$

管壁附近存在一定浓度的硫化氢(H_2S)和二氧化硫(SO_2)时,也会生成自由的原子硫:

$$2H_2S + SO_2 \rightarrow 2H_2O + 3S$$

2) 在还原性介质中,由于没有过剩的氧,使原子硫能单独存在,而当壁温约为 350 ℃ 时,原子硫与铁发生以下反应:

$$Fe + S \rightarrow FeS$$

3) 在上述反应过程中所生成的硫化亚铁(FeS),在以后,缓慢氧化而生成黑色的磁性氧化铁(Fe_3O_4):

$$3FeS + 5O_2 \rightarrow Fe_3O_4 + 3SO_2$$

由于硫化氢参与所造成的上述硫腐蚀现象,故在有的文献中也称为"硫化氢腐蚀"现象。

中压锅炉水冷壁管由于壁温较低,比高压锅炉低 70 ℃ ~ 80 ℃,因而不产生这种腐蚀现象。超高压锅炉有产生的实例。

另一种硫腐蚀发生在含镍较多的合金钢中。烟气中的硫与钢中镍起作用生成 Ni_2S_2,后者与镍 Ni 组成易熔的共晶体($Ni-Ni_2S_2$),熔点略高于 600 ℃,在高温作用下极易破坏,形成硫腐蚀。腐蚀的特征是,金属表面区域性破坏。

含镍的钢材中加入铬时,铬首先与硫结合并生成难熔的硫化物。铬的含量比镍含量高得越多时,对这种硫腐蚀的抗力越大。

烟气中硫的含量不多时,小于 2 g/m³ ~ 3 g/m³,这种腐蚀并不严重,但采用高硫燃料时,由镍铬奥氏体钢制的锅炉受热面固定件等应注意发生这种腐蚀的可能性。

还有一种硫腐蚀发生在锅炉尾部受热面——省煤器、空气预热器中。燃烧含硫的燃料,在烟气中有部分硫形成 SO_3。气体状态的 SO_3 在不很高温度下对金属不起腐蚀作用,但当烟气在尾部受热面冷却到一定温度,烟气中的水蒸汽开始凝结并与 SO_3 结合成弱的硫酸溶液时,会使金属很快被腐蚀。这种硫腐蚀发生在烟气温度低于"露点"时。燃料含硫量愈多,露点温度愈高:无 SO_3 的烟气露点约为 50 ℃,烟气中含有少量 SO_3,就会使露点明显升高,可达 120 ℃ ~ 160 ℃,因此锅炉尾部受热面的硫腐蚀总难避免。

(3) 钒腐蚀

钒腐蚀是燃油锅炉出现的一种现象。灰垢中的五氧化二钒(V_2O_5)与高温金属作用会产生如下反应:

$$3V_2O_5 + 4Fe = 2Fe_2O_3 + 3V_2O_3$$

$$V_2O_3 + O_2 = V_2O_5$$
$$Fe_2O_3 + V_2O_5 = 2FeVO_4$$
$$8FeVO_4 + 7Fe = 5Fe_3O_4 + 4V_2O_3$$
$$V_2O_3 + O_2 = V_2O_5$$

V_2O_5 在与金属接触的过程中,使金属氧化,而本身变成 V_2O_3;后者与烟气中的氧起作用后,又回复成 V_2O_5。V_2O_5 与 Fe_2O_3 接触起作用后,生成 $FeVO_4$,后者与铁发生作用而形成 Fe_3O_4;所产生的 V_2O_3 又与烟气中的氧化合,重新回复为 V_2O_5。

可见,上述过程是一种金属的氧化现象,在氧化过程中,V_2O_5 起了积极的参与作用。这种有五氧化二钒参与的金属氧化现象即称为"钒腐蚀"。钒腐蚀使金属表面产生多孔状的氧化膜。

金属温度约大于 570 ℃时,这种腐蚀现象明显加快,在燃油锅炉一次、二次过热器管以及高温固定件中均可发现。应力值对这种腐蚀影响不大。这种腐蚀能使持久强度明显下降。

灰垢中的硫酸盐、氯化物等也能产生类似的腐蚀破坏现象。

(4) 氧腐蚀

锅炉给水中含的氧,在电化学腐蚀过程中,对阴极起强烈去极化作用,因而使电化学腐蚀明显加快;这就是所谓的"氧腐蚀"。温度愈高,这种腐蚀愈严重。

氧腐蚀一般发生在钢管省煤器管子内壁,破坏形式是点状的,严重时产生小孔向外喷水,是锅炉常见的一种腐蚀现象。

消除氧腐蚀的积极办法是对给水除氧,使含氧量小于规定值。另外,对省煤器蛇形管中水的流速也有一定要求,它不宜小于 0.3 m/s,否则气泡不易从管壁上被水带走。

在小容量锅炉中,为防止氧腐蚀,常采用铸铁省煤器。

锅炉给水中的碳酸分解后产生的氢离子 H^+,也能在电化学腐蚀中起去极化作用,使电化学腐蚀加快。这种腐蚀称为"碳酸腐蚀"。改进办法是对给水除气。

(5) 碱腐蚀

水中苛性钠(NaOH)含量不多时,约为 1 g/L～3 g/L,金属表面生成薄而强固的膜,对金属起保护作用。在低温条件下,苛性钠浓度较高时,对金属也不起明显的破坏作用。但在较高温度条件下,一定浓度的苛性钠会加快电化学腐蚀现象。温度愈高、碱性愈大,这种腐蚀愈强烈。

苛性钠在电化学腐蚀中的作用可用下式表述:
$$3Fe + nNaOH + 4H_2O \rightarrow Fe_3O_4 + 4H_2 + nNaOH$$

虽然在上述反应中,起腐蚀作用的是水,但如没有苛性钠存在时,只有在更高温度下约 500 ℃)金属才被腐蚀,即前述的蒸汽腐蚀现象。

锅炉受热面沉积的水垢、水渣下面如进入锅水,由于强烈蒸发,可能形成高浓度苛性钠溶液,使水垢、水渣下面的金属遭受碱腐蚀。

蒸发管中出现汽水分层时,在汽水分界面处以及上部由于溅水蒸发也都可能出现高浓度苛性钠,从而产生碱腐蚀现象。

做为碱腐蚀的一个特例"苛性脆化"现象详见本节3(1)。

(6) 垢下腐蚀

在锅炉蒸发受热面内壁有时沉积含有氧化铁及氧化铜的水渣,这些氧化物可能是由给水管路带来的或停炉时形成的。它们与高温金属接触时,产生如下反应:

$$4Fe_2O_3 + Fe \rightarrow 3Fe_3O_4;$$
$$4CuO + 3Fe \rightarrow Fe_3O_4 + 4Cu$$

这种反应以电化学方式进行,氧化铁及氧化铜为阳极,管壁金属为阴极,阴极不断被腐蚀下去。这是垢下腐蚀的第一阶段。垢下腐蚀的第二阶段为蒸汽对所形成的 Fe_3O_4 下面的过热金属的一种化学腐蚀作用,即前述的蒸汽腐蚀。

垢下腐蚀一般发生在朝向火焰一侧的水冷壁管内壁,常处于燃烧器标高上,破坏的形状如贝壳,直径可达几十毫米。

3 应力腐蚀

应力作用下的某种钢材,在与相应的某物质接触一定时间后,引起的破裂现象称为"应力腐蚀"。例如,应力作用下的低碳钢遇到高浓度 OH^- 所引起的"苛性脆化",以及应力作用下的奥氏体钢遇到 CL^-、OH^- 等所引起的"腐蚀破裂",都属于应力腐蚀现象。另外,交变应力(温度应力)不断破坏金属表面生成的保护膜,而出现的腐蚀也属于应力腐蚀现象。

(1) 苛性脆化

钢材在腐蚀性介质的作用下,会在金属晶粒的边界上产生腐蚀,造成钢材的力学强度降低,最终引起钢材脆化或产生晶间裂纹,这种现象称为钢材的苛性脆化。过去,我国某厂曾由于锅炉下锅筒产生苛性脆化现象,使铆缝脆裂,造成重大爆炸事故。国外这类爆炸事故也多次发生过。因苛性脆化产生裂纹或报废的锅筒在国内外是屡见不鲜的。

苛性脆化只产生于锅炉铆接、胀接的接触表面上,破坏的形式是产生裂纹,见图 26-2-4 及图 26-2-5。在肉眼能看到的主裂纹上有大量看不到的分枝裂纹。这些分枝裂纹是晶间裂开性质的,而主裂纹多为晶体裂开的,也可能是晶间裂开的。最初产生的是晶间裂开的分枝裂纹,以后由于应力集中产生大的主裂纹,最后导致元件破裂——铆钉断裂、胀管端部断裂或锅筒爆炸。破裂与存在苛性钠(NaOH)有关,另外破裂不伴随明显塑性变形而且发生得突然,因而称为"苛性脆化"。

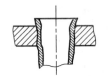 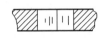 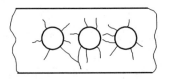

图 26-2-4　胀接处因苛性脆化产生裂纹情况　　　图 26-2-5　铆接处因苛性脆化产生裂纹情况

一般认为苛性脆化是电化学腐蚀的一个特例。钢材置于炉水中,晶间与晶体产生电位差,且晶间为负极。在与炉水相接触的晶间部位发生以下反应:

$$Fe^{++} + 2OH^- \rightarrow Fe(OH)_2$$

在与炉水相接触的另外部位发生以下反应:

$$2e + 2H^+ \rightarrow H_2 \uparrow;$$

$$4e + O_2 + 2H_2O \rightarrow 4OH^-$$

当炉水中含有浓度很大的苛性钠(NaOH)时,由于 OH^- 离子多,使上述前一个反应加剧,于是晶粒间界的金属很快被腐蚀下去,产生了晶间裂纹。

金属所受应力较大时,加大了晶间与晶体的电位差,也加快晶间的腐蚀。

在腐蚀过程中产生的氢成为一种内部扩张力量,使裂纹加深发展。

基于上述,只有同时存在以下两个条件时,锅炉元件的苛性脆化才能出现:

1) 锅炉铆缝或胀口不严密有泄漏时,间隙中的炉水发生深度蒸发,并不断浓缩,使 OH^- 浓度变大。即使在不漏汽的毛细间隙中,炉水也会不断浓缩。因而,第一个条件是接缝有间隙。

2) 第二个条件是有接近于屈服限的应力。在铆缝及胀口处接触表面上,有内压力引起的工作应力、工艺应力及温差引起的热应力,3 种应力的总合完全可能达到促成苛性脆化所需的应力值。

因此,苛性脆化皆发生在有间隙的铆缝或胀口处。这种间隙可能是由于工艺造成的,也可能是由于运行不当引起的过大变形造成的,后者的可能性更大。

防止苛性脆化也得从以上两方面,即从水质及应力着手。

往炉水中加入硝酸钠($NaNO_3$)能使金属表面形成膜,可有效的防止苛性脆化的产生,但只有 $NaNO_3/NaOH$ 的比值大到一定程度时才有效,一般建议大于 0.35~0.45。另外,压力大于 7.0 MPa,硝酸钠会因分解而失去作用。压力大于 7.0 MPa 时,可采用纯磷酸盐碱度或称之为无氢氧化钠碱度的运行方式来防止苛性脆化现象。

为防止苛性脆化,锅炉制造工艺采用焊接代替胀接、铆接,消除金属中接近或高于屈服点的应力;还应在运行中尽量避免产生过大的温度应力,如给水在汽包内的分配要尽量均匀、汽包壁不与高温烟气直接接触、各元件受热膨胀自由、消除下锅筒的死水区域等等。对胀接的锅炉,为防止发生苛性脆化,要在指定的部位安装苛性脆化指示器,定期检查。对于现代化的焊接锅炉,因为金属中没有接近或高于屈服点的局部应力,所以一般不装苛性脆化指示器[64]。

(2) 奥氏体钢的腐蚀破裂

奥氏体钢对一般酸性腐蚀有很高的抵抗能力,但当水质不当且有应力存在时可能很快引起破坏。例如,联邦德国某化工厂装有一台 30 MPa、600 ℃本生式直流锅炉,运行 3 万 h 后,由于偶然错误地加入了质量很差的水(120 mg/L 的 NaOH,0.4 mg/L 的 Cl^-),结果两侧墙 $\phi 27 \times 3.3$ mm 的含 16%Cr、13%Ni 的奥氏体钢管子,仅经 20 min 即产生了裂纹。这种在应力及一定介质(含 Cl^-、OH^- 等)作用下使奥氏体钢很快破坏的现象,称为奥氏体钢的"腐蚀破裂"现象。

裂纹性质多为晶体本身裂开,也有晶间裂开的。这种破坏的特点是速度快,应力作用的奥氏体钢在一定浓度的氯化镁溶液中,5 min 后产生裂纹,4 h 后试件破裂。

氯根(Cl^-)及氢氧根(OH^-)是腐蚀破裂的促成物质。同时存在氧能显著加快破坏速度,当含 O_2 达 1mg/L,Cl^- 仅为 0.05 mg/L 即可在短时引起破坏。Na_2SO_4、N_2 起阻化作用。

冷加工变形使腐蚀破裂敏感性大为加强,因而弯头处最易产生。

核动力蒸汽发生器中沸腾管有的由奥氏体钢制造,腐蚀破裂现象是很值得注意的问题。

(3) 交变应力腐蚀

交变应力腐蚀是腐蚀介质及变动温度应力同时作用下的一种腐蚀现象。

出现汽水混合物振荡现象的直流锅炉受热面管子、汽水分层交界面上下振荡的沸腾管子等锅炉元件，就有可能产生这种应力腐蚀现象。交变的温度应力使金属表面的保护膜易遭破坏，有利于腐蚀的发展。

由热膨胀系数相差很大的奥氏体钢及珠光体钢焊在一起的接头，也常出现这种应力腐蚀现象。温度升高以后，膨胀系数较大的奥氏体钢一端使膨胀系数较小的珠光体钢一端产生很大的拉伸应力，若温度经常波动时，就会使拉伸应力的值周期改变，从而使保护膜产生裂纹，随后腐蚀向里发展。

26-3 锅炉钢材的脆化

钢制锅炉元件的破坏可分为两类：韧性破坏与脆性破坏。

韧性破坏发生于静载荷作用下的塑性材料中，在破裂处元件的形状有较大变化，破坏速度不快，破裂区域中的应力已达破断应力值（抗拉强度、持久强度等）。一般机械零件中，此种破坏事故并不多见。在锅炉系统中，因水循环不良或故障导致受热面管子的壁温急剧上升，引起强度指标明显下降所产生的爆管事故属于此种韧性破坏；高温长期蠕变破坏，尽管有时变形不大（百分之几），仍属韧性破坏；常温下的韧性破坏，除一些爆破实验外，极少见到。

脆性破坏发生于脆性材料（铸铁、玻璃等）中，塑形材料在一定条件下（应力交变、温度较低、介质侵蚀、组织改变、存在裂纹等）也发生脆性破坏。脆性破坏变形极小，碎片对上以后仍可恢复原来形状；其发生得突然，破坏速度极大，裂口以每秒近千米的速度发展，几乎是瞬时的；发生在较小应力下，远低于屈服限，故常称为"低应力破坏"。脆性破坏的裂源一般都能从断口上的人字形纹理看出，人字形纹里的尖端指向于裂源。图 26-3-1 绘出的是一台 670 t/h 锅炉过热器出口集箱（采用联邦德国 10CrSi MoV7 钢），因回火时间不足，在水压机上较直（冷校）时突然脆断的断口示意图。由图可清晰看出，人字形纹理指向于角焊缝根部缺陷。

各工业部门中，机械零件的破坏以及各种钢结构的毁坏事故，绝大部分是属于这种脆性破坏的。例如，1952 年加拿大巨大桥梁毁坏后三节落入河中；第二次世界大战期间，美国许多船舶破裂，甚至断裂为二；英国、原苏联喷气式飞机的坠毁等重大事故，都是脆性破坏引起的。受压容器的脆性破坏事故已有近百年的历史，爆炸事故都属于脆性破坏性质。锅炉元件中，因冷脆性、热脆性、回火脆性、石墨化、氢损坏、时效、苛性脆化、热疲劳等引起的破裂直至爆炸，均属脆性破坏。

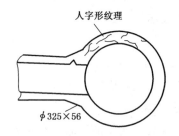

图 26-3-1　脆裂断面的人字形纹理指向于裂源

锅炉元件脆性破坏可大致分为二类：一类为因应力的反复作用、介质的浸蚀以及高温长期工作后金属组织的改变等所引起的"脆化"现象，它已无法消除或个别的只能靠特殊办法才能消除,属于这一类的有热疲劳、苛性脆化、氢损坏、石墨化等;另一类为在一定温度条件下出现的"脆性",外界温度条件改变后,脆性即自行消失,或者在一定温度下经一定时间后出现的"脆性",但金属组织变化不明显,属于这一类的有冷脆性、蓝脆性、红脆性、热脆性、回火脆性、应变时效等。需要说明的是,这种分类并不十分严格。

本节着重介绍经常会遇到的各种"脆性"。

1 冲击韧度

材料的韧性(或韧度)是指材料在破坏前所吸收塑性变形能量的能力,也可以理解为材料抗冲击的能力。材料在变形过程中将在材料的内部储藏一定数量的应变能。材料的韧性综合反映了强度指标及塑性指标的大小,可用以评价材料吸收塑性变形能量的能力。对于承受冲击载荷作用的元件,材料的韧性是材料性能的重要指标。

"冲击韧度"(也称"冲击值")是指金属材料抵抗冲击载荷时的能力,是衡量材料是否能够产生脆性破坏的一个指标,用 α_k 表示,单位为 J/cm^2(工程制单位为:$kg \cdot m/cm^2$)。

冲击韧度常用一次摆锤冲击弯曲试验法来测定;在摆式冲击试验机上试验求得。即把标准试样一次冲断,并用试样缺口处单位面积上的冲击吸收能量 A_k(冲击功)来表示冲击韧度 α_k。

冲击韧度 α_k 表示材料在冲击载荷作用下抵抗变形和断裂的能力。α_k 值的大小表示材料的韧性好坏。一般把 α_k 值低的材料称为脆性材料,α_k 值高的材料称为韧性材料。α_k 值随材料温度的变化而曾现不同的特性数值;冲击韧度指标的实际意义在于揭示材料的变脆倾向。图 26-3-2 表示冲击试验原理,冲击试件形状如图 26-3-3 所示。

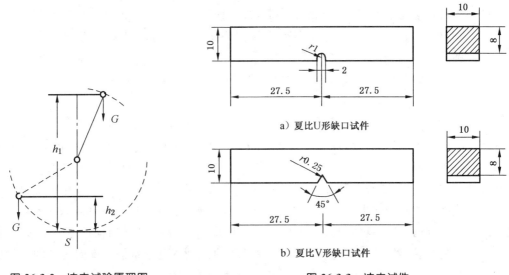

图 26-3-2 冲击试验原理图　　图 26-3-3 冲击试件

图 26-3-2 中 S 点放置试件,将摆提升至 h_1 高度,此时摆具有的位能为
$$A_{k1}=Gh_1$$
摆沿圆周落下时将试件冲断,消耗一部分能量。多余的能量使摆回升至 h_2 高度,其位能为

$$A_{k2}=Gh_2$$

则使试件破坏所需的能量等于

$$A_k=A_{k1}-A_{k2} \quad J$$

若试件破坏处(有切口处)的断面积为 $F(cm^2)$，则试件的冲击韧度为

$$\alpha_k=\frac{A_k}{F} \quad J/cm^2$$

冲击韧性或冲击功试验(简称"冲击试验")，因试验温度不同而分为室温、低温和高温冲击试验 3 种；若按试样缺口形状又可分为"V"形缺口和"U"形缺口冲击试验两种，见图 26-3-3；V 形缺口的冲击吸收能量用 KV 表示，U 形缺口的冲击吸收能量用 KU 表示。试件形状不同，所得冲击值也不一样。我国材料试验标准中规定以如图 26-3-3a)的夏比 U 型缺口试样作为冲击弯曲试验的标准试样，但国外大多数国家都以图 26-3-3b)所示的夏比 V 型缺口试样作为标准试样。与 U 型缺口试样相比，V 型缺口试样根部半径小，对冲击韧度更为敏感，但缺口的加工要求更高一些[136]。

冲击试验使试件断裂的过程，也是裂纹发生与发展的过程。如塑性变形发生在裂纹发展的前面，就可制止裂纹的发展，为使裂纹能够继续发展下去，就得再消耗能量；因此，塑性变形发生快的材料，其冲击值就较高，冲击值也代表材料迅速塑性变形的能力。

静载试验所得塑性指标(断后伸长率 A、断面收缩率 Z)较高的材料，其冲击值不一定都高，但冲击值较高的材料，其塑性指标都高。

锅炉元件在制造、安装、运行、检修中一般不受类似冲击试验的载荷，元件的脆性破坏甚至可发生在一般水压试验的加载速度下，那么，冲击值又如何能衡量锅炉元件的这种脆性破坏呢？

锅炉元件的脆性破坏都起源于缺陷处(焊后的细小裂纹、气孔、夹渣、表面切口、晶间裂纹等)，缺陷本身总避免不了存在极细小的尖缝，其尖锐程度要比冲击试件上人为开的切口大得多，因而很易开裂；但另一方面，它们的受力情况要比冲击载荷慢得多，又使开裂条件大为缓和。这两种因素的综合结果就有可能利用冲击值来大致估计材料的脆性破坏倾向。由于图 26-3-3b)所示的 V 形缺口夏氏试件的缺口形状较接近于实际缺陷，故国际上一般皆采用此种试件。

由以上所述情况可见，冲击值 α_k 实际上只是一种衡量材料韧性的定性指标。它可用以相对地评价不同材料的韧性情况，但不能用以定量地计算具体元件所吸收塑性变形能量的能力。主要原因在于元件吸收塑性变形能量的能力与它的应力分布情况有关，而冲击值只是在特定形状标准试样下测得的数据，对于其它形状的元件没用实用意义[136]。从另外角度也可以理解为冲击值并不能确切地指出什么条件下将出现脆性破坏。脆性破坏的产生条件及影响因素是难以精确掌握的。同一种材料、同样形状及大小的试件所得冲击值有时就相差很多(一般皆作几个试件的试验再取其平均值)，那么，实际设备的情况就更难掌握。不同设备的受力状态及缺陷情况均不一样，到底在什么条件下，例如温度为多少度以下将发生脆性破坏，显然是难以确定的。因此，冲击值无法从"数量"上来研究材料的破坏形式，不引用于计算中，只能用它粗略地从"性质"上判断破坏的形式及产生的条件。用冲击值来确定脆性破坏产生的条件时，要尽量给以较大裕度。由试验资料表明，冲击韧度 α_k 对材料的组织缺陷很敏感，它能灵活

地反映出材料品质、宏观组织及微观组织方面的微小变化,故在生产中都采用冲击韧度作为检验冶炼、热加工及热处理工艺质量的一个重要指标[136]。如可用冲击韧度值粗略判断钢材内部缺陷存在情况,因为如钢材内部存在夹渣、疏松、气孔、裂纹等,冲击韧度值会明显下降。

2 冷脆性、蓝脆性及红脆性

某些金属当温度约低于 0 ℃时,冲击值明显下降,见图 26-3-4,这种现象称为"冷脆性"。当温度升高时,冲击值开始回升,但以后又下降,约为 450 ℃～500 ℃时冲击值又变得很低,称为"蓝脆性"。温度再升高时,冲击值又回升,以后下降,约达 900 ℃时冲击值再度变得很低,称为"红脆性",900 ℃以上冲击值不再升高。上述脆性的特点是,在一定温度条件下呈现脆性,温度改变后脆性即自行消失,属于暂时脆性。

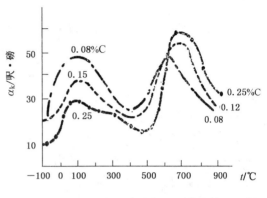

图 26-3-4　温度对碳钢冲击值的影响

（1）冷脆性

冷脆性只产生于具有体心立方晶格的金属中,如 α 铁、钨等。锅炉制造中广为采用的碳钢及低合金钢都主要由 α 铁构成,故都有冷脆性现象。具有面心立方晶格的金属,如 γ 铁、铝、铜、镍等不产生冷脆性。奥氏体钢主要由 γ 铁构成,故没有冷脆性倾向。

在船舶、桥梁等方面因冷脆性引起的重大事故并不罕见,其特点是:发生在 0 ℃ 上下的较低温度条件下;无预兆、裂速高,一声巨响就已完全毁坏;都在低于屈服限条件下发生,但裂源发生在较大应力集中的缺陷处;材料的静载塑性(断后伸长率 A、断面收缩率 Z)并不低,甚至具有较高水平。冷脆性在锅炉制造行业中同样重要,例如,1968 年我国某锅炉制造厂生产的大型锅炉汽包(采用联邦德国 BHW-38 牌号低合金钢),在水压试验时的突然碎裂就是这种冷脆性引起的。我国有的露天锅炉构架须在 -20 ℃低温下工作,特别是大板梁负重甚大,如因冷脆性突然裂断,将使整个锅炉坍塌,后果不堪设想,因而引起了各方的高度重视。

为避免因冷脆性造成脆裂事故,需找出"冷脆临界转变温度",当工作温度高于它时可保证不出现脆性破坏现象。一般取 V 型缺口夏氏冲击值为 15 呎·磅(25.48J/cm²;1 呎=0.305 m,1 磅=0.454 kgf,1 kgf·m=9.8 J,V 型缺口处的断面积为 0.8 cm²)或梅氏冲击值为 3.5 kg·f/cm²(34.3 J/cm²)所对应的温度为冷脆临界转变温度,如图 26-3-5 所示。这种规定是否可靠,有多大裕度呢?我国对 16Mn 钢试验情况是:

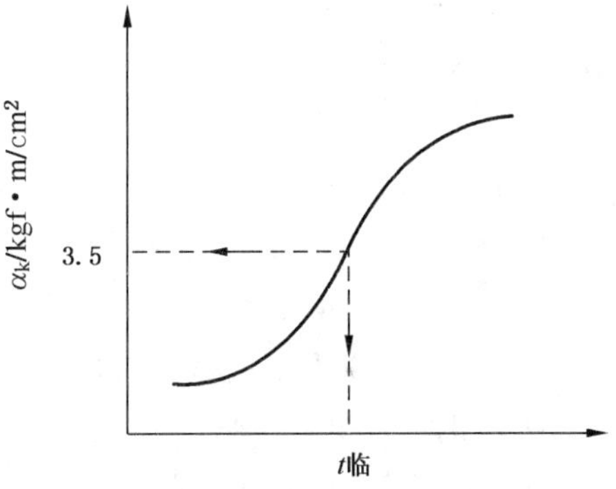

图 26-3-5　临界转变温度 t 临

V型缺口夏氏冲击值为 2.6 kg·f/cm²(25.48 J/cm²)所对应的临界转变温度为 -10 ℃，而梅氏冲击值为 3.5 kg·f/cm²(34.3 J/cm²)所对应的临界转变温度为 -40 ℃。用这种钢制造的压力容器爆破试验表明，在 -40 ℃条件下仍未产生脆性破坏。说明如压力容器工作温度高于按上述方法确定的临界转变温度是可靠的。16Mn(Cu)钢制造的构件情况，基本上也是这样的。按上述方法确定的临界转变温度有多大裕度以及是否适用于一切情况，有待于进一步摸索。

影响冷脆性的因素可归纳为以下各项：

1) 缺陷愈尖锐，临界转变温度愈高，即冷脆范围愈大；

2) 加载速度愈快，临界转度温度愈高，因而对于冷脆倾向较大的钢材，应尽量避免冲击载荷；

3) 工件愈厚，临界转变温度愈高，因而厚壁容器、大型梁柱应特别注意；

4) 钢材中溶解于铁索体里的磷使冷脆性明显加剧，因磷在铁素体中具有严重偏析倾向，多磷的地方成为脆裂的起点。含磷大于 0.1％以后，冷脆性急剧增加。锅炉用钢的含磷量均有严格限制，详见第 28~31 章；

5) 沸腾钢、粗晶粒钢、晶界处析出碳化物以及冷加工变形等，均使冷脆性倾向加大。

(2) 蓝脆性

静载拉伸条件下，在 200 ℃~300 ℃区间出现强度上升、塑性下降趋势（可参见温度对钢材力学性能的影响），此现象称为"蓝脆性"。在冲击载荷条件下，由于加载速度甚大，使蓝脆性产生的温度区间上升到 450 ℃~500 ℃。

在蓝脆性倾向较大的钢材中，如在 500 ℃以下，特别是在 200 ℃~300 ℃，产生塑性变形时，当钢材冷到室温以后，会使钢材的塑性、韧性下降。

蓝脆性倾向较大的钢材，应变时效的敏感性也较大。关于应变时效问题，见本节之 5。

(3) 红脆性

红脆性产生于含硫较多或还原不好的钢材中，约在 900 ℃以上呈现较大脆性，锻打易开裂。因该温度下钢材呈红色，故称"红脆性"（有些文献也称为"热脆性"）。

硫在钢中形成硫化铁(FeS)，它与铁组成易熔的共晶体，以网状分布于晶粒表面，当加热到约 800 ℃以上晶间强度明显变弱。

还原不好的钢中，氧化铁(FeO)分布于晶粒之间，加热到约 800 ℃以上，氧化铁软化，也使晶间强度下降。

消除红脆性的办法有：

1) 长时高温退火(1 000 ℃以上)，可使网状硫化物变为球状，使晶间减弱作用下降；

2) 钢中加锰是防止红脆性的有效办法，因锰可消除硫化铁：

$$FeS+Mn \rightarrow Fe+MnS$$

硫化锰(MnS)与铁不组成易熔的共晶体，且以点状存在；

3) 对钢进行很好还原。

由于硫能使钢材产生红脆性，故锅炉钢材中的含硫量有严格限制，详见第 28~31 章。

3 回火脆性

有些钢材约需加热到 650 ℃ 进行回火,若回火后缓慢冷却,则常温下该钢会变脆,这种现象称为"回火脆性";若快速冷却,则钢的回火脆性即不出现,见表 26-3-1。

表 26-3-1 铬镍钢试验结果

淬火温度/℃	回火温度/℃	回火后的冷却方式	屈服限/MPa	抗拉强度/MPa	伸长率/%	布氏硬度	冲击值/J/cm²
850	650	炉中	558.6	750.5	25	240 HB	19.6
850	650	水中	598.4	756.4	25	248 HB	140.3
1000	650	炉中	588.6	741.6	27	239 HB	12.8
1000	650	空气中	608.2	765.2	25	240 HB	68.7
1000	650	水中	588.6	745.6	25	240 HB	150.1

由表可见,炉中缓慢冷却,常温冲击值很低,但其他常温性能与冷却速度无关。

如回火温度约为 500 ℃,则无论冷却快慢,均不出现回火脆性。

上述回火脆性主要出现于铬钢、锰钢及铬镍钢。碳钢也有类似现象,但冲击值的降低表现在低于常温。因此,可以认为回火脆性是钢材在某温度区间内停留一定时间后,使冷脆转变温度有所提高的一种现象,有的钢材提高有限,有的钢材提高到室温,甚至可能高于室温。锅炉元件中,紧固件应注意出现回火脆性。

对于具有回火脆性的钢材,如加入适量的钼(约 0.2%~1.0%)可降低或完全消除回火脆性。

已产生回火脆性的钢材,若重新加热到 650 ℃ 并快冷,可消除回火脆性。

4 热脆性

某些钢材长时间停留在大约 400 ℃~550 ℃ 温度区间以后冷却至室温,其冲击值明显下降,这种现象称为"热脆性"。一些钢材的热脆性倾向如图 26-3-6、图 26-3-7 及图 26-3-8 所示。

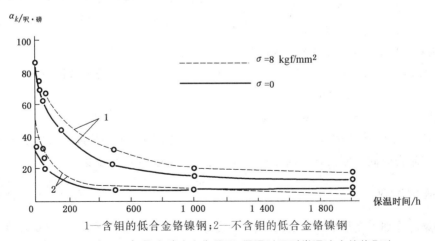

1—含钼的低合金铬镍钢;2—不含钼的低合金铬镍钢

图 26-3-6 在 500 ℃ 及有无应力作用下,保温时间对常温冲击值的影响

几乎所有钢材都有产生热脆性的趋势,其中较易产生热脆性的有低合金铬镍(0.5%~1.0%Cr,1.0%~4.0%Ni)、锰钢(1.0%~2.0%Mn)、含铜的钢(Cu>0.4%)等。钢材产生塑性变形、蠕变变形能促进热脆性。碳钢在400℃~500℃蠕变条件下工作后,冷却到常温,冲击值将有所下降。0.5Mo钢高压蒸汽管道长期运行后,常温冲击值有的已低于1 kgf·m/cm² (9.8 J/cm²),而在100℃或工作温度下的冲击值比5 kgf·m/cm² (49 J/cm²)大得多。我国有的电厂高压蒸汽管道也有类似情况发生,运行10万h后,常温冲击值只有0.7 kgf·m/cm² (6.9 J/cm²),而高温冲击值仍较高。

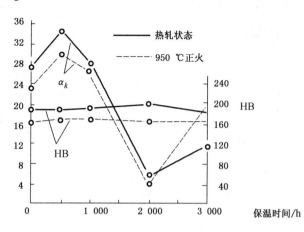

图26-3-7 在520℃下,15 MnV(1.2%~1.6% Mn,0.04%~0.12%V)钢经不同保温时间后,常温冲出值及硬度的变化

钢中铬、锰、磷等能促使产生热脆性。钼也促使产生热脆性,但与其他元素配合起来可阻止产生热脆性(图26-3-6)。钨、钒是属于减弱热脆性的元素。合金元素数目较多的珠光体钢不易产生热脆性。

热脆性出现后,一般能使冲击值下降50%~60%,个别情况下甚至降低80%~90%。锅炉紧固件(螺栓)因热脆性断裂的实例屡见不鲜。锅炉蒸汽管道启动、停炉时期,由于存在温度低、水击、振动等因素,易于使已产生热脆性的管道的有缺陷部位,如未焊

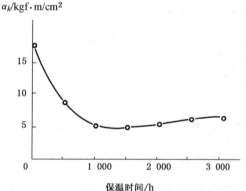

图26-3-8 在450℃下,40MnVB(1.10%~1.40% Mn,0.05%~0.10V,0.001%~0.005%B)钢经不同保温时间后,常温冲击值的变化

透处,成为脆裂的起点,造成损坏。因而对热脆性应给予足够注意,如:

1) 必要时可保持停运蒸汽管道的温度在100℃以上,可由母管或邻炉引来蒸汽加热;
2) 检修时,特别注意避免冲击;
3) 暖管时避免出现水击、振动等现象。

金相观察表明,产生热脆性的钢材沿晶界和晶体内部均有不同程度的碳化物析出。另外,热脆性均需较长时间才能出现。因而热脆性属于一种"沉淀时效"现象。

5 应变时效

某些钢材冷加工变形后,在室温条件下经过长时间(几个月甚至几年)停留或在100℃~300℃温度条件下经过一定时间(0.5~2)h后,将发现它们的强度性能上升、塑性性能下降,

尤其冲击值明显下降,这种现象称为"应变时效",有时也称为"机械时效"或简称"时效"。加热到 100 ℃～300 ℃ 的时效有时称为"人工时效"。冷弯、冷卷、胀接、铆接等工艺过程,均伴随有冷加工变形,因而对应变时效问题应给予足够注意。有些胀接管端以及铆钉的裂断,即由于此种应变时效造成的。

应变时效是因塑性变形使部分晶格歪曲,降低了对某些物质(碳化物、氮化物等)的溶解能力,必然引起这些物质的扩散与析出,从而使钢材性能有所改变的一种现象。扩散与析出需要一定时间,温度提高可加大扩散与析出的速度,使应变时效现象很快出现。

这种应变时效现象主要产生于含碳量较低的钢材中,含碳量增加使应变时效趋势减弱。从这个角度考虑,20 号碳钢(约含 0.2%碳)比 10 号碳钢(约含 0.1%碳)优越。

冷加工(冷作硬化)程度对应变时效有明显影响,见图 26-3-9。由图可见,随着冷加工程度加大,时效愈加显著。冷加工变形大于 3%,时效已很显著;冷加工变形大于 10%,时效不再增加。在时效过程中,改变最大的是冲击值,它可能降到原始状态的 10%～15%,使材料完全变脆。上述冷加工变形程度(3%～10%)正是锅炉制造工艺所常遇到的。

炼钢过程中所吸收的氧及氮能显著提高时效倾向性,因而时效在很大程度上取决于冶炼过程。仅用锰去氧的沸腾钢最易出现时效;炼钢脱氧时,除加入锰、硅以外再加入铝或加入钛、钒、锆等,使时效倾向减弱。

钢中加入镍可十分显著地降低时效趋势,加入 1.5%～5.0%的镍,基本上不再出现时效现象。锰、铜能增加时效倾向。16 MnCu 钢(1.25%～1.50% Mn、0.20%～0.35% Cu)具有时效趋势,但冷加工变形量 10%时效后,常温冲击值下降不超过 50%,均大于 3 kgf·m/cm² (29.4 J/cm²)。

通过冶炼或调整成分,可得到耐时效钢或不耐时效钢。

工作温度对时效也有较大影响。温度低于 300 ℃ 时,温度增加可加快时效出现;温度再高时,使时效减弱,温度达再结晶温度时,由于冷作硬化消失,也就谈不上应变时效了。

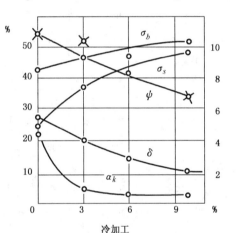

图 26-3-9　冷加工程度对正火处理的锅炉钢(约含碳 0.2%,含铜 0.2%)在人工时效(250 ℃ 经 1 h)后力学性能的影响

淬火或正火后 600 ℃～650 ℃ 回火可使析出的氮化物、碳化物聚集成大颗粒,减轻对冲击值的影响,使时效减弱。

锅筒是锅炉重要的受内压元件,如破损,后果十分严重。低压锅炉常采用冷卷方式制造,因而对所用钢材时效倾向必须通过试验给以鉴定。锅炉钢材标准中一般常给出对应变时效后冲击值的要求限制。

钢材对应变时效的敏感性,用时效前后冲击值的差值与原始状态下冲击值的百分比来表示。预拉 10%,加热到 250 ℃±1 ℃,保温 1 h 后空冷,得 $\alpha_{k(时效)}$,则时效敏感性为

$$C = \frac{\alpha_{k(原始)} - \alpha_{k(时效)}}{\alpha_{k(原始)}} \times 100\%$$

式中 $\alpha_{k(原始)}$ 为原始状态下的冲击值。

26-4 锅炉钢材损伤特征与损伤原因判别方法

强度不够引发锅炉事故寻找原因时，钢材在运行中是否性能变坏（损伤）已不足以抵抗介质压力的作用，是需要考虑到的一个重要方面。

事故本不是所希望的，但事故既已发生，就应看作是最实际的、最难得的破坏性试验，应积极组织力量进行全面分析总结。

为便于着手分析判断元件材料损伤的原因，下面对各种损伤进行分类，分别介绍损伤特征、损伤原因与判别方法[52]。

1 钢材损伤判别方法

锅炉元件材料的损伤，常不是某一种原因造成的，而是几种原因综合作用的结果。各原因之间互有影响，彼此牵连，给事故分析造成一定困难。

示例：

我国某电厂 13.7 MPa，670 t/h 锅炉高温段对流过热器直管段（12Cr1MoV 钢），累计运行 1 000 h 后爆管。事后对破口附近的鉴定分析情况如下：

① 钢管成分、性能均符合标准要求；

② 破口形状，如图 26-4-1 所示，破口处由 $\phi 42 \times 5.6$ mm 胀粗到 $\phi 60 \times 5.4$ mm，壁厚有一定减薄；

③ 内壁有 4 条直道缺陷，深度为 0.18 mm～0.31 mm；

④ 内外壁均有脱碳现象：内壁深度 0.18 mm，外壁深度 0.18 mm～0.27 mm；

⑤ 内外壁有轻微氧化物；

⑥ 金相组织为珠光体＋铁素体，晶粒度 6～7 级。

可见，事故是因管壁过热（引起蠕变、蒸汽腐蚀、高温氧化）及缺陷（直道）共同造成的。

分析事故原因时，必须从制造（有否冷变形、热处理工况、原材料质量等）、运行（累积时间、超温情况、水质、燃烧工况等）等方面的诸情况调查了解入手，并作一些必要的鉴定试验，例如：

1) 破口观察及测量（破口断面状态、破口形状、破口处管子周长的变化、壁厚变化等）；深入研究损伤原因时，可采用显微断口分析和电子断口分析；

2) 金相组织分析（显微分析）；

3) 力学性能试验；

4) 化学成分分析等。

然后，根据调查了解到的情况及试验所得的结果，在对比类似事故分析资料的基础上，作出必要的结论

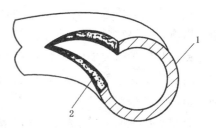

1—事故后切割断面；2—破口断面

图 26-4-1 破口形状（取割样一半）

性看法。在调查、研究、分析中忌带主观性、片面性和表面性。不能根据点滴情况即草率地作出绝对肯定或绝对否定的结论。

鉴定试验取样时,既要考虑损伤部位,也要照顾到无损伤部位。例如,向火面爆管破伤,既要在向火面也要在背火面取样,这样才能作出有对比的全面鉴定。在钢管金相分析取样时,如测带状组织就需纵向截取,如测脱碳深度,就应横向截取。一般希望用锯、车、刨等方法截取,若用气割方法,应留有足够裕度,以免气割使原组织改变而作出错误的判断。对于焊口试样,应取一块包括焊缝、近缝区及原金属的试样。

2 钢材损伤分类特征与判别

(1) 钢材缺陷破裂

1) 损伤特征

① 破口断面及附近残留原有缺陷迹象,如旧的缺口等,缺陷处常有氧化物存在;

② 破口断面是钝的,破口处管子周长变化不大(图 26-4-2),因为缺陷造成的应力集中使损伤不产生较大的塑性变形;

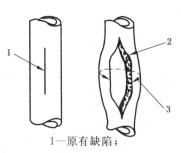

1—原有缺陷;
2—破口断面;3—周长

图 26-4-2　管子缺陷造成的破口

③ 破口形状与其他原因造成的损伤常有明显区别(图 26-4-3);

④ 裂纹具有穿晶性质,因是过高应力集中造成的。

　a) 裂纹缺陷造成　　b) 水循环破伤短时过热造成　　c) 不很长时间蠕变破伤造成　　d) 长时间蠕变破伤造成
　　(近似矩形)　　　　　(桃核形,破口锐利)　　　　　　(近似桃核形)　　　　　　　　(大量小裂纹)

图 26-4-3　破口形状

图 26-4-4 所示的是一台高压锅炉过热器管由于管材缺陷(较深的划痕)造成的破口情形,在破口延线上明显看出缺陷迹象。

2) 损伤原因

锅炉制造时,对半成品(管子、钢板等)检查不严造成的。

3) 判别方法

一般作破口观察及测量破口处管子周长即可。

(2) 短时急剧过热破裂

1) 损伤特征

① 破口断面锐利,破口处管子周长增加很多,因

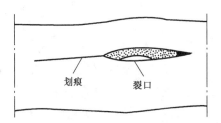

图 26-4-4　管材缺陷(划痕)造成的破口

为高温下塑性较大,损伤时伴随较大变形;

② 破口常呈桃核形[图 26-4-3b)],因为是一点先破继而胀开,而不是沿缺陷(一条线)同时破裂;

③ 破口处的金相组织常是马氏体或马氏体加铁素体,这是高温快冷的结果,快冷是工质以很高速度向外喷射造成的;

④ 破口处硬度明显上升(图 26-4-5),因存在马氏体组织;

⑤ 管子外壁没有氧化皮,因为尽管温度很高(800 ℃或更高),但在此高温下时间极短即破伤,尚来不及形成氧化皮;

⑥ 有时由于工质喷射的反作用力,使管子明显弯曲。

2) 损伤原因

沸腾管水循环发生故障或过热器管出现水塞等现象时,内部工质冷却管子的条件严重恶化,壁温急剧上升,使材料强度大幅度下降,几分钟即能引起破裂。

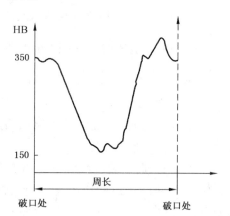

图 26-4-5　破口处沿管子周长硬度的变化(碳钢,沸腾管)

3) 判别方法

① 破口观察及测量破口处管子周长;

② 金相组织分析;

③ 测硬度。

一般仅作破口观察即能判断。

(3) 长时过热蠕变破裂

1) 损伤特征

① 若金属过热程度较大,经不太长时间(几百小时或一两千小时以内)即引起蠕变破裂,破口的形状与短时急剧过热相似,但破口断面不很锐利[图 26-4-3c)];若金属过热程度不很大,需经较长时间(几千小时以上)才引起蠕变破裂,于内外壁形成许多纵向裂纹,个别穿透,破口不明显张开[图 26-4-3d)];

② 破口处管子周界长度一般增加不多,因高温持久塑性较小;

③ 内外表面有明显氧化皮,因温度较高且时间较长;

④ 过热程度较大时,裂纹具有晶体裂开性质;过热程度不很大时,裂纹具有晶间裂开性质;

⑤ 珠光体中碳化物明显球化,有时聚集于晶界处;合金元素由固溶体向碳化物转移;

⑥ 一般同时产生蒸汽腐蚀及高温氧化现象,它们的特征见本节(4)、(5)。

2) 损伤原因

① 管子堵塞(存在焊口瘤、钢球、其他进入的物体);

② 热偏差或水力偏差使个别管中工质流量减少;

③ 内壁积垢或积氧化物太多;

④ 材料用错,用质量差的材料代替质量好的材料等。

3) 判别方法

① 破口观察；

② 金相组织分析；

③ 化学成分分析；

④ 力学性能试验。

一般可不作力学性能试验。

(4) 蒸汽腐蚀（氢的腐蚀）

1) 损伤特征

① 蒸汽腐蚀发生在过热器管，一般与蠕变破伤同时发生，曾经冷变形的部位（弯头等）较易于产生。裂纹不大，发生于内壁；

② 裂纹呈晶间裂开性质，破口处管子变形很小；

③ 产生脱碳现象，大部分珠光体消失，剩下的主要是铁素体晶粒；

④ 内壁存有 Fe_3O_4 氧化物。

2) 损伤原因

蒸汽过热器由于管子堵塞或受热偏差、水力偏差等原因，使管内工质流量减少，造成壁温明显升高时，蒸汽与管壁金属产生如下反应：

$$4H_2O + 3Fe \rightarrow Fe_3O_4 + 8H$$

氢原子（H）穿入晶粒之间，与扩散来的碳发生如下反应并产生脱碳现象：

$$4H + C \rightarrow CH_4$$

所生成的甲烷 CH_4 在晶粒之间不断聚集，产生很高压力，终使晶间裂开，产生裂纹。

3) 判别方法

① 破口观察；

② 金相组织分析。

(5) 高温氧化（烟气腐蚀）

1) 损伤特征

① 产生在壁温超过钢材许用温度情况下；

② 产生明显氧化皮（Fe_2O_3、Fe_3O_4 及 FeO）；

③ 表面脱碳。

2) 损伤原因

烟气中的氧在高温下对管壁的氧化破伤。

3) 判别方法

① 了解产生的温度条件；

② 表面观察；

③ 辅之以金相分析。

(6) 垢下腐蚀

1) 损伤特征

① 一般产生在水冷壁向火侧内壁，常处于燃烧器标高；

② 腐蚀呈贝壳状向下凹陷,直径可达几十毫米;
③ 受热面内壁有时沉积含有氧化铁及氧化铜的水渣。

2) 损伤原因

受热面上沉积的氧化铁及氧化铜与管壁金属的一种电化学腐蚀以及腐蚀产物下面的蒸汽腐蚀现象。

3) 判别方法

① 了解产生地点及条件;
② 观察腐蚀破伤形状。

(7) 氢损伤

氢损伤与蒸汽腐蚀基本一样,只是产生部位不同;氢损伤产生于沸腾管内壁遭受明显腐蚀的地方。

(8) 苛性脆化

1) 损伤特征

① 仅发生在铆接及胀接处;
② 产生裂纹,但无明显变形;
③ 主裂纹具有晶体裂开性质,而大量分枝裂纹具有晶间裂开性质。

2) 损伤原因

① 铆接接缝、胀接接缝处漏水(漏气),使锅水中苛性钠(NaOH)浓缩;
② 铆接接缝、胀接接缝处存在较大的附加应力(温度应力、机械应力)。

3) 判别方法

① 调查了解裂纹地点及产生的条件;
② 显微分析裂纹性质。

(9) 石墨化

1) 损伤特征

① 高温(450 ℃以上)长时(几万小时以上)作用后产生;裂口粗糙,呈脆性破伤;
② 金相组织分析会发现珠光体已明显球化,沿晶粒周界出现石墨;
③ 冲击值显著下降,其他力学性能也有所下降;
④ 焊缝处易出现。

2) 损伤原因

高温长时间作用后渗碳体分解的结果:

$$Fe_3C \rightarrow 3Fe + C(石墨)$$

3) 判别方法

金相显微分析即可。

(10) 热脆性

1) 损伤特征

① 在 400 ℃~500 ℃温度区间长时(约 1 000 h 以上)工作后脆裂,无明显塑性变形;
② 冲击值明显下降,其他力学性能变化不大;

③ 沿晶界和晶体内部析出碳化物。

2）损伤原因

高温作用下析出碳化物。

3）判别方法

① 了解产生的温度条件及观察破口；

② 力学性能试验；

③ 辅之以金相分析。

（11）热疲劳

1）损伤特征

① 发生在金属温度大幅度交变之处（锅筒上未加保护套管的给水管孔、接近水平的沸腾管等）；

② 产生大量裂纹，但无明显变形；

③ 裂纹具有晶体裂开性质，因系过高的交变应力造成的。

2）损伤原因

金属温度周期变化产生的过高交变应力。

3）判别方法

① 调查了解裂纹地点及产生的条件；

② 显微分析裂纹性质。

损伤特征与损伤原因对照[52]：

为便于在大量可能的损伤原因中找出准确原因，特编制出如下损伤特征与损伤原因对照，见表 26-4-1。

表 26-4-1　损伤特征与损伤原因对照

损伤特征	损伤原因
破口很大且破口边缘锐利	短时急剧过热
破口处壁厚无明显变化	材料缺陷（直道、划痕等）
破口处管子周长明显增加	短时急剧过热
破口处管子周长增加不多	长时过热蠕变、材料缺陷
大量纵向细裂纹且有氧化皮	长时过热蠕变、材料用错（一般钢材代替耐热钢）
脆性破裂	热脆性、石墨化、苛性脆化
晶间裂开	长时过热蠕变、蒸汽腐蚀、氢损伤、苛性脆化
晶体裂开	热疲劳、缺陷破裂、应力过大、短时过热
珠光体球化	长时过热
珠光体消失	蒸汽腐蚀、氢损伤
表面脱碳	蒸汽腐蚀、氢损伤、高温氧化
析出石墨	石墨化
晶粒长大	过热
冲击值明显下降	石墨化、热脆性、苛性脆化

第 27 章　锅炉钢材性能与基本要求

本章介绍锅炉钢材有关各种性能及对锅炉钢材性能的要求。

27-1　钢材性能概述

从钢材自身特性及其使用方面，常规钢材的性能主要有物理性能、力学性能、化学性能、工艺性能、使用性能及与设计相关的其他性能。

物理性能是钢的本质不发生变化时所表现的性能，如：密度、堆密度、线胀系数、热导率、熔点、比热容、电导率、磁感应强度及摩擦因数等。部分钢材及铸铁的常用物理性能参数见表 27-1-1 和表 27-1-2，其他钢材的物理性能参数可查阅相关文献。化学成分相近的材料，其物理参数也相近，基本上不受加工因素的影响，因此可以相互参考使用。

力学性能主要是指钢材在外力作用下表现出来的各种特性，主要有强度、弹性、塑性、韧性、硬度及减摩、耐磨性；如各种(抗拉、抗弯、抗压、抗剪)强度、弹性模量、断面收缩率、泊松比、冲击韧度、疲劳、硬度、摩擦因数等。表 27-1-3 给出了金属材料常用量的符号与单位，表 27-1-4 给出了金属材料常用性能名称和符号新旧标准对照，供读者参考。

表 27-1-1　部分钢材常用物理性能参数[228]

20(碳素钢)										
密度 ρ/ t/m³	7.82									
定压比热容 c_p/ kJ/(kg·K)	100 ℃		200 ℃		400 ℃			500 ℃		
	0.469		0.481		0.536			0.569		
线膨胀系数 α_l(与 20 ℃间)/ 10^{-6} ℃$^{-1}$	100 ℃	200 ℃	300 ℃	400 ℃	500 ℃	600 ℃	700 ℃	800 ℃	900 ℃	1 000 ℃
	11.16	12.12	12.78	13.83	13.93	14.38	14.81	12.93	12.48	13.16
热导率 λ/ W/(m·K)	100 ℃		200 ℃		300 ℃		400 ℃		500 ℃	600 ℃
	50.7		48.6		46.1		43.3		38.9	35.6
弹性模量 E/ 10^5 MPa	20 ℃		100 ℃		200 ℃		300 ℃		400 ℃	500 ℃
	2.02		1.87		1.79		1.70		1.61	1.37
15CrMo(合金钢)										
温度/ ℃	20		100		200	300		400	500	600

表 27-1-1(续)

15CrMo(合金钢)							
密度 ρ/ t/m³	7.85						
定压比热容 c_p/ kJ/(kg·K)	0.46	0.50	0.50	0.54	0.54	0.63	0.80
线膨胀系数 α_l(与 0 ℃间/ 10^{-6}℃$^{-1}$		11.9	12.6	13.2	13.7	14.0	14.3
热导率 λ W/(m·K)	44.4	44.4	44.4	41.9	39.4	37.3	34.8
弹性模量 E/ 10^5MPa	2.17	2.13	2.06	1.97	1.89	1.79	1.69

12Cr18Ni9(不锈钢)														
密度 ρ/ t/m³	8.00													
定压比热容 c_p/ kJ/(kg·K)	0.50													
线膨胀系数 α_l (与 20 ℃间)/ 10^{-6}℃$^{-1}$	93 ℃			204 ℃			427 ℃			649 ℃			871 ℃		
	16.6			17.0			17.7			18.4			19.0		
弹性模量 E/ 10^5MPa	室温	93 ℃	149 ℃	204 ℃	260 ℃	316 ℃	371 ℃	427 ℃	482 ℃	538 ℃	593 ℃	649 ℃	704 ℃	760 ℃	816 ℃
	1.97	1.96	1.92	1.88	1.83	1.79	1.74	1.70	1.66	1.62	1.57	1.53	1.49	1.45	1.41

表 27-1-2　部分铸铁常用物理性能参数[228]

参数名称	材料	性能参数					
密度 ρ/ g/cm³	灰铸铁 (≤HT200)	7.2					
	灰铸铁 (≥HT350)	7.35					
	可锻铸铁	7.35					
	球墨铸铁	7.0～7.4					
定压比热容 c_p/ kJ/(kg·K)	灰铸铁	0.532					
热导率 λ/ W/(m·K)	灰铸铁	58					
线膨胀系数 α_l/ 10^{-6}K^{-1}	铸铁	20～100 ℃	20～200 ℃	20～300 ℃	20～400 ℃	20～600 ℃	20～1 000 ℃
		(8.7～11.1)	(8.5～11.6)	(10.1～12.2)	(11.5～12.7)	(12.9～13.2)	17.6
弹性模量 E/ GPa	灰铸铁	113～157					
	可锻铸铁	152					
	球墨铸铁	140～154					

注：带括号的数据仅供参考。

表 27-1-3　金属材料常用量的符号与单位[222]

量的符号	量的名称	单位符号	量的符号	量的名称	单位符号
A_k	冲击吸收能量	J	ρ	密度	g/cm³
KU	U型缺口试样冲击吸收能量	J	σ_b	抗拉强度	MPa
KV	V型缺口试样冲击吸收能量	J	σ_{bb}	抗弯强度	MPa
α_k	冲击韧度	J/cm²	R_{mc}	抗压强度	MPa
α_{ku}	U型缺口试样冲击韧度	J/cm²	σ_D	疲劳极限	MPa
α_{kv}	V型缺口试样冲击韧度	J/cm²	σ_e	弹性极限	MPa
B	磁感应强度	T	σ_N	疲劳强度	MPa
c	比热容	J/(kg·K)	σ_P	比例极限	MPa
E	弹性模量	GPa	R_{eL}	下屈服强度	MPa
G	切变模量	GPa	σ_{100}^1	高温持久(100 h)强度极限	MPa
H	磁场强度	A/m	σ_{-1}	对称循环疲劳极限	MPa
HBW	布氏硬度	—	$\sigma_{0.2}$	屈服强度	MPa
H_e	矫顽力	A/m	$\sigma_{0.1}$	弯曲疲劳极限	MPa
HRA HRB HRC	洛氏硬度	—	τ_b	抗剪强度	MPa
			$\sigma_{r0.2}$	规定残余延伸应力	MPa
HS	肖氏硬度	—			
HV	维氏硬度	—	$\sigma_{p0.2}$	规定非比例延伸应力	MPa
P	铁损	W/kg	A	断后伸长率	%
R	腐蚀率	mm/a	ε	相对耐磨系数	—
α_l	线胀系数	10⁻⁶/K	κ	电导率	S/m 或 %IACS
α_p	电阻温度系数	1/℃	λ	热导率	W/(m·K)
μ	磁导率	H/m	τ_m	抗扭强度	MPa
	摩擦因数	—	$\tau_{0.3}$	扭转屈服强度	MPa
ν	泊松比	—	τ_{-1}	扭转疲劳强度	MPa
ρ	电阻率	10⁻⁶ Ω·m	Z	断面收缩率	%

表 27-1-4　金属材料常用性能名称和符号新旧标准对照[222]

新标准(GB/T 10623—2008)		旧标准(GB/T 10623—1989)	
性能名称	符号	性能名称	符号
断面收缩率	Z	断面收缩率	ψ
断后伸长率	A $A_{11.3}$ A_{xmm}	断后伸长率	δ_5 δ_{10} δ_{xmm}
断裂总伸长率	A_t	—	—
最大力总伸长率	A_{gt}	最大力下的总伸长率	δ_{gt}
最大力非比例伸长率	A_g	最大力下的非比例伸长率	δ_g
屈服点延伸率	A_e	屈服点延长率	δ_s
屈服强度		屈服点	σ_s
上屈服强度	R_{eH}	上屈服点	σ_{sU}
下屈服强度	R_{eL}	下屈服点	σ_{sL}
规定非比例延伸强度	R_p 例如 $R_{p0.2}$	规定非比例伸长应力	σ_p 例如 $\sigma_{p0.2}$
规定总延伸强度	R_t 例如 $R_{t0.5}$	规定总伸长应力	σ_t 例如 $\sigma_{t0.5}$
规定残余延伸强度	R_r 例如 $R_{r0.2}$	规定残余伸长应力	σ_r 例如 $\sigma r0.2$
抗拉强度	R_m	抗拉强度	σ_b

化学性能是指在室温或高温条件下抵抗各种腐蚀性介质对其化学侵蚀的能力。一般包括耐蚀性、抗氧化性和化学稳定性。耐腐蚀性是指材料抵抗周围环境介质(大气、水蒸气、有害气体、酸、碱、盐等)腐蚀作用的能力。钢材的耐蚀性与其化学成分、加工性质、热处理条件、组织状态以及介质和温度等因素有关。锅炉用钢需要具有抗氢腐蚀、氯离子腐蚀和硫腐蚀的能力。

在高温环境下,钢材与空气中的氧发生化学反应而生成氧化物的过程称为高温氧化。钢材抵抗高温氧化气氛腐蚀作用的能力称为抗氧化性。钢的氧化发展程度及速度与钢的化学成分、温度、时间、气体介质成分、压力、气流速度、形成的氧化膜成分及物理性能等有关;通常认为,温度愈高、时间愈长、气体介质中氧分压力愈高、流速愈快,则钢材的氧化发展速度愈快[228]。抗高温氧化性能是大容量高参数锅炉用钢的重要性能之一。

工艺性能是指钢材在各种加工过程中所表现出来的性能;用于表征材料适应工艺而获得规定性能和外形的能力。包括:焊接、可锻、冲压、顶锻、冷弯性能、热处理工艺性能和切削加工性能等。焊接性能和热处理性能是锅炉用钢材的主要工艺性能;其中焊接性能是指钢材在使用特定焊接方法焊在一起表现出的性能。一般用接头强度与母材强度相比来衡量焊接性,如接头强度接近母材强度,则焊接性好。低碳钢具有良好的焊接性,中碳钢焊接性中等,高碳钢、高合金钢及铸铁等的焊接性较差。

锅炉部件制造加工工艺涉及复杂的物理、化学和力学变化，材料适应工艺的能力与加工设备、工具、温度、载荷等息息相关；因此，材料的工艺性能也随环境的变化而变化。对锅炉受压元件而言，比较常见的检验材料工艺性能试验的方法有：压扁、扩口、冷弯、热弯、焊接和焊接工艺评定试验等。

使用性能是指材料在使用条件下安全运行的能力。钢材在使用过程中处于不同的工作环境，同时承受一定的温度与压力，或者承受一定的应力腐蚀条件，材料都应该具有在使用条件下抵抗环境作用的能力；包括：高温短时力学性能、持久强度、蠕变强度、组织稳定性、耐热性和低周应变疲劳性能。

27-2　锅炉受压元件用钢性能的基本要求

本节给出不同温度（室温、中温以及高温）条件下受压元件钢材性能的基本要求。

1　对室温及中温受压元件钢材性能的基本要求

（1）较高的室温及中温强度

由于这类元件通常是以钢材的屈服强度和强度极限作为其强度设计的依据，为了适应各种锅炉承受压力的需要，确保元件的安全性，同时考虑其经济性，所用钢材必须具有较高的室温和中温屈服强度和抗拉强度。

（2）良好的韧性

韧性是指材料在断裂破坏前吸收塑性变形能量的能力。钢材是否具有足够的韧性，直接关系到锅炉在制造、安装和使用过程中是否会发生脆性破坏事故。因而，在选用材料时，特别是厚壁容器的材料选择，必须防止片面追求钢材的强度而忽视其韧性性能。锅炉用钢的室温冲击韧性值应不小于 $60 \text{ N} \cdot \text{m/cm}^2$，并要求时效后的冲击韧性值的下降率小于 50%。

（3）较低的缺口敏感性

锅炉受压元件在制造过程中往往要在材料上进行开孔和焊接等工艺，这样，会造成加工区域局部地区的应力集中；为防止由此引起的裂纹，这就要求钢材具有较低的缺口敏感性。

（4）良好的加工工艺性和可焊接性

选材时应充分注意锅炉在制造过程中的冷热加工成形和焊接工艺及其对材料性能的影响。焊接热循环往往降低了焊接热影响区材料的韧性和塑性，或在焊缝内产生各种焊接缺陷，导致焊接接头产生裂纹。因而，在选用材料时，要考虑材料中合金元素的焊接碳当量值（保证材料具有较好的可焊性）、相应的焊接材料和焊接工艺。此外，还要求钢材具有良好的塑性，以保证冷加工成形。

2　对高温受压元件钢材性能的基本要求

（1）足够的高温持久强度和持久塑性

承受高温高压的元件通常是以钢材的高温持久强度作为强度设计的依据；选用持久强度高的钢材不仅可以保证在蠕变条件下的安全运行，还可避免因管壁过厚而造成加工工艺和运行中的一些困难。

（2）良好高温组织稳定性

此类锅炉钢材应能长期在高温条件下工作而不发生组织结构的变化。

（3）良好的高温抗氧化性能（耐热性）

通常要求此类锅炉钢材在工作温度下的氧化腐蚀速度$\leqslant 0.1$ mm/年。

（4）良好的冷加工工艺性和焊接性能

对于高温承压管件，主要是要求冷加工性（如冷态弯曲等）和可焊性，特别是可焊性。这对于保证管件的安全可靠使用十分重要。有些材料的高温性能很好，能耐受很高的温度，但往往由于其加工工艺性能极差而无法用于高温承压元件。

必须指出，对于高温承压管件提出的性能要求是综合性的，而且这些要求在某种程度上又相互矛盾。例如，要求材料具有良好的高温强度和组织稳定性，就需在材料中加入适量的合金元素，但是这往往会导致材料焊接性能的下降。此时，通常优先考虑对材料的热强性和组织稳定性的要求，而焊接性能下降则通过适当的焊接工艺措施予以弥补。

第 28 章 锅筒(锅壳)用钢板

本章介绍了锅筒(锅壳)的工作条件与用钢要求、给出了锅筒(锅壳)用钢的应用范围、化学成分及力学性能;对主要、常用牌号的锅筒(锅壳)用钢的特性也做了说明,并对国外锅炉钢板在我国的应用做了简要介绍。

28-1 锅筒(锅壳)的工作条件与用钢要求

本节简述了锅筒(锅壳)的工作条件,给出了锅筒(锅壳)的用钢要求。

1 锅筒(锅壳)的工作条件

锅筒(壳)是锅炉中最重要的受压元件。其作用是承接省煤器给水,对汽水混合物进行汽水分离,向各循环回路供水,向过热器(或锅炉出口)输送饱和蒸汽,除去盐分、水分获得良好的蒸汽品质,负荷变化时起蓄热和蓄水作用。在锅筒(壳)中储存着大量有压力的饱和水与蒸汽,其内部也承受水、汽介质的腐蚀作用;锅炉启停时,锅筒上下壁和内外壁温差会导致较大的热应力,周期性的变动负荷将引起锅筒的低周疲劳损伤;一旦锅筒(壳)破裂,这些饱和状态的水与蒸汽将突然膨胀并释放出巨大能量,造成爆炸事故,性质是十分严重的(详见第 1 章)。

2 锅筒(锅壳)用钢的要求

(1) 性能稳定冶金质量好

依据锅筒(锅壳)的工作条件,用钢必须选择性能符合规程、标准要求,组织致密、成分均匀、含硫磷量较少、性能稳定的冶金质量好的钢材制造。

锅筒(锅壳)用钢板中,碳素结构钢(Q235B 等)和低合金结构钢由转炉或电炉冶炼;优质碳素结构钢(15、20 等)由氧气转炉或电炉冶炼;合金钢(Q345R、15CrMoR 等)由氧气转炉或电炉冶炼,并应经炉外精炼。

碳素结构钢、优质碳素结构钢表面不应有结疤、裂纹、折叠、夹杂、气泡和氧化皮等缺陷,不允许有分层;合金钢表面不允许存在裂纹、气泡、结疤、折叠和夹杂等缺陷,钢板侧面不得有分层。经供需双方协商,厚度大于 10mm 优质碳素结构钢可进行低倍组织检查,钢板不应有肉眼可见的缩孔、夹杂、裂纹和分层。

(2) 钢材具有较高的室温及中温强度

随着锅炉参数(容量、压力)的提高,锅筒直径加大、筒壁加厚,这会给制造工艺(卷板、压制、焊接等)带来困难,也使重量明显增加,不利于安装。为了解决这个问题,要求所用钢材具有较高的室温及中温强度。目前,制造中、低压电站锅炉锅筒采用屈服强度 $R_e=250$ MPa～300 MPa 的钢板;高压以上锅炉采用屈服强度 $R_e \geqslant 400$ MPa 屈服的钢板,屈强比(R_e/R_m)不能太高。一台 200 MW 电站锅炉锅筒(工作压力约为 15.2 MPa)。采用屈服强度为 500 MPa 级的 14MnMoVg 钢板,其厚度约为 80 mm,重量(不包括锅内设备)约达 100 t。如果采用屈服强度为 265 的 Q345R 钢板,其厚度达 125 mm,重量达 154 t,显然,是很不合理的。只有低压工业锅炉才选用屈服强度低于 250 MPa 级的钢板。

(3) 保证良好的可焊性

锅筒(锅壳)制造一般皆采用卷板、压制后焊接的工艺方式,故要求所用钢板具有良好的塑性、韧性及可焊接性。因此,皆采用低碳钢或低碳低合金钢。

为保证良好的可焊性,钢板中混入的 Cr、Ni、Cu 等含量不得大于标准规定值。

(4) 有较小的时效敏感性

钢材冷加工后,在室温或较高温度下,冲击值将随时间不断下降(时效现象),在 200 ℃～300 ℃ 温度下,此过程进行得最为强烈,冲击值可能有较大的下降。这个温度区间正是一些锅筒的实际工作温度条件。因此,要求锅筒用钢具有较小的时效敏感性,冲击值的下降率应不大于 50% 或降后的值不小于 30 J/cm² ～35 J/cm²。

(5) 具有较低的缺口敏感性

锅筒(锅壳)制造中需要在钢板上开孔和焊接管接头,会导致应力集中;因此,要求钢材具有较低的缺口敏感性和良好的塑性性能,以便减小应力集中的影响。

(6) 质量检验与验收

所用钢板应按国家有关规程的要求及技术条件严格进行质量检验与验收。

28-2 锅筒(锅壳)用钢的应用范围、化学成分及力学性能

本节给出了锅筒(锅壳)用钢(现行标准)的应用范围,并给出不同牌号的锅筒(锅壳)用钢的化学成分及力学性能;请使用者注意及时了解新版材料标准的相关变化。

1 锅筒(锅壳)用钢的应用范围

考虑到上述对锅筒(锅壳)用钢的要求,目前我国生产的用于制造锅筒(锅壳)的钢板有 10 多种,它们的适用范围见表 28-2-1。

表 28-2-1 锅筒(锅壳)用钢板适用范围

钢的种类	材料牌号	材料标准[1]	适用范围	
			工作压力/MPa	壁温/℃
碳素钢	Q235B Q235C Q235D	GB/T 3274	≤1.6	≤300
	15,20	GB/T 711	≤1.6	≤350
	Q245R	GB 713	≤5.3[2]	≤430
合金钢	Q345R	GB 713		≤430
	15CrMoR	GB 713[3]	不限	≤520
	12Cr1MoVR	GB 713	不限	≤565
	13MnNiMoR	GB 713	不限	≤400

1) 本表所列材料的标准名称,GB/T 3274《碳素钢和低合金结构钢 热轧厚钢板和钢带》、GB/T 711《优质碳素结构钢 热轧厚钢板和钢带》、GB 713《锅炉和压力容器用钢板》。
2) 制造不受辐射热的锅筒(锅壳)时,工作压力不受限制。
3) GB 713 中所列 18MnMoNbR、14Cr1MoR、12Cr2Mo1R 等材料用作锅炉钢板时,其使用范围的选用可以参照 GB 150《压力容器》的相关规定。

2 锅筒(锅壳)用钢的化学成分及力学性能

锅筒(锅壳)用钢的化学成分、力学性能和工艺性能、高温力学性能及持久强度见表 28-2-2～表 28-2-5。

表 28-2-2 锅筒(锅壳)用钢板的化学成分

牌号		化学成分(质量分数)/%												
		$C^{1)}$	Si	Mn	Cu	Ni	Cr	Mo	Nb	V	Ti	$Alt^{2)}$	P	S	其他
													不大于		
Q235	B	≤0.2											0.045	0.045	
	C	≤0.17	≤0.35	≤1.40									0.040	0.040	
	D	≤0.17											0.035	0.035	
15		0.12~0.18	0.17~0.37	0.35~0.65	≤0.25	≤0.30	≤0.20						0.035	0.035	
20		0.17~0.23	0.17~0.37	0.35~0.65	≤0.25	≤0.30	≤0.20						0.035	0.035	

表 28-2-2(续)

牌号	化学成分(质量分数)/%												
	C[1]	Si	Mn	Cu	Ni	Cr	Mo	Nb	V	Ti	Alt[2]	P	S	其他
												不大于		
Q245R	≤0.20	≤0.35	0.50~1.10	≤0.30	≤0.30	≤0.30	≤0.08	≤0.050	≤0.050	≤0.030	≥0.020	0.025	0.010	Cu+Ni+Cr+Mo≤0.70
Q345R	≤0.20	≤0.55	1.20~1.70	≤0.30	≤0.30	≤0.30	≤0.08	≤0.050	≤0.050	≤0.030	≥0.020	0.025	0.010	
18MnMoNbR	≤0.21	0.15~0.50	1.20~1.60	≤0.30	≤0.30	≤0.30	0.45~0.65	0.025~0.050	—	—	—	0.020	0.010	
15CrMoR	0.08~0.18	0.15~0.40	0.40~0.70	≤0.30	≤0.30	0.80~1.20	0.45~0.60	—	—	—	—	0.025	0.010	
14Cr1MoR	≤0.17	0.50~0.80	0.40~0.65	≤0.30	≤0.30	1.15~1.50	0.45~0.65	—	—	—	—	0.020	0.010	
12Cr2Mo1R	0.08~0.15	≤0.50	0.30~0.60	≤0.20	≤0.30	2.00~2.50	0.90~1.10	—	—	—	—	0.020	0.010	
12Cr1MoVR	0.08~0.15	0.15~0.40	0.40~0.70	≤0.30	≤0.30	0.90~1.20	0.25~0.35	—	0.15~0.30	—	—	0.025	0.010	
13MnNiMoR	≤0.25	0.15~0.50	1.20~1.60	≤0.30	0.60~1.00	0.20~0.40	0.20~0.40	0.005~0.020	—	—	—	0.020	0.010	

1) 经供需双方协议并在合同中注明,C 含量下限可不作要求。
2) 未注明的不作要求。

表 28-2-3 锅筒(锅壳)用钢板的力学性能和工艺性能

牌号	等级	上屈服强度 R_{eH}/MPa		抗拉强度 R_m/MPa	断后伸长率 A/%		冲击试验(V 型缺口)		冷弯试验180° $b=2a$	
		厚度/mm	R_{eH}		厚度/mm	A	温度/℃	冲击吸收能量 KV_2/J	钢材厚度/mm	
									≤60	>60~100
Q235	B C D	≤16	235	370~500	≤40	26	B +20	27	纵 a 横 1.5a	纵 2a 横 2.5a
		>16~40	225		>40~60	25				
		>40~60	215		>60~100	24	C 0			
		>60~100	205		>100~150	22				
		>100~150	195		>150~200	21	D -20			
		>150~200	185							

表 28-2-3(续)

牌号	交货状态	钢板厚度/mm	拉伸试验 R_m/MPa	R_{eL}[1]/MPa	断后伸长率 A/%	冲击试验 温度/℃	冲击吸收能量 KV_2/J	弯曲试验[2] 180° b=2a
			不小于				不小于	
15	热轧或热处理	3~400	370	225	30	20	34	$a \leqslant 20$ $D=0.5a$; $a>20$ $D=1.5a$;
20		3~400	410	245	28	20	34	$a \leqslant 20$ $D=a$; $a>20$ $D=2a$;
Q245R	热轧、控扎或正火	3~16	400~520	245	25	0	34	$D=1.5a$
		>16~36	400~520	235	25			
		>36~60		225				
		>60~100	390~510	205	24			$D=2a$
		>100~150	380~500	185				
		>150~250	370~490	175				
Q345R		3~16	510~640	345	21	0	41	$D=2a$
		>16~36	500~630	325				
		>36~60	490~620	315				$D=3a$
		>60~100	490~620	305				
		>100~150	480~610	285	20			
		>150~250	470~600	265				
18MnMoNbR	正火加回火	30~60	570~720	400	18	0	47	$D=3a$
		>60~100		390				
13MnNiMoR		30~100	570~720	390	19	20	47	$D=3a$
		>100~150		380				
15CrMoR		6~60	450~590	295	19	20	47	$D=3a$
		>60~100		275				
		>100~200	440~580	255				
14Cr1MoR		6~100	520~680	310	19	20	47	$D=3a$

表 28-2-3(续)

牌号	交货状态	钢板厚度/ mm	拉伸试验			冲击试验		弯曲试验[2]
			R_m/ MPa	R_{eL}[1]/ MPa	断后伸长率 A/%	温度/ ℃	冲击吸收能量 KV_2/ J	180° $b=2a$
			不小于			不小于		
14Cr1MoR	正火加回火	>100～200	510～670	300	19	20	47	$D=3a$
12Cr2Mo1R		6～200	520～680	310	19	20	47	$D=3a$
12Cr1MoVR	正火加回火	6～60	440～590	245	19	20	47	$D=3a$
		>60～100	430～580	235				

1) 如屈服现象不明显,可测量 $R_{p0.2}$ 代替 R_{eL};
2) a 为试样厚度; D 为弯曲压头直径。

表 28-2-4 锅筒(锅壳)用钢板的高温力学性能

牌号	厚度/ mm	试验温度/℃						
		200	250	300	350	400	450	500
		R_{eL}[1](或 $R_{p0.2}$)/ MPa 不小于						
Q235	3～16	174	156	143	—	—	—	—
	>16～36	167	144	132	—	—	—	—
20	3～16	196	176	162	147	—	—	—
Q245R	>20～36	186	167	153	139	129	121	
	>36～60	178	161	147	133	123	116	
	>60～100	164	147	135	123	113	106	
	>100～150	150	135	120	110	105	95	
	>150～250	145	130	115	105	100	90	
Q345R	>20～36	255	235	215	200	190	180	
	>36～60	240	220	200	185	175	165	
	>60～100	225	205	185	175	165	155	
	>100～150	220	200	180	170	160	150	
	>150～250	215	195	175	165	155	145	
18MnMoNbR	30～60	360	355	350	340	310	275	—
	>60～100	355	350	345	335	305	270	

表 28-2-4(续)

牌号	厚度 mm	试验温度/℃						
		200	250	300	350	400	450	500
		R_{eL}[1]（或 $R_{P0.2}$）/ MPa 不小于						
13MnNiMoR	30～100	355	350	345	335	305	—	—
	>100～150	345	340	335	325	300	—	—
15CrMoR	>20～60	240	225	210	200	189	179	174
	>60～100	220	210	196	186	176	167	162
	>100～200	210	199	185	175	165	156	150
14Cr1MoR	>20～200	255	245	230	220	210	195	176
12Cr2Mo1R	>20～200	260	255	250	245	240	230	215
12Cr1MoVR	>20～100	200	190	176	167	157	150	142
12Cr2Mo1VR	>20～200	370	365	360	355	350	340	325

1) 如屈服现象不明显，屈服强度取 $R_{P0.2}$。

表 28-2-5　锅炉用钢板 10^5 h 持久强度平均值

牌号	在下列温度下的 R_D/ MPa								
	400	425	450	475	500	525	550	575	600
Q245R	170	127	91	61					
Q345R	187	140	99	64					
13MnNiMoR	—	—	265	176					
15CrMoR	—	—	—	201	132	87	56		
14Cr1MoR	—	—	—	185	120	81	49		
12Cr1MoVR	—	—	—	—	170	123	88	62	
12Cr2Mo1R	—	—	221	179	133	91	69	56	

28-3 锅筒(锅壳)用钢特性说明

本节对主要、常用的锅筒(锅壳)用钢的特性做了说明,并对国外锅炉钢板在我国的应用做了简要介绍。

1 锅筒(锅壳)用钢特性

部分锅筒(锅壳)用钢特性说明如下。

(1) Q235

Q235 是锅炉钢板中强度最低的碳素结构钢钢板,用于制造低压(工作压力≤1.6 MPa,壁温≤300 ℃)小型锅炉的锅壳和锅筒等受压元件;钢材一般由氧气转炉、平炉或电炉冶炼。该种钢用于锅炉的质量等级分为 B、C、D 三级:B 级作 V 形缺口冲击试验;C 级作为重要的焊接结构用钢;D 级为特殊镇静钢,含有足够的形成细晶粒结构的元素。

(2) 15、20

15、20 号钢板为按 GB/T 711《优质碳素结构钢 热轧厚钢板和钢带》要求选用的锅炉用优质碳素钢板,可用于制造低压(工作压力≤1.6 MPa,壁温≤350 ℃)锅炉的锅壳和锅筒等受压元件。其中,20 钢表示含碳量为 0.20%(万分之二十)的优质碳素结构钢,其所含的有害杂质元素(S,P)及非金属夹杂物较少,塑性、韧性和加工工艺性能都非常好,是低压工业锅炉广泛使用的钢材之一。

由于锅炉压力容器设备的特殊性,国家根据锅炉用钢的特殊服役条件专门制定了锅炉专用钢(主要是板材和管材)系列,并由专门的技术条件和标准规范之。

GB 713—2008《锅炉和压力容器用钢板》标准中,对一些前版标准中钢的牌号进行了修改和调整;如将 20R 和 20g 合并为 Q245R(锰含量为 0.50%~1.10%),16MnR、16Mng 和 19Mng 合并为 Q345R(锰含量为 1.20%~1.70%),13MnNiMoNbR 和 13MnNiCrMoNbg 合并为 13MnNiMoR。Q245R(优质碳素钢)和 Q345R(低合金钢)的主要区别是由于钢中锰含量的不同,其力学性能(抗拉强度、屈服强度等)也有较大变化,目前广泛用于制造低中压(工作压力≤5.3 MPa,壁温≤430 ℃)锅炉的锅筒、锅壳等受压部件。

GB 713 的 2008 版已被 2014 版替代,GB 713—2014《锅炉和压力容器用钢板》新增了 Q420R、07CrAlMoR、12Cr2Mo1VR 钢号,降低了各牌号的 S、P 含量上限[225]等。

(3) Q245R

Q245R(Q235、20 等)低碳钢虽具有优良的塑性、韧性和加工工艺性,但其强度却偏低,抗腐蚀能力也不够强;因此,可采用高强度、高韧性和良好焊接性与耐腐蚀性的低合金钢 Q345R 代替;可使壁厚减小 25%~30%,但这种钢对缺口的敏感性较碳钢为大。

(4) Q345R

Q345R 是生产锅炉及压力容器的用途最广、用量最大的主要材料,被广泛应用于锅炉及各类压力容器设备制造,属低合金钢。这种钢具有高强度、高韧性、良好的耐腐蚀性、焊接性能及冷成型性能等。

GB 713—2014《锅炉和压力容器用钢板》标准中列出的钢种是近些年锅炉行业一直使用的常规钢种，与 2008 版相比，主要变化为：扩大了钢板的厚度范围，增加了 Q420R、07Cr2AlMoR、12Cr2Mo1VR，降低了各牌号的 S、P 含量上限，提高了各牌号的夏比 V 型冲击吸收能量指标等。

(5) 18MnMoNbR

18MnMoNbR 是充分利用我国富有资源铌(Nb)，在 20MnMo 钢基础上发展起来的 500 MPa 级的中温压力容器用钢，属低合金(多元素、少含量)高强钢，采用电炉加炉外精炼冶炼方法炼制；其综合力学性能较好，可焊性良好，是锅炉制造和化工、石油工业制造中温高压容器用途广泛的钢种，可用作高压、超高压锅炉的锅筒。我国第一台 200 MW 锅炉的锅筒即用这种钢板(18MnMoNbg)制造的。钢中的 Mn 是弱碳化物形成元素，Mn 极大降低奥氏体转变温度，因此，细化了铁素体晶粒，不但对提高钢板强度有利，同时，也对提高钢板低温冲击性能非常有益。Mo 不仅是一种较强的碳化物形成元素，而且又是较强的的贝氏体形成元素。Mo 和其它合金元素配合使用，能提高钢的抗回火脆化性能。Nb 是较强的碳氮化物形成元素，在钢中形成 Nb 的复合型碳氮化物，使终轧后的奥氏体晶粒得到细化，为最终提高力学性能奠定了基础。同时，Nb 的碳氮化物在正火温度下，溶解度比较低，能阻止正火时奥氏体晶粒长大，从而细化 δ 铁素体晶粒。由于钢的低温韧性主要取决于铁素体晶粒尺寸，因此，提高 Nb 的加入量对提高钢板低温冲击性能十分有益[229]。

这种钢的焊接性能良好，对于厚度＞15 mm 的焊件，手工焊与自动焊焊前需预热至 150 ℃～200 ℃，对于厚度≥200 mm 的焊件，焊后进行 600 ℃～650 ℃ 回火处理。电渣焊焊后经正火＋回火处理(950 ℃～980 ℃ 正火＋640 ℃～680 ℃ 回火)。对于特厚钢板，由于其氢脆敏感性较大，焊后应立即进行消氢处理，以防产生氢脆。

(6) 13MnNiMoR

13MnNiMoR 属低合金高强钢，采用氧气转炉加炉外精炼冶炼方法炼制，钢板显微组织应为回火索氏体；为可焊接细晶结构钢，具有良好的强韧性配合和抗层状撕裂能力，热强性能高，抗裂纹扩展敏感性好[230]。其工作压力不受限制，适用壁温≤400 ℃，被广泛用以制造高压锅炉汽包、核能容器及其他耐高压容器等。

(7) 15CrMoR

15CrMoR 是低合金珠光体热强钢。铬和钼是提高钢材热强性、热稳定性及高温抗氧化性的主要元素，因此该钢具有较好的高温性能；另外，15CrMo 钢具有良好的切削加工性、冷应变塑性及焊接性能。这种钢广泛地用于中、高压锅炉锅筒等承压部件。该钢在 500 ℃～550 ℃ 下有较高的持久强度。但当温度超过 550 ℃ 时，蠕变极限显著降低。长期处在 500 ℃～550 ℃ 时，无石墨化倾向，但会产生珠光体球化、合金元素从铁素体向碳化物的转移以及碳化物类型转变的现象，由此导致高温性能有所降低。

(8) 12Cr1MoVR

12Cr1MoVR 属于低合金珠光体热强钢。12Cr1MoVR 钢与 15CrMoR 钢相比较，合金元素中钼有所减少，而加入了适量的钒，故具有较高的热强性和持久塑性；因而该钢可适用壁温为≤565 ℃ 的较高的温度范围。该钢具有良好的组织稳定性，经 580 ℃ 及 600 ℃ 不同时间时效后的硬度及冲击值变化很小；但这种钢在 580 ℃ 长期使用时，会出现珠光体球化现象。12CrlMoVR 钢在 580 ℃ 以下抗氧化性良好，腐蚀速度为 0.05 mm/a（根据 3 000 h～5 600 h 试验数据外推）；在 600 ℃ 时，它的抗氧化性较差，腐蚀速度为 0.13 mm/a（根据 1 000 h～1 500 h 试验数据外推）[137]。该钢对热处理的敏感性较大，焊接性能良好。

2 国外锅炉钢板在我国的应用

20 世纪 80 年代以后，随着我国改革开放及国际交往的不断深入，一些性能优良的国外品牌（牌号）锅炉用钢在我国生产的高压、超高压、亚临界压力系列的 50 MW～600 MW 的电站锅炉上被广泛采用，如 19Mn5、19Mn6、SA-299、BHW35 钢板用于制造锅筒。这些钢也是由氧气转炉或电炉冶炼，并采用炉外精炼方法冶炼。

(1) 19Mn5、19Mn6

19Mn5、19Mn6 是德国生产的 C-Mn 细晶粒低合金钢，在化学成分（见表 28-3-1）上对硫和磷的控制很严格，实际钢材中硫和磷的质量分数均不超过 0.02%；此外，在冶炼时采用了真空脱气技术，大大降低了钢中的含气量，提高了钢材的纯净品质，保证了钢材的内在质量。该两钢均具有良好的综合力学性能（见表 28-3-2）、焊接性能和工艺性能，中温强度也较高，如表 28-3-3a）所示。

(2) BHW35

BHW35（13MnNiMo54）钢也是德国生产的一种多元素少含量（见表 28-3-1）的低合金高强钢。该钢合金元素设计合理，且各元素质量分数的波动范围很小；使其组织稳定，通过多元素的交互作用显著提高了钢的强度，同时又使其具有良好的综合力学性能中温屈服强度，见表 28-3-2 及表 28-3-3b）。该钢一般在正火加高温回火状态下使用，其正火组织为贝氏体加铁素体，回火组织为回火贝氏体加铁素体，故称为低合金贝氏体钢。BHW35 钢具有较好的热成型性能，热卷及热冲压时的加热温度一般为 950 ℃～990 ℃，终卷温度不低于 850 ℃，封头冲压加热温度和终止冲压温度与热卷加热温度相同。

(3) SA-299

SA-299 是一种属于 C-Mn-Si 系列的美国钢种。该钢化学成分（见表 28-3-1）中的各元素质量分数控制严格，并且实际的波动范围很小；例如，钢中碳的质量分数严格控制在 0.22%～0.25% 之间，硫和磷不大于 0.015% 等。另外还根据钢板厚度，适当控制铬、镍、铜的残余量，或添加一些铬、镍、钼、铜以保证厚板的力学性能，同时又不使其可焊性变坏。该钢具有良好的综合力学性能（见表 28-3-2）、各种冷热加工性能和中温强度，见表 28-3-3c）。钢板曾发现有分层现象。在加工中发现气割裂纹敏感性较大[228]。

表 28-3-1　19Mn5、19Mn6、BHW35、SA-299 钢的化学成分[231]

牌号	化学成分/%								
	C	Si	Mn	Ni	Cr	Mo	Nb	P	S
19Mn5	0.17～0.22	0.30～0.60	1.0～1.30	≤0.03	≤0.30	<0.10	—	≤0.040	≤0.040
19Mn6	0.15～0.22	0.30～0.60	1.0～1.60	≤0.03	≤0.25	<0.10	—	≤0.035	≤0.030
BHW35	≤0.15	0.10～0.50	1.0～1.60	0.6～1.0	0.2～0.40	0.2～0.4	0.005～0.020	≤0.025	≤0.025
SA299	≤0.30	0.15～0.40	0.9～1.50	≤0.25	≤0.25	≤0.08	—	≤0.035	≤0.040

表 28-3-2　19Mn5、19Mn6、BHW35、SA-299 的力学性能

牌号	R_e/MPa			R_m/MPa	A/%	ISO KV (0℃)≥/J
	>60～≤100(mm)	>100～≤125(mm)	>125～≤150(mm)			
19Mn5	289	275	261	490～630	20	49
19Mn6	315	295	295	490～630	20	31
BHW35	390	380	375	570～740	18	31
A299	276			515～655	16	27

表 28-3-3　a) 19Mn5、19Mn6 的中温屈服强度

项目	板厚/mm	温度/℃					
		200	250	300	350	400	450
$R_{p0.2}$/MPa	≤60	265	245	225	205	172	155
	>60～≤100	250	230	210	190	162	145
	>100～150	235	215	195	175	155	135

表 28-3-3　b) BHW35 的中温屈服强度

项目	板厚/mm	温度/℃					
		100	200	250	300	350	400
$R_{p0.2}$/MPa	≤100	380	365	360	350	340	310
	>100～≤125	370	355	350	340	330	305
	>125～150	360	345	340	330	320	300

表 28-3-3　c) SA-299 的中温屈服强度

项目	试样位置	温度/℃					
		290	310	330	350	370	390
$R_{p0.2}$/ MPa	表层纵向	216~213	201~215	231~229	219~214	220~219	213~216
	中层纵向	230~228	231~217	221~224	222~221	209~230	203~231

第 29 章 锅炉受热面及管道用钢

本章介绍了锅炉受热面及管道的工作条件与用钢要求、给出了锅炉用钢管材料的适用范围、化学成分及力学性能;对主要、常用牌号的锅炉用钢管的特性及其应用也做了说明,并对锅炉受热面钢管材料在大容量高参数电站锅炉的应用情况做了简要介绍。

29-1 锅炉受热面及管道的工作条件与用钢要求

本节简述了锅炉受热面及管道的工作条件,给出了锅炉受热面及管道的用钢要求。

1 锅炉受热面及管道的工作条件

(1) 锅炉受热面管子的工作条件

1) 过热器和再热器

用于吸收炉内高温火焰辐射及与高温烟气的对流换热热量,使管内饱和蒸汽过热(或蒸汽再热)。一般布置于锅炉炉膛出口的锅炉烟温最高的区域,其管壁温度高于管内介质温度约 20 ℃~90 ℃,在产生蠕变的条件下工作,同时承受炉内高温烟气的高温腐蚀和磨损作用。在现代高参数大容量锅炉中,过热器和再热器的吸热量占工质吸热量的 50% 以上;因此,他们在锅炉总受热面中所占比例很大。

2) 水冷壁

用于吸收炉膛中高温火焰和烟气的辐射热量,使管内工质受热蒸发,并起到保护炉墙的作用。运行中,由于管内工质(水或汽水混合物)的冷却作用,管子本身的工作温度并不高,但锅炉给水水质不良时,管子内壁易产生垢下腐蚀,管子外壁容易发生由于燃烧气氛的波动变化而引起的高温腐蚀。

3) 省煤器

其作用是利用锅炉排烟加热锅炉给水。一般布置在锅炉尾部(烟气流程的后部),其工作温度不高;管子承受水及汽水混合物的强烈冷却作用,金属壁面温度低于 370 ℃,管子外壁受到烟气中飞灰颗粒的磨损及烟气中酸性介质的腐蚀。

4) 空气预热器(管式)

其作用是利用锅炉排烟加热锅炉燃烧所需的空气,在降低锅炉排烟温度的同时,为提高锅炉燃烧效率提供燃烧条件。一般布置在锅炉尾部(烟气流程的后部,或根据需要与省煤器交替布置),其工作温度也不高;管子内壁由被加热空气冷却,管子外壁受到烟气中飞灰颗粒的磨损及烟气中酸性介质的腐蚀。

(2) 蒸汽管道的工作条件

蒸汽管道包括主蒸汽管道、导汽管和再热蒸汽管道,其作用是输送高温、高压的过热蒸汽。

运行中,蒸汽管道主要承受管内过热蒸汽的温度和压力作用,以及由钢管、介质、保温材料重量、支撑和悬吊等引起的附加载荷的作用;管壁温度与过热蒸汽温度相近,其在蠕变条件下工作,同时还要承受低循环疲劳载荷的作用。

2　锅炉受热面及管道用钢要求

（1）锅炉受热面管子的用钢要求

1）过热器和再热器

应具有足够高的蠕变极限、持久强度和持久塑性,组织稳定性好;具有高的抗氧化性,氧化速度＜0.1 mm/a;具有良好的冷加工性能和良好的焊接性能。为了降低锅炉成本,应尽量避免采用高级别的耐热合金钢,设计过热器和再热器时,选用的管子金属几乎都工作在接近其温度的极限值,此时 10 ℃～20 ℃ 的超温也会使过热器和再热器的许用应力下降很多。过热器和再热器的材料取决于工作温度;当金属管壁温度不超过 500 ℃ 时,可采用碳素钢;当金属壁温更高时,必须采用合金钢或奥氏体合金钢[231]。

2）水冷壁

应具有一定的室温和高温强度;具有良好的抗热疲劳和传热性能;具有良好的抗多相介质高温腐蚀性能、耐磨性能和良好的工艺性能,特别是焊接性能。

3）受热面管

一般只允许用无缝钢管作为锅炉受热面管;仅空气预热器受热面管因其基本不承压、如个别管子破损尚可勉强工作,一般可用普通质量有缝钢管制造。

4）冷凝锅炉尾部受热面

为提高燃气锅炉热效率,可使锅炉的排烟温度降到很低（如 80 ℃～100 ℃）,或降低到更低的烟气露点温度以下（约＜55 ℃）;为防止烟气冷凝后冷凝水中的酸性介质对受热面的腐蚀,要求所用钢材具有较好的耐酸性介质（主要是硫酸和硝酸）腐蚀的能力,如近些年的工程实践中多采用的 ND 钢（09CrCuSb）。

（2）蒸汽管道的用钢要求

1）应具有足够的蠕变强度、持久强度和持久塑性。$R_D^t \geq 50$ MPa～70 MPa,持久塑性的延伸率不小于 3‰～5‰;

2）足够的组织稳定性;

3）具有良好的工艺性能,特别是焊接性能要好。

4）锅炉管道及集箱一般皆布置在炉墙外部,一旦破裂,危害性大于受热面管,故对用钢要求应更严格些。主要表现在同一牌号钢材的许用温度要比受热面管低一些。管道及集箱的直径及壁厚均比受热面管为大,故所用钢管的锻造比低于受热面管,在钢材牌号相同条件下,质量总多少差一些,这也是许用温度下降的一个原因。

（3）各类锅炉用钢管的制造方法及交货状态要求

各类锅炉用钢管的制造方法及交货状态要求应满足相关材料标准的要求,可参照表 29-1-1 锅炉用钢管制造方法及交货状态或查阅相关标准。

表 29-1-1　锅炉用钢管制造方法及交货状态

钢管类别	标准编号	钢的冶炼方法	钢管的制造方法	交货状态
低压流体输送用焊接钢管	GB/T 3091	钢由氧气转炉或电炉冶炼	钢管采用直缝高频电焊、直缝埋弧焊或螺旋缝埋弧焊中的一种工艺制造	钢管按焊接状态交货；也可供双方在合同中注明，可按焊缝热处理状态交货或按整体热处理状态交货
石油天然气工业管线输送系统用钢管	GB/T 9711	吹氧碱性转炉、电炉冶炼或结合钢包精炼工艺的平炉炼钢法	无缝钢管采用热轧或冷拔工艺；焊接钢管采用低频、高频组合直缝埋弧焊接工艺或低频、高频组合螺旋埋弧焊接工艺	产品为 PSL1、等级为 L210 或 A 的钢管，按轧制、正火轧制、正火或正火成型状态交货
输送流体用无缝钢管	GB/T 8163	钢应采用电弧炉加炉外精炼或氧气转炉加炉外精炼方法冶炼。经供需双方协商，也可采用其他较高要求的方法冶炼，并注明于合同中	钢管应采用热轧（挤压、扩）或冷拔（轧）无缝方法制造。如需方指定某种制造方法，应在合同中注明	热轧（挤压、扩）钢管应以热轧状态或热处理状态交货；要求热处理时，需在合同中注明。冷拔（轧）钢管应以热处理状态交货，双方协商也可以冷拔（轧）状态交货
低中压锅炉用电焊钢管	YB 4102	钢由氧气转炉或电炉冶炼	钢管采用优质碳素钢钢带，以电焊或焊后冷拔方法制造	钢管以热处理状态交货
低中压锅炉用无缝钢管	GB 3087	钢应采用电炉加炉外精炼或氧气转炉加炉外精炼方法冶炼。经供需双方协商，也可采用其他较高要求的方法冶炼，并注明于合同中	钢管应采用热轧（挤压、扩）或冷拔（轧）无缝方法制造。如需方指定某种制造方法，应在合同中注明。热扩钢管应是指坯料钢管经整体加热后扩制变形而成更大口径的钢管	热轧（挤压、扩）钢管以热轧或正火状态交货，热轧状态交货钢管的终轧温度应不低于相变临界温度 Ar_3。经供需双方协商，热轧（挤压、扩）钢管可采用正火状态交货。冷拔钢管应以正火状态交货
高压锅炉用无缝钢管	GB 5310	钢应采用电弧炉加炉外精炼并经真空精炼处理，或氧气转炉加炉外精炼并经真空精炼处理，或电渣重熔法冶炼。经供需双方协商，也可采用其他较高要求的方法冶炼，并注明于合同中	钢管应采用热轧（挤压、扩）或冷拔（轧）无缝方法制造。钢管的牌号为 08Cr18Ni11NbFG 应采用冷拔（轧）无缝方法制造热扩钢管应是指坯料钢管经整体加热后扩制变形而成更大口径的钢管	钢管应以热处理状态交货，并按标准要求的热处理制度执行

29-2 锅炉用钢管材料的适用范围、化学成分及力学性能

本节给出了锅炉用钢管材料(现行标准)的适用范围,并给出不同牌号的锅炉用钢管材料的化学成分及力学性能;请使用者注意及时了解新版材料标准的相关变化。

1 锅炉用钢管材料的适用范围

考虑到上述要求,目前我国生产的、国家规程允许使用的用于制造受热面(水冷壁、过热器、省煤器)、管道及集箱的锅炉用钢管约有20余种牌号的钢材,它们的适用范围见表29-2-1。钢管均应以热处理状态交货;热处理制度按相关标准执行。

表 29-2-1 锅炉用钢管的适用范围

钢的种类	牌号	标准编号[1]	适用范围		
			用途	工作压力/MPa	壁温≤/℃
碳素钢	Q235B	GB/T 3091	热水管道	≤1.6	100
	L210	GB/T 9711.1	热水管道	≤2.5	—
	10,20	GB/T 8163	受热面管子	≤1.6	350
			集箱、管道		350
	10,20	YB 4102	受热面管子	≤5.3	300
			集箱、管道		300
		GB 3087	受热面管子	≤5.3	460
			集箱、管道		430
优质碳素钢	20G	GB 5310	受热面管子	不限	460
			集箱、管道	不限	430
	20MnG,25MnG	GB 5310	受热面管子	不限	460
			集箱、管道	不限	430
合金钢	09CrCuSb(ND钢)	NB/T 47019	尾部受热面管子	不限	300
	15Ni1MnMoNbCu	GB 5310	集箱、管道	不限	450
	15MoG,20MoG	GB 5310	受热面管子	不限	480
	12CrMoG,15CrMoG	GB 5310	受热面管子	不限	560
			集箱、管道	不限	550
	12Cr1MoVG	GB 5310	受热面管子	不限	580
			集箱、管道	不限	565
	12Cr2MoG	GB 5310	受热面管子	不限	600*
			集箱、管道	不限	575

表 29-2-1(续)

钢的种类	牌号	标准编号[1]	适用范围		
			用途	工作压力/MPa	壁温≤/℃
合金钢	12Cr2MoWVTiB(钢102)	GB 5310	受热面管子	不限	600[2]
	12Cr3MoVSiTiB(Π11)	GB 5310	受热面管子	不限	600[2]
	07Cr2MoW2VNbB	GB 5310	受热面管子	不限	600[2]
	10Cr9Mo1VNbN	GB 5310	受热面管子	不限	650[2]
			集箱、管道	不限	620
	10Cr9MoW2VNbBN	GB 5310	受热面管子	不限	650[2]
			集箱、管道	不限	630
不锈(耐热)钢	07Cr19Ni10	GB 5310	受热面管子	不限	670[2]
	10Cr18Ni9NbCu3BN	GB 5310	受热面管子	不限	705[2]
	07Cr25Ni21NbN	GB 5310	受热面管子	不限	730[2]
	07Cr19Ni11Ti	GB 5310	受热面管子	不限	670[2]
	07Cr18Ni11Nb	GB 5310	受热面管子	不限	670[2]
	08Cr18Ni11NbFG	GB 5310	受热面管子	不限	700[2]

1) 本表所列材料的标准名称,GB/T 3091《低压流体用焊接钢管》、GB/T 9711《石油天然气工业管线输送系统用钢管》、GB/T 8163《输送流体用无缝钢管》、YB 4102《低中压锅炉用电焊钢管》、GB 3087《低中压锅炉用无缝钢管》、GB 5310《高压锅炉用无缝钢管》、NB/T 7019《锅炉、热交换器用管订货技术条件》。
2) 指烟气侧管子外壁温度,其他壁温指锅炉的计算壁温;
注:超临界及以上锅炉受热面管子设计选材时,应当充分考虑内壁蒸汽氧化腐蚀。

2 锅炉用钢管材料的化学成分及力学性能

锅炉用钢管材料化学成分及室温、高温力学性能见表 29-2-2、表 29-2-4、表 29-2-5、表 29-2-6。

表 29-2-2 锅炉用钢管的化学成分

钢类	序号	牌号	(标准编号)	化学成分(质量分数)[1] / %															
				C	Si	Mn	Cr	Mo	V	Ti	B	Ni	Alt[2]	Cu	Nb	N	W	Sb	P	S
碳素钢	1	Q235B		≤0.20	≤0.35	≤1.40	—	—	—	—	—	—	—	—	—	—	—	—	不大于 0.045	0.045
	2	L210		≤0.22	—	≤0.9	—	—	—	—	—	—	—	—	—	—	—	—	0.030	0.030
	3	10	GB/T 8163 GB 3087 YB 4102	0.07~0.13	0.17~0.37	0.35~0.65	≤0.15	—	—	—	—	≤0.30	—	≤0.25	—	—	—	—	0.035	0.035
	4	20	GB/T 8163 GB 3087 YB 4102	0.17~0.24	0.17~0.37	0.35~0.65	≤0.25	—	—	—	—	≤0.25	—	≤0.25	—	—	—	—	0.035	0.035
优质碳素钢	5	20G		0.17~0.23	0.17~0.37	0.35~0.65		0.25~0.50	—	—	—		[3]		—	—	—	—	0.025	0.015
	6	20MnG		0.17~0.23	0.17~0.37	0.70~1.00	—	—	—	—	—	—	—	—	—	—	—	—	0.025	0.015
	7	25MnG		0.22~0.27	0.17~0.37	0.70~1.00	—	—	—	—	—	—	—	—	—	—	—	—	0.025	0.015
合金钢	8	15Ni1MnMoNbCu		0.10~0.17	0.25~0.50	0.80~1.20						1.00~1.30	≤0.050	0.50~0.80	0.015~0.045	≤0.020			0.025	0.015

表 29-2-2(续)

钢类	序号	牌号(标准编号)	化学成分(质量分数)[1] / %														
			C	Si	Mn	Cr	Mo	V	Ti	B	Ni	Alt[2]	Cu	Nb	N	W	Sb	P	S
																		不大于	
合金钢	9	15MoG	0.12~0.20	0.17~0.37	0.4~0.80	—	0.25~0.35	—	—	—	—	—	—	—	—	—	—	0.025	0.015
	10	20MoG	0.15~0.25	0.17~0.37	0.4~0.80	—	0.44~0.65	—	—	—	—	—	—	—	—	—	—	0.025	0.015
	11	09CrCuSb(ND钢)	≤0.12	0.20~0.40	0.35~0.65	0.70~1.10	—	—	—	—	—	—	0.25~0.45	—	—	—	0.04~0.10	0.030	0.020
	12	12CrMoG	0.08~0.15	0.17~0.37	0.4~0.70	0.4~0.70	0.40~0.55	—	—	—	—	—	—	—	—	—	—	0.025	0.015
	13	15CrMoG	0.12~0.18	0.17~0.37	0.4~0.70	0.8~1.10	0.40~0.55	—	—	—	—	—	—	—	—	—	—	0.025	0.015
	14	12Cr2MoG	0.08~0.15	≤0.50	0.4~0.60	2.00~2.50	0.90~1.13	—	—	—	—	—	—	—	—	—	—	0.025	0.015
	15	12Cr1MoVG	0.08~0.15	0.17~0.37	0.40~0.70	0.90~1.20	0.25~0.35	0.15~0.30	—	—	—	—	—	—	—	—	—	0.025	0.010
	16	12Cr2MoWVTiB(钢102)	0.08~0.15	0.45~0.75	0.45~0.65	1.60~2.10	0.50~0.65	0.28~0.42	0.08~0.18	0.0020~0.0080	—	—	—	—	—	0.30~0.55	—	0.025	0.015
	17	12Cr3MoVSiTiB(П11)	0.09~0.15	0.60~0.90	0.50~0.80	2.50~3.00	1.00~1.20	0.25~0.35	0.22~0.38	0.0050~0.0110	—	—	—	—	—	—	—	0.025	0.015
	18	07Cr2MoW2VNbB	0.04~0.10	≤0.50	0.10~0.60	1.90~2.6	0.05~0.30	0.20~0.30	—	0.0050~0.0060	—	≤0.030	—	0.02~0.08	≤0.030	1.47~1.75	—	0.025	0.010

表 29-2-2(续)

化学成分(质量分数)[1] / %

钢类	序号	牌号(标准编号)	C	Si	Mn	Cr	Mo	V	Ti	B	Ni	Alt[2]	Cu	Nb	N	W	Sb	P	S
																		不大于	
合金钢	19	10Cr9Mo1VNbN	0.08~0.12	0.20~0.50	0.30~0.60	8.00~9.50	0.85~1.05	0.18~0.25	—	—	≤0.40	—	—	0.06~0.10	0.030~0.070	—	—	0.020	0.010
	20	10Cr9MoW2VNbBN	0.07~0.13	≤0.50	0.30~0.60	8.50~9.50	0.30~0.60	0.15~0.25	—	0.0010~0.0060	≤0.40	—	—	0.04~0.09	0.030~0.070	1.50~2.00	—	0.020	0.010
不锈(耐热)钢	21	07Cr19Ni10	0.04~0.10	≤0.75	≤2.00	18.00~20.00	—	—	—	—	8.00~11.00	—	—	—	—	—	—	0.030	0.015
	22	10Cr18Ni9NbCu3BN	0.07~0.13	≤0.30	≤1.00	17.00~19.00	—	—	—	0.0010~0.0100	7.50~10.50	0.003~0.030	2.50~3.50	0.30~0.60	0.050~0.120	—	—	0.030	0.010
	23	07Cr25Ni21NbN	0.04~0.10	≤0.75	≤2.00	24.00~26.00	—	—	—	—	19.00~22.00	—	—	0.20~0.60	0.150~0.350	—	—	0.030	0.015
	24	07Cr19Ni11Ti	0.04~0.10	≤0.75	≤2.00	17.00~20.00	—	—	4C~0.60	—	9.00~13.00	—	—	—	—	—	—	0.030	0.015
	25	07Cr18Ni11Nb	0.04~0.10	≤0.75	≤2.00	17.00~19.00	—	—	—	—	9.00~13.00	—	—	8C~1.10	—	—	—	0.030	0.015
	26	08Cr18Ni11NbFG[4]	0.06~0.10	≤0.75	≤2.00	17.00~19.00	—	—	—	—	10.00~12.00	—	—	8C~1.10	—	—	—	0.030	0.015

1) 除非冶炼需要,未经需方同意,不允许在钢中有意添加本表未提及的元素。制造厂应采取所有恰当的措施,以防止废钢和生产过程中所使用的其他材料会削弱钢材力学性能及适用性的元素带入钢中。
2) Alt 指全铝含量。
3) 20G 钢中 Alt 不大于 0.015%,不作交货要求,但应填入质量证明书中。
4) 牌号 08Cr18Ni11NbFG 中的"FG"表示细晶粒。

钢中残余元素的含量应符合表 29-2-3 的规定。

表 29-2-3　钢中残余元素含量（GB 5301—2008）

钢类	残余元素（质量分数）/%						
	Cu	Cr	Ni	Mo	V[1]	Ti	Zr
	不大于						
优质碳素结构钢	0.20	0.25	0.25	0.15	0.08	—	—
合金结构钢	0.20	0.30	0.30	—	0.08	[2]	[2]
不锈（耐热）钢	0.25	—	—	—	—	—	—

1) 15Ni1MnMoNbCu 的残余 V 含量应不超过 0.02%。
2) 10Cr9Mo1VNbN、10Cr9MoW2VNbBN、10Cr9MoW2VNbBN，和 11Cr9Mo1W1VNbBN 的残余 Ti 含量应不超过 0.01%，残余 Zr 含量应不超过 0.01%。

表 29-2-4　锅炉钢管的室温力学性能

序号	牌号（标准编号）	拉伸性能				冲击吸收能量 KV_2/J		硬度		
		抗拉强度 R_m/MPa	下屈服强度或规定非比例延伸强度 R_{eL} 或 $R_{P0.2}$/MPa	断后伸长率 A/%		纵向	横向	HBW	HV	HRC 或 HRB
				纵向	横向					
		不小于								
1	Q235B	≥370	t≤16 mm, R_{eL}≥235; t>16 mm, R_{eL}≥225;	D≤168.3 mm, A≥15; D>168.3 mm, A≥20;		—	—	—	—	—
2	L210	≥335	$R_{t0.5}$=210	[1]		—	—	—	—	—
3	10	GB/T 8163 335〜475	t≤16 mm, R_{eL}≥205; 16<t≤30 mm, R_{eL}≥195; t>30 mm R_{eL}≥185	≥24		—	—	—	—	—
		GB 3087 335〜475	t≤16 mm, R_{eL}≥205; t>16 mm R_{eL}≥195	≥24		—	—	—	—	—
4	20	GB/T 8163 410〜530	t≤16 mm, R_{eL}≥245; 16<t≤30 mm, R_{eL}≥235; t>30 mm R_{eL}≥225	≥20		—	—	—	—	—
		GB 3087 410〜550	t≤16 mm, R_{eL}≥245; t>16 mm R_{eL}≥235	≥20		—	—	—	—	—

表 29-2-4(续)

序号	牌号(标准编号)	拉伸性能				冲击吸收能量 KV_2/J		硬度		
		抗拉强度 R_m/MPa	下屈服强度或规定非比例延伸强度 R_{eL} 或 $R_{P0.2}/MPa$	断后伸长率 $A/\%$		纵向	横向	HBW	HV	HRC 或 HRB
				纵向	横向					
		不小于								
5	20G	410~550	245	24	22	40	27	—	—	—
6	20MnG	415~560	240	22	20	40	27	—	—	—
7	25MnG	485~640	275	20	18	40	27	—	—	—
8	15Ni1MnMoNbCu	620~780	440	19	17	40	27	—	—	—
9	15MoG	450~600	270	22	20	40	27	—	—	—
10	20MoG	415~665	220	22	20	40	27	—	—	—
11	09CrCuSb(ND钢)	390~550	245	25	—	—	—	—	—	—
12	12CrMoG	410~560	205	21	19	40	27	—	—	—
13	15CrMoG	440~640	295	21	19	40	27	—	—	—
14	12Cr2MoG	450~600	280	22	20	40	27	—	—	—
15	12Cr1MoVG	470~640	255	21	19	40	27	—	—	—
16	12Cr2MoWVTiB	540~735	345	18	—	40	—	—	—	—
17	12Cr3MoVSiTiB	610~805	440	16	—	40	—	—	—	—
18	07Cr2MoW2VNbB	≥510	400	22	18	40	27	220	230	97 HRB
19	10Cr9Mo1VNbN	≥585	415	20	16	40	27	250	265	25 HRC
20	10Cr9MoW2VNbBN	≥620	440	20	16	40	27	250	265	25 HRC
21	07Cr19Ni10	≥515	205	35	—	—	—	192	200	90HRB
22	10Cr18Ni9NbCu3BN	≥590	235	35	—	—	—	219	230	95HRB
23	07Cr25Ni21NbN	≥655	295	30	—	—	—	256	—	100HRB
24	07Cr19Ni11Ti	≥515	205	35	—	—	—	192	200	90HRB
25	07Cr18Ni11Nb	≥520	205	35	—	—	—	192	200	90HRB
26	08Cr18Ni11NbFG	≥550	205	35	—	—	—	192	200	90HRB

1) 按标准规定的公式计算。

表 29-2-5 锅炉钢管的高温规定非比例延伸强度

序号	牌号（标准编号）	高温规定非比例延伸强度[1] $R_{\text{P0.2}}$/MPa 不小于											
		温度/℃											
		20	100	150	200	250	300	350	400	450	500	550	600
1	10[2]（GB 150）	205（$t\leqslant 16$ mm） 195（$t>16$ mm）	181	172	165	145	122	111	109	107	—	—	—
2	20[2]（GB 150）	205（$t\leqslant 16$ mm） 195（$t>16$ mm）	220	210	188	170	149	137	134	132	—	—	—
3	20G	245	—	—	215	196	177	157	137	98	49	—	—
4	20MnG	240	219	214	208	197	183	175	168	156	151	—	—
5	25MnG	275	252	245	237	226	210	201	192	179	172	—	—
6	15Ni1MnMoNbCu	440	422	412	402	392	382	373	343	304	—	—	—
7	15MoG	270	—	—	225	205	180	170	160	155	150	—	—
8	20MoG	220	207	202	199	187	182	177	169	160	150	—	—
9	09CrCuSb(ND钢)	245	220	205	190	180	170	—	—	—	—	—	—
10	12CrMoG	205	193	187	181	175	170	165	159	150	140	—	—
11	15CrMoG	295	—	—	269	256	242	228	216	205	198	—	—
12	12Cr2MoG	280	192	188	186	185	185	185	185	181	173	159	—
13	12Cr1MoVG	255	—	—	—	—	230	225	219	211	201	187	—
14	12Cr2MoWVTiB	345	—	—	—	—	360	357	352	343	328	305	274
15	12Cr3MoVSiTiB	440	—	—	—	—	403	397	390	379	364	342	—
16	07Cr2MoW2VNbB	400	379	371	363	361	359	352	345	338	330	299	266
17	10Cr9Mo1VNbN	415	384	378	377	377	376	371	358	337	306	260	198
18	10Cr9MoW2VNbBN	440	420	412	405	400	392	382	372	360	340	300	248
19	07Cr19Ni10	205	170	154	144	135	129	123	119	114	110	105	101
20	10Cr18Ni9NbCu3BN	235	203	189	179	170	164	159	155	150	146	142	138
21	07Cr25Ni21NbN	295	245	224	209	200	193	189	184	180	175	170	160
22	07Cr19Ni11Ti	205	184	171	160	150	142	136	132	128	126	123	122
23	07Cr18Ni11Nb	205	189	177	166	158	150	145	141	139	139	133	130
24	08Cr18Ni11NbFG	205	185	174	166	159	153	148	144	141	138	135	132

t——公称壁厚。

1) 本表列出了钢管的高温规定非比例延伸强度（$R_{\text{P0.2}}$），其要求仅当合同有规定时才适用。

2) 当需方在合同中注明钢管用于中压锅炉过热蒸汽管时，供方应保证钢管的高温规定非比例延伸强度（$R_{\text{P0.2}}$）符合本表的规定，但供方可不作检验。

表 29-2-6 锅炉钢管 10^5 h 持久强度推荐数据

序号	牌号	在下列温度下的 10^5 h 持久强度（平均值）推荐数据/MPa																														
		温度/℃																														
		400	410	420	430	440	450	460	470	480	490	500	510	520	530	540	550	560	570	580	590	600	610	620	630	640	650	660	670	680	690	700
1	10	170	153	136	120	105	91	79	—	—	—	—	—	—	—	—	—	—	—	—	—	—	—	—	—	—	—	—	—	—	—	—
2	20	170	153	136	120	105	91	79	—	—	—	—	—	—	—	—	—	—	—	—	—	—	—	—	—	—	—	—	—	—	—	—
3	20G	128	116	104	93	83	74	65	58	51	45	39	—	—	—	—	—	—	—	—	—	—	—	—	—	—	—	—	—	—	—	—
4	20MnG	—	—	—	110	100	87	75	64	55	46	39	31	—	—	—	—	—	—	—	—	—	—	—	—	—	—	—	—	—	—	—
5	25MnG	—	—	—	120	103	88	75	64	55	46	39	31	—	—	—	—	—	—	—	—	—	—	—	—	—	—	—	—	—	—	—
6	15Ni1MnMoNbCu	373	349	325	300	273	245	210	175	139	104	69	—	—	—	—	—	—	—	—	—	—	—	—	—	—	—	—	—	—	—	—
7	15MoG	—	—	—	—	—	245	209	174	143	117	93	74	59	47	38	31	—	—	—	—	—	—	—	—	—	—	—	—	—	—	—
8	20MoG	—	—	—	—	—	—	—	—	145	124	105	85	71	50	31	—	—	—	—	—	—	—	—	—	—	—	—	—	—	—	—
9	12CrMoG	—	—	—	—	—	—	—	—	144	130	113	95	83	59	40	—	—	—	—	—	—	—	—	—	—	—	—	—	—	—	—
10	15CrMoG	—	—	—	—	—	—	—	—	168	145	124	106	91	75	61	—	—	—	—	—	—	—	—	—	—	—	—	—	—	—	—
11	12Cr2MoG	—	—	—	—	—	—	—	—	143	133	122	112	101	91	81	72	64	56	49	42	36	31	25	22	18	—	—	—	—	—	—
12	12Cr1MoVG	—	—	—	—	—	172	165	154	143	133	122	112	101	91	81	72	64	56	49	42	36	31	25	22	18	—	—	—	—	—	—
13	12Cr2MoWVTiB	—	—	—	—	—	—	—	—	—	184	169	153	138	124	110	98	85	75	64	55	50	—	—	—	—	—	—	—	—	—	—
14	12Cr3MoVSiTiB	—	—	—	—	—	—	—	—	—	—	—	176	162	147	132	118	105	92	80	69	59	54	50	47	—	—	—	—	—	—	—
15	07Cr2MoW2VNbB	—	—	—	—	—	—	—	—	—	—	—	—	148	135	122	110	98	88	78	69	61	58	43	28	14	—	—	—	—	—	—
16	10Cr9Mo1VNbN	—	—	—	—	—	—	—	—	—	184	171	158	145	134	122	111	101	90	80	69	58	43	53	44	—	—	—	—	—	—	—
17	10Cr9MoW2VNbBN	—	—	—	—	—	—	—	—	—	—	235	218	202	187	172	157	142	127	113	100	87	75	65	56	—	—	—	—	—	—	—

表 29-2-6(续)

在下列温度下的 10^5 h 持久强度（平均值）推荐数据/MPa

序号	牌号	温度/℃																								
		500	510	520	530	540	550	560	570	580	590	600	610	620	630	640	650	660	670	680	690	700	710	720	730	740	750
16	07Cr19Ni10	—	—	—	—	—	—	—	—	—	—	96	88	81	74	68	63	57	52	47	44	40	37	34	31	28	26
17	10Cr18Ni9NbCu3BN	—	—	—	—	—	—	—	—	—	—	—	—	137	131	124	117	107	97	87	79	71	64	57	50	45	39
18	07Cr25Ni21NbN	—	—	—	—	—	—	—	—	—	—	160	151	142	129	116	103	94	85	76	69	62	56	51	46	—	—
19	07Cr19Ni11Ti	—	—	—	—	—	—	123	118	108	98	89	80	72	66	61	55	50	46	41	38	35	32	29	26	24	22
20	07Cr18Ni11Nb	—	—	—	—	—	—	—	—	—	—	132	121	110	100	91	82	74	66	60	54	48	43	38	34	31	28
21	08Cr18Ni11NbFG	—	—	—	—	—	—	—	—	—	—	—	—	132	122	111	99	90	81	73	66	59	53	48	43	—	—

29-3　锅炉用钢管的特性

本节对主要、常用的锅炉用钢管的特性与应用做了说明，并对锅炉受热面钢管材料在大容量高参数电站锅炉的应用做了简要介绍。

1　锅炉用钢管的特性

下面简要介绍部分牌号锅炉用钢管的特性与应用。

Q235B：

钢管属普通碳素钢管，系低压流体用焊接钢管，是 TSG G0001—2012《锅炉安全技术监察规程》新增管材，专用于工作压力≤1.6 MPa，壁温不超过 100 ℃锅炉房范围的热水管道。

L210：

钢管属普通碳素钢管，系石油天然气工业管线输送系统用钢管低压流体用焊接钢管，是 TSG G0001—2012《锅炉安全技术监察规程》新增管材，是对热水锅炉向大型化发展中对大规格（直径）管道需求的填充，专用于工作压力≤2.5 MPa 的大容量热水锅炉热水管道。

10，20：

该两钢管均属碳素钢管，是使用量最大、应用范围最广的中低压锅炉及锅炉房用钢管。该两钢号的产品现有 2 个国家标准、1 个行业标准用于使用条件不同的锅炉用钢管材料之中。尤请锅炉设计人员在材料选用时注意加以区别。

GB/T 8163《输送流体用无缝钢管》标准中的 10、20 号钢管为普通无缝钢管；具有一定的强度，工艺性能良好，价格经济，是大量用于输送流体的一般无缝钢管，由于钢管在工艺性能检验、表面质量等方面的要求（如钢管不作扩口、卷边试验等）比锅炉专用钢管低，因此规程要求其用于额定工作压力≤1.6 MPa、壁温不超过 350 ℃的受热面管子、集箱、管道。

YB 4102《低中压锅炉用电焊钢管》标准中的 10、20 号钢管为电阻焊钢管。2000 年国家正式将电阻焊钢管列入标准，允许在中低压锅炉上使用[232]，因此，是 TSG G0001—2012《锅炉安全技术监察规程》中受热面管子、集箱、管道额定工作压力≤5.3 MPa，壁温不超过 300 ℃的新增管材。

GB 3087《低中压锅炉用无缝钢管》标准中的 10、20 号钢管，具有一定的强度，工艺性能良好，是专门用来制造低中压工业锅炉的受热面、集箱及管道用钢管；可用于制造各种结构的低中压锅炉用过热蒸汽管、水冷壁管、对流管束、钢管省煤器及锅壳锅炉的烟管等。此两钢管的额定工作压力应不大于 5.3 MPa；用于受热面管子时的工作壁温≤460 ℃；用于集箱及管道时的工作壁温≤430 ℃。

总之，10 号、20 号钢管可焊性很好，一般没有淬硬倾向，适宜用各种焊接方法焊接；制造锅炉受热部件时，一般采用手工电弧焊或气体保护焊等焊接方法，焊前不预热，焊后不进行热处理；但是，在焊接环境温度较低、工件厚度较大的情况下，20 号钢需进行局部 100 ℃～150 ℃ 预热。

20G：

钢管为优质碳素结构高压锅炉用无缝钢管，具有较高的强度，工艺性能良好，是专门用来制造工作压力不受限制的锅炉受热面及管道用的优质碳素钢管。主要用于制造高压或更高参数锅炉的部分受热面管件(如水冷壁、工质温度较低的屏式过热器、低温过热器及省煤器等)，该钢在530 ℃以下具有满意的抗氧化性能，但在470 ℃～480 ℃高温下长期运行过程中，会发生珠光体球化和石墨化[228]；因此，其长期使用的受热面管子壁温应≤460 ℃，而用于制造集箱和蒸汽管道的壁温应≤430 ℃。20G钢的可焊性和10号、20号钢管基本相同，一般情况下，焊前不预热，焊后不进行热处理。但和10号钢管相比，20G和20号钢管当钢中含碳量为上限时，有一定淬硬倾向。

20MnG，25MnG：

该两种钢管为优质碳素结构高压锅炉用无缝钢管，在化学成分上25MnG的含碳量高于20MnG的含碳量，两者锰含量相同。25MnG的力学性能优于20MnG。该类钢的特点是以锰作为主加元素，锰除了产生较强的固溶强化效应外，还能细化铁素体晶粒，并使珠光体片变细，消除晶界上的粗大片状碳化物，从而提高钢的强度和韧性，降低了钢的脆性转变温度。该类钢具有良好的综合力学性能、焊接性能、工艺性能；其力学性能、耐腐蚀性能均优于低碳钢。由于与此两种材料理化性能接近的材料在国外以及引进国外技术的锅炉上被大量使用，因此，被TSG G0001—2012《锅炉安全技术监察规程》列为工作压力不受限制、工作壁温与20G相同的新增管材。

15Ni1MnMoNbCu：

是在碳锰钢的基础上加入1.00%～1.30% Ni元素及适量的Mo、Nb、Cu等元素，进行化学成分重组所获得的低合金高强钢高压锅炉用无缝钢管。这些合金元素起到了细晶强化以及沉淀强化的效果，从而大大提高了该钢种的高温强度以及持久强度，并且Cu的加入并没有降低钢的持久塑性。该钢的特点是强度高(屈服强度比20G钢高40%)、焊接性能良好；主要应用于使用工作压力不限、壁温≤450 ℃的电站主蒸汽管道、主给水管道、集箱等重要部件。

15MoG、20MoG：

该两种钢管在化学成分上与20MnG、25MnG相比，适当调整了C含量，降低了Mn含量，增加了以Mo为主的合金元素，使15MoG、20MoG成为成分最简单的低合金高压锅炉用无缝钢管。其热强性能及腐蚀稳定性优于碳素钢，工艺性能仍与碳素钢大致相同。该钢存在的主要问题是在500 ℃～550 ℃温度范围内长期运行过程中，有产生珠光体球化和石墨化倾向，特别是在焊接接头的焊缝区石墨化倾向最为严重。随着钢的珠光体球化和石墨化程度的发展，会使钢的蠕变极限和持久强度降低，严重的石墨化还会导致钢管的脆性断裂，从而限制了它在高压蒸汽管道上的应用，近年来已被低碳铬钼钢所取代。因此，TSG G0001—2012规程将15MoG、20MoG作为新增钢材，主要用于工作压力不受限制、壁温≤480 ℃的锅炉受热面管子。该钢焊接性能良好，焊前需预热，焊后需热处理[228]。

09CrCuSb(ND钢)：

为低合金耐硫酸低温露点腐蚀用钢。钢中的Cr(0.70%～1.10%)元素不仅提高了耐硫酸腐蚀性能，同时也提高了钢在较高温度下的使用性能；添加的锑(Sb)元素有助于提高钢材的耐硫酸腐蚀能力；铜(Cu)元素在钢中起到强化铁素体的作用,同时它和钢中的杂质元素硫结合,在钢的表面形成 Cu_2S 钝化膜,起到了抗硫酸腐蚀的作用。ND 钢的力学性能与 20G 相近,具有良好的常温加工性能。在焊接方面,施焊时宜采用适当预热,控制层间温度,小电流的规范参数,特别要注意氩气的背面保护,否则易产生气孔等焊接缺陷[235]。

ND 优越的耐硫酸露点腐蚀的性能及良好的性价比,完全可以代替不锈钢。有资料显示,ND 钢耐硫酸腐蚀的速率(70 ℃,50% H_2SO_4 溶液中浸泡 24 h)在常用的锅炉制造行业的各钢种中是最低的[235]。ND 钢广泛用于制造在高含硫烟气中服役的锅炉省煤器、空气预热器及热交换器和蒸发器等装置设备,用于抵御含硫烟气结露点腐蚀,ND 钢还具有耐氯离子腐蚀的能力。ND 钢被纳入 NB/T 47019《锅炉、热交换器用管订货技术条件》标准,用于压力不受限制工作壁温不大于 300 ℃的锅炉尾部受热面。

12CrMoG：

是一种低合金珠光体热强钢,通过 Cr 提高钢的抗氧化性和高温强度,Mo 可以提高钢的高温组织稳定性和强度；因此,该刚在 480 ℃～540 ℃条件下具有足够的热强性和运行可靠性,长期运行后仍能保持组织稳定和足够高的强度。该钢没有石墨化倾向及热脆性,加工工艺性能良好,并具有较高的抗松弛性能[231]。

15CrMoG：

是世界各国广泛应用的珠光体铬钼热强钢。该钢具有较好的热强性、热稳定性及高温抗氧化性,还具有良好的切削加工性、冷应变塑性及焊接性能。广泛用于压力不受限制、壁温不超过 560 ℃的锅炉受热面管及壁温不超过 550 ℃的锅炉管道等。该钢在 500 ℃～550 ℃下有较高的持久强度；但当温度超过 550 ℃时,蠕变极限显著降低。在 500 ℃～550 ℃条件下长期运行时,无石墨化倾向,但会发生珠光体球化、合金元素从铁素体向碳化物转移的现象,由此导致钢的高温性能有所降低。

15CrMoG 钢管通常是在正火+回火处理后使用。壁厚>15 mm 的管件在手工焊时,焊前预热至 150 ℃～200 ℃；壁厚>10 mm 的管件,焊后需进行 680 ℃～700 ℃回火处理[137]。

12Cr1MoVG：

属于珠光体低合金热强钢。该钢与 15CrMoG 相比,在钢中加入了少量的钒(V),抑制了钢在高温下长期使用时合金元素向碳化物中转移,从而提高钢的组织稳定性和热强性。该钢在 580 ℃时仍具有较高的热强性和抗氧化性,并具有高的持久塑性；其工艺性能和焊接性能较好,但对热处理规范的敏感性较大,常出现冲击韧性不均匀现象。长期在高温下运行,会出现珠光体球化以及合金元素向碳化物转移,使钢的热强性下降[228]。该钢主要用于制作工作压力不受限制的壁温≤580 ℃的锅炉受热面管子及壁温≤550 ℃的集箱和管道。

12Cr2MoWVTiB(钢 102)和 12Cr3MoVSiTiB(Ⅱ11)：

是我国采用多元合金强化原理自行研制成功的低碳低合金贝氏体热强钢；是一种不含镍少含铬用以代替高合金奥氏体镍铬钢的 600 ℃级的钢种。钢中硼(B)的作用表现为两方面,一是可以强化晶界,二是能够抑制铁素体的转变,以获得单一的贝氏体组织,使该组织具有更高的热强性。钢 102 具有良好的综合力学性能、工艺性能和相当高的持久强度,也具有良好的抗氧化性和组织稳定性。Ⅱ11 比钢 102 具有更高的抗氧化性,无热脆倾向,但持久强度不如钢

102,工艺性能稍差。该两钢主要用于工作压力不受限制、壁温≤600℃的锅炉过热器、再热器受热面管子。

12Cr2MoWVTiB 钢的可焊性较好,但有一定的淬硬倾向和冷裂倾向,小管径部件焊前可不预热,但焊后要进行热处理。该钢可采用手工焊、气体保护焊和等离子弧焊等焊接方法。12Cr3MoVSiTiB 钢的可焊性良好,热裂倾向小,由于钢中碳的质量分数较低和存在着强碳化物形成元素钛,从而降低了其淬火倾向。可采用手工焊、氩弧焊、等离子弧焊等焊接方法,焊前可不预热,焊后要进行消除焊接应力热处理。热处理温度一般为 740℃~760℃[137]。

07Cr2MoW2VNbB:

是在钢 102(12Cr2MoWVTiB)基础上,降低碳、Mo 含量,提高 W 含量,并形成以 W 为主的 W-Mo 的复合固溶强化,加入微量 Nb、V、N 和 B 形成碳氮化物弥散沉淀强化,而研制成功的低碳低合金贝氏体型耐热钢。该钢相应于美国 ASME 标准牌号为 T23,日本牌号为 HCM2S。该钢的前身钢 102 在国内的大型电站锅炉上已经得到广泛应用。该钢时效前后的力学性能和金相组织差异小,组织稳定性较好,焊接性能好(焊前不需要预热),优于钢 102;抗蒸汽氧化和抗烟气腐蚀性能较好;室温强度和冲击韧性较钢 102 为佳,其许用应力也基本相同;至少等同于钢 102,而优于 12Cr1MoV。总体而言,该钢的优点较多,由于钢 102 在我国的锅炉中已经成功应用多年,07Cr2MoW2VNbB 钢等同代替钢 102 完全可行;可用于制造大型电站锅炉金属壁温不超过 650℃的过热器、再热器以及金属壁温不超过 620℃的集箱、管道。

10Cr9Mo1VNbN:

是铁素体热强钢(相当于 T91、P91、X10CrMoVNb9-1、STBA26)。该钢是在 9Cr-1Mo(T91/P91)的基础上通过降低碳含量,添加合金元素 V 和 Nb,控制 N 和 Al 的含量,使钢不仅具有高的抗氧化性能和抗高温蒸汽腐蚀性能,而且还具有良好的冲击韧性和高而稳定的持久塑性、热强性及优良的工艺性能。用于工作壁温不超过 650℃的过热器、再热器受热面管子及作壁温不超过 620℃的集箱、管道;可以替代钢 102 和部分替代奥氏体不锈热强钢[231]。

为满足大型尤其是超临界及以上机组电站锅炉发展的需要,TSG G0001—2012《锅炉安全技术监察规程》增加了一批大型电站锅炉用钢管材料,其中,仅不锈(耐热)钢就增加了 6 个钢号;下面简要介绍其中的部分钢材性能、特点。

奥氏体不锈耐热钢是高蒸汽参数锅炉过热器、再热器管材的高温段的主要用钢;在高温条件下,奥氏体的组织稳定性和强度高于铁素体,具有优良的热化学稳定(抗氧化、抗介质腐蚀)性和高温强度,最高氧化温度可以达到 850℃,同时这些钢还具有优良的焊接性能和加工工艺性能。因其贵重合金元素的质量份额均很大,所以此类钢的价格较昂贵。

晶间腐蚀是奥氏体不锈钢最危险的破坏形式之一。其特点是腐蚀沿晶界深入金属内部,并引起金属力学性能显著下降。晶间腐蚀的形成过程是不锈钢在 450℃~850℃的温度范围停留一段时间后,由于碳在奥氏体中扩散速度大于铬在奥氏体中扩散速度,在奥氏体中的含碳量超过它在室温的溶解度时,碳就不断向奥氏体晶粒边界扩散,并和铬化合,析出碳化铬。而铬扩散速度小,来不及向边界扩散、补充,即造成奥氏体边界贫铬,使晶粒边界丧失抗腐蚀性能,产生晶间腐蚀。为防止晶间腐蚀,可采取控制含碳量、添加钛、钽、铌、锆等金属稳定剂措施。

07Cr19Ni10：

为奥氏体铬镍不锈热强钢。该钢有较高的热强性和良好的工艺性能。用于锅炉管子的允许抗氧化温度可达 705 ℃。主要用于制造锅炉受热面中壁温≤670 ℃的过热器及再热器。该钢的可焊性较好，可采用各种方法焊接。但其焊缝有热裂倾向。为了防止焊接接头的晶间腐蚀，焊接过程应采用窄焊道快速焊接法。

07Cr18Ni11Nb：

是用铌(Nb)稳定的奥氏体铬镍不锈热强钢。该钢具有较高的热强性及抗晶间腐蚀性能，工艺性能良好；其用于锅炉过热器和再热器受热面管子的允许抗氧化温度为 705 ℃，壁温不超过 670 ℃。该钢的焊接性能良好，可采用各种焊接方法进行焊接，焊后不需热处理。为防止热裂纹的产生，焊接过程中热输入量不能过大。

07Cr25Ni21NbN：

为奥氏体铬镍不锈热强钢，其牌号相当于美国的 TP310HNbN。该 25-20 型奥氏体耐热钢比传统的 18-8 型奥氏体耐热钢不仅抗氧化性能明显提高，并有稳定的奥氏体组织。采用了多元合金强化原理，即在 TP310 的基础上，通过限制 C 含量，并复合添加一定量的强碳氮化物形成元素 Nb 和 N 来进行强化组织，使得该钢具有更优良的在长期服役时的抗高温水蒸气氧化性能和抗烟气腐蚀性能；可适应蒸汽参数为 600 ℃超超临界压力锅炉过热器的恶劣工况条件[236]。该钢是 TSG G0001—2012《锅炉安全技术监察规程》中使用壁温最高(730 ℃)的锅炉受热面管材。

10Cr18Ni9NbCu3BN：

为奥氏体铬镍不锈热强钢，是超超临界锅炉换热器和过热器使用的主要钢种之一。该钢与 07Cr18Ni11Nb(TP347H)钢相比，主要区别是加入了约 3%的铜，铜的增加降低了该钢冷加工硬化率，对改善其冷加工性能有利，因此，10Cr18Ni9NbCu3BN 钢管的冷加工工艺参照成熟的 TP347H 钢冷加工工艺进行[237]。该钢的高温组织和力学性能稳定，具有较好的高温抗氧化性能，在无水环境下的薄壁钢管具有良好的高温蠕变断裂强度、内壁抗蒸汽腐蚀、外壁抗熔盐、熔渣腐蚀等性能。该钢用于使用壁温不超过 705 ℃的锅炉受热面管子。

2　锅炉受热面钢管材料在大容量高参数电站锅炉的应用

电站锅炉机组参数的提高和容量的增加主要依赖于钢铁材料的发展和冶炼、热加工技术的进步。美国 Eddystone1 号机组，参数为 34.4MPa/649 ℃/566 ℃/566 ℃，是世界上参数最高的机组，于 1960 年 2 月投运。该机组虽然采用了大量的奥氏体钢，投运后出现了许多材料问题，后来不得不降参数运行。原苏联早期的超临界机组，参数为 23.5 MPa/580 ℃/565 ℃，投运后多次出现锅炉爆管，过热器、再热器高温部分受热面过早损坏等材料问题，1971 年以后该机组的超临界参数为 23.5 MPa/540 ℃/540 ℃ 。我国早期的 125MW 机组，参数为 13.5 MPa/550 ℃/550℃，也由于材料问题，参数降为 13.5 MPa/535 ℃/535 ℃ 运行。国产早期的 300 MW 机组，参数为 16.5 MPa/550 ℃/550 ℃，改进后参数也降为 16.5 MPa/535 ℃/535 ℃。这些例子都说明，材料在电站设备发展中的重要作用。[238]

20 世纪 80 年代以前我国火力发电经历了 125、200 和 300 MW 国产火电机组的发展。自 20 世纪 90 年代开始，步入国产 600 MW 的亚临界火电机组的发展；2000 年开始研制 600 MW

和1000 MW超临界及超(超)临界机组的发展,近几年来在机组容量的参数方面又有了进一步的发展和提高;其中,在这些发展历程中,新材料(耐热钢)的开发与应用始终是超(超)临界机组发展的关键。[217]

我国哈锅、上锅、东锅三大锅炉制造厂采用引进技术设计、制造的1000 MW超(超)临界机组,经过现场安装、调试及生产运行的考验,其锅炉性能指标达到了设计要求,运行稳定安全可靠。表29-3-1为3个厂典型业绩中1000 MW超(超)临界锅炉受热面材料选用表。[217]

表29-3-1　1000 MW超(超)临界锅炉受热面材料选用表

部件名称	上锅外高桥三期	哈锅华能玉环二期	东锅华电灵武二期
省煤器	SA210C	SA210C	SA106C
水冷壁	SA213-T12	上下水冷壁及吊挂管均采用SA213-T12	内螺纹管、垂直管、凝渣管均用SA213-T12
过热器	一级过热器进口段、出口段:SA213-T91;二级过热器A:SA213-T91;二级过热器B:Super304H;末级过热器低温端Super304H,高温端:HR3C	顶棚、包墙管:SA213-T12;低温过热器:SA213-T12;分隔屏分别为:SA213-T22和SA213-TP347H;后屏:SA213-T22、Codecase2328及HR3C;末级过热器:Codecase2328及HR3C	顶棚、包墙管:SA213-T12;低温过热器水平段下组及上组下段:SA213-T12,上组上段及垂直段:SA213-T22;屏式过热器外三圈:HR3C,其余均为Super304H;末级过热器外三圈:HR3C,其余为Super304H
再热器	一级再热器:SA209-T1、SA209-T1a和SA213-T12;二级再热器低温端Super304H,高温端:HR3C	低温再热器水平段上中下三组分别为:SA209-T1、SA213-T12及SA213-T22,垂直段:SA213-T91;高温再热器:Codecase2328及HR3C	低温再热器水平段:SA209-T1a,垂直段为SA213-T22;高温再热器外三圈:HR3C,其余均为Super304H

以哈锅华能玉环二期1000 MW超(超)临界锅炉受热面材料选用为例,其各受热面采用成熟可靠的材料,如15CrMoG、12Cr1MoVG、T91、TP347HFG、Super304H和HR3C等材料,而不采用T/P23等制造工艺不成熟、现场热处理难度大的材料,随着出口蒸汽温度的提高,在高温过热器、高温再热器受热面上大量使用了Super304H和HR3C材料。该超(超)临界锅炉运行可靠,较少发生水冷壁结焦、高温受热面氧化皮脱落、过热器超温爆管等情况[217]。

国家相关方面通过对发展高参数大容量先进燃煤机组的影响研究发现,2006~2015期间新增装机对全国火电机组平均供电煤耗下降的贡献累计达20 g/kWh左右。而限于高温铁素体和镍基合金等材料研发进度的影响,更高参数机组的发展难以推进。

据专家分析,当前燃煤发电领域节能降耗方面至少还有25 g/kWh~30 g/kWh的发展空间。若未来成功研发高温铁素体和镍基合金材料,兴建700 ℃等级燃煤发电机组的供电煤耗可比当前最先进的600 ℃等级燃煤发电机组供电煤耗下降约15 g/kWh~20 g/kWh。可见,锅炉高温受热面耐热钢材料已成为和大容量、高参数锅炉向更高等级迈进的主要影响因素和关键制约条件。期待我国在此方面的研究与应用取得重大突破和进展。

第30章 锅炉用锻件材料

本章介绍了锅炉用锻件材料的适用范围、化学成分及力学性能。

30-1 锅炉用锻件材料的适用范围

锅炉用锻件是指用锻造方法生产出来的各种锻材和锻件,主要是指各种形式的法兰、法兰盖、手孔盖以及高压以上的电站锅炉受热面的集箱端盖,法兰、法兰盖、手孔盖是工业锅炉上比较常用的锻件。电站锅炉当集箱端盖直径不小于 219 mm 时,其端盖是采用和集箱材料相同的锻件制成的。如省煤器和水冷壁集箱端盖可以采用 20 号钢制造,而过热器和再热器集箱端盖是用合金钢锻件制造的,如 12Cr1MoV、15CrMo 等。锻钢件的塑性、韧性比铸钢件高,能经受较大的冲击力作用[30]。

锻钢件也常用于锅炉吊挂装置,如 U 型卡头、销轴等。

常用锅炉锻件材料的选用可参见表 30-1-1 锅炉锻件材料及适用范围。

表 30-1-1　锅炉锻件材料及适用范围[239,240]

钢的种类	牌号	标准编号	受压元件适用范围		吊挂装置适用范围
			工作压力/MPa	壁温/℃	适用温度/℃
碳素钢	20	NB/T 47008 JB/T 9626	≤5.3[1)	≤430	≤450
	25	JB/T 9626	—	—	≤450
	35	NB/T 47008 JB/T 9626	—	—	≤450
合金钢	16Mn	NB/T 47008 JB/T 9626	≤5.3	≤430	—
	15CrMo	NB/T 47008 JB/T 9626	不限	≤550	—
	30CrMo	JB/T 9626	—	—	≤500
	35CrMo	NB/T 47008 JB/T 9626	—	—	≤500
	14Cr1Mo	NB/T 47008 JB/T 9626	不限	≤550	—

表 30-1-1(续)

钢的种类	牌号	标准编号	受压元件适用范围		吊挂装置适用范围
			工作压力/MPa	壁温/℃	适用温度/℃
合金钢	12Cr1MoV	NB/T 47008 JB/T 9626	不限	≤565	≤565
	12Cr2Mo1	NB/T 47008 JB/T 9626	不限	≤575	—
	10Cr9Mo1VNb	NB/T 47008	不限	≤620	≤620
奥氏体耐热钢	S30408 (06Cr19Ni10)	NB/T 47010	不限	≤670	≤670
	S32168 (06Cr19Ni11Ti)	NB/T 47010	不限	≤670	≤670

1) 不与火焰接触时,工作压力不限。

注:1 本表材料的标准名称见 JB/T 9626《锅炉锻件技术条件》。
　　2 对于工作压力小于或者等于 2.5 MPa、壁温小于或者等于 350 ℃ 的锅炉锻件可以采用 Q235 进行制作。
　　3 本表未列入的 NB/T 47008(JB/T 4726)《承压设备用碳素钢和合金钢锻件》材料用作锅炉锻件时,其适用范围的选用可以参照 GB/T 150 的相关规定执行。

30-2　锅炉用锻件材料的化学成分及力学性能

本节介绍了锅炉用锻件材料的化学成分及力学性能。

锅炉用锻件材料的化学成分见表 30-2-1、力学性能见表 30-2-2、表 30-2-3 高温力学性能、10^5 h 持久强度平均值见表 30-2-4。

表 30-2-1 锅炉锻件材料化学成分

钢类	序号	牌号	化学成分(质量分数)/%													
			C	Si	Mn	Cr	Mo	Ni	Cu	V	Nb	Ti	Al	N	P	S
															不大于	
碳素钢	1	20	0.17~0.23	0.15~0.40	0.60~1.00	≤0.25	—	≤0.25	≤0.25	—	—	—	—	—	0.030	0.020
	2	25	0.22~0.29	0.17~0.37	0.50~0.80	≤0.25	—	≤0.30	≤0.25	—	—	—	—	—	0.035	0.035
	3	35	0.32~0.38	0.15~0.40	0.50~0.80	≤0.25	—	≤0.25	≤0.25	—	—	—	—	—	0.030	0.020
合金钢	4	16Mn	0.13~0.20	0.20~0.60	1.20~1.60	≤0.30	—	≤0.30	≤0.25	—	—	—	—	—	0.030	0.020
	5	15CrMo	0.12~0.18	0.10~0.60	0.30~0.80	0.80~1.25	0.45~0.65	≤0.30	≤0.25	—	—	—	—	—	0.025	0.015
	6	30CrMo	0.26~0.33	0.17~0.37	0.40~0.70	≤0.30	≤0.10	≤0.30	≤0.30	—	—	—	—	—	0.030	0.030
	7	35CrMo	0.32~0.38	0.15~0.40	0.30~0.70	0.80~1.10	0.15~0.25	≤0.30	≤0.25	—	—	—	—	—	0.025	0.015
	8	14Cr1Mo	0.11~0.17	0.50~0.80	0.30~0.80	1.15~1.50	0.45~0.65	≤0.30	≤0.25	—	—	—	—	—	0.025	0.015
	9	12Cr2Mo1	≤0.15	≤0.50	0.30~0.60	2.00~2.50	0.90~1.10	≤0.30	≤0.25	—	—	—	—	—	0.025	0.012
	10	12Cr1MoV	0.09~0.15	0.15~0.40	0.4~0.70	0.9~1.20	0.25~0.35	≤0.30	≤0.25	0.15~0.30	—	—	—	—	0.025	0.015
	11	10Cr9Mo1VNb	0.08~0.12	0.20~0.50	0.30~0.60	8.00~9.50	0.85~1.05	≤0.40	≤0.25	0.18~0.25	0.06~0.10	—	≤0.040	0.030~0.070	0.020	0.010
奥氏体耐热钢	12	S30408 (06Cr19Ni10)	≤0.08	≤1.00	≤2.00	18.00~20.00	—	8.00~10.50	—	—	—	—	—	—	0.035	0.020
	13	S32168 (06Cr19Ni11Ti)	≤0.08	≤1.00	≤2.00	17.00~19.00	—	9.00~12.00	—	—	—	5×C~0.7	—	—	0.035	0.020

表 30-2-2 锅炉锻件材料力学性能

牌 号	公称厚度/mm	热处理状态	回火温度/℃	抗拉强度 R_m/MPa 不低于	屈服强度 R_{eL}/MPa 不小于	断后伸长率 A/% 不小于	试验温度/℃	冲击吸收能量 KV_2/J 不小于	硬度试验 HBW
20	≤100	正火	620	410～560	235	24	0	31	110～160
	>100～200			400～550	225	24			
	>200～300			380～530	205	24			
25	≤100	正火	600	≥420	235	23	—	KU_2 71	170
	>100～300			≥390	215	23			
35	≤100	正火	590	510～670	265	18	20	34	136～192
	>100～300			490～640	245	18			—
16Mn	≤100	正火 正火+回火	620	480～630	305	20	0	34	128～180
	>100～200			470～620	295	20			
	>200～300			450～600	275	20			
15CrMo	≤300	正火+回火	620	480～640	280	20	20	47	—
	>300～500			470～630	270	20			
30CrMo	≤300	调质	540	≥930	735	12	—	KU_2 71	≤229
35CrMo	≤300	调质	580	620～790	440	15	0	41	—
	>300～500			610～780	430	15			
14Cr1Mo	≤300	正火+回火	620	490～660	290	19	20	47	—
	>300～500			480～650	280	19			
12Cr2Mo1	≤300	正火+回火	680	510～680	310	18	20	47	—
	>300～500			500～670	300	18			
12Cr1MoV	≤300	正火+回火	680	470～630	280	20	20	47	—
	>300～500			460～620	270	20			
10Cr9Mo1VNb	≤500	正火+回火	740	590～760	420	18	20	47	—
S30408	≤150	固溶处理	1 010～1 150	520	205	35	—	—	139～192
	>150～300			500	205	35			—
S32168	≤150	固溶处理	920～1 150	520	205	35	—	—	—
	>150～300			500	205	35			—

表 30-2-3 锅炉锻件高温力学性能

牌　号	板厚/mm	在下列温度(℃)下的 $R_{P0.2}(R_{eL})$/MPa											
		20	100	150	200	250	300	350	400	450	500	550	600
Q235	3～6	235	199	191	174	156	143						
	＞16～36	225	191	180	167	144	132						
20	≤100	235	210	200	186	16	153	139	129	121			
	＞100～200	225	200	191	178	161	147	133	123	116			
	＞200～300	205	184	176	164	147	135	123	113	106			
25	≤300	235	210	200	186	167	153	139	129	121			
35	≤100	265	235	225	205	186	172	157	147	137			
	＞100～300	245	225	215	200	181	167	152	142	132			
16Mn	≤100	305	275	250	225	205	185	175	165	155			
	＞100～200	295	265	245	220	200	180	170	160	150			
	＞200～300	275	250	235	215	195	175	165	155	145			
15CrMo	≤300	280	255	240	225	215	200	190	180	170	160		
	＞300～500	270	245	230	215	205	190	180	170	160	150		
12Cr2Mo1	≤300	310	280	270	260	255	250	245	240	230	215		
	＞300～500	300	275	265	255	250	245	240	235	225	215		
12Cr1MoV	≤300	280	255	240	230	220	210	200	190	180	170		
	＞300～500	270	245	230	220	210	200	190	180	170	160		
30CrMo	≤300	440	400	380	370	360	350	335	320	295			
35CrMo	≤300	440	400	380	370	360	350	335	320	295			
	＞300～500	430	395	380	370	360	350	335	320	295			
10Cr9Mo1VNbN	≤300	420	384	378	377	377	376	371	358	337	306	260	198
S30408（06Cr19Ni10）	≤300	205	170	154	141	135	129	123	119	114	110	105	101
S32168（06Cr19Ni11Ti）	≤300	205	184	171	160	150	142	136	132	128	126	123	122

表 30-2-4　锻件 10^5 h 持久强度平均值

牌　号	碳素钢、低合金钢锻件在下列温度(℃)下的 R_D/MPa								
	400	425	450	475	500	525	550	575	600
20	170	127	91	61					
25	172	131	87	59	41				
35	170	127	91	61					
16Mn	187	140	99	64					
15CrMo	—	—	—	201	132	87	56		
12Cr1MoV	—	—	—		170	123	88	62	
12Cr2Mo1	—	—	221	179	133	91	69	56	
30CrMo	—	—	225	167	118	75			
35CrMo	—	—	225	167	118	75			

牌　号	用于较高温度的锻件在下列温度(℃)下的 R_D/MPa															
	460	470	480	490	500	510	520	530	540	550	560	570	580	590	600	610	620
10Cr9Mo1VNbN	166	153	140	128	116	103	93	83	73	63	53	44					
S30408 (06Cr19Ni10)	—	—	—	—	—	—	96	88	81	74	68	63	57	52	47	44	40
S32168 (06Cr19Ni11Ti)	—	—	—	118	108	98	89	80	72	66	61	55	50	46	41	38	35

第 31 章　铸钢与铸铁

铸钢主要用来生产一些复杂形状、难以锻造和难以加工成形的零件,如大型阀门及管道中某些成型零件(三通、四通等),而在高压、超高压设备中,这些零件通常被焊接或锻造件所代替。

铸铁主要用于生产一些复杂形状、难以锻造和难以加工成形的零部件。锅炉中的铸铁件有受压件和非受压件之分,受压件主要用于制造阀门、非沸腾式省煤器、铸铁锅炉等;非受压件主要用于生产燃烧器、炉门、检查门、炉排等。以前有些小型燃煤锅炉也有用铸铁制造的,目前这些小型铸铁锅炉一般用来燃油燃气,如组合模块式燃油燃气铸铁锅炉。

本章介绍了锅炉用铸钢、铸铁的适用范围、化学成分与力学性能;对 TSG G0001—2012《锅炉安全技术监察规程》中对铸铁锅炉在材料方面的相关要求做了简要介绍。

31-1　锅炉用铸钢的适用范围、化学成分与力学性能

本节简述了锅炉承受内压力的铸钢件选取材料时应考虑的问题,介绍了锅炉用铸钢的适用范围、化学成分与力学性能。

为锅炉承受内压力的铸钢件选取材料时,应考虑以下问题:

(1) 铸钢件形状复杂,尺寸也较大,为防止铸钢件产生缺陷,要求铸钢具有良好的浇铸性,即好的流动性及小的收缩性。为保证钢水具有好的流动性以便很好填满铸模,铸钢中碳、硅、锰的含量应比锻、轧件要高一些。

(2) 锅炉铸钢件与管道的联接,在高压,特别是超高压条件下,都采用焊接方式,因此,铸钢应具备满意的可焊性。铸钢中碳、硅、锰元素的增加,使可焊性变坏些,对焊接工艺提出了更高的要求。

(3) 铸钢件需在高温及高应力下长期工作,有时还需承受较大的温度补偿应力,因此,铸钢应具有较高的持久强度及塑性。

(4) 铸钢件在运行时可能受到水击作用以及运输、安装时承受动载荷,因此,冲击值也应较为满意。

铸造碳素钢一般允许工作在 450 ℃ 以下,温度再高时,可能出现石墨化现象,此时,可采用含铬的合金铸钢,铬能有效地防止石墨化现象。合金铸钢中的铬、钼、钒用以提高铸钢的耐热性,使其工作温度可达 570 ℃ 以下。

质量好的紧密铸钢件的强度性能并不低于锻件或轧制件,仅塑性、韧性少许下降些。铸钢件是一次成型的,故化学成分及组织不均匀性较锻、轧件为大;形状复杂的铸件中,小气泡、显微裂纹等缺陷难以避免;铸件中还有一定剩余应力。因此,铸钢件必须进行热处理,用以消除内应力及使化学成分及组织均匀化。考虑到铸件内部不可避免地存在小汽泡等缺陷,强度计

算时,许用应力的安全系数要适当放大,我国规定比非铸钢件约放大 1.4 倍;国际标准规定比非铸钢件放大 1.25 倍;有的国家,如美国,也规定放大 1.25 倍,但经过严格检查的铸钢件,可不予放大。

锅炉用铸钢材料适用范围见表 31-1-1,化学成分见表 31-1-2,经热处理后的锅炉用铸钢力学性能见表 31-1-3,高温力学性能见表 31-1-4,持久强度平均值见表 31-1-5。

表 31-1-1 锅炉用铸钢材料适用范围[69]

钢的种类	牌号	标准编号[1]	适用范围	
			工作压力/MPa	壁温/℃
碳素钢	ZG200-400	JB/T 9625	≤5.3	≤430
	ZG230-450			≤430
合金钢	ZG20CrMo		不限	≤510
	ZG20CrMoV			≤540
	ZG15Cr1Mo1V			≤570

1) 表中所列材料的标准名称:JB/T 9625《锅炉管道附件承压铸钢件 技术条件》。

表 31-1-2 铸钢化学成分

牌号	化学成分[1]/%							
	C	Mn	Si	Cr	Mo	V	S	P
ZG200-400	≤0.20	≤0.80	≤0.50	≤0.35	≤0.20	≤0.05	≤0.04	≤0.04
ZG230-450	≤0.30	≤0.90	≤0.50	≤0.35	≤0.20	≤0.05	≤0.04	≤0.04
ZG20CrMo	0.15~0.25	0.50~0.80	0.20~0.45	0.5~0.80	0.40~0.6	—	≤0.04	≤0.04
ZG20CrMoV	0.18~0.25	0.40~0.70	0.17~0.37	0.9~1.2	0.50~0.70	0.2~0.30	≤0.03	≤0.03
ZG15Cr1Mo1V	0.14~0.20	0.40~0.70	0.17~0.37	1.2~1.70	1.00~1.20	0.2~0.40	≤0.03	≤0.03

1) Ni、Cu 等元素的残余含量均应不大于 0.30%,但除非订货单位有专门要求,一般不对其含量进行化学分析。

注:如果铸件的个别元素含量超出本表的规定,但力学性能合格,应根据铸件的具体要求,经有关技术部门同意后方可使用。

表 31-1-3 铸钢的力学性能

牌号	抗拉强度 R_m/MPa	屈服强度 R_{eL}/MPa	伸长率 A_5/%	断面收缩率 Z/%	冲击韧度 α_{ku}/J/cm²
	≥				
ZG200-400	400	200	25	—	—
ZG230-450	450	230	22	32	44

表 31-1-3(续)

牌号	抗拉强度 R_m/MPa	屈服强度 R_{eL}/MPa	伸长率 A_5/%	断面收缩率 Z/%	冲击韧度 α_{ku}/J/cm²
			≥		
ZG20CrMo	461	245	18	30	29
ZG20CrMoV	490	314	14	30	29
ZG15Cr1Mo1V	490	343	14	30	29

表 31-1-4　铸钢的高温力学性能[239]

牌号	厚度/mm	在下列温度(℃)下的 $R_{p0.2}(R_{eL})$/MPa								
		20	100	200	300	350	400	450	500	550
ZG230-450	100	230	210	175	145	135	130	125	—	—
ZG20CrMo	100	245	—	250	230	215	200	190	175	160
ZG20CrMoV	100	315	264	244	230	—	214	—	194	144
ZG15Cr1Mo1V	100	440	—	385	365	350	335	320	300	260

表 31-1-5　铸钢 10^5 持久强度平均值[239]

牌号	在下列温度(℃)下的 R_D/MPa				
	400	450	500	550	600
ZG230-450	160	83	40	—	—
ZG20CrMo	370	244	117	55	—
ZG20CrMoV	—	277	140	75	—
ZG15Cr1Mo1V	419	275	171	96	28

31-2　锅炉用铸铁的适用范围、化学成分与力学性能

本节简述了铸铁材料的分类,介绍了锅炉用铸铁的适用范围、化学成分及力学性能,重点介绍了耐热铸铁的适用范围、化学成分及力学性能及其应用示例。

铸铁是碳的质量分数大于 2.11% 的铁碳合金,是将铸造生铁在炉中重新熔化,并加入铁合金、废钢、回炉铁调整成分而得到的,铸铁与生铁的区别在于铸铁进行了二次加工[223]。

根据碳的存在形态,铸铁分为以下几类:

(1) 灰口铸铁——碳含量高,有一部分碳是以自由形态的片状石墨存在,断口呈灰色,故称为"灰口铸铁"。它具有良好的铸造、减振、耐磨、切削加工性能及较低的缺口敏感性;但强度及韧性较低。工业上较多使用的是珠光体基体的灰口铸铁。

(2) 白口铸铁——碳主要以 Fe_3C 态存在,断口呈白色,故称为"白口铸铁"。白口铸铁中存在大量硬而脆的 Fe_3C,具有很高的硬度及耐磨性,但不易机械加工,故很少用它,锅炉引风机叶片为防止灰尘磨损,有时利用白口铸铁。

(3) 可锻铸铁——白口铸铁经石墨化退火处理后得到的一种铸铁,碳硅含量较低,碳主要以渗碳体形态(团絮状石墨)存在,强度及韧性较高。

可锻铸铁按化学成分、热处理工艺而导致的性能和金相组织的不同,将其分为两类,一类是黑心和珠光体可锻铸铁;另一类是白心可锻铸铁。

(4) 球墨铸铁——将灰口铸铁经球化处理后所得,即浇铸前往铁水中加入一定量的球化剂(纯镁等)和墨化剂(硅铁等)促使碳呈球状石墨,比普通灰口铸铁有较高的强度、较好的韧性和塑性。

按化学成分分类,铸铁可分为普通铸铁(灰铸铁、可锻铸铁和球墨铸铁等)和合金铸铁(耐蚀、耐热、耐磨铸铁等)两大类。

耐热铸铁是在普通铸铁(灰铸铁和球墨铸铁)中有意识地加入一些合金元素,以提高铸铁耐热的特殊性能而配制成的一种高级合金铸铁。如往铸铁中加入硅、铬、铝等元素,由于形成紧密保护膜、使 Fe_3C 稳定、使组织紧密等原因,可提高其耐热性,故称为"耐热铸铁"。

铸铁的特点是浇铸性比钢好、价格低廉、对腐蚀的抵抗能力比碳钢大,但塑性及韧性小、抗拉强度小。

在高温长期工作过程中,铸铁除可能被氧化外,还会出现"生长"现象,从而使铸铁件提早破坏。生长是一种不可逆的体积膨胀现象。生长主要是由于高温下铸件中 Fe_3C 分解(石墨化)及空气、烟气中的氧沿铸件中的细孔、裂纹和石墨片四周的空隙向内渗入,并使铁、硅、锰等氧化所造成的。如铸铁在临界点上下反复加热和冷却,即反复产生 $\gamma \Leftrightarrow \alpha$ 相变时,由于 γ 铁比 α 铁的比容小,使石墨周围反复产生压应力及拉应力,在石墨四周形成细小裂纹,有利于气体进入,使内部氧化加快,生长现象加剧。

从金相组织来看,铸铁中石墨细小且以球状存在,就不易产生长大现象,因而,球墨铸铁具有较好的耐热性;如铸铁在加热冷却过程中没有相变,始终保持铁素体(α 相)或奥氏体(γ 相),也使长大现象变弱。

硅能促进 Fe_3C 的分解,因此,普通灰口铸铁从耐热观点来看,硅量小些为好。但当硅含量约大于5%时,加热冷却已无相变,只保持 α 相。另外,使组织紧密,石墨呈小球状。其次,在表面上会形成紧密的 SiO_2 氧化膜,可防止继续氧化。因此,高硅铸铁具有较高的耐热性。其他化学元素,有的能形成紧密保护膜(铬、铝),有的能消除相变(镍、铝),有的能使 Fe_3C 稳定(铬、钼、钒),有的可使铸铁组织紧密(镍)。因而,含有这些元素的铸铁,如高铬铸铁、高镍铸铁(奥氏体铸铁)、高铝铸铁等也都具有较好的耐热性。

锅炉用铸铁的适用范围见表31-2-1,化学成分及力学性能见表31-2-2。

表 31-2-1　锅炉用铸铁的适用范围[69]

铸铁种类	牌号	标准编号[1]	适用范围		
			附件公称通径 DN/mm	工作压力/MPa	壁温/℃
灰铸铁	不低于 HT150	GB/T 9439	≤300	≤0.8	<230
		JB/T 2639	≤200	≤1.6	
可锻铸铁[2]	KTH300-06	GB/T 9440	≤100	≤1.6	<300
	KTH330-08				
	KTH350-10				
	KTH370-12				
球墨铸铁	QT400-18	GB/T 1348	≤150	≤1.6	<300
	QT450-10	JB/T 2637	≤100	≤2.5	

1) 表中所列材料的标准名称：GB/T 9439《灰铸铁件》、JB/T 2639《锅炉承压灰铸铁技术条件》。GB/T 9440《可锻铸铁件》、GB/T 1348《球磨铸铁件》、JB/T 2637《锅炉承压球磨铸铁技术条件》。
2) 本规程中允许使用的可锻铸铁均为黑心可锻铸铁。

表 31-2-2　锅炉用铸铁的化学成分及力学性能

铸铁种类	牌号	化学成分（质量分数）/%					力学性能			布氏硬度/HBW
		C	Si	Mn	P	S	抗拉强度/MPa min	屈服强度/MPa min	断后延长率/% min	
灰铸铁	HT150[1]	2)			3)		150	98	0.3	≤200
可锻铸铁	KTH300-06	2.7~3.1	0.7~1.1	0.3~0.6	0.18	<0.2	300	—	6	≤150
	KTH330-08	2.5~2.9	0.8~1.2	0.3~0.6	0.18		330	—	8	
	KTH350-10	2.4~2.8	0.9~1.4	0.3~0.6	0.1		350	200	10	
	KTH370-12	2.2~2.5	1.0~1.5	0.3~0.6	0.12		370	—	12	

表 31-2-2(续)

铸铁种类	牌号	化学成分（质量分数）/%					力学性能			布氏硬度/HBW
		C	Si	Mn	P	S	抗拉强度/MPa min	屈服强度/MPa min	断后延长率/% min	
球墨铸铁	QT400-18	4)					400	250	18	120～175
	QT450-10						450	310	10	160～210

1) 高于HT150牌号的其他灰铸铁的化学成分及力学性能可查阅相关资料。
2) 如需方的技术条件中包含化学成分的验收要求时，按需方规定执行，并按双方商定的频次和数量进行检测。当需方对化学成分没有要求时，化学成分由供方确定，并不作为铸件验收的依据；但化学成分的选取必须要保证铸件材料满足标准所规定的力学性能和金相组织要求。
3) 锅炉承压灰铸铁件HT-150的硫(S)含量不大于0.10%，磷(P)含量不大于0.35%；HT-200的硫(S)含量不大于0.10%，磷(P)含量不大于0.20%。
4) 球墨铸铁的化学成分由供需双方自行决定,化学成分的选取必须要保证铸件材料满足标准所规定的性能指标,不作为铸件验收的依据；当需方对铸件有特殊要求时,材料的化学成分和热处理方式由供需双方协商确定。

表31-2-2中给出的灰口铸铁具有良好的铸造工艺性、切削加工性,对缺口不敏感,具有一定强度,但塑性差,在400℃～450℃以上出现明显体积膨胀而导致破环的现象（铸铁长大）,一般只用作300℃以下承受静载荷的元件。由于铸铁具有较高的抗腐性能力,用它制成的低压锅炉非沸腾式省煤器及管件（弯头、短管等）,可在给水不除氧的条件下工作。灰口铸铁中的碳主要以片状石墨形态存在,对基体的割裂严重,在石墨尖角处易造成应力集中,使其抗拉强度较低,故对于方形铸铁省煤器和弯头限制条件使用（额定工作压力小于或等于2.5 MPa时,允许采用牌号不低于HT200的灰口铸铁；额定工作压力小于或等于1.6 MPa时,允许采用牌号不低于HT150的灰口铸铁）[232]。

灰口铸铁的抗压强度几乎为抗拉强度的四倍,适于制作抗压的支座等。不得用灰口铸铁制造排污阀和排污弯管。由于铸铁件的含碳量较高,焊接性能差,焊接过程中易出现裂纹等缺陷,故用于承压部位的铸铁件不准补焊。

球墨铸铁是20世纪50年代发展起来的铸铁材料,利用我国富有的稀土元素为球化剂,形成稀土球墨铸铁,大大推动了球墨铸铁的发展。球墨铸铁的性能比灰口铸铁大有改善,已接近于钢,可用以制造375℃以下、内压在6.3 MPa以下的各种阀体。额定工作压力小于或等于1.6 MPa的锅炉以及蒸汽温度小于或等于300℃的过热器,其放水阀和排污阀的阀体可以用QT400-18、QT450-10牌号的球墨铸铁制造[240]。

耐热铸铁在高温下具有抗生长及抗氧化能力,适于制作在高温烟气中工作的零件,如燃烧器的喷口、耐热炉排等。

铸铁抗弯强度约为抗拉强度的二倍,适于制作锅炉燃烧设备的零部件,如炉条、炉排等。根据使用温度的不同,层燃锅炉中的链条炉排、往复炉排的炉排片、炉条、梁框等零部件大量使用灰铸铁(HT200等)及耐热铸铁(HTRCr、HTRSi5、QTRAl22等)制作;煤粉燃烧器烧嘴用QTRSi5等制作。常用耐热铸铁的牌号及化学成分见表31-2-3,力学性能、使用条件及应用示例见表31-2-4。

表31-2-3 常用耐热铸铁的牌号及化学成分[223]

牌号	化学成分(质量分数)/%						
	C	Si	Mn	P	S	Cr	Al
			≤				
HTRCr	3.0～3.8	1.5～2.5	1.0	0.10	0.08	0.50～1.00	—
HTRCr2	3.0～3.8	2.0～3.0	1.0	0.10	0.08	1.00～2.00	—
HTRCr16	1.6～2.4	1.5～2.2	1.0	0.10	0.05	15.00～18.00	—
HTRSi5	2.4～3.2	1.5～5.5	0.8	0.10	0.08	0.5～1.00	—
QTRSi5	2.4～3.2	4.5～5.5	0.7	0.07	0.015	—	—
QTRAl4Si4	2.5～3.0	3.5～4.5	0.5	0.07	0.015	—	4.0～5.0
QTRAl22	1.6～2.2	1.0～2.0	0.7	0.07	0.015	—	20.0～24.0

表31-2-4 常用耐热铸铁的力学性能、使用条件及应用示例[223]

牌号	最小抗拉强度 R_m MPa	硬度 HBW	使用条件	应用示例
HTRCr	200	189～288	在空气炉气中,耐热温度到550 ℃	炉条、炉排、高炉支梁式水箱等
HTRCr2	150	207～288	在空气炉气中,耐热温度到600 ℃	链条炉排、煤气炉内灰盒、矿山烧结车挡板等
HTRCr16	340	400～450	在空气炉气中,耐热温度到900 ℃,在室温及高温下有耐磨性。耐硝酸的腐蚀	往复炉排、煤粉炉烧嘴、炉栅、化工机械零件等
HTRSi5	140	160～270	在空气炉气中,耐热温度到700 ℃	链条炉排、煤粉炉烧嘴、锅炉用梳形定位板、换热器针状管等
QTRSi5	370	228～302	在空气炉气中,耐热温度到800 ℃,硅上限到900 ℃	煤粉炉烧嘴、炉条、烟道闸门、加热炉中间管架等
QTRAl4Si4	250	285～341	在空气炉气中,耐热温度到900 ℃	烧结机箅条、炉用件等
QTRAl22	300	241～364	在空气炉气中,耐热温度到1 100 ℃,耐高温硫腐蚀性好,工艺要求严格	锅炉炉排用侧密封块、往复炉排、链式加热炉炉爪、黄铁矿焙烧炉零件等

31-3　关于铸铁锅炉

本节简要介绍了铸铁锅炉及其发展简况,按 TSG G0001—2012《锅炉安全技术监察规程》中对铸铁锅炉的相关要求做了简要说明。

随着锅炉燃料结构的调整及新型钢铁材料的发展与技术进步,铸铁锅炉已由原来的固定炉排手工燃烧,更新发展为现代的燃气(油)模块式组装铸铁锅炉。铸铁锅炉系指采用铸铁制造的锅片组装而成的锅炉本体、燃烧装置、安全检测与监控仪表、控制装置、外壳等组成的锅炉,使得铸铁锅炉的燃烧效率、热效率得以大幅提高,同时使其具有耐腐蚀、安装便利、使用寿命长、制造成本低等优势,在采暖、生活及小容量锅炉供热领域得到广泛应用。

在铸铁锅炉本体中受热并进行热交换、组成水循环回路和烟气回路的主要承压部件是锅片,并由铸铁制造而成。铸铁锅炉由数个锅片构成;根据其构造有前锅片、中锅片(若干)、后锅片。

由于铸铁材料是具有特殊性能的钢铁材料,因此,关于铸铁锅炉,TSG G0001—2012《锅炉安全技术监察规程》对其允许使用范围、材料、设计、制造、使用等均予以新的规范,并提出了相关要求。如:

(1) 鉴于国际上 TRD、JIS《铸铁锅炉的构造》和 ASME 均允许采用铸铁制造蒸汽锅炉,同时考虑到目前国内铸造技术和水平均已有所提高的两个主要因素,规程增加了铸铁锅炉的适用范围,扩大至额定工作压力小于 0.1 MPa 的蒸汽锅炉。

(2) 对材料的相关要求,铸铁锅炉受压件用材料应采用牌号不低于 GB 9439《灰铸铁件》规定的 HT150 的灰铸铁;受压铸件不应有裂纹、穿透性气孔、缩孔、缩松、未浇足、冷隔等铸造缺陷。

(3) 对设计的相关要求,锅炉结构应当是组合式的;特别是降低了锅片最小壁厚,由原来的 10 mm 改为现在的一般不小于 5 mm 等。

同时,规程也完善了型式试验(由原来的只做单个锅片的爆破试验,增加了新设计的铸铁锅炉整体进行验证性水压试验要求)等内容[232]。

第32章 吊杆与拉撑件及紧固件用钢

本章介绍了锅炉吊杆与拉撑件及紧固件的工作条件与用钢要求、给出了紧固件用钢材料的应用范围。

32-1 吊杆、拉撑件、紧固件的工作条件与用钢要求

本节简述了吊杆、拉撑件、紧固件的工作条件与用钢要求。

1 吊杆、拉撑件用钢

（1）吊杆和拉撑件的工作条件

目前在大型锅炉机组中，除空气预热器、省煤器和循环流化床的旋风分离器之外，几乎都采用全悬吊的支吊系统。锅炉本体各承压部件，附着在承压部件上的燃烧设备、刚性梁、各类门孔、烟风道、炉顶罩壳、保温材料、介质等重量通过各种吊杆悬挂在锅炉顶板梁格上，并经主梁将荷载传给锅炉构架柱子。这些吊杆所承受的持续荷载，随着锅炉重量的大小，从几百吨到上万吨，有时还要考虑风、雪和地震引起的临时荷载的作用，同时还要考虑在高温下由于热膨胀而引起的弯曲应力。因此，锅炉吊杆的工作条件是比较复杂的；锅炉吊杆的合理布局、正确的选材、设计和计算对锅炉的安全性和可靠性起着非常重要的作用[241]。

锅炉中经常使用拉撑件拉撑截面面积较大的受压元件，特别是锅壳式锅炉中对管板的拉撑以及管板之间的拉撑，即要求拉撑件的强度是足够的，也要求拉撑件和管板的连接强度也是足够的；因此拉撑件的强度是锅炉受压元件强度的基本要求。

（2）吊杆和拉撑件用钢要求

锅炉吊杆和拉撑件用钢适用范围按《锅炉安全技术监察规程》、GB/T 16507《水管锅炉》、GB/T 16508《锅壳锅炉》等相关规定选取。

锅炉的拉撑板材料应当选用锅炉用钢板。用于锅炉的吊杆和拉撑材料可采用轧制或锻制圆钢。吊杆和拉撑件材料的化学成分、力学性能等数据可参见 GB/T 699《优质碳素结构钢》、GB/T 1221《耐热钢棒》、GB/T 3077《合金结构钢》、JB/T 9626《锅炉锻件技术条件》、NB/T 47008《压力容器用碳素钢和低合金钢锻件》等材料标准资料查询。

2 紧固件用钢

锅炉中的紧固件主要是指连接锅炉阀门、管道、烟道、烟箱等零部件的螺栓和螺母；其作用是连接各部件，并使各相连的零部件紧密结合，在运行过程中不产生工作介质泄漏。

（1）紧固件的工作条件

紧固件用钢的工作条件是比较复杂的，在紧固系统中，螺母预紧后，使螺栓受到拉应力，由

于这个拉应力使螺栓产生作用于法兰结合面上的压力,使所连接的两密封面紧密结合。这种受力状况,在高温高压条件下会变得更加复杂更为明显,因为在长期高温和应力作用下,螺栓会产生应力松弛现象。松弛现象发生会导致螺栓压紧力降低,最终会造成法兰结合面出现缝隙而发生介质泄漏。另外,应该注意到螺栓载荷在预紧状态下和操作状态下是不相同的,预紧力必须使垫片压紧并实现初始密封条件,预紧力要适当;同时要保证操作时残留在垫片中的密封比压大于工作密封比压。

螺栓在使用中如果发生断裂,会引起严重的设备和人身伤亡事故,造成很大的经济损失。因此,为了确保锅炉安全可靠运行,在选用螺栓和螺母材料时,首先应考虑钢材的松弛稳定性、蠕变脆性,其次是强度和加工性能。

一般认为,当工作温度超过 400 ℃时,就会出现较明显的松弛现象,如部分紧固件合金钢材料的抗应力松弛性能见表 32-1-1;其他牌号材料的抗应力松弛性能可查阅相关资料。

表 32-1-1 部分紧固件合金钢材料的抗应力松弛性能[242]

热处理工艺	试验温度/℃	初始应力 σ_0/MPa	下列时间(h)的剩余应力/MPa							
			25	100	500	1 000	2 000	3 000	5 000	10 000
35CrMo										
880 ℃正火加 650 ℃回火	450	147	101	96	83	81	77	74	70	57
		245	162	147	127	121	115	111	100	80
880 ℃油淬加 650 ℃回火	400	147	100	87	67	64	58	56	52	44
		245	162	135	104	97	86	82	75	63
		343	220	186	133	118	109	107	96	80
	450	147	92	81	65	61	56	53	46	32
		245	144	121	91	85	79	76	67	51

热处理工艺	试验温度/℃	初始应力 σ_0/MPa	下列时间(h)的剩余应力/MPa							
			8	50	200	500	1 000	2 000	3 000	5 000
20Cr1Mo1VNbTiB										
1 050 ℃油淬加 680 ℃回火,保温 6 h	520	294	245	232	223	217	212	—	199	192
		343	286	273	263	254	245	—	235	225
	540	294	237	226	216	207	200	—	180	167
		343	276	262	252	241	231	—	208	192
		392	313	295	279	269	258	—	231	213
	570	294	212	209	185	159	130	—	—	—
		343	258	229	200	171	159			

(2) 紧固件用钢要求

根据紧固件的工作条件,对紧固件用钢提出如下的要求。

① 抗松弛性高:要求用较小的预紧力,也可保证在一个大修期内螺栓的压紧力不低于螺栓操作状态下的最小螺栓载荷。

② 强度高:螺栓在预紧状态下的预紧应力不能超过钢材的屈服点。当材料强度高时,可以加大预紧力;由于对紧固件没有可焊性的要求,及从节省材料的角度出发,可采用含碳量较高一些的钢材,以提高紧固件强度。

③ 缺口敏感性小:在螺栓螺纹处,由于螺纹是一个缺口,会产生较大的应力集中,易引发裂纹甚至断裂,如果螺栓材料的塑性、韧性足够高,具有较小的缺口敏感性时,螺纹处便不易发生损坏。

④ 热脆性倾向小:螺栓用钢应具有较高的冲击值,回火脆性及热脆性倾向要小,以保证螺栓在运行中不因热脆性发生脆断。

⑤ 工作在高温下的紧固件应有良好的抗氧化性。

⑥ 要合理匹配螺栓与螺母材料:避免螺栓与螺母的"咬合"现象。一般规定,螺栓用钢的强度、硬度比螺母要大一些,螺母硬度要比螺栓硬度低 HB20~40,并且两者不要用相同的钢种。

⑦ 紧固件用钢应具有满足要求的机械加工性能。

32-2 紧固件材料应用范围

本节给出了紧固件材料的应用范围。

紧固件常用钢种的选用可参照《锅炉安全技术监察规程》中锅炉常用的紧固件钢种和使用温度范围选取,见表 32-2-1 紧固件材料及适用范围。

表 32-2-1 紧固件材料及适用范围

钢的种类	牌号	标准编号	适用范围	
			工作压力/MPa	使用温度/℃ ≤
碳素钢	Q235B、Q235C、Q235D	GB/T 700	≤1.6	350
	20,25	GB/T 699		350
	35			420
合金钢	30CrMo	GB/T 3077	不限	500
	35CrMo			500
	25Cr2MoVA	DL/T 439		510
	25Cr2Mo1VA			550
	20Cr1Mo1VNbTiB			570

表 32-2-1(续)

钢的种类	牌号	标准编号	适用范围	
			工作压力/MPa	使用温度/℃ ≤
合金钢	20Cr1Mo1VTiB	DL/T 439	不限	570
	20Cr13,30Cr13	GB/T 1220		450
	12Cr18Ni9			610

注：1 本表材料的标准名称，GB/T 699《优质碳素结构钢》、GB/T 3077《合金结构钢》、DL/T 439《火力发电厂高温紧固件技术导则》、GB/T 1220《不锈钢棒》。

2 本表未列入的 GB 150 中所列碳素钢和合金钢螺栓、螺母等材料用作锅炉紧固件时，其适用范围的选用可以参照 GB 150 的相关规定执行。

3 用于工作压力小于或等于 1.6 MPa、壁温小于或等于 350℃的锅炉部件上的紧固件可以采用 Q235 进行制作。

其中 Q235-B、Q235-C、Q235-D、20、25 与 35 等是常见钢种，主要用于工作压力和温度较低的锅炉上。35CrMo 等合金钢紧固零件具有较好的工艺性能和较高的热强性能，长期使用组织比较稳定，可制造工作温度 500 ℃以下的紧固件。25Cr2MoVA 和 25Cr2Mo1VA 合金钢具有良好的综合力学性能、热强性和抗松弛性能，可分别用于制造工作温度在 510 ℃及 550 ℃以下螺栓、阀杆及螺母。20Cr1Mo1VNbTiB 和 20Cr1Mo1VTiB 合金钢具有很好的综合力学性能，特别是抗松弛性能远远超过 25Cr2Mo1VA 钢，而且钢材的缺口敏感性小、持久塑性好、热脆性低，可用于制造工作温度在 570 ℃以下螺栓、阀杆及螺母。20Cr13、30Cr13 均系马氏体型不锈钢，可用于制造工作温度在 450 ℃以下的紧固件材料。12Cr18Ni9 为奥氏体不锈钢，钢中的铬含量在 17.00%～19.00%，具有更高的蠕变强度、抗氧化性和抗松弛性能，可用于制造工作温度在 610 ℃以下螺栓、阀杆及螺母。

第33章 锅炉其他用钢

本章介绍锅炉受热面固定件及吹灰器工作条件、用钢要求及其用常用钢材的应用范围,简要介绍了常用受热面固定件及吹灰器用钢特性;简叙了锅炉构架用钢的工作条件与应用范围。

33-1 受热面固定件及吹灰器用钢性能

本节简要介绍锅炉受热面固定件及吹灰器工作条件、用钢要求及其用常用钢材的应用范围,并简叙了常用受热面固定件及吹灰器用钢特性。

1 受热面固定件及吹灰器的工作条件与用钢要求

(1)受热面固定件及吹灰器的工作条件

锅炉受热面固定零件主要指:管夹、定位板、吊架、支座等,它们通常工作在直接与火焰或烟气接触,烟气温度约为 750 ℃~1 000 ℃,且无冷却介质冷却的工作环境下。主要用于固定受热面,所受载荷不大。

锅炉设备中的燃烧室、水冷壁管、过热器、省煤器、空气预热器等部件均有吹灰装置,其作用是定期吹落积浮在这些受热面上的烟灰渣子,防止在管子表面结渣、结焦。吹灰器在燃烧室的工作温度约为 900 ℃~1 000 ℃,高温过热器区工作温度约为 800 ℃~900 ℃。吹灰器在高温下连续工作时间不长,约 3 min~5 min。

(2)受热面固定件及吹灰器用钢要求

锅炉固定件要求所用的钢材有较高的热稳性(抗氧化能力)、高温强度、较好的耐蚀性及工艺性能。

为了保证吹灰器有一定的使用寿命,吹灰器用钢应选用抗氧化性、高温强度都较高及耐蚀性较好的钢,如铁素体耐热钢中的 1Cr25Ti,奥氏体耐热钢中的 06Cr18Ni11Ti,马氏体耐热钢中的 12Cr13 等。当温度小于 450 ℃时应尽量采用低合金钢、碳钢和耐热铸铁。

2 受热面固定件及吹灰器用钢应用范围

制作受热面固定件及吹灰器零部件用的钢材都含有较多数量的铬,都是电炉冶炼的中合金及高合金、优质及高优质钢;锅炉固定零件及吹灰器用钢应根据工作温度来选用,如表 33-1-1 所示。

表 33-1-1　锅炉固定件及吹灰器用钢

牌号	化学成分(质量分数)/%						组织类别	适用温度
	C	Si	Mn	Cr	Ni	其他		
12Cr5Mo	0.15	0.50	0.60	4.0~6.0	0.6	Mo0.40~0.60	珠光体	650 ℃以下
12Cr6Si2Mo	≤0.15	1.50~2.00	0.7~0.65	5.00~6.50	≤0.6	Mo0.45~0.60	珠光体	750 ℃
12Cr13	0.08~0.15	1.0	1.0	11.5~13.5	(0.6)		马氏体	1 000 ℃
10Cr25Ti	≤0.12	≤1.00	≤0.80	24.00~27.00		Ti5×C~0.8	铁素体	1 000~1 100 ℃
06Cr18Ni11Ti	0.08	1.00	2.0	17.00~19.00	9.00~12.00	Ti5×C~0.7	奥氏体	900~1 000 ℃
16Cr20Ni14Si2	0.20	1.50~2.50	1.5	19.00~22.00	12.00~15.00	—	奥氏体	≤1 000 ℃
16Cr25Ni20Si2	0.20	1.50~2.50	1.5	24.00~27.00	18.00~21.00	—	奥氏体	≤1 100 ℃
26Cr18Mn12Si2N（D1）	0.22~0.30	1.4~2.2	10.50~12.50	17.00~19.00		N0.22~0.33	奥氏体	≤900 ℃
22Cr20Mn9Ni2Si2N（钢 101）	0.12~0.26	1.8~2.7	8.5~11.00	18.00~21.00	2.00~3.00	N0.20~0.30	奥氏体	850~1 000 ℃

3　受热面固定件及吹灰器用钢特性

锅炉受热面固定件及吹灰器部分钢材特性如下。

12Cr5Mo、12Cr6Si2Mo：

这两个牌号是珠光体耐热钢中含合金元素最高的,有很好的耐热性和耐蚀性,广泛用于制造石油管道及容器,加热炉管及热交换器等,也用作阀门、锅炉吊架等零部件。

12Gr5Mo 属于珠光体耐热不起皮钢。含有约 5% 的铬,用于提高热稳性；含有约 0.5% 的钼,目的在于消除纯铬钢具有的热脆性、回火脆性,同时也提高了热强性。此钢 650 ℃以上开始剧烈氧化,但仍具有一定热强性,可做锅炉尾部受热面作省煤器托架等。12Cr6Si2Mo 也属于珠光体耐热不起皮钢。铬的含量有所增加,又多加入硅,进一步提高了热稳性,可工作到 750 ℃左右。

12Cr6Si2Mo 钢是作为锅炉固定装置主要用钢之一,从 20 世纪 50 年代被列为锅炉固定装置的耐热钢和热强钢。由于标准的几次变迁和改版修订,12Cr6Si2Mo 钢已被国标(GB)删除,但该钢号到目前为止,在锅炉行业中仍被广泛地作为锅炉固定装置成熟材料主要用钢之一使用着,而且还没有其他的钢号来代替[243]。

16Cr20Ni14Si2:

该钢为奥氏体不锈耐热钢,由于 Cr、Ni 含量较多,提高了钢的蠕变强度和高温持久强度,改善塑性性能;具有较高的高温强度、抗氧化性及良好的抗腐蚀性。

16Cr25Ni20Si2:

该钢是奥氏体不锈耐热钢,是在 06Cr25Ni20 钢的基础上适当增加碳含量和硅含量,而有较好的抗氧化性和耐蚀性。由于硅的存在改善其氧化,还可改善锻造性。该钢还具有较高的高温强度,但对含硫气氛较敏感,在 600 ℃~800 ℃有析出相的脆化倾向。

10Cr25Ti:

该钢属于铁素体型高铬不锈耐酸耐热钢,该钢具有耐氯盐及发烟硝酸的性能,在 700 ℃~800 ℃空冷状态下具有良好的抗晶间腐蚀性,在 1 000 ℃~1 100 ℃很高的温度下不起皮(抗高温氧化性好),加入钛可消除回火脆性、热脆性及高温下晶粒长大使韧性下降的缺陷。该钢的塑性和韧性好,但热脆性倾向大,长期运行后韧性很快降低;因此,运行中不宜受冲击载荷;焊接性能较差[228]。可作 1 000 ℃~1 100 ℃条件下工作的受热面固定件、吹灰器、热电偶套管等。

26Cr18Mn12Si2N(D1):

是我国研制的 Cr-Mn-N 型奥氏体耐热不起皮钢,该钢的室温及高温性能高于 16Cr20Ni14Si2 钢,但抗氧化性能低于 16Cr20Ni14Si2 钢。该钢的抗硫腐蚀和抗渗碳性较好;有时效脆化倾向,但时效后在高温下仍有较高的韧性。焊接性能良好,手工焊时,焊前可不预热,焊后可不进行热处理。能代替常用的铬镍奥氏体钢,可作工作温度在 900 ℃以下的过热器固定件等。

22Cr20Mn9Ni2Si2N(钢 101):

也是我国自行研制的 Cr-Mn-N 型奥氏体耐热不起皮钢。该钢具有较好的高温强度和塑性。由于钢中含有一定的镍,使钢在高温时效后仍然具有较高的冲击韧性。该钢还具有良好的抗渗碳性及耐急冷热性能,在熔盐中也有较好的耐热性。该钢的抗氧化性比铬镍奥氏体钢差,但可用于工作温度在 850 ℃~1 000 ℃的受热面固定件。该钢的焊接性能较好,焊接裂纹的敏感性小,可用各种焊接方法焊接,焊前可不预热,焊后可不进行热处理;该钢有冷加工硬化倾向。可用以代替 16Cr25Ni20Si2 等铬镍奥氏体钢。

当采用铬镍奥氏体耐热钢制作高温元件时,为防止在含硫多的烟气中出现硫腐蚀现象,希钢中铬的含量高于镍的含量;16Cr20Ni14Si2、16Cr25Ni20Si2 比 16Cr20Ni25Si 对这种硫腐蚀的抗力要好的多。

33-2 锅炉构架用钢

本节简要介绍锅炉构架用钢的工作条件、要求与应用范围。

锅炉构架是锅炉的重要组成部分,总体分为钢结构和钢与钢筋混凝土混合结构;它不仅起到承载锅炉全部重量,并将重量传递到锅炉基础或厂房基础的作用,而且还起着保持锅炉各组件相对位置的作用。为此要求锅炉构架应有足够的强度和刚度,在力学上,它属一种超静定结构。下面重点叙述钢结构的锅炉构架。

锅炉构架的形式与锅炉的容量、锅炉结构形式及锅炉各组分结构(尤其是炉墙类型与结构)密切相关。

容量较小的工业锅炉(≤10 蒸吨)绝大多数采用快装结构,其锅筒、受热面等本体受压部件无需设置专门钢架支撑,均采用自身支撑结构;较大容量(>10 蒸吨)的工业锅炉分为构架支撑和自身支撑。构架支撑为常规的型钢框架结构,多用于水管锅炉;而自身支撑多用于水火管(锅壳)锅炉。自身支撑结的锅炉构架一般仅用于炉墙固定限位、连接平台扶梯及连接和固定锅炉外包装钢板。

自身支撑是近 20 余年我国锅炉发展特点之一,包括:受热面管系支撑锅壳(锅筒)、受热管支撑后拱、风箱支撑锅炉本体(包括炉墙)等。自身支撑可使同一元件起双重作用,不仅可明显节省钢材,也使锅炉结构得以简化。我国工业锅炉自身支撑结构已经受了 20 余年的考验,安全可靠。目前,自身支撑结构已应用于大容量 91 MW(130 t/h)组合螺纹烟管水火管锅壳式热水锅炉[30]。

小容量锅炉的构架基本上是不承重的,主要用来紧箍炉墙和承受一些不大的横向推力及个别部件的重量,并用来连接平台、扶梯及轻型炉墙的锅炉外包装钢板。

大中型锅炉的受热面、锅筒和炉墙要用钢构架(或钢筋混凝土构架)来支撑或悬吊。

大型电站锅炉消耗于构架上的钢材数量相当可观。如 HG670/140-2 型配 200 MW 机组的锅炉,即使锅炉前部荷重由厂房水泥柱承担、尾部由钢柱和混凝土柱联合支撑,消耗于构架、平台楼梯上的钢材仍达 530 吨,约占锅炉本体总钢耗的 18%;塔氏布置的配 200 MW 锅炉机组如全采用钢结构,则构架、平台楼梯用钢多达 4 500 吨,占锅炉本体总钢耗的 44%。因此,大型锅炉构架结构设计不仅要满足技术条件的要求,同时也要考虑其经济性是否合理;如钢柱可采用钢管水泥柱或混凝土柱代替等。

1 锅炉构架用钢的工作条件与要求

(1) 锅炉构架及用钢的工作条件

锅炉构架(钢结构)类型:按锅炉本体部件的固定方式可分为支撑式、悬吊式;按锅炉钢结构本身的结构特点可分为框架式和桁架式;按锅炉钢结构和锅炉房的关系可分为独立式和联合式。

锅炉构架主要由梁、柱、垂直支撑、水平支撑、桁架、框架、顶板、护板、平台、楼梯、柱底板、地脚螺栓固定架和刚性梁等部件组成,其中梁和柱是最重要的锅炉承载受力元件。锅炉构架不与高温烟气接触,工作温度不高。

锅炉构架是锅炉本体的主要承载部件,它承载着锅炉本体载荷和其他载荷。锅炉本体载荷包括:锅筒及锅内设备,各种受热面,集箱,汽水管道,炉墙及保温材料,燃烧设备,平台楼梯,构架自重及有效载荷(人体重量,机修和运行过程中的附加载荷等)。其他载荷包括:安全阀反冲力,额定炉内爆炸力,地震载荷,水文地质影响的附加力,露天布置时的风载荷、雪载荷等[228]。

(2) 锅炉构架用钢要求

1) 钢种选用。根据锅炉构架的用途和性能要求选择所用钢种;除板梁和柱采用普通低合金钢外,其余元件(如顶板、护板、平台、楼梯等)基本上采用普通低碳钢。

2) 所用钢材具有足够的强度和刚度。锅炉构架不与高温烟气直接接触,工作温度不高,要求所用钢材具有一定的室温强度及足够的刚度;主要承重结构的钢材应具有抗拉强度、屈服强度、伸长率、冷弯试验和硫、磷含量的合格保证,对焊接结构还应具有碳含量的合格保证。

3) 适宜的脆性转变温度及常温冲击韧性。有时构架须在较低温度下施工或工作,因此,所用钢材的脆性转变温度宜更低些;一般应低于当地的最低环境温度,尤其对于严寒地区应使NDT(无塑性转变温度;即按标准规定,在进行试验时落锤试样刚发生断裂的最高温度。)[242]低于零下 40 ℃。重要的受拉或受弯的焊接结构件中,钢材应具有常温冲击韧性的合格保证(B 级)。

4) 良好的焊接性能。构架一般均采用焊接加工方式;由于大型钢构架尺寸较大,受工厂及现场条件的制约,进行焊前预热及焊后热处理比较困难,因此,应尽量省去这两道工序。故要求所用钢材应具备良好的焊接性能。

2 锅炉构架用钢应用范围

锅炉构架一般用型钢及板材焊制而成,为保证锅炉钢结构的承载能力和防止在一定条件下出现脆性破坏,应选用性能适宜的钢材。锅炉钢结构的主要承重结构宜采用 Q235 钢和 Q245 钢,其质量标准应分别符合 GB/T 700《碳素结构钢》和 GB/T 1591《低合金高强度结构钢》的规定。当有可靠依据时,可采用其他牌号的钢材[210]。载荷大的部件一般选用普通低合金钢,载荷不大的部件选用普通低碳钢。

附录1　常用单位的规定与换算

（1）常用单位的规定

质量、力、密度、重度的单位规定：

1) 国际单位制（SI）：质量的单位是基本单位 kg；力的单位是导出单位 $kg \cdot m/s^2 = N$。

例如 4 ℃水的密度 $\rho = 1\,000\ kg/m^3$；重度的单位是导出单位 $\gamma = \rho g$（一般不用重度，仅用密度）。

2) 工程单位制：力的单位是基本单位 kgf；质量的单位是导出单位 $kgf \cdot s^2/m$。

例如 4 ℃水的重度 $\gamma = 1\,000\ kgf/m^3$；密度的单位是导出单位 $\rho = 101.93\ kgf \cdot s^2/m^4$（一般不用密度，仅用重度）。

3) 国际单位制的 1 kg 质量物质＝工程单位制的 1 kgf 重量物质——二者数值相同。

4) $Pa = N/m^2$；$J = N \cdot m$；$W = J/s$；$K = 273 + ℃$。

附表　常用单位制的对比

名称	质量	力	重量	密度	重度	压力	应力	能	功	热量	功率	温度
符号	m	P	G	ρ	γ	p	σ	A	E	Q	W	$t(T)$
国际单位制	kg	N		kg/m^3	—	Pa		J			W	K
工程单位制	$kgf \cdot s^2/m$	kgf		$kgf \cdot s^2/m^4$	kgf/m^3	kgf/mm^2		$kgf \cdot m$		kcal	$kgf \cdot m/s$	℃

注：书与论文需用国际单位制；必要时，可应用工程单位制，但需注明换算至国际单位制。一个公式中各量需应用同一单位制。

（2）常用单位的换算

1) 长度换算

m 米	cm 厘米	mm 毫米	ft 呎	in 吋
1	100	1 000	3.281	39.37
0.01	1	10	0.032 8	0.393 7
0.001	0.1	1	0.003 28	0.039 37
0.304 8	30.48	304.8	1	12
0.025 4	2.54	25.4	0.083 3	1

2) 面积换算

m² 米²	cm² 厘米²	mm² 毫米²	ft² 呎²	in² 吋²
1	10^4	10^6	10.76	1 550
10^{-4}	1	10^2	10.76×10^{-4}	0.155 0
10^{-6}	10^{-2}	1	10.76×10^{-6}	0.001 55
0.092 9	$0.092\ 9 \times 10^4$	$0.092\ 9 \times 10^6$	1	144
6.425×10^{-4}	6.452	645.2	6.944×10^{-6}	1

3) 力换算

N 牛顿	kgf 公斤力	lbf 磅力
1	0.102	0.224 8
9.806 7	1	2.205
4.448	0.453 6	1

4) 压力和应力换算

N/m² 牛顿/米²	bar 巴	kgf/mm² 公斤力/米²	kgf/cm² 公斤力/厘米²	lbf/ft² 磅力/呎²	lbf/in² 磅力/吋²
1	10^{-5}	1.02×10^{-7}	1.02×10^{-5}	0.020 89	14.5×10^{-5}
10^5	1	0.010 2	1.02	2 089	14.5
98.07×10^5	98.07	1	100		1 422
98 067	0.980 67	0.01	1	2 048	14.22
47.88	—	4.882×10^{-6}	—	1	0.006 94
6 895	0.068 95	7.03×10^{-4}	0.070 3	144	1

1 N/m²(牛顿/米²)＝1 Pa(帕斯卡)＝0.007 5 mmHg(毫米汞柱)

1 MPa(兆帕)＝0.102 kgf/mm²＝10.2 kgf/cm²＝1 N/mm²

1 kgf/cm²＝1 at(工程大气压)＝735.6 mmHg(毫米汞柱)＝10 mH₂O(米水柱)

1 kgf/m²＝9.807 Pa＝1 mm H₂O(毫米水柱)

5) 温度换算

℃(摄氏度)	℉(华氏度)	K(开尔文)
℃	$\frac{9}{5}$℃＋32	℃＋273.2
$\frac{5}{9}$(℉－32)	℉	$\frac{5}{9}$(℉＋459.7)
K－273.2	$\frac{9}{5}$K－459.7	K

6) 热量(功、能量)换算

$J = N \cdot m$

1 kcal(千卡) = 4.187 kJ = 1.163×10⁻³ kW·h

1 kJ(千焦) = 0.239 kcal = 0.278×10⁻³ kW·h

1 kW·h(千瓦·时) = 860 kcal = 3.6×10³ kJ

1 kcal = 3.968 Btu(英热单位),1 Btu = 0.252 kcal

7) 供热量(功率)换算

$W = N \cdot m/s$

kJ/s(千焦/秒) = kW(千瓦)   1 MW(兆瓦) = 3.6×10⁶ kJ/h(千焦/时)

1 kcal/h = 0.001 163 kW   1 kW = 860 kcal/h = 0.239 kcal/s

1 Btu/s = 1.055 kW   1 kW = 0.948 Btu/s

1 PS(美马力) = 0.736 kW   1 HP(英马力) = 0.746 kW

8) 热负荷(热流密度)换算

1 W/m² = 0.86 kcal/(m²·h)   1 kcal/(m²·h) = 1.163 W/m²

1 kcal/(m²·h) = 0.368 7 Btu/(ft²·h)

9) 密度(ρ)与重度(γ)

密度 = 重度/重力加速度($\rho = \gamma/g$)

重度 $\gamma = 9.81$ N/m³ 的水,其密度为 $\rho = \gamma/g = 9.81$ N/m³/9.81 m/s² = 1.0 kg/m³

由 3),得 9.81 N(牛顿) = 1.0 kgf(公斤力)

附录2 水的饱和温度

压力 p（绝对）MPa	饱和温度 t_b ℃	压力 p（绝对）MPa	饱和温度 t_b ℃	压力 p（绝对）MPa	饱和温度 t_b ℃
0.004 0	28.982	0.4	143.62	5.0	263.91
0.006 0	36.18	0.5	151.84	6.0	275.55
0.010	45.83	0.6	158.84	7.0	285.79
0.020	60.09	0.7	164.96	8.0	294.97
0.040	75.89	0.8	170.41	9.0	303.31
0.060	85.95	0.9	175.36	10.0	310.96
0.070	89.96	1.0	179.88	12.0	324.65
0.080	93.51	1.2	187.96	14.0	336.64
0.090	96.71	1.4	195.04	16.0	347.33
0.100	99.63	1.6	201.37	18.0	356.96
0.101 325	100.00	1.8	207.11	20.0	365.70
0.150	111.37	2.0	212.37	22.0	373.69
0.200	120.23	2.5	223.94	22.12	374.15
0.250	127.43	3.0	233.84		
0.3	133.54	4.0	250.33		

附录3 国外钢材牌号的表示方法与常用钢材中外钢号对照

本附录简要介绍了美国、日本、欧洲、俄罗斯、ISO国外钢材牌号的表示方法,并列举了常用钢材中外钢号对照。

（1）美国

美国钢材牌号采用美国各团体协会标准的表示方法,很不统一。常采用的有美国材料与试验协会(ASTM)、美国钢铁学会(AISI)、美国汽车工程师协会(SAE)等标准的表示方法。

SAE美国汽车工程师学会和ASTM美国材料与试验协会的"金属与合金统一数字代号体系"(UNS体系)是一种简便的编号系统,其目的在于代替或至少补充许多现行各标准组织的材料牌号系统和各生产厂的商标名称;该编号系统已在SAE和ASTM标准中形成文件加以详细说明。UNS编号系统可方便读者了解许多相似牌号之间的关系和对照使用各种材料的牌号。但需说明的是,具有统一UNS编号的金属材料,并不表示他们的化学成分完全相同,只能是相似。此外,相应标准在不断修订,其化学成分也可能改变。UNS体系的牌号表示方法,在美国最通用的标准中已采用,并与原有标准牌号系列并列,但UNS体系本身并非标准,故不能取代各标准的牌号系列。

UNS体系的牌号系列采用一个代表钢或合金的前缀字母和五位数字组成,在大多数情况下,一个前缀字母表示同一类型的金属。这个统一数字代号体系,基本上是在各个协会组织(含AISI钢铁学会)原有各材料编号体系的基础上,稍作变动,合并统一而成的,其中,AISI或SAE基本一致。UNS黑色金属及合金体系见附表3-1。

附表3-1 UNS黑色金属及合金体系表

D00001～D99999	规定力学性能的钢	
F00001～F99999	铸铁	
G00001～G99999	AISI与SAE碳素钢及合金钢	
H00001～H99999	AISI可淬透性钢	前缀字母"H"为"HARDENABILITY"(可淬透的)的第一个字母
J00001～J99999	铸钢(工具钢除外)	
K00001～K99999	杂类钢及铁基合金	
S00001～S99999	耐热钢及耐蚀(不锈)钢	前缀字母"S"为"STAINLESS"(不锈)的第一个字母
T00001～T99999	工具钢	前缀字母"T"为"TOOL"(工具)的第一个字母
N00001～N99999	镍及镍合金	前缀字母"N"为"NiKEL"的第一个字母

附录3 国外钢材牌号的表示方法与常用钢材中外钢号对照

　　SAE 和 AISI 原有牌号体系基本由三位、四位或五位数字组成,在大多数情况下,两个体系是一致的,只在部分牌号上有差别。UNS 牌号表示方法大多用于棒、线材;但板、带、管材大多用强度级(数字)表示牌号,或用钢级 A、B、C 或种类 1、2、3 等表示牌号。下面附表 3-2 仅列出部分钢材在 UNS、SAE 和 AISI 体系表的体系、组别特征及牌号对照举例,供参考。

附表 3-2　部分钢材的 UNS、SAE、AISI 体系表

UNS体系	SAE体系	AISI体系	组别及特征	牌号对照举例		
				UNS	SAE	AISI
碳素钢						
G10××0	10××	10××	一般碳素钢,非硫易切屑碳素钢,锰含量(质量分数)最大为 1.00%[1)	G10450	1045	1045
G11××0	11××	11××	硫易切屑碳素钢[1)	G11370	1137	1137
G12××0	12××	12××	磷硫复合易切屑碳素钢[1)	G12130	1213	1213
G15××0	15××	15××	高锰碳素钢[1)	G15520	1552	1552
合金钢						
G13××0	13××	13××	锰钢,平均锰含量为 1.75%[1)	G13350	1335	1335
G25××0	25××	25××	镍钢,平均镍含量为 5%[1)			
G34××0	34××	34××	镍铬钢,平均镍含量为 3%,铬含量为 0.77%[1)			
G40××0	40××	40××	钼钢,平均镍含量为 0.20%、0.25%[1)	G40280	4028	4028
G41××0	41××	41××	铬钼钢,平均铬含量为 0.5%、0.8%、0.95%,钼含量为 0.12%、0.20%、0.25%、0.30%[1)	G41300	4130	410
G43××0	43××	43××	镍铬钼钢,平均镍含量为 1.82%,铬含量为 0.5%、0.8%,钼含量为 0.25%[1)	G43400	4340	4340
G46××0	46××	46××	镍钼钢,平均镍含量为 0.85%、1.82%,钼含量为 0.2%、0.25%[1)	G46150	4615	4615
G47××0	47××	47××	镍铬钼钢,平均镍含量为 1.05%,铬含量为 0.45%,钼含量为 0.2%、0.35%[1)	G47200	4720	4720
G50××0	50××	50××	铬钢,平均铬含量为 0.27%、0.40%、0.50%、0.65%[1)	G50460	5046	

附表 3-2（续）

UNS 体系	SAE 体系	AISI 体系	组别及特征	牌号对照举例		
				UNS	SAE	AISI
G51××0	51××	51××	铬钢，平均铬含量为 0.8%、0.87%、0.92%、0.95%、1.0%、1.05%[1)]	G51320	5132	5132
G88××0	88××	88××	镍铬钼钢，平均镍含量为 0.55%，铬含量为 0.50%，钼含量为 0.35%[1)]	G88220	8822	8822
含硼或含铅的碳素钢和合金钢						
G××××1	××B××	××B××	含硼钢，UNS 系牌号末位数字为"1"，SAE、AISI 系牌号第二、三位数字中间加"B"字（"B"为 Boron（硼）的首字母），其他符号含义与碳素钢和合金钢的一般规定相同	G10461 G50601	10B46 50B60	10B46 50B60
保证淬透性的碳素钢和合金钢						
H××××0	××××H	××××H	不含硼的保证淬透性的碳素钢和合金钢，UNS 系前缀符号为"H"（"H"为 Hardenability（淬透性）的首字母），各牌号系列数字含义与碳素钢和合金钢的一般规定相同	H10450 H43400	1045H 4340H	1045H 4340H
H××××1	××B××H	××B××H	含硼的保证淬透性的碳素钢和合金钢，UNS 系前缀符号为"H"，末位数字为"1"，SAE、AISI 系第二、三位数字中间加"B"，后缀符号为"H"，各牌号系列数字含义与碳素钢和合金钢的一般规定相同	H15371 H50501	15B37H 50B50H	15B37H 50B50H
不锈钢和耐热钢（不含阀门钢）						
S2××××	302××	2××	铬锰镍奥氏体不锈钢，UNS 系第二、三位数字与 SAE、AISI 系的最后两位数字相同，但 SAE、AISI 牌号较少	S20200	30202	202

附表 3-2(续)

UNS体系	SAE体系	AISI体系	组别及特征	牌号对照举例 UNS	牌号对照举例 SAE	牌号对照举例 AISI
S3××××	303××	3××	铬镍奥氏体不锈钢，UNS系第二、三位数字与SAE、AISI系的最后两位数字相同。UNS系最后两位数字一般为"00"，而"03"表示超低碳钢，其他数字用来区分主要化学成分相同而个别成分稍有差别或包含有特殊元素的一组牌号。SAE、AISI系牌号最后加"L"，表示超低碳钢，加"N"表示含氮钢，还有其他符号。UNS系包含少数沉淀硬化不锈钢牌号	S30400 S31603	30304 30316L	304 316L
S4××××	514××	4××	高铬马氏体和低碳高铬铁素体不锈钢，UNS系第二、三位数字与SAE、AISI系的最后两位数字相同。UNS系最后两位数字一般为"00"，其他数字用来区分主要化学成分相近而个别成分稍有差别或包含有特殊元素的同组牌号。SAE、AISI系牌号最后有某些拉丁字母的牌号表示与基本牌号化学成分相近的但个别成分稍有差别或包含有特殊元素的同组牌号	S40300 S43020	51403 51430F	403 430F
S5××××	515××	5××	低铬马氏体不锈钢，平均铬含量为5%、7%、9%	S50100	51501	501
			杂类钢及铁基合金			
K×××××			包括特殊的碳素钢、合金钢、阀门钢、超级合金、电热合金、膨胀合金等。SAE、AISI没有统一体系	K44315 K63008 K66286 K94600	(300M) (21-4N) (A286)	

1) 左列牌号系列中的"××"表示平均碳含量为万分之几。

铸钢件的牌号表示方法

不锈耐热铸钢件 ASTM(美国材料与试验协会)采用 ACI(美国合金铸造协会)系统，其他类铸钢则没有规律性。ACI 不锈耐热铸钢件系统牌号表示为：钢号的第一字母用 C 或 H 表示;其中 C 表示在 650℃ 以下使用,H 表示在 650℃ 以上使用。第二个字母表示不同的含镍量范围,见附表 3-3。

附表 3-3 铸钢件符号表示的含镍量范围

字母	含镍量/%	字母	含镍量/%	字母	含镍量/%
A	<1.0	F	9.0~12.0	T	33.0~37.0
B	<2.0	H	11.0~14.0	U	37.0~41.0
C	<4.0	I	14.0~18.0	W	58.0~62.0
D	4.0~7.0	K	18.0~22.0	X	64.0~68.0
E	8.0~11.0	N	23.0~27.0		

(2) 日本

日本 JIS(Japanese Industrial Standard)标准是由日本工业标准调查会(Japanese Industrial Standard Committee 缩写 JISC)制定的。JIS 标准钢分为普通钢、特殊钢和铸锻钢。普通钢按产品形状分为条钢、厚板、薄板、钢管、线材和丝。特殊钢按其特殊性又细分为强度钢、工具钢、特殊用途钢。

钢牌号原则上由三部分组成:第 1 部分表示材质;第 2 部分表示种类;第 3 部分表示材料种类的特征数字。

例如: S S 41   S UP 6
     (1)(2)(3)   (1)(2)(3)

1) 机械结构用钢牌号

① 牌号中符号的顺序位置

按其构成顺序如下:

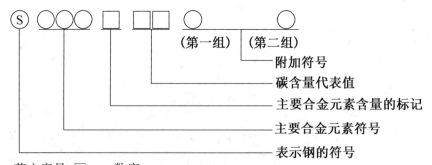

○——英文字母,□——数字;

主要合金含量标记可查阅由中国标准出版社出版的、纪贵主编的《世界钢号对照手册》(第二版)等相关资料。

② 碳含量代表值

用规定的碳含量中间值乘 100 的数值表示,如该数值不是整数值,去掉小数取整数表示;如该数值在 9 以下时,其数值前加"0"表示;如两种牌号主要合金元素符号、含量标记及碳含量代表值相同时,在碳含量较多的碳含量代表值上加"1"表示。

③ 附加符号

第一组,对基本钢添加特殊元素时使用下列符号:

  加 Pb 钢   L

  加 S 钢   S

  加 Ca 钢   U

第二组,除化学成分以外,保证特殊性能时使用下列符号:

  保证淬透性钢 H

  渗碳用碳素钢 K

2) 钢牌号分类

部分钢牌号分类见附表3-4。

附表3-4 部分钢牌号分类表

分类	名称	符号	备注
结构钢	焊接结构用轧制钢材	SM	S:Steel(钢);M:Marine(船舶)
	焊接结构用耐大气腐蚀的轧制钢材	SMA	S:Steel(钢);M:Marine(船舶);A:Atmospheric(大气)
	一般结构用轧制钢材	SS	S:Steel(钢);S:Structure(结构)
	一般结构用轻量型钢	SSC	S:Steel(钢);S:Structure(结构)C:Coldforning(冷成形)
	一般结构用焊接轻量H型钢	SWH	S:Steel(钢);W:Weld(焊接);H:(H形)
压力容器用钢	锅炉用轧制钢板	SB	S:Steel(钢);B:Boiler(锅炉)
		SB-M	M:Molybdenum(钼)
	锅炉及压力容器用MnMo钢及MnMoNi钢钢板	SBV	S:Steel(钢);B:Boiter(锅炉)V:Vessel(容器)
	锅炉及压力容器用CrMo钢板	SCMV	S:Steel(钢);C:Chromium(铬)M:Molybdenum(钼);V:Vessel(容器)
	高压瓦斯容器用钢板及钢带	SGC	S:Steel(钢);G:Gas(煤气),C:Cylinder(圆筒)
	中常温压力容器用碳素钢板	SGV	S:Steel(钢);G:General(一般);V:Vessel(容器)
	中常温压力容器用高强度钢板	SEV	S:Steel(钢);E:ElevatedTemperature(高温)V:Vessel(容器)
	低温压力容器用碳素钢板	SLA	S:Steel(钢);L:LowTemperature(低温)A:Al(含铝镇静钢)

附表 3-4(续)

分类	名称	符号	备注
压力容器用钢	低温压力容器用 Ni 钢钢板 压力容器用钢板	SL-N	S:Steel(钢);L:LowTemperature(低温); N:Nickel(镍)
	压力容器用调质型	SPV	S:Steel(钢);P:Pressure(压力)IV:Vessel(容器)
	MnMo 钢、MnMoNi 钢钢板	SQV	S:Steel(钢);Q:Quenehed(淬火); V:Vessel(容器)
薄钢板	冷轧钢板及钢带	SPCC	S:Steel(钢);P:Plate(板);C:Cold(冷) C:Commercial(商业的)
		SPCCT	S:Steel(钢);P:Plate(板);C:cold(冷); C:Commercial(商业的);T:Test(试验)
	热轧软钢和钢带	SPHC	S:Steel(钢);P:Plate(板);H:Hot(热); C:Commercial(商业的)
		SPHD	S:Steel(钢);P:Plate(板);H:Hot(热) D:Drawn(冲压)
钢管	配管用碳素钢钢管	SGP	S:Steel(钢)G:Gas(煤气);P:Pipe(管)
	水道用镀锌钢管	SGPW	S:Steel(钢);G:Galvanized(电镀);P:Pipe(管); W:Water(水)
	锅炉及热交换器用碳素钢钢管	STB	S:Steel(钢);T:Tube(管);B:Boiler(锅炉)
	锅炉及热交换器用合金钢钢管	STBA	S:Steel(钢);T:Tube(管)B:Boiler(锅炉) A:Alloy(合金)
	低温热交换器用钢管	STBL	S:Steel(钢);T:Tube(管);B:Boiler(锅炉) L:LowTemperature(低温)
	锅炉及热交换器用不锈钢钢管	SUS-TB	S:Steel(钢);U:Use(用途);S:Stainless(不锈钢);T:Tube(管);B:Boiler(锅炉)
机械结构用钢	机械结构用碳素钢钢材	S××C	S:Steel(钢);××:(碳含量);C:Carbon(磺)
	NiCrM0 钢钢材	SNCM	S:Steel(钢);N:Nickel(镍);C:Chromium(铬) M:Molybdenum(钼)
	Mn 钢及 MnCr 钢钢材	SMn	S:Steel(钢);Mn:Manganese(锰)
		SMnC	S:Steel(钢);Mn:Manganese(锰);C:Chromium(铬)
	高温螺栓用合金钢钢材	SNB	S:Steel(钢);N:Nicke(镍);B:Bolt(螺桂)

附表 3-4(续)

分类		名 称	符号	备 注
特殊用途钢	不锈钢	热轧不锈钢板	SUS-HP	S:Steel(钢);U:Use(用途);S:Stainless(不锈钢) H:Hot(热);P:Plate(板)
		冷轧不锈钢板	SUS-CP	S:Steel(钢);U:Use(用途);S:Stainless(不锈钢) C:Cold(冷);P:Plate(板)
	耐热钢	耐热钢棒	SUHB	S:Steel(钢);U:Use(用途) H:Heat Resisling(耐热);B:Bar(棒)
		耐热钢板	SUHP	S:Steel(钢);U:Use(用途);H:Neat Resisting(耐热);P:Plate(板)
	超级合金	耐蚀耐热超级合金棒	NCF-B	N:Nickel(镍);C:Chromium(铬) F:Ferrum(铁);B:Bar(棒)
		耐蚀耐热超级合金板	NCF-C	N:Nickel(镍);C:Chromium(铬) F:Ferrum(铁);P:Plate(板)
		锅炉用 NiCrFe 合金无缝管	NCF-TB	N:Nickel(镍);C:Chromium(铬) F:Ferrum(铁);T:Tube(管);B:Boiler(锅炉)
铸钢		碳素钢铸件	SC	S:Steel(钢);C:Casting(铸件)
		不锈钢铸件	SCS	S:Steel(钢),C:Casting(铸件) S:Stainless(不锈钢)
		耐热钢铸件	SCH	S:Steel(钢);C:Casting(铸件) H:Heat Resisting(耐热)
		高温高压用铸钢件	SCPH	S:Steel(钢);C:Casting(铸件) P:Pressure(压力);H:High-temperature(高温)

(3) 欧洲标准钢号表示方法

欧洲标准化委员会(CEN)于 1992 年颁发了钢号表示方法,其中 EN10027.1—1992 钢号以符号表示;EN100272-1992 以数字表示钢号。这是欧洲 18 个国家一致同意的标准。标准前言中规定:各国必须不加任何改变地采用本标准来表示本国标准中的钢号(指第一部分)。

1) EN l00027.1 钢牌号以符号表示

本方法以字母和数字混合来表示钢的用途及主要特性——力学、物理、化学性能等。为了不发生混淆,还有一些附加符号如用于高低温、表面状态及热处理条件不同等.将按 EC10(正在起草中)作出补充规定[226]。

钢号表示分为两组:

① Ⅰ组. 钢牌号以其用途及力学性能或物理性能表示。

第Ⅰ组使用下列符号(字母)，字母大部分用英文字母表示，个别也有例外，如 G 代表铸件，是来自德文(Guβs Tucke)，铸件有按Ⅰ组表示的，也有按Ⅱ组表示的。按Ⅰ组表示者，使用下列字母：

S 表示结构钢，P 表示压力用途钢，L 表示管道用钢，E 表示工程用钢。在字母之后用数字表示，数字是最低屈服强度值，单位为 N/mm^2，以最薄一档的屈服强度标准值表示；

B 表示钢筋混凝土用钢，来源于德文(Beton-stahl)，在字母后的数字是屈服强度标准值，单位为 N/mm^2；

Y 表示预应力钢筋混凝土用钢，R 表示钢轨用钢或铁道用钢，其后数字用最低抗拉强度值表示，单位为 N/mm^2；

H 表示高强度钢供冷成形用冷轧扁平产品，其后数字是屈服强度最小规定值，单位为 N/mm^2。当钢只规定抗拉强度最小值(N/mm^2)时，则改用 T 字，随后数字是抗拉强度最小规定值；

D 表示冷成形用扁平产品(除 e 以外)，在 D 字之后，用下列符号(字母)表示}C 表示冷轧产品，D 表示直接冷成形的热轧产品，X 轧制状态下不作硬性规定的产品。

② Ⅱ组，钢牌号以化学成分表示。

第Ⅱ组(用化学成分表示)牌号表示，分为以下四个亚组：

第 1 亚组。非合金钢(易切削钢除外)，平均含锰量(质量分数)<1%。其牌号由以下两部分符号组成：

——字母 C；

——平均含碳量(%)×100，当碳含量没有规定一个范围时，由标准技术委员会确定一个恰当的数值。

第 2 亚组。平均含锰量(质量分数)≥1% 的非合金钢、非合金易切削钢及合金钢(高速钢除外)，当平均合金元素含量(质量分数)<5% 时，钢的牌号由以下几部分组成：

——平均含碳量(%)×100，当碳含量不规定范围值时，由标准技术委员会确定一个恰当的数值；

——钢中合金元素用化学符号表示。元素符号的顺序应以含量递减的顺序排列，当两个或两个以上元素的成分含量相同时，应按字母的顺序排列；

——每一合金元素的平均值，应乘以表附 3-5 所示的系数，然后约整为整数值，各元素的整数值与相应的元素符号顺序相对应，用连字符隔开。

第 3 亚组。合金钢(高速钢除外)。当合金元素含量至少有一个元素含量(质量分数)≥5% 时，其牌号由下列几部分组成：

——字母 X；

——平均含碳量(%)×100，当钢中含碳量没有规定范围时，由标准技术委员会确定一个适当的数值；

——钢中合金元素用化学符号表示，元素符号的顺序以含量递减顺序排列，当两个或两个以上元素的成分含量相同时，应按字母的顺序排列；

——钢中合金元素的平均含量,应修约成整数,各元素的含量顺序应分别与该元素符号相对应排列,并用连字符隔开。

第4亚组。高速钢,其牌号由以下几部分组成:

——字母 HS;

——合金元素的百分含量按以下顺序排列:钨(W)、钼(Mo)、钒(V)、钴(Co)。含量以平均值并修约成整数表示,数值之间用连字符隔开。

附表3-5 中系数值大小是按照钢中元素含量大小规律制定的,系数大者钢中该元素含量小,系数小者,钢中含量多。

附表3-5 系数值

元素	系数	元素	系数
Cr、Co、Mn、Ni、Si、W	4	Ce、N、P、S	100
Al、Be、Cu、Mo、Nb、Pb、Ta、Ti、V、Zr	10	B	1 000

2) EN 100027.2 数字牌号表示方法

本标准规定:在欧洲标准中必须采用此表示方法作为补充牌号表示系统,但在各国标准中是否应用则是随意的。数字系统的前三位较为固定,而第四、五位是序号,设有专人负责登记注册。本系统作为牌号补充系统是因为它便于数据处理,但牌号的注册登记单位是由欧洲钢铁标准化委员会(ECISS)负责,集中管理缩号。

① 数字牌号系统的结构

数字牌号系统的结构式用下图表示:

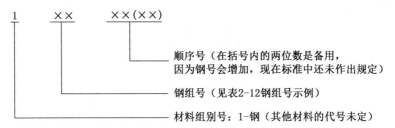

② 钢组号示例见附表3-6。

附表 3-6 钢组号示例表

序号	非合金钢			合金钢				
	普通钢	优质钢		特殊钢				
		优质钢	特殊钢	工具钢	杂类钢	不锈及耐热钢	结构钢,压力容器用钢及工程用钢	结构钢,压力容器用钢及工程用钢
0	00 90 普通钢	01 91 一般结构钢 R_m <500 N/mm²	10 特殊物理性能钢	20 Cr	30	40 不锈钢,ω(Ni) <25%,不含 Mo,Nb 及 Ti	50 Mn-Cr-Cu	60 Cr-Ni2.0% ≤ω(Cr)< 3.0%	70 Cr Cr-B
1		02 92 其他结构钢,不进行热处理 R_m <500 N/mm²	11 结构钢,压力容器用钢及工程用钢 ω(C)<0.50%	21 Cr-Si Cr-Mn Cr-Mn-Si	31	41 不锈钢,ω(Ni) <25%,不含 Mo,Nb 及 Ti	51 Mn-Si Mn-Cr	61	71 Cr-Si Cr-Mn Cr-Mn-B Cr-Si-Mn
2			12 结构钢,压力容器用钢及工程用钢 ω(C)≥0.50%	22 Cr-V Cr-V-Mn Cr-V-Mn-Si	32 含 Co 高速钢	42	52 Mn-Cu Mn-V Si-V Mn-Si-V	62 Ni-Si Ni-Mn Ni-Cu	72 Cr-Mo ω(Mo) < 0.35% Cr-MoB
3		03 93 平均 ω(C)< 0.12% 或 R_m< 400 N/mm²	13 结构钢,压力容器用钢及工程用钢,并有特殊要求的	23 Cr-Mo Cr-Mo-V Mo-V	33 无 Co 高速钢	43 不锈钢,ω(Ni) ≥25%,无 Mo,Nb 及 Ti	53 Mn-Ti Si-Ti	63 Ni-Mo, Ni-Mo-Mo, Ni-Mo-Cu, Ni-Mo-V Ni-Mn-V	73 Cr-Mo ω(Mo) ≥ 0.35%

| 80 Cr-Si-Mo Cr-Si-Mn-Mo Cr-Si-Mo Cr-Si-Mn-o-V | 81 Cr-Si-V Cr-Mn-V Cr-Si-Mn-V | 82 Cr-Mo-W Cr-Mo-W-V | 83 |

(4) 俄罗斯

俄罗斯仍沿用前苏联国家全苏标准(ГOCT)规定的钢材牌号表示方法作为国家标准代号，其表示方法与我国基本相同，仅有少数例外；其区别主要表现在用俄文字母代替我国钢号中的拼音字母及化学元素符号，但不一定取自俄文字头，有时为了避免重复，例如 Ф 代表 Ванаяий，是取其音相似；П 代表 Фосфор，是俄文 П 音与英文 P 相似。俄罗斯钢号中俄文字母的含义见附表 3-7。

附表 3-7 俄罗斯钢号中俄文字母的含义

俄文字母	МСТ	бСТ	КСТ	КП	ПС	СП
含义	平炉钢	酸性转炉钢	氧气顶吹转炉钢	沸腾钢	半镇静钢	镇静钢

俄文字母	ЭЯ	ЭИ	Ж	СВ	А	Л
含义	电炉铬镍不锈钢	电炉试验研究钢	铬不锈钢	焊条用钢	高级优质钢	铸钢

俄文字母	А	Х	М	С	Г	В	Н	П	Ф
含义	N	Cr	Mo	Si	Mn	W	Ni	P	V

俄文字母	Б	Т	Р	Ю	Д	К	Ц	У	Е
含义	Nb	Ti	B	Al	Cu	Co	Zr	C	Se

1) 普通碳素钢

普通碳素钢牌号表示方法 ГOCT380—1994 中牌号表示方法为，用俄文单词钢 Сталь 编写 Ст 为牌号之首，紧接着用 1、2、3~6 代表钢的质量保证类别，该标准仅适用于普通碳素钢的半成品。

1 类钢材要保证屈服强度、抗拉强度、断后伸长率和弯曲试验合格；

2 类钢材除 1 类钢材保证项目外，尚需保证化学成分合格；

3 类~6 类钢材除以上保证项目外，尚需分别保证不同温度下的冲击吸收功（V 形缺口）值（AKV/J）。

较高锰含量的钢，牌号中要有锰的代号 Г，如 Ст 3 Гпс 和 Ст 3 Гпс 分别表示锰含量较高的半镇静钢和镇静钢。

为了与国际标准接轨，ГOCT27772《钢结构用钢》标准中，也按屈服强度下限表示钢的牌号，如 C235 表示屈服强度最低值为 235 MPa 的钢，它与我国 Q235 钢类同。

2) 优质碳素钢

优质碳素结构钢牌号的表示是以钢中平均碳量×100 表示的，如平均碳含量（质量分数）为 0.08%的钢，其牌号为 08；平均碳含量 0.50%的钢，其牌号为 50。当钢中锰含量较高时，要标出锰的代号，如 50Г。钢中硫、磷含量较低的高级优质钢，牌号尾部加字母 А，如 50А；硫、磷含量更低的最高级优质钢的牌号尾部加字母 Ш，如 50Ш。

含锰量为 2%的钢已与 ГOCT4543 标准中合金钢合并，不再称为优质碳素结构钢。

3) 低合金钢

ГOCT19281—1989《提高强度钢》标准，为了采用 ISO 标准，把钢号命名方法改为按屈服强度下限值命名，同时又保留了原来以化学成分命名的钢号体系，作为附加要求。

以强度命名，是以屈服强度下限表示，现有强度级为 265、295、325、345、355、375、390 及 440 等 9 个牌号，均以 MPa 表示。

仍以化学成分表示钢牌号的，其牌号由表示平均碳含量的数值×100 以及合金元素代号及其含量数字表示。当钢中单个合金元素含量≥1.45％时，要在合金元素代号后面标出 2；<1.45％时不标明含量数字，但应标出合金元素符号，如 16Г2АФД 表示碳含量为 0.14％～0.20％，锰含量为 1.30％～1.70％，并含有 N、V、Cu 的低合金高强度钢。此外，若是镇静钢加后缀 СП，半镇静钢加 ПС。

4）合金钢

合金结构钢及合金弹簧钢牌号表示方法与低合金结构钢以化学成分的表示方法相同，即由表示平均碳含量的数字和表示合金元素的代号及表示合金含量的数字组成。但这两类钢分优质钢和高级优质钢，高级优质钢要加后缀 А，例如：30ХГСА、60С2ГА 等。

5）焊条和补焊用钢

焊条钢的前缀用 $С_В$-表示，补焊钢用 $Н_П$-表示。由于这两类钢基本上包括优质碳素钢、低合金钢、合金结构钢、不锈耐热钢、耐蚀合金和高速钢等，其后的表示方法同相应钢类，例如：$С_В$-08ГА、$С_В$-06Х21Н7БТ、$С_В$08А、$С_В$08АА（S，P 含量比 $С_В$08А 更低）、$С_В$-Х80、$Н_П$-30、$Н_П$-Р6М5 等。

6）不锈耐热钢

含碳量用两位数字表示，含碳量只规定上限者，以上限值×100 表示，规定上、下限者用平均含碳量×100 表示，例如：12Х13、08Х17Т。用电渣冶炼及其他特殊冶炼方法冶炼的钢还要加后缀 Ш（电渣法）、$В_Я$（真空法）等。

7）锅炉专用钢

碳素钢在钢号之后加 К 表示锅炉用，例如：15К、20К、22К 等；合金钢不加 К，例如：12ХМ、12Х1МФ 等。

8）耐蚀及耐热合金钢

不标出碳含量，但牌号中标出主元素的百分含量，例如：ХН40Б、Н70М、ХН85МЮ、ХН77ВТЮ、ХН77ТЮ-$В_Я$ 等。

9）铸钢

铸钢牌号仅在用钢的牌号尾部加字母 Л 以示区别，例如：45Л，表示 45 碳素铸钢。

10）铸铁

灰铸铁牌号前缀为 СЧ，球墨铸铁牌号前缀为 ВЧ，随后的一组数字表示抗拉强度下限值及抗弯强度下限值。例如：СЧ21-40 表示抗拉强度约为 210 MPa、抗弯强度约为 400 MPa 的灰口铸铁。

可锻铸铁牌号前缀为 КЧ，随后两组数字分别表示抗拉强度（R_m，MPa）和伸长率（A，％）下限值。以力学性能值高低来区分铁素体可锻铸铁和珠光体可锻铸铁。

（5）ISO 国际标准钢号表示方法

ISO 是国际标准化组织的标准代号。国际标准还没有统一的钢、合金钢牌号表示方法[226]，1986 年以后颁布的 ISO 钢铁标准，其牌号主要采用欧洲标准（EN）牌号系统。而 EN

牌号系统基本上是在德国 DIN 标准牌号系统基础上制定的,但有一些改进,这样更有利于交流。

1989 年该组织又颁布了"以字母符号为基础的牌号表示方法"的技术文件,它是作为建立统一的国际钢铁牌号系统的建议,该组织也率先采用这一方法。修订前后的标准有以力学性能为主和以化学成分为主的两种牌号。非合金钢及低合金钢用"以最小屈服强度"及"以化学成分"两种方法表示钢的牌号。

1) 以力学性能为主牌号的示例

① 非合金钢

非合金钢这里是指结构用非合金钢和工程用非合金钢。结构用非合金钢牌号首部为 S,如 S235;工程用非合金钢牌号首部为 E,如 E235。数字表示屈服强度≥235 MPa,相当于我国的 Q235 钢。

牌号尾部字母为 A、B、C、D、E 是表示以上两类钢不同的质量等级,并表示不同温度下冲击吸收功(AKV)最低保证值。

② 低合金高强度钢

这类钢牌号表示方法与工程用非合金钢相同,在 ISO 4950 和 ISO 4951 两个标准中,屈服强度范围值为 355~690 MPa,牌号为 E355~E690。

③ 耐候钢

耐候钢有时亦称耐大气腐蚀钢,牌号表示方法和工程用非合金钢基本相同,为表这类钢铁的特性,在牌号尾部加字母 W。

2) 以化学成分为主表示钢牌号的示例说明

① 适用于热处理的非合金钢

这类钢相当于我国的优质碳素结构钢。牌号字头为 C,其后数字为平均碳含量×100^2。例如平均碳含量为 0.45% 的热处理非合金钢,其牌号为 C45。当为优质钢和高级优质钢时,牌号尾部加字母 EX 或 MX 字样,以示区别。

② 合金结构钢(含弹簧钢)

这两类钢牌号的表示方法均与德国 DIN 17006 标准的表示方法相同,可在相关手册中查阅 DIN 标准。但需提出的是,这类钢产品牌号后面附加的表示热处理状态的字母与德国的含义完全不同,如:TU—未经热处理、TQB—经等温淬火、TA—经软化退火处理、TN—经正火、TQ—经淬火、TT—经回火、TSR—经消除应力处理、TC—经冷加工的等等。

③ 不锈钢

ISO/TR 15510:2003 不锈钢标准中采用了与欧洲(EN)相一致的牌号表示方法,即牌号开始冠以字母 X,随后用数字表示碳含量。1、2、3、5、6、7 分别表示碳含量 $w(C)$≤0.020%、≤0.30%、≤0.040%、≤0.070%、≤0.080% 和≤0.040%~0.080%,后面按合金元素含量排出合金元素符号,最后用组合数字标出合金元素的含量。

④ 耐热钢

ISO 4955:1994 标准中有两种牌号表示方法。一种是和不锈钢相同的牌号表示方法,另一种是原有的旧牌号表示方法。

旧标准是在牌号前面标注字母 H,后面加数字顺序号,如 H1～H7 表示铁素体耐热钢,H10～H18 表示奥氏体耐热钢等。

⑤ 铸钢

a. 普通工程用铸钢和工程与结构用高强度铸钢,采用两组数字表示牌号,它是铸钢件应满足的力学性能。前者表示屈服强度最低值,后者表示抗增强度最低值。牌号 200-400 只规定 P、S 含量上限值,其他化学成分供需供双方协商确定。如为可焊接铸钢,牌号尾部加字母 W。除规定 C、Si、Mn、P、S 含量要求外,尚规定每种残余元素含量的上限值,并其总和 ≤1.00%。

b. 自变量承压铸钢(含不锈铸钢、耐热铸钢和低温用铸钢)牌号,采用前缀字母 C 加数字和后缀字母组成,有的牌号后面不加后缀字母。后缀字母 H 表示耐热铸钢,后缀字母 L 表示低温用铸钢。

⑥ 铸铁

a. 灰铸铁和球墨铸铁有两种牌号表示方法。一种是以力学性能值来表示,如 100 表示灰铸铁最低抗拉强度值(MPa),600-3 两组数字分别表示球墨铸铁牌号和力学性能值。前者表示最低抗拉强度值(MPa),后者为断后伸长率最低值(%)。另一种是以布氏硬度(HB)值来表示,例如:H175 表示布氏硬度平均值为 175 HB 的灰铸铁,H300 表示硬度平均值为 300 HB 的球墨铸铁。

b. 可锻铸铁亦分为黑心、珠光体和白心可锻铸铁三种。用一组力学性能值表示可锻铸铁牌号,前缀字母 B、P、W 分别表示黑心可锻铸铁、珠光体可锻铸铁和白心可锻铸铁。例如:B35-10,P65-02 和 W38-12 等。

(6) 常用钢材中外钢号对照

1) 常用钢材钢号中外对照表[227],见附表 3-8。

附表 3-8　常用钢材钢号中外对照表

中国 GB YB	美国 ASTM	日本 JIS	欧洲 EN(德国 DIN、英国 BS、法国 NF)	俄罗斯 ГОСТ	ISO
1.碳素结构钢					
Q235A	Grade D	SS400	S235JR(1.0038)	Ст3КП	E235A
Q235B	Grade D	SS400	S235JO(1.0114)	Ст3КП	E235B
Q235C	Grade D	SS400	S235J2(1.0117)	Ст3СП	E235C
Q235D	—	SS400	S235JR(1.0038)	Ст3СП	E235D
2.优质碳素结构钢					
10	1010	S10C	DC01(1.0330),C10E(1.1121)	10	C10
15	1015	S15C	C15E(1.1141)	15	C10E4,C15M2,
20	1020	S20C	C22E(1.1151),C20C(1.0411)	20	C20E4

附表 3-8(续)

中国 GB YB	美国 ASTM	日本 JIS	欧洲 EN(德国 DIN、英国 BS、法国 NF)	俄罗斯 ГОСТ	ISO
25	1025	S25C	—	25	C25E4
45	1045	S45C	C45E(1.0503)	45	C25E4
15Mn	1016	SWRCH16K	C16E(1.1148)	15Г	CC15K
15MnA				15ГА	
15MnE				15ГШ	
3. 低合金高强度结构钢					
Q345A	Grade 50 [345]	SPFC590	E335(1.0060)	15ХСНД,С345	E355
Q345B			S355JR(1.0045)		
Q345C			S355JO(1.0553)		
Q345D			S355J2(1.0577)		
Q345E			S355NL(1.0546)		
4. 合金结构钢					
35Mn2	1335	SMn438	38Mn B 5(1.5532)	35Г2	36Mn6
35Mn2A				35Г2А	
35Mn2E				35Г2Ш	
15CrMo	—	SCM415	18CrMo4(1.7243)	15ХМ	—
15CrMoA				15ХМА	
15CrMoE				15ХМШ	
30CrMo	4130	SCM430	25CrMo4(1.7218)	30ХМ	25CrMo4
30CrMoE				30ХМШ	
25Cr2MoVA	—	—	—	25ХМФ	—
25Cr2MoV					
25Cr2MoVE					
5. 不锈钢和耐热钢					
12Cr18Ni9	S30200,302	SUS302	X10CrNi18-8,1.4310	12Х18Н9	X10CrNi18-8
07Cr19Ni10	S30409,304H	SUS304	X6CrNi18-10,1.4948	—	X7CrNi18-9
07Cr19Ni11Ti	S32109,321H	SUS321H	X6CrNiTi 18-10,1.4541	08Х18Н12Т	X7CrNiTi18-10
07Cr18Ni11Nb	S34709,347H	SUS347HFB	X7CrNiNb18-10,1.4912	—	X7CrNiNb 18-10
20Cr13	S42000,420	SUS420J1	X20Cr13,1.4021	20Х13	X20Cr13
30Cr13	S42000,420	SUS420J2	X30Cr13,1.4028	30Х13	X30Cr13

2) 我国高压锅炉用无缝钢管牌号与国外其他相近钢牌号对照表,见附表 3-9。

附表 3-9 高压锅炉用无缝钢管牌号与国外其他相近钢牌号对照表[1]

序号	中国标准钢的牌号	其他相近的钢牌号			
		ISO	EN	ASME/ASTM	JIS
1	20G	PH26	P235GH	A-1、B	STB 410
2	20MnG	PH26	P235GH	A-1、B	STB 410
3	25MnG	PH29	P265GH	C	STB 510
4	15MoG	16Mo3	16Mo3	—	STBA 12
5	20MoG	—	—	T1a	STBA 13
6	12CrMoG	—	—	T2/P2	STBA 20
7	15CrMoG	13CrMo4-5	10CrMo5-5 13CrMo4-5	T12/P12	STBA 22
8	12Cr2MoG	10CrMo9-10	10CrMo9-10	T22/P22	STBA 24
9	12Cr1MoVG	—	—	—	—
10	12Cr2MoWVTiB	—	—	—	—
11	07Cr2MoW2VNbB	—	—	T23/P23	—
12	12Cr3MoVSiTiB	—	—	—	—
13	15Ni1MnMoNbCu	9NiMnMoNb5-4-4	15NiCuMoNb5-6-4	T36/P36	—
14	10Cr9Mo1VNbN	X10CrMoVNb9-1	X10CrMoVNb9-1	T91/P91	STBA 26
15	10Cr9MoW2VNbBN	—	—	T92/P92	—
16	10Cr11MoW2VNbCu1BN	—	—	T122/P122	—
17	11Cr9Mo1WVNbBN	—	E911	T911/P911	—
18	07Cr19Ni10	X7CrNi18-9	X6CrNi18-10	TP304H	SUS 304H TB
19	10Cr18Ni9NbCu3BN	—	—	(S30432)	—
20	07Cr25Ni21NbN	—	—	TP310HNbN	—
21	07Cr19Ni11Ti	X7CrNiTi8-10	X6CrNiTi8-10	TP321H	SUS 321H TB
22	07Cr18Ni11Nb	X7CrNiNb18-10	X7CrNiNb18-10	TP347H	SUS 347H TB
23	08Cr18Ni11NbFG	—	—	TP347HFG	—

1) 参见 GB 5310—2008《高压锅炉用无缝钢管》。

3) 部分铸铁牌号中外对照表[227],见附表 3-10。

附表 3-10 部分铸铁牌号中外对照表

中国 GB/T	美国 AWS (UNS)	美国 ASTM	日本 JIS	欧洲 EN (德国 DIN、英国 BS、法国 NF)	俄罗斯 ГОСТ	ISO
1. 灰铸铁						
HT150	No. 25 (F11701)	No. 150A No. 150B No. 150C No. 150S	FC150	EN-GJL-150 (EN-JL1020)	СЧ15	ISO 185/JL/150
HT350	No. 50 (F13501)	No. 350A No. 350B No. 350C No. 350S	FC350	EN-GJL-350 (EN-JL1060)	СЧ35	ISO 185/JL/350
2. 球墨铸铁						
QT450-10	65-45-12 (F33100)	65-45-12	FCD450-10	EN-GJS-450-10 (EN-JS1040)	ВЧ45	ISO 1083/JS/450-10/S
QT800-2	120-90-02 (F36200)	120-90-02	FCD800-2	EN-GJS-800-2 (EN-JS1080)	ВЧ80	ISO 1083/JS/800-2/S
3. 黑心可锻铸铁及珠光体可锻铸铁						
KTH300-06	—	—	FCMB27-05 FCMB30-06	EN-GJMB-300-6 (EN-JM1110)	КЧ30-6	ISO 5922/JMB/300-6
KTH350-10	32510 (F22200)	32510	FCMB35-10	EN-GJMB-350-10 (EN-JM1130)	КЧ35-10	ISO 5922/JMB/350-10
KTZ550-04	60004 (F24130)	—	FCMP55-04	EN-GJMB-550-4 (EN-JM1160)	КЧ55-4	ISO 5922/JMB/550-4
KTZ700-02	90001 (F26230)	—	FCMP70-02	EN-GJMB-700-2 (EN-JM1190)	КЧ70-2	ISO 5922/JMB/700-2
4. 白心可锻铸铁						
KTB350-04	—	—	FCMW35-04	EN-GJMW-350-4 (EN-JM1010)	—	ISO 5922/JMW/350-4
KTZ450-07	—	—	FCMW45-07	EN-GJMW-450-7 (EN-JM1040)	—	ISO 5922/JMW/450-7

4) 部分铸钢牌号中外对照表[227]，见附表 3-11。

附表 3-11　部分铸钢牌号中外对照表

中国 GB/T	美国 ASTM	日本 JIS	德国 DIN EN	法国 NF EN	英国 BS EN	俄罗斯 ГОСТ	ISO
1 碳素铸钢							
ZG230-450	Grade 450-240 (65-35) (J03101)	SC450	GS-45 (1.0446)	[NF A32-054(1994)] GE230	(BS3100/2) A1	25Л	230-450
ZG310-570	(80-40) (J05002)	(JIS G5111) SCC5	GS-60 (1.0558)	GE320	A5	—	340-550
2 合金铸钢							
ZG20SiMn	LCC(J02505)	SCW480	GS-20Mn5 (1.1120)	G20M6	—	20ГСЛ	—
ZG35CrMo	(J13048)	SCCrM3	GS-34CrMo4(1.7220)	G35CrMo4	—	35ХМЛ	—
3 不锈耐蚀铸钢							
ZG2Cr13	CA-40 (J91153)	SCS2	G-X20Cr14 (1.4027)	Z20C13M	420C29	20Х13Л	—
ZG1Cr18Ni9	CF-20 (J92602)	SCS12	G-X10CrNi18 8 (1.4312)	Z10CN 18.9M	302C25	10Х18Н9Л	C47H
4 耐热铸钢							
ZG30Cr26Ni5	(ASTM/ACI) HD (J93005)	SCH11	G-X40CrNiSi 27-4 (1.4823)	Z30CN 26.05M	—	—	—
ZG35Ni24Cr18Si2	HN (J94213)	SCH19	—	—	311C11	—	—
5 高锰铸钢							
ZGMn13-1 ZGMn13-2	(ASTM A128) B4(J91149) A(J91109)	(JIS G5131) SCMnH1	G-X120Mn13 (1.3802) G-X120Mn12 (1.3401)	—	BW10 (En 145)	Г13Л	—
ZGMn13-4(GB) ZGMn13-4(JB) ZGMn13-4(YB)	C (J91309)	SCMnH11 SCMnH21	—	—	—	110Г13Х2БРЛ	—

附表 3-11(续)

中国 GB/T	美国 ASTM	日本 JIS	德国 DIN EN	法国 NF EN	英国 BS EN	俄罗斯 ГОСТ	ISO
6 承压铸钢							
ZG240-450B	WCC (J02503)	SCPH1	GX-21Mn5 (1.1138) GS-C25 (1.0619)	A420CP-M	GP240GH	20ГЛ	C23-45B
ZG07Cr20Ni10	CF8 (J92600)	SCS13	G-X6CrNi18 9 (1.4308)	Z6CN 18.10-M	GX5CrNi 19-10	07Х18Н9Л	C47

附录4 锅炉钢材的物理性能

性 能	20(碳钢)	15CrMo(低合金钢)	1Cr18Ni9Ti(高合金钢)
比 重	7.82	7.85	7.9
线膨胀系数 $\alpha \times 20^6$ mm/(mm·℃)			
20~100 ℃	11.2	11.9	16.6
20~200 ℃	12.1	18.6	17.0
20~300 ℃	12.8	13.2	17.2
20~400 ℃	13.8	13.7	17.5
20~500 ℃	13.9	14.0	17.9
20~600 ℃	14.4	14.3	18.2
20~700 ℃	14.8	—	18.6
20~1 000 ℃	13.2	—	—
导热系数 λ (kJ/(m·h·℃)[kcal/(m·h·℃)]			
100 ℃	182.6(43.6)	159.9(38.2)	58.6(14.0)
200 ℃	170.0(41.8)	—	63.2(15.1)
300 ℃	165.8(39.6)	149.1(35.6)	67.8(16.2)
400 ℃	152.4(36.4)	—	77.0(18.4)
500 ℃	140.3(33.5)	129.8(31.0)	82.9(19.8)
600 ℃	128.1(30.6)	120.6(28.8)	88.8(21.2)
弹性模量 $E \times 10^{-4}$ MPa(kgf/mm^2)			
20 ℃	19.8(2.02)	20.6(2.10)	19.8(2.02)
100 ℃	18.3(1.87)	—	19.4(1.98)
200 ℃	17.6(1.79)	—	18.9(1.93)
300 ℃	16.7(1.70)	18.1(1.85)	18.1(1.85)
400 ℃	15.8(1.61)	—	17.4(1.77)
500 ℃	13.4(1.37)	16.2(1.65)	16.6(1.69)
600 ℃	—	15.2(1.55)	15.7(1.60)
700 ℃	—	—	14.7(1.50)

注：15CrMo 钢线膨胀系数为 0~t ℃。

附录5 锅炉钢材的尺寸规格、允许偏差及重量

本附录收录了锅炉用钢板及无缝钢管的尺寸规格、允许偏差及重量,以便读者查阅使用。

(1) 锅炉用钢板

1) 锅炉用钢板的尺寸规格与重量

冷轧钢板的公称尺寸范围:公称厚度≤4.00 mm;公称宽度≤2 150 mm;公称长度为1 000 mm~6 000 mm。厚度<1.00 mm 钢板的公称厚度按0.05 mm 倍数的任何尺寸;厚度≥1.00 mm 钢板的公称厚度按0.10 mm 倍数的任何尺寸。公称宽度按10 mm 倍数的任何尺寸。公称长度按50 mm 倍数的任何尺寸。

热轧(单扎)钢板的公称尺寸范围:公称厚度为3.00 mm~450 mm;公称宽度为600 mm~5 300 mm;公称长度为2 000 mm~2 5000 mm。厚度<30 mm 的公称厚度按0.5 mm 倍数的任何尺寸;厚度≥30 mm 的公称厚度按1 mm 倍数的任何尺寸。公称宽度按10 mm 或50 mm 倍数的任何尺寸。公称长度按50 mm 或100 mm 倍数的任何尺寸。

部分热轧钢板的常用尺寸规格见附表5-1~附表5-3。

附表5-1 宽度600~1 100 mm 钢板的尺寸规格

钢板公称厚度/mm	按下列钢板宽度的最小和最大长度/mm										
	600	650	700	710	750	800	850	900	950	1 000	1 100
3.0、3.5	2 000 6 000	2 000 6 000	2 000 6 000	2 000 6 000	2 000 6 000	2 000 6 000	2 000 6 000	2 000 6 000	2 000 6 000	2 000 6 000	2 000 6 000
4.0、4.5、5			2 000 6 000	2 000 6 000	2 000 6 000	2 000 6 000	2 000 6 000	2 000 6 000	2 000 6 000	2 000 6 000	2 000 6 000
6、7			2 000 6 000	2 000 6 000	2 000 6 000	2 000 6 000	2 000 6 000	2 000 6 000	2 000 6 000	2 000 6 000	2 000 6 000
8、9、10			2 000 6 000	2 000 6 000	2 000 6 000	2 000 6 000	2 000 6 000	2 000 6 000	2 000 6 000	2 000 6 000	2 000 6 000
11、12										2 000 6 000	2 000 6 000

附表 5-1(续)

钢板公称厚度/mm	按下列钢板宽度的最小和最大长度/mm									
	600	650	700	710	750	800	850	900	950	1 000	1 100
13、14、15、16、17、18、19、20、21、22、25										2 500 6 500	2 000 6 500

附表 5-2　宽度 1 250～2 300 mm 钢板的尺寸规格

钢板公称厚度/mm	按下列钢板宽度的最小和最大长度/mm										
	1 250	1 400	1 420	1 500	1 600	1 700	1 800	1 900	2 000	2 100	2 200	2 300
3.0、3.5	2 000 6 000	2 000 6 000	2 000 6 000	2 000 6 000	2 000 6 000	2 000 6 000	2 000 6 000					
4.0、4.5、5	2 000 6 000	2 000 6 000	2 000 6 000	2 000 6 000	2 000 6 000	2 000 6 000	2 000 6 000	2 000 6 000				
6、7	2 000 6 000	2 000 6 000	2 000 6 000	2 000 6 000	2 000 6 000	2 000 6 000	2 000 6 000	2 000 6 000	2 000 6 000			
8、9、10	2 000 6 000	2 000 6 000	2 000 6 000	3 000 12 000	3 000 12 000	3 000 12 000	3 000 12 000	3 000 12 000	3 000 12 000	3 000 12 000	3 000 12 000	3 000 12 000
11、12	2 000 6 000	2 000 6 000	2 000 6 000	3 000 12 000	3 000 12 000	3 000 12 000	3 000 12 000	3 000 10 000	3 000 10 000	3 000 10 000	3 000 10 000	3 000 9 000
13、14、15、16、17、18、19、20、21、22、25	2 500 12 000	2 500 12 000	2 500 12 000	3 000 12 000	3 500 11 000	4 000 10 000	4 000 10 000	4 000 10 000	4 500 9 000	4 500 9 000	4 500 9 000	42 000 9 000
26、28、30、32、34、36、38、40	2 500 12 000	2 500 12 000	2 500 1 2000	3 000 12 000	3 000 12 000	3 500 12 000	3 500 12 000	4 000 12 000	4 000 12 000	4 000 12 000	4 500 12 000	4 500 12 000
42、45、48、50、52、55、60、65、70、75、80、85、90、95、100、105、110、120、125、130、170、180、185、190、195、200	2 500 9 000	2 500 9 000	3 000 9 000	3 000 9 000	3 000 9 000	3 500 900	3 500 900	3 500 900	3 500 900	3 500 900	3 500 900	3 500 900

附表 5-3　宽度 2 400～3 800 mm 钢板的尺寸规格

钢板公称厚度/mm	按下列钢板宽度的最小和最大长度/mm									
	2 400	2 500	2 600	2 700	2 800	2 900	3 000	3 200	3 400	3 600	3 800
8、9、10	4 000 12 000	4 000 12 000									
11、12	4 000 9 000	4 000 9 000									
13、14、15、16、17、18、19、20、21、22、25	4 000 9 000	4 000 9 000	3 500 9 000	3 500 8 200	3 500 8 200						
26、28、30、32、34、36、38、40	4 000 11 000	4 000 11 000	3 500 10 000	3 500 10 000	3 500 10 000	3 500 10 000	3 000 9 500	3 200 9 500	3 400 9 500	3 600 9 500	
42、45、48、50、52、55、60、65、70、75、80、85、90、95、100、105、110、120、125、130、140、150、160、165、170、180、185、190、195、200	3 500 9 000	3 500 9 000	3 000 9 000	3 000 9 000	3 000 9 000	3 000 9 000	3 000 9 000	3 200 9 000	3 400 8 500	3 600 8 000	3 600 7 000

2) 锅炉用钢板的允许偏差

冷轧钢板的厚度、宽度、长度允许偏差详见 GB/T 708—2019《冷轧钢板和钢带的尺寸、外形、重量级允许偏差》；热轧（单扎）钢板的厚度允许偏差见附表 5-4。

附表 5-4　热轧（单扎）钢板厚度允许偏差[1]

公称宽度/mm	下列公称宽度的厚度允许偏差[2] / mm			
	≤1 500	>1 500～2 500	>2 500～4 000	>4 000～5 300
3.00～5.00	+0.60	+0.80	+1.00	—
>5.00～8.00	+0.70	+0.90	+1.20	—
>8.00～15.00	+0.80	+1.00	+1.30	+1.50
>15.0～25.0	+1.00	+1.20	+1.50	+1.90
>25.0～40.0	+1.10	+1.30	+1.70	+2.10
>40.0～60.0	+1.30	+1.50	+1.90	+2.30
>60.0～100	+1.50	+1.90	+2.30	+2.70
>100～150	+2.10	+2.50	+2.90	+3.30

附表 5-4(续)

公称宽度/mm	下列公称宽度的厚度允许偏差[2] / mm			
	≤1 500	>1 500~2 500	>2 500~4 000	>4 000~5 300
>150~200	+2.50	+2.90	+3.30	+3.50
>200~250	+2.90	+3.30	+3.70	+4.10
>250~300	+3.30	+3.70	+4.10	+4.50
>300~400	+3.70	+4.10	+4.50	+4.90
>400~450	协议			

1) GB/T 709—2019《热轧钢板和钢带的尺寸、外形、重量及允许偏差》；
2) 按 GB/T 709—2019 中按厚度偏差种类分类和代号为 B 类偏差，其厚度允许下偏差统一为 −0.30 mm。

碳钢钢板理论计重密度为 7.85 g/cm³；其他钢种按相应标准规定计重。碳钢钢板的理论重量见附表 5-5。

附表 5-5　碳钢钢板的理论重量

厚度/mm	理论重量/kg/m²	厚度/mm	理论重量/kg/m²	厚度/mm	理论重量/kg/m²	厚度/mm	理论重量/kg/m²	厚度/mm	理论重量/kg/m²
0.2	1.57	0.75	5.89	1.7	13.35	4.0	31.40	10	78.50
0.25	1.96	0.80	6.28	1.8	14.13	4.2	32.97	11	86.35
0.30	2.36	0.90	7.07	2.0	15.70	4.5	35.33	12	94.20
0.35	2.75	1.00	7.85	2.2	17.27	4.8	37.68	13	102.05
0.40	3.14	1.10	8.64	2.5	19.63	5.0	39.25	14	109.90
0.45	3.53	1.2	9.42	2.8	21.98	5.5	43.18	15	117.75
0.50	3.93	1.25	9.81	3.0	23.55	6	47.10	16	125.60
0.55	4.32	1.3	10.21	3.2	25.12	6.5	51.03	17	133.45
0.60	4.71	1.4	10.99	3.5	27.48	7	54.95	18	141.30
0.65	5.10	1.5	11.78	3.8	29.83	8	62.80	19	149.15
0.70	5.50	1.6	12.56	3.9	30.62	9	70.65	20	157.00

（2）锅炉用无缝钢管

1) 锅炉用无缝钢管的尺寸规格与重量

依据 GB/T 17395—2008《无缝钢管尺寸、外形、重量及允许偏差》，无缝钢管的外径分为三个系列。系列 1 是通用系列，属推荐选用系列；系列 2 是非通用系列；系列 3 是少数特殊、专用系列。钢管的外径和壁厚及单位长度的理论重量见附表 5-6。

附录 5　锅炉钢材的尺寸规格、允许偏差及重量

附表 5-6　钢管的外径和壁厚及单位长度的理论重量

外径/mm			壁厚/mm 单位长度理论重量/(kg/m)															
系列1	系列2	系列3	0.25	0.30	0.40	0.50	0.60	0.80	1.0	1.2	1.4	1.5	1.6	1.8	2.0	2.2(2.3)	2.5(2.6)	2.8
	6		0.035	0.042	0.055	0.068	0.080	0.103	0.123	0.142	0.159	0.166	0.174	0.186	0.197			
	7		0.042	0.050	0.065	0.080	0.095	0.122	0.148	0.172	0.193	0.203	0.213	0.231	0.247	0.260	0.277	
	8		0.048	0.057	0.075	0.092	0.109	0.142	0.173	0.201	0.228	0.240	0.253	0.275	0.296	0.315	0.339	
	9		0.054	0.064	0.085	0.105	0.124	0.162	0.197	0.231	0.262	0.277	0.292	0.320	0.345	0.369	0.401	0.428
10(10.2)			0.060	0.072	0.095	0.117	0.139	0.182	0.222	0.260	0.297	0.314	0.331	0.364	0.395	0.423	0.462	0.497
	11		0.066	0.079	0.105	0.129	0.154	0.201	0.247	0.290	0.331	0.351	0.371	0.408	0.444	0.477	0.524	0.566
	12		0.072	0.087	0.114	0.142	0.169	0.221	0.271	0.320	0.366	0.388	0.410	0.453	0.493	0.532	0.586	0.635
	13(12.7)		0.079	0.094	0.124	0.154	0.183	0.241	0.296	0.349	0.401	0.425	0.450	0.497	0.543	0.586	0.647	0.704
13.5			0.082	0.098	0.129	0.160	0.191	0.251	0.308	0.364	0.418	0.444	0.470	0.519	0.567	0.613	0.678	0.739
		14	0.085	0.101	0.134	0.166	0.198	0.260	0.321	0.379	0.435	0.462	0.489	0.542	0.592	0.640	0.709	0.773
	16		0.097	0.116	0.154	0.191	0.228	0.300	0.370	0.438	0.504	0.536	0.568	0.630	0.691	0.749	0.832	0.911
17(17.2)			0.103	0.124	0.164	0.203	0.243	0.320	0.395	0.468	0.539	0.573	0.608	0.675	0.740	0.803	0.894	0.981
		18	0.109	0.131	0.174	0.216	0.257	0.339	0.419	0.497	0.573	0.610	0.647	0.719	0.789	0.857	0.956	1.05
	19		0.116	0.138	0.183	0.228	0.272	0.359	0.444	0.527	0.608	0.647	0.687	0.764	0.838	0.911	1.02	1.12
	20		0.122	0.146	0.193	0.240	0.287	0.379	0.469	0.556	0.642	0.684	0.726	0.808	0.888	0.966	1.08	1.19
21(21.3)					0.203	0.253	0.302	0.399	0.493	0.586	0.677	0.721	0.765	0.852	0.937	1.02	1.14	1.26
		22			0.213	0.265	0.317	0.418	0.518	0.616	0.711	0.758	0.805	0.897	0.986	1.07	1.20	1.33
	25				0.243	0.302	0.361	0.477	0.592	0.704	0.815	0.869	0.923	1.03	1.13	1.24	1.39	1.53
		25.4			0.247	0.307	0.367	0.485	0.602	0.716	0.829	0.884	0.939	1.05	1.15	1.26	1.41	1.56
27(26.9)					0.262	0.327	0.391	0.517	0.641	0.764	0.884	0.943	1.00	1.12	1.23	1.35	1.51	1.67
	28				0.272	0.339	0.405	0.537	0.666	0.793	0.918	0.980	1.04	1.16	1.28	1.40	1.57	1.74

附表 5-6（续）

外径/mm			壁厚/mm													
系列 1	系列 2	系列 3	(2.9) 30	3.2	3.5 (3.6)	4.0	4.5	5.0	(5.4) 5.5	6.0	(6.3) 6.5	7.0 (7.1)	7.5	8.0	8.5	(8.8) 9.0	9.5	10
			单位长度理论重量/(kg/m)														
	6																
	7																
	8																
	9																
10(10.2)			0.518	0.537	0.561												
	11		0.592	0.616	0.647												
	12		0.666	0.694	0.734	0.789											
	13(12.7)		0.740	0.773	0.820	0.888											
13.5			0.777	0.813	0.863	0.937											
		14	0.814	0.852	0.906	0.986											
	16		0.962	1.01	1.08	1.18	1.28	1.36									
17(17.2)			1.04	1.09	1.17	1.28	1.39	1.48									
		18	1.11	1.17	1.25	1.38	1.50	1.60									
	19		1.18	1.25	1.34	1.48	1.61	1.73	1.83	1.92							
	20		1.26	1.33	1.42	1.58	1.72	1.85	1.97	2.07							
21(21.3)			1.33	1.40	1.51	1.68	1.83	1.97	2.10	2.22							
		22	1.41	1.48	1.60	1.78	1.94	2.10	2.24	2.37							
	25		1.63	1.72	1.86	2.07	2.28	2.47	2.64	2.81	2.97	3.11					
		25.4	1.66	1.75	1.89	2.11	2.32	2.52	2.70	2.87	3.03	3.18					
27(26.9)			1.78	1.88	2.03	2.27	2.50	2.71	2.92	3.11	3.29	3.45					
	28		1.85	1.96	2.11	2.37	2.61	2.84	3.05	3.26	3.45	3.63					

附表 5-6（续）

外径/mm			壁厚/mm															
系列 1	系列 2	系列 3	0.25	0.30	0.40	0.50	0.60	0.80	1.0	1.2	1.4	1.5	1.6	1.8	2.0	2.2 (2.3)	2.5 (2.6)	2.8
							单位长度理论重量/(kg/m)											
		30			0.292	0.364	0.435	0.576	0.715	0.852	0.987	1.05	1.12	1.25	1.38	1.51	1.70	1.88
	32(31.8)				0.312	0.388	0.465	0.616	0.765	0.911	1.06	1.13	1.20	1.34	1.48	1.62	1.82	2.02
34(33.7)					0.331	0.413	0.494	0.655	0.814	0.971	1.13	1.20	1.28	1.43	1.58	1.73	1.94	2.15
		35			0.341	0.425	0.509	0.675	0.838	1.00	1.16	1.24	1.32	1.47	1.63	1.78	2.00	2.22
	38				0.371	0.462	0.553	0.734	0.912	1.09	1.26	1.35	1.44	1.61	1.78	1.94	2.19	2.43
	40				0.391	0.487	0.583	0.773	0.962	1.15	1.33	1.42	1.52	1.70	1.87	2.05	2.31	2.57
42(42.4)									1.01	1.21	1.40	1.50	1.59	1.78	1.97	2.16	2.44	2.71
		45(44.5)							1.09	1.30	1.51	1.61	1.71	1.92	2.12	2.32	2.62	2.91
48(48.3)									1.16	1.38	1.61	1.72	1.83	2.05	2.27	2.48	2.81	3.12
	51								1.23	1.47	1.71	1.83	1.95	2.18	2.42	2.65	2.99	3.33
		54							1.31	1.56	1.82	1.94	2.07	2.32	2.56	2.81	3.18	3.54
	57								1.38	1.65	1.92	2.05	2.19	2.45	2.71	2.97	3.36	3.74
60(60.3)									1.46	1.74	2.02	2.16	2.30	2.58	2.86	3.14	3.55	3.95
	63(63.5)								1.53	1.83	2.13	2.28	2.42	2.72	3.01	3.30	3.73	4.16
	65								1.58	1.89	2.20	2.35	2.50	2.81	3.11	3.41	3.85	4.30
	68								1.65	1.98	2.30	2.46	2.62	2.94	3.26	3.57	4.04	4.50
	70								1.70	2.04	2.37	2.53	2.70	3.03	3.35	3.68	4.16	4.64
		73							1.78	2.12	2.47	2.64	2.82	3.16	3.50	3.84	4.35	4.85
76(76.1)									1.85	2.21	2.58	2.76	2.94	3.29	3.65	4.00	4.53	5.05
	77										2.61	2.79	2.98	3.34	3.70	4.06	4.59	5.12
	80										2.71	2.90	3.09	3.47	3.85	4.22	4.78	5.33

附录 5　锅炉钢材的尺寸规格、允许偏差及重量

附表 5-6(续)

外径/mm			壁厚/mm															
系列 1	系列 2	系列 3	(2.9) 3.0	3.2	3.5 (3.6)	4.0	4.5	5.0	(5.4) 5.5	6.0	(6.3) 6.5	7.0 (7.1)	7.5	8.0	8.5	(8.8) 9.0	9.5	10
			单位长度理论重量/(kg/m)															
34(33.7)	32(31.8)	30	2.00	2.11	2.29	2.56	2.83	3.08	3.32	3.55	3.77	3.97	4.16	4.34				
	38	35	2.15	2.27	2.46	2.76	3.05	3.33	3.59	3.85	4.09	4.32	4.53	4.74				
	40		2.29	2.43	2.63	2.96	3.27	3.58	3.87	4.14	4.41	4.66	4.90	5.13				
42(42.4)			2.37	2.51	2.72	3.06	3.38	3.70	4.00	4.29	4.57	4.83	5.09	5.33	5.56	5.77		
		45(44.5)	2.59	2.75	2.98	3.35	3.72	4.07	4.41	4.74	5.05	5.35	5.64	5.92	6.18	6.44	6.68	6.91
48(48.3)			2.74	2.90	3.15	3.55	3.94	4.32	4.68	5.03	5.37	5.70	6.01	6.31	6.60	6.88	7.15	7.40
			2.89	3.06	3.32	3.75	4.16	4.56	4.95	5.33	5.69	6.04	6.38	6.71	7.02	7.32	7.61	7.89
	51		3.11	3.30	3.58	4.04	4.49	4.93	5.36	5.77	6.17	6.56	6.94	7.30	7.65	7.99	8.32	8.63
		54	3.33	3.54	3.84	4.34	4.83	5.30	5.76	6.21	6.65	7.08	7.49	7.89	8.28	8.66	9.02	9.37
	57		3.55	3.77	4.10	4.64	5.16	5.67	6.17	6.66	7.13	7.60	8.05	8.48	8.91	9.32	9.72	10.11
60(60.3)			3.77	4.01	4.36	4.93	5.49	6.04	6.58	7.10	7.61	8.11	8.60	9.08	9.54	9.99	10.43	10.85
	63(63.5)		4.00	4.25	4.62	5.23	5.83	6.41	6.99	7.55	8.10	8.63	9.16	9.67	10.17	10.65	11.13	11.59
	65		4.22	4.48	4.88	5.52	6.16	6.78	7.39	7.99	8.58	9.15	9.71	10.26	10.80	11.32	11.83	12.33
	68		4.44	4.72	5.14	5.82	6.49	7.15	7.80	8.43	9.06	9.67	10.27	10.85	11.42	11.99	12.53	13.07
	70		4.59	4.88	5.31	6.02	6.71	7.40	8.07	8.73	9.38	10.01	10.64	11.25	11.84	12.43	13.00	13.56
		73	4.81	5.11	5.57	6.31	7.05	7.77	8.48	9.17	9.86	10.53	11.19	11.84	12.47	13.10	13.71	14.30
76(76.1)			4.96	5.27	5.74	6.51	7.27	8.02	8.75	9.47	10.18	10.88	11.56	12.23	12.89	13.54	14.17	14.80
	77		5.18	5.51	6.00	6.81	7.60	8.38	9.16	9.91	10.66	11.39	12.11	12.82	13.52	14.21	14.88	15.54
	80		5.40	5.75	6.26	7.10	7.93	8.75	9.56	10.36	11.14	11.91	12.67	13.42	14.15	14.87	15.58	16.28
			5.47	5.82	6.34	7.20	8.05	8.88	9.70	10.51	11.30	12.08	12.85	13.61	14.36	15.09	15.81	16.52
			5.70	6.06	6.60	7.50	8.38	9.25	10.11	10.95	11.78	12.60	13.41	14.21	14.99	15.76	16.52	17.26

附表 5-6(续)

外径/mm			壁厚/mm															
系列 1	系列 2	系列 3	11	12(12.5)	13	14(14.2)	15	16	17(17.5)	18	19	20	22(22.2)	24	25	26	28	30
			单位长度理论重量/(kg/m)															
		30																
34(33.7)	32(31.8)																	
	38	35																
	40																	
42(42.4)		45(44.5)	9.22	9.77														
48(48.3)	51		10.04	10.65														
	57	54	10.85	11.54														
60(60.3)			11.66	12.43	13.14	13.81												
	63(63.5)		12.48	13.32	14.11	14.85												
	65		13.29	14.21	15.07	15.88	16.65	17.36										
	68		14.11	15.09	16.03	16.92	17.76	18.55										
	70		14.65	15.68	16.67	17.61	18.50	19.33										
		73	15.46	16.57	17.63	18.64	19.61	20.52										
76(76.1)	77		16.01	17.16	18.27	19.33	20.35	21.31	22.22									
	80		16.82	18.05	19.24	20.37	21.46	22.49	23.48	24.41	25.30							
			17.63	18.94	20.20	21.41	22.57	23.68	24.74	25.75	26.71	27.62						
			17.90	19.24	20.52	21.75	22.94	24.07	25.15	26.19	27.18	28.11						
			18.72	20.12	21.48	22.79	24.05	25.25	26.41	27.52	28.58	29.59						

附表 5-6（续）

外径/mm			壁厚/mm															
系列 1	系列 2	系列 3	0.25	0.30	0.40	0.50	0.60	0.80	1.0	1.2	1.4	1.5	1.6	1.8	2.0	2.2 (2.3)	2.5 (2.6)	2.8
			单位长度理论重量/(kg/m)															
89(88.9)	85	83(82.5)									2.82	3.01	3.21	3.60	4.00	4.38	4.96	5.54
											2.89	3.09	3.29	3.69	4.09	4.49	5.09	5.68
	95										3.02	3.24	3.45	3.87	4.29	4.71	5.33	5.95
	102(101.6)										3.23	3.46	3.69	4.14	4.59	5.03	5.70	6.37
114(114.3)		108									3.47	3.72	3.96	4.45	4.93	5.41	6.13	6.85
	121										3.68	3.94	4.20	4.71	5.23	5.74	6.50	7.26
	127											4.16	4.44	4.98	5.52	6.07	6.87	7.68
	133											4.42	4.71	5.29	5.87	6.45	7.31	8.16
140(139.7)		142(141.3)												5.56	6.17	6.77	7.68	8.58
	146	152(152.4)															8.05	8.99
168(168.3)		159																
		180(177.8)																
		194(193.7)																
	203																	
219(219.1)		232																
		245(244.5)																
		267(267.4)																

附录 5 锅炉钢材的尺寸规格、允许偏差及重量

附表 5-6（续）

外径/mm			壁厚/mm														
系列 1	系列 2	系列 3	(2.9) 3.0	3.2	3.5 (3.6)	4.0	4.5	5.0	(5.4) 5.5	6.0	(6.3) 6.5	7.0 (7.1)	7.5	8.0	8.5	(8.8) 9.0	9.5	10
			单位长度理论重量/(kg/m)														
		83(82.5)	5.92	6.30	6.86	7.79	8.71	9.62	10.51	11.39	12.26	13.12	13.96	14.80	15.62	16.42	17.22	18.00
	85		6.07	6.46	7.03	7.99	8.93	9.86	10.78	11.69	12.58	13.47	14.33	15.19	16.04	16.87	17.69	18.50
89(88.9)			6.36	6.77	7.38	8.38	9.38	10.36	11.33	12.28	13.22	14.16	15.07	15.98	16.87	17.76	18.63	19.48
	95		6.81	7.24	7.90	8.98	10.04	11.10	12.14	13.17	14.19	15.19	16.18	17.16	18.13	19.09	20.03	20.96
		102(101.6)	7.32	7.80	8.50	9.67	10.82	11.96	13.09	14.21	15.31	16.40	17.48	18.55	19.60	20.64	21.67	22.69
		108	7.77	8.27	9.02	10.26	11.49	12.70	13.90	15.09	16.27	17.44	18.59	19.73	20.86	21.97	23.08	24.17
114(114.3)			8.21	8.74	9.54	10.85	12.15	13.44	14.72	15.98	17.23	18.47	19.70	20.91	22.12	23.31	24.48	25.65
	121		8.73	9.30	10.14	11.54	12.93	14.30	15.67	17.02	18.35	19.68	20.99	22.29	23.58	24.86	26.12	27.37
	127		9.17	9.77	10.66	12.13	13.59	15.04	16.48	17.90	19.32	20.72	22.10	23.48	24.84	26.19	27.53	28.85
	133		9.62	10.24	11.18	12.73	14.26	15.78	17.29	18.79	20.28	21.75	23.21	24.66	26.10	27.52	28.93	30.33
140(139.7)			10.14	10.80	11.78	13.42	15.04	16.65	18.24	19.83	21.40	22.96	24.51	26.04	27.57	29.08	30.57	32.06
		142(141.3)	10.28	10.95	11.95	13.61	15.26	16.89	18.51	20.12	21.72	23.31	24.88	26.44	27.98	29.52	31.04	32.55
	146		10.58	11.27	12.30	14.01	15.70	17.39	19.06	20.72	22.36	24.00	25.62	27.23	28.82	30.41	31.98	33.54
		152(152.4)	11.02	11.74	12.82	14.60	16.37	18.13	19.87	21.60	23.32	25.03	26.73	28.41	30.08	31.74	33.39	35.02
		159			13.42	15.29	17.15	18.99	20.82	22.64	24.45	26.24	28.02	29.79	31.55	33.29	35.03	36.75
		180(177.8)			15.23	17.36	19.48	21.58	23.67	25.75	27.81	29.87	31.91	33.93	35.95	37.95	39.95	41.92
		194(193.7)			16.44	18.74	21.03	23.31	25.57	27.82	30.06	32.28	34.50	36.70	38.89	41.06	43.23	45.38
	203				17.22	19.63	22.03	24.41	26.79	29.15	31.50	33.84	36.16	38.47	40.77	43.06	45.33	47.60
		232								31.52	34.06	36.60	39.12	41.63	44.13	46.61	49.08	51.54
		245(244.5)								33.44	36.15	38.84	41.52	44.19	46.85	49.50	52.13	54.75
219(219.1)										35.36	38.23	41.09	43.93	46.76	49.58	52.38	55.17	57.95
		267(267.4)								38.62	41.76	44.88	48.00	51.10	54.19	57.26	60.33	63.38

附表 5-6（续）

外径/mm			壁厚/mm															
系列 1	系列 2	系列 3	11	12 (12.5)	13	14 (14.2)	15	16	17 (17.5)	18	19	20	22 (22.2)	24	25	26	28	30
												单位长度理论重量/(kg/m)						
		83(82.5)	19.53	21.01	22.44	23.82	25.15	26.44	27.67	28.85	29.99	31.07	33.10					
	85		20.07	21.60	23.08	24.51	25.89	27.23	28.51	29.74	30.93	32.06	34.18					
89(88.9)			21.16	22.79	24.37	25.89	27.37	28.80	30.19	31.52	32.80	34.03	36.35	38.47				
	95		22.79	24.56	26.29	27.97	29.59	31.17	32.70	34.18	35.61	36.99	39.61	42.02				
	102(101.6)		24.69	26.63	28.53	30.38	32.18	33.93	35.64	37.29	38.89	40.44	43.40	46.17	47.47	48.73	51.10	
		108	26.31	28.41	30.46	32.45	34.40	36.30	38.15	39.95	41.70	43.40	46.66	49.71	51.17	52.58	55.24	57.71
114(114.3)			27.94	30.19	32.38	34.53	36.62	38.67	40.67	42.62	44.51	46.36	49.91	53.27	54.87	56.43	59.39	62.15
	121		29.84	32.26	34.62	36.94	39.21	41.43	43.60	45.72	47.79	49.82	53.71	57.41	59.19	60.91	64.22	67.33
	127		31.47	34.03	36.55	39.01	41.43	43.80	46.12	48.39	50.61	52.78	56.97	60.96	62.89	64.76	68.36	71.77
	133		33.10	35.81	38.47	41.09	43.65	46.17	48.63	51.05	53.42	55.74	60.22	64.51	66.59	68.61	72.50	76.20
140(139.7)			34.99	37.88	40.72	43.50	46.24	48.93	51.57	54.16	56.70	59.19	64.02	68.66	70.90	73.10	77.34	81.38
		142(141.3)	35.54	38.47	41.36	44.19	46.98	49.72	52.41	55.04	57.63	60.17	65.11	69.84	72.14	74.38	78.72	82.86
	146		36.62	39.66	42.64	45.57	48.46	51.30	54.08	56.82	59.51	62.15	67.28	72.21	74.60	76.94	81.48	85.82
		152(152.4)	38.25	41.43	44.56	47.65	50.68	53.66	56.60	59.48	62.32	65.11	70.53	75.76	78.30	80.79	85.62	90.26
		159	40.15	43.50	46.81	50.06	53.27	56.43	59.53	62.59	65.60	68.56	74.33	79.90	82.62	85.28	90.46	95.44
168(168.3)			42.59	46.17	49.69	53.17	56.60	59.98	63.31	66.59	69.82	73.00	79.21	85.23	88.17	91.05	96.67	102.10
		180(177.8)	45.85	49.72	53.54	57.31	61.04	64.71	68.34	71.91	75.44	78.92	85.72	92.33	95.56	98.74	104.96	110.98
		194(193.7)	49.64	53.86	58.03	62.15	66.22	70.24	74.21	78.13	82.00	85.82	93.32	100.62	104.20	107.72	114.63	121.33
	203		52.09	56.52	60.91	65.25	69.55	73.79	77.98	82.13	86.22	90.26	98.20	105.95	109.74	113.49	120.84	127.99
219(219.1)			56.43	61.26	66.04	70.78	75.46	80.10	84.69	89.23	93.71	98.15	106.88	115.42	119.61	123.75	131.89	139.83
		232	59.95	65.11	70.21	75.27	80.27	85.23	90.14	95.00	99.81	104.57	113.94	123.11	127.62	132.09	140.87	149.45
		245(244.5)	63.48	68.95	74.38	79.76	85.08	90.36	95.59	100.77	105.90	110.98	120.99	130.80	135.64	140.42	149.84	159.07
		267(267.4)	69.45	75.46	81.43	87.35	93.22	99.04	104.81	110.53	116.21	121.83	132.93	143.83	149.20	154.53	165.04	175.34

附表 5-6（续）

外径/mm			壁厚/mm										
系列 1	系列 2	系列 3	32	34	36	38	40	42	45	48	50	55	60	65
			单位长度理论重量/(kg/m)											
		83(82.5)												
89(88.9)	85													
	95													
	102(101.6)													
		108												
114(114.3)			70.24											
	121		74.97											
	127		79.71	83.01	86.12									
	133		85.23	88.88	92.33									
140(139.7)			86.81	90.56	94.11									
	146		89.97	93.91	97.66	101.21	104.57							
		142(141.3)	94.70	98.94	102.99	106.83	110.48							
		152(152.4)	100.22	104.81	109.20	113.39	117.39	121.19	126.51					
	159		107.33	112.36	117.19	121.83	126.27	130.51	136.50					
168(168.3)			116.80	122.42	127.85	133.07	138.10	142.94	149.82	156.26	160.30			
		180(177.8)	127.85	134.16	140.27	146.19	151.92	157.44	165.36	172.83	177.56			
		194(193.7)	134.95	141.71	148.27	154.63	160.79	166.76	175.34	183.48	188.66	200.75		
	203		147.57	155.12	162.47	169.62	176.58	183.33	193.10	202.42	208.39	222.45	254.51	267.70
219(219.1)			157.83	166.02	174.01	181.81	189.40	196.80	207.53	217.81	224.42	240.08		
		232	168.09	176.92	185.55	193.99	202.22	210.26	221.95	233.20	240.45	257.71	273.74	288.54
		245(244.5)	185.45	195.37	205.09	214.60	223.93	233.05	246.37	259.24	267.58	287.55	306.30	323.81
		267(267.4)												

附表 5-6(续)

单位长度理论重量/(kg/m)

外径/mm			壁厚/mm														
系列 1	系列 2	系列 3	3.5 (3.6)	4.0	4.5	5.0	(5.4) 5.5	6.0	(6.3) 6.5	7.0 (7.1)	7.5	8.0	8.5	(8.8) 9.0	9.5	10	11
273									42.72	45.92	49.11	52.28	55.45	58.60	61.73	64.86	71.07
	299(298.5)										53.92	57.41	60.90	64.37	67.83	71.27	78.13
		302									54.47	58.00	61.52	65.03	68.53	72.01	78.94
		318.5									57.52	61.26	64.98	68.69	72.39	76.08	83.42
325(323.9)											58.73	62.54	66.35	70.14	73.92	77.68	85.18
	340(339.7)											65.50	69.49	73.47	77.43	81.38	89.25
	351											67.67	71.80	75.91	80.01	84.10	92.23
356(355.6)														77.02	81.18	85.33	93.59
		368												79.68	83.99	88.29	96.85
	377													81.68	86.10	90.51	99.29
	402													87.23	91.96	96.67	106.07
406(406.4)														88.12	92.89	97.66	107.15
		419												91.00	95.94	100.87	110.68
	426													92.55	97.58	102.59	112.58
	450													97.88	103.20	108.51	119.09
457														99.44	104.84	110.24	120.99
	473													102.99	108.59	114.18	125.33
	480													104.54	110.23	115.91	127.23
508														108.98	114.92	120.84	132.65
	500													110.76	116.79	122.81	134.82
	530													115.64	121.95	128.24	140.79
		560(559)												122.30	128.97	135.64	148.93
610														133.39	140.69	147.97	162.50

附表 5-6（续）

外径/mm			壁厚/mm															
系列 1	系列 2	系列 3	12 (12.5)	13	14 (14.2)	15	16	17 (17.5)	18	19	20	22 (22.2)	24	25	26	28	30
			单位长度理论重量/(kg/m)														
273			77.24	83.36	89.42	95.44	101.41	107.33	113.20	119.02	124.79	136.18	147.38	152.90	158.38	169.18	179.78
	299(298.5)		84.93	91.69	98.40	105.06	111.67	118.23	124.74	131.20	137.61	150.29	162.77	168.93	175.05	187.13	199.02
		302	85.82	92.65	99.44	106.17	112.85	119.49	126.07	132.61	139.09	151.92	164.54	170.78	176.97	189.20	201.24
		318.5	90.71	97.94	105.13	112.27	119.36	126.40	133.39	140.34	147.23	160.87	174.31	180.95	187.55	200.60	213.45
325(323.9)			92.63	100.03	107.38	114.68	121.93	129.13	136.28	143.38	150.44	164.39	178.16	184.96	191.72	205.09	218.25
	340(339.7)		97.07	104.84	112.56	120.23	127.85	135.42	142.94	150.41	157.83	172.53	187.03	194.21	201.34	215.44	229.35
	351		100.32	108.36	116.35	124.29	132.19	140.03	147.82	155.57	163.26	178.50	193.54	200.99	208.39	223.04	237.49
356(355.6)			101.80	109.97	118.08	126.14	134.16	142.12	150.04	157.91	165.73	181.21	196.50	204.07	211.60	226.49	241.19
		368	105.35	113.81	122.22	130.58	138.89	147.16	155.37	163.53	171.64	187.72	203.61	211.47	219.29	234.78	250.07
	377		108.02	116.70	125.33	133.91	142.45	150.93	159.36	167.75	176.08	192.61	208.93	217.02	225.06	240.99	256.73
	402		115.42	124.71	133.96	143.16	152.31	161.41	170.46	179.46	188.41	206.17	223.73	232.44	241.09	258.26	275.22
406(406.4)			116.60	126.00	135.34	144.64	153.89	163.09	172.24	181.34	190.39	208.34	226.10	234.90	243.66	261.02	278.18
		419	120.45	130.16	139.83	149.45	159.02	168.54	178.01	187.43	196.80	215.39	233.79	242.92	251.99	269.99	287.80
	426		122.52	132.41	142.25	152.04	161.78	171.47	181.11	190.71	200.25	219.19	237.93	247.23	256.48	274.83	292.98
	450		129.62	140.10	150.53	160.92	171.25	181.53	191.77	201.95	212.09	232.21	252.14	262.03	271.87	291.40	310.74
457			131.69	142.35	152.95	163.51	174.01	184.47	194.88	205.23	215.54	236.01	256.28	266.34	276.36	296.23	315.91
	473		136.43	147.48	158.48	169.42	180.33	191.18	201.98	212.73	223.43	244.69	265.75	276.21	286.62	307.28	327.75
	480		138.50	149.72	160.89	172.01	183.09	194.11	205.09	216.01	226.89	248.49	269.90	280.53	291.11	312.12	332.93
	500		144.42	156.13	167.80	179.41	190.98	202.50	213.96	225.38	236.75	259.34	281.73	292.86	303.93	325.93	347.93
508			146.79	158.70	170.56	182.37	194.14	205.85	217.51	229.13	240.70	263.68	286.47	297.79	309.06	331.45	353.65
	530		153.30	165.75	178.16	190.51	202.82	215.07	227.28	239.44	251.55	275.62	299.49	311.35	323.17	346.64	369.92
		560(559)	162.17	175.37	188.51	201.61	214.65	227.65	240.60	253.50	266.34	291.89	317.25	329.85	342.40	367.36	392.12
610			176.97	191.40	205.78	220.10	234.38	248.61	262.79	276.92	291.01	319.02	346.84	360.68	374.46	401.88	429.11

附表 5-6（续）

外径/mm			壁厚/mm														
系列 1	系列 2	系列 3	32	34	36	38	40	42	45	48	50	55	60	65	70	75	80
			单位长度理论重量/(kg/m)														
273			190.19	200.40	210.41	220.23	229.85	239.27	253.03	266.34	274.98	295.69	315.17	333.42	350.44	366.22	380.77
	299(298.5)		210.71	222.20	233.50	244.59	255.49	266.20	281.88	297.12	307.04	330.96	353.65	375.10	395.32	414.31	432.07
		302	213.08	224.72	236.16	247.40	258.45	269.30	285.21	300.67	310.74	335.03	358.09	379.91	400.50	419.86	437.99
		318.5	226.10	238.55	250.81	262.87	274.73	286.39	303.52	320.21	331.08	357.41	382.50	406.36	428.99	450.38	470.54
325(323.9)			231.23	244.00	256.58	268.96	281.14	293.13	310.74	327.90	339.10	366.22	392.12	416.78	440.21	462.40	483.37
	340(339.7)		243.06	256.58	269.90	283.02	295.94	308.66	327.38	345.66	357.59	386.57	414.31	440.83	466.10	490.15	512.96
	351		251.75	265.80	279.66	293.32	306.79	320.06	339.59	358.68	371.16	401.49	430.59	458.46	485.09	510.49	534.66
356(355.6)			255.69	269.99	284.10	298.01	311.72	325.24	345.14	364.60	377.32	408.27	437.99	466.47	493.72	519.74	544.53
		368	265.16	280.06	294.75	309.26	323.56	337.67	358.46	378.80	392.12	424.55	455.75	485.71	514.44	541.94	568.20
	377		272.26	287.60	302.75	317.69	332.44	346.99	368.44	389.46	403.22	436.76	469.06	500.14	529.98	558.58	585.96
	402		291.99	308.57	324.94	341.12	357.10	372.88	396.19	419.05	434.04	470.67	506.06	540.21	573.13	604.82	635.28
406(406.4)			295.15	311.92	328.49	344.87	361.05	377.03	400.63	423.78	438.98	476.09	511.97	546.62	580.04	612.22	643.17
		419	305.41	322.82	340.03	357.05	373.87	390.49	415.05	439.17	455.01	493.72	531.21	567.46	602.48	636.27	668.82
	426		310.93	328.69	346.25	363.61	380.77	397.74	422.82	447.46	463.64	503.22	541.57	578.68	614.57	649.22	682.63
457	450		329.87	348.81	367.56	386.10	404.45	422.60	449.46	475.87	493.23	535.77	577.08	617.16	656.00	693.61	729.98
	473		335.40	354.68	373.77	392.66	411.35	429.85	457.23	484.16	501.86	545.27	587.44	628.38	668.08	706.55	743.79
	480		348.02	368.10	387.98	407.66	427.14	446.42	474.98	503.10	521.59	566.97	611.11	654.02	695.70	736.15	775.36
	500		353.55	373.97	394.19	414.22	434.04	453.67	482.75	511.38	530.22	576.46	621.47	665.25	707.79	749.09	789.17
508			369.33	390.74	411.95	432.96	453.77	474.39	504.95	535.06	554.89	603.59	651.07	697.31	742.31	786.09	828.63
	530		375.64	397.45	419.05	440.46	461.66	482.68	513.82	544.53	564.75	614.44	662.90	710.13	756.12	800.88	844.41
		560(559)	393.01	415.89	438.58	461.07	483.37	505.46	538.24	570.57	591.88	644.28	695.46	745.40	794.10	841.58	887.82
610			416.68	441.06	465.22	489.19	512.96	536.54	571.53	606.08	628.87	684.97	739.85	793.49	845.89	897.06	947.00
			456.14	482.97	509.61	536.04	562.28	588.33	627.02	665.27	690.52	752.79	813.83	873.64	932.21	989.55	1 045.65

附表 5-6（续）

外径/mm			壁厚/mm					
系列 1	系列 2	系列 3	85	90	95	100	110	120
			单位长度理论重量/(kg/m)					
273			394.09					
	299(298.5)		448.59	463.88	477.94	490.77		
		302	454.88	470.54	484.97	498.16		
		318.5	489.47	507.16	523.63	538.86		
325(323.9)			503.10	521.59	538.86	554.89		
	340(339.7)		534.54	554.89	574.00	591.88		
	351		557.60	579.30	599.77	619.01		
356(355.6)			568.08	590.40	611.48	631.34		
	377		593.23	617.03	639.60	660.93		
		368	612.10	637.01	660.68	683.13		
	402		664.51	692.50	719.25	744.78		
406(406.4)			672.89	701.37	728.63	754.64		
		419	700.14	730.23	759.08	786.70		
	426		714.82	745.77	775.48	803.97		
	450		765.12	799.03	831.71	863.15		
457			779.80	814.57	848.11	880.42		
	473		813.34	850.08	885.60	919.88		
	480		828.01	865.62	902.00	937.14		
	500		869.94	910.01	948.85	986.46	1 057.98	
508			886.71	927.77	967.60	1 006.19	1 079.68	
	530		932.82	976.60	1 019.14	1 060.45	1 139.36	1 213.35
		560(559)	995.71	1 043.18	1 089.42	1 134.43	1 220.75	1 302.13
610			1 100.52	1 154.16	1 206.57	1 257.74	1 356.39	1 450.10

附表 5-6（续）

外径/mm			壁厚/mm												
系列 1	系列 2	系列 3	9	9.5	10	11	12 (12.5)	13	14 (14.2)	15	16	17 (17.5)	18	19	20	22 (22.2)
			单位长度理论重量/(kg/m)												
	630		137.83	145.37	152.90	167.92	182.89	197.81	212.68	227.50	242.28	257.00	271.67	286.30	300.87	329.87
		660	144.49	152.40	160.30	176.06	191.77	207.43	223.04	238.60	254.11	269.58	284.99	300.35	315.67	346.15
		699					203.31	219.93	236.50	253.03	269.50	285.93	302.30	318.63	334.90	367.31
711							206.86	223.78	240.65	257.47	274.24	290.96	307.63	324.25	340.82	373.82
	720						209.52	226.66	243.75	260.80	277.79	294.73	311.62	328.47	345.26	378.70
	762														365.98	401.49
		788.5													379.05	415.87
813															391.13	429.16
		864														
914															416.29	456.83
		965														
1 016																

附表 5-6（续）

外径/mm			壁厚/mm												
系列 1	系列 2	系列 3	24	25	26	28	30	32	34	36	38	40	42	45	48
			单位长度理论重量/(kg/m)												
	630		358.68	373.01	387.29	415.70	443.91	471.92	499.74	527.36	554.79	582.01	609.04	649.22	688.95
		660	376.43	391.50	406.52	436.41	466.10	495.60	524.90	554.00	582.90	611.61	640.12	682.51	724.46
		699	399.52	415.55	431.53	463.34	494.96	526.38	557.60	588.62	619.45	650.08	680.51	725.79	770.62
711			406.62	422.95	439.22	471.63	503.84	535.85	567.66	599.28	630.69	661.92	692.94	739.11	784.83
	720		411.95	428.49	444.99	477.84	510.49	542.95	575.21	607.27	639.13	670.79	702.26	749.09	795.48
	762		436.81	454.39	471.92	506.84	541.57	576.09	610.42	644.55	678.49	712.23	745.77	795.71	845.20
		788.5	452.49	470.73	488.92	525.14	561.17	597.01	632.64	668.08	703.32	738.37	773.21	825.11	876.57
813			466.99	485.83	504.62	542.06	579.30	616.34	653.18	689.83	726.28	762.54	798.59	852.30	905.57
		864	497.18	517.28	537.33	577.28	617.03	656.59	695.95	735.11	774.08	812.85	851.42	908.90	965.94
914				548.10	569.39	611.80	654.02	696.05	737.87	779.50	820.93	862.17	903.20	964.39	1 025.13
		965		579.55	602.09	647.02	691.76	736.30	780.64	824.78	868.73	912.48	956.03	1 020.99	1 085.50
1 016				610.99	634.79	682.24	729.49	776.54	823.40	870.06	916.52	962.79	1 008.86	1 077.59	1 145.87

附表 5-6（续）

外径/mm			壁厚/mm												
系列 1	系列 2	系列 3	50	55	60	65	70	75	80	85	90	95	100	110	120
			单位长度理论重量/（kg/m）												
	630		715.19	779.92	843.43	905.70	966.73	1 026.54	1 085.11	1 142.45	1 198.55	1 253.42	1 307.06	1 410.64	1 509.29
		660	752.18	820.61	887.82	953.79	1 018.52	1 082.03	1 144.30	1 205.33	1 265.14	1 323.71	1 381.05	1 492.02	1 598.07
		699	800.27	873.51	945.52	1 016.30	1 085.85	1 154.16	1 221.24	1 287.09	1 351.70	1 415.08	1 477.23	1 597.82	1 713.49
711			815.06	889.79	963.28	1 035.54	1 106.56	1 176.36	1 244.92	1 312.24	1 378.33	1 443.19	1 506.82	1 630.38	1 749.00
	720		826.16	902.00	976.60	1 049.97	1 122.10	1 193.00	1 262.67	1 331.11	1 398.31	1 464.28	1 529.02	1 654.79	1 775.63
	762		877.95	958.96	1 038.74	1 117.29	1 194.61	1 270.69	1 345.53	1 419.15	1 491.53	1 562.68	1 632.60	1 768.73	1 899.93
		788.5	910.63	994.91	1 077.96	1 159.77	1 240.35	1 319.70	1 397.82	1 474.70	1 550.35	1 624.77	1 697.95	1 840.62	1 978.35
813			940.84	1 028.14	1 114.21	1 199.05	1 282.65	1 365.02	1 446.15	1 526.06	1 604.73	1 682.17	1 758.37	1 907.08	2 050.86
		864	1 003.73	1 097.32	1 189.67	1 280.80	1 370.69	1 459.35	1 546.77	1 632.97	1 717.92	1 801.65	1 884.14	2 045.43	2 201.78
914			1 065.38	1 165.14	1 263.66	1 360.95	1 457.00	1 551.83	1 645.42	1 737.78	1 828.90	1 918.79	2 007.45	2 181.07	2 349.75
		965	1 128.27	1 234.31	1 339.12	1 442.70	1 545.05	1 646.16	1 746.04	1 844.68	1 942.10	2 038.28	2 133.22	2 319.42	2 500.68
1 016			1 191.15	1 303.49	1 414.59	1 524.45	1 633.09	1 740.49	1 846.66	1 951.59	2 055.29	2 157.76	2 259.00	2 457.77	2 651.61

注：括号内尺寸为相应的 ISO 4200 的规格。

2) 锅炉用无缝钢管的允许偏差

低中压锅炉用无缝钢管外径(D)和壁厚(S)的允许偏差按 GB 3087—2008《低中压锅炉用无缝钢管》的规定,见附表 5-7～附表 5-9。

附表 5-7 钢管的外径允许偏差

钢管种类	允许偏差/mm
热轧(挤压、扩)钢管	±1.0% D 或±0.50,取其中较大者
冷拔(扎)钢管	±1.0% D 或±0.30,取其中较大者

附表 5-8 热轧(挤压、扩)钢管壁厚允许偏差

钢管种类	钢管外径/mm	S/D	允许偏差/mm
热轧(挤压)钢管	≤102	—	±12.5% S 或±0.40,取其中较大者
	>102	≤0.05	±15% S 或±0.40,取其中较大者
		>0.05~0.10	±12.5% S 或±0.40,取其中较大者
		>0.10	+12.5% S −10% S
热扩钢管	—		±15% S

附表 5-9 冷拔(扎)钢管壁厚允许偏差

钢管种类	壁厚/mm	允许偏差/mm
冷拔(扎)钢管	≤3	+0.15% S −10% S 或±0.15,取其中较大者
	>3	+12.5% S −10% S

高压锅炉用无缝钢管外径与壁厚的允许偏差按 GB/T 5310—2017《高压锅炉用无缝钢管》的规定,见附表 5-10、附表 5-11。

① 钢管按公称外径和公称壁厚交货时,公称外径和公称壁厚的允许偏差应符合附表 5-10 的规定。

② 钢管按公称外径和最小壁厚交货时,公称外径的允许偏差应符合附表 5-10 的规定,壁厚的允许偏差应符合附表 5-11 的规定。

③ 钢管按公称内径和公称壁厚交货时,公称内径的允许偏差为±1% d,公称壁厚的允许偏差应符合附表 5-10 的规定。

附表 5-10 钢管公称外径和公称壁厚允许偏差

分类代号	制造方式	钢管尺寸/mm			允许偏差/mm	
					普通级	高级
W-H	热轧（挤压）钢管	公称外径 D	<57		±0.40	±0.30
			57～325	$S \leqslant 35$	±0.75%D	±0.5%D
				$S > 35$	±1%D	±0.75%D
			>325～600		+1%D 或+5,取较小者-2	
			>600		+1%D 或+7,取较小者-2	
		公称壁厚 S	≤4.0		±0.45	±0.35
			>4.0～20		+12.5%S −10%S	±10%S
			>20	$D < 219$	±10%S	±7.5%S
				$D \geqslant 219$	+12.5%S −10%S	±10%S
	热扩钢管	公称外径 D	全部		±1%D	±0.75%D
		公称壁厚 S	全部		+20%S −10%S	+15%S −10%S
W-C	冷拔（扎）钢管	公称外径 D	≤25.4		±0.15	
			>25.4～40		±0.20	
			>40～50		±0.25	
			>50～60		±0.30	
			>60		±0.5%D	
		公称壁厚 S	≤3.0		±0.3	±0.2
			>3.0		±10%S	±7.5%S

附表 5-11 钢管最小壁厚的允许偏差

分类代号	制造方式	壁厚范围/mm	允许偏差/mm	
			普通级	高级
W-H	热轧（挤压）钢管	$S_{min} \leqslant 4.0$	+0.9 0	+0.7 0
		$S_{min} > 4.0$	+25%S_{min} 0	+22%S_{min} 0
W-C	冷拔（扎）钢管	$S_{min} \leqslant 3.0$	+0.6 0	+0.4 0
		$S_{min} > 3.0$	+20%S_{min} 0	+15%S_{min} 0

附录6 专用名词英-中对照

A

accesss opening 出入孔（检查孔）
Adamson type furnaces 阿登生型炉胆
additional load 附加载荷
allowable stress 许用应力
allowable working pressure 允许工作压力
annular area 环形面
ASME 美国机械工程师协会（American Society of Mechanical Engineers）
austenitic stainless steel 奥氏体不锈钢

B

back plate 背板
bar 拉杆
　～ stay 杆拉撑
blank 无孔的
blind flange 盲板 堵板 堵头
boiler 锅炉
　cast iron ～ 铸铁锅炉
　Cochran ～ 考克兰锅炉
　Cornish ～ 康尼许锅炉
　dry back ～ 干背锅炉
　electric ～ 电热锅炉
　firetube ～ 火管锅炉
　heating ～ 热水锅炉
　horizontal-return tublar ～ 卧式回火管锅炉
　Lancashire ～ 兰开夏锅炉
　miniature ～ 小型锅炉
　multitublar ～ 烟管锅炉
　power ～ 动力锅炉
　reverse fired ～ （中心）回燃式（燃油）锅炉

semi-wet back ～ 半干背式锅炉
shell ～ 锅壳(式)锅炉
vertical ～ 立式锅炉
water tube ～ 水管(式)锅炉
wet back ～ 湿背式锅炉
boiler cortructed of cast iron 铸铁锅炉
bowling hoops 膨胀环
brace 拉条(拉杆)
branch welded 焊接管接头
breathing space 呼吸空位
BS 英国标准（British Standard）
butt weld 对接焊

C

calculation formula 计算公式
capacity 容量 排放量
carbon steel 碳钢
carbon manganese steel 碳锰钢
cast iron 铸铁
cast nodular iron 球墨铸铁
casting 铸件
circumferential 周向(环向)的
　　～ seams 周向(焊)缝
combustion chamber 燃烧室
commencement of curvature 弯曲起点
compensation 补强(件) 加强(件)
concave side 凹侧 凹面
convect heating surface 对流受热面
corner radius 转角半径
corrosion 腐蚀
　　allowance ～ 允许腐蚀量
corrugated furnace 波形炉胆
cover 端盖
cross tube 横水管
crown 凸形封板
cylindrical component 圆筒形元件
cylindrical shell 圆筒形锅壳

D

design 设计
　～ pressure 设计压力(计算压力)
　～ stress 设计应力(许用应力)
　～ temperature 设计温度(计算壁温)
diagonal 斜向的 斜线
　～ bar 斜拉杆
　～ brace 斜拉条(斜拉杆)
dished head 凸形(碟形)封头
drum 锅筒
dry back 干背

E

efficiency 减弱系数 效率
end 封头
end plate 端板 封头(板)
erosion 磨损
expanded 胀接的
external pressure 外压力

F

factor 系数
　～ of safety 安全系数
fatigue 疲劳
fillet weld 角焊
fire box 火箱
fire hole 炉门
firehole opening 炉门孔
fitting 附件
flange 扳边
flanged end plate 扳边端板(扳边封头)
flanged manhole 扳边人孔
flat plate 平板
flexibility 柔性
forged branch 锻制(翻边)管接头
formed heads 成形(扁球形 椭球形 半球形)封头

formula （计算）公式
Fox type furnaces 福克斯型炉胆
full-hemispherical head 球形封头
full penetration weld 全焊透角焊（填角焊）
furnace 炉膛 炉胆

G

gage glass 玻璃水位计
girder 加固横梁 横梁
grate 炉排
gray cast iron 灰口铸铁
gusset stay 角撑板
 welded ～ 焊接角撑板
 pinned ～ 栓接角撑板

H

hand hole 手孔
head 端盖
header 集箱
hemispherical 半球形的
Hooke's law 虎克定律
hydrostatic test 工艺性水压试验

I

inherent compensation 自身加强
inspection opening 检查孔
internal diameter 内（直）径
internal pressure 内压力
internal radius 内半径
ISO 国际标准化组织（international standard organization）
isolated opening 孤立孔 单孔

K

killed steel 镇静钢

L

ligament 孔桥

link stay　链片(杆)拉撑
load　载荷
bending ～　弯曲载荷
longitudinal　纵向的
　　～ bar stays　纵向杆拉撑
　　～ seams　纵向(焊)缝

M

manganese steel　锰钢
manhole　人孔
manhole frame　人孔圈(边框)
materials　材料(钢材)
maximum allowable working pressure　最高允许工作压力
mean diameter　平均直径
Morrison type furnaces　毛尔逊型炉膛
multiple openings　多个开孔

N

nominal size　公称尺寸
NPS　公称管道尺寸

O

obround　长圆形(跑道形)
ogee ring　S型下角圈
organic fluid vaporizer generator　有机液体蒸发器
out-of roundness　不圆度
outside diameter　外(直)径
outside radius　外半径

P

percentage elongation (at fracture)　(断裂时的)延伸率
piping　管道
pitch　节距
plain circular furnace　平直圆型炉胆
plain furnace　平(直)炉胆
plain tube　普通(烟)管(相对拉撑管、螺纹烟管而言)
plate　板材　钢板

point of support　支点
Poisson ratio　波松比
preparation　坡口(焊缝的)
pressure　压力
　　absolute ～　绝对压力
　　gage ～　表压力
pressure vessel　压力容器
proof test　验证性(水压)试验
proof stress　指定塑性应变下的屈服限

R

radial　径向
radiant heating surface　辐射受热面
radius of flange　扳边半径
raised circular manhole flame　圆形人孔圈(边框)
reinforced opening　加强孔
reinforcement　加强
reversal chamber　回燃(烟)室
rimming stell　沸腾钢
riveting　铆接
row　排
rule　规范

S

safety relief valve　安全卸压阀
safety valve　安全阀
scope　适用范围
seamless tube　无缝(钢)管
second moment of area　断面惯性矩(二次矩)
semi-ellipsoidal　半椭球形的
set-in end plate　内置式端板
shape factor　形状系数
shell　锅壳
smoke tube　烟管
specified criteria　给定的(技术)条件
stainless steel　不锈钢
standard　标准

stays 拉撑(杆)
stay tube 拉撑管
steel 钢
stiffener 加强圈(环)
strength 强度
stress 应力
 bending ～ 弯曲应力
stress concentration 应力集中

T

tangent 切点
taper 锥度
tell tale hole 警报孔
tensile strenth 抗拉强度
test 试验
 hydrostatic ～ 工艺性水压试验
 hydrostatic deformation ～ 水压变形试验(强度验证性试验)
 proof ～ 强度验证性(水压)试验
thickness 壁厚 厚度
tolerance 公差
top plate 顶板
torispherical head (end) 扁球形封头
tube 管(管子)
 ～ bank 管束
 ～ nest 管束
tube plate 管板
 front ～ 前管板
 rear ～ 后管板

U

U-preparation U形坡口
U ring U形下脚圈
undertolerance 下偏差
unreinforced opening 未加强孔
unstayed 无拉撑的
uptake 冲天管

V

V-preparation　V形坡口

W

washer　垫圈　加强垫板　加强孔圈
water (gage) glass　玻璃水位计
waterway　水通道
welding (weld)　焊接（焊缝）
 butt ～　对接焊
 fillet ～　角焊
 full penetration ～　全焊透角焊（填角焊）
welded branch　焊接管接头（焊接接管）
welded gusset stay　焊接角撑板
welded pad　焊接孔板（垫板　孔圈）
wet back　湿背
wrapper plate　壳板（回燃室的）

Y

yield stress　屈服应力　屈服点　屈服限
yield strength　屈服强度　屈服点　屈服限
Yong's modulus of elasticity　杨氏系数　弹性模量

附录7 创新工业锅炉的性能和技术参数

辽宁昌盛节能锅炉有限公司

辽宁昌盛节能锅炉有限公司,始建于2006年,公司目前持有B级"锅炉制造许可证"和Ⅰ级"锅炉安装改造修理许可证书",是专门从事创新型工业锅炉的设计研发、精细制造、安装运营的专业机构。组合螺纹烟管锅炉、高效率低应力内燃锅炉及压力相变锅炉等已经成为公司创新型工业锅炉的系列化产品。下面是典型创新型工业锅炉的结构说明、综合性能、锅炉型号以及正在研试制的全无拉撑卧式内燃燃气/油锅炉简介等技术资料。

一、层燃组合螺纹烟管锅炉

1 结构说明

层燃组合螺纹烟管锅炉本体Ⅰ型由前部炉膛水冷系统及后部螺纹烟管筒组成;Ⅱ型后部由对流排管及螺纹烟管筒组成。锅筒置于炉膛上部,与炉膛水冷壁相连;Ⅰ型由前后两排若干立置的螺纹烟管筒组合成锅炉尾部受热面;烟管筒的数量与直径随着锅炉容量的增大而增加;Ⅱ型系将Ⅰ型前排烟管筒用对流排管替代。层燃燃烧设备(炉排)置于炉膛下部,与锅炉本体组成锅炉主体。Ⅰ型、Ⅱ型锅炉主体结构见下图所示。

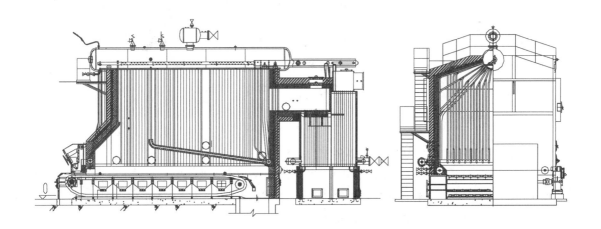

Ⅰ型层燃组合螺纹烟管锅炉主体结构简图

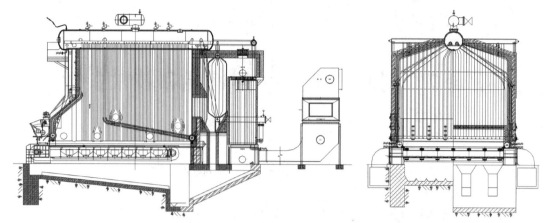

Ⅱ型层燃中大容量组合螺纹烟管锅炉主体结构简图

2 综合性能

(1) 锅炉高度比同容量的水管锅炉明显下降,节省锅炉房建设投资;且具有较大的炉膛容积,适于各类燃料燃烧工况的组织。

(2) 锅炉钢耗比同容量的水管锅炉明显降低。

(3) 工厂化制造比重大,易于模块化组合。

(4) 安装施工周期短、维护检修均方便。

(5) 螺纹烟管筒无需炉墙包围,既节省大量耐火绝热材料又减少散热损失。

(6) 螺纹烟管立置,不易积灰,大于50%负荷时有自清灰能力;如有积灰,也较易清理。

(7) 由于烟管筒漏风、散热与积灰均较少,锅炉热效率有所较高。

(8) 由于炉膛粉尘重力分离与高低温烟管筒下部粉尘惯性分离效果显著,锅炉原始排尘浓度颇低。

(9) 热水锅炉高温烟管筒内设有控制工质流动装置,高温管板安全性有完备可靠的保护措施。

(10) 热水锅炉炉膛水冷壁采用回水引射混合循环,无需停电保护措施。

(11) 蒸汽锅炉采用水平流动重力分离,蒸汽湿度明显下降,低于0.5%。

(12) 燃煤与燃生物质通用——燃生物质于炉内增设二次风。

3 锅炉型号

(1) 各种层燃组合螺纹烟管蒸汽锅炉型号:

ZLW4-1.25-H/M、ZLL6-1.25/1.6-M、ZLL10-1.25-M/AⅡ、ZLL10-1.6-M、ZLL12-1.6-M、ZLL15-1.6-M、ZLL20-1.25-M、ZLL20-1.6-M/AⅡ、ZLL35-1.6-M/AⅡ。

(2) 各种层燃组合螺纹烟管热水锅炉型号:

ZLL10.5-1.0/115/70-M、ZLL/W14-1.0/115/70-M、ZLL29-1.0/115/70-AⅡ/MX、ZLW29-1.6/130/70-M、ZLL46-1.25/130/70-AⅡ、ZLL58-1.25/130/70-AⅡ、ZLL70-1.6/130/70-AⅡ、ZLL91-1.6/150/90-AⅡ。

二、高效率低应力卧式内燃燃气/油锅炉

(一)创新 I 型内燃锅炉

1 结构说明

高效率低应力卧式内燃燃气/油锅炉(又称创新 I 型内燃锅炉),突破了国际流行的传统卧式内燃燃气三回程、拉撑平管板结构,采用双回程(炉胆与螺纹烟管束),外加螺纹烟管筒节能器。锅炉本体结构见下图,采用无拉撑低应力拱形管板与拱形后平板,使锅炉本体运行处于低应力状态,提高了锅炉的安全性能;对流受热面均采用高效传热元件——螺纹烟管,经设计优化选取了经济合理的排烟温度,提高了锅炉热效率,而结构又较简单。

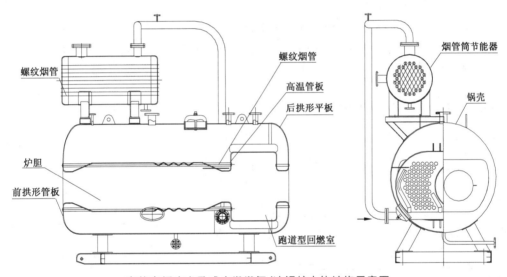

高效率低应力卧式内燃燃气/油锅炉本体结构示意图

2 综合性能

(1) **高效率**

锅炉本体采用高效传热螺纹烟管,配以螺纹烟管筒节能器,分级科学合理利用烟气热能,使锅炉在不同负荷的运行条件下均能处于高效率:额定负荷时热效率达95%;75%额定负荷时(常态负荷)螺纹烟管筒节能器在烟气冷凝状态下运行,热效率可升高至96%~97%。

(2) **低应力**

锅炉本体采用拱形管板、偏置炉胆、跑道型回燃室,与具有柔性的螺纹烟管、波形炉胆相配合,取消了大件直拉撑、斜拉撑,将锅炉整体由传统的刚性大的高应力结构变为新型准弹性低应力结构,提高了锅炉的安全可靠性,延长了锅炉的使用寿命。

(3) **结构简单**

取消传统结构的拉撑部件,使得锅炉本体结构简单,又增大了锅内空间;大大简化了锅炉制造工艺,使检修维护更为简便。

（4）可靠性提高

热水型锅炉采用回水冷却高温管板技术措施，改善了高温管板区域的工作状态，增强了高温管板的安全可靠性。

（5）能获得高品质的蒸汽

蒸汽型锅炉采用水平流动汽水分离，简化了汽水分离结构，且能获得低湿度高品质的蒸汽（湿度低于0.5%，而标准规定不大于4%）。

3 锅炉型号

（1）WNS系列高效率低应力卧式内燃燃气蒸汽锅炉型号：

WNS1-1.0-Q、WNS2-1.25-Q、WNS3-1.25-Q、WNS4-1.25-Q、WNS6-1.25-Q、WNS8-1.25-Q、WNS10-1.25-Q、WNS15-1.25/1.6-Q、WNS20-1.25-Q。

（2）WNS系列高效率低应力卧式内燃燃气热水锅炉型号：

WNS0.7-0.7/95/70-Q、WNS1.4-0.7/95/70-Q、WNS2.1-0.7/95/70-Q、WNS2.8-0.7/95/70-Q、WNS4.2-0.7/95/70-Q、WNS5.6-1.0/115/70-Q、WNS7.0-1.0/95/70-Q、WNS10.5-1.25/115/70-Q、WNS14-1.0/115/70-Q。

（二）创新Ⅱ型全无拉撑卧式内燃锅炉

新研制的创新Ⅱ型全无拉撑卧式内燃燃气/油锅炉，是在创新Ⅰ型内燃锅炉结构的基础上，进一步优化关键大部件结构，取消拉撑件，采用低应力受压部件形成的新型锅炉，其本体结构见下图。

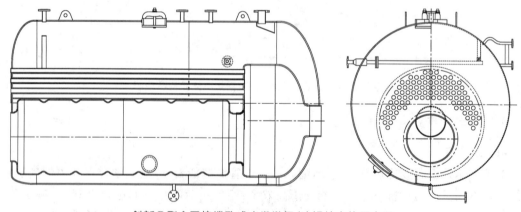

创新Ⅱ型全无拉撑卧式内燃燃气/油锅炉本体示意图

1 结构说明

本炉型除锅壳前（后）拱形管板需要重新做模具外，其他皆为标准件。回燃室采用圆筒形结构，便于采用自动焊工艺。此新型结构按强度标准计算与有限元计算验证都完全满足安全要求。

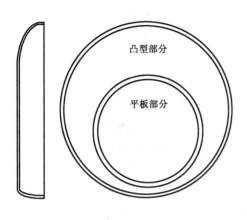 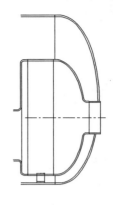

锅壳前拱形管板示意图　　　　　　　　回燃室后部标准椭圆封头示意图

2　锅炉特点

（1）取消全部拉撑件和加固件

包括：原炉型回燃室后部与后拱形平板之间的短拉杆和腰圆形回燃室上下部的加固横梁。措施为：

① 采用柔性端板：锅壳采用前拱形管板与后椭圆形封头；

② 回燃室也采用后椭圆形封头，形成新结构回燃室。

（2）取消全部拉撑件的优越性

① 提高锅炉安全可靠性：柔性端板与柔性炉胆及刚度小的螺纹烟管相配合，明显降低了炉体的整体刚性，有效地降低了不同元件因壁温差异较大（内燃锅炉特点）而引起连接处（焊缝、扳边）的热应力。

② 简化部件、减少作业工艺量，减少监检节点（尤其是拉撑件端部焊缝）；

③ 便于锅壳内操作、检修与维护。

（3）采用新结构波形炉胆

波形炉胆由原连续波（波连波）改为间断波（波纹—直段—波纹—直段）；此新型结构按强度标准计算与有限元计算验证都完全满足安全要求；新结构波形炉胆见下图。

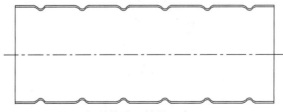

新结构波形炉胆示意图

（4）其他特点

① 锅炉热效率可达 97% 以上；

② 低氮排放，NO_x 的排放低于 $30\ mg/m^3$；

③ 蒸汽锅炉采用水平流动汽水分离，蒸汽湿度低于 0.5%；

④ 热水锅炉采用回水冲刷高温管板,可有效防止高温管板孔桥开裂。

三、压力相变热水锅炉

1 结构说明

压力相变热水锅炉,按照汽水换热器是否在锅筒(汽包)内设置,分为内置和外置两种结构形式。该种锅炉锅内汽水介质处于密闭循环状态,通过汽水相变换热输出额定参数的热水。

(1) 锅壳式压力相变热水锅炉

锅壳式压力相变热水锅炉汽水换热器可设置于锅壳内部,也可设于锅壳外部的顶部。受热面的热水吸收烟气热能以后变为饱和蒸汽,饱和蒸汽在汽水换热器内相变换热后变为冷凝水返回锅壳,锅内的工质以此往复循环。经与汽水换热器换热后的额定参数的热水向外输出。该型锅炉本体可与手动炉排、机械炉排等燃烧设备配套组成锅炉主体。锅壳式压力相变热水锅炉容量现有 0.7 MW~29 MW。

(2) 组合螺纹烟管式压力相变热水锅炉

组合螺纹烟管水火管式压力相变锅炉由锅炉本体与冷凝换热装置等部件组成。

锅炉本体的炉膛水冷壁与高温烟管筒作为蒸发受热面,低温烟管筒作为省煤器。系统回水经省煤器烟管筒加热,再进入冷凝换热装置进行换热,将换热后的热水送至供热系统。

组合螺纹烟管式压力相变热水锅炉现有容量为 0.7 MW~29 MW,典型的 14 MW 组合螺纹烟管式压力相变热水锅炉结构见下图。

(3) 卧式内燃压力相变热水锅炉

卧式内燃压力相变热水锅炉本体采用新型高效率低应力卧式内燃锅炉本体顶部配置冷凝换热器。该型锅炉现有容量为 0.7 MW~14 MW。

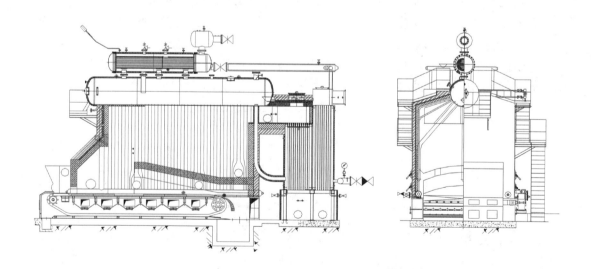

14 MW 组合螺纹烟管式压力相变热水锅炉总图

2　综合性能

（1）锅炉"锅"中的水，经加热→蒸发→冷凝→再蒸发→再冷凝，周而复始循环工作，几乎无需补水。密闭的相变装置中，换热管外是蒸汽，换热管内是供热的循环水。锅炉各受热壁面既不结垢、氧化腐蚀，又没有循环水夹杂物的沉积。

（2）锅炉螺纹烟管烟气侧不易积灰，螺纹烟管和相变换热管的水侧不结垢，受热面两侧总处于清洁状态，避免了因积灰、结垢而造成锅炉运行出力、效率下降的问题，保持锅炉的出力、效率不变，进而达到理想的节能效果。

（3）由于本锅炉几乎不需要排污，也很少有蒸汽的外溢，锅炉几乎无需补水。

（4）锅炉补水极少，也就无须除氧，省去水处理和除氧器的设备投资和运行费用。

（5）由于锅炉水质得到保证，减少锅炉由于水质不良导致的损坏，可大大延长锅炉的使用寿命。

法人代表：徐甫
地　　址：中国（辽宁）自由贸易试验区营口片区智胜街西88号
电　　话：18804175252
服务热线：400-111-4417
网　　址：www.ecogl.com
电子邮箱：zx.xf@vip.163.com

三浦工业（中国）有限公司

CZI-2000WS
（2t/h抽气两用蒸汽锅炉）

LX-2000GU
（2t/h燃气蒸汽锅炉）

以成为能够协助客户节能减排的企业为目标

三浦集团是日本最大的专业锅炉、水处理设备制造供应商。先后在韩国、中国台湾、加拿大、中国、美国、印尼、巴西设立了制造厂。三浦工业（中国）有限公司注册资金5512万美元，是由日本三浦工业株式会社100%出资的独资企业。

为确保与日本制造的锅炉具有同等高品质，我们引进了日本、韩国等各国的最新设备用于产品的制作。本公司致力于生产、销售贯流锅炉以及锅炉水处理装置、水处理药品等锅炉相关产品及垃圾焚烧处理设备、低氮氧化物燃烧装置，并在食品和医疗机械领域推广三浦的产品。

通过引进日本先进的硬件（高品质、高效率、环保）技术和软件（售前节能诊断服务和售后ZMP服务体系）技术，在环境优美的苏州工业园区，生产对环境无污染的锅炉，提供符合中国节能、环保要求的产品，以成为能够协助客户节能减排的企业为目标。

三浦工业（中国）有限公司

工厂地址：江苏省苏州工业园区南前巷8号
联系电话：0512-8816-8892
营业本部地址：上海市长宁金钟路658号3号楼5层
联系电话：021-6447-9246/6858-1065

MIURA

热、水、环境的最佳伙伴

三浦公司不断对热效率进行挑战
并针对中国市场开发出CZI系列蒸汽锅炉

高热效率——最新CZI型锅炉NOx排放最低可达25mg/m3（3.5%O_2为基准）

特殊ω型流程的水管排列方式，并配置了三浦独有的特殊传热鳍片和高效节能器，锅炉热效率可达99%，高效节能运行的同时也大幅减少排放污染。

微电脑自动控制及在线管理

CZI全系列搭载了日本三浦工业株式会社独自开发的锅炉专用一键式微电脑控制系统，锅炉燃烧运行状态一目了然，具有运行数据、预警报、热管理数据、网络服务等功能，操作简便。全面运用三浦在线管理系统，预知功能更使锅炉安全、高效的运行，防患于未然。

更高的安全性能

CZI全系列配备了具有自检功能的紫外线光电管型火焰感应器、磁力失效型蒸汽压力开关和具有软密封及金属密封双重功能的给水逆止阀门。

保证运行高效率的MI和BP群控系统（实际运行效率最重要！）

最多15台锅炉并联使用（BP可双系统36台），根据蒸汽的负荷变化，仅让所需数量的单体效率极高的锅炉运行，需多少蒸汽，运行多少台锅炉，运行的锅炉都处于额定状态，以维持锅炉系统的高效率。

软水装置、硬度泄漏报警器

符合中国水质特质的软水装置，可以实现在线管理，适应中国极高的电传导和高腐蚀性水质，为锅炉的长期安全高效使用提供保障。

水处理药品

全新开发的锅炉用食品级复合清缸剂，保证锅炉安全高效运行的同时，更加保证产品（食品）的卫生安全。

CZI-2000WS
（2t/h油气两用蒸汽锅炉）

三浦工业（中国）有限公司

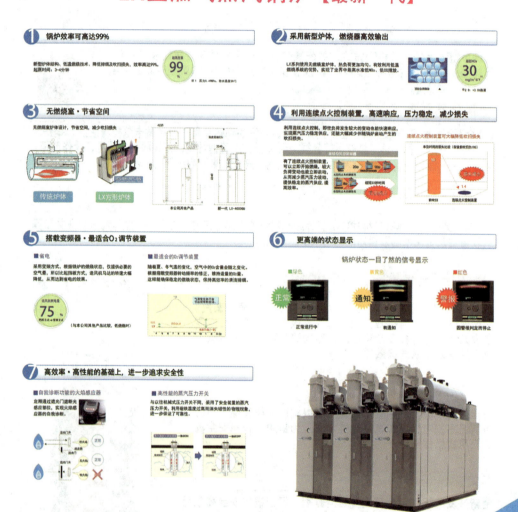

MIURA 锅炉群控装置 BP-201

三浦锅炉群控装置让锅炉房的管理更简单、高效！

实现高速多位置控制对应的快速 M-NET 系统

1 集中监视功能

- 锅炉房内整套设备的异常监视。
- 当锅炉发生通知或警报时，显示操作指导。
- 可以通过选配规格，追加显示给水箱状态、给水控制状态、水箱水位、瞬间流量的功能。

2 台数控制功能

2个独立的控制系统，单个系统最多可控制18台，实现最多36台的自由多台组合，满足客户的各种需求。

- 可预设5种运行程序，满足不同的压力负荷要求。
- 预设效率优先（节能）或响应优先（稳压）的运行方式，满足不同的生产需求。
- 根据各台锅炉的累积运行时间，自动切换锅炉运行顺序，延长锅炉使用寿命。
- 客户可通过追加紧急停止·程序切换等外部信号输入，调节锅炉运转方式。

3 数据通信功能

- 当通知或者故障发生时，BP-201会自动向服务网点传输信号。
- 作为新一代群控装置，可以实现数据扩容和高速传输。

三浦工业（中国）有限公司

河南省四通锅炉有限公司

河南省四通锅炉有限公司成立于2002年,国家高新技术企业,具有A级锅炉及D1、D2类压力容器制造资质,拥有河南省真空锅炉工程技术研究中心。公司产品包括燃油、燃气、电热蒸汽、热水锅炉、冷凝锅炉、真空锅炉、贯流锅炉、有机热载体炉、高中温热风炉等16个系列100多种规格型号,产品畅销全国三十一个省、市、自治区,并出口到世界上八十多个国家和地区。

公司拥有技术先进的加工、焊接、探伤、检测设备等专用设备及生产流水线。在实现自动化的同时完成节能环保的使命,将生产工艺从流程上完成了由传统制造到智能制造的转变。

四通高度重视人才,广纳各方精英,拥有教授和高级工程师多名、专业技师百余名;推行环保、节能、智能化设计,实施绿色制造及应用,并与河南省锅检院、河南农业大学、上海工业锅炉研究所等科所院校联合,成立科技研发中心,开发各类高效能、低污染、环保节能锅炉、低氮冷凝式锅炉等高端技术产品。

四通锅炉参与多项国家与行业标准的制(修)订工作。至今,公司拥有35项核心技术,其中申请实用新型专利26项,外观设计专利1项,发明专利2项,每年度研发新产品10项。

一、四通 LSS 型贯流锅炉

1 简介

贯流锅炉采用了独特的设计结构,使得锅炉的受热面布置紧凑,单位热负荷高。可应用户需求在锅炉尾部加装节能器,使锅炉的排烟温度进一步降低,提升锅炉的效率,锅炉热效率可达到95%以上。

2 性能特点

(1)锅炉结构紧凑,外形美观,占地面积小,可大大降低成本及安装费用;

(2)低氮燃烧,NO_x 排放<30 mg/m³,适应环保要求;

LSS型贯流锅炉产品实物图

(3) 锅炉水容积小,启动快,热效率高;

(4) 产生蒸汽快,额定压力下只需 2 min～4 min 左右;

(5) 燃烧、蒸汽压力及水位均全自动控制,运转安全、经济;

(6) 高速流动的燃烧气体与水管群间换热强烈,传热效果佳;

(7) 运行噪音低、燃烧稳定;

(8) 炉体整体保温绝热效果好,热效率达 94％～96％;

(9) 高技术、高品质,全自动焊接,部件标准统一,品质有保证;

(10) 整机配套调试出厂,免除设备部件的现场安装;

(11) 配置网路终端监控系统,可连接四通远程监控、维护中心;

(12) 诊断锅炉运转状况及协助故障排除;

(13) 可同时监控多台锅炉运转并记录故障时间、位置、蒸发量、燃料消耗量、给水量、蒸汽压力、水管温度、排烟温度、给水温度等参数信息,并可打印日报表及月报表;

(14) 预热器使用无缝管经喷砂、热浸镀锌处理,延长使用寿命。

3 技术参数

LSS 型燃气(油)贯流锅炉蒸汽型额定蒸发量为 0.1 t/h～4 t/h,额定工作压力在 0.7 MPa、1.0 MPa。

二、电加热蒸汽锅炉

1 简介

电加热蒸汽锅炉是将电能转化为蒸汽热能的一种新型电热设备,由电加热装置、锅筒、安全附件、强弱电控制系统等组成,所有元器件都有国家强制安全认证标志。

电加热蒸汽锅炉产品实物图

2 性能特点

(1) 采用锅炉专用电脑控制器、全自动智能化控制技术,无需专人值守。工作方式灵活,可设置为手动或自动模式。

(2) 可按照需要设定锅炉自动运行时间段,使锅炉自动分时、分组启动各加热组,加热组循环启停,使各接触器使用时间、频率相同,提高设备使用寿命。

(3) 依据负荷的改变相应自动调整,电脑控制加热管工作组数,保证动力与负荷的平衡,减少对电网的冲击,大大节约能耗;控制器对压力自动控制,可在负荷变化时对给水泵、电加热管进行自动启停控制,也可手动控制。

(4) 具备齐全的多项保护功能:超压、水位超高、水位过低、电源短路、过载漏电、缺相、电压异常、连锁保护等多种保护措施,保障锅炉在安全环境中运行;故障报警显示、故障记录,方便查询与检修。

(5) 锅炉按规范要求进行多项检验、检测;小型锅炉炉体实现机电一体化,便于安装和配接;大型锅炉炉体与电控分体设计,杜绝电气控制部分受炉体的高温影响,保证电控器件的稳定运行。

(6) 锅炉配件选用国内外优质产品,并经测试保证整套锅炉的质量与品质;采用的优质电热丝外套加厚不锈钢管,管内填充高纯度二氧化镁粉,电加热管使用寿命长。每组电热元件采用法兰连接,具有结构简单、机械强度高、安全可靠、更换方便等特点。

(7) 锅炉本体保温采用优质高效保温材料,散热损失小、节能降耗、外包装美观大方、不易锈蚀。

(8) 无噪音、无污染、热效率高,结构简单合理、附属设备少,便于锅炉检查和维修。

(9) 锅炉占用空间小,方便运输、节省使用场地和基建投资。

3 技术参数

电加热蒸汽锅炉额定蒸发量为 0.5 t/h～4 t/h,额定工作压力在 0.7 MPa、1.0 MPa、1.25 MPa,使用电源电压为 380 V、50 Hz。

三、WNS 卧式内燃低氮冷凝燃气蒸汽锅炉

1 简介

(1) 低氮冷凝式燃气蒸汽锅炉,采用卧式全湿背结构,整体布置紧凑,美观大方;

(2) 锅炉的后管板不受高温烟气的直接冲刷,工作条件改善,锅炉后部散热损失小;

(3) 外置一体化翅片管式节能器、外置独立式冷凝器,结构紧凑、方便维护;

(4) 采用 FGR 外循环燃烧技术,满足 $NO_x \leqslant 30 \text{ mg/m}^3$ 排放标准;

(5) 结构紧凑,安装方便,自动化程度高,运行安全可靠。

2 性能特点

(1) 大炉膛全波形炉胆低氮燃烧技术:采用大炉膛全波形炉胆设计,实现烟气内循环,使

烟气吸收火焰热量,降低火焰温度,游离氮原子不易与氧原子形成NO_x。

(2) 匹配合理的低氮燃烧器:采用电子比例调节的低氮燃烧器,燃烧火焰与炉膛相匹配,能够实现低氮排放。

(3) 采用高效传热螺纹烟管技术:强化传热效果,使锅炉升温、升压快,锅炉热效率提高显著。

(4) 前烟箱采用独特的密封技术:前烟箱采用整体式双开门设置,烟箱门双层密封,整体密封性好,美观、大方,检修时开启轻便。

(5) 冷凝装置技术:外置冷凝装置,其封板采用 ND 钢制作,并选用耐低温腐蚀螺旋翅片管,大幅提高使用寿命。冷凝装置的采用大大降低锅炉排烟温度,提高锅炉热效率。

(6) FGR 烟气外循环燃烧技术:将部分烟气与空气混合后送至燃烧室助燃,混合后的助燃风可以有效降低燃烧室内的温度和氧量浓度,使烟气排放符合环保要求。

(7) 全方位的安全连锁保护功能:锅炉配置火焰监控系统、液位控制系统、压力控制系统、燃烧程序控制系统、安全保护系统(熄火保护、极限低水位保护、断相保护),确保锅炉安全高效运行。

卧式内燃低氮冷凝燃气蒸汽锅炉产品实物图

3 技术参数

WNS 型低氮冷凝燃气蒸汽锅炉额定蒸发量为 1 t/h～20 t/h,额定工作压力为 1.25 MPa。

四、SZS 型室燃水管燃油(气)蒸汽锅炉

1 简介

SZS 型为双锅筒纵向布置式水管型室燃蒸汽锅炉。本系列锅炉具有高、低水位报警功能,低水位连锁保护功能和超压报警、超压连锁保护功能。以轻柴油、天然气为燃料,燃料从燃烧器喷出(雾化)、点燃,在炉膛内悬浮燃烧,经后部烟窗冲刷第二回程对流烟道,再经布置在锅炉左侧的节能器通过烟囱排入大气。

2 性能特点

（1）锅炉采用快装结构，结构合理，运输、安装、维修、管理方便。
（2）锅炉具有出力足，负荷稳定的优点。
（3）烟气横向冲刷对流管束，传热效果好，金属消耗量低。
（4）采用高热阻材料作为绝热层，保温性能良好。
（5）尾部布置有节能器，能有效降低排烟温度，锅炉热效率高。
（6）锅炉水容量大并且采用自然循环，受热面水动力安全可靠。
（7）锅炉自动化程度高，具有高低水位报警、低水位连锁、超压报警和连锁保护功能。
（8）该锅炉配置的燃烧器设有可靠的点火程序控制和熄火保护装置。

SZS 型室燃水管燃油（气）蒸汽锅炉产品实物图

3 技术参数

SZS 型室燃水管燃油（气）蒸汽锅炉额定蒸发量为 10 t/h～35 t/h，额定工作压力为 1.25 MPa。

单位名称：河南省四通锅炉有限公司
地 址：河南省太康县产业集聚区阳夏路 18 号
法人代表：冯坤
电 话：13839409188
办公电话：0394-6515222，6516222
公 众 号：

安阳市福士德锅炉有限责任公司

福士德锅炉是一家专业研发、制造节能环保锅炉的高新技术企业。公司拥有现代化的生产基地,先进的自动化锅炉生产设备;注册资金 1.02 亿元,具有国家 A 级锅炉和 D1、D2 压力容器制造资质,国家二级锅炉安装改造维修资质;通过了 ISO 9001 质量管理体系、ISO 14001 环境管理体系、OHSAS 18001 职业健康安全管理体系认证;产品入选《国家工业节能技术装备推荐目录》及《"能效之星"产品目录》。

福士德锅炉主要生产燃(油)气系列水管锅炉、冷凝一体蒸汽(热水、真空)锅炉、丰能管低氮真空锅炉、全预混低氮铸铝冷凝锅炉、全预混低氮商用热水机组、全预混不锈钢冷凝热水机组、开水锅炉及电加热系列蒸汽、承压(常压)热水、真空、开水锅炉、高压电极锅炉等产品;产品热效率高、配置精良,主要辅机、配件均为原装进口或合资品牌;锅炉的 PLC 控制系统可为客户实现集中和远程监测,为客户提供实时增值服务,通过画面组态将锅炉的运行数据以生动形象的方式展现给客户。

福士德研发中心通过大量测试和试验研究,设计出先进的炉膛结构和尺寸,匹配全进口低氮燃烧器,采用全预混或 FGR 烟气再循环燃烧技术,加上自主研发的 PLC 控制系统,锅炉的 NO_x 排放浓度可降至 30 mg/m³ 以下,使锅炉运行更加节能环保、安全可靠。

福士德锅炉已在国内各省市地区形成了拥有 300 多家合作经销商的销售网络,在全国各地区设置了百余个 24 h 全天候售后网点,产品有中国平安财险股份有限公司予以担保,有效解除客户的后顾之忧。

一、燃油气超低氮冷凝一体蒸汽锅炉

1 简介

冷凝一体式蒸汽锅炉是由锅炉本体、节能器和冷凝器有机组合的整体锅炉。该锅炉热效率高,燃料在炉胆内微正压燃烧,高温烟气沿波形炉胆进行辐射换热,向后至炉胆尾部折转 180°进入第二回程烟管,向前回流至前烟箱向上折转 90°进入节能器进行对流换热,然后由节能器再进入冷凝器,在其中对流换热,最后经烟囱排入大气。锅炉占用空间小,安装简便易行;有害物质的排放量更低。

WNS(0.5～25)-(1.0/1.25/1.6)-Y、Q 锅炉实物图

2 性能特点

(1)炉胆采用全波纹型炉胆结构,既增加了辐射和对流传热面积,又满足了炉胆受高温辐射后自由膨胀的需要。低阻高效的螺纹管代替传统的光管以强化传热,提高热效率。前烟箱门采用对开独立式设计,既保证了烟箱的密封性,

又保证了维修的便利性。

（2）冷凝一体式蒸汽锅炉排烟余热为梯级设计，烟气余热回收部分采用了高效钢铝复合螺旋翘片管换热，换热面充足，烟气侧系统阻力小，进一步提高了锅炉热效率。

（3）冷凝一体式蒸汽锅炉比传统的燃气锅炉多了冷凝余热回收装置，通过吸收烟气余热加热冷水，从而提高了传热效率，节约了燃料消耗，使锅炉热效率大大提高。

（4）锅炉运行时，部分烟气产生的冷凝水吸收了烟气中的有害物，降低了烟气中污染物对空气的污染。

（5）采用 FGR 烟气再循环技术，将部分烟气与空气混合后送至燃烧室，混合后的助燃风可以有效降低燃烧温度和氧气浓度。较低的反应区燃烧温度使得与氮气的反应非常缓慢，从而有效抑制热力型 NO_x 的生成。

（6）锅炉设有燃烧故障报警、超压等多重连锁保护功能，加上双重独立的水位控制报警，三重压力保护及报警显示、记录，确保锅炉在各种工况下的安全运行。

3 技术参数

燃油气冷凝一体蒸汽锅炉额定蒸发量为 1 t/h～20 t/h，额定蒸汽压力为 1.25/1.6 MPa，设计热效率 99% 以上。

二、燃油气冷凝一体热水锅炉

1 简介

冷凝一体式热水锅炉是由锅炉本体、节能器和冷凝器有机组合的整体式锅炉。该锅炉安装简便易行，空间占用小，热效率高。

2 性能特点

（1）该型锅炉采用全波纹炉胆结构，既增加了辐射和对流传热面积，又满足了炉胆受高温辐射后自由膨胀的需要。低阻高效的螺纹管代替传统的光管以强化传热，提高热效率。前烟箱门采用对开独立式设计，既保证了烟箱的密封性，又保证了维修的便利性。

（2）采用湿背式顺流燃烧二回程结构，此结构炉胆空间大，有效辐射受热面大，受热面积最大优化利用，保证了锅炉的高效节能，湿背式结构后管板不受高温烟气冲刷，大大延长了锅炉寿命。

（3）冷凝器换热组件采用 ND 钢或钢铝

CWNS(0.7～7)-85/70-Y、
Q WNS(0.7～14)-1.0(1.25/1.6)/
95(115/130)/70-Y、Q 锅炉实物图

复合翅片管制作，抗腐蚀性高，传热性能好，排烟温度低，烟气侧系统阻力小，锅炉热效率高。

（4）锅炉运行时，烟气通过冷凝器时温度降低，冷凝水吸收了烟气中的有害物质，从而大大降低了排烟气污染物对空气的污染。

（5）本锅炉增加烟气再循环系统，加上自主研发的PLC控制系统可有效抑制燃烧中NO_x的形成，减轻对大气环境的污染，满足最严格的环保要求，NO_x的排放量低于30 mg/m³。

（6）该系列锅炉自控系统采用全中文菜单液晶人机界面，触摸屏控制和动态图形化工作运行状态显示；用户仅需设定锅炉工作参数，选择连续、定时工作方式，锅炉就能按设定程序自动运行。

（7）锅炉设有燃烧故障报警、超温超压等多重连锁保护功能，可对报警显示、记录，确保锅炉在各种工况下安全运行。

3 技术参数

燃油气冷凝一体热水锅炉额定热功率为 0.7 MW～14 MW，额定出口压力为 1.0/1.25 MPa，额定供/回水温度为 95/70 ℃、115/70 ℃、130/70 ℃、160/140 ℃。

三、SZS全自动燃油气水管锅炉

1 简介

SZS型全自动燃油气水管锅炉是公司在引进国外先进技术的基础上，自行研制的高度一体化的高新技术产品。锅炉为D型布置、双锅筒纵置式、快组装水管结构，微正压燃烧运行。

引进德国先进的工业锅炉安全控制系统，采用PLC和独立连锁保护系统设计，以全中文触摸屏和智能化、便捷化的人机操作界面，保证锅炉系统高可靠性、全自动智能化的控制和安全运行。

2 性能特点

（1）高效节能。选配进口的全自动燃烧器，自动燃烧微正压运行，耗电量低；全膜式壁结构，炉墙内壁温度低、散热损失小、密封性好，尾部设有高效节能器，进一步降低排烟温度，提高锅炉热效率。

（2）安全可靠。蒸汽锅炉采用自然循环、热水锅炉采用强制循环，确保水循环安全可靠；全膜式壁受热面结构使得燃烧安全、高效、密封性好；安全控制技术及多重连锁保护功能，确保锅炉运行安全可靠。

（3）清洁环保。炉膛设计容积大，在保证高效燃烧的同时，降低燃烧强度，减少氮氧化物NO_x等的生成；采用（FGR等）低氮燃烧技术可满足更严格的排放标准。

（4）控制先进。通过先进的机电一体化设计，采用全自动锅炉控制技术，国外知名品牌元器件，全程采用三冲量锅炉水位控制，燃烧故障报警、超温超压报警等多重连锁保护系统，确保锅炉安全经济运行。

SZS(10～50)-(1.25/1.6/2.5/3.8)-Y、Q SZS(14～70)-(1.25/1.6)-(115/130)-Y、Q 锅炉总图

3 技术参数

SZS 全自动燃油气热水锅炉额定热功率为 14 MW～70 MW，额定出水压力 1.25 MPa、1.6 MPa，额定出水/进水温度 130/70 ℃、115/70 ℃，设计热效 96%～98%。

SZS 全自动燃油气蒸汽锅炉额定蒸发量为 10 t/h～50 t/h，额定蒸汽压力 1.25/1.6/2.5 MPa，过热蒸汽温度 250 ℃～450 ℃，饱和蒸汽温度 194 ℃（1.25 MPa）/204 ℃（1.6 MPa）/225 ℃（2.5 MPa），设计热效率 100%～104%，排烟温度为 70 ℃～90 ℃。

四、超低氮燃油燃气真空热水锅炉

1 简介

冷凝一体真空锅炉通过独特的设计使热效率最佳，使有害物质的排放量更低；烟气余热回收装置吸收烟气余热，在提高锅炉能效的同时，节省了燃料消耗；锅炉配备超低氮燃烧器，氮氧化物 NO_x 排放量 ≤30 mg/m³。

该系列冷凝一体真空锅炉经国家认定的安全检测机构测试，锅炉热效率高达 103%以上，排烟温度低至 75 ℃以下，氮氧化物 NO_x 的排放量低至 27.5 mg/m³ 以下。

ZWNS(0.35-7.0)-1.0/1.6/2.0-(80/60)/(60/50)/(50/40)…-Y、Q 锅炉

2 特点

（1）真空锅炉内部保持真空，不与空气接触，无氧腐蚀，使用寿命长。

(2) 真空锅炉始终在负压状态下运行,炉体无高压爆裂危险,炉内介质基本不损失,无结垢,排烟温度低,热效率高,节省燃料。

(3) 真空锅炉运行工况稳定,不存在因水循环不畅导致过冷沸腾的问题,以及忽冷忽热产生的热应力所导致的部件裂纹等问题,安全性、可靠性更高。

(4) 锅炉与换热器一体化设计,本体负压,换热器承压位于锅炉内部,无散热损失,可比常压锅炉加换热器节能7%以上。

(5) 两段可拆卸的水式盖板结构,换热器内部清洗方便,节省维护费用。

(6) 锅炉具有电源电压超高、超低保护,当电压超出正常设定范围后,自动切断电源并报警。

(7) 锅炉具有可靠的燃烧控制程序,具有预吹扫、燃气低压、高压点火故障、燃气泄漏等多重保护功能,工作安全可靠。

(8) 锅炉具有温度传感器异常保护,每次开机后,锅炉控制系统首先选择传感器情况,如异常自动切断电源并报警。

(9) 锅炉设置有安全可靠重力式防爆装置。

3　技术参数

ZWNS冷凝一体真空锅炉的额定热功率为 0.35 MW～7.0 MW,工作压力为 1.0 MPa、1.6 MPa、2.0 MPa,进出水温差分别为 20 ℃,10 ℃等。

单位名称:安阳市福士德锅炉有限责任公司
单位地址:河南省安阳市新型制造业产业园区福士德大道中段
法人代表:陈新军
联系电话:16692239166
E-mail:fsdgl@163.com
办公电话:400-180-1966

SAACKE 扎克能源技术设备(上海)有限公司

关于扎克

德国扎克有限公司,是专业的燃烧解决方案供应商,成立于1931年,始终专注于燃烧技术和工艺的不断研发和优化,可提供陆用和船用燃烧设备的销售、技术支持、调试维护和备件销售的全流程服务。产品应用范围遍及:锅炉供暖、垃圾焚烧、食品工业、钢铁冶炼、化学工业、船舶建造等行业。

替代燃料

工业副产品可以被转化为有价值的能源加以利用,可替代天然气或其他昂贵的一次燃料,从而大大降低能源成本。

扎克研发了多种燃烧技术,不仅确保了动物脂肪、低热值气体和灰粒等替代燃料的低污染燃烧,而且还能充分利用其潜在的热能。

低氮燃烧技术

天然气燃烧产生的氮氧化物污染,主要是热力型氮氧化物,受到火焰温度的影响很大。扎克旋流式燃烧器的设计,有助于在炉膛内部形成稳定的火焰,两次供气形成分级燃烧,配合大比例的内部烟气再循环,稳定炉膛内部温度,以避免更多热力型氮氧化物的生成。

同时,考虑到工厂改造项目的工期短,燃烧器设计紧凑,所有部件均可以便捷地组装与拆卸,便于安装、调试和维护;并且采用电子比例调节,过剩空气系数低,燃烧效率高,对辅助措施的需求低,从而降低了运营成本。

扎克燃烧器

ATONOX 超低氮燃烧器

应用	水管锅炉(最大 500 t/h),导热油炉,热加工厂,工业厂房的新建和现代化改造
燃烧器功率(max.)	10~80 MW
燃烧空气温度	0~60 ℃
空气侧压损	< 25 mbar
控制范围	1∶5
氮氧化物排放	40~60 mg/m³,不含烟气再循环时 15~30 mg/m³,含外部烟气再循环 (取决于炉膛尺寸)

TEMINOX GL 一体式/分体式燃烧器

应用	锅壳式锅炉,水管锅炉,导热油炉,热加工厂,工业厂房的新建和现代化改造
燃料	天然气,液化气,轻油,特殊气体
燃烧器功率(max.)	3~28 MW(运行燃气或燃油时)
控制范围	最大 1∶10(运行燃气时) 最大 1∶4(运行燃油时) 基于实际结构尺寸,和设备或控制要求
氮氧化物排放	天然气为燃料时: <50 mg/m³,不含外部烟气再循环 <30 mg/m³,含外部烟气再循环 基于炉膛尺寸

LONOX UCC 超低氮燃烧器

应用	锅壳式锅炉、水管锅炉
燃烧器功率（max.）	8~56 MW（其他功率可根据需求）
燃料	各种标准气体燃料
控制范围	最大 1∶7
氮氧化物排放	<30 mg/m³，含外部烟气再循环，基于3%干燥氧含量情况下

SSB 旋流式燃烧器

	应用	燃烧器功率	燃料
SSB-LCG	各类热风炉	1~100 MW	热值大于 2.0 MJ/m³ 的低热值气体，不需要辅助燃料
SSB-LCL	水管锅炉、导热油炉和热风炉	2~50 MW	具有极低热值的液体（5~15 MJ/kg）
SSB-D	水管锅炉和热风炉	2~60 MW	颗粒尺寸<0.5 mm，热值介于 10~30 MJ/kg 的粉尘颗粒燃料

联系 SAACKE：

SAACKE GmbH（总部）
Suedweststrasse 13,
Bremen 28237,
Germany
Phone ＋49-421-64 95 5201
Fax ＋49-421-64 95 5244
info@saacke.com

扎克能源技术设备（上海）有限公司
上海市黄浦区永嘉路 35 号
茂名大厦六楼北座
邮编：200020
电话：＋86-21-64726822
传真：＋86-21-64726220
info@saacke.cn

扎克能源技术设备（上海）有限公司
北京分公司
北京市朝阳区八里庄西里 100 号
住邦 2000 商务中心西区 A2005
邮编：100025
电话：＋86-10-85862717 & 85862718
传真：＋86-10-85862719
info@saacke.cn

扎克（青岛）船用锅炉有限公司
山东省青岛市黄岛经济开发区延河路 159 号
邮编：266510
电话：＋86-532-86059500
传真：＋86-532-86059501
info@saacke.cn

获取更多信息，请登录扎克的官网：www.saacke.com
或关注扎克的微信公众号：SAACKE

水国双引射烟气内循环超低氮燃烧器

一、烟气内循环超低氮燃烧技术课题与发展历程

在20世纪高效燃烧技术的发展过程中,低氮燃烧技术是最难解决的技术问题之一。当时的燃烧器只是单纯的追求燃烧效率,把火焰温度提高到最大限度,其后果是空气中的氮气(N_2)和氧气(O_2)经过高温燃烧,生成了大量的NO_x(氮氧化物)有害物质,造成严重污染,雾霾天气频繁发生。

21世纪面临要解决"降低大气污染物排放""提高燃烧效率""降低能源消耗"的课题。目前,一些发达国家也未实现节能高效燃烧和低氮排放两项技术要求。

韩国水国(sookook)公司顺应能源燃烧节能、环保的世界发展趋势,按照国家环保法律要求,运用多种复合技术,研制开发了高效节能、超低氮燃烧技术的产品——水国低氮燃烧器。水国低氮燃烧器整合运用了多项节能和低氮燃烧技术,体现了在一个产品里,在设计上更加优化和简洁。

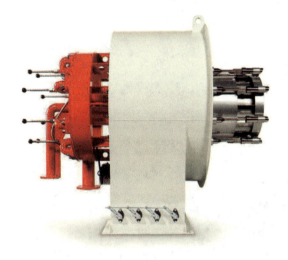

低氮燃烧器实物图

韩国水国(sookook)低氮燃烧器是在韩国政府主导并出资,由水国燃烧器和两所大学及锅炉厂等组成课题组,水国社长任组长;从2000年立项,2006年出结果,2017年实现20 mg/m³(因FGR存在不易控制、混合气可能产生冷凝水等问题,不被韩国采纳);力争到2022年接近零排放的终极目标(见图表)。经过十几年的技术积累和研发,目前是研发出来的低氮燃烧器阶段性成果,兼具了节能、高效的特点,拥有十几项低氮专利技术(非表面燃烧、非预混技术),采用燃料分级、空气分级,利用全球独创的双引射技术,实现烟气双内循环(简称:FIR)。

目前推广的是第五代低氮产品,其技术特点是:氧含量在3%以下,一氧化碳0 ppm,氮氧化物9 ppm(18 mg/m³左右),不降低锅炉出力及锅炉热效率;与其他低氮技术比,提高20%

负荷出力,节能 3% 左右,单台燃烧器容量可配套 1 t/h～100 t/h 吨锅炉。

水国低氮燃烧器年代发展历程

Year	Division	Model	NOx	Technology	Product
1987	Normal	M	< 80ppm		
2007	2nd Gen.	LX	< 40ppm	- Gas Staging	
2012	3rd Gen.	SULX (Super Ultra Low NOx)	< 20ppm	- Gas Staging + FIR(Forced Induced Recirculation / Air side only)	
2016	4th Gen.	MLX (Miracle Low NOx)	< 15ppm	- Internal FGR + External FGR	
2017	5th Gen.	HSULX (Hyper SULX)	< 10ppm	- Single digit Nox - Gas Staging + FIR(Forced Induced Recirculation / Air side + Fuel side)	
2019	6th Gen.	NZE (Near Zero Emission)	< 5ppm	- Single digit Nox - SRM(Super Rapid Mixing) +FIR (Forced Induced Recirculation)	
2022	7th Gen.	ZX (Zero NOx)	< 2.5ppm	- Zero Emission Nox - Gas Staging + SRM(Super Rapid Mixing)+ FIR(Forced Induced Recirculation / Air side + Fuel side)	

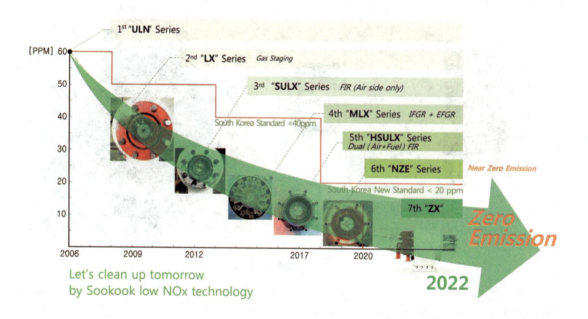

水国低氮燃烧器年代发展历程示意图

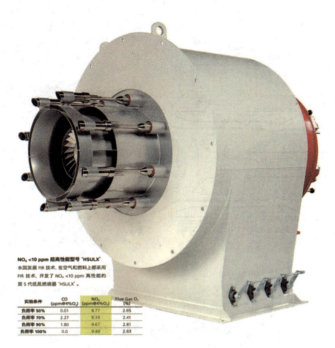

水国第五代低氮燃烧器产品实物图

二、原理与特点

水国燃烧器采用分级燃烧技术、助燃空气烟气内循环技术、燃料烟气内循环技术和二次风布置技术,用水国独特燃烧器结构(不加 FGR)把烟气氮氧化物削减 50% 以上,排放低于 30mg/m^3。

1　水国燃烧器降氮机理

通过空气及燃气高速喷射的文丘里效应,在炉膛内部实现烟气内循环(FIR)功能,分别实现助燃空气和烟气的内循环及燃料和烟气双重内循环。

分级燃烧:通过独特的燃气和空气分级设计,实现燃烧器在炉内出口处形成分级火焰,降低燃烧火焰温度减少热力型 NO_x 的形成;

烟气内部循环(FIR):通过分级燃烧设计的分级火焰的燃烧速度不同,高速火焰带动低速火焰形成烟气的内部卷吸,形成内部烟气循环,进一步降低火焰温度,减少热力型 NO_x 的形成;

燃料内循环(FIR):内部烟气与燃料进行再混合,通过降低燃料热值实现燃烧温度的降低,来减少热力型 NO_x 的形成。

通过燃气和空气的直角相交,进行充分混合并喷射到 1 000 ℃ 以下的区域,来减少快速型氮氧化物的生成。

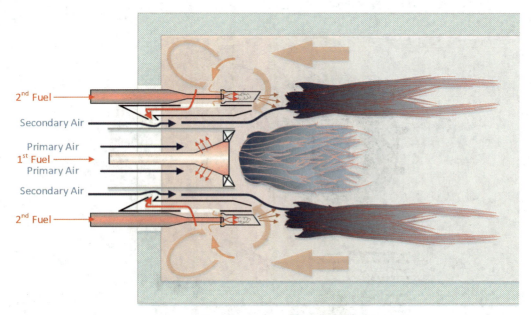

烟气内循环(FIR)原理示意图

2 水国双引射超低氮燃烧器特点

(1) 通过独特的燃气和空气分级,在助燃空气和烟气的内循环及燃料和烟气双重内循环的作用下,减少了燃烧热力型氮氧化物 NO_x 的生成,实现 NO_x 超低排放。

(2) 不使用 FGR,高温烟气在炉膛停留时间长,有利辐射放热,热效率提升 0.5%~3%,节省燃料消耗。中大容量(20 t/h 以上)锅炉不使用烟气再循环风机,节省电能消耗。

(3) 不使用 FGR,相对 FGR 低氮改造方式出力提升 15%~20%以上,经济效益好。

(4) 不使用 FGR,无需连接外部烟气循环管道,安装简便容易,没有烟气冷凝水,彻底解决了烟气冷凝水对锅炉本体的腐蚀问题,延长锅炉寿命。

(5) 烟气内循环,炉膛内烟气总量没有增加,没有振动;不采用烟气外循环方式,没有多台锅炉共用烟道时烟气部分再循环对其他锅炉排烟的干扰问题,燃烧稳定性好。

(6) 不用烟气外循环,无须担心烟气冷凝水对燃烧器燃烧稳定性的影响,运行安全。

(7) 烟气内循环比外循环方式更易于对燃烧工况的控制与调整;采用德国西门子燃烧控制系统,全电子比例调节方式,实现了 25%~100%负荷范围内的无级调节。

3 低氮燃烧器技术发展趋势及其比较

全预混表面燃烧技术存在安全隐患,"空/燃分级燃烧+FGR"技术存在冷凝水多、低负荷燃烧不稳定、燃烧器的安全保护装置(火焰监测器、空气压力检测装置)易失灵或损坏、安装占用空间大和投资大等缺点。因此,目前这两种燃烧技术只是过渡技术。

水国双引射内部循环低氮燃烧技术(FIR)具有燃烧稳定、性能可靠、投资省、性价比高的优点。所以采用"分级燃烧+FIR"相组合的技术方式,即环保又节能,是低氮燃烧技术发展的方向。对目前主流低氮燃烧技术的综合比较结果见下表;不同燃烧方式 NO_x 排放数值曲线

图与烟气内循环 NO_x 排放值的比较见下图。

低氮燃烧技术的综合比较

性能参数 \ 技术路线	全预混表面燃烧	空/燃分级燃烧＋FGR	水国双引射双内循环 FIR
安全性	易回火、爆燃	易脱火,冷凝水多	火焰稳定
燃烧效率	低($O_2>8\%$)	低(CO>50 ppm)	高($O_2=3\%$ CO=10 PPm)
锅炉效率	低(下降2‰~3‰)	理论上下降5‰,实际3‰~4‰	无影响
使用环境	非常洁净	洁净	无要求
燃料特性	非常洁净	一般	无要求(适应油田伴生气)
设备电耗	增加5%~8%	增加15%~20%	无影响
运行费	高(金属纤维更换成本、滤网清洗)	高(火焰检测器等零部件更换、电耗)	低
检修周期	每月	每月	每年
对锅炉出力的影响	降低8%	降低15%	无影响
适用范围	工业干燥、小功率热水锅炉	室内运行的锅炉	锅炉/油田加热炉

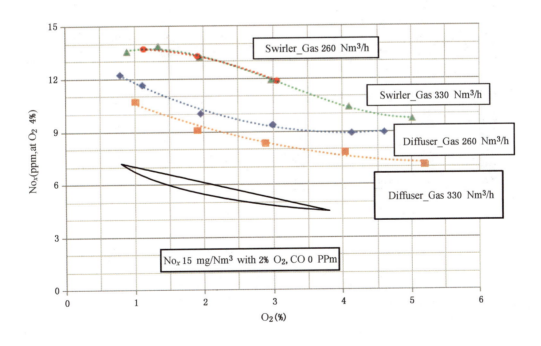

不同燃烧方式 NO_x 排放数值曲线图与烟气内循环 NO_x 排放值的比较

三、主要技术参数

水国部分型号低氮燃烧器的主要技术参数、结构尺寸图、结构参数及安装尺寸要求见下列各型号燃烧器图表所示。

Overall Dimension (in mm)

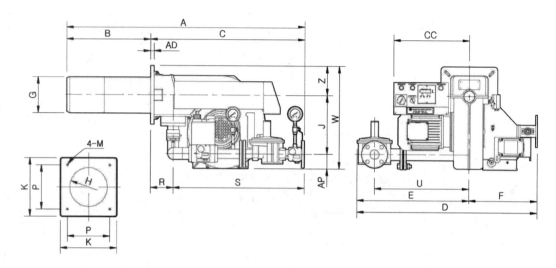

Burner Model	A	B	C	D	E	F	G	H	J	K
P100	1270	450	820	955	593	362	ø184	ø200	300	300
P130	1432	500	932	1265	780	485	ø269	ø290	380	360
P190	1536	500	1036	1295	810	485	ø269	ø290	380	360
P250	1695	650	1045	1456	960	496	ø330	ø350	382	540
P350	1795	650	1145	1456	960	496	ø400	ø420	382	540
P500	1880	650	1230	1620	960	660	ø408	ø430	550	660

Burner Model	M	P	R	S	U	W	Z	AD	AP	CC
P100	ø12	226	120	700	500	524	149	18	72	400
P130	ø14	300	136	750	650	638	180	25	78	420
P190	ø14	300	136	900	650	638	180	25	78	420
P250	ø16	390	145	900	800	700	270	20	118	460
P350	ø16	390	145	1000	800	700	270	20	118	460
P500	ø18	460	195	1115	800	1166	330	30	286	596

Technical Data (P-M.LX15.E.FR Type)

Burner Model	P100	P130	P190	P250	P350	P500
Type	M.LX15.E.FR					
NO_x Guarantee	$30mg/Nm^3$ @ 3.5% O_2					
Burner Output (kW)	780	1200	1600	2800	3200	4800
Burner Controller	SIMENS LMV Series					
Operation	Electronic Ratio Control					
Fuel	Natural Gas (8,600Kcal/Nm^3)					
Ignition	High Voltage Spark					Pilot
Motor (kW)	3	4	4	5.5	5.5	15
Ampere	7.1	9.8	9.8	13	13	29.3
Flame Detector	SIMENS QRA2					
Ignition Transformer	FIDA SP41 8/20 PM					
Gas Control Actuator	SQM33.411 (1.2Nm) / SQM33.511 (3Nm)					
Air Damper Actuator	SQM33.511 (3Nm) / SQM33.711 (10Nm)					
Gas Solenoid Valve	DMV-D520				DMV-D5065	
Governor	FGDR50			FSDR65		
Gas Inlet Pressure (kPa)	10			20		35

Overall dimensions
P350 - P500

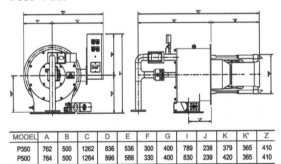

MODEL	A	B	C	D	E	F	G	I	J	K	K'	Z
P350	762	500	1262	836	536	300	400	789	238	379	365	410
P500	764	500	1264	896	566	330	400	830	239	420	365	410

Connection dimensions
P350 - P6500

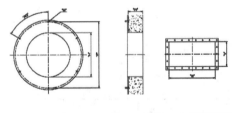

MODEL	H	M	P	AG	IN	V	W
P350	460	6-M16	560	60	250	380	219
P500	460	6-M16	620	60	250	425	219
P5500/8t	560	8-M16	750	45	250	574	364
P5500/10t	560	8-M16	795	45	250	574	364
P6500/15t	700	8-M16	1000	45	250	632	364
P6500/20t	700	8-M16	1050	45	250	762	364

P5500 - P6500

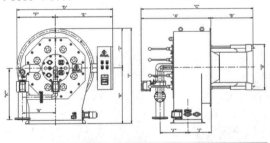

MODEL	A	B	C	D	E	F	G	I	J	J'	K	K'	N	Z
P5500/8t	1056	600	1656	1200	620	400	513	1013	313	481	613	600	225	400
P5500/10t	1056	600	1656	1065	642	423	513	1035	313	481	613	600	225	423
P6500/15t	988	600	1588	1320	795	525	630	1270	344	379	745	710	473	525
P6500/20t	988	600	1588	1370	820	550	630	1320	329	394	770	710	473	550

Technical data

Burner Model	P350	P500	P5500	P6500
Type	M.LX15.E.FlR			
NOx / CO Guarantee	30mg / 90mg (at.O2 = 3.5%, Comb.Air : Amb °C)			
Boiler Output	4ton/hr	6ton/hr	8 - 10ton/hr	15 - 20ton/hr
Burner Controller	LMV37 (SIEMENS)			LMV52 (SIEMENS)
Fuel	Natual Gas(8,500 kcal/Nm^3)			
Ignition	High Voltage Spark			Pilot Gas Burner
Flame Detector	QRA2 (SIEMENS)			
Ignition Transformer	SP41 8/20 PM			
Gas Control Actuator	SQM33			SQM45
Air Damper Actuator	SQM33			SQM48
Gas Solenoid Valve	DMV-D 5065	DMV-D 5065	VGD40.080	VGD40.100
Governor	FSDR65	FSDR65	SKP25	SKP25
Gas Inlet Pressure(kPa)	25 - 50	30 - 50	30 - 70	35 - 70

Overall dimensions
SK-35GN - SK-100GN

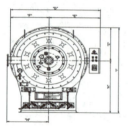
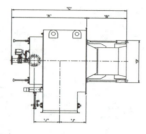

Technical data

Burner Model	SK-35GN	SK-65GN	SK-100GN
Type	M.LX15.E.FIR		
NOx / CO Guarantee	30mg / 90mg (at.O2 = 3.5%, Comb.Air : Amb ℃)		
Boiler Output	25 - 35ton/hr	40 - 65ton/hr	80 - 100ton/hr
Burner Controller	LMV52 (SIEMENS)		
Fuel	Natual Gas(8,500 kcal/Nm³)		
Ignition	Pilot Gas Burner		
Flame Detector	QRA2 (SIEMENS)		
Ignition Transformer	SP41 8/20 PM		
Gas Control Actuator	SQM48 / SQM45		
Air Damper Actuator	SQM48 * 2		SQM91 * 2
Gas Solenoid Valve	VGD40.125		VGD40.150
Governor	SKP25		AFV-4B / FS1B
Gas Inlet Pressure(kPa)	70kPa		

MODEL	A	B	C	D	E	F	G	I	J	J'	K	N	Z
SK-35GN	1753	763	2516	1780	1020	760	815	1860	556	544	1100	750	760
SK-65GN	1904	816	2720	2116	1188	928	1015	2085	825	595	1157	864	928
SK-100GN	2200	1050	3250	2780	1520	1260	1665	2860	885	768	1600	1500	1260

Connection dimensions
SK-35GN - SK-100GN

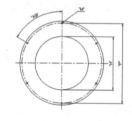

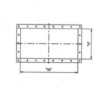

MODEL	H	M	P	AG	IN	V	W
SK-35GN	900	16-M20	1460	22.5	350	708	1128
SK-65GN	1150	20-M20	1795	18	430	810	1560
SK-100GN	1800	24-M20	2460	15	430	930	1900

四、典型案例

1 北京百事可乐工厂

百事可乐工厂低氮改造项目。原锅炉额定设计工况的燃气与蒸汽比为85；低氮改造前气汽比为87。改造采用P500低氮燃烧器；改造后燃气与蒸汽比为80，每吨蒸汽节省 7 m³ 天然气，节能率达 8.05%；测试 NO_x 排放：≤ 30 mg/m³。低氮改造后的锅炉房实景见下图。

百事可乐低氮改造后的锅炉房实景图

低氮改造前、后的数据截图见下图。

百事可乐低氮改造前、后的数据截图

2 西安明德门供热厂

西安明德门供热厂低氮改造项目为我国第一个大容量（35 MW）燃气锅炉无 FGR、实现 30 mg/m³ 以下的低氮改造工程案例。改造采用 SK-65GN 超低氮燃烧器；经测试 NO_x 排放值为 24.5 mg/m³。供热厂低氮改造后的锅炉房实景见下图。

西安明德门供热厂低氮改造后的锅炉房实景图

3 热风型导热油炉低氮改造案例

（1）河北省廊坊市热风型导热油炉低氮改造项目

本项目系河北省廊坊市热风型导热油炉低氮改造工程，3 台 200 万 kcal/h、热风温度 170 ℃ 卧式导热油炉，无 FGR；经检测，在 3% 的 O_2 含量下，NO_x 排放值 ≤24 mg/m³；较改造前节能 5% 以上。改造后的现场实景见下图。

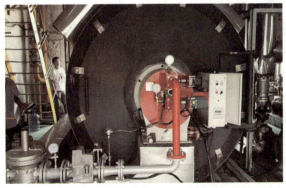
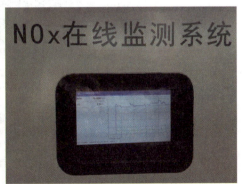

热风型卧式导热油炉低氮改造后现场实景图

（2）安徽滁州安星环保彩纤有限公司立式热风型导热油炉低氮改造项目

本项目系安徽滁州安星环保彩纤有限公司立式热风型导热油炉低氮改造工程，3 台 1 000 万 kcal/h、热风温度 200 ℃ 立式导热油锅炉；改造后不加 FGR，NO_x 排放值达到 23 mg/m³ 的排放；为国内首台热风型立式导热油炉无 FGR 低 NO_x 排放改造案例。改造后的现场实景见下图。

图 10　热风型立式导热油炉低氮改造后现场实景图

热风型 FIR 燃烧器实物见下图。

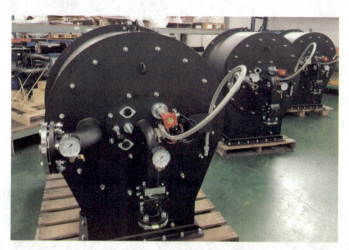

热风型 FIR 燃烧器实物图

宜居嘉业（北京）工程技术有限公司

地址：北京市朝阳区望京西路 48 号院 7 号楼 19 层 1905 室

电话：010-84905011　84905611

传真：010-84905611

网址：www.chneasy.com

大连阳光煤与清洁燃料层燃锅炉燃烧设备

各种层燃锅炉应根据锅炉的炉型结构、锅炉容量、燃料种类等技术指标选择配套的燃烧设备。以下是大连阳光锅炉辅机有限公司系列层燃设备的性能特点和技术参数。

一、各种层燃燃烧设备性能特点

1 燃煤系列燃烧设备

燃煤系列燃烧设备包括下列炉排(但不限于此)：
(1) 各种轻型链带式链条炉排,配套 0.5 t/h～65 t/h 锅炉；
(2) 各种小鳞片式链条炉排,配套 2 t/h～80 t/h 锅炉；
(3) 各种大鳞片式链条炉排,配套 6 t/h～220 t/h 锅炉；
(4) 各种横梁式链条炉排,配套 4 t/h～300 t/h 锅炉；
(5) 各种往复式炉排,配套 2 t/h～260 t/h 锅炉。

燃煤燃烧设备广泛用于供暖热水锅炉、生产蒸汽锅炉、发电锅炉、烘干炉、窑炉、热风炉等。

根据不同煤质的特点,提供热值在 6 280 kJ/kg～12 560 kJ/kg(1 500 kcal/kg～3 000 kcal/kg)的往复炉排以及热值在 12 560 kJ/kg～29 307 kJ/kg(3 000 kcal/kg～7 000 kcal/kg)的四种形式的链条炉排。

上述燃煤炉排,除已实现了对各种煤种的适应性外,还保证对各种煤质能够燃烧充分,灰渣含碳量低,达到节能环保标准的要求,均可用于发电厂和生产企业供气、供热等,使锅炉运营企业燃料成本的利益最大化。其中:0.5 t/h～300 t/h 各种燃煤炉排已销往全国及世界各地,已为国内 2 000 多家各类型锅炉企业提供配套。为哈尔滨锅炉集团配套的 200 t/h 往复炉排已广泛应用于供暖企业和发电厂,为天津宝成集团配套的 6 台 160 t/h 横梁炉排应用于新疆地区最大的供暖企业；还有为上海工业锅炉有限公司、无锡华光锅炉有限公司配套的 100 t/h 以上大型鳞片炉排,为郑州锅炉有限公司配套的 75 t/h 以上横梁炉排等。

2 生物质系列燃烧设备

燃生物质系列燃烧设备包括下列炉排(但不限于此)：
(1) 各种轻型链带式链条炉排,配套 1 t/h～35 t/h 锅炉；
(2) 各种小鳞片式链条炉排,配套 2 t/h～65 t/h 锅炉；
(3) 各种横梁式链条炉排,配套 2 t/h～220 t/h 锅炉；
(4) 各种往复炉排,配套 4 t/h～75 t/h 锅炉。

以上适用于生物质成型燃料及木块、木屑、各种秸秆、稻壳、棕榈壳等。主要根据生物质的发热量、粒度、体积大小、干湿度等选配确定炉排结构。对燃用体积大、湿度大、发热量低的生物质燃料宜选用往复炉排。在燃料特性适应链条炉排时,选用各种链条炉排。也可根据生物质特性,独立设计选择炉排结构。

目前，不同容量生物质炉排已为国内外 100 多家锅炉厂配套生产：诸如为杭州特富锅炉配套的 4 t/h～75 t/h 稻壳生物质往复炉排，为南通万达配套的 10 t/h～35 t/h 轻型链带炉排，为郑州锅炉股份有限公司配套的 15 t/h～160 t/h 横梁炉排，为江苏太湖锅炉有限公司配套的 10 t/h～35 t/h 小鳞片炉排，为无锡赫弗莱锅炉国际出口公司、印尼雅加达锅炉厂配套的 10 t/h～75 t/h 棕榈壳生物质横梁炉排等。产品出口到墨西哥、越南、智利等多个国家。

3 各种垃圾系列燃烧设备

各种垃圾燃烧设备的炉排包括(但不限于此)：
(1) 各种轻型链带式链条炉排，配套 4 t/h～35 t/h 锅炉；
(2) 各种小鳞片式链条炉排，配套 6 t/h～75 t/h 锅炉；
(3) 各种横梁式链条炉排，配套 10 t/h～200 t/h 锅炉；
(4) 各种往复炉排，配套 2 t/h～800 t/h 锅炉。

垃圾品种比较广泛，主要有城市生活综合垃圾、工业垃圾、油田垃圾、煤矿垃圾、筛选分类垃圾等。根据地理位置、干湿度、城市、小区规模确定炉排大小及结构：城市综合垃圾选用往复炉排，筛选分类较干燥垃圾选用链条炉排。在确定垃圾种类特点条件下，可独立选择设计结构。

随着社会经济的发展，采用焚烧已经成为城市生活垃圾处理的主要手段之一，可以较快实现垃圾无害化、减量化和资源化。目前中国城市生活垃圾热值较低，灰分大，在燃烧的过程中容易结块、不完全燃烧。经过多年的探索研究、实验，并同国内外多家公司合作，开发了一种最新型的适用城市生活垃圾的专用炉排燃烧产品，有效地解决垃圾在炉排上结团结块的问题。目前，该产品已经系列化，日处理垃圾能力达到 750 吨/天。产品已销往印尼、越南、菲律宾、土耳其等国，并为越南配套生产了首条垃圾分捡、烘干、粉碎、焚烧、发电生产线。

4 各种兰炭系列燃烧设备

燃烧兰炭系列燃烧设备包括下列炉排(但不限于此)：
(1) 各种轻型链带式链条炉排，配套 1 t/h～20 t/h 锅炉；
(2) 各种小鳞片式链条炉排，配套 2 t/h～40 t/h 锅炉；
(3) 各种横梁式链条炉排，配套 2 t/h～220 t/h 锅炉。

兰炭作为一种新型的环保燃料，热值高达 25 958 kJ/kg(6 200 kcal/kg)以上，但因其挥发分低，炭粒结构特殊，在普通炉排上存在不易着火及无法燃尽的问题，制约了兰炭在锅炉上的发展和应用推广。

自 2010 年开始，为了适应国家对节能环保要求，公司经过几年努力已经在兰炭燃烧方面取得了多项成果，并与大连旺佳新能源科技开发有限公司、河北洪泽锅炉有限公司、河北艺能锅炉有限公司等多家兰炭锅炉生产企业配套合作，不断研究完善，现已广泛应用于各种供暖锅炉和工业锅炉。经环保部、中国环境科学院、大连市环保局等多家环保部门及相关科研单位共同鉴定，已达到国家环保部门燃烧设备排放的标准要求，现已广泛推广应用。

5 新型渐缩式调风风室(最新国家专利)

大型链条炉排风室横向配风的均匀性是影响锅炉热效率的重要因素,我公司现研发一种新型渐缩式调风风室(最新国家专利);其结构简单,设计巧妙,布局合理;它针对现有炉排风室在结构上的缺陷,将风室结构设计为整体渐缩通道,上部安装分流装置,使整个风室出口面的流量和压力分部均匀,使燃料燃烧充分,可提高锅炉热效率5%以上,达到最佳节能环保效果。

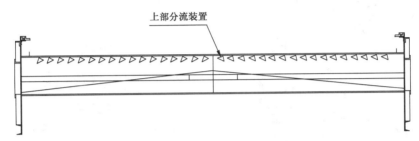

大型链条炉排风室横向配风原理简图

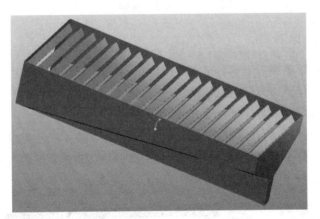

新型渐缩式调风风室三维结构简图

6 混煤器

大容量正转链条炉排锅炉中一般采用机械联合输送上煤方式;煤从输煤皮带上落入煤仓过程中会自然堆积成"山"形,在炉排宽度方向上形成块、沫自然分离现象;煤进入炉排后局部全部为块煤,通风阻力小而形成"火口",局部全部为沫煤,通风阻力大而形成"黑带";吨位越大,炉排越宽,煤层越厚,出现"火口"和"黑带"的现象越严重。由于给煤方式不尽合理,形成煤炭块、沫分离导致煤层通风阻力不均,与正转链条锅炉分段等压送风特点不相适应,这是导致燃烧工况恶化,浪费能源的根本原因。

锅炉混煤机是针对机械联合输送上煤方式锅炉及单独使用锅炉分层给煤器效果不好的现状所研发的专利产品,其作用相当于建筑用砂浆搅拌机,将由输煤皮带上自然下落进入煤仓形成块、沫分离的煤进行搅拌混合,根据单位时间煤耗量利用变频器调整转速,使块、沫和干、湿度充分混合均匀。

将锅炉混煤机和锅炉分层给煤器配套使用,亦称锅炉均匀混合分层燃烧技术,经锅炉混煤器搅拌充分混合均匀后的煤炭,再由锅炉分层给煤器加以分层,炉排面上"下块""上沫"逐级规则排列,煤层均匀平整,沿炉排宽度方向上通风阻力相同,与正转链条锅炉分段等压送风设计原理相适应,消除"火口""黑带",为充分燃烧创造了必要条件。

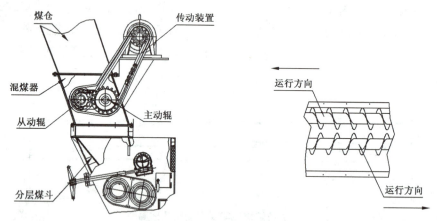

混煤器结构简图

7　锅炉煤计量仪表

锅炉煤耗计量装置主要用于单台链条炉排锅炉的炉前耗煤量计量。通过在锅炉给煤装置上安装多个传感器,将信号传送到主机,结合现场的其他参数,准确计量出单台锅炉的瞬时给煤量、班组累积耗煤量、总累积耗煤量及累积时间等数据。

锅炉煤计量仪表(国外销售定制版)是大连阳光锅炉辅机有限公司设计定制的外销产品。该产品针对用户需求采用了全英文定制面板,软件部分可实现中英文自由切换,并在主机的设计元素中采用了区别于国内销售产品的不同设计。主要特点:

锅炉煤耗计量仪表(外销定制版)

(1) 计量精准

主机采用嵌入式微处理器,具有浮点运算功能,计算精确;
采用高分辨率 A/D 转换器,稳定可靠;
采用高精密度传感器,线性误差小(小于 0.2%);
专用屏蔽线,抗干扰能力强;

软件采用了精密校准算法。

（2）性能稳定

采用成熟的计算机控制、传感技术；

使用 110 V～220 V,50 Hz～60 Hz 电源,安装调试方便；

连续不间断工作,故障率低。

（3）管理高效

解决了计量单台锅炉耗煤难的问题；

可实现企业内部班组运行考核,达到科学管理,节能降耗的目的；

可解决管理人员远程掌握锅炉耗煤量的问题。

二、各种层燃燃烧设备技术参数

下面所列各种层燃燃烧设备技术参数为现有规格,也可根据用户的不同需求进行定制化设计。

1 横梁式链条炉排

横梁式链条炉排技术参数见下表,结构见下图。

横梁式链条炉排技术参数表

锅炉蒸发量 t/h	炉排有效面积 m^2	炉排有效长度 mm	炉排有效宽度 mm	传动轴扭矩 N·m	进风方式	通风截面比 %	通风阻力 Pa
4	4.87	4 300	1 134	5 000	两侧	8.5	1 000
6	6.65	3 775	1 764	7 500	两侧	8.5	1 000
8	9.45	4 260	2 220	10 000	两侧	8.5	1 000
10	11.9	5 673	2 106	10 000	两侧	8.5	1 000
15	17.56	6 615	2 656	15 000	两侧	8.5	1 000
20	23.29	6 830	3 410	20 000	两侧	8.5	1 000
40	35.38	7 800	4 550	30 000	两侧	8.5	1 000
65	56.7	8 150	6 960	50 000	两侧	8.5	1 000
80	71.2	8 360	8 518	70 000	两侧	8.5	1 000
100	97.71	9 165	9 570	90 000	两侧	8.5	1 000
130	126.66	9 590	13 210	两台减速机	渐变式调风	8.5	1 000
160	153.17	10 458	14 700	两台减速机	渐变式调风	8.5	1 000
200	185.94	10 458	17 780	两台减速机	渐变式调风	8.5	1 000
260	248.4	13 500	18 400	两台减速机	渐变式调风	8.5	1 000
300	295.2	14 260	20 700	两台减速机	渐变式调风	8.5	1 000

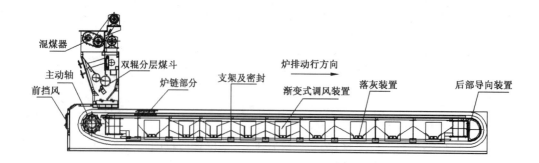

横梁式链条炉排结构图

2 倾斜和水平式大鳞片链条炉排

倾斜和水平式大鳞片链条炉排技术参数见下表,结构见下图。

倾斜和水平式大鳞片链条炉排技术参数表

锅炉蒸发量 t/h	炉排有效面积 m^2	前后轴距 mm	有效宽度 mm	两侧板内宽度 mm	出轴长度至炉排中心线 mm	出轴端直径 mm	风室数量 个
10	12.54	6 000	2 334	2 450	1 630	100	5
15	17.39	6 500	3 074	3 190	2 120	130	6
20	20.7	7 500	3 444	3 560	2 205	130	6
30	27.54	8 000	3 814	3 930	2 570	130	7
40	35.38	8 500	4 554	4 670	2 770	130	7
60	56.15	10 035	6 034	6 150	3 950	180	8
75	68.51	8 900	8 386	8 570	4 935	200	8
100	95.2	10 165	10 144	10 260	5 585	200	大风仓
160	153.7	10 600	15 800	16 100	8 550	220	大风仓
220	212.6	12 400	18 260	18 720	9 860	250	大风仓

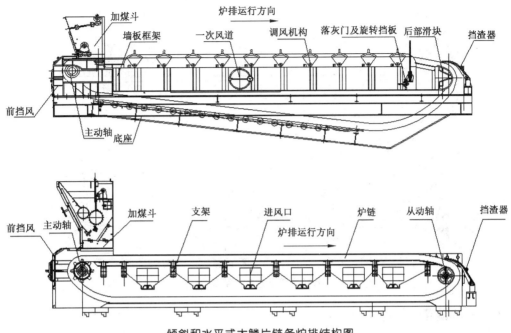

倾斜和水平式大鳞片链条炉排结构图

3 小鳞片式链条炉排

小鳞片式链条炉排技术参数见下表,结构见下图。

小鳞片式链条炉排技术参数表

锅炉蒸发量 t/h	炉排有效面积 m²	前后轴距 mm	有效宽度 mm	两侧板内宽度 mm	出轴长度至炉排中心线 mm	出轴端直径 mm	风室数量 个
2	6.20	5 800	1 274	1 390	1 000	80	4
4	5.81	4 300	1 444	1 560	1 137	80	5
6	8.91	5 000	1 854	1 970	1 170	80	5
8	9.60	5 400	1 994	2 110	1 330	80	5
10	11.50	6 250	2 034	2 150	1 330	95	5
15	18.41	7 000	2 994	3 110	1 950	100	5
20	23.14	7 500	3 444	3 560	2 205	130	6
30	28.34	7 675	4 110	4 226	2 545	130	6
40	38.26	8 500	4 924	5 040	2 955	140	7
65	56.15	10 035	6 034	6 150	3 950	180	8

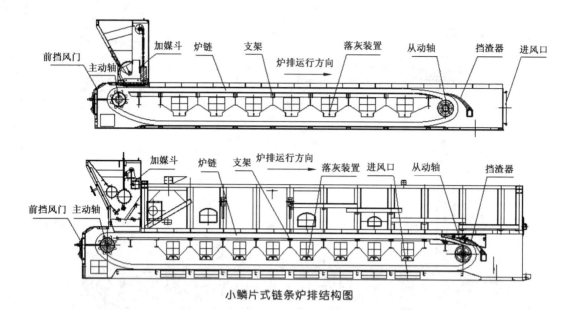

小鳞片式链条炉排结构图

4 轻型链带、大块式链条炉排

轻型链带、大块式链条炉排技术参数见下表,结构见下图。

轻型链带、大块式链条炉排技术参数表

锅炉蒸发量 t/h	炉排有效面积 m²	前后轴距 mm	有效宽度 mm	两侧板内宽度 mm	出轴长度至炉排中心线 mm	出轴端直径 mm	风室数量
2	2.11	3 070	806	896	700	60	3
4	5.79	4 900	1 300	1 390	980	60	5
6	7.87	5 000	1 760	1 850	1 200	80	5
8	9.25	5 400	1 900	1 990	1 300	80	6
10	11.72	6 360	2 000	2 090	1 300	80	6
15	17.00	8 099	2 330	2 420	1 300	100	7
20	28.86	8 460	3 300	3 390	1 975	120	7
30	28.00	14 000	2 356	2 400	1 700	130	14
40	38.26	13 300	3 050	3 170	2 085	140	12
65	56.15	15 260	3 875	3 995	2 480	180	14

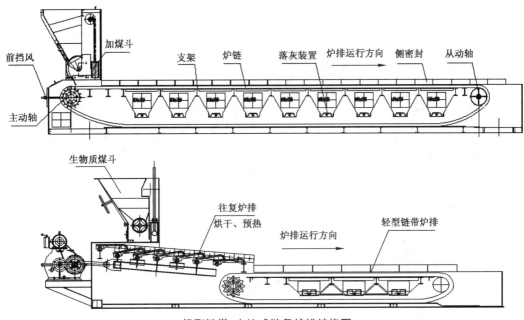

轻型链带、大块式链条炉排结构图

5 倾斜往复炉排

倾斜往复炉排技术参数见下表,结构见下图。

倾斜往复炉排技术参数表

锅炉蒸发量 t/h	炉排有效面积 m²	有效宽度 mm	通风截面比 %	往返运动行程 mm	倾角
4	6.52	1 600	7~12	120~180	用户自定
6	7.33	1 600	7~12	120~180	用户自定
10	13.3	2 380	7~12	120~180	用户自定
20	21.6	3 300	7~12	90~160	用户自定
40	39	4 580	7~12	90~160	用户自定
65	60.3	7 024	7~12	90~160	用户自定
100	95.1	9 464	7~12	90~160	用户自定
160	153.4	10 636	7~12	90~160	用户自定
200	185.7	11 854	7~12	90~160	用户自定
260	247.5	13 766	7~12	90~160	用户自定

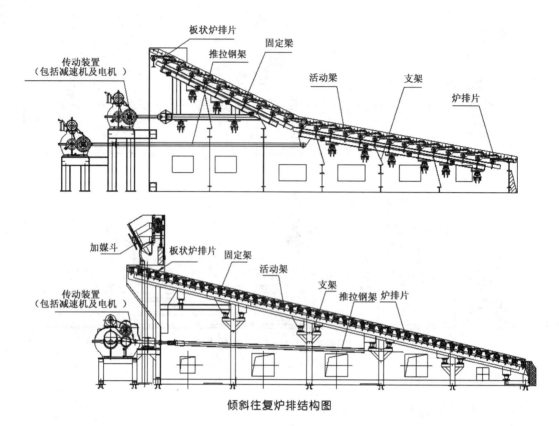

倾斜往复炉排结构图

6 燃兰炭链条炉排

燃兰炭链条炉排技术参数见下表,结构见下图。

燃兰炭链条炉排技术参数表

锅炉蒸发量 t/h	炉排有效面积 m²	炉排有效长度 mm	炉排有效宽度 mm	两侧板内宽度 mm	通风截面比 %	风机数量	通风阻力 Pa
1	2.79	2 508	1 110	1 200	15	2	800
2	5.47	3 644	1 500	1 590	15	3	800
4	7.78	4 660	1 670	1 760	15	4	800
6	10.35	5 000	2 070	2 190	15	5	800
8	12.7	5 645	2 250	2 370	15	5	800
10	15.8	6 785	2 330	2 450	15	6	800
15	18.52	6 910	2 680	2 800	15	8	800
20	24.8	7 200	3 444	3 560	8.5	8	1 000
40	42.52	9 385	4 530	4 670	10	4	1 000
65	67.96	9 680	7 020	7 160	10	4	1 000

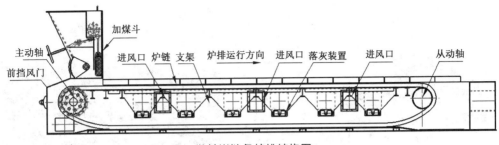

燃兰炭链条炉排结构图

7 垃圾焚烧炉排

垃圾焚烧炉排技术参数见下表，结构见下图。

垃圾焚烧炉排技术参数表

日处理垃圾量 t/d	倾斜角度 (°)	干燥区有效长度 mm	主燃区有效长度 mm	燃尽区有效长度 mm	炉排有效宽度 mm	炉排总高 mm	往复行程 mm
250	15	3 610	5 610	5 210	3 546	7 000	160
300	15	3 610	5 610	5 210	4 130	7 000	160
400	15	3 610	5 610	5 210	5 300	7 000	160
450	15	3 610	5 610	5 210	5 885	7 000	160
500	15	3 610	5 610	5 210	6 246	7 000	160
600	15	3 610	5 610	5 210	7 445	7 000	160
750	15	3 610	5 610	5 210	9 200	7 000	160

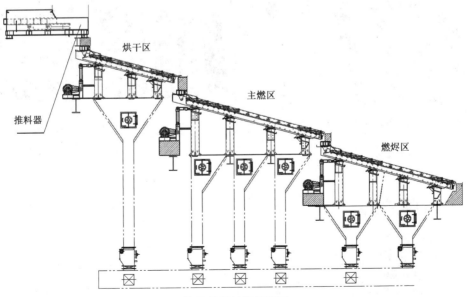

垃圾焚烧炉排结构图

垃圾焚烧炉炉排实物图

8 炉排铸件示例

各种炉排铸件实物见下图。

大块炉排片
Large block type grate bar

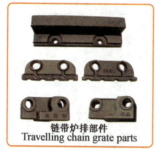

链带炉排部件
Travelling chain grate parts

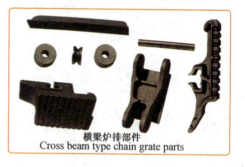

横梁炉排部件
Cross beam type chain grate parts

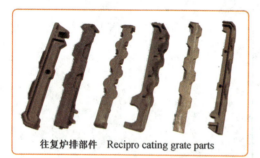

往复炉排部件 Recipro cating grate parts

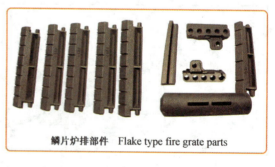

鳞片炉排部件 Flake type fire grate parts

企业简介：

大连阳光锅炉辅机有限公司成立于1998年，公司总部位于大连市甘井子区南关岭镇姚家工业区，分公司大连惠英机械有限公司位于瓦房店泡崖乡。公司总占地面积五十万平方米，现有职工500余人，固定资产5亿元人民币；拥有两条世界先进的丹麦迪沙铸造生产线，主要生产设备400余台，加工设备齐全，检测手段完备，产品质量已达到国家标准和国外先进标准要求。

公司是国内外锅炉辅机设计、生产、销售和服务的大型专业企业，长期与国内外著名高校、北京之光锅炉研发中心等科研单位紧密合作，拥有经验丰富的专业技术团队及国际水平专家支持体系，经多年研发的三大系列燃烧设备产品，获得多项国家专利，产品已遍布世界各地，产品性能指标满足国内外环保节能要求。

法人代表：谢德惠
地　　址：大连市甘井子区南关岭姚家工业区
电　　话：13909866013
电子邮箱：yangguanglupai@163.com

总　经　理：谢源波
电　　话：13842623366
电子邮箱：xyb999@yeah.net

经　　理：谢源英
电　　话：15642366111
办公电话：0411-86889188　传真：0411-86888188

参 考 文 献

[1] 李之光,孙庆军,等.锅炉热态爆炸的实验研究.锅炉压力容器安全,1989,(2).

[2] 孙庆军,李之光.锅炉热态爆炸能量的实验研究.哈工大研究生论文,1986.

[3] 孙庆军,李之光,等.锅炉热态爆炸能量的实验研究.工业锅炉.1994,(4).

[4] 李之光.锅炉汽水爆炸分析.锅炉压力容器安全技术论文集.鞍山市锅炉检验研究所.1981.

[5] 梁耀东,李之光.锅炉汽水爆炸综论与始裂压力估算方法.中国特种设备安全.2017,(9).

[6] ASME Boiler and Pressure Vesse Codes . Mechanical Engineering. 1972,94(7).

[7] Proceedings of the Second Annual Technical Symposium . Pressure Vessels,1965.

[8] 劳动部锅炉监察总局.关于蒸汽锅炉的苛性脆化及其防止措施的通报.劳动部杂志社,1957.

[9] [俄]Эксплуатация паровых котлов, сосудов и подъемныхмашин. Изд. Техника,1966.

[10] 国家质检总局特种设备事故调查处理中心.特种设备典型事故案例.北京:航空工业出版社,2005.

[11] 李之光,蒋智翔,等.锅炉受压元件强度—标准分析.北京:技术标准出版社,1980.

[12] 刘福仁.蒸汽锅炉安全技术监察规程解析.北京:劳动人事出版社,1990.

[13] 郑德生.关于"六五"期间锅炉压力容器事故分析.锅炉压力容器安全,1986,(4).

[14] 国质检特设函[2004]142号,关于2003年特种设备事故的情况通报.中国锅炉压力容器安全,2004,(3).

[15] 国家质检总局,中国特种设备检测研究院.特种设备典型事故.北京:化学工业出版社,2015.

[16] 林志宏,等.特种设备事故防范与案例剖析.北京:中国计量出版社,2008.

[17] [日]小木曾千秋,上原阳.相平衡破绽型蒸汽爆发的实验的研究.安全工学:安全性.1985,24(4).

[18] [日]野原石松.压力容器.共立出版株式会社,1970.

[19] W. R. D Manning. S. Labrow. High Pressure Engineering,1971.

[20] 《炸药理论》编写组.炸药理论.北京:国防工业出版社,1982.

[21] 郝志坚,等.炸药理论.北京:北京理工大学工业出版社,2015.

[22] 李之光.相似理论与模化(理论及实用).北京:国防工业出版社,1982.

[23] 隋树元,王树山.终点效应学.北京:国防工业出版社,2000.

[24] 张新梅,陈国华.爆炸碎片抛射速度及飞行轨迹分析方法[J].华南理工大学学报(自然科学版),2009.

[25] 赵雪娥,等.燃烧与爆炸理论.北京:化学工业出版社,2016.
[26] 韩珺礼译.[美]弹道学-枪炮弹药的理论与设计(第2版).北京:国防工业出版社,2014.
[27] 何子深,孙庆军.一起锅炉爆炸事故原因分析.黑龙江劳动厅,1998.
[28] 金韶华,松全才.炸药理论.西安:西北工业大学等出版社,2010.
[29] 李之光,梁耀东,等.工业锅炉现代设计与开发.北京:中国标准出版社,2011.
[30] 李之光,梁耀东,等.工业锅炉结构创新与计算分析.北京:中国标准出版社,2016.
[31] 李之光,张仲敏.常压与相变热水锅炉原理与设计.北京:中国标准出版社,2017.
[32] 李之光,李柏生.新型锅壳锅炉原理与设计.北京:中国标准出版社,2008.
[33] 冯俊凯,等.锅炉原理及计算.北京:科学工业出版社,2003.
[34] 陈学俊,等.锅炉原理.北京:机械工业出版社,1992.
[35] 郭子谦,李之光,等.关于锅炉钢材老化的初步探讨.锅炉、压力容器安全技术论文集(二).黑龙江省锅炉压力容器安全技术协会,1982.
[36] 李之光.锅炉强度.哈尔滨工业大学,1975.
[37] [俄] Н. А. Антикайн. Металлы и раснет на прочностьэлементов паровых котлов. Энергия,1969.
[38] [俄] М. В. Приданцев, К. А. Ланская. Стали для котлостроения. Металлургиздат,1959.
[39] 李之光.锅炉受压元件强度分析与设计.北京:机械工业出版社,1985.
[40] 李之光.锅炉钢材及锅炉元件的强度计算.北京:机械工业出版社,1965.
[41] [俄] В. А. Ларичев. Качественные стали длясовременных котельных установок, ГЭИ.1951.
[42] GB/T 16507.4—2013 水管锅炉 第4部分:受压元件强度计算
[43] ASME Boiler and Pressure Vessel Code. section Ⅷ, Division 2.
[44] [俄] СТ СЭВ 5308-85 Расчеттолщины стенки деталей. КОТЛЫ ПАРОВЫЕ И ВОДОГРЕЙНЫЕ.
[45] GB/T 16508.3—2013 锅壳锅炉 第3部分:设计与强度计算
[46] ASME Boiler and Pressure Vessel Code. section I. Power Boilers.
[47] ASME Boiler and Pressure Vessel Code. section Ⅳ. Heating Boilers.
[48] 丁伯民.美国压力容器规范分析,上海:华东理工大学出版社,1995.
[49] 李之光,胡恒久,日本三浦,等.工业锅炉角焊元件的低周疲劳试验研究分析.中国锅炉压力容器安全.2006,(6).
[50] GB/T 9252—2001 气瓶疲劳试验方法
[51] 梁谦,高广安.卧式内燃锅炉炉胆角焊缝疲劳性能研究.哈工大研究生论文,1988.
[52] 李之光.锅炉强度标准应用手册(增订版).北京:中国标准出版社,2008.
[53] 张洪武,李之光等.工业锅炉受压元件低周疲劳强度研究.锅炉压力容器安全技术论文集.黑龙江省锅炉压力容器安全技术协会,1981.
[54] 上海汽轮机锅炉设计研究所.汽轮机·锅炉·发电机金属材料手册.上海:上海人民

出版社,1973.

[55] 〔俄〕Я. С. Гриицбург. Релаксация напряжения в металлах. МАШГИЗ. 1957.

[56] 张仲敏,李之光,等.锅炉防焦箱的工况壁温与防渣问题的防止对策.工业锅炉. 2015.(5).

[57] 锅壳式锅炉受压元件强度计算标准编制说明.上海工业锅炉研究所印,1982.

[58] 《工业锅炉设计计算　标准方法》编委会.工业锅炉设计计算方法.北京:中国标准出版社,2005.

[59] 李之光,等.内螺纹外肋片新型铸铁空气预热器的论述与计算方法.工业锅炉. 1995,(1).

[60] 钱滨江,等.简明传热手册.北京:高等教育出版社,1984.

[61] 杨世铭,等.传热学(第四版).北京:高等教育出版社.2006.

[62] 李之光.内螺纹外肋片式强化传热大冷却传热面铸铁换热元件的壁温分析与热应力计算.北京之光锅炉研究所,1995.

[63] 史美中,等.热交换器原理与设计.南京:东南大学出版社,1990.

[64] 〔俄〕М. Ю. Лурье,Сушильное Дело. ГЭИ,1948.

[65] GB/T 16508—2013　锅壳锅炉

[66] GB/T 16507—2013　水管锅炉

[67] BS 2790 Specification for shell boilers of welded construction,1989.

[68] EN 12953 锅壳锅炉标准,EN 12952 水管锅炉标准.

[69] TSG G0001 锅炉安全技术监察规程.

[70] 中国人民解放军.舰船建造规范. 1980.

[71] 中华人民共和国船舶检验局.钢制海船建造规范,1974.

[72] 中华人民共和国船舶检验局.长江水系钢船建造规范,1978.

[73] 李之光,王铣庆.关于统一我国各种锅炉强度标准的建议.锅炉、压力容器安全技术论文集.黑龙江省锅炉压力容器安全技术协会,1981.

[74] 梁耀东,何立娅,李之光.〈GB/T 16508—2013 锅壳锅炉　第 3 部分:设计与强度计算〉的分析评价与修订建议.工业锅炉.2016,(3).

[75] 刘复田.我国工业锅炉标准建设:回顾、比较和展望.中国特种设备安全,2016, (12).

[76] 劳动部,一机部.火管锅炉受压元件强度计算暂行规定,1961.

[77] (DZ)173—62　水管锅炉受压元件强度计算暂行规定

[78] JB 2194—77　水管锅炉受压元件强度计算

[79] JB 3622—84　锅壳式锅炉受压元件强度计算

[80] GB 9222—88　水管锅炉受压元件强度计算

[81] GB/T 16508—1996　锅壳锅炉受压元件强度计算

[82] GB/T 9222—2008　水管锅炉受压元件强度计算

[83] BS 2790　焊接结构锅壳式锅炉规范(1973),黑龙江省劳动局印,1979.

[84] [俄]ЦКТИ. Нормы расчета на прочность котельных агрегатов. МАШГИЗ,1950.

[85] [俄]ЦКТИ. Нормы расчта элемнтов пароых котлов МАШГИЗ,1956.

[86] [俄]ЦКТИ. No.215 通报. 蒸汽锅炉元件强度计算标准补充部分(1958 年通过). 哈尔滨锅炉厂.

[87] 苏联蒸汽锅炉元件强度计算标准(1965 年). 哈尔滨锅炉厂.

[88] [俄]СТ СЭВ 5307-85 Общие требование к расчету на прочность.
СТ СЭВ 5308-85 Расчет толщины стенки деталей.
СТ СЭВ 5309-85 Определение коэффициентов прочности для расчета толщины стенки деталей.

[89] BS1113 水管蒸汽锅炉规范. 工业先进国家标准汇编. 第二辑. 上海工业锅炉研究所,1986.

[90] ISO 5730 Standard for stationary shell boilers of welded constraction,1992.

[91] TRD 蒸汽锅炉技术规程. 工业锅炉国际标准先进国家标准汇编. 上海工业锅炉研究所印,1987.

[92] [日]日本ボイラ協会. ボイラー構造規格,平成元年.

[93] [日]J ISB8201 陸用鋼制ボイラの構造,1977.

[94] J.F.兰开斯脱尔. 某些资本主义国家的焊接锅炉和受压容器设计制造的比较. 石油机械译丛,1964,(4).

[95] ISO/R831 固定式锅炉制造规范(1968). 上海锅炉厂研究所印,1974.

[96] 刘复田. 关于 GB/T16508.3—2003《锅壳锅炉受压元件强度计算》的评述和建议. 上海工业锅炉研究所,2017.

[97] 李之光. 我国锅炉强度标准向国际标准靠拢问题. 锅炉压力容器安全,1988,(2).

[98] 陈钢,谢铁军. 国内外特种设备标准法规比较研究系列丛书 国内外特种设备标准法规综论. 北京:中国标准出版社,2007.

[99] BS 1971 Specification fo rcorrugated Furnaces for shell boilers,1969.

[100] JISB8203—74 ,铸铁ボイラの构造. 日本规格协会,1974.

[101] 刘复田. 从英国锅壳锅炉标准 BS 2790 发展史得到的启迪. 中国特种设备安全. 2020,(4).

[102] 锅壳式锅炉强度研究汇总. 锅炉压力容器安全技术论文集(1981). 黑龙江省锅炉压力容器安全技术协会.

[103] 李之光,刘福仁,刘复田,等. 锅壳锅炉受压元件强度计算新标准综论. 工业锅炉,1996,(2).

[104] 李之光,等. 锅壳锅炉强度计算新标准给锅炉设计带来的变化. 华北工业锅炉通讯,1996,(2).

[105] 李之光,王昌明. 铸铁锅炉发展问题. 中国锅炉压力容器安全,1991,(1).

[106] [俄]Д. Я. Ъоршов. Чугунные секционные котлы в коммунальном хозяйстве,1977.

[107] 李之光,等.铝制锅炉的研制与开发.动力工程,1991,(2).

[108] 《工业锅炉设计计算 标准方法》编委会.工业锅炉设计计算方法.北京:中国标准出版社,2005.

[109] Metals handbook. 8-th ed, vol 1, ASME 1961.

[110] Summary Report on the Joint E. E. I-A. F. I. C, Investigation of Graphitization of Piping, ASME, 1946.

[111] [俄]Б. М. Шлйфер. и др. Энергомашиностроение, 1968, (5).

[112] [俄]С. М. Шварцман Расчет прочности элементов котельных агрегатов. ГЭИ, 1957.

[113] [俄]Нормы расчета на прочность элементов реакторов, парогенераторов, сосудов и турбопроводов атомных электростанцнй, опытных и исследовательских ядерных реакторов и установок. изд.《металлургдя》,1973.

[114] [日]山中秀男:ボイラの設計(改新版),产业图书株式会社,1959.

[115] 李之光,刘曼青,等.锅炉材料及强度与焊接.北京:劳动人事出版社,1983.

[116] [俄]З. В. Конторович. Основы расчета химических машин и аппаратов. МАШГиЗ, 1960.

[117] 李之光.锅炉受压元件强度中的若干问题.锅炉、压力容器安全技术论文集.鞍山市锅炉检验研究所,1981.

[118] 李之光,等.小型锅炉某些强度问题的试验研究.一机部第一届机械强度技术会议论文选集.北京:机械工业出版社,1978.

[119] 黑龙江省火管锅炉强度标准修订组.焊缝减弱系数的实验总结.哈尔滨市化工橡胶机械厂,1979.

[120] 锅壳式锅炉受压元件强度计算标准编制说明.上海工业锅炉研究所印,1982.

[121] J. F. Harvey. Theory and design of modern pressure vessels (secondEdition), 1974.

[122] 李之光.关于1.5P水压试验压力问题."七五"国家重大技术装备科技攻关项目试验研究报告.上海发电设备成套设计研究所,1990.

[123] 李之光.我国锅炉强度标准向国际标准靠拢问题.锅炉压力容器安全,1980,(2).

[124] 李之光.关于锅炉汽包、联箱的强度系数 φ.动力机械(哈工大),1959,(4).

[125] [俄]ЦКТИ. Нормы расчта элемнтов пароых котлов МАШГИЗ,1956.

[126] [日]日本ボイラ协会.ボイラの材料と强度.共立出版株式会社,1967.

[127] 交通部标准.船用锅炉修造技术条件.1979.

[128] 苏联蒸汽锅炉元件强度计算标准(1965年).哈尔滨锅炉厂.

[129] 东方锅炉厂.短管对孔排的加强及二孔减弱系数的试验报告.哈锅技术报导,1975,(7).

[130] 能源部电力司.火力发电厂延长寿命通用导则(EPBJCS-4778),1990.

[131] 李之光,等.锅炉安全基础.哈尔滨:哈尔滨工业大学出版社,1980.

[132] 张勇,刘曼青,等.螺纹管应力分析研究.热能动力工程,1990,(2).

[133] 张勇,刘曼青.螺纹烟管力学性能的理论分析与实验研究.哈工大研究生论文,1989.

[134] 刘建平、高广安、李之光.波形炉胆性能分析.锅炉压力容器安全,1985,(1).

[135] 李之光,刘复田,等.锅壳锅炉受压元件强度计算新标准综论.工业锅炉.1996,(2).

[136] 蒋智翔,杨小昭.锅炉及压力容器受压元件强度.北京:机械工业出版社,1999.

[137] 章燕谟.锅炉与压力容器用钢(修订本).西安:西安交通大学出版社,1997.

[138] 张忠铭.单头螺纹管在工业锅炉中的应用.北京:机械工业出版社,1990.

[139] 南京锅炉厂.螺纹管强度及工艺性报告,1986.

[140] 张勇,刘曼青,等.螺纹管力学性能的实验研究.节能技术,1989,(4).

[141] 张勇,董芇,刘曼青.螺纹烟管应力分析研究.热能动力工程,1990,(2).

[142] 董芇,刘曼青,李之光,等.螺纹烟管的刚度分析及其对拱形管板强度的影响.热能动力工程.1988,(6).

[143] 赵洪彪,孙恩昭,李之光,等.螺纹烟管刚度的研究.中国锅炉压力容器安全.1993,(4).

[144] 董芇,刘曼青,李之光,等.烟管锅炉拱形管板强度的研究.工业锅炉,1987,(2).

[145] 董芇,刘曼青,李之光.管板强度分析,工业锅炉通讯,1988,(1).

[146] 范钦珊.压力容器的应力分析与强度设计.北京:原子能出版社,1979.

[147] 李之光,李志强,等.凸形管板的强度计算问题.工业锅炉,1992,(3).

[148] [日]厚生劳动省劳动基准局安全课.ボイラー构造规格の解说,日本ボイラ协会.平成16年.

[149] 李之光,王铣庆,等.锅炉平封头圆杆斜拉撑设计方法.锅炉、压力容器安全技术论文集.黑龙江省锅炉压力容器安全技术协会,1981.

[150] 朱建中.关于假想圆及中位线的画法.上海工业锅炉研究所,1981.

[151] 李之光,鲍亦令,张英福.锅壳式锅炉烟管管板过冷沸腾的实验研究.动力工程,1990,(4).

[152] 范北岩,李之光.水火管锅炉典型部位过冷沸腾的研究.哈工大研究生论文,1992.

[153] 李之光,王珂,王铣庆等.锅炉平封头斜拉杆的强度研究.锅炉、压力容器安全技术论文集.黑龙江省锅炉压力容器安全技术协会,1981.

[154] 李之光,王铣庆,等.锅炉平封头圆杆斜拉撑设计方法.锅炉、压力容器安全技术论文集.黑龙江省锅炉压力容器安全技术协会,1981.

[155] 张洪武,王铣庆,李之光,等.锅炉平封板斜拉撑件(包括斜链片)的强度研究.锅炉、压力容器安全技术论文集.黑龙江省锅炉压力容器安全技术协会,1981.

[156] 李之光,胡恒久,等.锅炉平板元件应力测试计算与强度分析.中国锅炉压力容器安全,2006,(4).

[157] [日]山川弘.小型锅炉集箱の爆破试验及びその弹塑性分析.日本三浦工业(株)三浦研究所,2006.

[158] 杜兴文,李之光,等.外置式单面角焊平端盖的强度分析.哈工大学报,1979,(4).

[159] 哈尔滨锅炉厂强度组.集箱平端盖爆破试验.哈尔滨锅炉厂,1964.

[160] 胡恒久,李之光.工业锅炉平板元件强度裕度试验与分析.中国锅炉压力容安全,2006,(8).

[161] JB/T 6734—93 锅炉角焊缝强度计算方法

[162] 李之光,王铣庆,等.锅炉人孔盖的强度.锅炉、压力容器安全技术论文集.黑龙江省锅炉压力容器安全技,1981.

[163] 刘曼青,刘广发,李之光,等.填角焊缝在集箱平端盖、锅壳管板、立式锅炉下脚圈上应用的低周疲劳试验研究.大连锅炉厂,1990.

[164] 刘峰、李之光,等.水管管板强度计算分析与计算方法.工业锅炉.2012,(5).

[165] 李剑波,刘曼青.锅壳锅炉水管管板应力分析及工业锅炉角焊结构强度研究,哈工大研究生论文,1998.

[166] 李之光.立式锅炉下脚圈的强度分析.工业锅炉安全技术论文集.大连市锅炉压力容器检验研究所,1981.

[167] 刘峰、李之光,等.立式锅炉下脚圈的强度分析与计算厚度.中国特种设备安全,2012,(7).

[168] 李之光,刘曼青,等.立式锅炉下脚圈的强度分析与试验研究.工业锅炉,1990,(2).

[169] 中华人民共和国船舶检验局.钢制海船建造规范.北京:人民交通出版社,1974.

[170] 王铣庆,刘建平,等.立式锅炉下脚圈的强度分析.哈工大学报,1985,(2).

[171] 东方锅炉厂.焊制三通试验研究.东锅技术,1974,(4).

[172] 上海锅炉厂研究所.焊制等径三通强度试验研究报告,1973.

[173] 北京锅炉厂,清华大学.具有孔排削弱的热拔三通在内压力作用下的强度试验研究,1977.

[174] 武汉锅炉厂.锅炉汽包上低应力集中翻边开孔的设计和实践.武锅技术交流,1976,(1).

[175] 武汉锅炉厂.锅炉汽包翻边开孔结构.武锅技术交流,1976,(1).

[176] 上海锅炉厂研究所,西安交大.热拔大直径下降管管接头的应力测定.西安交大学报,1976,(4).

[177] 东方锅炉厂.锅炉翻边管接头的制造工艺及强度分析.东锅技术通讯,1976,(6).

[178] 刘峰,李之光,等.外载与内压作用下集箱三通与叉形管强度的有限元分析.中国特种设备安全.2009,(6).

[179] 刘文铁,刘元春.工业锅炉焊制三通强度的有限元计算分析与强度标准修订建议.哈尔滨工业大学能源科学与工程学院,2009.

[180] 杨念慈,等.用有限元分析解决锅炉集箱大开孔结构的强度校核,中国特种设备安全,2007,(12).

[181] 胡津安,等.柱状圆筒超标径向开孔工程比对方法研究.中国特种设备安全,2007,

(1).

[182] [俄]E. A. Троянский и др. Теплоэнергетика, 1963, №8.

[183] Ш. Н. Кац. Длительная прочность тройииков из углеродистой стали. Теплоэнергетика, 1965, (2).

[184] 李之光. 国内外锅炉强度计算标准关于孔桥加强方法的规定. 北京之光锅炉研究所, 2009.

[185] 刘峰, 李之光, 等. 关于锅壳中孔桥加强限制条件放宽的建议. 中国特种设备安全. 2009, (9).

[186] [俄]А. И. Лурье. Статика тонкостенных упругих оболочек. ГЭИ, 1956

[187] [俄]П. А. Антикайн. Металл и расчет на прочность элементов паровых котлов. ГЭИ, , 1961

[188] [俄]Ш. Н. Кац. Теплоэнергетика, 1964, (10).

[189] JB/T 6734—1993 锅炉角焊缝强度计算方法.

[190] HG 670/140-2 型锅炉汽包应力测定报告. 哈尔滨锅炉厂, 1972.

[191] 400 t/h 锅炉汽包设计制造工艺和强度试验. 锅炉技术(上海锅炉厂), 1974, (1).

[192] 上海锅炉厂研究所. 废热锅炉高压模拟汽包的应力测量总结, 1976

[193] GB 9222—88《水管锅炉受压元件强度计算标准》编制说明. 上海发电设备成套设计研究所, 1988.

[194] 刘复田. 从英国锅壳锅炉标准 BS2790 发展史得到的启迪. 上海工业锅炉研究所, 2018.

[195] 日本ボイラ协会. ボイラ一年鉴(平成元年版), 平成元年 11 月.

[196] Д. Я Ъоршов. Чугунные секционные котлы в коммунальном хозяйстве, 1977.

[197] 李之光, 等. 铸铁锅炉发展问题. 中国锅炉压力容安全. 1991, (8).

[198] JISB 8203—74, 铸铁ボイラの构造. 日本规格协会, 1974.

[199] 李之光, 等. 铸铁锅炉设计问题. 工业锅炉, 1990, (8).

[200] 王铣庆, 等. 从热态爆破实验进一步探讨铸铁锅炉强度计算方法. 哈尔滨市锅炉压力容器检验研所, 1990.

[201] 程丰渊. 关于铸铁锅炉承载能力估算方法的探讨. 哈尔滨锅炉厂, 1984.

[202] 刘峰、李之光, 等. 对椭球形封头孔径与封头内径比值(d/D_n)限制条件放宽的建议. 北京之光锅炉研究所, 2009.

[203] 王泽军. 锅炉结构有限元分析. 北京: 化学工业出版社, 2005.

[204] 卓高柱, 等. 压力容器有限元分析. 中国特种设备安全, 2008, (7).

[205] 李之光. 热力设备模型试验基础. 北京: 国防工业出版社, 1973.

[206] 李之光. 锅炉元件强度的模拟性. 哈工大学报, 1978, (1).

[207] W. B. baker, P. S. westine, F. T. dodge. Similarity methods in engineering dynamics. Hayden book Cop. In, 1978.

[208] [俄]М. В. Кирпичев, М. А. Михеев. Моделирование тепловых установок.

Изд. АНСССР,1936

[209] [俄]С.С. Кутателадзе и др.. Моделирование теплоэнергетитеского оборудования. Изд.《Энергия》,1966.

[210] GB/T 22395—2008.锅炉钢结构设计规范.

[211] JB 5339—1991 锅炉构架抗震设计标准

[212] L.E.渤郎奈尔.化工容器设计.上海:上海科学出版社,1964.

[213] 多瓦尔反应器开孔底盖模型的实验和理论应力分析.受压容器设计资料译文集·第九辑.上海化工设计院,1973.

[214] 顾逢时.锅炉钢和强度.西安交大印,1974.

[215] 吴非文.火力发电厂高温金属运行.北京:水利电力出版社,1979.

[216] 胡荫平.电站锅炉手册[M].北京:中国电力出版社.2005.

[217] 雍福奎.超(超)临界火电机组选型及应用[M].北京:中国电力出版社,2015.

[218] GB 3087—2008 低中压锅炉用无缝钢管

[219] GB 5310—2008 高压锅炉用无缝钢管

[220] 陈丹,赵岩,等.金属学与热处理[M].北京:北京理工大学出版社,2017.

[221] (德)林·尤·怀特.锅炉手册.北京:科学出版社,2001.

[222] 曾正明.实用钢铁材料手册(第3版).北京:机械工业出版社,2015.

[223] 刘胜新.新编钢铁材料手册.北京:机械工业出版社,2016.

[224] 栾燕,戴强,刘宝石.GB/T 20878—2007《不锈钢和耐热钢牌号及化学成分》标准编制综述.冶金标准化与质量,2007,(5).

[225] GB 713—2014 锅炉和压力容器用钢板

[226] 纪贵.世界钢号对照手册(第2版).北京:中国标准出版社,2013.

[227] 朱中平.中外钢号对照手册.化学工业出版社,2011.

[228] 手册编委会.火力发电厂金属材料手册.中国电力出版社,2001.

[229] 田苗,王文亮.压力容器用18MnMoNbR钢板的性能研究.宽厚板,2001,(2).

[230] 高照海,许少普等.压力容器用特厚13MnNiMoR钢种的研制.山西冶金,2010,(6).

[231] 车得福 庄正宁,等.锅炉(第2版).西安:西安交通大学出版社,2008.

[232] 郭元亮,等.《锅炉安全技术监察规程》释义.北京:化学工业出版社,2013.

[233] 赵登志,等.温度对12Cr1MoV钢管珠光体球化及力学性能的影响[J].电站系统工程,2002,(3).

[234] 王印培,等.珠光体球化的分形研究[J].理化检验(物理分册),2003,(3).

[235] 蔡昊.09CrCuSb钢在锅炉制造中的应用.工业锅炉,2005,(5).

[236] 王起江,等.07Cr25Ni21NbN奥氏体耐热无缝钢管的研制.发电设备,2011,(5).

[237] 彭声通.超(超)临界锅炉用10Cr18Ni9NbCu3BN钢制管工艺研究.特钢技术,2014,(2).

[238] 林富生.我国电站锅炉、汽轮机材料的发展.发电设备,1997,(11/12).

[239] GB/T 16507.2—2013　水管锅炉　第2部分:材料
[240] GB/T 16508.2—2013　锅壳锅炉　第2部分:材料
[241] 朱宝华,杜伟光,等.关于锅炉吊杆设计的安全度问题.工业锅炉,2014,(4).
[242] 李俊林,等.锅炉用钢及其焊接[M].哈尔滨:黑龙江科学技术出版社,1988.
[243] 邵耿东.1Cr6Si2Mo耐热刚性能及使用工况浅析.江苏锅炉,2011,(4).
[244] DL/T 787—2001　火力发电厂用15CrMo钢珠光体球化评级标准
[245] DL/T 786—2001　碳钢石墨化检验及评级标准
[246] 周国庆,孙涛.工业锅炉安全技术手册.北京:化学工业出版社,2009.

著者联系方式与业务简历

李之光（教授　1931～）

电话　15701532907　　电子邮箱　Li31wang32@sina.com

长期从事锅炉强度、锅内过程、相似与模化、核动力蒸汽发生器等教学工作，主持并参与新型水火管锅炉、组合螺纹烟管锅炉、高效率低应力内燃锅炉、相变锅炉、常压锅炉、热风炉等研究与开发工作。

主要著作：

书　名	出版社	出版时间
锅炉钢材与受压元件强度计算	机械工业	1959
热力设备模型实验研究基础	国防工业	1973
锅炉强度	哈工大	1975
锅炉受压元件强度（标准分析）	技术标准	1980
锅炉安全基础	哈工大	1981
相似与模化（理论及应用）	国防工业	1982
锅炉钢材及强度与焊接	劳动人事	1983
锅炉受压元件强度分析与设计	机械工业	1985
常压热水锅炉及其供暖系统	机械工业	1992
锅炉强度计算标准应用手册	中国标准	1999
新型锅壳锅炉原理与设计	中国标准	2007
锅炉强度计算标准应用手册（增订版）	中国标准	2008
工业锅炉现代设计与开发	中国质检　中国标准	2011
工业锅炉结构创新与计算分析	中国质检　中国标准	2016
常压与相变热水锅炉原理及设计	中国质检　中国标准	2017

梁耀东（高级工程师　1960～）

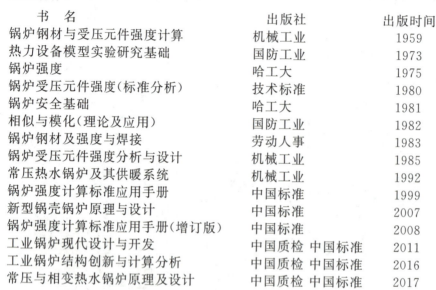

电话　13901211869　电子邮箱　13901211869@163.com

长期从事工业锅炉的设计研发、生产制造、安装调试、运行管理等工作；从事过可再生能源（热泵系统、生物质工业锅炉供热系统）的开发与应用及供热系统设计、系统节能技术等工作。

对生物质锅炉、组合螺纹烟管锅炉及高效率低应力内燃锅炉有较深入研究。

参与撰写专著：工业锅炉现代设计与开发、工业锅炉结构创新与计算分析。

张仲敏（工程师　1961～）

电话　13911026775　电子信箱　zzm7042@163.com

长期从事工业锅炉设计研发、生产制造、安装调试等工作；对常压锅炉与压力相变锅炉及其供热系统、新型锅壳锅炉、组合螺纹烟管锅炉、高效率低应力超低氮燃气锅炉等的设计以及对锅炉工艺与运行故障处理有较丰富经验。

参与撰写专著：常压与相变热水锅炉原理及设计。